Alexander von Humboldt
Gabriele von Bülow

Beiträge zur
Alexander-von-Humboldt-Forschung

Herausgegeben von
der Berlin-Brandenburgischen Akademie der Wissenschaften

47

Alexander von Humboldt
Gabriele von Bülow

Briefe

Herausgegeben von Ulrike Leitner
unter Mitarbeit von Eberhard Knobloch

DE GRUYTER
AKADEMIE FORSCHUNG

Dieser Band wurde im Rahmen der gemeinsamen Forschungsförderung von Bund und Ländern im Akademienprogramm mit Mitteln des Bundesministeriums für Bildung und Forschung und der Senatsverwaltung für Wissenschaft, Gesundheit, Pflege und Gleichstellung des Landes Berlin erarbeitet.

UNION
DER DEUTSCHEN AKADEMIEN
DER WISSENSCHAFTEN

berlin-brandenburgische
AKADEMIE DER WISSENSCHAFTEN

ISSN 0232-1556
ISBN 978-3-11-066451-5

Library of Congress Control Number: 2021953290

Bibliographische Information der Deutschen Nationalbibliothek
Die Deutsche Nationalbibliothek verzeichnet diese Publikation in der Deutschen Nationalbibliografie; detaillierte bibliografische Daten sind im Internet über http://dnb.dnb.de abrufbar.

Einbandgestaltung: deblik, Berlin
Satz: SatzBild, Sabine Taube, Kieve
Druck und Bindung: CPI books GmbH, Leck

www.degruyter.com

Inhaltsverzeichnis

Einleitung

Am Abend des 28. Mai 1834, ihres 32. Geburtstages, schreibt Gabriele von Bülow ihrem Ehemann Heinrich, damals preußischer Gesandter in London, aus Schloss Tegel:

„Heute noch muss ich Dir, mein geliebter Heinrich, meinen innigsten, gerührtesten Dank aussprechen für die Liebe und Freundlichkeit, mit der Du auch aus weiter Ferne mir den heutigen Tag zu erheitern gewußt hast. [...] Den Onkel erwarteten wir auch zu Mittag, er konnte aber nicht kommen, wie Du aus seinem hier beigefügtem Billet[1] ersehen wirst. Ich sende es Dir zum Amüsement und zum Beweise seiner sich immer gleich bleibenden Freundlichkeit und seines nie ermüdenden Bestrebens, Anderen Freude zu machen. Das ist ein ungemein liebenswürdiger Zug seines Charakters. Er kommt jetzt oft her, ist immer heiter und amüsant und bringt den Kindern jedes Mal etwas mit [...]."[2]

Dazu passt Alexander von Humboldts Selbsteinschätzung in einem Brief an Gabriele, nachdem sie sich für seine Fürsorge in der schweren Zeit von Krankheit und Sterben des Vaters Wilhelm von Humboldt bei ihm bedankt hatte:

„Für einen Menschen, der immer vereinzelt in der Welt gelebt hat, bin ich kein schlechter Verwandte[r] – ich rühme mich die Freuden des Familienlebens gern, und mit inniger Theilnahme zu verstehen. Ich werde da sehen wo das Familienleben ganz in ein Geschäftsleben, in eine Reihe kleinlicher materieller Sorgen ausartet, die das Gemüth von edleren Gefühlen ableiten und bei dem Fluch, den Gott auf die Prosa der materiellen (häuslichen und politischen) Welt gelegt, doch ihren Zwek der sogenannten Nüzlichkeit verfehlen. Du, meine Liebe, bist recht eigentlich geschaffen als Gattinn, als Mutter schöner Kinder, als Freundin, als überaus angenehm auftretend in den grösseren gesellschaftlichen Kreisen der Bande der Verwandschaft Reiz und Anmuth zugeben. So viel Inneres und Aeusseres zugleich, solche Sonnigkeit, Tiefe des Gefühls, Lebendigkeit der Theilnahme, Stärke der Seele in den grossen, trüben Momenten die wir zusammen erlebt und deren Andenken mir Dein liebes Bild, theure Gabriele, ewig zurükführt vor die Seele [...]"[3]

Die hier erstmalig publizierten Briefe Humboldts an Gabriele von Bülow beweisen nicht nur diese Liebenswürdigkeit seines Charakters, die Anteilnahme und Fürsorge für seine Nichte und ihre Familie, sondern widerspiegeln auch Humboldts Aktivitäten in dem letzten Drittel seines Lebens in Berlin und seine politischen Ansichten und Urteile über Personen, wegen ihrer Privatheit besonders ungeschminkt, manchmal spöttisch oder bissig. Überhaupt ist diese Korrespondenz die erste, in der Alexander von Humboldt als Teil einer weit verzweigten Familie auftritt, die eine bedeutende Rolle in der Berliner Gesellschaft spielte.[4]

1 Brief vom 28.5.1834.
2 Sydow 1919, 340–342.
3 Brief vom 29.9.1835.
4 In Marbach (DLA/SNM) liegen außerdem noch die bisher unpublizierten Briefe an weitere Familienmitglieder.

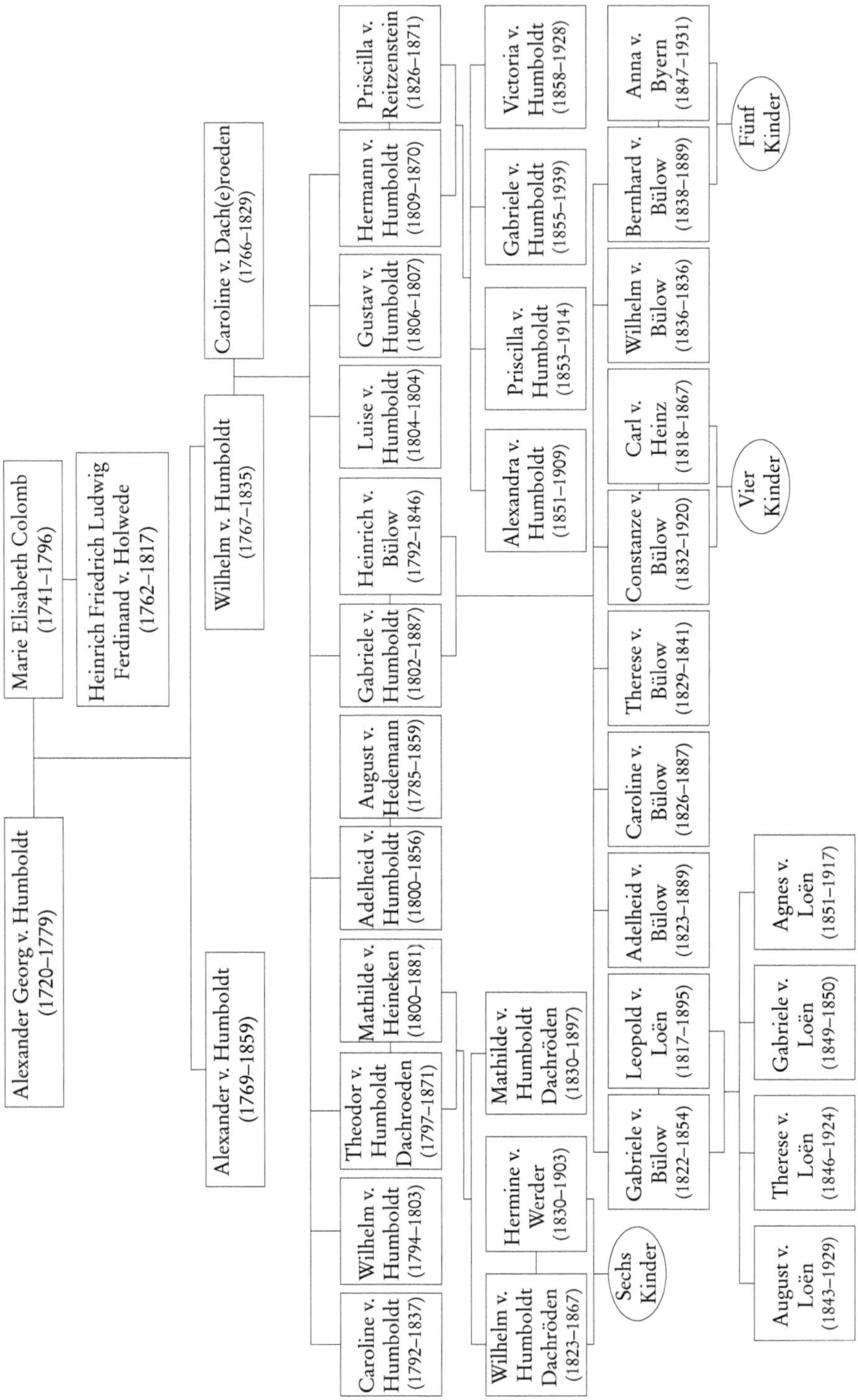

Abb. 1: Stammbaum der Familie Humboldt

1. Die Familie

Alexander von Humboldt wurde 1769 in Berlin oder Tegel geboren. Sein Vater entstammte einem pommerschen Beamten- und Offiziersgeschlecht und war preußischer Offizier und Kammerherr. Aus dem Besitz der Mutter, Marie Elisabeth verwitwete von Holwede, geborene Colomb, stammte das Jagdschloss Tegel.[5] Beim frühen Tod des Vaters 1779 mit nur 58 Jahren waren die beiden Söhne Wilhelm und Alexander erst elf bzw. neun Jahre alt. Die Mutter, die als kühl und streng geschildert wird, starb 1796. Wilhelm, bereits verheiratet, hielt sich gerade in Jena zu Besuch bei Friedrich Schiller auf, während Alexander nach dem Studium als Beamter im preußischen Bergdepartement in den Fürstentümern Ansbach und Bayreuth Dienst tat. Bei der Erbteilung erhielt Wilhelm Schloss und Gut Tegel, Alexander Bargeld und Hypothekenzahlungen, womit er später seine Amerikareise und das umfangreiche Reisewerk finanzieren konnte.

Die Brüder[6] hatten in unterschiedlicher Weise großen Einfluss auf die preußische Kultur: Alexander als Naturwissenschaftler und Wissenschaftsförderer, Wilhelm in den Bereichen der Bildung, Sprachwissenschaft, als Reformer im Schul- und Universitätswesen und als preußischer Diplomat. Auch im Privaten waren die Unterschiede evident: Während Alexander keine Familie gründete und ihm überhaupt keine engere Beziehung nachgewiesen werden kann, heiratete Wilhelm 1791 Caroline von Dacheröden. Das Paar hatten sieben Kinder, von denen drei früh starben. Gabriele war das fünfte Kind. Sie wurde 1802 in Berlin geboren – nach Caroline (die unverheiratet blieb), Wilhelm (1803 verstorben), Theodor (der später aus erbrechtlichen Gründen als zweiten Nachnamen Dacheröden erhielt und Mathilde von Heineken ehelichte) und Adelheid (später verheiratet mit August von Hedemann). Nach längerem Aufenthalt in Paris übersiedelte die Familie 1803 nach Rom, wo Wilhelm von Humboldt den Posten eines preußischen Gesandten erhielt. Hier starben der neunjährige Sohn Wilhelm und der in Rom geborene Gustav von Humboldt sowie in Paris die Tochter Louise. Der jüngste Sohn Hermann wurde 1809 in Rom geboren.

Im Sommer 1805 besuchte Alexander von Humboldt, kurz zuvor von seiner Amerikareise (1799–1804) zurückgekehrt, die Familie seines Bruders in Rom. Wilhelm lebte dann von 1808 erst in Berlin, 1813 war er an den Verhandlungen des Prager Kongresses beteiligt und 1815 nahm er am Wiener Kongress teil. Alexander widmete sich in Paris in den nächsten 20 Jahren vor allem der Auswertung seiner mitgebrachten Sammlungen und Notizen und verfasste sein umfangreiches 29-bändiges Reisewerk[7]. Wilhelm wurde 1816 preußischer Bevollmächtigter am Bundestag in Frankfurt am Main und London und Minister für ständische Angelegenheiten in Berlin. Nach seiner Entlassung 1819 widmete er sich bis zu seinem Tod 1835 sprachwissenschaftlichen Forschungen. Caroline war bereits 1829 gestorben.

Alexander von Humboldt erlebte nach Wilhelms Tod noch knapp zweieinhalb fruchtbare Jahrzehnte in Berlin, ausgefüllt mit wissenschaftlicher Arbeit und Publikationen, öffentlichem Wirken am preußischen Königshof und in den Akademien der Wissenschaften und Künste, Reisen nach Paris und Pendeln zwischen Berlin und Potsdam, geselligem Leben in Freundes- und Familienkreis. Aus dieser Zeit stammen die meisten Briefe an Gabriele von Humboldt.

[5] Das und das Folgende aus Ruben 2008. Zur Geschichte von Schloss Tegel siehe auch Rave 1950.

[6] Siehe J. Trabant: „Die Brüder Humboldt“ in Ette 2018, 206–214, Korneffel 2017 und Heinz 2003, 15–26.

[7] Fiedler/Leitner 2000.

Abb. 2: Porträt Wilhelm von Humboldt. Stahlstich von J. L. Raab nach F. Krüger, um 1840

Trotz ihrer Verschiedenheit hatten die Brüder eine enge Bindung zueinander. Die familiäre Nähe war gewiss (neben der Verbesserung seiner finanziellen Lage und dem absehbaren Abschluss seines amerikanischen Reisewerks) ein Grund für Alexanders Rückkehr 1827 nach Berlin. Besonders deutlich wird diese Bindung in seiner ausführlichen Schilderung der Krankheits- und Sterbetage seines Bruders in einem Brief an den deutschen Verleger Cotta, in dem er auch über die Erbteilung berichtet:

> „[...] in dieser traurigsten Zeitepoche meines bewegten Lebens [...]. Ich beklage nur dass Sie mir zuvorgekommen sind, da ich eben im Begriff war [...], von meinem Jammer zu reden. Zehen Tage und lange Nächte haben wir den Edeln hinscheiden sehen, im vollen Genuss seiner grossen Geistesgaben zärtlich für alle die ihn umgaben, in der heiteren Ruhe sterbend die Sie [an] ihm kannten. Seine wissenschaftliche Thätigkeit war kaum unterbrochen worden. [...] Der Ausbruch des Scharlachfiebers hatte Frau v. Bülow die jüngste Tochter Frau des engl[ischen] Gesandten, gezwungen mit ihren fünf kleinen Mädchen Tegel zu verlassen, aber von dem Augenblik wo die Krankheit anfing, war die ganze Familie wieder vereinigt.“[8]

Die schlesischen Güter Ottmachau (heute polnisch Otmuchów) hatte Wilhelm seinen Söhnen Theodor (Burg und Gutsteil Friedrichseck, heute polnisch Frydrychów) und Hermann (Gutsteil und Schloss Nitterwitz, heute polnisch Nieradowice) vererbt. Aus dem mütterlichen Erbe hatten die Söhne bereits Güter in Auleben und Hadmersleben, Caroline und Adelheid zusammen Gut und Schloss Burgörner erhalten. Schloss Tegel, als Lieblingsort des Vaters, kam in den gemeinsamen Besitz von Caroline und Adelheid, nach dem Tod von Caroline dann in den alleinigen von Adelheid.[9] Nach Adelheids Tod 1856 erbte es Gabriele, die zuvor schon vor allem wegen ihrer kleinen Kinder und der Entfernung der Hedemanns in den 40er Jahren die Hauptnutzerin war.

Humboldt beschrieb das Schloss in seiner Jugend wie folgt:

> „Tegel ist kein eigentliches Dorf, sondern ein Jagdschloß [...]. Es liegt an dem Ufer eines 1 ½ Meilen langen Sees, der von schön angebauten Inseln durchschnitten ist. Hügel mit Weinreben, die wir hier Berge nennen, große Pflanzungen von ausländischen Hölzern, Wiesen, die das Schloß umgeben, und überraschende Aussichten auf die malerischen Ufer des Sees machen diesen Ort allerdings zu dem reizendsten Aufenthalt der hiesigen Gegend.“[10]

2. Das Ehepaar Gabriele und Heinrich von Bülow

Gabrieles Kindheit und Jugend sind durch mehrfache Ortswechsel, lange Aufenthalte im Süden und die interessanten Kontakte in ihrem weltoffenen und kunstinteressierten Elternhaus geprägt worden. 1816 hatte sie in Frankfurt am Main Heinrich von Bülow kennen gelernt, der aus mecklenburgischem Adel stammte, Jura studiert hatte und als Mitarbeiter Wilhelm von Humboldts in preußische Dienste getreten war. Die Hochzeit fand wegen der Jugend Gabrieles erst 1821 statt. Bülow folgte vorerst Wilhelm von Humboldt nach London und dann 1819 nach Berlin, wo er im Auswärtigen Amt arbeitete. Das Leben des jungen Paares in Berlin wurde durch Besuche in Tegel, Ottmachau, Schwerin und anderen Orten unterbrochen, bis Heinrich 1827 die Stelle eines preußischen Gesandten in London erhielt.

[8] Humboldt an J. G. von Cotta, 23.5.1835, in Humboldt 2009, 188–191.

[9] Sydow 1919, 351–352.

[10] Biermann 1990, 33.

Abb. 3: Gabriele von Bülow. Bildnis mit ihren Töchtern Gabriele, Adelheid und Caroline. Tuschzeichnung von K. W. Wach 1827

Dorthin begleitete ihn A. von Humboldt, der kurz vor seiner Übersiedlung nach Berlin stand. Gabriele folgte mit den drei zwischen 1822 und 1826 geborenen Töchtern Gabriele, Adelheid und Caroline erst Ende März 1828 in Begleitung ihrer Eltern,[11] konnte also noch die Geselligkeit in Berlin und Tegel und die Nähe der Familie genießen. So nahm sie auch an den berühmten „Kosmos-Vorlesungen" Alexander von Humboldts in der Berliner Singakademie teil, die sie ihrem Mann anschaulich schilderte:

11 Sydow 1919, 196.

> „Des Morgens war wieder des Onkels Kollegium, wo wir immer um halb elf Uhr hinfahren und nach halb zwei Uhr erst wieder nach Hause kommen. Nachmittags um vier las der Vater auf der Akademie, wo öffentliche Sitzung war wegen des Jahrestages Friedrichs II. Die Prinzen waren auch dort und die ganze vornehme Welt, nur Herren natürlich, die zusammenzutrommeln der Onkel sich einen Spaß gemacht hatte. Er war den Mittag unendlich amüsant. Ich kann gar nicht fort, wenn er so ins Erzählen kommt, und man lernt doch immer etwas dabei. [... und ein paar Tage später:] Heute war des Onkels Vorlesung wieder unendlich interessant, und Herrn Saphirs Witz traf nur für die erste Hälfte zu. Er hatte im Courier gesagt: ‚Der Saal faßte nicht die Zuhörer, und die Zuhörerinnen faßten nicht den Vortrag.' Mitunter mag er wohl Recht haben, was meine Wenigkeit betrifft, allein ist es doch sehr selten, daß ich es gar nicht faßte, denn verstehen und behalten sind auch noch verschiedene Dinge. Mit jedem Male werden die Vorlesungen schöner, es herrscht eine vollendete Klarheit darin, und eine solche Größe der Ansichten, daß sie wirklich erhebend auf Verstand und Gemüth wirken. Auch wird des Onkels Vortrag immer schöner und freier, er liest auch sehr selten etwas ab, wie zu Anfang, was mir immer nicht angenehm war."[12]

In London kamen zwei weitere Töchter zur Welt, der Sohn Wilhelm starb im Jahr seiner Geburt. Gabriele spielte als Gattin eines Diplomaten in London durchaus eine wichtige gesellschaftliche Rolle. Es gab Empfänge, Gesellschaften, Bälle, Besucher ...

Dass ihr die Repräsentationspflichten nicht leichtfielen und sie die oft damit zusammenhängende Trennung von den Kindern bedauerte, zeigt folgende Episode aus dem Jahr 1833. Sie war nach einer Geburt verhindert, an den Geselligkeiten teilzunehmen, entließ die Gouvernante und widmete sich der Erziehung der Töchter, denn

> „[...] es ist doch immer ein Zwischending mit einer solchen Person [...] Gabriele und Adelchen sind jetzt ganz besonders lustig und guter Dinge, die beiden Kleinen, die sogenannte sécond édition [sic], sind aber auch nicht schwermütig, und wenn sie Alle so glücklich und heiter mich umgeben und mein süßes, holdes Baby mit ihrem hellen Stimmchen die spielenden Schwestern anjauchzt, geht mir oft das Herz in Freude [...]",

schrieb sie ihrer Schwester Adelheid.[13]

Unterbrochen wurde der Londoner Aufenthalt durch Kuren und Urlaubsreisen. 1833 konnte sie endlich nach langer Abwesenheit wieder ihre Familie besuchen, blieb dann aber wegen der Erkrankung ihres Vaters zwei Jahre lang in seiner Nähe und lebte teils in Tegel, teils in Berlin.

Heinrich konnte in dieser Zeit nur selten auf Urlaub kommen (allerdings im Winter 1834/35 mehrere Monate), so dass erneut Briefe zwischen London und Berlin gewechselt wurden.

Erst nach dem Tod des Vaters am 8.4.1835 kehrte sie nach London zurück, wo sie nur etwas mehr als ein Jahr blieb. Im Herbst 1836 kam sie erneut nach Berlin, mit dem kleinen Wilhelm im Sarg, der kurz nach seiner Geburt gestorben war und nun in Tegel begraben werden sollte. Sie blieb dann vor allem wegen der niedrigeren Lebenshaltungskosten, der besseren Erziehungsmöglichkeiten und der Konfirmation der Töchter in Berlin. Heinrich kam erst wieder im Sommer 1836 zu Besuch.

1838 wurde der nun mit Sehnsucht erwartete männliche Nachkomme Bernhard geboren. Heinrich von Bülow konnte nicht rechtzeitig zur Taufe kommen, der Onkel Alexander wurde – ebenso wie der Bildhauer Christian Daniel Rauch – Taufpate. Absprachen gingen hin und her zwischen Gabriele und Humboldt, da Letzterer wegen seiner Verpflichtungen

12 Sydow 1919, 194–195.

13 Sydow 1919, 304–305.

am Hofe ebenfalls Termine wahrnehmen musste und seine eigene Abreise nach Paris bevorstand. Humboldt fragte,

> „[...] wie es mit der Taufe des Infanten steht oder ob Du das Heiden Kind bis zu Bülow's Ankunft im unbewussten Irthum hälst".[14]

Gabriele kommentierte seinen Brief gegenüber Bülow:

> „Ein Brief vom Onkel gestern Abend hat mich vollends bange gemacht [wegen des Termins ...] er schreibt gar zu hübsch über das Heidenkind. Solch einen Onkel hat auch nicht Jedes, und ich will dem Jungen alle diese bezüglichen Merkwürdigkeiten aufheben."[15]

Aus den unzähligen Beispielen für Humboldts liebevolle Zuneigung für sie und ihre Kinder sei noch eine Passage ausgewählt. Humboldt kam aus Paris, und Gabriele schreibt ihrem Ehemann:

> „Er trat am vorigen Freitag ganz unerwartet ins Zimmer. [...] Er sieht, Gott Lob, sehr wohl aus, und ich freute mich herzlich seines Wiederhierseins für mich [...]. Er war am Tage seiner Ankunft zweimal hier und Sonnabend auch, dann ging es aber nach Potsdam, und seitdem habe ich ihn nicht wieder gesehen. Heute Mittag aber wird er hier essen, und ich hoffe, daß keine olympische Einladung ihn mir entführen wird. Er ist von der unendlichsten, liebevollsten Güte und hat auch wieder mich und die Kinder so reich beschenkt mit einem ganzen Karton der wundervollsten französischen Blumen, wahre Kunstwerke, die die Kinder entzückt, ihnen aber das Herz ordentlich groß gemacht haben nach einer Gelegenheit, sich mit diesen reizenden Blumen zu schmücken."[16]

Heinrich von Bülow äußerte immer häufiger den Wunsch, nach Berlin zurückzukehren, aber die Londoner Konferenzen zur Beilegung der europäischen Krisen der 30er Jahre (Krise wegen der Unabhängigkeit Belgiens und Orientkrise, s. u.) erforderten seine Anwesenheit in London. Alexander von Humboldt versuchte vergeblich, seinen Einfluss am preußischen Königshof zu nutzen, um Bülows Wunsch zur Rückkehr zu unterstützen, der sich nach erfolgreichem Abschluss der Verhandlungen in der belgischen Frage gesundheitlich angegriffen und überarbeitet fühlte. Er schrieb Gabriele, sie möge direkt oder über „den Onkel A." etwas vom preußischen Außenminister Heinrich Wilhelm Werther erfahren, ob und wann sein Entschluss, um sofortigen Urlaub zu bitten, Erfolg haben könne.[17] Am 15.3.1839 übermittelte sie Humboldts Nachricht an Bülow:

> „Soeben schickt der König den Fürsten Wittgenstein zu mir, um mir sagen zu lassen, dass er Alles für Bülows Reise bewilligt, d. h. wegzugehen, sowie die Belgier unterzeichnet hätten!"[18]

Zwar wurde ihm der Urlaub für eine Kur im Sommer 1839 in Kissingen genehmigt, er musste jedoch im Frühjahr 1840 nach London zurückkehren. Erst im Herbst konnte er erneut zu einem Besuch nach Hause kommen. Diesmal erholte er sich bei Hedemanns in Burgörner auf dem Land und kam erst zur Huldigung der preußischen Stände König Friedrich Wilhelm IV. am 15.10.1840 nach Berlin, um kurz darauf wieder nach London zurückzukehren. Nun wurden die Verhandlungen in der Orientkrise erneut aufgenommen, denn inzwischen war es in Frankreich zu Spannungen bis zur latenten Kriegsgefahr gekommen. Auch in Ägypten

14 Brief vom 29.7.1838.

15 Gabriele an Heinrich von Bülow, 31.7.1838, in Sydow 1919, 403.

16 Gabriele an Heinrich von Bülow, 16.1.1839, in Sydow 1919, 433–434.

17 Heinrich an Gabriele von Bülow, 5.3.1839, in Sydow 1919, 437–438.

18 Gabriele an Heinrich von Bülow, 13.3.1839, in Sydow 1919, 441–442.

Abb. 4: Heinrich von Bülow (aus: Illustrirte Zeitung, Bd. 4 (1845), S. 81)

griffen internationale (österreichische, britische und türkische) Seestreitkräfte ein. Erst nach Abschluss der Verhandlungen in London konnte Bülow auch seinen Posten ganz verlassen, wie er bereits im Sommer 1840 erhofft hatte. Er sollte nun preußischer Bundestagsgesandter in Frankfurt am Main werden, erhielt jedoch einen, allerdings nur kurzen, Aufschub, da am Vorabend seiner Rückkehr die Tochter Therese im 12. Lebensjahr nach langer Krankheit verstorben war. Neben dieser traurigen Nachricht gab es auch eine positive: Die älteste Tochter Gabriele hatte sich verlobt. Sie heiratete 1842 Leopold von Loën.

Im Oktober 1841 übersiedelte die Familie nach Frankfurt am Main, wo Humboldt sie auf der Rückreise von Paris besuchte. Gabriele berichtete am 2.9.1841:

> „Des Onkels Besuch hat uns natürlich etwas aufgehalten, war aber ein unendlicher Genuß und, daß er uns das neue Haus einweihte, eine bleibende Freude. Er war liebenswürdiger als je. Ich war in beständiger Bewunderung dieser unverwüstlichen Frische und Lebendigkeit, dieser Geistesfülle; Gott behüte ihn – es ist eine wahre Herzstärkung, wenn man sich selbst auch ganz miserabel daneben vorkommt.“[19]

Aber schon im März 1842 wurde Bülow nach Berlin berufen, um den Posten des Ministers für Auswärtige Angelegenheiten nach dem Tod des Grafen Mortimer von Maltzahn zu übernehmen. Während einer Reise nach Stolzenfels anlässlich des Besuchs der britischen Königin Victoria 1844 erkrankte Bülow an einem Schlaganfall. Sein Abschiedsgesuch wurde vom König am 29.9.1845 genehmigt. Nur kurz danach, am 6.2.1846, starb er. Die „Spenersche Zeitung“ berichtete:

> „Gestern Mittag um 12 Uhr fand die Beerdigung des am 6. d[ieses] M[onats] verstorbenen k[öniglich] Staatsministers Frhrn. v. Bülow auf dessen Landsitz Tegel Statt. [...] Bald nachdem Se[ine] k[önigliche] H[oheit] der Prinz von Preußen erschienen war, begab sich die Versammlung in eines der unteren Zimmer des Schlosses, wo der mit Blumen geschmückte Sarg aufgestellt war. Hier hielt der Pred[iger] *Jonas* die tief ergreifende Gedächtnißrede auf den Verstorbenen, dessen thatenreiches Leben und Wirken darin berührend. Nach Beendigung derselben wurde der Sarg von der Dienerschaft und Einwohnern von Tegel in den Park zum Leichenwagen getragen. Ihm folgten zu Fuß Frau v. *Bülow* und ihre Kinder, Se[ine] k[önigliche] H[oheit] der *Prinz von Preußen*, der Oheim des Verstorbenen, Se[ine] Exc[ellenz] der wirkliche Geh[eime] Rath Frhr. *Alexander v. Humboldt*, und die übrigen Leidtragenden, denen sich die Dienerschaft und viele Bewohner Tegel's anschlossen. Der Zug bewegte sich ernst und feierlich durch den im winterlichen Kleide prangenden Park dem Monumente zu, bei welchem sich bereits die Gräber *Wilhelm v. Humboldt's*, seiner Gemalin und seiner ältesten Tochter befinden [...].“[20]

Humboldts bereits bewiesene Anteilnahme und Hilfsbereitschaft für Gabriele nahm in der Folge noch zu, wie ein Brief aus dem folgenden Jahr zeigt, indem Humboldt eine „Excellenz“ am Hofe darum bittet, „der Frau von Bülow eine Freude zu machen“, von der er einen traurigen Brief erhalten hätte.

> „Alle List meines Herzens will ich anwenden um Sie zu vermögen, nun auch in meinem Namen zu flehen, bei dem zu flehen, dessen innige, nie wechselnde Freundschaft, durch Grösse des Namens, Begünstigung jeglicher Arbeit, Edelsinn des Charakters, Bülow am meisten ehren könnte. Sie wissen, theureste Excellenz wie zärtlich die Prinzessin v. Preussen und auch der Prinz an Bülow's Andenken und dem Andenken der liebenswürdigen Wittwe hängen. Jede Aeusserung des dringenden Wunsches,

[19] Gabriele von Bülow an Adelheid von Hedemann, 15.11.1841, in Sydow 1919, 490.

[20] Berlinische Nachrichten von Staats- und gelehrten Sachen, Nr. 34 vom 10.2.1841. Zitiert nach Humboldt 2007, 339.

der Frau v. Bülow eine Freude zu machen, würde der Prinz verstehen und billigen. Ich selbst, als Hof-Physicien, habe die ganze Tasche voll Kunstwerke dazu.“[21]

In den Biographien wird oft betont, dass für Humboldt Gabriele und ihre Familie ein Ersatz für eine eigene Familie war, die er selbst nicht gegründet hatte. Andererseits war der Onkel für Gabriele während der vielen dienstlichen Abwesenheiten Heinrich von Bülows und mehr noch während ihrer langen Witwenzeit ein wichtiges Familienmitglied. Der jüngste Sohn war beim Tod des Vaters erst 8 Jahre alt und sie beriet sich mit den männlichen Verwandten Hedemann und Humboldt auch über Fragen seiner Erziehung und Ausbildung.[22]

Die Briefe in den Jahren bis zu Humboldts Tod lassen eine gegenseitige Fürsorge Gabrieles zum Onkel und umgekehrt spüren. Wie aus dessen Antworten sichtbar, kümmerte sich Gabriele um ihn während seiner häufigen Krankheiten. Daneben spielen Geschenke, Besuche zu Geburtstagen und Weihnachten eine Rolle. Seinen eigenen Geburtstag feierte Humboldt meist in Tegel, und Rauch (einer der ältesten Freunde der Familie) wurde ebenfalls eingeladen. Außerdem verbrachte Humboldt so oft wie möglich seine Sonntage in Tegel.

In der Korrespondenz wird neben diesen, dem Familienleben gewidmeten Themen, Humboldts Bestreben sichtbar, Gabriele mit den neuesten Nachrichten vom Hof, aus dem Bekanntenkreis und dem politischen Leben zu versorgen. Das Politische spielte eine besonders große Rolle, auch nach dem Tod Bülows, wie z.B. Berichte über die revolutionären Unruhen 1848 in Paris und Berlin belegen, was nicht nur etwas über die Interessen des Schreibers, sondern auch der Adressatin aussagt.

Es wird jedoch auch deutlich, dass Humboldts Nähe zu den politischen Entscheidungsträgern im Alter eher abnahm, vor allem seit der Erkrankung von Friedrich Wilhelm IV., so dass die Neuigkeiten, die er Gabriele mitteilte, wohl manchmal nur aus der Zeitung stammen. Gabriele ihrerseits interessierte sich sehr für seine wissenschaftlichen Arbeiten. So schreibt sie ihm 1854: „Wie köstlich ist gewiß Deine Introduktion zu Aragos Werken geworden, wie sehr muß diese Arbeit Dein Gemüt beschäftigt haben. Es ist mir darum lieb, daß sie beendet ist. Für die Beschäftigung Deines Geistes ist mir nicht bange! […] Lebe wohl, teuerster Onkel, gedenke ferner in Liebe und Güte Deiner Dich innigstliebenden Gabriele von Bülow.“[23] Gemeinsam mit ihrem Schwager August von Hedemann beteiligte sie sich auch an der Entscheidung, ob die Briefe Wilhelm von Humboldts an Charlotte Diede herausgegeben werden können, als die Schriftstellerin Therese von Bacheracht sich mit diesem Wunsch im August 1846 an Humboldt wandte.[24]

Ende September 1853 unternahm Frau von Bülow mit ihren drei Töchtern Adelheid, Caroline und Constanze eine Romreise, die jedoch durch ein trauriges Ereignis unterbrochen werden musste: Bei den Enkelkindern und dann auch der Mutter Gabriele von Loën brachen die Masern aus.

„Der Zustand meiner Gross Nichte, der Gattin des königl[ichen] Flügel Adjudanten Baron von Loën, ist seit 5 Wochen wegen innerer Masern, die die Erneurung aller inneren Schleimhäute veranlassen so elend, dass wir alle Nächte ihre Auflösung erwarten. Sie ist kaum 30 Jahr[e] alt und Mutter von 3 schönen Kindern. Liebenswürdig u. geistreich interessirte sie in diesen Leiden die

21 Humboldt vermutlich an Savigny, 4.3.1847, UB Marburg, Hs.-Abt., Hs. 725:596.

22 Sydow 1919, 515.

23 Siehe den Brief vom 10.1.1854.

24 Siehe den Brief vom 20.7.1846 und Sternagel 2021.

Abb. 5: Schloss Tegel, Gartenseite, Foto, um 1910

ganze Stadt. Die Mutter hatte sich mit dem Reste ihrer Familie einen genussreichen Winter in Rom, wo sie selbst ihre Jugend zugebracht (als mein Bruder dort Minister war) verschaffen wollen. Verzweifelt über die täglichen telegraphischen Schreckensnachrichten hat troz des Schnees und der Kälte, die ganze Familie in Rom sich auf die Rükreise gewagt, über Florenz, Venedig, Triest und Wien. Wir erwarten sie [...] frühestens in 6 bis 8 Tagen – diese Nacht fürchten wir schon den Hintritt der jungen Frau: also eine für die Gesundheit gefahrvolle Reise, wahrscheinlich ohne Zweck!!“[25]

Gabriele von Loën starb am 16.2.1854, ihre Mutter kam zu spät:

> „Die Leidende ist nach 8 wöchentlicher Krankheit schmerzenlos entschlafen. Das Geschrei der kleinen und sehr schönen Kinder erfüllt das Haus. Die unglükliche Mutter erwarten wir zum Begräbniss Sonnabend – Montag an der Säule in Tegel [...] Sonderbarer Wechsel des menschlichen Lebens. In derselben Stunde als sie verschied erhielt ich gestern einen unendlich heiteren und lieben Brief des 81jährigen Bonpland aus Montevideo. Er hat vage Hofnung noch einmal Berlin zu besuchen ‚me presser la main,‘ und dann auf seine kleine Besizung am Ufer des Uruguay, wo er 1600 zwanzig Fuß hohe Orangen gepflanzt zurückzukehren um dort zu sterben!“[26]

Danach suchte Gabriele von Bülow eine Wohnung in Berlin in die Nähe von Leopold von Loën, um sich besser um die drei kleinen Enkelkinder (August, Therese, Agnes) kümmern zu können, verbrachte jedoch die Sommer immer in Tegel.[27]

[25] Humboldt an Cotta, 16.2.1854, in Humboldt 2009, 531.

[26] Humboldt an Henriette Mendelssohn, 17.2.1854, in Humboldt 2011, 269. Humboldts Reisebegleiter Bonpland war 1815 nach Südamerika ausgewandert.

[27] Sydow 1919, 524, und Sydow 2000, 263.

Im Sommer 1856 verlobte sich Constanze von Bülow mit Carl von Heinz.[28] Trotz der Trauer um die erst am 14.12.1856 verstorbene Adelheid v. Hedemann fand die Hochzeit am 17. Januar 1857 statt. Am Leben der jungen Familien von Loën und von Heinz nahm Humboldt auch weiter Anteil, bis er am 6.5.1859 starb, seine Nichte Gabriele lebte noch bis zum 16.4.1887. Über Humboldts Tod schrieb sie:

> „Liebe, liebe Kinder! So schreibe ich Euch also wieder nach dem großen, schmerzlichen Ereigniß, das Eure Herzen wie das meinige so tief gerührt hat, und nachdem wir den lieben, lieben Onkel gestern zur stillen Ruhestätte gebracht haben ... Ach wie habe ich Euch vermißt in diesen traurigen Tagen [...] Dabei Seifferts Unwürdigkeiten, die des armen guten Onkels so ganz unglaubliche Bestimmungen so ganz kränkend und schmerzlich machten. [...] Der Sonnabend Nachmittag war zu schrecklich, – in der Bibliothek die theure Leiche aufgebahrt im offenen Sarge so ruhig und friedlich daliegend, umgeben von hohen Gewächsen aus dem Botanischen Garten, von denen eine wundervolle hohe Fächerpalme zu Häupten stand und sich überneigte über die heilige Stätte, und besucht von Freunden und auch Fremden, die nur still hinzutraten und sich ebenso schweigend wieder zurückzogen. In den beiden Wohnzimmern nur die Justiz [...] leider ist das doch klar genug, daß wir – ich und die Brüder – die Erben wohl sind, aber daß Seiffert durch diese Schenkung doch Alles bekommt, die Bibliothek, alle Kunstsachen, selbst die kolossale Büste von David, alle kleinen Andenken, denn auch davon ist nichts ausgenommen. Das ist Alles sehr traurig und sehr unbegreiflich [...].“

Humboldt hatte bekanntlich „seine gesamte bewegliche Habe inklusive der Bibliothek seinem Kammerdiener Johannes Seifert zunächst testamentarisch“ vermacht, ausgenommen die wissenschaftlichen Papiere, die für die Familie bestimmt waren, jedoch auf der Berliner Sternwarte verbleiben sollten.[29] Es folgt die Schilderung der Beerdigung. Gabriele wartete in Tegel auf den Leichenwagen:

> „Endlich gegen zwei Uhr hörte ich auf dem Hofe sagen: nun kämen sie, und Ihr könnt Euch denken, wie ganz schauerlich es war, als nun die vier großen Reitergestalten sichtbar wurden bei dem Licht aus dem Hause und der traurige vierspännige Wagen vorfuhr. Auf der Seite nach dem Brunnen hin, so daß ich's von den Fenstern des Eßzimmers aus sah, wurde der Sarg abgenommen und bei dem Fliederbaum vorbei hereingetragen, und in demselben Moment schlug eine Nachtigall ihr Lied hoch auf. Das war tief rührend, – ach, – überhaupt wie mir ums Herz war, könnt ihr denken! Der Flur war ganz köstlich schön mit Grünem und blühenden Gewächsen geschmückt, die Sello aus Sanssouci am Nachmittag geschickt hatte oder vielmehr selbst begleitet. Auch aus Charlottenburg Vieles. [...] Die Gruft war so grün und freundlich und mit vielem Flieder ausgeschmückt, dem ersten gepflückten, den ich dies Jahr sah. [...] Daß ich gegenwärtig war bei dem letzten Athemzug wird mir stets wohlthuend sein [...].“[30]

Von Humboldts Mitarbeiter und Sekretär Eduard Buschmann sind Briefe mit genauen Schilderungen der letzten Tage und der Sorge der Familie um seinen Nachlass überliefert. Demnach hätte er Frau von Bülow und anderen Familienangehörigen die Beteiligung eines Gerichts empfohlen, um „dem Seifert die Handschriften und Arbeiten Alex.'s v. H. früh zu nehmen: der sie, wenn er sie hätte, wohl nur zu Wucherpreisen würde hergeben wollen.“ Und in der Tat konnte Seifert eine Schenkungsurkunde vorweisen, nach der ihm alles gehörte: „Die Familie war tief betroffen, so schlimm hatte es sich keiner gedacht; ein Glied

28 Siehe Humboldts Gratulationsbrief an Constanze vom 7.8.1856, in Sydow 2000, 265–267.

29 Erdmann/Weber 2015.

30 Sydow 1919, 531–534.

sagte mir: ‚das hätte ich nicht gedacht, daß der arme Onkel in seinem eignen Hause ein Bettler sei!'"[31]

Die von der Schenkung ausgenommenen Papiere Humboldts – Manuskripte, Materialsammlungen, Notizen, Mitschriften – erhielt Buschmann zur Beendigung des „Kosmos" und der „Kleineren Schriften". Nach seinem Tod gelangten sie in die Königliche Bibliothek[32].

3. Weitere Verwandtschaft

Neben der Adressatin und ihren Kindern spielt in der Korrespondenz auch die weitere Verwandtschaft eine mehr oder weniger große Rolle.

Da ist vor allem das Ehepaar Hedemann.

Wilhelm von Humboldts Tochter Adelheid hatte 1815 den 16 Jahre älteren August von Hedemann geheiratet, der nach einer militärischen Karriere 1807 Adjutant des Prinzen Wilhelm von Preußen wurde. Sie hatten keine Kinder, aber Adelheid übernahm als Tante bei den Kindern von Gabriele von Bülow eine wichtige Rolle, wie überhaupt die beiden Schwestern sehr eng verbunden waren. Adelheid, schon länger krank, starb am 14.12.1856. Kurz zuvor soll sie zu Gabriele gesagt haben:

> „Ich habe es ja so gut mit allen Menschen gemeint. – Daß ich keine eigenen Kinder gehabt habe, war traurig, aber ich habe ja Deine so lieb gehabt."[33]

Zu ihrem Tod schrieb Humboldt an Alexander Mendelssohn:

> „Die lezten 3 Tage war die Leidende fast schon ganz ohne Besinnung meist in Jugenderinnerungen italienisch phantasirend […]. So begrabe ich denn das ganze alte Geschlecht ohne über das irdisch Unvermeidliche zu zürnen. […] Wir begraben sie übermorgen Donnerstag im stillsten Kreise an der Säule in Tegel."[34]

Gabriele kümmerte sich nun zunehmend um ihre Enkel.

> „[…] ihre Sorgfalt wandte sich besonders dem Onkel Alexander zu, der das Schicksal eines so hohen Alters, ganze Generationen vor sich dahin gehen zu sehen, bei jedem Todesfall schmerzlicher empfand und klagend ausrief: ‚Ich begrabe mein ganzes Geschlecht!' Seine Nichte war ihm nun die einzige nahe stehende Verwandte. Noch häufiger als sonst suchte er ihr Haus auf […] Alexander v. Humboldts Liebenswürdigkeit ist weltbekannt, für die Seinen hatte er aber noch eine andere Schattierung, einen wärmeren Ton, da war er […] das herzlich liebende Familienhaupt, das seine Theilnahme keinem noch so kleinen Vorkommniß versagte und auch mit dem jüngsten ‚Infanten' zu scherzen wusste."[35]

Humboldt schätzte das Ehepaar Hedemann außerordentlich, wovon seine umfangreiche Korrespondenz mit beiden zeugt. Insbesondere zu August von Hedemann hatte er ein besonderes freundschaftliches Verhältnis (in seinen Briefen nannte er ihn: „mein theurer innigst geliebter Freund"), wohl auch deshalb, weil er ihm auch altersmäßig näher war. Sie kannten

31 Buschmann an Cotta, 20?.5.1859, zitiert nach Leitner 2003, 277–278.

32 Siehe Erdmann/Weber 2015. Heute ist dieser Teil von Humboldts Nachlass in der Bibl. Jag., Kraków.

33 Sydow 1919, 526.

34 Humboldt an Alexander Mendelssohn, [16.12.1856], in Humboldt 2011, 303.

35 Sydow 1919, 528–529.

Abb. 6: Adelheid von Hedemann, geb. von Humboldt, Foto nach einem Gemälde von W. v. Schadow 1818

Abb. 7: August von Hedemann. Kreidelithographie von F. Jentzen, nach einer Zeichnung von Franz Krüger, um 1850?

sich seit 1808, als Hedemann als Begleiter des Prinzen von Preußen in Paris weilte. Hedemann musste beruflich mehrfach den Wohnort wechseln (Posen, Erfurt, Magdeburg), bis er 1852 in den Ruhestand ging.

Mit Hedemann konnte Humboldt auch die Herausgabe der Schriften Wilhelm von Humboldts nach dessen Tod besprechen, da dieser bzw. Adelheid als Erben eingesetzt waren.[36]

Caroline von Humboldt blieb unverheiratet und war schon 1837, knapp zwei Jahre nach ihrem Vater, verstorben. Humboldt klagte:

> „[…] gehe ich schon wieder an ein Grab. Caroline, die älteste unverheirathete Tochter des Verewigten, eine sehr gebildete, edle Person, die unter [ihren] Geschwistern am meisten an den Vater erinnerte, wird heute bei der Denksäule, welche eine schöne Statue von Thorwaldsen, (die Hofnung) ziert, begraben! Sie starb sanft und schnell an Schwindsucht, zu der sich wahrscheinlich ein organisches Uebel des Herzens gesellte. Wie hätte ich geahnet, dass die Arme […] vor mir hinscheiden würde."[37]

Zu den männlichen Nachkommen Wilhelms hatte der Onkel Alexander eine weniger enge Beziehung.

Der zuletzt geborene Hermann heiratete spät (1850) die verwitwete Eleonore von Reitzenstein, mit der er ein Kind hatte. Wilhelm von Humboldt hatte über ihn an Gabriele geschrieben:

[36] Humboldt an August von Hedemann, 12.6.1838, DLA/SNM, Marbach, 62.2140.

[37] Humboldt an J. G. von Cotta, Berlin, 23.1.1837, in Humboldt 2009, 196.

„Mit Hermann bin ich, wenn es so fortgeht, recht sehr zufrieden. [...] Er hat Liebe zu seiner Beschäftigung, große Lust an der Natur, behält immer, ob er gleich mit vielen, auch ungebildeten Leuten umgeht, eine gewisse Zartheit und Feinheit, die über den bloßen Anstand hinausgeht. [...] Er wird gewiß ein guter Mensch, wenn er seine jetzige Einfachheit behält."[38]

1848 wurden Hermann von Humboldt revolutionäre Ansichten nachgesagt, worüber der Onkel an Augusta von Preußen mit dem für ihn typischen spöttischen Witz schrieb:

„[...] daß einer meiner Neffen, Hermann, dem man nachsagt, daß er ein wenig rot ist [...] eine hübsche, etwas dicke Person geheiratet hat (Mondgesicht), die in Berlin einst unter dem Namen eines Fräulein v. Reitzenstein bekannt war. Sie ist die Witwe eines Herrn von der Hagen und lebte in Magdeburg. Meine Familie ist über diese Verbindung sehr zufrieden und hofft, dass sie eine ‚Teltower Bleiche' bewirken wird. Der arme Wilhelm, der in ein niedliches Fräulein von Werder verliebt ist [...] verliert dadurch die Hoffnung auf eine schöne Erbschaft seines Onkels, der die Hälfte der Herrschaft Ottmachau besitzt."[39]

Und an Hedemann schrieb er am 22.2.1849:

„Von der Furcht den socialistischen, von Gr[af] Reichenberg beteufelten Hermann hier in der äussersten Linken zu sehen, sind wir für jezt befreit: seine Wohlthätigkeit für die niederen Klassen soll ihm aber troz seiner geringen Schonung der Catholiken, doch viel Stimmen und einen gewissen Einfluss verschaffen. Wer hätte bei einem so ruhigen Gemüthe, bei einer gewissen Anmuth der Sitten und trägen Langsamkeit des Geistes diese Richtung in ihm geahndet! Langsamkeit und ein pedantischer Starrsinn, ein principiell dogmatischer."[40]

Das Wesen des Neffen hatte Humboldt bereits 1845 gegenüber Gabriele folgendermaßen charakterisiert:

„Es ist eine sonderbare aber gewiss edle Natur, in seiner langsamen, wortarmen Feierlichkeit des Gemüths muss ihm Euer Leben, Euer Gespräch, Eure Schnelligkeit der Ideen ganz unheimlich scheinen. Möge Deine Schwester doch auch die Freude gehabt haben ihn zu umarmen. Der aus Spandau entlassene Prometheus ist ihm wohl fremd geblieben."[41]

Die letzte Bemerkung zielt auf den 1797 geborene Theodor, wohl das schwarze Schaf der Familie. Er hatte 1818 Mathilde von Heineken geheiratet. Das Paar bekam zwei Kinder (Mathilde und Wilhelm), die beide ebenfalls in Briefen Humboldts an Gabriele erwähnt werden, wogegen Theodor zunehmend weniger Kontakte mit seiner Familie hatte. Bereits 1835 war er negativ aufgefallen, als er sich wegen einer Kammerherrenstelle an den König wandte.[42] Wie in den Briefen an Gabriele nachzulesen ist, ist wohl auch eine Scheidung, zumindest eine Trennung erwogen worden.

„Theodor ist leider! durch Sinnlichkeit auf Abwege gerathen und hat eine liebenswürdige Frau zur Trennung gezwungen. Er lebt hier von uns ganz entfremdet. Hermann Humboldt ist umso theurer, edel und frei gesinnt, wohlwollend gegen alle niedern Klassen, glücklich in seiner Familie."[43]

38 Sydow 1919, 281.

39 Müller 1928, 322.

40 Humboldt an August von Hedemann, 22.2.1849, DLA/SNM, Marbach, 62.2140.

41 Brief vom 1.4.1845.

42 Humboldt an August von Hedemann, Berlin, Dienstag Abend [23.6.1835?], DLA/SNM, 98.18.38/1, Marbach.

43 Humboldt an F. G. Welcker, 12.4.1859, Universitätsbibl. Bonn.

Die „Abwege“ hatten ihn sogar in Festungshaft gebracht:

> „Der böse Sohn meines Bruders, Theodor, der seine einst schöne Frau so grässlich gequält, hat voriges Jahr 4 Monate Festungsarrest in Spandau gehabt aber die Nebenverhältnisse waren so unedel, daß Uhden von jeglicher Einmischung mir abrieth.“[44]

Theodors Sohn Wilhelm von Humboldt-Dachröden heiratete am 17.5.1851 Hermine von Werder. Die Tochter Mathilde blieb unverheiratet.

4. Alltag – Freunde – Netzwerk

Die Briefe Humboldts an Gabriele widerspiegeln durch genaue Berichte über seine Aktivitäten auch die Gesellschaft, in der er verkehrte. Zwar betreffen die Untersuchungen zur Salonkultur vorrangig die Zeit um 1800 mit den berühmten Salons der Rahel Levin und Henriette Herz, die Humboldt als junger Mann besucht hatte, aber auch in der späteren Zeit, in der diese Briefe geschrieben wurden – im zweiten Drittel des 19. Jahrhunderts – gab es mehr oder weniger offene Salons und andere private Gesellschaften, die Humboldt besuchte.

Übrigens hat Humboldt der später verarmt in Berlin lebenden Henriette Herz eine Jahrespension aus der königlichen Schatulle verschafft, wie er am 20.11.1845 an Gabriele berichtete.[45] Wie er ihr ebenfalls schrieb, hätte er die „muntere alte Herz im Thiergarten besucht“.[46] Aus einem anderen Kreis seiner frühen Jahre war ebenfalls ein Kontakt geblieben: Karoline von Wolzogen, Schillers Schwägerin, die er von seinen Aufenthalten 1794 und 1795 in Weimar und Jena im Kreis um Goethe kennen gelernt hatte und meist auf der Fahrt nach Paris besuchte.[47]

Petra Wilhelmy-Dollinger teilt in ihrer grundlegenden Studie die Berliner Salons zwischen 1780 und 1914 in 5 Phasen ein (1. um 1780, 2. die klassische Epoche, 3. Mitte des 19. Jahrhunderts, 4. die Bismarckzeit und 5. die Zeit um 1900), von denen hier also die dritte Epoche von Interesse ist.[48] Sie schreibt:

> „Um 1830 änderte sich, nicht ohne Einfluß der französischen Julirevolution, das geistige Klima in Europa. [...] Damals vollzog sich auch ein Generationswechsel bei den Berliner Salonnièren. Ein großer Teil der bedeutenden älteren Salonnièren starben in diesen Jahren [... darunter auch Rahel Varnhagen 1833].“[49]

Humboldt besuchte um 1835 in Paris die miteinander konkurrierenden Salons der beiden Berühmtheiten Dorothea von Lieven und Dorothea von Sagan.[50] Dorothea von Lieven, Ehefrau eines russischen Diplomaten, den sie nach Berlin und London begleitet hatte, lebte seit

[44] Humboldt an Henriette Mendelssohn, [wohl 11.5.1848], in Humboldt 2011, 170.

[45] Brief vom 20.11.1845.

[46] Brief vom 8.6.1847.

[47] Briefe vom 25.8.1838 und 16.1.1847.

[48] Wilhelmy-Dollinger 1989. Über die Unterschiede zwischen Londoner, Weimarer und Berliner Salons siehe auch Röder-Bolton 2015, 99–100, und die zwischen Pariser und Berliner Salons siehe Lund 2015, 402.

[49] Wilhelmy-Dollinger 1989, 151.

[50] Brief vom 26.11.1835.

1837 in Paris, wo sie im Hôtel Talleyrand einen Salon unterhielt, in dem sich die wichtigsten Persönlichkeiten der europäischen Diplomatie trafen. Sie war die Geliebte des französischen Ministerpräsidenten François Guizot und führte einen regen Austausch mit vielen europäischen Politikern.

„Die Sagan" hatte ihren Gatten, den Grafen Edmond de Talleyrand-Périgord, verlassen und lebte seitdem mit seinem Onkel, dem französischen Außenministers Charles-Maurice de Talleyrand, zusammen. Sie wurde eine der einflussreichsten Frauen Europas sowie nach Talleyrands Tod 1838 auch eine der reichsten. Beide Salonnièren hatten durch ihre Kontakte auch indirekten Einfluss auf das politische Geschehen.

Während seiner Aufenthalte in Paris traf Humboldt bei Audienzen oder anderen Gelegenheiten Mitglieder des Hofes und berichtete darüber nicht nur in den sogenannten „diplomatischen Berichten"[51] an den Hof nach Berlin, sondern auch in Briefen an Gabriele, zum Beispiel über seinen Besuch bei Helene Luise Elisabeth, Herzogin zu Mecklenburg-Schwerin, seit 1837 Gemahlin des französischen Thronfolgers Ferdinand Philippe d'Orléans.[52]

Durch seine Nähe zum preußischen König, insbesondere zu Friedrich Wilhelm IV. nach dessen Thronbesteigung 1840, war Humboldt auch in Preußen ständiger Teilnehmer an Hofgesellschaften, gehörte er doch als Kammerherr zum Hofstaat[53]. Seine Aufgabe war die intellektuelle Unterhaltung in der königlichen Abendgesellschaft, unter anderem als Vorleser.[54] Er las auch aus eigenen Werken, z. B. aus dem „Kosmos", an dem er gerade arbeitete, während die Gesellschaft „alte Froschkeulen, den Katzenbrei bayrischer Nudeln und die Petersilien-Suppe, eine historische Flüssigkeit"[55] aß. Ebenso wie Humboldt in seinen Briefen über die Gesellschaft spottete, war diese wohl manchmal von seinen Lesungen gelangweilt.[56] Er wurde auch regelmäßig zu besonderen Anlässen (Besuche ausländischer Regenten usw.) eingeladen.

Humboldt selbst konnte auf Grund seiner beschränkten Wohnverhältnisse (Berlin, Oranienburger Str. 67) nur selten, und dann auch nur wenige Gäste einladen. So entschuldigte er sich einmal bei Gabriele, dass sie bei dem Abschiedsessen für die Malerin Emma Gaggiotti-Richards, bei dem ihr „die große goldene Medaille für Kunst" von Ignaz von Olfers verliehen wurde, nicht mit eingeladen war, denn:

> „Meine Kräfte gehen nicht über 5–6 Personen und ich darf genug auf Euer Aller Nachsicht rechnen, dass Ihr nicht als Nachlässigkeit und Kälte! deutet was in der Unförmlichkeit meiner Haushaltung und Speise Werkzeuge liegt."[57]

Als Ersatz brachte er oft Freunde mit, wenn er Gabriele in Tegel besuchte. Insbesondere Rauch, einen seiner engsten Freunde. Die freundschaftliche Beziehung zwischen Humboldt und Rauch ist gut erforscht.[58] Sie wurzelte in einer langen Freundschaft des Bildhauers mit der Familie seines Bruders. Der damals 28-jährige Rauch war nach Rom in die dortigen Künstler-

[51] Zu den sog. diplomatischen Berichten siehe Théodoridès 1972, Théodoridès 1988 und Péaud 2015.

[52] Brief vom 25.8.1838.

[53] Zum Hofstaat und zur Rolle eines Kammerherrn siehe Holtz in ihrer einleitenden Studie zu Humboldt 2013, 17ff., und Holtz 2015.

[54] Holtz in Humboldt 2013, 22.

[55] Brief vom 5.5.1848.

[56] Humboldt 1959, 238–240.

[57] Brief vom 28.4.1854.

[58] Das Folgende nach B. Maaz „Zur Einführung" in Humboldt 2007a und J. Simson in Simson 1996.

kreise gekommen und lernte hier Wilhelm von Humboldt kennen, der seit 1803 als preußischer Ministerresident dort lebte und wirkte.[59] Rauch gab den Kindern Zeichenunterricht und entwickelte besonders zur kunstinteressierten Caroline eine enge Freundschaft, ebenso wie später zu Gabriele von Bülow. Humboldt lernte ihn vermutlich während seines Besuchs bei seinem Bruder 1805 in Rom kennen. Die Verbindung blieb über mehr als 50 Jahre bestehen. Rauch war fast ein Familienangehöriger und wurde 1838 (wie schon erwähnt) neben Humboldt Pate des Sohnes Bernhard: „Rauch war so schön und liebenswürdig, daß es mich um so mehr freute, ihn zur Pathenstelle eingeladen zu haben und dadurch dem kleinen Junker auch gleich etwas Kunst ins Leben zu mischen", schrieb Gabriele ihrem Ehemann.[60] In einem Brief an ihre Schwester Adelheid schildete sie, wie Rauch nach dem Tod der Tochter Therese am 20. Juli 1841 der Familie zur Seite gestanden hatte:

> „Die Beerdigung war so schön und freundlich wie das Leben des geliebten Kindes. Der gute Rauch hat uns mit wahrer Freundschaft dabei beigestanden, Du weißt, er war schon Dienstag nachmittag hier (um die Maske zu nehmen) und that mir da schon sehr wohl, noch mehr aber in Rücksicht auf Bülow am Mittwoch Vormittag."[61]

Heinrich von Bülow war erst einen Tag nach Thereses Tod aus London angekommen.

Rauch war meist ebenfalls zu Humboldts Geburtstagen in Tegel eingeladen, und von regelmäßigen Sonntagsbesuchen zeugen Humboldts Einladungen.[62] Die Verlobung Constanze von Bülows mit Carl von Heinz 1856 wollte Humboldt ihm persönlich kund tun, denn: „Er gehört recht eigentlich zu unserer Familie."[63]

Die von Rauch geschaffene Büste Humboldts ist in Kopien weit verbreitet.[64] Die Tatsache, dass der Bildhauer offenbar in den fünfziger Jahren ein Denkmal für Humboldt plante, ist weniger bekannt.[65]

Sein Tod 1857 traf Humboldt tief: „Des edlen Rauchs Ableben (so geistreich, so einfach, so schöpferisch, so anmuthig selbst noch von Gestalt[)] ist ein schmerzhafter Verlust für meine Familie zu der er seit Rom 1804 gewissermaassen gehörte!!!"[66]

Auch die Maler Wilhelm Kaulbach und Eduard Hildebrandt sowie einer der Hofgärtner Sello waren gern gesehene Gäste bei Gabriele.

Wenn auch Gabriele keinen Salon im eigentlichen Sinne führte, sondern ihre Zirkel zu den „Randgebieten" zu rechnen sind,[67] war ihr Geselligkeit im Schloss Tegel oder auch in der Stadtwohnung ein Bedürfnis, und außerdem wichtig für den Eintritt der jüngeren Töchter in die Gesellschaft. Humboldt dagegen sah seine Fürsorge für sie auch darin, dass er interessante

59 Simson 1996, 16.
60 Sydow 1919, 405.
61 Sydow 1919, 480.
62 Humboldt 2007a.
63 Brief vom 28.7.1856.
64 Das Original von 1823 existiert nicht mehr, aber die 1850 zu Humboldts Geburtstag angefertigte Rekonstruktion, siehe Maaz in Humboldt 2007a, 17.
65 Maaz zitiert einen Brief von Rauchs Tochter Doris aus dem Jahre 1869, in dem sie sich an den Plan ihres Vaters erinnerte, ein „Standbild in Verbindung mit einem Brunnen auf dem Opernplatz" zu schaffen, der nur an der Krankheit Friedrich Wilhelm IV. gescheitert sei (Humboldt 2007a, 26–27). Siehe auch den Brief vom 1.9.1851.
66 Humboldt an Cotta 12.12.1857, in Humboldt 2009, 597.
67 Wilhelmy-Dollinger 1989, 167.

Gäste mitbrachte. Außerdem konnte er seinen Besuchern mit dem Schloss Tegel und den durch seinen Bruder gesammelten Altertümern dort etwas wirklich Besonderes bieten.

Ein weiterer wichtiger Freund Alexander von Humboldts war bekanntlich Karl August von Varnhagen. Es ist unnötig, auf die lange Freundschaft zwischen beiden näher einzugehen.[68] Es soll hier nur darauf hingewiesen werden, dass er ebenfalls Kontakte zu den Bülows hatte, jedoch wohl eher zu Heinrich von Bülow. So liest man in einem Brief von Humboldt:

> „Minister Bülow klagt, daß Sie kein einzigesmal ihn zwischen 8 und 9 Uhr in seiner Familie besucht haben. Er nimmt morgen Dienstag Abends öffentlich an, und Sie würden ein Schmuck seines Zirkels sein. Er ladet schriftlich niemand von denen ein, die so bestimmt wissen, daß sie ihm theuer sind."[69]

Über einen solchen Besuch am 26.2.1844 berichtete Varnhagen:

> „Abends zu Bülow [...] Frau von Bülow führt mich zur Herzogin von Talleyrand, dem Glanze des heutigen Salons, die Bekanntschaft ist schnell gemacht, wir sprechen von ihren Schwestern [...] von ihrem Onkel Talleyrand, von Metternich, von Tettenborn, – sie kommt aus Wien [...] ich kam erst nach elf nach Hause."[70]

An diesem Abend war Humboldt ebenfalls anwesend.[71] Die hier erwähnte Dorothea Talleyrand-Périgord, spätere Herzogin von Sagan, war 1840 aus Paris nach Preußen zurückgekehrt und lebte in Berlin, Sagan und Frankreich. Sie war regelmäßig Gast bei der königlichen Familie und spielte in der Berliner Gesellschaft dank ihrer Herkunft und ihrem Reichtum eine besondere Rolle. Gabriele von Bülow, die sie bereits aus London kannte, stattete Dorothea nach ihrem Eintreffen in Berlin einen Höflichkeitsbesuch ab und schrieb: „Es war, als wenn die sieben Jahre nicht dazwischen lägen, und das ist immer erfreulich. Auch äußerlich fand ich sie unverändert, eigentlich noch schöner. Sie hat doch eine ausgezeichnete Physiognomie und ein gleiches Wesen."[72] Sie war Patin der am 10.4.1832 in London geborenen Tochter Constanze von Bülow.[73] Wenn sie in der Folge nach Berlin kam, stand sie in regelmäßigem Kontakt mit Humboldt, der sie auch in Sagan besuchte,[74] das sie seit 1840 bewohnte und das sich in der Folge zu einem kulturellen Zentrum entwickelte.[75]

Die bereits oben erwähnte italienische Künstlerin Emma Gaggiotti-Richards war vermutlich das erste Mal im Juni 1853 nach Berlin gekommen und malte hier mehrere Porträts, darunter auch von Humboldt.[76]

68 Humboldt 1860, Varnhagen 1994, Gatter 2006, Gatter 2015, Rosenstrauch 2003 u. a.

69 Humboldt an Varnhagen, 3.4.1842, in Humboldt 1860, 125.

70 Varnhagen 1994, 331, siehe auch den Brief vom 3.3.1844.

71 Brief vom 3.3.1844.

72 Erbe 2009, 126.

73 Sydow 1919, 301.

74 Siehe Humboldt an Alexander Mendelssohn, 8.10.1846, in Müller 1928, 156–157.

75 Der wertvolle Archivbestand mit ihren Korrespondenzen mit berühmten Zeitgenossen, darunter auch die Briefe Humboldts, gilt seit 1945 als verschollen. Sie sind nur vereinzelt und in Auszügen in der Literatur (z. B. Feckes 1917) überliefert. Auch deshalb sind die Zeugnisse in den Briefen Humboldts an Gabriele von Bülow von Interesse. Zum Verhältnis zwischen Humboldt und der Herzogin von Talleyrand siehe das Kap. „Alexander von Humboldt – Der Gelehrte als Weltmann" in Erbe 2009, 194–197.

76 Werner 2018.

Abb. 8: Porträt A. von Humboldts von Emma Gaggiotti-Richards, Öl, 1855

Sie wurde eine der wichtigsten Kontakte Humboldts in den letzten Jahren. Er schätzte sie außerordentlich: „Eine solche Vereinigung geistiger Anlagen u. geistiger Ausbildung bei so viel äusserem Reize und italienischer Natürlichkeit gehört zu den merkwürdigen Lebenserscheinungen.“[77] Mehrfach klagte Humboldt: „Hannibal ist vor den Toren!“, wenn sie ihren

[77] Humboldt an Mendelssohn, 18.2.1858, in Humboldt 2011, 335. Vgl. auch den Brief vom 8.8.1857.

Besuch bei Humboldt ankündigte. Wie bereits beschrieben, war sie einer der seltenen Anlässe, dass Humboldt in seine Wohnung einlud. Natürlich wurde sie ebenfalls nach Tegel zu einem Künstler-Diner geladen.[78]

Auch Ludmilla Assing, die Nichte Varnhagens, „die ja den Luxus hat hüpsch zu zeichnen und im Ganzen recht geschmakvoll zu schreiben"[79] spielt im Briefwechsel eine wenn auch geringe Rolle. Humboldt hatte ihre Biographie von Elisa von Ahlefeldts (ebenfalls eine bekannte Salonnière)[80] durch Varnhagen erhalten und sandte das Buch mit Empfehlungen an Gabriele.[81] Nach Humboldts Tod wurde Assing vor allem durch die Herausgabe der Briefe Humboldts an Varnhagen aus dessen Nachlass bekannt. Das Buch wurde nach Erscheinen beschlagnahmt und sie wohl auch wegen ihrer radikalen Ansichten steckbrieflich verfolgt.

Humboldts besondere Verbundenheit mit dem preußischen König Friedrich Wilhelm IV. ist vielfach beschrieben worden.[82] Schon zum Kronprinzen hatte Humboldt eine persönliche Beziehung, vor allem durch die gemeinsamen künstlerischen Interessen. Nach dem Regierungsantritt des Königs 1840 nutzte Humboldt geschickt dessen Nähe, um durch gezielte Förderung Berlin zu einem Wissenschaftsstandort ersten Ranges werden zu lassen. Friedrich Wilhelm IV. bezeichnete ihn als Freund, wogegen Humboldt den scherzhaften Titel „Physicien de la cour" vorzog. Trotz seiner zunehmenden Enttäuschung über den zögerlichen Regierungsstil des Königs – vor allem hinsichtlich des Übergangs zu einer konstitutionellen Monarchie – hatte sich eine Vertrautheit gebildet, die in seinen Berichten über einen gescheiterten Attentatsversuch[83] und die Krankheit des Monarchen in Humboldts Briefen deutlich wird.[84] Der König litt zunehmend unter Gedächtnislücken und nervlicher Reizbarkeit. Im Sommer 1856 erholte er sich in Marienbad, aber im Folgejahr, ab Mitte Juli 1857, erlitt er mehrere Schlaganfälle, die ihn schließlich regierungsunfähig machten. In dieser Zeit berichtete Humboldt seinem Verleger Cotta: „Der körperliche Zustand des Königs an dem ich hänge durch so viele Banden des innigsten Dankgefühls bessert sich allerdings, die Besserung schreitet fort, aber die Dumpfheit des Intellectuellen nimmt langsamer ab, als ich hoffte."[85] Am 23.10.1857 übernahm Prinz Wilhelm die Stellvertretung, die eigentliche Regentschaft erst am 7.10.1858.[86] Friedrich Wilhelm IV. starb 1861.

Königin Elisabeth von Preußen, die ihren Ehemann während seiner langen Krankheit pflegte, unternahm noch im Winter 1858/59 eine lange Reise mit ihm nach Italien. Von dort sandte sie kurze Berichte an Humboldt über den Zustand des Königs, der selbst wohl nicht mehr schrieb, beispielsweise die folgenden am 1.5.1859:

78 Brief vom 17.7.1855.

79 Brief Nr. 419.

80 Wilhelmy-Dollinger 1989, 583ff.

81 Assing 1857. Siehe auch den Brief vom 1.7.1857.

82 Humboldt 2013.

83 Brief vom 26.7.1844.

84 Brief vom 20.7.1856.

85 Humboldt an Cotta, 21.10.1857, in Humboldt 2013, 590. Siehe auch Barclay 1995, 390.

86 Genaue Schilderung im Brief vom 13.10.1857.

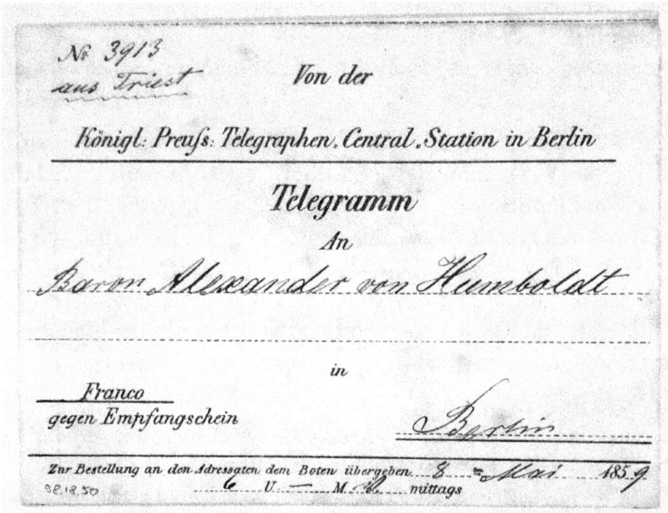

№ 3913
aus Triest

Von der

Königl. Preuß. Telegraphen. Central. Station in Berlin

Telegramm

An

Baron Alexander von Humboldt

in

Franco
gegen Empfangschein

Berlin

Zur Bestellung an den Adressaten dem Boten übergeben 8 Mai 1859
6 U. — M. N. mittags

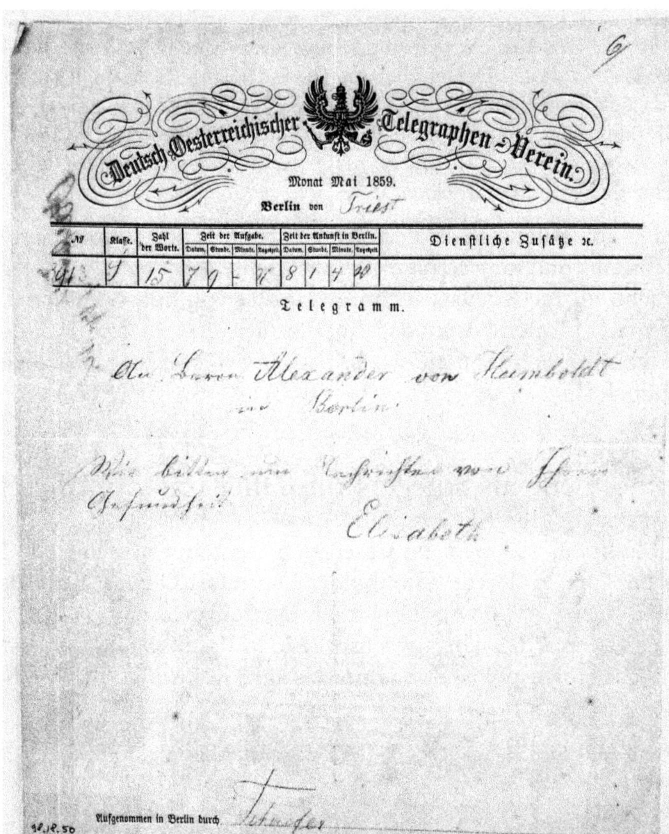

Deutsch-Oesterreichischer Telegraphen-Verein.

Monat Mai 1859.

Berlin von Triest

№	Klasse.	Zahl der Worte.	Zeit der Aufgabe. Datum.	Stunde.	Minute.	Tageszeit.	Zeit der Ankunft in Berlin. Datum.	Stunde.	Minute.	Tageszeit.	Dienstliche Zusätze ꝛc.
91	9	15	7	9	–	N	8	1	4	N	

Telegramm.

An Baron Alexander von Humboldt
in Berlin.

Wir bitten um Nachrichten von Ihrer
Gesundheit.
Elisabeth

Aufgenommen in Berlin durch

Abb. 9: Telegramm Elisabeths von Preußen an Humboldt, Triest, 8.5.1859

„Seine Theilnahme und Lebendigkeit haben hier unstreitig zugenommen, aber das Sprechen ist immer noch sehr mangelhaft ... er frägt sehr oft nach Ihnen mit unwandelbarer Anhänglichkeit. – In Neapel freuten wir uns auf dem Vesuv Ihren alten Führer zu finden der sich rühmte 11mal mit Ihnen oben gewesen zu sein ...“[87].

Es kann sich dabei wohl kaum um Humboldts Vesuvbesteigungen gemeinsam mit Joseph Louis Gay-Lussac im Juli 1805 gehandelt haben, eher die im November 1822 unternommenen.

Im Konvolut der Familienbriefe befindet sich auch ein Telegramm der Königin mit folgendem Inhalt: „Aus Triest. An Herrn Alexander von Humboldt in Berlin. Wir bitten um Nachrichten von Ihrer Gesundheit. Elisabeth“, das erst zwei Tage nach Humboldts Tod eintraf.[88]

Näher als die Königin stand ihm wohl die Kronprinzessin Augusta von Preußen. Sie galt als intelligent und liberal, und ihre Korrespondenz[89] mit Humboldt (den sie „Cher et illustre physicien“ titulierte) zeugt von gegenseitiger Hochachtung. So schrieb er ihr zu ihrem Geburtstag am 30.9.1850:

„Wenn ich an diesem feierlichen Tage Sie wieder mit meiner kleinen, unleserlichen Schrift zu belästigen wage, geschieht es aus dem unwiderstehlichen Bedürfnis, Ew. Königlichen Hoheit in meinem Namen und dem der Bewohner Tegels die Huldigung dieser Dankbarkeit und dieser Verehrung zu Füssen zu legen, die eine erhabene Seele und eine große Klugheit einflößen. Sie haben geruht, lange Jahre meiner Familie ein hochherziges Interesse zu zeigen, und besonders dem Greis, der eine Ergebenheit bekennt, die der zärtlichen Bewunderung gleichkommt. In Tegel, wo Frau von Bülow auch von Zeit zu Zeit an diesen kleinen Fieberanfällen der Jahreszeit leidet, haben wir uns gestern ins Gedächtnis zurückgerufen, wie Sie allein in diesem vergeßlichen Lande bis über das Grab hinaus einem Staatsmann die ständigste und gnädigste Anhänglichkeit bewiesen haben, der bei mehr Bewegungsfreiheit das Staatsruder mit Erfolg gelenkt hätte. Mit welch reizender Fürsorge haben Sie die Tränen einer klagenden Familie getrocknet!“[90]

Die enge Beziehung von Augusta von Preußen zur Familie von Bülow, besonders während der Krankheit Heinrichs und in der Trauerzeit nach seinem Tod, ist überliefert.[91]

Von der Hochachtung, die Augusta auch für Gabriele von Bülow empfand, zeugt die Tatsache, dass sie sie später für den Posten der Oberhofmeisterin im neu zu bildenden Hofstaat vorsah, nachdem ihr Sohn sich 1856 mit der britischen Princess Royal Victoria verlobt hatte. Gabriele lehnte jedoch ab.[92]

5. Die Korrespondenz als Spiegel kultureller und politischer Ereignisse

Die Briefe Humboldts an Gabriele umfassen den Zeitraum Anfang der 30er Jahre des 19. Jahrhunderts bis zum Ende von Humboldts Leben, also etwas mehr als 25 Jahre. Beginnend mit dem Besuch Humboldts kurz nach der Julirevolution in Paris über den Tod Friedrich Wilhelms III. und den Thronwechsel 1840 in Preußen und die 1848er Revolution ist dies auch die Phase großer politischer Umwälzungen in Europa. In Humboldts Leben ist

87 Elisabeth von Preußen, 1.5.1859, Teildruck in J. A. Stargardt, Marburg, Kat. Aukt. 626.1982. Nr. 1074.
88 DLA/SNM, Marbach.
89 Müller 1928, 292–328.
90 Müller 1928, 319.
91 Sydow 1919, 503ff.
92 Sydow 1919, 525.

es die Zeit, in der er besonders durch seine Nähe zu Friedrich Wilhelm IV. stärkeren Einfluss auf die preußische Wissenschafts- und Kulturlandschaft nahm, aber dann mit zunehmendem Alter immer mehr an den Rand gedrängt wurde.[93] Insofern ist diese Korrespondenz eine Ergänzung zu den diese Zeit widerspiegelnden bereits publizierten Korrespondenzen.[94]

Den ersten überlieferten Brief schrieb Humboldts am 20.2.1832 aus Paris an Gabriele in London. Der Inhalt berührt die aktuell wichtigsten Themen:

1. Humboldt äußert seine Sorge um die Familie mit vier kleinen Mädchen wegen der herannahenden Cholera, Gabriele zudem schwanger mit dem fünften Kind, das am 10. April geboren wurde. Bekanntlich kam diese Pandemie etwa 1830 vermutlich aus Indien über Russland nach Polen, von wo aus sie sich über ganz Europa verbreitete. Erste Erkrankungen gab es 1831 in Deutschland.

2. Auf der Londoner Konferenz hatten die europäischen Großmächte Großbritannien, Frankreich, Österreich, Preußen und Russland die Unabhängigkeit Belgiens nach der belgischen Revolution und der Trennung von den Niederlanden anerkannt (Protokolle vom 20.12.1830 und 20.1.1831). In der Folge kam es zu europäischen Konflikten bis zur Kriegsgefahr, die nach der umstrittenen Wahl von Leopold I. zum König der Belgier (21.7.1831) erneut aufflammten. Humboldts Kommentar in seinem Brief an Gabriele: „Die gegenseitige Furcht die man Diplomatik nennt hält den grossen europaeischen Sumpf in Schranken." Heinrich von Bülow spielte als preußischer Gesandter in London eine bedeutende Rolle in diesen Verhandlungen, die bis 1839 andauerten.

3. In Paris war nach Barrikadenkämpfen vom 27. bis 29.7.1830 („Julirevolution") König Karl X. gestürzt, im August Louis Philippe, der sogenannte Bürgerkönig, gewählt worden. Er wurde jedoch von verschiedenen Seiten abgelehnt. Soziale Konflikte führten in der Zeit einer aufkommenden kapitalistischen Entwicklung zu häufigen Unruhen. Auch Preußen stand nun vor der Frage, ob man Louis Philippe anerkennen sollte, wofür sich der preußische König Friedrich Wilhelm III. letztlich entschied.

Auch von den anderen der insgesamt acht Parisaufenthalten sandte Humboldt seine Briefe und diplomatischen Berichte nach Hause. So schrieb er beispielsweise an August von Hedemann nach der Rückkehr von seiner vierten Parisreise:

> „Paris hat für mich nicht bloss Reiz weil dort das Leben bewegter und mit Ideen genährter ist, weil eine Masse wichtiger Gegenstände in immer sich erweiternden Kreisen sich darbieten, nicht bloß deshalb weil ich nach der dortigen Lebensweise zwölf Stunden Einsamkeit und ruhige ungestöhrte Arbeit mit 4 St[unden] geselliger Freuden (8–12 Uhr Abends) verbinden kann: nur was mich dort am meisten erfrischt hat, ist 5 Monate lang volle Freiheit genossen zu haben. Hier ermüdet besonders das immer zunehmende leere Wünschen, der Ausdruk eines Misvergnügens, dessen lezte Ursachen man sich nicht einmal klar macht. In den höchsten Kreisen olympische Ruhe, nicht einmal Neugierde. […] So habe ich dann für rathsamer gehalten, mich hier wieder in meine freudenleere Einsamkeit und Abgeschlossenheit zurükzuziehen und nachdem ich alle Abend in Paris in 2–3 Cirkeln zu sehen war, hier bisweilen in 2–3 Tagen, nur das Angesicht meines Jägers oder einiger Doctoren zu sehen ‚die dem Min[ister] Altenstein zu ausserordentlichen Professoren empfohlen sein oder Geld bis zum Dienstag geliehen haben wollen'. Das allgemeine Gewinsel ist nach ‚Mangel von Energie', ohne das[s]

93 Humboldt 2013 und Werner 2018.

94 Humboldt 1860, Humboldt 2007, Humboldt 2007a, Humboldt 2009, Humboldt 2011, Humboldt 2013 u. a.

die Klagenden damit einen bestimmten Begriff der Handelsweise verbinden. Was mangelt ist Geist, richtige Einsicht in die Bedürfnisse der Zeit, Ueberzeugung, dass das was geschehen wird nicht von den Personen, von Einzelnen mehr oder minder Moderirten, sondern von der allgemeinen Richtung des Wollens grosser Massen abhängt. Diese Massen sind in Frankreich sehr nahe sich einmal wieder thätig auszusprechen […].“[95]

Humboldts etwas ungenau definierte Rolle (denn der eigentliche Gesandte war Heinrich Wilhelm von Werther) in der „Diplomatik“ als „informeller Gesandter“[96] bzw. „königlicher Sonderbotschafter“[97] zwischen Preußen und Frankreich ist vielfach untersucht worden.[98] Als Kammerherr hatte er zwar keinen direkten Einfluss auf politische Entscheidungen, erleichterte jedoch durch seine Vermittlungen die royale Kommunikation zwischen beiden Ländern. So versuchte er auch Bülow zu unterstützen, als diesem in den Verhandlungen in der orientalischen Frage 1840 eigenmächtiges Vorgehen vorgeworfen wurde. Durch den zwischen Großbritannien, Russland, Österreich und Preußen am 15. Juli 1840 in London abgeschlossenen Vertrag, der die Orientkrise beenden sollte, fühlte sich Frankreich getroffen, es kam zur sogenannten Rheinkrise. Die Kriegsgefahr wurde erst ein Jahr später, am 13.7.1841, mit dem nun zwischen den fünf europäischen Großmächten Russland, Großbritannien, Frankreich, Österreich und Preußen mit dem Osmanischen Reich abgeschlossenen Dardanellenvertrag beendet.

Humboldt schrieb kurz vor dessen Abschluss nach Berlin, dass der französische König befürchte, Bülow wolle vor Unterzeichnung des Vertrages abreisen: „Il désire vivement que Votre Majesté puisse permettre à Son Ministre de rester et d’user d’une influence qui, dans ces derniers tems, nous a été si utile.“[99]

Die Krankheit Friedrich Wilhelms III., der am 7.6.1840 starb, und die Übernahme des Throns durch Friedrich Wilhelm IV. spielten sicher auch eine Rolle bei den Verzögerungen in den Verhandlungen in der Orientkrise.

> „Es sind vor allem Briefe an Verwandte, die uns Humboldts Denken über das damalige Europa und Preußens Rolle und Handeln vermitteln. Ausführlich teilte er sich den Töchtern seines verstorbenen Bruders Wilhelm, Gabriele und Adelheid, und deren Ehemännern Heinrich Freiherr von Bülow und August von Hedemann mit.“[100]

Der Thronwechsel ist eine weitere politische Zäsur, die sich in der Korrespondenz widerspiegelt. Seinen ersten Parisbesuch nach der Krönung Friedrich Wilhelms IV. musste Humboldt vom Herbst 1840 verschieben. Er solle „nur nach Paris […] gehen wenn der Friede gesichert ist“, sei ihm geraten worden. Zeitungen berichteten, dass er im Herbst 1840, bereits unterwegs, zurückgerufen worden sei. Es schien allerdings unerklärlich, da Humboldt ja bisher als friedliebend bekannt sei. Könnte das doch auf kriegerische Tendenzen in Preußen hindeuten,

95 Humboldt an A. von Hedemann, Berlin, 5.2.1839, DLA/SNM, Marbach, 62.2140.
96 Päßler in Ette 2018, 166.
97 Holtz 2015, 36.
98 Eine besonders detaillierte Analyse auch unter Benutzung der Familienbriefe Humboldts stammt von B. Holtz (Holtz 2015). Siehe auch Péaud 2015, Päßler 2009 und 2015, Päßler in Ette 2018, Théodoridès 1972 und 1988 u. a.
99 Théodoridès 1988, 43, zitiert nach Péaud 2015, 30.
100 Holtz 2015, 45.

entgegen den bekanntermaßen ebenfalls friedlichen Ansichten des neuen Königs – so wurde spekuliert.[101]

Fast trotzig schreibt er im Frühjahr von seiner Sehnsucht, nun endlich die verschobene Parisreise antreten zu dürfen: „Es wäre das erste Mal in meinem Leben, dass ich, als dem Diplomatischen Wesen fremd, mich in meinen Bewegungen stöhren liesse. Es war schon Gutmüthigkeit und Aufopferung genug von mir, dem König die Hinreise im Herbste abgeschlagen zu haben."[102] Und in der Tat konnte Humboldt nach politischer Entspannung am 18.5.1841 die Reise antreten. Er kehrte am 11.8.1841 zurück.

Unter Friedrich Wilhelm IV. beschränkte sich Humboldts politischer Einfluss auf Ratschläge für Ernennungen auf Wissenschaftsposten und Berufungen vor allem über seine Rolle als Kanzler des 1842 von Friedrich Wilhelm IV. gestifteten Ordens „Pour le mérite" für Wissenschaft und Künste.[103]

In den Briefen an Gabriele erzählt er zwar häufig über seine Teilnahme an Geselligkeiten am Hof oder Reisen mit dem König, äußerte seine politischen Ansichten, aber mehr als kommentieren konnte er das politische Geschehen nicht. Er nutzte jedoch auch im Falle missliebiger Personen seinen Einfluss beim König, der ihn sehr schätzte, eine „persönliche Wertschätzung […] die offensichtlich durch nichts ausgelöscht werden konnte".[104]

Erneut in politisch aufgeladener Atmosphäre fand Humboldts letzte, achte Parisreise statt (Oktober 1847 bis Mitte Januar 1848). Bekanntlich wurde die Herrschaft von Louis Philippe in dieser Zeit zunehmend durch Abkehr vom Liberalismus, Skandalen und Korruptionsfällen erschüttert,[105] bis er in der Februarrevolution abgesetzt wurde. Sichtlich betroffen berichtete Humboldt nach seiner Rückkehr über diese Entwicklung zur „tollen Republik" und das politische Engagement seines alten Freundes François Arago, der Mitglied der am 23. Februar gegründeten provisorischen Regierung wurde.[106] Humboldt, der „trikolore Lappen", wie er sich selbst nannte,[107] bzw. „Hofdemokrat",[108] lehnte den Ausbruch von revolutionärer Gewalt ab, die sich in der Flucht der Herzogin von Orléans, Blutvergießen, Gefechten in den Tuilerien, Schüssen auf den König usw. entladen hatte.[109] Diese Ausschreitungen des „Pöbels" seien, so seine Meinung z. B. in Briefen an Cotta, falschem und zögerlichem Handeln der Monarchen geschuldet:

> „Welche Weltbegebenheiten erleben wir in diesem Jahre an den schon operirten Königen und denen der Operation gewärtigen. Die alten Autoritäten sind morsch gebrochen und die neuen sollen sich erst bilden. […] Um so wichtiger ist es für edlere Deutsche Fürsten die inneren Bande mit dem Volke fester und vertrauensvoller zu schürzen. Neben dem politischen Wirwarr, Krankheit und Hunger. Man kann allerdings der neueren Kultur Kräfte der Vernunft und eine Milde zutrauen, die der älteren

101 Allgemeine Zeitung Nr. 289 vom 24.10.1840, 2383.

102 Brief vom 28.2.184.

103 Siehe „Humboldt als Kanzler des Ordens Pour le Mérite für Wissenschaften und Künste (Friedensklasse)" in Humboldt 2013, 74–78.

104 B. Holtz: Ungleiche Briefpartner. Eine einleitende Studie, in Humboldt 2013, 23.

105 Brief vom 10.11.1847.

106 Brief vom 29.2.1848.

107 Humboldt an Ch. C. J. von Bunsen, 7.1.1842, in Humboldt 2006, 60.

108 Biermann 1983, 105.

109 Leitner 2008.

> Kultur fehlte, aber nicht personificirte Kräfte wirken leider massenhaft, nicht ausgleichend und dem rohen Zufall ergeben."[110]

Es folgte die Revolution in Deutschland, die ebenso wie die weitere Entwicklung (Flucht des späteren Wilhelm I., Regierungsbildung, Verfassungsdiskussion, Restauration, Bildung eines Nationalstaats, Kaiserwahl, Schleswig-Holsteinischer Krieg usw.) in den Jahren ab 1848 ein Hauptthema der Briefe Humboldts an Gabriele war, zumal ihr Schwiegersohn Leopold von Loën in die Niederschlagung des Aufstands involviert war, denn er hatte das Kommando über die Berliner Schlosswache.[111]

Humboldt berichtete Gabriele über seine Teilnahme am Trauerzug für die Märzgefallenen[112] und 1855 über seinen Einsatz als Urwähler „mit 60 Postillonen" („reitende Apostel des Fortschritts"): man hätte „alle ultras geschlagen".[113]

Als Prinz Wilhelm von Preußen am 19.3.1848 aus Berlin geflohen war, da die Bevölkerung den „Kartätschenprinz" für die blutigen Auseinandersetzungen der Märzrevolution 1848 verantwortlich machte, teilte Humboldt mit Gabriele sein Mitgefühl für Prinzessin Augusta, die sich mit ihren zwei Kindern nach Potsdam zurückgezogen hatte:

> „Ich kenne die Grösse Ihrer Seele, die Stärke Ihres Charakters, Ihre Ergebung den Schlägen des Schicksals gegenüber, die Sie schon im Überfluß erfahren haben. Doch während ich diese Zeilen an Ew. Königliche Hoheit schreibe, quält mich heftiger Kummer. Unsere Zeit ist wie das Mittelalter Italiens [...] Gott hat über ihm [d. h. Wilhelm] gewacht. Diese ganze Reise ist ein Opfer, doch halte ich sie für edel und nützlich. Frau von Bülow verläßt mich. Sie wollte sich nach Babelsberg [Residenz von Augusta und Wilhelm bei Potsdam] begeben; sie hat großen Kummer über dieses entsetzliche Ereignis. Ich habe sie in ihrem Vorhaben gehindert. Man muß Ihre Einsamkeit respektieren."[114]

6. Spezifisches und Quellenlage

Insgesamt überwiegt jedoch das Persönliche und Private gegenüber dem Politischen. Außerdem muss angemerkt werden, dass der Austausch zwischen beiden ja nicht ausschließlich schriftlich stattfand, sondern es die unzähligen Begegnungen meist in Tegel gab, in denen Gespräche geführt wurden, von denen kaum etwas überliefert ist. Das unterscheidet den Austausch von anderen, wie z. B. mit dem Verleger Cotta, der fast ausschließlich brieflich geführt wurde.

Die ganz besondere Nähe zwischen Humboldt und seiner Nichte drückt sich nicht nur in gegenseitiger Wärme und Fürsorge aus. Humboldt lässt hier gelegentlich seinem Hang zum Spotten und zum Lästern freien Lauf. So scheut er in einem gewissen Kontext auch nicht davor zurück, das Wort „Judenpak" zu benutzen, was in einer anderen Umgebung für Humboldt absolut undenkbar gewesen wäre.[115]

[110] Humboldt an Cotta, 20.3.1848, in Humboldt 2009, 330ff.
[111] Sydow 1919, 511.
[112] Brief vom 22.3.1848.
[113] Briefe vom 2. und 8.10.1855.
[114] Müller 1928, 304.
[115] Brief vom 15.3.1841.

Humboldt war ein Freund und Förderer jüdischer Zeitgenossen, wie seine Korrespondenz mit der Familie Mendelssohn belegt.[116] Manche uns heute verwundernde und abstoßende Begriffe waren allerdings in der Humboldtzeit verbreitet.[117]

Da Humboldt nur wenige an ihn gerichtete Briefe aufhob, sind kaum Schreiben von Gabriele vollständig erhalten. Die Korrespondenz ist trotzdem nur scheinbar eine fast ausschließliche Humboldts. Zwar stammen 456 Briefe der insgesamt 458 von ihm, sind jedoch manchmal durch kleine handschriftliche Notizen von Gabrieles Hand ergänzt. Außerdem nahm Humboldt in einigen Fällen Bezug auf Tatsachen, die in einem (nicht erhaltenen) Brief von ihr oder auch von Heinrich von Bülow geschrieben wurden. Bedauerlicherweise gibt es auch Streichungen. Ob diese von Gabrieles Hand stammen, ist unsicher, denn es gab eine spätere Editorin: Gabriele von Bülows Enkelin Anna von Sydow, geb. von Heinz, Herausgeberin des siebenbändigen Briefwechsels zwischen Wilhelm von Humboldt und seiner Frau (1. Auflage 1906–1916). Sie publizierte unter Verwendung des Familienarchivs die Bücher „Gabriele von Bülow. Tochter Wilhelm von Humboldts. Ein Lebensbild. Aus den Familienpapieren Wilhelm von Humboldts und seiner Kinder 1791–1887“[118] sowie „Gabriele von Bülows Töchter. Leben und Schicksale der fünf Enkelinnen Wilhelm von Humboldts aus Briefen und Tagebüchern gestaltet“.[119]

Beide Bücher waren eine unschätzbare Hilfe bei der Kommentierung, und in Einzelfällen sind dort auch Briefe abgedruckt, die im Archiv heute nicht mehr zu finden sind. Die Autorin benutzte das Hausarchiv, für das auch Humboldt (der bekanntlich sonst viele Briefe an den Sammler Varnhagen gegeben hat) ausdrücklich einige Briefe gab.

Fast alle der hier publizierten Briefe befinden sich heute im Deutschen Literaturarchiv in Marbach zusammen mit den weiteren Familienbriefen und anderen, offenbar aus dem Hausarchiv, aber vermutlich nicht mit diesem identisch, da auch hier, wie in vielen anderen Archiven, die Kriegswirren (und auch interne Familienkonflikte nach dem Krieg)[120] manche Veränderungen verursacht haben.

Leider ist es in einigen Fällen unmöglich gewesen, die Briefe präzise zu datieren. Annähernde Datierungen konnten nur aus dem Inhalt ermittelt bzw. in Einzelfällen vermutet werden. Außerdem ist es manchmal trotz gründlicher Recherche nicht gelungen, Anspielungen zu entschlüsseln, was nun der weiteren historischen Forschung vorbehalten bleiben muss. Noch schwerwiegender ist die Tatsache, dass in Einzelfällen fehlende Adressaten nicht deutlich Gabriele zugeordnet werden konnten, sondern ebenso an andere Familienangehörige hätten geschickt sein können. Da aber ohnehin die Edition aller Familienbriefe wünschenswert wäre, sei auch das zukünftigen Forschungen vorbehalten. Die Erfahrung in der Humboldtforschung hat gezeigt, dass jede Briefedition nur unvollkommen bleiben kann, denn manchmal gibt es durch glückliche Fügungen auch spätere Funde.

Ähnlich wie eine Unschärfe in der Identifikation von Adressaten gibt es eine Unsicherheit in der Identifikation der in Humboldts Briefen erwähnten Personen. Ein Beispiel ist der oft

116 Humboldt 2011.

117 Siehe Herrmann 2015, 316, der zur Verwendung des Begriffs „schmutzige jüdische Wirthschaft“ schreibt, dass das kein Ausdruck eines Judenhasses sei, sondern: „Diese Art von Humor war einfach zeittypisch. Man war – auf beiden Seiten, der christlichen und der jüdischen – daran gewöhnt.“

118 Sydow 1919.

119 Sydow 2000.

120 Siehe die Akte Magda Maria Hug, DLA/SNM, Marbach, 1998.147, 151, 153 und 174.

verwendete Begriff „Hannibal ist vor den Toren“: meist kündigt er Gabriele einen Besuch an, und meist handelt es sich um Dorothea von Sagan, – aber eben auch nicht immer. Ebenso Sello: Humboldt brachte mehrmals Sello mit zu Gabriele nach Tegel. Da beide Brüder der weit verzweigten Sello-Familie gleichzeitig Hofgärtner in Sanssouci waren (für verschiedene Teile des Parks), konnte nicht ermittelt werden, welcher hier gemeint war. Auch das muss künftiger Forschung vorbehalten bleiben.

Humboldts Handschrift wurde mit zunehmendem Alter immer „unleserlicher“, wie er sich selbst ausdrückte. Trotz großer Bemühungen (auch mit Hilfe der weiten Humboldt-Forschungs-community) ist leider in Einzelfällen eine Lesung unsicher (<in spitzen Klammern>) oder sogar ganz unmöglich gewesen (< – >). Die Unzufriedenheit der Herausgeber über derartige Fälle wird allerdings dadurch verringert, dass es Humboldt beim Entziffern selbst auch nicht besser erging, wie das folgende Beispiel zeigt: Humboldt hatte einen Brief von August von Hedemann erhalten, mit ziemlich unleserlichen Worten, die Humboldt als: Cac. erusco Cac. entzifferte und an Gabriele weitersandte mit der Bemerkung: „Scheint mir eine Anwandlung von Lateinisch in der ich nur erusco lesen kann das nichts heisst: erubisco heisst ich erröthe [...]! Aber das böse Cac ...“. Glücklicherweise ist Hedemanns Brief erhalten und man kann mit viel Mühe dort die Worte entziffern „<Caetern> censeo Carthaginem“. Hedemann meinte also vermutlich das geflügelte Wort: „Ceterum censeo Carthaginem esse delendam“.[121]

Trotz derartiger Unvollkommenheiten stellt der vorliegende Briefwechsel ein recht abgerundetes Gesamtbild der Beziehung Humboldts zu seiner Nichte Gabriele mit einigen bisher unbekannten Facetten in seinem letzten Lebensdrittel dar und bietet so Material, um als Ergänzung der bisherigen Briefeditionen den hinter dem Schleier seiner Berühmtheit verborgenen Wissenschaftler, Kammerherrn, Ordensträger, Autor, Freund und Onkel etwas sichtbarer werden zu lassen.

[121] Lat.: Übrigens denke ich, dass Karthago zerstört werden sollte. – Brief vom 21.6.1851.

Danksagung

Ohne freundliche Hilfe von vielen Seiten wäre dieser Band nicht zustande gekommen.

In erster Linie ist hier zu danken Eberhard Knobloch (ehemaliger Projektleiter der Arbeitsstelle „Alexander-von-Humboldt-Forschung“ der Berlin-Brandenburgischen Akademie der Wissenschaften), der mit fachlichem Rat, Sprachkenntnis und Ermutigung während der langen Entstehungsphase immer Zeit fand, Transkriptionen durchzusehen und Fragen zu beantworten. Auch den anderen Mitarbeitern des Akademienvorhabens „Alexander von Humboldt auf Reisen – Wissenschaft aus der Bewegung“ (insbesondere Ulrich Päßler und Ingo Schwarz) bin ich für wertvolle Hinweise dankbar. Regina Mikosch unterstützte erneut das Entstehen des Bandes in bewährter Weise durch redaktionelle Durchsicht. Ulrich Päßler entzifferte viele scheinbar unlösbare Stellen in Humboldts schwieriger Handschrift. Daneben unterstützten meine Arbeit auch andere Forscher und Forscherinnen vom „Zentrum Preußen-Berlin“ (Bärbel Holtz, Manfred Ringmacher (†) und Paolo Rubini). Für wichtige technische Unterstützung bin ich den Mitarbeitern der Abteilung Telota-IT der Akademie dankbar. Hier war es vor allem Dimo Stojanoff, der mit Geduld und technischem Wissen aus mancher verzweifelten Situation half. Viele andere hier nicht persönlich genannten Kollegen und Kolleginnen des Bereichs haben ebenfalls schnell und unbürokratisch geholfen.

Last but not least bin ich der BBAW dankbar für die Möglichkeit, auch nach Beendigung meiner Tätigkeit als wissenschaftliche Mitarbeiterin weiter in ihren Räumen arbeiten zu können, und die finanzielle Förderung durch Druckkostenzuschuss bei der Herstellung des Bandes.

Auch außerhalb der Akademie gab es wieder unzählige Hilfe und Unterstützung.

Dem Deutschen Literaturarchiv (Schiller-Nationalmuseum in Marbach) verdanke ich nicht nur die Erlaubnis der Publikation, sondern auch Unterstützung bei meinen Recherchen im Archiv. Erneut durfte ich die fruchtbare und angenehme Arbeitsatmosphäre in Bibliothek, Archiv und Gästehaus in Marbach genießen, im Jahr 2020 finanziell gefördert durch ein Kurzzeitstipendium.

Dem Verlag De Gruyter danke ich für die Aufnahme ins Verlagsprogramm und die wertvolle Hilfe durch die Lektorin Susanne Rade.

Aus der vielfachen Unterstützung in der weiten Humboldt-Forschung außerhalb der Akademie können hier nur einzelne Namen genannt werden: Ich danke David Blankenstein (Kunsthistoriker), Sibylle Badstübner-Gröger (Kunsthistorikerin), Nikolaus Gatter (Germanist, Vorsitzender der Varnhagen Gesellschaft), Renate Sternagel (Literaturwissenschaftlerin), Günter Erbe (Kulturhistoriker), Peter Heyl (Lektor), Frank Zimmer u. a.

Ihnen allen (und vielen anderen hier nicht namentlich genannten) Freunden und Mitarbeitern verschiedenster Institutionen sei an dieser Stelle für Ihre uneigennützige Hilfe und Geduld gedankt.

Editionsrichtlinien

Die Briefe werden möglichst vollständig entsprechend der Handschrift wiedergegeben. Der Briefkopf enthält den Hinweis auf die Provenienz der Handschrift bzw. der Abschrift und den Literaturhinweis eines eventuellen Drucks. Unsichere Datierungen sowie Ergänzungen der Herausgeber stehen in eckigen Klammern, unsichere Lesungen der Handschrift dagegen in spitzen Klammern. Häufig verwendete Abkürzungen stehen im Abkürzungsverzeichnis.
Schreibeigentümlichkeiten wurden bewahrt. Dazu gehören bei Humboldt beispielsweise:

- häufig fehlende Doppelkonsonanten, z. B. vortreflich, gedrukt (dagegen aber auch: Drukkerei), schrekliche oder Vokalen: disponirt (dagegen aber: giebt), z statt tz (sezt, unnüz)
- häufige Schreibung von Th statt T (z. B. Theil, Monathe)
- Dopplung des Schluss-S, z. B. Besorgniss
- schwankende Schreibung von Eigennamen, z. B. Göthe

usw.
Offensichtliche sprachliche Irrtümer Humboldts werden dagegen im Text (mit einem Hinweis im kritischen Apparat) korrigiert.
Die Briefe erhielten zwei Apparate:

1. den zum Verständnis notwendigen Kommentar in den Anmerkungen 1, 2, 3, ... am Schluss jedes Briefes. Biographische, geographische und bibliographische Hinweise findet man dagegen in den entsprechenden Verzeichnissen.
2. den kritischen Apparat in den Anmerkungen am Ende der Seite.
   Dazu gehören:
   - Randbemerkungen der Korrespondenten (*H* für *Humboldt* oder *B* für *Gabriele von Bülow*)
     Beispiele:
     Datierung durch Gabriele von Bülow: 17ter Februar 1858. *B am Rand*
     Randbemerkung Humboldts: Ich höre eben dass Prinzess hier geschlafen u. nach der Tafel nach Schlesien abgeht. Die Grossherzogin v. Schwerin erwartet hier noch den Sohn
     H am Rand: Ich höre [...] den Sohn.
   - Korrekturen von sprachlichen Fehlern des Briefschreibers durch die Herausgeberin
     Beispiel: bei [ihrem][a] Sohne
     [a] Ihrem *H ändert Hrsg.*
     Hier hatte Humboldt irrtümlich „Ihrem“ statt „ihrem“ geschrieben.
   - Textversionen und Ergänzungen Humboldts
     Beispiel 1: die bei[1] Sturm und Hagelwetter grosse Aventuren auf dem Dampfbo[o]te erlebt[2] hatten
     [1] (1) von (2) bei *H*
     [2] erlebt *ergänzt H*
     Vorher stand hier: die von Sturm und Hagelwetter grosse Aventuren auf dem Dampfbote hatten

Beispiel 2: Es war, als man hier halben Glauben der[1] Abdankung des „Kurbuben“ schenkte
[1] (1) an (2) an die (3) der *H*
Humboldt hatte hier erst „Glauben an“ geschrieben, danach in „Glauben an die“, und zuletzt in „Glauben der“ geändert

- Streichungen:
  Beispiel: Fanna, die bei[1] Fürst Wittgenstein im Schloss Simmern privatisirt
  [1] die | sich *gestrichen* | bei *H*
  Hier stand zuerst: Fanna, die sich bei Fürst Wittgenstein im Schloss Simmern privatisirt
- Unsichere bzw. nicht entzifferbare Worte stehen in spitzen Klammern.

Abkürzungen:

Im Briefkopf:

H	Handschrift
D	Druck
o. O. u. o. D.	ohne Ort und ohne Datum
A	Abschrift, Teilabschrift
Td	Teildruck

In den Anmerkungen:

B	Gabriele von Bülow
H	Alexander von Humboldt

Im Brieftext und den Anmerkungen:

d. M.	des Monats
d.	den, der
d.h.	das heißt
Dr/Dr.	Doktor
f.	folgende
fr.	francs
Frz.	Französisch
H.	Herr
Ital.	Italienisch
Mr	Monsieur
n.	numero
Nb	Nebenbemerkung
od.	oder
r./Rt.	Reichstaler
Sr.	Seine/r
St.	Stunde
U	Uhr
u.	und
usw.	und so weiter
v.	von

Jan.	Januar
Febr.	Februar
Aug.	August
Sept.	September
Oct./Okt.	Oktober
Nov.	November
Dec./Dez.	Dezember

Alle weiteren Abkürzungen sind in eckigen Klammern aufgelöst.

Chronologisches Verzeichnis der Briefe

85 A. v. Humboldt an G. v. Bülow
o. O. u. o. D., [vermutlich April/Mai 1843]

86 A. v. Humboldt an G. v. Bülow
o. O., 18.4.1843

87 A. v. Humboldt an G. v. Bülow
o. O. u. o. D., [18.4.1843]

88 A. v. Humboldt an G. v. Bülow
Potsdam, 27.5.1843

89 A. v. Humboldt an G. v. Bülow
o. O., 6.6.1843

90 A. v. Humboldt an G. v. Bülow
o. O. u. o. D., [nach 19.7., vor 5.8.1843]

91 A. v. Humboldt an G. v. Bülow
o. O., 20.8.1843

92 A. v. Humboldt an G. v. Bülow
o. O. u. o. D., [13.9.1843]

93 A. v. Humboldt an G. v. Bülow
Potsdam, o. D., [vermutlich 1843]

94 A. v. Humboldt an G. v. Bülow
o. O. u. o. D., [23.9.1843]

95 A. v. Humboldt an G. v. Bülow
Potsdam, 3.11.1843

96 A. v. Humboldt an G. v. Bülow
o. O., 12.12.[1843]

97 A. v. Humboldt an G. v. Bülow
o. O., 13.12.1843

98 A. v. Humboldt an G. v. Bülow
o. O. u. o. D., [vermutlich 23.12.1843]

99 A. v. Humboldt an G. v. Bülow1
o. O., 16.1.1844

100 A. v. Humboldt an G. v. Bülow
o. O. u. o. D., [20.1.1844]

101 A. v. Humboldt an G. v. Bülow
o. O., 1.2.1844

102 A. v. Humboldt an G. v. Bülow
o. O. u. o. D., [nach 5.2.1844]

103 A. v. Humboldt an G. v. Bülow
o. O., 10.2.1844

104 A. v. Humboldt an G. v. Bülow
o. O., 16.2.1844

105 A. v. Humboldt an G. v. Bülow
o. O., 3.3.1844

106 A. v. Humboldt an G. v. Bülow
o. O., 21.3.1844

107 A. v. Humboldt an G. v. Bülow
o. O., 2.4.1844

108 A. v. Humboldt an G. v. Bülow
o. O. u. o. D.

109 A. v. Humboldt an G. v. Bülow
o. O., 31.7.1844

110 A. v. Humboldt an G. v. Bülow
o. O. u. o. D.,
[vermutlich Anfang August 1844]

111 A. v. Humboldt an G. v. Bülow
o. O., 13.8.1844

112 A. v. Humboldt an G. v. Bülow
o. O., 14.8.1844

113 A. v. Humboldt an G. v. Bülow
o. O., 7.9.1844

114 A. v. Humboldt an G. v. Bülow
o. O. u. o. D., [vor 17.11.1844]

115 A. v. Humboldt an G. v. Bülow
o. O., 3.12.1844

116 A. v. Humboldt an G. v. Bülow
o. O., 6.12.1844

117 A. v. Humboldt an G. v. Bülow(?)
o. O., 14.12.1844

118 A. v. Humboldt an G. v. Bülow
o. O., 21.12.1844

119 A. v. Humboldt an G. v. Bülow
Paris, 28.1.1845

120 A. v. Humboldt an G. v. Bülow
Paris, 1.3.1845

121 A. v. Humboldt an G. v. Bülow
Paris, 1.4.1845

122 A. v. Humboldt an G. v. Bülow
Paris, 4.4.1845

123 A. v. Humboldt an G. v. Bülow
o. O. u. o. D.,
[vermutlich Sommer 1845]

124 A. v. Humboldt an G. v. Bülow
Potsdam, 10.7.1845

125 A. v. Humboldt an G. v. Bülow
Horchheim, 23.8.1845

126 A. v. Humboldt an G. v. Bülow
o. O., 9.9.1845

127 A. v. Humboldt an G. v. Bülow
Potsdam, 9.11.1845

128 A. v. Humboldt an G. v. Bülow
o. O., 20.11.1845

129 A. v. Humboldt an G. v. Bülow
o. O., 24.12.1845

130 A. v. Humboldt an G. v. Bülow
o. O. u. o. D.

131 A. v. Humboldt an G. v. Bülow
o. O. u. o. D.

132 A. v. Humboldt an G. v. Bülow
o. O., 17.1.1846

133 A. v. Humboldt an G. v. Bülow
Potsdam, 5.5.1846

134 A. v. Humboldt an G. v. Bülow
Potsdam, 20.5.[1846]

135 A. v. Humboldt an G. v. Bülow
o. O., 2.6.1846

136 A. v. Humboldt an G. v. Bülow
Berlin, 11.7.1846

137 A. v. Humboldt an G. v. Bülow
o. O., 20.7.1846

138 A. v. Humboldt an G. v. Bülow
o. O. u. o. D., [vermutlich 22.9.1846]

139 A. v. Humboldt an G. v. Bülow
o. O., 25.9.1846

140 A. v. Humboldt an G. v. Bülow
o. O., 28.9.1846

141 A. v. Humboldt an G. v. Bülow
o. O., 29.9.1846

142 A. v. Humboldt an G. v. Bülow
o. O. u. o. D., [vermutlich 1846]

143 A. v. Humboldt an G. v. Bülow
Erdmannsdorf, 4.10.1846

144 A. v. Humboldt an G. v. Bülow
Potsdam, 17.10.1846

145 A. v. Humboldt an G. v. Bülow
o. O. u. o. D., [vor 17.11.18461]

146 A. v. Humboldt an G. v. Bülow
o. O. u. o. D.,
[vermutlich vor 17.11.1846]

147 A. v. Humboldt an G. v. Bülow
o. O. u. o. D., [9.12.1846]

148 A. v. Humboldt an G. v. Bülow
o. O. u. o. D.

149 A. v. Humboldt an G. v. Bülow
o. O. u. o. D.

150 A. v. Humboldt an G. v. Bülow
Berlin, [vermutlich 16.]1.1847

151 A. v. Humboldt an G. v. Bülow
o. O. u. o. D., [vermutlich 18.1.1847]

152 A. v. Humboldt an G. v. Bülow
o. O., 25.1.1847

153 A. v. Humboldt an G. v. Bülow
Berlin, 2.2.1847

154 A. v. Humboldt an G. v. Bülow
Berlin, 4.2.1847

155 A. v. Humboldt an G. v. Bülow
Berlin, 10.2.1847

156 A. v. Humboldt an G. v. Bülow
o. O., 3.3.1847

157 A. v. Humboldt an G. v. Bülow
Berlin, 9.3.1847

158 A. v. Humboldt an G. v. Bülow
o. O., 29.3.1847

159 A. v. Humboldt an G. v. Bülow
o. O., 11.4.1847

160 A. v. Humboldt an G. v. Bülow
o. O., 26.4.[1847?]

161 A. v. Humboldt an G. v. Bülow
o. O., 5.5.1847

162 A. v. Humboldt an G. v. Bülow
o. O., 16.5.1847

163 A. v. Humboldt an G. v. Bülow
Potsdam, 26.5.1847

164 A. v. Humboldt an G. v. Bülow
Potsdam, 1.6.1847

165 A. v. Humboldt an G. v. Bülow
Potsdam, 8.6.1847

166 A. v. Humboldt an G. v. Bülow
Potsdam, 11.6.1847

167 A. v. Humboldt an G. v. Bülow
o. O. u. o. D.

168 A. v. Humboldt an G. v. Bülow
o. O., 13.7.1847

169 A. v. Humboldt an G. v. Bülow
Potsdam, 29.7.1847

170 A. v. Humboldt an G. v. Bülow
o. O. u. o. D.

171 A. v. Humboldt an G. v. Bülow
Berlin, 2.9.1847

172 A. v. Humboldt an G. v. Bülow
Sanssouci, 9.9.1847

173 A. v. Humboldt an G. v. Bülow
Berlin, 13.9.1847

174 A. v. Humboldt an G. v. Bülow
o. O., 23.9.1847

175 A. v. Humboldt an G. v. Bülow
Horchheim, 9.10.1847

176 A. v. Humboldt an G. v. Bülow
Paris, 14.10.1847

177 A. v. Humboldt an G. v. Bülow
Paris, 10.11.1847

178 A. v. Humboldt an G. v. Bülow
Paris, 19.11.1847

179 A. v. Humboldt an G. v. Bülow
Paris, 14.12.1847

180 A. v. Humboldt an G. v. Bülow
Paris, 26.12.1847

181 A. v. Humboldt an G. v. Bülow
o. O., 17.1.1848

182 A. v. Humboldt an G. v. Bülow
o. O., 19.1.1848

183 A. v. Humboldt an G. v. Bülow
Sanssouci, o. D.,
[vermutlich nach 20.1.1848]

184 A. v. Humboldt an G. v. Bülow
Berlin, 21.1.1848

185 A. v. Humboldt an G. v. Bülow
o. O., 30.1.1848

186 A. v. Humboldt an G. v. Bülow
o. O., 4.2.1848

187 A. v. Humboldt an G. v. Bülow
Berlin, 18.2.1848

188 A. v. Humboldt an G. v. Bülow
o. O., 25.2.1848

189 A. v. Humboldt an G. v. Bülow
Berlin, 27.2.1848

190 A. v. Humboldt an G. v. Bülow
o. O., 29.2.1848

191 A. v. Humboldt an G. v. Bülow
Berlin, 1.3.[1848]

192 A. v. Humboldt an G. v. Bülow
o. O., 3.3.1848

193 G. v. Bülow an A. v. Humboldt
o. O. u. o. D., [nach 3.3.1848]

194 A. v. Humboldt an G. v. Bülow
o. O., 6.3.1848

195 A. v. Humboldt an G. v. Bülow
o. O., 7.3.1848

196 A. v. Humboldt an G. v. Bülow
o. O., 11.3.1848

197 A. v. Humboldt an G. v. Bülow
Berlin, 17.3.1848

198 A. v. Humboldt an G. v. Bülow
Berlin, 22.3.1848

199 A. v. Humboldt an G. v. Bülow
Berlin, 26.3.1848

200 A. v. Humboldt an G. v. Bülow
o. O., 18.4.1848

201 A. v. Humboldt an G. v. Bülow
o. O., 18.4.1848

202 A. v. Humboldt an G. v. Bülow
o. O., 1.6.1848

203 A. v. Humboldt an G. v. Bülow
o. O., 1.6.1848

204 A. v. Humboldt an G. v. Bülow
o. O., 1.6.1848

205 A. v. Humboldt an G. v. Bülow
o. O. u. o. D., [nach 5.6.1848]

206 A. v. Humboldt an G. v. Bülow
o. O., 11.6.1848

207 A. v. Humboldt an G. v. Bülow
o. O. u. o. D.

208 A. v. Humboldt an G. v. Bülow
o. O., 10.7.1848

209 A. v. Humboldt an G. v. Bülow
o. O., 15.7.1848

210 A. v. Humboldt an G. v. Bülow
o. O., 16.7.1848

211 A. v. Humboldt an G. v. Bülow
o. O., 31.7.1848

212 A. v. Humboldt an G. v. Bülow
o. O., 1.8.1848

213 A. v. Humboldt an G. v. Bülow
Potsdam, o. D., [vor 4.8.1848]

214 A. v. Humboldt an G. v. Bülow
o. O., 9.8.1848

215 A. v. Humboldt an G. v. Bülow
o. O., 10.8.1848

216 A. v. Humboldt an G. v. Bülow
o. O. u. o. D., [vor 12.8.1848]

217 A. v. Humboldt an G. v. Bülow
o. O., 12.8.1848

218 A. v. Humboldt an G. v. Bülow
Potsdam, o. D., [vermutlich 25.8.1848]

219 A. v. Humboldt an G. v. Bülow
o. O. u. o. D., [vermutlich 27.8.1848]

220 A. v. Humboldt an G. v. Bülow
Potsdam, o. D., [vermutlich 30.8.1848]

221 A. v. Humboldt an G. v. Bülow
Berlin, o. D., [nach 30.8.1848]

222 A. v. Humboldt an G. v. Bülow
o. O. u. o. D., [vermutlich 9.9.1848]

223 A. v. Humboldt an G. v. Bülow
Potsdam, 11.9.1848

224 A. v. Humboldt an G. v. Bülow
Potsdam, 12.9.1848

225 A. v. Humboldt an G. v. Bülow
Potsdam, 16.9.1848

226 A. v. Humboldt an G. v. Bülow
Potsdam, o. D., [vermutlich 19.9.1848]

227 A. v. Humboldt an G. v. Bülow
Potsdam, 23.9.1848

228 A. v. Humboldt an G. v. Bülow
Potsdam, 4.10.1848

229 A. v. Humboldt an G. v. Bülow
Potsdam, 5.10.1848

230 A. v. Humboldt an G. v. Bülow
o. O., 11.10.1848

231 A. v. Humboldt an G. v. Bülow
o. O. u. o. D., [vermutlich 14.10.1848]

232 A. v. Humboldt an G. v. Bülow
o. O. u. o. D., [vermutlich 14.10.1848]

233 A. v. Humboldt an G. v. Bülow
o. O., 17.10.1848

234 A. v. Humboldt an G. v. Bülow
Potsdam, 23.10.1848

235 A. v. Humboldt an G. v. Bülow
o. O., 8.11.1848

236 A. v. Humboldt an G. v. Bülow
o. O. u. o. D., [vermutlich 25.11.1848]

237 A. v. Humboldt an G. v. Bülow
o. O., 27.11.1848

238 A. v. Humboldt an G. v. Bülow
o. O., 5.12.1848

239 A. v. Humboldt an G. v. Bülow
o. O. u. o. D.

240 A. v. Humboldt an G. v. Bülow
o. O. u. o. D.

241 A. v. Humboldt an G. v. Bülow
Berlin, 12.1.1849

242 A. v. Humboldt an G. v. Bülow
o. O. u. o. D., [vermutlich 28.1.1849]

243 A. v. Humboldt an G. v. Bülow
o. O., 2.2.1849

244 A. v. Humboldt an G. v. Bülow
o. O., 4.2.1849

245 A. v. Humboldt an G. v. Bülow
o. O. u. o. D., [vermutlich 19.2.1849]

246 A. v. Humboldt an G. v. Bülow
o. O., [vermutlich 23.2.1849]

247 A. v. Humboldt an G. v. Bülow
o. O., 17.3.1849

248 A. v. Humboldt an G. v. Bülow
o. O., 31.3.1849

249 A. v. Humboldt an G. v. Bülow
o. O., 7.4.1849

250 A. v. Humboldt an G. v. Bülow
Berlin, 18.4.1849

251 A. v. Humboldt an G. v. Bülow
o. O., 2.5.1849

252 A. v. Humboldt an G. v. Bülow
o. O. u. o. D.,
[vermutlich Mitte Mai 1849]

253 A. v. Humboldt an G. v. Bülow
o. O., 17.5.1849

254 A. v. Humboldt an G. v. Bülow
o. O., 26.5.1849

255 A. v. Humboldt an G. v. Bülow
o. O., 27.6.1849

256 A. v. Humboldt an G. v. Bülow
o. O., 29.6.1849

257 A. v. Humboldt an G. v. Bülow
Berlin, [vermutlich 3.7.1849]

258 A. v. Humboldt an G. v. Bülow
Potsdam, [vermutlich 10.7.1849]

259 A. v. Humboldt an G. v. Bülow
o. O., 19.7.1849

260 A. v. Humboldt an G. v. Bülow
Potsdam, 20.7.1849

261 A. v. Humboldt an G. v. Bülow
o. O. u. o. D., [vermutlich 25.7.1849]

262 A. v. Humboldt an G. v. Bülow
Potsdam, 31.7.1849

263 A. v. Humboldt an G. v. Bülow
Potsdam, 16.8.1849

264 A. v. Humboldt an G. v. Bülow
Potsdam, [vermutlich 17.8.1849]

295 A. v. Humboldt an G. v. Bülow
o. O., 1.12.1850

296 A. v. Humboldt an G. v. Bülow
o. O. u. o. D.,
[vermutlich Anfang Dezember 1850]

297 A. v. Humboldt an G. v. Bülow
Berlin, 22.12.1850

298 A. v. Humboldt an G. v. Bülow1
o. O. u. o. D., [vermutlich 22.12.1850]

299 A. v. Humboldt an G. v. Bülow
o. O. u. o. D.

300 A. v. Humboldt an G. v. Bülow
o. O. u. o. D.

301 A. v. Humboldt an G. v. Bülow
o. O. u. o. D., [vermutlich 1851]

302 A. v. Humboldt an G. v. Bülow
Berlin, 2.2.1851

303 A. v. Humboldt an G. v. Bülow
o. O., 17.2.1851

304 A. v. Humboldt an G. v. Bülow
o. O., 5.3.1851

305 A. v. Humboldt an G. v. Bülow
o. O., 26.3.1851

306 A. v. Humboldt an G. v. Bülow
o. O. u. o. D., [nach 31.3.1851]

307 A. v. Humboldt an G. v. Bülow
o. O., 1.4.1851

308 A. v. Humboldt an G. v. Bülow
o. O., 18.5.1851

309 A. v. Humboldt an G. v. Bülow
o. O., 14.6.1851

310 A. v. Humboldt an G. v. Bülow
o. O. u. o. D., [vermutlich 22.6.1851]

311 A. v. Humboldt an G. v. Bülow
o. O. u. o. D., [vermutlich 25.7.1851]

312 A. v. Humboldt an G. v. Bülow
o. O., 27.7.1851

313 A. v. Humboldt an G. v. Bülow
o. O., 2.8.1851

314 A. v. Humboldt an G. v. Bülow
o. O., 22.8.1851

315 A. v. Humboldt an G. v. Bülow
Berlin, 1.9.1851

316 A. v. Humboldt an G. v. Bülow
o. O., 5.9.1851

317 A. v. Humboldt an G. v. Bülow
o. O., 6.9.1851

318 A. v. Humboldt an G. v. Bülow
Berlin, 12.9.1851

319 A. v. Humboldt an G. v. Bülow
Potsdam, 27.9.[1851]

320 A. v. Humboldt an G. v. Bülow
o. O., 18.11.1851

321 A. v. Humboldt an G. v. Bülow
o. O., 27.11.1851

322 A. v. Humboldt an G. v. Bülow
o. O. u. o. D.

323 A. v. Humboldt an G. v. Bülow
o. O. u. o. D., [nach 11.9.1851]

324 A. v. Humboldt an G. v. Bülow
o. O. u. o. D.

385 A. v. Humboldt an G. v. Bülow
Berlin, 24.9.1855

386 A. v. Humboldt an G. v. Bülow
Berlin, 2.10.1855

387 A. v. Humboldt an G. v. Bülow
Berlin, 8.10.1855

388 A. v. Humboldt an G. v. Bülow
o. O., 9.11.18555

389 A. v. Humboldt an G. v. Bülow
o. O. u. o. D., [vermutlich 6.12.1855]

390 A. v. Humboldt an G. v. Bülow
o. O. u. o. D., [vermutlich 28.12.1855]

391 A. v. Humboldt an G. v. Bülow
o. O., 3.1.1856

392 A. v. Humboldt an G. v. Bülow
o. O., 23.1.1856

393 A. v. Humboldt an G. v. Bülow
o. O., 11.3.1856

394 A. v. Humboldt an G. v. Bülow
Berlin, [vermutlich Mai 1856]

395 A. v. Humboldt an G. v. Bülow
Potsdam, [vermutlich 27.5.1856]

396 A. v. Humboldt an G. v. Bülow
o. O. u. o. D., [vermutlich 3.6.1856]

397 A. v. Humboldt an G. v. Bülow
Potsdam, 10.6.1856

398 A. v. Humboldt an G. v. Bülow
o. O., [vermutlich Sommer 1856]

399 A. v. Humboldt an G. v. Bülow
o. O. u. o. D., [vermutlich Sommer 1856]

400 A. v. Humboldt an G. v. Bülow
Berlin, 28.7.1856

401 A. v. Humboldt an G. v. Bülow
Berlin, 3.9.1856

402 A. v. Humboldt an G. v. Bülow
o. O., 9.9.1856

403 A. v. Humboldt an G. v. Bülow
o. O. u. o. D., [vermutlich 20.9.1856]

404 A. v. Humboldt an G. v. Bülow
o. O., 3.10.1856

405 A. v. Humboldt an G. v. Bülow
Berlin, 7.10.1856

406 A. v. Humboldt an G. v. Bülow
Berlin, 13.10.1856

407 A. v. Humboldt an G. v. Bülow
Berlin, 14.10.1856

408 A. v. Humboldt an G. v. Bülow
Potsdam, 16.10.1856

409 A. v. Humboldt an G. v. Bülow
Potsdam, 2.11.1856

410 A. v. Humboldt an G. v. Bülow
o. O. u. o. D.

411 A. v. Humboldt an G. v. Bülow
o. O. u. o. D.

412 A. v. Humboldt an G. v. Bülow
o. O. u. o. D.,
[vermutlich Ende 1856/Anfang 1857]

413 A. v. Humboldt an G. v. Bülow
o. O., 26.1.1857

414 A. v. Humboldt an G. v. Bülow
o. O., 12.3.1857

415 A. v. Humboldt an G. v. Bülow
Berlin, 16.4.1857

416 A. v. Humboldt an G. v. Bülow
o. O., 1857

417 A. v. Humboldt an G. v. Bülow
o. O., 2.5.1857

418 A. v. Humboldt an G. v. Bülow
Berlin, 25.6.1857

419 A. v. Humboldt an G. v. Bülow
o. O. u. o. D., [vermutlich 1.7.1857]

420 A. v. Humboldt an G. v. Bülow
o. O., 12.7.1857

421 A. v. Humboldt an G. v. Bülow
o. O., 13.7.1857

422 A. v. Humboldt an G. v. Bülow
Potsdam, [vermutlich 23.7.1857]

423 A. v. Humboldt an G. v. Bülow
Potsdam, 8.8.1857

424 A. v. Humboldt an G. v. Bülow
Potsdam, 1.9.1857

425 A. v. Humboldt an G. v. Bülow
Berlin, [vermutlich 26.9.1857]

426 A. v. Humboldt an G. v. Bülow
o. O., 27.9.1857

427 A. v. Humboldt an G. v. Bülow
Potsdam, 11.10.1857

428 A. v. Humboldt an G. v. Bülow
Potsdam, [vermutlich 15.10.1857]

429 A. v. Humboldt an G. v. Bülow
o. O. u. o. D., [vermutlich 23.10.1857]

430 A. v. Humboldt an G. v. Bülow
Potsdam, [vermutlich 24.10.1857]

431 A. v. Humboldt an G. v. Bülow
o. O., 26.12.1857

432 A. v. Humboldt an G. v. Bülow
o. O., 31.12.1857

433 A. v. Humboldt an G. v. Bülow
Berlin, Februar 1858

434 A. v. Humboldt an G. v. Bülow
o. O., Februar 1858

435 A. v. Humboldt an G. v. Bülow
o. O., 17.2.1858

436 A. v. Humboldt an G. v. Bülow
o. O., 13.5.1858

437 A. v. Humboldt an G. v. Bülow
o. O., 27.5.1858

438 A. v. Humboldt an G. v. Bülow
o. O. u. o. D., [vermutlich 3.6.1858]

439 A. v. Humboldt an G. v. Bülow
Berlin, [vermutlich Juni 1858]

440 A. v. Humboldt an G. v. Bülow
o. O., 1.6.1858

441 A. v. Humboldt an G. v. Bülow
Berlin, 25.6.1858

442 A. v. Humboldt an G. v. Bülow
o. O. u. o. D., [vermutlich Sommer 1858]

443 A. v. Humboldt an G. v. Bülow
o. O., 7.8.1858

444 A. v. Humboldt an G. v. Bülow
o. O., 13.8.1858

445 A. v. Humboldt an G. v. Bülow
o. O., 15.8.1858

446 A. v. Humboldt an G. v. Bülow
o. O., 16.8.1858

447 A. v. Humboldt an G. v. Bülow
o. O., 20.8.1858

448 A. v. Humboldt an G. v. Bülow
Berlin, [vermutlich 26.8.1858]

449 A. v. Humboldt an G. v. Bülow
o. O., 3.9.1858

450 A. v. Humboldt an G. v. Bülow
o. O., 4.9.1858

451 A. v. Humboldt an G. v. Bülow
o. O., 7.9.1858

452 A. v. Humboldt an G. v. Bülow
o. O., 8.9.1858

453 A. v. Humboldt an G. v. Bülow
o. O., 22.9.1858

454 A. v. Humboldt an G. v. Bülow
o. O., 30.9.1858

455 A. v. Humboldt an G. v. Bülow
o. O., 8.10.1858

456 A. v. Humboldt an G. v. Bülow
o. O., 13.10.1858

457 A. v. Humboldt an G. v. Bülow
Berlin, 15.11.1858

458 A. v. Humboldt an G. v. Bülow
o. O., 12.4.1859

Alexander von Humboldt und Gabriele von Bülow

Briefe

1 Alexander von Humboldt an Gabriele von Bülow
Berlin, 20.2.1832

H: DLA/SNM, Marbach, 98.18.13

Die herannahende Cholera[1], meine Theure macht mich besorgt für Deine häusliche Ruhe, nicht als fürchte ich das Uebel selbst, (es scheint ja nur die ärmere Menschenklasse zu bedrängen) sondern weil nach Grundsäzen pflichtmässiger Vorsicht Du vielleicht wirst London mit Deiner liebenswürdigen Kleinen verlassen wollen. Das mildere Klima in Eurer Insel macht wohl das Land selbst in dieser Jahreszeit schon bewohnbarer und Du würdest mir, meine Liebe, eine grosse, grosse Freude machen wenn Du, in diesen Zeiten, mir einige Nachricht über Eure Häuslichkeit geben wolltest. Ich wende mich gern an Dich selbst, weil ich weiss wie in dieser der Entwikkelung nahen Epoche der gute, rastlos thätige |2| Bülow beschäftigt sein muss. Orlofs Ankunft wird nun wohl alles zu Ende bringen [–] eine sonderbare Zeit wo Adjutanten von der Newa so entscheidend in die Weltregierung eingreiffen.[2] Die gegenseitige Furcht die man Diplomatik nennt, hält den grossen europaeischen Sumpf in Schranken. Ich dringe seit Monathen auf meine Rückkunft und immer befiehlt man in den süssesten Ausdrükken dass ich noch bleiben soll. Im April werde ich ungestüm werden.[3] Den Überbringer dieser Zeilen Schlegel, einer der ältesten Bekannten unseres Hauses brauche ich Dir und unserem Bülow nicht besonders zu empfehlen. Ich bin gewiss dass Ihr beide ihm gern seinen Aufenthalt in London angenehm und nüzlich machen werdet. Ich umarme den ganzen Familienspross. Mit alter unabänderlicher Anhänglichkeit
Dein

AlHumboldt

Paris den 20 Febr. 1832

Die Nachrichten von Tegel sind fortwährend erfreulich – aber Hedem[anns] nahe Versezung kümmert mich.[4]

[1] Während der 2. Cholera-Pandemie (1826–1841) brachten wahrscheinlich um 1830 die gegen den polnischen Novemberaufstand zusammengezogenen russischen Truppen von der indischen Grenze die Krankheit erstmals nach Europa, wo sie sich in den Folgejahren verbreitete.

[2] Humboldts Bemerkung betrifft die sog. belgische Frage. Auf der Londoner Konferenz hatten die europäischen Großmächte Großbritannien, Frankreich, Österreich, Preußen und Russland die Unabhängigkeit Belgiens nach der belgischen Revolution und der Trennung von den Niederlanden anerkannt (Protokolle vom 20.12.1830 und 20.1.1831). In der Folge kam es zu europäischen Konflikten bis zur Kriegsgefahr, die nach der umstrittenen Wahl von Leopold I. zum König der Belgier (21.7.1831)

erneut aufflammten. Der russische Zar sandte im Februar 1832 A. Orlow nach Den Haag zur Lösung der Konflikte insbesondere im Zusammenhang mit der Ratifizierung des Vertrags vom 15.10.1831. Heinrich von Bülow spielte als preußischer Gesandter in London eine bedeutende Rolle in diesen Verhandlungen, die bis 1839 andauerten. Vgl. auch den Brief vom 14.3.1839, Anm. 2.

3 Humboldt verließ Paris, wo er sich seit Ende Februar 1831 aufhielt, erst am 1.5.1832.

4 A. Hedemann erhielt im Sommer eine Stelle in Berlin (Sydow 1919, 302).

2 Alexander von Humboldt an Gabriele von Bülow
o. O. u. o. D., [vermutlich 1834]

H: DLA/SNM, Marbach, 62.2145

Lord Minto[1], meine Liebe, hat mir eben gesagt, dass er wegen zunehmender Unpässlichkeit seiner Frau, morgen nicht annehme. Ich werde Dich also nicht abholen. Von der Gräfin Luchsburg[2] habe ich das Geständniss erpresst, dass sie keine Karte bekommen. „Sie wisse gar nicht dass Du in der Stadt wärest,[“][3] würde Dich gern zuerst aufsuchen u sonst viel zuvorkomend freundliches … Durch sie wirst Du erfahren |2| ob die anderen Diplomatinnen auch keine Karten empfangen haben. Der ganze Hof war auf dem Ball, nur nicht der kronprinzliche Hof[4], nicht Prinzessin Albrecht[5], und vom Bruder Wilhelm nur der Adalbert.[6]

Ht

Donnerstag Nachts

1 Gilbert Elliot, Earl of Minto, war von 1832–1834 britischer Gesandter in Berlin. Daher auch die vermutete Datierung.

2 Vermutlich Maria Anna Freiin von Gumppenberg-Pöttmes, Gattin von Friedrich Christian Graf von Luxburg, der von 1826 bis 1840 bayrischer Gesandter in Berlin war.

3 Gabriele von Bülow war im August 1833 aus London nach Berlin zurückgekommen, wo sie (mit Unterbrechungen in Burgörner) wegen des schlechten Gesundheitszustandes ihres Vaters blieb.

4 Datierung deshalb vor 1840.

5 Marianne, Prinzessin von Oranien-Nassau, Ehefrau von Albrecht, dem Bruder Friedrich Wilhelms IV.

6 Wilhelm von Preußen, der Bruder von Friedrich Wilhelm III.

3 Alexander von Humboldt an Gabriele von Bülow
o. O., 28.5.1834

D: Sydow 1919, 342–343

28. Mai 1834

Es ist dem freudeleeren hiesigen Leben eigenthümlich, auch dann störend zu sein, wenn man einmal irgend eines Genusses sich erfreut. Ich kann leider Dir, meine theure Gabriele, nicht meine herzlichsten Glückwünsche selbst darbringen.[1] Ich bin schon gestern früh für heute Mittag zum König nach Charlottenburg eingeladen, und bei einer so frühen Einladung war das Abschlagen unmöglich. Ich hatte mich so gefreut, diesen Tag im Schoße Deiner Dir so ganz gleichen, liebenswürdig, sanft heiteren Familie zuzubringen.

Die Schachtel enthält für Dich von meiner Armuth an echt Pariser Parfüms drei Flaschen: eau athénienne und huile antique für die Haare und ein drittes Fläschchen für den fazzoletto[2]. Nach dem großartigen Prinzip, die Geburtstage des Monarchen durch Spendungen und Wohlthätigkeit an die Kindlein zu feiern, sind die Parfüms mit etwas Zuckerwerk verbrämt, unter dem sich auch ein Päckchen mit Würfeln befindet, weil ich die spirituelle Idee gefaßt habe, die Ladies sollten um das Zuckerwerk würfeln. Dagegen erbitte ich mir einen Waffenstillstand von acht Tagen für die sugar boxes, da ich sie erst jetzt bei Hossauer bestellte. Ich hoffe gewiss, noch vor meiner Abreise nach Sanssouci und Paretz Euch umarmen zu können. Leider bin ich zwiefach geplagt! Die grüngelbe chemische Lady (meine fidele Jane)[3] thront schon in Potsdam, korrespondierte mit mir aus dem Einsiedler, rückt heute gegen die Hauptstadt vor und verlangt am Thore Briefe für alle Wirthshäuser! Ein Schreckenskomet für 1834! Lafayettes Tod[4] hat mich unendlich gerührt. Es war ein liebenswürdiger alter Mann, mit dem ich 15 bis 18 Jahre gelebt. (Dazu ist er einer der wenigen, vor dem sie sich fürchteten.) Meine schönsten Grüße dem Familienkreis, Umarmungen für meinen Bruder.

A. v. H.

[1] Über ihren Geburtstag am 28.5. berichtetet Gabriele ihrem Mann: „Den Onkel erwarteten wir zu Mittag, er konnte aber nicht kommen, wie Du aus seinem hier beigefügtem Billet ersehen wirst. Ich sende es Dir zum Amüsement und zum Beweise seiner sich immer gleich bleibenden Freundlichkeit und seines nie ermüdenden Bestrebens, Anderen Freude zu machen. Das ist ein ungemein liebenswürdiger Zug seines Charakters. Er kommt jetzt oft her, ist immer heiter und amüsant und bringt den Kindern jedes Mal etwas mit.“ (Sydow 1919, 342).

[2] Ital.: Taschentuch.

[3] Die Ehefrau von Sir Humphrey Davis hielt sich in Berlin auf. Humboldt verschaffte ihr Kontakte, vgl. Humboldt 2006, 26 u. 32.

[4] Am 20.5.1834.

4 Alexander von Humboldt an Gabriele von Bülow
o. O. u. o. D., [vermutlich vor 18.10.1834]

H: Privatbesitz
D: Kat. Aukt. J. A. Stargardt Nr. 666, Berlin 1997, 218, Nr. 538

Allerdings werde ich Dich gern zu Cour bei der Kaiserin führen,[1] wenn sie statt finden sollte; aber, meine Theure noch gestern sagte mir Hofmarschall Malzahn, es sei keine Rede von einer Cour: es ist morgen bloss ein Diner auf dem Schlosse. Herzliche Grüsse Dir und meinem Bruder.

AlHumboldt

Sonnabend.

[1] Siehe den nächsten Brief.

5 Alexander von Humboldt an Gabriele von Bülow
o. O. u. o. D.

H: DLA/SNM, Marbach, 62.2145

Die Kaiserin wird (so versichern es die Hofdamen der Autokratin) sich morgen Abend Dienstags um 5½ od 6 Uhr, der öffentlichen Anbetung Preis geben. Wahrscheinlich wird die Cour mit näherer Zei[t]bestimmung noch heute am Tage angesagt. Ich eile Dir, theureste, die Begebenheit, ein Weltverhängniss zu melden. Dass ich Dich zum Opfer hinbegleite, versteht sich. Gestern im Schlosse beim Minister Diner (wo Beyme allein die Opposition repräsentirte u schrie), war es unerträglich kalt. König u alle, fast alle Prinze[n] grün, in Russischer Uniform! Hast Du neulich bemerkt, dass die Hofmarschallin Generalin |2| Stochausen[1], wenn die Kaiserin tanzte, laut aufschrie: sie tanzt wie eine Hore! Die Kaiserin, die anfangs schlecht gehört, soll darüber mürrisch geworden sein.

Herzliche Grüsse dem Familienkreise. Ich bin immer sehr am Schnupfen leidend.

AlHumboldt

Montag.

[1] Vermutlich Henriette Karoline Marie, geb. Meyer, Gattin von Johann Karl Friedrich Ludwig von Stockhausen, preußischer Generalleutnant und Hofmarschall des Prinzen Albrecht von Preußen.

6 Alexander von Humboldt an Gabriele von Bülow
o. O. u. o. D., [vermutlich nach 18.10.1834]

H: DLA/SNM, Marbach, 62.2145

Ich habe Deine, noch zweifelnde Mission an die Bedienten gelesen meine Liebe. Die Cour findet allerdings statt. Um mich zu vergewissern, dass die Nachricht vom Tode von Prinz Albrecht v. Meklenburg[1] keine Aenderung mache, bin ich so eben (9 Uhr früh) bei Exc[ellenz] Frau Ober Ceremon[ien] Meisterin v. Buch gewesen. Die Cour steht fest im Rittersaal: man muss drei vierthel auf sechs[a] Uhr da sein: ich werde Dich um halb sechs Uhr[b] abholen. Die Kronprinzessin presentirt die Damen der Kaiserin. Frau v. Buch wünscht sehr, dass Du Dich neben sie stellen mögest; doch erinnert sie zugleich, dass die Kaiserin schon neulich gesagt, „sie kenne Dich wieder [“ *Rest abgeschnitten*]

[1] Vermutlich handelt es sich um Albrecht (auch Albert) von Mecklenburg, der am 18.10.1834 verstorben war. Daher auch die Datierung.

---

[a] *H am Rand*: 5^{U} ¾

[b] *H am Rand*: 5^{U} ½

7 Alexander von Humboldt an Gabriele von Bülow
Paris, 29.9.1835

H: DLA/SNM, Marbach, 62.2137

Ich bin innigst gerührt, meine theure Gabriele, über Dein liebes Andenken vom 14ten September und ich weiss kaum Worte zu finden um Dir meine innigste Dankbarkeit dafür auszudrükken. Je mehr ich isolirt stehe in dieser, mir sehr verödeten Welt desto lebendiger fühle ich diese freundlichen Annäherungen. Ich bin dazu in einer doppelten Schuld gegen Dich und den theuren Bülow der mir ebenfalls einen recht herzlichen, interessanten aber (wie ich es besorgen musste) unheiteren Brief geschrieben. Ich erhielt lezteren sehr sicher durch den „Heiligen Simon“ gewiss unversehrt aber verspätet.[1] Vielleicht war er durch Grandville's Abwesenheit etwas liegen geblieben. Ich antworte heute Euch beiden Lieben zugleich, um Euch nicht zu sehr mit meinen microscopischen Hieroglyphen zu ermüden. Du gedenkst, meine theureste Gabriele, mit zu viel Güte und Zartheit der kleinen Dienste die ich in der verhängnissvollen Zeit Deines Berliner Aufenthalts Dir so gern angeboten. Für einen Menschen, der immer vereinzelt in der Welt gelebt hat, bin ich kein schlechter Verwandte[r] – ich rühme mich die Freuden des Familienlebens gern, und mit inniger Theilnahme zu verstehen. Ich werde da sehen wo das Familienleben ganz in ein Geschäftsleben, in eine Reihe kleinlicher materieller Sorgen ausartet, die das Gemüth von edleren Gefühlen ableiten und bei dem Fluch, den Gott auf die Prosa der materiellen (häuslichen und politischen) Welt gelegt, doch ihren Zwek der sogenannten Nüzlichkeit verfehlen. Du, meine Liebe, bist recht eigentlich geschaffen als Gattinn, als Mutter schöner Kinder, als Freundin, als überaus angenehm auftretend in den grösseren gesellschaftlichen Kreisen der Bande der Verwandschaft Reiz und Anmuth zugeben. So viel Inneres und Aeusseres zugleich, solche Sonnigkeit, Tiefe des Gefühls, Lebendigkeit der Theilnahme, Stärke der Seele in den grossen, trüben Momenten die wir zusammen erlebt und deren Andenken mir Dein liebes Bild, theure Gabriele, ewig zurükführt vor die Seele ... Meine Gesundheit ist durch die zufällig etwas verlängerte Seereise und die Lebensveränderung sehr gestärkt.[2] Du weisst, dass die Ueberfahrt von Kuxhaven nach dem Havre (52 St[unden]) zwar sehr sanft und schön war, dass das Dampfboot voll häuslichen Glükkes (säugende schreiende Kinder) aber 2 Tage und zwei Nächte wegen stürmischer See und Gegenwind der im August wie im December häulte, im Ausfluss der Elbe bleiben musste. Der Hamburger Aufenthalt ward durch Prinzess Carl |2| die Unvermeidliche etwas verbittert. Sie ist allerdings durch das Seebad um vieles besser, doch sagte die Gräfin K[?] es gäbe noch von Zeit zu Zeit wunderbare Anfälle der Aufregung die die Geduld des armen Gatten hart prüften. De l'eau froide et toujours et beaucoup de l'eau froide[3] sagt die alte Henkel. Die fixe Idee der Prinzessin war ein weisses Stammbuchblatt das ich für Lamartine mitnehmen sollte und von dem sie ewig sprach, beweisend und widerlegend und wieder beweisend dass eine Kön[igliche] Hoh[eit] sich dergleichen wohl erlauben könne da La Martine ja mehr als Dichter und Royalist, ja auch un homme bien né[4] sei. Das Blatt liegt nun hier in meinem Pulte! Der Zwek meines hiesigen Aufenthalts (bis December) ist emsige Vollendung meines Werks Examen critique de l'histoire de la Géographie du 15me siècle (es sind bereits 60 Bogen gedrukt und ich werde es in der Octav Ausgabe la seule maniable an der man jezt arbeitet an Bülow senden) und Einsammlen neuer wissenschaftlicher Entdekkungen.[5] Lezterer Zwek wird leicht zu erfüllen sein, da ein träges und wie die lezten Schandgeseze beweisen, sehr unnüzes politisches Treiben alle wissenschaftliche Thätigkeit hemmt. Die

Opposition ist geschwäzig, uneinig und zahm. Das Volk dem Genusse ergeben, grogne sans action[6] aber da das Ministerium auf seinem Wege bergan sehr unvorsichtig sein wird, so häuft sich allmälig die Reizung an und die Folgen sind nur verspätet, da alle Rükschritte in der politischen Welt doch sicher bezahlt werden. Als ich von Berlin weg ging war von keinem politischen Zwekke meiner Reise die Rede. Der König drang bloss mit fast ungewöhnlicher Freundlichkeit in mich, ja nicht den Winter in Paris zu[a] bleiben oder gar „nach dem schmerzhaften Verluste des Bruders“[7] Berlin[b] aufzugeben: er trug mir dabei auf den Louis Philippe persönlich wegen der Rettung zu complimentiren. Ich sah aber voraus, dass bei Werther's Abwesenheit bis Mitte od. Ende October, und beim Heranrükken der Reunion von Teplitz[8] einige Aengstlichkeit wegen des Reflexes auf die von allem ausgeschlossenen Tuilerien entstehen würden, dass man mir doch Anträge zur Correspondenz machen würde. Das ist auch durch ein sehr freundliches französisches, ostensibles vom König unterzeichnetes Schreiben aus Conradswalde vom 6ten Sept. geschehen. Ich werde darin aufgefordert dem König L[ouis] P[hilippe] recht häufig die Fortdauer der freundlichsten Gesinnungen zu erneuern und unmittelbar an den König bis zu W[erther]'s Rükkehr zu berichten.[9] Da ich alle heimlichen Lagen hasse, so habe ich den ohnedies ostensiblen Brief an Brassier (den er wenig erfreut) Appony ... gezeigt. Ich schreibe also dieses Mal unmittelbar an den König, nicht an Witzleben od. durch diesen wie ehemals. In der sumpfartigen Ruhe des hiesigen ganz mit sich und Spanien beschäftigten Landes, ist die Correspondenz eben nicht sehr wichtig. Unser Schwiegerpapa Gr[af] Harrach samt Gemahlin und |3| einer Nichte Fräul[ein] Preitzen sind hier eingedrungen. Glüklicherweise bleiben sie nur 14 Tage u. vermeiden die Gesellschaft. Der Graf will wie Prinzessin Carl se mettre en rapport avec Mr de Lamartine. Sein spizer Kopf und sein Affenartiges Benehmen erregen Verwunderung bei allen Restaurateurs. Die F[ürstin] Lieven die den Winter ihr politisches Hauptquartier hier aufschlägt, treibt noch wenig Gläubige zusammen. Ich war schon einige Male dort und werde, eben weil das Zelt noch sehr öde ist, sehr süss auch Deinetwegen behandelt. Dem ältesten Königssohn Gr[af] Munster der ebenfalls einige Monathe hier bleibt und ernsthafte Untersuchungen in den Bibliotheken über indische und muselmannische Kriegszucht macht sehe ich viel und suche ihm nüzlich zu sein. Es ist ein recht unterrichteter Mann den ich schon deshalb liebe, weil er Bülow's Talent und Character sehr rühmt.[10] Die Dame ist wenig angenehm und zeigt, wie die Damen aus der Südsee gern den Hintern, wenn man sie anredet. Die Diplomatik ist hier sehr schläfrig da nichts vorgeht, eine kleine (sehr schwache) Reizung wegen des Ausschlusses aus Teplitz und Spannung auf die dortige Geburt des Berges[11] herscht. Die sogenannten wichtigen Begebenheiten sind ob L[ouis] Phil[ippe] nach Fontainebleau allein oder mit den Ambassadeurs gehen wird, ob König Leopold erst nach England und dann hieher kommt, ob Sebast[iani] wird gezwungen werden den Posten an Rigny abzugeben und solche Elendigkeiten.[12] Die Tendenz des Hofes ist wegen Volkes Sieg in Madrid[13] und der Klagen des elenden Rayneval, wegen Habsucht in den Zollverhältnissen zu Belgien über England zu gewinnen und wegen der Schnödigkeit mit der Englische Zeitungen die sauberen Pressgeseze beurtheilt haben, das Antlitz von der unschuldigen Quadrupel Allianz weg und dem Ost zuzuwenden[14]! mais dissimulons dit le Père des Danaïdes[15]. Ich habe vergessen von Talleyrand's Zärtlichkeit für Bülow zu sprechen die sich bei jeder Gelegenheit äussert. Er kommt den 4ten Oct. Von Berlin weiss ich nichts, gar nichts. Niemand schreibt, selbst nicht

---

[a] in Paris | den Winter *ergänzt H, streicht Hrsg.* | zu *H*

[b] (1) in Frankr[eich] (2) Berlin *H*

die guten Hedemanns deren Abwesenheit Du, theure Freundinn, sehr fühlen musst nach so langem Zusammensein. Möge die Reise und die Freude bei Euch in dem schönen, grünen Lande zu sein, Adelheidchens Gesundheit stärken. Ihre oft gereizte Stimmung hat gewiss nervös physische Ursachen. Bei so herrlichen Eigenschaften des Gemüthes wäre es recht traurig, wenn diese verderbliche Hastigkeit im Geschäftsdrange, diese Neigung sich in den Sumpf kleinlicher materieller Interessen (zweklos für die Finanzen selbst) zu vertiefen mit dem Alter zunehmen sollte, besonders da in des braven Hedemanns sentimentaler Stimmung alles dies Verderben einen Reflex und gegenseitige Ermunterung findet. So innigst es mich freuen würde Dich und Bülow und die so unendlich liebenswürdigen Mädchen, die grossen wie die kleinen, wiederzusehen, ja England nach so langer Abwesenheit, so kann ich dieses Jahr mir diese Freude leider nicht geben. Ich werde meine ganze Zeit hier brauchen wegen Vollendung des Drukkes, Geldmangel, die verspätete Jahreszeit zur Schiffahrt nach Hamburg – alles ist dagegen. Ich werde in den sehr wenigen Jahren die ich noch leben darf, jezt alle |4| Jahre nach Paris gehen und richte mich dann lieber so ein von Hamb[urg] unmittelbar zu euch zu kommen, 14 Tage bei Euch zu bleiben (versteht sich ohne Euch in der Wohnung zu belästigen) und von da nach Calais überzuschiffen. Verzeihet, Du meine Theure und der mir eben so theure Bülow die Länge dieses unwichtigen Briefes und empfanget wie die lieben Kleinen meine innigsten Umarmungen. Dass Witzl[eben] nie schreibt versteht sich von selbst. Ich fand ihn zulezt sehr abgespannt, doch füge ich von neuem die Versicherung hinzu, dass in wichtigen individuellen Fällen er für Bülow troz einer scheinbaren Abspannung mit Energie, wenn man ihn auffordert, auftreten wird. Aber eine chronische Krankheit, ein politisches Misbehagen weiss er nicht zu behandeln. Das ist die Grenze zwischen dem was von ihm zu erwarten ist und nicht ist. Die Schuld liegt aber warlich am meisten an dem, auf den er wirken soll und der nur Rede steht bei einem individuellen Vorfall. Mit dankbarer Anhänglichkeit

Dein

Al. Humboldt

Paris den 29 Sept. 1835.

Klaproth hat wenigstens 60000 francs Schulden hinterlassen die Hälfte hatte er vor kurzem an der Börse verloren. Zur légataire universelle hat er eine Dame Ledoulx mit der er süsse Verhältnisse hatte eingesezt. Sie scheut sich aber anzunehmen, weil man nicht weiss ob die Bibliothek so viel werth ist. Dass er zur Rochowschen Polizei gehörte, war hier sehr bekannt und die auch von franz[ösischen] Behörden vorzunehmende Entsiegelung ist ganz unangenehm. Es ist gut, dass er starb, die hiesigen Deutschen, die er denuncirte, würden ihn gewiss einmal zu Tode geprügelt haben.[16]

1 Die beiden erwähnten Briefe sind nicht überliefert.

2 Humboldt war am 6.8.1835 nach Paris aufgebrochen und kehrte Anfang Januar 1836 zurück. Beginnend in Altona (7.8.; Besuch bei Schumacher) ging es mit dem Dampfschiff von Cuxhaven nach Le Havre, von dort auf dem Wasserwege mit A. Valenciennes nach Rouen. Humboldt traf am 15.8. in Paris ein. Humboldt sollte dem König Friedrich Wilhelm III. über die Zustände und Ereignisse in Paris zu berichten. Siehe auch Humboldt an Mendelssohn, 23.8.1835, in Humboldt 2011, 84–85.

3 Frz.: Vom kalten Wasser, sowohl immer, als auch zuviel vom kalten Wasser.

4 Frz.: ein wohlgeborener Mann.

5 La seule maniable = frz.: die einzig handhabbare. – Der Text „Examen critique“ erschien in dem „Atlas geographique et physique […]“ in Folio zwischen 1814 bis 1838, die separate Textausgabe in Oktav (die Humboldt hier meint) zwischen 1836 und 1839 (Fiedler/Leitner 2000, 4.4.2).

6 Frz.: meckert ohne Aktion.

7 Wilhelm von Humboldt war am 8.4.1835 gestorben.

8 Das Treffen in Teplitz im September 1835 diente der Bekräftigung des Bündnisses der drei Großmächte (Österreich, Russland und Preußen).

9 „Als ich hierher kam, war von keinen politischen Aufträgen die Rede. Von Conradswalde aus befahl mir der König, während der Abwesenheit des H. von Werther über die hiesigen Zustände zu berichten und zwar unmittelbar“ schrieb Humboldt am 1.12.1835 an den Kronprinzen (Humboldt 2013, 127). Humboldt vertrat Werther während dessen Reise nach Berlin.

10 Der illegitime Sohn von Wilhelm IV. hatte eine ausgezeichnete Erziehung erhalten.

11 „Parturient montes, nascetur ridiculus mus.“ (Horaz: Ars poetica. Die Dichtkunst 2002, 13) Es kreißen die Berge, heraus kommt ein läppisches Mäuschen. Ich danke E. Knobloch für diesen Hinweis.

12 Seit der Julirevolution hatte es vielfach Veränderungen in den Ministerien der französischen Regierung gegeben, Minister wurden durch andere ersetzt oder Posten getauscht. Nach einer weiteren Ministerialkrise im März 1835 war ein neues Ministerium gebildet worden, das bis zum Februar 1836 hielt, und in dem Admiral Rigny seinen Posten als Kriegsminister verlor.

13 Nach dem Tod Ferdinands VII. 1833 kam es in Spanien zu einem Bürgerkrieg (der erste Carlistenkrieg 1833–1840 zwischen den Anhängern des Prinzen Don Carlos, dem Bruder von Ferdinand VII., und denen der Regentin Marie Christine von Neapel).

14 Auf die 1833 in Königgrätz erneuerte (Ost-)Koalition von Österreich, Preußen und Russland hatte der Westen 1834 mit der Bildung einer Quadrupelallianz (Frankreich, England, Portugal und Spanien) reagiert.

15 „… aber wir wollen uns verstellen, sagt der Vater der Danaiden.“ Die 50 Töchter des Danaos sollten gegen ihren Willen mit den 50 Söhnen des Aigyptos verheiratet werden. Danaos befahl seinen Töchtern, die Freier in der Hochzeitsnacht mit Dolchen zu ermorden.

16 Klaproth war am 28.8.1835 gestorben. „Ganz der Wissenschaft geweiht, verfloß das äußere Leben Klaproth's in den letzten Jahren einförmig und still. 1833 zeigten sich die ersten Symptome eines Herzleidens. Zur Wiederherstellung seiner Gesundheit machte er im Herbst 1834 eine Reise nach seiner Vaterstadt Berlin, kam aber kränker zurück und erlag einem plötzlichen Anfall der Krankheit […] die imposante Vielseitigkeit des Mannes; seine schnelle Auffassung, sein vorzügliches Gedächtniß ließen ihn in so vielen Sprachen, in der Geschichte und Litteratur so vieler Völker Bescheid wissen, und seinem genialen Scharfsinn werden auf vielen Gebieten die mannigfaltigsten Anregungen verdankt. […] Trotz alledem werden wol seine Verdienste von mancher Seite als zu gering angeschlagen. K. hat dieses wesentlich selbst verschuldet durch die gehässige Art, wie er gegen viele seiner Mitforscher verfahren ist. Das litterarische Gezänk liebte er so, daß er mehrere Schriften nur zu diesem Zwecke geschrieben hat. Wegen solcher Eigenschaften seines Charakters wurde er von den Zeitgenossen mehr gefürchtet und gehaßt, als geliebt […]. Als Curiosum sei erwähnt, daß die französischen Conversationslexika K. für einen Spion der preußischen Regierung halten. Einen abscheulichen Verdacht über die Gründe seines Fortgangs aus St. Petersburg enthält die Encyclop. Brit. (8. ed. Vol. XIII. 1857. p. 105 a).“ (ADB http://de.wikisource.org/wiki/ADB:Klaproth,_Julius)
Der konservative Rochow war während seiner Tätigkeit als preußischer Innenminister ein Verfechter der Unterdrückung der Opposition.

8 Alexander von Humboldt an Gabriele von Bülow
Paris, 26.11.1835

H: DLA/SNM, Marbach, 62.2137

Meine theure liebenswürdige Gabriele! Ich möchte Lord Burghersh nicht zu den Leoparden[1] zurükkehren lassen, ohne Dir und dem edlen Bülow ein kleines Lebenszeichen aus diesem Sumpfartig ruhigen Lande[2] zu geben. Ich habe ohne eigentlich bestimmt vom König dazu aufgefordert zu sein, neue diplomatische Correspondenz[3] mit dem Könige, (eine Correspondenz auf die man nie eine Silbe Antwort weder von dem Monarchen, noch von Seinen Helfern bekommt) seitdem Isegrimm Werther sammt Lolo[4] et le fusil à deux coups[5] wieder hier sind und sich mit dem eisigen Broglie anschnauzen. Von Berlin schreiben bloss Candidaten an mich die etwas erbetteln wollen. An Hedemann habe ich zweimal von hier aus geschrieben, aber keine Antwort erhalten. Ich stehe also ganz isolirt in dieser Welt, was freilich das baldige Verlassen derselben erleichtern kann. Hier in Paris ist die Stimmung: on grogne de tout et souffre tout en grognant[6], kein Enthousiasmus für irgend etwas, keine Achtung für niemand der Lebenden od. Hingeschiedenen, schnödes Mistrauen an allen politischen Verbesserungen – – in dem Lande, wo Ihr lebt, meine Theuren, ist man edler, man will bestimmte Zwekke und man erreicht sie, obgleich der dem ich diese Zeilen anvertraue und der sie vielleicht aufmacht, sich mit dem baldigen Triumph des Papagaynasigen Helden schmeichelt. Ich sehe Talleyrand und die Duch[esse] de Dino sehr viel, bei sich und in dem foreign office der F[ürstin] Lieven, die mich auch mit Freundlichkeiten überhäuft, da ein alter Mann wie [ich][a] doch eine Art Löwenartiger Zierde eines im ganzen etwas leeren und sehr kärglich meublirten Wirthshaus Salons (R[ue] Rivoli hôt[el] Windsor) ist. Etwas leer, weil die hiesige Welt wenig von Politik hält und die Diplomatiker [hier sehr][b] leblose Figuren sind, auch die täglich zugängliche Geschwäzigkeit des constitutionellen Königs alle diplomatischen |2| Aufgaben sehr prosaisch löset. Die Herz[ogin] von Dino spricht immer mit der grössten Anhänglichkeit von Dir, meine Theure. Sie behauptet Dir fast vor einem Monathe geschrieben und Dir ein Paket (mit Sebastiani's Sachen) adressirt zu haben, das ein kleines Geschenk für die Königin enthält. Sie ist ungewiss ob Du das Paket erhalten, ängstlich darüber dass Du ihr noch nicht geantwortet. Thue es ja bald. Ich habe Dich vorläufig dadurch gerechtfertigt, dass Du wahrscheinlich den Brief lange vor dem Pakete würdest erhalten haben. Die Fürst[in] Lieven hat wie in Kotzebue's Stükken täglich Briefe aus dem Bannate, von allen Partheyen versteht sich.[7] Sie schwelgt mit dem alten immer gleich rüstigen Talleyrand (der alle Morgen von 3–6 Uhr bei Madame Adelaïde bisweilen im Beisein des Königs klatscht) in Erinnerungen von England, de meubles si cossus[8], alten Sèvres und altem Meissner und Japanischen Porzellan, da der Chasselas[9] von Fontainebleau französisch ist, so lässt sie sich die hartbeerigen Treibhaustrauben aus Eurem Lande kommen, um sie, den Franzosen selbst Talleyrand ein Gräuel, hier zu knakken. Sie stellt sich ganz juste milieu, liebt Thiers den wegen seiner „abgewendeten Erleuchtung" man Comte de Grandveau nennt; noch mehr liebt sie den gelehrten Pedanten Guizot und ganz neuerlichst noch mehr Duchâtel. Pahlen kommt viel hin, er ist moderirt, hat äussere Würde, aber auch kalte Leere. Madame zeigt sich weniger. Die F[ürstin] Lieven hat grosse Schwierigkeit die richtige Mitte zwischen Madame de Dino und den Flahauts zu

---

[a] mich *H ändert Hrsg.*

[b] sehr | hier *ergänzt H* | *H ändert Hrsg.*

halten die (troz der angeblichen Blutsverwandschaft) sich jezt tötlich hassen und nie in einem Salon sich nähern können. Das Problem wird also dadurch gelöst, dass Madame de Flahaut auf die Morgenvisite angewiesen ist worüber sie schon zu schmollen scheint.[10] |3| Die wilde Rede die Werther übrigens sehr vertheidigt und ganz angemessen, edel frei findet, hat hier sehr aufgeregt. Da das J[ournal] des Débats, das 4 Kriegserklärungen hinter einander enthielt, heimlich 140000 fr. vom Gouvernement zieht, so wird man in Petersburg allerdings wenig von der Entschuldigung halten dass der Moniteur das einzige officielle, responsable Journal sei. Ich war gerade den Tag wo die Kriegserklärung erschien beim König beim Frühstük weil er mich (eine sehr grosse Auszeichnung die er nur dem Graf Munster und Duc de Southerland hat angedeihen lassen) nach dem ganz verspindeten Versailler Schloss in seinem Wagen führte. Ich war also Zeuge von dem Aerger und Schrekken den Ludw[ig] Philipp der so gern zur heiligen Allianz gehörte wenn man ihn mochte, über den unanständigen Angriff hatte ... Wer von den Ministern mag dahinter stekken? (man glaubt Thiers, ich zweifle daran) Vielleicht ist es bloss eine Vel[l]eität des Journals das gewiss ist man werde nicht den Muth haben ihm das Geld zu entziehen, sich durch freisinniges Geschrei etwas Popularität wieder zu verschaffen. Pahlen hatte aufgehört nach den Tuilerien zu gehen, er ging aber wie vorher in die Puritaner Gesellschaft (zu Broglie). Vorgestern hat Ludw[ig] Philipp an Pahlen und allen Russen (die jezt zittern, man werde sie abrufen von Paris) ein Liebesmahl gegeben. Dissimulons heisst es in den kleinen Danaïden.[11] Ich glaube die Sache wird keine unmittelbaren Folgen haben, aber die Reizung gegen Osten wird zunehmen. Die Verbindung von England und Frankreich wird sich mehr verengen (eine natürlichere Lage) und die Ancillon-Russische Politik theilt nur immer förmlicher Europa in zwei Lager. Wer länger als ich lebt, wird sehen was die tolle Verachtung aller öffentlichen Meinung in Deutschland wird hervorbringen. Meine Gesundheit erhält sich troz der 72 dîners, die ich eingenommen sehr gut. Ich denke Ende December von hier abzugehen.[12] Dass die Jahrszeit mich hindert Euch und die theuren Kleinen dieses Mal zu umarmen, wirst Du gern glauben, meine Theure!
Dein

AHt

Paris den 26 Nov. 1835

In grösster Eile. Ich kann leider! nicht übermalen!

1 Wegen der drei Leoparden im Wappen häufig von Humboldt für Großbritannien gebraucht. Gabriele lebte mit der Familie in London, wo Heinrich von Bülow die preußische Gesandtenstelle innehatte.

2 Humboldt hielt sich in Paris auf, siehe den Brief vom 29.9.1835, Anm. 2.

3 Die sogenannten diplomatischen Berichte Théodoridès 1972 und Théodoridès 1988.

4 Der preußische Gesandte in Paris Heinrich Werther war seit 8. September 1797 mit Josephine Gräfin von Sandizell verheiratet.

5 Frz.: Doppelflinte.

6 Frz.: Man meckert über alles und leidet während man meckert.

7 Dorothea, Herzogin von Dino (ab 1838 Herzogin von Talleyrand, ab 1845 Herzogin von Sagan) lebte nach der Trennung von Graf Talleyrand-Périgord 1815 (Scheidung 1824) mit dessen Onkel, dem einflussreichen französischen Politiker Talleyrand zusammen und ging mit ihm 1830 nach London, wo er französischer Botschafter wurde. Nach ihrer gemeinsamen Rückkehr nach Paris 1834 spielte sie eine bedeutende Rolle in den Salons (ebenso wie die Fürstin Lieven) und hatte auch Einfluss auf die Politik. Talleyrand starb 1838, und die Herzogin von Dino kehrte 1840 nach Deutschland zurück. Genauer siehe Erbe 2009.

[8] Frz.: von so ansehnlichen Möbeln.
[9] Rebsorte.
[10] Zum Konflikt zwischen der Herzogin von Dino und der Familie von Talleyrands unehelichem Sohn, dem Grafen Flahaut, und dessen britischer Gattin siehe Erbe 2009, 90.
[11] Vgl. den Brief vom 29.9.1835, Anm. 15.
[12] Vgl. den Brief vom 29.9.1835, Anm. 2.

9 Alexander von Humboldt an Gabriele von Bülow
Berlin, 12.9.1837

H: DLA/SNM, Marbach, 62.2137

Ich habe kaum die Musse, theure Gabriele, Dir für Deine lieben, freundlichen Zeilen zu danken. Den Brief bringe ich selbst an Fräulein Lichtenberg um genaue dramatische Auskunft über die kleinen Gross Nichten (ein Schauderhaftes Wort) geben zu können. Ich kam die Nacht von Potsdam wo ich zwei Nächte in Sanssouci war. Der König leidet etwas von Rheumatismus in der Schulter was eine fête im Neuen Palais nicht gehindert. Es war von |2| Diplomaten niemand da als Salviati weil er abreiset; Heute habe ich meine Abschieds Visiten bei Werther Lottum und Altenstein gemacht, um [ihnen][a] einige Elendigkeiten zu empfehlen. Den Mittag ass ich wieder beim Kronprinz mit Rochow. Lottum klagt dass er Bülow so lange nicht gesehen. Ich solle ihn bitten ihn doch bald einmal Nachmittags zu besuchen, um mit ihm über seine Wünsche zu sprechen: Ich glaube dass es blosse Neugierden sind zum Besten des Sohnes, der Wunsch herauszubringen, ob B[ülow] eine Praesidenten Stelle annehmen würde. Ich bemerkte dass er dies in Verbindung mit Stollberg[s] Versezung als Ober |3| Praesidenten[1] brachte, aber da er vermied, sich gegen mich bestimmt zu äussern, so begnügte ich mich zu sagen Bülow würde eine Civilstelle nur annehmen, wenn sie als eine Entschädigung für eine aufzuopfernde sehr vornehme Lage dienen könne, übrigens wäre, nach allem, was er gelitten eine Auszeichnung für ihn, ehe er wegginge nöthig. Lottum war sehr süss u. zärtlich. Ich rathe hinzugehen und zu hören.

Ich umarme tutta la santa famiglia und lege ein Buch bei, das Euch vielleicht unterhält, das ich mir aber einst zurükerbitte. Varnhagen der in Hannover war, weiss dass die Königin viel Schwierigkeiten der Etiquette sucht.[2] Sie sieht die Excellenzen die bürgerliche Damen geheirathet, an besonderen schlechteren Courtagen |4| und hat ersonnen die Adeligen auf die Bakken, die Bürgerlichen auf die Stirn zu küssen.
Mit innigster Liebe Euer

AlHumboldt

Berlin, den 12 Sept. 1837

Ich reise morgen früh und dann die nächste Nacht durch.[3]
Willst Du, Liebe, unser[n] theuren Bülow bitten den Brief nach Woolwich gütigst zu besorgen.

---

[a] Ihnen *H ändert Hrsg.*

[1] Anton zu Stolberg-Wernigerode wurde im Dezember 1837 zum Oberpräsidenten der preußischen Provinz Sachsen und Regierungspräsidenten von Magdeburg ernannt.

[2] Durch komplizierte Erbfolge war nach dem Tod Wilhelms IV. Friederikes Ehemann, der Herzog von Cumberland, als Ernst August I. König von Hannover geworden.

[3] Humboldt reiste zu den Feierlichkeiten anlässlich des 100-jährigen Bestehens der Universität nach Göttingen und von dort aus am 23.9.1837 weiter nach Hannover.

10 Alexander von Humboldt an Gabriele von Bülow
o. O. u. o. D.

H: DLA/SNM, Marbach

Du hast recht, theure, meine Faulheit anzuklagen; Nässe und der Hof zu allen Stunden (bei den Weimarschen Prinzessinnen[1] nun sogar Vormittags) haben mich abgehalten. Ich komme gewiss heute Nachmittag zwischen ½ vier und halb fünf Uhr. An Bülow habe ich gestern 6 lange Seiten geschrieben, ja ihm sogar einen grossen Theil des freisinnigen geheimen Berichts aller Oberpraesidenten an den König über die erzb[ischöfliche] Angelegenheit selbst troz meiner lahmen Hand abgeschrieben.[2]
Dein

AlHt

Werthers Courier nach London ist so viel ich weiss gestern nicht abgegangen. Die Ordenserhöhungen könnten nur Nachtwächter, Prediger und Zahnärzte interessiren.

[1] Die Schwestern Marie und Augusta (Töchter des Großherzogs von Sachsen-Weimar-Eisenach) hatten 1827 und 1829 die Brüder Carl und Wilhelm (Prinzen von Preußen) geheiratet.

[2] Der Brief ist nicht bekannt. Vermutlich ging es um den sog. Kölner Mischehenstreit, der auch auf die östlichen Gebiete übergriff. Am 20.11.1837 wurde Freiherr von Droste zu Vischering (Erzbischof von Köln) und am 24.4.1838 der polnische Graf Dunin-Sulgustowski (Erzbischof von Posen) verhaftet, die darauf bestanden hatten, dass die Kinder aus gemischten Ehen katholisch erzogen werden, während der Staat die Regelung getroffen hatte, dass sie der Konfession des Vaters zu folgen hätten.

11 Alexander von Humboldt an Gabriele von Bülow
Teplitz, 19.7.1838

H: DLA/SNM, Marbach, 62.2137
A: DLA/SNM, Marbach, 98.18.14 (Teilabschrift)

Tepliz, den 19 Jul[i] 1838.

Ich schreibe so spät, meine liebe theure Gabr[iele], weil ich den Anfang des hiesigen Tumults abwarten wollte. Gestern kamen Erzherzog Franz mit der langen Erzherzogin und der überhöfliche Erzherzog von Baden. Es war Ball in der Reunion wo das ganze Wespennest der Diplomaten summte. Prinzess Louise und Pr[inz] Albrecht kamen schon früher. Heute ist der Trauertag der 19te. Wir haben ihn auf dem hohen Berge dem Milischauer in grimmiger Kälte zugebracht. Doch erfreuet einen der grosse Naturanblik über das vulkanische Gebirge und die schön bebaute böhmische Ebene wenn man so lange in dieser Infusion von Prinzen gelebt. Heute Abend vor 1 Stunde sind Kaiser und Kaiserin angekommen,[1] der erste in Ungar[ischer] Ulanen Uniform. Die Kaiserin habe ich so eben gesprochen. Sie war unendlich freundlich und sieht etwas gestärkt aus. Sie scheint über den elenden Gesundheitszustand (Brustleiden?) des Thronfolgers weniger besorgt als sie es vielleicht sollte. Morgen essen wir alle bei dem Erzherzoge, aber Prinzess Louise und Pr[inz] Albrecht treten bereits Vormittags die Reise nach Holland an, und ich ziehe wieder in meine alte Wohnung die ich wie alle Adjutanten um der Prinzessin und dem Kinde Plaz zu machen, auf |2| ein Paar Nächte verlasse. Ich war indess ganz nahe in einer hüpschen aber kleineren Wohnung im Garten.

Dies ist das Bulletin der hiesigen Nichtigkeiten. Nun will ich einige menschlichere Dinge hinzufügen. Meine Gesundheit ist seitdem ich Euch verlassen, fortwährend wohl gewesen. Ich habe, weil es Dieffenbach wollte, die Schwachheit zum ersten Male zu baden und Kissinger Brunnen zu trinken – eine langweilige Beschäftigung von 5–9 Uhr Morgens. Mein Appetit hat auffallend zugenommen, aber die Kur giebt viel Ermüdung und Schlaflust, so dass meine Arbeiten wenig fortschreiten. Der Nachmittag geht ohnediess durch ewige Spazierfahrten schauervolle Hize im Schauspiel und Reunion-Ball verloren. Nach dem Ball Souper beim König, billard chinois, lecture und dann nächtlicher Besuch bei <Clorys> (11–12 U[hr]) wo Metternich, Nesselrode, Pahlen, Antonini, Tatitscheff und viel kleine diplomatische Münze. Hamilton ist auch hier und rühmt sich dass ihn der Kronprinz in Carlsbad als er durch fuhr gegrüsst. Prinz und Prinzess Wilhelm (in der Schwangerschaft |3| sichtbar fortschreitend) essen täglich beim König. Dazu (aber nicht mitessend) Papa Harrach, samt Frau, Sohn und neuer ziemlich hässlicher Schwiegertochter – also die Familie schauerlich au grand complet. Der König ist troz der Bedrängnisse sehr heiter und wohl gewesen, aber die schönen Tage von Aranjuez[2] sind vorüber. Es wird immer tumultuarischer. Die Kaiserin, sagt man, bleibt nur 2 Tage und tritt gleich (aber ohne die Kronprinzessin) die Reise nach Tegernsee an. Der König hat sich mehrmals sehr freundlich über Bülows[a] Einrichtungen für Fürst Puttbus geäussert, auch Stellen aus Bülows Depechen über die Krönung vorlesen lassen, die ihm interessant waren und eine geistreich lebendige Schilderung gaben.[3] Fürst Puttbus ist noch immer voll des Lobes und der Dankbarkeit für Bülow, aber in dem Liberalismus scheint der Pommer-Fürst noch etwas zurük zu sein. In einem Briefe an Wittg[enstein] stand: alles sei verkehrt in dem Lande, man werde um 5 Uhr zum Frühstük geladen, esse um 9 Uhr, (sehr neue fürstliche Bemerkungen), gehe nicht über den Fluss, sondern unter dem Flusse und „mache keinen Unterschied zwischen Rebellen in der Finsterniss nach Constitutionen tappenden Völkern und loyalen Dienern legitimer Monarchen. Belgische, Portugiesische, Französische Bothschafter |4| wurden bei der Königin eingeladen, während er (der loyale) mit dem loyalen Russen und Oestreicher nur bei Palmerston esse.“ Ist das nicht ein herrliches Stück Pommerscher Gesinnungen!! Ich bin verwundert noch immer des guten Hedemanns Ankunft in den Zeitungen nicht angekündigt zu sehen, und über Bülows mögliche Ankunft habe ich den schweigsamen Werther nicht zu befragen gewagt. Ich selbst[b] habe den Entschluss gefasst bald nach dem Geburtstag des Monarchen auf 4–5 Monathe nach Paris zu gehen, wo ich seit fast 3 Jahren nicht war.[4] Diese Erfrischung ist mir um nicht ganz in

---

[a] (1) die (2) Bülows *H*

[b] (1) habe (2) selbst *H*

Stupidität zu versinken, überaus nothwendig. Dazu habe ich einen pecuniären Grund. Ich habe einen Contract mit Cotta durch den ich 5000 r. gewinne, wenn das Buch geschrieben ist. Ich muss also die Vollendung meiner Geographie des Mittelalters (Examen critique de la Géographie du 15me siècle)[5] beschleunigen und dies kann am besten in Paris selbst geschehen. Es schmerzt mich zu ahnen, dass Dich, theure Gabr[iele] wie Deine liebe Schwester und Hed[emann] meine lange Abwesenheit contrariren wird, aber bei meinem hohen Alter kann ich nicht viel aufschieben und seit einem Jahre trage ich die Idee meine Fesseln allmälig zu lösen, in meinem Kopfe herum. Auch das Taufwasser des Infanten liegt mir wie ein Vorwurf auf der Seele.[6] Ich denke Du verschiebst die Handlung bis zu Adelheidchens Abreise, Ende August, wenn es anders sein soll, so warte ich mit meiner Abreise bis 10, 12, 15ten August. Ich bitte Dich und Deine liebe Schwester mit gewohnter Milde meine Reise zu beurtheilen und mir das strengste Geheimniss zu bewahren. Ich würde grenzenlos gequält werden, wenn man meine Pariser Reise in Berlin länger vorher als 2–3 Tage wüsste. Ich füge noch hinzu, dass die Reise nicht die entfernteste politische Tendenz hat, daher ich um so mehr zu strenger Oeconomie gezwungen bin. Herzliche Grüsse an Euch Lieben alle. Wenn Du es der Mühe werth häl[t]st so schikke den Brief an Bülow.

AlHt.

Ich halte meine Reise so geheim dass bloss der König und Wittg[enstein] davon wissen, selbst an Seiffert sage ich noch nichts.

Wenn ich nicht sehr besorgen müsste, meine theure G[abriele], Dich mit meinen Privatangelegenheiten zu ermüden, so würde ich hinzusezen, dass seit dem Werther Minister ist, das Drukkenlassen in Paris für mich von Berlin aus unerträglich wird. Er schikt kaum alle 6 Wochen einen Courier, so dass die Correcturbogen sich anhäufen. Ich erhielt in Teplitz auf einmal 9 Correcturbogen.[7] Vier Bände sind gedrukt, um also den lezten (5ten) zu beschleunigen, ist meine Anwesenheit in Paris doppelt nöthig.

Ich glaube nicht, dass wir Teplitz vor dem 30sten verlassen.

Rust war als er hier durch ging, wenigstens nicht schlimmer.

1 Humboldt war am 30.6.1838 nach Teplitz gereist, wo der preußische König den Kaiser von Russland traf, und kehrte am 28.7.1838 zurück.

2 „Die schönen Tage in Aranjuez sind nun zu Ende.“ Friedrich Schiller: Don Carlos, 1. Aufzug, 1. Szene.

3 Fürst Putbus war als Großbotschafter des Preußischen Hofs zur Krönung Königin Victorias am 20.6.1837 von England gesandt worden.

4 Humboldt reiste am 14.8.1838 – mit einer Unterbrechung in Weimar – nach Paris, wo er bis zum 3.1.1839 blieb.

5 Humboldt 1836–1839.

6 Bernhard von Bülow war am 8.6. geboren, die Taufe fand am 12.8.1838 statt.

7 Zur Übersendung von Korrekturbogen vgl. J. G. v. Cotta an Humboldt, 20.7.1838, in Humboldt 2009, 1838.

12 Alexander von Humboldt an Gabriele von Bülow
o. O. u. o. D., [29.7.1838]

H: DLA/SNM, Marbach, 62.2137

Ich bin wohl, sehr wohl von Teplitz gestern Sonnabend früh zurükgekommen, meine theure Gabr[iele]. Ich würde Dich heute schon in Deiner Tegelschen Einsamkeit aufgesucht und mich des Anbliks der liebenswürdigen Familie erfreut haben, wenn mich nicht ein hier vorgefundener Brief von Hedemann belehrte, dass er und Deine Schwester erst Mittwoch[a] 1 Aug. ankommen. Ich seze daher meinen Besuch bis Donnerstag[b] (2ten) aus, da der 3te des Königs Geburtstag ist, an dem ich nach der Pfauen-Insel muss. Dann erfahre ich wohl auch, wie es mit der Taufe des Infanten steht oder ob Du das Heiden Kind bis zu Bülow's Ankunft im unbewussten Irthum hälst.[1] Was dies mir so erwünschte Kommen betrift so habe ich Werther darüber sehr angelegentlichst sondirt aber wenig Befriedigung erhalten. Er meint: Bülow könne diese Möglichkeit besser als er voraussehen; er (Werther) glaube aber so stark an baldigen und wirklichen Abschluss der Belg[ischen] Angelegenheiten[2], dass er besorge, die Abreise könne |2| nicht vor Ende Sept[ember] od. Anfang October eintreten. Käme eine Unterbrechung der Negociation, dann freilich wäre es anders.[3] Die Ankunft des dogmatisch pedantischen alten Senft von Pilsach, die dem F[ürst] Esterh[azy] wahrscheinlich wegen Contrast des Charakters unangenehm sein muss, und der von allen Kniffen des Königs Wilhelm durchdrungen ist, wird[c] leider! ein böses Zwischenspiel. Ich sehe fast voraus, dass ich im Dec. Dich, theure, noch hier finde und dass wir, die Einzigen Trümmer der zahlreichen Familie, uns hier gegenseitig pflegen werden. Ich wünsche immer, dass meine Abreise nach Paris[4], die ich als strenges Geheimniss nur nicht für[d] Hedemanns, behandle, zwischen dem 8–15ten August fallen möge.

Ich umarme Dich und die Lieben Grossen und Kleinen, den Heiden Knaben mit eingerechnet von ganzem Herzen

AlHumboldt

Sonntags früh

Ich komme also gewiss den 2ten. Ich war bei Graf Lottum den seine Flechte und Fusswunde noch immer liegend erhält – für einen alten Mann ein bedenklicher Zustand. Denke dass Werther, Rochow und Altenstein die Schwachheit gehabt haben, dem König vorzuschlagen, den Erzbischof v. Cölln loszugeben.[5] Der König hat es abgeschlagen.

[1] „Ein Brief vom Onkel gestern Abend hat mich vollends bange gemacht [wegen des Termins. ...] er schreibt gar zu hübsch über das Heidenkind. Solch einen Onkel hat auch nicht Jedes, und ich will dem Jungen alle diese bezüglichen Merkwürdigkeiten aufheben." (Sydow 1919, 403).

[2] Belgien hatte 1830 seine Unabhängigkeit vom niederländischen Königreich erklärt, was zu Konflikten führte. Mit den Londoner Konferenzen (an denen Heinrich von Bülow bedeutenden Anteil hatte) und dem Londoner Protokoll vom 19.4.1839 wurden die belgisch-niederländischen Auseinander

[a] (1) morgen (2) Mittwoch *H*
[b] (1) Dienstag (2) Donnerstag *H*
[c] (1) ist (2) wird *H*
[d] (1) für (2) nur nicht für *H*

setzungen beigelegt. Vgl. den Brief vom 20.2.1832, Anm. 2, sowie Humboldt an Cotta, 5.5.1839, in Humboldt 2009, 212–213, und Humboldt an Mendelssohn, wohl 12.8.1838, in Humboldt 2011, 99–100.

3 Heinrich von Bülow konnte an der Taufe nicht teilnehmen und kehrte erst nach Unterzeichnung der Verträge in der holländisch-belgischen Sache am 28.4.1838 aus London zu einem Urlaub zurück.

4 Vgl. den Brief vom 19.7.1838, Anm. 4.

5 Siehe den Brief Nr. 10, Anm. 2.

13 Alexander von Humboldt an Gabriele von Bülow
Berlin, 3.8.1838

H: DLA/SNM, Marbach, 62.2137

Meine theure Gabriele,

Bei dem heutigen sehr regnigten Wetter ist zu hoffen, dass der Monarch nur 1–2 Tage auf der Insel und in Potsdam bleibt: sein eigentlicher Entschluss aber war, dass er 4 ganze Tage auf der Insel und dann 3 in Paretz bleiben wolle.[1] Da ich viel[e] Gründe habe sehr artig zu sein, da er gestern ganz öffentlich (bei Tische) von meinem lezten schönen Briefe und seiner Furcht, mich zu lange zu entbehren vor dem französisch redenden Türken und dem hölzernen Papa Bresson gesprochen, so werde ich wohl 3 Tage nicht mehr aushalten müssen. Diese Combinationen und meine nahe Abreise (12–14ten)[2] zwingen mich nun leider! lästig zu werden, und in Dich, theure G[abriele], zu dringen |2| mit der Frage: ob der Junker überhaupt jezt getauft wird und welcher Tag zwischen 5ten und 12ten Du wohl auswählst. Die Taufhandlung selbst ist für mich Rechtfertigung Potsdam zu verlassen. Sollte es schönes Wetter werden, so bin ich wohl auf jeden Fall den 6ten hier zurük. Jeder Tag der heiligen Handlung (die wohl auch von Hedemanns Reise abhängt wie von der Freiheit des Geistlichen) ist mir angenehm, selbst vor dem 6ten. Sollte die Taufe[3] sehr nahe sein, so bitte ich Dich gleichzeitig 2 Zeilen nach Potsdam an den Einsiedler und hieher zu schreiben. Ich komme wenn ich es nur den Tag vorher weiss. Puttbus der gestern beim König aass sieht ganz abgemattet vom constitutionellen Umgange aus. Er singt Bülows Lob, der ihm keinen Brief mitgegeben. Er hat Dich gestern vergeblich gesucht, hat |3| Bülow sehr wohl aber wüthig belgisch beschäftigt hinterlassen und bittet, da er heute schon in sein dummes loyales Pommerland zurükkehrt, Dich sehr um Verzeihung, nicht nach Tegel zu kommen. Vous Vous en passerez, je crois.[4] Ich halte Bülow's Kommen vor Ende Sept. für unmöglich und hoffe wir machen beide den Winter menage zusammen damit ich Dir von Mad[ame] Seiffert kochen lasse und Dich Sparsamkeit lehre. Gesezt auch der Tractat werde in 14 Tagen unterzeichnet, so können die Minister doch nicht London vor der eingeholten Ratification verlassen.[5]

Herzliche Grüsse

AHt

Berlin den 3 Aug. 1838

1 Humboldt reiste am 3.8.1838 im Gefolge des Königs für sechs Tage auf die Pfaueninsel und nach Potsdam. Der König war am 3. und 4.8. auf der Pfaueninsel, am 5.8. in Paretz, am 9.8. zurück in Charlottenburg.

2 Vgl. den Brief vom 19.7.1838, Anm. 4.

[3] Vgl. den Brief vom 19.7.1838, Anm. 6.
[4] Frz.: Ihr kommt auch ohne aus, glaube ich.
[5] Vgl. den Brief Nr. 12, Anm. 2.

14 Alexander von Humboldt an Gabriele von Bülow
Paris, 25.8.1838

H: DLA/SNM, Marbach, 62.2137

Paris Rue des Petits Augustins n. 3
Hôtel de Londres den 25 Aug. 1838

Ich darf mir schmeicheln, theure Gabriele, dass Dir und Deiner lieben Schwester und den Infantinen, sammt dem Junker, ein kleines Zeichen meines Lebens und meiner hiesigen Zufriedenheit willkommen sein werden. Ich reisete, wie Du weisst, einen Dienstag 14ten früh um 4 Uhr ab, kam den anderen Morgen 9 Uhr in Weimar an, wo man mich schon seit 2 Tagen erwartete und die gute sehr veralterte Wollzogen aus Jena heraufgezaubert hatte. Man hielt mich Mittag und Abends im Belvedere, wo [starke][a] Regengüsse Gespräche,[b] [apartés][c][1] und förmliche geheime Ohrenbeichten mit der Mama über alles in Tepliz Vorgefallene leider! sehr begünstigten. Die Wollz[ogen] ist zwar noch sehr ausgezeichnet im Gespräch, aber die Welterfahrung hat sie schon sehr verlassen, so dass sie noch an alle liberale[n] Bekehrungen alter Könige, auszuübende Einflüsse von meiner Seite, Aufnahme aller Göttinger Professoren und anderer Verruffener in Berlin, ja an Einigung aller Glaubensbekenntnisse als Folge, der erzbischöflichen Zwistigkeiten glaubt – Utopien aus Jena. Von der Italienischen Reise scheint keine Rede mehr zu sein. Der junge Erbgrossherzog war auch aus Holland zurük, etwas gebessert, weil „wie die alte Henkel behauptet, die jungen sehr faustreichen Prinzen von Oranien sich rühmen, ihm das Zierwesen ausgeknufft zu haben[“]. Von Weimar bis Paris habe ich nicht mehr ausser dem Wagen geschlafen, ausser einigen Stunden in Metz wo, in der Festung, die Thore nicht vor 3 U[hr] geöffnet werden. Schöler sah ich einige Stunden in Fr[ank]furth und von seinen beiden theologischen Diplomaten nur den blassen und sentimentalen Sidow, Bunsens intimus. Die Nächte waren so kalt, dass der Sibirische Wolfspelz gerechtfertigt ward. Ich war Montag 20st[en] schon sehr früh in Paris und konnte der Sizung des Instituts beiwohnen, ich war (wenn ich den Aufenthalt in Weimar und Frankf[urth] abrechne) nur 4 ½ Tage gereiset und so wenig ermüdet, dass ich den Abend noch spät in[d] Gesellschaft war. Der Kissinger scheint sich sehr herrlich zu erweisen. Bei dem König Louis Philip[pe] hatte ich im Cabinett eine lange Audienz: er war wie gewöhnlich, sehr freundlich, voller Lobeserhebung von Bülow's Talent und viel gerühmter Liebenswürdigkeit[2]. Da ich den Auftrag hatte, ihn zu erinnern, nicht aus Geldliebe für Leopold neue Schwierigkeiten zu machen, so ging er tief in die Belgische Sache[3] ein, lies[s] mir aber leider! den Eindruk, er halte es noch für möglich, die Theilung der Schuld günstiger für Belgien zu machen, de

[a] (1) die starken (2) starken *H ändert Hrsg.*
[b] Regengüsse | die heutigen *gestrichen* | Gespräche, *H*
[c] aparté's *H ändert Hrsg.*
[d] (1) auf (2) in *H*

revenir sur le passé[4]: König Leop[old] wäre ohnedies sehr unpopulär wegen der Cession des Territoriums, solle er 20 Mill[ionen] francs jährlich zahlen so wäre dies ¼ des ganzen Einkommens ... Ich antwortete dass als[a] Fr[ankreich] und Belgien die 24 Art[ikel] unterschrieben, sie damals die Ausführung und Zahlung für möglich gehalten hätten und Belgien sei seit jener Epoche durch Handel reicher, nicht ärmer geworden; viele Staaten (Frankreich selbst, England[,] Preussen, Oestreich) hatten ¼ des Einkommen[s] auf die Zinsen zu wenden. Graf Molé und der junge Herzog v. Orléans sind gemässigter in ihren Ansichten, aber im Ganzen scheint mir noch die Sache nicht[b] sehr erfreulich hier zu stehen. Auf Fabricius und seine menées wird viel geschimpft |2| dagegen freut man sich auf die nahe Ankunft von Fagel. Bei dieser ersten Audienz sah ich auch die Prinzess Hélène. Sie ist auffallend stärker, weisser, ausdruksvoller, hüpscher geworden. Sie lag im Salon ausgestrekt auf einer bergère und spielte Schach mit dem kleinen Duc d'Aumale. Sie ströhmte über vor Dank für unseren König. Die Mutter bei der ich lange den folgenden Morgen allein war, kann die Fortdauer des häuslichen Glükkes nicht lebhaft genug schildern. Die scheuslichen Nekkereien und Inconsequenzen des Grossherzogs fahren fort. Gestern am 24sten ist endlich die sehr glükliche Entbindung erfolgt, eine sehr natürliche aber nach 8stündigen sehr starken Schmerzen. Kind (Louis Philipp[e] Albert) und Mutter sind sehr wohl. Das événement hat nur Interesse in der nahen Umgebung erregt, es findet gewiss mehr Theilnahme in Berlin als in Paris. Die Franzosen sind nicht eben gemütlich (qu'est-ce que celà nous regarde, c'est un événement de cour, on ne manquoit pas de Princes, on en paye déjà assez[5]) und mit der nahen Gegenwart mehr, als mit der Zukunft beschäftigt, war für den grösseren Theil von Paris die Niederkunft ohngefähr was für Spandau die Nachricht einer Geburt in Reuss Lobenstein sein würde. Das ist die reine Wahrheit welche freilich von den Zeitungen entstellt werden, die Beifallsgeschrei und Illuminationen ersinnen, von denen hier niemand etwas gehört od. gesehen. Dies, aus Gründen für Euch im engeren Kreise. Mich persönlich hat das Ereigniss lebhaft ergriffen, es ist menschlicher an der Freude anderer Theil zu nehmen und die Königliche Familie ist sehr, sehr, liebenswürdig, Pr[inzess] Hélène von allen Partheyen belobt sans être belle, hört man überall, elle a quelque chose de si distingué: elle anime ses traits d'une manière admirable[6]. Der Erzbischof hat das Kind gestern schon ondoyirt, horizontal, die eigentliche Taufe wird Anfang October sein. Hier, meine Liebe, hast Du einige etwas verworrene Zeilen, da ich mich präparire auf das Schloss zu gehen um zu gratuliren. An unseren Bülow schreibe ich morgen. Er muss in einer Hölle von Arbeit stekken. Du kannst ihm auch von Deiner Seite sagen, dass nach Erledigung meines ersten Auftrages, ich alle politischen Gespräche hier vermeiden werde. Die Anwendung vieler Köche kann nur schädlich sein, da man in London allein den Zustand der Dinge kennt. Mit Sebastiani soll Molé unzufrieden sein, da er die Forderungen übertreibe. Der arme Hed[emann] thront nun wohl schon in Posen,[7] Bülow kommt gewiss nicht vor Ende October und den Winter pflege ich Dich allein. Das steht uns bevor. Durch Gotha fahrend frage ich den klugen Postmeister, wie es dort steht. Antwort: „Der junge Nassauer thut uns viel Schaden. Wollen, thun wir noch immer, ob wir sie aber kriegen, ist ein anderes." Ich umarme gross und klein und hoffe dass Du (durch das ausw[ärtige] Dép[artement]) mir auch ein Wort über die unglükliche Scheidung schreibest.

AHt.

---

[a] (1) dass (2) als *H*

[b] Sache | noch *gestrichen* | nicht *H*

Die Zeitungen sind sehr lobend für mich, finden mich in zunehmendem Alter Cuvier sehr ähnlich (mit Habichts Nase!) ich sei mit geheimen polit[ischen] Aufträgen gekommen – andere sagen um recht schnell der Herz[ogin] v. Orleans zu gratuliren, noch andere ich käme bloss aus Freundschaft für Valenciennes, um ihm die im Institut vacante Stelle durch meinen Einfluss zu verschaffen.[8]

1 Frz.: vertrauliche Gespräche.
2 Gabriele schreibt ihrem Gatten über diesen Brief am 10.9.1838: „Er hatte eine lange Unterredung mit Louis Philippe über die belgische Angelegenheit gehabt, es war ihm aber in dieser gerade der Eindruck geworden, daß sie noch lange nicht zu Ende geht. Er sagt, [...] ich sollte Dir [...] wiederholen, daß er nach Erledigung seines Auftrages alle politischen Gespräche dort vermeiden werde, denn viele Köche können nur schädlich sein, und man kenne ja nur allein in London den wahren Zustand der Angelegenheit. Daß Louis Philippe voll Deines Lobes und Deiner ‚allgerühmten Liebenswürdigkeit' gewesen sei, hat der Onkel auch gewiß nicht versäumt, zu berichten." (Sydow 1919, 407).
3 Vgl. den Brief Nr. 12, Anm. 2.
4 Frz.: das Vergangene rückgängig zu machen.
5 Frz.: Was geht uns das an, es ist eine höfische Veranstaltung, es gibt keinen Mangel an Fürsten, man bezahlt davon schon genug.
6 Frz.: Ohne schön zu sein, hört man überall, sie hat etwas so Vornehmes an sich: sie belebt ihre Gesichtszüge auf bewundernswerte Weise.
7 August von Hedemann hatte eine Versetzung nach Posen erhalten, wo das Ehepaar bis zu ihrem Umzug nach Erfurt 1840 lebte. Siehe Humboldt an Carus, 13.5.1838, in Schwarz 2009.
8 Humboldt bemühte sich mehrfach und intensiv um die Wahl Valenciennes' in die Académie de France. Seine Bemühungen waren jedoch erst 1844 erfolgreich (Päßler 2009, 88 und das gesamte Kapitel „Humboldts Einfluss auf Valenciennes' akademische Laufbahn").

15 Alexander von Humboldt an Gabriele von Bülow
Paris, 4.11.1838

H: DLA/SNM, Marbach, 62.2137

Eine unbequeme aber recht freundliche Bitte, meine theureste Gabriele dass Du gütigst durch Dein Ministerium meine kleine goldene Schrift[1] austheilen lässt und Hedemann dem Du auch ein Exemplar nach Posen sendest, herzlich grüssest. Meine Gesundheit ist vortreflich, aber ich lebe von der Familie abgestorben. Der gute Bülow ist stumm weil er grenzenlos beschäftigt ist und auch Du, meine Liebe, solltest mir doch auch einmal ein kleines süsses Lebenszeichen geben. Noch vorgestern aass ich mit bei der Königin bei der Herzogin von Orleans. Der Belgier schmilzt, zerrinnt in Zärtlichkeit für Bülow der es wohl nicht ganz um ihn verdient. Der Belgier sagt es werde für ihn schlecht (ungerecht) enden aber es werde enden.[2] Die legitimistischen Blätter l'Europe[a] behaupten ich sei aus der Haugwizischen Schule, und grosser negociationen wegen hier. |2| Comme la Prusse est un pays très pauvre, tout le Cabinet est corruptible. Tous les hommes de la Cour (auch ich) les Dames même reçoivent des subsides des Tuileries![3] Das juste milieu scheint mir was die Damen betrift sein Geld schlecht anzuwenden, sie sind meist carlistisch.

a l'Europe 29 (1) Nov. (2) Oct. *H am Rand*

Ich umarme die Kleinen und Grossen. Mit innigster Liebe

Dein
AHt

Paris den 4 Nov. 1838.

1 Humboldt 1838.
2 Zur belgischen Angelegenheit siehe den Brief Nr. 12, Anm. 2.
3 Frz.: Da Preußen ein sehr armes Land ist, ist das gesamte Kabinett korrumpierbar. Alle Männer des Hofes (auch ich), sogar die Damen erhalten Zuschüsse von den Tuilerien.

16 Alexander von Humboldt an Gabriele von Bülow Paris, 28.12.1838

H: DLA/SNM, Marbach, 62.2137

Paris den 28 Dez. 1838

Meine theure Gabriele! Endlich bin ich des Tages meiner Abreise gewiss und die einzige Hofnung des Herzens und des Gefühls die mir für das traurige Berlin bleibt, und mich wirklich belebt, ist die Hofnung Deiner und Eurer Nähe! Ich reise den 3ten od. 4ten Januar und nehme schon morgen Abschied vom Hofe. Ich war die lezten Tage unwohl, bloss Folge plözlicher Erkältung, Schnupfen und Leibweh. Ich bin 4–5 Abende eingeblieben, bin aber jezt wie gewöhnlich, durch ärztliche Hülfe[a] des unvermeidlichen, geschwäzigen, hier immer gleich verfolgten (geächteten) Koreff. Ich denke auf der Reise zu schlafen und deshalb (da ohnedies die Sphinxe in Weimar[1] am Wege liegen und einen aus Neugierde foltern) könnte ich leicht ein Paar Tage nach dem 12ten ankommen. Die grosse Wuth gegen das Ministerium ist hier im Abnehmen, für die Beendigung der belg[ischen] Sache[2] ist es besser, dass Molé bleibt, doch hat sich bisher das hiesige Nazional Gefühl (troz aller künstlichen Mittel) noch wenig für die Belgier belebt. Unsere Londner haben in ihrem lezten Beschluss auf grosse Energie von unserer (militärischen) Seite gerechnet. Mögen sie diese Energie finden das[s] nicht alles, zur gewaltsamen Besiznahme, bis zum Frühjahr vertrödelt werde. Ich freue mich unendlich Euch bald alle recht herzlichst zu umarmen und dann täglich zu sehen und zu pflegen und gepflegt zu werden. Meine schönsten Grüsse an H[edemann]s in Posen! Bülow ist leider! so beschäftigt, dass ich ganz ohne Briefe von ihm bin. Ich schreibe ihm morgen.

AH

1 Die letzten Vertreter der Weimarer Klassik, die Humboldt manchmal anlässlich seiner Parisreisen besuchte, bezeichnete er mehrfach als „Sphinxe", anspielend auf ihr Alter. Vgl. Humboldt an Friedrich Wilhelm IV., 25.2.1843 und 26.5.1845, in Humboldt 2013, 241 und 309.
2 Vgl. den Brief Nr. 12, Anm. 2.

a durch ärztliche Hülfe *ergänzt H*

17 Alexander von Humboldt an Gabriele von Bülow
o. O. u. o. D., [vermutlich Anfang 1839]

H: DLA/SNM, Marbach, 62.2137

Sonnabend.[a]

Theure Gabriele

Die Belg[ischen] Nachrichten (der Zeitung) würden mir misfallen wenn nicht Bülow's Brief und W. Russels hiesige gleichlautende und bisher sichere Nachrichten das nahe Ende verkündigten.[1] Ich habe leider! Müller gestern nicht gefunden und muss morgen wieder hin. Darf ich Dich bitten Geppert zu bitten, das lezte Papier über den Thatenbestand[2] mir recht bald für Müller abschreiben zu lassen. Deine weiblichen Secr[etäre] dürfen es nicht thun. Mein Schnupfen[3] entwikkelt sich wie die belgische Sache und ich habe nun das langweilige Schikken der Höfe denen es eine erheiternde Beschäftigung ist, davon zu reden, „ob man ausgeht".

AHt

1 Am 19.4.1839 erfolgte die Vertragsunterzeichnung in der belgischen Angelegenheit, vgl. den folgenden Brief, Anm. 2.

2 Konnte nicht ermittelt werden.

3 Humboldt erwähnt am 28.12.1837, kurz vor seiner Abreise aus Paris, eine Erkältung. Daher vermutlich Anfang 1839, nach der Rückkehr aus Paris (3.1.1839) geschrieben.

18 Alexander von Humboldt an Gabriele von Bülow
o. O. u. o. D., [vermutlich Anfang März 1839]

H: DLA/SNM, Marbach, 62.2137

Dieser Brief[1] scheint mir der beste von allen. Er sagt bestimmt und zum ersten Male „dass er sich im Ganzen wohl befinde, aber nervös verstimmt, abgespannt wahrscheinlich von zu strenger Diät und langer Entziehung von Wein.["] Howards Benehmen wäre selbst bei seinem kurzen Aufenthalt, kaum durch engl[ische] Eiskälte zu erklären, wenn man nicht unbestimmt annehmen könnte, Russel habe hier Howard verboten irgend einen Diplomatiker zu sehen, um nicht über die Natur seiner heimlichen Sendung zu schwazen. Die |2| Amendements Vorschläge die nun in Belgien anfangen müssen Dich, theure G[abriele] nicht wundern. Um ein Gesez anzunehmen werden immer von der Opposition amendemens versucht, das Gesez aus einem Artikel bestehend, „das Leop[old] unterschreiben dürfe" kann aber nur verworfen od. ohne alle amendements angenommen werden, da die Conferenz alle Modification zurükweiset. Die unbedingte Annahme wird statt finden um so mehr da mit 30 Stimmen Majorität man das Ende herangewünscht. Dass man ohne amendem[ents] zu versuchen gleich abstimmen würde war ohnedies nicht zu hoffen.[2] Sehr |3| wichtig ist die Erklärung von Thiers im Constitutionnel dass das neue Ministerium auf schnelles Nach-

a Sonnabend. *ergänzt B*

geben dringe. Gestern morgen um halb neun Uhr hat mich der Kronpr[inz] überrascht, ohne Adjud[ant]. Er blieb ½ St[unde] und da er alles besehen wollte, habe ich Stunden lang gebraucht um wieder alles wegzulegen. Er war sehr liebenswürdig für Bülow. Ich habe gestern noch bei Prinzess Wilhelm (la figlia) abgeschlagen, gehe aber heute Abend zur Comödie u. Soirée zum König. Ich habe mich heiss gebadet und erkläre mich für geheilt. Ich werde Dich morgen gewiss besuchen. An den Justiz Minister werde ich schreiben.[3]

AH

Von Geppert habe ich nichts erhalten. Er hält die Abschrift wohl mit Recht jezt für unnüz.[4]

1 Vermutlich Bülows Bitte um Urlaub vor 6.3.1839 und seine Übergabe der Geschäfte am 15.3.1839 (Sydow 1919, 438–441).

2 Zur belgisch-niederländischen Angelegenheit (die mit Vertragsunterzeichnung am 19.4.1839 beendet wurde) siehe den Brief vom 20.2.1832, Anm. 2, und Brief Nr. 12, Anm. 2.

3 Nicht überliefert.

4 Siehe den Brief Nr. 17.

19 Alexander von Humboldt an Gabriele von Bülow
o. O. u. o. D., [vermutlich März 1839]

H: DLA/SNM, Marbach, 62.2145

Du musst Dich nicht wundern, meine Liebe, dass ich Dir keinen Brief an Bülow schikke. Ich habe weitläuftigst geschrieben, habe aber, weil er es ausdrüklich wollte, meinen Brief an Werther[1] selbst geschikt. Ich wage, der Kälte und einem grausigen Schnupfen wegen, nicht auszugehen und werde auch nicht wagen Werther zu befragen, ob das officielle heute schon abgehen kann. Du weisst er würde glauben, man verdächtige seine Dienstfertigkeit. Ich werde es durch Philippsborn zu erfahren suchen. Du könntest es durch Eichhorn!
Mit inniger Liebe,
Dein

AHt

Mittwoch

Ich habe eben Mittag beim Kronpr[inzen], den Abend in dem Elysium der Fürstin Pückler absagen lassen.

1 Nicht ermittelt.

20 Alexander von Humboldt an Gabriele von Bülow
o. O. u. o. D., [vor 19.4.1839]

H: DLA/SNM, Marbach, 62.2137

Ich bin schon um vieles besser, meine Theure und hoffe morgen unmittelbar bei Werther od. dem geheimnissvollen Phil[ipsborn][1] etwas zu erfahren. Es ist mir, nach dem auch was mir F[ürst] Wittg[enstein] darüber sagte, höchst unwahrscheinlich dass man Bülow irgend eine Schwierigkeit in den Weg legt, um so mehr da Krankheit im Spiel ist.[2] Eichhorn wird haben wichtig thun wollen wie alle Leute die über etwas reden, von dem sie wenig wissen. Da B[ülow] bestimmt nicht eher weg will als die Belgier eingewilligt haben, so liegt ja gar keine Gefahr in der Erlaubniss.[3] Ich glaube meine Theure, dass Du wohl von dem Wunsche Bülow's reden kannst, nun recht bald kommen zu können, aber dass es besser ist Du sagest nicht bestimmt bei Sav[igny] „Bül[ow] habe schon officiell geschrieben[“]. Das wird doch auf anderen Wegen erfahren werden. Ich habe an B[ülow] geschrieben, dass alles nach seinem Wunsche gehen würde, weil mir Werther es so aufgetragen.
Dein

AHt

Mitwoch.[a]

Ich hoffe Dich morgen besuchen zu können, meine Liebe!

1 Philipsborn war vortragender Rat unter Werther, dem Minister für auswärtige Angelegenheiten.
2 Vermutlich handelt es sich um Bülows Urlaubsgesuch, siehe die vorigen Briefe.
3 Vgl. den Brief vom 14.3.1839, Anm. 2.

21 Alexander von Humboldt an Gabriele von Bülow
o. O. u. o. D., [13.3.1839]

D: Sydow 1919, 440

Theure Gabriele!

Die Staats- und Oberregierungs-Räthe schwelgten in der Freude, einmal im Jahr anbeten zu dürfen. Werther hatte dieselben friedlichen Nachrichten verbreitet, wie immer lobend für Bülow. Ich aß gestern wieder mit dem Kronprinzen bei dem Könige, wo auch der Tyrann von Sondershausen[1] war. Die Kronprinzessin äußerte nochmals ihre Freude, daß Du in dem Gedränge nicht erschienen seiest. „Man würde in der tropischen Hitze für Dich besorgt gewesen sein.“ Morgen werde ich Dich bei Prinzeß Albrecht rechtfertigen. Beim König (wo man Trappenbraten, eine Art fliegendes Rindfleisch, aß) hatte man nicht bloß die gewisse Nachricht, daß Holland unterschrieben, sondern man war auch um Belgien unbesorgter.[2] Stolbergs Kultusministerium[3] wird jetzt wieder geleugnet. Mit inniger Liebe

a Mitwoch *ergänzt B*

Dein

A. Humboldt.

Viele Grüße den Kindern; gieb Dir keine Mühe, zu antworten.[4]

1 Wen Humboldt hier als Tyrannen von Sondershausen bezeichnete, ist unklar, denn Günther Friedrich Carl I. von Schwarzburg-Sondershausen wurde eher durch liberale Reformen bekannt, hatte allerdings seinen Vater 1835 wegen dessen absolutistischer Herrschaft und eine Verfassung und andere bürgerliche Grundrechte ablehnenden Haltung sowie Günstlingswirtschaft in der sogenannten Ebelebener Revolution zur Abdankung gezwungen.

2 Vgl. den Brief Nr. 12, Anm. 2.

3 Nachdem Altenstein 1838 wegen Krankheit aus dem Amt des Kultusministers entlassen wurde, betraute man Ladenberg vorerst kommissarisch mit dessen politischen Aufgaben, bis Eichhorn 1840 der neue Kultusminister wurde.

4 Zur Datierung: Am 13.3.1839 schreibt Gabriele an ihren Mann nach London: „Der Onkel [...] schrieb mir [...] heute Morgen, welchen Zettel ich Dir eben einlege [...]“ (Sydow 1919, 440) Bei diesem Zettel handelt es sich um den obigen Brief.

22 Alexander von Humboldt an Gabriele von Bülow
o. O. u. o. D., [vermutlich 14.3.1839]

H: DLA/SNM, Marbach, 62.2137
TD: Sydow 1919, 441

Donnerstag.[a]

So eben schikt der König den F[ürst] Wittg[enstein] zu mir, um mir sagen zu lassen dass er alles für B[ülow]'s Reise bewilligt, wie es der H[er]r v. W[erther?] vorgeschlagen d.h. wegzugehen, so wie die Belgier unterzeichnet hätten.[1] Der Fürst freut sich Dir diese Nachricht schon jezt[b] geben zu können. Es ist alles schon vorgetragen gewesen und in der Expedition.[2] Werther kann es übermorgen haben.

Hier meine Theure, die traurigen Mathildiana[3]

AHt

1 Siehe den Brief Nr. 12, Anm. 2.

2 Betrifft Bülows Bitte um Beurlaubung nach Unterzeichnung des Londoner Vertrages in der belgischen Angelegenheit, vgl. die vorigen Briefe. Am 15.3.1839 schrieb Bülow an seine Frau: „Auch heute, mein liebstes Herz, sage ich Dir nur in wenigen Worten, daß ich mich im Ganzen wohl befinde, aber strenger wie je Nachdenken, Schreiben und Geschäfte vermeiden soll und muß. Deshalb habe ich auch dem Herrn v. Werther die Geschäfte der Gesandtschaft übertragen. Das hat mein Gemüth sehr beruhigt.“ Gabriele schrieb am selben Tag: „Ich hoffe durch diese Zeilen die Erste zu sein,

a Donnerstag. *ergänzt B*

b jezt *ergänzt H*

die Dir, geliebtes Herz, die Nachricht giebt, daß der König Dein Urlaubsgesuch ohne alle Schwierigkeit bewilligt hat, und daß dasselbe in der Expedition ist. Doch ich schreibe lieber wörtlich ab, was der Onkel mir gestern Nachmittag schrieb: ‚Soeben schickt der König den Fürsten Wittgenstein zu mir, um mir sagen zu lassen, daß er Alles für Bülows Reise bewilligt, d. h. wegzugehen, sowie die Belgier unterzeichnet hätten!'" (Sydow 1919, 441–442). Daraus ergibt sich die Datierung. Die Vertragsunterzeichnung fand am 19.4.1839 statt (Sydow 1919, 445), worauf Bülow abreiste und Berlin am 28.4.1839 erreichte. Hier blieb er bis zum Februar 1840.

3 Zu Theodor siehe die Einleitung.

23 Alexander von Humboldt an Gabriele von Bülow
o. O. u. o. D., [vermutlich 14.3.1839]

H: DLA/SNM, Marbach, 62.2137

Donnerstag.[a]

Der Brief scheint mir sehr beruhigend und ist ganz natürlich geschrieben. Franz[ösische] Aerzte wollen immer schwächen, Englische immer stärken und überreizen. Du weisst aus meinem lezten Briefe, dass der König alles gebilligt hat.[1] Ich glaube wohl: Du solltest am Früh Abend auf einige Minuten zu W[ittgenstein?] gehen. Es würde von gutem Effect sein.

AlHt

Tausend Dank.

1 Vermutlich Bülows Urlaubsgesuch aus gesundheitlichen Gründen. Siehe den vorigen Brief, Anm. 2, woraus sich auch die Datierung ergibt.

24 Alexander von Humboldt an Gabriele von Bülow
o. O. u. o. D., [vermutlich vor 19.4.1839]

H: DLA/SNM, Marbach, 62.2137

Ich habe sogleich an W[ittgenstein?] geschrieben um ihm in Deinem Namen zu danken. Ein solches Abschreiben mitten unter vielen Geschäften und bei physischem Leiden ist sehr lobenswerth und in Berlin beispiellos.[1] Bülows Brief hat mich ganz ermuthigt Luft und Schlaf und Urlaub werden Stärke geben. Ich esse beim Kronpr[inzen] und werde eingeladen, wenn schon alles bei mir gekocht wird, die schönen Linsen …

AHt

1 Vergleiche die vorigen Briefe.

---

a Donnerstag. *ergänzt B*

25 Alexander von Humboldt an Gabriele von Bülow
o. O. u. o. D.

H: DLA/SNM, Marbach, 62.2137

Der Kronprinz legt eine solche Wichtigkeit darauf, da er Bülow diesen Mittag nicht hat einladen können, „ihn noch heute zu sehen und ihm ein kleines Zeichen seiner wohlwollendsten Achtung zu geben“ (so waren die Redensarten) dass er mich consultiren lässt: ob Ihr und Hedemanns, troz der morgenden Abreise[1], diesen Abend würdet zu ihm kommen wollen[a]. Er schikt Meyringk an mich, um zu fragen: ob es unbescheiden sei. Ich weiss, dass Dich die Einladung erschrekken wird, aber ich habe doch ja gesagt. Unter den politischen Verhältnissen in denen Bülow lebt und wegen des Effects auf die Stadt, konnte ich nicht anders handeln. Ich bitte Dich also, meine theur[e] Gabriele, nicht auf mich zu zürnen, dass ich scheinbar Dich in das Unglük bringe und ich bitte Dich herzlich anzunehmen.
Dein

AHumboldt

Montag 12 ¼ U

Meyringk verlässt mich so eben.

[1] Eventuell vor der Abreise der Familie Bülow zur Kur nach Kissingen am 12.8.1839.

26 Alexander von Humboldt an Gabriele von Bülow
o. O. u. o. D., [vermutlich Ende November 1839]

H: DLA/SNM, Marbach, 62.2137

Ich schreibe einen schlechten Brief von kleinlichem Berliner Klatsch. Ich gehe mit König und Kronpr[inz] (aber für mein Geld) am 2ten nach Potsdam. Wir bleiben nicht bis Dienstag sondern bis Mittwoch früh worüber sich wunderbar genug der Kr[onprinz] sehr freut. Da er mich sehr bittet zu bleiben, so lasse ich mich von der hohen Fluth hinreissen, die gegen alle Attractionsgeseze des Mondes nur immer 3–4 Tage dauert und bald mit der der nächsten Woche zusammenfallen wird. Que deviendrai-je alors![1] Wie sich aus einer solchen Schlinge ganz herausziehen? Nach Paris gehen, sich dort wieder etabliren und die Pensions-Zulage (2500 r.) nicht aufgeben?[2] Damit das Publikum hier über Undank und Undelicatesse schreie. Nichts ist klar in meiner See[le] und der Knochenmann wird wohl früher entscheiden.

Gestern Abend war noch Concert beim Kr[onprinzen] von 8–11 U bloss in den inneren Zimmern. Souper nur im Saale. Es waren bloss die Höfe ohne Kammerherrn und Hofm[eister] und einige noch ungebetene Freunde … die Mansurowsche Familie, von Ministern keiner, auch nicht Rochow od. Alv[ensleben] od. Werther, bloss Kamtz und die Luxburg. Es war Concert um den sehr jungen, wundersam fertigen und gefühlvoll vortragenden

[a] (1) wollen (2) würden *H ändert Hrsg.*

Violinisten Prune aus Lüttich zu hören; dann recht schlechter Schreigesang und Gans. Auch war da der alte Duncker, nicht Müller (er hörte selbst Concert!!) Spontini, aber[a] keine Note von ihm gespielt, auch der aufgeblasene blasse Staatsrath F. Solms Lych der sich allen vordrängt. Nicht die Fürstin Liegnitz. Ich sass an dem Tische der Kronprinzessin zufällig neben Pr[inz] Carl der weil er auf der anderen Seite Prinzessin Wilhelm hatte, schrekhaft böser Laune war … Der herrliche Violinspieler habe aus dem „souvenir, du Village de Thyl“ so heisst eine seiner[b] elegischen |2| Compositionen, [„]eine Sehnsucht nach dem stillen Geburtsorte wahrscheinlich das miaulement der mütterlichen Kazen ausdrükken wollen.“

Der eigentliche Grund des Isegrimms des Prinzen schien aber die Ernennung von Brandenburg zu sein, der nun das Armee Corps wirklich erhalten habe, das er bisher nur interimistisch führte. „Es würde sich nun bald zeigen, ob Brandenb[urg] im Stande sei ein Armee Corps zu führen“!! Die Ernennung war von gestern. Nazmer[3] definitif den Abschied und Wrangel (sonst ein Minister) an seine Stelle. Er kam immer wieder auf Brandenb[urg] zurük, wahrscheinlich getäuschte Pläne.

Ich umarme alles soviel ich kann und man dort will.

(Unüberschwengliches Lob des cossner Silberzeugs in Hannover und vorläufiges Wehklagen über die einstige Schwierigkeit zu entscheiden was davon dem Staate gehöre! Die Antwort von[c] Kamptz auf das cossene Silber war: ja Ihre Kön[igliche] Hoh[eit] in dem cossen drükt sich recht das Gediegene des echt Hannoverischen fürstlichen Regenten Sinnes aus, der auch jezt wieder Deutschl[and] vorleuchtet!!!)

AHt

Sonntag

1 Frz.: Was wird dann aus mir werden.

2 Humboldts letzte Parisreise war vom 14.8.1838 bis zum 3.1.1839, vgl. den Brief vom 25.8.1838, die nächste erst wieder 1841.

3 Natzmer, bisher Kommandierender General des 12. Husaren-Regiments, wurde wegen seiner Asthmaerkrankung Ende November 1839 auf wiederholtes Ersuchen freigestellt und gleichzeitig zum Mitglied des Staatsrates sowie zum Generaladjutanten des Königs ernannt. Die Allgemeine Zeitung vom 9.12.1839 berichtete vom 2. Dezember aus Berlin, dass Natzmers Dienstausscheiden aus gesundheitlichen Gründen bestätigt sei, Wrangel interimistisch seine Stelle als Kommandierender General des I. Armeekorps in Ostpreußen übernehmen werde und Brandenburg als Kommandierender General des VI. Armeekorps in Schlesien ernannt sei. Daraus ergibt sich die Datierung.

a Spontini, | er *streicht Hrsg.* | aber *H*

b eine | sehr *gestrichen* | seiner *H*

c (1) auf (2) von *H*

27 Alexander von Humboldt an Gabriele von Bülow
o. O. u. o. D., [vermutlich Berlin, 12.11.1839]

H: DLA/SNM, Marbach, 62.2137

Sie brechen nicht wenn sie[a] einen brauchen sei es auch nur, um sich etwas müde zu langweilen. Ich war vorgestern abend ganz allein beim Kr[onprinzen] und gestern in Charl[ottenburg]. Man war nie freundlicher gewesen, keine indiscrete Fragen. Ich sprach viel lügenhaftes von meinem Schlafen in Tegel in einem der Thürme, von Seefahrten mit Dir. Der Monarch fragte sehr nach Deinem Befinden, ob Du Kissingen[1] auch lobtest, alles au mieux und nach der Intention in der dem Menschen nach Tall[eyrands][2] Ausspruch die Sprache verliehen ist. Die Kronprinzessin freut sich Eurer Herkunft Dienstag. Sie ist sehr heiser und war nicht in Charl[ottenburg]. Der König geht Montag nach Potsdam und kommt Dienstag auf Eisenbahn zurük. Mittwoch morgen Geburtstag bei der Kronprinzessin[3] Dejeuner, wahrscheinlich russisch abgesperrt. Abends Sternschnuppen. Donnerstag Soirée und Schauspiel beim König in Berlin. Redern sans qu'on sache si elle a le Poupon dans le ventre[4] („ich bin mächtig, sie ist trächtig[“] sang der tolle Kakerlake Herzog von Gotha). Redern soll in Unterhandlungen mit Muskau stehen und will Fürst Redern-Muskau heissen!! Beim Kr[onprinzen] wird darüber gelacht. Ich habe ihn noch nicht gesehen!!

In Raumer B[and] III S. 297 ist meines Vaters[5] sehr ehrenvoll gedacht. Es ist immer viel wenn man dem ersten Günstling einen schönen Charakter zuschreibt. Das nicht wohlklingende Wort <u>Beamter</u> beim verbündeten Heere verstehe ich. Der Mann war Adjutant und Liebling des Herz[ogs] Ferdinand v. Braunschweig und behauptete der Grund seines Reichthums sei gewesen dass ihm nach der Schlacht von Münden die erbeutete Kriegskasse sei geschenkt worden. An verum? Er war Major und |2| hatte schon damals (wie Köhler) im verbündeten Heere auf Proviantirung speculirt. Dieser Speculationsgeist sagte Mama habe ihm bis zu 4 bis 500000 r. verholfen, aber da er darin im Frieden fortfuhr (das Tabaksblätter Magazin war, wie Mirabeau erzählt, seine schlechte Erfindung; Langenfurther Zahlenlotterie, alles in zärtlicher Sentimentalität mit Philippsborns Papa aus Schwedt) so verlor er wieder die Hälfte od. ²/₃ des im Kriege Erworbenen. T. I p. 202 steht ein <u>kühner</u>, etwas grober Ochse[6] und p. 285 ein Legitimatspatent für den Wasa[7]. Sehr interessant ist Friedrichs Flucht, man sieht dass die Markgräfin nichts übertrieben hat. Geschlagen und wie geschlagen wurde. Frau, Tochter und der 18jährige Kronprinz. Welch ein Monarch, wahnsinnig od. schlecht „da ist die Klemme“. Du wirst wohl[b] bei der Ankunft nicht Visiten vergessen für Dich und Gabrielchen bei Grafen V., Massow und seiner Frau, selbst wenn Dir auch nichts daran liegen sollte, schon Donnerstag gebeten zu werden. Werther ist so artig gewesen den kleinen Neffen Weisskirchs Visitenkarten zu schikken und ihn zu sich zu bestellen.

Das ist mein Sak alberner Neuigkeiten[c]. Mad[ame] de Meyendorf (des hiesigen Frau) ist angekommen. Je sais mousser M. Schomburgk[8] weil ich |3| beim König Schritte für seinen unglüklichen Bruder thue. Junges Deutschland und 30 Jahre (<u>nur</u>) Festung in Magdeburg. Es wird nicht helfen, aber ich muss es thun.[9] Ich umarme alles gross und klein versteht sich den Infanten nicht, weil es in England nicht erlaubt ist.

---

a Sie *H ändert Hrsg.*

b wirst | wohl *gestrichen* | wohl *H*

c *H am Rand*: Der Kronprinz geht jagen den 16ten auf 12 Tage in Dessau, <u>Hannover</u>

AlHumboldt

Sonnabend.

Ich glaube, ich gehe auch nach Potsdam

Die gewiss wahre Schläge Geschichte aus Schwinemünde über die sich der Kaiser so beklagt (Staats Zeitung!) ist wohl[a] durch meinen Freund Bowring in den Morning Chron[icle] gekommen. Er war von hier aus in Schwinemünde u Stettin.[10]
Wie glorreich ist der Feldzug in Caboul gewesen.[11]
Der Kronpr[inz] bittet Dich ihm Deinen Biernstirna? über Indien zu leihen![12]
H[er]r Schomburgk ist so höflich, dass er alles wie ich findet, 2 Fuss auf 8000. Welche Genauigkeit.[13]

1 Gabriele, Heinrich und die Tochter Gabriele hatten sich ab Mitte August bis Mitte September zu einer Kur in Kissingen aufgehalten. Siehe Sydow 2000, 90ff.
2 Talleyrand: „Die Sprache ist dem Menschen gegeben, um seine Gedanken zu verbergen".
3 Am 13. November, daher auch die Datierung.
4 Frz.: ohne dass man weiß, ob sie das Baby im Bauch hat.
5 „[...] Herr von Humboldt, ehemals ein Beamter im verbündeten Heere, ein Mann von einfachem Verstande und schönem Charakter" (Raumer 1839, Bd. 3, 297). Alexander Georg von Humboldt war preußischer Offizier und Unternehmer. Er hatte am Siebenjährigen Krieg teilgenommen und wurde 1764 für seine Verdienste zum Kammerherrn ernannt. Das im Krieg erworbene Vermögen investierte er in Aktien der General-Tabaks-Pachtungs-Gesellschaft und in die Giro-und-Lehn-Bank. Er war auch an der Gründung der preußischen Zahlenlotterie beteiligt.
6 „Auch ein Ochse sey ein wahrer König, sofern er nur gekrönt würde." (Raumer 1839, Bd. 1, 202).
7 Gustav von Holstein-Gottorp, Prinz von Schweden, ab 1829 Gustav Prinz von Wasa, Sohn des 1809 abgesetzten schwedischen Königs Gustav IV. Adolf von Holstein-Gottorp, und seiner Ehefrau, der Prinzessin Friederike Dorothea Wilhelmine von Baden, konnte als Angehöriger einer abgesetzten Dynastie nicht „Prinz von Schweden" heißen, sondern nannte sich nach dem ausgestorbenen alten schwedischen Königshaus Wasa.
8 Frz.: ich kann Schomburgk herausstreichen. Zu den Reisen von Robert Schomburgk siehe den Brief vom 8.8.1857, Anm. 8.
9 Otto Alfred Schomburgk war im Zusammenhang mit den Demagogenverfolgungen zu 30 Jahren Festungshaft verurteilt worden, wurde aber 1840 begnadigt. Siehe Humboldt 2013, 70 u. 177.
10 „Petersburg, 2. Nov. In der Petersburger Zeitung liest man: Die Augsburger allgemeine Zeitung enthält in der Beilage zu Nr. 283 folgende Nachricht über Rußland [...] ‚Die Morning-Chronicle erzählt in einem Schreiben aus Berlin vom 18. Sept. Folgendes: Das Nachstehende mag als Beispiel der russischen Disciplin zur See dienen: Im Laufe dieses Sommers lag einige Zeit eine russische Fregatte vor Swinemünde; einer der Matrosen hatte am Land zuviel getrunken und kam des Nachts nicht auf das Schiff; als er am nächsten Morgen daselbst eintraf, befahl der Capitain, ihn todt zu prügeln. Dem Befehl wurde Folge geleistet, und der Schuldige blieb dem Anscheine nach todt liegen; wenige Minuten darauf gab er wieder Lebenszeichen von sich, worauf der Capitain selbst das Strafinstrument ergriff und ihn durch einen furchtbaren Schlag auf den Kopf völlig tödtete.'" Allgemeine Militär-Zeitung, Nr. 94 vom 23.11.1839, 23.
11 Erster Anglo-Afghanische Krieg von 1839 bis 1842.

a (1) gewiss (2) wohl *H*

[12] Vermutlich Björnstjerna 1839, „Presentation copy to Baron de Bülow, with an autograph inscription of the author" (Stevens 1963, Nr. 9).
[13] Schomburgk 1841.

28 Alexander von Humboldt an Gabriele von Bülow
o. O. u. o. D., [vor 1840]

H: DLA/SNM, Marbach, 62.2138

Freitag d. 15[a]

Ein schöner Staar, ein leichter Armbruch und doch nahe dem Handgelenke, ein reines gastrisches Fieber, das sind beliebte Ausdrükke der Aerzte. Ich bleibe gern von solchen Glükfällen verschont. Ich sehe mit Freuden, dass Du dort warst, meine Liebe! Ich finde es wenig sentimental dass die Frau die Gesellschaft angenommen. Lolo hätte die Leiden des jungen Werthers, an denen ich jezt wenigstens unschuldig bin, theilen sollen. Es ist ein rundäugig kaltes Gesindel. Ich bin um vieles besser doch noch immer sehr schnupfig und will bloss zu Müller fahren wegen Mathilde.[1] Dein Brief wird in London Balsam sein.

AlHt

Eben quält der Kronprinz heute Abend mit Thee Souper u. Ritters totem Meere. Ich schlage ab. Das tote Meer erheitert mich nicht.[2]

[1] Vgl. den Brief vom 9.4.1841.
[2] Zu Humboldts Beschäftigung mit dem Toten Meer, insbesondere der Diskussion über die Höhe des Wasserspiegels im Vergleich zum Mittelmeer, siehe Humboldt an Spiker, 5.3.1842, sowie die beiden Dokumente dort im Anhang (Humboldt 2007, 173, Dokument 53 und 54). Carl Ritter hatte einen Vortrag zu der Thematik gehalten, den er 1850 publizierte (Ritter 1850).

29 Alexander von Humboldt an Gabriele von Bülow
o. O. u. o. D., [vor 19.2.1840]

H: DLA/SNM, Marbach, 62.2137

Grosse Aufregung! Ihr sollet morgen Donnerstag um halb drei in Sanssouci essen und in Charlottenhof schlafen in zwei parthien im Charlottenhofer Schlösschen und im Gärtnerhause (Villa) beide gleich elegant und oft von mir bewohnt.[1] Der Brief ist so schauderhaft deutlich, dass ich nichts zuzusezen wage als die Bitte ja anzunehmen weil sonst die Verwikkelungen immer zunehmen. Ich beschwöre Bülow besonders sich nicht durch pharm[a]ceutische Verhältnisse abhalten zu lassen. Die Ess ← und anderen →[2] Einrichtungen sind in Charlottenhof vortreflich. Ich vermuthe der Kronpr[inz] rechnet auf eine Nacht und Ihr

[a] Freitag d. 15 *ergänzt B*

kommet mit der Eisenbahn? Freitag Abend nach dem Mittagessen in Sanssouci zurük. Das wird dann Gräfin Isengrim klar machen.

Ich bitte Euch die officielle Antwort nicht an mich, in |2| mein Haus, sondern unmittelbar noch heute Vormittag in Berlin auf die Post zu senden, mir aber bloss besonders ein Paar Zeilen zu schikken. Ich bitte darum dass Ihr unmittelbar mit der grossen Post nach Sans[s]ouci an den diensthuenden Adj[utanten] antwortet weil ich heute morgen mit Fremden herumlaufe. Wenn Ihr wie ich vermuthe mit Wagen hinfahrt (Extrapost) so könntet Ihr da wenig toilette nöthig ist, [(]Bülow in frac!) unmittelbar um 2 Uhr od. 2^{h}¼ [in] Sanssouci vorfahren – wollt Ihr Eisenbahn so sind die Damen chiffonirt und ich rathe dann frühe Fahrt und von der Bahn in 2 Troschken zuerst in Eure Wohnung in Charlottenhof, von wo Euch dann der Kr[onprinz] anständig abholen lässt. (Troschken sind in Potsdam nicht unanständig.[)] Von der Eisenbahn nach Sanssouci |3| oder Charlottenhof braucht man 20–30 Minuten. Ich vermuthe Ihr kommt schon heute Abend herein und wünschtet die ehrenvolle Einladung zum T–. Ich werde auf jeden Fall morgen heraus [fahren], aber allein um nichts zu verwikkeln. Nehmet ja an. Ich engagire mich zu keiner Entschuldigung weil sie misfallen würde. Ich bitte Euch schnell zu antworten an den Adjutanten auf die Berliner Post und an mich.
Mit innigster Liebe Dein

AHt

Mittwochs 8 ½ Uhr

Wegen P– bin ich getröstet. Es ist ein blonder, unverheiratheter Jäger!
Es wäre am besten die Antworten hieher zu Pferde zu schikken.

1 Am 19.2.1840 kehrte Bülow nach einem längeren Aufenthalt in Berlin (seit 29.8.1839) nach London zurück, von wo er erst am 21.7.1840 zurückkehrte. Da der Kronprinz einlud und Friedrich Wilhelm III. am 7.6.1840 verstarb, kann dieser Brief auf die Zeit vor Bülows Abreise nach London datiert werden.

2 Zwei Pfeile.

30 Alexander von Humboldt an Gabriele von Bülow
o. O. u. o. D., [zwischen 1836 und März 1840]

H: DLA/SNM, Marbach

Ich hoffe, Adelheidchen wird einmal einige Posener Freude[1] haben zu sehen, wie ein vornehmer und noch dazu ein franzosirter Pole seinen Landsleuten die Wahrheit sagt. Sie werden ihn als Communisten Demagogen, Baurenfreund, an Preussen verkauften verschreien.

AHt

Behalte ja die brochure.

Es ist von Breslau aus an Wittg[enstein] geschrieben Prinz Carl sei von dort nach Italien aus Besorgniss abgereiset. Wunderbar, da niemand selbst Schöning nicht von seiner Hieherreise gewusst hat.

1 Hedemanns lebten zwischen 1836 und 1840 in Posen, daher die Datierung.

31 Alexander von Humboldt an Gabriele von Bülow
o. O. u. o. D.

H: DLA/SNM, Marbach, 62.2137

Wie ich, theureste Gabr[iele], in allem Deinen praktischen Verstand lobe, so freut es mich auch, dass Du von dem Entschluss nicht abweichst, dass wir morgen um 8 Uhr uns in die Mühle verfügen. Es wäre ohne Ende gewesen um einen neuen nicht weniger sicheren Tag zu negociiren! Ich werde also, dem G[eheimen] C[abinetts] R[at] Müller die Sicherheit geben dass wir kommen. Es wird auch Bülow, den Vorsichtigen, beruhigen. |2| Ich hatte aus Unwissenheit geschrieben, ich sei[a] bei Pr[inzessin] Wilhelm Pathos auch S[an]ta Elisabeth genannt[1]. Das Diner war bei Pr[inzessin] Wilhelm O'Conell[2] und der Kronprinz hat damit debütirt, dass er der Prinzessin ein volles[b] Glass rothen PortWein auf das weisse Kleid goss, worauf diese vor Nässe erkältet, aufst[e]hen und sich caffe-braun umkleiden musste. Bei Hessenst[-ein?][c] bin [ich] noch nie gewesen. Es ist für mich „ein Land der Dunkelheit".
Dein

Ht

Montag

1 Prinzessin Marianne von Preußen, auch Prinzessin Wilhelm, eigentlich Marie Anne Amalie, geb. Prinzessin von Hessen-Homburg war ihres sozialen Engagements wegen berühmt, worauf Humboldt hier vermutlich mit der Bezeichnung Heilige Elisabeth anspielt.
2 Der irische Politiker O'Connell war vor allem bekannt für seinen Einsatz für die Gleichberechtigung der Katholiken. Eventuell spielt Humboldt hier auf die liberale Haltung von Augusta, Ehefrau von Prinz Wilhelm, an, die als politisch sehr interessiert und tolerant gegenüber dem Katholizismus galt.

---

a (1) esse (2) sei *H*
b volles *ergänzt H*
c Hessenst. *ergänzt H*

32 Alexander von Humboldt an Gabriele von Bülow
o. O. u. o. D., [vor 15.7.1840]

H: DLA/SNM, Marbach, 62.2145

Eine gute Nachricht und an die wohl zu glauben ist! Werther, neben dem ich so eben, auf einem schreklich langweiligen Diner bei Pr[inz] Carl sass, versichert:
dass er heute zum ersten Male ganz befriedigende Nachrichten aus Constantinopel erhalten, dass Ponsonby im friedlichsten und folgsamsten Sinne der Pforte[a] Vorschläge gemacht und dass er (Werther) nun nicht zweifle dass die oriental[ische] Sache aufs baldigste würde geschlichtet sein.[1]

Das wollen wir glauben.

Wieder viel Inquisitionen nach der Länge des Weges nach Tegel: „2 St. wenigstens, ein scheusslicher Weg. Viel Wasser und ein Clima das den kaum aufgethauten See unwirthbar macht."

Der Grossherzog fragt: si p. passe quelquefois la soirée chez Madame de Kalb, l'aveugle?[2] Er wird heute Abend da zubringen! Wegen Potsdam alles gleich ungewiss.

[1] Vertrag zur Beendigung der Orientkrise am 15.7.1840, siehe den Brief Nr. 12, Anm. 2. Daher die ungefähre Datierung.

[2] Frz.: ob jemand manchmal den Abend bei Madame de Kalb, der Blinden, verbringt? – Ab 1820 lebte Charlotte von Kalb erblindet im königlichen Berliner Schloss. Sie starb am 12.5.1843.

33 Alexander von Humboldt an Gabriele von Bülow
o. O. u. o. D., [vermutlich 14.3.1840]

H: DLA/SNM, Marbach, 62.2145

Ich bitte Dich meine Theure mich ja noch heute od. morgen recht früh wissen zu lassen, ob Du morgen Dienstag auf dem dejeuner dansant beim König bist, in welchem Falle Du wahrscheinlich wünschst bei Müller absagen zu lassen. Ich würde es dann für Dich übernehmen. Solltest Du, gegen meine Erwartung, nicht beim König sein, so hindert mich nichts zu Müller um 8^{U} zu Abends zu kommen. Lieber wäre es mir, wenn Du auch nach dem dejeuner hin wolltest. Es wäre endlich abgemacht.
Dein

AHt

Montag

Ich esse mit Kronpr[inz] u. Meckl[enburg?] bei Prinzess Wilhelm Pathos!
Ich war gestern Abend auch mit Mekl[enburg] beim Kronprinzen.

[a] der Pforte *ergänzt H*

Du weisst doch meine Liebe dass es das Haus der Hofräthin? Schneider in Dorf Tegel ist, welches die Diebe ausgelehrt. Sie haben alles auf einen dort vorgefundenen Kinderwagen gepakt.
Vorgestern Abend war ich im bureau d'esprit mit Varnhagen Gräfin Hahn Gräfin Stolberg Tochter der Gr[äfin] von der Mark, bei Königsmark[1]. Auch die Lindheim unzufrieden dass die anderen sprachen.

[1] Vermutlich einer der geselligen Abende bei Adolph von Königsmarck, Varnhagens Vermieter, wie ihn Varnhagen in seinen „Tagesblättern" beschrieb: „Sonntag den 15. März 1840. Gestern die verabredete Gesellschaft bei Königsmarck's. Gräfin von Stolberg gewinnt immerfort; in Hauptsachen ist sie vortrefflich; wo ihre Richtung irrig oder ihre Kraft unzulänglich erscheint, da ist ihr tieferes Wesen nicht betheiligt. [...] Gräfin Ida von Hahn-Hahn [...], eine blonde hübsche Frau, feingliederig, jugendlicher aussehend als sie wirklich ist; einfaches, ruhiges Betragen, vornehm, gutes Französisch, bestimmtes Deutsch; wenig von Litteratur gesprochen; die Gräfin von Stolberg ist ungemein freundlich und zart mit ihr, Humboldt beweist ihr die größte Aufmerksamkeit. [...] Humboldt erkundigt sich mit Eifer, was denn in dem Aufsatze Melgunoff's wohl gesagt sei, der den Besuch bei ihm schildere? Ich mache ihn etwas ängstlich durch das Vorgeben, Melgunoff erzähle, wie scharf und spöttisch Humboldt über mich gesprochen habe; letzterer meint, das sei ja gar nicht denkbar, besonders da Melgunoff durch ein Billet von mir bei ihm eingeführt worden sei; er fragt die Andern, ob dergleichen wahrscheinlich dünke, und muß hören, o ja, dergleichen könne wohl vorkommen." (Karl August Varnhagen von Ense, Tagesblätter 1, in Sammlung Varnhagen, Kasten 252, Biblioteka Jagiellońska, Kraków.) Ich danke Nikolaus Gatter für die Überlassung der Transkription. Louise wurde als Tochter des Erbgrafen Friedrich zu Stolberg-Stolberg (1769–1803) und der Gräfin Marianne geb. von der Mark, der illegitimen Tochter von Friedrich Wilhelm II. und Wilhelmine von Lichtenau, geboren.

34 Alexander von Humboldt an Gabriele von Bülow
o. O. u. o. D., [vermutlich 29.5.1840]

H: DLA/SNM, Marbach, 62.2137

Freitag[a]

Ich bin noch ganz trostlos über die Barbarei, Dich theures Gabrielchen, nicht an Deinem Geburtstag umarmt zu haben. Ich hatte in meiner Unwissenheit den unglüklichen Gedanken gehabt eine Schaar englischer Geologen, Prinz Salm, le Duc de Valençay den Gesandten Meyendorf und alle hiesigen Gelehrten in theurem Champagner zu ersäufen[1] und Deine Schwester selbst hat mich auf die liebenswürdigste Weise abgehalten, bei der damaligen rauhen Witterung den Abend nach Tegel zu kommen. Von der Reinheit meiner Wünsche bist Du auch ohne den Schmuk der gegliederten Rede, den ich der Caroline Sapho überlasse, überzeugt. Nun von dem wichtigsten, wenn Ihr mit den lieben Kindern wie ich wünsche und hoffe, dem Fest der Steinlegung[2] beiwohnen wollte[t]. Die ungeheure Menschenmasse, 101 Canon[en]schüsse, alle Zünfte mit |2| Fahnen, der Anblik vom Bischoff Eilert, alle Excellenzen und eine rede von Müffling sollten Euch reizen. Meine erste Idee war das Palais von

[a] Diesen Br[ie]f schicke wieder. *ergänzt B*

Prinzess Wilhelm die oben eine Gesellschaft eingeladen und wo alle Prinzen sich versammlen. Es ist zu fürchten dass wenn ich ein Fenster unten für Deine Kinder bitte, man Euch die Mutter u. Adelheidchen zwingen will, angezogen, oben zu erscheinen wo wahrscheinlich ein déjeuner ist. Es nicht anzunehmen, wäre unfreundlich da die Duchess[e] de Talleyrand Dich unten wüsste, während [sie][a] oben eingeladen ist. Ich thue also von der Seite nichts bis Du mir schreibst.

Indess habe ich einen anderen Vorschlag der ganz ungenant ist. Professor Weiss hat prächtige Fenster freilich etwas entfernt, um die Breite des Universitätshof entfernt von denen er eines für Dich die Schwester und alle Kinder selbst die Kleinsten und engl[ische] Bonne anbietet. Ich war so eben bei ihm, um das Local seines Studirzimmers anzusehen und mich der Pläze vorläufig zu versichern. |3| Man sieht den Plaz der Grundlegung, an der nichts zu sehen ist, man sieht die Züge hört den Gesang bewundert die Zünfte mit den Fahnen. Allein werdet Ihr natürlich dort auch nicht in einem eigenen Zimmer sein: aber man wird [Euch][b] pflegen und es ist doch besser da zu sein, wo man der Gegenstand aller Höflichkeit ist, als da wo man bei Prinzen um die Gnade betteln muss. Besser ist es wohl alle zusammen zu bleiben, aber ich könnte auch für die kleineren Kinder allein bei der Prinzessin Schritte thun, wenn dann nicht wieder die aristocratische Schwierigkeit der Begleitung eintrete. Ich thue nichts ohne Deine schriftlichen sehr baldigen Befehle. Die Sache bei Professor Weiss bleibt sicher. Die Ceremonie soll (sagt man) Montag 10 Uhr anfangen, man muss wegen des Gedränges wohl schon nach 9 Uhr da sein. [Man][c] kann von hinten in das Universitätsgebäude hinein am besten durch die Dorotheenstrasse und dann zu Fuss von hinten bei Weiss in der bel étage eindringend |4|

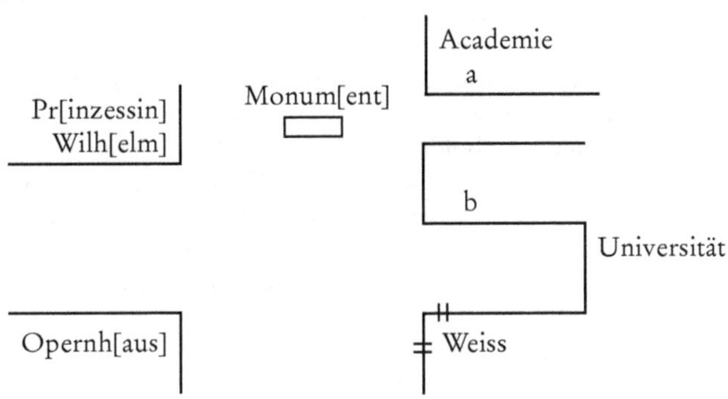

In a und b ist nichts zu haben weil sich dort die Gesandten, Tribunale, Magistrat Minister (wahrscheinlich ich selbst) versammlen.

Der König hat gestern weniger gut geschlafen und war gestern Abend wieder recht unwohl, man sagt etwas ohnmächtig.

Die Duchesse de Tall[eyrand,] die ich täglich sehe (bei allen Prinzen fetirt) benimmt sich wie immer mit edler Ruhe und Einfachheit. Sie spricht unendliche Male von Tegel, von dem Wunsche ihren Pate[n] und alle Kinder zu umarmen gewiss in nächster Woche.[3] Sie hat von

[a] Sie *H ändert Hrsg.*
[b] euch *H ändert Hrsg.*
[c] Mann *H ändert Hrsg.*

selbst sehr bestimmt gesagt, [sie][a] <wolle> nicht zum Essen belästigen der Abend sei ihr aber unsicher als Witterung, sie wolle um 12 Uhr kommen, <eine> Stunde bleiben, spaziren gehen ... Mit einer Tasse bouillon ist alles abgemacht um nicht Zeit zu verlieren. Besser wäre es meine Liebe Du besuchtest [sie][b] vorher hier einen Morgen von 12–1 Uhr.[4] Ich hoffe gewiss Sontag kommen zu können.[5] Erwartet mich aber ja nicht nach 2 Uhr. Schreibe ja bald ein Paar Zeilen Theure.

AHt

Gestern Abend bei Werther zahllos. Heute Mittag sollte ich bei Russel mit der Duchesse sein, aber Pr[inz] Wilhelm Stupidus senior fesselt mich eben.
Dieffenbach hat mit vielem Success die Klinik eröffnet und eine Lobrede auf Rust sehr [ge-]schikt und gefallend gehalten. Rust hat beim Wegreisen aus dem Wagen gerufen: Wissen's wenn der Alte stirbte, müssen sie mir Stuffeten schikken: da komm' ich gleich. (Très délicat)[6]

1 Am 28. Mai gab Humboldt zu Ehren des Geologen R. Murchison ein Frühstück (Humboldt an Olfers, 27.5.1840, in Humboldt 1913, 52).

2 Die Grundsteinlegung des Denkmals Friedrich II. von Rauch fand am 1.6.1840 statt.

3 Die Herzogin von Dino war 1840 von Paris nach Deutschland zurückgekehrt. Vgl. den Brief vom 26.11.1837, Anm. 5. Sie war hier regelmäßig Gast bei der königlichen Familie: „Die Herzogin von Dino-Talleyrand nahm in der Berliner Gesellschaft dank ihrer Herkunft eine bevorzugte Stellung ein. Sie hatte den Rang unmittelbar nach den Prinzessinnen. [...] Eine [...] Beschreibung hat Gabriele von Bülow [...] überliefert. Sie stattete Dorothea nach ihrem Eintreffen in Berlin einen Höflichkeitsbesuch ab. ‚Es war, als wenn die sieben Jahre nicht dazwischen lägen, und das ist immer erfreulich. Auch äußerlich fand ich sie unverändert, eigentlich noch schöner. Sie hat doch eine äußerst ausgezeichnete Physiognomie und ein gleiches Wesen.'" (Erbe 2009, 126) Sie war Patin der am 10.4.1832 in London geborenen Tochter Constanze von Bülow (Sydow 1919, 301). Wenn sie in der Folge nach Berlin kam, war sie in regelmäßigem Kontakt mit Humboldt, der sie auch in Sagan besuchte, das sie seit 1840 zeitweise bewohnte. Das Fürstentum von Sagan war nach dem Tod ihrer Schwester Wilhelmine 1839 an die dritte Schwester Pauline übergegangen, von der es Dorothea 1843 erwarb. Nach dem ersten Besuch im Sommer 1840 kam sie jedes Jahr nach Sagan, das sich zu einem kulturellen Zentrum entwickelte. Die offizielle Übertragung des Fürstentums fand im April 1844 statt, den Titel einer Herzogin von Sagan erhielt sie am 6.1.1845 (Erbe 2009, 128).

4 Am 30.5.1840 besuchte Gabriele von Bülow die Herzogin in Berlin (Sydow 1919, 458). Überliefert ist auch ein gemeinsamer Museumsbesuch Dorothea von Talleyrands und Gabriele von Bülows unter der Leitung Alexander von Humboldts und etwas später ihr Besuch in Tegel (Erbe 2009, 196).

5 Am 31.5.1840 schrieb Gabriele an ihren Mann, der seit 1.3.1840 in London weilte: „Heute Mittag kommt der Onkel mit Rauch. Morgen ist der grosse Tag der Grundsteinlegung zu dem Monument Friedrichs des Großen. Der Onkel hat uns auch sehr gerathen, es mit anzusehen, da es doch sehr merkwürdig sein wird. Besonders wünsche ich es für die Kinder und bin ihm sehr dankbar, daß er mit seinem gewohnten liebenswürdigen Eifer für Plätze für uns gesorgt hat, und dies zwar bei dem Professor Weise im Universitätsgebäude ..." und fuhr am 2.6. fort: „Der Onkel kam, leider nicht mit Rauch, aber mit seiner unerschöpflichen Liebenswürdigkeit, so daß wir sehr heitere Stunden verlebten. Um sechs Uhr fuhr er fort [...]" (Sydow 1919, 458–459).

6 Dieffenbach wurde 1840 zum Direktor der chirurgischen Universitätsklinik Berlin ernannt. Rust starb am 9.10.1840. Aus diesen Daten wurde die wahrscheinliche Briefdatierung ermittelt.

---

a Sie *H ändert Hrsg.*

b Sie *H ändert Hrsg.*

35 Alexander von Humboldt an Gabriele von Bülow
o. O. u. o. D., [vermutlich 2.6.1840]

H: DLA/SNM, Marbach, 62.2137

Dienstag früh

Ich werde schon versuchen, theure Gabriele, Dich heute gegen 12 Uhr zu finden. Der König[1] der gestern fast sterbend schien auch den Abend beim Vorlesen (das Roman Studium geht immer fort!) unendlich schwach war, hat recht gut geschlafen, bis 6 Uhr morgens, er hat auch (was ungewöhnlich) einen halben Zwiebak beim Caffé gegessen, aber jezt eben einen sehr langen und bösen quälenden Hustenanfall gehabt. Wie bei Deinem unglüklichen Vater wird es noch Tage der Hoffnung und der Irre-führung geben, und das Resultat gleich unvermeidlich sein. Darf ich Dich bitten theure G[abriele] zwei Exemplare meiner kleinen Rede an Bülow zu senden damit er eines an Guizot gebe.

Adelheidchen schikt wohl das 3te Exemplar an Hedemann mit Bitte um Nachsicht für die so schwierige Lösung des Problems über beide Könige[2] zu sprechen. Rauch der immer lobt naht mit den Stadtverordneten und schwärmt über die Beredtsamkeit von Wilh[elm] Radziwill – General Reiher!![3] Ich esse mit der Duchesse bei Werther.

H

Von unserem geistreichen, übervermummten Londner Freunde[4] wünschte ich einmal einen weniger vertraulichen Brief.

1 Friedrich Wilhelm III. starb am 7.6.1840.

2 „Die Akademie, von Leibnitz gestiftet, von Friedrich dem Grossen erneuert, blickt mit gleicher Rührung auf jene schon vom milderen Lichte der Ferne umflossene Zeit, wie auf das neunzehnte Jahrhundert, wo die Huld eines theuren Monarchen, in allen Theilen des vergrösserten Reiches, für Begründung wissenschaftlicher Anstalten und die edlen Blüthen des Kunstlebens grossartigst gesorgt hat. Daher ist es uns eine süsse Pflicht, ein Bedürfniss des Gefühls, – nicht der Sitte –, an diesem festlichen Tage, zweien erhabenen Wohlthätern den Ausdruck der Bewunderung und des ehrfurchtvollsten Dankes darzubringen." Diese Worte sprach Humboldt in einem Toast anlässlich des 100. Jahrestages Friedrich II. am 1. Juni 1840, woraus sich die Datierung ergibt (Humboldt 1840). Vgl. auch Humboldt 2011, 24.

3 Vermutlich der preußische General Karl Friedrich Wilhelm von Reyer.

4 Bülow war am 19. Februar nach London abgereist und kehrte erst im August zurück. Vgl. den Brief vom 5.8.1840, Anm. 4.

36 Alexander von Humboldt an Gabriele von Bülow
Sanssouci, 5.8.1840

H: DLA/SNM, Marbach, 62.2137

Du wirst, theures Gabrielchen, aus meinem lezten Briefe an Hedemann[1] mit Freuden gesehen haben, dass der König vollkommen mit Bülows Handlungsweise zufrieden ist, nicht so war es wie ich von Anfang wusste, Minister Werther. Schon am 28sten schrieb ich an diesen um den Urlaub für Bülow zu beeilen.[2] Er hat mir sehr freundlich darauf geantwortet aber aus der Antwort geht freilich hervor, dass wenn auch B[ülow] bald einen eventuellen Urlaub erhält, er der Wichtigkeit der Begebenheiten wegen, doch nicht sogleich von dem Urlaub Gebrauch wird machen können. „Vous me rendez justice en supposant, (heisst es in der Antwort) que je me trouve toujours heureux de faire quelque chose qui soit agréable à Mr de Bülow et à Votre aimable nièce. De graves intérêts de la Monarchie se trouvent compromis et Mr de B[ülow] aura à [terminer][a] ce qu'il a commencé. Je compte cependant demander incessamment un congé éventuel par Mr de B[ülow] au Roi, et j'espère pouvoir le lui transmettre avec les expéditions qui sont déjà en train. Il y aurait du danger, si Mr de B[ülow] quittoit Londres avant avoir exécuté les ordres que je dois lui faire passer. Ce qui doit nous consoler du retard, bien involontaire sans doute, c'est la considération que les mois d'Août et de Septembre sont encore très favorables à la cure de Kissingen et qu'il y a tout lieu à espérer que Mr de B[ülow] pourra encore se servir de ces eaux si avantageuses pour sa santé."[3] Dieser sehr höfliche Brief ist vom 30sten Jul[i]. Da Du, meine Liebe, die Zeitungen liest, so hast Du gesehen welche grenzenlose Aufregung dieser Abschluss des Tractats mit Ausschluss von Frankreich, verursacht hat.[4] Bresson wüthet: er las mir hier 4 Depeschen von Thiers vor, die hinter einander, mit eigenen Courieren, gekommen waren. Das Intimidations-System[5], die Drohungen dass man am Rhein Armeen aufstellen werde, sollten freilich nicht schrekken: die Franzosen, die jezigen, haben wie die [vorigen] Furcht vor ihrem eigenen [Löwenmuth][b]. Im Publikum ist, besonders im industriellen Handelsstande die ganze Begebenheit nicht sehr populär. „Unter dem vorigen Könige würde Bülow den Tractat nicht unterschrieben haben, es sei ungewiss ob er seine Vollmacht nicht überschritten, es sei unbequem eine neue Regierung in diese Verwikkelung zu stürzen, man werde viel Geld vergeblich ausgeben müssen, wenn die[c] Rüstungen der Franzosen den König, am Rhein, zu Gegenrüstungen zwingen …" So sprechen die Widersacher, so aber spricht man nicht hier. Ich wünschte allerdings, dass die Sache schon aplanirt wäre, da sie auf einige[n] nicht ganz zu berechnende[n] Elemente[n] beruht, wie auf zufällige Collisionen der Flotten, auf die Möglichkeit des tollkühnen Vordringens Ibrahim Pascha's (die Insurrection in Syrien läuft ihm nicht nach!) um die Russen nach Klein-Asien zu lokken und dadurch mehr Verwirrung zu erregen. Was uns aber sehr beruhigen muss, ist die mildere Art die Sache anzusehen die man Guizot zuschreibt, der Drang den Metternich nach schneller Ratification des Londner Vertrages haben soll. Malzahn, der eben erst Mett[ernich] verliess, als er hier war, und zu ihm gestern zurükgekehrt ist, hielt auch den Tractat für gar nicht Gefahrbringend und lobte durchaus Bülows Benehmen. Der Courier, der Bülow die eventuelle Erlaubniss hoffentlich bringt, geht erst heute Abend von Berlin ab: auch höre ich heute früh aus sicherer Quelle, dass Minister Werther jezt auch schon über B[ülow] beruhigter ist. Wahrscheinlich giebt es noch in dem Laufe der Negociation Wendepuncte an denen es möglich sein wird die Franzosen wieder heranzuziehen und die franz[ösische] so tief beleidigte National-Eitelkeit zu befriedigen. Ich schreibe Dir, meine Liebe, einen ganz politischen Brief, weil ich vermuthen kann, dass Dich die Sache, |2| und zwar nicht des blossen früheren oder späteren Kommens wegen, beunruhigt. Ich bleibe fest überzeugt, dass B[ülow] nicht anders hat handeln können, als er gehandelt. Die künftige

a terminé *H ändert Hrsg.*

b Löwenmuths *H ändert Hrsg.*

c die *ergänzt H*

Wiederbesezung von E[ichhorn]'s Stelle[6] ist noch immer sehr unklar, aber klar ist mir geworden, dass weder Maltz[ahn] noch der Pariser Arnim, (lezterer speiste gestern hier und wird den König auch noch in der Preuss[ischen] Huldigung[7] sehen) die Stelle wollen, beide aus aristocratischen Gründen: auch scheint Maltz[ahn] den Plan, Wien verlassen zu wollen, aufgegeben zu haben. Fällt die Stelle wie sehr möglich, in die Hände eines blossen vornehmen juristischen Geschäftsmannes, aus einem anderen Departement herbeigezogen, so wird zwar für Min[ister] W[erther] daraus wenig Hülfe entstehen, aber es wird dann durch die Ernennung selbst auch nichts darüber entschieden, wer einmal, bei des bejahrten Min[ister] Werthers Tode, sein Nachfolger werden könne. Es bleibt, was besser ist, der Kampf für die Zukunft geöffnet. (Von Kleist, der freilich auch Jurist ist, habe ich nur in den entferntesten Cirkeln reden hören.) Ein leichter und glüklicher, unblutiger Ausgang der Londner Begebenheit wird B[ülow], für den man ohnedies hier sehr gestimmt ist, einen neuen Glanz geben. Welcher Contrast mit meinem ehemaligen Berliner Leben, wo ich Wochen lang allein aass, und dem hiesigen noch immer sehr bewegten Leben. Tafeln fast täglich von 40 couverts. Die Gärten, ja die Aussicht aus meinem Zimmer (Neue Kammern) in den stillen Wald ist sehr reizend. Prächtiger Duft von 400 blühenden Orangen, hohe Lorbeerbäume und Granaten … Es würde Ruhe sein bis 3 Uhr Nachmittags, ohne die Eisenbahn, welche die Feinde herüber führt und ohne die über alle Maassen zunehmende Bittschrifterei. Ich bringe mein Leben damit zu, Briefe an den König, die man mir offen schikt, zu couvertiren. Her[r] von Kleist (übrigens ein sehr gesitteter Mann) hat etwas mehr gewollt als mich sehen. Er will die diplomatische Stelle der Anhaltischen Häuser und leidet von dem Hader zwischen Rom und Carthago, Dessau und Köthen. Brandenburg und die ganz verjüngte, hier angebetete Gräfin haben uns gestern verlassen. Ich vermuthe dass man dem Grafen bald eine militärische Stellung hier bereiten wird. Stollberg ist noch hier und der wichtigste, auch heilsam. Ich werde hier bleiben bis 12ten Aug. wo König und Königin über Dresden nach Schlesien gehen. Du weisst, meine theure G[abriele], dass ich den König nach Königsberg, (nicht nach Fischbach) begleite.[8] B[ülow], hoffe ich, kommt in der Zwischenzeit, zwischen der Pommerschen Revue und der Berliner Huldigung. Solltest Du ihn dann selbst nicht nach Berlin begleiten? Alles liegt im Nebel: ich spreche nur im Allgemeinen den regsten Wunsch aus, Euch noch im Spätherbst in Burgörner zu umarmen. Das Wetter ist wunderschön, aber rasend kalt den Abend, was nicht hindert dass man alle Abend von halb sieben bis zehn Landparthien macht. Meine innigsten Grüsse an Deine theure Schwester: ich umarme alle Kinder, auch Hed[emann] falls er mit Euch ist. Ich bitte dass Du mir nach Berlin schreiben mögest, bis zum 22–23sten, wo ich vielleicht schon abreise.

AHt

Sanssouci, den 5 Aug. 1840

Der hiesige Kammerherr Döhnhoff der seine Verehrung bezeigt, ist ängstlich wegen eines Briefes an Lady Jelf der nie angekommen ist und den er Dir bei Bülows Abreise, will gegeben haben. Man wusste damals die Adresse von Lady Jelf nicht. Solchen Klagen ist kein Heilmittel, und wenn der Brief in England verloren gegangen ist, so wird kein Uebel daraus entstehen.

1 Humboldt an August von Hedemann, 29.7.1840: „Nach einem Briefe vom 21 July aus London war er eben um seinen Urlaub bei Werther eingekommen. Ich habe es denselben Abend auf der Pfauen Insel dem König gesagt, der sich sehr freut, Bülow hier zu sehen. Es wird aber wohl nicht vor der Rükkunft aus Pommern geschehen können. Ich habe Bülow gestern sehr umständlich, so frei als es jezt mit der Post geschehen kann, geschrieben, ihm auch melden können, dass der König mit der Art wie er die orient[alische] Angelegenheit in London abgeschlossen, überaus zufrieden ist. Diese Nachricht wird Bülow sehr erfreuen." (DLA/SNM, Marbach, 62.2140)

2 Nicht überliefert.

3 Frz.: „Sie werden mir gerecht, wenn Sie davon ausgehen (heißt es in der Antwort), dass ich mich immer glücklich fühle, Herrn von Bülow und Ihrer liebenswürdigen Nichte etwas Angenehmes zu tun. Ernste Interessen der Monarchie finden sich kompromittiert, und Herr de Bülow wird beenden müssen, was er begonnen hat. Ich beabsichtige jedoch, für Herrn von Bülow unverzüglich um eine mögliche Beurlaubung vom König zu bitten, und ich hoffe, sie (die Beurlaubung) ihm mit den bereits laufenden Expeditionen zukommen lassen zu können. Es bestünde Gefahr, wenn Herr von Bülow London verlassen würde, bevor er die Befehle, die ich ihm aushändigen lassen soll, ausgeführt habe. Was uns aus der zweifellos sehr unfreiwilligen Verspätung trösten kann, ist die Überlegung, dass die Monate August und September für die Kissinger Heilung noch sehr günstig sind und dass es allen Grund zur Hoffnung gibt, dass Herr von Bülow diese für seine Gesundheit so vorteilhaften Wässer noch wird nutzen können."

4 Die Orientkrise betraf den Streit um Syrien, das von Ibrahim Pascha, dem Sohn des Vizekönigs von Ägypten Muhammad Ali Pascha, erobert worden war, gegen den Anspruch des Herrschers des osmanischen Reichs Mahmud II.. Zur Beendigung der Krise wurden in London Verhandlungen zwischen der sog. Quadrupelallianz (Preußen, Russland, England, Österreich) und dem Osmanischen Reich bis zum Vertrag vom 15.7.1840 geführt, woran Heinrich von Bülow bedeutenden Anteil hatte. Frankreich, das auf der Seite Ägyptens stand, fühlte sich dadurch empfindlich getroffen, was zu politischen Spannungen zwischen Preußen und Frankreich bis zur latenten Kriegsgefahr führte. In diesem Zusammenhang kam es auch zu Vorwürfen gegen Heinrich von Bülow wegen angeblich eigenmächtigen Vorgehens, siehe auch den Brief vom 25.11.1840. Da Ägypten sich nicht an die Vereinbarungen hielt, rückten internationale (österreichische, britische und türkische) Seestreitkräfte gegen ihn vor, die in drei Angriffen (14.9. Beirut, 26.9. Saida, 3./4.11. St. Jean d'Acre) Muhammad Ali zum Nachgeben zwangen. Der Konflikt wurde durch einen Vergleich zwischen dem türkischen Sultan und dem ägyptischen Vizekönig am 10.12.1840 beigelegt und endgültig mit dem sogenannten Dardanellenvertrag zwischen den fünf europäischen Großmächten (Preußen, Russland, England, Österreich, Frankreich) und dem Osmanischen Reich am 13.7.1841 in London beendet. Erst danach konnte Bülow auch seinen Londoner Posten verlassen, was er bereits im Sommer 1840 gewünscht hatte. Er kam allerdings am 29.8.1840 für einen zweimonatigen Urlaub nach Deutschland. Zur Orientkrise vgl. Päßler 2009, 177–178; Treitschke 1927, Bd. 5, 73ff. und Humboldt an Friedrich Wilhelm IV., 17.9.1840, in Humboldt 2013, 170.

5 Einschüchterung, Strafandrohung (in Furcht = in timorem (lat.) versetzen).

6 Eichhorn wurde der neue Kultusminister. Sein Nachfolger als Direktor der 2. Abteilung im preußischen Ministerium der auswärtigen Angelegenheiten wurde F. A. Eichmann (1840 bis 1845). Vgl. Holtz 2015, 68.

7 Die Huldigung in Berlin am 15.10.1840 anlässlich der Thronbesteigung Friedrich Wilhelms IV. vom 7.6.1840.

8 Humboldt verließ Berlin am 25.8.1840 und reiste über Stettin nach Königsberg, um an den Huldigungsfeier in Königsberg am 10.9.1840 teilzunehmen. Friedrich Wilhelm IV. ging am 12.9.1840 über Marienburg nach Danzig. In Fischbach (heute Karpniki) traf er sich mit dem russischen Kaiser. Vgl. auch den Brief vom 8.8.1840.

37 Alexander von Humboldt an Gabriele von Bülow
Sanssouci, 8.8.1840

H: DLA/SNM, Marbach, 62.2137

Sanssouci 8t[er] August 1840

Ich hoffe, mein theures Gabrielchen, dass Du nun schon den Brief von Min[ister] Werther an mich erhalten hast.[1] Du wirst daraus gesehen haben, dass zu meiner grössten Verwunderung Bülow vom König sowohl, als vom Ministerium der Urlaub und zwar ganz unbedingt (so dass er gleich abreisen kann) ertheilt worden ist. Ich habe seitdem (ich begleite alle Woche den König, Dienstag und Freitag nach Berlin auf der Eisenbahn und size meist allein mit ihm) ich habe gestern Werther selbst besucht und er hat mir alles wiederholt, doch nur halb freundlich denn die ganze Abschliessung des Tractats scheint immer noch eben nicht zu gefallen, ob er gleich sagt, dass [es] eine sehr ernste (unvorhergesehene?) Handlung sei, wenn gleich er nicht an die wirkliche Gefahr eines Krieges am Rhein glaube. „Ich habe gethan was Herr v. B[ülow] gewollt da er mir so bestimmt schreibt, seine Gesundheit erfordere die Abreise, wie der Drang mit seiner Familie zu sein; ich zweifle nicht dass er in 8 [Tagen][a] abreisen werde." Glauben Sie, fragte ich dass sein längeres Bleiben wegen möglicher Wieder Anknüpfung mit Frankreich, nothwendig sei? Antwort: das kann er allein beurtheilen. Der Courier der den Urlaub überbringt ist den 6ten nach London abgegangen. B[ülow] kann also wohl nicht vor dem 18–19ten abreisen. Er kann den 24sten durch Berlin durchgehen. Mir scheint es wahrscheinlich dass er wird wollen erst nach Berlin und dann nach Kissingen gehen. Er weiss zwar durch mich, dass er den König hier vor der Reise über Dresden und Schlesien nach Preussen nicht sieht[2] (der König geht Dienstag früh (11te Aug.) von hier ab. Bülow wird aber vieles dem Ministerium mündlich zu erzählen haben. Den König kann er erst sehen zwischen der Preussischen und Berliner Huldigung. Der König ist immer gleich zufrieden mit B[ülow] und scheint wenig an die Gefahr des Krieges zu glauben. Im Publikum ist der abgeschlossene Tractat wenig populär. Ein Krieg wegen Syrien kann den Patriotismus eben nicht erregen und da nur das factum, nicht aber der Lauf der Verhandlungen bekannt ist, welche B[ülow] gezwungen so zu handeln, als er es that, so muss man sich nicht darüber wundern, dass ein grosser Theil des Publikums unzufrieden sei. |2| In der bewussten Sache ist nichts vorgefallen, was eine bestimmte Voraussicht rechtfertigen könne. Wenn die Wahl von dem Minister selbst abhängt, was wohl wahrscheinlich, so glaube ich an die Wahl einer Person die nach dem Tode des Ministers nicht geeignet ist, ihn zu ersezen. Dass A[rnim] und M[altzahn] die Stelle nicht wollen, habe ich Dir bereits geschrieben.[3] Seitdem ist der lahme Arnim der eine holländische Frau hat, zum Gesandten in Brüssel ernannt. Man wünschte ihm feinere Sitten. An dieses Arnims Stelle soll (sagt man) Nagelers Verwandte[r] Sekendorf als Rath in das Ministerium treten. Martens der Brüssel wollte, wüthet, man glaubt aber er gehe bald nach Lissabon. Unserem Bülow ist kein Rath zu geben: unter so verwikkelten und so unentwikkelten Verhältnissen kann er allein entscheiden. Er muss mit eigenen Augen sehen: auch weisst Du, meine Liebe, dass er nicht von denen ist, die Rath lieben. Die Vorsicht mit der er zu handeln gewohnt ist, sezt den Rathenden nur immer in ein halbes Vertrauen und dann ist man um so schüchterner in dem Verkehr. Bisher hat er immer so treflich gesteuert, dass mir auch dieses Mal nicht bange ist. Die Hauptsache ist, dass wir ihn bald hier sehen und

a Taben *H ändert Hrsg.*

weniger leidend als er uns bisweilen fürchten lässt. Ich werde meine Abreise so viel ich kann bis 23–25sten verzögern um ihn gleich bei der Ankunft zu umarmen.[4] Wie aber wenn, da der König nicht hier ist, er unmittelbar zu Euch käme und die Discussionen, die es hier giebt, vermeiden wollte! Auch darüber bin ich nicht sicher. Am sichersten scheint mir immer, dass Ihr alle nicht nach England zurükgeht. General Krauseneck und Graf Gröben gehen nach Heilbronn zur Revue der Reichstruppen. Man glaubt dass der Kaiser nach Fischbach kommt von Kiew aus, um die Kaiserin abzuholen. Die Amnestie wird endlich erscheinen,[5] aber Eichhorns Ernennung[6] erst bei der Rükkunft des Königs von Preussen. Sicher ist sie wohl.

Tieck aus Dresden wird eine Pension erhalten. Üb[e]r des armen Hedemanns Unwohlsein bin ich sehr betrübt, es wird wohl nicht von Dauer sein. Der König hat mir noch gestern gesagt, dass er Hedemann gern nach der Berliner Huldigung hier (in Berlin) sehen werde. Er braucht dann nur an den König zu schreiben. Es hätte wohl von mir abzuhängen den König nach Schlesien zu begleiten zum Russischen Besuche, aber ich habe die Engigkeit des Raumes vorgeschüzt. Schreibe, meine Liebe, mir ja noch nach Berlin vor dem 20–22sten. An B[ülow] schreibe ich nicht mehr. Ich umarme Euch alle mit inniger Liebe

AHt.

Die Hofdamen grüssen herzlich und haben durch Luck schöne Zeuge erhalten, durch B[ülow]'s Güte. Luck hat dem König grosses Rühmen von dem unendlichen Ansehen gemacht, in dem B[ülow] in London stehe. Er erzählt, als käme er aus der Südsee.
Fränkels Tochter, Fr[au] von Weiher (notre Cousine) heirathet einen Münchner Landschafts Mahler.[7]

1 Vgl. den vorigen Brief vom 5.8.1840.
2 Heinrich von Bülow kam zwar am 29.8.1840 aus London zurück, nahm aber erst an der Huldigung in Berlin am 15.10.1840 teil.
3 Bülows Stelle erhielt Bunsen.
4 Vgl. den Brief vom 5.8.1840, Anm. 8.
5 Erste Reformen nach dem Regierungsantritt Friedrich Wilhelm IV. (Amnestie für politische Vergehen) ließen eine Liberalisierung erwarten. Vgl. Bußmann 1990, 121.
6 Nachdem Altenstein am 14.5.1840 verstorben war, nahm A. von Ladenberg interimistisch die Leitung des Kultusministeriums wahr, bis sie dann am 8.10. Eichhorn übernahm.
7 Die Künstlerin Elise (Elisabeth Concordia) geb. Fränkel hatte im Alter von 18 Jahren den vierzehn Jahre älteren Baron K. H. L. von Weiher geheiratet. Nach der Scheidung lernte sie in Berlin den Maler G. H. Crola kennen, den sie 1840 heiratete.

38 Alexander von Humboldt an Gabriele von Bülow
Berlin, 17.8.1840

H: DLA/SNM, Marbach, 62.2137

Ich bin ganz traurig darüber, meine theure Gabriele, seit so langer Zeit keine Nachricht von Dir und Deinen Kindern gehabt zu haben. Betrübende Nachrichten haben hier (ich weiss kaum aus welcher Quelle) circulirt über die Kränklichkeit des Knaben.[1] Ich bin eigends deshalb nach Tegel gefahren und habe dort aus einem Briefe gesehen, den eine Deiner Kammerfrauen geschrieben hat, dass der Knabe sehr am Ausbruch der Augenzähne leide. Je stärker das Kind ist, desto mehr kann er zu Krämpfen geneigt sein. Da ich spätestens den 24sten hier wegreisen muss, so flehe ich Dich, Theure, mich ja recht bald mit einem Briefchen zu beruhigen. Da ich nicht alle Briefe kann nachschikken lassen, so bitte ich Dich, damit meine Leute Deine Briefe erkennen mögen, das einfache Wort „aus Burg Oerner" auf das Couvert zu schreiben. Aufgebrochen und gelesen werden doch alle Briefe, die Du oder B[ülow] mir schreiben, also vermehrt dies Wort nicht die Gefahr. Philippsb[orn] hat den lezten Brief aus London von Bülow, einen Brief vom 11ten am Tage wo er eben den Urlaub erhalten. Er schreibt: er werde noch Zeit haben, vor der Abreise zu schreiben, werde wahrscheinlich über[a] Hamburg kommen und dann zuerst nach Burg Oerner gehen. Das lobe ich sehr, doch wünschte ich, anderer Interessen wegen, dass er von Burgörner, selbst während der Abwesenheit des Königs hieher käme, wenn auch nur auf wenige Tage. Ich wiederhole Dir, meine Liebe, die Tage der Reise des Königs, damit sie einst Bülow vor Augen habe: Ankunft! in Erdmannsdorf 15t[en] Aug., dort bis 25sten, in Königsberg 29sten, dort Manœuvre bis 9 Sept. Huldigung 10ten, Abreise von Königsberg 12ten, Ankunft in Danzig 12ten, in Stargard 14t[en], über Stettin in Berlin 21sten Sept. Manœuvre um Berlin 24–29sten Sept. Ich versuche morgen noch einmal an B[ülow] nach London zu schreiben. Hebeler ist seit einigen Tagen hier: er will bis 30 Aug. in London zurük sein und glaubt dann B[ülow] noch dort zu finden. Ich wünsche dass er sich irre. Ich aass gestern mit Hebeler, Eichhorn (sein Ministerium ist gewiss, aber nicht declarirt vor des Königs Rükkunft[)]: er geht auf einige Wochen nach Freienwalde mit Philippsborn und Raumer bei Werther. Mad[ame] Philippsborn mit der ich sehr zärtlich bin, hat eine Augenentzündung auf einem Auge, die ihr viel Besorgniss erregt. Dieffenbach mit Frau, Kindern und Schwieger Mutter! ist nach Wien. Die Operation der Gräfin Appony (Benkendorfs Tochter) ist[b] wunderbar reussirt; in 7 Tagen konnte sie schon die Reise antreten. Bülow schreibt, dass der belger Leopold jezt in London sehr zur Pacification mit Frankreich beitrage. Es wäre sehr unangenehm und unpopulär gewesen, wenn dieser so schnell abgeschlossene Tractat den Krieg am Rhein veranlasst hätte.[2]

Der König, immer gleich zufrieden mit Bülow, hat es nie gefürchtet und würde sich, im schlimmsten Falle, sehr schwer auch nur zu einer Zusammenziehung von Truppen haben bewegen lassen. |2| Louis Bonaparte und seine Menagerie sind eine gute Diversion gewesen. Es ist ganz gewiss dass seit Monaten der lebendige Adler abgerichtet war, auf den Huth des Helden zu fliegen, weil man ihn dort gewöhnt hatte, Fleisch zu fressen. Solches Possenspiel! Es ist Feigheit ihn nicht vor die Jury zu stellen. Am Ende lässt man ihn wohl gar wieder frei! Graf Königsmark, der den Prinz von Preussen begleitete, hat mir eine unverständliche Nachricht vom armen Hedemann gebracht. Eine geschwollene Hüfte? Was ist das? Ich beklage ihn und Deine arme, gewiss sehr geängstete Schwester. Hier ist Totenstille, breiartige Ruhe! Der König hat den Min[ister] Werther aufgetragen, ihm Vorschläge wegen Wiederbesezung von E[ichhorn]'s Stelle[3] zu machen, wohl erst nach der Rükkunft. Ich umarme Dich und die Deinen und bitte Dich inständigst, mich bald wegen des Kleinen zu beruhigen.

Herzliche Grüsse an Hedemanns.

AlHumboldt

Berlin den 17t[en] Aug. 1840

---

[a] (1) nach (2) über *ergänzt H*

[b] (1) hat (2) ist *H*

Ich hatte den Herzog von Aremberg der 6 Millionen francs revenuen hat![4] mit nach Tegel genommen. Es war ein herrlicher Morgen. Der Garten ist sehr, sehr gut gehalten. Das arme verödete Tegel!
Rauch ist voll Lob von Russland. Er hat allen Verstand darüber verloren.
Von Schinkel wissen wir leider noch nichts.[5]
Rauch und Catel aus[a] Rom, haben zweimal beim König gegessen.
Ich habe Dir doch schon erzählt dass der König sich sehr freut Hedemann gleich nach der Huldigung[6] hier zu sehen. Er solle ihm dann nur schreiben, wenn er kommen wolle.

1 Gabrieles Sohn Bernhard war während eines Besuchs in Burgörner, wo sich die Familie während des Sommers aufhielt, schwer erkrankt. Bülow kehrte erst kurz nach der Gesundung am 29.8.1840 aus London zurück (Sydow 2000, 111–116).
2 Den Vertrag vom 15.7.1840, vgl. den Brief vom 5.8.1840, Anm. 4.
3 Vgl. den Brief vom 5.8.1840, Anm. 6.
4 Das Herzogtum von Arenberg hatte sowohl durch die Napoleonische Besetzung als auch durch die Neuordnung der Grenzen 1815 verschiedentlich seinen Besitz geändert bzw. verloren. Prosper Ludwig von Arenberg blieb aber Standesherr seiner Besitzungen und Mitglied der ersten Kammer der Ständeversammlung des Königreichs Hannover. Als Entschädigungen für entgangene Einkünfte erhielt Prosper Ludwig von Arenberg 1813 von Napoléon eine erbliche Leibrente und ab 1824 (infolge der Besitzveränderungen durch den Wiener Kongress) eine Leibrente von Preußen.
5 Nach einer Krankheit (vermutlich ein Schlaganfall) blieb Schinkel gelähmt und ohne Bewusstsein bis zu seinem Tod am 9.10.1841.
6 Am 15.10.1840, vgl. den Brief vom 5.8.1840, Anm. 7.

39 Alexander von Humboldt an Gabriele von Bülow
Berlin, 24.8.1840

H: DLA/SNM, Marbach, 62.2137

Wie unendlich glüklich bin ich gewesen, meine theure Gabriele durch Deine und Deiner lieben Schwester [Nachrichten] von meiner Herzensangst noch vor meiner Abreise die diese Nacht erfolgt, geheilt worden zu sein. Zuerst empfing ich von Adelheidchen einen langen sehr hüpschen und leicht zu entziffernden Brief in dem sie mir den ganzen Hergang der Trauerszenen und zwar der gedoppelten schilderte. Deine grenzenlose Trübsal in Burg Oerner mit dem armen Kleinen und die Aufopferung ihres eigenen Kummers, da der gute Hedemann so leidend war. Es ist warlich schön dass zwei Schwestern so aller männlichen Hülfe unbedürftig in so trüben Tagen sich so besonnen und standhaft zu benehmen wissen.[1] Dir, theure Gabriele, hat aber das Schiksal fast mehr aufgebürdet als Du zu tragen vermagst. Gott giebt gleichzeitig mit dem Kummer auch die Stärke der Ausdauer und des Muthes. Wir wollen hoffen, dass dies die lezte Prüfung ist.[2] Von Krukenberg hatte ich immer viel schönes gehört: es scheint als wenn er seinen grossen praktischen Ruf ganz verdiene. Das Zeugniss was Du und Deine Schwester ihm schenkest, ist sehr ehrenvoll. Dein ausführlicher Brief meine Liebe, war

a (1) haben (2) aus *H*

vom 20sten. Das Kind war fieberfrei, aber noch blieb der böse 21ste Tag und auch für diesen bin ich getröstet. Meine poetische Nachbarin, die Rembrandsche Paalzow hat mich sehr beglükt indem sie mir einen noch späteren Brief Deiner lieben Schwester an sie lesen liess. Dieser war vom 21sten und voller Muth und Heiterkeit. Empfanget nochmals beide Schwestern den Ausdruk meines innigsten Dankes. Ich war sehr gequält und dabei selbst nicht ganz wohl ganz in Camillen- und Fliederthee. Es grassirt hier ein wenig Cholerine diese habe ich nicht gehabt, aber ein Schnupfen der nicht heraus wollte. Jezt ist mir ganz besser wozu die Beruhigung über das prächtige, jezt leider! so ermagerte Kind viel beiträgt. Ich komme überall 24 St[unden] vor dem König an. Ich schlafe morgen in Landsberg, dann fahre ich eine Nacht durch und schlafe den 27sten in Marienburg, den 28sten in Königsberg. Wo? erfahre ich erst durch den Hoffourier am Thore. |2| Ich beschwöre Dich, theures Gabrielchen, mir ja noch einige Zeilen nach Königsberg „im Gefolge Sr. Maj. des Königs" zu schreiben, recht offenherzig und frei über die fortschreitende Genesung des Kindes und über Bülows Ankunft. Werther der gestern früh mich besuchte und mich weniger mürrisch als gewöhnlich, behandelte, glaubt Bülow sei den 22sten abgereiset. [Ich hoffe, er hat][a] meinen lezten Brief durch Philippsborn noch in London empfangen. Alles steht hier in gleicher Ungewissheit. Man ist überzeugt dass W[erther] nur jemand wählen werde, der ihm nicht nachfolgen kann, Bötticher, (Präsident in Stettin) Geh[eimer] Fin[anz] Rath Eichmann oder Kühne. Ich glaube an den ersteren. Ich bleibe bei dem Wunsch dass B[ülow] gar nicht nach Kissingen gehe sondern bald mit Dir nach Tegel komme. Welche Freude Dich dort bei meiner Rükkunft zu finden. Der Magistrat (die Stadt) bereitet dem König zur Wiederkunft [ein] sonderbares Gemisch von Artigkeiten. Man will den Theil des Rathhauses abreissen der in die Königs Strasse vortritt: man will dem König ein Achilleisches silbernes Schild doch unblutig mit Vorstellung der Gewerbe und der Königin einen silbernen Wohlthätigkeits Brunnen mit einer goldenen Statuette der Carità schenken. Mich wundert dass unsere Celinis dies so schnell aushämmern können. Tieck (Ludwig)[3] schreibt mir nur mit vieler Dankbarkeit. Er bekommt ausser den 800 r. die der König von Sachsen aus seiner Chatulle seit 15 Jahren spendet, von unserem König 1000 r. jährlich wenn er auch Dresden nicht verlässt u. 100 Louis d'or Zuschuss wenn er einige Wochen in Sanssouci wohnen will und lesen. Das ist alles sehr honett und ehrenvoll; der Bruder selbst ist noch mit mir zufrieden. Ich hoffe dass des Brillen Voss' schneeweisse Tante, die schauderhafte Gräfin mit den ungewissen Kindern nicht mit in Sanssouci einziehen wir[d]. Das ist die Klippe zu umschiffen.

An den armen Hedemann schreibe ich |3| in den ersten Tagen von Königsberg aus, doch keine Beschreibungen der feten, die mich anekeln und welche die Zeitungen langweilig genug vorleiern werden. Die endliche Amnestie[4] macht viel Freude. Empfanget alle Gross und Klein die herzlichsten Umarmungen des uralten Onkels

AlHumboldt

Berlin den 24 Aug. 1840

Ich sah' aus dem Briefe[5] den mir die Paalzow mitgetheilt dass [sie][b] Klagen erdichtet hat, die ich über langes Ausbleiben der Briefe soll ausgestossen haben. Ich hatte nie Recht zu klagen u. sprach ihr bloss von meinen Besorgnissen, das übrige hat die gute Frau schwarz hinzugemahlt.

---

[a] Ich, hoffe *H ändert Hrsg.*

[b] Sie *H ändert Hrsg.*

[1] Die Töchter Therese und Gabriele begleiteten Anfang Juli ihre Tante Adelheid von Hedemann nach Erfurt, während die Mutter mit den restlichen Kindern in Burgörner blieb.
[2] Bernhard war nach der besorgniserregenden Erkrankung (vgl. den Brief vom 17.8.1840, Anm. 1) wieder genesen.
[3] Friedrich Wilhelm IV. schätzte Ludwig Tieck sehr und berief ihn 1841 nach Berlin. Bis dahin lebte er in Dresden.
[4] Vgl. den Brief vom 8.8.1840, Anm. 5.
[5] Nicht überliefert.

40 Alexander von Humboldt an Gabriele von Bülow
Berlin, 19.9.1840

H: DLA/SNM, Marbach, 62.2137

Unseres theuren Bülow's zweiter Brief (16 Sept.) hat mich, meine Theure, von den Besorgnissen befreiet, die der erste erregt hatte. Der Kleine scheint also endlich in voller Genesung,[1] aber das alte, kalte, feuchte Haus von Burgoerner wird immer zu neuen Zufällen der Erkältung Anlass geben; ich beschwöre Dich und B[ülow], es bald zu verlassen und mit dem heiteren, sonnigeren Tegel umzutauschen. Ich habe dazu die ernstesten Gründe B[ülow]'s recht baldige Ankunft zu wünschen. Bei der grossen Vorliebe die der König für ihn bei jeder Gelegenheit äussert, ist ein geistiges Element wie das welches B[ülow] darbietet, in der jezigen ernsten, sehr unheimlichen politischen Crisis von unschäzbarem Werthe. Niemand will hier die Wichtigkeit der Zukunft einsehen, mir ist unwohl[a] neben einem talentvollen, edeln Könige, ohne Ministerium, ohne commandirende Generale, in der blossen Berauschung von Fleischer-Aufzügen und persönlichen Eindrükken die wie der Wind verschwinden. Die Eindrükke welche[b] der LandtagsAbschied von Königsberg, am Rhein und in den Kammern des südlichen Deutschlandes erregen werden[c] brauche ich nicht zu erwähnen. In solchen Zuständen ist die Möglichkeit eines Krieges schauervoll und die trägen Worte dass ein Krieg unmöglich sei, beruhigen mich keineswegs über den Ausgang eines unheimlichen, tausend Zufälligkeiten hingegebenen, unbeendigten Dramas. Ich tadle nicht was geschehen ist, ich glaube dass es unvermeidlich war, aber ohne ehrlos von dem abzugehen, dem man seine moralische Bestimmung hat geben müssen, ist jezt der Zeitpunct gekommen, selbst zu handeln und seine eigenen Interessen zu bewahren. Anfragen, abwarten, aussprechen, dass das Unvernünftige unmöglich sei, sich auf die Gerechtigkeit der Sache, auf einen Volksenthusiasmus, der nicht existirt, auf Fürsten-Seegen von oben zu berufen ist bequem, nein, doctrinär, aber sehr unpractisch. Ein Mann wie B[ülow] voll Geist, Umsicht, Menschenkenntniss und grossem Ansehen ist uns jezt hier nothwendig. Ich beschwöre Dich, theure G[abriele], ihn recht bald kommen zu lassen, nicht seiner Wohnung nicht seiner eigenen Verhältnisse wegen (die sich wünschenswerth gestalten werden) sondern des grossen Hauses wegen, das wir alle bewohnen. Seine Ankunft (so sagt auch Eichhorn) wird von grosser Wichtigkeit sein. Sagt

[a] unwohl *ergänzt H*
[b] welche *ergänzt H*
[c] erregen werden *ergänzt H*

auch[a] er „es sei nichts |2| zu thun, um mit einer eigenen Preussischen Politik hervorzutreten, um eine Wendung zu finden die, ohne schmachvollen Abfall, dem[b] drohenden Uebel abhilft“ so werde ich schweigen, mich aber bei der tiefen Kenntniss die Ich von den hiesigen Zuständen habe, keineswegs beruhigen. Ich rechne auf die Freude, unseren B[ülow] bald hier zu umarmen. Der König kommt übermorgen (21sten) bleibt vielleicht den 22sten in Berlin, ist aber gewiss schon den 23sten mit Pr[inz] Johann von Sachsen in Sanssouci. Ich denke wo möglich in Berlin zu bleiben und nur von Zeit zu Zeit den König zu besuchen. Schinkels Zustand ist immer gleich trostlos, fast ohne Sprache, in soporösem Zustande, etwas besser als gestern.[2] Die Aerzte geben keinen Trost. Wegen Dr Thalwitzer war ich nachdem ich gestern an Ladenberg geschrieben, selbst im[c] Ministerium. Ladenberg verspricht sich der Sache recht lebendig anzunehmen. „Er wünsche sehr auch einen Beweis seiner tiefen Achtung zu geben“ aber er wusste nicht ob Dr Thalwitzer schon um die Stelle eingekommen sei, er rathet dass er sogleich eine Eingabe bei der Regierung in Mersebuch mache.[3] Ich begreiffe, wie sehr Du, theure G[abriele] wünschen musst, nach so viel bangen Tagen dem braven Manne ein Zeichen des Dankes zu geben. Meine innigsten Umarmungen Dir und B[ülow] und allen Infantinnen.

AHt

Berlin den 19 Sept. 1840

Im äussersten Pommerlande in Stolpe habe ich eine uralte Cousine eine Frau v. Lepinski geb[orene] von Schweder, Nichte meines Vaters entdekt. Sie ist reich, wird mir aber nichts vererben.
Indem ich meinen Brief noch einmal durchlese, finde ich ihn sehr kindisch pathetisch.
Eben war B$^{[aro]n}$ Werther ½ Stunde sehr zärtlich bei mir.

1 Vgl. den Brief vom 24.8.1840, Anm. 2.
2 Vgl. den Brief vom 17.8.1840, Anm. 5.
3 Eventuell der Arzt Dr. Carl Thalwitzer aus Mansfeld, das zum Regierungsbezirk Merseburg gehörte.

41 Alexander von Humboldt an Gabriele von Bülow
Charlottenhof, [vermutlich 10.10.1840]

H: DLA/SNM, Marbach, 62.2137

Charlottenhof Sonnabend

Pr[inz] Johann geht schon morgen[d] Sonntag früh weg, die Prinzessinnen gehen Montag.[1] Ich habe daher bloss, als Höflichkeit, die Einladung nach Tegel in Deinem Namen gemacht. Der Pr[inz] entschuldigte sich sehr dankbar. Ich habe alle Ursach zu glauben, dass Eichhorn ernannt ist,[2] wie man es versprochen hatte. Ich weiss mit Gewissheit, dass E[ichhorn] gestern

a (1) Sagt (2) Sagt auch *H*
b Abfall, | daraus *gestrichen* | dem *H*
c (1) bei (2) im *H*
d morgen *ergänzt H*

früh über 3/4 Stunden allein mit dem König war und überaus lustig und heiter herauskam. Ich weiss es durch die allwissende Camarilla u. Adjutanten. Mit Wittgenst[ein] hiess es auf einmal gestern Abend „er sei ausser Gefahr, habe gut u. sanft geschlafen und fühle sich ganz wohl." Diese schnelle Heilung wäre sehr wunderbar.[3] Der Vorfall hatte Schrecken erregt besonders bei Gräfin Isegr[im] als stürben Leibnitz u. Newton, soviel Traditionen! nehme er mit ins Grab!! Der König hat heute den Vortrag ausgesezt, um noch recht den Pr[inz] Johann am lezten Tage zu geniessen. Gestern Ab[end] waren wir fast ganz allein. Ich musste vorlesen la Mode (Scherze über Tiere) Stücke aus Schomburgks Reise[4] troz meiner schändlichen Aussprache und Stükke aus meinem Examen critique[5] über Columbus politische Richtung, über den südlichen Himmel und |2| Dantes Kenntniss des südl[ichen] Himmels die er aus Arabischen Schriftstellern gezogen, was sehr gefiel und wie ich behaupten muss, mit Recht! Der König ist von der unbändigsten Heiterkeit und ruft im Andenken des vorgestrigen Abends aus: „wie amüsant ist der Bülow!" Ich umarme tutta la santa Famiglia und hoffe dass der liebe Kleine die wieder milde gewordene Luft geniessen könne.

AlHt.

1 Zum Herbstmanöver waren der Prinz Johann von Sachsen mit Frau und Schwester Amalie von Sachsen nach Preußen gekommen.

2 Vgl. den Brief vom 8.8.1840, Anm. 6.

3 „Der Fürst von Wittgenstein hat einen Schlaganfall gehabt, man zweifelt an seinem Aufkommen. Noch vor kurzem rühmte er sich seines guten Befindens!" (Varnhagen am 2.10.1840, Varnhagen 1861–1905, Bd. 1, 221).

4 Für das Werk Schomburgk 1841 hatte Humboldt eine Einleitung verfasst.

5 Humboldt 1836–1839.

42 Alexander von Humboldt an Gabriele von Bülow
o. O. u. o. D., [nach 28.10., vor 8.11.1840]

D: Sydow 2000, 120 (Teilreferat)

[Die Tochter Gabriele notierte in ihr Tagebuch: „Ich sah es Mama gleich an, daß etwas Großes geschehen sei, es war ein Brief vom Onkel aus Sanssouci[1], nachmittags las ich ihn. Oh, Schöler [...] tot, Werther ab, Maltzahn Minister, Papa nach Wien, im besten Falle nach Frankfurt[2]"]

1 Der erwähnte Brief an Gabriele von Bülow ist nicht bekannt. Am 8.11.1840 schrieb Humboldt zu diesem Thema an August von Hedemann: „Was Schölers Tod für Folgen haben od. nicht haben kann, habe ich an Gabrielchen geschrieben." (DLA/SNM, Marbach, 62.2140).

2 Bülow musste am 24.10.1840 für weitere Verhandlungen wegen der Orientkrise nach London zurückkehren. Der Abschluss wurde erst am 13.7.1841 mit dem Dardanellenvertrag erreicht, vgl. den Brief vom 5.8.1840, Anm. 4. Vgl. auch Sydow 2000, 120. Maltzahn übernahm 1841 das Amt des Außenministers Werther. R. O. F. v. Schöler, Gesandter beim Bundestag in Frankfurt a. M., war am 28. Oktober 1840 verstorben. Sein Nachfolger wurde Heinrich von Bülow.

43 Alexander von Humboldt an Gabriele von Bülow
o. O. u. o. D., [vermutlich 19.11.1840]

H: DLA/SNM, Marbach

Allerdings, meine Theure, habe ich unendlich zu danken für die Mittheilung des psychologisch sehr merkwürdigen Briefes[1]. So hast Du ihm denn politische Nachrichten abgezwängt. Du siehst, wie sehr er besorgt hat, dass aus Brief[en] an Dich etwas an den König komme! Darüber kann er sich beruhigen. Wenn er den Schwarzkünstler und geheimnisvollen Dr Pr. für L. P. (soll wohl heissen Louis Philippe) durch die Nachricht hat erfreuen können, dass man den Sultan bitten werde, zu einer Zeit wo man S[ain]t Jean d'Acre noch nicht hat, Mehmet Ali zu begnadigen und ihm Aegypten zu lassen,[2] so muss der Herr Doctor Pr. leicht zu befriedigen sein!! Mir gefällt das ganze Treiben nicht. Man wird übermüthiger, weil man Glück u. schwache Feinde hat. Man müsste dem L[ouis] Ph[ilippe] seine Lage erleichtern. Man verdankt ihm die Ruhe von Europa. Il est le seul qui a payé de sa personne.[3] Das ist weder edel und vielleicht auch nicht sehr klug. |2| Macht man gar keine Aufopferung, so kann L[ouis] Ph[ilippe] das Guizotsche Ministerium nicht halten u. der Sturz des Guizotschen Ministeriums ist Krieg. Ich wünschte fast man wäre etwas weniger à la fleur d'orange[4] mit Lord P[almerston]. Ich habe mit Eichhorn von Wisb[aden], wie von einem Stadtgespräch gesprochen. Er wüsste davon, es wäre früher davon die Rede gewesen, aber jezt zweifle er an der Ausführung. Ich aass mit ihm gestern bei Pr[inz] August mit dem Herzog v. Braunschweig. Eichhorn war nicht brillant im Gespräch. Der König lässt mich jezt den Abend nach Charlott[enburg] kommen, was wenig bequem ist. Ich kam gestern erst gegen Mitternacht zu Hause. Die Königin wusste von Hed[emann] und Deiner Tochter Aufenthalt in Dessau.[5] Die Herzogin hatte davon sehr freundlichst geschrieben.[6] Die arme Olfers leidet troz der Homöopathie |3| wieder an Zahngeschwür, hat das Selbst Stillen unterbrechen müssen, eine Amme angenommen ...[7]

In der Stadt weiss niemand von Wisbaden. Die 70 r. der Hofdamen habe ich hier in Händen.[8] Du wirst darüber disponiren. Ich umarme Dich und die lieben Kinder.

AHt

Donnerstag

Bettina mischt sich noch immer in die Grimms und quält mich mit langen Briefen um zu beweisen dass beide nicht mit 2000 r. hier leben können, was ich auch glaube.[9]
Man will alle grossen Geister u. kein Geld geben.

1 Ein Brief offenbar von Heinrich von Bülow an Gabriele zu dieser Thematik ist nicht bekannt. In einem Brief vom 9.11.1840 geht er lediglich auf das Thema seiner Berufung und den Gerüchten dazu ein (Sydow 1919, 467–469).

2 Vgl. den Brief vom 5.8.1840, Anm. 4.

3 Frz.: er ist der einzige, der sich mit seiner Person eingesetzt hat.

4 Frz.: nach Art einer Orangenblüte.

5 Bei der Familie von Loën. Vermutlich handelt es sich um die Tochter Gabriele von Bülow, die 1842 Leopold von Loën heiratete. Vgl. den Brief vom 21.9.1841, Anm. 5.

6 1840 teilten die drei Schwestern (Dorothea, Pauline und Johanna) der Briefe aus der Hinterlassenschaft der Mutter Dorothea von Kurland auf. Dorothea von Talleyrands Anteil verblieb auf Sagan

und ist seit 1945, als das Schloss verwüstet wurde, verschollen. Auch über den Verbleib der Briefe Humboldts ist nichts bekannt (Erbe 2009, 127, 225 u. 194, Anm. 85). Sie sind nur vereinzelt und in Auszügen in der Literatur (z. B. Feckes 1917) überliefert. Zum Verhältnis zwischen Humboldt und der Herzogin von Talleyrand siehe das Kap. „Alexander von Humboldt – Der Gelehrte als Weltmann" in Erbe 2009, 194–197.

7 Der Sohn Ernst Werner Maria von Olfers war am 26.9.1840 geboren (Humboldt 1913, 55).

8 Vgl. den Brief vom 25.11.1840, daher auch die Datierung.

9 Nach der Thronbesteigung Friedrich Wilhelms IV. bemühte sich Humboldt, seinen Einfluss auf Neuberufungen geltend zu machen; ohne Erfolg bei den beiden Vertretern der Göttinger Sieben, W. E. Albrecht und F. Ch. Dahlmann, mit Erfolg dagegen bei den beiden Brüdern Grimm, die ab 1841 in Berlin in der Akademie und der Universität wirkten. Vgl. Humboldt 2007, 154–155.

44 Alexander von Humboldt an Gabriele von Bülow
o. O., 25.11.1840

H: DLA/SNM, Marbach, 62.2137

Mittwochs d. 25[st[ten]] Nov. 40.[a]

Ich habe die 70 r. eingehändigt! Es sind aber allerdings sonderbare und recht gehässige Sachen von L[ord] Palmerston angekommen.[1] Sie müssen Dich aber nicht beunruhigen. Der König lacht darüber und ist nur über Palm[erston] erzürnt. Denke Dir Palmerst[on] hat an W[illiam] Russell den förmlichen Befehl geschikt Bülow bei unserem König zu denunciren Genugthuung zu fordern, faire qu'il soit désavoué,[2] Bülow habe an Bourquené directe Eröfnungen gemacht (die Eröfnung eine gewisse Epoche festzusezen in der die Hostilitäten aufhören sollten und wo dann der Pasha behielte, was noch nicht genommen sei). Lord Granville habe von Guizot gehört, dass solche einseitige Eröfnung geschehen sei … Das Ganze beruht gewiss auf Misverständniss. Ein solches Pour parler ist allerdings bei Tische mit[b] Leopold gewesen, darüber kann (was ganz unsträflich ist) Bülow etwas als reine Möglichkeit an Bourqueney gesagt haben. Louis Phil[ippe] hatte was er von Leopold gehört für ernst genommen, L[ouis] Philipp[e]s weitläuftiger Brief wurde an Bülow durch Leopold mitgetheilt, Bülow aber antwortete sogleich dem Belgier (und unser König nannte das „wieder eines von Bülows Meisterstücken"). B[ülow] antwortete dem Belgier sogleich, „die Begebenheiten seien seitdem |2| so fortgeschritten dass man sich gar nicht mehr mit denselben Aussichten schmeicheln könne, man müsse von solchen Plänen jezt ganz abstrahiren …" Auf diesem Klatsch und Misverständniss beruhet gewiss alles. Werther, den ich mit Russell gestern Abend auf einem Concert bei[c] Hofm[arschall] Massow (Ole Bull) fand, sagte mir nichts sondern rühmte sich bloss der vollendeten Frankf[urther] Sache, Russelln machte ich Vorwürfe, über das gehässige Benehmen von Palmerston und den Ton seines eigenen Briefes an Werther. Die Depesche von Granville in der die ganze Sünde stecken solle (uralt vom 6 Nov.) sage nichts, als Suggest … Russell war sehr verlegen, er sei durch P[almerston] gezwungen worden, so zu schreiben, die Note von P[almerston] sei so viel heftiger, dass er sie mir nicht habe lesen mögen … Welche

a d. 25[st[en]] Nov. 40. *ergänzt B*

b (1) bei (2) mit *H*

c (1) mit (2) bei *H*

Freunde; während das[s] wir uns beklagen, dass Bülow vielleicht zu strenge gegen Frankreich sei, zu sehr der Inflexibilität von Palm[erston] und dem englischen Dogmatismus nachgebe, giebt sich Palm[erston] nicht einmal die Mühe seinen vieljährigen Freund Bülow zu besuchen, sich mit ihm zu verständigen, nein er beginnt damit, ihn in Berlin zu denunciren, fordert que cela soit porté immédiatement à la connoissance du Roi[3]. Russell bildet sich ein, „er habe die Sache dadurch gemildert, dass er nicht eine Note an Werther übergeben, sondern die ganze Grobheit in eine confidentielle Note eingekleidet habe[“]. „Schreiben Sie sogleich an Bülow[“] sagte mir gestern der König, [„]dass ich das alles verachte, dass ich Werthern befehlen werde zu antworten, es sei unter der Würde des Preuss[ischen] Gouv[ernements] sich |3| solcher Anklagen zu rechtfertigen, das erste, was L[ord] Palm[erston] hätte thun sollen, wäre gewesen sich mit dem zu verständigen, den er in der Nähe habe.“ Zugleich kündigte mir von neuem der König mit vielem Lobe für Bülow von neuem an, dass er ihm jezt förmlich die Stelle in Frankfurth gegeben, ob es gleich eine Wehmuth sei, solch einen Mann in London zu verlieren. Das Ungewitter ist mit dem lezten Courier gekommen. Sollte denn Bülow nichts von der Denunciation von P[almerston] gewusst haben. In Deinen Briefen ist keine Spur davon? Aber hatte er sich nicht vorher „seines Einflusses auf Bourqueney[“] gerühmt. Erinnere Dich zugleich wie wir über den lezten Brief, über die Hingebung für L[ord] Palm[erston] über die Verhältnisse zu Prinz Albrecht dachten. Die Lüge der Anschwärzung ist auch dadurch klar dass Bresson nichts weiss und mir vorgestern sagte, Mr de Bülow Notre Parent est toujours dans les eaux de L[ord] Palm[erston]. Il suit toujours cette politique inflexible qui peut mener à la guerre.[4] Bülow wird mit seinem Verstande das alles zu beherrschen wissen und einsehen, dass er einen despotischen, schlechten Freund hat. Ich habe ihm alles heute sehr weitläuftig geschrieben. Ich bin jezt sehr viel in Charlottenb[urg] und allein mit dem König, daher ist mir Tegel etwas verpönt. Ich brenne vor Begierde, Dich bald zu sehen. Solltest Du nicht bald die Winterquartiere beziehen. Wie wenn unser edle[r] aber diplomatische[r] Bülow seinen Freund P[almerston] gegen uns vertheidigte, um uns das Recht zu benehmen, er habe sich über seinen despotischen Freund getäuscht. Alles dies muss recht geheim bleiben. Später kommt es doch in die Zeitungen und in die Kammern?

AlHt

Die erste Nachricht von der ganzen Sache haben wir durch Kupfer gehabt. Er geht alle Morgen bei den Diplomaten umher und kommt von da zu Rochow. Er hatte zuerst diesem erzählt in welcher Aufregung er den Russelschen Gletscher gefunden. Rochow schrieb dann an den König. Ein hüpsches Metier von Kupfer!!

Fräulein Arnims[a] haben gestern sehr lieblich ohne accompagnement Tyroler Lieder gesungen. Pr[inz] Wilhelm war sehr mit ihnen beschäftigt. Die Prinzessin ennuyirte sich wüthig allein auf ein Canape gebannt, Quartets ohne Ende, dann schlechtes Kalbfleisch auf sehr unzugänglichen Tischen.

Von Erfurt habe ich die besten Nachrichten aber immer noch die grenzenlose Plage mit einem H. v. Kleist, der den ganzen Sommer mit mir winselte, weil es wie Frau v. Kleist jezt an Deine Schwester schreibt in meiner Hand liegt, dem Mann zu verschaffen, eine Kammerherrn Stelle besoldet bei einem Prinzen, eine Stelle im auswärt[igen] Depart[ement] in Berlin od. eine Stallmeister Stelle.

---

[a] *H am Rand:* Mutter bedroht sie mit neuen Briefen. Sie ist gar nicht über die Grimms beruhigt.

1 Vgl. den Brief vom 5.8.1840, Anm. 4, vom 8.2.1841 und den folgenden. Humboldt hatte den König um eine Audienz für Bülow gebeten, da sich die Verhandlungen zwischen Frankreich und Preußen wegen der Orientkrise verschlechtert hatten (Treitschke 1927, Bd. 5, 78ff.). Siehe Humboldt an Friedrich Wilhelm IV., 17.10.1840 (Humboldt 2013, 179) und 14.12.1840 (Humboldt 2013, 183–184).

2 Frz.: veranlassen, dass er nicht anerkannt wird.

3 Frz.: dass es sofort dem König zur Kenntnis gebracht wird.

4 Frz.: Unser Verwandter befindet sich noch immer in den Gewässern von Lord Palmerston. Er verfolgt immer noch diese unflexible Politik, die zum Krieg führen kann.

45 Alexander von Humboldt an Gabriele von Bülow o. O., 27.11.1840

H: DLA/SNM, Marbach, 62.2137

Dein heutiger Brief, meine theure G[abriele], ist so gemüthlich als weltklug. Allerdings ist ein verhaltener Schmerz der tiefste und wie Du erwarte ich, dass unser diplomatische[r] Freund uns wird beweisen wollen „der Anschein sei gegen ihn gewesen, der edle Lord habe nicht anders handeln können." Ich habe in meinem Briefe an Bülow[1] das Benehmen empörend genannt, so nannte es auch unser König. Russell hat mich gestern Abend bei Werther (beschämt?) vermieden. Werther selbst hat mir (wie zu vermuthen stand[)] nichts gesagt als Höflichkeiten für Dich, selbst Josephine „seufzt nach der bangen Rükkunft" der Infantinen. Nur Howard hat mir mit vieler Theilnahme und Delicatesse von der Sache gesprochen. Er schien auch über das Benehmen von Palm[erston] ganz entrüstet, musste aber die Unzufriedenheit verhalten, schob alles auf die Wuth die Palm[erston] über die Idee eines Waffenstillstandes haben müsste zu einer Zeit wo er den Angriff auf St Jean d'Acre erwartete.[2] Das Datum von Bülows Brief (17ten Nov.)[3] ist sehr auffallend und – er wüsste nichts von P[almerston]'s perfidie, rühmte sich „seines Einflusses auf Bourquené["][4]. Meine bittere Betrachtung über englische Staatsmänner ist diese: sie sprechen ewig von ihrer Loyautät[5] und religiös-moralischem Gefühle, die Freundschaft die sie anderen Staatsmännern des |2| Continents erzeigen ist die welche die Vornehmeren gegen Untergeordnete hegen. Sie erlauben sich alles so wie etwas selbständiges ihnen entgegen tritt, dann werden sie insolent, weil wir Völker des Continents zu einer inferieuren Menschenrace gehören. Auch politische Freiheit brauchen wir nicht, das ist eine Frucht die nur dem englischen Boden entspringen kann, nur dem engl[ischen] Volke gehört. Der König hat gestern die Ernennung von Bülow zum Frankf[urter] Posten unterschrieben.[6] W[erther] hat es ihm gemeldet. Ich hoffe dass nun nach dem unbegreiflich schnellen Fall von S[ain]t J[ean] d'Acre B[ülow] uns bald zurükkommt. Er wird eine Veränderung der Luft brauchen. Und wie er sich bemüht hatte P[almerston] mit Prinz Albrecht gut zu stellen … Für Frankreich soll er jezt leiden das er hasst … Die Lage ist wirklich einzig. Ich werde, theure G[abriele] sehr pünktlich morgen (Sonnabend) um halb eilf Uhr bei Dir sein.
Mit inniger Liebe Dein

AHt

Freitags d. 27ten Nov. 1840.[a]

a d. 27ten Nov. 1840. *ergänzt B*

[1] Humboldt an Heinrich von Bülow, Berlin, 24.11.[1840] (H.: DLA/SNM, Marbach): „Berlin 24 Nov[ember] Abends Dienstag.
Ich ahnete nicht, mein theurer Bülow, daß der erste Brief, den ich an Dich richte, neben meinem herzlichen Glückwunsche zu dem nun völlig zugesicherten Posten in Frankfurth a[m] M[ain], die Ergiessung meiner Galle gegen L[ord] Palmerston und L[ord] William Russell sein werde. Lord Palmerston hat Dich auf die gehässigste Weise hier denuncirt wegen verpönter Verbindung mit den Franzosen. Ich komme so eben von Charlottenburg zurük, wo ich die Denunciation dem König in seinem Cabinett vorgelesen. Er hat sie mit Verachtung angehört, rechtfertigt Dich vollkommen und will Dir Genugthuung verschaffen. [... Es sei dem König berichtet worden], dass [...] William Russell in einer ungeheuren Aufregung gefunden, weil sich L[ord] Palmerston bitter über Dein Benehmen, über Vorschläge die Du an Bourqueney solltest einseitig gemacht haben, beschwerte. Der König hatte die Nachricht davon so eben [...] erfahren, lachte darüber, meinte aber, ich solle Dir davon einen avis geben, auch zu Russell hingehen, um etwas zu erfahren. Der König erklärte sich das Ganze durch ein Missverständniss zu dem der Belgier könnte Anlaß gegeben haben. Du hättest (was damals unserem König sehr gefallen) gegen Leopold Worte fallen lassen, über Fixirung gewisser Epochen, Grenzen der Wirksamkeit; darüber hätten beide, Leopold und L[ouis] Phil[ippe] Feuer gefangen und Leopold habe Dir einen grossen, wortreichen Brei förmlicher Vorschläge von Louis Ph[ilippe] zugefertigt, worauf Du dem Belgier geantwortet, die Begebenheiten seien unaufhaltsam fortgeschritten, ständen jezt ganz anders, als bei Deiner Durchreise durch Brüssel. ‚Bülow's ablehnende Antwort[‘], sagte der König, [‚]ist ein wahres Meisterstück, es ist ordentlich ein Unglück, daß so ein Mensch nicht in London bleiben will.‘ [...] In derselben Nacht äusserte der König seine Unzufriedenheit mit der zu dogmatisch-inflexiblen Politik von L[ord] Palm[erston ...] Ich wiederhole Dir längst bekannte facta, damit Du beurtheilen kannst wie der König sie sich deute. Zu heute, Dienstag wurde ich wieder zu Tische gebeten. Den Morgen war ich bei W[illiam] Russell. Es ward mir leicht diesen zum Reden zu bringen, indem ich anfing, die Harmonie zu loben, mit der man an dem Tractat fest halte. Da brach die Wuth aus: ‚Lord Granville habe an Palmerston gemeldet, daß Guizot zu ihm gekommen und von Vorschlägen gesprochen habe, die Du durch Bourqueney habest nach Frankreich gelangen lassen. Lord Palm[erston] verlange Genugthuung, er (Russell) solle Beschwerde gegen Dich bei dem Preuss[ischen] Gouvernement führen, er habe, um die Sache zu mildern, bloß einen confidentiellen Brief an Werther geschrieben ... Ich antwortete, das Ganze beruhe gewiss auf Misverständnissen und Leidenschaftlichkeit, es sei ein unerhörtes Benehmen von Lord Palm[erston] Dich hier zu denunciren ehe [...] Dich (seinen sogenannten Freund) vorher anzuhören. [...] Russell schien verlegen, sprach sehr confus, ich ahndete kaum, daß er so ernste Schritte gethan. [...] Nach Tische nahm mich der König in sein Cabinet. Die Depeche von Werther war angekommen. Ich musste sie dem König vorlesen. Das Ganze bestand 1° aus einer kurzen Anzeige von Werther, demandant des ordres comment répondre, indiquant que le tout roulant sur un malentendu qui pouvait avoir sa source en Belgique, mais que dans tous les cas, il falloit répondre d'un ton très ferme à une lettre pour le moins très inconvenante de L[ord] Russell, 2° aus einem langen sogenannten confidentiellen Briefe (chère Excellence), in scheuslichem französisch und noch schreklicher Calligraphie von W[illiam] Russell, dénonçant un cas très grave, de la plus haute importance, qu'au lieu de seconder les alliés au pacte des armes aux français il leur donne des conseils; que L[ord] Palm[erstone] exige que le Roi de Prusse en soit informé, qu'il exige que V[otre Ex[cellence] désavoue les démarches de Mr. de Bulow où que, dans le cas où il ait âgé selon des instructions, le Gouvernement de la Reine se concertera avec ses alliés (der König sagte lachend: Bülow wird in den Tower gesezt, und ich in den Bann gethan). On se plaint de ce que la Prusse qui ne donne pas un fusil, pas un homme, pas un écus entrave les démarches. [...]“

[2] Vgl. den Brief vom 5.8.1840, Anm. 4.

[3] Nicht überliefert.

[4] Vgl. den Brief vom 25.11.1840.

[5] Eingedeutscht von Layauté (frz.) = Loyalität.

[6] Vgl. den Brief vom 28.10.1840.

46 Alexander von Humboldt an Gabriele von Bülow
o. O. u. o. D., [vermutlich 29.11.1840]

H: DLA/SNM, Marbach, 62.2145

Sonntags

Ich wurde, meine Theure, noch vorgestern Abend, gegen 9 Uhr zum König geholt. Er hatte auch eine Depeche von Bülow gleichen freudigen Inhalts. Doch freute mich minder die Schilderung eines einschüchternden, etwas rohen Gesprächs zwischen Palmerston und Bourqueney: „England würde nie[a] die Vermehrung der französischen Flotte leiden, weil es die Suprematie auf dem Meere behalten wolle!" Das scheint mir mehr aufregend als nöthig.[1] Flottwell kommt nach Magdeburg Graf Arnim (von Merseburg) nach Posen und Stollberg, als aide für das Hausministerium nach Berlin. Alles (sagt mir Alvensleben) zu Neujahr, wohl ein Vorbote von Wittgensteins Abtritt.[2]

[1] Siehe den Brief vom 27.11.1840, Anm. 1. Daraus ergibt sich die Datierung.

[2] Zur Machtumverteilung nach dem Thronwechsel siehe Barclay 1995, 95ff. Graf zu Sayn-Wittgenstein-Hohenstein trat politisch etwas in den Hintergrund, blieb aber noch bis 1851 Minister des königlichen Hauses. Graf von Arnim-Boitzenburg, Regierungspräsident des Regierungsbezirks Merseburg, wurde ab 1840 Oberpräsident der Provinz Posen. Durch Kabinettsorder vom 30. Dezember 1840 wurde Hausminister Graf zu Stolberg-Wernigerode in das Ministerium des Königlichen Hauses versetzt.

47 Alexander von Humboldt an Gabriele von Bülow
o. O. u. o. D., [vermutlich Ende 1840]

H: DLA/SNM, Marbach, 62.2145

Unendlichen Dank für die Mitheilung dieses ganz optimistischen Briefes.[1] Er gehört nun ganz wieder sich selbst und dem Leben an, tröstet sich selbst über die Zögerung ... Eine solche Veränderung der Stimmung kann uns selbst mit dem Schiksal versöhnen. Möge sich Lord Palmerston nicht zu sehr seines Einflusses an Br[esson] rühmen.

AlHt

Lege ja meine kleinen Zettel an Bülow ein und schreibe mir meine geographische Schuld.

[1] Nicht bekannt.

---

[a] nie *ergänzt H*

48 Alexander von Humboldt an Gabriele von Bülow
o. O. u. o. D., [vermutlich Ende Dezember 1840]

H: DLA/SNM, Marbach

Unsere moralischen Vermuthungen sind theilweise eingetroffen. Lord P[almerston] wird, wenn auch nicht gerade vertheidigt, doch nur zu sanft behandelt.[1] Doch bin ich im Ganzen mit dem Briefe sehr zufrieden. Er ist sehr geistreich und unendlich practisch weise. Schikke ihn mir ja, meine Liebe, vor Tische (vor 2 Uhr) heute wieder. Ich könnte etwas daraus für den König brauchen. Ich war gestern Abend in Charlott[enburg] vielleicht werde ich heute wieder gebeten.

Ht

Vielen Dank für den Times. Ich habe ihn dem König vorgelesen. Er hat ihm gefallen.

1 Siehe den Brief vom 27.11.1840, Anm. 1, und Friedrich Wilhelm IV. an Alexander von Humboldt, 14.12.1840, in Humboldt 2013, 184–185. Nach Bülows Rückkehr nach London am 24.10. hatte sich die Lage vorerst entspannt, wie Bülow seiner Frau schrieb (Sydow 1919, 468), jedoch war die Orientkrise erst mit dem Vertrag vom 13.7.1841 beendet. Missverständnisse in London deutete Humboldt auch in einem Brief an Bülow vom 16.12.1840 an (DLA/SNM, Marbach. Vgl. auch Treitschke 1927, Bd. 5, 111–112).

49 Alexander von Humboldt an Gabriele von Bülow
o. O. u. o. D. [14.12.1840]

H: DLA/SNM, Marbach, 62.2145

Montag Nacht

Die Manieren des Monarchen sind immer sehr hüpsch, mais cela ne nous rapporte rien[1]. Gegen 9 U[hr], heute Abend, schikte Er mir alle depechen über die, nun ganz beendigte Sache.[2] Palmerstons Benehmen ist um so empörender, als aus Bülows Depeschen hervorgeht, dass Bülow ihm am 11ten Nov. schon die befriedigendste Auskunft über den ganzen Klatsch und über Granville's Nachricht gegeben hatte. Am 11ten Abends stellt sich P[almerston] ganz befriedigt, dankte für den schönen Brief an Leopold und am 16ten denuncirt er dennoch heimlich. Verdiente das eine so gutmüthige Lobrede als ich anklebe[3]. Ich werde Mittwoch freundlich schreiben u alles verbüssen. Schikke mir des Königs Scriptum zurük damit ich es als ein curiosum an Bülow beilege.
Gute Nacht meine Liebe

AHt

1 Frz.: aber das bringt uns nichts.

2 Friedrich Wilhelm IV. hatte am 14.12.1840 an Humboldt geschrieben: „Hier, theuerster Alexandros theile ich Ihnen Fortgang u. Lösung des Bülow-Palmerston-Williamrusselschen Conflicts mit, da Sie Interesse daran nehmen – mit der Bitte um Rükgabe morgen früh. Vale […] FW", ihm also offenbar

die Unterlagen zum Konflikt zwischen den an der Lösung der Orientkrise (siehe den Brief vom 5.8.1840, Anm. 4) Beteiligten gesandt, auf die Humboldt hier einging (Humboldt 2013, 184). Daraus ergibt sich die Datierung.

3 Vermutlich der folgende Zettel in demselben Konvolut: „mit vielem Bedauren lese ich in dem ersten Briefe von Bülow an Werther (1 Dec 1840) folgende phrase in der Lord Palm[erston] gerechtfertigt wird!
‚Quelque injuste et inconvenante que soit la communication de L[ord] William Russell, je ne saurais assez insister sur la nécessité de faire une large part à L[ord] Palmerston des difficultés et embarras sans nombre dont il a été entouré et devant lesquels peutêtre bien des personnes d'un esprit et courage éprouvés auroient cédé et fléchi. Il est bien permis de croire que la plus grande partie des succès obtenus en Syrie est due à son courage.'" (H: DLA/SNM, Marbach, 62.2145). Frz.: „Wie ungerecht und unpassend die Kommunikation von Lord William Russell auch sein mag, ich kann die Notwendigkeit nicht stark genug betonen, Lord Palmerston an einem großen Anteil an den zahllosen Schwierigkeiten und Peinlichkeiten verantwortlich machen, von denen er (Lord William Russell) umgeben gewesen war und vor denen vielleicht viele Menschen von erwiesenem Geist und Mut nachgegeben und sich gebeugt hätten. Es ist erlaubt zu glauben, dass der größte Teil des in Syrien erzielten Erfolgs auf seinen Mut zurückzuführen ist." Vgl. auch die vorigen Briefe.

50 Alexander von Humboldt an Gabriele von Bülow
o. O. u. o. D.

H: DLA/SNM, Marbach, 62.2145

Innigsten Dank meine Liebe. Der Brief[1] ist von bestem humor und sehr amusant. Er muss doch gute Gründe haben, seiner Sache so gewiss zu sein. Mit mir ist es viel viel besser, aber das schändliche Wetter hält mich gefangen im Genuss meines Reichthums. „Ich mache ein Loch in die Zeit"!!!!! Ich war heute auf Nassauschem Boden zur Tafel geladen. Mit inniger Liebe
Dein

AHt

Dass Fräulein Lella[2] Ihr votum und fiat geben soll ist sehr vorsichtig im Hausfrieden

1 Vermutlich ein Brief von Heinrich von Bülow.
2 Die Tochter Gabriele wurde Lella genannt.

51 Alexander von Humboldt an Gabriele von Bülow
o. O. u. o. D., [vermutlich 17.1.1841]

H: DLA/SNM, Marbach, 62.2137

Sontag d.17.[a]

Da, meine Theure, der G[eheime] C[abinetts] R[at] Müller mich nicht bei sich empfangen hat sondern zu mir gekommen ist, so wirst Du mir verzeihen, wenn ich bei dem scheuslichen Wetter und meiner noch immer nicht ganz hergestellten Gesundheitsweise Dir schreibe und nicht selbst komme.[1] Leider! ist die Sache schon vor 5–6 Tagen vorgetragen und „wie alles was unseren Namen betrift" genehmigt wird. Es war aber glüklicherweise, eine |2| ganz unbedeutende blosse[b] Bitte um Beschleunigung. Diese Beschleunigung ist demnach dem Justiz Minister anbefohlen, vom Kammergericht und Veränderung des Gerichtshofes war seine Rede: auch versichert M[üller] dass diese Veränderung in Scheidungssachen fast unmöglich, od. doch sehr schwer zu erlangen sei. Da der G[eheime] C[abinetts] R[at] Müller gar nicht bemerkt hatte, dass der Wohnort fehlte so vermuthe ich, dass Math[ilde] gar keine Antwort erhält und dass das |3| Excitatorium bloss an das Justiz Ministerium gegangen ist. Mit lezterem wird Hr G[eppert?] nun wohl nicht unzufrieden sein. Die Sache hat bloss das Unangenehme, dass man jezt nicht bald von neuem schreiben darf.[2] M[üller] hat mir auch wiederholt wie sehr sich der König beeilt B[ülow]'s Gesuch zu bewillfahrigen „da seine Gesundheit nicht bloss für seine Familie sondern mehr noch für den Staat so wichtig sei[".][3]
Dein

AlHt.

[1] Humboldt litt im März 1841 an einer Grippe.
[2] Betrifft Mathilde, vgl. den Brief vom 9.4.1841.
[3] Datierung unsicher. Vermutlich handelt es sich um die Heimreise nach dem Abschluss des Dardanellenvertrags, die Bülow bei seiner Rückkehr nach London im Oktober 1840 erbeten hatte. Das war ihm ebenso wie der Posten eines Bundestagsabgeordneten in Frankfurt zugesichert worden. Siehe Sydow 2000, 124.

52 Alexander von Humboldt an Gabriele von Bülow
o. O., 28.1.[1841]

H: DLA/SNM, Marbach, 62.2137

Herzlichen Dank: der Brief[1] ist im Ganzen sehr tröstlich, besonders weil auch Frankreich genannt ist. Das Uebel ist dass die innere Hierarchie der englischen Regierung im Argen liegt.[2] Da Meyendorfs Courier sich in Weimar am Hofe aufgehalten, so ist Bülows Brief vielleicht so frisch als er selbst. Auch hatte er Bülow seit mehrer[en] Tagen nicht gesehen. Durch eine Conversation die ich gestern mit Lord Russell hatte[3] lernte ich dass nichts erst von London

[a] Sontag d. 17. *ergänzt B*
[b] unbedeutende | Bitte *streicht Hrsg.* | blosse *H*

nach Const[antinopel] zu gehen braucht sondern dass man von dort aus bloss |2| Antwort erwartet. „On regarde l'affaire comme terminé"[4] sagte er vornehm. Ich bitte um die Gnade morgen Freitag bei Dir essen zu dürfen.

AHt

Donnerstag d. 28sten Jan.[a]

[1] Der Brief ist nicht bekannt. Bülow war seit 24.10.1840 wieder in London, siehe den Brief Nr. 42, Anm. 2.

[2] Betrifft vermutlich die Orientkrise, vgl. den Brief vom 5.8.1840, Anm. 4, sowie die nachfolgenden Briefe.

[3] Russell hielt sich 1840/41 in Berlin auf.

[4] Frz.: man betrachtet den Fall als beendet. – Siehe den Brief vom 27.11.1840, Anm. 1, und die nachfolgenden Briefe.

53 Alexander von Humboldt an Gabriele von Bülow o. O., 29.1.[1841]

H: DLA/SNM, Marbach, 62.2137

Eben lässt mich der König auf heute zu Mittag einladen mit der sonderbar höflichen phrase „ich möchte es ja nicht abschlagen weil Wilh[elm] v. Oranien bei ihm speiset[“]. Also muss ich Dich, theure G[abriele] bitten, mich morgen Sonnabend[b], zu Mittag anzunehmen. Der König war sehr, sehr höflich gestern auf der Akademie: er hatte express früher gegessen u. kam auf die Stunde des Anfangs.[1] Er hatte alle Anzüglichkeiten des Hohen Stauffers über Stände Adel, das was ein christlicher König sich erlauben dürfe, über den Hass der Geistlichen gegen alle freie Ent|2|wikkelung sehr heiter aufgenommen u. Raumern gedankt. Aber welches Land, ein sogenannt monarchisches wo man 6 Tage vorher weiss dass der König in die Ak[ademie] geht und niemand es der Mühe werth hält, dem König nachzugehen. Kein Minister, keine einzige Person des Hofes, kein General, kein Prinz, ausser dem Pr[inz] v. Preussen dem wahrscheinlich die Hausherrin es eingebläuet. Welch ein Land der Oede u. Theilnahmslosigkeit!

Der lezte Brief v. Bülow für den ich innigst danke, ist der tröstlichste insofern er am bestimmtesten seine[c] baldige Abreise hofft, aber was er von der Politik und Wendung der Sache schreibt ist unheimlich. Die Erblichkeit wird als eine vielleicht zu erlangende Gnade ausgesprochen, als wenn die schmachvolle Erniedrigung des Egypters |3| nicht die höchste Reizung in Frankreich hervorbringen müsse, Guizot „dem man es unbequem macht" stürzen könne und das alles sollen wir ertragen, weil es so die persönliche Lage des Lord Palmerston, sein lächerliches Verhältniss gegen Ponsonby, erheischt.[2] [*mehrere Zeilen ausgeschnitten*] Du siehst, theure G[abriele], dass ich noch immer etwas Wildheit u. Grimm aus den Orinoko Wäldern

[a] Donnerstag d. 28sten Jan. *ergänzt B*

[b] Sonnabend *ergänzt H*

[c] an seine *ergänzt H*

mitgebracht, aber ich weiss dass Du etwas davon theilst. Du solltest mir die 1000 Thaler geben, die Du zu viel hast ... Welche süsse Entdekkung.

AlHt

d. 29sten Jan.[a]

1 „Die öffentliche Sitzung zur Feier des Geburtstages Friedrichs des Zweiten am 28. Januar wurde durch die Gegenwart Sr. Majestät des Königs und durch die Sr. Königl. Hoheit des Prinzen von Preussen verherrlicht." (Abhandlungen der Königlichen Akademie der Wissenschaften zu Berlin aus dem Jahre 1841 (1843)1, I).

2 Zur Orientkrise siehe den Brief vom 5.8.1840, Anm. 4. Der britische Gesandte Lord Ponsonby hatte den Hass des türkischen Herrschers gegen den ägyptischen Feind, Mohamed Ali, noch geschürt, was die Verhandlungen komplizierte (Treitschke 1927, Bd. 5, 63, 112ff.).

54 Alexander von Humboldt an Gabriele von Bülow
o. O., 2.2.[1841]

H: DLA/SNM, Marbach, 62.2137

Ich war gestern mit Eichhorn, der schon ganz heiter ist bei Prinz August, der sich beklagt: dass eine seiner 99 Töchter, eine 16jährige, den übermässigsten Hang zur Hegelschen Philosophie hat![1] Da wir nothwendig nach jedem Ball lästern müssen, so bitte ich Dich meine Theure, um die Erlaubniss heute Dienstag bei Dir speisen zu dürfen.

AHumboldt

Dienstag d. 2ten Febr.[b]

1 August von Preußen hatte sieben Töchter aus zwei Verbindungen. Er starb am 19.7.1843, woraus sich die Datierung ergibt.

55 Alexander von Humboldt an Gabriele von Bülow
o. O., 8.2.[1841]

H: DLA/SNM, Marbach, 62.2137

Ein sehr freundschaftlicher, lieber Brief[c], der aber traurige Blikke in das dominirende Wesen des Lord P[almerston] eröffnet[1]. Klagen über Frankreich und keine Sylbe über die Reizung

a d. 29sten Jan. *ergänzt B*

b Dienstag d. 2ten Febr. *ergänzt B*

c von B[ülow] an ihn v. 2ten Febr. *B am Rand*

durch die Rede. So wird man in der Insel geneigt die moralischen Stimmungen des Continents zu verachten. Meine Rache im Palazzo di San Carlos hat also gewirkt, meine Liebe!

AHt

Montag
Ich war gestern beim König allein mit dem schweigsamen Schneider-Gesellen[2] u. der sanften Frau
Montag d. 8ten Febr.[a]

[1] Zur Orientkrise siehe den Brief vom 5.8.1840, Anm. 4, sowie Friedrich Wilhelm IV. an Humboldt vom 14.12.1840, auf dem sich eine Notiz Humboldts bezüglich der Missverständnisse und Vorwürfe Palmerstons gegen Bülow befindet (Humboldt 2013, 184–185).

[2] L. Schneider war Vorleser bei Friedrich Wilhelm IV. Siehe z. B. Humboldt 1913, 173.

56 Alexander von Humboldt an Gabriele von Bülow o. O., 11.2.[1841]

H: DLA/SNM, Marbach, 62.2137

Donnerstag d. 11ten Februar[b]

Ich werde Dich, meine Theure, leider! heute Abend wieder nicht sehen, da ich mich selbst aus Furcht vor ewiger Erkältung beim Weggehen bei Pr[inz] August habe entschuldigen lassen. Ich bin dazu etwas verstimmt wegen der gräslichen Leiden von Seifert.[1] Er war die Nacht so schlecht und phantasirend, dass man Dieffenbach um 5 Uhr holen musste. Er ist jezt besser etwas besser, mit vielen Blutegeln und kalten Kopfumschlägen. Da ich Ritter oft an seinem Bette sehe, so giebt mir das alles unheimliche Erinnerungen an Tegel.[2] Ich weiss von dem was Du mir schreibest nichts, zweifle auch, da es vor 8 Tagen soll gewesen sein an dieser grossen Hast. Ich glaube nicht, dass man Bülow ehe[r] wird gehen lassen, als er es selbst für nüzlich hält und es erklärt. Dazu kann ja keine Besorgniss vor dem (thörichten) Kriege die Anwesenheit in Francf[urt] so nothwendig machen.[3] Von einem neuen Courier nach London hat man mir nichts gemeldet. Bei Deinem Weggehen hatte ich gestern die Freude Dich wenigstens von weitem zu sehen. Boyens Ernennung[4] halte ich für gewiss und erfreulich.
Mit inniger Liebe
Dein

AHt

Herrn Schweitzer habe ich heute wieder gesehen. Wir sind förmlich verheirathet.

---

[a] Montag d. 8ten Febr. *ergänzt B*

[b] Donnerstag d. 11ten Februar *ergänzt B*

[1] „... ich habe einen vollen Monat lang sehr ernstlichen häuslichen Kummer gehabt. Mein Jäger, Begleiter auf der Sibirischen Reise, ein sehr gebildeter Mann, der 15–16 Jahre in meiner Familie lebt, war tötlich krank, wochenlang ohne Hofnung – ein Zustand der um so trüber war, als er von einer zahlreichen Familie in meiner nächsten Nähe, umgeben ist. Glüklicherweise ist er jezt in vollester Genesung“, schrieb Humboldt am 15.3.1841 an J. G. von Cotta (Humboldt 2009, 238). Vgl. auch Humboldt an Spiker, wohl Februar 1841, in Humboldt 2007, 165.

[2] Ausführliche Beschreibungen von Krankheit und Sterben seines Bruders (8.4.1835) hatte Humboldt dem Kronprinzen gesandt, siehe Humboldt 2013, 116–125.

[3] Vgl. den Brief vom 5.8.1840, Anm. 4.

[4] H. von Boyen wurde Nachfolger des am 28.2.1841 verstorbenen Gustav von Rauch als Kriegsminister.

57 Alexander von Humboldt an Gabriele von Bülow o. O., 12.2.[1841]

H: DLA/SNM, Marbach, 62.2137

Freitag d.12.ten Febr.
Abends 9 Uhr[a]

Er hat viel geschlafen bei Tage und scheint mir etwas besser, ganz ohne Irre Reden jezt. Herzlichen Dank für Deine liebe Theilnahme. Ich bin immer nur wenige Minuten bei dem Kranken.[1] Denke Dir dass Förster mir nun die Rede zurükfordert. Sie ist wohl leider! schon in London, od. liegt sie noch bei Dir?[2]

AHt

[1] Vermutlich Seifert, siehe den Brief vom 11.2.1841, Anm. 1.

[2] Eventuell der Dichter und Schriftsteller Friedrich Christoph Förster oder dessen Bruder Ernst Förster.

58 Alexander von Humboldt an Gabriele von Bülow o. O., 13.2.[1841]

H: DLA/SNM, Marbach, 62.2137

Sonnabend d. 13te Febr[uar].[b]

S[eifert] war die Nacht sehr schlecht, immer irre redent [–] heute morgen ist es beträchtlicher besser und giebt mir wieder Hofnung.[1] Dieffenbach hat selbst gewollt dass Schönlein ihn heute auch sehe. Ich kann leider! morgen nicht bei Dir essen, theure G[abriele] ich soll

[a] Freitag d. 12.ten Febr. Abends 9 Uhr *ergänzt B*

[b] Sonnabend d. 13te Febr[uar] *ergänzt B*

mit Schönlein bei Dieffenbach essen. Der Hofdemagoge ist getröstet er scheint eine andere Abschrift zu haben[2]

AHt

[1] Vermutlich Seifert, siehe den Brief vom 11.2.1841, Anm. 1. Daher auch die Datierung.
[2] Siehe den vorigen Brief, Anm. 2.

59 Alexander von Humboldt an Gabriele von Bülow
o. O. u. o. D., [vermutlich 14.2.1841]

H: DLA/SNM, Marbach, 62.2137

Ich bin getröstet meine Liebe, die Nacht war sehr gut und wenn nicht ein böser Rükfall kommt, so halte ich den S[eifert] hors d'affaires[1].

Es ist mir eine grosse Freude. Denke Dir meine Verwunderung dass gestern während der König in Potsdam war, die Königin schikte „um sich nach der Gesundheit des Jägers von H. v. H[umboldt] erkundigen zu lassen[“] – eine Gemüthlichkeit die ich nicht erwarten durfte, eine Theilnahme, so menschliche, gegen eine tiefere Region hin. Ich dankte schriftlich und erhielt sogar noch eine Antwort qui doit aller aux archives.[2] B[ülow]'s Brief ist ja über alle Maassen zärtlich, liebenswürdig und friedlich.

AHt
Sonntag

[1] Frz.: außer Gefahren. Vermutlich Seifert, siehe den Brief vom 11.2.1841, Anm. 1. Daher die vermutete Datierung.
[2] Frz.: die in die Archive kommen muss. – Nicht überliefert.

60 Alexander von Humboldt an Gabriele von Bülow
o. O., 28.2.[1841]

H: DLA/SNM, Marbach, 62.2137

Ich hoffe, meine Liebe, morgen Montag gewiss bei Dir essen zu können. Den Abend (morgen) bist Du wohl auch bei Gräf[in] Schweidnitz. Ich habe es im Zweifel gelassen, da mir selbst, seit 3–4 Tagen, nicht ganz wohl war; doch gehe ich heute zu Nostiz Essen … Seiffert war auch die Nacht wieder leidender, ja speiend und mit Leibweh; ich denke es soll keine Folgen haben.[1]

Nach den physischen Leiden komme ich nun auf die moralischen. Die Stimmung des Briefes von Bülow scheint wunderbar, in grellem Contrast, mit dem Glauben des Königs und mit der Staatszeitung von gestern Abend. Ich aass vorgestern bei dem König und fragte ihn nach dem Zustand der Dinge. „Besser, sicherer zum Frieden als je, ja so sicher, dass ich mich schon nicht genier, viel, recht viel Geld auszugeben. Ich habe vorgestern den Bau der neuen Bibliothek[2] decretirt." Danach glaubte ich, er müsse aus Paris Nach|2|richten über den Anfang des désarmements haben. So lauten auch in der Staatszeitung die 60,000 Mann, um die sich der Marschall Soult will geirrt haben. Bülows Brief[3] deutet aber gar nicht auf so gute Nachrichten, oder waren sie noch nicht nach London gelangt?

Die Aengstlichkeit, welche B[ülow] über meine Pariser Reise aeussert, ist bloss Folge meines lezten Briefes an ihn und süsse Zärtlichkeit für Palmerston. Er hat nun erst meinen Brief recht aufmerksam gelesen und aus der Schärfe mit der ich über P[almerston] in zwiefacher Hinsicht geschrieben (wegen seines rohen, unmoralischen Betragens gegen ihn und wegen seiner Rüksichtlosigkeit die Ruhe des Continents dem Interesse Englands und seiner Leidenschaftlichkeit aufzuopfern) entsteht bei B[ülow] die sonderbare Besorgniss ich könne in den Tuilerien unvorsichtig gegen P[almerston] sprechen ja so anknüpfen, dass |3| Preussen nicht ganz mehr von der alleinigen despotischen Leitung von P[almerston] abhinge. Ich werde Dir zu Mittwoch einen kleinen Brief als Antwort auf den Rath, „nur[a] nach Paris zu gehen wenn der Friede gesichert ist" bringen. Es wäre das erste Mal in meinem Leben, dass ich, als dem Diplomatischen Wesen fremd, mich in meinen Bewegungen stöhren liesse. Es war schon Gutmüthigkeit und Aufopferung genug von mir, dem König die Hinreise im Herbste abgeschlagen zu haben.[4] Jezt ist Guizot im Ministerium, nicht Thiers.[5] Gerade wenn der Friede unsicher bliebe od. gar Krieg wahrscheinlich wäre (ein Fall, welcher die welche den Tractat vom 15ten[6] geschlossen haben, eben bei dem Volke in Deutschland nicht sehr populär machen würde) gerade in diesen Fällen ist es mein dringendes Interesse noch vor meinem Tode meine Freunde gesehen und Geldgeschäfte arrangirt zu haben, die in 3 Jahren! meiner Abwesenheit sich anhäufen. Da ich nicht vor Ende April reisen will, so denke ich der engl[ischen] Diplomatik Zeit genug zu lassen, um ihren hysterischen Launen zu genügen. Dem Despotismus von Lord P[almerston], der mich gewiss wie Prinzess Albrecht, einen[b] an Frankreich verkauften glaubt, wäre es[c] zu viel nachgegeben, wenn auch |4| undiplomatische Privatpersonen sich nach ihm gerieren sollten. Ich habe längst im Frühjahr durch Briefe mein Hinkommen als freundschaftlichen Besuch nach 3 Jahren angekündigt und es wäre als legte[d] ich eine zu grosse Wichtigkeit auf mich selbst, wenn ich die Reise zum zweiten Mal aufgeben wollte[e]. In diesem Sinne werde ich freundlichst[f] B[ülow] antworten, alles[g] in schöne Honigkuchen eingeknetet. Dem Kniekäfer werde ich gern einige Verse auf ein Blatt schreiben.[7] Ich kann mich der Besorgniss nicht hingeben, dass B[ülow] vor meiner Abreise nicht sollte London verlassen haben: aber freilich rüsten die Engländer mehr noch als die Franzosen.[8]
Mit innigster Liebe
Dein

AHt

Sonntag d. 28 Febr.[h]

---

[a] (1) nicht (2) nur *H*
[b] Albrecht, | als *gestrichen* | einen *H*
[c] es *ergänzt H*
[d] (1) es kriegte (2) es wäre als legte *H*
[e] (1) die Reise aufgeben (2) wenn ich [...] wollte *H*
[f] freundlichst *ergänzt H*
[g] antworten, | doch *gestrichen* | alles *H*
[h] (1) d. <–> Jan. (2) d. 28 Febr. *ergänzt B*

Deine Vergleichung mit der F[ürstin] Lieven ist sehr wahr „en brun“[9] eine Art schwarzer Puppe mit satyrisch haemischer Freundlichkeit. Das Führen zum Essen ist ein grosser Akt, die 800000 r. in der Mitte.
Radowitz geht in 2–3 Tagen nach Frankfurth[a] zurük.

[1] Siehe den Brief vom 11.2.1841, Anm. 1.

[2] Ein Neubau war zwar bereits 1839 geplant und offenbar vom König beschlossen worden, wurde jedoch erst 1914 realisiert. Vgl. Humboldt 2013, 48–50, Einleitung, Exkurs Bibliothek.

[3] Nicht bekannt. Siehe auch den Brief vom 27.11.1840.

[4] Humboldt wollte im Oktober 1840 einen seiner regelmäßigen Parisaufenthalte antreten, wurde aber wegen der politischen Spannungen zwischen Frankreich und Preußen zurückgerufen: „Berlin, 19. Oct. Große Sensation macht hier die Zurückberufung Alexander v. Humboldts. Er war bekanntlich kurz vor den Huldigungsfeierlichkeiten nach Paris geschickt. Plötzlich ist er, noch auf der Reise, durch den Kölner Telegraphen zurückgeholt. Er soll bereits hier wieder eingetroffen seyn. Man kann sich hier diese Maaßregel in keiner Weise erklären. Nur so viel scheint gewiß, daß sie einem plötzlich geändertem System zuzuschreiben ist. Aber welchem? Als Kriegsherold war doch Alexander v. Humboldt nicht nach Paris gesandt, insofern könnte mithin das veränderte System kein friedliches seyn. Noch weniger kann es aber ein kriegerisches seyn, denn diesem steht das Versprechen des Königs in seiner Huldigungsrede entgegen, den Frieden zu erhalten, so weit seine Macht und sein Wille reichen. Gleichwohl wollen manche Stimmen die Zurückberufung des Hrn. v. Humboldt einem Siege der englischen und russischen Partei an unserem Hofe zuschreiben.“ (Allgemeine Zeitung Nr. 298 vom 24.10.1840, 2383). Nach Entspannung der politischen Situation konnte Humboldt die geplante Parisreise am 18.5.1841 antreten. Er kehrte am 11.8.1841 zurück. Vgl. Humboldt an Friedrich Wilhelm IV., 27.4.1841, in Humboldt 2013, 205, und Holtz 2015, 47, Anm. 76.

[5] Die Entspannung war dem Wechsel des französischen Ministeriums vom kriegfordernden Thiers zum eher friedensorientierten Guizot geschuldet. Thiers wurde im Oktober 1840 entlassen. Guizot hatte am 28. Oktober 1840 nach Thiers’ Rücktritt in der neuen Regierung Soult das Amt des Außenministers übernommen und war in dieser Funktion für den Abschluss des Dardanellenvertrags zuständig.

[6] Viermächtevertrag vom 15.7.1840 zur Orientkrise, der dann aber die sog. Rheinkrise folgte. Vgl. den Brief vom 5.8.1840, Anm. 4.

[7] Nicht ermittelt.

[8] Bülow verließ London erst nach dem Londoner Abschlussvertrag der Orientkrise (13.7.) am 21.7.1841.

[9] Frz.: in Braun.

[a] (1) London (2) Frankfurth *H*

61 Alexander von Humboldt an Gabriele von Bülow
o. O., 5.3.[1841]

H: DLA/SNM, Marbach, 62.2137

Freitag d. 5$^{\underline{\text{ten}}}$ März[a]

Ich habe zwei Bedürfnisse, meine Liebe:
1) Dir die 9 r. endlich zu ersezen
2) bei Dir heute zu <u>speisen</u> um Dir zu sagen wie sonderbar dringend der König von seinem Wunsche spricht, Bülow recht bald hierzusehen um ihn über vieles zu consultiren, von seinem Glauben dass er bald kommen werde[1]

AHt

[1] Bülow kehrte erst nach Abschluss des Dardanellenvertrags am 21.7.1841 zurück.

62 Alexander von Humboldt an Gabriele von Bülow
o. O., 15.3.[1841]

H: DLA/SNM, Marbach, 62.2137

Montag 15te März.[b]

Herzlichen Dank!

Wie wunderbar Leiden und Freude gemacht sind. Wer hätte nach der gestrigen St[unde] Zeit nun so herrliche und schnelle Entwikkelung geahndet! Guizot scheint also die nicht zu fürchten, die ihm seine lâcheté[1] vorwerfen. Es ist mir recht unangenehm Dich heute Abend nicht bei Hensel[2] zu sehen! Das Judenpak wird eine alte Holbeinsche Comödie (der Barbier[)] spielen und sich dann beleuchtet zeigen en Tableaux. Es ist der schlimmen <u>Mama</u> Geburtstag: Morgen ist ja eine petite soirée musicale bei dem König.

AHt

[1] Frz.: Niedertracht, Feigheit. Vgl. den Brief vom 28.2.1841, Anm. 5.

[2] „Am 15. März 1841 beging Lea Mendelssohn Bartholdy ihren 64. Geburtstag. Über die Feier berichtet sie […] nicht ohne Stolz: Nah an 200 Personen aus allen Ständen, Diplomaten, Militair, Gelehrte, Künstler u. s. w. versammelten sich und bildeten einen sehr belebten, durch hübsche Frauen glänzenden rout. Ich nenne Dir nur z. B. <Alexander v.> Humboldt, Enke, Böckh, Dove, Rauch, den alten <Johann Gottfried> Schadow, Tieck, Wach, <Wilhelm Ferdinand o Johann Wilhelm> Schirmer, von Klöber etc. etc. […] Nicht allein ich, […] sondern alle glauben, nie schönere, beßer beleuchtete, geschmackvollere Kostümirte gesehen zu haben; und sogar der gewiß schwer zu befriedigende <Alexander v.> Humboldt, hat davon wie vom ganzen Fest dem Könige […] eine genaue Beschreibung gemacht." (Humboldt 2011, 24–26).

---

[a] Freitag d. 5ten März. *ergänzt B*

[b] Montag 15^{t} März. *ergänzt B*

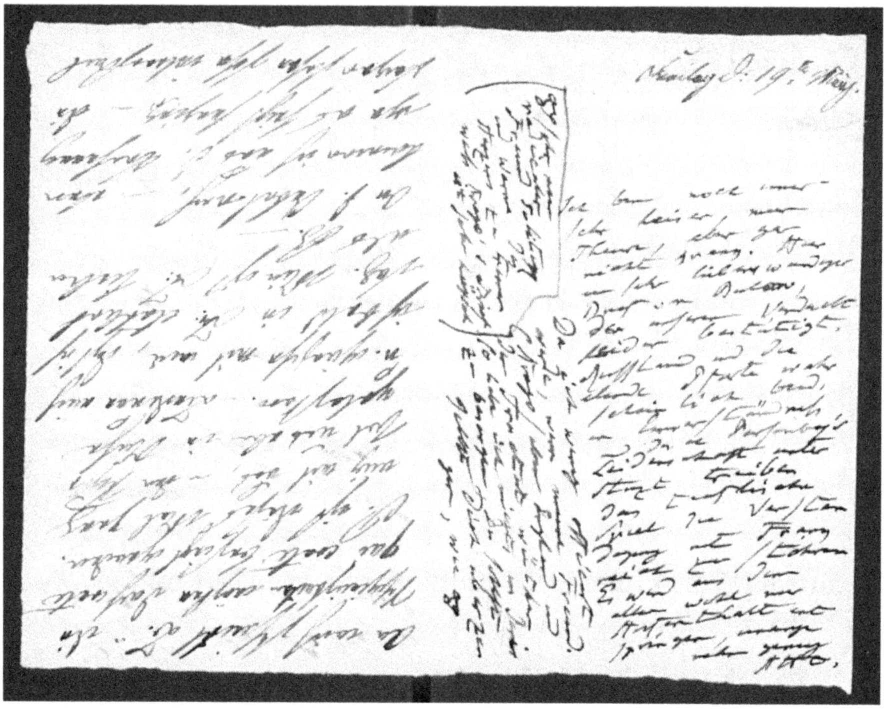

Abb. 10: Brief Humboldts vom 19.3.1841, mit Aufschrift von Gabrieles Hand (DLA/SNM, Marbach, 62.2137, 282)

63 Alexander von Humboldt an Gabriele von Bülow
o. O., 19.3.[1841]

H: DLA/SNM, Marbach, 62.2137

Freitag d. 19ten März.[a]

Ich bin noch immer sehr heiser, meine Theure, aber gar nicht krank. Hier ein sehr liebenswürdiger Brief von Bülow, der unseren Verdacht leider bestätigt. Russland und die elende Pforte wahrscheinlich beide im Einverständniss und durch Ponsonby's Leidenschaft unterstüzt treiben das teuflische Spiel die Verständigung mit Frankreich zu stöhren. Es wird aus dem allen wohl nur Aufenthalt entspringen, unangenehm genug.[1]

AHt.

---

[a] Freitag d. 19ten März. *ergänzt B*

Da ich wenig afficirt werde, wenn meine Freunde (Arago) über England und den Tractat wüthen, so habe ich nichts in Paris zu besorgen. Du sollst selbst Dich überzeugen, wie sehr mein radicaler Freund Politik und Wärme des Herzens zu trennen weiß. Arago's Brief ist sehr hüpsch.[2]

[a]

1 Vgl. den Brief vom 5.8.1840, Anm. 4. Humboldt befürchtete eine Verlängerung von Bülows Aufenthalt in London, der ja tatsächlich erst am 21.7.1841 zurückkehrte.

2 Arago an Humboldt, 12.3.1841: „Je ne dois pas, je ne veux pas croire que tu m'aies demandé sérieusement*), si je verrais avec plaisir ton voyage à Paris. Est-que donc que tu douterais de mon invariable attachement? Saches que je regarderais toute incertitude sur ce point comme la plus cruelle injure. En dehors de ma famille, tu es, sans aucune comparaison, la personne du monde que j'aime le plus tendrement. [...] *) Anmerkung von Humboldt. Ich hatte gefragt, ob er es für möglich halte, daß die Verschiedenheit unserer politischen Wünsche, (Krieg mit Deutschland,) uns gegenseitig stören könnten? AHt." (Humboldt 1860, 83) Über Humboldts zwiespältiges Verhältnis zu Aragos politischem Engagement (er war republikanischer Abgeordneter) siehe Humboldt an Friedrich Wilhelm IV., 28.2.1848, in Humboldt 2013, 79.

64 Alexander von Humboldt an Gabriele von Bülow
o. O., 21.3.[1841]

H: DLA/SNM, Marbach, 62.2137

Die Diplomatik ist wie das Wetter wundersam veränderlich, doch wollen wir uns des lezten Mond-Vierthels erfreuen und uns der Hofnung hingeben, dass der geheimnissvollen Paraphirung bald die Signatur folge[1]. Der pelzige Nordmensch Brunnow muss also doch wieder Muth gefasst haben und von Ponsonby's neuer Machination scheint also Bülow weniger zu fürchten.[2] Der kleine W[illisen][3] war gestern gerade zu meiner Essenszeit (wenig bequem) an meinem Tische. Er hatte vom 12 u. 13ten keinen Privatbrief von B[ülow] gehabt zu haben und wollte ausspioniren was ich wüsste. Ich habe ihn nur theilweise befriedigt. Heute ist ja unerwartet ein Courier nach Paris gegangen, wahrscheinlich in Bezug auf die besseren Nachrichten vom 16ten. Ich freue mich, |2| dass Du den Entschluss gefasst hast Dich und die lieben Kleinen in Tegel zu sonnen. Ich habe allerdings etwas Grippe und gehe also nicht aus.

---

a *B am Rand:* An mich schreibt B[ülow] die Schwierigkeiten möchten doch coute que coute besiegt werden. P[almerston?] ist dieses Mal ganz einig mit uns, – der Russe hat uns aber in Ruhe gelassen. – Bedaure mich u. wünsche mit mir, daß ich [ich *streicht Hrsg.*] bald in T[egel] etablirt sey. Mir ist T[egel] lieber als B[erlin] –
An d[en] Onkel noch, – eben komme ich aus d[er] Wohnung wo es heiß herging – die Sagan schien sehr interessirt |2| auf d. Spitze. An Arbeit u Ärger fehlt es nicht. In Berlin glaubt m[an] aber wahrscheinlich ich habe hier gute Tage! Ich möchte gar einiges d. Perle überlassen! –
Den <-> ich fange an mich um ihn zu erschr<-> was alles wieder durchwirbelt werden müsste!! –

Sie zeigt sich schwach mit Ermüdung aber viel Heiserkeit. Innigen Dank für Deine zärtliche Theilnahme. Lies über das Kind S. 3. 5. 34–36 Am Ende wird das Kind „ohne Schnörkel“ mit der Peterskirche verglichen.

AHt

Sonntag d. 21 März.[a]

Warst Du denn auf der franz[ösischen] Comédie bei Gr[af] Reedern?

[1] Dardanellenvertrag, siehe die vorigen Briefe.
[2] Vgl. den Brief vom 29.1.1841.
[3] F. A. von Willisen war seit Regierungsantritt Friedrich Wilhelms IV. dessen Flügeladjutant.

65 Alexander von Humboldt an Gabriele von Bülow
o. O. u. o. D., [vermutlich 27.3.1841]

H: DLA/SNM, Marbach, 62.2137

Ich schreibe bloss diese Zeilen um Dir, theure G[abriele] die gute Nachricht zu geben, dass nachdem der Courier vom 25st[en] von einer slight operation[1] gesprochen, die Hr Bellimot unter den Augen von Brodie gemacht, eine eben angekomene Zeitung vom 27s[ten] Bülow bloss diplomatisch lobt, u. sagt es würden in London bald zwei Gesandte aus Wien erscheinen St. Aulaire u. Malzahn.

Wäre B[ülow] leidender so würde der Courier wieder davon gesprochen haben.

AHt

Ich habe die Zeit[ung] von Spiker gehabt.

[1] Bülow war an einem Karbunkel am Hinterkopf erkrankt. „Ich bin tief gerührt über die liebenswürdige Besorgniss Ew. Majestät. Ein Carbunkel (Charbon) ist allerdings, doch nur bei alten Leuten mehr als schmerzlich, aber in einem sehr heiteren umständlichen Briefe den Frau v. Bülow mir heute morgen mitgetheilt, schilderte Bülow seinen Zustand als sehr erleichtert. Eine schlecht geheilte Grippe (das mythische Phantom der Zeit) und Blut-erhizende, aber recht glüklich beendigte Conferenzen haben ihm eine Geschwulst, a boile [boil englisch = Geschwür] am Hinterkopf zugeführt. Dr Broddy, der Dieffenbach des Landes, habe ihm vier derbe Schnitte gemacht, das Caspische Meer […] habe sich ergossen und er fühle sich leichter, nehme vielen Besuch an und sei nie bettlägrig gewesen …“ schrieb Humboldt an Friedrich Wilhelm IV. vermutlich am 29.3.1841 (Humboldt 2013, 203). Der britische Chirurg Brodie war der behandelnde Arzt. Siehe auch an J. v. Radowitz vom 30.3.1841 (Kraków, Bibl. Jag., Autographa) und an S. H. Spiker vom 1.4.1841 (Humboldt 2007, 167).

[a] d. 21 März. *ergänzt B*

66 Alexander von Humboldt an Gabriele von Bülow
o. O., 29.3.[1841]

H: DLA/SNM, Marbach, 62.2137

Montag
d. 29st März.[a]

Das menschliche Leben hat seine eigenen Malicen. Nun gar ein Geschwür nach einer schlecht behandelten Grippe ‚a boil[‘] das klingt besser als a carbuncle![1] Die Stimmung des ganzen Briefes[2] ist aber, troz der Einschnitte so optimistisch heiter, dass ich darinn grosse Beruhigung finde. Ich bitte Dich theure G[abriele] Bülow mein herzliches Beileid zu bezeugen. Dass man ihn ruhig hierlasse, werde ich schon vom König erlangen und alles dazu anwenden. Möge nur erst der Courir aus Const[antinopel] ankommen. Die optimistische Ansicht wegen des Ausbleibens und dadurch veranlasste Rettung vor dem Sturme*[b] ist auch merkwürdig und erbaulich – ich wiederhole es, aber beruhigend. Da ich gar nicht ausgehe, so fürchte ich an B[ülow] heute zu schreiben, ich müsste sagen dass ich[c] nichts weiss. Der König schickt oft, voll Zärtlichkeit. Ich wollte heute ausgehen, aber Schönlein, der 5 Tage in Meklenburg war, besuchte mich gestern und verbot das Ausgehen weil meine Stimme es noch nicht erlaube. Leidend bin ich nicht. Ich will also den morgenden Tag erwarten. Mit innigster Liebe
Dein

AHt

Montag

Wie oft wir im Leben gestöhrt sind. Wir sollten es besser verdienen. Warum es so ist, hat Euch freilich Sanctus Hofbachius explicirt!

1 Vgl. die Briefe vom 27. und 31.3.1841.
2 Nicht bekannt.

67 Alexander von Humboldt an Gabriele von Bülow
o. O., 31.3.1841

H: DLA/SNM, Marbach, 62.2137

Mitwoch d. 31 März 41.[d]

Ich schreibe in grosser Eile damit wir die Staats Zeitung nicht versäumen. Ich bitte Dich, theure G[abriele], wenn Du meine Prosa billigst den Brief an H. Dr Zinkeisen zu versiegeln (versteht sich die Prosa hinein zu legen) und selbst an die Staats Zeitung laut der Adresse

a Montag den 29st März. *ergänzt B*
b *B am Rand:* * das war eine Empfelu[n]g in einem frühen B[rie]f von B[ulow]
c (1) da ich (2) müsste sagen dass ich *H*
d Mitwoch d. 31 März 41. *ergänzt B*

durch Deine Dienerschaft abzusenden. Willst Du Aenderung so schikke das Ganze an mich zurük. Da B[ülow] es selbst einen Charbon genannt hat u. Blutgeschwür im Frühjahr etwas sehr gewöhnliches ist, so glaube ich wir lassen es bei der ersten Redaction. Alle Umschreibung giebt zu |2| Glossen Anlaß, doch habe ich das Wort Geschwulst auch angebracht. Fieberfrei kann man bei dem Regime gewiß sagen. Von neuen Schnitten!! spreche ich nicht gern, weil man das Publikum nicht zu speciell unterrichten muß. Der neue Brief ist doch vom 26t[en] dem 28sten wäre unmöglich.

Schriebe B[ülow] nicht selbst[1] und in so heiterer Stimmung und von Schlaf und Essen, so würde ich ängstlicher sein aber ich kann nicht glauben daß er (bei grossem Leiden) so heiter bleiben würde. Bei meinen Blutgeschwüren war übrigens auch die Sache nie nach dem Aufschneiden augenbliklich so vorbei, als man |3| mir verkündigte. Der König und Grossherzog von Strel[itz] waren gestern Abend sehr zärtlich über B[ülow]. Ich werde jezt gleich wieder an den Monarchen deshalb schreiben.[2]

In 8 Tagen will man unterzeichnen, dazu Friede mit America, le meilleur des Mondes.

Möge unsere Tragödie sich endlich in ein friedliches Hiersein lösen.

AHt

[1] Siehe den Brief vom 29.3.1841.

[2] „Da Ew. Königl[iche] Majestät einen so gnädigen Antheil an dem Leiden meiner Nichte nehmen, so glaube ich Ihnen anzeigen zu dürfen, dass nach Briefen von Bülow vom 26sten, man ihm schon eine Spazirfahrt und ein régime erlaubt hatte, welches anzeigt dass er völlig fieberfrei ist. Sir Benjamin Brodie hat aber doch noch einige Schnitte und ‚Landeserweiterungen' angebracht, was mir minder gefällt. Die Geschwulst war noch nicht vergangen." Humboldt an Friedrich Wilhelm IV., vermutlich 31.3.1841, in Humboldt 2013, 204.

68 Alexander von Humboldt an Gabriele von Bülow
o. O. u. o. D., [vermutlich nach Februar, vor 18.5.1841]

H: DLA/SNM, Marbach, 62.2137

Ich komme von dem listigen Antonini, der ein wahres apartement de filles de mauvaise compagnie[1] hat; klein, warm, elegant und geziert. Die Gesellschaft: Mansurofs, Witzleben mit der ungeborenen Frau, Senden mit der angenehmen irdischen Frau (Ribaupierre)[2], Meyendorff der schwärmend Kranke, und die wunderschöne F[rau] Wittg[enstein] mit dem einfältigen Gemahl. Welche Freude zu <Hause> den lieben, Glück verheissenden recht herzlichen Brief von Bülow zu sehen[3]. Nun glaube auch ich an baldiges Ende![4] Ich werde morgen dem Könige alles erzählen und Dich und[a] die Infantin vor der Schleppe[5] zu sehen. Ich gehe aus Vorsicht nicht in Egmont und weil die Loge im Schauspiel Hause so eng ist.[6] Man glaubt u hofft Lärmen bei den Worten „der König ist gut, aber die Rathgeber sind schlecht."[7]

AHt

[a] Dich | <auch> *gestrichen* | und *H*

[1] Frz.: Wohnung von Töchtern von schlechter Gesellschaft.

[2] Aglaë Freiin von Senden, Tochter von Graf Ribeaupierre, verstarb am 14.9.1842.

[3] Nicht überliefert.

[4] Vermutlich Beendigung der Verhandlungen zum Dardanellenvertrag (13.7.1841). Vgl. den Brief vom 5.8.1840, Anm. 4. Da Humboldt am 18.5.1841 abreiste, ergibt sich die vermutliche Datierung.

[5] Leopold von Loën warb seit Frühsommer 1841 um die Tochter Gabriele, siehe Sydow 1919, 472–474. Sie heirateten am 29.8.1842.

[6] Humboldt hatte im März eine Grippe.

[7] „Der König, denk ich, wäre wohl ein gnädiger Herr, wenn er nur bessere Ratgeber hätte.“ Goethe, Egmont, 1. Aufzug, 1. Szene.
„Berlin, im Februar 1841. Das grösste Interesse des Theaterpublikums nahm indess Goethe's (hier seit länger als 20 Jahren ruhender) Egmont, mit der genialen Musik von Beethoven, in Anspruch. Ausser der anziehenden Wirkung und Musik kam noch eine persönliche Theilnahme für die Darsteller des Egmont und Brackenburg, wie für die Künstlerin hinzu, welche das Clärchen gelungen darstellte, die beiden schönen Lieder indess nicht singen konnte.“ (Allgemeine musikalische Zeitung Nr. 8 vom 24.2.1841) Diese Aufführung wurde mehrfach wiederholt.

69 Alexander von Humboldt an Gabriele von Bülow o. O., 7.4.[1841]

H: DLA/SNM, Marbach, 62.2137

Ich bin nicht allein daher nur 2 Worte. Die Hauptsache ist die Gesundheit und von der Seite sind wir also jezt ganz beruhigt aber die diplomatische fast vorbeugende Tour nun misfällt mir sehr. Es ist der elende Ponsonby und Palmerston's Hochmuth.[1] Ich war heute im Adjutanten Zimmer. Der König ist allerdings seit gestern recht unwohl etwas Schnupfenfieber.

Er hatte sich erkältet in Schönhausen. Er |2| war gestern[a] meist bettlägrig. Heute Abführen. Mattigkeit. Er wollte Vortrag haben aufstehen und dann wieder zu Bette gehen. Aus der Comunion Freitag und aus Potsdam (Sontag) wird bei der Hundekälte wohl nichts werden. Ich hoffe Dich liebe G[abriele] bald zu sehen

AHt

Mitwoch d. 7t[en] April.[b]

[1] Vgl. den Brief vom 5.8.1840, Anm. 4.

[a] (1) heute (2 gestern *H*

[b] Mitwoch d. 7t[en] April. *ergänzt B*

70 Alexander von Humboldt an Gabriele von Bülow
o. O. u. o. D., [vermutlich 8.4.1841]

H: DLA/SNM, Marbach, 62.2137

Es ist doch schön, dass das was so einfach aus der Seele kommt so rührend in Dich eingedrungen ist. Solche Wirkungen bezeugen Deine Abkunft, meine Liebe, c'est le sang qui parle[1]. Ich werde zu geben verstehen; zu dem meinigen zulegen und so die Ehre des Gebens für mich davon tragen. Ich bin tief gerührt über diese Deine menschliche Handlung und danke innigst dafür. Das Andenken davon wird bei mir unauslöschlich sein.

Die Notizen aus Math[ildes] Briefe werde ich morgen bei Geppert benuzen.[2] Ihre eigenen Einkünfte sind ja brillanter, als ich glaubte. Der König ist viel besser war gestern Abend im Salon hatte heute Vortrag, will communiciren und troz des schreklichen Wetters, Sollen wir auf 8 Tage Sontag nach Potsdam. Wir sehen uns bald. Die Staats Z[eitung] erklärte Bülows Brief[3]

AlHt

[1] Frz.: das ist das Blut das spricht.
[2] Siehe den Brief vom 9.4.1841. Daher auch die Datierung.
[3] Siehe den Brief vom 31.3.1841.

71 Alexander von Humboldt an Gabriele von Bülow
Charlottenburg, 9.4.1841

H: DLA/SNM, Marbach, 62.2137

Char[lottenburg] Freitag d. 9t[en] April 41.[a]

Les nouvelles de Mr de Bülow sont excellentes, les affaires ont paru retardées, cependant je compte toujours sur son prompt retour.[1] So schreibt von Werther heute morgen. Ich bin ganz betrübt darüber, dass ich morgen nicht den Geburtstag der liebenswürdigen kleinen C[onstanze] bei Euch feiern kann. Ich hatte vergessen, dass ich bei Minister[b] Rother zum diner längst engagirt bin. Denke Dir man weiss bestimt dass Bunsen vom König her beschieden ist, (man weiss nicht über welche geistliche Angelegenheit) man weiss auch nicht ob er bleibe. Du kannst denken, wie |2| sehr diese unerwartete Ankunft hier erschrekken wird.[2] Er kann in 3–4 Tagen hier sein. Ich weiss es durch H. von Usedom (den Heiligen) und Dr Lepsius aus Naumburg der so eben aus der Schweiz aus Bunsens Hause kommt.[3]

Ich habe heute morgen eine lange Conferenz mit dem sehr angenehmen und verständigen Justiz Rath Geppert gehabt. Er hat Theodor noch vor 3 Wochen gesehen und kann sehr richtig seine Stimmung beurtheilen. Er hält den Vorschlag von der Scheidung abzugehen für ganz unausführbar u. chimärisch.[4] In protestantischen Ländern will das Gesez entweder völlige

[a] Char[lottenburg] Freitag d. 9t April 41. *ergänzt B*
[b] Minister *ergänzt H*

Scheidung od. Zusammenleben. Nur bei Catholiken ist eine Scheidung a mensa et lectu (vom Tisch u. Bette) |3| gerichtlich erlaubt, nicht bei Protestanten. Theodor könnte (was ihm ganz unwahrscheinlich ist) diese Trennung schriftlich versprechen, aber ein solches Versprechen hätte er das Recht 14 Tage darauf u. zu jeder Zeit zu brechen, weil es ungültig ist. Geppert versichert dass Gerlach's Einfluss auf Th[eodor] ganz nichtig wäre, dass er allerdings sich gegen sein Betragen erklärt, aber dass das vortheilhafte interimisticum ganz ohne Gerlach wieder zu Stande gekommen sei. Der Vorschlag Mathildens wäre sehr edel, aber unpractisch. Theodor wolle sie quälen, und bei jedem Zeichen der Nachgiebigkeit hätte er doppelte Motive die Qual zu vermehren. Die jezt vorzubringenden Scheidungs-Gründe hielte er für siegreich, mit jedem Jahre würden aber die Beweise |4| schwieriger. Theod[or] sei viel zu unschlüssig um sich wieder zu verheirathen. Furcht den Process zu verlieren habe er leider, andre nicht, sein einziges Bestreben sei – Geldersparniss und deshalb ein Zusammenleben, wo er die liebenswürdige Frau zugleich quälen und darben lassen könnte. Sein Rath wäre den Process langsam fortzuführen. Mathilden müsse weit mehr an der Erfüllung der Interimisticums Bedingung liegen[a], als an der Scheidung und zu dieser Erfüllung[b] gebe es nur ein Mittel das in Schlesien angewandt werden kann bei jeder Gelegenheit mit Sequestration[5] von Ottmachau zu drohen. Für 10 r. könne er Sequester[6] auf ein Gut legen, was Th[eodor] allein schrecken könne. Diese Drohung der Sequestration sei das allein wirksamste. Ich werde Dir was ich hier so unleserlich schreibe, noch einmal bei Dir dictiren[c] damit Gabrielchen es von ihrer schönen Handschrift an Mathilden und Hedemann schicken könne.

Für den morgenden Geburtstag[7] sende ich eine ganz frische Pariser Confituren Schachtel die Seyffert durch Pr[inz] v. Würtemberg erlangt hat.

AHt

Über unsere Abreise nach Potsdam ist noch alles ungewiss.

1 Frz.: Die Nachrichten von Herrn Bülow sind ausgezeichnet, die Geschäfte schienen verzögert zu sein, dennoch rechne ich immer mit seiner schnellen Rückkehr.

2 Bunsen hielt sich in der Schweiz (Bern) auf, wo Lepsius ihn seit Anfang Januar 1841 besuchte. Bunsen wurde vermutlich im Zusammenhang mit der Gründung des geplanten Bistums Jerusalem nach Berlin gerufen. (Mehlitz 2011, 79–82).

3 Zu Lepsius' Reiseplänen und Humboldts Einfluss auf die Unterstützung durch den preußischen König siehe Humboldt an Friedrich Wilhelm IV., Berlin, 21.12.1840, und Potsdam, 15.5.1841, in Humboldt 2013, 185 u. 207, sowie genauer in Mehlitz 2011.

4 Ob es zu einer Scheidung zwischen Theodor und Mathilde von Humboldt kam, ist nicht bekannt.

5 Zwangsverwaltung.

6 Treuhänder.

7 Constanze von Bülow war am 10.4.1832 geboren.

a Bedingung | zu *gestrichen* | liegen *H*

b *B am Rand:* d. interimisticum

c *B am Rand*: Dies hat nicht mehr geschehen k[ön]n[en] wegen sr. Abreise!

72 Alexander von Humboldt an Gabriele von Bülow o. O., 21.4.[1841]

H: DLA/SNM, Marbach, 62.2137

Eine solche Freude muss man theilen. Ich hoffe heute Mittag frei zu bleiben und bitte daher um die Erlaubniss bei Dir, theure G[abriele], heute essen zu dürfen. Die Nachricht ist unbegreiflich schnell gekommen und man sieht dass Bülows Energie wieder den lezten Ausschlag gegeben hat.[1]

Ht

21st April.[a]

[1] Zu den Verhandlungen im Vorfeld des Abschlusses des Dardanellenvertrags siehe den Brief vom 5.8.1840, Anm. 4.

73 Alexander von Humboldt an Gabriele von Bülow o. O., 27.4.[1841]

H: DLA/SNM, Marbach, 62.2137

Dienstag 27st April[b]

Ich glaube gewiss, meine Liebe dass wir morgen nach Potsdam gehen und möchte mir daher noch heute (Dienstag) die Freude machen bei Dir zu essen. Ich sehe ungern aus franz[ösischer] Zeit[ung] vom 22sten[1] dass die sogenannte Trostnachricht aus Constant[inopel] dass nach dem Sturz des Ministers Oestreich alles für Mohamed Ali erlangt habe und dass daher[c] gewissermaassen alles aus sei, schon am 18ten im Morning Post stand. Bülow muss es also gelesen und für nicht sehr sicher gehalten haben.

AHt.

[1] „Le correspondant de Paris du Morning-Post lui a écrit […]: Je vous communique l'importante lettre ci-jointe, écrite de Vienne, et adressée à une personne ayant des relations avec des membres du corps diplomatique. […] Vienne, le 11 avril. Un officier, appartenant au corps autrichien stationné sur la frontière turque, est arrivé la nuit dernière à la chancellerie avec des dépêches apportées à Semlin par un Tartare qui a quitté Constantinople dans la soirée du 29 mars. Ces dépêches sont adressées […] au prince de Metternich […] D'après ces dépêches, la question d'Orient peut être considerée comme terminée […]" (Journal des débats, 22. Avril 1841).

[a] 21st April. *ergänzt B*

[b] Dienstag 27st April *ergänzt B*

[c] (1) dafür (2) daher *H*

74 Alexander von Humboldt an Gabriele von Bülow
o. O., 13.5.1841

H: DLA/SNM, Marbach, 62.2145

Ich bin noch immer grenzenlos gequält von Damen die um Pension bitten wollen ehe ich abreise. Ich wünschte Montag zu reisen und Sontag zu Euch kommen zu können.[1] Aber noch ist alles blau. Ich gehe auf jeden Fall morgen nach Potsdam. Bei Eichhorn od. Nagler war gestern ein dumpfes Gerücht „Bülow sei vielleicht schon auf dem Wege."[2] aber Werther hat Briefe vom 7ten Mai und glaubte „so nahe könne es noch nicht aus sein![“] Heute Abend gehe ich tugendhaft zu Werther der gestern auffallend beistig war. An dem König v. Holland hat Dieff[enbach] eine grosse Kur gemacht wie man jetzt glaubt.

Ich beschwöre Dich, meine Liebe, mir recht bald zum Einpakken, wenn Du kannst, von den göttlichen Zeitungen zu schikken.

AlHumboldt

Donnerstags d. 13 May 41.[a]

Der König u. Königin gestern zur Oper hereingekommen gehen heute um 11^{U} zurük. Heute Abend ist in Potsdam Figaro was die nordische Gräfin bedauren wird

[1] Humboldt reiste am Dienstag, den 18.5.1841, nach Paris.

[2] Bülow kehrte erst am 21.7.1841 zurück. Vgl. den Brief vom 5.8.1840, Anm. 4.

75 Alexander von Humboldt an Gabriele von Bülow
o. O. u. o. D., [vermutlich Ende Mai 1841]

H: DLA/SNM, Marbach, 62.2137

[*Anfang abgeschnitten*] Bei meinem Abscheu gegen alles Eigenthum, in Genuss[b] von allem was die weite Erde trägt was auf den Weltkarten abgebildet ist, was an dem Sternen Himmel funkelt, frage ich mich ernst, in welcher Stimmung mehr Zufriedenheit ist. Gewiss ist die auf den engen Raum beschränkte, die des Besizes dem Menschen natürlicher und heilsamer. Adelheidchen ist sehr heiter, sehr freundlich, klirret weniger mit den Schlüsseln und scheint, was ich sehr lobe, conservativer im Ministerium. Ich finde dieselben recht angenehmen Diener, einen vortreflichen Koch – auch drohet keine nahe Parlaments Auflösung. Den politischen Horizont aber trübt man sich gern und die Sarmaten Liebe ist nicht im Steigen. Dies, meine Theure, sind die wenigen Zeilen die ich ermüdet, in starker Sonnenhize „über blumige Wiesen geführt" von der Kupferkammer zurükgehend, unleserlich niederschreibe. Wie oft

---

[a] d. 13 May 41. *ergänzt B*

[b] (1) <Respect> (2) Genuss *H*

und wehmüthig habe ich in diesen Tagen an Dich und die Qualenvollen Stunden gedacht die Du voriges Jahr hier an dem Krankenbette des lieben Kleinen[1] zugebracht!

Mit innigster Liebe und herzlichen Umarmungen den Kindern Dein

AHt

[1] Zur Datierung (unsicher): Bernhard von Bülow war im Sommer 1840 krank (Sydow 1919, 466). Humboldt hielt sich am 23.5.1841 auf der Durchreise nach Paris zu einem Besuch in Burgörner bei Hedemanns auf. Von diesem Besuch könnte er Gabriele hier berichten.

76 Alexander von Humboldt an Gabriele von Bülow
Paris, 3.6.1841

H: DLA/SNM, Marbach

Da ich in einer Stunde wieder nach Neuilly muss, von wo aus mich der König nach Versailles führen will [um][a] 11 Uhr, um nachher um 7 Uhr mit der Familie zu speisen, so habe ich kaum die Zeit, meine theure Gabr[iele] um Dir zu sagen dass meine Reise obgleich oft nächtlich meiner Gesundheit nur vortheilhaft gewesen ist. Ich war 1 Tag in Weimar, ½ Tag in Frankfurt u. kam schon den 30sten Mai hier an. Bei S[ain]t[e] Manchoud[1] hatten wir ein fürchterliches nächtliches Gewitter, 1 St[unde] lang mit Hagel. Die Pferde blieben stehen. Aber! Bülow! der scheussliche Palmerst[on] hindert wieder alles. Man begreifft hier kaum die Ursache. An Frankreich liegt es nicht. Auch Bresson wartet hier auf jenen Abschluss.[2] Seyfert ist wohl. Sei so gnädig es seine Frau wissen zu lassen.

Mit inniger Umarmung den Infanten
Dein

AlHumboldt

Paris Rue des Petits Augustins, hôtel de Londres n. 3
ce 3 Juin 1841.

Herzliche Grüsse an Hedemanns.

[1] Vermutlich der französische Ort Sainte-Menehould, umgangssprachlich Sainte-Menou. Humboldt war seit 23.5.1841 mit Seifert in Paris.

[2] Vermutlich Abschluss des Dardanellenvertrags am 13.7.1841, siehe den Brief vom 5.8.1840, Anm. 4.

[3] Seifert begleitete Humboldt während seiner Parisreise (30.5.–8.11.1841).

[a] und *H ändert Hrsg.*

77 Alexander von Humboldt an Gabriele von Bülow Paris, 28.6.1841

H: DLA/SNM, Marbach, 62.2137

Paris den 28 Junius 1841

Vielleicht, meine theure Gabr[iele] erhäl[t]st Du früher durch diese Zeilen als durch andere Wege die freudige Nachricht dass heute Nachmittag der Telegraph von Marseille die officielle Nachricht gebracht hat, dass Mohamed Ali die Halteschrift der Pforte angenommen und sogleich in Alexandrien proclamirt habe. Es wird in der Depeche zugesezt „dass Moh[amed] Ali hoffe auf freundlichem Wege einige Erleichterung in den Geldforderungen zu erhalten." Man glaubt hier nicht dass dieser Zusaz die Sache verzögern könne. Diese Nachricht ist um so willkommener als nach sehr sehr freundlichem Briefe von Bülow an mich vom 25sten[1] dieser gar nicht eine so schnelle Erlösung erwartete ja sogar fühlen liess dass Palmerston sich leider! wie Ponsonby in der drohenden Lage gefalle. Ich werde morgen in aller frühe zu Guizot gehen: ich werde denke ich, ihn nicht zum Unterschreiben zu bereden brauchen. Ich ergebe mich nun von neuem einmal wieder der sicheren Hofnung, dass auch Dein Drama, Du arme theure, endigen wird.[2] Ich habe hier in den lezten Tagen von Kälte und starkem Schnupfen sehr gelitten, fühle mich aber jezt wieder besser. Ich umarme Dich und die Lieben Deinen alle. Die Zeitungen die französischen sind voll von Nachrichten über Petitionen von Breslau[3] und herzlichen[a] Antworten von Rochow. Schreibe mir doch einige Worte über Schön, ob er abgeht.

Dein

AHt

Ich lebe im Ganzen hier sehr glüklich besonders durch meine zärtliche Freundschaft mit Arago der liebenswürdiger und geistreicher als je ist. Dabei bin ich mit dem Hofe und der Lieven in der alten Zärtlichkeit. Denke Dir dass jezt eine ernstere Zärtlichkeit zwischen Bülow und der Lieven ausgebrochen ist. Er schreibt mir dass er sich während ihres lezten Aufenthalts in London ganz mit ihr ausgesöhnt und erkannt habe, dass sie wohl recht gehabt habe auf ihn zu zürnen!! Das Unrecht war wieder (wie bei L[ord] P[almerston]?) auf seiner Seite. So gut bin ich nicht!

Ein grosser Ilandischer Krystall[4] oder ein schönes theures Buch wäre mir auch lieber gewesen als das Grosskreuz vom Dannebrog. Der eigenhändige Brief vom Dänenkönig war aber voll Freundschaft und Liebenswürdigkeit.[5]

[1] Nicht überliefert. Der Abschluss der Orientkrise wurde erst am 15.7.1841 erreicht, siehe den Brief vom 5.8.1840, Anm. 4. Vgl. Holtz 2015, 48, Anm. 83.

[2] Gabrieles Tochter Therese war schwer erkrankt und verstarb, knapp 12-jährig, am 20.7.1841.

[3] Im Zusammenhang mit den Debatten zur Einberufung der Landtage und generell der Mitwirkung an der Regierung hatten Breslauer Abgeordnete eine Petition eingereicht, die weite Aufmerksamkeit erregte. Siehe Gehrke 2009 und Treitschke 1927, Bd. 5, 139.

[4] Island (auch Iland) war bekannt für viele Gesteine vulkanischen Ursprungs.

[5] Vgl. den Brief Humboldt an Friedrich Wilhelm IV., 27.6.1841 (Humboldt 2013, 211).

[a] härtlichen *H ändert Hrsg.*

78 Alexander von Humboldt an Gabriele von Bülow
Paris, 2.9.1841

H: DLA/SNM, Marbach, 62.2137

Paris, Rue des Petits Augustins n. 3 den 2 Sept. 1841

Ich traure, meine liebe, theure Gabr[iele] dass ich noch immer ohne Nachricht von Dir, und den theuren Kindern, ohne Nachricht von unserem B[ülow] bin. Couriere sind bei der anscheinenden Ruhe von Europa (il n'y a plus d'affaires en Europe stand in einer dépèche von Metternich, et s'il y en surgissoit nous les[a] saurions étrangler avant de grandir)[1] seltener als Mondsteine: ja ich kann hier von niemand erfahren ob vielleicht der Johannesberg B[ülow] angezogen hat oder ob er (wie ich es sehnlichst wünsche) schon in Eurer Mitte ist. Die Staats Zeit[ung] die ich zwar nie sehe, soll ja aber seine Rükkunft noch nicht gemeldet haben. Ich denke, wenn gleich sehr ungern, an meine Rükreise in den ersten Tagen des Octobers. Meine Abreise hängt freilich von der Sicherheit ab, den Monarchen in Sanssouci zu finden. Nach dem was mir gestern die Herzogin von Leuchtenberg sagte, kommt bestimmt die Königin den 18ten, unser König den 21sten in Tegernsee an. Die Richtung meines Rükweges kann[b] aber allein durch Nachrichten von Dir oder B[ülow] bestimmt werden. Wenn Ihr in den ersten Tagen des Octobers nicht in Frankfurth seid, so nehme ich zu meiner Aufheiterung wahrscheinlich den Weg über Belgien.[2] Denke, dass ich den oeden langweiligen Weg über Metz, Saarbrük[ken] und Weimar wohl schon 25 Mal gemacht, dazu die Sphinxe am Wege in Weimar, ein Verlust von 3 Tagen und das schrekhafte Examen über die Pariser Angelegenheiten. Adelheidchen finde ich ja wohl ohnedies in Tegel. Meine fussfällige Bitte ist also, dass ich durch Dich und B[ülow] recht bestimmt vor dem 26–28sten Sept. hier erfahre, wo Ihr in den ersten Tagen des October sein werdet, wann Ihr in Frankfurth anzukommen gedenkt.[3] Meine Gesundheit hat in Paris sich gestärkt, ich habe bloss wieder etwas von rheumatischem Schmerz im Arme und in der Schulter gelitten, |2| ein Schmerz der aber ziemlich leicht durch sorgfältiges Auflegen von Kamm Wolle vergeht. Möge die alles heilende Zeit und der Genuss der freien Luft am Ufer des Sees und am Rande des Waldes den tiefen Schmerz, der an Euch nagt, zu lindern anfangen.

Ueber Kanitzens Bestimmung für Wien[4] hat man sich hier wegen seiner Persönlichkeit gewundert. Sollte Bunsen es für London durchsezen? Ich sah gestern Abend in St Cloud bei Louis Phil[ippe] den König Leopold. Er hat mir die zärtlichsten Grüsse für Bülow aufgetragen den er den talentvollsten aller jezt lebenden Diplomaten nennt. König Leopold war [mit][c] Eurem, unserem Unglük (dem Verlust des schönen Kindes)[5] sehr vertraut und sagte viel herzliches darüber. Schreibe[d] mir ja, meine Theure, über Deine Projecte, wenn Du sie kennst mit der Post: ich werde nicht über das Postgeld klagen. Dein Brief ist Gold werth.
Der hiesige Arnim leidet sehr ernsthaft an Taubheit. Das Uebel ist mit besonderen Umständen und vielem Schmerz verbunden. Er war schon sehr taub auf dem einen Ohre, weil als Kind bei einem Ohrgeschwür das Trommelfell durch Supuration[6] durchbohrt worden ist. Jetzt hat er eine starke Geschwulst am anderen Ohr, und nach genauer Untersuchung (von

---

[a] les *ergänzt H*

[b] (1) unter (2) kann *H*

[c] mir *H ändert Hrsg.*

[d] (1) Durch F (2) Schreibe *H*

Koref und einem hiesigen berühmten Ohrenarzte Mr Deleau) ist das Trommelfell abgelöst, decollé – ein sehr ernsthafter Fall. Er geht seit 2 Monaten in keine Gesellschaft und ist (wie Du vermuthen kannst) noch mürrischer als gewöhnlich. Ich lebe in warm kältlichen Verhältnissen mit ihm. Il n'y a pas d'excès de calorique[7]. Wenn das Uebel fortschreitet wird er selbst geneigt sein, die Stelle aufzugeben. Als Statthalter hat er freilich Gr[af] Hatzfeld. Der General den man mit Oriola hieher zu den Manœuvres de Compiègne sendet, soll ja gar kein französisch können. Oriola spricht es und noch geläufiger spricht es Don Miguel.

Umarme die Theuren alle. Mit innigster Anhänglichkeit und Liebe
Dein

AlHumboldt.

[1] Frz.: in Europa gibt es keine Affären mehr, stand in einer Depesche von Metternich, und wenn welche aufträten, würden wir wissen, wie man sie unterdrückt, bevor sie groß werden.

[2] Humboldt trat seine Rückreise von Paris am 8. November an und reiste über Frankfurt/Main, wo er die Familie Bülow besuchte, die am 10. Oktober dorthin gezogen war, und Erfurt, Weimar und Leipzig nach Berlin.

[3] Gabriele berichtete ihrer Schwester Adelheid: „Des Onkels Besuch hat uns natürlich aufgehalten, war aber ein unendlicher Genuß und, daß er uns das neue Haus einweihte, eine bleibende Freude. Er war liebenswürdiger als je. Ich war in beständiger Bewunderung dieser unverwüstlichen Frische und Lebendigkeit, dieser Geistesfülle; Gott behüte ihn – es ist eine wahre Herzstärkung, wenn man sich selbst auch ganz miserabel daneben vorkommt." (Sydow 1919, 490).

[4] K. E. W. von Canitz und Dallwitz wurde 1842 Gesandter in Wien und nach 1845 als Bülows Nachfolger Minister für auswärtige Angelegenheiten.

[5] Vgl. den Brief vom 28.6.1841, Anm. 2.

[6] suppuratio (lat.) = Eiterung.

[7] Frz.: Es gibt keinen Überschuss an Caloricum [d. h. Wärmestoff].

79 Alexander von Humboldt an Gabriele von Bülow
Paris, 21.9.1841

H: DLA/SNM, Marbach, 62.2137

resp[onsum] 21 S[ep]t. 2/10 41.[a]

Ich schreibe nur diese wenigen Zeilen, meine Theure, in den Eindrükken die ich so eben empfangen. Die Herzogin von Talleyrand ist seit gestern angekommen, rayonnante de jeunesse[1]. Sie war bei Euch in Tegel und [sie][b] weiss mit innigem Gefühl von Dir und den Deinigen zu reden. Sie hat mir wohlgethan. Bülow muss ja jezt auch in Eurer Mitte sein.[2] Das ist ein Trost unter dem nun auch sonnig gewordenen Himmel. Ich habe einen neuen, langen, eigenhändigen unendlich zärtlichen Brief vom König aus Liegnitz gehabt. Er schreibt mir von allen seinen Reiseprojecten die nach seinem Geburtstag mit München endigen wann wo er die Königin abholen will. Er |2| wünscht dass ich bis Ende October hier bleibe da er wenig

[a] resp[onsum] 21 S[ep]t. 2/10 41. *ergänzt B*

[b] Sie *H ändert Hrsg.*

in Sanssouci sein und nicht genug von mein[er] Gesellschaft profitieren würde.[3] Nun bitte ich also, sobald Eure Pläne recht bestimmt sind, mir ja bis 20 Oct. zu schreiben, ob Ihr schon 3–8 Nov. in Frankfurth thronen werd[et], denn ich gehe über Frankfurth nur in diesem Falle.[4] Meine Gesundheit ist ungemein fest bis auf einige rheumatische Schmerzen in der Schulter an denen ich schon in Burgörner litt. Meine herzlichsten Umarmungen für alle die des 14 Sept. gedacht haben. 72 Jahre. Der junge Werther spricht von Nops et Festin in Deinem Hause.[5] Ist es unbescheiden, danach zu fragen, damit auch ich mich freue

AHt

Paris 21 Sept. 1841

Wird Bunsen B[ülow]s Nachfolger?[6]

1 Frz.: strahlend vor Jugendlichkeit.
2 Bülow war am 21.7. aus London zurückgekehrt, einen Tag nach Thereses Tod (vgl. den Brief vom 28.6.1841, Anm. 2), reiste jedoch bald nach Frankfurt weiter, um den Aufenthalt der Familie dort vorzubereiten.
3 Nicht überliefert.
4 Vgl. den Brief vom 2.9.1841, Anm. 2.
5 Umgangssprachlich für „Nóces (früher: nopces) et festin" = Vermählung und Gastmahl. Die älteste Tochter Gabriele war mit Leopold von Loën verlobt, die Hochzeit fand am 29.8.1842 statt.
6 Bunsen wurde tatsächlich Bülows Nachfolger als preußischer Gesandter in London.

80 Alexander von Humboldt an Gabriele von Bülow o. O. u. o. D.

H: DLA/SNM, Marbach, 62.2137

Ich erhalte so eben, theure Gabriele, Deinen Brief von Mittwoch und komme gewiss morgen Freitag zu Tische nach Tegel. Der König hat mir bestimmt aufgetragen Bülow „sehr und herzlich" (das waren die Ausdrücke) zu grüssen. Er glaubt die Kaiserin Sonnabend und Sonntag schon zurükzuführen. Ich hoffe morgen Rauch mitzubringen. Bei Loëns war alles wohl.
Dein

AHt

Donnerstag[1]

Hier Eylerts neuer Theil[2] der recht schöne Briefe der Königin enthält. Bunsen reiset morgen zu Wasser von Potsdam nach Hamburg und London.[3]

1 Zur Datierung: nach Loëns Hochzeit (29.8.1842), vor Bülows Tod (6.2.1846).
2 Eylert 1842.
3 Siehe den vorigen Brief, Anm. 6.

81 Alexander von Humboldt an Gabriele von Bülow
o. O. u. o. D.

H: DLA/SNM, Marbach, 62.2137

Sonnabend Abend.[a]

Ich werde Morgen früh Müller bestimmt sehen und ihn bitten zu zögern d. i. nicht zu antworten. Zurükgabe wird der Form wegen schwer zu erhalten sein. Wie in aller Welt aber kann die gute Mathilde so leichtsinnig handeln ohne [ihren][b] hiesigen Advocaten zu berathen.[1] Ich sehe Dich, meine Liebe, gewiss morgen früh, wohl zwischen zwölf und zwei

Ht

[1] Vgl. den Brief vom 9.4.1841.

82 Alexander von Humboldt an Gabriele von Bülow
o. O., 24.8.[1842]

H: DLA/SNM, Marbach, 98.18.23/2

Es ist ja sehr rühmlich, theure Gabriele, dass Du zuerst in Tegel den Cometen mit blossen Augen entdekt hast. Encke zu dem ich gleich schikte, bestätigt deine glänzende Entdeckung. Das Heldenthum vom Gr[oßen] Bären hat wohl den Berliner gehindert nach den himlischen Bären zu schauen und Lord Spiker, der jeden ersten Schmetterling anzeigt, schweigt. Dass[c] die Cometen Wärme bringen ist etwa eben so gegründet, als der Russische Glauben dass das plözliche Erscheinen einer Zigeuner Familie in einem Dorfe Regen bedeutet. Die Cometen sind unschuldige, fast harmlose kleine Damfmassen, durch die man wahrscheinlich durchschreiten könnte und die mit blossem Auge sichtbar sind keineswegs die, welche uns am nächsten kommen. Der Zufall eines guten und sehr warmen Weinjahrs beweist nichts und da es alle Jahre 3–4 Cometen giebt müsste der Weinbauer immer Freude und guten Wein haben. Ich sahe gestern Flottwell. Es bleibt bei meinem Kommen am Sonntag und da mir Prinz Albrecht für Sontag (28 Aug. Blücherfest)[1] einige Besorgniss machen könnte (er schikte nemlich gestern zu mir |2| um fragen zu lassen, ob ich in Berlin jezt wohne) so fahre ich deshalb heute in Albrechts Palais, um anzukündigen, dass ich Sontag in Tegel sein muss. Morgen Abend denke ich nach Charlottenburg zu fahren um den König der über Spandau kommt, zu begrüssen. Wie unangenehm ist die Erkrankung der erzherzoglichen Braut in Brüssel.[2] Sie regieren doch nicht allein hiernieden. Mein listiger Brief an die Herzogin geht noch nach Tepliz, wo sie (sagt der hiesige Geschäftsträger, der Briefmahnende, nach dem Wohlbefinden spähende) noch 8 Tage verbleibt. Herzliche Grüsse – nichts bisher von den reisigen Loëns[3].

AHt

[a] Sonnabend Abend. *ergänzt B*

[b] Ihren *H ändert Hrsg.*

[c] Das *H ändert Hrsg.*

Ich habe leider noch nichts vom Cometen gesehen, habe ihn also in mein Kärtchen nicht einzeichnen können.
Donnerstag früh.

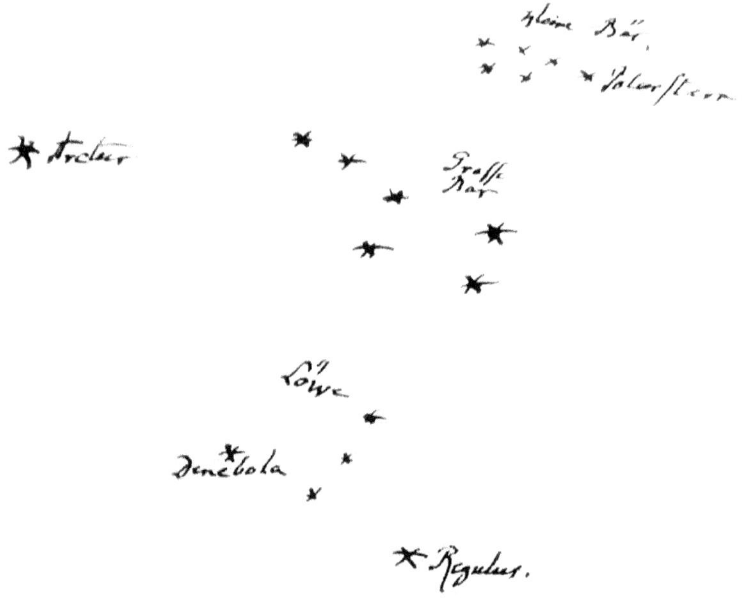

Abb. 11: Einlage von J. F. Encke im Brief von A. v. Humboldt an Gabriele von Bülow, Berlin, 24.8.[1842] (DLA/SNM, Marbach, 98.18.23/2)

Der Comet steht im Norden des grossen Löwen, unter dem grossen Bären und jetzt ist er mit blossen Augen bis gegen halb zehn Uhr Abends sichtbar. Er geht jeden Tag etwas früher unter und ist nur bis Anfang Sept[em]b[e]r sichtbar.
Aug. 24 Encke

[1] 1842 fällt der 28. August auf einen Sonntag. Daraus und aus dem beigelegten Zettel von Encke ergibt sich die Datierung.

[2] Die für den Januar 1842 geplante Verlobung der erst 16-jährigen Prinzessin Marie von Preußen mit dem späteren König Maximilian II. musste verschoben werden, da die Prinzessin an Masern erkrankt war. Auch die vorher noch notwendige Konfirmation musste deshalb abgewandelt werden. „Die kleine Prinzess hat einen fürchterlichen Ausbruch zusammengeflossener Masern am Tage der Ankunft des Bräutigams gehabt. Der Bräutigam ist einmal vor ihrem Bette gewesen. [...] Jezt ist sie etwas besser und man ist weniger besorgt, doch wird dies alles die christlichen Studien, die Einsegnung und die förmliche Verlobung, die nur nach der Einsegnung sein kann, ja selbst des Vaters beabsichtigte Reise nach Rom (16 Febr[uar]) verspäten." (A. v. Humboldt an Heinrich von Bülow, 13.1.1842, DLA/SNM, Marbach, 62.2145, siehe auch an August von Hedemann, 15.1.1842 (DLA/SNM, Marbach, 62.2140)) Die katholische Trauung fand erst am 12.10.1842 statt.

[3] Vgl. den Brief vom 21.9.1841, Anm. 5.

83 Alexander von Humboldt an Gabriele von Bülow
Paris, 15.2.1843

H: DLA/SNM, Marbach, 62.2137

Paris 15 Febr. 1843

Meine theure Gabriele! Ich schreibe diese lezten Zeilen vor meiner Abreise mit einem etwas beängstigtem Gefühle. Guizot las mir gestern einen Brief von Bresson vor, nach dem unser theurer Bülow eine Ohnmacht in dem Minister-Conseil gehabt haben sollte. Ein Schnupfenfieber war vorher gegangen. Das alles gefällt mir nicht. Der Himmel gebe, dass das Uebel nur vorübergehend war. Ich hoffe auf dem Wege bei Döhnhoff od. in Erfurth beruhigende Nachrichten zu finden. Ich wollte Freitag 17ten reisen, aber der König will dass ich noch den Sonnabend 18ten bei ihm esse, also kann meine Abreise erst den 19ten erfolgen.[1] Welche Freude Euch alle endlich einmal wieder zu umarmen. Hier ist alles gesichert. Spanien hat Entschuldigungen gemacht. Ich war heute morgen noch bei der Grossherzogin Mutter der Duchesse d'Orléans. Sie sprachen sehr zärtlich von Dir.

AHt

1 Humboldt verließ Paris am 19.2.1843, wo er seit September 1842 weilte, und reiste über Metz, Saarbrücken, Frankfurt/Main, Erfurt (25.2.), Weimar und Halle nach Berlin, wo er am 28.2.1843 ankam. Bülows waren im Vorjahr nach Berlin zurückgekehrt, wo Heinrich von Bülow am 2.4.1842 die Stelle des Ministers für auswärtige Angelegenheiten angetreten hatte.

84 Alexander von Humboldt an Gabriele von Bülow
Erfurt, 25.2.1843

H: DLA/SNM, Marbach, 62.2137

Nur ein Gedanke hat mich seit 8 Tagen beschäftigt unseres theuren Bülow's Unwohlsein[1]. Briefe die Döhnhoffs von seinem Bruder empfangen und die Nachrichten bei Deiner lieben Schwester haben mich ganz beruhigt. Ich werde, theure Gabriele, Dich Dienstags auf dem Schlosse sehen. Ich kam gestern Abend hier an, reise morgen nachmittag mit Hedemanns nach Weimar, bleibe morgen Abend und Montag bis 6 Uhr Abends am Hofe in Weimar.[2] Ich hoffe, dass die erste Hallische Eisenbahn, (sie geht 7 3/4 U[hr] morgens ab) mich nach Berlin führt. Es ist ein grosses Unternehmen doch kein Orinoco und kein Sibirien. Meine Gesundheit ist vortreflich. Ich habe an den König von hier aus einen lustigen Privat Brief, nach alter Sitte geschrieben.[3] Meine herzlichsten Grüsse an Bülow und die lieben Kinder!! Schonung in der Arbeit, Schonung, die werde ich täglich predigen.

AlHumboldt

Erfurt
Sonnabend den 25 Febr. 1843

Ich glaube noch immer dass das Guizotsche Min[isterium] sich mit schwacher Stimmen Mehrheit hält.

[1] Siehe den Brief vom 15.2.1843.

[2] Vgl. den Brief vom 15.2.1843, Anm. 1. „Mein theurer Bülow! Ich bin Sontag Nachmittag von Paris abgereiset, nachdem ich noch den Tag vorher bei dem König gespeiset. Nachdem ich bloss in Metz einige Stunden geschlafen bin ich heute Abend, Dienstags, hier angekommen. Ich reise weiter bis Frankfurth durch, komme wahrscheinlich den 25sten in Erfurt an, wo ich zwei Tage zu bleiben versprochen habe. Dann Weimar und wie ich hoffe, den 2 od. 3ten März in Berlin [...] Dein Unwohlsein ist, wie wir uns dessen schmeicheln, nur vorübergehend gewesen. Es hatte Guizot und auch den König Louis Philippe sehr beunruhigt. Deine Leiden sind gewiss nervös und Folge zu grosser geistigen Anstrengung", schrieb Humboldt am 21.2.1843 aus Saarbrücken an Heinrich von Bülow (DLA/SNM, Marbach).

[3] Humboldt an Friedrich Wilhelm IV., 25.2.1843 (Humboldt 2013, 241).

85 Alexander von Humboldt an Gabriele von Bülow
o. O. u. o. D., [vermutlich April/Mai 1843]

H: DLA/SNM, Marbach, 62.2137

Ich eile, Dir meinen freundlichsten Dank für die so wohlwollende Beendigung meiner Kostenberechnung darzubringen. Es ist unmöglich, einem das Leben leichter zu machen, und die Reiselust mehr anzuregen. Da ich von Schnupfen und von[a] Grippe weniger leide, so denke ich morgen den König zu begleiten und bitte um die Erlaubniss, mich morgen (Mittwochs) gegen 9 Uhr beim Café, den Du freilich nicht theilest, einzufinden. Wir haben hier, der Leiche ausweichend und mit drei Bänden des zu drukkenden!! Adalbertischen Reise-Journals[b] geheimnissvoll gepanzert,[1] Prinzess Wilhelm und den überaus freundlich-liebenswürdigen kleinen Grossherzog: zu Mittag der Fürstbischof zwischen einem Greise und einer rohen Bestie, ein umgepfropftes Reis aus den Fluren der Grafschaft Glaz! Dass man den ungehindert Ernannten nun über alle Maassen „als von edler Einfachheit" lobt, versteht sich von selbst. Dieses frei ausgeübte Wahlrecht ist ein republikanisches Spiel mitten in der absoluten Monarchie. So erinnert das Salat Essen, mitten in der Civilisation an das alte Naturleben der Menschheit.[2]

Mit inniger Liebe
Dein

AHt

Leider! habe ich Gabrielchen am Abend bei der Tochter verfehlt.

---

[a] von *ergänzt H*

[b] (1) Bändchen des (2) Adalbertinischen Reise-Journals *H*

[1] Mehrere Reisen zwischen 1826 und 1842 hatten den Sohn von Prinz Wilhelm in die Niederlande, nach Großbritannien, Russland, in die Türkei, nach Griechenland und nach Brasilien geführt. Siehe die Publikation aus seinen Tagebüchern (Adalbert von Preußen 1847). Die Reise nach Brasilien wurde 1857 von Kletke herausgegeben (Adalbert von Preußen 1857). „Pr[inz] Adalbert quält mich mit seiner Reise nach Rio Janeiro u. Amazonen Fluss", schrieb Humboldt an August von Hedemann am 15.1.1842 (DLA/SNM, Marbach, 62.2140).

[2] Nach der Eroberung Schlesiens 1741 gehörte die Grafschaft Glatz (später Kreis Glatz, Regierungsbezirk Breslau) zu Preußen. Eventuell handelt es sich um Ignaz Ritter, Fürstbischof von Breslau von 1840 bis 1843, sowie seinen Nachfolger von 1843 bis 1844 Joseph Knauer, der von einfacher Herkunft war. Er war zwar bereits 1841 zum Fürstbischof gewählt worden, erhielt die Bischofsweihe aber erst 1843. „Berlin, 17. Mai. Der Fürstbischof Dr. Knauer wird übermorgen seine Rückreise nach Breslau antreten. Gestern hat der Kultusminister, Hr. Eichhorn, diesem hohen Geistlichen ein großes Festmahl gegeben, und heute ist derselbe von der Prinzessin Albrecht [...] zu einem glänzenden Diner geladen. Von Sr. Majestät dem Könige ist der Fürstbischof schon zweimal zur Tafel gezogen worden, und hat bei Hofe und den hohen Staatsbeamten durch sein offenes und anziehendes Auftreten sehr angesprochen." (Bayreuther Zeitung Nr. 123 vom 25.5.1843, 498) Daher die vermutliche Datierung.

86 Alexander von Humboldt an Gabriele von Bülow
o. O., 18.4.1843

H: DLA/SNM, Marbach, 62.2137

Ostern.[a] Dienstag

Ich muss Dir wohl Rechenschaft geben theure G[abriele] über die Einladungen und das abstossende[b] Phänomen von gestern. Die Pointe waren gewesen, Zweifel der Heiligkeit, als heidnisch-jüdisches Concert am 2ten Osterfeiertage.[1] Deshalb sollte es im Inneren sein, anfangs bloss sollten die Höfe und Berlioz u. Meyerbeer eingeladen werden, auch dürfe das Concert nur vor dieser Pompejanischen Bank sein, nicht im grossen Saal, obgleich jener Salon wegen Hize und Fussdekken unsonor[2] ist. Von diesen Principien abgehend waren doch da: der Coloss, die Gräfin Münster mit einem Organ das bei anderen Menschen die Nase heisst, bei ihr aber ein förmliches, nach oben gekehrtes, [tiefe][c] Einsicht erlaubendes Rhinoceros Horn bildet, alle Russen (Medem, Meyendorf der die Stakelberg geheirathet, Mansurof[,] Unger[n] Sternberg ...) nicht der Gesandte Meyendorf, überhaupt kein Gesandter ausser den Weimarschen 3000 r. der seine Champagner Klage gegen jeden ihm Geduld spendenden ausheult; die schlechten Fürstenkinder Bentheims[3]... alle Radziwills, kein Minister ausser Rochow (mit der weiblichen Schärfe), alle feiste[n] Stolbergstöchter, Fr[au] v. Rauch, die man wegen der wohl nicht prinzlichen Vermählung der Tochter gratulirt[4], die Carolath nebst Tochter, nicht Jordan, nicht die Hofchargen, nicht Hofmarschall Massow, mehr Gräfinnen Brandenburg, als es giebt ... Mama geht doch allein mit dem König nach Dessau. Das Concert sehr

[a] Ostern. *ergänzt B*

[b] *B am Rand:* wir waren nehmlich nicht zu diesem Concert gebethen worden, was den Onkel aber nicht uns beunruhigte.

[c] tiefer *H ändert Hrsg.*

getösereich. Meyerbeer accompagnirte Mad[ame] Devrient. Die Clarinette Bärman[5]. Souper bis 11 Uhr.

Ich komme heute Abend gewiss begleite aber erst die Königin in die Huguenotten.

AHt

Nicht Prinz und Prinzess Carl wegen Grippe, doch geht er nach Dessau. Die Gräfin Brandenburg zieht mit nach Potsdam. Pr[inz] Adalbert geht auf 3 Tage nach Erfurt.[6]
Ich bitte Dich das Document der 500jährigen jezt erheiterten Mühle an Hedemann zu schicken.[7] Il y verra de la grandeur.[8]

1 „Berlin, 19.4. [...] In dem am zweiten Osterfeiertage stattgefundenen Hofkonzert wurde auch den bairischen Künstlern, nämlich dem Hofklarinettisten Bärmann und der Hofopernsängerin Dem. Hetzenecker, hoher Beifall zuteil. Auch die Schröder-Devrient [...] wurde mehr vermöge ihrer Connexion, als ihres gegenwärtigen Gesangstalents, als mitwirkende Künstlerin zu dieser k. musikalischen Abendunterhaltung gezogen, worin aber die Decrepidität ihrer Stimme gar sehr störend hervorgetreten seyn soll [...] Nach dem obenerwähnten Hofconcert wurde dem Meyerbeer und Berlioz noch die hohe Auszeichnung zu Theil, zur k. Abendtafel gezogen zu werden.“ (Mnemosyne. Beiblatt zur Neuen Würzburger Zeitung 50 (1843) vom 25. April, 204) Daher die Datierung.
2 Nicht wohltönend.
3 Vermutlich Kinder des Fürsten zu Bentheim aus Hannover aus der Ehe mit Prinzessin von Solms-Braunfels (Ludwig, Wilhelm, Julius, Carl Everwyn, Auguste und Ferdinand).
4 Vermutlich die Tochter von Friedrich Wilhelm und Laurette von Rauch, Blanka, Hofdame von Prinzessin Marie von Preußen, die 1843 Roderich Freiherr Spiegel von und zu Peckelsheim heiratete.
5 Vermutlich der Klarinetten- und Bassetthornvirtuose Carl Ludwig Wilhelm Baermann.
6 Humboldt schrieb am 1.5.1843 an A. Hedemann, „[...] dass Pr[inz] Adalbert am 9ten Mai in Erfurt ankommen und dort 5 Tage Brunnenkresse essen wird“ (DLA/SNM, Marbach, 62.2140).
7 Vermutlich die folgende Notiz aus Fidicin 1842.
8 Frz.: Er wird dort Größe sehen.

87 Alexander von Humboldt an Gabriele von Bülow
o. O. u. o. D., [18.4.1843][1]

H: DLA/SNM, Marbach, 62.2145

Fidicin Hist[orisch-]Diplom[atische] Geschichte der Stadt Berlin B 4. S. 41[2]

Urkunde: 21 Jun. 1361 Markgraf Ludwig der Römer befreit das vom[a] Kloster in Spandow erkaufte Dorf Tegel (samt Mühle) von aller Lehnsverbindung
Donamus villam, dictam Tygel cum malendino sito prope dictam villam
Damaliger Besizer vir discretus Johannes dictus Wolf
Unterschrieben von den Rittern Hasso de Wedel Petrus de Bredow, Henricus de Schulenburg.
Original im Geh[eimen] Staats Archiv

a Vom *ergänzt H*

[1] Zur Datierung siehe den vorigen Brief.

[2] „21. Juni 1361. Markgraf Ludwig der Römer befreit das vom Kloster in Spandow erkaufte Dorf Tegel mit Zubehör von der Lehnsverbindlichkeit und allen Lasten und Abgaben.
Nouerint vniuersi tenorem presencium inspecturi: Quod Nos *Ludowicus* Romanus dei gracia Brandenburgensis et Lusacie Marchio, Sacri Romani Imperii archicamerarius, Comes palatinus Reni et Bauarie dux, nostro et illustris principis *Ottonis* marchionis Brandenburgensis, [...] dedimus, donauimus, appropriauimus, damus et sollempni donacione appropriamus ac iusto proprietatis titulo donamus villam dictam Tygel cum molendino sito prope dictam villam cum omni vsu, iure, fructu, commodo, vtilitate et honore, cum lignis, agris, cultis et incultis, pascuis, paludibus, aquis, pratis, cannis, et cum supremo iudicio dicte ville et molendini, quam villam et molendinum cum omnibus ipsorum pertinenciis vt premittitur discretus vir *Johannes* dictus *Wolf* cum filiis suis *Martino* et *Johanne* in presencia nostra [...] In cujus rei testimonium sigillum nostrum presentibus est appensum, presentibus Reuerendo in christo patri ac domino domino *Heinrico* Lodobucensis ecclesie Episcopo, ac Strenius viris *Hassone de Wedel* de Valkenberg, *Petro de Bredow*, camere nostro magistro, *Hermanno de Wolkow*, militibus, *Heinrico de Schulenburg, Guntzelino de Bertensleue* et *Mathia de Bredow*, cum ceteris pluribus fide dignis. Datum Berlin Anno domini M° CCC° Sexagesimo primo feria secunda ante festum beati Jahannis Baptistre. Königl. Geh. Staats- und Kabinetts-Archiv. [...]“ Fidicin 1842, 43–44.

88 Alexander von Humboldt an Gabriele von Bülow
Potsdam, 27.5.1843

H: DLA/SNM, Marbach, 62.2137

Der König ist noch immer etwas unwohl und bei dem bewegten Leben, während der Anwesenheit des jungen Grossherzogs und der Leuchtenberge[1], bin ich eine fast nothwendige Stüze der Conversation. Diese lästigen Verhältnisse berauben mich leider! der Freude Dir, theure G[abriele] den Ausdruk meiner Liebe und zärtlichen Glückwünsche in Tegel darzubringen. Du kennst meine Anhänglichkeit an Dich und Deine liebenswürdige Familie und zürnest mir gewiss nicht.

AHt

Potsdam, Sonnabend
27ster Mai 1843.[a]

[1] Auguste de Beauharnais, Herzogin von Leuchtenberg, eine Halbschwester der Königin Elisabeth.

[a] 27ster Mai 1843. *ergänzt B*

89 Alexander von Humboldt an Gabriele von Bülow o. O., 6.6.1843

H: DLA/SNM, Marbach, 62.2137

Dienstags 6st[er] Juny 1843[a]

Ich war heute morgen schon um 10 Uhr „à confesse" berufen (über Preussische und Französische Zustände) bei der geistreichen, Euch sehr ergebenen Herzogin. Du schik[s]t ihr doch wohl eine Carte, British Hotel. Sie wird jedenfalls Donnerstag Abend in Tegel erscheinen mit Comte Charles de Bresson[1] für den sie économie de chaleur zeigt: es ist ein bloss äusseres künstliches Verhältniss. Sie wünscht sehr, wenn sie[b] in Tegel essen kann, recht allein zu sein, ohne den Savignischen Grafen. Ich habe nur noch übrig: Sonnabend, Sontag, Montag. Ich reise Dienstag 13ten.[2]

Ich habe Dich leider!! heute wegen einer Bitte verfehlt. Ich habe ein grosses Interesse, vor meinem Weggehen eine Freude dem Prof. Kunth zu machen und zwar auf Deine Kosten. Ich habe ihm längst versprochen, ihn einen Donnerstag bei Dir einzuführen. Er hat sehr feine Sitten und spricht französisch, mehr als deutsch. Da ich aber Donnerstag bei Euch esse, so frage ich ob es Dir oder Gabrielchen sehr lästig wäre wenn ich ihn mit zu Mittag brächte. Er kann zugleich die Knochen des alten Onkels besuchen.[3] Ein blosses nein beruhigt mich auch, da Ihr vielleicht Donnerstag Mittag gern allein speiset!

AlHumboldt

Heute ist wieder zum 3ten Mal mein Diner bei Meyendorf durch die brasilianische Prinzess Wilhelm zerschlagen.

[1] Bresson war französischer Gesandter in Berlin.

[2] Humboldt begleitete den König auf einer Reise durch Vorpommern und Rügen. Man traf in Putbus am 17.6.1843 den König Christian VIII. von Dänemark.

[3] Oberhalb der Humboldt-Grabstätte im Park von Schloss Tegel befindet sich das Grab des Botanikers und Erziehers der Brüder Humboldt, Gottlob Johann Christian Kunth.

90 Alexander von Humboldt an Gabriele von Bülow o. O. u. o. D., [nach 19.7., vor 5.8.1843]

H: DLA/SNM, Marbach, 62.2137

[*Fragment*]

grosses und [gerechtes][c] Interesse. Auch sind wir ganz in den See Moeris versenkt.[1] Herweghs 21 Bogen muss B[ülow] ja lesen, die Verse sind erbärmlich aber das Capitel über Eichhorn (wahrscheinlich von Jacobi[)] und über das schwarze Cabinet des dümmsten und schatten-

[a] 6st. Juny 1843 *ergänzt B*

[b] Sie *H ändert Hrsg.*

[c] gerechtet *H ändert Hrsg.*

losesten aller Minister sind sehr merkwürdig.[2] Das ganze Buch scheint in Königsberg geschmiedet. Wir haben hier Mr Hallam den Geschichtsschreiber[3], Friedrich Raumer und Mr Murchison in grosser Uniform zu Tische gehabt![4] Die Königin hat leider seit 2 Tagen etwas Flussfieber, es ist aber unbedeutend, sie hat mit dem König allein gegessen, erscheint aber zum Thee. Die Trauer hat bisher gehindert Mad[ame] Viardot García zu hören und die Medea des Euripides gegeben. Der Abend wo die unerwartete Nachricht von dem Tode des Prinzen A[ugust] ankam[5], war man gerade mit Listen zu einem Ball und Concert der García beschäftigt. Tieck ist hier und ziemlich wohl. Der weissen Gräfin hat Jüngken vor 2 Tagen beide Augen operirt, man hoft glüklich. Sie sah gleich nach der Operation, aber es kann Uebel nachkommen. Die Forster-Hubertsche Familie hat mir die Originale von Wilhelms Briefen, die nun schon längst in der Correspondenz mit Forster zurükgeschikt. Es sind einige ungedrukte darunter. In einem dieser ungedrukten Briefe auf der Reise mit Campe, habe ich folgende denkwürdige Stelle gefunden: „Der Geist, der jezt alle Franzosen belebt (der Brief ist datirt 7. August 1789) die Bürgerwache, die fröhlich stolze Mine aller Einwohner, die Erzählungen selbst der geringsten aus dem Volke machten mir schon ein überaus grosses Vergnügen. Wann werden doch andere Nazionen einmal anfangen, solchem Beispiel zu folgen. Wie stachen dagegen in den Oestreichischen Niederlanden die Dragoner, Kanonen und Galgen ab, womit man in Tirlemont, Löwen, Brüssel u. s. f., die in den lezten Tagen entstandenen Unruhen zu dämpfen sucht.“ Bülow wird sagen: ich habe die Stelle verfälscht. Das einmal ist köstlich. So waren die ersten Eindrücke. Durch die Stelle ist ein energischer Federstrich gezogen. Die Originalbriefe wurden meinem Bruder vorgelegt, damit er ausstreiche was er unbequem zu drucken finden möchte. Meine innigsten Umarmungen an unseren theuren Bülow und beide Kinder. Mit dankbarster unwandelbarer Liebe
Dein

AHt

1 Während der Ägyptenexpedition versuchte Lepsius auch die Lage des legendären Sees Moeris und des Labyrinths in der Oase Fayyum zu klären, über die es in der Literatur widersprüchliche Aussagen gab. (Mehlitz 2011, 118–120) Die Ergebnisse wurden in den Berliner Monatsberichten 1843 veröffentlichte, deren Lektüre Humboldt hier wohl meint: „Der König ist entzückt über Lepsius und die Fortschritte und Entdeckungen seiner von ihm so verständig geleiteten Expedition. […] Die Auffindung des Labyrinths hat den König grenzenlos erfreut und angeregt“, berichtete Humboldt an Bunsen am 17.9.1843 (Humboldt 2006, 70). Siehe auch Humboldt an Böckh, 29.7.1843, in Humboldt 2011a, 112, sowie Lepsius an Friedrich Wilhelm IV., 20.6.1843, in Minkels 2011, 199.

2 „Der Minister Eichhorn“ in Herwegh 1843, 197–204.

3 „Der treffliche Hallam muß mit seiner Aufnahme in Sanssouci zufrieden gewesen sein. Sie ist so gewesen, wie es der große Geschichtsschreiber verdient. […] Der König bat ihn zugleich mit Fr. v. Raumer, und wir haben angenehme Gespräche gepflogen über die wunden Hautstellen des Zeitalters: – Irland, das durch einen König revolutionirte Spanien, Provinzial-Stände ohne allgemeine Versammlungen, das künftige Frankreich …“, schrieb Humboldt an Bunsen am 17.9.1843 (Humboldt 2006, 69–70).

4 Murchison kam im Juli 1843 nach Berlin und besuchte Humboldt am 21.7.1843 in Potsdam (Damaschun/Schmitt 2019, 230).

5 Das Konzert von Viardot und Bazzini war für den 21. Juli geplant, aber wegen des Todes von Prinz August am 19.7.1843 auf den 5.8.1843 verschoben worden. Vgl. Humboldt an Friedrich Wilhelm IV., in Humboldt 2013, 248. Daher die Datierung.

91 Alexander von Humboldt an Gabriele von Bülow
o. O., 20.8.1843

H: DLA/SNM, Marbach, 62.2137

Wenn man stirbt, braucht man, wegen Hausverkauf, nicht auszuziehen. Die gute alte Körner ist diese Nacht sanft, fast ohne es zu wissen, entschlafen im 82[a]sten Jahre.[1] Sie war vorgestern noch im Garten und sprach mit meinem schwarzen Papagay. Gestern klagte sie über Reissen in der Seite. Sie will in Mecklenburg, neben ihrem[b] Sohn begraben sein. Das schöne Bild von Theodor Körner schenkt sie dem Mann in Leipzig, der ihn verbarg u. pflegte.[2] Ich werde dem König vorschlagen es copiren zu lassen. Der König, die Könige haben in Preussen nichts für das Andenken des Dichters gethan. Ihm ward etwas besseres und grösseres: man wird seine Lieder auf dem Schlachtfelde singen. Ich werde von Potsdam aus zur Einsegnung der Leiche hereinkommen. Das Beerdigen ist ein enseignement mutuel[3]. Du schikst wohl zu den Eltern des Pflegesohnes (Ulrich) der Alten, um das Beileid zu bezeigen. Beklage mich, theure Gabriele, dass ich von 9–11 Uhr Mumien und ausgestopfte Monarchen, auf der Kunstkammer, sehen muss*[c].

AHumboldt

Sonntag früh
20ster August 43.[d]

Sie hatte Krampf der Gedärme eine ihr gewöhnliche Krankheit bei der ihr Unterleib sichtbar anschwoll. Sie wird erst Dienstag begraben.

[1] Anna Maria (Minna) Körner war am 20.8.1843 in Berlin gestorben. Vgl. Humboldt an J.G. von Cotta, 12.8.1844: „Ich habe in der zärtlichsten Freundschaft mit der geistreichen uralten Wittwe des Staatsraths Körner gelebt. Sie ist in meinem Hause gestorben und hat einem Pflegesohn, einem sehr gebildeten jungen Forstmanne die herrliche 20jährige, ganz litterarische Correspondenz zwischen Schiller und Körner, als Eigenthum hinterlassen.“ (Humboldt 2009, 260) „Die Staatsräthin Körner, Mutter Theodor Körner's, ist in hohem Alter hier gestorben. Sie wohnte mit Humboldt in demselben Haus; sie unten, er oben.“ (Varnhagen 1861–1905, Bd. 1, 209) Humboldt lebte dort (Berlin, Oranienburger Str. 67) bis zu seinem Tod.

[2] Der bei einem Überfall durch die Franzosen am 17.6.1813 schwer verletzte Theodor Körner wurde in Leipzig von Dr. Wendler, einem Freund der Familie Körner, gepflegt. Das Porträt ist von Theodors Schwester Emma Körner angefertigt worden. Wendler gab das Original dem Leipziger Stadtmuseum (Angaben der Alten Nationalgalerie, Staatliche Museen zu Berlin, die eine Replik besitzt).

[3] Frz.: gegenseitiges Unterrichten.

---

[a] (1) 4 (2) 2 *H*

[b] Ihrem *H ändert Hrsg.*

[c] *B am Rand:* *mit dem Erzherzog Stephan.

[d] 20ster August 43. *ergänzt B*

92 Alexander von Humboldt an Gabriele von Bülow
o. O. u. o. D., [13.9.1843]

H: DLA/SNM, Marbach, 62.2137

Ich esse, nachdem ich den Vormittag mit Weimar, Grossfürstin Helena und Oscar zugebracht in Schönhausen; Abends bin ich im Concert bei der Königin im hiesigen Schlosse das hat mich leider! gehindert Adelheidchen zu sehen. Seit meinem 70sten Jahre habe ich die Schwachheit ungern an meine Geburtstage erinnert zu werden. Ich werde mich also auch morgen (14 Sept) vermachen und verspinden, wünsche aber, wenn mich anders der Hof nicht abhält, morgen Donnerstag (3^h) bei Dir speisen zu dürfen meine Liebe. Ich verbitte Blumen Reden, Lustspiel und die Gefahr von 74 Kerzen.[1]
Dein

AHt.

Mittwoch

[1] Aus dem Hinweis auf den 74. Geburtstag und aus den Wochentagen des Kalenders ergibt sich die Datierung.

93 Alexander von Humboldt an Gabriele von Bülow
Potsdam, o. D., [vermutlich 1843]

H: DLA/SNM, Marbach, 62.2137

Potsdam, Freitag 8 Uhr

Meine theure Gabr[iele]!
On peut serrer le ventre, mais on ne parvient pas à le supprimer.[1] Es ist ein kleiner, unbedeutender, dikbäuchiger, sehr freundlich-harmloser Praetendent.[2] Der Bauch fängt nicht in der Halskrause selbst, sondern darunter an. Im Schauspiel kam (7^U) die Nachricht, er sei im N[euen] Palais angekommen. Erst Pr[inz] Carl, dann Pr[inz] von Preussen u. der Municipal Gardist eilten hin, um ihn zu complimentiren. Er kam zum Souper, die gewöhnliche breidikke weisse Suppenbrühe, Händel, schlechte gekochte Aepfel, alles wie gewöhnlich im Concertzimmer an zusammengeschobenen Tischen. Man war sehr freundlich doch noch ohne Rührung. Prinzess von Preussen war dazu gekommen, sie sah leidend u. mürrisch aus und sagte es gern; auch wollte sie nicht bleiben, um die rothe und blaue Illumination (bengal[isches] Feuer) des grossen Wasserstrals zu sehen, zu Ehren des jungen Prinzen. Die Färbung der Fontaine, die man zu Ehren anderer Fremder noch nicht gemacht, ging nicht ganz nach dem Wunsch des Königs. Das Feuer hatte viele Menschen auf die Treppen gelokt, die das Sehen etwas[a] hinderten. On a eu le bon esprit,[3] das Publikum stehen zu lassen. Der König war sehr aufmerksam auf einen (ominösen?) Stern der gerade über der Fontaine stand. Mit ihm: S[ain]t Priest, der sehr gealtert ist und den man natürlich mit besonderer

[a] etwas *ergänzt H*

Freude an demselben Orte wiedersah, „où j'ai pris congé de Vous."[4] Wir wurden durch den König praesentirt. Sein Interesse schien sehr auf mich gerichtet. Er sprach mir viel von meiner Freundschaft mit Chateaubriand und dem berühmten Mathematiker Cauchy, der sein Lehrer war u. jezt in Paris lebt: nichts politisches, als dass er mir Arago sehr lobte!! Mit ihm, ausser S[ain]t Priest, alles sehr unbedeutend u. sehr unelegant; Duc de Lévy, aus dem Geschlechte in dem man sich rühmt, dass die Jungfrau Maria „mon Cousin" gesagt hat; ein ehemaliger Schiffs Capitän, Sohn des verstorbene[n] Admiral[s] Villaret, ein General Vincent nicht mit dem oesterreichischen verwandt, endlich ein wenig angenehmer Mr de Chabannes, der nie vorher mit[a] dem Prinzen gewesen war, unmittelbar jezt aus Paris kommt. Ausser diesem hatte ich alle anderen bereits früher |2| gesehen. Nichts, gar nichts ist vorgefallen bisher, was irgend piquant sein könnte. Er hat in den Paar Stunden, rien de saillant[5] aber auch gar nichts einfältiges und unbequemes bisher gesagt. Der Kopf ist recht jugendlich hüpsch; weder Vater noch Mutter ähnlich, keine Nase vom Heil[igen] Ludwig, schöne klare Augen, etwas weibisch und ausdrukslos. Das Bein sehr steif, on se traîne,[6] man hinkt auch, wenn man sich vergisst.[7] Um halb eilf Uhr alles aus. Die parthie zur Pfaueninsel ist für heute aufgegeben: man will heute in Sanssouci alle zusammen speisen, Milchbrei mit zerlassenen Kazennudeln. Ob nach England und wie lange man bleibt – alles noch unaufgeklärt. Viel ängstliche Nachfrage nach „cet excellent Mr de Werther et la Baronne et Mademoiselle Josephine.["][8] Der König trug, wie immer, den niederl[ändischen] Orden allein. Ich bin fest von der Klugheit überzeugt mit der er alle politischen Beziehungen vermeiden, aber[b] mit edlem Unabhängigkeitsgefühl den unglüklichen jungen Prinzen zart und liebevoll behandeln wird. Rochow spricht immer von Rekahn, verweilt aber noch hier und erwartet dass man ihn bitte zu bleiben.

AHt

Den 23 kommt die Mecklenb[urg]-Schwerinsche Familie. Das Sommertheater von dem man hier entzükt scheint, bleibt stehen und soll von neuem gebraucht werden. „Nous aurons besoin de Vos conseils surtout["][9], sagt der wenig angenehme Duc de Levy. Ich hoffe das heisst: was ist in Berlin ausser Mad[ame] Bresson (in der catholischen Kirche?) zu sehen? Ich hoffe, dass des guten B[ülows] Schnupfen im Abnehmen ist. Der gestrige Sonnentempel (mit den Potsdamer Sonnenjungfrauen) hätte sehr schaden können. Wenn in der Normandie u. Bretagne nach altem celtischen Brauch der Ehemann sich zu Bette legen muss, wenn die Frau niederkommt, so nennt man das faire couvade[10]. Die Wilden am Orinoco thun es auch und man scheint die Sitte einführen zu wollen.

1 Frz.: Man kann den Bauch eindrücken, aber man kann ihn nicht wegmachen.

2 Henri d'Artois, Herzog von Bordeaux, war der postum geborene Sohn des 1820 ermordeten Charles Ferdinand, Herzog von Berry. Seine Geburt wurde deshalb als Wunder angesehen. Nach der Abdankung Karls X. infolge der Julirevolution verzichtete sein Sohn, der Ludwig XIX. hätte nachfolgen sollen, auf den Thron, so dass Henri als Heinrich V. als rechtmäßiger Thronfolger galt, den Thron jedoch nie bekam. Nach längeren Reisen durch Europa, wo er 1843 in Belgrave Square in England einen Huldigungsbesuch von 300 Legitimisten aus Frankreich empfing, ließ er sich in Görz nieder und nahm nach dem Tod des Herzogs von Angoulême den Titel eines Grafen von Chambord an. „[...] ein kleiner unbedeutender dikbauchiger Mann der Frankreich nicht erobern wird!" berichtete Humboldt an Encke (Humboldt 2013a, 274). Vgl. auch den nächsten Brief.

a (1) wo es G (2) mit *H*

b (1) wird (2), aber *H*

[3] Frz.: man hat den guten Geist gehabt.
[4] Frz.: wo ich mich von Ihnen verabschiedet habe.
[5] Frz.: nichts Herausragendes.
[6] Frz.: man schleppt sich dahin.
[7] Während seiner Reisen durch verschiedenen Länder Europas hatte er 1841 einen Sturz vom Pferd erlitten, der den hinkenden Gang verursachte.
[8] Frz.: nach diesem exzellenten Herrn von Werther und der Baronin und Fräulein Josephine.
[9] Frz.: wir werden vor allem Ihre Ratschläge benötigen.
[10] Als Couvade-Syndrom (frz. couver, ausbrüten) bezeichnen Wissenschaftler das Entstehen von Schwangerschaftssymptomen beim Partner einer schwangeren Frau.

94 Alexander von Humboldt an Gabriele von Bülow
o. O. u. o. D., [23.9.1843]

H: DLA/SNM, Marbach

Sonnabend 8 Uhr früh

Ich danke Dir innigst, theures Gabrielchen, für Deinen so undeutlich calligraphirten Brief und die diplomatische Genauigkeit, mit der Du mir die richtige Ankunft meiner ausführlichen, aber auch vorsichtigen Depeche anzeigst. Auch diese wird hoffentlich nicht über das „Alaunwerk" hieher zurükkommen. Alles geht nach besten Wünschen und die Vorsicht ist im Zunehmen. Der fette junge Mann[1] (bei Tage genauer angesehen wird das ausdrukslose der klaren Augen und die Aehnlichkeit mit einem jungen catholischen Theologen auffallend) will[a] auf zwei Tage nach Berlin, voir quelque chose de la ville, les collections[2] und, als Enkel Heinr[ich] des vierten , eine Caserne. Ich soll ihm dies erleichtern, aber (so ist des Königs bestimmter Befehl, an mich) nicht das Ansehen haben, als führe ich ihn oder gar als sei ich ihm beigegeben. „Ich wünsche, dass Sie nicht auf der Eisenbahn in demselben Zuge mit ihm ankommen: hier im Inneren, in Potsdam, kann man freier handeln; in Berlin, wo das Publikum über[b] alles glossirt, muss man andere Vorsicht brauchen. Sie müssen ihn in Berlin auch nicht abholen im Wirtshause (British Hotel), Sie müssen wie zufällig ihm auf den Sammlungen begegnen. Olfers soll nicht etwa die Directoren zusammenberufen, und ihn feierlich empfangen, an der Thüre." Sontag kommt er herein, fängt mit der Messe an, wo er Bresson finden kann, sieht dann alles was mit den Künsten zusammenhängt; Montag sieht er Universität, Zeughaus und Caserne. Von Schauspiel ist keine Rede. Man hat sogar Bedenken getragen, ob ein Officier ihn von der Kaserne nach dem Zeughaus begleiten könne. Dienstag kommt er wieder hieher, um Abschied zu nehmen. Man glaubt er gehe fort Mittwoch. Gestern hat man sich, wie ich finde sogar zu wenig mit ihm beschäftigt. |2| Die Königin, die ganze Niederländische Familie, und Prinz Carl, der Bayer, der heute abgereiset ist, haben gestern (Freitag) Vormittag ein[e] parthie nach der Pfaueninsel gemacht und haben ihn nicht mitgenommen. Er war noch nicht einmal in Charlottenhof, wohin ihn jedoch heute (Sonnabend) Vormittag von 10–12 Uhr der König führen wird. Er hat gestern blos Mittag und Abends gegessen in Sanssouci, mit uns allen, Prinzess von Preussen!! und Prinzess Carl. Von

[a] (1) der (2) will *H*
[b] (1) auf (2) über *H*

4 ½ Uhr an bis 8 Uhr Abends hat man ihn wieder im öden Neuen Palais allein gelassen. Heute soll ich ihn von 12–2 Uhr, nach dem Marmor Palais und der[a] Pfauen Insel begleiten, aussi la tombe du Grand Frédéric[3] und die Pracht des Potsdamer Schlosses! Der Duc de Lévy, den die Staatszeit[ung] im Fremdenblatt Sr Durchlaucht nennt, misfällt dem König sehr. Er sieht schnöde und rothbärtig-blond aus! Der König sagt sehr hüpsch u. frei „jüdisch, wegen der Verwandschaft mit der Jungfrau Maria“. Von dem Ingenieur General Vincent, der eben erst aus Paris kommt, habe ich herausgebracht, dass er ein Hausgenosse und Freund von Odilon Barrot ist. Er schimpft auf Polignac und die Dummheit der Prinze[n] in den 3 grandes Journées. Die ganze Begleitung, den feinen S[ain]t Priest abgerechnet, ist sehr gemein von Sitten und wird in den grossen Cirkeln in London eben nicht glänzen. Vincent geht nach Paris zurük, wahrscheinlich auch S[ain]t Priest. Als ich den König daran erinnerte dass der Prinz von Preussen nicht für sich orders zum Empfang im Zeughaus geben solle, antwortete Er „sein Sie doch ruhig, daran wird ihn die Frau schon hindern.“ Ich versicherte, so weit sei es gar nicht. Vom Sonnentempel ist allerdings einiges zu besorgen troz der Witterung. Doch sollte ich glauben, man würde den Contact mit Bülow gern vermeiden. Ich wünsche dass auf jeden Fall dieser viel Schnupfen und Furcht vor der Herbstwitterung und Kellerluft in der Bilder Galerie habe. Die Ankündigung in der Staats Zeitung (auf der Reise nach England) ist meisterhaft und ihres Urhebers ganz werth. Der junge Prinz schüzt vor, er müsse sich in Schottland für das viele [Gute][b] bedanken, | 3| das[c] man seiner Familie dort erwiesen. Il n'a pas de rancune.[4] Grospapa (so weiss die Geschichte) wurde wegen Schulden festgehalten und versezte den brillantirten Degen, den ihm Russland schikte, um die Franzosen zu schlagen. Die Baiern finden Henry V, den sie früher in München und Wien gesehen, hier kälter, un peu hautain.[5] Ich glaube, sie irren er ist verlegen, weil er eine schwierige Rolle spielt, man ihm viel gesagt, ein fils de S[ain]t Louis müsse sich nichts vergeben. Er hat leider! nichts von dem melancholischen Ernste den man theatralisch bei einem Praetendirten sucht, er ist ausdrukslos und die Dikke giebt einem 23jährigen Manne un air empesé[6], etwas quablich feierliches. Abends 10 Uhr erschien Meyendorf, um den Sohn des [Thronfolgers][d] zu verkündigen. Er ist ohne allen Contact mit dem Prinzen geblieben, hat Milchnudeln nachexerziert und blieb vom Prinzen durch viele runde Scharpie-Tische, getrennt. Der Unglückliche ging per Post zurük und muss heute früh nach Strelitz wo der Gesten- und Kunstbeflissene Tyrann im Urwalde (Försterhause, das er buddhistisch, pilgrimartig sich kasteiend bewohnt) aufgeschrekt werden wird. Rochow ist nach Rekahn zurük er hat gestern nicht mehr hier gegessen. Ob die Mythen, die man über ihn verbreitet, eine historische Grundlage haben? Kein verbotener Orden wird hier getragen; der Prinz selbst trägt gar keinen … Ich hoffe, morgen bei Euch speisen zu können, ich werde bestimmt allen Anfechtungen, Gift im Wirtshause mit Franchet zu theilen, ausweichen. Und nun schliesse ich meine bunte Erzählung. Ich werde, die 2 Tage (in Berlin) Bresson vermeiden; Bülow wird am besten wissen, was ihn, und in welchem Maasse ihm das[e] zu sagen ist, was ihn calmirt. Das bengal[ische] Feuer am Springbrunnen ist zu erklären: es wäre kein Freudenfeuer gewesen über die Ankunft, wie der Potsdamite und die Potsdamitin sagt; man habe es befohlen als Schluss des Festes im Sonnentempel, ehe man

---

[a] der *ergänzt H*

[b] Güte *H ändert Hrsg.*

[c] (1) dass (2) das *H*

[d] Trohnfolgers *H ändert Hrsg.*

[e] das *erg. H*

geahnet der Prinz werde es sehen man habe das Publikum das zugeströmt zum Feste noch am Abend amüsiren wollen[a]. So kann man eine wahre Geschichte glaubwürdig verdrehen. Tausend Grüsse an die junge Mutter[7] und alle in Berlin und Tegel. Von der Seefahrt nach Tegel ist bisher keine Rede.

AlHt

1 Vgl. den vorigen Brief.
2 Frz.: um einiges der Stadt, die Sammlungen, zu sehen.
3 Frz.: auch das Grab Friedrich des Grossen [in Sanssouci].
4 Frz.: Er ist nicht nachtragend.
5 Frz.: ein wenig hochmütig.
6 Frz.: eine gestelzte Miene.
7 August von Loën, erstes Kind von Gabriele von Loën, war am 29.8.1843 geboren.

95 Alexander von Humboldt an Gabriele von Bülow
Potsdam, 3.11.1843

D: Sydow 2000, 179

Ich erfahre diesen Augenblick erst, daß die Königin nun doch und jetzt erst nach Grunewald fährt, um dort zu essen. Würde ich sehr lästig sein, wenn ich Euch anflehte, mit Euch das einfachste, meinem Unwohlsein allein bekömmliche Diner zu teilen?

Trage meine Bitte Gabrielchen und Loën vor und lasse mir sagen, Teure, ob ich um drei oder vier Uhr kommen soll?[1]

Ich weiß, daß der Tag vielleicht etwas unbequem gewählt ist, aber ich habe große Lust, mit Euch recht heiter zu sein.

A. Humboldt.

Potsdam, 3. November 1843

1 Diese Bitte sandte Humboldt auch an Gabriele von Loën, siehe Sydow 2000, 179.

96 Alexander von Humboldt an Gabriele von Bülow
o. O., 12.12.[1843]

H: DLA/SNM, Marbach, 62.2137

Ich war gestern Abend noch zur Königin nach Charlott[enburg] bestellt mit Prinzess von Preussen, die einen 8 Seiten langen Brief von der Duchesse d'Orleans hat und sich freute zu Euch zu kommen und mit Prinz u Prinzess Friedrich. Niemand dachte an den Tod des

a man habe […] wollen *ergänzt H*

Grafen von Nassau[1], den ich als wahr annehme. Es wäre höflicher gewesen, er sei Donnerstag gestorben, an Werthers Tage.

Dass man bei Euch nicht tanze, versteht sich von selbst, aber ich frage an, meine Theure, ob Ihr überhaupt heute Abend empfangen werdet? Ich sollte glauben nein.

AHt

Dienstag 12. Dez.[a]

[1] Wilhelm Friedrich von Oranien-Nassau war durch Heirat mit Friederike Luise Wilhelmine von Preußen (Tochter des Königs Friedrich Wilhelm II.) Mitglied der preußischen Königsfamilie und als Wilhelm I. König der Niederlande. 1840 dankte er zugunsten seines ältesten Sohns Wilhelms II. ab, nahm den Titel König Wilhelm Friedrich Graf von Nassau an und lebte seitdem in Berlin, wo er am 12.12.1843 starb.

97 Alexander von Humboldt an Gabriele von Bülow o. O., 13.12.1843

H: DLA/SNM, Marbach, 62.2137

Welch ein sardanapalischer Luxus[1], welch eine Pracht im Totenmahl! Die Trauer und der Mangel an Muskelbewegung haben den Berliner aber nicht gehindert einzubeissen, indem sie sagen, „je ne soupe ordinairement pas, je prends à peine[b] un morceau.[“][2]

Ich glaube es muss noch[c] grossartige Trümmer von solchen Monumenten geben, deshalb, meine Theure, werde ich mich heute (da es Euch gewiss recht ist) zur Essenszeit einfinden. Ich komme oft „je ne prendrai qu'un morceau[“.][3]

AHt

Mittwochs d. 13 Dez.1843.[d]

[1] Ausschweifend. Siehe den vorigen Brief.
[2] Frz.: normalerweise esse ich nicht zu Abend, ich nehme kaum einen Bissen.
[3] Frz.: ich werde nur einen Bissen zu mir nehmen.

[a] Dienstag 12. Dez. *ergänzt B*
[b] à peine *ergänzt H*
[c] muss | aber *gestrichen* | noch *H*
[d] d. 13 Dez. 1843. *ergänzt B*

98 Alexander von Humboldt an Gabriele von Bülow
o. O. u. o. D., [vermutlich 23.12.1843]

H: DLA/SNM, Marbach, 62.2137

Sonnabend[1]

Da ich mich der Freude des Kleinen bei Euch auch freuen möchte, so frage ich, meine Liebe, an wann Ihr morgen Abend bescheeren werdet. Ich muss danach meine morgenden Pläne abmessen, da ich auch meiner Kinder Geschenke mit ansehen und wahrscheinlich 8–9 Uhr auf dem Schloss sein muss, falls man sich nicht über 150 Millionen Gulden traurend, verriegelt. Ehrenberg ist artig und darum noch langweiliger gewesen[a]. Er hat die Einheit des Inneren der Holländ[ischen] Königs Familie sehr naturwahr gelobt, auch nicht gesagt |2| (was ein schönes Seitenstück zu Pr[inz] August gewesen wäre) dass das Himmelreich den Reichen verschlossen bleibt.

Erzähle, meine Theure, an Bülow dass le Comte de Corberon eben von Stolberg an unseren König ein franz[ösisches] Buch dedicirt hat „Contes populaires".[2] Bei dem Verdacht den man in Paris gegen den Grafen hat, ist das sehr unangenehm.[3] Ich werde Bülow heute wohl nicht bei Lerchenfeld finden. Willst Du mich von Göthe 1797!! in einem Briefe an Knebel gelobt sehen – ein Weihnachtsgeschenk des Kanzler Müller.[4]

AHt

[1] Zur Datierung: Weihnachten 1842 war Humboldt in Paris. Wegen der Angaben „Sonnabend" und „morgen Bescherung" wurde dieser Brief auf 1843 datiert.

[2] Das Buch Corberon 1843 enthält deutsche Sagen und Märchen (Stevens 1863, Nr. 1927).

[3] „Graf Corberon, der durch zwei französisch geschriebene Schriften für die Aufhebung des hannöverischen Grundgesetzes von 1833 eine traurige Berühmtheit [...] erlangt hat [...]" (Hamburger Literarische und Kritische Blätter 31 (1843), vom 13. März). Es ging darin um die Außerkraftsetzung der liberalen Verfassung von Hannover von 1833 durch Ernst August 1837, gegen die nicht nur die „Göttinger Sieben" öffentlich protestierten. Siehe Corberon 1841a und Corberon 1841b.

[4] Goethe an Knebel, Jena den 2. März 1797: „[...] Ich habe in der Zwischenzeit mit meinen Beobachtungen und Zusammenstellungen, die Du kennst, fortgefahren; nun ist der Bergrath von Humboldt hier, der, wie ein reiches Cornu copiae, seine Gaben mit Liberalität mittheilt und dessen Umgang äußerst erfreulich und nützlich ist." (Goethe/Knebel 1851, 142–143).

99 Alexander von Humboldt an Gabriele von Bülow[1]
o. O., 16.1.1844

H: DLA/SNM, Marbach, 62.2137

Wenn mich nicht eben heute Abend 9 Uhr der König bestellte, so würde ich sogleich zu Dir gekommen sein, um mich nach der Gesundheit der armen Gabriele zu erkundigen. Ich aass eben ganz allein bei Pr[inz] Wilhelm Onkel[,] Pr[inz] Carl hätte wohl einen anderen Tag

[a] (1) geworden (2) gewesen *H*

wählen können. Diese ewigen Bälle stöhren und quälen mich auch. Pr[inz?] Wilhelm hat die Königin recht ernsthaft leidend gefunden der König sehr unruhig darüber: dazu die lästigen Prinzl[ichen] Besuche u. Strelitz das sich androht. Der Prinz bei dem Du morgen isst hatte mich wie es schien gebeten um zu wissen ob er sagen solle Je Bois od. nous buvons ... Die declination dieses ganzen verbums ist im französischen sehr zu vermeiden. Le Roi boit,
Dein

AlHt

Montag, d. 16ten Januar 44.[a]

[1] Adressat unsicher.

100 Alexander von Humboldt an Gabriele von Bülow
o. O. u. o. D., [20.1.1844]

H: DLA/SNM, Marbach, 62.2138

Da ich morgen mit Diamanten geschmükt sein werde[1] (ich ahndete nichts bis der alte Borstell, mein Chef, selbst kam, es mir anzuzeigen) so ist dies ein Abschnitt des Lebens und ich wünsche vorher noch einmal ungeschmükt bei Euch, meine Lieben, essen zu dürfen. Ich werde heute kommen, gieb Dir nicht die Mühe zu antworten.

Der König (so sagte mir eben Schönlein der von ihm [kam)][b] wüthete heute, fast das schuldlose Caffee Geschirr umstossend, gegen die „canaillöse“ Vossische Zeitung in der steht die Deutschen liessen sich von Guizot wegen des H. v. Bord Befehle geben, während Guizot den Leoparden nichts zu befehlen wage.

Erzähle dies unserem Freunde u. dass er ja den groben Brief des Duc de Fitzjames an Mylord Guizot liest (heutige Débats 15 Jan.) [„]Mr Guizot a été écrit sur Votre front en caractère[s] ineffaçables: |2| Cynisme des apostasies.[“][2] Es ist doch bequemer nicht in Gent gewesen zu sein.

Meine Diamanten zum Stern des Rothen Vogels verdanke ich gewiss und gern einer freundlichen Conspiration von Bülow mit Stolberg.

Die Königin ist fast schon hergestellt.
Dein

AHt

Sonnabend.

[1] Vermutlich die Verleihung der Diamanten zum Roten Adlerorden, vgl. Humboldt an Friedrich Wilhelm IV., 22.1.1844 (Humboldt 2013, 269). Daraus ergibt sich die Datierung.

[a] Montag, d. 16ten Januar 44. *ergänzt B*
[b] kommen *H ändert Hrsg.*

[2] „A Mr Guizot [...] N'avez-vous pas déjà écrites sur le front, en caractères ineffaçables, ces paroles de notre grand orateur: Cynisme des apostasies. " (Frz.: An Herrn Guizot [...] Haben Sie nicht schon auf der Stirn geschrieben, in unauslöschlichen Buchstaben, diese Worte unseres großen Redners: Zynismus der Apostasien.) Zitat aus einem Brief an Guizot, 11.1.1842, in Journal des débats, politiques et littéraires, Lundi, 15.1.1844.

101 Alexander von Humboldt an Gabriele von Bülow
o. O., 1.2.1844

H: DLA/SNM, Marbach, 62.2138

Es bleibt doch dabei, meine Theure, dass das Dîner monstre morgen Freitag um vier Uhr statt findet und dass man in bloss reinlicher Menschlichkeit erscheine?
Mit inniger Liebe
Dein

AlHumboldt

Donnerstags 1ster Februar 1844.[a]

102 Alexander von Humboldt an Gabriele von Bülow
o. O. u. o. D., [nach 5.2.1844]

H: DLA/SNM, Marbach, 62.2137

Rauch hat gestern einen wunderbar eiligen Brief von dem geistreichen in Schädellehre vertieften Leibarzt Carus erhalten –

„Ich erfahre so eben in Leipzig dass Al. Humboldt gestorben ist. Lassen Sie mir sogleich seinen Abguss in Gips machen."

Carus

Der Brief enthielt nicht einmal die obligaten Worte der „bedaurenswürdige Tod". Nein! bloss Liebe des Besizes, ich soll in das Schädel-Cabinett. Ich habe an Carus sehr lustig geschrieben.[1]

Wenn mich der König frei lässt, meine Theure, so komme ich heute Abend.

AHt ohne Gyps!

Dienstag

[1] Humboldt an Carus, Berlin, 5.2.1844: „Ich schreibe Ihnen nicht aus dem Schattenreiche, nein sehr arbeitsam und lebend. Meine Gesundheit ist unerschüttert gewesen. Sie schreiben an unsern Rauch, er solle meinen Schädel abformen, Sie wollen mich für Ihre Sammlung. Wäre ich boshaft, so machte ich Ihnen Vorwürfe, daß in dem Briefe auch nicht ein Wörtchen des obligaten Bedauerns über mein Hinscheiden stand. Ich könnte scherzend sagen, ich habe mich nun für Sie sterben sehen, theurer Carus! Nein! So eine Empfindung taucht nicht in meiner Seele auf. Ich kenne Ihr fühlendes Herz, weiß daß Sie keines Grolles gegen mich, den freilich Schuldigen, fähig sind. Die Zeilen über die ich scherze, nicht hadre, tragen alle Spuren der ersten Eile ..." (Schwarz 2009).

---

[a] 1ster Februar 1844. *ergänzt B*

103 Alexander von Humboldt an Gabriele von Bülow o. O., 10.2.1844

H: DLA/SNM, Marbach, 62.2137

Vielen Dank meine Theure für die zärtliche Theilnahme. Prinzessin von Preussen hat heute zweimal geschikt, das ist zu viel für ein bischen Schnupfenfieber. Da ich Pillen eingenommen, so bin ich heute vom Magen etwas mehr derangirt, aber ich hoffe in wenigen Tagen werde ich Dir u. dem theuren Bülow selbst meinen Dank bringen können.

Ich werde nächstens Deine Mildthätigkeit für die arme fast ganz blinde Wittwe Winkel in Anspruch nehmen.[1] Man hat ihr da sie wieder ein Kind verlor wieder von der Pension (6 r. monatlich, die sie hat [)] genommen. Du musst zu dem was ich gebe, etwas zuthun, als einmaliges Geschenk.

AHt.

Sonnabend d. 10ten Febr. 1844.[a]

[1] Humboldt hat ihr mehrfach über Olfers Geld gesandt. Vgl. Humboldt 1913, 93 u. a., sowie Humboldt an Friedrich Wilhelm IV., 4.2.1849: „Die bald 60jährige Wittwe, die den arbeitsamen Kindern eine vortrefliche Erziehung gegeben, erfleht die Fortzahlung von monatlich 6 Thalern die sie aus der vereinigten ‚Consistorial-Militär und Bau-Casse' zog. Ich habe sie gern und pflichtmässig unterstüzt, aber bei meinem Uralter ist die Gefahr für die Nothleidende immer gleich dringend. Es würde mir ein grosser, grosser Trost sein, wenn meine allerunterthänigste Bitte für die Wittwe Winckel, geb. Wegener (Markgrafen Str. n. 8) Gehör finden könnte." (Humboldt 2013, 409).

104 Alexander von Humboldt an Gabriele von Bülow o. O., 16.2.1844

H: DLA/SNM, Marbach, 62.2138

Du bist ja, theure G[abriele] in einem glänzenden Anfall der Geschenklust. Allerdings werde ich den kostbaren Sak nächtlichs beim Arbeiten brauchen und mich Deiner dankbarst erinnern. Wenn Du es erlaubst so komme ich morgen bei Euch zu[m] essen. Der arme Loën! Und gerade an dem Hofe wo die Besorgniss aller Ansteckung so gross war. Ich habe den König heute morgen gesehen und schon erfahren, dass die Sonne Euch nicht allein erleuchtet hat. In keinem Lande wird man so an die Gleichstellung gewöhnt. Es ist Zeit dass ich ausgehe. Gestern hatte ich auf einmal en visite

Wittgenstein
der Fürstbischof[1]
Natzmer
Nostiz!!

Dankbarst
Dein

AlHumboldt

[a] Sonnabend d. 10ten Febr. 1844. *ergänzt B*

Freitag 16ter Febr. 44.[a]

Die schönsten Grüsse an Bülow.
Die Einlage 4 Seiten aus Paris von einer Dame du faubourg die wieder nicht unterschreibt u. die ich errathen soll. Wahrscheinlich die Zierpuppe Mad[ame] Delmar[2].

[1] Vgl. den Brief Nr. 85, vermutlich April/Mai 1843, Anm. 2.
[2] Salonnière aus Faubourg S[ain]t Germain.

105 Alexander von Humboldt an Gabriele von Bülow o. O., 3.3.1844

H: DLA/SNM, Marbach, 62.2138

Es wird mir immer so geistig und gemüthlich wohl, wenn ich an Eurem Tisch erscheine, und[b] Bülows edles, weltkluges, festes Auftreten beobachten kann, dass ich morgen gern auch ohne die Herzogin komme.[1] Wenn mich nur die Pr[inzessin] v. Pr[eussen] nicht beglücken will! Ich werde unserem Freunde sehr dankbar sein, wenn er meine harmlosen Briefe in diesen Tagen durch die Post abgehen lassen kann. Ich bin heute Abend bei dem Könige um 8 Uhr, was wohl bedeutet, dass die Königin erscheint.

AHt

Sontag d. 3ten März 44.[c]

Mad[ame] Seiffert ist erst heute morgen 6 Uhr vom Jägerfest zurükgekommen. Schade dass Deine Kinder die Ausstellung nicht sehen sollten!
Ich schikke Dir den eben erschienenen Theil der Salbaderei des Bischofs Eilert. Lies die Misgeburth S. 64[2]. Das schöne Bild v. Ternite p. 75[3] u. wie er die Königin predigen lässt S. 161![4]

[1] Varnhagen notierte in seine Tagesblätter, dass er am 26.2.1844 im Salon der Bülows die Herzogin von Sagan kennenlernte (Varnhagen 1994, 331).
[2] „Die Königinn [Luise ...] fragte unbefangen die noch nicht gesehene junge Frau: ‚Was sind Sie für eine Geborene?‘ Und ängstlich und verlegen in dieser hohen, ihr bis dahin ganz fremden Sphäre, zum Erstenmal vor einer Königinn stehend, antwortete kaum hörbar die beklommene junge Frau mit zitternder Stimme: ‚Ach! Ihro Majestät – ich bin gar keine – Geborene.‘ Ein spöttisches höhnendes Lächeln zuckte auf den Gesichtern der meisten andern Damen. Dieß würde die Königinn, als nicht bemerkt, mit Stillschweigen haben hingehen lassen; da Sie aber, Alles genau beobachtend, hören mußte, daß eine nicht ferne stehende Dame vornehmer Abkunft leise zu ihrer Nachbarinn sprach: ‚Also eine Mißgeburt!‘ da fühlte die Königinn Ihr rein menschliches sittliches Gefühl verletzt und konnte und durfte nicht länger schweigen [...]“ (Eylert 1844, 63–64).

[a] Freitag 16ter Febr. 44. *ergänzt B*
[b] (1) kann (2) und *H*
[c] Sontag d. 3ten März 44. *ergänzt B*

3 „[...] im Amazonenanzuge* zu Pferde [...].
* Auch in solchem Habit hat der Königliche Gallerie-Inspector zu Potsdam Hofrat Ternite die Königinn gemalt." (Eylert 1844, 75).

4 „Die Königinn dagegen liebte es, das volle Herz zu ergießen und Mittheilung war Ihr Bedürfniß. War Sie aber in einer religiösen Stimmung, dann temperirte sich Ihre sonstige Lebhaftigkeit und wurde, jedoch fern von aller Feierlichkeit, diese eine gehaltene, sanfte, heitere Ruhe. So war es eben jezt an diesem Abend, als Sie, entfernt von der größeren Gesellschaft, in einem hohen schattigen Bogengange [...] das Wort nahm und also sprach: ‚Wie schön und erquickend, wie milde und ruhig ist der Abend! Gern folgt das Herz seinen sanften Eindrücken. Diese wohlthuend sich mittheilende Ruhe wird leicht und von selbst eine religiöse. Man kann in keine wahrhaft fromme Stimmung kommen, ohne diesen belebenden Anhauch eines höheren Friedens zu fühlen [...]'" (Eylert 1844, 160–163).

106 Alexander von Humboldt an Gabriele von Bülow
o. O., 21.3.1844

H: DLA/SNM, Marbach, 62.2138

Darf ich Dich bitten, theureste G[abriele] gelegentlich die Inlage (Empfehlungen nach Paris enthaltend) dem guten Hofmarshall Loën zu übergeben. Gestern Abend habe ich wieder 2 Stunden lang Solitaire spielen sehen, keine Spur eines Gesprächs, bloss er Nazmer und Frau, alle Dessauer, und Strehlizer, der Herzog von Braunschw[eig] aus Verzweifelung Schach spielend mit der Erbgrossherzogin von Strelitz. Ein Fräulein Stille hat mir aus Cölln eine ganze Kiste Stickereien geschikt „die ich am Hofe für 20 r. verlosen soll." Bin ich gequält. Mit inniger Liebe
Dein

AHt

Donnerstags 21st[er] März 44.[a]

107 Alexander von Humboldt an Gabriele von Bülow
o. O., 2.4.1844

H: DLA/SNM, Marbach, 62.2137

Ich habe Fichte[1] kaum 2mal in meinem Leben gesehen um von seiner grossen Nase beschattet zu werden: mais le pis[t]olet sur la gorge[2] muss man wohl bluten. Es ist ein sonderbarer Zustand der Philosophie in Deutschland in dem ein wohlthätiges Hoffräulein zum Ruhme des Nicht Ich wieder aufbauen will, was ein Gassenbube, um sein Ich mit Näschereien zu füllen zerstöhrt hat. Mein Programm theure G[abriele] ist

essen bei Cato dem Censor 4 U[hr][3]
um 6 ¼ U[hr] hoffe ich um nicht in meine Wüste zu Hause fahren zu müssen, zu Bülow zu kommen. |2|

a 21st[er] März 44. *ergänzt B*

Ich möchte dort an einem Tische arbeiten Cosmos-Bogen corrigiren

um 7 U[hr| muss ich nach dem Odeum fahren um dem Pr[inzen] von Preussen im Thiergarten, ein Sideral-Licht zu zeigen[4]

um 8 ½ U[hr] komme ich wieder zu Euch en soirée, wenn der Olymp nicht donnert. Sind die Prinzen denn nicht philosophisch wie das Kälbchen? Wenn nicht Eichhorn giebt, vernichte ich mein Versprechen der 10 r.!!

Wie unendlich freuet mich der armen niedlichen Constance Besserung.

Que dit Mr de Bülow quand il est seul avec Mr Bunsen?[5] Ich war |3| den Vormittag bei Nagler. Er ist officiell besser (man lässt aber nicht herein): Schmückert, dem ich den Puls sondirt, glaubt, wie mir schien, an Canitz als General-Postmeister. Er hat mir nicht gesagt dass er es hofft.[6]
Dein

AlHt

Dienstag den 2t[en] April. 44.[a]

Ich bitte Dich das Paket in des Minister[s] Zimmer legen zu lassen. Es sind meine Bogen.

1 Fichte, neben Schelling und Hegel der wichtigste Vertreter des deutschen Idealismus, wurde 1810 Dekan der philosophischen Fakultät und für kurze Zeit der erste gewählte Rektor der Berliner Friedrich-Wilhelms-Universität. Nicht-Ich ist der philosophische Begriff Fichtes dessen, was vom reinen, ursprünglichen Ich verschieden ist.
2 Frz.: aber die Pistole am Hals.
3 Auf wen Humboldt hier anspielt, konnte nicht ermittelt werden. Der römische Konservative Cato war zeitweise Zensor der römischen Republik, zu dessen Aufgaben die Durchführung der Volks- und Vermögensschätzungen (census), die Bildung des Senats und die Aufsicht über die Sitten der Bevölkerung gehörten.
4 Das Siderallicht oder Drummondsches Licht, auch Kalklicht genannt, war eine 1826 vorgestellte Beleuchtungsquelle, bei der eine Knallgasflamme, die auf ein Stück Branntkalk gerichtet wird, dieses zu intensivem Leuchten bringt. Das „Odeum“ war ein vornehmes Ausflugslokal.
5 Frz.: Was sagt Herr von Bülow, wenn er allein mit Herrn Bunsen ist?
6 Schmückert wurde erst 1846 nach Naglers Tod Generalpostmeister.

108 Alexander von Humboldt an Gabriele von Bülow
o. O. u. o. D.

H: DLA/SNM, Marbach, 62.2137

Nur 3 Worte in dem ich von der Kirche komme. Die Prinzessin v. Pr[eussen] ist freundlicher als je für Euch. Sie schläft heute hier, geht morgen auf 2 Tage nach Babel und denkt von Berlin aus Euch selbst u. Tegel einen Vormittag zu besuchen. Du sollst gewiss sein, dass [sie sich][b] gewiss entweder bei Dir ansagt od. Dich bittet sie[c] einen bestimmten Tag in Berlin zu

a den 2t[en] April. 44. *ergänzt B*
b Sie Sich *H ändert Hrsg.*
c (1) zu ihr (2) Sie *H ändert Hrsg.*

besuchen. Die kleine Prinzess[1] hatte Fieber u. ist in Coblenz geblieben. Die Prinzessin bleibt nicht zum Geburtstag der Königin[2]. Hedeman[n] konnte nicht in die Kirche kommen.
Es ist ¾ auf zwölf Uhr

AH

in Eile

1 Vermutlich Luise von Preußen, geb. 1838.
2 Am 18. Juni.

109 Alexander von Humboldt an Gabriele von Bülow o. O., 31.7.1844

H: DLA/SNM, Marbach, 62.2138

Vielen Dank meine Liebe! Ich denke gewiss morgen zum Essen zu kommen und will sehen, ob ich Rauch mitbringen kann. Ich werde ihm sogleich schreiben. Das Wetter ist schauderhaft.
Dein

AlHt

Mittwoch 31s[ter] July 1844.[a]

110 Alexander von Humboldt an Gabriele von Bülow o. O. u. o. D., [vermutlich Anfang August 1844]

H: DLA/SNM, Marbach, 62.2145

Du weisst wahrscheinlich schon was ich schreibe. Es ist kein Brief der Kaiserin angekommen, sondern ein Brief von Rauch an den König, einer der Grossherzogin v. Mekl[enburg] an die Königin, einer von Chambaut an Hofm[arschall] Meyerinck. Alle sagen mir, dass man den 18ten angekommen, dass der Kaiser über den Anblik der Kranken ganz zerstöhrt sei, dass man alle Hofnung aufgegeben, dass von dem Herreisen nun keine Rede sein könne, dass der Arzt Rauch wahnsinnig geworden sei[1]. Bei Loëns ist alles sehr wohl ich komme von ihnen.
Dein

AlHt

Mittwoch

Tiek beendet heute von 5–7 Uhr die Lecture von Romeo, dann 7–8 ½ Spazierfahrth mit einer natürlichen Tochter des Pr[inzen] Carl v. Bayern Gräfin Gumpenhein[2], dann Petersiliensuppe et farce[3] gebraten. Händel. Cosi va il mondo.[4]

a 31s[ter] July 1844. *ergänzt B*

Ich habe neue freundliche Explicationen mit Stolb[erg] gehabt ohne dass er mich überzeugt hat.
Prinz Waldemar hat vom König die Erlaubniss im Sept. auf 5/2 Jahr zu gehen über das Rothe Meer, nach Bombay, Ceylon, Calcutta, Quellen des Ganges, und zurük über Jerusalem u Constantinopel.[5] Was einem so ganz ungebildeten Mann wohl solch eine Reise helfen kann! Er glaubte gestern Romeo u Julia sei ein eigenes Werk von Tiek, er fragte wann er es geschrieben?

[1] Aleksandra von Hessen-Kassel (Tochter des russischen Zaren) war am 29.7.1844 verstorben, siehe Humboldt 2011, 139. G. A. D. Rauch war bis 1845 Leibarzt der Zarin Aleksandra Fjodorowna und des Zaren Nikolai I. Daher die Datierung.
[2] Wegen seiner 1823 geschlossenen morganatischen ersten Ehe mit Marie-Anne-Sophie Petin, die daraufhin den Titel Gräfin von Bayrstorff erhielt, verlor Prinz Karl seine Ansprüche auf den bayerischen Thron. Eine der drei Töchter, Caroline Sophie, heiratete Adolf Eberhard von Gumppenberg.
[3] Frz.: und Füllung.
[4] Ital.: so läuft die Welt.
[5] Am 8.9.1844 trat Prinz Waldemar eine Reise nach Indien an, die ihn bis in den Himalaja und an die Grenze Tibets führte. Er kehrte 1846 nach Berlin zurück.

111 Alexander von Humboldt an Gabriele von Bülow
o. O., 13.8.1844

H: DLA/SNM, Marbach, 62.2137

Hier, mein Liebes, ist der „Spuk in Tegel" vor der Bibliothek den Gabrielchen wünschte.[a1]
Wirst Du morgen zu Hause essen 3[U] oder 3 ½ Uhr[?]
Ich hätte grosse Lust mich bei Dir zu Gast zu bitten auf morgen Mittwoch.
Ein Wort mündlich!

AlHumboldt[b]

Dienstag, 13 August 1844[c]

[1] „Wir haben ja aufgeklärt! Das Teufelspack, es fragt nach keiner Regel, Wir sind so klug, und dennoch spukt's in Tegel." (Goethe, Faust II, Vers 4161).

---

[a] *H am Rand:* S. 60
[b] *darunter ein Wort unleserlich (abgeschnitten)*
[c] Dienstag, 13 August 1844 *ergänzt B*

112 Alexander von Humboldt an Gabriele von Bülow o. O., 14.8.1844

H: DLA/SNM, Marbach, 62.2138

Ich würde, meine Theure, sehr sehr gern Deine Einladung zu morgen Mittag annehmen, aber leider! muss ich wegen einer akademischen Angelegenheit (Vorbereitung zur Wahl des sogenannten jungen[a] Erman) um 4 Uhr auf die Akademie gehen.[1] Donnerstag Abend komme ich gewiss. Ich werde, statt heute, schon einen anderen Tag hier mit Bülow essen. So eben erfahre ich, dass Geh[eimer] Cab[inets] R[at] Müller schon heute Abend von Erdmannsdorf hier ankommt und befohlen[b] hat, dass man ihm keine Geschäfte hier auftrage. Die Familie glaubt, dass sein Uebelbefinden ernster geworden ist und dass er sich ganz zurükziehen wird. Es ist ein bedenklicher Verlust wegen der Gefahr eines bösen Ersazes.[2]
Dein

AHt

d. 14ten August 44.[c]

[1] Die Wahl von Bessels Schwiegersohn G. A. Erman in die preußische Akademie der Wissenschaften, für die sich Humboldt vehement eingesetzt hatte (siehe den Vorgang in der Staats- und Universitätsbibliothek Bremen, Handschriftenabt.) scheiterte, da Jacobi gewählt wurde. Vgl. Humboldt 1987, 28.

[2] Er starb am 20.2.1849, siehe den Brief vom 19.2.1849, Anm. 10.

113 Alexander von Humboldt an Gabriele von Bülow o. O., 7.9.1844

H: DLA/SNM, Marbach, 62.2138

Wie kannst Du zweifeln, theure G[abriele], dass ich nicht an beiden Tagen Sonntag (Tenerani) und Donnerstag (Palmerston)[1] kommen werde, selbst wenn der König schon am 12ten käme![2] Ich werde nicht an Tiek, sondern an Waagen schreiben damit er mit mir nach Tegel fahre; er hatte mir Tenerani zugeführt und spricht vortreflich italienisch; dagegen hörte ich die Klage dass sich Tieck um seinen alten Freund Tenerani noch gar nicht bekümmert habe. Ich sehe heute früh Ten[erani] und Waagen auf dem Museum und werde dem ersteren noch expliciren, dass um[d] 3 Uhr gegessen wird, auch ergründen ob er mit Rauch fährt![3]
Dein

AHt

d. 7ten Sep[t]. 1844.[e]
Viele Grüsse an Adelheidchen

---

[a] jungen *ergänzt H*

[b] (1) beordert (2) befohlen *H*

[c] d. 14ten August 44. *ergänzt B*

[d] (1) er (2) um *H*

[e] d. 7ten Sep. 1844. *ergänzt B*

[1] Palmerston hielt sich seit Ende August anlässlich der Gewerbeausstellung in Berlin auf (Bayreuther Zeitung vom 6.9.1844).

[2] Friedrich Wilhelm IV. kam am 13.9.1844 von einer Reise nach Königsberg zurück, wo er zum 300-jährigen Gründungstag den Grundstein eines neuen Universitätsgebäudes gelegt hatte. Diesem Neubau waren jahrelange Auseinandersetzungen vorausgegangen (Prutz 1894, 145; Humboldt 1994, 187). Humboldt war aus taktischen Überlegungen, wegen seiner „[...] political and academical persuasions, die mit den jetzigen gubernementalen Ansichten in offenem Widerspruch stehen [...]" (Humboldt an Bessel, Ende August 1844, in Humboldt 1994, 201) nicht zu den Feierlichkeiten mitgefahren.

[3] Anlässlich der Verleihung des Roten Adlerordens hielt sich Tenerani in Preußen auf. Vgl. Humboldt 2007a, 64, und Humboldt 1913, 129 (Nr. 186).

114 Alexander von Humboldt an Gabriele von Bülow
o. O. u. o. D., [vor 17.11.1844]

H: DLA/SNM, Marbach, 62.2137

Ich habe leider heute Dienstag schon so viele Menschen, die die Ausstellung[1] hier anhäuft, zwischen 2–4 Uhr bestellt, dass so viel Freude es mir auch sein würde, die theure Adelheid gleich zu begrüssen und persönlich Nachricht über unseren Hedemann einzuziehen, ich doch heute auf Tegel verzichte. Ich komme aber morgen Mittwoch gewiss um 3 Uhr, in der Stadt zu Euch, um mit Euch zu speisen. Du wirst aus einem Briefe, den ich gestern Abend noch an Bülow schrieb, erfahren, dass Lauers ominöser Besuch sich glüklicher Weise gar nicht auf Theodor bezog, sondern auf Spontini der den König irgendwo in Deutschland erhaschen will, um an den sacré contrat zu erinnern.[2] Der Prozess geht aber noch fort und Lauer hält die 3 Monate Festung für sehr verdient. So der Freund. Er hält die Aktenstücke für viel schimpflicher als die Festung: abgewehrte Messerstiche und gewaltsame Besiznahme einer Börse, in der mehr Geld war, als er der Dame gegeben. Der Nebenbuhler Herr Basse, ein Litterat, wollte abstehen für Geld: die Negociation scheiterte aber an Theodor's Geiz.[3]
Dein

AHt

Dienstag

[1] Vermutlich die „Allgemeine deutsche Gewerbe-Ausstellung" 1844 in Berlin, zu der viele Gäste aus europäischen Staaten gekommen waren. Vgl. den Brief vom 7.9.1844, Anm. 1.

[2] G. Spontini war seit 1820 Generalmusikdirektor und 1. Kapellmeister am Königlichen Opernhaus in Berlin. Nach skandalösen Vorfällen im Jahr 1841 hatte der König seinen Vertrag aufgehoben. Seine Stellung als Generalmusikdirektor behielt er, wurde jedoch seiner Funktionen entbunden. Spontini verließ daraufhin Berlin und Meyerbeer wurde sein Nachfolger. Die Streitigkeiten setzten sich jedoch über die nächsten Jahre fort. Ende 1845 schrieb Spontini einen „schändlichen rachsüchtigen Brief" und Humboldt vermittelte erneut. Siehe Humboldt 2013, 64–66.

[3] Siehe den Brief vom 14.12.1844.

115 Alexander von Humboldt an Gabriele von Bülow o. O., 3.12.1844

H: DLA/SNM, Marbach, 62.2138

Hier das einfältige Büchlein „Der König von Paretz“ in dem bloss S. 27 das Fräulein das nicht warten kann[1] und ein Brief des alten Köckeritz S. 17[2] amusiren können. Angenehmer ist gewiss Orlichs Buch.[3] Ich hoffe gewiss, dass mich die Königin heute abend frei lassen wird, meine Theure.

AHumboldt

Dienstag 3ten Dez. 1844.[a]

Bitte an die junge Brut: den Orlich zu schonen.

[1] „Eine der Hoffräulein hatte sich hier im Garten ein Sträußchen von Lavendel, Thymian und den Blüthen einiger myrthenühnlicher Sträucher gepflückt. Als sie damit in's Zimmer trat, fragte sie der König, was sie da für ein schönes Bouquet habe, die ganze Stube rieche danach? Dem Könige die Blumen einzeln mit dem Finger bezeichnend, deklamirte das Fräulein aus dem Freischütz:
‚Lavendel, Myrth' und Thymian,
Die steh'n in unserm Garten,
Wie lange weilt der Freiersmann,
Ich kann es kaum erwarten!‘.
‚Wird schon kommen‘ sagte hierauf der König: ‚nur nicht ängstlich sein!‘“ (Lehnert 1845, 27–28).

[2] „Von dem heitern, ungezwungenen und gemüthlichen Leben, wie es damals in Paretz geführt wurde, giebt uns der General von Köckeritz, der selbst Augenzeuge und Mitgenosse war, in einem vertraulichen Schreiben vom 22. September 1798, folgende zwar kurze und einfache, aber wahre und treffende Schilderung: ‚Ich habe mit unserer gnädigen Herrschaft auf ihrem Landgute Paretz, zwei Meilen von Potsdam gelegen, frohe Tage verlebt. Wir haben uns ungemein divertirt, und alles Angenehme des Landlebens in ganzer Fülle genossen, wobei die Jagd und Wasserfahrt die Hauptbelustigungen waren. Mein guter Herr würde auch noch nicht so bald das ruhige Landleben, wofür er mit seiner Gemahlin so viel Gefühl und Stimmung hat, mit dem quälenden Geräusche der großen Stadt verwechselt haben, wenn nicht Geschäfte seine Gegenwart erfordert hätten. Die guten Menschen genossen mit reinem heiterm Herzen so ganz das Einfache der Natur, entfernt von allem Zwange nahmen sie herzlichen Antheil an den naiven Aeußerungen der Freude des Landvolks, besonders bei dem fröhlichen Erndtefeste. Die hohe, schöne Königliche Frau vergaß ihre Hoheit und mischte sich in die lustigen Tänze der jungen Bauernsöhne und Töchter und tanzte vergnügt mit. Hier war im eigentlichen aber bestem Verstande Freiheit und Gleichheit; ich selbst dachte nicht daran, daß ich 53 Jahre zurückgelegt, und tanzte gleichfalls mit, und so auch desgleichen, von unserm gnädigen Herrn dazu aufgefordert, die Frau Oberhofmeisterin von Voß Excellenz. O wie waren wir doch Alle so glücklich u. s. w.‘“ (Lehnert 1845, 17–18).

[3] Vermutlich Orlich 1845 (Stevens 1863, Nr. 7365 u. 7366).

[a] Dienstag 3ten Dez. 1844. *ergänzt B*

116 Alexander von Humboldt an Gabriele von Bülow o. O., 6.12.1844

H: DLA/SNM, Marbach, 62.2138

Hier, theures Gabrielchen, erfolgt der Nees[1] und die „milchweissen Patschen[“][2]. Die Rückgabe an Miss Seiffert hat keine Eile. Leider! hatte der König wieder gestern und zwar erst um halb acht Uhr eine „unüberwindliche Sehnsucht“ nach mir. Wir waren ganz allein. Er ist in Quedlinburg gewesen um zwei Hasen zu schiessen. Morgen fängt das Schauspiel um halb sechs Uhr an.[3] Wir sollen gestikt u. schwarz in der Kön[iglichen] Loge sein, wenn wir anders hinein kommen. Der König will morgen hier speisen.
Mit inniger Liebe und Anbetung
Dein

AHumboldt

Freitag d. 6ten Dez. 1844.[a]

1 Vermutlich ging es um den wissenschaftlichen Disput zwischen Schleiden und Nees von Esenbeck, der sich um Nees von Esenbecks Artikel in der Neuen Jenaer Literaturzeitung (Mai 1843) entzündet hatte. Schleiden schrieb darauf die „botanische Streitschrift“ (Schleiden 1844), die Humboldt offenbar hier an Gabriele von Bülow sandte (Humboldt 2013a, 309). Humboldt schrieb über diese Schrift an Kunth am 14.4.1844: „In dem etwas groben Briefe v. Schleiden an Nees v. Esenbeck stehen sehr amüsante und sehr gelehrte Dinge – über die Astronomie der Naturphilosophen gegen Hegel u Schelling recht litterarisch gelehrte Sachen.“ (Päßler 2019).

2 Pantoffeln, Hausschuhe.

3 Das Gebäude der königlichen Oper war in der Nacht vom 18. auf den 19. August 1843 bis auf die Grundmauern abgebrannt. Innerhalb des folgenden Jahres wieder aufgebaut, wurde es am 7.12.1844 mit Giacomo Meyerbeers „Ein Feldlager in Schlesien“ neu eröffnet.

117 Alexander von Humboldt an Gabriele von Bülow(?)[1] o. O., 14.12.1844

H: DLA/SNM, Marbach, 62.2138

Sonnabend 7 Uhr Ab[ends]
14ter Dezember
1844.[b]

Ich habe innigst für die Aufnahme der beiden Briefe zu danken. Der König hat sie in Charlottenburg auf dem Tische liegen lassen und schikt jezt eben einen Reitknecht daher um sie „unter seinen Papieren zu entdecken“.[2] Ich hatte das Unheimliche dieser Reise errathen und davon gelitten. Ich hörte die Anstalt zu Köpfen schon nach 8 Uhr von Spandauer Marktleuten und auf der Eisenbahn fand ich den Praes[ident] Kleist, der der Operation

a d. 6ten Dez. 1844. *ergänzt B*

b 14ter Dezember 1844. *ergänzt B*

beigewohnt. Da er wenigstens das Verdienst hat von aller „patelinage de sensiblerie“[3] durch die man solche Dinge versüssen will frei zu sein, so habe ich mir erzählen lassen.[4] Der Mann hat bis zum lezten Augenblik eine grosse Stärke und Härte des Charakters gezeigt. Er habe nie das Todesurtheil für möglich gehalten, 2 Jahre Festung hatte ihm das Wahrscheinlichste geschienen. Also will der König mich wirklich nicht sprechen, wäre ich 2 Stunden mit ihm, so würde ich ihm die Augen über die Beamten u. Minister öffnen, und er würde sagen: „lieber Tschech Sie sind ein[a] Ehrenmann. [“] Den Prediger hat man ihn gezwungen zu sehen. [„]Er hat mir nichts neues zu sagen |2| denn ich bin so christlich als er [-] ja den Vorsaz zum Morde dem nüzlich politischen, habe ich in der Domkirche in einer Predigt von Ehrenberg gefasst, da er sagte widerstehe dem Ungerechten. [“] Ein Brief an seine Tochter fängt an: [„]Den Trost finde ich in dem herrlichen Liede „eine feste Burg“. Die Königin wollte ich nicht töten, aber verdient hätte sie die Kugel auch, da sie auf den König wirken könnte, um ihn auf gerechte Wege zu bringen.[“] Der Abschied heute morgen von der Tochter hatte nichts rührendes, keine Thräne von irgend einer Seite. [„]Den Prediger, da Sie es gewollt, habe ich empfangen und mit ihm geredet wie mit einem Mann von einiger Distinction.[“] Die Hinrichtung ist sehr geglükt. Etwa 1000 Menschen Zuschauer. In Potsd[am] wusste man noch nichts als wir ankamen um 12 Uhr. Uhden hatte hier geschlafen und aass hier. Die Königin bei Tische noch sehr bewegt, der König ziemlich heiter. Ich war lange allein mit ihm. Er vermied das Thema. Den Abend werden wir Mehmed Ali Th[eil] II von Pückler[5] lesen! Below hat den Vortrag statt Neumann der auf der |3| Jagd ist. Wir bleiben bis Dienstag. Kleist erzählt mir, dass Theodor schon in Spandau sizt auf 3 Monathe!![6]

[*Rest abgeschnitten*]

1 Adressat unsicher.

2 Vermutlich handelt es sich um Entwürfe von Antwortbriefen des Königs (an Duc de Nemours und Louis Philippe) auf deren Reaktion zum Attentatsversuch, die Humboldt mit Bülow vorher durchgesprochen und dem König am 12.12.1844 gesandt hatte, und die er bei seiner nächsten Parisreise am 28.12.1844 mitnahm (Humboldt an Friedrich Wilhelm IV., siehe Humboldt 2013, 302).

3 Frz.: Schmeichelei der Sentimentalität.

4 Am 26.7.1844 hatte Heinrich Ludwig Tschech ein Attentat auf Friedrich Wilhelm IV. und Elisabeth von Preußen verübt, verletzt wurde niemand. Tschech wurde hingerichtet, siehe Humboldt 2011, 137, und Humboldt 2013, 288.

5 Pückler-Muskau 1844 (Stevens 1863, Nr. 8076, „3 vols with autograph of Al. Humboldt“).

6 „Der böse Sohn meines Bruders, Theodor, der seine einst schöne Frau so grässlich gequält, hat voriges Jahr 4 Monate Festungsarrest in Spandau gehabt aber die Nebenverhältnisse waren so unedel, daß Uhden von jeglicher Einmischung mir abrieth.“ (Humboldt an Henriette Mendelssohn, in Humboldt 2011, 170).

a einer *H ändert Hrsg.*

118 Alexander von Humboldt an Gabriele von Bülow
o. O., 21.12.1844

H: DLA/SNM, Marbach, 62.2138

Ich hoffte od. fürchtete fast dass Du gestern Abend nach der Oper[1] die Langeweile der F[ürstin] von Liegnitz theilen würdest. Prinzess v. Preussen u. Pr[inz] Carl Olfers, Brassier, Radziwill. Prinzess Carl führte das Wort, [sie][a] will wissen was die Jesuiten in der Welt bezwecken, sie will sich zu Gesprächen mit H. <Melms> präpariren, sie seufzt auf einmal nach Spanischem Unterricht von Herrn Enrique Gil[2] und fürchtet den Prinzen. Ich werde wohl heute bei Werther essen müssen.

Kannst Du, Liebe, mir schicken
Orlich[3] und Pückler Th[eil] I?[4] in Sammt

AlHt

Sonnabend d. 21 Dez. 44.[b]

[1] Vgl. den Brief vom 6.12.1844, Anm. 3.
[2] Seit September 1844 hielt sich E. Gil y Carrasco als Botschaftssekretär in Berlin auf. Er erhielt die Auszeichnung der Großen Verdienstmedaille in Gold. Humboldt besaß sein Buch „El Señor de Bembibre" mit einer handschriftlichen Widmung des Autors (Stevens 1863, Nr. 3419).
[3] Orlich 1845, siehe den Brief vom 3.12.1844, Anm. 3.
[4] Pückler-Muskau 1844, siehe den Brief vom 14.12.1844, Anm. 5.

119 Alexander von Humboldt an Gabriele von Bülow
Paris, 28.1.1845

H: DLA/SNM, Marbach, 62.2138

Ich habe mich so verspätet, meine theure Gabriele, mit meiner sogenannten Depeche, ich muss noch zu Mittag speisen und um halb acht Uhr zum Hofschauspiel in den Tuilerien sein, es bleibt mir also kaum die Zeit übrig Dir auf das Zärtlichste für Deinen lieben ausführlichen Brief zu danken. Du hast mit Recht gerathen, dass bei meiner innigsten Anhänglichkeit an Dich und die Deinigen, ein solcher Familienbrief mir grosse grosse Freude gemacht hat. Meine Gesundheit ist bis auf Schnupfen den die Bälle auch hier veranlassen, sehr gut und fest. Am meisten erfreut mich dass Du von Deinen so lieben Augen gar nicht sprichst und dass der herrliche Knabe so wohl ist. Die Strenge gegen die Oceanide beklage ich, da ich bessere Hofnung gegeben hatte. Man hat der Milady doch nur den Fischschwanz, die Courschleppe, verkürzt. Du sagst ja sie sei später angeschwommen. Es thut mir leid Wilhelm verfehlt |2| zu haben. Wenn er nur nicht zu früh sich in Geschäfte wirft. An Prinzess v. Preussen lege ich dem theuren Bülow einen langen sehr vorsichtigen Brief bei. Ich bitte Bülow auch den Brief von Mr Caillier Chef d'Escadron à l'État-major an Willisen besorgen zu lassen. Er ist der

[a] Sie *H ändert Hrsg.*
[b] d. 21 Dez. 44. *ergänzt B*

Officier der Ibrahim Pascha bei Nesib hinderte vorzudringen. Er kommt jezt aus der Bataille von Nesib.[1] Unser König hat Caillier zu den Manoeuvres einladen lassen. So angenehm mir auch Paris ist (leider! im Winter recht lästig wegen der Gesellschaftspflichten) so denke ich doch gewiss Anfangs April abzureisen[2]. Vielleicht glükt es mir noch einmal in meinem Leben hier etwas Grünes zu sehen. Ich erwarte noch immer die lezten Bogen von meinem Cosmos. Darf ich Dich bitten mir etwas über die arme Familie des Kutscher Magnus zu schreiben und was wir thun können. Ich |3| werde gern an 20 Thaler jährlich für meine Spanne Lebens geben.

Umarme u. grüsse herzlichst alle in Berlin, Potsdam, Erfurt und Ottmachau.
Dein dankbarster unleserlichster

AHt

Paris den 28 Januar 1845

Ich habe kein Geheimniss vor Bülow. Mein Extrabrief an den König ist ein Ordensvorschlag (Rothe[r] Adler 3 Kl[asse]) für einen Architect Mr Duban der die Zeichnungen gemacht die der sel[ige] Herzog von Orléans dem König geschenkt.[3]

1 Im syrischen Krieg hatte am 24.6.1839 die Schlacht von Nizib (zwischen dem Osmanischen Reich und Ägypten) stattgefunden.
2 Humboldt verließ Paris, wo er seit 4.1. weilte, am 19.5.1845.
3 Das Album von Duban war 1838 ein Geschenk an den Kronprinzen, siehe Garleff 2003, 29, sowie Humboldt an Friedrich Wilhelm IV., nach 1.2.1838, in Humboldt 2013, 139.

120 Alexander von Humboldt an Gabriele von Bülow
Paris, 1.3.1845

H: DLA/SNM, Marbach, 62.2138

Paris im kleinen sehr warmen Cabinett des Instituts
1 März 1845.

à Madame de Bülow

Ich erhalte, meine theure Gabriele, gestern Nacht Deinen schönen Brief, den welcher mir die betrübende Nachricht von dem so unerwarteten Tode der Minister[in] Nagler gab. Da ich hier selten deutsche Zeitungen lese (zur diplomatischen Pflicht mache ich mir alle Morgen an 8 franz[ösische] zu studiren) so hat mich die Nachricht überrascht und auch betrübt. Sie war eine überaus achtbare, einfache, herzliche Frau, nicht ohne ein lebhaftes Interesse für das Geistige. Es heisst freilich sie wenig loben, wenn ich hinzuseze: sie war das Beste in der Familie. Ich habe sogleich zärtlichst an den dünnen Mann geschrieben. Er wird sich trösten, denn alles, Selbst der Schmerz, kann nur dünn und ökonomisch warm in diesem erdorrten Wesen sein. Ich verliere an der guten Frau eine Freundinn die mir sehr sehr zugethan war. Glüklich wer jezt den Phrasen der Schwester on this Topic entgeht. Das Haus war aber bisher eine nie ablaufende Weltuhr, wird jezt die Uhr für die Gesellschaft wirklich stille stehen. Man sollte in eine Zeitung die malice sezen, der Minister ganz seinem Schmerze hingegeben, habe jezt seine Stelle niedergelegt. Die Nachricht von Bülow's Wohlbefinden troz der angestrengtesten Arbeit, die bei Philipsborn's verlängertem Unwohlsein leider noch zunehmen muss, freut mich unendlich, eben so dass Deine lieben Augen mir nicht mehr Kummer machen sollen, dass Bernard und das Prachtkind in Potsdam sich so schön entwickeln, dass Constanzchen sich stärckt und die theuren Erfurter von den römischen Säufzereien befreit sind. Bitte ja Bülow nur keine Entschuldigung wegen seines Stillschweigens machen zu lassen. Ich kenne seine Lage und werde nie an seinem Wohlwollen zweifeln, wenn ich auch in Jahren nichts von seiner Hand sehe. Sein Stillschweigen verschaft mir ja dazu die Freude Deiner liebenswürdigen Briefe. Ich schreibe was man Depeschen nennt[1] und bei mir einer schlechten Zeitung sehr ähnlich sehen mag. Es ist nicht meine Schuld dass gar nichts vorgeht, doch gehe ich sorgfältigst überall hin, nach den Tuilerien, zur Herzogin von Orléans (der ich neulich wohl eine Stunde lang aus der Einleitung des Kosmos „mit grossem Success" vorlesen musste während dass die klugen und schönen Knaben um uns spielten) zu Guizot zum Frühstük, zu Molé zu Milady, zu Rothschild, in die Kammern, ich thue alles mögliche um mein Geld zu verdienen – aber il foudroit inventer du neuf pour qu'il y en eut[2]. Das allein kann mich missmuthig ja ängstlich machen, da man nicht dümmer als andere scheinen möchte. Bitte also Bülow (an den alles adressirt ist) um seine ganze Nachsicht. Auch vom König habe ich unmittelbar nie eine Aeusserung gehört, denn |2| die officiellen Briefe von Müller handeln ewig von Medaillen, Ordensgeschichten und solchen Elendigkeiten. Das Erscheinen des Königs und selbst der Königin auf Deinem Ball hat mich sehr erfreut und wird einen Reflex bis in die andere Welt (in das brasilianische Affenland[)] haben. Das Wort ständische Deputirte in Deinem Briefe hängt sehr vorsichtig nur mit dem Worte Ball zusammen. Le Congrès danse, mais il ne marche pas[3]. Hier quält mich der König bis auf das Blut mit der neuen Preussischen Constitution[4]. Ich läugne, da ich nichts weiss und man in meinem Alter auch das Hoffen verlernt: Die kleine radicale Revolution im Kalbs-Canton[5] kann jezt auch der unfreien Parthey nüzlich werden. Von der Constitution gehe ich unmittelbar in den Stall zu Mad[ame] Magnus über, damit Dich meine Briefe nicht compromittiren. Ich werde gern für einen der Brüder (der eine fühlt, der andere schreibt nicht) zahlen. Ich lege Dir auch theures Gabrielchen einen Brief an den Türken bei, die Waisenknaben-Stelle betreffend. Ich wünsche aber dass dieser Brief nicht allein abgegeben werde, sondern mit einem Briefe der guten Adelheid od. gar mit einer Petition im Name[n] der Magna. Einer der hiesigen Deutschen, die fest darauf bestehen, ich habe ihre Verbannung negociirt, Herr Bernays hatte aus seinem Schuldgefängniss in der Klage die er an das Journal de la Réforme schikte, mich genannt und bitter angeschwärzt. Man hat aber ohne mein Wissen in der Redaction des radicalen Blattes, meinen Namen und alles was meine Negociation betrifft, weggestrichen. Es ist nüzlich Consuln bei den Barbaresken (in Tunis u. Marocco) zu haben. Milady die mit der schönen Mad[ame] Joubert in einem Hause wohnt (R[ue] S[ain]t Florentin) hat eine Kazengeschichte gehabt die der Corsaire Satan sehr hüpsch erzählt. Die Kaze von Mad[ame] Joubert ist verschwunden und Patte blanche[6] soll in Milady's Küche am Spiess gesehen worden sein, nicht für das Diner von Milady sondern für die Dienerschaft. Darüber ist aus Groll ein grosser politischer Zwist entstanden. Die arme (nicht die Kaze) leidet noch immer an ihrer Augen-Inflammation. Ich bin sehr betrübt darüber, dass der ganze Klatsch der Herzogin mit Fürst L[ichnowsky][7] in diesem Kazenhause bekannt ist. Milady hat mich befragt ob es wahr sei, dass diese Verbindung eine Ursach geworden sei, dass die fromm gewordene Herzogin jezt weniger freundlich an unserem Hofe aufgenommen sei, der unvorsichtige Fürst könne ihr nur Unglück bringen … Ich habe alles geläugnet, versichert in Berlin wisse man von dem allen nichts, das Verhältniss mit dem Hofe sei immer dasselbe

… Milady schien aber schwer zu bekehren. Auch haben die kalten, besonders endlose[n] Concerte noch nicht aufgehört. Bei den schlecht geheizten Zimmern war die Kälte (sie stieg bis 9° ½ Réaumur) |3| nicht angenehm. Ich habe davon gelitten und hätte gewünscht einen milderen Winter hier zu erleben. Doch ist das Leiden nie über Husten und Schnupfen gegangen. Möchte ich doch noch hier etwas grünes erleben! Hatzfeld und die kleine Frau sind sehr glüklich angekommen. Bei Arn[im] ist es langweiliger als je. Ich bin auf dem freundlichsten Fusse mit ihm. Glüklicherweise macht seine grenzenlose Apathie dass sein Hauss hermetisch verschlossen bleibt. Er bittet niemand, lässt aber wieder ein grosses Silber Service machen. Ich komme eben aus einem Hause wo es amüsanter ist, von Madame Sand (Marquise Dudevant). Sie hat sich noch recht schön erhalten geistreicher u. lieben[s]würdiger als je. Denke Dir, Bettina schikt ihr nichts von [ihrem][a] eigenen Werke, sondern ein Opus des Sohnes.[8] Es hat keine Gefahr, denn Mad[ame] Sand weiss kein Wort deutsch. Bettina will man solle das Buch des Sohnes übersezen, verbreiten! Auch Mad[ame] Austin die für Guizot schwärmt und im äussersten Urwalde in den Champs Élysées mit dem schwarzen Rembrandt-Gemahl hauset, habe ich besucht. Sie hat einen cercle de juste milieu mit accompagnement von einigen jungen Legitimisten. Ich war vorgestern bis 1 Uhr bei ihr da ich erst um 12 Uhr (Mitternacht) hin konnte. Sie ist bei Abend noch recht anmuthig, doch habe ich viel Barth über der Oberlippe entdekt. Sie ist sehr mit Ranke gelangweilt der sie übersezt und schimpft auf seine englische Gattin wie man auf Landsleute zu schimpfen pflegt. Mit Raumer bin ich sehr unzufrieden. Nach dem was ich in der Allg[emeinen] Zeit[ung] von seiner Rede über die Negersklaven in den südlichen Staaten von N[ord] Amerika gelesen muss es ja eine schändliche Rede gewesen sein. Ein Negersklave hat ihm „unter 4 Augen“ vertraut dass man sehr glüklich sei. Dabei verkauft man die Kinder an der Brust.[9] Ich schliesse u. umarme alle in Berlin, Potsdam und Erfurt. Hed[emann] werde ich im April gewiss besuchen.
Dankbarst Dein

AlHumboldt

1 Die sog. diplomatischen Berichte, siehe Théodoridès 1972 und Théodoridès 1988.
2 Frz.: aber es müsste etwas Neues erfunden werden, damit es welches gibt.
3 Frz.: Der Kongress tanzt, aber kommt nicht voran.
4 Im Dezember 1844 hatte Friedrich Wilhelm IV. einen Versuch unternommen, die preußische Verfassungsfrage durch die Einberufung eines Vereinigten Landtages zu lösen. Diesem sicherte er zwar ein gewisses Mitspracherecht zu, erfüllte jedoch die konstitutionellen Forderungen nur in geringem Maß.
5 Vermutlich eine Anspielung auf die Umsturzversuche in der Schweiz. In den liberalen Kantonen der Schweiz hatte sich eine Bewegung gegen die klerikale Regierung in Luzern gebildet, die in den „Freischarenzügen“ (8.12.1844 und 31.3.1845) zwar niedergeschlagen wurde, jedoch zur Gründung des „Sonderbundes“ führte.
6 Frz.: weiße Pfote.
7 Dorothea, Herzogin von Sagan, soll ein Verhältnis mit Fürst Lichnowsky gehabt haben. Siehe Erbe 2009, 180ff.
8 Vermutlich Arnim 1844.

a Ihrem *H ändert Hrsg.*

9 „Friedrich v. Raumer las gestern Abend im ‚wissenschaftlichen Verein' über seine Reise nach Nordamerika, und zwar zunächst über die Sklaverei in den Vereinigten Staaten. Er beschränkte sich dabei hauptsächlich auf die Zusammenstellung der Gründe, welche die bedeutendsten Antiabolitionisten für Beibehaltung des gegenwärtigen Sklavenverhältnisses in den südlichen Staaten der Union aufgestellt, wobei insbesondere hervorgehoben wurde, daß das Sklavenverhältniß der Neger, wie es sich in Nordamerika gestaltet, in vielen Stücken, [...] dem Dienstverhältniß unserer Proletarier und Fabrikarbeiter vorzuziehen sey [...]" (Allgemeine Zeitung Nr. 52 v. 21.2.1845, 414).

121 Alexander von Humboldt an Gabriele von Bülow
Paris, 1.4.1845

H: DLA/SNM, Marbach, 62.2137

à Madame la B[ne] de Bülow.

Ich kann, theureste Gabriele, Dir nicht lebhaft genug danken für Deinen nie zu langen Brief, voll Herzlichkeit und Anmuth der Gefühle wie des Ausdrukkes. Das menschliche Leben, wenn es nicht grosse Leiden bringt, besteht aus einer Reihe kleiner Vorfälle die sich einer den anderen bedingen und wenn man sie niederschreibt od[er] einem Abwesenden erzählen soll, so hält man für[a] uninteressant, was doch in der Verkettung und in der Sicherheit, dass nichts Furchterregendes am Horizonte steht, Freude erregt. Diese Freude bereitest Du mir, meine Theure, wenn Du mir von Bülows geschäftigem Wohlsein, von Deinen li[e]ben Kindern, dem schönen Enkel und den Erfurtern schreibst. Mit den politischen Begebenheiten ist es beinah eben so, es ist eine Art von Kleinleben in dem man den Glauben an grosse Dinge verloren hat, wenn man sich auch immer irgendwo in dem sogenannten friedlichen Europa (in Spanien, Griechenland oder der armen Schweiz) blutig schlägt. Hermanns, des lieben Hermanns Ankunft ist aber freilich eine Begebenheit, ganz aerolithen artig: ich bereue recht aufrichtig ihn nicht vor meinem Tode noch gesehen zu haben. Es ist eine sonderbare aber gewiss edle Natur, in seiner langsamen, wortarmen Feierlichkeit des Gemüths muss ihm Euer Leben, Euer Gespräch, Eure Schnelligkeit der Ideen ganz unheimlich scheinen. Möge Deine Schwester doch auch die Freude gehabt haben ihn zu umarmen. Der aus Spandau entlassene Prometheus ist ihm wohl fremd geblieben.[1] Ich schicke Euch zwei Briefe des Königs zärtlicher und liebenswürdiger, als ich sie je gehabt. Er hatte sie [2] an Bülow zu geben ganz naiv auf werfen lassen. Ich bitte Dich sie in deinem Familien Archiv aufzuheben, den[n] bei mir wie Du weisst alles zulezt verbrannt. nen zweiten Briefe siehst Du dass ich zu einem rendez-Vous in Stolzenfeld aufgefordert werde in den ersten Tagen des Mais[3]. Ich glaube aber nicht an die Ausführbarkeit des freilich recht anmuthigen Projekts des Königs. Sollte nicht eine Nachricht von der Ankunft des Petersburger Hofes alles |2| stöhren. Indess als der König diese Zeilen schrieb schien er freilich nicht an diese frohe Ankunft zu glauben. Ich selbst wünsche, um an dem zweiten Theile des Cosmos arbeiten zu können, (was hier unmöglich) nicht über die ersten Tage des grünen Mais in Paris zu bleiben. Ich denke gegen 20 April in einem Privatbriefe den König cathegorisch zu befragen. Wenn Du früher etwas daher bezügliches erspahest so wirst Du, meine Liebe, da

a man | meist *gestrichen* | für *H*

es nichts halsbrechend constitutionelles ist, mir wohl einen Wink geben. Das Wetter ist seit einigen Tagen wunder schön und milde. Die Sträucher haben einen etwas grünen Schein. Es weht ein Duft des nahen Frühlings und der ewige Schnupfen schwindet. Ich wünsche Eurem Kleinen dass es den hiesigen Zwerg-General[4] sehen könne der sich an den Muffen der Damen verstekt. Die Kinder finden ihn aber meist unheimlich. Ich war gestern wohl 3 Stunden bei der Herzogin von Orleans, der ich sogar bisweilen lese. Ich fragte den Comte de Paris, commen[t] trouvez Vouz le Nain? – Je ne l'aime pas du tout. Il m'attriste. – Mais qu'est-ce qu'il y a de triste à le voir? – C'est de ne pas grandir, ein hüpsches Kinderwort das man symbolisirt sehr verschönern könnte. Dann sezt er hinzu als ein grosses Unglük, da er selbst sehr blöde ist: puis tout le monde le regarde.[5] Er wird wohl auch noch einmal viel angesehen werden. Die Herzogin ist in der vortreflichsten Gesundheit, stärker und hüpscher als sie je war, sehr heiter und in dem liebenswürdigsten Vernehmen mit den vielen Verwandten, auch mit dem eiskalten immer gleich verzauberten Nemours. Wir haben hier einen sehr schönen und recht unterrichteten[a] Erbprinzen von Meiningen. Er gefällt sehr und verdient es. Graf Arnim verspricht seit 3 Monathen ein Diner in seinem oberen Olymp den ich immer noch nicht gesehen, zu geben. Es soll nun endlich einmal geschehen. Das Einsiedlerleben ist nicht Geiz, sondern Faulheit und üble Laune. Da ich |3| diesen [Brief] nicht mit der lezten Depeche n° 9 von 30 Merz habe zugleich können abgehen lassen, so hast Du wohl die Güte mit meinen freundlichsten Grüssen an Bülow zu sagen: dass der gestrige Kampf in der Deputirten Kammer (Guizot hatte erklärt das Ministerium werde abgehen, wenn der schon völlig abgesch[l]ossene, ja theilweise in Execution begriffene Handelstractat mit Sardinien von der Kammer nicht ratificirt werde) zum Vortheil des Ministeriums ausgefallen ist. Ueber den ganzen tractat wird zwar erst heute abgestimmt, das gefährlichste amendement (das gestrige) ist aber mit grosser Majorität zurükgewiesen. Mit inniger Anhänglichkeit
Dein

AlHumboldt

Paris den 1. April 1845
[*2 Zeilen gestrichen*]

1 Wohl Anspielung auf Theodor, siehe den Brief vom 14.12.1844, Anm. 6.

2 Worte fehlen durch Zerstörung.

3 Am 30.3.1845 bedankte sich Humboldt bei Friedrich Wilhelm IV. für zwei Briefe vom 13.3. und vom 22.3. Beide Briefe sind nicht bekannt, aber offensichtlich geht es um die Genehmigung der Verlängerung von Humboldts Parisaufenthalt. Der zweite Brief enthielt „die mich entzückende Einladung ‚nach der Burg' [Stolzenfels am Rhein ...]. Ich werde gern dem Befehle Ew. Majestät Folge leistend, ruhig hier den 1sten Mai und die Fliederblüthe abwarten, auf den Befehl dann harrend, ob ich nach Stolzenfels oder nach dem ‚historischen Hügel' [Potsdam] zunächst aufbrechen soll." (Humboldt 2013, 307) Humboldt kehrte dann am 26.5. nach Berlin zurück. Die Rheinreise fand erst im Juli statt.

4 Vermutlich der Amerikaner Charles Sherwood Stratton (gen. General Tom Thumb), dessen Verwandter aus seiner Kleinwüchsigkeit ein Geschäft machte. Während seiner Europa-Tournee wurde er an verschiedenen Höfen vorgeführt, hielt er sich auch in Paris auf und erlangte hier ziemliche Berühmtheit.

5 Frz.: Wie finden Sie den Zwerg? – Ich mag ihn gar nicht. Er macht mich traurig. – Aber was ist daran traurig, ihn zu sehen? – Es ist, nicht zu wachsen. – Dann schaut die ganze Welt auf ihn.

a (1) angenehmen (2) unterrichteten *H*

122 Alexander von Humboldt an Gabriele von Bülow
Paris, 4.4.1845

H: DLA/SNM, Marbach, 62.2138

Du hast jezt gewiss schon, theureste Gabriele, meinen lezten Brief mit zwei königlichen Einlagen erhalten.[1] Ich erwähnte darin die schändlichen sich verbreitenden Lästerungen einer Person die uns so theuer ist. Da ich eben an Rother schreibe, so lege ich ein, glüklicher Weise von der guten Gesellschaft sehr verachtetes, aber in allen Cafés verbreitetes Blatt (le Satan) bei.[2] Ich hoffe, dass es nicht nach Berlin kommt, ich bitte Dich daher ja das Blatt recht zu verheimlichen. Man glaubt hier das Ganze sei von Bornstedt[3] der wohl allein weiss, dass man Lord Spyker sagt. Dass alles Lüge ist, da Guizot nie an Constitution einen Augenblik geglaubt hat, brauche ich nicht hinzuzusezen.
Meine zärtlichsten Grüsse an Bülow und alle Kinder.

AHt

Paris 4 April 1845

bei dem wärmsten Frühlings Wetter, wie ich es Euch wünsche.

1 Siehe den Brief vom 1.4.1845, Anm. 3.
2 „Le Corsaire-Satan" war eine Tageszeitung in Paris.
3 Bornstedt lebte seit 1830 in Paris und arbeitete als Journalist und Redakteur an verschiedenen Exil-Zeitungen („Gazette Allemande de Paris", „Vorwärts!") sowie als Korrespondent der „Allgemeinen Zeitung" in Augsburg. 1845 wurde er aus Frankreich ausgewiesen und gründete 1846 für die deutschen Emigranten die „Deutsche Brüsseler Zeitung", deren Redaktion auch Karl Marx und Friedrich Engels angehörten.

123 Alexander von Humboldt an Gabriele von Bülow
o. O. u. o. D., [vermutlich Sommer 1845]

H: DLA/SNM, Marbach, 62.2137

Hier meine Theure empfängst Du einige offene Zeilen für unsren Hed[emann]. Schönlein wird ihn am bequemsten Montag Nachmittag zwischen 4 und 7 Uhr erwarten.[1] Er hat mir aufgetragen, Dir seinen schuldigsten Dank für Deinen Brief (mit Geld?) zu sagen: er wird ihn selbst aussprechen, sobald der König sich nach Potsdam übersiedelt, was nun erst mit der Königin Donnerstag sein wird. Ich werde Dich wohl erst Sonntag umarmen, da ich ungewiss bin Sonnabend Abend kommen zu können und Abends (falls ich sehr spät ankomme 8 Uhr) mich vom König frei zu machen. Metternich hat mich sehr freundlich auf die Möglichkeit Endres zu placiren aufmerksam gemacht. Es sind Hofnungen auf 2 Botenpläze erstlich der Bote des Medingschen Hauses der abgeht, und ein anderer der Blut spukt und sterben muss. Ich habe von Meding[2] sehr ernsthafte Versprechungen erhalten. Sage ihm auch ein Wort meine Liebe. Enders der auch sehr unruhig ist und von diesen Aussichten nichts weiss hat Speculation bei einem Leihamte unter Rother[3], auch hat er gewiss sehr vergebens an Olfers

wegen des Neuen Museums geschrieben. Da Hazfeld[4] nach Paris bald zurük geht, wird er leider! nur zu frei sein. Der arme Johst scheint ja ernsthaft krank. Man liess mir vorgestern sagen, er phantasire. Die Königin geht morgen in die Oper (Iphigenia). Ich hoffe das[a] Publikum wird sich erwärmen. Im Aug[ust] geht sie nach Ischel nicht nach Ems.[5] Bei Savigny war es sehr brillant, doch nur 1/8 Prinz, Waldemar. Unsere Prinzessin sah ich in der Oper. Sie liess mich rufen. Elle se désole[6], nur ist Mama in Weimar mit der Nachgiebigkeit der Antwort auf die Adresse sehr unzufrieden. Sie findet sie zu milde. Ich muss schliessen!
Mit inniger Liebe Dein

AHt

Donnerstag.
Herzliche Grüsse den Kindern. Ich hoffe H. Rose ist wiederhergestellt.

1 Siehe Humboldt an August von Hedemann vom 1.7.1845 (DLA/SNM, Marbach), in dem er von dessen „erneuertem Leiden“ und seiner Vermittlung an Schönlein berichtet.
2 Evtl. August Meding, Oberpräsident der Provinz Brandenburg.
3 Christian von Rother war Chef der Preußischen Seehandlung und erster Präsident der Preußischen Bank.
4 Graf Hatzfeld war 1848 interimistisch preußischer Gesandter in Paris, hielt sich aber auch vorher manchmal dort auf (Humboldt 2011, 177).
5 Elisabeth traf sich regelmäßig mit ihren Verwandten in Ischl (Minkels 2007, 327, 358).
6 Frz.: Sie ist betrübt.

124 Alexander von Humboldt an Gabriele von Bülow
Potsdam, 10.7.1845

H: DLA/SNM, Marbach, 62.2138

Ich kann Dir nicht dankbar genug sein, meine theure Gabriele, für Deinen lieben ersten Brief aus Kissingen.[1] Die Gesundheitsnachrichten scheinen mir günstig, die Gesellschaft recht langweilig und die gastronomischen Freuden (en table d'hôte!!) sehr mässig. Es ist zu Beklagen, dass in allen Badeörtern der Frass schauderhaft u. meist ungesund ist. Ich besorge, dass der arme Bülow und Ihr alle am 8ten Juli sehr[b] bei der Hize (im Schatten (genau um 2 Uhr 29° 1/5 Réaumur) werdet gelitten haben, eine Hize welche die Luft selten unter den Tropen erreicht. Wir leben hier planetarisch fort, Spazirfarthen auf dem Wasser 7 Uhr, essend saure Milch und Erdbeeren, eingemachte Melonen die Brokhausen aus Neapel mitgebracht. Seufzer und Zorn und dann[c] wieder Wehmuth der Prinzess Glinike mit Carlsbader Schlafsucht kämpfend, Petersiliensuppe und Kalbsbraten auch Fürstin Liegnitz zum Soupé, dann, 4 Abende hintereinander ein 18 Bogen langer Bericht von Lepsius über den Sinai mit einem Commentar von Bunsen,[2] dessen singender Sohn (la grosse voix[3]) die überreiche recht hüpsche Miss Gurney

a (1) dass (2) das *H*
b Juli | werdet *streicht Hrsg.* | sehr *H*
c dann *ergänzt H*

heirathet. Sie ist die Nichte von Madame Fry, war als solche vor Jahren[a] hier, gehört aber noch nicht zur Quakerei. Brandenburgs sind seit gestern hier. Bunsen hält jezt am wahrscheinlichsten, dass die kleine Königin erst Montag 11 Aug. abreiset. Unser Hof geht am 24 Juli ab, schläft in Erfurt was ich heute an Hedemann melde.[4] Ernannt bei der Königin sind Gräfin Reede, der Cerimonienmeister Pourtalès und Schleinitz; bei Pr[inz] Albert Graf Brühl und ein Generalieut[enant] den ich vergessen[b]. Loën, den ich gestern gesehen, hat die beste Nachricht von der Familie. Ich hoffe, dass Bülow meinen vorgestrigen Brief erhalten hat.[5] Ich fahre fort ohne alle Betrachtungen zu erzählen, was man sicher weiss und was man glaubt. Es ist sehr möglich, dass ich melde, was Bülow schon längst vor seiner Abreise wusste. Dass Kanitz die Unterschrift für Bülow hat, schrieb ich schon das lezte Mal.[6] Dass er nicht nach Wien zurükkehrt, dass er hier als einer der Kabinettsminister eintritt, dass Liebermann der zum zweitenmal einen ganzen Tag hier zugebracht und ein Gegenstand des grössten Wohlwollens ist, an Kanitz Stelle nach Wien geht „weil dadurch |2| die politische Verbindung zwischen Petersburg und Wien enger und sicherer geknüpft würde“, wird jezt allgemein geglaubt. Arnim der gestern hier speiste und mir einen langen Besuch gemacht, reiset Sonnabend nach Boitzenburg und Bodelschwing übernimmt fürs erste interimistisch das Ministerium des Inneren schon Freitags. Man glaubt sehr Bodelschwing werde definitiv das Ministerium des Inneren behalten, ein Schrekniss für Wedell und Frau von Meding. Das ist alles und vielleicht mehr als ich weiss. Mit der zärtlichsten Anhänglichkeit in dieser (Zukunftschwangeren) Zeit
Dein

AlHt

Potsdam 10 Juli 1845.

Der König und die Königin haben fortgefahren, sich bei mir auf die liebenswürdigste Weise nach Bülow's Gesundheit zu erkundigen. Arnim und Frau sollen noch einmal hier essen um Abschied zu nehmen.

1 Heinrich von Bülow hatte seit dem Frühjahr verstärkt gesundheitliche Probleme, die eine Kur im Juli in Kissingen notwendig machten, zu der ihn die ganze Familie begleitete (Sydow 1919, 498).

2 Gegen Ende seiner Ägyptenreise (1842 bis 1845) erforschte Lepsius mit einigen Begleitern der Expedition im März 1845 noch die Sinaihalbinsel (Mehlitz 2011, 159ff.). Die von unterwegs nach Berlin gesandten Berichte über seine Forschungen und Entdeckungen publizierte er in Lepsius 1845 und später nochmals die gesammelten Briefe als Ergänzung zu seinem wissenschaftlichen Werk („Briefe aus Ägypten, Aethiopien und der Halbinsel des Sinai, geschrieben in den Jahren 1842–1845 während der auf Befehl Sr. Majestät des Königs Friedrich Wilhelm IV. von Preußen ausgeführten wissenschaftlichen Expedition“ 1852). Lepsius überreichte diese Publikation persönlich in Potsdam Alexander von Humboldt, der „so gerührt gewesen [sei], dass er ihn umarmt und ihm nicht genug seinen Dank ausdrücken konnte“, wie Lepsius' Ehefrau in ihrem Tagebuch notierte (Mehlitz 2011, 226).

3 Frz.: die durchdringende Stimme.

4 Friedrich Wilhelm IV. reiste mit Gemahlin am 24.7.1845 nach Stolzenfels bei Koblenz, wo sie sich mit Königin Victoria und ihrem Gemahl trafen, die nach einer Rundreise über Belgien, Aachen, Köln, Brühl und das Beethovenfest in Bonn am 14.8.1845 in der Burg Stolzenfels anlangten. Dort

a vor Jahren *ergänzt H*

b und ein [...] vergessen *ergänzt H*

fand zur feierlichen Einweihung der Schlosskapelle ein großes Fest und ein Konzert (mit Giacomo Meyerbeer, Franz Liszt u. a.) statt, an dem neben Wilhelm und Augusta von Preußen, Leopold von Baden, Herzogin von Dessau mit Prinzessin Agnes, Prinz Carl, der belgische König Leopold, der niederländische König Wilhelm II. (jeweils mit Gattinnen), mehreren Staatsministern auch Heinrich von Bülow und Alexander von Humboldt teilnahmen (Minkels 2007, 364–367).

5 Humboldt an Heinrich von Bülow, 8.7.1845, DLA/SNM, Marbach.

6 Canitz und Dallwitz wurde 1845 Bülows Nachfolger als Minister für auswärtige Angelegenheiten.

125 Alexander von Humboldt an Gabriele von Bülow
Horchheim, 23.8.1845

H: DLA/SNM, Marbach, 62.2138

Horchheim 23 Aug. 1845

Theure Gabriele! Ich komme so eben von einer schönen aber beschwerlichen Reise nach der vulkanischen Eifel zurük besuche heute noch den Pr[inz] von Neuwied und trete Montag 25sten endlich meine schnelle Rükreise über Cölln, Soest und Hannover nach Magdeburg u. Halle an.[1] Mein sehnlichster Wunsch ist Dich und unseren Bülow zu umarmen. Ich denke bei Krukenberg zu erfahren wo Ihr hauset. Gott gebe dass ich frohe Nachrichten von Euch erfahre.[2] Canitz versichert mich dass auch er in dem Umlaufe an die Gesandten sich des Ausdruks bedient habe „er hoffe die baldige völlige Genesung unseres Chefs“.
Ich umarme Euch alle herzlichst

AHt

in grösster Eile.
Herzliche Grüsse an Hedemanns.

1 Humboldt unternahm eine Rundreise über Bonn (Einweihung des Denkmals für Ludwig van Beethoven am 12.8.), den Hoffesten auf Schloss Brühl und Stolzenfels (siehe den vorigen Brief) und im Anschluss eine geognostische Exkursion mit Leopold von Buch und Heinrich von Dechen in die vulkanischen Landschaften der Eifel. Am 28.8.1845 traf er wieder in Berlin ein. Vgl. Humboldt an Cotta, 7.6.1845, in Humboldt 2009, 280.

2 Heinrich von Bülow wollte nach erfolgreicher Kur in Kissingen ebenfalls an den Hoffesten (siehe auch den vorigen Brief) teilnehmen. Unterwegs auf der ersten Station erlitt er am 30.7. einen Schlaganfall, der ihn bewog, ein Abschiedsgesuch am 11.8. an Friedrich Wilhelm IV. zu senden und danach die Rückreise anzutreten. Siehe Sydow 1919, 498–501.

126 Alexander von Humboldt an Gabriele von Bülow o. O., 9.9.1845

H: DLA/SNM, Marbach, 62.2138

Ich hoffe dass meine Hauschemie in Mad[ame] Seifert's kunstreicher Hand bei den Kindern Beifall finden wird. Ich komme gewiss morgen Mittwoch und hoffe Schleinitz an den ich geschrieben, mitzubringen. Schönlein werd[e] ich wohl heute abend besuchen, ich fürchte dass Bülow sich in den kalten Abenden wird erkältet haben. Ich aass gestern „mit Agnes und herzogl[icher] Mutter“[1] bei Prinzessin v. Preussen, die gestern Abend schon in Erwartung des Polarlichtes nach Babel abgegangen ist. Sie hat mir grosse Manuscripte ([ihr][a] politisches Gespräch mit Metternich und König Leopold) und französische Entwürfe zu Briefen mitgetheilt. Sie wird gewiss einst Memoirs herausgeben. Ihr Ernst und [ihre][b] Anhänglichkeit an Bülow sind aber unendlich lobenswerth.
Mit herzlicher Liebe Dein

AHt

Dienstag d. 9ten September 1845.[c]

1 Vermutlich Friederike Amalie Agnes Herzogin von Anhalt-Dessau. Wegen der verwandtschaftlichen Beziehungen zum preußischen König kamen „die Dessauer“ mehrfach zu Besuch nach Preußen.

127 Alexander von Humboldt an Gabriele von Bülow Potsdam, 9.11.1845

H: DLA/SNM, Marbach, 62.2138

Potsdam Sontag d. 9ten November 1845.[d]

Ich hoffe, meine Theure, dass Ihr nun schon in das Neue Land beruhigt angekommen seid …[1] Ich begleite heute den König nicht in die Norma[2] da ich seit 2 Tagen viel an Zahnweh u. Husten gelitten habe, aber heute wohler bin. Schönlein hatte mir versprochen, Euch recht bald zu besuchen. Er wünscht auf jeden Fall dass jezt die Begiessungen unterbleiben sollen wegen der Brustbeklemmungen. Die Anlagen sind vielleicht von einigem Interesse. Behalte sie ja, meine Theure.

Herzliche Grüsse an unseren Bülow. Herr Kellisch ist frei. Es ist allerdings der ehemalige Secretär von Bülow Cumerow mit dem er sich wieder versöhnt, von dem aber die boshaften Artikel in der Weser Zeit[ung] gegen Canitz herrühren, Artikel zu denen (wie Canitz glaubt) Cumerows Schwiegersohn Graf Bülow indiscrete Mittheilungen soll gemacht haben. Man lasse sie sich zanken!

AHt

---

a Ihr *H ändert Hrsg.*
b Ihre *H ändert Hrsg.*
c d. 9ten September 1845. *ergänzt B*
d d. 9ten November 1845. *ergänzt B*

[1] Vgl. den vorigen Brief. Über die Rückreise von Gabriele von Bülow mit dem erkrankten Gatten siehe den Brief vom 23.8.1845, Anm. 2.
[2] Oper von Vincenzo Bellini.

128 Alexander von Humboldt an Gabriele von Bülow o. O., 20.11.1845

H: DLA/SNM, Marbach, 62.2138

Ich kann leider! nicht kommen, ich speise bei Pr[inzessin] von Preussen mit Deiner theuren Schwester. Es ist unbegreiflich splendide mit der alten Herz zu Stande gekommen. Der König schenkt ihr jezt für die beiden lezten Monate des Jahres 50 Fr[iedrichs] d'or und vom 1sten Januar 1846 an zieht sie lebenslänglich eine Pension von fünfhundert Thaler.[1] Ich denke ich bin zu loben und alles ist mit grösster Freundlichkeit gegeben. Ich gehe es ihr zu verkündigen natürlich alles läugnend was ich von dem Wunsch erfahren. Ich werde bloss sagen, ich hatte dem König erzählt sie sei recht leidend.

AHt

Donnerstag 20ster Nov. 1845.[a]
Ich war gestern 2mal in Charl[ottenburg]!!

[1] Vgl. Humboldt an Alexander Mendelssohn, 2.1.1847, in Humboldt 2011, 160.

129 Alexander von Humboldt an Gabriele von Bülow o. O., 24.12.1845

H: DLA/SNM, Marbach, 62.2138

Wie würde ich auch nicht einmal wieder gern, theures Gabrielchen, eine kurze Freude mit Dir theilen. Ich bitte Dich nicht zum Essen kommen zu dürfen da mir das Bescheeren bei mir (4 Mamsells) bei Dir und um 8 Uhr auf dem Schlosse sehr complicirt wird. Ich werde also erst, aber genau, um halb sieben Uhr Abends bei Dir mit den jauchzenden Kleinen in den Tannenwald treten, bei Dir bleiben bis ich zum König gehe. Mit innigster Liebe und eigenen nicht ganz frischen Gefühlen die der Tag erregt
Dein

AHt

Mittwochs. 24ter Dez. 1845.[b]

Schönlein war noch nicht bei mir. Ich bringe heute Abend meinen hüpschen Kinder Atlas (schön gebunden) für den Infanten.

---

[a] 20ster Nov. 1845. *ergänzt B*
[b] 24ter Dez. 1845. *ergänzt B*

130 Alexander von Humboldt an Gabriele von Bülow
o. O. u. o. D.

H: DLA/SNM, Marbach, 62.2137

Oh drei und viermal glükliches unconstitionelles Land, wo der Minister sich vor halb eilf Uhr schon in ein heiliges Dunkel verhüllen kann. Ich hoffte die Potsdamiten noch Fisch- u. Braten verzehrend beim Souper zu finden, aber kein Gehör, keine Freundes-Stimme, bloss der verwunderte Thürhüter en paletot.

Ich kann meine Liebe nicht zum Essen kommen, weil ich die Zwischenstunden benuzen muss. Ich hoffe aber vor dem König um halb sieben im Kiefernwalde zu erscheinen.

Willst Du einen hüpschen Brief der Gräfin von Nassau behalten u. Bülow zeigen.

Ich lege Abschrift meines übrigens ganz unwichtigen Briefes bei.

AHt

Sonnabend Nacht

131 Alexander von Humboldt an Gabriele von Bülow
o. O. u. o. D.

H: DLA/SNM, Marbach, 98.18.23/1

Ich habe da der König so spät einladet bis nach 1 Uhr warten müssen. Wenn es, theure Gabr[iele], Dich aber nicht sehr contrarirt so komme ich heute um 3 Uhr mit Dir und den Kindern zu essen. Ich erwarte und wünsche ein frugales Mahl.
Dein

AlHt

Donnerstag.[a]

132 Alexander von Humboldt an Gabriele von Bülow
o. O., 17.1.1846

H: DLA/SNM, Marbach, 62.2137

Ich war schon ganz entschlossen, Dich heute theure G[abriele], um die Erlaubniss zu bitten mit Euch zu speisen. Man theilt so gern Freude und Leid!! Ich komme um 3 Uhr. An die Sagan werde ich allerdings selbst schreiben. Ihren Brief und einen anderen bringe ich Dir wieder, wenn ich [sie][b] gelesen habe.[1] Dem armen Begas musst Du Gewissheit geben, aber la pistolet su la gorge, da ich jezt immer noch etwas unwohl bin, lasse ich mich nicht behandeln.

---

[a] Donnerstag. *ergänzt B*

[b] Sie *H ändert Hrsg.*

Dazu glaubt der Mann, das Bild werde der König nehmen.[2] Das ist sehr zweifelhaft, da mein Bild von Stieler[a] permanent beim König auf der Staffelei steht und die Königin sagt: dass [sie][b] es oft für meine Person halte.[3] So viel entschiedene Vorliebe hat man für Stieler. Der Himmel ist grau, die Welt traurig, meine Geldtaschen leer und morgen um 11 Uhr Ordensfest!!
Dein

AlHt

Sonnabend 17ter Januar 1846[c]

1 Nicht bekannt.

2 Zu Humboldts Porträt von Begas siehe Nelken 1980, 122, und Werner 2013, 279. Demnach befindet sich das Gemälde heute im Depot der Preußischen Schlösser und Gärten.

3 Stieler porträtierte Humboldt 1843, das Gemälde wurde 1846 angekauft und befindet sich heute im Schloss Charlottenhof, Potsdam. Vgl. Nelken 1980 und Werner 2013, 284.

133 Alexander von Humboldt an Gabriele von Bülow
Potsdam, 5.5.1846

H: DLA/SNM, Marbach, 62.2138

Potsdam, den 5 Mai 46.[d]
Dienstag

Raoul Rochette, Secretär der Kunstakademie in Paris, meines Bruders persönlicher Freund, ist seiner Abreise so nahe, dass ich schon nächsten Montag 11ten Mai den gefahrbringenden Mamertus[1], habe auswählen müssen.[2] Rauch der gestern auch im Orient aass, wird uns Montag beistehen, ich eile also schon jezt, Dir uns alle anzuschrekken. Ich vermuthe, dass Du wie immer um 3 Uhr essen wirst. Wir kommen wohl um 1U aber Ihr könnt Euch ja bis zur Essenszeit vermummen und verpuppen. Ich habe gestern wieder Kosmos lesen müssen, während man alte Froschkeulen, den Katzenbrei bayrischer Nudeln und die Petersilien-Suppe, eine historische Flüssigkeit, schmatzend verschlürfte und mit allen Tellern klapperte. Was der Mensch nicht für avancen ertragen kann, bei dieser unaufhaltsamen[e] perpetuirlichen Fresslust! Prinzess v. Preussen hatte denn wirklich schon gestern Abend den Franzosen gekapert. Sie weiss nicht, dass er ein verkapter Carlist ist, der den Comte de Paris und die Mutter gern erdrosselte. Dalmatie, colla sua consorte,[3] trifft wirklich Sonnabend in Berlin ein. Sollte Dir Montag unangenehm sein, so bitte ich Dich es mir ja zu schreiben. Wir wählen dann einen anderen Tag, aber Sontag kann R[aoul] R[ochette] nicht. Wir kommen Montag wenn Du nicht antwortest.
Liebevoll Dein

AlHumboldt

a von Stieler *ergänzt H*

b Sie *H ändert Hrsg.*

c 17ter Januar 1846 *ergänzt B*

d 46. *ergänzt B*

e dieser | jeder *gestrichen* | unaufhaltsamen *H*

[1] Der erste Eisheilige, genannt nach dem Bischof Mamertus.

[2] „Ich war in Tegel mit Rauch und einem Secrétaire perpétuel de l'Académie des Beaux arts von Paris Raoul Rochette, der alles sehr bewundert hat. Deine Schwester war etwas heiterer, sehr mit dem Grabe beschäftigt das nun endlich vollendet wird." (Humboldt an Adelheid von Hedemann, Potsdam, 16.5.1846, DLA/SNM, Marbach, 62.2139). Siehe auch Humboldt an Rauch (12.5.1846) mit dem Hinweis, dass Raoul Rochette am 11.5.1846 Rauchs Atelier besucht hat, wie ein Eintrag in dessen Gästebuch zeigt (Humboldt 2007a, 67 u. Anm. 342). Raoul Rochette war nach Berlin zur Verleihung eines Ordens durch den König gekommen.

[3] Ital.: mit seinen Konsorten.

134 Alexander von Humboldt an Gabriele von Bülow
Potsdam, 20.5.[1846]

H: DLA/SNM, Marbach, 62.2137

Ich hatte, theure Gabriele, schon zwei Tage ehe ich Deinen lieben Brief erhielt die dringendsten Schritte mündlich und schriftlich für den klugen, mir sehr angenehmen Hugo gemacht, auch das Versprechen erlangt (?) dass er auf die Liste gesezt werde. Ich gestehe Dir aber dass ich leider! wenig Hofnung habe da zwei sehr ermüdete kranke nach Ruhe sich sehnende Staabsofficire zugleich vorgeschlagen werden und da Pritzelwitz selbst Major war. Es steht sogar zu besorgen dass der Prinz selbst nicht den Muth haben werde, wenn es auch ganz von ihm abhinge, was nicht ganz der Fall ist, den jüngsten der Liste zu wählen. An meiner Thätigkeit wird es nicht fehlen, ich war heute zu Fuss! wieder deshalb im Neuen Garten bei Neumann. Ich habe die sichere Hofnung den 23sten Sonnabend Dich in Tegel zu umarmen und bei Dir zu essen wohl erst um halb drei Uhr, weil ich bis nach 1 Uhr auf der Ordens Commission zu thun habe. Den Abend 7 Uhr höre ich lateinische Comödie in der Studenten Concordia (Blumengasse). Auch zu Deiner Geburtstagsfeier (28st[en]) werde ich nicht fehlen. Zu dem Geburtstag nach Burg Oerner (17ten)[1] habe ich geschrieben und mich wegen der Triumphbogen und singenden tanzen[den] Schuljugend zum Königsfeste |2| entschuldigt. Es steht fest dass der König 25 hier abreist nach Torgau, 27 und 28 wieder hier ist (er zieht morgen nach Sanssouci) wegen der Großh[erzogin] v. Schwerin, dass er von Meisdorf am zweiten Pfingstfeiertage (1 Jun[ius]) in Burgörner speiset, von Weimar aus am 6ten mit der dann von Dresden kommenden Königin in Jüterbok zusammentrift und mit der Königin in Berlin schläft um den 7ten am Grabe in Charlottenburg zu sein. Mein Brief ist ein Calender.[2] Der Kleine ist muthwilliger und lebensfrischer als je. Er wirft sich dem Cosmos so in die Arme, dass der Weltenbau erschüttert wird. Er fabelt hier von Aufführungen der Antigone und zwei Tage darauf des Oedipus für Kronprinz von Baiern. Es wird aber schwer freie Tage zu finden und der murrende Potsdamite ist dem Hellenismus abgeneigt. Er will deutsch und Devrient[3] und dass man sich etwas um ihn bekümmere. Ich umarme die Lieben alle. Ich komme Sonnabend. Meine Gesundheit ist viel besser. Man hat die unangenehme Nachricht dass ein Officier im wirkl[ichen] Dienst in Posen hat arritirt werden müssen, da Untersuchungen ergeben haben, dass er implicirt ist.[4]
Mit innigster Anhänglichkeit Dein

AlHumboldt

Potsdam, 20 Mai Mittwochs

Antworte nicht meine Liebe. Mit Enders habe ich mich auch beschäftigt.

1 Adelheid von Hedemann war am 17.5.1800 geboren.

2 König Friedrich Wilhelm IV. inspizierte am 25.5.1846 in Begleitung seines Bruders des Prinzen Karl von Preußen das Gestüt Graditz, die Garnison und die Schlosskapelle, bevor er am 26.5. nach Halle weiterreiste. Humboldt schrieb an Adelheid von Hedemann: „Abreise nach Torgau von hier 24 Mai. Den 27 Abends kommt der König nach Potsdam zurük und bleibt hier bis zum 29 Mai um die Grossherzogin von Schwerin zu sehen. Den zweiten Feiertag (1ster Juni) wird er, von Meisdorf aus, bei Euch in Burgörner zu Mittag essen, ich vermuthe nicht sehr früh. Von Burgörner glaube ich geht es nach Alexander Bad. Den 3–4ten nach Erfurt und über Weimar den 7ten hieher zurük. Das Diner bei Euch den zweiten Pfingstfeiertag scheint mir ganz sicher." (Potsdam, 16.5.1846, DLA/SNM, Marbach, 62.2139.) Und die lokale Presse berichtete: „Hettstädt, den 1. Juni 1846.
Heute hatten wir das seltene Glück, Se. Majestät unseren allergnädigsten König in unseren Mauern zu bewillkommnen. Wie dies geschehen ist, davon haben sich Tausende überzeugt. Für die, welche nicht zugegen sein konnten, sei diese Relation. Schon früh mit Tagesanbruch regten sich hunderte von Händen, um mit den schon früher gewundenen Kränzen die Häuser zu schmücken, Ehrenpforten zu bauen u. s. w. Unsere Stadt glich buchstäblich einem geschmückten Festsaal. Flaggen mit den preußischen und bairischen Farben weheten auf Türmen und Häusern und alle erwarteten sehnsuchtsvoll den geliebten Landesvater. Endlich verkündete das laute Hurrah der am Turnplatze aufgestellten Turner die Ankunft des Geliebten Königs. Mit gewohnter Huld und Freundlichkeit fuhr Se. Majestät, umwogt von einer unzähligen Menge treuer Unterthanen unter Glockengeläut und Hurrah-Rufen durch unsere Stadt zu dem nahen Gute des Herrn General-Lieutenant von Hedemann auf Burgörner, nachdem Se. Majestät auf dem Markplatze angehalten und Allerhöchst Sich die städtischen und königlichen Behörden vorstellen lassen. So wie Se. Majestät Sich gegen die Ihm Nahestehenden huldreichst aussprachen, so war auch die hohe Gnade sichtbar, als Allerhöchstdieselben sich zu Fuß nach der Gottesbelohnungshütte begaben um die in Parade dort aufgestellten Berg- und Hüttenleute, so wie die im vollen Betriebe befindlichen Gewerke zu besichtigen. Nachdem Se. Majestät Sich wohl eine Stunde in den verschiedenen Abtheilungen der Betriebslokale verweilt, fuhren Allerhöchst weiter nach Schloß Mansfeld von wo Sie nach Burgörner sich zurückbegaben, um dort zu übernachten."
Hettstädt, den 2. Juni. Heute Morgen zwischen 9 und 10 Uhr fuhren Se. Majestät der König von Burgörner nach Eisleben ab." (Wochenblatt für den Mansfelder Gebirgs-Kreis, Nr. 22 vom 3.6.1846.)

3 Vermutlich Carl oder Eduard Devrient, deutsche Schauspieler.

4 Beim polnischen Aufstand in der Provinz Posen mit dem Ziel einer Erneuerung eines polnischen Staates sollten die stationierten preußischen und österreichischen Truppen überfallen werden. Es kam zu einzelnen Gefechten, die jedoch niedergeschlagen wurden. Die Anführer wurden des Hochverrats angeklagt.

135 Alexander von Humboldt an Gabriele von Bülow
o. O., 2.6.1846

H: DLA/SNM, Marbach, 62.2137

Ich bin von einem Tage zum anderen gehindert worden, Euch, Ihr Theuren! zu sehen. Künftigen Freitag! doch 3 Uhr, soll mich, hoffe ich, nichts hindern, auch will ich sehen, ob ich

Philipsborn mitbringe und loseise. Prinzess von Preussen hat eine unbeschreibliche Gesellschafts-Unruhe erregt. Ein Diner bei sich mit der dikkropfigen Herzogin von Köthen (ein ekelerregender Anblik!) dann ein Concert bei ihr, dann mit ihr Concerte bei Savigny, und Radziwill (immer die beiden Kinder u. der affectirt singende Bruder) schauervoll, 3 Tage hinter einander, aber auch eine schön singende Cousine Fr[au] Dorville. Bei Graf Redern mit[a] allen Princessin[nen] gestern[b] ein diner!! Heute bei Dalmatie, morgen bei Werther, wo filius alt, zusammengeschrumpft ist. Die Prinzess von Preussen geht heute nach Babel kommt aber Freitag wo sie mich bestellt! schon wieder hieher. „Il y a du décousu."[1] Meyendorf war gestern Abend schon bei Radziwill. Für Hedemanns Fête muss schönes Wetter gewesen sein.[2] Mit aller Liebe Dein

AlHumboldt

Dienstag 2t[er] Juny 1846[c]

also auf Freitag. Der Marquis droht für Tegel!

1 Frz.: Es gibt Zusammenhanglosigkeit.
2 Vermutlich der Besuch des Königs in Burgörner am 1.6.1846, siehe den Brief vom 20.5.1846, Anm. 2.

136 Alexander von Humboldt an Gabriele von Bülow
Berlin, 11.7.1846

H: DLA/SNM, Marbach, 62.2137

Berlin, Sonnabend d[en] 11ten July 1846.[d]

Meine theure Gabriele: Man thut so wenig was man am meisten wünscht, dass ich leider! heute nicht mir die Freude verschaffen kann, Euch zu umarmen. Ich bin hieher gekommen, um [ein] Manuscript, das mir Buschmann eben abgeschrieben zum Corrigiren bringt, nach Stuttgart zu schicken,[1] wozu ich[e] alle meine Zeit brauche; um den Abend Mad[ame] Rettich, die mir aus Wien empfohlen, in der Braut von Messina zu bewundern (?) und um nach Potsdam, wo man sehr allein ist, zurükzukehren. Der guten alten Redern Gicht- und Gallenstein-Uebel kommt mir bedenklich vor, auch ist die Prinzess der Niederlande an rheumatischem Fieber (Folge der ewigen Schiffahrten und des Soupirens um 10 Uhr im Freien auf der Terrasse in Sanssouci, das Tischtuch von Thau benezt) recht leidend bettlegrig. Der König ist sehr liebenswürdig für Deine Schwester, was mich unendlich[f] freuet. Er hat mir gestern ein wohl 5 Fuss langes prächtiges, ganz neues Oelbild gezeigt, das er ihr schenkt – eine an Ort und Stelle aufgenommene Landschaft von Eichhorn, die Gegend um

a (1) und (2) mit *H*
b gestern *ergänzt H*
c 2t[er] Juny 1846. *ergänzt B*
d d. 11ten July (1) 1845 (2) 1846. *ergänzt B*
e ich *ergänzt H*
f unendlich *ergänzt H*

Athen, besonders den grossen Tempel des Jupiter Olympius und in der Ferne die Akropolis vorstellend.[2] „Wird es auch genügsam gefallen? Die haben feinen Sinn und Nase, da darf man nichts mittelmässiges |2| schenken." Das Bild wird schon eingepakt. Der König hat auch meine schriftliche Eingabe für Sir Julius Kniehase, dem Tegelschen stimmfähigen Baronet im neuen Unterhause (denn zwei Kammern sind jezt entschieden) sehr freundlich aufgenommen – aber Septimius Severus Meyerinck hat wieder den Scepter übernommen und scheint ihn kaum fahren zu lassen. Es heisst der König werde die Königin am 20–23sten auf einige Tage begleiten und dann zu Pr[inz] Friedr[ich] nach Muskau gehen.[3] Alles ist in grauen Nebel gehüllt. Der Berliner hat wieder (lezten Donnerstag im Wasser Corso) seine Grobheit offenbart. Er will dem König die Freude stöhren. Ein Kahn mit 3 Dikkbärten kam[a] an die Königl[iche] Chalupe heran und überreichte ein lithographirtes Spottgedicht „über die Synode, das gnädige Nicken der Hochadeligen, die Einführung fremder Sitten, die mit Ruhm bekränzten Lieutenants ..." Im Wasser schwammen viele Exemplare des Gedichts, das[b] Leopold wohl schaffen wird. Ich las es bei der erzürnten Königin. Auch über Schweden dauert das Misbehagen fort, doch glaube ich immer Pr[inz] Carl wird den Vorsaz durchführen. Prinzessin Carl kommt nun auch morgen zurük: man glaubt sie gehe nun nicht nach Italien mit. Der König v. Sachsen hat Meyerinck und mir sein weisses[c] grüngerändertes Tischtuch, Grosskreuz des sächsischen Verdienstordens, verliehen. Westmorland glaubt man werde nicht an ihn rühren dürfen, er schimpft auf Peel. Meine Gesundheit ist besser. Ich werde gewiss bald suchen, Euch alle zu umarmen. Die Kellersche Familie ist zu Stolberg gegangen.
Dein

AlHt

Ich hoffe Gabrielchen ist nicht mehr leidend und die schöne Constance weniger punctirt! Der nüchterne H. v. Bülow, Carolinchens litterarischer Freund wohnt bei Tieck. Er schreibt mit Bülow-Cumerow eine General[ogische] Geschichte der Urbülows, Fortsezung eines schon gedrukten Buches das bis 1783 geht.[4]

[1] Manuskript zum „Kosmos", dessen zweiter Band 1846–1847 bei Cotta gedruckt wurde. Vgl. Humboldt an Hvaß, 11.7.1846, in Humboldt 2009, 303.

[2] Der Autodidakt A. E. Eichhorn hatte 1840 eine Studienreise durch Italien und Griechenland unternommen. „Ansicht des Tempels des olympischen Jupiters bei Athen" war ein Geschenk des Königs für Adelheid von Hedemann. Siehe die Briefe von Humboldt an August Hedemann vom 16. und 21.8.1846 (DLA/SNM, Marbach).

[3] Vermutlich erst im August, siehe den Brief an Hedemann vom 21.8.1846.

[4] Bülow 1858.

[a] (1) trat (2) kam *H*

[b] (1) dass (2) das *H*

[c] (1) grosses (2) weisses *H*

137 Alexander von Humboldt an Gabriele von Bülow
o. O., 20.7.1846

H: DLA/SNM, Marbach, 62.2137

Ich schreibe diese Zeilen, meine theure Gabr[iele], damit Du nicht etwa Besorgnisse wegen der Wohnung hast, wenn Du vernimmst dass König und Königinn, die immer noch Mittwoch abreisen, in Erfurth schlafen. Sie wissen dass Hedemann dort nicht vor dem 24sten Abends ankommen kann und haben sich (ob sie gleich anfangs einige Vel[l]eitäten des Entgegengesezten hatten) im Wirtshause in Erfurt Nachtquartier bestellt. Es war nemlich bei der ganzen Sache eine heimliche malice. Der gerade Weg nach Regensburg bis wohin der König die Königin geleitet ist nemlich gar nicht über Erfurt, man will aber die Königin von England in Meiningen besuchen ohne den grossherz[oglichen] Hof in Weimar, den wohlredenden zu berühren. Dieser geht den 19ten ins Bad und würde unfehlbar seine Reise verschoben haben, wenn er hinter das Geheimniss gekommen wäre. So wenigstens glaubt man die Sache hier gesponnen zu haben und deshalb hat man nicht schon vor 14 Tagen an Hedemann schreiben wollen der gewiss gern zur rechten Zeit zurükgekommen wäre. Machen sich die Olympier das Leben mühsam, es ist eine wahre Freude. Das Bild[1] ist denk ich jezt abgegangen: es ist selbst daran schuld dass ich hinter das ganze |2| Meininger Geheimniss gekommen bin. Der Geh[eime] Kämmerier Schöning hatte mich nemlich gebeten, den König anzutreiben, das Bild abgehen zu lassen, das [er][a] zurükhielt, weil [er selbst][b] an Deine Schwester schreiben wollte, „es leide, wenn es lange encaissirt sei.“ Der König gab in der That nach und da ich mich des Ausdruks bediente, [er][c] würde doch jezt nicht Zeit finden den Brief an Deine Schwester zu schreiben, so antwortete [er][d], er hoffe [sie][e] vielleicht selbst in Erfurt zu sehen. Er wusste nemlich durch mich, dass Hedemann, wie es anfangs sein Plan war am 18ten von Franzesbad abreisen werde. Der König kommt den 1 Aug. schon nach Sanssouci zurük u. bleibt bis 10–12 Sept. hier um in der Zwischenzeit eine ganz kurze Reise nach Westpreussen zu machen, wo er die kostspieligen, den Ministern verhassten Rieselungen sehen will. Er holt die Königin in Ischl nicht ab, sondern trift mit ihr zugleich in Erdmannsdorf 14–18 Sept. ein, um dort den Erzherzog Johann zu den Manoeuvres zu erwarten.[2] Jezt aber, von Regensburg zurükkehrend macht [er][f] eine Visite an Metternich in Königswörth!! Gestern Abend ist denn auch als Courier Moltke[g] der Adjutant des ewig bettlägrigen alten Pr[inz] Heinrich aus Rom mit der Nachricht seines plözlichen sanften Hinscheidens angekommen. Er starb glaub ich am 12 [Juli][h]. Dieser Tod wird am tiefsten gefühlt werden von Prinz Wilhelm der sich nun auf einmal als der einzige Rest der Nachkommenschaft Fr[iedrich] Wilh[elm] II. |3| betrachtet, alle seine Geschwister ins Grab vor sich herabsteigen sieht, und (wie Pr[inz] Adelbert gestern

---

[a] Er *H ändert Hrsg.*
[b] Er Selbst *H ändert Hrsg.*
[c] Er *H ändert Hrsg.*
[d] Er *H ändert Hrsg.*
[e] Sie *H ändert Hrsg.*
[f] Er *H ändert Hrsg.*
[g] Courier | Graf *gestrichen* | Moltke *H*
[h] Sept. *H ändert Hrsg.*

hier erzählte) den Plan hatte den Winter bei[a] dem Bruder in Rom zuzubringen. – Den Freitag war ich zum ersten Male auf dem Wasser-Corso, ein Fest der Handwerker, ein wahres Mottenfest, Pöbel und bloss Pöbel, lumpig, nasse gelbe Astern mit schmuzigen Händen der Königin ins Gesicht werfend. Keine diplomatische Folie, vielleicht der Porzellan Nothomb und der Würtemberger Gesandte. Am Ende ein sehr langweiliges Feuerwerk, auch Verse wieder von H. Tropus[3] aber harmlose von „Wasseraugen, Wasserlippen die man küssen soll…". Sonnabend bin ich nicht in Charlottenburg gewesen, wo die abgehende Wheatonsche Familie ass (der neue Amerikaner spricht nur englisch).[4] Ich musste hier dem Pr[inz] der Niederlande die honneurs machen, auch bleibe ich nach der Abreise des Königs noch mit ihm, da die Prinzessin wohl erst in 6–7 Tagen nach Muskau reisen kann. Ich werde bald „hollands spreken". Schmücker ist General Post Director geworden ob Scharper noch über ihn kommt, weiss ich nicht. Flottwell geht immer als Ober Präsident nach dem aristocratischen Münster. Von Eichmann weiss man nichts gewisses, nur dass bei seiner ersten Ankunft in Coblenz Madame vor einem dikken Procurator, die dort schwarze Talare tragen, und[b] den sie für einen Geistlichen hielt, auf die Knie gefallen ist, ausrufend „es ist der erste Tag an dem ich dieses schöne Land erblicke, geben Sie mir Ihren Seegen." Heute kann ich auch einen Seegen empfangen, es speiset hier der neue Bischof von Jerusalem. Ich hoffe Ihr werdet nicht mit meiner Zeitung unzufrieden sein. Ich umarme Gross und Klein. Auch schreibe ich für den kleinen Bernard die Vergleichung der beiden Scalen Fahrenheit (wie Euer Thermometer |4| ist) und Réaumur ab. Ich glaube es wäre gut um den Kleinen an Aufmerksamkeit im Zählen zu gewöhnen, ihn zu zwingen das Therm[ometer] abzulesen morgens und um 1 Uhr wo es am kühlsten und wärmsten ist, auch aufzuschreiben falls er schon Zahlen zu schreiben weiss. Es war alle diese Tage im Schatten doch nur 22° Réaumur für die Empfindung immer genug. Loën den ich gestern sah, ist sehr wohl. Heute ist der Hof bei dem Scheibenschiessen. Das sind die grossen Weltbegebenheiten.
Dein

AHt

Montag früh d. 20sten July 1846. Erhielt ich erst am Dienstag[c]

Musica wird im Winter sehr prächtig sein. Die Garcia Viardot wird Nov. Dec. in der Königsstadt italienisch, Jan.–März im Opperntheater deutsch singen.
Die arme D[iede] in Cassel kann zwar seit 7 Juli schon wieder selbst schreiben aber der Zustand ist doch sehr trostlos und wegen der vielen Pflege sehr kostspielig für die Unglükliche. Ich schreibe ihr heute mit dem Versprechen alle MSS bald nachfolgen zu lassen. Ich kann nicht daran denken die Herausgabe selbst zu übernehmen. Ich glaube wir müssen die Herausgabe wünschen aber sie nur im äussersten Nothfall selbst übernehmen. Es ist weit natürlicher dass sie über ihr Eigenthum selbst disponirt. In diesem Sinne schreibe ich ihr[d].[5]
Die Königin hat, von dem Unfall hörend wie mir Sasse sagt, auch wieder etwas ausserordentlich geschenkt freilich nur 30 Thaler. Die beiden Briefe[6] sind an den Hofstaatssecretär Sasse. Du sollst sie behalten.

---

[a] (1) mit (2) bei *H*
[b] (1) auf die Knie (2) und *H*
[c] d. 20sten July 1846. Erhielt ich erst am Dienstag *ergänzt B*
[d] hier *H ändert Hrsg.*

Er hofft aber der König reise erst Donnerstag früh. Du theilst wohl aus meinem Briefe den lieben Hedemanns mit [was] sie interessirt. Wegen des Jägers Kniehase habe ich eine lange schriftliche Note dem König übergeben, der sie an Meyerinck übergeben was freilich (so lange er bleibt) wenig helfen wird.

1 Geschenk des Königs für Adelheid von Hedemann, siehe den Brief vom 11.7.1846, Anm. 2.

2 Siehe den Brief vom 4.10.1846, Anm. 1.

3 Vermutlich Tropus 1845.

4 Wheaton war bis 1846 außerordentlicher Gesandter und bevollmächtigter Minister der Vereinigten Staaten in Berlin. Vgl. Humboldt 2004.

5 Es handelt sich um die Herausgabe der Briefe Wilhelm von Humboldts an Charlotte Diede (Humboldt, W. v. 1847). Die Überlieferung der Publikationsgeschichte ist unsicher bzw. widersprüchlich und die Briefe seines Bruders selbst sind unvollständig erhalten (Leitzmann 1909a). Ch. Diede hatte sich am 24.6.1846 an Humboldt wegen der Herausgabe gewandt (dieser Brief ist nicht erhalten) und an die preußische Königin einige Briefe geschickt, da sie sie um die Dedikation bitten wollte. Diese sandte ihr eine finanzielle Unterstützung und gab die Originalbriefe später zurück. Nach Diedes Tod am 16.7.1846 erbte Eleonore Duysing die Rechte an der Herausgabe, um die sich Diedes Freundin Therese Bacheracht nun bemühte. Sie trat deswegen mit A. v. Humboldt in Verbindung, der ihr am 28.8.1846 antwortete (SBBPK, Nachlass Lützow, K.2, Nr. 20. Ich danke Renate Sternagel für den Hinweis und die Transkription). Inzwischen hatte Humboldt die Briefe seines Bruders von E. Duysing erhalten, die er wohl aus Zeitmangel vorerst an Gabriele von Bülow zur Durchsicht weitergab. „Die herrlichen Briefe von Wilhelm sind angekommen. Ich habe angenommen sie drucken zu lassen weil es jetzt nur von uns abhängt wegzulassen, was Euch Ihr Lieben etwa nicht anstehen sollte", (Humboldt an A. v. Hedemann, 16.8.1846, Marbach, DLA/SNM, 62.2140). Gemeinsam mit seinen Verwandten G. von Bülow und August von Hedemann sowie nach Konsultation mit Varnhagen (Tagesblätter 3 (Kasten 253, Kraków, Biblioteka Jagiellońska) vom 3.9.) wurde beschlossen, sich nicht offiziell an der Herausgabe zu beteiligen. „Es hat sich, seitdem ich die Ehre hatte, Ihnen das erste Mal nach Hamburg über die, von der vortreflichen Charlotte Diede zum Druck ganz vorbereiteten Manuscripte zu schreiben, nichts in den Ansichten und dem Entschluss der Familie geändert. Ew. Hochwohlgeb. fragen, ob wir Ihnen, da Sie jetzt Berlin besucht haben, die Manuscripte einhändigen lassen wollen [...]?" (Humboldt an Th. von Bacheracht, 11.11.1846, Marbach, DLA/SNM, 73.232).
Im Oktober kam Th. von Bacheracht nach Berlin. Sie sprach mit Humboldt und Varnhagen und wurde dem Königshaus vorgestellt. (Vgl. die Briefe vom 17.11. und 9.12.1846 und Varnhagen, Tagesblätter 3 (Kasten 253, Kraków, Biblioteka Jagiellońska) vom 2.11. bis 3.12.1846). Nach ihrer Abreise am 8.12.1846 beschäftigte sich Humboldt mit dem Manuskript, das dann an Varnhagen gehen sollte (Tagesblätter 3 (Kasten 253, Kraków, Biblioteka Jagiellońska) vom 3.12.1846). „Das Mss kommt aus Varnhagens Händen in die eines Buchhändlers, es wird keine Sylbe zugesezt [...] Dem Titel ‚Briefe an eine Freundin von Wilhelm von Humboldt in den Jahren ...' wird natürlich nichts anderes folgen als das sehr geschickte Vorwort der Diede, die selbst nie genannt wird", berichtete August von Hedemann genauer über die von ihm vorgenommenen Eingriffe (an A. v. Hedemann, 25.2.1847, DLA/SNM, Marbach, 62.2140) und schrieb am 27.3.1847 an Varnhagen: „Ich bin mit dem ersten Bande der Briefe (Theresens Eigenthum) ganz fertig. Ich habe fast nichts zu ändern gefunden und im Ganzen kaum den Werth von 3–4 Seiten supprimiert [...] Wenn Sie aber in dem Manuscript viel, sehr viel anderes also ausgestrichen finden, [...] oft halbe Seiten, so ist dies das Werk der alten Dame." (Humboldt an Varnhagen, 27.3.1847, in Humboldt 1860, 236–237), der sie dann weiter für den Druck sichtete). Am 30.3.1847 übergab er Varnhagen „ein Pack Manuskript, die Briefe seines Bruders an Frau Diede" (Tagesblätter 4 (Kasten 254, Kraków, Biblioteka Jagiellońska) vom 30.3.1847, in Humboldt 1860, 238, sowie Humboldt an Varnhagen, 27.3.1847, in Humboldt 1860, 236–237), der sie dann weiter für

den Druck sichtete (Varnhagen, Tagebücher 1861–1905, Bd. 4, 51 sowie Leitzmann 1909b, 218) und am 8.4.1847 an Humboldt schrieb, er hätte nur noch weniges geändert, den Rest (insbesondere über Bettina von Arnim) überlasse er Humboldt (Leitzmann 1909b, 219–220).
Leitzmann geht ausführlich auf die erheblichen Streichungen und Eingriffe durch die an der Herausgabe Beteiligten (Ch. Diede, A. von Humboldt und K. A. Varnhagen) ein: „[…] eine Menge von Streichungen ganzer Briefe und Abschnitte und eine Fülle absichtlicher, bewußter Änderungen, die an vielen Stellen direkt als Fälschungen des tatsächlichen oder gedanklichen Inhalts zu bezeichnen sind." (Leitzmann 1909, Leitzmann 1919, xv–xvi). Eine Mitarbeit von Th. v. Bacheracht (die oft als Mitherausgeberin genannt wird) ist nicht nachzuweisen. Ich danke Renate Sternagel und Nikolaus Gatter für die Überlassung ihre unpublizierten Materialien aus den Tagesblättern in Kraków, Bibl. Jag., sowie der oben genannten, umfangreiche Hilfe und Beratung. Für die genaue Publikationsgeschichte siehe Sternagel 2022.

6 Nicht überliefert.

138 Alexander von Humboldt an Gabriele von Bülow
o. O. u. o. D., [vermutlich 22.9.1846]

H: DLA/SNM, Marbach

Ich bin hier, meine Liebe, wegen der Sternwarte und wegen Diners bei Meyerbeer[1]. Ich denke gewiss Sontag frei zu sein und bei Euch zu essen. Möchte ich doch noch Loens und den kleinen Bernhard[2] bei Euch finden. Ich gehe um 7 nach Potsdam zurük. Gestern hat Frau von Luck deren munteres anregendes Gespräch [man] mit kleinen angreifenden Teckeln vergleicht soirée musicale für den König und den tauben Grossherzog [gegeben]. Die ehmalige Bohlen (Bismarck)[3] hat sehr anmuthig gesungen, dann ein Hr v. Fleming Violoncell …
Dein

AHt

Berlin Donnerstags

in grosser Eile
Neues gar nichts. Kalte saure Milch Kirschkuchen

1 Zur Datierung: Nach dem Tod Heinrich von Bülows am 6.2.1846 und zwischen 1842 (Hochzeit Loëns) und 1854 (Tod Gabriele von Loëns). Beispielsweise fand am 24.9.1846 (Samstag) ein Diner bei Amalie Beer statt, an dem auch Meyerbeer teilnahm. Wenn dieses Diner gemeint ist, ist der Donnerstag der 22.9.1846.

2 Bernhard ging 1848 auf die Ritterakademie Brandenburg (Sydow 1919, 514).

3 Vermutlich Caroline, geb. Gräfin von Bohlen, Ehefrau des preußischen Generalleutnants Theodor Graf von Bismarck-Bohlen.

139 Alexander von Humboldt an Gabriele von Bülow o. O., 25.9.1846

H: DLA/SNM, Marbach

Ich bin so bedrängt von Arbeit, theure Gabriele, dass ich leider! erst Sontag Euch umarmen kann. Ich eile Dir zu sagen dass Gr[af] Rossi durch die Marchese[a] Palavicini die sichere Nachricht hat die liebenswürdige kleine Prinzessin sei zwar in Genua selbst sehr krank gewesen, aber jezt ausser aller Gefahr[1]. Man glaubt die ganze Familie werde bald kommen.
Mit innigster Dankbarkeit Dein

AHt

Freitag früh d. 25 September 1846.[b]

[1] „Stockholm, Ende Februar. [...] Kurz vor dem erwähnten Besuch in Kopenhagen trafen die Königin und einige der jüngeren Mitglieder der [schwedischen] königlichen Familie mit mehreren Mitgliedern der preußischen Königsfamilie auf der Insel Rügen zusammen, und von diesem Zusammentreffen datirt die Verlobung unseres Kronprinzen Karl mit der Prinzessin Luise von Preußen. Mit Unruhe hörte man von der schweren Krankheit sprechen woran die hohe Braut später in Genua lange darniederlag, freut sich aber jetzt daß die neuesten Nachrichten eine völlige Genesung gemeldet haben." (Allgemeine Zeitung Nr. 72 vom 13.3.1847, 571–573.) Sie heiratete später jedoch Alexis von Hessen-Philippsthal-Barchfeld. Siehe auch die folgenden Briefe.

140 Alexander von Humboldt an Gabriele von Bülow o. O., 28.9.1846

H: DLA/SNM, Marbach, 62.2137

Montag 28ster Sep[t]. 1846.[c]

Die Nachrichten (Berichte des Dr Weiss und Henry Redern der in Genua ist) sind allerdings noch sehr betrübend.[1] Es ist nicht ein rheumatisches Fieber wie die Zeitung sagt in einem [Artikel][d] den der Hofmarschal hat einrücken lassen, es ist Nervenfieber und Hirnentzündung. Es sind einige bessere Tage gewesen, was die Marchese Palavicini getäuscht, aber der Puls der gewöhnlich bis 130 Pulsschläge stieg war am 19ten noch 120. Man hielt die Kleine am 19ten Abends für schlimmer als am 18ten. Welcher Jammer für die Eltern, die sich nun Vorwürfe über die in dieser Hize so getadelte Reise gemacht haben werden. Wer sieht in die verschlossene Zukunft. Mein Schnupfen ist besser. Mein sehr tröstlich freundlicher Brief an Eleonore D.[2] ist geschrieben.
Mit inniger Liebe Dein

AlHt

---

[a] die | <–> *gestrichen* | Marchese *H*
[b] d. 25 September 1846. *ergänzt B*
[c] Montag 28ster Sep. 1846. *ergänzt B*
[d] Aritikel *H ändert Hrsg.*

Ich reise Mittwoch 7 Uhr und schlafe in Bunzlau. Nach einem Briefe von Keller an Wittg[enstein] schien die Rückunft am 15t[en] unsicher.[3]
Die Fürstin schreibt an W[ittgenstein?] sie besuche die arme Grabow in Creuznach u. wolle sehen ob die Aerzte sie ihr mit nach Nizza mitgeben wollen, wo die Fürstin bis Frühjahr bleibt.
Der Orient ist angenehmer, heiterer aber auch eiteler als alle Berliner Rauch ausgenommen.

[1] Zur Krankheit der Prinzessin Luise vgl. den Brief vom 25.9.1846.

[2] Vermutlich Eleonore Duysing, Freundin der am 16.7.1846 verstorbenen Charlotte Diede, die ebenfalls Ansprüche auf die Briefe Wilhelm von Humboldts erhob, die von Ch. Diede zur Publikation vorbereitet worden waren. Vgl. den Brief vom 20.7.1846, Anm. 5.

[3] Humboldt reiste über Bunzlau nach Erdmannsdorf ab, wo er sich bis zum 13.10. im Gefolge des Königs aufhielt, und kehrte am 14.10. über Bunzlau, Sorau, Sagan nach Sanssouci zurück.

141 Alexander von Humboldt an Gabriele von Bülow
o. O., 29.9.1846

H: DLA/SNM, Marbach, 62.2137

Dienstag Nacht 1 Uhr 29st[er] Sep[t]. 1846.[a]

Ich habe Dir vor der Abreise[1], theures Gabrielchen leider! nur betrübende Nachrichten[2] von der liebenswürdigen Prinzessin Louise zu geben. Sie wird ihre Freundin bald sehen. Die Unglükliche war nach gestern Abend von Dr Weiss u. Henry Redern angekommenen sicheren Nachrichten (ich erhielt sie bei Wittgenstein wo ich speisete) ganz hofnungslos. Nervenfieber und Hirnentzündung, dazu andere Zufälle die mit ihrem Alter und ihrer früheren Entwickelung zusammenhängen. Sie ist ganz selbst von ihrem nahen Tode überzeugt, meist ohne Besinnung, kommt sie aber auf Augenblicke zu sich so sagt sie dem weinenden Vater, es sei keine Rettung mehr, sie werde Glienicke nie wieder sehen. Alte Nachrichten über Pr[inz] Carl sind reines Misverständniss gewesen tolle Nachrichten die ein Oberst Studniz Schwiegersohn des alten Ladenberg aus Breslau schrieb, wahrscheinlich Verwechselung mit Pr[inz] Carl von Bayern. Unser Pr[inz] Carl hat nie das Krankenbette der Tochter in Genua verlassen. Auch die älteste Tochter der Helena stirbt an Auszehrung in Wien. Pr[inz] v. Preussen liegt krank in Prag aber bloss an Schnupfenfieber. Ich gedenke mit Rührung an die traurige[n] Erinnerungen welche der armen Prinzessin Luise Gefahr[b] in Dir, meine Theure, zurükrufen [wird]. Viel[e] Grüsse an Adelheidchen. Leider! kommt Hed[emann] ja nun noch später. Ich rüste mich zu morgen früh wo ich den Wagen schon um halb 6 Uhr wegschicken muss. Das Leben ist eine schlechte Erfindung

AHt

[1] Vgl. den vorigen Brief.

[2] Vgl. den Brief vom 25.9.1846.

[a] 29st[er] Sep. 1846. *ergänzt B*

[b] (1) Tod (2) Gefahr *H*

142 Alexander von Humboldt an Gabriele von Bülow
o. O. u. o. D., [vermutlich 1846]

H: DLA/SNM, Marbach, 62.2145

Vor der kalten Potsdamer Reise nur diese wenigen Worte, meine Liebe. Ich habe den Täufer[1] sehr leicht überzeugt und bloss das zarte Alter vorgeschüzt. Er wird nun auch seine Bitte nicht mehr anbringen, wodurch Dir ein unangenehmer Augenblik erspaart wird.

Mit Schrekken sehe ich künftigen Entfaltungen entgegen …

AHt

[1] Es könnte sich um die Taufe der am 28.8.1846 geborenen Enkelin Therese von Loën handeln.

143 Alexander von Humboldt an Gabriele von Bülow
Erdmannsdorf, 4.10.1846

H: DLA/SNM, Marbach

Meine theure Gabriele,

Ich habe Dir nicht ehe[r] schreiben wollen als bis der König gestern Nachmittag früher als man glaubte aus Oberschlesien[1] voll des Lobes von zwei prächtigen Bällen in Ratibor (die er an demselben Abend besucht hatte) hieher zurükkam. Von meiner eigenen Reise ist nichts zu erzählen. Ich blieb die Nacht in Bunzlau in einem sehr guten Wirtshause. Der Erbgrossherzog, der die beiden Rindthiere begleitet hatte, besuchte mich zwischen 9–10 Uhr. Mit ihm ging ich zu den schwedischen Prinzen.[2] Heiter und liebenswürdig contrastiren sie wunderbar mit dem gezierten Wunderkinde. Dem Könige haben sie dieses Mal sehr durch naive Freimüthigkeit gefallen, andere hohe Mächte nennen sie die Söhne der Wildniss. Ich halte die Benennung für sehr übertrieben. Ihre naive Freimüthigkeit und Unbefangenheit, das zu grosse Vertrauen in die Nachsicht anderer, die Kekheit mit der sie unsere Sprache verunstalten giebt ihnen ein Ansehen von Roheit. Pr[inz] Carl von Bayern hat uns gestern verlassen. Prinz Johann und seine Gemahlin kamen schon den Abend meiner Ankunft an. Mit der Königin aassen wir schon den ersten Mittag. Das Wetter ist wunderschön und man droht mit Excursionen nach dem Zackenfall und nach der Schneekoppe.[3] Die heilige Gräfin aus Buchwald und das litterarische Fräulein Küster sind die unvermeidlichen Uebel des Ortes. Das Leben ist ganz wie in Sanssouci, sehr luxuriös mit dem ganzen Adel der Gegend, täglich 40 langweilige Personen. Die Wohnungen sind vortreflich im neuausgebauten Schlosse, im Hause der Fürs[t]in, im Cavalierhause. Ich wohne am besten bei dem Oberamtmann. Der Oberpräsident Wedell der hier ist spricht gern von dem vortreflichen Rufe dessen Herrmann allgemein geniesst. Man erwartet morgen die Gräfin von Nassau und den Fürstbischoff. Von der Talleyrand hören wir noch nichts. Es ist sehr wahrscheinlich |2| noch immer, dass wir zu des Königs Geburtstag zurükkommen, aber nur wahrscheinlich. Der König nennt Wilhelm „einen sehr angenehmen jungen Mann der in Ottmachau sich vorstellen liess“ aber er bleibt dabei dass er ihn nie vorher gesehen. Ueber das Nichtbellen in Neisse habe ich nichts ergründen können bis jezt. Der Zufall spielt in solchen Dingen die Hauptrolle. Für die arme Prinzess Luise ist man hier sehr zärtlich, aber glüklicherweise sind die lezten 4 bulletins ja sehr beruhigend.[4] Man sieht dem verhängnissvollen 20sten Tage mit mehr Ruhe entgegen. Man weiss hier nicht mehr als täglich in der Staatszeitung und aus dieser in der Spenerschen Zeitung steht. Leider sind 5 Aerzte am Krankenbette weil in diesem Augenblik der Congress der Naturforscher und Aerzte in Genua ist. Von der Prinzessin v. Preussen lege ich Dir ein sehr hüpsches Briefchen bei. Die Besorgniss dass man hier mit Palmerston Schritte gegen Spanien thun werde scheint voreilig. Von Palmerston's Heftigkeit lässt sich aber freilich manches erwarten. Ich begreiffe wie man gegen die Folgen einer Heirath protestiren kann, nicht aber gegen eine Heirath selbst. Auch für Prinzess von Preussen ist man hier sehr freundlich gesinnt. Der König hat ihr geschrieben, ihren Aufenthalt zu verlängern, aber wohl zu spät. Es speiset täglich bei dem König eine Frau von Zedlitz, fast erblindet, Mutter des hiesigen Landrath[s] und Tochter der Gräfin Magné. Da man hier im Inneren des Gewölkes lebt, so kennt man seine Umrisse nicht. Ich weiss also nur Elendigkeiten zu schreiben: auch traue ich dieser Correspondenz nur sehr mässig.

Meine zärtlichsten Grüsse an Adelheidchen, Mathilde n. 1 et 2 und alle lieben Infanten.

AlHt

Erdmannsdorf den 4. Oct 1846.

Eben donnert sich die Sagan an. Hannibal schläft in Warmbrunn „vor unseren Thoren".[5]

1 Humboldt war Ende September im Gefolge des Königs auf einer Rundreise durch Schlesien (Bunzlau, Erdmannsdorf, Sagan, Breslau u. a.) unterwegs: Abreise von Berlin am 16.9., Rückkehr am 14.10.

2 Vgl. Humboldt an Friedrich Wilhelm IV., 19.9.1846, wo er von den „sehr freundlichen Rennthieren" sprach. Es handelt sich um die beiden schwedischen Prinzen Karl und Oskar, die in Berlin zu Besuch weilten (Humboldt 2013, 339).

3 „Der König ist, wie immer, von unverwüstlicher Heiterkeit; er war gestern mit Prinz Johann v[on] Sachsen bei herrlichem Wetter auf der Schneekoppe. Ich war leider! nicht mit." (Humboldt an Alexander Mendelssohn, 8.10.1846, in Humboldt 2011, 156).

4 Vgl. die vorigen Briefe.

5 Bad Warmbrunn, heute Cieplice Śląskie-Zdrój, Stadtteil der Stadt Jelenia Góra (Hirschberg), unweit der traditionellen Sommerresidenz der Hohenzollern Erdmannsdorf (heute Mysłakowic).

144 Alexander von Humboldt an Gabriele von Bülow
Potsdam, 17.10.1846

H: DLA/SNM, Marbach, 62.2137

Sehr wohlbehalten angekommen 9 Uhr Abends am 14ten,[1] einen langweiligen Tag und Abend verlebt in Paretz, bedaure ich theurestes Gabrielchen nicht, wie ich hoffte morgen Sonntag in Tegel erscheinen zu können, da Sonntag der Geburtstag des jungen Prinzen in Babel ist. Ich hoffe Montag frei zu sein und zu Euch zu eilen, wenn die Ankunft des russ[ischen] Thronfolgers nicht dazwischen kommt. Hier ist alles im uralten Zustande. Die Schweriner bleiben noch 2 Tage und fahren jezt in 5 Stunden auf der neuen Eisenbahn zurük. Ludwigslust soll von neugierigen Berlinern wimmeln die in das neuentdekte Südseeland gehen und sich wundern, dass die Meklemburger nicht tatuirt[2] sind. Constitutionelle Sachen hat man zum Geburtstag vorgehabt, aber wieder verschoben. Das Neueste ist die unendliche Liebenswürdigkeit mit der beide Majestäten, selbst der König, die rükkehrende Prinzessin v. Preussen aufgenommen. Vorliebe für das Leoparden Land und Neugierde über Windsor tragen wohl dazu bei. Ich versuche heute Vormittag die Prinzessin in Babel aufzusuchen. Ich habe den König nicht heute auf die Ausstellung begleitet, um der Gehässigkeit des Nichtankaufens, die mir nothwendig dann zugeschrieben wird, aus dem Wege zu gehen. Auch wollte der König zugleich das einsame <Cellular>-Arbeitshaus[3] besuchen, das mir ein gottloses Gräuel ist. Pr[inzessin] von Preussen ist unendlich wohler, stärker und schöner. Sie versichert selbst, |2| das Besser Befinden sei nicht bloss Folge des reichen geistigen Genusses, es sei Folge der diesmaligen Brunnenkur. Sie ist voll Zärtlichkeit für Euch Alle und hat mir viele herzliche Grüsse aufgetragen. Den Tod des unglüklichen Hofmarschalls Massow hält man für ganz, ganz nahe. Ueber Pr[inzessin] Luise glaubt man ausser Sorgen sein zu können, aber jezt hat ihr Arzt Dr Weiss, das Nervenfieber [diagnostiziert] auch behauptet Hofmarschall Schöning die Prinzess habe noch immer 90–95 Pulsschläge und sei also nicht ganz fieberfrei, der Prinz Carl bestehe darauf die ganze Familie zurükzuführen, was Schönlein sehr tadelt.[4] Hannibal die ich schon in Warmbrunn empfing, was meinen Credit sehr gesteigert hat, wurde in Erdmannsdorf wo sie speiste, auch von der Königin sehr freundlich aufgenommen. Wir waren in Sagan am 14ten von ½ zehn Uhr morgens bis halb zwei. Die innere Pracht des Schlosses von Grösse der Räume, Gemälden von Rembrandt, Velasquez Poussin, von Statuen und anderen Kunstschäzen ist unbeschreiblich – dann das Diner, die Schaar der Kammerdiener auch Hofdamen der Sagan und Acerenza, ganz maskenartig travestirt, doch patriachalisch, lauter Sprösslinge des herzöglichen Hauses, eine Tochter der Sagan I heisst jezt Gräfin Dohna ein Fräulein Piatoli, eine Tochter der Acerenza erzeugt mit dem Abbé Piatoli der unsere Sagan erzogen oder mit des Abbé's Bruder, die Urgeschichte der Menschheit ist nebelartig dunkel. Der König schwärmt über den Aufenthalt in Sagan, will zur Jagd wieder hin, findet es prächtiger als Windsor.[5] Du kannst [Dir] denken welche Freude unsere Prinzessin von diesen Eindrücken hat. Meine herzlichsten Empfehlungen der theuren |3| Adelheid nach der der König sich schon sehr erkundigt. Ich habe den Tegelschen Aufenthalt nicht abläugnen wollen, da keine Gefahr ist dass der Hof Euch dort bedränge. Mit Schmerzen höre ich ja dass wir Hed[emann] ja nur auf so wenige Tage besizen sollen und dass er mythisch vermummt leben will. Mit der Königin habe ich noch auf der Eisenbahn von Sagan hieher lange und sehr offene Gespräche über die Briefe gehabt.[6] Sie ist von diesen Briefen und von der Diede selbst noch immer ganz entzückt. König und Königin wüthen gegen die Bacharach[t] (doch eigentlich nur als einer überheiteren Person)[7]. Die Königin verwirft jeden Gedanken dass ihr die Diede einen Ankauf des Manuscriptes angeboten. Die ganze Correspondenz zeuge von der grössten Delicatesse und Uneigennüzigkeit. Sie habe bloss die Erlaubniss erbeten, der Königin das Buch dediciren zu können, sie bedürfe einer solchen „Patronage“, von Geldunterstüzung, von Ueberlassung der Briefe sei nie die Rede gewesen. Das wenige was sie [(die Königin) gethan][a], habe sie bloss gethan weil sie durch ihren Secretär den Geh[eimen] Legat[ions] Rath Sasse von der bedrängten Lage gehört. Die Königin meint, es sei das Herzensbedürfniss der Sterbenden gewesen Briefe, die so ganz unschuldig wären, aus denen niemand etwas arges ahnen könnte der Nachwelt zu übergeben. Der König der sich in das Gespräch mischte, war

[a] (die Königin gethan) *H ändert Hrsg.*

auch der Meinung des Erscheinenlassens. Er lobte besonders die ernste, religiöse Stimmung von dem was er gesehen. Die Königin besizt nemlich einige Original Briefe von denen die Abschrift im übersandten Manuscripte liegt. Sie will sie mir zurükgeben. Ich habe geäussert, ich wäre derselben Meinung besonders weil Geldanbieten zum Ankauf beleidigend und das nicht Ausliefern von Documenten die einem bloss zur Correctur anvertraut wären, widerrechtlich sei. Die wenigen Originalbriefe waren bloss der Königin geschikt, als die Erlaubniss zur Dedication gefordert wurde. General Lindheim schwärmt für Mathilde I und II. Die Generalin die bald nach Neisse abgeht wünscht Ottm[achau] verödet zu finden.
Dein

AlHumboldt

Potsdam den 17 Oct. 1846

Bei der Post ist alles wohl, nur bei der Kleinen ist die „Nachtseite der Natur“ noch etwas incorrect. Die Aufführung der Undine trägt wohl dazu bei.

1 Siehe den Brief vom 4.10.1846, Anm. 1.
2 Eingedeutscht von frz. Tatouer = tätowieren.
3 Arbeitshäuser dienten als Kranken-, Arbeits-, Waisen-, Irren- und Zuchthaus für leichtere Vergehen und Obdachlosenasyle und sollten zu „ordentlichem Leben“ erziehen. Das erste Berliner Arbeitshaus befand sich auf dem Gelände des heutigen Charité-Krankenhauses, in dem auch Rudolf Virchow (bekannt für seine sog. Cellular-Pathologie) tätig war.
4 Vgl. den Brief vom 19.9.1846.
5 „Dorothea pflegte nach ihrer Rückkehr nach Deutschland enge Verbindungen zum preußischen Hof. Sie stand in ständigem Kontakt mit Friedrich Wilhelm IV. und dessen Nachfolger Wilhelm I. Auch bei anderen Mitgliedern des Königshauses war sie ein gern gesehener Gast, besonders bei der Prinzessin von Preußen [...]“ (Erbe 2009, 166). Der König besuchte Sagan fast jährlich. „Nach Alexander von Humboldts Meinung [...] fand der Monarch in Sagan größere Schönheiten als in Windsor oder an irgendeiner Stelle in Österreich oder Rußland.“ (Erbe 2009, 133).
6 Vgl. den Brief nach 12.7.1846. Die Königin hatte weitere Briefe aus ihrem Bestand (die einem Bittbrief Ch. Diedes an Friedrich Wilhelm IV. beigegeben waren) ebenfalls an A. von Humboldt zurückgegeben (Leitzmann 1909a, xv).
7 Zur Geschichte der Herausgabe der Briefe Humboldts an Charlotte Diede siehe den Brief vom 20.7.1846, Anm. 5.

145 Alexander von Humboldt an Gabriele von Bülow
o. O. u. o. D., [vor 17.11.1846[1]]

H: DLA/SNM, Marbach, 62.2137

Ich sende Dir, meine Theure, hier wunderschöne (ob süsse?) Weintrauben die mir Hr Jacobs geschenkt! Der Bacheracht hat schon eindringen wollen. Er war in keinem Wirtshause abgestiegen sondern nomadisirte wild auf den Strassen. Ich habe mich durch Anziehen entschuldigt sagen lassen „ich wollte sie im Einsiedler besuchen“. Antwort: nein, sie wolle lieber einen andern Tag wieder kommen. Dann bringe ich den Bacherach[t] zu Euch.[2] Die politische

Lecture, 3 piecen eine deutsch, hat heute morgen in Babel stattgefunden. Man kann nicht schöner schreiben u geistreicher die politische Lage beurtheilen.
Gib Dir keine Mühe zu antworten, meine Liebe

AHt

1 Zur Datierung siehe den im Brief vom 20.7.1846, Anm. 5, zitierten Brief Humboldts an Th. von Bacheracht vom 11.11.1846.

2 Über den Aufenthalt der Therese von Bacheracht siehe den folgenden Brief, Anm. 2. Zur Geschichte der Herausgabe der Briefe Wilhelm von Humboldt an Charlotte Diede siehe den Brief vom 20.7.1846, Anm. 5.

146 Alexander von Humboldt an Gabriele von Bülow
o. O. u. o. D., [vermutlich vor 17.11.1846]

H: DLA/SNM, Marbach, 62.2137

Ich gehe morgen 10^{U} nach Berlin, aber leider! nicht nach Tegel weil ich um 5^{U} bei Meyendorf mit Constantin[1] esse und um 8^{U} versprochen habe hier wieder Abends vorzulesen. Ich schreibe um zu fragen, ob ich meine Liebe, etwas nach Berlin mitnehmen soll. Schreibe doch nach Tegel dass die Meyendorf der Königin den Bacheracht zur präsentation annoncirt hat und diese mir sagt, sie würde à regret sie wohl den ganzen Winter sehen müssen!! Wer hätte das geglaubt.[2]

Herzliche Grüsse an Leopold und meinen neuen Waldneffen der mir sehr gefallen. Wir hatten hier den Grafen Münster[3]

AHt

Montag Nacht

1 Vermutlich Großfürst Konstantin Nikolajewitsch von Russland, der mehrfach den preußischen Hof besuchte, so z. B. zum Geburtstag von Friedrich Wilhelm IV. am 15.10.1846 (Humboldt 2006, 87).

2 Therese von Bacheracht hielt sich im Herbst 1846 (Anfang Oktober bis 8.12.1846) wegen der Herausgabe der Briefe Wilhelm von Humboldts an Charlotte Diede in Berlin auf (siehe den Brief vom 20.7.1846, Anm. 5) und wurde Ende November am Hof vorgestellt (Tagesblätter vom 17. u. 26.11.1846). Ihr Gatte Robert von Bacheracht hielt sich bis 16.11. in Berlin auf (Varnhagen, Tagesblätter vom 17.11.1846). Ich danke N. Gatter für diesen Hinweis.

3 Vermutlich der Diplomat Münster-Meinhövel.

147 Alexander von Humboldt an Gabriele von Bülow
o. O. u. o. D., [9.12.1846]

H: DLA/SNM, Marbach, 62.2137

Meine theure Gabriele. Ganz erkältet von einer 4stündigen Sizung im Staatsrathe[1] (es war der König zugegen und es galt nicht gar zu interesante Religionsangelegenheiten) schreibe ich diese Zeilen. Es war mir noch immer etwas Unruhe über die nicht vollständig genug eingetretene Crisis[2] übrig geblieben, aber der O[ber] Pr[äsident] Mäding[3] hat mich im Staatsrathe über unseren theuren Kranken ganz getröstet. Er versichert, Du seiest so beruhigt, dass seine Frau vielleicht selbst die Freude haben würde, Dich bei sich heute Abend zu empfangen. Möge sich Lucretia B. nicht täuschen. Die H[erzogin] v. Sagan hat durch Correspondenz mit Stolberg ja nun doch die Jagd durchgesezt. Der König geht Montag nach Sagan und kommt erst Mittwoch zurük. Möge der Herzog v. Sagan nur nicht auch da sein. Sie will keine Diplomaten einladen, |2| wegen Montpensier und Cracow. Ich finde es sehr gescheut. Die kluge Mathilde hat sehr gut operirt. Hier ist Hedemanns Brief, der mir nun auch volle Freiheit giebt, ja selbst Varnhagen von selbst nennt, gegen den er sonst wie wir wissen, manche Vorurtheile hatte.[4] Du legst den Brief wohl in den Documenten Kasten.

Die Bacheracht ist gestern abgereist. Sobald Du etwas freier Dir Selbst gehören wirst, meine Liebe, schenkst Du wohl den Briefen einige Blicke. Verzeih ja dass ich Euch noch immer nicht besuche. Ich bin zwar von dem Catharr ziemlich frei, fürchte aber doch einen Rükfall. Ich umarme die theure Gabrielchen u alle Infanten und Infantinnen
Dein

AHt

B[erlin] Mittwoch Ab[end]
Schreibe mir doch Deine Nummer u. Adresse[5]

1 Humboldt war von 1840 bis 1846 Mitglied im Staatsrat. Am 9.12.1846 (Mittwoch) nahm er an seiner vermutlich letzten Sitzung teil, das Thema betraf die Beglaubigung von Geburten, Heiraten und Sterbefällen bei bloß geduldeten Religionsgesellschaften. Daher die Datierung.

2 Loën war von November 1846 bis Februar 1847 ernsthaft erkrankt. Vgl. auch die folgenden Briefe.

3 August Werner von Meding.

4 Zur Geschichte der Herausgabe der Briefe von Charlotte Diede durch Eleonore Bacheracht siehe den Brief vom 20.7.1846, Anm. 5.

5 Gabriele war nach dem Tod Heinrich von Bülows nach Potsdam, Am Kanal, in die Nähe ihrer Tochter Gabriele von Loën umgezogen.

148 Alexander von Humboldt an Gabriele von Bülow
o. O. u. o. D.

H: DLA/SNM, Marbach, 62.2137

Ich habe eine Weihnachtsbitte an Dich zu richten, meine Liebe, die an das Unzarte grenzt, aber die Unmöglichkeit dieses Jahr zum Einkaufen die Gräfin Dönhoff anzusprechen, wie andre Jahre; die der Gewissheit, selbst am wenigsten das zu treffen, was den Kindern eine Freude machen könnte, wage ich die unzarte Bitte. Es müssen 5 kleine Geschenke sein: für Gabrielchen, die Wöchnerin, die 3 Infantinnen auf der Feste, von der sie wohl bald erlöst sein werden, und für[a] Bernhardchen den es mich so schmerzt, gestern nicht haben umarmen zu können. Kaufe, meine Liebe was Du willst, wohl Puzsachen, freilich sehr kleine denn da Herrmann immer nicht zahlt, so hat meine Generosität enge Grenzen. Ich wünsche dass die 5 Geschenke zusammen nur 5–6 Louis d'or kosten; sie können auch ungleich sein, dann loost man um den Diamantenschmuck.

Ich wünsche nicht befragt zu werden nichts vorher zu sehen, kann auch, da ich den König gewiss begleite die Geschenke selbst am Neujahrstage in Potsdam[1] vertheilen was deutsch- empfindsamer ist. Ich will aber Bernhardchen vorher umarmen und hoffe Dich und ihn morgen, Montags[b] um 2 Uhr zu Hause zu finden. Denke, der unglükliche[c] Graf Groeben, der mit der reisigen Königswittwe in Rom ist, hat seinen einzigen hofnungsvollen 14jährigen Sohn, der glüklich von Braschen vor ½ Jahr, als Seecadett zurükkam u den Vater[d] nach England begleitete, in Stettin an Nervenfieber verloren! Er hat nur noch eine Tochter.

AlHumboldt

Sonntag Nacht

Da ich sehr ehrlich bin lege ich 5 Fr[iedrich]s d'or bei und zahle einen im Unglück nach.

1 Da Gabriele von Bülow nach Heinrichs Tod nach Potsdam zu den Loëns übersiedelt war, kann es sich um Weihnachten 1846 handeln.

149 Alexander von Humboldt an Gabriele von Bülow o. O. u. o. D.

H: DLA/SNM, Marbach, 62.2137

Dienstag Nacht[1]

Da das Diné in Charlottenburg sich bis 6 Uhr gedehnt hat so habe ich leider! die Freude verfehlt, Dich, meine Theure, und Deine liebe Schwester zu sehen. Aber welches Erstaunen! Mit Rührung ruht der Blik auf das so unendlich gelungene, herrliche Bild von Bülow. Er steht vor mir in der besten Zeit![2] Welcher lindernde Balsam ist doch dem Menschen die Kunst. Ich habe Hed[emann] heute Abend noch umarmen können bei Loëns. Die Anlage kannst Du als Eigenthum behalten, u Freundinnen damit beglücken. Die arme Constanze, wieder leidend – zart u. schön sind also immer beisammen.

Dein

AHt

a für *ergänzt H*

b (1) morgen (a) Montags (b) Dienstags (2) morgen, Montags *H*

c (1) arme (2) unglükliche *H*

d (1) ihn (2) den Vater *H*

1 Datierung unsicher, vermutlich nach Bülows Tod am 6.2.1846.

2 Um welches Bild es sich handelt, ist nicht bekannt. 1845 erschien ein Bild in Illustrirte Zeitung, Bd. 4 (1845), S. 81. Siehe Einleitung S. 15. Vermutlich handelt es sich jedoch eher um ein Porträt Bülows (Lithographie nach Lambert), das sich in Humboldts Besitz befand („Bülow, Staatsminister, Neffe A. v. H's. Brustbild, gem. von R. Lambert, lith. von Feckert. Auf Chines. Papier und vor der Schrift. Eingerahmt." Müller 1860, 13).

150 Alexander von Humboldt an Gabriele von Bülow
Berlin, [vermutlich 16.]1.1847

H: DLA/SNM, Marbach, 62.2137

B[erlin], Sonnabend 3h ½
d. Januar 1847.[a]

Ich wäre gern schon früher gekommen, meine theure G[abriele], um mich mit Euch zu freuen, aber die strenge Kälte hat mich zurükgehalten. Nun ist es milder und ich denke nichts soll mich abhalten morgen Sontag um zwölf Uhr hier wegzufahren. Könnten wir wohl um zwei bei Dir speisen, da ich um 4 Uhr wieder zurükfahren möchte. Ich werde Dir das Ende von Schlesiers Leben meines Bruders bringen. Es ist [sehr schön,][b] auch im Ganzen harmlos, nur hat er die teuflische Idee gehabt wenn auch ziemlich gemessen, der Revolution des Bruders von Hedemann mit allen Namen zu erwähnen.[1] Es ist freilich nur ein blasser Abdruk von dem, was Dorow in einem Buche[2] hat drucken lassen das „Erinnerungen aus meinem Leben" heisst, aber dieses Aufwärmen wird dem armen Hedemann natürlich sehr unangenehm sein. Es wird für uns (seines Zornes wegen) vorsichtiger sein, ihm und [der][c] lieben Adelheid das Buch nicht zu schicken und gar nicht darüber nach Erfurt zu schreiben. Es ist unbequem mit berühmten Menschen verwandt zu sein, kann der Empörer sagen. Und die arme Wollzogen![3] So ist der lezte Glanz von Weimar u. Jena geschwunden. Ich hoffe in Potsd[am] morgen gute Nachricht zu finden. Herzliche Umarmung!

AHt

Das Ordensfest wird erst den 24sten gefeiert. König und Königin sind beide an dickem Schnupfen unwohl. Von Merseburg verlautet nichts. Bei Pr[inzessin?] v. Preussen war wieder soirée littéraire. Geibel der Dichter las. Man hatte von der Abwesenheit des Gemahls profitirt. Verzeihe dass ich auf Deinen lezten Brief nicht geantwortet. Ich [gehe] gewiss zur alten Itzenplitz da es minder sibirisch ist.

1 „Der wackere Schwiegersohn unseres Humboldt, Obrist v. Hedemann, hatte einen Bruder, der sehr aus der Art geschlagen war und schon in früher Jugend sich durch großen Leichtsinn bemerklich machte. Seine Ueberspanntheit war ohne Grenzen und bereitete einer trefflichen Familie viel Schmerz und Kummer. Im Befreiungskrieg hatte er tapfer gedient und dann in Westpreußen, als Forstinspektor, eine Stellung gefunden. ohne jedoch den excentrischen Sinn zu verlieren. In diesem Zustande gerieth

a d. Januar 1847. *ergänzt B*

b sehr, schön *H ändert Hrsg.*

c Der *H ändert Hrsg.*

er auf den wahnwitzigen Gedanken, einen Aufstand in Westpreußen zu erregen, um dem preußischen Staate zu einer Verfassung zu helfen und eine Umänderung des Regierungspersonals zu erwirken. Nachdem er sich zu diesem Zweck mit einer Anzahl untergeordneter Menschen verbunden hatte, schritt er zum Werk, nicht ahnend, daß er schon verrathen sei. Die Regierung ließ die Sache zum Ausbruch kommen. bei welchem Hedemann und seine Genossen gefaßt und den Gerichten übergeben wurden. – Anfangs Julius [1821] erscholl die Nachricht von diesem Rebellionsversuch und machte großes Aufsehen. [Wilhelm von] Humboldt [...] soll – der nahen Verwandtschaft wegen – über diesen Vorfall sehr erregt gewesen sein [... Hedemann] wurde auf die Festung Graudenz in Verwahrung gebracht, nach wenigen Jahren jedoch begnadigt und [...] selbst wieder angestellt." (Schlesier 1847, 411–412).

2 Dorow 1845.

3 C. von Wolzogen war am 11.1.1847 verstorben.

151 Alexander von Humboldt an Gabriele von Bülow
o. O. u. o. D., [vermutlich 18.1.1847]

H: DLA/SNM, Marbach, 62.2137

Montag Nacht

Ohne dass ich irgend eine Ahndung davon gehabt, theure Gabriele, ist mir heute geworden was Du in der Abschrift[1] lesen kannst. Ich war nicht zur Tafel geladen, aber nach der Tafel schikte mir der König den Prinz Adelbert, um mich holen zu lassen, und mich den Rittern die noch versammelt waren vorzustellen und viele Umarmungen zu empfangen von denen die alle thaten, als mache es [ihnen][a] eine kannibalische Freude. Meine Philosophie ist wenig erschüttert. Die beiden fehlenden Cosmosbände[2] wird man nun schlechter finden. Die Glorie wäre besser später etwa auf dem Grabe gekommen. Aber die Liebenswürdigkeit des Briefes ist in der That sehr gross und ich muss daher um so ernster Dich bitten zwar die Einlage an Hedemann zu schicken aber ja keine Abschrift nach Dessau oder sonst wohin zu schicken, auch keine an Wilhelmchen zu geben, durch dessen Mutter der Brief nach Coblenz od. an die Rheinzeitungen kommen würde. Man muss diese Gefahr vermindern und alle Schuld würde auf mich fallen. Auf Hedemanns Discretion, verlasse ich mich und willst Du, theures Gabrielchen, Dir selbst eine Abschrift für Dein Familien Archiv*[b] von den lieben Töchtern machen lassen, so habe ich nicht[s] von Deiner Diplomatie zu fürchten. Die Duchesse will allerdings speisen aber vor den ersten 10 Tagen ist keine Gefahr. Die Königin ist beim Schnupfen bettlegrig. Die Glorie macht nicht fett, der Stern den mir der König selbst angestekt ist von Papier, aber Du meine Liebe hast 600000 Thaler das beruhigt.

AHt

Herzliche Grüsse dem theuren Loën und dem armen Kranken. Wie viele Menschen mag es im Staate geben, denen dieser schwarze Vogel mehr Freude machen würde. Das Philosophischsein benimmt einem so manchen Genuss!

a Ihnen *H ändert Hrsg.*

b *H am Rand:* *Ich werde Dir später das Original selbst für Dein Archiv schencken.

Der König hat sich heute Abend sehr über Loëns Genesung[3] erfreuet und mir aufgetragen „es Dir ja zu sagen."

[1] Nicht überliefert. Eventuell handelt es sich um den Brief Friedrich Wilhelms IV. zur Verleihung des Schwarzen Adlerordens, die höchste preußische Auszeichnung, an Humboldt, 18.1.1847, in dem der König schrieb: „Als Großmeister des Ordens ist es meine Pflicht für die Ehre u. den Glanz desselben zu sorgen. Eingedenk dieser Pflicht habe ich Ihre Ernennung vollzogen, da dem Orden wohl keine größere Ehre wiederfahren kann, als den Namen: Alexander von Humboldt unter denen seiner Mitglieder zu zählen." (Humboldt 2013, 351.) Daher die vermutliche Datierung.

[2] Band 3 des „Kosmos" erschien 1850, Band 4 wurde später geteilt und erschien 1854 bzw. der zweite Teil als Band 5 unvollendet nach Humboldts Tod.

[3] Leopold von Loën war wochenlang schwer erkrankt. Vgl. Humboldt an Alexander Mendelssohn, 21.10.1846, 19.12.1846 und 16.1.1847, in Humboldt 2011, 158–161.

152 Alexander von Humboldt an Gabriele von Bülow
o. O., 25.1.1847

H: DLA/SNM, Marbach, 98.18.15

Du musst glauben, dass der schwarze Vogel seine Zauber auf mich ausübt, weil ich, meine theure Gabriele, so viele Tage Dir nicht geschrieben! Ich hatte das Ordensfest[1] abwarten wollen in dem[a] aber nichts vorfiel[b] als die Langeweile der Altarrede des Erzpriester-Comödianten Strauss „Eine Reihe gottesfürchtiger christlicher Könige (Friedrich II mitgerechnet) haben gefühlt dass sie sich zwar selbst die Krone aufsezen, aber doch die Salbung der Kirche bedürfen. Troz dieser Frommheit habe das übrige Deutschland sich doch unter Napoléon von Preussen und dessen christlichen Königen eine Zeit abgewendet (was die Gesandten von Baiern und Sachsen sehr erfreute) aber jezt hange ganz Deutschland einiger als je an Preussen![“] Neben mir stand leider! der Herzog von Sagan, dessen satyrische harte Bemerkungen nicht bequem waren.[2] König und Königin fragen immer sehr lebhaft nach Leopolds fortschreitender Genesung[3], auch Schönlein der wieder ausgeht aber bettlägrig war. Ich bitte Dich also, meine Theure, nun recht bald einmal etwas eindringlich an Schönlein mitzutheilendes zu schreiben. Hedemann habe ich heute gemeldet, dass aller Wahrscheinlichkeit nach, der König Sonntag nach Merseburg zur Jagd abgeht und Dienstag wiederkommt. Als mein Brief schon abgegangen war erhielt ich die Einlage vom guten Wilhelm.[4] Also[c] ist für die |2| arme Schwester alle Ballfreude gestöhrt. Es ist ein böses, tückisches Freude stöhrendes Jahr. Welche Eselei von H. Schlesier den lezten Band an Hedemann geschikt zu haben.[5] Er hätte mehr verdient als ihm geschehen, aber der Sturm scheint vorüber. Ich hatte einige Tage vorher sehr tadelnd an Schlesier geschrieben und ihn beschworen das unheimliche Buch ja nicht an Hed[emann] zu senden. Ich selbst werde nun auch wohl bald an eine andere Unheimlichkeit in Hamburg denken und Dir den blechernen Zauberkasten abnehmen müssen.

[a] (1) an d (2) in dem *H*

[b] nichts | als *streicht Hrsg.* | vorfiel *H*

[c] Alle *H ändert Hrsg.*

Dem armen Enders habe ich ein kleines Geldgeschenk von 3 Louis d'or gemacht, habe ihm aber sonst nichts tröstliches sagen können. Die Duchesse ist in mehr Zauber als unsere Prinzessin wünschte. Sie zerschmilzt in Zärtlichkeit für den König der ihr im Wirtshause Britisch Hotel, eine Visite von einer vollen Stunde gemacht, ihr die Sophocles Medaille selbst gebracht[6] ... Leider! wohnt der Herzog wieder eben dort. Die arme Werther ist sehr sehr leidend ob sie gleich noch lezten Donnerstag erschien. Der König war heute nicht mit auf der Jagd in Tegel, er ist sehr ernsthaft jezt mit der Constitution im April beschäftigt. Es soll nun doch 2 Kammern geben, einen Olymp von ehemaligen Reichsunmittelbaren, Majoratsherren und solchen die glauben mehr als die Montmorencys der Ukermark zu sein. Heute Abend ist ball bei Westmoorland, ich bin aber vorher bei dem König; Donnerstag |3| soll Cour sein! Sonnabend der erste der so oft verunglükten Brühlschen Bälle. Von Genua sind die Nachrichten sehr gut.[7] Vor der Duchesse sind wir wohl noch gesichert. Ich lege ein hüpsches Buch bei, das Euch wohl Freude macht. Herzliche Grüsse an alle. An Mad[ame] Du Ruisseau hoffe ich wohl die 50 r. zu schaffen.[8]
Mit innigster Anhänglichkeit. Dein

Al. Humboldt
in grosser Eile

Montag Abend d. 25st[en] Jan. 1847.[a]

Ein verabschiedeter Landgerichtspraesident Alsleben glaubt dass ich den Schwanenorden erhalten und gratulirt mich schriftlich deshalb.[9]

1 Am 18.1.1847, siehe den Brief vom 18.1.1847, Anm. 1.

2 Die Bezeichnung ‚Herzog von Sagan' ist irreführend, denn Dorothea von Sagan war bis zu ihrem Tod alleinige Trägerin des Namens Herzogin. Ihr ehemaliger Gatte Edmond de Talleyrand-Périgord trug nie den Titel Herzog von Sagan. Diesen trug der Sohn ihrer Schwester Pauline, Konstantin (Fürst von Hohenzollern-Hechingen), allerdings nur von 1842 bis 1845, als Dorothea der Titel Herzogin von Sagan verliehen wurde. Vermutlich meint Humboldt hier also ihren Sohn, Napoléon-Louis, Herzog von Valençay, der nach ihrem Tod den Titel Herzog von Sagan erhielt. Ich danke G. Erbe für diese Auskunft. Vgl. auch Erbe 2009, 128.

3 Siehe den Brief vom 18.1.1847, Anm. 3.

4 Die Einlage konnte nicht ermittelt werden. Vermutlich handelte es sich um eine Krankheit des Sohnes von Mathilde von Humboldt, weswegen seine 17-jährige Schwester Mathilde (Tilly) ebenfalls zu Hause bleiben musste.

5 Siehe den Brief vom 16.1.1847, Anm. 1.

6 Zur Uraufführung der „Antigone" des Sophokles in Berlin in einer Vertonung von Felix Mendelssohn-Bartholdy am 28.10.1841 hatte Friedrich Wilhelm IV. eine Gedenkmünze mit einem Bildnis des Sophokles und vier Medaillons sowie dem Bildnis von Tieck und dem von Mendelssohn gestiftet. Vgl. Humboldt an August Böckh, [Mai 1846], in Humboldt 2011, 159.

7 Zur Krankheit der Prinzessin Luise siehe die Briefe vom 25.9.1846 und folgende.

8 Madame de Ruisseau (oder Duruisseau?) hatte sich wohl mit einer Bitte um Unterstützung an Humboldt gewandt, siehe die Briefe vom 14.12.1847 und vom 21.1.1848.

9 Alsleben an Humboldt, 22.1.1847, DLA/SNM, Marbach.

a d. 25st[en] Jan. 1847. *ergänzt B*

153 Alexander von Humboldt an Gabriele von Bülow
Berlin, 2.2.1847

H: DLA/SNM, Marbach

Nur wenige Zeilen des Dankes für Deinen theuren, endlich einmal beruhigenden Brief vom 1sten Febr.[1] Alles was Du von dem theuren Leopold jezt schreibst, giebt doch die gegründete Hofnung, dass er bald das Bette wird verlassen können. Ich habe eine doppelte Freude darüber, meine theure Gabriele, als gerade jezt Tage so trüber Erinnerungen eintreten. Diese Erinnerungen lassen mich den Quälereien der Herzogin, die gestern auf einem Diner bei Dalmatie wiederholt wurden, kräftig widerstehen und doch auf eine Weise, die keine Erkaltung besorgen lässt. Sie wollte dass ich sie künftigen Sontag 7[t[en]] nach Potsdam fahren sollte. Der Tag schien mir aber für Dich noch sehr ungeeignet. Du schreibst mir wohl, meine Liebe, von welchem Datum an Dir unser Besuch angenehm sein könnte? Mit der Königin ist, wie Schönlein versichert schlechterdings jezt nichts sehr ernstes.[2] Es fing catharralisch an, wurde dann etwas entzündlich deshalb der Aderlass. Die lezte Nacht war der Schlaf recht gut. Schönlein glaubt aber, dass viel Schonung lange nöthig sein wird, dass sie wohl einige Wochen wird das Zimmer hüten müssen. Der König war bei dem allen sehr zärtlich und ängstlich, den Abend waren wir immer sehr allein, doch einmal auch mit Savigny, Canitz und Waagen. Dem König ist Raumers Rede, die voll gehässiger Anspielungen „auf |2| theologisirende Fürsten, gewaltsame Einführung einer Landeskirche, Tollheit der Synoden" war, sehr unangenehm gewesen.[3] Es ist nicht edel ihn da anzugreiffen, wo er nicht antworten kann. Du solltest Dir die Rede von Raumer kaufen, man kann mit den Grundsäzen vollkommen einverstanden sein, den Ort aber, wo sie gehalten wurde, muss man misbilligen. Leider! soll der Min[ister] Eichhorn sich jezt darin mischen, wodurch die Sache viel schlimmer wird, für alles was über den König selbst darüber zur Sprache kommt. Mit Hedemann habe ich, wegen der Jagd, viel correspondirt. Er hat aus Delicatesse bisher der Ungeschiklichkeit Schlesiers gar nicht erwähnt. Der Brühlsche Ball war übervoll 1300 Personen, man musste 600 zurükweisen. Im Opernsaal wird nichts sein, weil die Einrichtung dazu (das Aufschrauben u. Zurichtung des Fussbodens) 2500 r. kosten würden. Die Pr[inzessin] v. P[reussen] wird von Weimar kommend, Freitag Cour annehmen: im Ganzen wird sehr über Mangel von Lustbarkeiten geklagt. Die 2te Kammer-Constitution für April scheint gewiss zu sein.[4] Die Sagan wird (nach der Wahl des Königs dem sie es überlassen) durch den kleinen Emo Schafgotsch repraesentirt. Er erhält ihre Vollmacht. Der Herzog zeigt sich überall und schreiet mehr als je. Er und Schulenburg wohnen auch im Brittish[a] hotel nicht neben sondern über der Herzogin.[5] Man erwartet, troz der Krankheit der Königin, die Herzöge von Coburg u. Braunschweig. Der arme Zur Hosen: er schreibt |3| dass sein junger Schwiegersohn Talbot[6] in einer Fabrik durch eine gefallene Eisenplatte von 2000 Pfund der Oberschenkel und das Knie zerschmettert ist. Man fürchtet kalten Brand! Die Frau ist hochschwanger!! Du weisst es ist eine dem armen Bülow einst so devote, durch Devotion oft unbequeme Person. An Schönlein hatte ich über Leop[old] geschrieben, habe aber seitdem (wegen der Königin) nichts von ihm gehört. Du hast doch, meine Liebe, die Lebensgeschichte des Mährchenmannes (Andersen)[7] von mir erhalten. Meine herzlichen Grüsse an alle.

AHt

B[erlin] Dienstags d. 2<t[e]> Februar 1847[b]

---

[a] (1) Hôt[el] de (2) Brittish *H*   [b] d. 2<t[e]> Februar 1847 *ergänzt B*

1 Der Brief ist nicht überliefert. Siehe Humboldts Brief vom 4.2.1847.
2 Vgl. den Brief vom 4.2.1847, Anm. 1.
3 Vgl. den Brief vom 4.2.1847, Anm. 3.
4 Vgl. den Brief vom 4.2.1847, Anm. 2.
5 Es handelt sich um die Teilnahme am 1. Vereinigten Landtag 1847 in Berlin. „Durch den Besitz des Thronlehens [siehe den Brief vom 29.5.1840, Anm. 3] erwarb Dorothea die Patrimonialgerichtsbarkeit, die gutsherrliche Polizeigewalt und das Kirchenpatronat. Die Verwaltung ihrer Güter übernahm Carl Rudolph Graf von Schulenburg, der letzte Ehemann ihrer verstorbenen Schwester Wilhelmine. Als Herzogin von Sagan war Dorothea zur Teilnahme an den schlesischen Provinziallandtagen berechtigt. Infolgedessen hatte sie auch durch ihren Vertreter, den Kammerherrn und Breslauer Schloßhauptmann Graf von Schaffgotsch, Sitz und Stimme in der Herrenkurie des Vereinigten Landtags." (Erbe 2009, 129.) Siehe auch Feckes 1917, 53. Zur Person des Herzogs von Sagan siehe den Brief vom 25.1.1847, Anm. 2.
6 Talbot war einer der Erfinder der Fotografie. Zu Humboldts Engagement für diese technische Neuentwicklung siehe Ahrens 2012, 261–277.
7 Vermutlich Andersen 1847.

154 Alexander von Humboldt an Gabriele von Bülow Berlin, 4.2.1847

H: DLA/SNM, Marbach, 62.2137

Berlin Donnerstag Abend 9 Uhr 4t[e] Februar 1847.[a]

Gleich nach Empfang Deines liebenswürdigen Schreibens nehme ich die Feder um Dir etwas bessere Nachrichten von der armen Königinn zu geben.[1] Es ist der Adjutant, der mir schreibt von 7 Uhr Abends. Man hatte ein akustisches Instrument angewandt und durch das Gehör geschlossen dass heute früh die Lunge nicht bloss voll zähem Schleim, sondern voll angehäuftem Blut sei. Daher der wiederholte Aderlass. Erst seit 3 Tagen ist wirkliche Gefahr obgleich die Kranke schon seit dem 25sten bettlegrig ist. Sie ist unendlich schwach und „spricht von ihrem Ende". Denke Dir den Zustand des armen Königs. In Tagen wo Du, meine Liebe, und Deine theuren Kinder von so traurigen Erinnerungen betrübt werden, nimmst Du zwiefach warmen Antheil an dem Zustande der Königin. Vielleicht ist der Schlaf eine Crisis. Ich beklage Dich vor 2 Tagen getäuscht zu haben. Ich hatte Schönlein nicht selbst gesehen. Die Gräfin Döhnhoff sagte mir damals, Schönlein glaube an keine Gefahr. Sollte er sich selbst damals getäuscht haben. Und nun dazu die ganze Bombe der Landstände.[2] Pr[inzessin] v. Preussen soll heute Abend kommen. Die morgende Cour ist abgesagt wegen der Gefahr der Königinn. Ich Unglüklicher muss heute Abend noch zu einer Soirée bei Cornelius im Thiergarten, nachdem ich meine Collegen sich habe zanken hören wie die Bettelbuben für und gegen Raumers Rede. Der kalte Encke war wie ein Crocodil gegen Raumer, man solle ihn absezen. Glücklicherweise hat man sich bloss zu einem Entschuldigungsbriefe an den König geschrieben mit [der] Bitte „seinen Entschluss aufzugeben, nie wieder auf die Academie zu kommen auch die Prinze[n] davon abzuhalten.["] So lautete der Brief des Königs an Eichhorn.[3] Ob nun der Brühlsche Ball u. der bei Canitz nicht werden abgesagt werden.[4]

a (1) 5te (2) 4t[e] Februar 1847. *ergänzt B*

Für den theuren Leopold herzlichen Glückwunsch zum Aufstehen.[5] Die Herzogin halte ich gewiss ab bis 12t[en] oder 15t[en].

AHt
in Eile

Wilhelmchen hat mich heute Abend verfehlt. Er hat alle in Erfurt sehr wohl verlassen. Verzeihe, meine Liebe, die schreklich unleserliche Schrift.
Das bulletin von heute morgen Donnerstags war: Durch Husten sehr beunruhigte Nacht. Gegen Morgen trat unter Vermehrung der Brustbeschwerden Steigerung des Fiebers ein.
Denke Dir dass der König v. Bayern seine Gemahlin zwingt die gemeine schändliche Lola Montes am Hofe zu empfangen.[6] Das sind deutsche Fürsten.

1 Im Januar begann die Königin zu kränkeln, Anfang Februar wurde eine Lungenentzündung diagnostiziert (Minkels 2007, 369).
2 Das königliche „Patent die ständischen Einrichtungen betreffend“ vom 3.2.1847, das die Einberufung der Landtage regelte, wurde heftig diskutiert und kritisiert. Der erste Vereinigte Landtag wurde am 11.4.1847 eröffnet.
3 Am 28.1.1847 fand die öffentliche Akademiesitzung zur Feier des Jahrestages Friedrichs II. statt, an der auch Friedrich Wilhelm IV. teilnahm. F. Raumers Rede, der satirisch und „in nicht zu überhörender, rhetorischer Weise der Gegenwart und der Regierungspraxis gegenüber“ auf „die Ideen der Toleranz und des religiösen Freisinns Friedrich II.“ (Abhandlungen der Königlichen Preußischen Akademie der Wissenschaften zu Berlin 1847, Berlin 1849, i) einging, und die laute Reaktion der Zuhörerschaft im Beisein des Königs beleidigten diesen, der darauf den Saal verließ. Die Akademie verfasste nach langen Diskussionen ein Entschuldigungsschreiben, das von Humboldt mit unterzeichnet wurde, und Raumer trat kurz darauf aus der Akademie aus. Vgl. Biermann 1991, 71, und Humboldt 2013, 355.
4 Am 16.2.1847 (Fastnacht) fanden mehrere Bälle in Berlin statt.
5 Vgl. den Brief vom 18.1.1847, Anm. 3.
6 E. R. Gilbert (Lola Montez) war die Geliebte des bayerischen Königs Ludwig I. Siehe auch den Brief vom 18.2.1848.

155 Alexander von Humboldt an Gabriele von Bülow
Berlin, 10.2.1847

H: DLA/SNM, Marbach, 62.2137

Ich eile auf Deinen theuren Brief von heute zu antworten eben von der Juden Königin Madame mère (Amalia Beer) aus dem Thiergarten zurükkehrend die heute ihren 80jährigen Geburtstag feierte und von der Gräfin Reeden „wie von einer sehr alten Person spricht“. C'est ainsi que je serai dimanche.[1] Auch ich theures Gabrielchen, habe nach so langer Abwesenheit und nach den Tagen trüben Andenkens die wir verlebt, einen grossen Hang Dich allein zu sehen, höchstens mit Rauch und Wilhelmchen denen ich mein Project melden will. Ich habe die ganze Woche die Herzogin nicht gesehen (desto mehr den schreiigen Herzog dessen Visiten schwer zu vermeiden sind)[2]. Es ist ganz einfach dass ich nicht vor Sonnabend zur Herzogin gehe und wenn [sie][a] von einer Reise zu Sontag 14 Febr. spricht den Muth habe „ich sei nicht wohl genug dazu". Ich aber bin wohl genug um Sonntag zu Euch zu kommen. Da ich um 12 Uhr wegfahre so flehe ich, dass wir um 2 Uhr essen, damit ich um 4 Uhr zurükkann. So verschieben wir die Herzogin wegen Schnee, Kränklichkeit und andere Lügen auf einen anderen Sontag. Mit Kühnheit sezt man alles durch. An den Miethswagen wird die Duchesse sich schon gewöhnen. Mit unserer Prinzessin fängt leider das Verhältniss [an] schon etwas lokkerer zu werden, nicht sowohl wegen des Herzogs sondern wegen der grossen Zärtlichkeit die die Herzogin sehr natürlich für den König zeigt. She |2| is taken in und das leidet unsere übergereizte Prinzessin nicht. Die Königin war allerdings eine Nacht sehr in Gefahr schmerzhaften Erstickens. Der 2te Aderlass hat wohl gerettet.[3] Sie ist jezt wohl ausser aller Gefahr aber da die Genesung, der Schwäche und des vielen Auswerfens wegen, nicht so schnell geht, als der König erwartete, so ist er noch immer nicht ganz beruhigt. Es war in der That rührend, ihn so stumm, leidend und Ströme von Thränen vergiessen zu sehen. Es ist ein weicher, edler Mensch, stark genug um sich seiner Weichheit nicht zu schämen. Was wäre aus ihm und dem Staate geworden, hätte er das Unglük gehabt die zu verlieren, ohne die ihm das irdische Glück zur Quaal wird. Ich kann mir lebhaft denken, theure Gabriele, wie gerade dieses Zusammentreffen von Erinnerungen und Mitgefühl Dich in diesen bitteren Tagen bitter berührt haben! Dazu die Drohung des 11. April die Versammlung aller Stände[4] … und der einzige Staatsmann nicht mehr, der so sehr er auch die Zusammensezung solcher Repraesentation fehlerhaft finden müsste, doch mit seinem Talent und seiner constitutionellen Weltkenntniss die wichtigste und eine wohlthätige Rolle hätte spielen können. Wer soll Bülow ersezen, ja, nicht bloss bei uns, sondern in den Wolkenschweren jezigen Europaeischen |3| Verhältnissen. Wie viel höher stand er begabt mit Talent, Weltklugheit, Ruhe und bewundernswürdiger Selbstbeherrschung und Mässigung, als der nüchtern rationale[b] Guizot, der geistreiche aber inconsequente Thiers, der leidenschaftlich einseitige rohe Palmerston von dem Thiers sehr hüpsch nach der lezten Zeitung gesagt hat: „je vais Vous nommer une personne plus detestée encore en Europe que l'est la France, c'est Lord Palmerston!"[5] Fräulein Kalb schreibt[6] u. quält für Betty Küster, die sich vom eisigen Bruder losschmelzen möchte! Denke, meine Liebe, an D'Alton haben die Collegen von hier so grobe u. feindliche Briefe geschrieben (man brauche ihn hier zu nichts!) dass er beinahe gewiss ist, er bleibt in Halle.[7] Rauch selbst wünscht es selbst nur, um sich nicht durch seine Unzufriedenheit u. beleidigte Eitelkeit gequält zu sehen. Dahin menschliche Träume! Sprich an Rauch nicht davon, meine Theure, damit wir nicht Wunden aufreissen. Welche Freude (denn Compensation bedürfen wir) dass es mit dem lieben Leopold so anhaltend wohl geht: auch von Genua sind die Nachrichten bleibend tröstlich.[8]

Die Stadt ist hier von Totenstille was für das Gewerbe doppelt traurig ist. Ich habe aus Meiningen einen hüpschen Brief über den Tod der edeln Wollzogen von der Schiller-Gleichen.[9] Ich hoffe es soll mich nichts hindern Sonntag um ein Uhr Dich u. Gabrielchen und alle Lieben u. Bernardchen, der sich hüpsch entwickelt zu umarmen.
Dein uralter

AlHumboldt

B[erlin] 10 Febr. 1847
Nachts

---

[a] Sie *H ändert Hrsg.*

[b] (1) rationelle (2) rationale *H*

[1] Frz.: So werde ich am Sonntag sein.
[2] Vgl. den Brief vom 25.1.1847, Anm. 2.
[3] Vgl. den Brief vom 4.2.1847, Anm. 1.
[4] Vgl. den Brief vom 4.2.1847, Anm. 2.
[5] Frz.: Ich werde Ihnen eine Person nennen, die in Europa noch mehr gehasst wird als es Frankreich ist: dies ist Lord Palmerston.
[6] Nicht überliefert.
[7] Die Rückkehr von Rauchs Schwiegersohn D'Alton (nach einer Professur in Halle) nach Berlin kam nicht zustande. Humboldt hatte zur Unterstützung einen Brief an Eichhorn geschrieben. Siehe Humboldt 2007a, 74ff.
[8] Zur Krankheit der Prinzessin Luise siehe die Briefe vom 19.9.1846 und folgende. „Genua, 4. Februar. Der aus Berlin hieher berufenen Geheimrath Dr. Casper verlässt uns in diesen Tagen, nachdem der Zustand unsers hohen Gastes, der Prinzessin Luise von Preußen, nunmehr soweit hergestellt ist, daß es nur noch des Wiederersatzes der sehr angegriffenen Kräfte bedarf um die Prinzessin in ihre heimathlichen Kreise wieder zurückführen zu können. Wie verlautet, ist deßhalb die Rückreise der prinzlichen Herrschaften nach Deutschland beschlossen worden, wo in einem geeigneten Klima noch eine Frühlingscur gebraucht werden soll." (Allgemeine Zeitung Nr. 72 vom 13.3.1847.)
[9] Vgl. den Brief vom 16.1.1847, Anm. 3. Der hier erwähnte Brief ist unbekannt.

156 Alexander von Humboldt an Gabriele von Bülow
o. O., 3.3.1847

H: DLA/SNM, Marbach, 62.2137

Du siehst, meine Theure, Hannibal ist nicht vor den Thoren sondern unwohl, Donnerstag reisend, schikt einen Entschuldigungsbrief an Gabrielchen Lohene[1] und geht mit einem 2 Jahre alten Kinde in dieser Winterkälte den ganzen Weg über Florenz nach Paris.[2] Was sie dort bei Papa Talleyrand brauen kann gegen die Mutter und ohne es ihr zu verheimlichen kann ich aus Dem unleserlichen Briefe nicht herauslesen. Da sie mich erst sehen will (ich meine die Mutter) passé jeudi[3] so vermuthe ich dass die Castellane wirklich Donnerstag reiset, was Euch nun auch vor Dalmatien befreit. Mit der Sagan werde ich nun wenn Hannibal weg ist, einen Tag verabreden. Du siehst wie klug ich alles geleitet. Ich rathe |2| nun Gabrielchen englisch zu antworten als Erinnerung of the dancing time. Wenn das auch erst später geschrieben wird so gebe ich es der Sagan. Es scheint mir nothwendig zu der vollständigen Entwickelung meines Drama's. Gestern Abend war Prinzess v. Preussen!! Pourtalès Vater u. Sohn und der Graf Schulenburg bei dem König. Dieser sehr schnupfig, zerstreuter als je, gesprächig bloss mit Schul[enburg] im Lob der göttlichen Sagan, des göttlichen Schlosses. Die Königin vortreflich, aber zu Bette. Die Pr[inzessin] Louise allerdings etwas weniger gut, und man wolle sie nicht eher hier zeigen als ganz hergestellt.[4] Sonderbare Eitelkeit. In 14 Tagen nach Como! Bodelschwingh etwas besser, man hofft er werde im Parlament erscheinen können. Pr[inzessin] v. Preussen erwartet heute den Gemahl u. fürchtet er werd[e] den jungen GrossHerzog vor der Pariser Reise abgemahnt haben! Sie grüsst herzlichst.

Schicke ja der Sagan Brief nicht zurük. Ich habe |3| viel Freude von lezte[m] Besuche gehabt. Ich umarme alles, alles Dein

AlHt

Dienstags
d. 3ten März 47.[a]

[1] Wahrscheinlich war der Brief an Gabriele von Loën wegen dem im Französischen ähnlichen Klanges an Gabriele Lohene gerichtet. Ich danke U. Päßler für diesen Hinweis.
[2] Vermutlich das zweijährige Kind Antoine de Castellane, Sohn von Henri de Castellane und Pauline de Talleyrand-Périgord, der Tochter von Edmond de Talleyrand-Périgord und der Herzogin von Sagan. Wie der folgende Brief zeigt, geht es um den Besitz des französischen Schlosses Rochecotte, das die Herzogin von Sagan 1828 erworben hatte, und nun Henri de Castellane vermachte, der kurz darauf (16.10.1847) verstarb. Seitdem lebte Pauline de Castellane in Rochecotte.
[3] Frz.: vergangenen Donnerstag.
[4] Siehe den Brief vom 19.9.1846 und die folgenden.

157 Alexander von Humboldt an Gabriele von Bülow
Berlin, 9.3.1847

H: DLA/SNM, Marbach, 62.2137

Berlin den 9 Merz 1847

Es wird Dir fast unbegreiflich sein, meine theure G[abriele] wie ich in so vielen Tagen, Dir nicht geschrieben, Dir nicht für Deinen lieben Brief gedankt habe. Eine Reise die Du hieher machen wolltest ohne den Tag zu bestimmen, ein recht heftiger Catharr von dem ich noch nicht ganz geheilt bin, der mich auch nicht vom König, wohl aber von Westmoorland, der ewigen Rossy und Meyendorffs Soirées abhält – sind Ursach[e] meines zu langen Zögerns. Ich bin nicht wohl genug, um Dich jezt zu besuchen, so schmerzhaft mir auch lange Trennung ist u. Dich Selbst, meine Liebe, hält wohl das böse Wetter auch ab. Hier ist ausser grenzenlosem Klatsch nichts vorgefallen. Die Königin sollte gestern aufstehen u. war ganz genesen. Eben so glaubt man sei es Bodelsch[wingh] der einzige Redner des Landes! die Blüthe des Ministeriums, die Hofnung Aller!! Der König ist heiterer als je, geht viel in Concerte u. Schauspiele, bittet mehr Universitäts Gelehrte als sonst, ist in den Hydrarchos[1] versunken, den er auf eine Leibrente kaufen will und zwar durch Müffling! zur Unfreude von Thile. Der Ball den die Prinzessin v. P[reussen] für die Abreise der Castellane gegeben ist als to select party Ursach[e] von vielem Unfrieden geworden. Die Marquise de Dalmatie war zum 3ten Male da, ohne die Westmoorland die wüthet und nach Windsor schreiben will, um so wüthiger als auch die Rossi auf dem Ball war!! Ich weiß in der That nicht pourquoi notre Princesse se fait des affaires de ce genre[2]. Die Westmoorland ist eine kluge und darum böse Feindinn. Man hatte beide (Westm[oorland] u. Dalmatie) sehen können. Der König war sehr aimable wie immer für die Sagan u. Castellane, nur mit diesen beschäftigt. Zwischen der Sagan und der Prinzessin nimmt die Kluft zu, die erste beklagt sich, daß die Prinzessin sich ganz auf die Seite [ihrer][b] Feinde! (der Byrons, der Dalmatie, der Rossi – une cotterie basse et vulgaire[)][3] wirft! Ich habe viel curioses darüber hören müssen. |2| Nun kommt seit heute

[a] d. 3ten März 47. *ergänzt B*
[b] Ihrer *H ändert Hrsg.*

morgen noch eine Roheit von Spiker hinzu die mich unendlich schmerzt. Du hast gewiß schon in der Spenerschen Zeitung von heute 9ten Merz den schändlichen Artikel aus dem engl[ischen] Atlas gelesen. Die H[erzogin] v. Dino Nichte, die wieder protestantisch werden will „weil sie in einen jungen polnischen Edelmann verliebt ist!![“] Es kann schlechterdings nicht auf die erzkatholisch geborene jezige Duchesse de Dino née S[ain]te Adelgonde gedeutet werden. Und solche Roheit drukt Spiker, er der die Sagan im Hause der Prinzess v. Pr[eussen] sieht qui en sera furieuse[4] und mit recht. Ich habe eben ein heftiges billet darüber an Spiker geschrieben,[5] der gerade jezt (da ihn Pertz und Eichhorn zum Abdanken zwingen wollen) des Prinzen v. Preussen sehr bedarf. So eben erhalte ich einen Brief von der Sagan voll Zärtlichkeit für Dich. Solltest Du, theure G[abriele] bis Sontag Abend hereinkommen, so wäre es menschlich [sie][a] zu besuchen, aber abhalten werde ich [sie][b] leicht bis zu [ihrer][c] Rükkunft. Mein Catharr ist wirklich noch so heftig, daß ich es nicht wagen darf ihr Donnerstag–Sonnabend vorzuschlagen und allein unternimmt sie das Abentheuer nicht, da sie die Schuld auf mich schieben kann. Als die Sagan das Billet schrieb hatte sie wohl die Spenersche Zeitung nicht gelesen. Kränken wird es sie auf jeden Fall aber es lege auch in ihrem Charakter mit niemand davon zu sprechen, zu thun als wäre die Sache ihr fremd. Von Hedeman habe ich einen sonderbaren schön geschriebenen, melancholischen Brief. Ich sollte glauben er war noch unwohl als daß er das schrieb. Du siehst er ist leider! noch mit nichts anderem, als mit dem unglüklichen MSS beschäftigt. Ich hatte geflissentlich ihm bloss über [sich][d] selbst |3| die Möglichkeit, seiner Versezung geschrieben des Misverständnisses über das Namen nennen nur am Ende mit wenigen Zeilen erwähnt. Die Antwort betrifft aber allein das was ihn drükt, so bestimmt ich ihm versprochen wegzulassen, was ihm und Deiner guten Schwester unangenehm ist.[6] Ich bitte Dich ja nicht Hedeman von der Mittheilung des Briefes vom 4ten März zu sprechen, er wollte ich sollte seinen Brief tragisch verbrennen. Vielen Dank an Herrn Rose für seinen Brief über das Schulkind. Es ist mir sehr angenehm, dass er selbst an den Vater geschrieben hat.[7] In der Akademie ist wieder volle Aufregung.[8] Raumer will nicht bloß die Secretär Stelle niederlegen, sondern auch die ganze Akademie verlassen. Der Brief der Akademie an den König ist allerdings kein Meisterstück des Muthes und Styles, aber er hatte den Brief gesehen und gebilligt, und jezt ist er, der alle Oeffentlichkeit liebt, wüthig über die Veröffentlichung. Das ist aufs wenigste inconsequent, aber sein Abgang wird die Academie in Paris u. London in bösen Credit bringen. Auch mein Name tanzt in der Sache in allen Zeitungen, mir manches zuschreibend was ich nicht gesagt.

Ich niese und huste, soll aber doch beim König speisen.

Grüsse den theuren Leopold. Ich umarme alle. Der „junge polnische Edelmann“ ist abgereiset, er wird also Spiker nicht vermorden. Die kleine Castellane war sehr gerührt über die englische Antwort. Sie hat ihre Rolle doch gut gespielt: Mama tritt in der That dem Manne Rochecotte ab, das 600,000 francs werth ist. Die Cast[ellane] reiset nach Florenz weil Papa Capitalien auf Rochecotte hat und Einwilligung geben muß.[9] Ich habe bei der Gelegenheit erfahren, daß die Sagan dem Mann jährlich 12000 r. zahlen muß, ihm aber jährlich 4000 r. zulegt wofür er zärtliche Briefe schreibt … Il faut bien imprimer à nos enfants

[a] Sie *H ändert Hrsg.*

[b] Sie *H ändert Hrsg.*

[c] Ihrer *H ändert Hrsg.*

[d] Sich *H ändert Hrsg.*

le principe que l'union de la famille!! est le premier élément du bonheur![10] So schreibt er. Es ist rührend!

AlHt

In der Frankfurther Ober Postamts Zeit[ung] stehen 2 sehr rühmliche u. schöne Artikel über die constitutionnellen Ideen Deines Vaters.[11] Sie machen viel Aufsehen was mich freut, ganz aus Schlesier.

1 1845 stellte Albert Koch das Skelett einer Seeschlange, von ihm Hydrarchos genannt, aus, die aus verschiedenen Basilosaurus-Exemplaren zusammengesetzt war. Der Streit über die Echtheit und die Zuordnung brachte die wissenschaftliche Fossilienforschung letztlich voran. Das ausgestellte Exemplar wurde bei einem Brand zerstört.

2 Frz.: warum unsere Prinzessin sich Vorfälle dieser Art bereitet.

3 Frz.: ein niedriger und vulgärer Klüngel.

4 Frz.: die darüber wütend sein wird.

5 „Nach einem Schreiben von hier im Londoner Atlas will die bekannte Herzogin von Dino, die Nichte Talleyrand's, welche vor mehreren Jahren zum Katholicismus übertrat, jetzt wieder zum protestantischen Glauben zurückkehren, um sich von ihrem Gemal scheiden zu lassen und einen jungen polnischen Edelmann heirathen zu können, in den sie sich verliebt hat. Der Erzbischof von Paris soll sich alle Mühe geben, um die Herzogin von ihrem Entschlusse abzubringen, wozu jedoch wenig Aussicht vorhanden ist. (?)" (Berlinische Nachrichten von Staats- und gelehrten Sachen, Nr. 57 vom 9.3.1847.) Humboldt protestierte darauf bei dem Herausgeber: „Ich bin unendlich bekümmert; ein Teil der Gesellschaft (und der König als erster) wird es mit mir sein, der Prinz und die Prinzessin von Preußen werden wütend sein, in Ihrer Zeitung den verleumderischen Artikel des Atlas zu finden […]" (Humboldt 2007, 195–196).

6 Humboldt hatte Hedemann über die Herausgabe der „Briefe an eine Freundin …" (Humboldt, W. v. 1847), insbesondere über die Streichungen, geschrieben (Humboldt an A. v. Hedemann, 25.2.1847, DLA/SNM, Marbach). Vgl. den Brief an Gabriele von Bülow, 20.7.1846, Anm. 5.

7 Nicht ermittelt.

8 Vgl. den Brief vom 4.2.1847, Anm. 3.

9 Siehe den vorigen Brief.

10 Frz.: Man muss unseren Kindern gut den Grundsatz einprägen, dass der Bund der Familie!! das erste Element des Glückes ist!

11 Frankfurter Ober-Post-Amts-Zeitung, 3.3.1847 (1. Teil vom 2. März), 4.3.1947 (2. Teil vom 3. März), 6.3.1847 (3. Teil vom 5. März) und 7.3.1847 (4. Teil vom 6. März).

158 Alexander von Humboldt an Gabriele von Bülow o. O., 29.3.1847

H: DLA/SNM, Marbach, 62.2137

Nun ist wirklich und unvermeidlich Hannibal vor den Thoren.[1] Mittwoch übermorgen will Hannibal mit mir eindringen, meine Liebe! Ich komme vom König wo diesen Abend wieder die Sagan, Princess von Preussen und zum lezten Male der Grossherzog von Strelitz war. Die Sagan bittet mich sie[a] mit mir bei Dir anzusagen zu Mittwoch 31 Maerz. Wir kommen wie

a Sie *H ändert Hrsg.*

immer um 1 Uhr, fahren von hier weg um 12U, speisen, wenn es Dir recht ist, meine Liebe um 2U und verlassen Euch um 4 Uhr. Ich hoffe dass Du mir noch schreiben kannst dass Euch der Besuch angenehm ist. Auch ohne Antwort kommen wir, ohne Rauch, parceque la Duchesse voudra causer seule.[2] Wilhelm werde ich avertiren, er wird aber nicht wollen.

Nun flehe ich aber recht dringend mir eine königl[iche] Equipage Mittwochs halb ein Uhr auf die Eisenbahn zu bestellen. Ich lege die Bitte an den Stallmeister Schönberg bei, bitte Dich aber ja Mittwoch um 12 Uhr noch einmal in den Marstall zu schicken, damit man der Bestellung gewiss ist. Es wäre schreklich den Wagen nicht zu finden.

Herzliche Grüsse!

AlHumboldt

Montag Nacht d. 29sten März 1847.[a]

[1] Die Herzogin von Sagan, vgl. die vorigen Briefe.
[2] Frz.: weil die Herzogin wird allein sprechen wollen.

159 Alexander von Humboldt an Gabriele von Bülow
o. O., 11.4.1847

H: DLA/SNM, Marbach

Sonntag 4 Uhr 11ter April 1847.[b]

Da dieser Brief leicht aufgebrochen werden kann, so will ich denen Nahrung geben, die für ihren Dienst wünschen bezahlt zu sein. Ich komme eben aus der Ständeversammlung der Prosa des Lebens d. i. die Wirklichkeit hat immer etwas sehr erkühlendes.[1] Bei den Kissen mit den Reichskleinodien ist es schwer nicht an die zu denken, die sie trugen. Der „heldenmüthige" Knesebeck fehlt. Krauseneck sah wie Septimius Severus, ernst vergiftet aus. Nazmer hat wirklich kommen können. Dem armen Werther hatte man einen 6 Fuss langen Marschallstab machen lassen. Ich verfügte mich um 10 Uhr mit Wittg[enstein] in das Schloss. Der König kam aus dem Dom zu Fuss halb zwölf Uhr. Der Saal mit den Bänken nahm sich sehr schön aus alle sassen geräumig, die sehr unpittoreske mit Fratzengesichtern begabte Herrenkammer hatte Stühle auf die sie sich aus Schaam nicht sezten. Da ich unter den Säulen stand (ich hatte den mir angebotenen Siz neben dem minderjährigen Prinzen oben ausgeschlagen) so hörte ich keine einzige ganze Phrase der Rede. Sie dauerte fast ³/₄ Stunden und ich habe wieder das ungeheure Gedächtniss des Königs bewundert. Sie war aufgeschrieben 6 fol[io] Seiten, Min[ister] Thiele sollte souffliren, aber es war unnöthig. Willisen musste anstreichen mit Bleistift wo der König im Sprechen (Recitiren) änderte. Es schallt so im Saale dass die Nebenstehenden auch wenig verstanden. Die Stimme des König[s] war belegt, anfangs sehr gedämpft, nachher viel zu effectvoll, etwas in stark accentuirtem, schilderndem Tone. Einmal erhob er sich bei einer religiösen Versicherung, Art Aufruf. Die Unterherren versagten aber sehr undramatisch allen unterbrechenden Einfall des Enthusiasmus. Dass beim Hereintreten

[a] d. 29sten März 1847. *ergänzt B*
[b] 11ter April 1847. *ergänzt B*

Vivat gerufen wurde versteht sich von selbst. Von der Rede habe ich mir erzählen lassen: sie enthält einen heftigen Ausfall gegen[a] die geschriebenen, sogenannten Constitutionen was in Sachsen u. Baden minder gefallen kann: viel von angeerbten Rechten von denen man keines veräussern wird, nichts von der Periodicität, dem Wiederberufen |2| der Kammern … Eine sonderbare Stelle: „ich habe Unrecht gehabt und erkenne es sie nicht früher zu berufen.“ Die Leidenschaftlichkeit der Declamation schadete sehr dem Verständniss. Etwas freie Rede bei Vertheilung der 2 Marschallstäbe an Solms und Rochow. Solms-Liech, die Brille auf der Nase dankte im Namen der Stände, kurz, mässig und geschikt. Morgen ist Diner und nach dem Diner glaube ich morgen Montag den König aber nur auf eine Nacht nach Potsdam zu begleiten. Denn Dienstag Abend ist Soirée bei Pr[inz] von Preussen. Die Königin ist natürlich nicht bei der Eröfnung gewesen. Pr[inz] Carl war die Nacht angekommen. Er lobt die Genesung der Tochter nur sehr mässig. Lady Westmoreland hatte gestern des envies de femme grosse[2]. Die Sagan sollte sie mitnehmen, sie wolle im Hintergrund der Loge bleiben. Die Sagan sollte deshalb dem König schreiben. Diese impfte mir die Petition.[3] Ich habe natürlich mich geweigert und habe aus Rache sie an Prinzessin von Preussen gewiesen, die gewiss nichts wird thun wollen. Ich weiss noch nicht was aus der Sache geworden ist. Die Westm[oreland] wollte zulezt sich nicht an die Prinzessin, sondern an den Prinz v. Preussen wenden. Die Sagan hatte auch Rangstreitigkeiten mit der Fürstin von Wied, Schwester des Herzogs v. Weilburg. Wittg[enstein] war für die Sagan als Tochter eines selig souveränen Herzogs. Der König u. Prinzessin v. Preussen waren für Nassau. Ich weiss nicht wie es geendet. Redern hat auch[b], um sich populär zu machen, gestern Abend ball gegeben. Es war niemand vom Hofe da. Dienstag ist grosses Diner beim Kriegsminister. Nun ist mein Sak leer. Die Königin will sich allerdings nach Potsdam übersiedeln so bald das Wetter milder ist. Ich lege die 22ste der Danaiden u. Varnhagen für Dein Archiv bei. Die Herzogin hat mich mit einem dicken Manuscript über die Romanischen Sprachen von einem H. Fuchs, lateinischem Lehrer des Erbprinzen beglükt, das der König od. die Academie sollen drucken lassen. Ich habe bei ihr gefrühstükt, geseufzet und versprochen. Verzeih, meine Liebe, die Unordnung des Briefes. Bei mir winselt auch ein braver Fasanenmeister Herrmann aus Ottmachau den Theodor wegjagt und dem ich eine Försterstelle verschaffen soll. Wie ist das Leben doch so erheiternd.

AHt

1 Mit seiner Rede zur Eröffnung des 1. Vereinigten Landtags am 11.4.1847 im Weißen Saal des Berliner Stadtschlosses hatte der König Hoffnungen auf ein konstitutionelles Parlament enttäuscht.

2 Frz.: Bedürfnisse einer dicken Frau.

3 Auf dem 1. Vereinigten Landtag wurden mehrere Petitionen eingereicht, z.B. über die Periodizität des Landtages, über eine Anleihe zum Bau der preußischen Ost-Eisenbahn, über die Einführung einer Einkommenssteuer usw., zu denen die Herzogin von Sagan bzw. ihr Vertreter abgestimmt hat (Feckes 1917, 53–54).

---

a (1) über (2) gegen *H*

b hat | sich *gestrichen* | auch *H*

160 Alexander von Humboldt an Gabriele von Bülow
o. O., 26.4.[1847?]

H: DLA/SNM, Marbach, 62.2137

Montag 26st[er] April.[a1]

Der Brief ist so schön lebendig und so vieler Comentare fähig, dass ich vorziehe, theure G[abriele] heute Morgen von halb ein Uhr zu Dir zu kommen. Auch ich rathe den Umzug nach Tegel nicht aufzuschieben.

Ht

[1] Der 26. April fällt 1841, 1847 und 1853 auf einen Montag. 1841 kann ausgeschlossen werden, da Humboldt sich am 27.4.1841 zum Essen bei Gabriele ankündigte. „Den Sommer [1847] verleben Bülows wieder wie gewöhnlich in Tegel, häufig erfreut durch Besuche des Onkels Alexander [...]“ (Sydow 1919, 510).

161 Alexander von Humboldt an Gabriele von Bülow
o. O., 5.5.1847

H: DLA/SNM, Marbach, 62.2137

Mit den angenehmsten Erinnerungen an den schönen gestrigen Tag erfüllt, bin ich den[b] Abend in den Tableaux[c] gewesen.[1] Ein furchtbares Gedränge. Ich habe einige Pakete weisser Tischtücher gesehen aus denen ein langes, man sagt weibliches Bein hervorragte, auch sah ich einen Tischfuss. Ein unbegreiflich schlechtes und langweiliges Arangement. Grenzenlose Pausen, fast gar keine und sehr schlechte Musik, statt der Musik viel Mandelmilch und Verse von Fr[au] Olfers declamirt. Da Rauchs Victorien, ein Adler, alles in marmornen Statuen vorgestellt wurde, so spielten Laken und Betttücher die Hauptrolle und die weiss eingehüllten Damen sahen wie erstarrte Gespenster aus. Der König hat sich cannibalisch amüsirt und wurde durch die Prinzessin Waldemar in allen Zwischenacten unterhalten. Ueber ihn hingeneigt, redete sie ihm in die Nase. Der König erkundigte sich sehr freundlich nach Leopold und Dir. Ich sagte ihm, ich habe bei Dir[d] in Tegel |2| gegessen, natürlich ohne noch von Hed[emann] zu sprechen, den ich Dich zärtlichst zu grüssen bitte. Heute Abend Stollberg u. morgen Donnerstag Potsdam für König und Königin, nicht für mich. Rother giebt Sonnabend ein grosses Diner und quält sehr, dass ich ihm nicht fehlen solle. Ich hoffe dass neue Zeitungen gut ankommen werden.
Mit inniger Liebe Dein

AlHumboldt

Mittwochs 5t[er] Mai 1847[e]

[1] Vermutlich eines der damals modischen „Tableaux vivants“.

---

[a] Montag 26st. April. *ergänzt B*
[b] ich | den *streicht Hrsg.* | den *H*
[c] bei Savigny's *ergänzt B*
[d] (1) ihm (2) Dir *H*
[e] 5t[er] Mai 1847. *ergänzt B*

162 Alexander von Humboldt an Gabriele von Bülow o. O., 16.5.1847

H: DLA/SNM, Marbach, 62.2137

Ich schreibe mit vieler Mühe im Bette, meine Liebe! Das Scharlachfieber betrübt mich und Du musst ja: Nachricht abwarten, ob es epidemisch ist. Der Herzogin habe ich antworten müssen dass ich die Thüre nicht öffnen werde. Die Schmerzen sind etwas erträglicher.[1] Du weisst doch dass vorgestern die Frau des Prof. u. Maler Hensel in dem sie Vorbereitungen zu einem Concerte machte gestorben ist, die Tochter des Mendelsohn Bartholdy. Es war eine unangenehme aber geistreiche Person. Das Pro Memoria[2] ist gar nicht zu gebrauchen. Der einflussreiche Hofsecretär der Königin kann es gar nicht annehmen. Es hat ja gar keine Briefform, es muss von jemand dem Vater od. der Tochter unterschrieben sein und er muss eine bestimmte Unterstüzung auf gewisse Jahre fordern. Es giebt keine andere Form als die des Briefes an die Königin. Zum Gelingen habe ich geringe Hofnung wenn die Pension jährlich über 100 r. sein soll. Man kann sich von der Elendigkeit eines solchen kön[iglichen] Haushalts keinen Begrif machen.

Ich bleibe den ganzen Tag in meiner Sauce.
Lieb[e]voll Dein

AlHt

Sonntag. d. 16ten Mai 47.[a]

[1] Humboldt war wegen Blutgeschwüren zwei Wochen bettlägerig. Vgl. an Cotta, 30.5.1847, in Humboldt 2009, 310, und an Adelheid von Hedemann vom 17.5.1847(DLA/SNM, Marbach, 62.2139): „[...] ein Uebel, von dem man ungern spricht, das ich oft gehabt, vor dem mich aber mein Uralter schüzen sollte."

[2] Nicht ermittelt.

163 Alexander von Humboldt an Gabriele von Bülow Potsdam, 26.5.1847

H: DLA/SNM, Marbach, 62.2137

Potsdam 26 Mai 1847

Was Du theureste Gabriele, in Deinem gestrigen so überaus liebevollen und mich erfreuenden Briefe als Wunsch aussprachst, ist heute schon in Erfüllung gegangen. Ich bin 1 Stunde lang im Lustgarten spaziren gewesen und habe [alle][b] dortigen Naturgegenstände bewundert[c], als da sind die Russischen Canonen, das Schneehaar des Bischofs Eilert unter schwarzer Sammtmüze leuchtend, mit den Bischöfen majestätisch über dem Zaune hervorragend; der steinerne Neptun dem täglich neue Glieder wachsen, das liebliche Standbild des Herzogs Carl auch

[a] d. 16ten Mai 47. *ergänzt B*

[b] aller *H ändert Hrsg.*

[c] bewundert *ergänzt H*

einige kleine Potsdamer Mamsells, denen die Eltern halfen den geangelten Fröschen das grüne Kleid mit zwei Scheerschnitten abzuziehen, um sie ungewandet dann umherschwimmen zu sehen … Das sind ländliche Gartenfreuden. Mit meinem unbenannten Uebel geht es vortreflich.[1] Die gewaffneten Männer haben es aufgemacht X ohne sonderlichen Schmerz und die geschaffenen Geister haben troz des Hallerschen Verbots ins Innere der Natur gesehen.[2] Auch Dieffenbach u. Schönlein waren seit dem wieder hier und haben alles vortreflich gefunden, ganz wie es in den Büchern geschrieben [ist][a]. Was kann man mehr wünschen. Der warmen Umschläge ist nun ein Ende und eine grosse unbehagliche Appetitlosigkeit welche jene Tagelang fortgesezte[n] Umschläge vermehren, wird[b] auf Rhabarber und Minze und Salmiak wohl auch weichen. Das Schlimmste ist das Abhalten der Visiten. So viel und mir zu viel über mein kleines Uebel, jezt nur von Dir, meine Theure, und von der stillen dankbaren Zufriedenheit die in Deinem Briefe weht. Wo konnte aber auch eine[c] Familienumgebung in allen Altern niedersteigend eine angenehmere man darf wohl sagen schönere Erscheinung darbieten. Deine Zeilen haben mich mitten unter Euch versezt. Es sind edle, sehr edle Menschen die Schwiegereltern, und unserem Leopold werden mit der äusseren Schönheit ja auch wohl die Bewegungskräfte bald wiederkehren. Dass Bernhard |2| sich dort gefällt kann ich mir denken wie die prächtige allgemein bewunderte Entwickelung seines kleinen Neffen. Dass in Dir bei so vielem häuslichen Glücke, bei dem Anblik dessen, was errettet worden ist, die süssen Schmerzen der Wehmuth mit auftauchen, ist tief und unabänderlich gewurzelt in den Gesezen der Gefühlswelt. Der Hof ist seit Dienstag ganz in Sanssouci was den König nicht abhält mich freundlichst hier zu besuchen. Im Inneren des Ministeriums ist viel Unzufriedenheit wegen der ganz unverabredeten Erklärungen von Canitz. Der Marschall selbst irregeleitet hat ihm über seine Freisinnigkeit Complimente gemacht, die Petition wegen des „Meerumflossenen Holstein“ angenommen und [in] der Sizung darauf hat Canitz wieder alles abgeläugnet. „Es sei eine Privatmeinung von ihm gewesen.“ Man hat ihm geantwortet er solle künftig nur sagen was er als Minister der Krone sagen könne. Es geht wahrscheinlich viel Veränderung im ausw[ärtigen] Departemen[t] vor. Thiers zieht sich zurük auch in Copenhagen der langweilige Ascherade. Man sagt Werther werde an Lottums Stelle in die Schweiz kommen und durch Radziwills Einfluss Wildenbruch (von Bairuth und Alexandrien aus) nach Athen kommen. Der König von Hannover hat gegen die Ernennung von Westphal[en] [protestirt][d]. „Sie ist eine dumme katholische Kerl die ich nicht mag, dazu ein Stück von der Haut der Kanitz die Kerl ich nicht nehme.“ Henry Redern hat Lust nach Brüssel, um die Prinzen in Italien zu vermeiden. Die Gehässigkeit von Canitz gegen Prinzess von Preussen ist im zunehmen. Er möchte sie isoliren und zugleich von Schl[einitz][3] und Pourtalès trennen. Deshalb wird der erste zum Weggehen nach Constant[inopel] getrieben u. Pourt[alès] hat man die General Consulstelle in Alexandrien angeboten, der abgeschlagen und wobei das ganze Neuenburger Geschlecht sich empört hat. Du siehst meine Theure, dass ich allen Klatsch deutlich ausspreche. Bodelsch[wingh] hat ja in der Kammer erklärt, man öffne keine Briefe. Ich bestelle noch keine Grüsse an Adelheidchen und Hedemann, da Du ja wohl noch mehrere Tage allein in B[urg Oerne]r trohnen wirst. Die Königin geht glüklicher Weise besser. Morgen wird der Geburtstag der Königin Victoria gefeiert. Sie hat ihn wegen

[a] sind *H ändert Hrsg.*
[b] (1) werden (2) wird *H*
[c] eine *ergänzt H*
[d] protestirtirt *H ändert Hrsg.*

der Pfingsten vom 24 auf 27 verlegt. Westm[oorland] kommt deshalb von Sagan zurük. Er soll morgen hier essen. Unsere Königin bleibt en retraite.[4] Der Opernherzog v. Cob[urg] war seiner Oper[5] wegen hier, hat aber den König nicht gesehen, so vermummt glaubt er sich. Die 5actige Oper soll eine rechtschaffene, correct sprechende Person sein, die wenig Enthusiasmus erregt. C'est un succès d'estime.[6] Er hat schöne cadeaux ausgetheilt und glaubt, das Werk habe unmenschlich gefallen. Wer wird ihm die |3| unschuldige Täuschung nehmen wollen? Man behauptet aber dass das Werk weit höher stehe, als der „Raub der Proserpina" von Westm[oorland]. Um diesen zu trösten hat der König einige Lust den „Raub" im Neuen Palais zu geben.

Herzliche Grüsse an alle die Lieben. Stollberg klagt, dass er mit seiner Familie Berlin nicht verlassen darf, weil er die eben nicht sehr gottseligen Stände alle Woche empfangen muss. Da Lichnowski immer von den Webern spricht die aus Hunger und Magerkeit Rationalisten waren, so sagte ein H. von Bardeleben, zu Friedrichs II. Zeiten hatten die „feisten und darum gottesfürchtigen["]. Weber in Schlesien auch rebellirt und die Prittwitzischen Husaren haben in sie eingehauen.[7] Der Hagel hat glüklicherweise den Feldern nicht geschadet. Mir auch kostet er 19 Scheiben.
Dein

AlHumboldt

Seifert hat mich ganz frauenartig gepflegt.

[1] Siehe den vorigen Brief vom 16.5.1847, Anm. 1.

[2] „Ins Innere der Natur dringt kein erschaffner Geist; Zu glücklich, wenn sie noch die äußre Schale weist!" Dieses oft verwendete Zitat wird Albrecht von Haller zugeschrieben.

[3] Gustav Adolph Graf von Schleinitz wurde 1847 zum außerordentlichen Gesandten und bevollmächtigten Minister in Konstantinopel ernannt.

[4] Frz.: in Zurückgezogenheit.

[5] Herzog Ernst II. von Sachsen-Coburg und Gotha hatte eine musikalische Ausbildung erhalten. 1846 komponierte er die Oper „Zaïre" nach der gleichnamigen Tragödie von Voltaire und später weitere.

[6] Frz.: Das ist ein Erfolg der Wertschätzung.

[7] Der schlesische Weberaufstand von 1844, auf den Lichnowsky hier offenbar einging, hatte mehrere Vorgänger.

164 Alexander von Humboldt an Gabriele von Bülow
Potsdam, 1.6.1847

H: DLA/SNM, Marbach, 62.2137

Es ist, meine theure, liebenswürdige Gabriele, als wenn die geistige Imbecilität des Alters sich auch bei mir zuerst im Gedächtniss-Mangel äussert. Es scheint mir fast unbegreiflich und ganz unheimlich, dass[a] man die Nähe der Geburtstage zweier, sich so anhänglicher Schwestern habe vergessen, Dir nicht an dem schönen Feste des 28sten, das mir Adelheidchen schildert,

[a] unheimlich | gewesen *gestrichen* |, dass *H*

meinen Glückwunsch habe darbringen können. Die Schuld bleibt unwiederbringlich mein. Was in der Zeit liegt, kann man nur im Andenken mit heiteren und trüben Färbungen zurükrufen. Ohne diese Mischung der Färbung ist nicht[s] irdisches, menschliches gewoben. Schattenbilder drängen[a] sich zwischen die lieblichsten, lebensfrischesten, wirklichen Gestalten. Sie mahnen dass wir dieser Zeit nicht allein angehören. Ich wünsche das künftige Jahr noch zu erleben, um am 28sten Mai 1848 Verzeihung persönlich zu erflehen. Habe ich da nicht ein kühnes, verhängnissvolles[b] Wort ausgesprochen. Zahlen sind die geheimnissvollen Mächte des Weltalls. Meine Heilung kann ich ziemlich als vollendet betrachten. Da ein gewisser rother Thronsessel der frech bodenlose nicht mit mir wandern kann, so bin ich noch nicht zum Essen nach Sanssouci gewesen: ich fahre heraus, wenn man von der Tafel kommt und werde wie die artigen[c] Kinder mit aufschreiendem Jubel empfangen. Die Terrasse von Sanssouci ist in diesem Jahre von grosser Pracht. Die Sculpturen für die oberen Wasserbecken (ein anmuthiger Kreis von Kindern die sich die Hände reichen nach Rauchs Angaben) sind angekommen und haben mit zunehmender Höhe dem Ganzen mehr Leichtigkeit gegeben. In wenigen Tagen denke ich mein altes Regime wieder zu beginnen. Der König sehnt sich sehr danach, ist in sehr einzelne Erkundigungen über Deine Reise und Loën eingegangen, hat die Stöhrungen durch den Zug über die Alpen sehr beklagt und mir aufgetragen Dich und Deine Schwester und (wie er lebendig |2| sich ausdrükt), [„]das ganze, schöne und belaubte Burg Oerner zu grüssen".[1] Er fragt sehr ängstlich ob auch gewiss sein Geschenk[2] in Burg Oerner, „wo er die Gastfreundschaft genossen["] verbliebe: Ich habe ihn sehr deshalb getröstet. Es liegt eine kleine litterarische Autor Eigenliebe dabei im Hintergrunde, die ich selbst bei einem Könige nicht tadle. Er hat sich auch mit grosser Verwunderung von den häuslichen Künsten und der kleinen Copie der Landschaft von Athen erzählen lassen. Das gab mir[d] dann auch Gelegenheit den freundlichen und so feingebildeten, wenn auch nicht künstlerischen Kniehase wieder recht lebhaft ins Gedächtniss zu rufen. Die Stadt ist voll des sehr irrigen Gerüchts als würde Can[itz] seine parlamentarische[e] Unvorsicht büssen und durch Döhnhoff ersezt werden. Ich glaube gar nicht an eine brouillerie[3] und der Nachfolger wäre gewiss dann nicht D[öhnhoff] sondern der Bärtige in Paris. Das Abgehen von Boyen scheint leider! heranzunahen und man will es „mit Dohna, dem christlichen Helden["], probiren!!![4] Warum nicht lieber ein Kriegscollegium mit Synodalverfassung. Denke Dir übrigens wie die Minister dem König statt ihn zu ermuntern, und ihm[f] beizustehen, da hinderlich werden, wo er von selbst heilsame, liberalere Mittel anwenden will. Ich weiss aus seinem Munde er habe die Herrenbank dadurch populärer machen und mit den Volksinteressen mehr verschmelzen wollen, indem er alle Ober[g]Bürgermeister grosser Städte und die jedesmaligen Rectoren der Universität zu den Herren zählte. „Denken Sie, Humboldt, ausser Boyen, der immer vernünftig ist, habe ich alle Minister gegen mich gehabt. Sie wollten lieber den Abschied nehmen." Auch Savigny, ja der ehemalige Professor und der hochadelige Cultusmann! Hüte Dich meine Liebe, diese sehr geheime Anecdote irgendwo hinzuschreiben. Die Zerfällnisse

---

[a] (1) stellen (2) drängen *H*

[b] (1) noch jet (2) schweres (3) verhängnissvolles *H*

[c] artigen *ergänzt H*

[d] mir *ergänzt H*

[e] parlamentarische *ergänzt H*

[f] ihm *ergänzt H*

[g] Ober *ergänzt H*

der Curländischen Dynastie mit allen Reflexen auf Babel und Sagan erblühen und glühen immer mehr.[5] Auf Babel war eine grosse Soirée den Tag des elenden Wassercorso[6], zu der die Byronsche Dynastie[7] aber nicht die Sagan und ihr Schatten Lady Westm[oreland] geladen war. Deshalb? war[a] den Tag darauf die Sagan in Sanssouci zur Tafel. Ein System der Compensationen: ich bin[b] das Gefäss gewesen in das die gegenseitigen Klagen ausgeschüttet werden. Die Herzogin hat recht die künftige Sonne die sie[c] jezt erwärmende nicht aufzuopfern. Notre Princesse a[d] plutôt des engouements que des véritables affections.[8] Das Urtheil müssen wir etwas hart finden. Die Herzogin vergisst den naiven Album Spruch der Prinzessin C[arl] und was „der Uebel grösstes ist" wenn es anklagend und richtend eingemischt wird. Die Königin ist besser aber durch die antiparlamentarische Wuth zweier geistreicher Fürsten des bald kinderreichen „Darmst[ädter] Riesen["] u. des Pr[inz] George v. Hessen um so schädlicher aufgeregt, |3| da sie nicht die unverwüstbare Heiterkeit des vortreflichen Königs hat. Man erwartet die Medusenhäupter aus Den Haag und den Lachkrampf der reichen Tochter. Ich hoffe dass Ihr jezt alle vereint seid. Danke Deiner liebe[n] Schwester herzlich für [ihren][e] schönen und heiteren Brief. Innige Grüsse an Hedemann und alle, die Deinen, grossen und kleinen Infanten.

Dein AHt

Potsdam den 1 Juni 1847

Seiffert geht nach Berlin zu dem 18jährigen Geburtstag seiner ältesten Tochter. Sie ward geboren als ich im Altai war. Kinder sind mahnende Zeitmesser. Du schreibst mir wohl wen[n] Du kommst?

1 L. von Loën war über Weihnachten 1846 schwer erkrankt. Nach der Genesung reiste er mit G. von Loën nach Dessau zu seinen Eltern, von dort im Juni nach Burgörner zu Hedemanns, wohin auch Gabriele von Bülow mit den Töchtern und Bernhard kam. Siehe Sydow 2000, 190.

2 Das Geschenk eines Bildes an Adelheid von Hedemann, siehe den Brief vom 11.7.1846, Anm. 2.

3 Frz.: Streit.

4 Boyens Nachfolger als Kriegsminister wurde 1847 von Rohr.

5 Über die freundschaftliche Beziehung zwischen Augusta von Preußen (wegen dem Wohnort Babelsberg bei Humboldt oft kurz Babel genannt) und der Herzogin von Sagan (die den Winter meist im Kurländischen Palais in Berlin verbrachte) siehe Feckes 1917, 71–72.

6 „Am 30. Mai hielten die Berliner bei Potsdam auf der Havel ein großes Wassercorso, das erste Fest dieser Art daselbst. Der König und die Königin, so wie mehre Prinzen des königlichen Hauses nahmen auf herrlichen Gondeln Theil an dem Wasserfest, das mit seinen Hunderten festlich dekorirter Schiffe einen höchst malerischen Anblick bot." (Bohemia 1 (1847) 20, Nr. 89 vom 4.6.1847.)

7 Vermutlich Calixt Biron von Curland, der ebenfalls Abgeordneter im 1. Preußischen Landtag war.

8 Frz.: Unsere Prinzessin hat mehr Begeisterungen als echte Zuneigungen.

a (1) wurde (2) war *H*

b (1) habe (2) bin *H*

c (1) der mich (2) die sie *H*

d (1) de (2) a *H*

e Ihren *H ändert Hrsg.*

165 Alexander von Humboldt an Gabriele von Bülow
Potsdam, 8.6.1847

H: DLA/SNM, Marbach, 62.2137

Ich habe theure Gabriele, einen so langen Brief an Bernhardchen geschrieben, dass mir vor dem Essen in Sanssouci um 2 Uhr kaum mehr Musse übrig bleibt. Ich bin ganz hergestellt und war gestern in Berlin wo ich die sehr muntere alte Herz im Thiergarten besucht und neben ihr Schönlein der mit dem innigsten Interesse sich nach unseres Hedemanns Befinden erkundigte. Allerdings hätte auch ich gewünscht Deine liebe Schwester hätte ihn consultirt. Seinem Scharfblik entgeht nichts, auch mir ist er wieder jezt in der Magenverstimmung über die ich klagte sehr nüzlich gewesen. Pr[inz] Carl der heiterer und freundlicher als gewöhnlich ist, hat mir viel angenehmes über Hedemann gesagt. Der eigentliche Zweck seines Herkommens ist eine Geldoperation. Er behauptet sehr ruinirt zu sein. Der König muss und wird ihm helfen. Ich bin ganz traurig Darüber dass mein Brief so spät in Deine Hände gekommen ist. Ich werde Dich und mich bei der hiesigen Post rächen und immer statt Eisleben an das ich altlutherisch hänge, Hettstedt schreiben. Wie theilnehmend fühle ich, meine Theure, das Gemisch froher u. wehmüthiger Eindrücke die Dir das schöne Burg Oerner erregt.[1] So schwer es Dir sein wird Dich von den theuren Hedemanns zu trennen, so lobe ich doch den Rükzug und meine Hofnung Dich bald nach dem 15ten hier zu umarmen. Des lieben Loën Ankunftsperiode in Tegel, und Mathilde und der verschollene Wilhelm, und Deine Schwester in unserer Nähe sind mir dunkle Nacht. Es wird sich |2| alles friedlich entwirren. Enders hat mich allerdings besucht. Er ist sehr mässig zufrieden, wir müssen ihm etwas aufhelfen. Ich habe sehr ernst mit Meding gesprochen. Er giebt nahe Hofnungen. Die Frau ist um vieles besser aber die Schwiegermama noch immer bettlegrig in Berlin. Der König heiterer als je, unbekümmert, mit dem mexicanischen Kriege[2] beschäftigt. Von Canitzens Abgang ist keine Sylbe wa[h]r, so wenig als dass der König Rust's altes Thiergartenhaus an Schönlein geschenkt habe, wie alle Zeitungen erzählen. Die immer rüstige Sagan ist in Hannover zum Geburtstag gewesen. Sie behauptet eingeladen gewesen zu sein. Andere bezweifeln es. So viel ist gewiss dass sie mit der Herzogin v. Cumberland sehr liirt war und dass der Böse allerdings das Gute hat sehr anhänglich an alle Freundinnen seiner Gemahlin zu sein.[3] Ich vermuthe dass die Westmoorland die Reise veranlasst hat. Es ist ein eigenes sentimentales Ultraplaisir! Die Rede auf das Grab der W[olzogen][4] werde ich gewiss von neuem fordern, aber die Prinzess v. Pr[eussen] habe ich seit 3 Wochen nicht gesehen. Sie vernachlässigt Sanssouci ganz, kommt mit eigener Flotille zum elenden Wasser Corso, giebt Abendfeten in Babel[a] und eilt in die Berliner Politik zurück.[5] Der Prinz um sie von der Opposition zu entfernen, will sie ganz nach Babel[b] poussiren wogegen sie sich rebellirt und Schönlein zu Hülfe ruft, der Babel zu feucht finden muss. Prinzess Albrecht ist zum grössten Schrecken des Gemahls unerwartet gestern von Camenz hier angekommen in Potsdam. Sie sah den König gestern auf der Eisenbahn, vermied aber die Ceremonie in Charl[ottenburg] und speiste mit der Königin allein in Sanssouci. Ich kann diesen Augenblik nicht erfahren ob sie noch hier oder bereits nach Camenz abgereist ist. Ich höre eben dass Prinzess hier geschlafen u. nach der Tafel

---

a (1) Glinicke, (2) Babel *H*

b (1) Glieneicke, (2) Babel *H*

nach Schlesien abgeht. Die Grossherzogin v. Schwerin erwartet hier noch den Sohn.[a] Prinzess Friedrich der Niderlande wird |3| erwartet, geht aber gleich nach Petersburg. Pourtalès aass hier, sehr wüthig über den Consularposten in Alexandrien, den man ihm angeboten. Er geht an den Rhein, wo die geistliche Frau in Bonn niederkommt und will ganz quittieren den Winter in Italien zubringen. Die Königin soll schon Ende dieses Monats vielleicht selbst schon 22 Jun. nach Ischl abreisen.[6] Verzeih das schrekliche Geschmiere. Ich muss schliessen. Herzliche Umarmungen

AHt

Potsdam den 8 Juni 1847

1 Gabriele von Bülow hielt sich in Burgörner bei Hedemanns auf, wohin auch Loëns, Gabriele und Leopold, nach der Genesung des Letzteren zu Besuch gekommen waren. Vgl. den vorigen Brief.

2 Im Krieg zwischen Mexiko und den USA (1846–1848) ging es um ein Gebiet im Norden Mexikos, das von den USA annektiert wurde. 1847 landeten amerikanische Truppen in Veracruz und eroberten die mexikanische Hauptstadt.

3 Vermutlich der Geburtstag des Königs von Hannover, Ernst August I., vormals Herzog Ernst August von Cumberland am 5.6., der mit Friederike, Herzogin zu Mecklenburg-Strelitz bis zu ihrem Tod 1841 verheiratet war.

4 Die „Grabrede für Karoline von Wolzogen" von B. R. Abeken (Goethe- und Schiller-Archiv/Klassik Stiftung Weimar, Bestand Abeken, GSA 1/66).

5 Siehe den vorigen Brief.

6 Siehe den Brief Nr. 123, Anm. 5.

166 Alexander von Humboldt an Gabriele von Bülow
Potsdam, 11.6.1847

H: DLA/SNM, Marbach, 62.2137

Ohnerachtet Deine Abreise von Burgörner[1] wohl nahe ist, so kann ich es doch nicht über mich gewinnen, meine theure Gabriele Dir die Einlage[2] die ein ernster Geschäftsbrief zu sein [scheint,] zurükzuhalten. Ich benuze diese Gelegenheit einige Zeilen hinzuzufügen. Das Parlament wird heisser und scheint den König sehr zu reizen. Es ist schwer aus einer so verwickelten Lage herauszukommen und in der Banknoten Geschichte haben sich die Minister durch ihre Uneinigkeit vor dem In- und Auslande furchtbar compromittirt.[3] Wir haben noch immer hier den haarlosen Grossherzog von Schwerin, die Mama und den Herzog von Braunschweig. Man behauptet dieser wolle sich die immer lachende geistesschwache älteste Tochter der Prinzessin Friedrich der Niederlande ansehen. Das Geld reize ihn. Ich glaube wenn er sie sieht, wird er zurükschrekken. Von den Ständen wird niemand gesehen als die langweiligsten Fürsten der Herrenbank, Corvei Ratibor, der schweigsame Wied … Die Sagan hat mich gestern besucht. Es ist zu einem förmlichen Bruch mit Babel gekommen. Man hat sich gegenseitig Vorwürfe gemacht. Die Prinzessin soll sehr unartig gewesen sein und hat die Sagan – – entlassen. Dann hat Lady Westmoorland die Sache zu repariren gesucht. [„]Il se peut que j'ai été trop vive.["][4] Man hat sich noch einmal gesehen, aber man ist wieder

a Ich höre […] den Sohn. *ergänzt H*

eiskalt geschieden. Diese |2| Erkältung (denn zu völliger Trennung lässt die Sagan es doch nicht kommen) thut mir leid um so mehr da die beiden Damen doch nicht sagen was sie eigentlich ergrimmt hat. Es werden immer nur Nebendinge, die Byrons, die Marquise, die Vorliebe für Sanssouci, der von der Sagan zur Unzeit ertheilte Rath de ne pas faire tant de fraix avec l'Opposition[5] angeführt. Ich bin ganz hergestellt. Schönlein ist mir für den Magen sehr nüzlich gewesen. Der arme hat den Kummer dass man in alle Zeitungen verbreitet habe, der König habe ihm Rust's Haus geschenkt wegen der Krankheit der Königinn. Er hat nichts gar nichts bekommen. Die Königin hat mehrmals sich nach Dir und Hedemanns und den Fortschritten von Loëns Genesung mit vieler rühmlicher Theilnahme erkundigt. Es heisst jezt sie werde vor Ischel Ende dieses Monats nach Dresden gehen und noch einmal zurückkommen.[6] Die Holländischen Medusenhäupter kommen morgen od. übermorgen und bleiben bis 20st[en] um nach Petersburg zu schiffen. Alle Hofdamen werden wieder aus den Neuen Kammern delogirt und in die dunkeln Gemächer im Neubau von Sanssouci gesperrt. Prinzess von Preussen ist hier unsichtbar und dem Prinz Albrecht ist der Schrekken der unerwarteten Ankunft wie gewöhnlich in die Eingeweide gefallen. Pr[inz] Carl wird wohl nicht ehe[r] weggehen als bis er seine Anleihe vom König durchgesezt hat. Die alte Gräfin Keller hat einen bösen Fall über une vache[7] der abreisenden Prinzess Bar[j]atinsky gemacht, sich an der Brust verwundet und ist da man Blutegel sezen musste sehr geschwächt. Unsere hiesigen inneren Freuden sind Pauline Neal, Frau von Bergh und die Gräfin Voss, lezte übler Laune, weil sie ohne Hofnung ist. Meine herzlichsten Grüsse Deiner lieben Schwester |3| unserem Hedemann, Loëns und allen Deinen Kindern. Hedemann sollte kaufen

Dieffenbach der Aether gegen den Schmerz, sehr amüsant[8]

Schulz Geschichte der Denkfreiheit in der römischen Kaiserzeit (ein Bild unseres Zeitalters)[8]

Ganganelli, seine Briefe und seine Zeit von Reumont[10].

Mit innigster Liebe
Dein

AlHumboldt

Potsdam, den 11 Juni 1847.

Mein Briefchen an Bernhard ist doch glüklich über Hettstedt angekommen.
Der König der sich wahrscheinlich par amour d'auteur gern seiner Inschrift erinnert hat wieder gefragt ob Athen gewiss in Burg Oerner sei,[11] in welchem Zimmer, da wo er die Gastfreundschaft genossen. Ich habe wieder gelogen, das Zimmer aber nicht genannt.

1 Vgl. den Brief vom 1.6.1847, Anm. 1.
2 Nicht bekannt.
3 Ein Vorschlag von Hansemann im Vereinigten Landtag betr. Finanzen (Sicherheit der Banknoten durch den Staat) erregte heftige Debatten.
4 Frz.: Ich war vielleicht zu heftig.
5 Frz.: nicht so viel Aufwand mit der Opposition treiben.
6 Siehe den Brief vom 8.6.1847, Anm. 5.
7 Frz.: lederner Reisekoffer
8 Dieffenbach 1847.
9 Vermutlich Schmidt 1847.
10 Reumont 1847.
11 Das Geschenk eines Bildes an Adelheid Hedemann, siehe den Brief vom 11.7.1846, Anm. 2.

167 Alexander von Humboldt an Gabriele von Bülow
o. O. u. o. D.

H: DLA/SNM, Marbach, 62.2137

Ich denke meine liebe Gabriele, dass Du und der theure Genesene einige Nachricht von mir durch H. Rose erhalten hast. Wegen mein[e]s Kommens und des Wunsches Mathilden und die Infanten auch zu umarmen bin ich in vieler Bedrängniss gewesen wegen der ungewissen Abreise der Königin (jezt auf Dienstag gesezt)[1] wegen meines Umziehens nach Sanssouci und einem Zusammenspeisen mit Gr[af] Döhnhof von Mittwoch an. Am besten ist ich komme morgen Sontag
Dein

AlHt

In Eil[e] Sonnabend

[1] Vgl. den folgenden Brief, aus dem sich die vermutliche Datierung ergibt. Am 30. Mai 1847 meldete die Allgemeine Zeitung (Nr. 150 vom 30. Mai 1847, 1198), dass „die Königin von Preußen demnächst die Bäder von Ems besuchen werde“. Ob diese Reise gemeint ist oder die Sommerreise nach Ischl, ist unsicher. Zu den regelmäßigen Aufenthalten der Königin in Ischl siehe Minkels 2007, 357ff.

168 Alexander von Humboldt an Gabriele von Bülow
o. O., 13.7.1847

H: DLA/SNM, Marbach, 62.2137

In der süssen Hofnung, meine Liebe, dass Freitag kein „Kreuzzug“ ist, habe ich der Gräfin Döhnhof, mit der ich seit einigen Stunden allein in den Neuen Kammern hause, vorgeschlagen[a] sie Freitag nach Tegel zu führen. Damit wir zu einer grösseren Promenade weniger von der Eisenbahn gequält werden, flehe ich dass Du wollest schon um zwei Uhr, nicht später, essen. Ich werde dann suchen schon um ein Uhr zu kommen. Ich lebe der Hofnung, dass unser Besuch Dir recht willkommen ist und bitte nur im negativen Falle zu antworten. König u. Königin haben wir (mit der kleinen Haacke und Malzahn[b] um 8^{U} ¼) in Wildpark auf die Eisenbahn (Magdeburg – Pilnitz) gebracht.[1] Der König kommt erst Freitag über 8 Tage zurük, da er auf dem Rückwege einen Tag in Dessau bleibt. Heute esse ich mit der Gr[äfin] Döhnhof maritalement[2] in Babel. Ein süsses billet hat alle Wolken verscheucht. Es ist heute der Geburtstag der Kaiserin den der Pr[inz] v. Preussen (ohne die Prinzessin) in Berlin durch ein diner feiert. Sello wird gewiss u. dankbarst erscheinen. Der König ist wieder sehr lebhaft auf Verlängerung des Urlaubes für Loën, ganz von selbst, zurükgekommen.
Dein

AHumboldt

[a] vorgeschlagen *ergänzt H*
[b] (1) der Döhnhof (2) Malzahn *H*

Dienstags d. 13ten July 1847.[a]
Herzliche Grüsse den Kindern[,] der theuren Mathilde und ihrer liebenswürdigen Tochter.

[1] „Der König und die Königin von Preußen sind zum Besuch am sächsischen Hof zu Pillnitz, und werden dem Vernehmen nach noch einige Tage daselbst verweilen." (Allgemeine Zeitung Nr. 204 vom 23.7.1847, 1630).
[2] Frz.: in wilder Ehe.

169 Alexander von Humboldt an Gabriele von Bülow
Potsdam, 29.7.1847

H: DLA/SNM, Marbach, 62.2137

Da ich nicht allein bin, meine Theure, so kann ich nur wenige Zeilen schreiben. Es ist mir leider! nicht möglich den Tag zu bestimmen an dem ich die Freude haben könnte Euch zu besuchen. Wir speisen gewöhnlich nur zu 5–6 Personen mit dem König und mein Weggehen erregt um so mehr Seufzer, als er einige Personen aus Berlin bitten will (das berühmte Parlamentsmitglied Robert Cobden[1], den Dr Rosen aus Constantinopel) die ich mit besprechen soll. Gestern waren wir mit 160 Cadetten Abends in Babel; der König spielte kannibalisch heiter mit den Kindern die ihm dikke Bälle unsanft an den Kopf warfen!! Ich wollte, H. Cobden hätte es nicht gesehen. Gröben ist noch hier und seine Färbung u. Redefreiheit gefällt sehr unserer Prinzessin. Gräfin Waldersee, Hofdame der Fürstin v. Liegnitz ist ausser Gefahr. Von Gr[äfin] Döhnhof bin ich leider mehr getrennt. Sie speiset nur mit wenn Damen hier sind. Die Grossherzogin kommt nicht. Der König geht glaub ich den 3ten? zum Geburtstag nach Strelitz. Der Kalender kann Dich den Tag lehren, von da nach Doberan. Ich begreiffe kaum wie er die Helena wird allein lassen. Gleich nach seinem Geburtstag geht der Grossh[erzog] von Streliz zur Sagan, wo man grosse Pracht bereitet. Herzliche Grüsse an Loëns, Mathilden, ihre liebenswürdige Tochter und alle Deinigen, auch Bernardchen. Ich treibe Sello nach Tegel. Er wird genaue Instructionen geben zu Pflanzungen um die Wüste zu unterbrechen mit italienischem Rohr, Wunderbaum (Ricinus) grossblättrigen Hemerocalles wie er schon auf Rasen in Sanssouci glükt. Er will auch alle Pflanzen liefern im Herbst, der Gärtner soll nur hieher kommen. Ich vergesse nichts was Dich freuet, meine Theure, und denke nächstens Dir auch in meinem Wagen Mademoiselle Bousdeau de la Boulaye herauszubringen damit sie einige Tage in Tegel bleibe und die Infanten im Französischen examinire.
Zärtlichst Dein

AHt

Neue Kammer Donnerstags[b] 29 July 47.[c]

[a] d. 13ten July 1847. *ergänzt B*
[b] (1) Freitags (2) Neue Kammer Donnerstags *H*
[c] 29 July 47. *ergänzt B*

Fräulein Kalb schwazt wie eine Elster, gefällt aber der Fürstin sehr.[2] Ich höre ja mit Entzücken dass Loën ja bis 15t[en] in Tegel bleibt.

[1] Wohl Richard Cobden.

[2] „Fräulein von Kalb, unterstützt von Humboldt, hatte den König auf das Drama ‚Kolumbus' von Werder aufmerksam gemacht. [... Die Lesung] fand vor einigen Tagen statt, im Marmorpalais in Potsdam, Zuhörer waren der König, die Fürstin Liegnitz, einige Hofleute, Humboldt, Fräulein von Kalb." (Varnhagen 1861–1905, Bd. 4, 127.)

170 Alexander von Humboldt an Gabriele von Bülow
o. O. u. o. D.

H: DLA/SNM, Marbach, 98.14.43

Hannibal!

Die Herzogin von Sagan wird Euch morgen Mittwoch um 1 Uhr auf eine Stunde besuchen. Ich werde sie[a] begleiten, aber hieher zurükbringen.

So hat sie es mir gestern in Glienicke, wo ich mich glüklicher Weise, schon um 5 Uhr, unter einigen Abschiedsschmerzen gerettet, selbst freundlichst angeboten. Sie bleibt noch bis heute Mittag in Potsdam von wo aus sie seit vorgestern im Einsiedler hausend, jeden Tag 2–3 mal die douceurs[1] und naive Neugier der Prinzessin geniesst, deren Intima sie geworden ist!!! Wunderbar eitele Freuden für eine so geistreiche und vornehme Frau. C'est toujours un membre de Famille royale qui attire.[2] Es war niemand in Glienicke, als die kluge, aber extravagante Gräfin Stolberg, die jezt allein bei ihrem sogenannten Bruder hauset, da der Coloss sich die Strick und dikken Thau Nerven [mit] Schlangenbader Wasser beruhigt und[b] abspannt.[3] Prinzessin v. Preussen schreibt ihrer[c] Schwester, dass der König nie so |2| freundlich und herzlich und mittheilend mit ihr gewesen sei. Sie war mit ihm in Stolzenfels, in Engern ... Er nahm bei ihr in Coblenz ein Frühstück ein.[4] Cosi va il Mondo[5] und sie betrügen sich einer den anderen ...! Prinzess Carl giebt zu verstehen, es sei alles ihre Zaubermacht, ihre[d] Einwirkung. Die Sagan wird mich morgen um 12 Uhr abholen; auch hat der vorsichtige Seifert schon die Kupfer der Herzogin und von Lichn[owsky][6] in mein Staatszimmer gehangen, wobei Wittgenstein und einige Judenbanquiers verjagt werden, damit ich sagen kann: Vous savez Madame que je Vous ai toujours sous mes yeux, Vous et notre noble ami.[7] Das wird geglaubt und hilft. Sie geht glaube ich schon Donnerstag früh weg, ist liebenswürdiger als je für Euch, sieht schön aus, aber etwas angeschwollen und nervenzuckend. Die Königin komt 8 Tage nach dem König, der sie dann wieder aus dem lieben Pilnitz, von Potsdam aus, abholt.[8] Blokcher ist bei der unglüklichen Schwester, die an tiefen Wunden des ganzen Rücken[s], des Halses, des Armes, der Hand (die Nägel sind zerstöhrt!!) leidet!!!

[a] Sie *H ändert Hrsg.*

[b] Schlangenbader [...] und *ergänzt H*

[c] Ihrer *H ändert Hrsg.*

[d] Ihre *H ändert Hrsg.*

Ich habe nun wohl die[a] grosse Freude, Deine liebe[b] Schwester noch zu finden morgen 1 Uhr aber der arme Bernhard!

AHt

Dienstag früh

[1] Frz.: Süßigkeiten.

[2] Frz.: Es ist immer ein Mitglied der königlichen Familie, das anzieht.

[3] Vermutlich Marie Wilhelmine Johanna, Tochter des Prinzen Heinrich LX. Reuß jüngere Linie, Gattin den Grafen Eberhard zu Stolberg-Wernigerode, der ebenfalls am 1. Vereinigten Landtag teilgenommen hatte.

[4] Zum Besuch in Stolzenfels siehe den Brief vom 10.7.1845, Anm. 4.

[5] Ital.: So läuft die Welt.

[6] Vgl. den Brief vom 1.3.1845, Anm. 7. Lichnowsky wurde während der Septemberunruhen am 18.9.1848 in Frankfurt ermordet.

[7] Frz.: Sie wissen, Madame, dass Sie immer unter meinen Augen sind, Sie und unser edler Freund.

[8] Zu einem Besuch des Königspaares in Pillnitz siehe den Brief vom 13.7.1847, Anm. 1.

171 Alexander von Humboldt an Gabriele von Bülow
Berlin, 2.9.1847

H: DLA/SNM, Marbach, 62.2137

Berlin 2 Sept. 1847

Ich bin auf der Weltreise nach Görlsdorf, meine theure Gabriele.[1] Die Prinzessin ist gestern Abend auch schon in die Stadt gekommen. Der Himmel ist trübe und lang vorbereitete Vergnügungen, die Wiederholung quel charmant séjour, comme Vous êtes aimable, c'est délicieux[2] werden etwas ermüden. Zu meinem Troste ist Rauch ebenfalls da. Endlich kann ich Dir die Rede auf dem Grabe wiedergeben.[3] Meyerbeer hat Fieber und ist recht geschwächt von Franze[n]sbad wiedergekommen. Seine Schwiegermutter ist nun auch gestorben und seine kranke Gattin will bei der Leiche schlafen, bis sie begraben wird. Dazu die Freundlichkeiten die der König für Spontini hat, der eingeladen ist, den Winter hier seine grands ouvrages zu geben. Ich hoffe dass der arme Bernhard bald von seinem Fieber befreiet sein wird. Glüklicher Weise scheint es nichts gastrisches, was bei Madame de Genlis, der litterarischen Pflegerin der Kinder bei Loëns der Fall ist. Das menschliche Leben ist nicht gar bequem eingerichtet. Ich will darum den gottlosen Vers von Victor Hugo nicht rechtfertigen der bei[c] erlittenem Unglük den lieben Gott „um Explication“ bittet

Et maintenant, Seigneur, expliquons-nous tous deux[d4]

Ich bleibe 2 Nächte in Gerlsdorf u. komme dann bald zu Euch doch die Kreuzfa[h]rt zum Mittwoch vermeidend.

[a] wohl | noch *gestrichen* | die

[b] liebe *ergänzt H*

[c] der | den *streicht Hrsg.* | bei *H*

[d] tous | des *gestrichen* | deux *H*

[1] Humboldt fuhr nach Görlsdorf zu einem Konzert der Henriette Sontag bei Graf von Redern. AHt

[2] Frz.: Was für ein charmanter Aufenthalt, wie nett Sie sind, es ist herrlich.

[3] Siehe den Brief vom 8.6.1847, Anm. 4.

[4] Frz.: Und nun, Herr, lasst uns alle beide erklären. Aus dem Gedicht „Les deux côtes de l'horizon" von Victor Hugo (Hugo 1842).

172 Alexander von Humboldt an Gabriele von Bülow Sanssouci, 9.9.1847

H: DLA/SNM, Marbach, 62.2137

Theure Gabriele! Ich size hustend und mich schneuzend in einer kalten Stube aber vor einem Camin-Flammfeuer an dem man <–> oder ein Nilpferd braten könnte. Ich schreibe daher nur wenige Zeilen der Liebe und wünschte ungeboren zu sein, um Dir und Euch allen nicht so viel Unheil zuzuziehen.[1] Das Kommen der Prinzessin am 14ten ist ganz gewiss; sie scheint gewiss allein ohne den, jezt sehr militärisch beschäftigten Prinzen zu kommen, aber die Prinzessin flehet, dass man schon

um zwei Uhr essen könne.

Sie will nemlich früh weg, weil sie denselben Dienstag Abend (14 Sept.) die Ankunft der Herzogin Bernard von Weimar erwartet, die hier durch nach Hamburg, England u. Madera geht: Du hättest vielleicht gehofft, [sie][a] werde deshalb die ganze Tegler Partie aufgeben. Pas du tout. Elle croiroit Vous manquer.[2] Da Du es lange vorher weisst, so hoffe ich, dass das Essen um 2 Uhr, da es nur ein früheres Braten und Sieden erfordert, nicht sehr stöhrend ist. Willst Du vielleicht meine Liebe, dass ich Seiffert mitbringe, oder wird er nur stöhrend für Deine Leute sein? Ich war gestern Abend wieder in Babel bis halb 12 Uhr und habe declarirt nicht mehr zum Abend kommen zu wollen. Ich schicke morgen in 3 grossen Körben schon alle mein Gepäck nach Berlin, esse morgen Freitag, noch [bei] Illaire, wo ein grosses langweiliges Diner ist[b], Sonnabend in Babel und fahre ganz umgesiedelt den Nachmittag nach Berlin, um mich zu pflegen bei gleicherer Zimmertemperatur. Ich glaube nicht, dass ich deshalb Euch, wie ich sehr wünschte, werde Sonntag od. Montag (vor der bataille von Waterloo[3]) besuchen können. Für Obst werde ich von hier aus schon durch Sello sorgen und es Dienstag recht früh mitbringen von Berlin nach Tegel. Grüsse herzlich Deine theure Schwester, dass ich auf die sehr liebenswürdige Empfehlung |2| von Hedemann einen jungen Chemiker Dr Schwartz Sohn eines Regiments Chirurgen gern Empfehlungen nach Paris[4] gegeben habe. In Boitzenburg soll es sehr prächtig gewesen sein gar nicht künstlerisch, was der Berliner will; keine Tableaux, keine Comoedie, keine Musik, aber ball, viel Urwälder u. Plazregen, und kleine Spiele! die die Kinder des Kindes angegeben. Gräfin Rossi hat keinen Ton von sich geben wollen. Die Herzogin schon vor 9 Uhr mit glänzendem Haarwuchs.

Grüsse für alle die Lieben!

AlHumboldt

Sanssouci Donnerstag 9 Sept. 1847
Schreibe mir nach Berlin! wo ich Sonnabend Abend bin

---

[a] Sie *H ändert Hrsg.*

[b] ist *ergänzt H*

[1] Es geht um die Planung seines Geburtstages am 14.9., der wie meist bei G. von Bülow in Tegel gefeiert wurde. Danach berichtete Humboldt an A. von Hedemann: „Ich hoffe, mein theurer Freund, daß mein Dank Dich noch im Eigenen Reiche, im alten Erfurt erreicht. Ein liebenswürdiges Andenken von Dir musste mir bei dem diesjährigen Geburtstag um so angenehmer sein, als durch ein kleines Unwohlsein und dem liebenswürdigen, aber nicht ganz bequemen Besuch der agitirten Prinzessin der Tag nicht ganz behaglich zu werden drohte. Alles hat sich aber auf das herrlichste gelöst. Das Fest war geschmakvoll und glänzend und der kleine Knabe war wunderschön; das Wetter bis zum Nachmittag milde und sonnig. Leider! fehlte Rauch und das lebhafte immer rüstige Sprechorgan von Waagen ist kein Ersaz. Die Prinzessin ist, wie wir alle früher, auf das angenehmste ueberrascht worden von dem jugendlich erfrischten Ansehen Adelheidchens. Ich habe sie nie in einem vortheilhafteren Gesundheitszustande gesehen, in einem Zustande, der ihr zugleich erlaubt die liebenswürdige, sinnige, unbefangen wahre Heiterkeit zu verbreiten, die ihr so eigenthümlich ist. Mein Unwohlsein war ganz unbedeutend, denn ich unterscheide, wie Du gewiss auch thuest, zwischen einem Zustande der Unbehaglichkeit in dem man leidet, und etwas das eine Krankheit fürchten lässt. Eine blosse Erkältung, die man der Wohnung in den Neuen Kammern zuschreibt und dem ungewohnten, dunstverbreiteten Feuer eines ungeheuren Camins, hat mich die Stadt suchen lassen, um mich zu pflegen. Die Erkältung ist fast ganz gehoben und ich hoffe, Dich in Tegel zu empfangen." (Humboldt an August von Hedemann, 18.9.1847, DLA/SNM, Marbach, 62.2140.)

[2] Frz.: Ganz und gar nicht. Sie würde glauben, Euch zu fehlen.

[3] Anspielung auf den Geburtstag.

[4] Nicht überliefert.

173 Alexander von Humboldt an Gabriele von Bülow
Berlin, 13.9.1847

H: DLA/SNM, Marbach, 62.2137

Ich bin um vieles besser, meine Theure, aber noch nicht ganz hergestellt troz aller Schönleinschen Recepte. Es sind immer noch Reste von nächtlichem Schnupfenfieber. Dieser Zustand wird mich aber nicht hindern zu kommen.[1] Ich denke um 10 Uhr von hier wegzufahren. Rauch war abwesend: man erwartete ihn gestern Abend. Bis heute hat er noch nicht geantwortet: Ich habe deshalb diesen Morgen gleich nach Empfang Deines Briefes auch Waagen eingeladen, dem Du bestimmt schreibst, es wäre Dir recht, wenn auch beide kommen können. Rauch liebt den Vielsprechenden zwar nicht übermässig, aber diese Kälte wirkt nicht stöhrend ein. Das Obst damit es frisch bleibe, erwarte ich erst heute Abend. Den Mann der so naiv ist, noch an eine Protection zur Beförderung in Lehrfächer zu glauben, werde ich gern empfangen, ob ich gleich sonst niemand jezt eindringen lasse. Ich bin ganz traurig über das Unheil, [das][a] Euch mein unseeliger Geburtstag bringt.
Mit inniger Liebe Dein

AlHumboldt

Berlin Montags d. 13ten September 1847.[b]

[1] Zur Feier seines Geburtstages vgl. den vorigen Brief.

[a] dass *H ändert Hrsg.*

[b] d. 13ten September 1847. *ergänzt B*

174 Alexander von Humboldt an Gabriele von Bülow
o. O., 23.9.1847

H: DLA/SNM, Marbach, 62.2137

Ich denke, es kann mich nichts abhalten meine theure Gabriele, morgen Sonnabend vor halb drei Uhr bei Euch zu erscheinen und mich Hedemanns und der lieben Genesenden (Carolinchen) zu erfreuen. Zur Abendunterhaltung sende ich Euch und der schweigsamen „Rose" das neue Werk von Ranke in dem man nach archivarischen Nachrichten immer wieder gern das scheussliche Drama von Katte in Cüstrin liest freilich um nur wiederzufinden was man schon weiss.[1] Dem ganzen Buche das eigentlich das Entstehen der Preuss[ischen] Macht behandeln will und nur die lezten Jahre Fr[iedrich] Wilh[elms] I. und die ersten Fr[iedrich] II. geben soll, fehlt es an Einheit u. Klarheit. Das Buch ist zapplich u. charakterlos wie der Verf[asser] der einst ultra in Ancillon's Sold war und sich jezt liberaler dünkt. Auf den lezten Seiten des Bandes wird aus einer scandinavischen Mythe zu verstehen gegeben, „dass es eine glükliche u. ruhmvolle Lage eines Regenten sei, von den wenigen[a] Edeln (wahrscheinlich auf der Herrenbank) geachtet aber vom Volke gehasst zu sein."[2] So sei es Fr[iedrich][b] Wilh[elm] I. geglükt von dem übrigens alles beschönigt wird, das seine innere Gemüthsroheit offenbaret. Was mir für Fr[iedrich] II. leid thut ist „dass er abdiciren will wenn man ihm das Leben schenkt."[3]
Mit inniger Liebe Dein

AlHt.

Freitag d. 23sten September 1847.[c]

Ich war bei Rauch. Er ist ganz bettlegrig, wohl Anfang eines starken Rheumatismus, viel Hize im Kopfe. Er glaubt es könne wohl 6 Tage dauren. Ich komme also morgen allein.

1 Ranke beschrieb in Band 1, 2. Buch, die Geschichte der versuchten Flucht des späteren Friedrich II. und der Verurteilung des beteiligten Katte sowie dessen Hinrichtung in der Festung Küstrin, der der Kronprinz zugesehen haben soll, nach ihm neu zugänglichen Archivmaterialien (Ranke 1847–1848, 295–321).

2 „Die verschiedenen Eigenschaften, die das Wesen Friedrich Wilhelms ausmachen, gemahnen an eine nordische Sage, in welcher Odin und Thor das Schicksal eines aufwachsenden Helden bestimmen. Ich schaffe ihm, sagt der Erste, dass er drei Menschenalter lebe; sein Stamm, sagt der Andere, soll mit ihm zu Ende gehen; der Eine verspricht ihm schöne Waffen, Geld und Gut, der Andere verhängt ihm Mangel an Grundbesitz und schwere Wunden. Ich schaffe ihm, daß er den besten Männern werth erscheine, sagt Odin; dem Volke, fügt Thor hinzu, soll er verhaßt sein.[1)]
[1)] Gantrekssaga, Jac. Grimms Deutsche Mythologie" (Ranke 1847–1848, 495–496).

3 „[...] da Friedrich sich der Succession unwürdig gemacht, indem er seine Ehre gebrochen, da er auch sein Leben verwirkt habe, ob er, um dieses zu retten, auf die Erbfolge Verzicht leisten wolle [...]." Der Kronprinz „[...] erklärte, fortwährender Arrest würde ihm unerträglich sein, lieber sei ihm Verzichtleistung oder der Tod. Solle er sterben, so möge man es ihm bei Zeiten sagen: könne er aber durch Renunciation die Gnade des Königs erlangen, so wolle er sich dem Willen desselben darin unterwerfen; der König möge mit ihm machen, was er wolle, so werde er ihn dennoch lieben und verehren." (Ranke 1847–1848, 312–313).

a (1) edlern (2) wenigen *H*

b es | dem *gestrichen* | Fr[iedrich] *H*

c d. 23sten September 1847. *ergänzt B*

175 Alexander von Humboldt an Gabriele von Bülow
Horchheim, 9.10.1847

H: DLA/SNM, Marbach, 62.2137

Horchheim den 9 Oct 1847

Ich eile meine theure Gabriele, Dir zu melden dass ich in bester Gesundheit (nach dem ich ungehöriger in Hannover, Bielfeld und Cölln geschlafen[)] den 7t[en] Abends bei meinen Freunden hier angekommen bin.[1] Das Wetter ist scheusslich regnerisch gewesen, bloss auf dem Dampfbo[o]te zwischen Cölln u. Coblenz war es heiter und schön. H. v. Cotta ist wirklich gestern angekommen um mir den Puls zu fühlen, ob ich den 3t[en] Theil[2] erlebe. Der Anschein ist dafür. Ich reise morgen Sonntag wieder zu Wasser nach Bonn und esse bei Bethmann-Holweg wo ich wohl die Gräfin Pourtalès mit ihrer Isis sehen werde. Ich schlafe morgen Abend in Deutz, Montag 11 Oct. in der Hoose in Aachen und nehme dort in Aachen (12 Oct.) um 9 Uhr früh die Eisenbahn nach Brüssel und Paris. Ich[a] kann Mittwoch 13 Oct. in Paris sein morgens zwischen 6 u. 7. Die Eisenbahnen sind innerlich vortreflich und ich fühle weder Kälte noch Ermüdung. Die Generalin Sandrart ist natürlich mein erster Besuch gewesen. Sie ist jezt sehr gesund, geistreich und liebenswürdig und frei im Urtheil wie immer. Sie soll heute hier speisen. Verzeih die Kürze dieser Zeilen. Mögen sie Dich nicht finden, mögest Du nicht an der Meklemburger Reise gehindert sein durch den armen Kleinen. Meine Gedanken sind mit Euch. Das Wiedersehen des Sandrartschen Hauses war mir eine trübe Erinnerung. Umarme alle die Deinigen.

Mit innigster Anhänglichkeit und dankbarer Liebe Dein

AlHt.

[1] Humboldt hielt sich vom 7. bis 10. Okt. in Horchheim auf, wo er Cotta traf. Von dort aus reiste er über Bonn, Köln und Aachen nach Paris, wo er am 13.10.1847 morgens eintraf. Vgl. Humboldt an Cotta, 29.9.1847, in Humboldt 2009, 324.

[2] Der 3. Band des „Kosmos“ erschien 1850.

176 Alexander von Humboldt an Gabriele von Bülow
Paris, 14.10.1847

H: DLA/SNM, Marbach, 62.2137

Paris den 14 Oct. 1847.

Meine theure Gabriele! Ich eile wegen des zärtlichen Antheils den Du und die Deinigen an meinem Wohlsein nehmen, Dir zu melden, dass ich gestern früh zwischen 6 und 7 Morgens ohne alle Müdigkeit und Beschwerde hier in Paris angekommen bin. Du weisst dass ich Montag 4 Oct. von Berlin abreiste. Ich habe in[b] Hannover, Bielfeld und Cölln geschlafen.[1] Du hast gewiss meinen Brief aus Horchheim erhalten. Das Wetter ist seit der Sonnenfins-

---

[a] Paris | zu nehmen *streicht Hrsg.* | Ich *H*

[b] (1) ohne (2) in *H*

terniss die wir nicht gesehen, sehr heiter u. schön geworden, hier ist [es] ganz sommerlich. In Bonn auf dem Rükwege von Horchheim nach Cölln habe ich bei Bethmann-Holweg gegessen. Mama ist pétulant[e] geistreich und gesprächig, die Tochter viel hüpscher und stärker als vor der Entfaltung, aber tot und untheilnehmend, vielleicht nur scheinbar, weil Mama ungern das Wort lässt. Den alten Arendt habe ich auch zum ersten Male gesehen, er uralt wie ich und von sehr poetischer Natur, doch scharf und roh. Er fragt, warum Gott Ungeziefer und Pohlen geschaffen. Von Cölln mit der Eisenbahn nach Aachen wo der Oberpostdirector zur Hosen, ein Verehrer des armen Bülow, mich mit seiner Geschwäzigkeit getötet. Grosses Diner, all[e] Behörden und leider auch Reden nebst rauchenden Oefen. Dienstags 12t[en] morgens 9U weg von Aachen mit der Eisenbahn bis Paris, ohngefähr 18 Stunden Zeit. Ich fand zu meinem grossen Erstaunen die Grossherzogin von Strelitz in Aachen auf der Eisenbahn, die einen Ausflug nach Brüssel machte, auch Deines Vaters zärtliche, jezt quittengelbe, praetensionsvolle Freundinn, Prinzess Bagration-Metternich. Wir blieben 2 Stunden in Brüssel. Die Nacht war schön und warm. Visitirt bin ich nirgends geworden, mehr Kraft unseres Namens, als Kraft der Empfehlungen. Ich ging gleich frühstücken im Café de Foy, dann zu Arago den ich sehr genesen gefunden und täglich zwei Mal besuche, dann in die Gesandschaft où l'homme aux moustaches, auf den hier alles schimpft, nicht zu Hause fand; erst um 8 Uhr habe ich im Palais Royal zu Mittag gegessen, nach meiner alten Sitte. Ich bewohne wie immer das kleine Hôtel de Londres Rue des Petits Augustins, schlafe bloss dort und arbeite auf dem Institut in den Zimmern des Conseiller d'Etat Mignet des Spanischen Geschichts[s]chreibers. Ich habe heute am 2ten Tage gefühlt, was es heisst 23 Jahre einst an einem Orte gewohnt zu haben. Mir ist als hätte ich Paris nie verlassen, ich kenne jeden Stein, dazu lebe ich seit 1827 von wo an ich nur ruckweise hier bin, immer in denselben Zimmern, in denselben Meublen. Das Leben ist hier so freundlich leicht und unbeschreiblich unabhängig, wenn man lange in Berlin, das Adresscomptoir der Welt gewesen ist. Heute morgen habe ich bei Guizot gefrühstückt, wo die uralte Mutter einen liebenswürdigen Eindruck macht. Auch zwei Töchter (14–15 Jahre) und ein Knabe sind recht angenehm. Ich wollte den Abend nach S[ain]t Cloud, aber Guizot hat mir abgerathen, da wegen des Todes eines Kindes des Duc de Guise-Aumale, die königliche Familie 2–3 Tage zurükgezogen lebt. So viel um Euch, Ihr Lieben, über meine Gesundheit zu beruhigen. Nie hat eine Reise mich so wenig angegriffen: ich habe diese Nacht nicht länger, als gewöhnlich geschlafen. Der Schwiegersohn der Sagan, C[om]te de Castellane stirbt in Rochecotte.[2] Du weisst dass die kleine Frau ihn zärtlichst liebt. Mr[a] Moustache feiert den morgigen Geburtstag mit ökonomischer Sentimentalität. Der gräfliche Vetter sah an dem Tage gewöhnlich nur die französischen Minister und keinen Deutschen, Mr Moustache scheut den Luxus, er speiset bloss Deutsche Freunde. Zwei Mal jeden Tag giebt es dort singende Betstunde und zwar muckert man erst mit den Frauen, dann mit dem männlichen Gesinde! Graf Pourtal[è]s war noch nicht in Bonn: er soll hier sein und holt Frau und Infantin (die, als in Bonn geboren, Bona! getauft wird) ab um sie gleich nach Berlin zu führen. Dies, Ihr Lieben, ist mein erstes Bulletin. Ich sehne mich nach Nachrichten über den armen Bernhard, Eure Meklenb[urgische] Reise und die lieben Erfurter.
Mit inniger Liebe Dein

AlHt

Ob Du wirst lesen können!!

---

[a] liebt. | <------> *streicht B* | Mr *H*

Ich habe von Prinzess v. Preussen einen wirklich rührenden Brief über Dich und [sie selbst][a] aus Weimar (1 Oct.) gehabt. Sie vergleicht die leztverflossen[en] Jahre mit denen die ihr bevorstehen. Sie ist auch nicht verstanden im elterlichen Hause.
Du kannst versichert sein, meine Liebe, dass bei der Rückkehr Ende Dec. od. Anf[ang] Januar[3] ich schlafe u. nicht Nachts reisen werde. Grüsse Rauch und H. Rose.

1 Humboldts letzte Parisreise vom 4. 10. 1847 bis 16. 1. 1848.
2 Henri de Castellane, Ehemann von Pauline von Talleyrand-Périgord, Tochter der Herzogin von Sagan, starb am 16. 10. 1847 im Schloss von Rochecotte.
3 Vgl. den Brief vom 10. 11. 1847, Anm. 6.

177 Alexander von Humboldt an Gabriele von Bülow
Paris, 10.11.1847

H: DLA/SNM, Marbach, 62.2137

Paris den 10ten November 1847

Ich kann Dir nicht lebhaft genug ausdrücken meine theure Gabriele, welche Freude Du durch Deinen schönen Brief aus Meklenburg[1] erregt hast. Die Freude wurde von der edlen Herzogin von Orléans sinnig getheilt. Ich konnte es nicht über mich gewinnen, so einen Brief zu verbergen und las der Herzoginn einige [sie][b] betreffende Stellen vor. Du musst mir schon verzeihen, aber die Rührung die der Brief, die Erinnerung an das kleine Zimmer und die Aussicht in den klösterlichen Garten bei der zum Mitgefühl und eigenem Schmerz noch immer so geneigten Frau hervorbrachte, war unbeschreiblich. Sie erinnert sich vollkommen und freudig des Tages wo [sie][c] Dich sahe. Sie hat mir aufgetragen Dir innigst zu danken. Sie war so voll des Eindruckes den das Vorlesen einiger Stellen des so sinnig, die Localität darstellenden Briefes, ihr gemacht, dass in S[ain]t Cloud Mad[ame] Adélaïde mir noch davon gesprochen hat. Il y a pour des âmes sensibles de grandes joyes dans la douleur.[2] Du zürnest mir gewiss nicht. Man rühmt sich so gern der Seinigen! Meine Gesundheit und Thätigkeit erhalten sich vortreflich, troz des sehr mundänen Lebens. Die Herzogin ist angekommen, toute rayonnante, wie immer und mit zärtlichen Erinnerungen an Dich und die Unsrigen. Sie hat die tiefbewegte Tochter in den ersten Tagen nicht gefunden, da diese mit der Leiche von Rochecotte in das Gebirge der Auvergne, wo Castellane ein Schloss gebauet, gereiset war.[3] Sie ist gestern erst angekommen. Die Herzogin ist am Hofe und in der Gesellschaft sehr angenehm aufgenommen worden, aber[d] es giebt viele Geldanfechtungen |2| ihrer eigenen Söhne, denen sie listig zu widerstehen weiss. Sie will den 22st[en] schon den planetarischen Rüklauf antreten. Den engl[ischen] Astronomen M. Airy fragte ich in Sanssouci What do you think of the french Peerage. They murder and rob[e].[4] Es geht noch immer so fort. Der unbegreifliche

a Sie Selbst *H ändert Hrsg.*
b Sie *H ändert Hrsg.*
c Sie *H ändert Hrsg.*
d worden, | < – – – – – – > *streicht B* | aber *H*
e (1) and steal (2) and rub *H ändert Hrsg.*

Selbstmord von Bresson war nicht wie ihn die Zeitungen melden[a]. Er wurde nicht entleibt im Bette gefunden sondern nachdem er noch denselben Abend in der Oper gewesen und die ganze Gesellschaft von Neapel bei sich empfangen, schien er der Frau in einem immer zunehmender exaltirten Zustande. Sie wollte nicht zu Bette gehen, weil sie ihn die ganze Nacht in seinem Zimmer hin und her spaziren hörte. Sie war voller Angst. Um halb 6 Uhr morgens hörte sie einen Fall, die Unglükliche eilte ins Zimmer und fand den Mann an der Erde bewusstlos. Er hatte vor dem Spiegel sich mit dem Rasirmesser den Hals abgeschnitten. Schon in der vorigen Woche hatte Guizot Verdacht aus einer Depeche von Bresson geschöpft. Er war allerdings violent von Character, in Madrid konnte es eher Ursach zu solcher Unthat geben, aber in Neapel! ... Die Geschichte eines anderen Pair de France, le Comte Mortier Ambassadeur von Turin, hier auf Urlaub, ist grausig dramatischer. Er wollte seine beiden Kinder und dann sich umbringen. Er hatte sich verbarricadirt, eingesperrt; kündigte was er thun wollte, das offene Barbirmesser in der Hand, durch die verschlossene Thüre an, vor der seine Frau, der alte Kanzler Duc Pasquier und der Polizeiprefect Delessert standen. Das dauerte 3 Stunden! Die Kinder hörte man winseln, das Messer abwehren. Als man endlich wagte einzudringen, dauerte der Kampf noch 3/4 St[unde] ehe man die Kinder retten und den Vater in eine Maison de Santé bringen konnte. Schon vor einem Monat hatte er (in[b] einem Besuch bei dem Schwiegervater in Bruges) |3| die sehr anständige, tugendhafte Frau erdrosseln wollen. Ein Bedienter rettete die Frau die seitdem auf Scheidung und Herausgabe der Kinder drang. Die hi[e]sige Gesellschaft ist natürlich von diesen blutig unheimlichen Vorfällen, mehr als von den traurigen Schweizer Angelegenheiten afficirt. Mit Arnim lebe ich sehr friedlich, so bizarr und gesellschaftlich unangenehm er auch ist. Ich hoffe, meine Theure, dass mein Cosmos[5] in Deinen u. Hedemanns Händen ist. Wilhelms Briefe habe ich leider noch nicht erhalten. Ich bleibe noch immer bei dem Entschluss Ende Dec. od. Anfang Januar Euch zu umarmen.[6] Meine zärtlichsten Grüsse an alle die Lieben bei Dir, und bei Loëns und in Erfurt.
Unverbrüchlich
Dein

AlHt.

1 Vermutlich das Gut Düssin, das Bernhard von seinem Onkel Carl von Bülow geerbt hatte.

2 Frz.: Es gibt große Freuden im Schmerz für empfindliche Seelen.

3 Vgl. den Brief vom 3.3.1847, Anm. 2.

4 1847 wurde Paris durch Skandale erschüttert, in die auch Mitglieder des Chambre des pairs verwickelt waren. So hat der Herzog von Praslin, als seine Frau sich wegen Ehebruchs von ihm trennen wollte, diese und später, um einem Prozess zu entgehen, sich selbst getötet. Ein anderer Fall war der sogenannte Teste-Cubières-Skandal, bei dem es um Bestechungen in Zusammenhang mit der Lizenzerteilung für eine Salzmine ging. Ich danke U. Päßler für diesen Hinweis.

5 Der 2. Band des „Kosmos" war erschienen. Vgl. Humboldt an Cotta, 28.11.1847, den er bittet, Freiexemplare nach Berlin zu senden (Humboldt 2009, 327).

6 Humboldt verließ Paris am 12.1. und erreichte Berlin am 16.1.1848.

a Zeitungen | ihn *streicht Hrsg.* | melden *H*

b (1) bei (2) in *H*

178 Alexander von Humboldt an Gabriele von Bülow Paris, 19.11.1847

H: DLA/SNM, Marbach, 62.2137

Dank, tausend Dank, theure Freundin, für Deinen herrlichen Brief für so viel schönes [das][a] er über Dich, die lieben Deinigen und die Briefe „von Taubenheim"[1] enthielt die mir da sie erschienen sind, einen so grossen moralischen Effect machen. Wenn ich mich herzlich freue über die Zufriedenheit Deiner jezigen Lage, der stillen Ruhe die Du geniessest, so bin ich dagegen ganz traurig über das sonderbare Ausbleiben meines übrigens ganz harmlosen Briefe[s]. Mein lezter enthielt den herzlichen Dank der Herzogin von Orléans für die innige Freude die ich [ihr][b] durch Vorlesen einiger Stellen Deines liebenswürdigen Briefes über Ludwigslust erregt habe. Ich hoffe dass jezt m[ei]n Brief längst in Deinen Händen ist. Unter den Dahingeschiedenen hat mich Dieffenbachs Tod[2] am meisten erschüttert. Er war mir ein lieber, genialer, heiterer Freund. Ich rechnete darauf bequem unter ihm |2| zu sterben. Wie die Vorsehung alles anders verfügt. Und welch ein Verlust für die Stadt. Man müsste doch einen grossen Namen aus der Ferne berufen. Schreibe mir doch ja über die Vermögensumstände die mich sehr besorgt machen. Die Herzogin v. Sagan bringt Dir diese flüchtigen Zeilen der Liebe. Sie hat hier wieder die liebenswürdigsten Eindrücke gelassen. Meine Gesundheit ist vortreflich. Herzliche Grüsse den lieben Kindern, Loëns und besonders auch an Hugo dessen Ankunft gewiss Freude verbreitet. Die arme Mathilde, wenn es nur kein ernstes Uebel ist. Dieffenbach mahnt mich mit Rührung an Wilhelms lezte Tage. Aehnliche Rührung habe ich neulich bei Guizot während des Frühstüks erfahren. Ich erkannte auf einmal wer neben mir saass. Es war Bellinet des armen Bülow Arzt, der Bresson noch in den lezten Tagen in Neapel gesehen und im Aeusseren ganz zerstöhrt fand. Bellinet ging hier durch nach London, er schien mir in diplomatischen!! Verbindungen mit Französische[n] Gesandschaften zu stehen. Er sprach mit grosser Dankbarkeit von Euch!
Dein

AHt

Paris den 19 Nov. 1847

[1] Vermutlich eine Anspielung auf Charlotte Diede und die Ausgabe der Briefe Wilhelm von Humboldts an Charlotte Diede (Humboldt, W. v. 1847, siehe den Brief vom 20.7.1846, Anm. 5). Vgl. den Brief Nr. 239, Anm. 12.

[2] Am 11.11.1847.

[a] als *H ändert Hrsg.*

[b] Ihr *H ändert Hrsg.*

179 Alexander von Humboldt an Gabriele von Bülow
Paris, 14.12.1847

H: DLA/SNM, Marbach, 62.2137

Paris, den 14 Dec. 1847.

Ich bin sehr zu tadeln, meine theure Gabriele, dass ich so unverschämt lange einen unendlich liebenswürdigen Brief von Dir (vom 23 Nov.) bis jezt unbeantwortet gelassen habe. Mein hiesiges Leben ist allerdings sehr zerrissen und der Wunsch meinen Berichten an den König[1] die durch Canitz's Hände natürlich gehen, etwas Körper zu geben, macht die zeitraubendste Aufopferung gesellschaftlicher Zerstreuung nothwendig. Die leidige Wichtigkeit die man dem elenden kleinen Lande „des Bonnes" gegeben, der mögliche Sturz Guizot's den man durch diese jezt lächerlich gewordenen Verhältnisse vielleicht herbeiführt, die List mit der Palmerston sich hindernd benimmt, S[ain]t Cloud und die vortrefliche Herzogin v. Orléans die mich in der Entfernung alle Woche[n] zu sehen wünscht – mögen mir zur Entschuldigung dienen. Dazu muss ich den Hauptzweck meiner Reise Materialien für den 3ten Theil des Kosmos zu sammeln und alle Manuscripte die ich dazu mitgebracht mit Arago Zeile für Zeile zu discutiren, nicht aus dem Auge verlieren. Glücklicherweise ist meine Gesundheit eisenfest, bisher ohne Grippe, ja selbst ohne Spur des gewöhnlichsten Schnupfens geblieben. Ich bin ununterbrochen, heute zum 62ten Male um halb neun Uhr morgens bei Arago auf dem Observatorium gewesen. Vom König habe ich noch vor wenigen Tagen einen 4 Seiten langen, unnennbar zärtlichen Brief über politische Angelegenheiten gehabt. „Wie bin ich[“], fängt er an, [„]theuerster, verehrtester Freund, in Ihrer Schuld. Ich verdanke Ihnen von Neuem eine Folge unvergleichlicher Briefe, unschäzbare Denkmale Ihres Geistes, Ihres Ernstes und Ihrer heiteren Laune. Ich rechne auf Ihre Nachsicht. Mögen Sie meine sehnlichste Hofnung Sie in 4–6 Wochen[“] (der Brief war vom 2ten) [„]wiederzusehen erfüllen können." Ich denke allerdings den 15ten Januar |2| hier abzureisen aber meine Gesundheit zu schonen und mehrmals auf dem Wege zu schlafen. Der Brief voll Zärtlichkeit für Guizot, ja selbst für Louis Philippe bezeugte übrigens die grösste wehmüthigste! Aufregung über die Schweizer Angelegenheiten[2]. Er enthielt einen sehr schönen Ausdruk über den Tod des Felix [Mendelssohn] „mit dem ein Meer Menschen bessernder Tongedanken versiegt."[3] Wie eine Einmischung in die Schweizer Angelegenheiten übrigens wirken kann sehe ich bisher nicht ein. Nun zuerst von der vortreflichen Mad[ame] du Ruisseau! Ich möchte nichts versäumen, so gern etwas versuchen, obgleich ich gar keine Hofnung zu irgend einem Effect habe. Mad[ame] Adélaïde u. die Herzoginn sind mir verschlossene Wege, dazu ist einmal ein Brief von mir an den König um Bonpland die Pension nachzahlen zu lassen, für die Zeit in der Bonpland gefangen war, ohne Antwort geblieben.[4] On n'écoute pas de cette oreille[5] – und eine Pension für das Ausland. Aber ich wiederhole, ich will selbst ohne Glauben die Sache nicht liegen lassen nur in diesem Zustande wie der Brief mir geschikt ist, ohne eine Spur historischer Bezeichnung, ohne Angabe eines Jahres, Bezeichnung des Amtes des Mannes dem Briefe beigelegt, wird mich jeder anlächeln dem ich den Brief übergebe. Er enthält die blossen Worte: „Veuve d'un ancien militaire[6]." Könnte die Tochter nicht mit leserlicher Hand eine Note beilegen welche die Mama unterschreibt anfügend: Mad[ame] Du Ruisseau est la veuve d'un ancien militaire qui en – – a été Commandant[7] .... Die histor[ische] Note lege ich dann dem Briefe bei, auch das Alter der Mutter muss genannt sein. Meine mündlichen Erklärungen verfliegen. Der armen Sagan ist ja die Reise schlecht bekommen. Sie ist wieder unwohl. Was man gern verheimlichen möchte, die Verbindung mit Oberschlesien, ist hier nur zu bekannt und hat Kälte erregt nicht bei Madame Adélaïde aber bei der Herzogin von Orléans die strenger ist.[8] Ich freue mich unendlich der herrlichen Nachrichten von |3| der liebenswürdigen Familie in Potsdam und von Ottmachau. Wilhelmchen wird nun doch wohl auch zurük sein! Möge der Pohlenprozess nur unblutig endigen. Ich habe sehr pathetisch darüber an den König geschrieben.[9] Sollte der theure Leopold von der schwierigen Besezung von Dieffenbachs Stelle sprechen hören, so bitte ich ihn ja zu verbreiten dass ich jeden Wunsch einer Einmischung von meiner Seite zurükgewiesen habe. Herzliche Grüsse nach Erfurt. Ich umarme die Lieben in Deinem Hause und nahe der Post!!

AlHumboldt

Ich bin recht ängstlich wegen meines kleinen Carl der wegen eines Fussübels noch immer im Clinicum ist.[10] Meines Bruders Briefe[11] werden hier von allen die Deutsch wissen mit grossem Enthusiasmus gelesen. Sie haben seinen liebenswürdigen Charakter sehr viel höher gestellt. Die Herzogin von Orléans und Mad[ame] James Rothschild, eine sehr fein fühlende Frau, verkündigen überall den Ruhm. Nun wird man mir wohl in Erfurt verzeihen. Cotta schreibt dass vom Cosmos (2ter Theil) schon 10,000 Exemplare abgesezt sind.[12]
Seifert ist ehrerbietigst dankbar und cannibalisch wohl, doch ohne Passion für Paris ob er gleich franz[ösisch] spricht.

1 Siehe Humboldt an Friedrich Wilhelm IV., 24.11.1847 und 11.12.1847, in Humboldt 2013, 370–374.

2 Die Doppelrolle Neuchâtels (Neuenburg) als Kanton in der Schweizer Eidgenossenschaft unter der Hoheit des preußischen Königs führte zu politischen Spannungen. Im Sonderbundskrieg blieb Neuchâtel zwar neutral, aber am 1.3.1848 rebellierte die Neuenburger Bevölkerung unter der Führung von Republikanern. Daraufhin dankte die Regierung unter Ernst von Pfuel ab.

3 Der Brief Friedrich Wilhelms IV. ist nicht überliefert, siehe jedoch Humboldts Antwort vom 11.12.1847 (Humboldt 2013, 372–373).

4 Humboldt hatte sich 1833 an den französischen König gewandt, um die Weiterzahlung der jährlichen Pension, deren Zahlung Bonpland bei seiner Abreise nach Argentinien 1816 zugesagt worden, aber durch dessen Gefangennahme während der jahrelangen Verbannung in Paraguay nicht gezahlt worden war, zu erbitten. „J'ai osé écrire aujourd'hui même au roi [...] Daignez, je Vous supplie", schrieb Humboldt am 2.11.1831 an Guizot, „m'acorder votre protection dans cette affaire [...] Ma lettre à Sa Majesté restera sans effet, si vous ne trouvez pas occasion de nous aider. La pension de trois mille francs de M. Bonpland se fonde sur la cession que j ai faite au Jardin des Plantes d'un herbier de mon voyage [...] La chose cédée existe matériellement, et le prison seule a interrompu las payements." (Bruhns 1872, II, 80–81.) Siehe auch Schneppen 2002, 24. Ich danke U. Päßler für diese Hinweise.

5 Frz.: Man hört nicht auf diesem Ohr.

6 Frz.: Witwe eines dienstälteren Militärs.

7 Frz.: Madame du Ruisseau ist die Witwe eines dienstälteren Militärs der in ... Kommandant gewesen ist ...

8 Vermutlich ihre Verbindung mit Lichnowsky, der Grundbesitz in Oberschlesien besaß.

9 „Sie haben Musse gefunden in einer Zeitepoche, in der ihr edeles Gemüth durch Besorgnisse für das muthige und bedrohte Neuchâtel und durch den traurigen Pohlenprozess beklommen ist, mich durch die schönsten und freiesten Ergiessungen Ihres Herzens zu erfreuen. Hätte ich das Glück in Ihrer belebenden Nähe zu sein, ich würde mich zu Ihren Füssen werfen und flehen, dass kein Blut fliesse nach dem grossen Urtheilsspruche." (Humboldt an Friedrich Wilhelm IV., 11.12.1847, in Humboldt 2013, 372.)

10 „Einem unglüklichen jungen Bedienten, der unvorsichtig in Sansoucci vom Wagen gesprungen war, musste nach 16monatlichem Leiden und bester Behandlung in einem Clinicum der Fuss abgenommen werden und in diesen Tagen starb er, nicht als Folge der Operation, sondern an Tuberclen in der Lunge!" (Humboldt an J. G. von Cotta, 29.4.1849, in Humboldt 2009, 381.)

11 Humboldt, W. v. 1847, siehe den Brief vom 20.7.1846, Anm. 5.

12 „Der Commissionair der J. G. Cotta'schen B[uchhandlung] kann nicht Worte finden, ihr den Sturm zu schildern, den sein Haus zu bestehen hatte, als dieser 2te Bd. bei ihm ankam. Er mußte sich recht eigentlich gegen das Andrängen der Nachfragenden und Abholenden in Vertheidigungs Stand sezen um nicht beraubt zu werden, und die Abgabe der Pakete in Ordnung zu vollbringen, und so geschah es, daß Pakete die nach Petersburg bestimmt waren, oder nach London geradezu geplündert wurden (ohne daß man es hindern konnte) um sie nach Wien oder nach Hamburg zu schicken, oder umgekehrt. Es wurden wirkliche Schlachten geschlagen um in den Besiz dieses Werkes zu kommen, sich denselben abzuringen, ja es hat selbst an Bestechungs Versuchen nicht gefehlt um zu bewirken, daß dieser oder jener die Priorität erziele. [...] Wie sie mich nach oberflächlicher Zusammenstellung, auf meine desfalsige Nachfrage berichtet, sollen die theils fest, theils auf das Winterlager gemachten Bestellungen sich der Summe von 10,000 nähern. Es ist dieß also ein Erfolg wie er in Deutschland zu den seltensten gehört." (G. von Cotta an Humboldt, 3.12.1847, in Humboldt 2009, 329.)

180 Alexander von Humboldt an Gabriele von Bülow
Paris, 26.12.1847

H: DLA/SNM, Marbach, 62.2137

Paris den 26 Dec. 1847.

Meine liebe, theure Gabriele! Es ist mehr denn zwei Uhr Nachts: ich habe eben eine weitläuftige Depeche, unmittelbar an den König gerichtet[1] vollendet, die nicht unter die Augen von Canitz kommt. Du wirst also schon Mitleid mit mir haben und nicht auf Onkel Kosmos zürnen, wenn er nur wenige Zeilen schreiben kann. Es ist eine wilde Zeit. Radowitz u. Coloredo's Ankunft und ihre Wuth alles sehen zu wollen, die Rückunft der Kön[iglichen] Familie in den Tuilerien, die Eröfnung der Kamern den 28 Dec., dann die grosse Cour des Neu Jahrsfestes. Meine Gesundheit ist eisern fest, ohne Grippe, ja wunderbar genug in fast 3 Monathen selbst ohne Schnupfen. Das Thermometer ist hier noch immer 8–10° über dem Gefrierpunkt. Ich habe kurz hinter einander zwei schwärmerisch lobende u. zärtliche Briefe vom König gehabt,[2] auch ein sehr liebenswürdiges Briefchen von der Königin,[3] voll der zärtlichsten, rührendsten Erinnerungen an Deinen Vater, wie ein Hauch des erneuerten Lebens nach der Grabesruhe. Die Königinn ist tief versunken in die Briefe, eben so hier die Herzogin von Orleans![4] Es ist doch schön solche Eindrücke zu hinterlassen – und wenn alles dies der Welt entzogen wäre. Ich denke bestimmt wenn kein politisches Hinderniss dazwischen kommt, den 14 Januar abzureisen, aber viel auf dem Wege zu schlafen.[5] Ich bin traurig über die Nicht Genesung des kleinen Carl. Er soll noch immer gleich leidend sein.[6] Herzliche Umarmung und Grüsse im Hause, bei Loëns, an Wilhelm und in Erfurt. Mit innigster Liebe Dein

AlHumboldt

Des Königs v. Frankreich Unwohlsein war unbedeutender Schnupfen. Ein junger Mann Carl v. Gagern der behauptet dass seine Mutter in Potsdam sei, das[s] er Schwager von dem Japanesischen Siebold sei, hat von mir 50 r. erborgt die ich, ohne ihn zu sehen, gern gegeben. Er war so grob sich nicht einmal zu bedanken und ist jezt in Bayonne an der spanischen Grenze wegen Unregelmässigkeit des Passes angehalten. Loën wird mir einst sagen was dies für ein Subject ist. Ich gab das Geld das ich nicht wieder haben will, des Namens wegen.
Ich bitte Euch Ihr Lieben den Tag meiner Rükkunft bald vor oder bald nach dem Ordensfeste zu verheimlichen.

1 Humboldt an Friedrich Wilhelm IV., 26.12.1847 (Humboldt 2013, 374–375).
2 Beide Briefe sind nicht bekannt. Vom ersten ist nur das Zitat im vorigen Brief überliefert, und vom zweiten Humboldts Antwort an den König: „Ew. Königliche Majestät haben mich wieder, unter dem 16ten December, mit einem huldreichen, unendlich liebenswürdigen Briefe beglükt. Er enthielt die edeln Worte: ‚Blut ist das Vorrecht der Revoluzion'", schrieb Humboldt an Friedrich Wilhelm IV. am 26.12.1847 (Humboldt 2013, 374).
3 Nicht überliefert.
4 Humboldt, W. v. 1847, siehe den Brief vom 20.7.1846, Anm. 5.
5 Humboldt verließ Paris am 12.1.1848.
6 Siehe den Brief vom 14.12.1847, Anm. 10.

181 Alexander von Humboldt an Gabriele von Bülow
o. O., 17.1.1848

H: DLA/SNM, Marbach, 62.2137

Wie sehr hat mich, theures Gabrielchen Dein herzlicher Brief erfreuet, den ich hier vorfand. Ich erkenne mit Dank dass Du nicht zürnest über mein Durcheilen durch Potsdam.[1] Ich bin ohne alle Ermüdung, ja ohne alle fatigue gestern Abend hier angekommen. Ich hatte so viel Pelzwerk dass ich eher von der Wärme gelitten. König und Königin habe ich heute morgen gesehen auch Prinzess v. Pr[eussen]. Es war unendliche Freundlichkeit. Philipsborn fand ich recht leidend, doch besser[.] Du mögest ihm bald eine Rechnung der Bank und Seehandlung schicken. Heute abend bin ich bei Canitz en grande Soirée. Ich esse nicht beim König, weil er mit den Ausschüssen allein speist. Morgen ist Ordens Capitel[2] mit Samtmäntelchen!! Ich beschwöre Dich nicht Mittwoch herein zu kommen. Es ist viel hüpscher mit den herrlichen Loëns Donnerstag bei Dir um zwei Uhr zu essen. Ich hoffe es soll mich Donnerstags nicht abhalten. Ich wähle nicht Mittwoch um von dem Ordenscapitel auszuruhen. Ich umarme die Kinder und bringe hüpsche Geschenke[3] für alle auch für Bernardchen.
Mit innigster Liebe
Dein

AlHumboldt

Montag um 4 Uhr 1848 d[en] 17ten Januar.[a]

a d. 17ten Januar. *ergänzt B*

[1] Humboldts Rückreise von Paris (Abreise am 12.1.) nach Berlin (Ankunft 16.1.1848).
[2] Tag der Verleihungen des Schwarzen Adlerordens im Berliner Schloss.
[3] Siehe den folgenden Brief.

182 Alexander von Humboldt an Gabriele von Bülow
o. O., 19.1.1848

H: DLA/SNM, Marbach, 62.2137

Es soll mich nichts hindern, meine Liebe, mit meinen Geschenken morgen Donnerstags zu erscheinen. Ich bringe ein Microscop für Bernardchen, drei seidene Ballkleider und ein bonnet à pluye d'or[1] sehr zierlich. Ich werde mit Dir allein „Capitel" halten, wie dies vertheilt werden muss. Das bonnet wohl der Schönsten, Constanze? Ich gehe morgen hier mit dem Zuge von 12 Uhr ab und kehre um 5 Uhr zurük. Welche Freude Euch alle wiederzusehen.

AHt

Mittwoch früh d. 19ten Januar 1848.[a]

[1] Frz.: Regenkappe aus Gold.

183 Alexander von Humboldt an Gabriele von Bülow
Sanssouci, o. D., [vermutlich nach 20.1.1848]

H: DLA/SNM, Marbach, 62.2137

Sanssouci, Montags

Nur 3 Worte meine Liebe. Babel verlangt einen anstrengend quälenden Hofdienst. Mit Mühe rettet man sich den Abend, wenn der Mittag genommen ist. Nous allons causer des affaires publiques: nous n'avons point encore traité les Universités, la Grèce, l'Espagne, ce qui arrive à la mort du Roi de Danemarck, le mariage en Suède[1] ... Ich hoffe gewiss Mittwoch zu Euch zu kommen, da das Kreuz hier nicht gepredigt wird. Ich lade heute Schönlein ein, werde aber vielleicht (wenn er annimmt, was ich bezweifle) nicht Zeit haben Dir vorher zu schreiben. Herzliche Grüsse an alle. Gestern aass ich mit allen Radziwills und Bairuth[2] in Babel. Et le chèr Guillaume ne revient pas? Comment vont les études?[3] Die Flamme lodert noch, aber brennt sehr schwach, bläulich.

AlHumboldt

Seiffert kommt mit mir nach Berlin wenn Du etwas zu befehlen hättest!

---

[a] d. 19ten Januar 1848. *ergänzt B*

[1] Frz.: Wir werden über öffentliche Angelegenheiten plaudern: wir haben noch nicht behandelt die Universitäten, Griechenland, Spanien, was passiert nach dem Tod des Königs von Dänemark, die Hochzeit in Schweden …
Christian VIII., König von Dänemark, Herzog von Schleswig und Holstein, war am 20.1.1848 verstorben. Daher die Datierung. Prinzessin Luise von Oranien-Nassau (Enkelin von Friedrich Wilhelm III.) war seit 1846 mit dem zukünftigen Karl XV. von Schweden verlobt, den sie am 19.6.1850 heiratete. Siehe den Brief vom 25.9.1846, Anm. 1.

[2] Vermutlich Konsul Schultz, der in Berlin weilte.

[3] Frz.: Und der liebe Wilhelm kommt nicht zurück? Wie gehen die Studien voran?

184 Alexander von Humboldt an Gabriele von Bülow
Berlin, 21.1.1848

H: DLA/SNM, Marbach, 62.2137

Ich habe mühevolle Sorgfalt genug auf den wie Du weisst, meine Theure, so documentlos luftigen Brief der vortreflichen Mad[ame] du Ruisseau, gewandt, dass ich kaum begreiffe wie ich Dir nicht davon gesprochen. Zürne mir deshalb nicht. Kaum mit Wilhelm den ich ernster, mit seiner Zukunft beschäftigter finde, auf die Eisenbahn angekommen, fiel mir die Sache schwer auf das Herz. Den Brief unmittelbar in die Hände des Königs zu bringen, würde selbst ohne alle Folgen geblieben sein. Baron Reden und Reumond haben seit 14 Monathen keine Antwort auf Briefe mit prächtig gebundenen, durch Guizot dem König überreichten Bücher erhalten. Ich habe bei Guizot deshalb beim Weggehen gelärmt. Von der Herzogin habe ich endlich das Versprechen erhalten sich des Du Ruisseauschen Briefes selbst anzunehmen. Es machte ihr einen Eindruck dass Du, meine Liebe, den Erfolg wünschtest. Da an eine Pension in einer aus der Restauration herstammenden Documentlosen Sache nicht zu denken ist, so habe ich den Brief[1] mit dringenden Zeilen begleitend, die Herzogin gebeten, auf Wiederholung von Geschenken zu dringen. Der guten Alten Brief ist mit Commentar der Tochter und mit |2| meinem Briefe seit dem Tode von Mad[ame] Adélaïde[2] in den Händen der Herzogin. Ogni speranza non c'è vana.[3] Sage von dem Allen nur das Angenehme der guten Tochter! Ich war schon heute früh bei Ehrenberg und hoffe bald Bernardchen die Freude zu machen hüpsche Präparate für das Microscop zu senden.[4] Ich bin sehr wohl zu Hause [an-]gekommen und fand in der Eisenbahn den freigesinnten vortreflichen Oberbürgermeister Frank aus Magdeburg. Heute ist bei Rother grosses Adler-Diner. Zahllose Quälereien von Pensionen gehen ein z. B. La Baronne Fouqué mit den spanischen Kindern … Weisst Du etwa ob wegen Kniehaase Hedemann nicht mit Gr[af] Keller gesprochen[a] … Es ist wieder ein Hofjäger angestellt und nicht Kniehaase!!
Mit inniger Zärtlichkeit
Dein

AHt

B[erlin] Freitags in Eile! d. 21sten Januar 1848.[b]

[a] Keller | gesprochen *streicht Hrsg.* | gesprochen *H*

[b] d. 21sten Januar 1848. *ergänzt B*

1 Siehe den Brief vom 14.12.1947.
2 Adélaïde von Orléans war am 31.12.1847 verstorben.
3 Ital.: Alle Hoffnung ist nicht umsonst.
4 Siehe den Brief vom 4.2.1848, Anm. 5.

185 Alexander von Humboldt an Gabriele von Bülow
o. O., 30.1.1848

H: DLA/SNM, Marbach, 62.2137

Wir sind beide, theure Gabriele, so angefroren, dass in dieser unglüklichen, mich entmuthigenden Kälte ich nicht wage zu kommen, sondern Euch nur dies kleine Lebenszeichen schriftlich gebe. Ich halte mich so viel der König, Babel und die unglükliche Anwesenheit des musikalischen Coburgs es erlaubt zu Hause, bin auch keinesweges unwohl, aber doch, von der Kälte, die ich nicht empfinde, erschrekt. Ein Briefchen von Mathilden aus Ottmachau spricht von –22°. Hermann sei bei Freunden in der Nähe von Dresden und würde uns vielleicht besuchen, eine Mythe an die ich gar nicht glaube. Dass Ihr alle heiter, ja nächtlich tanzend seid weiss ich von Schöning und seinen beiden, Dir so dankbaren Töchtern. Ich sah sie gestern Abend in dem humoristischen Schauspiel der Officire. Ein Fouquéscher gottesfürchtig predigender grosse[r] Kurfürst, ist troz des würdigen, vortreflichen Spiels von Lepel langweilig und tugendhaft zugleich dagegen hat der etwas gedehnte „Rekrut und Jesuit" in den höchsten Sphären brüllenden Applaus gefunden.[1] Die Königinn war nicht gekommen und |2| der Coburger nachdem er 2 St[unden] in der Singakademie schon Vorlesungen beigewohnt und 4 St[unden] in „Rathenow und Rixdorf" durch Fouqué und Herrn von Hülsen amüsirt worden war, musste von 11 Uhr an erst eine von Westmoreland componirte Messe anhören. C'est aussi qu'on s'amuse.[2] Heute Abend soll bei der Liegnitz die Rossi singen. In der Soireé zu Babel glaubt man dem Duca Maestro eine grosse Freude durch den Gesang der Garcia zu bereiten. Der Tyrann war aber böser Laune über den geringen Beifall den seine Oper gefunden aus der er eben kam. Er behauptete man habe sie schlecht gegeben und während die García sang, vertiefte er sich im äussersten Raume des Saals mit dem geistreichen Waldemar im Kupferwerke. Die Herzogin ist höflicher, aber unbedeutend. Schleinitz culminirt, Eichhorn behauptet aber „er habe keine Tiefe."!! Ob ich das wiedererzähle? Von Wilhelmchen, dem gefallenen Engel, weiss ich nichts. Ich hoffe dass er nicht etwa unwohl sei. Bei der ersten Spur von Thauwetter erscheine ich bei Dir, schreibe es aber vorher. Von der Cour bei der Königin ist keine Rede mehr, so wenig als von einer Oberhofmeisterin: dagegen lobt Mathilde die Liebenswürdigkeit der Lindheims. Die Sagan quält mit Briefen u. droht mit 15 Febr. planetarisch. Von Venedig schikt mir ein Dichter il Dottore Carlo Ugo Kohen (das klingt jüdisch) eine Masse Gedichte mit Aufschrift: a Sua Altezza Reale la Principessa Amalia di Prussia Pianeta raggiante attorno al quale gravita ogni |3| alto[a] spirito, ogni filosofia [e] ogni scienza.[3] Das muss wohl Prinzess von Preussen sein! Herzliche Grüsse allen Kindern. Ehrenberg lässt mich leider noch immer mit den Schubern warten. Frage Loën ob ich ihm den 2ten Theil von Ranke's neuen Büchern Preuss[ische] Geschichte[4] leihen soll.

a (1) altro |3| (2) |3| alto *H*

Mit inniger Liebe und frostigen Händen auch wenn das Th[ermometer] im Zimmer +17° ist. Dein

AlHumboldt

Sonntags d. 30sten Januar 1848.[a]

[1] Möglicherweise ist der preußische Offizier und Schriftsteller Bernhard von Lepel gemeint, den sein Freund Theodor Fontane später als wirklichen Humoristen bezeichnete und der auch über Humboldt ein Gedicht verfasst hatte (Schwarz 2014).

[2] Frz.: So amüsiert man sich auch.

[3] Ital.: An Ihre Königliche Hoheit die Prinzessin Amalia von Preußen, strahlender Planet, um welchen sich jeder hohe Geist, jede Philosophie und jede Wissenschaft dreht.

[4] Ranke 1847–1848, siehe den Brief vom 24.9.1847.

186 Alexander von Humboldt an Gabriele von Bülow o. O., 4.2.1848

H: DLA/SNM, Marbach, 62.2137

Ich habe einmal wieder die Uebertreibungen des Unwohlseins zwischen Berlin und Potsdam dermaassen zu fürchten, das[s] ich aus meinem Bette Dir, theure G[abriele], diese[b] flüchtigen Zeilen schreibe. Ich habe ein kleines Schnupfenfieber seit 3–4 Tagen. Viel Schleimauswurf, Husten … die alte Weltgeschichte. Grimm mein Nachbar, wie das Pferdefleisch, hat gewollt, ich solle mich zu Bette legen und Diät halten. Ich habe es geduldig gethan. Grimm versichert, dass ich schon fieberfrei sei. Das Hauptübel ist aber gar nicht das Uebelbefinden es ist das Klingeln von Viertel zu Viertelstunde um zu wissen ob ich huste ob ich bald zur Prinzess kommen werde … Wegen Weimar habe ich noch keine Gewissheit. Ich beschwöre Dich nicht in Sorge zu sein, wenn ich auch in ein Paar Tagen nicht schreibe, niemand herzuschicken. Für den weiblichen Führer <des> alten Belisarius werd ich alles versuchen zweifle aber sehr am Gelingen.[1] Die Freundlichkeit wegen der Medaille gefällt mir sehr. Je me charge des phrases[2] bei König und Olfers. Sollte Erfurt nicht bedacht sein, so würde es Hader geben. An weitere planetar[ische] Kreise ist wohl nicht zu denken. An Hermann kann ich leicht selbst eine bronzene mit zärtlichen Worten schicken. Antworten wird er so nicht. Schönlein's Fieber hat mit einem eiternden Ohrgeschwür geendigt. Ich habe ihn noch nicht gesehen. Der vorige Kriegsminister leidet nach der Grippe an einem grossen Drüsengeschwüre. Grimm hält es für gefährlich.[3] Hätten wir Alten doch etwas von stoischer Lebensphilosophie Deines herrlichen Vaters, von der Theorie dass es keinen Schmerz ja keine Entbehrung giebt, wenn |2| man nur Ideen hat, die einem als Speise, Brennmaterial und Obdach dienen. Von Adelheidchen und Hedemann habe ich vom 31 Jan. sehr liebevolle Briefe[4] und sehe daraus das[s] der König wirklich die Medaille nach Erfurt gesandt hat! Dem Rancke für Loën habe ich zwei Schieber für das Microscop beigelegt. Du siehst aus der Anlage, welche Mühe sich Ehrenberg gegeben um den guten Bernhard zu befriedigen.[5] Von der Quaal von Briefen, Bitten um Anstellung,

[a] d. 30sten Januar 1848. *ergänzt B*

[b] G. | Dir *streicht Hrsg.* | diese *H*

um Pension, um Orden die in den 14 Tagen meines Hierseins angekommen, hast Du keine Idee. Und doch giebt es kein Mittel dagegen. Grüsse die Lieben alle.

AlHumboldt

Freitag 4 Uhr d. 4ten Febr. 1848.[a]

Und die Freude bei Gelegenheit der Hungernden in Oberschlesien das Maass der Gefühle der ganzen Berliner Gesellschaft in der Zeitung controliren zu können. Bei den unmündigen Prinzen scheinen die Geldstücke eben nicht häufig zu sein. Der König von Neapel hat sich ja nun auch operiren lassen, die Operation scheint aber noch nicht ganz vollbracht. Welche Wonne wen[n] die Russen solch ein Schauspiel erlebt hätten.

1 Vermutlich Anspielung auf den römischen Feldherrn Belisarius, der laut Legenden (die historisch nicht belegt sind) als blinder Bettler unter der Porta Pinciana in Rom gestorben sein soll, was in vielen Überlieferungen (z.B. Marmontels Roman „Bélisaire“ im Jahre 1767) und in Historienmalereien (z.B. David „Bélisaire demandant l'aumône“ 1781, oder Gérard „Bélisaire“ 1797) dargestellt wurde (Weschenfelder 2003). Ich danke I. Schwarz für diesen Hinweis. Wen Humboldt hier meinte, ist jedoch unklar.
2 Frz.: Ich kümmere mich um Phrasen.
3 Boyen starb am 15.2.1848.
4 Nicht bekannt.
5 Humboldt hatte Bernhard ein Mikroskop aus Paris mitgebracht, siehe den Brief vom 19.1.1848, und Ehrenberg um mikroskopische Präparate für Bernhard gebeten, siehe den Brief vom 21.1.1848.

187 Alexander von Humboldt an Gabriele von Bülow Berlin, 18.2.1848

H: DLA/SNM, Marbach, 62.2137

Berlin: Freitags 18 Febr. 1848

Ich bin gerührt, innigst gerührt, meine theure Gabriele, über die Unruhe in die [Dich][b] mein Stillschweigen versezt [hat][c]. Aus Zartgefühl hast Du mir Selbst nicht einmal schreiben wollen. Verzeiht, Ihr Lieben, die Unruhe in die meine Nachlässigkeit Euch durch meine Zögerung versezt hat. Es ist mit jedem Tage, selbst mit dem Appetit besser gegangen obgleich die Verdauung noch nicht so hergestellt ist, als ich wünschte. Schönlein, der mich vor seinem Unfall besuchte[d] (der Wagen stürzte durch zu enge Wendung auf der Rampe bei Pr[inz] v. Preussen um, wobei Schönlein Erschütterung und leichte Verwundung am Kopf und Schenkel davon trug) fand mein Aussehen, meinen Puls ... vollkommen befriedigend. Dass ich mich aber schon ganz so gut, so zur Arbeit aufgelegt fände, als in Paris kann ich

a (1) Sonnabend (2) Freitag d. 4ten Febr. 1848. *ergänzt B*
b mich *H ändert Hrsg.*
c hast *H ändert Hrsg.*
d besuchte *ergänzt H*

nicht behaupten. Die Grippe hat wechselnde Formen und ich werde mich lieber noch zu Hause halten, ob mich gleich die nun nicht abzuhaltenden Besuche und Gespräche über die operirten und noch zu operirenden Fürsten viel Langeweile erregen. Der König selbst hat zu Fuss lezten Dienstag einen langen und sehr liebenswürdigen Besuch gemacht. Er war sehr, sehr heiter und am meisten mit der Verbannung der Lola Montes beschäftigt. Die Herzogin von Leuchtenberg soll dem Baiernkönig am meisten bange gemacht haben. Ob die tolle Lola nicht sollte Memoires zu ihrer Rechtfertigung herausgeben, ob die kühne Person wirklich ihre Rolle ausgespielt hat? Ich zweifle. Stolberg wird in den ersten Tagen der nächsten Woche erwartet. Er scheint sich sehr hülfreich |2| und thätig benommen zu haben. In seinem Hause ist man mit Recht ängstlich, da er mitten in der Typhusatmosphäre war. Bei dieser Gelegenheit fühlt man aufs neue recht, wie sehr in[a] der Nähe des Königs ein kühner Einflussreicher Arzt wie Rust nöthig wäre, nicht als lobe ich seine zu weit getriebenen Mittel gegen Ansteckung, aber weil er es praktisch verstand, Hospitäler einzurichten und die schlaffen Mittel des Ministeriums der Medicinal-Angelegenheiten zu umgehen. Ich bitte Dich mich ja in Erfurt zu entschuldigen dass ich auf so freundliche Briefe noch immer nicht geantwortet. Meine herzlichsten Grüsse an alle Ihr Lieben. Ich werde Euch nicht mehr durch so langes Stillschweigen beunruhigen. Hannibal, von Sagan kommend, ist gewiss bald vor den Thoren und bei uns beiden ist gewiss die Einrahmung noch nicht vollendet!
Mit innigster Anhänglichkeit
Dein

AlHt

Ich habe leider! noch immer nichts irgend bestimmtes über Hed[emann] erfahren können, da ich doch den innigsten Antheil daran nehme. Denke Dir dass die gute Schinkel da doch der König 30000 r. und Wohnung gegeben nun bei mir wieder persönliche und ausserordentliche Geldunterst[üz]ung für [ihren][b] als Oberförster angestellten Sohn fordert. Es ist für mich eine peinliche Lage. Schön soll ja noch vor Boyen's Tod, eine kleine ihn kränkende Schrift haben drucken lassen, um zu beweisen dass Scharnhorst u. Boyen kein Verdienst über die grossen milit[ärischen] Einrichtungen zukomme – ostpreussischer Patriotismus.[1]

[1] Hermann von Boyen war am 15.2.1848 verstorben. Schöns Skizze über Boyen blieb offenbar unpubliziert. Woher Humboldt davon Kenntnis hatte, ist unklar. „[…] ferner befaßte er [Stein] sich mit Boyen, und diese vier Wochen nach dessen Tod im Februar 1848 abgeschlossene Skizze muß als kritischer Nachruf verstanden werden.[*)]
[*)] GStAPK XX. Rep. 300. Brünneck I. Nr. 60, Bl. 133–134, Datierung: 12.3.1848 (unveröffentlicht)." (Sösemann 1996, 64.)

[a] (1) an (2) in *H*
[b] Ihren *H ändert Hrsg.*

188 Alexander von Humboldt an Gabriele von Bülow
o. O., 25.2.1848

H: DLA/SNM, Marbach, 62.2137

Ich wollte Deinen liebenswürdigen Brief, theure Gabriele nicht eher beantworten als bis ich Dir recht sichere Nachrichten über Philippsborn geben könnte. Die Weisen haben nemlich endlich erlaub[t], dass ich ausfahren kann, nicht um auszuessen, aber um nothwendige Besuche zu machen. Ich halte mich für völlig genesen, habe selbst etwas mehr Appetit als vor dem Schnupfenfieber. Da ich in meinem langen Leben noch nie 8 Tage eingeblieben bin, so halte ich es nicht für verständig einem solchen Regime der Furcht, man könne sich erkälten nachzugeben. An demselben Tage, an dem ich dem König um 5 Uhr eine Visite gemacht, war unaufhaltsam auch die Prinzessin Babel bei mir gewesen, aufgeregter über Paris, die Schweiz, Italien und die nicht erklärte Periodicität als je, am meisten aber beschäftigt mit dem Besuch der Kaiserin Mai bis September und des Kaisers. Der König glaubt er werde zum Domfeste in Cölln von[a] der Kaiserin bis an den Rhein |2| begleitet werden.[1] Der Kaiser hat in Wien anbieten lassen Geldvorschüsse und woll[t]e man [solle] die oestr[eichischen] Truppen von Gallicien in Italien zu einigem Blutbade in der Lombardei anwenden, so wolle er durch seine Truppen schon für die Ruhe des oestreichischen Pohlen sorgen. Kann man freundnachbarlicher sich benehmen. Sonderbarer Weise soll Constantins Vermählung erst im Spätherbst statt haben[2] und der Thronfolger sammt Constantin sollen vorher noch das glorreiche Kriegstheater im Caucasus besuchen. Babel war von der kleinen Maltzahn begleitet, deren Blicke mir sehr verständlich waren. Hannibal ist bei mir prachtvoll eingerahmt, da ich eben ausfahren sollte, als Hannibal eindringen wollte, so habe ich die Zärtlichkeit an der Portiere empfangen. Ueber Paris ist man heute Abend noch ganz ohne Nachricht. Ich habe den armen Philippsborn nicht sehen dürfen, bin aber lange bei der Frau gewesen die fast mehr noch mit dem Tode des kleinen grünen Papagays beschäftigt ist als mit der Krankheit des Gatten. Die leztere scheint mir in der That noch recht complicirt bedenklich, wenn gleich Schönlein heute morgen zufriedener war. Die Lungenentzündung mit |3| einmaligem heftigen Blutspeien ist dem Aderlass gewichen. Es wurde auf die Brust ein Spanisches Fliegenflaster gelegt dessen sehr entzündete Wunde man musste zugehen lassen.[3] Deshalb bildeten sich daneben bösartige Blutgeschwüre Furunkeln sehr schmerzhaft, allen Schlaf stöhrend. Man machte Einschnitte, die Wunde eitert sieht aber heute weniger böse aus. Das alles ist bei vieler Schwäche des Kranken doch bedenklich. Wir würden einen treuen Freund an ihm verlieren. Vielleicht hilft die innere geistige Kraft.

Wilhelmchen lässt mir sagen, er werde mich bald besuchen können. Prinzessin Babel hat mir versprochen alles zu erforschen was sie über Hedemanns Zukunft erfahren könne. Ich beklage Dich, theure G[abriele] dass die Geselligkeit von Potsdam Dir so wenig Ruhe lässt. Herzliche Grüsse an alle die Theuren!

Nach Erfurt[4] habe ich zärtlichst geschrieben.

AlHt

Freitags d. 25sten Febr. 1848.[b]

---

[a] (1) die (2) von *H*

[b] d. 25sten Febr. 1848. *ergänzt B*

[1] Das Fest zur 600-Jahresfeier der Grundsteinlegung des Kölner Domes am 14.8.1848, an dem Humboldt ebenfalls teilnahm. Vgl. den Brief Nr. 216, Anm. 1.

[2] Constantin heiratete am 11.9.1848 in St. Petersburg Alexandra von Sachsen-Altenburg.

[3] Ein Kantharidenpflaster (auch Blasenpflaster) ist ein Pflaster, das mit einer Salbe aus dem Pulver der getrockneten und gemahlenen „Spanischen Fliege" bestrichen ist, deren starkes Reizgift durchblutungsfördernd und lymphstrombeschleunigend wirken sollte.

[4] Hedemanns wohnten seit 1846 in Erfurt. Der Brief ist nicht bekannt.

189 Alexander von Humboldt an Gabriele von Bülow Berlin, 27.2.1848

H: DLA/SNM, Marbach, 62.2137

B[erlin] Sontag Nacht Den 27–28st. Februar 1848[a]

Da die Unruhen am 22 und 23sten zwar ausgebreitet, aber charakterlos waren so müssen am 24sten wunderbare Dinge vorgegangen sein, um zu erklären was wir heute Abend durch telegr[aphische] Depeche von Strasburg wissen

dass am 24sten Louis Philippe (der energische, eigensinnige, gern herschende) abdicirt hat, dass die Herzogin von Orléans allein Regentin und[b] der elende Odilon Barrot Chef des Neuen Ministeriums ist.[1]

Regentin durch Aufruhr; Regentin bei Gelegenheit eines mislungenen Banketes: für mich, der ich sie so innigst verehre, wird es schreklich sein über sie lästern zu hören. Den Frieden mit Deutschland wird sie gewiss zu erhalten streben, aber was wird aus einem abdicirten König, der nicht in ein Kloster geht und von dem man den Verdacht haben wird, dass er noch mitregiere[c]. Dazu Mr Moustache den die Herzogin wie die Sünde hasst. Ich kann nicht zu Bette gehen ohne Dir theures Gabrielchen, diese sichere Nachricht zu geben. Meine Gesundheit ist vortreflich.

Herzliche Grüsse

AlH

[1] Der Inhalt der Depesche aus Straßburg war Humboldt von Friedrich Wilhelm IV. mitgeteilt worden. Die Herzogin von Orléans war jedoch nicht als Regentin ernannt worden, und auch Barrot nicht Mitglied der provisorischen Regierung. Louis Philippe ging ins Exil nach England. Vgl. Humboldt an Friedrich Wilhelm IV., 28.2.1848, in Humboldt 2013, 383–385, sowie den folgenden Brief vom 29.2.1828, Anm. 2.

---

[a] Den 27–28st. Februar 1848 *ergänzt B*

[b] Regentin | ist *gestrichen* | und *H*

[c] (1) mithersche (2) mitregiere *H*

190 Alexander von Humboldt an Gabriele von Bülow
o. O., 29.2.1848

H: DLA/SNM, Marbach, 62.2137

Montag Nacht d. 29sten Februar 1848[a]

Ich schreibe wieder, Ihr Lieben, nicht bloss zu sagen dass ich wohl bin und ausgehe, nicht auch, um Dir Nachrichten zu geben, die jezt aus der Köllner Zeitung schon in die Staats Zeitung gekommen sind: ich schreibe weil besonders seit heute mir sehr traurig ums Herz ist. Die tolle Republik declarirt, Arago der bisher gar nicht genannt war u. bei keinem Banket sich befand, heute an der Spize der provisorischen republikanischen Regierung,[1] die arme Herzogin mit ihren beiden Kindern zu Fuss in die Deputirten Kammer eindringend um sich als Regentin zu zeigen, dort verhöhnt, gröblich behandelt zur Flucht gezwungen; Blutvergiessen mehr als in den Julitagen; die Tuilerien verwüstet nach zweistündigem Gefechte und nachdem auf den König, die Herzogin und [ihre][b] Kinder die sich auf dem Balcon gezeigt, gefahrvoll geschossen![2] Der König scheint nach Laeken bei Brüssel geflüchtet[3] von der Herzogin glaubt man, sie sei noch in der Nähe von Paris verstekt. Verhöhnt von ihren bösen Verwandten in Meklenburg wird sie gewiss in Deutschland keinen Schuz suchen! Denke Dir dazu die Gefühle der alten Stiefmutter! Die Neugier und Aufregung ist hier bei Hofe unbeschreiblich. Ich bringe mein Leben damit zu von 7 Uhr Morgens bis in die Nacht auf billete vom König, Prinzess von Pr[eussen] und der Sagan zu antworten. König und Königin sah ich beide heute Morgen. Sie wussten damals noch nichts von der Republik und glaubten an die Regentschaft der Herzogin. König u. Königin urtheilten beide sehr milde und gemässigt. Die Erklärung der Republik der ich kurze Dauer prophezeie,[c] die aber wegen der strengen Urtheile über meinen Freund mich sehr unglüklich macht und wahrscheinlich zum Kriege führt, reizt u. exaltirt hier alles, um von zeitigem und würdevollem Nachgeben in ständischen |2| Verhältnissen noch mehr zu entfernen. Dann die wahrscheinliche Ankunft des alles aufregenden Nicolaus![4] Das Verdienst [das][d] Louis Phil[ippe] sich 17 Jahre um die Ruhe von Europa erworben, bleibt vergessen. Man sieht nur „göttliche Strafe". In einem der kleinen Handbillete des Königs (er schreibt jezt mit schöner blauer Dinte) von Nachts 27 Febr. steht darüber eine Stelle die man als poetisch allerdings sehr loben kann. „Noch in mitternächtlicher Stunde, theurester Alexandros, theile ich Ihnen die Abdication von Louis Ph[ilippe] und die Ernennung der Regentin nach Strasburger telegr[aphischer] Depeche mit. Wenn nun der arme Herr (L[ouis] Ph[ilippe]) das zeitliche segnet, so ist sein Tod keine grössere Begebenheit als die des Fürsten von Reuss Lobenstein Ebersdorff! Welches Unglück, aber auch welche Vergeltung. Silence, Messieurs, laissez passer la justice de Dieu!"[5] Ich glaube die pathetische Stelle ist von Victor Hugo, aus Marion Delorme[6]. Du musst es nicht dem Ebersdorfer Tyrannen, aber nach Erfurt, den lieben Hedemanns, schreiben. Was ich zunächst fürchte, wenn die Republik nicht gleich gestürzt wird (aber was an die Stelle sezen?) ist nicht der Angriff auf das linke Rhein Ufer, sondern vielmehr republicanische Bewegungen in Belgien, Verbindungen mit der sehr rüstigen republicanischen Schweiz und von Frankreich aus angezettelter, durch italienische

---

[a] d. 29sten Februar 1848 *ergänzt B*

[b] Ihre *H ändert Hrsg.*

[c] (1) und (2) , *H*

[d] das *H ändert Hrsg.*

Emigrirte in Paris abgedrungene Insulte der Piemonteser gegen die blutbeflekten Oestreicher in der Lombardei. Der Sagan schreibt ihr Sohn Alexander dass die Lieven vom Volke belagert war, man schrie sie[a] sei die Lola de Mr de Gard (Guizot). Sie hat sich in einer Citadine verstekt[b] gerettet.[7] Was aus Guizot geworden weiss man |3| noch nicht. Sein Optimismus (er glaubte sich Herr des Landes) seine trozige Kälte, sein beständiges Abrathen von jeder Art der Concession in der Wahlreform, die leidenschaftlichen Worte die er dem König in der Thronrede in den Mund gelegt haben viel zu dem Sturze beigetragen. Problematisch bleibt uns aber noch das Fehlschlagen der Anwendung so lang vorbereiteter militärischer Kraft. Ich schliesse damit meine Betrübniss Dich nicht auch ergreiffe. Vielleicht löst sich alles leichter. Mr Moustache wird uns nun wohl bald mit seiner Ankunft beglücken!!
Mit innigster Anhänglichkeit Dein

AlHt

Ob wohl die arme Mad[ame] Duruisseau sich beeilt hat, die kleine Summe zu heben?[8] Je ne retourne pas en France dans cet état de choses, sagt der Marquis: je me regarde comme un émigré.[9]
Wittgenstein leidet sehr an einem Blutgeschwür unter der Achsel.

1 F. Arago wurde Mitglied der am 23. Februar gegründeten provisorischen Regierung unter Lamartine. Obwohl er als Vertreter eines liberalen Konstitutionalismus gegen Radikalismus und Gewalt war, war sein politisches Engagement für Humboldt suspekt, der Revolutionen und gewalttätige Entartungen ablehnte. Im Juni endete Aragos politische Karriere durch die weitere Entwicklung (Juniaufstand, Wahl von Louis-Napoléon Bonaparte). Vgl. Humboldt an Friedrich Wilhelm IV., 28.2.1848, in Humboldt 2013, 384–385.

2 In der Nacht zum 23.2.1848 war es zu Demonstrationen, Barrikadenbau und Kämpfen gekommen. Der Beginn der Februarrevolution wurde durch eine Salve der Infanterie in der Nähe des Ministeriums der auswärtigen Angelegenheiten ausgelöst, die 50 Personen tötete. Guizot reichte am 23.2. seine Entlassung ein und Louis Philippe dankte am 24.2. ab. Die Herzogin von Orléans (Gattin des verstorbenen Thronfolgers) versuchte am 24.2. vergeblich, durch ihren Auftritt vor der Nationalversammlung den Thron für ihren erst knapp 10-jährigen Sohn Louis Philippe Albert zu retten, und floh mit ihren beiden Kindern wie auch Louis Philippe nach England.

3 Niederländisch Laken, heute eingemeindet in Brüssel.

4 Siehe den Brief vom 25.2.1848, Anm. 1.

5 Frz.: Ruhe, meine Herren, lassen Sie die Gerechtigkeit Gottes geschehen. Siehe Humboldt 2013, 383.

6 Hugo 1831.

7 Lola Montez war die Geliebte des bayrischen Königs, vgl. den Brief vom 18.2.1848. Hier eine Anspielung auf die Fürstin Lieven, die Geliebte Guizots (geboren in Nîmes, der Hauptstadt des Département Gard), die in einem einspännigen Omnibus flüchtete.

8 Siehe den Brief vom 14.12.1847.

9 Frz.: Ich gehe bei dieser Lage der Dinge nicht nach Frankreich zurück, sagt der Marquis: Ich sehe mich als ein Emigrant.

a sie *ergänzt H*

b verstekt *ergänzt H*

191 Alexander von Humboldt an Gabriele von Bülow
Berlin, 1.3.[1848]

H: DLA/SNM, Marbach, 62.2137

Berlin, den 1. Merz Abends

Verzeihe den verwechselten Anfang. Ich war freundlichst bei der Herzogin von Dessau und den Strelizens.

Ich sehe aus Deinem lieben Briefe, theures Gabrielchen, und freue mich darüber, da es rein menschlich ist, dass Du wie ich einen so lebhaften Antheil an den dramatisch politischen Begebenheiten nimmst. Ich habe, ob ich gleich den König, die Königin, Pr[inz] u. Prinzessin Babel, den französischen und belgischen Gesandten sah Dir auch heute wenig tröstliches zu sagen. Die sehr verbreitete Nachricht an die man in Amsterdam und selbst in Strasburg, aber nicht in Brüssel geglaubt, dass Lamoricière eine Contrerevoluzion zum Vortheil der Herzogin gemacht und die ganze provisorische Regierung gefangen genommen habe, scheint eine Fabel od. eine misglükte Expedition (Versuch) gewesen zu sein. Telegraphische Depechen aus Strasburg und vom 28ten von Seckendorf aus Brüssel melden, dass die Republik Bestand nehme, Lille, Vallenciennes, Dijon, Arras und Strasburg haben sich mit Enthusiasmus für die Republik erklärt. Louis Philipp[e] ist sehr unfranzösisch im Mivarts hotel in London, dort auch der Duc de Nemours mit Gattin. Hätte er Hofnung zum Widerstand gehabt, so würde er wohl Frankreich nicht verlassen haben. Wo die Herzogin mit ihren Kindern ist, weiss hier niemand, gewiss nicht bei den Invaliden in Paris, |2| Guizot ist mit Duchâtel in Boulogne gesehen worden, also wahrscheinlich auch in England, vielleicht mit seiner Lola der Lieven.[1] Von Arnim hört man nichts, aber ein Oestreichischer Courier ist durchgekommen, er glaubte, die Republ[ikanische] Parthey wolle Frieden. J'en doute, der Tanz wird in der Lombardei losgehen. Es wäre ein Wunder wenn man dem Kriege dieses Mal wieder entginge. Hier sehe ich noch keine Neigung das Publikum zu befriedigen und in irgend etwas die Initiative (Periodicität) zu ergreiffen. Dagegen ist zu besorgen, dass der Ausschuss an seinem Ende einige ernste Worte über die Zeitläufe wird fallen lassen.[2] Die Furcht vor der Republik macht übrigens, dass man (selbst der Grossherzog von Strelitz) sehr milde über Louis Philipp[e] und die Herzogin von Orléans urtheilt. Ich beklage Deine Sehnsucht nach Nachrichten so wenig befriedigen zu können. Auf die Herzoginn scheint man geflissentlich, wie auf das Kind in der Deputirtenkammer geschossen zu haben. Sie hat den heroischten Muth gezeigt und musste sich durch ein Fenster retten, da der schändliche Le Dru Rollin mit der bewaffneten Canaille eindrang. Ich hoffe dass sie noch irgendwo in Frankreich verstekt ist.

Eine junge Dichterin in Pohlen erzogen schreibt mir einen anonymen Brief. Sie will mich bis zu meinem Tode pflegen, in meiner nächsten Umgebung leben, mich auch poetisch erheitern, denn es lag ein dickes Paket Gedichte bei dem anonymen Briefe. Die Antwort habe ich an ein Fräulein von Engelbrecht (eine mir ebenfalls fabelhafte Person) Puttkammer Str. n. 17 schicken müssen. Die franz[ösische] Maitresse des sel[igen] Gesandten Brockhausen wollte mir auf ähnliche Weise eine 19jährige Tochter auf Lebens lang auch zur Erheiterung schenken. Herzliche Umarmung. Ich bin ganz wohl aber sehr traurig.

AlHt

Ich lege Dir recht schöne Verse von H. v. Lepel zu meiner abermaligen Verherrlichung bei.[3] Schicke, meine Liebe, sie mir wieder.
Herzliche Grüsse an Loëns, die Töchter u. Bernhardchen.

1 Siehe den Brief vom 29.2.1848, Anm. 7.

2 Friedrich Wilhelm IV. willigte am 5.3.1848 ein, in Zukunft regelmäßig Landtage einzuberufen, der nächste wurde am 14.3. für den 27.4. geplant, wurde aber wegen der revolutionären Ereignisse auf den 2.4.1848 vorgezogen.

3 Bernhard von Lepel hatte, beeindruckt vom 1. Band des „Kosmos", für Humboldt eine Ode verfasst. „Der Dichter sandte Humboldt eine handschriftliche Kopie seines Werkes zu dessen 78. Geburtstag." (Schwarz 2019).

192 Alexander von Humboldt an Gabriele von Bülow
o. O., 3.3.1848

H: DLA/SNM, Marbach, 62.2137

Freitags 7 Uhr Abends d. 3ten März. 1848.[a]
Ich fange diesen Brief an, meine theure Gabriele, ehe ich heute Abend um 9 Uhr zum König gehe, dem ich nicht habe abschlagen können, da er einen sehnlichen Wunsch hatte, mich einmal wieder den Abend zu sehen. Ich habe nichts neues am Tage erfahren können, denn eine gestrige telegraph[ische] Depeche vom Ober Praesidenten Eichmann „es scheine als sei so eben in Coblenz selbst die Herzogin v. Orléans mit ihren Kindern angekommen" hat vielen Zweifel gelassen[1]. Den Morgen war ich endlich bei Wilhelmchen. Er ist wenig leidend, aber recht mager, wegen der Hungerkur. Die Drüsengeschwulst sei vorüber. Mein langer Besuch und die Medaille die ich ihm geben konnte, machten[b] ihm Freude. Er war verständig und recht liebenswürdig, im Besiz von zwei häuserartigen, sardanapalischen Chaises longues. Die baldige Ankunft von Hermann (ein eigener Besuch für uns in Berlin u. Potsdam) den Hermann ihm in einem Briefe ankündigt, scheint mir wundervoll, aber sehr angenehm, besonders für die Freude die es Dir gewiss machen wird.

Ich komme nun zu einer Bitte, auf die Du nicht vorbereitet bist und die sonderbarer Weise Dein ameublement betrift. Eine Hauptzierde Deines Salons ist wohl die Copie der Krönung der Jungfrau nach Raphael. Der König lässt nun hier und zwar in wenigen Tagen durch Olfers eine |2| öffentliche Zusammenstellung aller Copien von Raphael (zum Besten der Schlesier od. glaube ich für den Cöllner Dombau) bewerkstelligen. Dem König würde Dein Couronnement de la Vierge (wir irren doch nicht über Deinen Potsdamer Besiz) sehr wünschenswerth zu dieser Ausstellung sein. Olfers ist deshalb heute morgen bei mir gewesen: ich solle Dir die Bitte das grosse Bild auf eine sehr kurze Zeit zu leihen, auf eine delicate Weise vortragen: der König habe ohnedies diese schöne Copie, von der er oft gehört, nie gesehen. Olfers würde das Einpacken, Ueberschaffen von Potsdam nach Berlin u. zurük durch Leute des Museums auf das Sicherste u. Leichteste besorgen, dass Du Dich um nichts zu bekümmern hättest. Ich habe, da Du jezt oft Gesellschaft siehst, mit dem unangenehmen

a d. 3ten März. 1848. *ergänzt B*

b (1) schien (2) machten *H*

Degarniren eines Salons vorzubeugen gesucht, er besteht aber darauf, Dir die Bitte vorzutragen. Ich beklage Dich in solche Kunstklemme zu bringen und bitte Dich herzlich abzuschlagen, wenn Dir die Sache zu lästig sein sollte. Sicherheit ist gewiss dabei.[2] Canitz hat dem Marquis gesagt, Mr Moustache habe Befehl unter dem Vorwande eines temporären Urlaubes Paris jezt zu verlassen, aber Hatzfeld bleibe als Chargé d'affaires. So würde es wohl auch mit den anderen Gesandschaften sein. Man nimmt also noch sehr sanfte Maassregeln. Der alte Prinz Wilhelm hat mich heute morgen vergeblich aufgesucht. Alle wollen Rath holen, wo keiner ist. |3| Ich bitte den theuren Loën doch den Reisenden Kessel an das schöne, mir von Prinz Albert geschenkte amerikanische Kupferwerk über alte Bauwerke von Yucatan[3] zu erinnern. Er (Kessel)[a] muss es während meiner ganzen Abwesenheit besizen, und ich wünsche es zurük.

– Abends 11 ½ Uhr

Ich komme eben vom König wo ausser Dessau u. Strelitz bloss die Sagan thronte. Die Nachrichten über die Herz[ogin] von Orléans bleiben leider! ganz verwirrt. Sie soll nicht in Coblenz sondern eine Nacht in Deutz gewesen u. von da mit den Kindern nach Ems! gegangen sein. Das ist so unwahrscheinlich, dass man wohl jemand anders für die Herzogin mag gehalten haben. Die glükliche Ueberkunft von Louis Philippe und der Gemahlin, wie vom Duc de Nemours ist gewiss. Der König von Belgien hat Briefe von Louis Philippe aus Brighton. In Frankreich breitet sich die Republik überall aus. Lyon ist auch republikanisch und alter Kampf. Morgen ist 4[U] die Hochzeit der Pourtalès[4] und dann ein kleines Diner de famille, wo Babel mitspeiset, bei Stolberg. Den Abend ist soirée bei Pourtalès. Ich denke hin zugehen weil ich besondere Zärtlichkeit für die kleine listige Braut habe.
Gute Nacht

AHt

1 Siehe die Briefe vom 27. und 29.2.1848.

2 Das gewünschte Bildnis wurde ausgestellt, wie der Katalog zeigt: „1. Die Krönung Mariä 1502–1503 für die Kirche St. Francesco zu Perugia ausgeführt, jetzt in der päbstlichen Sammlung im Vatican. Cop. von Eggers. Im Besitz Ihr. Excellenz der Frau Ministerin von Bülow.“ (Waagen 1848, 6). Vgl. auch den folgenden Brief.

3 Es könnte sich um das Werk Catherwood 1844 (Stevens 1863, Nr. 1716) handeln, das sich in Humboldts Bibliothek befand, jedoch ohne Hinweis auf den Geber.

4 A. G. de Pourtalès heiratete am 4.3.1848 Charlotte von Maltzahn. Daraus ergibt sich die Datierung.

193 Gabriele von Bülow an Alexander von Humboldt
o. O. u. o. D., [nach 3.3.1848]

D: Humboldt 1913, 134

[…] die andere Kopie ist der große Carton nach der Grablegung Christi von Lutter (?) der mir gehört, und von allen Künstlern, besonders von Rauch sehr geschätzt wird. Der Trans-

a (1) muss (2) (Kessel) *H*

port dieses Bildes ist zwar auch nicht ganz leicht, aber wenigstens nicht erschwert durch die räumlichen Verhältnisse der Treppe in Tegel. Eine Kiste existirt nicht zu diesem Carton. Er ist immer offen getragen worden und hat die Reise von Tegel nach Berlin bereits öfters gemacht, doch ist in dieser Jahreszeit Schnee und Regenwetter sehr zu fürchten. Für den Fall, dass Dein Freund beide Stücke aus Tegel haben wollte, lege ich zwei offene Befehle an den Gärtner in Tegel bei. Ich trenne die Befehle einen von dem anderen, weil ich gar nicht sehr verlangend bin, den Carton, der leiden könnte, herzugeben, aber ich glaube, daß man an den Carton in Tegel von selbst denken wird.[1]

[1] Humboldt hatte Gabriele von Bülow im vorigen Brief um ein in ihrem Besitz befindliches Bildnis für eine Ausstellung gebeten. Er sandte eine Abschrift ihrer Antwort mit folgenden Worten an Olfers: „Die Antwort der guten Frau von Bülow ist so natürlich, daß ich am besten tue, sie Ihnen selbst mitzuteilen. Ich habe die letzte Seite abschreiben müssen, weil sie sich auf Geldbestimmungen bei Philipsborn (Vormund der Kinder) bezog. Daß ich außer Ihrem Wunsche den König mitgenannt habe, ist eine List, die Sie mir wohl verzeihen. Ich schrieb: ‚Der König nimmt lebendigen Anteil an dem Gelingen der Ausstellung, und ich glaube bestimmt zu wissen, dass er die Krönung Mariae gern hier sehen wird'. Entscheiden Sie ganz selbst, mein teurer Freund, wenn Sie aber alles nehmen, so bitte ich Sie einige scherzhafte Worte an die Ministerin Bülow (Potsdam, am Kanal 66) selbst zu schreiben, um sie über den Transport zu beruhigen. [...] Sonntag. A. v. Humboldt." (Humboldt 1913, 133–134.)

194 Alexander von Humboldt an Gabriele von Bülow
o. O., 6.3.1848

H: DLA/SNM, Marbach, 62.2137

Nur zwei Zeilen, theure Gabriele die ich heute morgen, als der gute Jost bei mir vor[bei] kam nicht geben konnte. Ich habe so einen dringenden Wunsch Dir etwas angenehmes zu schreiben und leider! schreibe ich gewöhnlich nur was Du schon weisst, doch sage ich es Dir wenigstens umständlicher. Ich sah heute früh Babel, ihn u. [sie][a], er milder verständiger. Sie, die Babel, hat einen zärtlichen und recht edeln Brief von der Königin von Belgien, die sie um Nachrichten gebeten. Die Königin giebt ihr die Gewissheit dass die Herz[ogin] von Orléans mit den Kindern gerettet ist. Sie schikt Abschrift eines Briefes der Herzogin auf nicht französischem Territorium an die Stiefmutter Erbgrossherzogin. „Sie sei gerettet, werde sich in einem Landsize am Rhein etabliren und lade die Stiefmutter ein, dahin zu ihr zu kommen.["] Der Rhein scheint mir nicht ohne polit[ische] Hofnungen gewählt. Der Brief an die Stiefmutter die in Rudolstadt ist war ohne Unter|2|schrift, Ortsname und Datum aber die Kön[i]gin von Belgien bemerkt, dass das Postzeichen von Verviers zwischen Lüttich und Aachen war. Die Herzogin will dass man ihr unter dem Namen der Comtesse de Dreux (Begräbniss Ort des Herzogs) schreibe[b]. Prinzess von Preussen hat schon den kühnen Wunsch die Cousine zu besuchen. Vom König Louis Phil[ippe] und seiner Gemahlin weiss man in London und Brüssel nichts. Alle Gerüchte von seiner Ankunft an der engl[ischen] Küste waren falsch.

[a] Sie *H ändert Hrsg.*
[b] Herzog schreibe) *H ändert Hrsg.*

Englische Schiffe sind ausgelaufen um ihn vergebens zu suchen. Das Wetter sei seit 8 Tagen fürchterlich gewesen. Wohin ist er verschlagen. Ebenso ungewiss ist man über die Duchesse de Nemours mit einigen Kindern. Diese unvorsichtige Flucht auf der man sich abzuholen vergisst, sich gegenseitig, um sich früher zu retten, im Stiche lässt, ist so unbegreiflich als unchevaleresque. Politisch sind heute hier grosse Dinge vorgefallen. Der König ist in dem Ausschuss erschienen, hat die 3jährige Periodicität,[a] dazwischen Fortbestehen der Ausschüsse, |3| und Erweiterung des alten Patents (Fortentwickelung) wie Prinz v. Preussen versichert, mit allgemeinem Beifall verkündigt.[1] Wir werden es wohl heute Abend in der Staats Zeitung lesen. Es ist immer etwas tröstliches. Der Vorfall in Cölln ist sehr unangenehm, aber er hat glüklicherweise viel unsinnig-lächerliches. Die Furcht vor inneren Unruhen ist weit grösser als die nach Aussen. England hat die Rep[ublik] anerkannt. Vielleicht blieben gleich alle Gesandten, wenigstens hört man noch nichts von der Ankunft des Mr Moustache. Prinz Carl soll morgen hier erscheinen. Bei Philipsborn war ich heute lange u. zärtlich. Ich glaube ihn ganz gerettet, doch hatte man ihm heute wieder zum lezten Male, das „brandige["] Fleisch am Rande der Wunde (Carbunkel) weggeschnitten. Er war munter u. heiter, voll Dankbarkeit für Deinen Besuch. Aber Wittgenstein ist plözlich sehr schwach, ganz bettlegrig geworden. Ich habe ihn nicht sehen können. Sein Blutgeschwür unter dem Arm ist wohl nur Nebensache. Die Königin ist ebenfalls unwohl; speiset |4| heute nicht mit, wo der König den Abschiedsschmauss dem Ausschuss giebt. Von Olfers habe ich heute noch keine Antwort. Ich habe ihm Deine Grossmuth belobt, aber gebeten das Ganze sehr zu bedenken und nur anzunehmen wenn alles ganz sicher sei.[2] Die republikanische Revolution in Neuchâtel scheint weniger vollendet und mehr in neuer gewaltsamer Besezung der Magistrat Stellen zu bestehen.

Ob Du und die Lieben werden lesen können. So habe ich denn den ganzen Sak der Neuigkeiten ausgekramt.
Mit herzlichster Anhänglichkeit
Dein

AHt

Montag 6 Uhr d. 6ten März 1848.[b]

Ich hatte den König misverstanden. Er gedenkt allerdings mit Entzücken an Deine Raphaels. Er wolle sie nur wiedersehen.
Es sollte heute Abend eine Wiederholung einer Kinder Comoedie! von Geibel bei dem Pr[inz] v. Preussen sein, wo der kleine Babel spielt – aber der König der zugegen sein wollte, hat um einen anderen Tag gebeten!!

1 „Berlin, 6. März. Nachdem der seit dem 17 Jan. hierselbst Vereinigte ständische Ausschuss die demselben vorgelegten Propositionen erledigt hatte, war der Schluss seiner Sitzungen auf den heutigen Vormittag anberaumt. Se. Maj. der König erschien gegen halb 12 Uhr, begleitet von Sr. k. Hoh. dem Prinzen von Preußen, von den Mitgliedern des Staatsministeriums, von dem Lebehoch der Mitglieder des Ausschusses empfangen, in dem Versammlungssaal und hielt folgende Rede [...] Nach Beendigung der Rede verließ der König den Saal unter dem erneuerten Lebehoch der Versammlung. Darauf verlas der Landtagscommissar und Minister des Innern nachstehende allerhöchste Botschaft:

a (1) und (2), *H*
b d. 6ten März 1848. *ergänzt B*

Wir Friedrich Wilhelm entbieten Unsern zum Vereinigten Ausschuss versammelten getreuen Ständen Unsern gnädigen Gruß. Nachdem der, nach Unserm Befehl vom 3 Dec. v. J. berufene Vereinigte ständische Ausschuß die ihm gestellte Aufgabe gelöst hat, gleichzeitig auch die ständische Deputation für das Staatsschuldenwesen versammelt und eingesetzt worden, und damit die Verordnung vom 3 Febr. ihrem wesentlichen Inhalt nach zur Ausführung gekommen sind, ist gegenwärtig der Zeitpunkt eingetreten bis zu welchem Wir, nach Inhalt Unserer Botschaft an den ersten Vereinigten Landtag vom 24 Jun. v. J., Unsere Entschließung auf die Anträge desselben wegen Abänderung Unseres Patents vom 3 Febr. v. J. ausgesetzt hatten. Demnach haben Wir jetzt nachstehende Beschlüsse gefasst: 1) Wir wollen die durch das Patent vom 3 Febr. v. J. dem Vereinigten ständischen Ausschusse verliehene Periodicität auf den Vereinigten Landtag übertragen. 2) Die Wirksamkeit des Vereinigten ständischen Ausschusses soll in der von beiden Curien des ersten Vereinigten Landtags übereinstimmend beantragten Weise beschränkt werden [...] Gegeben Berlin den 5 März 1848. Friedrich Wilhelm." (Allgemeine Zeitung Nr. 70 vom 10.3.1848, 1111–1112.) Vgl. den Brief vom 1.3.1848, Anm. 2.

[2] Vgl. den vorigen Brief.

195 Alexander von Humboldt an Gabriele von Bülow
o. O., 7.3.1848

H: DLA/SNM, Marbach, 62.2137

[a]

Ich erhalte so eben, theure G[abriele], diese Dir und Deiner Schwester angenehme Nachricht. Weniger erfreulich ist es zu hören, dass das Gouvernement hier, vielleicht selbst für heute Abend, Strassenunruhen besorgt. Es sind dem Militär überall scharfe Patronen ausgetheilt. Der König selbst schreibt nur einige Zeilen über diese Besorgniss, sezt aber hinzu „der Geist der Bürger ist im Allgemeinen sehr erfreulich." Möge es ein blindes Lärmen sein. Braunschweig und Leipzig sind sehr beunruhigt. Du wei[s]st dass ich in solchen Fällen wenig fürchte. Der M[ar]quis de Dalmatie hat Herrn Lamartine abgeschlagen hier zu bleiben als Gesandter. Die verwittwete Grossherzogin Alexandrine[b] von Schwerin ist mit ihrer Tochter nach Ems gereiset zu der Herzogin von Orléans. Es ist ganz unerwartet menschlich.

AlHt

Dienstag um 6 Uhr 7ter März 1848.[c]

Olfers den ich gestern Abend beim König sah, wird um die Krönung, nur um diese bitten.[1] Schönlein ist zurük und schildert den Rhein als sehr aufgeregt. Die Herzoginnen von Nemours u. Montpensier sind nun auch in London. Vom König weiss man nichts.

[1] Siehe den Brief vom 3.3.1848, Anm. 2.

[a] *B am Rand:* N. 5 muss A[delheid?] noch haben – es stand drin daß er von Olfers noch keine Antwort habe. Nr. 6

[b] Alexandrine *ergänzt H*

[c] 7ter März 1848. *ergänzt B*

196 Alexander von Humboldt an Gabriele von Bülow o. O., 11.3.1848

H: DLA/SNM, Marbach, 62.2137

[*Fragment*][a]
hieher geschikt, sonderbarer Weise wahrscheinlich um zu schmeicheln ein Legitimist den ich viel kenne, le Comte de Circourt ist vorgestern angekommen. Er bringt die süssesten friedfertigsten Versicherungen und mir einen sehr freundlichen Brief von Arago. Niemand glaubt hier für jezt an Krieg mit Frankreich. Die provisorische Regierung rühmt sich auch der edeln Herzogin von Orléans ihr douaire, 300000 francs jährlich fortzubezahlen. Möge es wahr bleiben. Man weiss hier nicht, ob sie in Düsseldorf od. in Ems sei. Mr de Circourt, der eine Russin zur Frau hat u. lange in Petersburg lebte, ist von Canitz sehr liebreich aufgenommen worden. Mr Moustache hat sich in die Gunst von Lamartine gesezt, kommt aber vorläufig zurük. Herzliche Umarmung

AlHt

Sonnabend Abend d. 11ten März 1848.[b]

Die unbequeme Petitionssache ueber polit[ische] Dinge die in der Stadtverordneten Versamlung [grosses][c] Lermen gemacht ist noch nicht zum Schluss gekommen.[1]

1 „Berlin, 11 März. Seit der Einführung der Oeffentlichkeit der Stadtverordnetenversammlungen haben wir noch keine Sitzung erlebt gleich der heutigen, in welcher, […] über eine Sr. Majestät dem König zu überreichende Addresse berathen werden sollte. […] schon eine Stunde vorher waren Vorflur und Treppe gefüllt so daß ein langer Schweif sich bis auf die Straße hinaus gebildet hatte […]. Diese Deputation hatte gestern Nachmitttag […] nach schweren Kämpfen sich endlich über eine Adresse geeinigt, in welcher folgende Wünsche ausgesprochen waren: 1) sofortige Einberufung des Vereinigten Landtags; 2) Gewährung der Pressfreiheit mit einem nur wirkliche Preßvergehen strafenden Preßgesetz; 3) angemessenere Repräsentation des Volks beim Vereinigten Landrat mit beschließender Stimme durch einfache Stimmenmehrheit für die Vertreter; 4) staatsbürgerliche Gleichheit aller Unterthanen ohne Unterschied des religiösen Bekenntnisses: 5) Einführung von Geschworenengerichten; 6) Vertretung der deutschen Nation beim Bunde durch Abgeordnete aller deutschen Ständeversammlungen […]. Die Debatten waren stürmischer als wir irgendwelche gehört zu haben uns entsinnen; besonders durch die fortwährenden Einmischungen von Seiten des Publikums mit Händen, Mund und Füssen. Der Stadtverordnetenvertreter drohte zwar wiederholt die Tribüne räumen zu lassen; indeß stellte das nur auf Augenblicke die Ruhe wieder her. [… Es folgt die Diskussion weiterer dem König vorzulegender Schriftstücke]. Endlich kam ein weiterer […] Punkt zur Beratung: ein Antrag auf Bürgerbewaffnung. […] Nun erhob ich aber ein großer Lärm; mehrere Stadtverordnete, welche die Sache früher wohl falsch verstanden und deßhalb geschwiegen hatten, protestirten und forderten Abstimmung über Bürgerbewaffnung. Das Publicum stimmte in dieses Verlangen mit einem wahrhaft furchtbaren Lärmen ein, und als der Vorsteher die Sitzung schloss, weigerte sich dasselbe die Tribüne zu verlassen. Der Spectafel dauerte eine ziemliche Weile und drohte immer ärger zu werden, […]. Man ist jetzt sehr gespannt, ob der König die Deputation empfangen, oder was weiter geschehen wird. Wahrscheinlicher ist eine Weigerung, da der König die feste Ansicht haben soll gar keine Deputation zu empfangen […]" (Allgemeine Zeitung Nr. 73 vom 13.3.1848, 1189–1190).

a *B am Rand:* N. 7 – Anfang persönl[ich], fehlen 2 Weitere
b d. 11ten März 1848. *ergänzt B*
c grossen *H ändert Hrsg.*

197 Alexander von Humboldt an Gabriele von Bülow
Berlin, 17.3.1848

H: DLA/SNM, Marbach, 62.2137

Auf Deinen theuren Brief vom 16ten Abends, theure Gabriele, kann ich leider! bei der höchsten Unbestimmtheit der Mächtigen wenig interessantes melden. Ich habe, ohne unseren vielbeschäftigten Leopold zu sehen, heute morgen 9 Uhr, als ich zum König kam, die Potsdamer im Schlosshofe bivouaquiren gefunden. Es hiess aber „da es gewiss heute Abend ruhig sein würde" (Du weisst, wie viel auf solche überklugen Gewissheiten zu rechnen ist) so würde man noch heute die Potsdamer zurükschicken, da ohnedies mehr fremde Regimenter in die Nähe von Berlin auf Dörfern zusammengezogen würden. Die Weisen behaupten dass, obgleich nach langer Verhö[h]nung durch 5 Schüsse, zwischen dem Palais der Liegnitz und Pr[inz] v. Preussen, einer getötet und zwei schwer verwundet worden waren, der gestrige Abend doch nur unbedeutend gestöhrt [worden][a] wäre. Die Bürger mit den Schuzbinden, zu denen sich die Studenten geschaart, unbewaffnet und ohne schwarz rothe Cocarden die man ihnen abcomplimentirt, sollen nüzlich gewirkt haben. Der Pöbel verhöhnte sie zwar auch, aber Minutoli, den ich mit allen Ministern und Pfuel und Prinz von Preussen und Waldemar beim König in der Halle fand (eine Art Conversations und Prophezeihungszimmer!) Minutoli behauptet die gestrigen Schüsse hätten genuzt, da der Pöbel daran gezweifelt und Sperlingsartig verflogen sei: auch hätten die Schuzbürger gestern erst eingesehen, dass sie nichts vermöchten, wenn sie nicht vom Militär unterstüzt werden. Den König sah ich einige Minuten allein: noch kein Entschluss, Erwartung von officiellen Nachrichten von Wien, wenig Glauben an die Dresdner Conferenz – – Der einzige klare neben Pfuel ist Uhden: die constitutionelle Regierungsform müsse man gleich aussprechen, ehe dieselbe vom Landtage (avec accompagnement neuer Gesindel-Aufrühre) abgepresst würde, das jezige Ministerium müsse abtreten, er selbst, Uhden, wolle mit abgehen.[1] Du siehst meine Liebe, es ist noch keine Entscheidung, aber es keimt, alle Welt wird mürbe, man familiarisirt sich mit Ideen die man vorher für sündlich hielt. So eben schikke ich dem König den Auszug eines Briefes der Schwester der Talleyrand in Wien (15t[en] Ab[ends]) welchen leztere mir mittheilt.[2] |2| Der Kampf ist (wie Du auch aus der Spikerschen Zeitung ausführlich schon kennst) blutig gewesen, Ständehaus und Metternichs Villa verwüstet, wohin er geflohen weiss man nicht. Der Kaiser hat „eine Constitution sur les bases les plus larges"[3] für alle Erbstaaten zugestanden, telegr[aphische] Depechen und Eisenbahnen sollen die Nachricht in alle Theile der Monarchie bringen. Die Erzherzöge Ludwig u. Albrecht geflüchtet. Der Kaiser zu Pferde (wie alles vorbei war) bloss von dem Erzherzog Stephan, dem jungen populären Palatin begleitet, umhergeritten und als Triumphator begrüsst!! Die regulären Truppen ausserhalb der Stadt aufgestellt, in Wien an die Stelle der alten Bürgergarde, 20000 neue Nationalgarde. Où peut-on être mieux qu'au sein de la Famille![4] Wussow ist angekommen, wie immer sehr geheimnissvoll über den politischen Zustand in Cölln, den er für den Augenblik ruhig hielt. Der Herzog von Coburg hat sich von Gotha schnell nach Coburg begeben, weil man dort eine 2000 starke Bande Gesindels (nicht Bauren) erwartet, die von Culmbach und der Oberpfalz angezogen kommt, Schlösser abbrennt, plündert, wie im Odenwalde wo es etwas ruhiger sein soll. Hedemann habe ich noch gestern besucht, er war sehr heiter, hatte aber noch keine

---

[a] geworden *H ändert Hrsg.*

Nachricht von Adelheidchen – Eben unterbricht mich Wilhelmchen der ganz wohl aussieht u. sich von allem entfernt hält. Er glaubt an Mirabeau-Hermanns Ankunft. Er wird bei ihm wohnen. Dein

AHt

B[erlin] den 17t[en] März[a] um 2 Uhr

1 Eine neue Regierung wurde am 19. März gebildet, Bornemann löste Uhden als Justizminister ab.
2 Siehe Humboldt an Friedrich Wilhelm IV., 17.3.1848, in Humboldt 2013, 390.
3 Frz.: eine Verfassung auf den breitesten Grundlagen.
4 Frz.: Wo kann man besser sein als im Kreis der Familie!

198 Alexander von Humboldt an Gabriele von Bülow
Berlin, 22.3.1848

H: DLA/SNM, Marbach, 62.2137

Berlin den 22 Maerz 1848, um 5 ½ Uhr.

Ich komme von dem Leichenzuge.[1] Ich habe nie eine grössere Ordnung und Ruhe in einer ungeheuren Menschenmasse erlebt. Nicht ein unanständiger Laut, kein politisches Wort, wie man dergleichen gefürchtet. Der König wünschte, dass man mitgehen sollte. Ich schloss mich den Studenten an, ging neben dem Prorector Johannes Müller und wurde von dem Publicum überall sehr freundlich behandelt. Wir waren um halb ein Uhr auf dem Gendarmen Markte wo an dem Kirchenportale 173 Särge standen: dazu kamen 50 mehr aus der Werderschen Kirche. Die Familien der Verstorbenen, schluchzende Bräute, viele sehr kleine Kinder ... waren herzbrechend zu sehen – Ein Zug von wohl 5–600 Personen. Sidow's Rede bei den Särgen schien sehr kalt. Er hatte wahrscheinlich alle politische Anspielung vermeiden wollen, also ward (so viel ich vernahm) der König, der sich gestern so schön und[b] muthvoll gezeigt, nicht genannt. Dann Reden von wahren und Deutsch-Catholiken, auch ein Rabiner. Der Leichenzug ging in zwei langen Zügen. Der König soll jedesmal auf das Balcon getreten sein, wenn die Särge kamen: ich sah es nicht, weil die Universität durch die Leidtragenden von den Särgen getrennt blieb. Ich blieb 3 ½ St[unden] auf den Beinen und verliess den Zug erst auf dem Alexanders Plaze. Der sehr freundliche Handwerker-Verein hat mir heute Abend von selbst 2 Schildwachen geschikt, weil gewafnete Banden-Gesindel in die Vorstädte dringen könnten. Ich halte [es] für einen falschen Alarm, so wie man gestern Abend die Studentenwache auf dem Schlosse mit 60 Mann vermehren liess „weil man Verdacht hatte, des Königs Leben sei in Gefahr." Man fand bald dass es ein leerer Wind war. Ich glaube dass die trübe Stimmung in der ich heute morgen den König u. die Königin fand (ich sehe sie täglich und recht oft theils in der Vorhalle) Folge jener unnüzen nächtlichen Aufregung war. Die Breslauer Nachrichten und Deputation mögen auch dazu beigetragen haben. Brandenburg hat das Militär Commando keineswegs niedergelegt, aber die Bürger bewafnet. Das Militär ist in der Stadt geblieben, aber consignirt[2]. Der Oberpraesident Wedell ist Gegenstand des

a März *ergänzt H*
b und *ergänzt H*

Hasses geworden u. flüchtig. Der Oberbürgermeister Pinder verwaltet interimistisch. Mit der Republik scheint eine factiöse Minorität nur gedroht zu haben. So sagt Kammerherr Graf |2| Pükler der erst gestern Breslau verliess. Die Deputation verlangt dass man Zusammenb[e]rufung des Landtages verschieben solle, weil man vorher Urwahlen und nach freieren Wahlgesezen vornehmen müsse. Es scheint man werde nicht nachgeben können, da man mit dem Landtage nicht zögern könne. Mr Moustache ist denn wirklich Min[ister] des Auswärtigen geworden, singend aber ultraliberal und grob. Das Schiksal des Pr[inz] von Preussen u. der Prinzessin (die auch nach London geht damit man nicht sage sie seyen in Petersburg) betrübt mich tief. Wie viel Erniedrigung ist ihrem Hause durch freche Inschriften hier angethan. Das friedliche Zurükführen der Truppen nach einem Verfassungseide (auf eine noch nicht existirende Verfassung), das Entwöhnen von den gehässigen Vorurtheilen gegen Babel, die Bewegung welche die 97 freigelassenen Pohlen sich als Comitee hier geben, um Deutschland nüzlich zu werden und Pohlen für Deutschland zu regeneriren, sind Lebensfragen. Von Stolberg hat man sich getrennt,[3] er ist in Wernigerode. Der gute Werther löst die Alarmcanone. Er verkündigte heute „die Litteraten würden beim Leichenzuge die Republik declariren." Es ist jezt 7 Uhr und alles ist ruhig. Sonderbar dass man noch immer nicht weiss, ob Camphausen u. Auerswald kommen od. sich auf härtere Zeiten aufsparen wollen.[4] Es ist nicht recht dem König Hülfe zu entziehen. Ich beobachte u. sehe minder schwarz als Andere.

Herzliche Grüsse an alle bei Dir und den theuren Loëns,

AlHt

Gen[eral] Reiher meint Hedemann würde bald hier wieder erscheinen. Die Zeitungen sind noch oft recht unfreundlich und thöricht gegen das Militär.

1 Am 18. und 19.3.1848 hatten die Barrikadenkämpfe mehrere hundert Todesopfer gefordert.
2 Consigniert bedeutet eigentlich versiegelt, beim Militär: der Befehl, dass man sich an einem bestimmten Ort, z. B. in der Kaserne, aufzuhalten habe.
3 Graf Stolberg war als Minister des Königlichen Hauses Chef der Domänen- und Forstverwaltung.
4 Am 29.3.1848 setzte Friedrich Wilhelm IV. eine liberale Regierung mit dem Ministerpräsidenten Camphausen und dem Finanzminister Hansemann ein. Auerswald wurde Innenminister.

199 Alexander von Humboldt an Gabriele von Bülow Berlin, 26.3.1848

H: DLA/SNM, Marbach, 62.2137

Berlin, Sontag 9 Uhr, d[en] 26sten März 1848.[a]

Ich werde mir morgen, Montag, die Freude bereiten, bei Dir theure Gabriele, in Potsdam zu essen, um 2 oder 3 Uhr, wenn Du willst. Du brauchst mir nicht zu antworten, da mich Dein Brief nicht zu Hause finden könnte in diesem oft ganz nuzlos wandernden Leben. Ich hoffe morgen mit der Eisenbahn um 12 Uhr von hier abzugehen und zur Rückehr die Eisenbahn um 5 zu nehmen. Wundere Dich nicht, wenn ich nicht gleich um 1 Uhr zu Dir komme. Ich muss zuerst zu dem jungen Prinzen von Preussen ins Schloss ...... Lasse dort aber nichts

a , d. 26sten März 1848. *ergänzt B*

wissen. Der König, den ich gestern verfehlt, ist von seiner Tournée sehr zufrieden gewesen. Hier ist anscheinend Ruhe: man sagt die heutige Volksversammlung (2^h) vor dem Schönhauser Thore „sei in sehr gutem Sinne[“]. Prinzess Carl, die hier geschlafen liess mich gestern Abend kommen. Ich war über 1 Stunde mit ihr und gab [ihr][a] zurük die spanische „Schuld“. Hermann gefällt mir ausserordentlich. Ich weiss nicht ob er mich morgen wird begleiten[b] können. Ich habe ihn und Wilhelmchen heute zum Essen. Herzliche Grüsse besonders bei Loën dessen inneren Trübsinn ich ganz begreiffe und theile.

AlHumboldt

200 Alexander von Humboldt an Gabriele von Bülow o. O., 18.4.1848

H: DLA/SNM, Marbach, 62.2137

Nach einem Briefe, der in Berlin liegen blieb, scheint es allerdings, dass [sie][c] erst nächtlichst 10 Uhr kommen, das soll mich aber nicht hindern mit Dir, meine Theure und dem baldigen Christenkinde[1] den Abend zuzubringen und Deine liebe Schwester bei Dir zu erwarten. Ich komme um 8 (acht) Uhr.

AHt

Dienstags d. 18ten April 1848[d]

[1] Vermutlich Constanzes Einsegnung (Konfirmation) am 19.4.1848.

201 Alexander von Humboldt an Gabriele von Bülow o. O., 18.4.1848

H: DLA/SNM, Marbach, 62.2137

Ich werde, liebe G[abriele], mir gewiss heute die Freude machen, den ganzen Abend bei Dir zuzubringen. Ich sage dem König bloss, dass Deine Schwester erwartet wird, kannst Du mir mündlich sagen lassen wann Du sie und ihn erwartest.

AHt

Dienstag d. 18ten April, 1848.[e]

Vielleicht macht es den Kindern Freude schöne und doch Berliner Pflanzenabbildungen zu sehen.

[a] Ihr *H ändert Hrsg.*
[b] wird | wieder *gestrichen* | begleiten *H*
[c] Sie *H ändert Hrsg.*
[d] d. 18ten April 1848. *ergänzt B*
[e] d. 18ten April, 1848. *ergänzt B*

202 Alexander von Humboldt an Gabriele von Bülow o. O., 1.6.1848

H: DLA/SNM, Marbach, 62.2137

Ich komme eben von Sanssouci, meine Liebe, und bin durch Willisen und Schafgotsch auf den Grund des Misverständnisses gekommen. An den König ist nie eine Depeche gekommen aber an den Commandanten der hiesigen Bürgerwehr Alvensleben,[a] den ein Berliner[b] Freund wissen liess „es möchte wohl eine Deputation nach Potsdam herüberstürmen." Der diensthuende Adjutant wollte dem König nichts davon sagen, weil es ein blosses Gerücht war. In Berlin sind die Gewaltzustände dieselben. Der kleine Willisen läugnet fest, dass er an die Stelle von Neumann komme, läugnet sogar dass der König es wünsche. Sage es dem theuren Loën.

AHt

Donnerstag Nacht 1sten Juny 48.[c]

Lasse mir doch ja morgen etwas tröstliches über den lieben Kleinen sagen. Es wird wohl sein Fiebertag sein. Vom Tage der Ankunft des Pr[inz] v. Pr[eussen] weiss man noch immer nichts, nur dass er den 28st[en] abgereist.[1] Graf Redern der Brandschazung seines Berliner Hauses durch den sich nun mehr erkühnenden Volkssouverän fürchtet und das „Drama der Ankunft" abwarten will, hat sich nun auch neben mir im Schlosse förmlich eingesiedelt.
Ich wünschte wohl Abel[2] bald wieder[d] zu haben.

[1] Siehe den Brief Nr. 213, Anm. 4.
[2] Vermutlich ein Buch von Otto Abel (Stevens 1863, 2, Nr. 10 und 11).

203 Alexander von Humboldt an Gabriele von Bülow o. O., 1.6.1848

H: DLA/SNM, Marbach, 62.2137

Himmelfahrtstag d. 1ste Juny 1848.[e]

Es müssen Misverständnisse und vielleicht auf der Eisenbahn verbreitete Gerüchte, von Vorschlägen zu Deputationen die in einzelnen Gruppen gemacht und von Reisenden gehört worden sind, zu den Gerüchten Anlass gegeben haben. Ich war bei Rauch, der Gr[äfin] Keller und in Sanssouci bei Bonin der diensthuend ist, und an den als diensthuender Adjutant zuerst die telegr[aphischen] Depeschen kommen.

[a] Alvensleben, *ergänzt H*
[b] Berliner *ergänzt H*
[c] 1sten Juny 48. *ergänzt B*
[d] bald | und Pertz *gestrichen* | wieder *H*
[e] (1) Sontag (2) Himmelfahrtstag d. 1ste Juny 1848. *ergänzt B*

Der König hat keine telegraphische Depesche, keine irgend wichtige Nachricht gestern den ganzen Tag, od. die Nacht od. heute bis 6 Uhr Abends erhalten. Alles ist in grösster Unbefangenheit in Sanssouci, man erwartet die ganze Prinz Carlsche Familie um 8 Uhr zum Thee, zu saurer Milch, Petersiliensuppe und Aprikosenmuss. Aschkof war bloss heute morgen gekommen um seinen Wunsch auszudrücken wegen des Parthei Zwiespalts der Bürgerwehr den Abschied zu nehmen. Der König hat von ihm erhalten, dass er bleibe. Er hat gemeldet dass er nach wie vor Nachts 200 Mann Militär[a] gestern im Zeughause aufgestellt; die Arbeiter hatten sich allerdings zu bewaffnen gefordert, er habe es aber versagt, und sie hätten sich für jezt beruhigt. Das ist mein Bulletin.

AHt

Man versichert der kleine Willisen habe Neumanns Stelle.

204 Alexander von Humboldt an Gabriele von Bülow
o. O., 1.6.1848

H: DLA/SNM, Marbach, 62.2137

Die olympischen Götter parodiren, wie es scheint, heute[b] heimlich und[c] heidnisch die[d] Himmelfahrt. D. h. auf deutsch sie speisen allein und vermummt. Ich möchte also, theure Gabriele, von meiner Freiheit Gebrauch machen und schrecke mich bei Dir zum Mittagessen an, um etwas mehr von Adelheidchens Anwesenheit zu geniessen. Ich komme um 3 Uhr: gieb Dir nicht die Mühe mir zu antworten. Mit inniger Anhänglichkeit und Liebe
Dein treuer

AlHumboldt

Donnerstags d. 1ste Juny 1848[e]

205 Alexander von Humboldt an Gabriele von Bülow
o. O. u. o. D., [nach 5.6.1848]

H: DLA/SNM, Marbach

Ein langweiliger Besuch des Spanischen Gesandten mit dem kurzen Namen Don Antonio Ramon Zarco del Valle hat mich gehindert, meine Theure, Dich heute zu besuchen.[1] Morgen früh um 8[U] muss ich nach Berlin, weil der franz[ösische] Gesandte Arago sein erstes diplomatisches Diner giebt.[2] Ich schreibe um Dich über Brandenburg zu beruhigen. Es ist eben

---

[a] (1) gestern im (2) Militär *H*
[b] scheint, | heute *gestrichen* | heute *H*
[c] (1) die (2) und *H*
[d] (1) Ihr (2) die *H*
[e] d. 1ste Juny 1848 *ergänzt B*

nichts sehr wichtiges vorgefallen. Da gestern Aben[d] 197 Abgeordnete angekommen waren, man also der Vollzähligkeit nahe schien sind heute morgen so viele der Linken (doch nicht der äussersten) angekommen dass man 270 war. Man haderte über eine neue Praesidentenwahl. Die Linke wollte den alten behalten, blieb mit 37 Stimmen in Minorität und zog sich grimmig zurük. Stellvertreter werden einberufen. Man hat sich bis Donnerstag vertagt. Wird man Donnerstag ohne die Linke vollzählig sein? Ein langsames Kräpeln. Gagern aass hier und geht morgen, die beiden anderen Commissarien bleiben noch.[3]

AHt

Freitag in Eil[e]

[1] Am 9.8.1848 bedankte sich Humboldt für die Auszeichnung des spanischen Ordens „Gran Cruz de Carlos II." durch die Königin Isabel II., der ihm bereits 1845 verliehen worden war. Ein Zusammenhang des Vorgangs, der von S. Rebok erforscht wurde (Rebok 2006, 207–210), mit dem Besuch des spanischen Gesandten ist nicht bekannt.

[2] E. Arago, der Sohn von Humboldts langjährigem Freund F. Arago, war vom Juni 1848 bis Januar 1849 französischer Gesandter in Berlin. Er war am 5.6.1848 in Berlin eingetroffen. Vgl. Humboldt an Friedrich Wilhelm IV., 5.6.1848, in Humboldt 2013, 397.

[3] Vermutlich die Verfassungsdiskussion in der Berliner Nationalversammlung. Graf Brandenburg wurde am 2.11.1848 zum preußischen Ministerpräsidenten ernannt.

206 Alexander von Humboldt an Gabriele von Bülow
o. O., 11.6.1848

H: SBBPK, Berlin. Handschriftenabt. Samml. Runge. IV, 5692

Da ich vermuthe, meine Theure, dass Ihr gern heute die Parade werdet sehen wollen, so habe ich den Castellan befragen lassen. Er versichert, er könne euch das „Lakzimmer über der Königinn" anweisen. Der kleine August soll euch erwarten.
Mit inniger Liebe Dein

AHt

Sonntag d. 11ten Juny 1848.[a]
Ich esse leider um halb 5 Uhr heute bei Meyendorf.

[*Adresse:*]
Ihro Excellenz
der Frau Ministerin von Bülow
Al. Humboldt

[a] d. 11ten Juny 1848. *ergänzt B*

207 Alexander von Humboldt an Gabriele von Bülow
o. O. u. o. D.

H: DLA/SNM, Marbach, 62.2137

Ich bin ja recht lange, theure Gabriele, ohne einige liebevolle Worte von Dir. Du schreibst mir nicht ob Bernhardchen angekommen ist. Meine Gesundheit ist wieder gut bei dem Schandwetter, <doch> ass ich gestern bei Schimmelpenning, grosses diplom[atisches] Diner in dem ich mich dem jungen Bülow nicht einmal nahen konnte. Ich lege Dir zum Amusement bei

einen Brief des Königs
einen von Rauch
und den fur[ch]tbaren Times[1]

Die 2[a] lezteren also[b] auch Rauch solltest Du wohl an Hedemann schicken, er sieht gewiss das J[ournal] des Débats nicht.
Innige Liebe

In Eile u Verspätung
AlHt

Donnerstags

[1] Die Briefe sind unbekannt. Bei dem Artikel aus „Times“ handelt es sich eventuell um folgende Notiz, die Humboldt nach dem 12.7.1848 an den König gesandt hatte: „Das heutige Journal des Débats vom 12 Juli enthält aus dem Times ‚Lord Palmerston a donné un grand dîner samedi. Parmi les convives se trouvoi[en]t Mr de Tallenay, chargé d’affaires de France avec Mr de Montherot, premier secrétaire de la Légation française‘.“ (Humboldt 2013, 399).

208 Alexander von Humboldt an Gabriele von Bülow
o. O., 10.7.1848

H: DLA/SNM, Marbach, 62.2137

Ob ich gleich gewiss noch die Freude haben werde, meine theure G[abriele] Dich noch heute morgen zu sehen, so muss ich Dich doch heute schon mit der Bitte beschweren, mir eine anonyme broschure von Radowitz

Friedrich Wilhelm IV. und Deutschland[1]

zurükzusenden. Man fordert sie mir aber und ich denke gewiss, sie liegt bei Dir oder bei Loën. Ich aass gestern mit Gräfin Naashorn u. der rechten Seite des Hofdamen-Congresses bei Meyendorf, wo man der Kinder wegen nur von Baden, Schwimmen u. Segeln spricht. Westmoorland ist dort als gentleman farmer und sagt ganz unverholen, wenn wir Jütland berührten, so würden auch engl[ische] Schiffe unsere Häfen beschiessen. So steht in einer höflichen Note von Palmerstone. Indess ist jezt alles unterschrieben und Pourtalès zu Wrangel geschikt. Ob das Abkommen in Malmoe[2] so ehrenvoll sei, als es unsere braven Truppen er-

[a] 2 *ergänzt H*
[b] (1) oder (2) also *H*

warten können, weiss ich nicht. Gieb doch |2| an Loën auf einige Tage die zwei tollen Kriegsmaschinen die Miroslawski sich rühmt erfunden zu haben, eine Fieskische Höllenmaschine Taf[el] I, wo FFF drei mit Blei gepanzerte Pferde, B die Höllenmaschine, A ein Kutscher in einer eisernen bouteille und Sensen, BB die Fieskischen Maschinen. In Taf[el] II ist eine keilförmige Aufstellung der Sensenwagen und zu beiden Seiten bewegliche Hürden auf Rädern wohinter Schüzen. Die Maschinen wurden ungebraucht gefunden. Die Zeichnungen die ich Olberg verdanke[3], werden Loën gewiss interessiren. Die Königinn ist leider! seit gestern unwohl an einem Torticollis[4]. Sie erschien nicht. Schleinitz ging durch, nach Hannover ganz zurük. Ob für jezt Gr[af] Bülow, später Usedom, weiss ich nicht.
Dein

AlHumboldt

Montags d. 10t[en] July 1848.[a]

Ein Negerbuch von dem sogenannten jungen Oelsner, Sohn des Ge[heimen] Legations Rathes mit dem Wilh[elm] u. ich studirt. Der Sohn war in der Insel Bourbon verheirathet.[5] Vielleicht amüsirt es Euch!

1 Radowitz 1848.

2 Mit dem Vertrag von Malmö vom 26.8.1848 wurde unter Vermittlung Schwedens zwischen Dänemark und Preußen ein Waffenstillstand im seit März geführten Schleswig-Holsteinischen Krieg vereinbart, am 16.9. ratifiziert, und am 22.2.1849 durch Dänemark gekündigt. Dann begann die zweite Phase des Krieges zwischen Dänemark und einem deutschen Bundesheer unter dem preußischen General Karl von Prittwitz, der erst mit dem Londoner Protokoll vom 8.5.1852 beendet wurde.

3 Offenbar ein Nachbau der von Joseph Fieschi konstruierten und 1835 bei einem Attentat auf Louis Philippe eingesetzten, aus vierundzwanzig Flintenläufen bestehenden „Höllenmaschine". Das Attentat des korsischen Anarchisten forderte Tote und Verletzte, der König blieb unverletzt und Fieschi wurde darauf zum Tode verurteilt und am 20.2.1836 hingerichtet.

4 Schiefhals.

5 Der Vater K. E. Oelsner hatte in Frankfurt a. O. und Göttingen studiert. Sein Sohn Gustave Oelsner-Monmerqué veröffentlichte aus dem Nachlass seines Vaters unter dem Titel „Politische Denkwürdigkeiten" 1848 dessen Aufsätze über Friedrich II., sein Jahrhundert und die französische Revolution u. a. (siehe Stevens 1863, Nr. 7284 u. 7285), an Humboldt mit der Widmung gesandt: „A son Excellence Monsieur le Baron Alexandre de Humboldt, très respectueux hommage du fils de l'Auteur". Hier handelt es sich jedoch wahrscheinlich um Oelsner-Monmerqué 1848, ein Buch über dessen Aufenthalt auf der Insel La Réunion 1840, in dem er die Abschaffung der Sklaverei propagierte.

a d. 10t[en] July 1848. *ergänzt B*

209 Alexander von Humboldt an Gabriele von Bülow
o. O., 15.7.1848

H: DLA/SNM, Marbach, 62.2137

Ich habe meine Liebe, den Besuch keineswegs vergessen und werde den beängstigten Mann mit der Hofnung trösten, dass es in Revolutions-Zeiten immer von selbst Veranlassung giebt, Festungsarrest, wenn das Publikum eine Sache nicht mehr beachtet, zu verkürzen. Ich habe nur von 15 Jahren gehört und Willisen versichert auch Nazmer könne nicht zum Tode verurtheilt werden, weil Todesstrafe nur im Kriege gelte.[1] Bestimmt wusste man gestern beim König nichts. Ich habe einen langen zärtlichen Brief an H. Rose mit 2 Empfehlungen (eine fast unmittelbar an den Herzog) geschikt.[2] Morgen bitte ich bei Dir mit Bernhardchen essen zu können.

AlHt

Sonnabend d. 15$^{\underline{ten}}$ July 1848[a]

[1] Vermutlich handelt es sich um den Oberleutnant Techow, der beim Berliner Zeughaussturm die Bürgerwehr einließ, und dessen Vorgesetzten Natzmer, der einen Schießbefehl verweigerte. Beide wurden zu 15 Jahren Festungshaft in Spandau verurteilt. Vgl. auch Humboldts Fürsprache vermutlich in dieser Angelegenheit (ebenfalls ohne Nennung der Personen) am 17.7.1848 und die Antwort des Königs am 18.7.1848 in Humboldt 2013, 400, sowie den folgenden Brief.

[2] Humboldt an Heinrich Rose, 14.7.1848, LB Dresden. Mscr. Dresd. App. 1053, 2.

210 Alexander von Humboldt an Gabriele von Bülow
o. O., 16.7.1848

H: DLA/SNM, Marbach, 62.2137

Ich beklage sehr, meine Theure, dass ich die Hofnung aufgeben muss, heute bei Dir zu essen. Ich habe gestern in Sanssouci keinen Bissen genossen hatte den Abend Flussfieber (Kälte ohne Hize) und medicinire mich durch den Unterhippokrates Hofrath Laue. Ich bin heute besser, werde aber nichts als Suppe u. Pflaumen geniessen und nicht ausgehen. Leider bin ich aber durch dieses kleine Unwohlsein daran schuld, dass Du gestern Abend nicht nach Charlottenhof[b] eingeladen warest. Es war der Königin Wille, Dich gestern einzuladen, da ich aber nicht dabei sein konnte, so schob man es für die künftige Woche auf. Gr[af] Arnim aus <Prešporok> ist hier. Es geht in Frankfurth das Gerücht, Arnim (Mr Moustache) u. Bunsen würde der Johann zu Reichsgesandten in Paris u London ernennen. Was werden wir dann? Das Urtheil soll sein Techow[c] 15 J[.] Nazmer nur 10 Jahr Festung[1], beide bald zu vermindern.

AlHt

[a] Sonnabend d. 15$^{\underline{ten}}$ July 1848 *ergänzt B*

[b] (1) burg (2) hof *H*

[c] Tuchow *H ändert Hrsg.*

Sonntags d. 16ten July 1848[a]

Der arme Seifert leidet wüthig an Gicht in Berlin

[1] Siehe den vorigen Brief.

211 Alexander von Humboldt an Gabriele von Bülow o. O., 31.7.1848

H: DLA/SNM, Marbach, 62.2137

Ich schreibe Dir bloss, meine Liebe, um zu melden, dass mein Essen in Sanssouci mir sehr gut bekommen ist. Nach Tische kamen Below u. (Auerswald) ersterer schon aus Wien zurük. Er war Donnerstag Abend hier weggereiset. Er that geheimnissvoll doch glaubt man er würde nicht so schnell zurükgekommen sein, wenn er nicht gute Nachricht wegen des Waffenstillestands brächte.[1] Vielleicht hat Johann erst nach Frankf[urth] schreiben müssen, um sich da zu berathen. Morgen erfährt man wohl mehr. Gestern ist im lezten Augen|2|blik noch alles sehr unangenehm abgelaufen. Der König hat sich sehr laut u. heftig über die Fahnengeschichte und die Gründe nicht nach Berlin zu kommen geäussert – was er gesagt ist sehr vergrössert worden. Aus Wien schreibt man indess dass Johann sehr unzufrieden Gen[eral] Latour wüthig auf Peuker sind.[2] So much the better. Prinz Carl hat Fussübel, Pr[inz] von Pr[eussen] Cholerine.

Hier ein zierliches billet von <Mari>!![3]

AHt

Montags Abends d. 31sten July 48.[b]

[1] G. von Below überbrachte aus Wien die österreichische Zustimmung zum Waffenstillstand von Malmö. Vgl. den Brief vom 10.7.1848, Anm. 2. Siehe auch Humboldt an Alexander Mendelssohn, 4.8.1848, in Humboldt 2011, 175–176.

[2] Eduard von Peucker hatte am 16.7.1848 in einem Rundschreiben an die Kriegsministerien der deutschen Staaten zu einer Huldigung des Reichsverwesers mit den Reichsflaggen am 6. August aufgefordert. Der preußische König widersetzte sich der Forderung des Reichsministeriums, siehe ebd.

[3] Konnte nicht ermittelt werden.

[a] d. 16ten July 1848 *ergänzt B*

[b] d. 31sten July 48. *ergänzt B*

212 Alexander von Humboldt an Gabriele von Bülow
o. O., 1.8.1848

H: DLA/SNM, Marbach, 62.2137

Below hat nur die Order von[a] dem Erzherz[og] an Wrangel mitgebracht vorläufig nicht vorzugehen, auf das Uebrige des Abschlusses könne er sich erst entscheiden, wenn er seine Minister (in der Versammlung!) gesehen.[1] Below ist gestern deshalb schon wieder nach Francfurth zurük, wo er den Erzherzog schon zu finden glaubt. Der Flügeladj[utant] Manteufel geht morgen nach Stockholm um die Nachricht von des Erzherzogs vorläufiger Antwort zu bringen. Bunsen ist gestern in Berlin angekommen ohne seine Ankunft bisher dem König zu melden! On boude réciproquement.[2] Morgen wird man ihn wohl sehen. Mehr weiss niemand, meine Liebe. Pr[inz] v. Pr[eussen] wollte morgen nach Stettin. Oriola ist zurük: man schimpft auf ihn.[3] Ganz Bayern ass in Sanssouci.

AHt

Dienstag d. 1sten August 48.[b]

[1] Siehe den Brief vom 31.7.1848, Anm. 1.
[2] Frz.: Man schmollt wechselseitig.
[3] Graf von Oriola war 1848 Flügeladjutant von Friedrich Wilhelm IV. und begleitete ihn auf den Kriegsschauplatz in Schleswig-Holstein.

213 Alexander von Humboldt an Gabriele von Bülow
Potsdam, o. D., [vor 4.8.1848]

H: DLA/SNM, Marbach, 62.2145

Potsdam, Mittwoch Abend

Die Folgen eines kleinen Erkältungsfiebers die man mit übertriebener Sorgfalt und sehr officiell durch einen kön[iglichen] Leibarzt behandelt, sind weder amüsant zu lesen noch zu beschreiben. Ich schreibe diese flüchtigen Zeilen bloss um Euch Ihr Lieben, jede Art der Besorgniss zu benehmen. Der Leibarzt hält mich noch den halben Tag zu Bette und behauptet, worin er freilich mit Schönlein übereinstimmt, das[s] ich so lange ich noch unter den Irdischen walte, vielleicht ganz von meinen Magenübeln befreit werden könnte, wenn ich es über mich gewönne durch lange und gründlich gepflegte Transpiration das Gleichgewicht der inneren in den Magen und die Därme eingestülpten Schleimhäute mit den äusseren, welche die Unwissenden die Haut nennen herzustellen. Allah! Darum lässt man mich zu Hause bleiben, schwizen und 3mal des Tages a message von Babel keineswegs von Glienicke zu haben!![1] Der König war gestern fast eine Stunde bei mir, sehr heiter, liebenswürdig und in allen meinen Büchern (Nb wenn sie[c] Kupfer haben) und in meinen kupferlosen Pappkästen kramend. Zwei

[a] von *ergänzt H*
[b] Dienstag d. 1sten August 48. *ergänzt B*
[c] Sie *H ändert Hrsg.*

langweilige Hannibals Familien sind vor den Thoren, Princess Friedr[ich] der Niederlande[2] und <die> Tolle vom Rhein. Der Abgestorbene (Wasa) ist endlich weg, die Lindheim zögert. Meiendorf und Gattin cum filio (der Student, der 2 Monate den Krieg in Ungarn mitgemacht und schon!!! den Preuss[ischen] Verdienstorden erpresst hat) assen gestern hier. Sie hat meiner Verdienste gedacht und mir eine Flasche Russischen Thee geschenkt. Der arme Loën ist über alle Maassen angestrengt, man spielt Comoedie, heute morgen ward Alarm geschlagen und jezt wird Potsdam attaquirt, wahrscheinlich eingenommen, le tout pour rire[3]. Hatte ich an der heutigen Spikerschen Zeitung mich ergözt, eine Biographie von Minister Manteuffel, wie ich sie ihm gönne. Er wird mit Sir Robert Walpole verglichen, hat schöne, kleine weisse Hände, kalte Augen, gleicht Napoléon, der grösste Staatsmann seiner Zeit (mir wäre das nicht genug) er wird (hören Sie es Mad[ame] de Brand!!) Minister President und, was constitutionellement nicht ganz correct ist, Staatskanzler werden. |2| Auf diesen kaltherzigen Artikel folgt ganz toller und mir unverständlicher Hohenzollern! Es scheint gewiss, dass der Prinz v. Preussen auf einige Tage zum Geburtstag der Prinzessin (30 Sept.) hieher kommt, eigentlich der pol[itischen] Ereignisse wegen.[4] Der kleine Kaiser hatte einen leichten Anfall nicht von Cholerine, sondern von der Cholera selbst, Folge der empfindsamen Reise nach Töplitz.

Herzliche Grüsse allen Lieben! Was sagst Du von meiner mit Erfolg gekrönten Kühnheit. Maj[or] Schleinitz um sich nicht Vorwürfen au[s]zusezen schreibt er kann den braven Jost nicht auf meine Fürsprache losgeben, weil so viele in bedrängterer Lage wären, aber er habe den Grenadier chirurgisch untersuchen lassen und es finde sich, seine Brust würde leiden, wenn er lange das Gepäck trüge, er würde ihn freigeben und freue sich, es mir schon schreiben zu können. Madame, die ich gleich kommen liess, wusste es schon durch einen eigenen Brief des Gatten. Er wird kommen, mit dem nächsten Transport. So hoffe ich ihn untergrabe das Glück des, wie es scheint auch recht angenehmen Knobelbarth. Die Princessin de Babylone[5] ist besser, wird aber der Kälte wegen, in den ersten Tagen Oct. (wie Du Selbst) Babylon verlassen. Schleinitz hat selbst gesprochen (schon ein Wunder für einen Preuss[ischen] Minister), er hat auch gut gesprochen.[6]

AHt

1 Humboldt schrieb am 4.8.1848 an Alexander Mendelssohn: „[...] es war gestern der lezte kritische Tag der 21ste ganz ohne Fieber“ (Humboldt 2011, 175). Vgl. auch Humboldt an Bunsen vom 29.7.1848 in Humboldt 2006, 108 und an J. G. Cotta am den 10.8.1848: „Sie haben lange von mir nicht gehört, weil ich krank und doch arbeitsam war. Ich habe Fieber gehabt mit gastrischen Complicationen, dreitägig ohne äussere bemerkbare Ursach. Ich war 14 Tage von Sanssouci getrennt, aber der König hat mich liebevoll oft besucht und sass an meinem Bette im Potsdamer Stadtschlosse.“ (Humboldt 2009, 334.) Daher die Datierung.

2 Prinz Friedrich der Niederlande war mit der Prinzessin Luise von Preußen, Tochter des Königs Friedrich Wilhelm III., verheiratet.

3 Frz.: das Ganze zum Lachen. Loën hatte das Kommando über die Schlosswache.

4 Am 19.3.1848 war Wilhelm von Preußen in die Spandauer Zitadelle und danach ins Exil nach London geflohen. Prinzessin Augusta blieb mit den zwei Kindern in Potsdam. Anfang Juni kehrte Wilhelm nach Berlin zurück. Am 8. Juni 1849 ernannte der Reichsverweser Johann von Österreich Wilhelm zum Oberkommandierenden der „Operationsarmee in Baden und in der Pfalz“ zur Niederschlagung der Revolutionen in der Pfalz und in Baden. Am 30. September hatte Augusta von Preußen Geburtstag.

5 Prinz und Prinzessin von Preußen residierten in Babelsberg.

[6] Vermutlich handelt es sich bei Major Schleinitz um Karl Anton Gustav Freiherr von Schleinitz, bei dem Minister um Julius von Schleinitz, der 1848 der preußischen Nationalversammlung angehörte. Zu seiner Rede siehe Königlich-privilegirte Berlinische Zeitung von Staats- und gelehrten Sachen Nr. 177 vom 2.8.1848, 2.

214 Alexander von Humboldt an Gabriele von Bülow
o. O., 9.8.1848

H: DLA/SNM, Marbach, 62.2137

In der Ungewissheit ob ich heute morgen kommen kann, (ich muss morgen Donerstag wegen Rüstungen zur Reise[1] nach Berlin) schicke ich Dir theures Gabrielchen, Hedemanns Brief. Behalte ihn nur schicke mir aber das Spielzeug bis 2 Uhr, das der König sehen will. Ich lege einen wunderbar schön, aber melancholisch geschriebenen Brief des H. v. Held bei, der 600 r., Grüne Schatten und eine Lebensgefährtin will.[2] Wie sonderbar spukt es politisch u. sentimental in der Artillerie. Es ist eine neue, innere Welt. Bis gestern Abend keine Sylbe von Frankfurth.

AlHt

Mittwoch, d. 9ten August 48[a]
Seifert schreibt, er könne mitreisen.

[1] Am 12.8. reiste Humboldt mit dem König nach Minden und Köln zur Domfeier am 21.8.1848. Siehe die folgenden Briefe.
[2] Nicht bekannt.

215 Alexander von Humboldt an Gabriele von Bülow
o. O., 10.8.1848

H: DLA/SNM, Marbach, 62.2137

Tausend Verzeihung. Ich habe keine Exemplare in Berlin vom 1sten Theile, habe aber vor 14 Tagen welche bei Cotta bestellt und werde leider! erst nach meiner Rückunft[1] in 14 Tagen das Exemplar schaffen können.[2] Below kam um 10 ½ Uhr gestern Abend an. Er meint er bringe sehr gute Nachrichten. Man hat dem etwas schwachen Johann persuadirt, dass er allein ohne die Versammlung das Recht habe Frieden zu schliessen. Seine Minister nehmen den Frieden also auf sich u. erwarten nur später Interpellationen in der Versammlung. Morgen kommt Hekscher um wegen der Bedingungen hier zu tractiren.[3] Die Süddeutschen u. hannovr[ischen] Truppen sind allerdings in Marsch, werden aber bald Contreorder erhalten. Man hofft es solle gut gehen.

---

[a] d. 9ten August 48 *ergänzt B*

Denke Dir, dass nicht |2| Below sondern Rauch!! zur Aufwartung des Erzh[erzogs] mitgenommen wird.

AHt

Donnerstag d. 10ten August 1848[a]

[1] Siehe den folgenden Brief.

[2] Vermutlich der 1. Band vom „Kosmos".

[3] Heckscher hatte Erzherzog Johann von Österreich die Nachricht von seiner Wahl zum Reichsverweser gebracht und begleitete ihn nach Frankfurt zum ersten Reichskabinett, in dem Heckscher kurzzeitig Reichsaußenminister war.

216 Alexander von Humboldt an Gabriele von Bülow
o. O. u. o. D., [vor 12.8.1848]

H: DLA/SNM, Marbach, 62.2137

Eiligst! Es geschieht mir von Graf Keller der an Hedemann schreiben soll, die officielle Frage ob da[b] es in Magdeburg zwei öffentliche Häuser
das General Commando
und die Commendatur
giebt, Hedemann wirklich im General Commando wohnt.
eben da wo sonst der Prinz von Hessen?[1]

AlHt

[1] Am 12.8. reiste Humboldt mit dem König nach Minden und Köln zur Domfeier am 14.8.1848. Auf der Hinfahrt wurde in Magdeburg übernachtet: „Ich hoffe, mein theurer Freund, daß Du meinen ersten Brief wegen der Reise des Königs früh genug erhalten hast. Heute ist alles anders und bestimmter. Der König wird schon Sonnabend um acht Uhr Abends in Magdeburg ankommen, im Gouv[erneur] Hause also bei Dir soupiren und schlafen, Sonntag 13ten in Magdeb[urg] zur Kirche gehen und um 1 Uhr die Reise bis Minden fortsezen. Ueber dies alles wird Dir bald Keller, der ohnedies voran geht das Nähere schreiben. [...] Es ist sehr möglich, daß auch ich die Freude habe Dich und die liebe Adelheid in Magdeburg zu sehen." (Humboldt an August Hedemann, 7.8.1848, DLA/SNM, Marbach). Daher die Datierung. Hedemann leitete vom 5.3.1848 bis 6.2.1852 das Generalkommando des IV. Armeekorps, Prinz Georg von Hessen-Kassel war seit 1840 Gouverneur von Magdeburg. Vgl. den Brief vom 25.2.1848, Anm. 1.

[a] (1) Mittwoch (2) Donnerstag d. 10ten August 1848 *ergänzt B*

[b] (1) das (2) da *H*

217 Alexander von Humboldt an Gabriele von Bülow
o. O., 12.8.1848

H: DLA/SNM, Marbach, 62.2137

Es wird leider! nichts werden mit Bunsen. Er ist nicht mehr in Sanssouci gewesen – man weiss auch nicht ob er morgen noch hier speiset od. schon weg ist. Hekscher und Stokmar sind auch noch nicht gekommen.[1] Man war sehr freundlich mit der Sagan. Die Feierlichkeiten in Magdeburg[2] schienen anfangs nicht zu erfreuen, man wird sich aber der Manna, als selten werdende Speise, gefallen lassen. Die alte liberale Tante (Pr[inzessin] Wilhelm) geht nun doch mit nach Cölln, ein „einfacher“ Mensch mehr, aber noch eine Correctur für Glinicke. Wegen der Rolle und der Pfefferkuchen werde ich intrigiren mit Lacroix wen[n] ich zurükkomme. Dein

AHt

Abends 6 Uhr d. 12ten August 1848.[a]

[1] Vgl. den Brief vom 10.8.1848.
[2] Vgl. den vorigen Brief.

218 Alexander von Humboldt an Gabriele von Bülow
Potsdam, o. D., [vermutlich 25.8.1848]

H: DLA/SNM, Marbach, 62.2137

Potsdam, Freitag[b] morgen

Ich bin gestern Abend um halb neun Uhr sehr glüklich hier angekommen[1] und bin sogleich zum Petersiliensouper nach Sanssouci gefahren, wo alles kannibalisch heiter ist. In Magdeburg war ich eine Nacht, Hedemann war in Halberstadt u. kam erst gegen 10 Uhr um mich am Wirtshause, wo ich wegen der Bauten in der Commendatur abtrat, zu besuchen. Er ist sehr wohl er geht Dienstag nach Burg. Ich werde Sonntag, Ihr Lieben, in Tegel essen, wo möglich schon um zwei Uhr weil ich die Fahrt um 7 Uhr Abends nicht versäumen möchte. Ich bin überaus wohl. Herzliche Grüsse. Bei der Sandrart hatte ich ein schönes Soupé. Mendelssohn bessert sich langsam.

AHt

in grosser Eile da Seiffert in seine Familie will.

[1] Siehe den Brief Nr. 216, Anm. 1. Humboldt kehrte am 24.8. nach Potsdam zurück, woraus sich die Datierung ergibt.

---

[a] d. 12ten August 1848. *ergänzt B*
[b] (1) den 25 (2) Freitags *H*

219 Alexander von Humboldt an Gabriele von Bülow
o. O. u. o. D., [vermutlich 27.8.1848]

H: DLA/SNM, Marbach, 62.2137

Sontags.

Ich werde, meine Liebe, mir heute der Manna erflehen, der ich mir gestern entzogen. Ich komme um 3 Uhr zu Deiner Familientafel und statte dann Bericht über Magdeburg ab, wo Hed[emann] natürlich nicht erscheinen konnte, aber alles mit grosser Freundlichkeit erging, nur dass man in Sturmschritt aus dem Hause wegfloh, ohne von Adelheidchen eine Spur von Abschied! zu nehmen; mir aber auf der Eisenbahn Entschuldigungen auftrug die ich heute schon Deiner an den Zerstreuungen minder (als wir) gewohnten Schwester geschrieben![1]
Liebevoll

Dein
AlHumboldt

[1] Siehe den vorigen Brief, woraus sich die Datierung ergibt.

220 Alexander von Humboldt an Gabriele von Bülow
Potsdam, o. D., [vermutlich 30.8.1848]

H: DLA/SNM, Marbach, 62.2137

Potsdam Mittwochs

Nur wenige Zeilen, meine Theure, da der Diener eilt. Der Waffenstillestand ist geschlossen auf volle sieben Monate, also hat man alle Zeit über die Bedingungen zu disputiren.[1] Wenn Du von dem sogenannten Verschwinden von Schleinitz in Hanover noch nichts gehört, so muss Dich folgendes interessiren. Der böse König Ernst schrieb vor 3 Tagen an Pr[inz] v. Preussen: er habe Schleinitz Dienstag zu Tische geladen, er sei nicht gekommen und in seinem Hause verschwunden. Seit Sonnabend wisse man nichts von ihm. Er sei zu Fuss am Dienstag weggegangen ohne Wäsche mitzunehmen, ob er gleich zu Dienstag selbst bei sich Leute zu Tische eingeladen. Nun glaubte man, er habe sich getötet, Räuber hätten ihn in eine Höle geschlept ... Gräfin Rossi weinte, in Babel war man sonderbar gleichgültig, als wisse man wo er war. Ich behauptete „er gehe gewiss an einen Ort wo er von seiner Wäsche finde.“ Gestern nun erhält der König ohne alle Erklärung Depechen von Schleinitz unterschrieben aus Hanover vom 23sten u. 26sten. Wie wird sich das aufklären? Gestern hat Gräfin Rossi schön den Abend vor sehr kleiner Gesellschaft in der neuen Friedenskirche gesungen. Ich aass in Babel. Herzliche Grüsse von der Prinzessin.
Dein

AlHt

In Berlin wüthet man in den Strassen gegen den Einmarsch der Jäger, es ist aber nichts beträchtliches vorgefallen.

[1] Vertrag von Malmö vom 26.8.1848, vgl. den Brief vom 10.7.1848, Anm. 2. Daraus ergibt sich die wahrscheinliche Datierung.

221 Alexander von Humboldt an Gabriele von Bülow
Berlin, o. D., [nach 30.8.1848]

H: DLA/SNM, Marbach, 62.2137

Vielen Dank, meine Theure, für die lieben Zeilen die ich hier finde. Du zürnest mir nicht dass ich Rauch heute nicht begleite. Die leise Hofnung die ich hatte, dass Du vielleicht den lieben Kleinen selbst in Potsdam abholen würdest, ist mir genommen und bei dem bösen Wetter muss man jezt alle Erkältung meiden. Die Cholera (ich habe weitläuftig mit Schönlein sie verhandelt) nimmt allerdings in Berlin u. Potsdam zu, ergreift aber doch nur eine geringe Zahl. Schönlein ist der Meinung dass sie leicht vermieden werden kann, wenn man gleich zu Anfang sich pflegt und die Transpiration herstellt. Camillen-Thee und einige Tropfen Opium. Dazu die Wärme des Bettes. Keine Art des Obstes, nicht Weintrauben, nicht Feigen. Die meiste Cholera entsteht durch Unvorsicht des gemeinen Volkes (Obst, Gurken u. Bier!). Sie scheint so tötlich weil die Zahl der Cholera-Kranken, welche die Zeitungen angeben, Kranke sind, die man im lezten Stadium des Uebels in das Hospital schikt. Die Geschichte des Wiedergefundenen, scheint rein eine Mythe von König Ernst erfunden zu sein. Schleinitz wollte sein eigenes Diner nicht zerstöhrt sehen, |2| und da er bei Hofe eingeladen wurde, liess er etwas kek sagen „er sei nicht aufzufinden.[“] Da er nun wahrscheinlich sich in den nächsten Tagen nicht entschuldigt hatte, so nahm der Böse Rache durch die Lüge in einem geheimnissvollen Briefe nach Babel.[1] Dort war man vielleicht im Geheimniss, denn man war von unglaublicher Glei[ch]gültigkeit, nicht so das Russische Dorf. In Holstein bleiben doch 2000 Preussen bis Frühjahr stehen. Der Friede soll in London unterzeichnet werden, der Waffenstillestand in Lübek.[2] Die Wilhelm Radz[iwill] und die Bog[uslawski?] beide wie immer schwanger, assen in Potsdam. Sie erwarten den heldenmüthigen Gemahl; auch beide Wildenbr[uchs] waren bei uns. Er ist noch einmal in das Meerumschlossen[e] Land gegangen u. that sehr wichtig. Die Perponcher u. Gräfin Meuron sehen wir nur zu oft. Sie hausen mit der Schlegel im N[euen] Palais, alle wüthig ultra. Er, Ribeau Pierre aass auch [hier] und verkündigt die doch zu Stande kommende Heirath des elenden Brassier mit der vorlezten Tochter die zu meiner Freude recht hässlich sein soll. Die Waffenstillstands Bedingung, dass alle von der provisor[ischen] Regierung gegebenen Verordnunge[n] ungültig erklärt werden, muss im Parlament sehr reizen! Graf Brühl war auf einen |3| Tag von Colberg hier. Er geht dahin zurük und bleibt den Winter dort, sich frech rühmend dass die Frau und die Kinder täglich 40 Kranke die ihnen nachziehen radical durch homoipatische Pulver heilen! In einem Mexicanischen Hafen Tabasco ist ein neuer Neffe aufgetaucht der sich bloss Wilhelm nennt. Ich habe nie von ihm gewusst! Wer mag das sein. Er hat eine Generalstochter und wird verfolgt. Schicke mir, meine Liebe, den Brief wieder! Auch ist ein Engländer angekommen der die Mutter des Nils entdekken will und zwar auf Subscription. Ein englischer Missionar, er nimmt seinen 6jährigen Sohn mit und hat eine gedrukte Subsriptionsliste auf der erst 30 Pfund St[erling] gezeichnet[a]

---

[a] (1) zur (2) gezeichnet *H*

sind. Man zeichnet meist nur 1 Pfund. Es ist ein gefährlicher Mann. Soll ich Dir Quellwasser des Nils schaffen? Hauptmann Kittliz der nach den Philippinen will, schrieb mir: ich bin so glüklich dass meine Frau niedergekommen ist. Wir nehmen den Säugling mit.[3] Die Ruhe von Berlin scheint etwas hergestellt, aber das schwache Gesez gegen die Associationen (die Clubs wagt man nicht zu nennen) ist noch nicht durchgegangen. Meinem Handwerksverein (hinter meinem Garten) macht man jezt Entschuldigungen.

Ich hoffe bald Euch zu umarmen und auch beide Adelheidchen. Dein

AHt

Berlin Sontag Mittag.

[1] Vgl. den Brief vom 30.8.1848.

[2] Vgl. den Brief vom 30.8.1848, Anm. 1.

[3] H. von Kittlitz, ursprünglich preußischer Hauptmann, hatte 1826–1829 an der russischem Kamtschatkaexpedition teilgenommen. Eine zweite Forschungsreise musste er 1831 in Ägypten aus gesundheitlichen Gründen abbrechen. Der hier skizzierte Plan einer Philippinenreise wurde wohl nicht realisiert.

222 Alexander von Humboldt an Gabriele von Bülow
o. O. u. o. D., [vermutlich 9.9.1848]

H: DLA/SNM, Marbach, 62.2137

Wer mag Emilie Fritze[1] in Magdeburg Breite Weg n. 102b, meine heimliche Liebe. Sie will sich mir schenken! Ich werde gleich nach der Tafel des Königs (denn es regnet jezt wieder) von Adelheidchen Abschied nehmen und mir den[a] süssen Brief zurückfordern.
Mit inniger Liebe
Dein

AlHt

Sonnabend
Ich habe, sonderbar genug, einen sehr freundlichen Brief von Metternich aus Den Haag empfangen.[2]

[1] „Fritze (Emilie) in Magdeburg Breite[r] Weg 102 b / zu Thale am Hartz in m[ich] verliebt." Notiz im Adressbuch A. von Humboldts (SBBPK, Handschriftenabt., Nachlass 480, Slg. Runge, Nr. 2, Bl. 29r). Ich danke I. Schwarz für diesen Hinweis. Siehe die folgenden Briefe vom 12.9., 19.9. und 23.9., aus denen sich auch die wahrscheinliche Datierung ergibt. Der Besuch fand demnach am 17.9. statt.

[2] Nicht bekannt.

[a] (1) meinen (2) den *H*

223 Alexander von Humboldt an Gabriele von Bülow
Potsdam, 11.9.1848

H: DLA/SNM, Marbach, 62.2137

Ich habe von Tage zu Tage gezögert, Dir zu schreiben, theures Gabrielchen, weil ich Dir hoffte irgend etwas bestimmtes sagen zu können: aber selbst heute ist es noch unmöglich. Bei der völligen Unentschlossenheit die Du kennst und nach vielen Discussionen ob man die Kammer gewaltsam schliessen u. eigenmächtig losbrechen oder um ein Coalitions Ministerium ohne Hansemann, der in der Kammer und zugleich bei den Montmorencys der Ukermark verhasst ist, zu Stande bringen solle, scheint man das leztere Mittel versuchen zu wollen. Die Minister waren häufig hier und behaupteten (was ich nicht glaube) die Linke sei nachgiebiger und wolle von dem Placat an die Armée abgehen, wenn Schreckenstein nicht bleiben könne, müsse man ihn als Gouverneur von Berlin benuzen. Gestern entsteht nun aber auf einmal das Gerücht, die Linke wolle heute Montag losbrechen, |2| es würde heute in Berlin einen republikanischen Aufruhr geben. Auerswald behauptete es und man hat alle militärischen Vorkehrungen deshalb getroffen. Ich habe Mühe an die Wahrheit des Gerüchtes zu glauben und bei Meyendorf wo ich mit vielen aass die aus Berlin kamen (Westmoorland, Dossen ...) wusste man nichts. In Frankfurt ist eine Meinungsveränderung, man glaubt auf einmal der Waffenstillestand solle dort ratificirt werden.[1]

Ich feiere den 14ten Sept. Donnerstags gewiss bei Dir. Ich hoffe dass Babel den Tag vergessen hat od. sich vor Berlin scheuet. Seiffert wird Dir den Tag vorher, Mittwoch, Rehbraten und Rebhühner schicken. Ich schreibe in grosser grosser Eile. Herzliche Grüsse an alle die Lieben. Es ist eine kritische Zeit. Soll es losbrechen so ist es besser, es geschehe jezt und die Veranlassung komme nicht von der Regierung. Man feiert heute hier den Tag des Beilagers des Grossfürst Constantin[2]. Wir hatten auch den intrigirenden Herzog von Augustenburg und Radziwill hier |3| lezterer um den sterbenden Michalski noch einmal zu sehen.

Dein

AlHumboldt

Potsdam
Montag um halb 7 Uhr morgens 11ten September 1848[a]

[1] Die erste Ratifizierung des Vertrags von Malmö (vgl. den Brief vom 10.7.1848, Anm. 2) in der Frankfurter Nationalversammlung wurde verschoben und fand am 16.9. statt, jedoch kam es zu Unruhen vor der Frankfurter Paulskirche, bei denen zwei konservative Abgeordnete der Nationalversammlung ermordet wurden.

[2] Konstantin von Russland heiratete 1848 Alexandra geb. Elisabeth von Sachsen-Altenburg, Tochter von Herzog Joseph von Sachsen-Altenburg.

[a] 11ten September 1848 *ergänzt B*

224 Alexander von Humboldt an Gabriele von Bülow
Potsdam, 12.9.1848

H: DLA/SNM, Marbach, 62.2137

Ich hoffe, meine Theure, dass Du gestern endlich meinen lang erwarteten Brief wie die Culinar-„Anerbietungen des guten Seiffert" wirst erhalten haben.[1] Die Enttäuschung ist dann sehr gross für die gewesen, die einmal wieder den Gerüchten von Republik und grossen blutigen Unruhen zu gestern Montag verkündigt, Glauben geschenkt hatten. Alles ist ruhig geblieben, ja in Berlin wusste man nicht einmal von solchen Gerüchten, die alle aus dem hiesigen Olymp ausgegangen waren. Batterien wurden nach Zehlendorf geschikt, Truppen standen gepakt parat, an die Radziwillsche Familie wurde geschrieben, sie sollten sich in das Neue Palais flüchten ... Mir schien von Anfang an das angekündigte Drama sehr unwahrscheinlich da die siegreiche Linke jezt sehr gut warten kann und die Truppenmacht (9000 in Berlin) und 8000 umher auch imponirt. Du hast aus der Zeitung gesehen, dass man, bei milden Vorwürfen einen sehr sanften Weg einschlägt[a]. Ob der süssliche, schwache aber sehr gebildete u. brave Beckerath wird annehmen wollen, |2| ist sehr zweifelhaft. Aus welchen Männern soll er dazu sein Ministerium bilden, da er die hiesige Kammer gar nicht kennt. Man spricht von einem einzigen, von Eichmann, der sich allerdings am Rhein beliebt gemacht aber den Ruf des Expietisten hat. Die nächste Sizung, Donnerstag, kommt vielleicht gar nicht zu Stande und dann ist die Uebersiedlung in das Schauspielhaus, wodurch man wieder 5–6 Tage Zeit gewinnt. An Radicalmittel glaube ich nicht und die Spannung, in die durch „Bange machen" und Illusionen das vortrefliche hiesige Militär hält wird unerträglich. Man versichert dass die Holsteinschen Truppen nun bald mit Eisenbahn kommen werden – eine zu lobende Maassregel, denn sie haben Lust sich zu schlagen und werden durch Zahl und Haltung imponiren. An Kräften die man nicht anwenden will fehlt es also nicht. Das Gerücht dass der Waffenstillestand in Frankfurth nun doch angenommen werde, war voreilig. Es ist noch nichts entschieden. Ich habe von Loën noch keine Antwort ob er mit mir nach Tegel kann, ich hoffe Rauch mitzubringen und schreibe ihm heute deshalb. Die Leidenschaft von Fritze-Diede bricht in vollen Flammen leider aus. Ich werde sie hier Sontag empfangen müssen. Ob [sie][b] gleich bei mir bleiben wird?[2] Ich werde wohl schon die |3| Nacht von Mittwoch (morgen) zu Donnerstag in Berlin schlafen, um hier den Gesang der Schulen mit dem man droht zu vermeiden!! Ein alter Geburtstag in dem man einem von der Frische spricht hat etwas unheimliches. Wittgenstein ist angekommen klagt aber wieder über den Hexenschuss.

Mit herzlichsten Grüssen an alle Lieben, die Kleinen einbegriffen,
Dein

AHumboldt

Potsdam Dienstag früh 12ten Sep[t]. 48.[c]
Dein mahnendes Briefchen von gestern habe ich erhalten. Babel aass gestern hier und schien in glüklicher Unwissenheit: aber die Weimarsche Reise ist nicht nahe.

---

[a] (1) einschlasst (2) einschlägt *H*

[b] Sie *H ändert Hrsg.*

[c] 12ten Sep. 48. *ergänzt B*

[1] Seifert wollte Rehbraten und Rebhühner zu Humboldts Geburtstag nach Tegel schicken, vgl. den Brief vom 11.9.1848.

[2] Vgl. den Brief Nr. 222, Anm. 1. Fritze-Diede bedeutet vermutlich eine Anspielung auf Charlotte Diede, die seinen Bruder verehrt hatte (Leitzmann 1909a). Vgl. den Brief vom 20.7.1846, Anm. 5.

225 Alexander von Humboldt an Gabriele von Bülow
Potsdam, 16.9.1848

H: DLA/SNM, Marbach, 62.2137

Ich eile, meine theure Gabriele, Dir für den anmuthigen Tag in Tegel meinen innigsten Dank zu sagen: es war ein schönes Fest, diese Worte hat Rauch, der 2 Tage hier war, mit mir wiederholt. Ich könnte die Schwachheit haben zu wünschen, noch einen solchen Tag bei Dir und den Lieben Deinen zu erleben. Loën habe ich [wegen][a] der vielen Geschäfte die ihm der Durchmarsch der Truppen macht, nicht erfassen können. Politisch ist hier alles ungewiss. Man scheint noch immer nach zwei entgegengesezten Richtungen hinzuarbeiten, nach einem liberalen Versuche mit dem liebenswürdigen, aber schwachen Beckerath, den der König noch nicht gesehen, ob er gleich seit 2 Tagen in Berlin ist und zu dem der König wenig Vertrauen hat, und nach einem halben Ultra Ministerium. Die gleichzeitigen Tendenzen, dies Consultiren und Anwenden ganz heterogener, wenig geistreicher Elemente machen mir Sorgen. Man versichert Wrangel, nicht Schreckenstein, werde das ganze Armee Corps um Berlin commandiren, füge sich die Kammer nicht so würde man sie schliessen; Schrekenstein solle Kriegsminister bleiben. Nous verrons, ob grosse Dinge geschehen werden, ob man Dienstag mehr fordern wird, als die Bösen nachgeben können. Hier ist alles ruhig. Tropus ist aus der Bürgerwehr ausgestossen. Der junge Prinz ist am 14 Sept. in meiner Wohnung gewesen, um mir Verse von Curtius (sehr schön das dritte Sonett) einen sehr liebenswürdigen Brief von der Prinzessinn und eine blaue Glassflasche nebst Trinkglass zu bringen. Ich war gestern in Babel um mich zu bedanken. Sie hat mir viel Zärtliches für Dich aufgetragen. Der junge Prinz fährt jezt mehrere Tage die Woche nach Berlin zu Confusius Ehrenberg um Theologie zu lernen. Die recitirende Aufführung wird Anfang Nov. sein. Ueber die Zeit der Abreise ist man wegen der Begebenheiten (die nie erfolgen) noch ungewiss. Ich habe liebenswürdige Briefe hier von |2| Hedemann und Deiner Schwester aus Magdeb[urg] und Bourg[örner] vorgefunden voll Unsicherheit über die eigenen Bewegungen, aber Anzeige von dem nahen Beilager von Kniehaase mit einem schönen Mädchen in Diensten von Adelheidchen. Rönne ist hier um sich anzubieten auch hatten wir gestern zu Tische einen schönen sehr jungen Prinzen den zweiten Sohn von Baaden, der in Schleswig hat kämpfen wollen. Der älteste, noch schöner ist fast wahnsinnig. In Strelitz ist ja ungeheurer Aufruhr gewesen, der mit Nachgiebigkeit wie immer geendigt. Brassier geht nach Petersburg um zu erfahren, ob man seiner noch will, denn Ribeaupierre hat ihn hier nicht erwarten wollen. Il n'y a pas d'excès de calorique.[1] Er versichert dass man die Kronprinzl[iche] Heirath in Schweden ganz

[a] weder *H ändert Hrsg.*

aufgegeben. Hier glaubt man noch daran. Ich muss schliessen. Mein Nachbar Redern ruft, dass es Zeit für Sanssouci [sei][a]. Er hält alle Montmorency's der Ukermark siegreich.

Ich umarme gross und klein.

AHt

Potsdam 16 Sept. 1848.
Du siehst dass ich tugendhaft bin u. schreibe!

[1] Frz.: Es gibt keinen Überschuss an Caloricum (Wärmestoff).

226 Alexander von Humboldt an Gabriele von Bülow
Potsdam, o. D., [vermutlich 19.9.1848]

H: DLA/SNM, Marbach, 62.2137

Potsdam, Dienstags früh

Meine theure Gabriele.

Ich bin wieder tugendhaft und schreibe obgleich die Kammer heute mit der Praesidentenwahl noch nicht das unfertige Ministerium schauen wird. Sie wird auf die nächste Sizung vertröstet. Der König ist <brennend> alle Tage auch heute in Bellevue, wir essen um 4 Uhr und geniessen die albernen Reden des schlagfertigen General Wrangel der, um sich populär zu machen, den Potsdamer Bürgern die Hände drükt. Gewiss ist Pfuel als Praesident, Bonin von Magdeburg Inneres, Eichmann! Finanzen, der Rheinische Oberprocurator Schnase (der eine schöne Geschichte der Mahlerei geschrieben) die unmahlerische Justiz.[1] Denke Dir, Graf Döhnhof der Frankfurter, ist aus Preussen berufen, gestern in Berlin angekommen und hat das Portefeuille der auswärtigen Angelegenheiten angenommen, nachdem er so lange behauptet er würde nie. Da er etwas zänkisch und halsstarrig ist, so wird es schwer mit dem König gehen, dies sieht die Hofdame, meine arcadische Freundin voraus und lamentirt für ihre eigene Lage. Man glaubt, Beckeradt trete nun gar nicht in das Ministerium, weil er der erste habe sein wollen. Es ist zu beklagen, weil er der einzige parlamentarische Ruf ist. Von[b] Schreckenstein hat man erlangt, dass er nun doch noch vor seinem Abgange ein Circular gegen die reactionären Officire gegeben, zwar sehr sehr milde, aber da es nach dem Bruch geschehen, so sieht es doch als viel Nachgiebigkeit aus. Ob nun die Kammer sich fügen wird od. ob es |2| zu Thätlichkeit kommen wird kann niemand vorhersehen und kommt auf das an, was man wegen Clubs und Ekkenanschlägen fordern wird. Fräulein Rauchs, kriegerischer Natur, wollen schon die 2 grossen Reisewagen in Sanssouci gesehen haben, in denen König und Königin, um dem Blutvergiessen fern zu sein und nicht unzeitig nachzugeben, nach Stettin od. Königsberg fliehen sollen. Die Welt ist prosaischer: ich glaube an Inspruk nicht. Du weisst, dass der Waffenstillestand nun doch mit Mehrheit von 18 Stimmen in der Paulskirche angenommen ist.[2] Vom neuen Frank[furter] Ministerium ist noch alles unbekannt. Der

---

[a] sieht *H ändert Hrsg.*
[b] Von *ergänzt H*

kleine Prinz Carl und Gen[eral] Möllendorf haben den Orden p[our] l[e] mérite bekommen. Der kleine Röder aus Holstein aass gestern in Sanssouci. Er hat einen ungeheuren schwarzen schmuzigen Judenbart u. gelbbraunes Gesicht. Er sah scheusslich aus. Prinzess Glieneke hat mich gestern um eine Stunde de conversation politique gebeten. Il faudrait des hommes énergiques à la tête du pouvoir, comme mon mari ou mon fils: nun wurde sie bange und sezte hinzu [„]car mon neveu au Babel est beaucoup trop jeune."[3] Du hast doch den compromittirenden schändlichen Artikel vor 3 Tagen in der Vossischen Zeitung gesehen, Held behaupte 60000 Unterschriften aus Schlesien zu haben, um den König zur Abdication zu bewegen, der Pr[inz] v. Preussen habe[a] leider zu furchtsame Pietät um nach der Krone zu greiffen, aber Held seze seine Hofnung auf die Prinzessin, die mehr Muth habe!![4] Das rendez-Vous von Held und H. v. Katte „bei Fräulein O. v. H." von dem Anschläge und Zeichnungen sprechen, kann ich erklären. Es ist Fräulein von Hacke eine natürliche Tochter des alten Kriegsministers von schlechten Sitten und politisch wühlend, die lange in Paris war. Der H. von Katte, einst in Aegypten und Abyssinien, war mit Fräulein Nimptsch versprochen, aass ehemals beim König und war sehr unartig gegen Bülow, da auf Prinzessin Carl Empfehlung er General Consul in Alexandrien werden wollte. Emilie Fritze war bei mir, 21 Jahre alt, sehr sehr hüpsch und zart, etwas zu mager, eine kleine Physionomie wie die Gräfin Pourtalès einst war. Die Visite war sehr harmlos, ein Stammbuch! und Rath |3| (sie ist die Tochter eines Kriegsraths bei der Magdeburger Intenda[n]tur, hat 7 Geschwister) wie sie ihren armen Eltern das Leben dadurch erleichtern könne, dass sie sich dem Erziehungswesen widme. Sie könne in Magdeb[urg] nicht ordentlich französisch lernen und wünsche deshalb ein Unterkommen in Paris, deutsch lehrend. Ich habe in dem jezigen Zustande von Paris sehr vom Wagstück abgerathen. Sie lässt mehr den Eindruk einer angenehm[en], gebildeten als sehr geistreichen Person. Sie ist ohne alle Affectation.[5] Nun komme ich meine Liebe, zu dem Minder Angenehmen. Den armen kleinen Carl hat man vorgestern recht hoch den Fuss (nicht das ganze Bein) abschneiden müssen, ein Herabspringen vom Wagen, lange vernachlässigt durch seine bescheidene Stummheit, Entzündung der Beinhäute in einem ganz scrophuloesen Körper.[6] Ein eiternder Elephantenfuss und wie wenig kann ich ihm hinterlassen! Ein Jammer! Und werden die Scropheln nicht nun wieder auf die neue Wunde wirken? Ich lasse ihn seit Nov. vorigen Jahres für 20 r. monatlich in Dieffenbachs Clinicum pflegen – ein so gescheuter, williger Mensch! Dazu ist Mad[ame] Seiffert seit 3 Tagen, wie der Mann glaubt, gefährlich krank, Ueblichkeit (nicht Cholerine) Krämpfe, Kälte im Magen. Ich habe an Schönlein geschrieben. Wäre es Cholera würde sie sich wohl seit Freitag mehr entwickelt haben.

Diesen[b] Augenblik kommt Seifert tout rayonnant de joye.[7] Denke Dir dass nach 3 Pulvern die Schönlein der Frau gegeben, [sie][c] glaubt ganz hergestellt zu sein. Es ist doch ein einzig geistreicher helfender Mensch. Ich habe viel viel Husten u. Schnupfen gehabt bin aber besser, Ich lege Dir bei ein neues Kupfer von mir aus London, es gehört zu einer 3ten engl[ischen] Uebersezung des Kosmos in Mr George Bohn's Standard scientific Library[8]. Ich schenke das Kupfer (wohl nach Begas) derjenigen von Deine[n] lieben Töchtern deren Geburtstag der nächste ist. Loën habe ich heute morgen gesehen; er war heiter und wohl, kann aber nicht kommen wegen politischer Ungewissheit. Prinz Albrecht hat gestern an Wrangel u. Röder

[a] (1) sei (2) habe *H*

[b] (1) Ich (2) Diesen *H*

[c] sich *H ändert Hrsg.*

der wie ein Fusssak aussieht ein Diner gegeben im Stern bis 11 Uhr Abends. Seifert bringt die Wunderbare Nachricht dass der Oberst vom 24sten Inf[antrie] Reg[iment] in der Caserne in meiner Nähe von Bürgern, andere sagen von seinen Soldaten blutig geschlagen worden ist? Dein

AHt

Wirst Du lesen können.
General Wrangel wird sein Hauptquartier im Charlottenb[urger] Schloss aufschlagen.

1 Am 21.9.1848 ernannte der König Pfuel zum neuen Ministerpräsidenten. Vgl. Humboldt an Bunsen, 22.9.1848, in Humboldt 2006, 111. Daraus ergibt sich die Datierung.

2 Vertrag von Malmö vom 26.8.1848, vgl. den Brief vom 10.7.1848, Anm. 2.

3 Frz.: Man bräuchte energische Männer an der Spitze der Macht, wie meinen Mann oder meinen Sohn [...] denn mein Neffe in Babel[sberg] ist viel zu jung.

4 F. W. Held, „[...] ehemaliger Leutnant, vagierender Schauspieler, Belletrist, durch die Amnestie der Märzrevolution von der Festungshaft befreit und nun von der Zeitbewegung schnell in die vorderste Reihe getragen", hatte eine Zeitung „Locomotive" gegründet, in dem er die Meinungs- und Oppositionsfreiheit verfocht und den gegenwärtigen Staat angriff, „ein antikapitalistischer Hetzer". „Eine Unterredung, die Held mit dem Präsidenten des Preußenvereins [für das konstitutionelle Königtum], Herrn v. Katte, in der Wohnung eines Fräuleins v. Hake hatte, wurde bekannt und gegen ihn verwendet." Er hatte sich nun auch in der Opposition missliebig gemacht und wurde das Ziel vieler Flugblätter und Satireschriften (Valentin 1977, 57–58). Siehe auch Neue Rheinische Zeitung Nr. 103, Köln, 15. September 1848.

5 Vgl. den Brief vom 9.9.1848, Anm. 1.

6 Siehe Humboldt an Cotta, 29.4.1847, in Humboldt 2009, 381.

7 Frz.: ganz strahlend vor Freude.

8 Die Übersetzung von Otté in „Bohn's scientific library" erschien am 1.2.1851. Humboldt hatte sie jedoch spätestens im September 1848 in den Händen (Humboldt an Bunsen 22.9.1848, in Humboldt 2006, 112, und Humboldt an Cotta, 14.10.1848, in Humboldt 2009, 341).

227 Alexander von Humboldt an Gabriele von Bülow
Potsdam, 23.9.1848

H: DLA/SNM, Marbach, 62.2137

Ich habe zwei Ursachen, die mich leider! abhalten Euch, Ihr Lieben, morgen Sontag zu umarmen. Ich bin noch nicht ganz von einem der colossalen Catharre geheilt derer mich [alle 6–8][a] Jahre heimsuchen und die Vorsicht lässt mich bleiben: dann aber auch ist morgen die Einweihung der schönen Friedenskirche[1] u. ein déjeuner, bei dem man mich ungern vermisst. Hier ist kanibalische Heiterkeit, Lecture (troz meines unmelodischen Hustens) von Ticks Recension der Musenalmanache von 1793![2] Wir leben wie immer in der Vergangenheit und in der Zukunft, die allerdings nach den Unthaten und blutigen Auftritten in Frankfurt etwas drohend ist. Die arme Herzogin ... Ein solches Bild der Verstümmelung (ein Arm, der Rechte,

a 6–8 alle *H ändert Hrsg.*

war abgelöst, der andere wie das Gesicht durch Sensenhiebe in der langen Marter zerfleischt) ein solches Bild der Verstümmelung mit sich herumzutragen, ein Bild das Gespensterartig die arme Frau überall begleiten muss. Denke Dir theures Gabrielchen, dass schon am folgenden Tage der Nachricht Prinzessin[a] Carl von mir gefordert hat „ich solle einen Condolenz Brief an die Herzogin für [sie][b] aufsezen. Je ne lui ai jamais écrit, mais à cette occasion je pense devoir le faire!![“][3] Ich habe sehr abgerathen da ein solcher Brief eine Sachkenntniss vorausseze, zu der die Herzogin uns allen kein Recht |2| zugesteht. In der That hat sie mir L[ichnosky] nie genannt und wenn ich ihn listig wegen seiner allerdings sehr nüzlichen parlamentarischen Reden in Frankf[urt] gelobt, hat sie nie geantwortet nie Freude u. Interesse bezeigen wollen. Sonderbar ist es dass es so auch im Verhältniss mit der Gr[äfin] Perponcher ([ihrer][c] vertrautesten Freundinn) war. Diese wagt ebenfalls nicht zuerst wegen des Todes an sie zu schreiben. Sie wird wie ich abwarten, ob die Herzogin uns jezt zuerst „de la perte d'un homme de notre connoissance“[4] schreiben[d] wird. Die Lage ist delicat. Von dem ersten Debut des so kräftig sein sollenden neuen Ministeriums bin ich wenig erbaut. Ich glaube man hätte freier von Schliessen der Clubs und Aufhebung der Strassenlitteratur sprechen sollen. Nous les verrons à l'œuvre.[5] Der zänkische Dönhoff hat nun zum grössten Leidwesen der Geschwister angenommen aber interimistisch, was eine schlechte Manir ist in einer Zeit wo man wollen, ganz wollen muss oder bei den philosophischen Kohlstrünken bleiben muss. „Ob ich Dönhoff od. Usedom nehmen mag ist wie die ganze Ernennung sehr gleichgültig“ hat der König gesagt. Cela est flatteur[6] für Dönhoff der eine um so schwieriger[e] Stellung haben wird, als er die Individualität unseres geistreichen vortreflichen Königs gar nicht kennt. Neben den Musenalmanachen von 1793[e] ist unsere Aben[d]lecture die Placate gegen Held[7].

Held du grosser Volkstribun Du willst auskratzen. Oller Junge, laass Dir halten. Eine Epistel von Aujust Buddelmeyer, Dages Schriftsteller mit'n jrossen Bart.[8]

Ob der Prinz von Preussen Lust un Kraft zu ne Weltjeschichtliche Mission hat, ne Ludeken des is nischt in Babelsberg. Schlag Dich solchen Gedanken aus'n Kopp. |3|
Von Emilie Fritze habe ich Euch geschrieben. Sie ist eine sehr schöne junge Person, gebildet und zum Stambuch geneigt.[9]

Schreibe mir ja bald, ob Deine Schwester endlich uns mit ihrer Nähe erfreuen wird. Der König giebt heute ein Déjeuner in Schönhausen für durchmarschirende Truppen. Der kleine Carl hat von seiner Amputation gar nichts gefühlt.[10] Welche herrliche Entdeckung die des Chloroforms, von zwei amerikanischen Zahnärzten um deren Namen sich niemand kümmert. Es ist in London eine 3te Uebersezung des Cosmos[11] erschienen.
Herzliche Grüsse an Alle

AHt

P[otsdam] Sonnabend früh d. 23$^{\underline{\text{sten}}}$ Sep[t]. 48.[f]

---

[a] (1) mir (2) Prinzessin *H*
[b] Sie *H ändert Hrsg.*
[c] Ihrer *H ändert Hrsg.*
[d] (1) sprechen (2) schreiben *H*
[e] von 1793 *ergänzt H*
[f] d. 23$^{\underline{\text{sten}}}$ Sep[t]. 48. *ergänzt B*

[1] Für den Bau der Friedenskirche in Potsdam hatte Friedrich Wilhelm IV. bereits als Kronprinz im Jahr 1839 eine Skizze nach dem Vorbild einer frühchristlichen römischen Kirche angefertigt. Die Ausführung von Ludwig Persius wurde 1843 begonnen und der Bau am 24.9.1848 eingeweiht. In der Apsis befindet sich ein 1834 erworbenes byzantinisches Mosaik.

[2] 1848 erschien eine Ausgabe gesammelter Schriften von Ludwig Tieck, die auch seine Rezensionen der frühen Musenalmanache beinhaltete (Tieck 1848).

[3] Frz.: Ich habe ihr nie geschrieben, aber zu dieser Gelegenheit denke ich es tun zu müssen! – Am 18.9.1848 wurde Lichnowsky (Mitglied der Frankfurter Nationalversammlung und mit der Herzogin von Sagan durch eine Liebesaffäre verbunden) zusammen mit Hans von Auerswald bei Unruhen tödlich verwundet.

[4] Frz.: über den Verlust eines Mannes unserer Bekanntschaft.

[5] Frz.: Wir werden sie an der Arbeit sehen.

[6] Frz.: Das ist schmeichelhaft.

[7] Siehe den Brief Nr. 226, Anm. 7.

[8] Anspielung auf Aujust Buddelmeyers (eig. Adalbert Cohnfeld) satirische Schrift: „Zweemal ausjeriss'ner Kaiser Nante fasse Dir! Du armet Kaiser Nanteken, ick wünsch Dir juten Rutsch! Wenn Du Dir nich bald fassen duhst, jeht Dir Dein Krönchen futsch! – Ene Habsburgsche Jrabesrede von August Buddelmeyer, Dages-Schriftsteller mit'n jroßen Bart."

[9] Vgl. den Brief Nr. 222, Anm. 1.

[10] Siehe den Brief Nr. 226, Anm. 6.

[11] Humboldt 1849–1858, siehe den Brief vom 19.9.1848, Anm. 8.

228 Alexander von Humboldt an Gabriele von Bülow
Potsdam, 4.10.1848

H: DLA/SNM, Marbach, 62.2137

Potsdam den 4 Oct. 1848

Wenn ich, Ihr Lieben, so lange nicht schrieb, so war es nur weil ich immer erwartete das[s] irgend etwas sich ereignen würde, dass uns der Entwickelung der Verhältnisse näher bringen würde. Diese Erwartung ist aber immer mehr und mehr geschwunden. Die Kammer (Linke) herrscht, denn noch gestern ist das Amendement von Rudbertus durchgegangen und zwar mit grosser Majorität nach welchem wir ganz unter der Frankfurter executiven Central Gewalt stehen sollen. Ein solcher Beschluss hängt wahrscheinlich mit einer gleichlautenden Broschure von Bunsen und der mehrthägigen Anwesenheit seines Bundesgenossen des Dr Stockmar zusammen. Lezterer hat das Circular über Abschaffung alter Preuss[ischen] Gesandschaften mit. Der König spricht von dem allen mit historischem Gleichmuth: „man möge in unseren Kammern und in Frankfurt beschliessen, er werde sich nicht daran kehren". Möge es wahr werden! Stockmar hat Dönhoff u. Westmoorland gesehen; aber gar nicht gesucht den König zu sehen, was sonderbar grob ist und gereizt hat. Er geht nach London um zu erlangen, dass dort endlich der Frankf[urter] Gesandte Andrian anerkannt werde: er soll auch mit Bunsen dort den Dänischen Frieden[1] negociren. Zu diesem Zwecke ist hier ein Dänischer etwas alberner [48][a]jähriger Diplomat Kammerherr v. Reetz der sich eben erst mit einer jungen Frau verheirathet und jede Minute klagt, in seinem Honigmonath gestöhrt

[a] 68 *H ändert Hrsg.*

zu werden. Dass Bunsen die Absicht hat als Reichsgesandter in London aufzutreten versteht sich von selbst. Mein heftiger Husten hat mich nicht wagen lassen Euch lezten Sontag zu umarmen: ich denke, da ich um vieles besser bin, wenn gleich immer noch etwas leidend, dass mich künftigen Sontag (den 8ten) nichts hindern soll. Ich bitte Dich dann, theures Gabrielchen, schon um zwei Uhr zu essen, wegen der Eisenbahn nach Potsdam. Deine theure Schwester bis dahin in Tegel zu finden wird wohl noch keine Hofnung sein. Prinzessin von Preussen hat mir auf eine sehr, sehr liebenswürdige Weise über Deinen Gratulationsbrief gesprochen[a] und mir ihren zärtlichsten Dank ausgedrükt. Babel und Glienicke, besonders das männliche Babel sind wüthig, sehr laut wüthig auf das leise Auftreten von Pfuel. Die Berge haben vor einigen Tagen den Pr[inz] Albert in Wallensteins Hauptquartier nach Charlottenburg abgesandt um den alten Helden gegen Kammer u. Ministerium aufzureizen.[2] Der Dänenfresser hat sich aber grässlich constitutionell gebährdet und nun |2| traut man ihm auch nicht mehr. Man vergass, wie es scheint, dass er Below's Schwager ist.[3] Prinzess v. Preussen (will nun erst nach des Königs Geburtstag sich nach Weimar begeben. Des alten Pr[inz] Wilhelm Bayer[n]fahrt ist auch aufgeschoben – da Pr[inz] Waldemar wieder Ohnmachten hat, doch, sagt man, ohne Gefahr. Des kleinen Willisen Frau, in Bellevue hausend, ist sehr hässlich geworden. Sie speisete beim König. Die Minister, da sie von Conferenzen lahm liegen, sieht man gar nicht: man versichert aber Pfuel werde bald das Aufruhrgesez vorbringen. Er hätte gewartet, um sich in Position zu sezen. Er meinte <u>ohne Bruch</u> zu enden. Nous verrons.[4] Unsere gesellschaftlichen Delicen sind Gräfin Meuron Frau von Luck die von allen vornehmen Häusern spricht aus denen sie ewig ausgeschlossen war, der taube alte Prinz W[ilhelm] die schweigsame Schlegel, Meyrink! Glien[i]cke mâle et la femelle, auch ein Musenalmanach von Tieck den ich vorlese von 1793[5], harmlose Freuden der so harmlosen Zeit. Gestern hatten wir Abends hier wieder einen 2stündigen Krawall des Militärs. Der radicale Major Wenzel a. D. dessen Parthey am 1sten von dem Potsd[amer] Militär in der Volksversammlung auf dem Bornstädter Excercirplatz geprügelt worden war, nachdem leider! auch vielen Unterofficiren gestattet worden war, mitzureden, hatte gestern Abend 8[U] im Hegelschen Ballsaale (Kaiserstrasse) eine Versammlung ausgeschrieben. Da dort gewöhnlich die Garde du Corps und Cuirassire tanzen, so sind diese in die demagogische Versammlung eingebrochen, behaupten von den Demagogen beleidigt worden zu sein. Es kam zu einer grossen Prügelei und Strassen Crawall. Eine Compagnie Garde du Corps waren den Kameraden zu Hülfe geeilt. Die Bürgerwehr versammelte sich und arretirte an 30 Gardisten, die sie auf das Stadthaus brachten. Einige Soldaten hatten zerrissene Kleider und erhielten Wunden. Der Schlosshof wurde besezt. Finkenstein und Prittwitz entliessen (zum Aerger der[b] Bürgerwehr) die arritirten Gardisten und nahmen bloss ihre Namen zu künftiger Untersuchung. Die Soldaten blieben Sieger. Um 10 Uhr fand ich keinen Menschen mehr auf der Strasse, alles war ruhig. Es ist ein unbedeutender Vorfall, das Geschrei auf der Gasse vom zuschauenden Pöbel so gross, dass man es auf der Terrasse von Sanssouci hören konnte. Ich muss schliessen wegen der Eisenbahn, meine Liebe.

AHt

---

[a] (1) geschrieben (2) gesprochen *H*

[b] (1) für (2) der *H*

[1] Vertrag von Malmö, siehe den Brief vom 10.7.1848, Anm. 2.
[2] Vermutlich eine Anspielung auf Wallensteins Lager, ähnlich der Karikatur: „Wallensteins Lager vor Wien 1848“ von Reinhold Baist 1848. Wrangel war am 13.9.1848 zum „Kommandeur sämtlicher Truppen in den Marken“ (später Oberkommandant) ernannt und wurde später Oberkommandierender der Truppen des Deutschen Bundes im Krieg gegen Dänemark. 1848 zog er in Berlin ein, um die Revolution niederzuschlagen, und nahm seinen Sitz in Charlottenburg. Der König war Mitte Septembe wegen Unruhen in Potsdam nach Charlottenburg übergesiedelt. Der liberale E. von Pfuel war am 21.9.1848 zum Ministerpräsidenten und Kriegsminister ernannt worden, kündigte aber am 1. November (Valentin 1977, 246–248). Die Frankfurter Nationalversammlung hatte 1848 Adalbert von Preussen die Leitung der „Technischen Marinekommission“ der neu gegründeten deutschen Flotte übertragen.
[3] Wrangel war verheiratet mit Lydia Caroline Emilie von Below. Zum Krieg mit Dänemark siehe den Brief vom 10.7.1848, Anm. 2.
[4] Frz.: Wir werden sehen. – Pfuels Heereserlass vom September 1848, der antikonstitutionelle Bestrebungen für unvereinbar mit der Stellung eines preußischen Offiziers erklärte, erregte Kritik.
[5] Siehe den Brief vom 23.9.1848, Anm. 2.

229 Alexander von Humboldt an Gabriele von Bülow Potsdam, 5.10.1848

H: DLA/SNM, Marbach, 62.2137

Ich bin tugendhaft, denn ich schreibe gestern und heute, meine theure Gabriele. Wie liebevoll bist Du gewesen, [selbst][a] in mein Haus zu kommen um Nachricht von meiner Gesundheit zu haben. Seifert hat unendlich bedauert de n'avoir pas fait les honneurs de ses Collections[1]. Ich habe einen sehr schönen recht natürlichen Brief von der Herzogin erhalten. Wie unglüklich sie ist, das Leben scheint ihr leer. Was mir sehr gefällt in dem Briefe ist der unwillkührliche Uebergang ins deutsche. Wo die Leidenschaft durchbricht brauchen wir heimische Töne. Ich habe niemand den Brief zeigen wollen, als dem König u. der Königin, beide haben ihn sehr schön und rührend gefunden. Den Bergen zeige ich den Brief nicht, sie sind beide nicht warm genug für die Herzogin. Sie haben sich doch beide wohl selbst manches zu verzeihen. Ich schenke Dir den Brief meine Liebe, für Dein Familien-Archiv. Schicke ihn nie weiter, Du kannst ihn Hedemanns ja einmal in Tegel mittheilen. Die innersten Regungen des leidenden Gemüths sind ein Heiligthum. Wie sollte ich Dir von der Einsegnung sprechen, nüchtern, eiskalt, gletscherartig – ein auswendig gelerntes Zwiegespräch. Der trokne kleine Ehrenberg mit einer heiseren Hengst Stimme die mit dem schwächlichen Körper contrastirt, hatte sich 72 Fragen aufgeschrieben, die er das Papier in der Hand ablas. „Wissen Sie, theurer Prinz einen Spruch für die Menschwerdung? einen anderen wie Gott die Welt geliebt?[“] Immer konnte die Antwort nur zweisylbig, abgebrochen sein. „Sagen Sie mir warum Gottes Sohn der Heiland genannt wird?[“] Antwort: weil er das Heil gebracht hat. „Fügen Sie gleich einen Spruch hinzu.[“] Der junge Prinz, seines Gedächtnisses sicher, war muthig, kindlich naiv und heiter. Rührend war bloß der |2| herrliche Kindergesang des Domchors und das Schluchzen des Vaters, als er den Knaben nach der Ceremonie umarmte mit dem ahnungsvollen Gefühle; was diesem Thronfolger (falls er noch einer wird) erwarte. Er allein war bewegt und was ich

[a] Selbst *H ändert Hrsg.*

sehr lobe schämte sich seiner Rührung nicht. Die Einsegnung war endlos und ich saß leider so daß ich (in der Charlott[enburger] Capelle) der schönen Copie der Transfiguration den Rücken zukehrte und statt dieser den Hofprediger <Strauss> en face hatte. Die Speisung wie <immer> an kleinen Tischen. Ich saß zwischen <Pauline> Neal die jeden Tag einige Zoll <kleiner> wird und der Generalin <Unruh>, Frau des Prinzl[ichen] Erziehers, <geschwäzig> wie Frau von Luck, im Kosmos vertieft, voll affectirter Redensarten über die Naturgenüsse. „Ich liebe meine Sanddünen um Memel, als der Weg noch durch Memel nach Petersburg führte, besuchten die Stadt oft grosse Geister und der Sand der Dünen war durch Intelligenz verklärt." Ist das nicht des Andenkens werth.

Ich habe kaum Hofnung, daß ich Euch Sontag unseren Leopold zuführe, doch war gestern Abend bei vielen Patrouillen die Stadt ruhig. Der Arbeiterverein hielt in demselben Local seine Sizung auch in Berlin glaubt man an keine Unruhe. Man geniesst die Gegenwart. Gestern war Pr[inz] Albrechts Geburtstag. Ich fand ihn nicht und spazirte mit der sehr verständigen, liberal-rationalistischen Schickman die man nicht mit nach dem Schweizerhause in den Wildpark (wo der Olymp glänzte und Ambrosia genoß) genommen hatte. Wir Untermenschen waren im Jaspissaal auf Grasung geschikt. Sonderbar genug kam der König nicht zum olympischen Diner im Wildpark. Die Minister citirten ihn zu einer Conferenz um 2 Uhr in Bellevue. Es war um mit ihm über die decretirte Abschaffung der Todesstraffe und die Knechtungen von Frankfurth zu discutiren.[2] Ob auf den Raubmord nicht noch werden Praemien gesezt werden bleibt fürs Erste zweifelhaft. Man erringt nicht alles auf einmal. – Ich muß schliessen meine Theure. Ich belästige doch nicht Sontag, wegen Deines Herkommens, meine Liebe.

AHt

Potsd[am] Donnerstag d. 5ten October 48.[a]

[1] Frz.: nicht seine Sammlungen willkommen geheissen zu haben.

[2] In der Folge der revolutionären Ereignisse wurde in der Nationalversammlung auch die Abschaffung der Todesstrafe diskutiert, allerdings nicht beschlossen.

230 Alexander von Humboldt an Gabriele von Bülow o. O., 11.10.1848

H: DLA/SNM, Marbach, 62.2137

Ich kann keine Worte finden um auszudrücken wie ich mich selbst anklage. Es lag mir so sehr am Herzen den Kleinen noch zu umarmen ehe er in sein wie mir scheint etwas moralisch kaltes Gefängniss zurücke[h]rt,[1] aus seinem Munde zu vernehmen, wo er den Luftball gefunden, Dir, theureste Gabriele, für den herrlichen Tag zu danken, den wir mit Rauch und Leopold bei Euch zugebracht.[2] Warum ich nun auf der Eisenbahn nicht erschien, da ich doch schon um 6 Uhr aufgestanden war? Könnte ich einen abhaltenden Besuch, ein Abrufen, ein ernstes Hinderniss anführen! Nein, ich arbeitete, sah zu spät nach der Uhr und die Zeit war verflossen. Mit Freuden aber höre ich von dem eben aus Berlin kommenden Seifert, dass

[a] d. 5ten October 48. *ergänzt B*

Du gestern früh in Hausministerial Geschäften in meiner Wohnung warest. Mögest Du, da der arme Seifert Euch verfehlt nur gastliche Aufnahme gefunden haben. Hier ist die arme Königin in Thränen wegen der Schwester. Die Aula will die Erzh[erzogin] Sophie aus den oestreichischen Staaten verbannen! Der König war gestern und ist heute um 7 Uhr früh in Bellevue, sehr aufgeregt, da er die Abschaffung des Todesurtheils nicht annehmen will. Er hadert mit den Ministern, er spricht sogar von Veränderung des Ministeriums und ein anderes zu nehmen, aus der Minorität der Kammer, Baumstark und Harassowitz unbedeutendes Volk! Ich glaube er |2| giebt noch nach. Ich habe selbst eine sehr laute Scene darüber mit ihm gehabt. Es ist kein gutes Motiv mit den Kammern und dem Volke zu brechen – ein Anschein blutiger Härte. Dazu kann das Bürgerwehrgesez dann abgeschlagen werden. Alle Minister haben Sontag hier beim König gegessen. Ich muss leider schliessen.

AHt

Mittwoch d. 11ten October 1848.[a]

1 Bernhard wurde bereits als 10-jähriger in die Ritterakademie in Brandenburg aufgenommen, die jedoch im Frühjahr 1849 durch die Revolutionswirren geschlossen wurde. Kurzzeitig wurde er in eine Privatpension bei einem Pfarrer auf dem Land untergebracht, dann (vermutlich 1850) in einer Einrichtung in Freienwalde (Sydow 1919, 514–515).

2 Humboldts Geburtstag am 14.9.1848, siehe den Brief vom 16.9.1848.

231 Alexander von Humboldt an Gabriele von Bülow
o. O. u. o. D., [vermutlich 14.10.1848]

H: DLA/SNM, Marbach, 62.2145

[*Anfang abgeschnitten*]
Es war grosses Militär in Civil Diner, daurend als Nach Parlament bis 6 Uhr, ein Prof. Walter[b] aus Bonn[1], eine wüthige Teltower Rübe, von der hiesigen Versammlung, Boddin, Kuhlmeyer, Patow. Man glaubt an die Demonstration von morgen will aber doch die Kirche hier besuchen, nachdem um 9U ½ grosse Gratulation des inneren Olympes ist[2]. Nach der Kirche gehen wir nach Paretz und bleiben die Nacht dort!! Neues weiss man gar nicht. Ich fürchte wegen des morgenden Aus- und Anziehens den lieben Bernhard nicht Sehen zu können. Umarme ihn herzlich in meinem Namen

AlHt

1 Vermutlich Ferdinand Walter, seit 1826 ordentlicher Professor in Bonn, seit 1848 Mitglied der preußischen Nationalversammlung und 1849–1850 Mitglied der 1. Kammer.

2 Eventuell der Geburtstag des Königs am 15.10.1848, siehe den Brief vom 14.10.1848, woraus sich die vermutliche Datierung ergibt.

a d. 11ten October 1848. *ergänzt B*

b *H am Rand:* Der Jurist, nicht der Augenarzt

232 Alexander von Humboldt an Gabriele von Bülow
o. O. u. o. D., [vermutlich 14.10.1848]

H: DLA/SNM, Marbach, 62.2145

Indem ich Dir meinen innigsten Dank, theure Freundin, für Dein leztes Briefchen mit den schlimmen Nachrichten von der toten RitterAkad[emie] und dem verlorenen Luftball[1] sage, melde ich dass mir morgen die langweilige Reise nach Paretz bevorsteht wo der Hof 2 wohl gar 3 Nächte bleiben will! Ich hoffe das scheussliche Wetter treibt früher zurük. Der König geht morgen in den Dom in Berlin mit der Königin, ohne das Schloss zu berühren, dann nach Bellevue um dort Gratulation zu empfangen von der Generalität, Ministerium, Berliner Bürgerwehr, Berliner Magistrat und National Versammlung, wenn sie anders (wie der Praes[ident] Grabow wünscht[2]) eine Deputation wird schicken wollen. Um 12 Uhr will der König (was mir schwierig zu sein scheint) hier zurüksein um im Potsdamer Schloss zu dejeuniren und hier Gratulation anzunehmen. Um 3 Uhr soll in Paretz gegessen werden. Ich gehe nach Paretz, aber nicht nach Berlin in diesem thatenreichen Leben. Der schändliche Spiker[3]

AlHt

Sonnabend

1 Vermutlich ein Geschenk für Bernhard, der Zögling an der Ritterakademie war, siehe den Brief vom 11.10.1848.

2 Wilhelm Grabow war vom 27.6. bis 26.10.1848 Präsident der Nationalversammlung. Der Geburtstag des Königs am 15.10.1848 fiel auf einen Sonntag, woraus sich die Datierung ergibt.

3 Es ging um einen Artikel über einige geschmacklose Anzeigen in der Spenerschen Zeitung, darunter eine, die die Erzherzogin Sophie von Österreich (die vor den revolutionären Unruhen geflüchtet war) verhöhnte. Über diese „entsetzlichste und schändlichste Beleidigung“ beschwerte sich Humboldt bei Spiker am 12.10.1848 (Humboldt 2007, 204). Daraus ergibt sich die vermutliche Datierung.

233 Alexander von Humboldt an Gabriele von Bülow
o. O., 17.10.1848

H: DLA/SNM, Marbach, 62.2137

Ich hoffe gewiss Sontag zu Euch zu kommen, meine Liebe. Ich bitte Dich, schon um 2^{U} zu essen. Paretz war sehr langweilig.[1] Der König hat, gegen das Versprechen, das er den Ministern gegeben gesprochen in Bellevue „von dem Gehorsam, den man der durch Gottes Gnade gesezten Obrigkeit schuldig sei![“] Der gestrige Krawall in Berlin wird wohl unpolitisch bleiben. Es war hier grosse Heftigke[it], man wollte schon Berlin in Belagerungszustand sezen, aber Rauch der um 11^{U} von Berlin kam, bewies, dass es unnüz sei!

AHt

eiligst
d. 17ten Oktober 1848.[a]

a d. 17ten Oktober 1848. *ergänzt B*

[1] Siehe den vorigen Brief.

234 Alexander von Humboldt an Gabriele von Bülow
Potsdam, 23.10.1848

H: DLA/SNM, Marbach, 62.2137

Ich bin tugendsam genug, meine Theure, Dir schon heute früh politische Nachrichten über den Stand der Dinge zu geben. Alle alten Minister haben gestern hier gespiesen, der Olymp war geöffnet, man war etwas kältlich mit ihnen. Sie bleiben für's erste wieder alle, ob auch für immer ist, bei den ewigen Schwankungen der Laune, ungewiss. Man hat auf einmal Bangigkeit vor der angekündigten Zusammenkunft aller Democr[atischen] Clubs, den 26 od. 28sten in Berlin aus dem ganzen einigen Deutschland, die aus allgemeiner Bruderliebe Frankfurth und die Berliner Nationalversammlung stürzen und neue directe Urwahlen fordern zu neuem Parlamente.[1] Pfuel der vorgestern so glüklich war zu gehen[2], ist auf einmal sentimental, will retten d. h. bleiben um in der Crisis zu helfen, so die anderen Collegen. Brandenburg erschien gestern Abend bei dem Thee, er geht nach ausgespielter Rolle heute Abend, sagt er, nach Breslau zurük, um sich von der Gemahlin schelten zu lassen. Du weisst meine Liebe (Engelskind!), dass ich an sehr grosse Begebenheiten in unserem Staate wenig glaube. Schönlein ist[a] von Münster zurück, er findet den armen Waldemar sehr bedenklich; es seien Folgen grosser Anstrengung, zu vielen Reitens; der Siz des verharrten Uebels sei das kranke Muskelsystem: daher heftige rheumatische Schmerzen. Der Prinz könne |2| Münster nicht verlassen, doch ist er nicht bettlegrig. Der Vater sagte mir er fürchte: Waldemar sterbe an der Auszehrung,[3] so bald nach der Mutter!! Der Vater geht Mitwoch nach Baiern (Nymphenburg). In Süddeutschland soll man, besonders in Baiern, sehr gegen die Mythe von einem kräftigen und erblichen preussischen Kaiser wüthen; auch in Sanssouci soll man nicht wollen: „solange es Habsburger noch gebe, könnten die Hohenzollern nicht Kaiser werden." Das ist überhöflich. Man kommt nun auf das Kleeblatt der drei Oheime (Tanten) zurük, eine Reichsgewalt von Erz[herzog] Johann, alten Prinz Wilhelm gestüzt auf Fräulein Kalb, und den listigen aristocratischen Pr[inz] Carl von Baiern. Es ist ein neuer sonderbarer Flügeladjutant ernannt, der alte Fürst Cruy, der Major, der Papa. Er hat wollen ein Regiment haben; man hält ihn dessen nicht fähig und hat ihm eine wohlwollende Zerstreuung gegeben[b]. Er ist davon wenig geschmeichelt und er findet es etwas spät.

Ein Dammhirsch Zimmer Dienstag.

Mit inniger Liebe Dein

AHt

Potsdam, Montag früh d. 23sten October 1848.[c]

[a] (1) isst (2) ist *H*

[b] (1) geben (2) gegeben *H*

[c] d. 23sten October 1848. *ergänzt B*

[1] Am 2. demokratischen Kongress vom 26. bis 31.10.1848 in Berlin nahmen 234 Delegierte aus 140 Städten teil. Die Befürchtung traf zu: am 3.10.1848 wurde zum Sturz der Frankfurter Nationalversammlung aufgerufen.

[2] Pfuel trat am 1.11.1848 zurück.

[3] Er starb am 17.2.1849.

235 Alexander von Humboldt an Gabriele von Bülow
o. O., 8.11.1848

H: DLA/SNM, Marbach, 62.2137

Theureste Gabriele! Ich wage nicht der Kälte wegen, vor der leider! so nahen Abreise Ade[l]heidchens noch nach Tegel zu steuren. Heute morgen hat mich Deine Tochter mit [ihrem][a] Besuche überrascht. Sie war besser unterrichtet als ich denn erst heute Abend erfuhr ich beim Souper, im Petersilienhaine, dass die Kammer nach Brandenburg verlegt ist und dass Brandenburg ihr morgen verkündigt sie sei bis zum 27sten d. M. vertagt. Minister sind ausser Brandenb[urg], der die auswärtigen Geschäfte übernimmt, Manteuffel Ladenberg, Strotha (der den Krieg annimmt, aber noch nicht hier ist) Pommeresche, Kisker (Justiz) Kühne (provisorisch Finanzen). Man will durch die Verlegung nach Brandenburg den Einfluss der Emeute auf die Kammer und den Streit mit der Bürgerwehr in Berlin vermeiden. Brandenburg sei eine ruhigere Stadt. Ob die linke wird mitgehen wollen, ob es morgen bloss Pfeifen od. auch Krawall giebt – entscheide ich nicht.[1] Wrangel war den Abend hier u. versichert er sei mit Brandenburg in Allem einverstand[en], seine Wahl zum Minister Praes[identen] sei ein glüklicher Gedanke des Königs gewesen … e sempre bene[2]. Der kleine Willisen geht wieder nach Paris. Es genirt den König die Doppelfreundschaft mit den entgegengesezten Elementen, Rauch und Willisen! Prinzess von Preussen war zum zweiten Mal recht unwohl. Sie geht nun wahrscheinlich nicht nach Weimar, auch will es die Grossherzogin nicht die selbst unwohl ist. Innige Grüsse. Ich hoffe, Du kommst uns nun bald hieher. Ich traue sehr wenig den Personen, besonders wenig der Hauptperson (Brand[enburg]) aber es ist doch ein Anstoss zur Entwickelung, ein herbeigeführtes Ereigniss … Der König und die Minister hatten (sonderbar genug!) gewollt, Brandenburg |2| solle bei der morgenden Vertagungsscene nicht in Person dabei sein: er hat es aber nicht gewollt weil es feige aussehe. Wird die Kammer sich befehlen lassen, wird es zu einer Discussion darüber kommen, wird der Chor draussen accompagniren, das alles ist dramatisch, Neugier, Erregend. Gewöhnlich bleibt die Wirklichkeit hinter den Idealen zurük. Bernhardchen wird bald politische Briefe schreiben.

AHt

Mittwoch Nacht

Der arme Seifert ist in Berlin bettlegrig an einem Hexenschuss!
In Loëns Hände habe ich hier gelegt von dem lezten Bande von Wilhelms hinterlassenen Werken[3] 1 Ex[emplar] für Loën, 1 für Dich, 2 für Hedemann.

---

[a] Ihrem *H ändert Hrsg.*

[1] Die preußische Nationalversammlung wurde mit Friedrich Wilhelms IV. Unterstützung am 9.11.1848 von Berlin nach Brandenburg verlegt und schließlich gänzlich ausgeschaltet (Valentin 1977, 268). Daraus ergibt sich die Datierung.

[2] Ital.: und immer gut. – Nach dem Rücktritt des Ministeriums Pfuel wurde F. W. von Brandenburg Ministerpräsident.

[3] 1848 erschien der sechste Band von W. v. Humboldts Werken in 7 Bänden (Stevens 1863, Nr. 4552).

236 Alexander von Humboldt an Gabriele von Bülow
o. O. u. o. D., [vermutlich 25.11.1848]

H: DLA/SNM, Marbach, 62.2137

Ich kann theure Gabriele, Dir nicht genug danken für Deine freundliche Theilnahme an meinem Schmerze.[1] Ich erhiel[t] die Nachricht gestern Abend um 6 ½ Uhr und beschloss natürlich gleich die Traurenden zu besuchen und den König heute früh 8 Uhr zu begleiten. Das Hinscheiden war sehr glüklich gewesen, wie ich es mir täglich wünsche, ganz schmerzlos, ein Schlagfluss nach einem entzündlichen Catharr seit Sontag. Es war ein seltener u. grossartig edeler Mensch, ein schönes Gemisch von Charakter-Stärke u. liebenswürdiger Weichheit, praktisch u. nüchtern klar als Geschäftsmann und dabei voll Phantasie wie seine kleine Schrift über den Dante u. seine Kenntniss der griechischen Dichter in der Ursprache es beweisen. Ich werde falls er Montag um 8 Uhr begraben wird, morgen Abend um 7 Uhr Abends nach Berlin [kommen], bloss um im Totenhause zu sein nicht um auf den Kirchhof zu gehen, weil ich Erkältung vermeide. Wenn der Olymp sich morgen Sontag nicht öffnet, so komme ich morgen bei Dir zu speisen. Ich lasse es Dich morgen früh wissen. Ob man Montag |2| vollzählig sein wird, ist vollkommen ungewiss geblieben! Man weiss dass heute Abend Vincke kommt[2] auch Boddin u. vielleicht selbst Heinrich v. Gagern!! da die beiden Reichscommissarien nicht[s] ausgerichtet haben – also in schulmeisternder Absicht. Man glaub[t] h[i]er dass wenn man sich mit der Paulskirche entzweie, so fielen die Rheinprovinzen ab und die Truppen blieben auf die Festungen reducirt.
Mit inniger Liebe Dein

AlHumboldt

Sonnabend Ab[end]

Die Stadtverordnete[n] sind ja grob in sehr gebildetem deutschen Style. Der König war heiterer, wahrscheinlich weil das Gebräu der octroyirten Verfassung fertig ist.[3]
Willisen reist morgen nach Paris ab, ohne den verpönten Brief.
Prinzess Charlotte sehnt sich nach Constance. Sie trug mir gestern Abend [auf], sie doch zu bewegen, zu ihr zu kommen.

[1] Joseph Mendelssohn, von dem eine Publikation über Dante in Humboldts Bibliothek existierte (Mendelssohn 1840), war am 24.11.1848 (Freitag) verstorben, siehe Humboldt an Alexander Mendelssohn, 24.11.1848, in Humboldt 2011, 184. Daraus ergibt sich die Datierung.

[2] Siehe den folgenden Brief.

[3] Am 5.12.1848 wurde die preußische Verfassung oktroyiert.

237 Alexander von Humboldt an Gabriele von Bülow o. O., 27.11.1848

H: DLA/SNM, Marbach, 62.2137

Da die Königinn zu ihrem silbernen Feste[1] nicht einladen kann, so habe ich den Auftrag, Dir im Namen der Gräfin Dönhoff zu sagen, dass es der Königin angenehm sein wird Mittwoch (29sten) hier zu empfangen um halb zwölf Uhr

Dich mit 2 Fräuleins
wie auch Frau von Loën.

Man geht nicht nach Paretz und empfängt Deputationen schon morgen. In Brandenb[urg] war man nicht vollzählig. Das Ministerium ist also ohne zu reden weggegangen. Es scheint als werde morgen nicht Auflösung, sondern ein Zwischenspiel sein: man versammle sich noch mals und höre ein message, zu dessen Abänderung Costenoble von Gr[af] Brandenburg soeben aus Brandenb[urg] hieher gesandt ward. Mit Gagern war der König heute wieder 3 Stunden eingeschlossen. Die Fürstin aass hier. Zu Mittwoch kommen Johann u. Johanna v. Sachsen, Dessau sammt Erbprinzen und alle Mecklenburg + Braunschweig, geschichtet wahrscheinlich auf einander im hiesigen Schlosse. Der Olymp wird Mittwoch allein speisen, deshalb ich hoffe bei Dir zu sein, meine Liebe. Vorgefallen |2| ist in unserer Umgegend nichts. Schändlich hat man in Erfurth aus den Fenstern 3 junge Cuirassire tot geschossen.

Gestern aass Gagern, die 2 Reichscommissare, Boddin, Vincke etc. hier – ausser dem gutgesinnten aber gemein u. roh aussehenden Vincke, haben alle die Frankfurther Sauce „Preussen könne nur durch Unterwerfung unter die Paulskirche gerettet werden. Man soll sich vertagen bis Januar, bis die Frankfurther Verfassung fertig ist, Brandenburgisches Minist[erium] auflösen und sich in Berlin versammlen." Das gebietet man.

Ich war vom Leichenbegängniss[2] schon um 1 Uhr hier zurük. Vielleicht amüsirt Euch ein franz[ösischer] Artikel.

AHt

Montag Abends d. 27$^{\underline{\text{sten}}}$ Nov. 1848.[a]

[1] Die Silberhochzeit des königlichen Paares konnte wegen des Belagerungszustandes nicht in Berlin stattfinden, sondern wurde am 29.11. in Potsdam gefeiert.

[2] Eventuell das Begräbnis des am 24.11.1848 verstorbenen Joseph Mendelssohn. Siehe den Brief vom 25.11.1848.

[a] d. 27$^{\underline{\text{sten}}}$ Nov. 1848. *ergänzt B*

238 Alexander von Humboldt an Gabriele von Bülow o. O., 5.12.1848

H: DLA/SNM, Marbach, 62.2137

Dienstag, 5. Dez. 1848.[a]

Mein theures Gabrielchen! Neben der sehr wunderbaren, aber officiellen, von Cavaignac in der National Versammlung verkündigten Nachricht dass der Pabst sich glüklich von Rom den 24 Nov. nach Marceille eingeschift habe, hat der König auch 11 Uhr Abends die noch wichtigere Nachricht von Graf Bülow erhalten dass der Kaiser zu Gunsten seines jungen Neffen abgedankt.[1] Man kennt bloss das factum ohne zu erfahren, ob (wie kaum wahrscheinlich) eine Begebenheit dazu veranlasst habe. Die Nachricht schien |2| beiden Majestäten sehr unangenehm zu sein, besonders der Königin. Der junge Kaiser ist majorenn, 19 Jahr alt. Der E[rz] Herzog Ferdinand von Este wird kommen die Nachricht officiell zu bringen. Man hat gestern Abend viel hin u. her raisonir[t]. Es sei eine oestreichische List. Man wolle dem Uebergewicht von Preussen in Deutschland schaden u. den jungen Mann auf den deutschen Kaiserthron erheben, doch müsse man erst die Beschlüsse wegen der Personalverbindung in der Paulskirche rükgängig machen; unserem König sei die Sache un|3|angenehm, weil troz der Dreifaltigkeits-Bestrebungen im südl[ichen] Deutschlande, bei dem Zurükziehen von Oestreich, die Pietät nicht mehr der Lust nach des grossen Carl's Handschuhen hindere. Sollte die Paulskirche, aus Aerger durch die Commissarien hier nichts erlangt zu haben, nun nicht den jungen Mann im kühnen Griff zum Kaiser proclamiren. Der Erzh[erzog] Johann wird gewiss für Catholicismus und sein Haus arbeiten.

König und Königinn wollten, heute früh, dem Pr[inz] Carl von Bayern das neue Museum in Berlin selbst zeigen. Ich weiss nicht ob es dazu kommt.

Der Brief der jungen |4| Mathilde scheint mir ganz beruhigend.[2] Es ist bestimmt nichts materielles vorgefallen. Es heisst wohl nicht mehr, als er steht im Ruf des Republicanismus. Solche Anschwärzungen, Exagerationen über Personen more advanced in opinion, sind in stürmischen Zeiten sehr gewöhnlich. Schleinitz hat mir erzählt, als er das lezte Mal hier war, der gute König von Hannover habe ihn an grosser Tafel gefragt, „ob der alte Humboldt noch immer Republicaner sei." Als Schleinitz höflichst einlenkte sagte der Tyrann [„]als solchen habe ich ihn schon vor 50 Jahren gekannt["]. Ich werde Dich gewiss heute besuchen.

AHt

Dienstag

[1] In Österreich dankte 1848 der kranke und wenig entschlussfreudige Kaiser nach der Revolution dieses Jahres auf Anraten seiner Verwandten zu Gunsten seines 18-jährigen Neffen Franz Joseph I. ab.

[2] Zu Theodor siehe den Brief 14.12.1844, Anm. 6, und Einleitung.

[a] Dienstag, 5. Dez. 1848. *ergänzt B*

239 Alexander von Humboldt an Gabriele von Bülow
o. O. u. o. D.

H: DLA/SNM, Marbach, 62.2145

Hier, meine Theure, mache ich Euch ein doppeltes Geschenk das Euch viel Freude machen muss, zwei Werke, erst ein Buch als Auszug und dann eine vollständige Uebersezung[1] in den Vorreden, die von historischen und chronologischen Unrichtigkeiten wimmeln, überall der edelste und zarteste Ausdruk der Bewunderung für Deinen Vater und Deine Mutter. Sehr schön aus dem Athenäum: Uebers[ezt] von Catharine Couper Th. I p. XVII[2]. Wer die Freundin war hat der Leoparde nun auch herausgebracht afterwards Frau von Stein p. XII[3] auch p. XIV[a4]. Heisst die Note T. II p. 2 dass Miss Couper auch seitdem gestorben ist?[5] Sehr hüpsch klingt T. I p. XIII Fräulein von Dacheröde[n][6], die besondere Freundschaft mit Herder! p. XIII[7] Lob von Bushmann p. XVI[8] und acquainted with Herr von H[umboldt] T. I p. 5. Wie der Engl[änder] so gern ein deutsches Wort als ein Südsee curiosum einmengt! So auch immer das Mr Van H[umboldt]![9] Die undunkle Reminiscenz von Frau von Stein aus Göthes Leben hat wahrscheinlich den Leoparden zu der Entdeckung des wahren Namens von Charlotte geleitet. Man muss gestehen dass die Weimarschen weiblichen Sentimentalitäten [ihre][b] Leidenschaften damals selbst[c] in das Mythische hinein gespielt haben. Im Ganzen sind beide Uebersezungen eine grosse Verherrlichung unseres Namens, eine geistige, eine moralische, durch nichts Unzartes (Mama Wolzogen!) verbittert; auch eine politische Verherrlichung freien constit[utionellen] Denkens I p. XIV[10], und welche Verherrlichung des alten Tegels! Ich war gestern in Berlin nicht im Concert |2| aus Vorsicht schon um 8^{U} zurük. Ich aass bei der Wittwe Mendels[sohn] weil eben wieder von dem sehr getreuen Cotta 3000 r. für mich angelangt sind.[11] Darum heisst Dinte, trinkbares Gold, aurum potabile. Ein mehr befruchtender Goldhauch ist aber das verhallende Werk der menschlichen Stimme.

Ich bitte Dich, meine Liebe, mir Deine beiden Bücher heute Abend vor 8 Uhr wieder zu schicken, um sie dem König zu zeigen. Morgen bringe ich sie Dir wieder.
Dein

AHt

Sonnabend

Für die Grossherzogin von Mekl[enburg] Schwerin ist unten in Charlott[enburg] ein grosses neues Apartement prachtvoll meublirt fertig und gestern besehen worden. Die gute langweilige Frau kommt vielleicht schon vor Weihnachten und will viele Monathe bleiben, vielleicht um den Ochsenköpfigen Demagogen und der Volksliebe zu dem Reussgeschlechte zu entgehen.
Der Gemahl von der Pfarrers Tochter zu Taubenheim ist längst tot aber seine zweite Frau lebt und hat gewiss grössern Grimm als Mad[ame] Diede bis[12] über den wachsenden Ruhm von Frau Von Stein.

---

[a] auch p. XIV *ergänzt H*
[b] Ihre *H ändert Hrsg.*
[c] (1) etwas (2) selbst *H*

Den Auszug hat mir der Uebersezer Mr Arthur Hall geschikt. Die 2 B[än]de sind vielleicht ein Geschenk von Bunsen falls Catherinchen tod ist.

1 Humboldt, W. v. 1849, eine Übersetzung der Briefe W. von Humboldts an Charlotte Diede. Vgl. den Brief vor 20.7.1846, Anm. 5. Die folgenden Zitate stammen aus der Einleitung der Übersetzerin C. Couper, das von Anm. 8 dagegen von Ch. Diede.

2 „'The purpose of this correspondence' – we quote from the Athenaeum – 'is obvious throughout – to console, guide, and enliven, by advice and reflections at once elevating and serious. Of course, the person whom such a writer felt to be at once worthy of his regard and able to appreciate and profit by letters like these, must have proved herself superior to the common run of letter-writers or readers. Of hers we have but the first touching communication, and a few modest extracts to explain passages in answer. These are gracefully written and well expressed. Von Humboldt continually speaks of them with high commendation; praising their unaffected elegance and originality of thought, as well as their feminine and religious character.'" (Humboldt, W. v. 1849, I, xvii).

3 „It was in 1788, while a student at Gottingen, that Humboldt, then in bis 21st year, passed the three important days at the spa of Pyrmont with the correspondent of his maturer years – Charlotte – (afterwards, it is said, Frau von Stein), – a young lady who, with her father, a clergyman in easy circumstances, was a passing guest at that watering-place. They lived at the same hotel, became interested in each other, rambled together about the neighbourhood, and, at the expiry of the three days, parted, not to meet again until both were in the autumn of life. The young student left a few lines in Charlotte's album, – a reminiscence which she treasured with secret regard, and which, twenty-six years later, she employed as a passport to that counsel and assistance which misfortune then compelled her to seek from her early friend." (Humboldt, W. v. 1849, I, xii).

4 „It was shortly before this, viz. in 1814, that the correspondence between Humboldt and his friend Madame von Stein commenced." (Humboldt, W. v. 1849, I, xiv).

5 „Preface to volume second. [...] The Editress asks from all who welcome her work, forbearance for the egotism which must necessarily appear, and good wishes for the short remainder of her life.*
* This excellent lady died after a short illness." (Humboldt, W. v. 1849, II, 2).

6 „[...] Humboldt, who had some time previously married the Fraulein von Dacherode, a rich and noble lady whom he espoused from pure affection [...]" (Humboldt, W. v. 1849, I, xiii).

7 „He seems to have enjoyed the friendship of Herder before his death in 1804 [...]" (Humboldt, W. v. 1849, I, xv).

8 „During the last ten years of his life his correspondence becomes most interesting. He was then principally occupied with the study of North-American and Malay languages, and at last exclusively with the Kawi language. In this he was assisted by Dr. Bushman, chief librarian of the Royal Library at Berlin, and to him did Humboldt commit the publication of his work concerning the Kawi language in the island of Java [...]" (Humboldt, W. v. 1849, I, xvi).

9 Charlotte Diede: „It was in early youth, in the year 1788, that I, only a few years younger than he, first became acquainted with Herr von Humboldt. He had come from Göttingen, where he was studying, to Pyrmont, whither I had accompanied my father, who visited one of the spas every season. We lived in the same house, sat next each other at the table d'hôte, and, along with my father, spent three of the happy days of youth as inseparable companions in our walks among the charming avenues and alleys of Pyrmont. We had so much to say to each other – so many views and opinions to impart – so many ideas to interchange, – we were never done. Whatever string was touched, and however slightly, it found the deepest response. It was then the last epoch of a poetical time, full of beauty and hope and promise, when one part of the youth of the country lived in an ideal and inspired world, and the other was advancing as now in a prosaic realism. We both belonged to the first. And there still prevailed at that period the sweet calm before the approaching storm, which soon broke out so frightfully." (Humboldt, W. v. 1849, I, Introduction, 5–6).

10 „He had scarcely, however, entered upon his duties, when he felt obliged to resign, along with Beyme and Boyen, because he could not follow the course of Von Hardenberg, but, in opposition to him, felt it to be his duty to remind his sovereign of the solemn promise he had given in 1813 to the Prussian people, that they should receive a liberal constitution in the form of a national parliament competent to legislate as well as to advise, – a promise never redeemed by the then monarch, and not yet entirely fulfilled by the present one." (Humboldt, W. v. 1849, I, xiv).

11 Humboldt musste 1849 nach der Kündigung eines Kredites für die Rückzahlung eine größere Summe von Cotta erbitten (vgl. Humboldt 2009, 40), die ihm offenbar von Alexander Mendelssohn in mehreren Raten zweimal jährlich gezahlt wurde (Humboldt 2011, 196).

12 Diede bis = Diede zum zweiten Mal. Charlotte Diede war wie die durch Gedichte von Bürger und A. von Arnim berühmt gewordene „Des Pfarrers Tochter zu Taubenheim", ebenfalls Pfarrerstochter.

240 Alexander von Humboldt an Gabriele von Bülow
o. O. u. o. D.

H: DLA/SNM, Marbach, 62.2137

Eine Höflichkeit ist erst etwas lästiges aber da heute der einzige Tag ist wo ich frei bin (Abends bei Redern kaiserliches Concert) so bitte ich Dich, theure Gabriele um die Erlaubniss heute bei Dir zu essen, ganz in Deiner Häuslichkeit denn ich leide sehr am Magen. Möge es Dir nicht unangenehm sein.
Dein

AlHumboldt

Mittwochs

241 Alexander von Humboldt an Gabriele von Bülow
Berlin, 12.1.1849

H: DLA/SNM, Marbach, 62.2137

Berlin 12ten Jan. Morgens 11 Uhr. 1849[a]

Ich habe warten wollen ob ausser der Kälte irgend etwas vorginge was Dir, theure Gabriele und den lieben Kindern irgend eine Unterhaltung gewähren könnte, aber meine Erwartung ist getäuscht. Es bleibt bei dem ewigen Einerlei, bei der völligsten Unentschiedenheit über Belagerungszustand, Holstein, Gagern und Olmütz. Man ist canibalisch heiter et voilà tout. Meine Gesundheit ist bisher unberufen vortreflich. Der König hat endlich, was mir freilich bequemer ist, um nicht in ewiger Spannung erhalten zu werden, bei seiner Uebersiedelung erklärt, er wage nicht mehr mich jedes Mal einzuladen: ich solle kommen Mittags und Abends wann ich wolle, des Abends solle ich nie wollen. Das ist schonend und freundlich und so bin ich wieder in dem Urzustande als vor 30 Jahren bei dem vorigen König als ich nach dem Congress v. Verona hier war.[1] Das Frei Essen wurde später entzogen, „weil

---

[a] 1849. *ergänzt B*

dem neuen Oberstallmeister es entzogen war.“ Das schien mir nicht ganz logisch!! Ich fahre jezt gewöhnlich Montag und Donnerstag Mittag heraus, Tage wo man Fremde sehen will, meist wenig amüsante Officiere von des Königs Regiment, die Prediger v. Charlottenburg und dienstbare Bürgermeister, auch wohl Asseburg. Dadurch wirken wir auf das Publikum. Fürst Leiningen war ganz unpolitisch hier |2| bloss des Sohnes wegen der in Hamburg auf der Marine Schule ist und in englischen Seedienst treten wird unter dem Schuz der Tante, weil der Fürst der deutschen Damens-Flotte und „der schwimmenden preuss[ischen] Artillerie“ und ihrem Chef wenig zu trauen scheint. Camphausen und Bunsen aassen gestern mit mir in Charlottenb[urg], der erste kalt, nüchtern und edel wie ein englischer Puritaner Bunsen fett, lebensvoll, sehr sicher in Allem, freundlicher als je aufgenommen, mit dem schönen Andenken an unseren Bülow und an Dich und die Deinen dankbarst beschäftigt. Er ist wie Du weisst sehr antidänisch, gagerisch und antiöstreichisch, seine bösesten Feinde hier sind Meyendorf und Frau, Brühl den man eben gebraucht voll Grimm von Rom her, Lady Westmorland! Dazu ist in allen diesen drei Punkten unseres vortreflichen Königs Ansicht auch der seinigen entgegen. Der König trank nämlich sogar als Graf Plesse[n] bei ihm speiste auf die Gesundheit des Königs v. Dänemark, Bunsen, dessen Sohn ihn als Attaché begleitet, behauptet jezt den Dänen gar nicht verhasst zu sein und das hiesige Ministerium in dänischen und frankfurter Sachen für sich zu haben.[2] Bei der Gräfin Meuron habe ich persönlich Visite gemacht, der armen hatte man 1 Stunde vorher im Palais und unter Schuz der Wachen in der 3ten Etage bei hellem Tage all ihr bischen Silberzeug gestohlen, was dan[n] zu vielen metaphysischen Redensarten und Gleichnissen gerechte Veranlassung |3| giebt. Den Abend bin ich mit warmen Pelzen auch einige Male in Charl[ottenburg] gewesen; Pourtalès, Ranke! Schneider!! und Gräfin Meuron! Um mich her fängt troz der Entfernung von Hansemann, Geldnoth [an] betrübend für meine Freunde zu wirken. Prof. Maassmann den man von München für die Turnanstalten mit 2000 r. Gehalt herberufen von München ist plözlich auf 800 r. gesezt worden, die Hälfte von dem was er in München hatte: er ist Vater von 10 Kindern denn die Frau kennt nur Zwillinge u. wünscht sie sich jedes Mal.[3] Buschmann lebt seit gestern in grösster Angst, die 300 r. die ihm zugelegt worden, als Dein Vater das kostbare Geschenk aller Sprachbücher u. aller Manuscripte machte, ist ihm für 1 Jan. in der General Staatscasse abgeschlagen u. noch erfahre ich nicht von Ladenberg ob er auf andere fonds angewiesen ist![4] Das Leben ist oft unfreundlich. Ich hoffe recht bald durch Nachrichten von Dir, meine Theure, und den lieben Kindern und Enkeln erheitert zu werden.
Mit inniger Liebe Dein

AlHt

Prinzess Charlotte und die nach Schrittschuhen[5] sich sehnende Schukmann thronen in Charl[ottenburg].
Gräfin Brandenburg will keine bestimmten Tage nehmen, weil die Möbel zu Schofel aussehen, was ich nicht läugne und weil ihr Gemahl sich scheuet das Meubliren zu begehren. O Tugend! Die Ernennung des Sohnes von Marschall Ney, Moscowa, ist wieder ungewiss geworden.

[1] Humboldt war am 13.9.1822 von Paris aus nach Verona gereist, um sich dem Gefolge Friedrich Wilhelms III. zur 2. Konferenz der Heiligen Allianz vom 20.10. bis 14.12.1822 anzuschließen. Danach kam er nach Berlin, wo er sich bis zum 10.2.1823 aufhielt.

[2] Es ging um den gefährdeten Waffenstillstand mit Dänemark. Siehe den Brief vom 10.7.1848, Anm. 2.

[3] Zu Humboldts Unterstützung für Maßmann siehe Humboldt 2013, 60ff.

[4] Buschmann war zuerst als Privatsekretär für Wilhelm und nach dessen Tod für Alexander von Humboldt tätig, den er vor allem bei der Arbeit am „Kosmos", aber auch als Bibliothekar bei der Beschaffung von Büchern unterstützte. Humboldt hatte durch seine Fürsprache eine jährliche Unterstützung für Buschmann erreicht, siehe Humboldt an Friedrich Wilhelm IV., 11.6.1844, in Humboldt 2013, 279–282, und Leitner 2003, 269.

[5] Schlittschuhe wurden auch Schrittschuhe genannt.

242 Alexander von Humboldt an Gabriele von Bülow
o. O. u. o. D., [vermutlich 28.1.1849]

H: DLA/SNM, Marbach, 62.2137

Die eintretende Frühlingsjahrzeit giebt mir endlich den Muth, meine Liebe mich bestimmt bei Dir zum Mittagessen anzusagen, auf übermorgen Dienstag denn ich bin heute bei Westmoorland und morgen im Handwerksverein, um aus den Handwerkern „des Pairs et Pairesses de Brandenbourg" zu stempeln. Hier ist alles sumpfartig, viel Spott über die Abstimmungen in Frankfurth und dortige Majoritäten von 8–10 Stimmen, viel Wichtigkeit auf Bunsens Rückunft (Donnerstags) von Frankfurth[1], eine Hofnung die ich nicht theile, diners und Soireés bei Prinzess von Preussen. Sie[a] ist, wie von allem neuen, über die Ernennung des wenigstens sehr liberalen, aber auch frankfurtisch gesinnten Oberst Lieut[enant] Fischer bei [ihrem][b] Sohne bezaubert und entzückt. Der Ball bei Westmoorland war ein nüchternes Schwizbad bei Anwesenheit vieler unbekannter Menschenracen. Reventlow und sie und Mama Voss u. – – aassen[c] beim König. Ich fand sie dort und gehe heute Abend wieder hin, da dem König |2| meine Abendgesellschaft und französisches Vorlesen (Outre-Tombe[2]) und Mad[ame] de Meintenon von dem Duc de Noailles viel[d] Freude macht, wie er behauptet. Gestern[e] Abend war ich zum ersten Mal den Abend bei der Minister Praesidentin, die gewöhnliche Soireé, Thee mit warmen Punsch endigend, das Ganze wenigstens freundlich und unsteif. Die Wahlen[3] geben viel Besorgniss doch bin ich in meinem Bezirke unten vielen Postillonen, zu einem Hohenzollern Verein gehörig ganz siegreich gewesen. Nees von Esenbeck hatte nur 3 Stimmen. Prof. Buschmann, ein Teltower Rübenmann, verbreitet die Schreckensnachricht Hermann sei mit Graf Reichenbach ernannt. Es kann doch wohl nur heissen, er sei Wahlmann, es beunruhigt mich aber doch. Kaum ist einer weg, für den ich responsabel sein sollte, Arago, so käme ein lieber Verwandter. Mich grauet es …

Ich freue mich unendlich Euch[f] übermorgen Dienstag zu umarmen und bitte Dich wegen der Rükfahrt dass wir um zwei Uhr essen können.
Herzliche Grüsse allen unseren Lieben!

AlHumboldt

[a] Preussen. | < – – – > *streicht B* | Sie *H*

[b] Ihrem *H ändert Hrsg.*

[c] u. – – | < – – – > *streicht B* | aassen *H*

[d] Noailles | < – – – > *streicht B* | viel *H*

[e] behauptet. | < – – – > *streicht B* | Gestern *H*

[f] (1) Dein (2) Euch *H*

Sonntags

Prinzess v. Preussen trägt mir die zärtlichsten Grüsse für Dich und alle Kinder auf. Die spanische Prinzessin Carl geht taufen nach Weimar![4]

[1] Bunsen reiste am 9.1.1849 von London nach Berlin, von Berlin am 25.1. nach Frankfurt, von wo er am 13.2. nach Berlin und einige Tage später nach London zurückkehrte. (Nach Mitteilungen aus verschiedenen Tageszeitungen, mit z. T. widersprüchlichen Angaben.) Daraus ergibt sich als vermutliche Datierung der letzte Sonntag im Januar.

[2] Chateaubriand 1849.

[3] Am 5.2.1849 fand die Wahl der 2. Kammer des Preußischen Abgeordnetenhauses statt.

[4] Vermutlich zur Taufe der am 20.1.1849 geborenen Marie Anna Alexandrine Sophie Auguste Helene von Sachsen-Weimar-Eisenach. Siehe den folgenden Brief, Anm. 4.

243 Alexander von Humboldt an Gabriele von Bülow o. O., 2.2.1849

H: DLA/SNM, Marbach, 62.2137

[*Anfang fehlt*] [a]
Bunsen wird stündlich erwartet, der König fürchtet dass er zu nachgiebig ist und mit dem lahme[n] Arnim und Gagern gegen Olmütz brauet. Während man hier unser Manifest für zu höflich für Oestreich findet, ist man in Olmütz damit unzufrieden. In der Paulskirche ist man minder zornig darüber, als ich glaubte. Man will es gegen Olmütz benuzen, man erkenne an dem Manifest dass Preussen sich nun doch ein Deutschland ohne Oestr[eich] denke.[1] Dies Gefallen in der Paulskirche misfällt gerade dem König sehr. Wunderbar ist ja das Stillschweigen von Ottmachau.[2] Hier scheint mir fast, der Artikel sei wenig beachtet worden. Ich höre keine Silbe darüber und halte mich deshalb noch in der Politik des Schweigens. Ueber die Erziehungs Anstalt in Charl[ottenburg][3] habe ich leider! noch keine Kundschaft einziehen können, aber Olfers, den ich schon heute Abend consultirt hat mich in der Gewissheit bestärkt dass für den Adolph Schwarz alle Schritte sehr unnüz sein würden[b]. Er könne nicht 5 r. monatlich für junge Leute erlangen, die schon Jahre lang in der Akademie zeichnen. Du siehst selbst, theure Gabriele, dass es im Staate eine Unzahl von jungen Leuten giebt „die das Oelmalen versuchen und grosse Neigung haben“. Ich lege weil Du es wünsch[s]t, etwas ostensibles bei. Prinzess Carl die ich noch am Tage vor der Abreise sah u. die bis 16ten in Weimar bleibt, hatte sich schon zum déjeuner bei Deiner Schwester ansagen lassen u. nun höre ich doch dass sie über Köthen gegangen ist![4] Der schöne, aber allzu schweigsame Erbprinz v. Meiningen ist hier, man hat geglaubt es seien Speculationen für Prinzess Charlotte,[5] aber ich glaube das Herkommen sei ganz zufällig, auch haben sie bisher weder bei dem König, noch heute bei Pr[inz] von Preussen zusammen gegessen. Prinzessin Carl war vor der Abreise in Freienwalde und glaubt die Tochter „entièrement rétablie!![“][6] Luchesini läugnet

[a] *B am Rand:* Den Anfang persön[lich] wegen der S[agan?]

[b] (1) wissen (2) würden *H*

und meint die Einsamkeit, Langeweile und der winselnde kleine Hundeton der sentimentalen Erzieherin seien Hindernisse aller Heilung. Man will sie noch 3 Monate!! in |2| dieser Einsamkeit, ohne[a] alle Versucher moralischer Einwirkungen lassen. Fr[au] Schuckmann klagt auch dass die pedantische wienernde Zastrow einen mehrtägigen, oft zu wiederholenden Besuch der Prinzessin Charlotte abweist.

Herzliche Grüsse an alle die Lieben. Ich sehe die Herzogin morgen früh und esse mit ihr bei Westmoorland.

AHt

Sonnabend Nacht d. 2ten Febr. 49.[b]

Verzeihung für die immer scheusslichere Klaue.

1 In dieser Phase ging es um die Debatten über eine groß- oder kleindeutsche Lösung und um die Frankfurter Verfassung. 1848 war der österreichische Kaiser Ferdinand I. nach Olmütz geflüchtet und übertrug hier am 2. Dezember 1848 dem 18-jährigen Franz Joseph I. die Regierung. Hier hatte auch am 29.11.1850 die Olmützer Punktation zwischen Preußen, Österreich und Russland stattgefunden. Vermutlich meint Humboldt die Zirkulardepesche der preußischen Regierung vom 23.1.1849 an alle deutschen Regierungen, in dem einem deutschen Bund unter preußischer Führung zugestimmt wurde. (Valentin 1977, 360–361).

2 Das Gut Ottmachau hatte W. von Humboldt seinen Söhnen Theodor (Burg und Gutsteil Friedrichseck) und Hermann (Gutsteil Nitterwitz) vererbt.

3 Vermutlich die 1818 gegründete Erziehungsanstalt, anfänglich von Ludwig Cauer nach den Erziehungsgrundsätzen Fichtes geleitet, seit 1840 „Pädagogium zu Charlottenburg bei Berlin“ und später Gymnasium.

4 Vermutlich zur Taufe der am 20.1.1849 geborenen Marie Anna Alexandrine Sophie Auguste Helene von Sachsen-Weimar-Eisenach. Siehe den vorigen Brief, Anm. 4.

5 Der spätere Herzog von Sachsen-Meiningen Georg II. heiratete 1850 Charlotte von Preußen.

6 Frz.: vollständig erholt.

244 Alexander von Humboldt an Gabriele von Bülow
o. O., 4.2.1849

H: DLA/SNM, Marbach, 62.2137

Ich höre von der Herzogin v. Sagan mit Freude, dass Du, theure Gabriele, dass Du den Mittwoch das Diner 2h od. 2 ½ Uhr geben willst. Die Herzogin kommt schon 10 Uhr, doch nicht zu Dir. Sie verlangt keinen Wagen, denn [sie][c] hat sich selbst bereits einen bestellt da sie ein Hoffräulein, Gräfin Dohna bei sich hat die Verwandte in Potsdam besucht. Für mich flehe ich den Wagen weil ich um 12 Uhr hier, wie neulich, wegfahre. Um 5 Uhr Abends segle ich mit Hannibal wieder ab. Heute esse ich mit ihr bei Meyendorf, wahrscheinlich mit den Strelitzern. Die Mediatisirung wird jezt geläugnet,[1] aber man wüthet gegen den Kleinen

a (1) bei (2) ohne *H*

b d. 2ten Febr. 49. *ergänzt B*

c Sie *H ändert Hrsg.*

Grossherzog, der ein Jacobiner geworden sei. Leider hat die Sagan schon in Dresden viel über Hermann lästern hören. Wenn er nur nicht heute gewählt wird!!![2]
Mit inniger Liebe Dein

AHt

Montags d. 4ten Februar 1849.[a]

[1] Der Versuch, die Kleinstaaterei durch Zusammenlegung zu verringern, war erfolglos geblieben. Nur Fürst Reuß-Lobenstein-Ebersdorf dankte ab, und Fürst von Hohenzollern-Sigmaringen übergab seine Befugnisse im Dezember 1848 der Zentralgewalt, wodurch im Dezember 1849 Hohenzollern-Sigmaringen und Hohenzollern-Hechingen in Preußen eingingen.

[2] Siehe den Brief vom 28.1.1849 und Humboldt an Hedemann, 22.2.1849: „Von der Furcht, den socialistischen, von Gr[af] Reichenberg beteufelten Hermann hier in der äussersten Linken zu sehen, sind wir für jezt befreit: seine Wohlthätigkeit für die niederen Klassen soll ihm aber, troz seiner geringen Schonung der Catholiken, doch viel Stimmen und einen gewissen Einfluß verschaffen. Wer hätte bei einem so ruhigen Gemüthe, bei einer gewissen Anmuth der Sitten und trägen Langsamkeit des Geistes diese Richtung in ihm geahndet! Langsamkeit und ein pedantischer Starrsinn, ein principiell dogmatischer." (DLA/SNM, Marbach 62.2140)

245 Alexander von Humboldt an Gabriele von Bülow
o. O. u. o. D., [vermutlich 19.2.1849]

H: DLA/SNM, Marbach, 62.2137

Ich verspäte meine Antwort auf Deinen lieben Brief vom 17ten, weil ich hoffte wegen des Königs, Entschlüssen die Uebersiedlung nach Potsdam Dir meine Theure etwas bestimmtes sagen zu dürfen. Es ist aber bisher kein Entschluss gefasst und doch komme ich eben von Charlottenburg und war lange mit dem König allein. Er hat mit uns gegessen, sieht aber noch etwas angegriffen von dem Schnupfenfieber aus, [das][b] ih[n] 1 ½ Tage bettlegrig hielt und wohl von der üblen Gewohnheit herrührte kurz vor dem Schlafengehen aus dem sehr heissen Zimmer kommend, allein um[c] das Schloss umher zu gehen und sich mit den Schildwachen zu besprechen. Die traurige Nachricht von dem schmerzensvollen Tode des armen Pr[inz] Waldemar (der Eiter hatte sich in die inneren Theile ergossen) hat König und Königin doppelt beunruhigt, da man noch ungewiss ist ob die Leiche vor dem 24sten kann hier im Dom beigesezt werden.[1] Es soll die Ceremonie ganz wie bei Pr[inz] Heinrich, Onkel des Königs, sein und man behauptet dass die Ceremonie nicht 25sten, 26sten od. 27sten sein könne, also vielleicht bis nach Eröfnung der Kammern verschoben sein müsse.[2]

Ich komme nun erst auf den Hauptgegenstand Deines Briefes, meine Liebe! Allerdings hatte mir Wilhelmchen die Nachricht mitgetheilt. Nichts war mir unerwarteter und da ich W[ilhelm] für ein wenig leidenschaftliches Gemüth halte so fürchte [ich,] dass viel äussrer

[a] d. 4ten Februar 1849. *ergänzt B*

[b] dass *H ändert Hrsg.*

[c] (1) und (2) um *H*

Antrieb dabei wirksam gewesen ist. Ich habe |2| die Sache natürlich wie eine geschehene und auf die wir keine Art des Einflusses ausüben können, belobt, aber erfreulich sehe ich weniges darin. Dazu die Schwierigkeit der Position, der Vater der Ottm[achau] nicht abtreten wird, die beiden Mamas von so ungleicher Bildung, Trennung der Wirthschaft von Mathilde und der liebenswürdigen Tochter die auch ihren Willen hat.[3] Hermann's politische Exaltation hört man jezt hier sehr offen besprechen, auch in Charlottenburg, doch nicht vor dem Königspaare. Stillfried, der hier ist, weiss viel davon und wundert sich dass die Wahl nicht auf Hermann gefallen sei, da er wegen grosser und sehr lobenswerther Wohlthätigkeit viel Einfluss auf die unteren Klassen ausübe. Theod[or] ist aber in seinem Bezirk gar nicht so tugendhaft aufgetreten, als er sich bei Dir stellte. Prof. Ehrenberg war in Versammlungen mit ihm: er sprach zwar nicht, aber votirte mit den Nicht Conservativen. Die Heirath des Sohnes scheint ihm sehr gleichgültig zu sein, da wahrscheinlich nach der Moral die er selbst geübt, le mariage lui paroît wie Figaro sagt, une des inventions les plus bouffonnes.[4] Ich leide sehr am Magen, aber es wird mich nichts abhalten, den 26sten vor 1. Uhr in Tegel zu sein[5] und mit Dir in Potsdam den 27sten Carolinchens Geburtstag zu feiern. Bei der Zärtlichkeit die der edle Hed[emann] für Prinz Wilhelm hat, ist das Zusammentreffen eines Festes, das fröhlich sein sollte, mit der hohen Leichenfeier recht stöhrend. Ich werde nun nach Magdeburg schreiben vorsichtig nichts über die Heirath und nichts über das, was der König thut und nicht thut. Ich habe |3| dazu bis jezt nichts darüber von Neumann erfahren können und so oft ich bei Tafel die projectirte Feier in Tegel erwähnt, sind meine Worte verhallt. Unwohlsein, völliger Stillstand in den Frankfurth-Olmützer Angelegenheiten, Ungewissheit ob Graf Bülow abgehe (er hat es selbst gewollt, ist ganz mit dem König zerfallen, wird aber vom Ministerium beschüzt) die Eröffnungsrede, das Leichenbegängniss, Entschlüsse über den Belagerungszustand und die Uebersiedlung nach Potsdam – – absorbiren alles. Ich muss daher warten und mich erst dem verhängnissvollen Jubeltage nahe, zu bewegen anfangen. Der gute Stolberg ist recht gealtert, sehr mürrisch und mistrauischer als je. Ich errathe nichts von seinen Plänen. Die Sagan hat bei ihrer Ankunft ein entzündliches Catharralfieber gehabt. Man hat die Arme zur Ader lassen müssen, sie schreibt an Pauline Neal, mit der ich gestern bei Westmoorland ass, dass sie viel besser sei. In Stollberg[s] lezter Wohnung (Gold u. Silber Manufactur) die [Miete][a] für 6000 r. kön[iglicher] Gelder schön ausmeublirt ohne lange den Genuss zu haben, hatten wir wieder ein grosses Ministerialdiner bei dem Handelsminister van der Heydt. Les Dames sont archicommunes,[6] keine blauen Engelchen wie die Rinteliner[7]. Prinzess Carl ist angekommen. Prinzess von Preussen wird erwartet. Das Ministerium soll den Prinzen bewogen haben, nicht in die Kammer zu treten, was die Prinzess sehr contrariert. Sie hatte mich auf viele kleine Soireen nicht gebeten, und hat mir 12 Uhr Nachts vor dem Weggehen ein übertrieben zärtliches Billet geschrieben „ich solle Bülow mit Charl[ottenburg] versöhnen[“].

Herzliche Grüsse an alle die Lieben. Nimm ja die Kinder nicht mit nach Tegel. Bunsen hat nichts hervorgebracht, will mit Oestreich brechen, wird aber so wie er scheidet, vergessen. Man glaubt aber an verlängerten Waffenstillstand mit Dannemark.[8]

AHt

Montag Nachts.

---

a Milde *H ändert Hrsg.*

Ich bin sehr ungewiss, ob ich wegen der vielen Bücher die ich gerade jezt brauche, gleich werde mit dem König mich auch übersiedeln können.[9]
Ich thue ängstlich Schritte für den ganz unbeschäftigten Emmert um ihn, wie er leider! wünschen muss, durch Manteuffel als Kanzleiboten bei der neuen Kammer anzustellen.
Der alte Geh[eime] Cab[inetts] Rath Müller soll tötlich krank sein.[10]
Ich denke das eingelegte Blättchen, das Du der Gr[äfin] P[erponcher?] geben kannst, wird uns retten. Es enthält ein Hin- und Hersprechen.
Dienstag um Mittag.

AHt

1 Waldemar von Preußen war am 17.2.1849 gestorben. Daher die Datierung.
2 Die Beerdigung fand am 28.2.1849 statt, die Eröffnung der Kammern am 26.2.1849. Siehe den folgenden Brief.
3 Wilhelm von Humboldt-Dachröden heiratete am 17.5.1851 Hermine von Werder. Zu Theodor siehe Einleitung, S. 22–23, und Humboldt an August Hedemann, 22.2.1849: „Wilhelmchen habe ich nur einmal gesehen. Da der böse Vater ihm gewiß Ottmachau nicht abtritt, so ist diese loddrige Halbbeschäftigung etwas unerfreuliches, was ein frühes Heirathen nicht verbessern kann." (DLA/SNM, Marbach).
4 Die Heirat scheint ihm, wie Figaro sagt, eine der närrischsten Erfindungen. – Das vollständige Zitat lautet: „De toute les choses sérieuses, le mariage est certainement la plus bouffonne." (Pierre-Augustin Caron de Beaumarchais, Hochzeit des Figaro, 1778.)
5 Das 50-jährige Dienstjubiläum August von Hedemanns am 26.2.1849 wurde im Beisein Humboldts in Tegel groß gefeiert, sogar der König kam zur Gratulation. Siehe Sydow 2000, 203, und Humboldt an Alexander Mendelssohn, 20.2.1849, in Humboldt 2011, 186.
6 Frz.: Die Damen sind ganz gewöhnlich.
7 Vermutlich Anspielung auf die Nachkommen von Fürst Georg Wilhelm zu Schaumburg-Lippe, Schaumburg ist ein Ortsteil von Rinteln.
8 Zum Krieg mit Dänemark siehe den Brief vom 10.7.1848, Anm. 2.
9 In seinem Brief an Hedemann vom 22.2.1849 kündigte Humboldt seine Übersiedlung nach Potsdam für den 27.2.1849 an.
10 Er starb am 20.2.1849, siehe Humboldt an Alexander Mendelssohn, 20.2.1849, in Humboldt 2011, 187.

246 Alexander von Humboldt an Gabriele von Bülow
o. O., [vermutlich 23.2.1849]

H: DLA/SNM, Marbach, 62.2137

Es wurde heute in Charlottenburg der Geburtstag der Grossherzogin von Schwerin gefeiert.[1] Alle Höfe waren da, auch schon der neue Minister der ausw[ärtigen] Angelegenheiten Graf Arnim einst Metternichs und Guizots Freund auch bisweilen taub auf beiden Ohren. Die Prinzessin beklagte sich dass der Prinz Graf Bülow's Sturz nicht tief genug fühle. Der Prinz war auch da, Boyen und die Oriola, alles au grand complet. Neumann kündigte mir an der König würde an den theuren Hedemann zärtlich schreiben und habe Olfers aufgetragen zwei schöne bronzene Gruppen für Hedem[ann] zu Montag in Tegel aufstellen zu lassen versteht sich als sein Eigenthum.[2] Die Anlage[3] beschreibt die Gruppen. Ich habe natürlich Olfers an

den Gärtner gewiesen. Man wird wohl unten aufstellen, doch ganz nach dem Willen derer die da bringen. Rauch hat mir schon zugesagt.
Gute Nacht Ihr Lieben.

AHt

Freitag Nacht 2 Uhr

Stolberg versichert, er habe nichts gethan: es war schon alles vorher angeordnet. Der alte Prinz Wilhelm kommt morgen Abend: er soll krank und fürchterlich herunter sein. Die Leiche kommt später. Die Beisezung ist Mittwoch um 10 Uhr mit dem ganzen Hofe, nur ohne Zug. Der alte Prinz will vorher niemand empfangen.[4] In Weimar ist grosser und gemeiner Zank im Vollblut gewesen. Die vielen sächsischen Prinz[en] regierende und Erbtyranne haben im Sturmschritt dem jungen Prinz Friedr[ich] Carl den Rang abgelaufen bei der Taufe[5]. Der Wunder Prinz, der Erbgrossherzog von Weimar hat sich auf die Seite der kleinen Tyrannen von Meiningen, Sondershausen, Reuss gegen den Held von Schlesswig geschlagen. Dieser und der Papa sind canibalisch grob geworden. Prinz Carl hat es mir selbst erzählt.

1 Friederike Wilhelmine Alexandrine Marie Helene Prinzessin von Preußen war am 23. Februar 1803 geboren. Daraus ergibt sich die Datierung.
2 Über das Geschenk des Königs zu A. von Hedemanns Dienstjubiläum siehe Sydow 2000, 203.
3 Nicht überliefert.
4 Sein Sohn Prinz Friedrich Wilhelm Waldemar von Preußen war am 17.2.1849 verstorben. Siehe den vorigen Brief.
5 Vermutlich die Taufe der am 20.1.1849 geborenen Marie Anna Alexandrine Sophie Auguste Helene von Sachsen-Weimar-Eisenach.

247 Alexander von Humboldt an Gabriele von Bülow
o. O., 17.3.1849

H: DLA/SNM, Marbach, 62.2137

Verzeih mein langes Stillschweigen, meine Theure; ich war nicht wohl genug um Dich zu besuchen. Meine ewigen Magenbeschwerden haben mich zu Schönlein gehen lassen. Er hat mir etwas gegeben was mir viel Leibweh macht. Ich erwarte ihn heute, damit er an dem Recept ändere. Ich bin sonst ganz kräftig und auf die morgende Sündfluth gespannt. Ich aass gestern in Charlott[enburg] mit Prokesch aus Athen einem geistreichen, listigen Manne. Es scheint noch ungewiss ob er als Gesandte[r] bleibt. Er hat eigentlich bloss die lezte oestr[eichische] Erklärung gebracht: man wolle mit Land und Seemacht ein Bündniss mit Deutschland, auch im Bundestage sizen wenn es nur ein Staatenhaus, kein Volkshauss gebe!!! Camphausen ist nach Frankf[urt] abgereiset pour les prier de mettre de l'eau dans leur vin[1]. Die Frankf[urter] Abstimmung wird erst Montag od. Donnerstag sein. Man hofft wenigstens die Deputation mit dem Kaiserkronen Antrag durch Camph[ausen] zu vermeiden. Man wünscht eine bloss schriftliche Anerbietung. Man erkennt den Kommenden nicht das Recht ohne Zustimmung aller Fürsten. Bis jezt scheint man in Charl[ottenburg] ganz zum Abschlagen geneigt.[2] Zu meiner grossen Verwunderung höre ich gestern dass alle Höfe 2–3 Nächte in Charl[ottenburg] schlafen wollen. Wäre es nicht besser gewesen bei so viel Militärmacht ruhig zu bleiben und Vertrauen zu zeigen. |2| Wird diese nicht ganz edle Furchtsamkeit nicht noch mehr reizen und ist ein Pflasterstein in das Ekzimmer geworfen nicht eben so möglich den Tag wenn man von Charl[ottenburg] zurükkehrt. Ich habe einen liebenswürdigen Brief von Adelheidchen beim Weggehen gehabt. Ich begreiffe sehr gut dass in dieser Zeit Hed[emann] nicht hat Magdeburg verlassen wollen. Vor 3 Tagen war ich en soirée bei Prinzess v. Preussen, mit allen Birons, Gräfin Hochberg und[a] Arnim Boitzenburg und Gräfin Schwerin-Schleiermacher auch der dirigirende Minister von Weimar, Watzdorf[b]. Die Prinzessin war weniger als gewöhnlich mit mir beschäftigt. Die kleine Hacke behauptet, es hätte keine Ursachen, es sei bloss die äusserste Zerstreuung und kaiserliche Aufregung. Gestern hatte ich einen zärtlichen Brief, ganz wie gewöhnlich. Schicke ihn nicht [weiter][c]. Wenn alles ruhig bleibt so bitte ich Dich, meine Liebe, das Manuscript, das bei Prof. Berghaus war, mir Dienstag ganz einfach mit der Post unter meiner Adresse zu schicken. Ich glaube an die Ruhe bei so grosser Uebermacht. Meyendorf giebt viel Hofnung zum Dänischen Frieden[3]. In Charl[ottenburg] ist man sehr heiter und unbefangen. Von Uebersiedeln ist wohl vor April keine Rede. Stolberg war bei Hed[emann] klagt aber es sei jemand zugegen gewesen und er habe sich nicht mit ihm frei aussprechen können (oder wollen). Er bleibt vom König getrennt. Und Massow Heirath mit der Tochter von Canitz. Die Maltzahn soll |3| ihn ausgeschlagen haben. Den Hofleuten sollte injungirt sein mit Ertheilung einer Rettungsmedaille, eine volljährige Hofdame heirathen zu müssen!

Herzliche Grüsse. Ich freue mich der Aussicht dass Du Bernhardchen in der Nähe von Brandenburg wirst auf dem Lande unterbringen können.[4]
Herzliche Grüsse an Alle.

AlHumboldt

Sonnabend Mittag. d. 17ten März 1849.[d]

Eben erfahre ich dass die Flucht aller Prinze[n] nach Charl[ottenburg] 18 und 19ten ein königlicher Befehl ist, selbst an den alten Prinz Wilhelm der aber dagegen rebellirt. Der Befehl ist um so sonderbarer, als der König heute morgen selbst an Schönlein gesagt, er sei überzeugt, es bleibe alles ruhig.

1 Frz.: um sie zu bitten, Wasser in ihren Wein zu geben.
2 Am 28.3.1849 sandte die Frankfurter Nationalversammlung eine Deputation nach Berlin, die am 3.4.1849 von Friedrich Wilhelm IV. empfangen wurde und ihm die Kaiserkrone antrug, die er ablehnte.
3 Siehe den Brief vom 10.7.1848, Anm. 2.
4 Siehe den Brief vom 11.10.1848, Anm. 1.

a (1), (2) und *H*
b auch […] Watzdorf *ergänzt H*
c weider *H ändert Hrsg.*
d d. 17ten März 1849. *ergänzt B*

248 Alexander von Humboldt an Gabriele von Bülow
o. O., 31.3.1849

H: DLA/SNM, Marbach, 62.2138

Meine theure Gabriele! Ich war eben im Begriff an eine Deiner Töchter schreiben zu wollen um zu wissen wann Du die feste Burg verliessest und nun höre ich mit Freuden, dass Du troz der schlechten Jahrszeit [die][a] Weltreise schon längst vollendet hast. Schade dass Du nicht die schöneren Tage mit Bernhardchen dort erlebt hast. Von dem Besuch (Gegenbesuch) den der gute Hedemann in Charlottenburg machen wollte, ist ja leider! gar keine Rede mehr. Hier ist troz der gewöhnlichen Heiterkeit des Königs (ich war gestern Abend noch in Charlottenburg) doch viel Noth mit der gedoppelten Unbequemlichkeit der Kaiserkrone wegen der Deputation von 33 Kurfürsten aus Frankf[urt] die erst den 2ten ankommen und wegen der Indiscretion der hiesigen Kammern die auch die Gesinnungen des Königs stärken wollen. Der König ist über dies alles so gereizt, dass er mir eher gestimmt schien gar niemand empfangen zu wollen. Die Minister werden aber schon mildern. Dass von Annehmen der Krone überhaupt keine Rede ist, brauche ich Dir wohl nicht erst zu sagen. Veto suspensif, Urwahlen, Grundrechte, sich aller Abstimmung enthaltende Gesandte von Baiern, Hanover, Wirtemberg, Sachsen. (Oestreich, das jezt so mächtige Oestreich, ungerechnet.[)] Man kann nicht aus den Händen derer empfangen die einen vorher beschimpft, denen man das Recht einseitig über das Kaiserthum |2| zu disponiren nicht zugesteht. Aber es ist ein grosser öffentlicher Act, man kann ausschlagen, aber es muss mit Geschik und Würde geschehen, offen in einer praeparirten abgelesenen Rede. Zu dem allen habe ich wenig Vertrauen.[1] Der König geht Montag (sagte mir Prinz Carl bei dem ich aass – Abschieds-Diner für Trautmannsdorf!) nach Freienwalde, um die junge Prinzess zu besuchen. Dienstag will er nach Potsdam wo er die Charwoche sich geistlich praepariren will und Freitag zurükkommt. Von Uebersiedelung ist noch keine Rede. Durch diese strategischen Manœuvres wird nichts als Aufschub erlangt und den Kurfürsten Zeit gelassen, hier lärmende Ovationen zu empfangen. Von den hiesigen Kammern ist es eine indiscrete Bosheit den König, ehe die Frankfurther kommen, zu diplomatischen Antworten zwingen zu wollen. Dazu hat heute die Linke es in der 2ten Kammer erlangt, dass Berg die Adresse entwirft!! Ich glaube nicht dass ich den König nach Potsdam begleite, meine Gesundheit ist im Ganzen befriedigend, aber ich habe starken Catharr. Ich komme von Graf Brandenburg wo natürlich wieder die ganze Linke fehlte – eine wüthige Hize und ein sehr gemeiner Anblik! Der Besuch von Mathildens liebenswürdiger Tochter wird Dein Haus angenehm beleben, aber freilich auch Theodor herzulocken. Alle menschlichen Dinge haben eine |3| Schattenseite! Ich sehne mich nach den Tagen wo Du herkommen könntest. Babel me boude[2] und will Gagern zum Minister!! Ich lege Dir ein hüpsches Gedicht von Curtius bei.[3] Vielen Dank für die Namens Liste die alle Zweige des Stammes vom Uralten zum Knaben sinnig vereinigt.

Mit inniger Liebe
Dein

AlHumboldt

Sonnabend Nacht 31ter März 49.[b]

---

[a] Die *H ändert Hrsg.*

[b] 31ter März 49. *ergänzt B*

Die geistliche Parthei die Gerlachs, Strauss, Bethmann Holweg, der durchreisende Min[ister] Thiele, und Eichhorn (alle genähert) fängt wieder die alten Wühlereien an. Sie haben ein Project innere Missionen zu stiften eine Heidenbekehrung unter den Zelten.
Wie herrlich hat sich die Nemesis gegen den schändlichen, jezt flüchtigen Carlo Alberto erwiesen. Napoléon hat nichts kräftigeres gethan als die Bestraffung dieses abdicirten Königs – einer mehr. Der Sohn soll zwischen Schaaf und Rindvieh stehen.[4]
Der kleine Willisen war da er vom Ausbruch des Krieges nichts ahndete, von Turin nach Florenz gegangen, aber ins Hauptquartier geeilt wie er vom Kriege gehört. Der König glaubt er sei bei der Bataille gewesen, vielleicht – wie bei der Einnahme von Constantine.
Die arme Döhnhoff die Hofdame, ist bettlegrig an etwas gastrischem Fieber. Die armen Sächsischen Offiziere, die Nacht ankommend, sind gleich von den patriotischen Berliner Taschendieben bestohlen worden.
Olfers war unangenehm krank. Schwindel im Kopfe, er fiel oft und zerschlug sich das Gesicht. Er geht jezt aus.
Man hat bis heute Abend nichts befriedigendes über Holstein. In Dänemark ist man wüthig darüber, dass unsere deutschen Truppen Schleswig besezt haben.[5]
Endlich habe ich die kleine Pension der Winkel auf Lebenszeit durchgesezt. Sie ist fast blind.[6]

1 Vgl. den Brief vom 17.3.1849, Anm. 2.
2 Frz.: Babel schmollt mir. – d. h. Prinz von Preußen.
3 Vermutlich handelt es sich um das Gedicht von Ernst Curtius über den Aturen-Papagei, das Humboldt in die 3. Auflage der „Ansichten der Natur“ 1849 aufnahm mit der Vorbemerkung: „Der Aturen-Papagei ist der Gegenstand eines lieblichen Gedichtes geworden, welches ich meinem Freunde, Professor Ernst Curtius […] verdanke. Er wird es mir verzeihen, wenn ich sein Gedicht, das zu keiner Veröffentlichung bestimmt und mir in einem Briefe mitgetheilt war, hier, am Ende des ersten Bandes der Ansichten der Natur, einschalte.“ (Humboldt 1849a, 314.)
4 Der König von Sardinien war am 23.3.1849 bei Novara von Radetzky besiegt worden und dankte darauf zugunsten seines Sohnes Viktor Emanuel II. ab, der sich Verdienste um eine Friedenslösung mit Österreich, die Liberalisierung seines Landes und um die Schaffung eines italienischen Nationalstaats erwarb.
5 Siehe den Brief vom 10.7.1848, Anm. 2.
6 Vgl. Humboldt an Friedrich Wilhelm IV., 4.2.1849 (Humboldt 2013, 409).

249 Alexander von Humboldt an Gabriele von Bülow o. O., 7.4.1849

H: DLA/SNM, Marbach, 62.2137

Ich denke, meine Liebe, dass es am sichersten für mich ist, wenn ich von der morgenden Abgeschlossenheit des Olymps profitire und [Dich][a] um die Erlaubniss bitte, morgen Sontags wie gewöhnlich um 3 Uhr essen zu dürfen. Ich werde hier erst um 2 Uhr aus Zeiterspaarniss

a Dir *H ändert Hrsg.*

mit der Eisenbahn abfahren und nur bis 5 Uhr bleiben. Die nächste Woche komme ich auf längere Zeit.

Ich speisete eben mit dem Grossherzog von Schwerin, Wrangel, Brandenburg etc. in Charlottenburg. Man war voll von den Seevorfällen.[1] Die Zertrümmerung eines Linienschiffes 400 Mann gerettet, 200 in die Luft geflogen; eine Fregatte von 40 Canonen erobert, alle weil sie festgesessen. Eine Landschlacht wäre mir lieber und dies fast zufällige Unglük führt wohl nicht zu unmittelbarem Frieden. Sonderbar dass die Dänen gerade von der Seite leiden, von der sie am meisten bramarbasirt. Von Frankfurth weiss man noch nichts.
Herzliche Grüsse an alle. Dein

AHt

Sonnabend, Abend d. 7ten April 1849.[a]

[1] Der dänische Krieg (siehe den Brief vom 10.7.1848, Anm. 2) war nach der Kündigung des Waffenstillstands am 22.2.1849 erneut aufgeflammt. Beim Gefecht von Eckernförde am 5.4.1849 gab es Verluste vor allem auf dänischer Seite. Noch nach der Kapitulation der Dänen kam es zur Explosion eines ihrer Schiffe.

250 Alexander von Humboldt an Gabriele von Bülow
Berlin, 18.4.1849

H: DLA/SNM, Marbach, 62.2137

Es ist sehr unrecht von mir, meine Theure, dass ich Dich und Deine Lieben so lange ohne Nachricht gelassen. Ich bin sogar, dank sei es Schönlein, besser als vorher mit meinem Magen, also Unwohlsein hat mich nicht am Schreiben gehindert, aber ich harrte dass sich etwas über des Hofes Uebersiedelung entschiede und über das radical unsinnige und nicht ganz ungefährliche Frankfurth. Deshalb konnte ich aber noch lange harren. Die Uebersiedelung ist des scheusslichen Wetters wegen auf unbestimmte Zeit vertagt und der Schneefall ist für die so muthigen Holsteiner Truppen in dem grundlosen Boden des Landes auch sehr hinderlich. Der König wüthet, wahrscheinlich wegen Drohungen von Russland, gegen jeden Plan eines Einmarsches in Jütland und doch ist dieser doch wohl das einzige Mittel die halsstarrig eitele Dänische Regierung von ihrem listigen Zauder- und Ermüdungs Systeme (dem des beliebten passiven Widerstandes[)] abzulenken.[1] Viel Uebel liegt auch an Bunsen und Palmerstone. Lezterer ist viel zu sehr mit der Erhaltung seines eigenen Ministeriums beschäftigt, da er sich durch die angeregte Abschaffung der Navigationsacte einen grossen Theil seiner Nation (dem vorurtheilsvollen) verhasst gemacht. Bunsen hält sich durch die persönliche Protection und weil das Brandenb[urgische] Ministerium, das sammt Rauch u. Meyendorf an seinem Sturze arbeiten, dem König nicht die Abberufung dadurch zu erleichtern weiss, dass man ihm (dem Geldgeizigen) einen anderen Posten verschafte. Er hat allerdings das Frankfurter Creditiv endlich zurükschicken müssen, nachdem er monatlich aus der Paulskirche 2000 r. unter dem Vorwand gezogen in Frankfurth ein bureau halten zu müssen. So wird seiner intimen Feindin der Frau v. Meyendorf von ihrer Schwester geschrieben. Da Prittwitz noch immer

[a] d. 7ten April 1849. *ergänzt B*

von der Paulskirche abhängt, so sind die Frankfurther Zustände, die auf eine selbst gewählte Executiv Commission (Art von gewaltsamen Comité du Salut public) |2| lossteuren und bald den Erzherzog verdrängen werden, trostlos. Die sogenannte Zustimmung der elenden kleinen Fürsten unter denen Cassel und Mecklenburg als grosse Senfkörner erscheinen, ist nur noch verderblicher. Sie fangen damit an die demagogische Verfassung anzuerkennen und Preussen als Oberhaupt nur, wenn es auch anerkennt. Die vier Könige bleiben wie vorher von Preussen getrennt und Oestreich ist gröber und zugleich unverständlicher als je, troz aller Zärtlichkeiten von hier.[2] Man gedenkt an Talleyrand's Antwort: comment cela finira-t-il? par hazard[3]. Der geistreiche aber hochmüthige Prokesch glaubt das hazard sei eine allein von Oestreich gegebene, Deutschland und also auch Preussen aufgedrungene Charte, da man ja bald!! mit Ungarn u. Siebenbürgen fertig sein würde. Die arme Prinzessin von Preussen hat sich recht viel tracasseries[4] durch Indiscretion der Zeitungen und Raumers toast zugezogen. Sie ist auf einmal wieder sehr freundlich für mich, sie liess mich vor 3–4 Tagen spät um[a] halb neun Uhr rufen, nachdem sie sich wenige Minuten vorher ein rendez-Vous bei ihrem Sohne und Curtius mit Camphausen gegeben. Ihre Gesundheit leidet von ihrer Agitation und die schändlichen lügenhaften Beschuldigungen von Capfigue gegen die Herzogin von Orléans (die an der lezten Pariser Catastrophe Schuld sei, das Guizotsche Ministerium stürzen wollte, um Regentin zu werden) vermehren den Klatsch und die Anspielungen auf Aehnlichkeit der Zustände. Lass Dir ja die Anzeige des Buchs von Capefigue aus dem Journal des Débats (vor etwa 4–5 Tagen) geben.[5] An Arnims Zurükziehen und Wieder[er]saz durch Graf Bülow glaube ich nicht, so sehr es Babel wünscht, mit Recht wegen Thätigkeit und Talent – aber gegen den König ist Gr[af] Bülow sehr unzart gewesen. Die Westmoorland war einige Tage in Sagan. Sie die Meyendorf will allein ihre Kinder den Sommer nach Petersburg reisen [lassen]. Der König ist wie immer heiter und liebenswürdig. Ich sehe bisweilen bei Tafel als wachhabenden Officier einen grossen blauäugigen jungen |3| Herr[n] von Meerheim, ich glaube Dein Neffe, ein recht liebenswürdiger junger Mensch. Er hat als Kind den armen Bülow einmal im elterlichen Hause gesehen, ich glaube nahe bei Rostock. Massow erschien noch einen Abend mit der Braut in Charlott[enburg]. Sie sieht sehr gescheut aus, ist aber zärtlicher als ich es ihr verzeihen mag. Er hat troz des Schnees die vorsichtige Eile gehabt durch die Carlsbader Ablution den neuen Bund zu präpariren. Es geht ein maliciöses babilonisches Gerücht Fanny heirathe B. und werde Oberhofmeisterin. Denke meine Liebe, der arme, recht gebildete kleine Carl ist vor 3 Tagen schon im Clinicum wohlgepflegt (18 volle Monate lang) an Lungenübel gestorben. Wir haben ihn gestern begraben. Ich besuchte ihn noch vor 8 Tagen, weil ich ihm ausser der Beköstigung im Clinicum [(]monatlich 13 r.) alle Monat 10 r. brachte. Die Scropheln hatten zu Tuberceln in der Lunge Anlass gegeben. Er konnte das lezte Mal kaum sprechen. Seine Erlösung ist ein Glück. Er hat 7 Brüder und eine 72jährige Mutter die beim Sterben war. Er phantasirte, sprach sehr rührend von mir und wollte sterbend zu seiner Mutter gebracht werden. Es hat mich tief geschmerzt. Ich habe um der Mutter einigen Trost zu geben, die Leiche in die Lindenstrasse tragen lassen und von da aus ein anständiges Begräbniss besorgt. Als ihm das Bein abgenommen wurde erhielt ich vom König das schriftliche Versprechen, er solle die Aufseherstelle im neuen Gebäude (Villa vom Pfingstberge) erhalten.[6] So endigen menschliche Träume!! Darf ich Dich bitten einen Schreiblehrer Herrn Schulz, der einmal schöne Federn für mich geschnitten, und einen leider! bisher unbeachteten Glückwunsch zur silbernen Hochzeit mit Gold und Purpurbuchstaben geschrieben (Arbeit von

---

[a] (1) und (2) um *H*

3 Monaten) wissen zu lassen, ich freue mich ihm worum er mich gebeten, verschaft zu haben – die grosse Wonne der Silbernen Jubel-Medaille, es sei zwar ein Irthum, dass ich je mit ihrer Vertheilung zu thun gehabt, es sei Olfers'[a] Sache geblieben der allein mit dem König darüber verhandelt, aber der König habe auf meinen Antrag, befohlen, dass ihm unmittelbar durch Olfers der silberne Jubel nach Potsdam gesandt werde.[7] Bei dem Geh[eimen] Kammerier sind keine mehr vorräthig. Du wirst leider diese Zeilen etwas verspätet erhalten, denn ich gebe sie auf die kleine Post, da ich bei dem dicken Schneegestöber nicht den Muth habe den Kleinen |4| August mit seinem langen exotisch chinesischen Antlitz auf die Eisenbahn zu schicken. Er muss noch ohnedies mit mir zum Essen nach Charl[ottenburg]. Dönhoff ist als pair de Brandenbourg hier voll freundlich dankbarer Erinnerung an Euch, cassant[8] wie immer und ganz ohne Lust wieder Minister zu sein. Die Cabinetts Räthin Müller hat was ich sehr natürlich finde, Trost darin gesucht eine kleine Auswahl von Gedichten des Verstorbenen für Freunde (35 Seiten) drucken zu lassen. Ich kannte nur unbedeutend mittelmässiges von dem Manne der übrigens viel griechisch classische Bildung hatte, aber in dem Büchlein ist eine Nachahmung von „Kennst Du das Land“ die sehr glüklich ist:

Kennst Du das Land, wohin die Seele flieht,
Wenn sie dem Liebenden sich hier entzieht?
Wo Kummer nicht am armen Herzen nagt?
Wo Weib und Mann nicht über Trennung klagt?
Dahin möcht ich zu Dir zu früh Entfloh'nem ziehn!
Kennst Du das Land, wo Wiedersehn entzückt?
Was hier beglückend war, auch dort beglückt.
Das Geist und Herz, so fern es sei, erreicht?
Wohin der Seufzer unserer Sehnsucht steigt.
Dahin möcht' ich zu Dir Vorangegang'nem ziehn!
Kennst Du das Land? O frage nur Dein Herz
Du kennst es wohl: Du fühlst der Trennung Schmerz ....

Ich liebe nicht eben die Diction, aber die Idee die Stimmung zu benuzen, die[b] jeder Gefühlvolle durch die lebhafte Erinnerung an das lieblichere Göthische Gedicht in seinem Busen trägt, und das Ziel der Reise zu veredeln (die Sehnsucht zu erhöhen) das Geisterland der Zukunft an die Stelle der Orangengärten zu sezen – ist etwas recht geschiktes. Hätte ich doch nicht gedacht, dass ich Dir Verse abschreiben würde, in der Hofnung Euch, Ihr Lieben, einige Augenblicke zu unterhalten.
Mit inniger Liebe Dein

AlHumboldt

Berlin, Mittwoch früh d. 18ten April 1849.[c]

Grüsse ja Bernhardchen der mir die angenehmsten Eindrücke hinterlassen und wohl noch im dolce nido des ritterlichen Brand[enburgs] ist.[9]
Ich werde Dir Exemplare von[d] Müllers Gedichten[10] für Dich und Deine Schwester bringen.

---

[a] Olfer's *H ändert Hrsg.*
[b] , | in *streicht Hrsg.* | die *H*
[c] d. 18ten April 1849. *ergänzt B*
[d] (1) für (2) von *H*

1 Siehe den Brief vom 10.7.1848, Anm. 2.
2 Zur Kaiserwahl siehe den Brief vom 17.3.1849.
3 Frz: Wie wird das enden? durch Zufall.
4 Frz.: Schikanen.
5 Vermutlich Capefigue 1849.
6 „[…] einige häusliche Unfälle haben mich doch auf meine 80 Jahre ernst aufmerksam gemacht. Einem unglüklichen jungen Bedienten, der unvorsichtig in Sansoucci vom Wagen gesprungen war, musste nach 16monatlichem Leiden und bester Behandlung in einem Clinicum der Fuss abgenommen werden und in diesen Tagen starb er, nicht als Folge der Operation, sondern an Tuberclen in der Lunge! Kaum hatten wir den armen jungen begraben, so starb wieder in meiner Nähe am Schlagfluss der Schwager meines Jägers der Lehrer in einer Schule war einige Stunden vorher noch Unterricht gegeben hatte!" schrieb Humboldt an Cotta am 29.4.1849 (Humboldt 2009, 381).
7 Nicht bekannt.
8 Frz.: schroff.
9 Siehe den Brief vom 11.10.1848, Anm. 1.
10 Müller 1849.

251 Alexander von Humboldt an Gabriele von Bülow o. O., 2.5.1849

H: DLA/SNM, Marbach, 62.2137

Ich habe nur zu lange gezögert, meine theure Gabriele Dir zu schreiben in der Erwartung dass sich etwas definitiv entwickeln würde. Jezt ist auf einmal so viel entwickelt, dass ein Brief nicht fassen kann, was man erwarten hoffen und fürchten soll. Darum ist es am besten dass wir uns sehen. Ich denke, es soll mich nichts hindern wenn Du nicht etwa Brandenburger Projecte zum Pastor von Taubenhain [hast][a], Dich und Euch Ihr Lieben, künftigen Sonntag zu besuchen. Ich werde um 2 Uhr hier wegfahren. Des Königs Uebersiedelung schien gestern Abend noch ungewiss und nicht sehr nahe. Des Bruches mit der Paulskirche muss man sich nur freuen. Die Trunkenheit der Arroganz ist dort grenzenlos und welche Wahl der Proconsuln die man schikt, um sagen zu lassen dass man bald strengere Maassregeln nehmen werde, einen Weimarschen Minister um in Dresden zu drohen, den Consistorial Rath Seebeck, General Krauseneck's sanftmüthigen Schwiegersohn um den König von Hannover zu bedrohen der nach seinem lezten Briefe an unseren König vor Wuth schäumt. Die Königin ist sehr getröstet über den bösen Bruder, unsere Abende eine Einsamkeit die höchste Erquickung Gräfin Meuron. |2| Da ich immer gern die toten Minister besuche, weil sie dann offenherzig werden, so war ich heute morgen bei Graf Arnim dessen Abschied (den er gefordert) seit gestern erst definitiv ist. Es war Spaltung unter den 7 Weisen des Ministeriums … Von der Heidt und Strotha haben in Arnims Gegenwart en plein conseil des Ministres gesagt, alle Verlegenheit komme von der Ungeschiklichkeit des Herrn Ministers der auswärtigen Angelegenheiten. Von der Heidt ist sehr warm für die Paulskirche. Brandenburg, der nicht zärtlich für Bülow ist, hat nur interimistisch das Ministerium übernommen. Er wird von Bunsens Creatur, dem sehr listigen kleinen Abeken, einst Gesandschafts Prediger in Rom, dann mit Lepsius in Aegypten und Jerusalem. Er hat wenigstens das Verdienst gut zu schreiben. Man glaubt Schleinitz wird

a hasst *H ändert Hrsg.*

Arnims Nachfolger! Wird er annehmen denn jezt ist alle Welt dédaigneux[1]. Mit dem König wird das Verhältniss schwierig sein, man hat noch immer Mistrauen wegen Babylon[2]. Camphausen hat definitiv den Abschied genommen. Er tadelt den Bruch mit Frankfurt, vielleicht tritt Radowitz an seine Stelle, sehr ernst, sehr schwarz sehend, auch von der Grösse der Paulskirche trunkener, als ich gewünscht. Hermann wird doch nicht den Durchzug der Russen in seiner Nähe (Kosel, Ratibor) hindern. Alle diese Verhältnisse wären weniger bedenklich, wenn man den Dänischen Krieg los wäre: aber Frankfurt schlägt alle Friedensbedingungen ab.[3] Beseler sagt: wir wollen dass ganz Jütland erobert werde. „Wir bekümmern uns nicht um die fremden Mächte. Das (uneinige) Deutschland ist allem gewachsen." Berlin ist im Ganzen gar nicht aufgeregt, aber kleinen Krawall und Schüsse wird es oft noch geben. Das Gerücht dass die |3| Scheidung der Prinzess Albrecht zu Stande kommt, und dass sie nicht nach Camenz sondern nach Jerusalem geht erhält sich[4]. Ich fahre fort zu begraben. Den Bruder von Madame Seifert, der Schullehrer von kaum 40 Jahr, hat vor 4 Tagen der Schlag gerührt. Er hatte eben noch seine Stunden gegeben u. fiel tot vom Stuhle. Er war viel hier im Hause, wohnte aber nicht hier. Wir hatten den jungen Parma hier einige Stunden des Abends: ein wahrer Gassenjunge und leider! deutsch sprechend; lacht über alles was vorgeht. Die Frau, Tochter der Herzogin von Berry, zeigte sich nicht wegen Zahnweh. Sie soll auch etwas verwildert sein. Sie gehen von London über Olmütz nach Parma, ihr Volk zu beglücken.
Herzliche Grüsse an alle Lieben.

AHt

Mittwoch Nacht. d. 2ten Mai 1849.[a]

[1] Frz.: verächtlich.
[2] Wohl Anspielung auf den Kronprinzen Wilhelm von Preußen, der in Babelsberg residierte.
[3] Siehe den Brief vom 10.7.1848, Anm. 2.
[4] Prinz Albrecht von Preußen und Marianne von Oranien-Nassau lebten wegen seiner außerehelichen Beziehung zu Rosalie von Rauch bereits einige Jahre getrennt, ehe der preußische und der niederländische Hof der Scheidung zustimmten, da sie inzwischen ebenfalls eine außereheliche und nicht standesgemäße Beziehung zu ihrem Kutscher und späteren Kabinettssekretär Johannes van Rossum hatte, von dem sie ein Kind erwartete.

252 Alexander von Humboldt an Gabriele von Bülow
o. O. u. o. D., [vermutlich Mitte Mai 1849]

H: DLA/SNM, Marbach, 62.2138

Ich habe grosse Sehnsucht Euch, meine Lieben, auf einige Stunden wiederzusehen und denke morgen Sontag an der „Familientafel" [zu] erscheinen um 3 Uhr wie gewöhnlich. Das schlechte Wetter macht mich hoffen, dass ich Euch nicht etwa an einer Flieder Reise nach Tegel stöhre. Der König bei dem ich gestern mit Brandenburg, von der Heidt, u. der ganzen Artillerie und dem sächs[ischen] Minister des Auswärtigen (Beust) as, ging wie Du weist, schon gestern Abend nach Potsdam, die Königin geht ihm heute nach. Sie bleiben nur bis

[a] d. 2ten Mai 1849. *ergänzt B*

Montag Morgen: denn bis jezt ist noch von Brandenb[urg] erlangt, dass sie sich nicht übersiedeln und nur aetherisch hin und her fliegen. Sie werden es nicht lange ertragen. Eine telegraphische Depeche von Fischer zeigt dass der Reichsverweser sehr unangenehm geworden ist, und ganz im Widerspruch mit dem was nur vermuthet noch den Plaz gar nicht cediren, sondern die Verfassung mit Gewalt durchsezen will,[a] auch sterben für die Versammlung „als Soldat und ehrlicher Mann“ und der gleichen Langweiligkeiten. Nun will Rauch (der Kaiser ist gestern in Warschau angekommen)[1] nicht eher weg, ehe er dem gar nicht unbestimmten und romantischen Kaiser die bestimmte Nachricht bringen kann, man habe nun auch mit dem ehrlichen Manne gebrochen, und verbiete Prittwizen dem Frankf[urter] zu gehorchen, weil man den Frieden forciren wolle. Darüber ist nun die vorige Spaltung im Ministerium[b], wegen der Arnim sich von Heidt und Strotha zurükzog, wieder ausgebrochen. Von der Heidt |2| besonders droht mit Abgang. Er war mechanten Humors[2] gestern. Ich glaube nicht dass es ein grosser Verlust wäre: aber man fürchtet an dem glänzenden Ministerium zu rütteln. Denke Dir dass man Alvensleben das ausw[ärtige] Ministerium angeboten, nach Prof. Leo die äusserste Ultraseite. Selbst die Königin hat geschrieben und gefleht. Der grobe Mann hat aber abgeschlagen. Papa Werther und die Gräfin die ich gestern besuchte baten dass Arnim wiederkehre, weil es der Sohn als Gesandter in Dresden verheisst. Ich habe meine Entschuldigung bei der Königin gemacht, sie wurde freundlich u. lustig aufgenommen. Sie erinnerte sich allerdings sehr lebhaft der Scene die ziemlich lang gewesen sei aber wenig rührend, obgleich 2 Kinder mit figurirten. Das Ganze habe etwas comoedienartig u. abgecartet ausgesehen da andere Frauen mitgespielt und mit Intermittenz auf Zureden jener Frauen, die Scene wieder anhob. Es ist doch schön, meine ich, dass unter dem Volke der Glaube an die Theorie des Fussfalls und dessen unvermeidliche Wirksamkeit sich erhalten hat. Der lange Willisen hat wirklich den Abschied gefordert u. erhält ihn ohne Zweifel. Welch ein glükliches aber feiges Ende in Elberfeld und Iserlohn[3]; kein Schuss ist gefallen und der Abzug der Feinde (600 nach Rastatt wo man die Republik läugnet) für Geld erkauft!! Jost wird also in Bruderliebe schwelgen. Man sagt Waldek sei schon freigelassen, man habe sich geirret??[4]

Also auf morgen Sonntag, theures Gabrielchen

AHt

Sonnabend

[1] An der Konferenz in Warschau Mitte Mai 1849, bei der es um die Frage der deutschen Einheit ging, nahmen der russische Zar, Prinz Friedrich Wilhelm von Preußen, Prinz Carl von Preußen und Schwarzenberg teil. Daher die Datierung.

[2] Frz.: humour méchant: bösartiger Humor.

[3] Der Elberfelder und der Iserlohner Aufstand im Mai 1849 in Westfalen waren zwei der sogenannten Maiaufstände infolge der Reichsverfassungskampagne.

[4] Waldeck beteiligte sich an den revolutionären Unruhen, protestierte gegen die Brandenburg-Regierung, lehnte die neue Verfassung ab und sprach sich gegen das Erbkaisertum aus. Im Zuge des Siegs der Gegenrevolution in Preußen wurde er am 16.5.1849 wegen angeblicher Mitwisserschaft einer Verschwörung und Planung eines Attentats auf den König verhaftet, dann aber freigesprochen und als Märtyrer der Revolution gefeiert.

[a] (1) durchzusezen: (2) durchsezen will, *H*

[b] im Ministerium *ergänzt H*

253 Alexander von Humboldt an Gabriele von Bülow
o. O., 17.5.1849

H: DLA/SNM, Marbach, 62.2137

Meine theureste Gabriele,

Il paroît que dans la dynastie des Jost le mâle est plus aimable que la femelle.[1] Ich kann Dir aber den Trost geben, dass ich von dem ganzen Drama nichts erfahren und wie ich gestern den König daran erinnerte, er alles läugnete, zulezt aber doch meinte, ja die Königinn hätte eine weinende Frau bei den Kleidern nicht los lassen wollen. Ich habe den König von der Unschuld des Mannes und seinem Heldenmuth unterrichtet, er hat aber doch als ich Dich nannte, beklagt, dass Dir ein sehr braver Mensch entzogen würde ... Bei der Königin die sich schon nach Tische zurükgezogen (es aassen dort Bassermann aus Baden gebürtig u. sehr betrübt über die neue Republik, alle Werthers samt Sohn und Schwiegertochte[r] mit einem sehr ungriechischen ungeheuer vorstehenden Kinn, ein sehr junger und angenehmer nord-amerikanischer Artillerie Officir der den mexicanischen Vulkan Popocatépetl! bestiegen hat,[2] Wrangel und Flottwell [(]der als Oberpraesident nach Königsberg geht u. etwas unvorsichtig auf alles Vorgegangen[e] schimpft) habe ich noch keine Entschuldigung anbringen können. Da sie[a] mir früher in einer Abendgesellschaft mit der Gr[äfin] Voss und dem heimgekehrten gewaschenen Massow, nicht[s] gesagt, so ist die Sache in dem jezigen so lebhaften Interesse der confusen Politik wohl längst vergessen. Es ist mir daher auch wahrscheinlich, dass nichts zum Notiren gekommen ist. Mache Dir daher ja keine Sorge. Die arme Frau ist von ihrem Schmerz überwältigt worden und hat bei dem Anblik der Königin an Rettung geglaubt. |2| Ueber den politischen Horizont kann ich Dir leider nicht melden, was Du nicht aus den Zeitungen wüsstest. Der Weg den man endlich eingeschlagen scheint auch mir der einzig richtige, ob man aber alle militärischen Mittel haben wird, so vielfachem Unfug zu stöh[r]en, ist gar nicht zu beurtheilen. Man harret auf die Rückunft von Fischer aus Frankfurth an den räthselhaften Reichsverweser gesandt, und[b] von Canitz aus Wien. Viel entscheidendes können aber beide wohl auch nicht bringen. Vom kleinen Willisen habe ich vom 6ten Mai einen Brief aus Mestre aus dem östr[eichischen] Hauptquartier des Feldmars[ch]alls Lieut[enant] Haynau. Er geht wenn Maeghera genommen ist nach Florenz u. Rom. Seine Frau aass gestern in Charlottenburg und der König sprach ihr sehr zärtlich von dem Gemahl, den man aber der intimen Feinde wegen, <unbekümert> findet nahe um sich zu haben. Er schreibt mir die Stimmung der östr[eichischen] Armee von Radezki sei nicht bloss wüthig gegen die Paulskirche, aber auch auffallend freundlich gegen Preussen. Er lobte sehr viel und lobt einen Oberst Jellachick der Bruder des Banus, der ein grosses oestreichisches südslavisches Reich von Linz u. Triest bis zum Schwarzen Meere träumt.[4] Die Abhängigkeit von den „überall so menschlich hülfe anbietenden" Russen könnte das undeutsche project wohl stöhren. Prinzessin Babel ist unsichtbar mit etwas kaltem Fieber. Ein 4 Tage vorher war ich dort en soirée wegen der Liegnitz und allen Olferse[n]. Graf u. Gräfin Bülow fehlten natürlich nicht, selbst nich[t] Bülow-Cumerow mit den zwei einzigen locomotiven Zehen. Die Prinzessin war aimable u. weniger aufgeregt. Ein scheusslich langweiliger Abend mit allen Prinzen war später bei der Liegnitz, um an den Wänden zu kratzen. Prinzessin Carl der Gräfin Brandenburg an einem von allen

---

[a] Sie *H ändert Hrsg.*

[b] und *ergänzt H*

geflohenen Tisch gegenüber. Prinzess Carl |3| wie gewöhnlich, je veux que Vous me dis[i]ez ce que Mr de Canitz pourra dire à Vienne, ce que Rauch ira faire à Varsovie.[3] Der König wollte heute sich uebersiedeln, da aber jeder Tag etwas neues bringt oder bringen kann, so hat Brandenburg die Uebersiedelung gehindert, wird er aber sie noch über 4 Tage verspäten können? Ich zweifle daran. Verzeih, meine Liebe, dass ich so lange nicht selbst gekommen. Man ist hier auch durch die Ereignisse sehr gespannt und so habe ich Einladungen bei Westmoorland und (heute) bei Meyendorf, wie die Abendpromenaden nach Charlottenburg nicht vermeiden können. Die Republik in Baden werden die Leute bald satt werden. Welche Truppen wird man aber im Süden anwenden können. Der schon zweite Sohn des Gross Herzogs der eigentliche Erbgrossherzog, soll von seinem eigenen Leibregimente verwundet sein!! Ich bin in so schwieriger Arbeit des Cosmos dass ich fürs erste (wegen der Bücher) noch hier bleibe und einzeln herüber komme. Ich werde Dich also auf jeden Fall mehrmals wöchentlich sehen, meine Liebe! Der König ist etwas ergrimmt über die Bibliotheks Studien von Thichow. Könnte Dir Adelheidchen nicht schreiben, wie diese naive Befreiung zusammenhängt.[5]
Herzliche, herzliche Grüsse

AlHt

Donnerstags d. 17ten Mai 1849.[a]

Unter allen unerwarteten Dingen ist doch die wunderbarste dass päbstliche Soldaten die Franzosen geschlagen haben, ja dass päbstliche Gendarmen Oudinot auf der Flucht verfolgt haben.

1 Frz.: Es scheint, dass in der Jost-Dynastie das Männchen liebenswerter als das Weibchen ist.

2 Siehe den Brief von Ch. P. Stone an Humboldt, in dem er seinen Bericht über den Aufstieg auf den Popocatépetl am 3.4.1848 anlässlich eines Besuchs in Berlin übersandte (Humboldt 2004, 261, 536–542).

3 Frz.: Ich möchte, dass Sie mir sagen, was Herr von Canitz in Wien wird sagen können und was Rauch in Warschau tun wird.

4 Joseph Graf Jelačić von Bužim wurde nach Erlangung der Unabhängigkeit von Ungarn 1849 vom österreichischen Kaiser zum Banus (oder Ban, entspricht etwa Vizekönig) das Banates Kroatien ernannt. Welcher seiner beiden Brüder gemeint ist, konnte nicht ermittelt werden.

5 Vermutlich Techow (siehe den Brief vom 15.7.1848, Anm. 1), der 1849 aus der Magdeburger Festungshaft entflohen war: „Die Zeitungen bringen aus Magdeburg die Nachricht, daß der ehemalige Premier-Lieutenant Techow, bekannt aus der traurigen Berliner Zeughausaffaire, auf dem Rückwege von der Rathhaus-Bibliothek, zu deren Besuch er als Festungsgefangener von der Commandantur gegen das auf Ehrenwort gegebene Versprechen, nicht entweichen zu wollen, Erlaubniß erhalten hatte, Gelegenheit gefunden zu entwischen." (Deutsche Wehr-Zeitung Nr. 77 vom 13.5.1849, 6).

a d. 17ten Mai 1849. *ergänzt B*

254 Alexander von Humboldt an Gabriele von Bülow
o. O., 26.5.1849

H: DLA/SNM, Marbach, 62.2137

Obgleich der König es nicht ganz correct findet, theure Gabriele, so will ich mir doch die Freude machen Sontag morgen bei Dir zu speisen. Ich werde um 2 U abfahren und den König gar nicht sehen. Heute fetirt Westmoorland Queen Victoria die arme schon zum 3ten Male immer nur zum Spaass angeschossene. Sonderbar tugendhaftes Land, wo es eine fancy ist in einen Wagen voll Kinder ohne Schroth und Kugeln zu schiessen. Bemühe Dich nicht mit Antwort. Ich hoffe den lieben Kleinen zu sehen. Das Madjaren-Reich am Rhein vergrössert sich. Eine lange Conferenz die ich mit Prokesch gehabt hat mir erwiesen, wie[a] feindlich uns Oestreich ist. Es spricht immer von 1000jährigen Rechten von dem Bestande der alten Bundesrechte und dass es keine Hegemonie Preussens anerkenne; es besteht auf die alte Trias, Oestr[eich,] Preussen und Bayern. Eine der alten Tanten ist schon aus Homburg u. Darmstadt angekommen und der kranke Carl von Bayern wäre eine energische Stüze der Trias. An eine Conferenz in Kalisch mag ich nicht glauben. Die hiesigen Arestationen belobe ich sehr. Radziwill hat vor 3 Tagen bei Deiner Schwester in Magdeb[urg] ein sehr angenehmes Diner gehabt. In Teplitz sind in seinem Hause 21 Fieberkranke.
Mit inniger Liebe
Dein

AHt

Sonnabend früh d[en] 26ten Mai 49.[b]

Denke: Frau von Bacherach[t], die uns einst so viel beschäftigte, hat den Man verlassen und [ist] mit einem jungen Amerikaner in die andere Welt durchgegan[gen] – so geht das Gerücht.[1]

[1] Zur Geschichte der Herausgabe der Briefe Humboldts an Ch. Diede siehe den Brief vom 20.7.1846, Anm. 5. Nach der Scheidung von R. von Bacheracht heiratete Th. von Bacheracht H. von Lützow, Oberst in Surabaya auf Java, wo sie seitdem lebte.

255 Alexander von Humboldt an Gabriele von Bülow
o. O., 27.6.1849

H: DLA/SNM, Marbach, 62.2137

Ich schicke Dir, meine Liebe, das schöne botanische Werk der ostindischen Alpen-Rhododendron (auf dem Titelkupfer ist die wunderbare Ansicht des neu gemessenen höchsten Berges

Kinchin-jinga 26438 Fuss

[a] (1) dass (2) wie *H*
[b] d. 26ten Mai 49. *ergänzt B*

hoch, den Du nicht für ein weisses Gewölk halten musst) und die Talkbilder[1]. Ich bitte wenn Ihr selbst alles genossen, beides dem vortreflichen Wegener zu überliefern, recht vorsichtig, damit er für sich den Berg copire. Ich wünsche dass er die Rhododendra mir in 5–6 Tagen wiederbringe, der Königin[a] der sie gehören und die Herrn Wegener[2] sehr, sehr dankbar ist für die eine herrliche Talk-Landschaft welche er mir grossmüthig erlaubt, ihr zu schenken, für das königliche Album. Ich lege Dir auch die Const[itutionelle] Zeitung bei wegen der wohl ganz gewissen Notiz über die Rossi[3]. In 2 Monathen machen 2 Vorstellungen in jeder Woche 12000 r., dann Concerte dazu und ein lustigeres Leben als hier im russischen Dorfe neben der schönen Perrücke des Grafen Rossi und der vielzungigen Dorotea Luk! Ich gehe eben nach Babel. Der Fall der Duch[esse] d'Orléans ist leider! wahr hinderte sie aber nicht gestern in England anzukommen.[4] Kriegsnachrichten sind keine. Schicke mir Liebe, die Zeitung den Abend zurük.

AlHumboldt

Mitwoch 27 Juny 1849.[b]

[1] Ein Talkbild ist ein aus einem Talkstein geschnittenes Bild.

[2] Wegener besuchte mit Humboldt am 15.7.1849 auch Tegel, wie einer Einladung an Rauch, ihn zu begleiten, und dem Brief an Gabriele vom 3.7.1849 zu entnehmen ist (Humboldt 2007a, 84).

[3] Die berühmte Sängerin Henriette Sonntag war seit ihrer Hochzeit 1827 mit dem sardinischen Gesandten in Berlin, Graf Carlo de Rossi, nur noch privat aufgetreten. Als dieser infolge der Revolution 1848 sein Vermögen verlor, versuchte sie ein Comeback. Die Zeitungen berichteten, dass sie in einem Konzert in London singen würde.

[4] Vermutlich die in den Zeitungen kursierende Nachricht, dass die Herzogin von Orléans nach ihrer Flucht aus Paris 1848 ihre Witwenrente nicht mehr ausgezahlt bekam. Ihr Gatte, als ältester Sohn Louis Philippes französischer Thronfolger, war 1842 bei einem Unfall verstorben.

256 Alexander von Humboldt an Gabriele von Bülow
o. O., 29.6.1849

H: DLA/SNM, Marbach, 62.2137

Ich freue mich sehr dass dem lieben kleinen Bernhard noch das Glük ward Deines Sontag Besuchs, meine Liebe. Die wunderschöne Carte von Moltke habe ich gestern schon sehr geltend gemacht. Sie hat den König unendlich interessirt. Ich habe schon darüber an Major Moltke nach Magdeburg sehr dankbar und schmeichelhaft geschrieben. Um 2 Uhr geht es ungestikt nach Glinicke.
Mit inniger Liebe Dein

AHt

Freitags 29 Juny 1849.[c]

---

[a] der Königin *ergänzt B*

[b] Mitwoch 27 Juny 1849. *ergänzt B*

[c] 29 Juny 1849. *ergänzt B*

Neues nichts. Gestern assen beim König sonderbar genug zusammen der General-Postmeister Scharper und Minister von der Haidt, der Scharper aus Ersparniss eben auf halbe Pension gesezt! Sie machten sich Gesichter.

257 Alexander von Humboldt an Gabriele von Bülow
Berlin, [vermutlich 3.7.1849]

H: DLA/SNM, Marbach, 62.2137

Der Olymp vermacht sich heute (Geburtstag des alten Prinz Wilhelm[1]) auf der Pfauen Insel. Ich frage also an, meine Theure ob Du wohl erlaubst dass ich bei Dir um 3 Uhr tafelnd erscheine. Ich bitte nur um mündliche Antwort und flehe, dass l'ordinaire nicht vergrössert werde. Das Buch dem Babel gehörig bitte ich ja recht zu schonen

AHt

Dienstag

[1] Der Geburtstag 3.7. fällt 1849 auf einen Dienstag, daher die Datierung.

258 Alexander von Humboldt an Gabriele von Bülow
Potsdam, [vermutlich 10.7.1849]

H: DLA/SNM, Marbach, 98.18.24

Der Verstand ist mir erst spät gekomen. Ich muss vieles zu Seifert's grosser Reise besorgen und werde deshalb schon künftigen Sontag früh nach Berlin kommen und bitte nun, dass ich mit Wegener und Rauch an den ich eben deshalb schreibe, schon denselben Sontag (15ten) um 2 Uhr bei Dir essen könne. Antwort, meine Liebe, ist unnöthig, da wir Euch gewiss finden. Ich wünsche schon um halb ein Uhr im[a] schönen Tegel einzutreffen.
Mit inniger Liebe Dein

AlHumboldt

Potsdam Dienstag Abend

Die bösen Nachrichten von Fridericia sind nur zu wahr und machen grossen Unfrieden zwischen Prittwitz und Bonin weil[b] ersterer sich nun auch von Aarhuss zurückziehen muss, was man durch das Wort „concentriren" verdeckt.[1]

[a] (1) bei (2) im *H*
[b] (1) und (2) weil *H*

[1] Der deutsch-dänische Krieg (siehe den Brief vom 10.7.1848, Anm. 2) wurde am 6.7.1849 nach dem Scheitern der Belagerung der Festung Fridericia durch deutsche Truppen (die die Schleswig-Holsteiner unterstützten) durch einen Ausfall der Dänen beendet. Am 10.7.1849 wurde der Waffenstillstand geschlossen. Die preußischen Generäle von Bonin und von Prittwitz waren an diesen Kampfhandlungen beteiligt.

259 Alexander von Humboldt an Gabriele von Bülow o. O., 19.7.1849

H: DLA/SNM, Marbach, 62.2137

Ich drohe schon wieder, meine Liebe, mit meinem Besuche am nächsten Sontag, 22 Juli, aber ich werde nicht allein kommen sondern mit Mr Galluski u. Waagen, der ihn genau kennt. Mr Galluski, ein kleiner etwas harthöriger Mann mit heiser[er] Stimme muss nemlich Berlin sehr schleunig verlassen. Es sollte mir leid thun, wenn der talentvolle Uebersezer des 2ten Theils des Cosmos nach Paris zurükkehrte, ohne unser Tegel gesehen zu haben.[1] Ich hoffe schon vor 2 kommen zu können. Ich war gestern Abend mit Rauch und Waagen in Babel, auch war die Gräfin von Nassau mit ihrem dienstthuenden Abbé und einer angenehmen Marquise Le Bret da. Sie hauset seit 3 Tagen hier im Deutschen Hause! und geht auf zwei Monate auf ihre Güter bei Löwenberg. Sie ist noch um vieles hässlicher geworden, aber sie ist sehr geistreich und so heiter, dass sie und der Abbé alle Badenser wünschen zu Pulver und Blei begnadigt zu sehen. Ich würde statt Waagen gern wieder Rauch mit bringen[a], aber |2| Rauch geht nach Dresden um dort eine Statue Lessings von Ritschel zu sehen. Die Prinzessin ist sehr angegriffen, aber eigentlich ohne Fieber. Sie entzieht sich allen devoirs, giebt aber viele soiréen, select partis. Hier ist man sehr erheitert über die Ratification der Friedenpreliminarien und über den Ausfall der ganz rübenartigen Wahlen. Der Polizei Praesident hat mich versichert, dass unter den 1200 Urwählern, die gekommen sind, nur 5 entschiedene Democraten wären, aber fast die Hälfte ist ausgeblieben, ein Gemisch von trägen und bösen Urwählern. Der Trägen hat es selbst in Paris, wo die Bösen sich zu den Wahlen drängen, immer ⅓ gegeben. Reedz, der Dänische Minister mit dem ich Dienstag bei Westmoorland speiste, fürchtet, dass die Schleswig Holsteiner in ihrer jezigen Aufregung sich schwer in den Waffenstillestand fügen werden.[2] Babel träumt noch immer des Prinzen politisches Etablissement in Frankfurth; in Sanssouci versichert man er werde nach der wohl nicht sehr nahen Einnahme von Rastadt mit der Garde Landwehr! hieher zu|2|rükgerufen werden. Der arme Busch der 17 Tage gewimmert, hat doch den Trost gehabt dass eine Schwester vor seinem Tode[b] gekommen ist, um ihn zu pflegen.[3] Der König ist seit gestern Morgen schon in Charlottenburg, wegen des Todestages[4]: er kommt aber heute zu Mittag zurück. Es ist Familientafel mit[c] den 2 morganatischen Königswittwen. Ich habe gestern à trois couverts mit Meyerinck und dem wachhabenden Officier, einem fuchsrothen Jüngling gespeiset. Heute früh war uns die Pretzel zum Frühstück entzogen aus Sparsamkeit wegen Abwesenheit der

---

[a] (1) mit | g< – > zu *gestrichen* | bringen *H*
[b] vor seinem Tode *ergänzt H*
[c] (1) über (2) mit *H*

Himmlischen. Die fehlende Pretzel ist ein Signal, wie eine eingezogene Fahne. Die Herzogin von Dessau hat mir unnen[n]bare Last aufgelegt. Sie schikt den Erbprinzen von Bern aus in die Ferien nach Belgien und Paris damit er à deux mains regieren lerne. Er soll den Praesident[en] das faub[ourg] S[ain]t Germain, die Banquiers Damen, alle Künstler und Gelehrte, auch die wilden Bestien im Jardin des Plantes besuchen. Zu dem allen soll ich Empfehlungen schreiben. Dazu soll ich seinem Führer H. v. Scheel eiligst den Johanniter-Orden verschaffen weil |3| dies bekanntlich in Republiken eine Empfehlung ist. Ich schaudere! Es liegen gewiss tiefe politische Absichten zum Grunde. Ich bitte Dich, meine Liebe, mir nur[a] in dem Fall, dass der Sonntagsbesuch Dir nicht ganz angenehm wäre, hieher nach Potsdam zu schreiben.

Herzliche Grüsse an Alle die Theuren. Vielleicht finde ich schon Bernhardchen in Tegel.

AlHumboldt

Donnerstag Morgen um 9 Uhr. d. 19ten July 49.[b]

In Schwienemünde haben die Dänen viele Canonenbote genommen und unsere Flotte hat mit grosser Feigheit dem zugesehen ohne sich zu rühren.

1 Humboldt hatte Ch. Galusky wohl im Nov. 1846 kennen gelernt (siehe Humboldt an Varnhagen, 28.11.1846, in Humboldt 1860, 224, sowie an K. S. Kunth, vermutlich 5.12.1846, in Humboldt 2019). Dieser übersetzte Humboldts „Kosmos" (T. 2–4) ins Französische (Fiedler/Leitner 2000, 416–417) und kam im Sommer 1849 für zwei Monate nach Berlin. Vgl. auch Humboldt an Cotta, 23.7.1849, in Humboldt 2009, 394.

2 Siehe den Brief vom 10.7.1848, Anm. 2.

3 Nicht ermittelt.

4 Am 19.7.1810 war Königin Luise von Preußen verstorben.

260 Alexander von Humboldt an Gabriele von Bülow
Potsdam, 20.7.1849

H: DLA/SNM, Marbach, 62.2137

Meine Unbescheidenheit nimmt mit jedem Tage zu, meine Theure! Ich weiss nicht wie ich mich rechtfertigen soll. Ich schrieb Dir schon, dass ich mit Mr Galluski und Waagen übermorgen, Sontags, vor 2 Uhr bei Dir einziehen werde.[1] Leider aber hat Graf Dönhoff mich hier von dieser Expedition reden hören und da er mit Galuski, der neben ihm im Thiergarten (Lennéstrasse) wohnt sehr befreundet ist, so hat er mich gebeten, ihn mitzunehmen und Dich zu bitten ihm die Indiscretion zu verzeihen. Da die Schwester unter allen Hofdamen Dir die liebste ist, so weiss ich dass der Besuch Dir nicht ganz[c] unangenehm sein wird. Von der Gesundheit der Schwester, die bei Below in der Gegend von Danzig (Hela) ist, sind die Nachrichten gar nicht erfreulich. Der älteste Sohn des Pr[inzen] Johann von Sachsen, aus[d] Holstein kommend, ist auf 2 Tage hier, ein sehr hüpscher harmloser, unblutiger Krieger. Heute war für

a nur *ergänzt H*

b d. 19ten July 49. *ergänzt B*

c ganz *ergänzt H*

d (1) von (2) aus *H*

ihn grosse Parade. Gabrielchen hat mir die Kinder geschikt, die ich in den Marmorsaal sehr froh |2| und neugierig an ein Fenster gebracht. Alle sind wohl, ich sah sie gestern. Neues ist gar nichts, nur dass der Pr[inz] von Preussen zur Belagerung v. Rastadt selbst gehen wird.[2] Die Holstein Schleswiger wollen sich nicht in den Waffenstillestand fügen!![3]
Mit inniger Liebe Dein

AlHumboldt

Potsdam Freitags d. 20sten July 1849.[a]
Gieb Dir keine Mühe zu antworten.

1 Vgl. den vorigen Brief.
2 Rastatt wurde Zentrum der Badischen Revolution. Vom 1. bis 23. Juli waren über 5.500 Mann der Revolutionsarmee in der Festung eingeschlossen, die am 23. Juli 1849 vor den preußischen Belagerern unter dem vom Reichsverweser Johann von Österreich ernannten Oberkommandierenden der „Operationsarmee in Baden und in der Pfalz", Prinz von Preußen, kapitulierten. Vgl. den folgenden Brief.
3 Zum dänischen Krieg siehe den Brief vom 7.4.1849, Anm. 1.

261 Alexander von Humboldt an Gabriele von Bülow
o. O. u. o. D., [vermutlich 25.7.1849]

H: DLA/SNM, Marbach, 62.2145

Ich schreibe um Dir zu sagen, dass mir heute um vieles besser ist und falls Du etwa die übergrosse Güte hättest zu kommen nicht die Stunde 1–2 zu wählen, in der ich den nordamerkan[ischen] Gesandten Mr Hannegan leider! annehmen muss. Ich schikke Dir zum Familienarchiv einen sehr schönen Brief der Grossherzogin von Weimar und einen mehr geschrobenen des Wunderkindes.[1] Gestern Abend wieder die ganze Familie (ohne Babel) auch der Coloss. Es ist die nicht ganz sichere Nachricht man habe Aussenwerke von Rastadt[2] genommen und die zierlichen Favorite eingeschossen. Ich muss morgen um 2U nach Berlin zu einer öffentlichen Sizung der Acad[emie] komme aber Abends morgen wieder.
Mit inniger Liebe Dein

AHt

Mittwoch

Ich wünsche morgen Les portes de fer.[3]

1 Vermutlich von Bettina von Arnim.
2 Zur badischen Revolution siehe den vorigen Brief vom 20.7.1849, Anm. 2. „Dienstag, den 24. Juli 1849. […] Telegraphische Nachricht, dass Rastatt auf Gnade oder Ungnade sich ergeben hat. Die Preußen sollen am 23. Nachmittags um 5 Uhr einrücken." (Varnhagen 1861–1905, Bd. 6, 282–283) Daher die Datierung.

a d. 20sten July 1849. *ergänzt B*

[3] Der Herzog von Orléans hatte 1839 an einer Expedition der französischen Armee teilgenommen, die im Zusammenhang der französischen Eroberung Algeriens seit 1830 stand, und Tagebuchnotizen verfasst, die von Nodier postum herausgegeben wurden („Journal de l'expédition des Portes de Fer", Paris 1844). Vermutlich meint Humboldt dieses Werk oder eine Abbildung, z. B. „Le Passage des Portes de fer en Algérie, 18 octobre 1839" von Adrien Dauzats.

262 Alexander von Humboldt an Gabriele von Bülow
Potsdam, 31.7.1849

H: DLA/SNM, Marbach, 62.2137

Potsdam, Dienstag Nacht 31st[er] July zum 1sten August 49.[a]
Ich muss mich zu rechtfertigen versuchen, meine theure Gabriele, dass ich Dich so lange ohne Nachricht und mein olympisches Bulletin gelassen. Die ewigen Unbestimmt[heit]en wegen unserer Reise an die Küste[1] sind allein daran schuld. Du weisst dass Freitags (3[ter] Aug.) die Statue des vorigen Königs im Thiergarten früh um 8 bei accompagnement von geistlichen Liedern und Redensarten, Nachmittags die Statue in Stettin enthüllt wird. Man soll bei beiden Ceremonien gestikt mit Ordensbändern sein, was zur Reis[e] sehr unbequem ist! Wir fahren Donners[t]ag Abend von hier nach Berlin, der König will in Charlottenburg schlafen, um früh um 8 Uhr im Thiergarten zu sein (wo Du wohl nicht bist!!) und von da halb 10 Uhr auf die Stettiner Eisenbahn. Ich werd[e] mich der Thiergartenfreude, wo viel Tumult zum Wegfahren sein kann, entschlagen und unmittelbar auf die Eisenbahn gehen. Die Königin wird mit der kleinen Hacke (und Marwitz) indess bis Montag (6ter Aug.) nach Dresden reisen. Ich habe dem König nicht abschlagen mögen, da jede Reise, bei dem ewigen Einerlei hier, mir angenehm ist, ich auch noch einmal in meinem Leben den unbegrenzten Meerhorizont zu sehen wünsche. Auf der Stettiner Eisenbahn (in Stettin selbst unter obligatem Hurrah[)] legen wir Staats Gewänder an und enthüllen. |2| Von Stettin geht es nach Schwinemünde wo die Grossfürstin Helena von Petersburg kommend, wollen es die Winde, den Sonnabend (4ter Aug.) Nachmittags landet und wo die Befestigung besehen[b] wird. Wo man Sontag Kirche hat, ob in Schwinemünde oder in Stettin ist noch eine Lebensfrage. Die Grossfürstin Helena geht nach Puttbus nicht allein des Badens wegen, als um die Heirath der Tochter mit der dikken, tauben Fleischmasse, Prinz George von Strelitz zu betreiben.[2] Rügen ist ein den Liebes! Geschicken[c] nicht sehr zuträgliches Land. Man sagt dazu dass die Tochter als sehr gebildet den, alcoholischen Getränken von Zeit zu Zeit sehr ergebenen Prinz George verhöhnen wird. General Gerlach durch seine Popularität nüzlich, für Rauch interimistisch fungirend, Massow, Manteuffel ... gehen mit uns. Wir kommen wahrscheinlich erst Montag zurük, wo in Charlott[enburg] od. Bellevue Minister-Conseil ist, weil Dienstag 7ten sich die Kammern versammeln ohne Rede. Das ewige Hofgespräch ist jezt die sichere Nachricht von der Verlobung des Grossherzogs von Schwerin mit der Schwester des kleinen musikalischen Fürsten Reuss hier in Garnison.[3] Sie ist 1 Jahr älter als er, aber sehr hüpsch,

---

[a] 31st[er] July zum 1sten August 49. *ergänzt B*
[b] (1) < – > (2) besehen *H*
[c] Geschicken *ergänzt H*

eine Liebe aus früher Jugend in Dresden. Prinz Carl wüthet, es sei eine kaum ebenbürtige Ehe, unschicklich für einen Prinzen dessen Mutter Königstochter und Kaiserin Schwester sei: noch mehr wüthet man in Strelitz wo ohnedies der klein[e] Gr[oss]Herzog für einen Jacobiner gilt. Mama hat nach|3|geben müssen. Du weisst das gewiss schon längst durch den theuren Leopold den ich heute morgen zu besuchen gedenke. Innige Grüsse. Ich eile zu Bette ermüdet von einer kalten Landparthie im Wildpark mit dem Herzog v. Coburg (König v. Thüringen) der nur von seinem Seekriege in Eckernförde spricht. Die Tegelschen Kränze sind gestern dem theuren Waldeck zum Geburtstag gebracht, Prof. Michelet und viele Damen an der Spize.
Dein

AlHumboldt

Der Schwerinsche Hof hat bei seiner lezten Anwesenheit die Heirath declarirt dem Königspaar. Pr[inz] Carl hat sie zufällig durch Officiere erfahren.

[1] Humboldt begleitete Friedrich Wilhelm IV. auf einer Reise über Stettin nach Swinemünde (3.–6.8.1849).

[2] Georg von Mecklenburg-Strelitz heiratete 1851 in Sankt Petersburg die Großfürstin Katharina Michailowna Romanowa.

[3] Friedrich Franz II. heiratete am 20. Oktober 1849 Auguste Reuß zu Köstritz.

263 Alexander von Humboldt an Gabriele von Bülow
Potsdam, 16.8.1849

H: DLA/SNM, Marbach, 62.2137

Ich hoffe gewiss, meine Liebe, durch nichts gehindert zu werden Sonntag wieder auf einige Stunden [Euch][a] zu sehen und mich der Anwesenheit Adelheidchens und der Kleinen zu erfreuen. Hier ist alles beim Alten und Unbestimmten. Der König und die junge recht angenehme aber offenmündige Prinzessin von Sachsen haben einige Nächte einige Hintergedanken (Cholerine) gehabt, ziemlich harmlos, doch die Abreise des „gelehrten" Dantesken Sachsen verlängernd. Die Familie reiste gestern ab um 2 Uhr, nachdem sie mit Rauch u. Lepsius alles gesehen. Ich habe leider den theuren Hedemann auf der Eisenbahn verfehlt. Ich war vergeblich um 11 Uhr hingegan[gen] und fand eine Einladung vor zu Pr[inz] Johann nach Sanssouci, um ihm etwas aus dem Kosmos vorzulesen, den er (ce qui n'est pas flatteur)[1] nie geöffnet. Der heldenmüthige Prinz „der für das Vaterland geblutet" ist so stumm und muffig als vorher. Es scheint eben nicht sehr delicat dass man wie die Zeitungen verkündigen nur seiner Fleischwunde das Concert, die Tableaux und den Ball geben will, die nur Oberbefehlshaber gegeben werden sollten. Man arbeite daran den König nach Tivoli! zu poussiren: ich hoffe dass es nicht gelingen wird. In dem gedrukten Program ist wenigstens des „heldenmüthigen Hohenzollern" nicht gedacht, bloss des wohlthätigen Zweckes erwähnt. Babel ist besser, hat einmal hier gespeiset, doch furiosa wie Orlando. |2|

[a] auch *H ändert Hrsg.*

Radowitz war gestern hier. Er hat angenommen da das Ministerium thatenreich, aber zungenlos ist in den Kammern als Kön[iglicher] Commissarius aufzutreten und über die auswärtige Politik schlagend zu doctriniren, nächste Woche.

Die gute Schlegel ist glüklich über die Heimkehr des Ihrigen, der feiste Diplomatie in der Schweiz getrieben hat. Die blutdürstigen Hofdamen zupfen Scharpie und wüthen dass [ihnen][a] Kinkel entgangen.[2] Man sagt der König werde künftige Woche auf 5 Tage nach Rügen gehen zu Grossfürstin Helena, ihrer angenehmen Schwester (v. Nassau) und 2 Brüdern. Der Prinz von Preussen solle seinen Siz in Frankfurth nehmen, was die Prinzessin nach Homburg führen könne, um von da aus zu helfen. Andere sagen der Prinz gehe nach Coblenz ce qui seroit moins poétique[3]. Seifert ist schon von Tepliz zurük und wie er schreibt gestärkt. Er ist noch in Berlin. Madame Seifert ist recht schlecht gewesen mit Fieber und heftiger Cholerine. Sie ist jezt ausser Gefahr. Sie hat die armen einsamen Kinder sehr erschrekt. Ich bitte Dich meine Liebe die Einlage recht bald u. richtig besorgen zu lassen. Es ist ein Attest [das][b] ich geben muss, eine Bittschrift an den König überreicht zu haben damit meine Freundin (eine hässliche Gestalt, der der Gemahl das Antlitz blutig geschlagen) nicht auf 8 Tage in ein Gefängniss abgeführt werde. Er scheint eine Chausseebeschädigung zu sehen. Elisabetchen spricht so unharmonisch dass ich mein Geschäft selbst nicht verstehe.[4] Ich lege Dir, meine Liebe, gedrukkt bei, was Dir einst gefiel, es ist wenigstens |3| eine angenehm tönende Sprache. Du weisst es ist die Einleitung zu dem prächtigen Album, das in die Fresco-Säle von Göthe Schiller, Wieland und Herder gelegt wird.[5] Die Grossherzogin hat gewollt, dass es französisch übersezt werde, wegen undeutscher Besucher. Die Uebersezung ist von der „heiseren Stimme“[6]. Ich werde auch mehr Exemplare von meiner Waare selbst bringen.

Mit herzlichen Grüssen an Gross und Klein Dein

AlHt

Potsdam Donnerstag d. 16ten August 1849.[c]

Die schändlichen Homburger[:] zehen der verhöhnten Preussen sind schwer blesirt![7]
Ich bin sehr ungewiss ob ich Leopold und Rauch werde mitbringen können. Der leztere ist von neuem voll Hintergedanken (arrière-pensées) gewesen, doch hat er seitdem hier gegessen, etwas bläslich.[8]

1 Frz.: das ist nicht schmeichelhaft.
2 Kinkel hatte am badisch-pfälzischen Aufstand teilgenommen und wurde nach der Einnahme der Festung Rastatt verhaftet. Er wurde erst in die Kasematten von Rastatt und später in weitere Gefängnisse, zum Schluss im Mai 1850 in das Zuchthaus Spandau überführt, von wo aus er 1850 fliehen konnte.
3 Frz.: was weniger poetisch wäre.
4 Nicht ermittelt.
5 Humboldt 1849b.
6 Vermutlich Galuski, siehe den Brief Nr. 259, Anm. 1.
7 Der Aufstand in der Pfalz wurde von preußischen Truppen niedergeschlagen.
8 Vgl. Humboldt an Rauch, 16.8.1849, Humboldt 2007a, 84.

a Ihnen *H ändert Hrsg.*
b dass *H ändert Hrsg.*
c d. 16ten August 1849. *ergänzt B*

264 Alexander von Humboldt an Gabriele von Bülow
Potsdam, [vermutlich 17.8.1849]

H: DLA/SNM, Marbach, 62.2137

Ich komme mit einer grossen Bitte, meine Theure. Ich hoffe Ihr werdet mir nicht grollen, wenn ich Sontag nicht mit nach Tegel komme. Es ist die Silberne Hochzeit des Handelsministers von der Heydt der mich sehr dringend und herzlich einladet zu Sontag 3^U zum Mittagessen. Die politischen Beziehungen in[a] denen ich zu ihm stehe (er und der Kriegs-Min[ister] Strotha sind die freisinnige Parthey des Ministeriums) machen es mir fast unmöglich abzuschlagen. Ich werde nun statt Sontag, Dienstag kommen.[1] Ich wähle nicht Montag, weil der König nicht gern sieht dass ich 2 Tage hinter einander fehle. Die Zeitungsnachrichten von Verlobung des ältesten Sohnes des Pr[inzen] Johann v. Sachsen mit der Tochter des Pr[inzen] Albrecht sind eitele Lügen.[2] Ich war gestern in Babel wo man heiter und wohl aber ohne alle Nachrichten über des Gemahls Ansichten ist.

Meine herzlichsten Grüsse an Adelheidchen und alle alle Kinder

AlHumboldt

Potsdam Freitags.

Ich werde die goldene Hochzeit kaum erleben!
Du hast doch den Brief, meine Liebe, nach Dorf Tegel besorgt an meine blutige vom Manne geschlagene Freundin.[3]

1 Siehe Humboldt an Rauch, [17.8.1849], woraus sich die Datierung ergibt (Humboldt 2007, 85).
2 Charlotte von Preußen heiratete 1850 Herzog Georg II. von Sachsen-Meiningen.
3 Siehe den vorigen Brief.

265 Alexander von Humboldt an Gabriele von Bülow
Berlin, [vermutlich 19.8.1849]

H: DLA/SNM, Marbach, 62.2137

Berlin, Sonntag früh

Nur wenige Zeilen, meine theure Gabriele. Der Brief nach Dorf Tegel enthält keine Spur einer Empfehlung, nichts als das mir abgeforderte Zeugniss dass die Dame ein Gnadengesuch an den König abgegeben, eine Sache, die mir in meiner Lage oft vorkommt. Du kannst den Brief verbrennen und vorher lesen. Es ist närrisch genug dass die Sache uns selbst betrift. Die Frau sprach von Chausseebeschädigung, ich habe nichts darüber gelesen und das versiegelte Schreiben an den König wie gewöhnlich abgeben lassen, dem Weibe aber 1 r. geschenkt, da sie das Gesicht blutig zerschlagen hatte.[1] Ich erfuhr bloss dass sie zu 8 Tage Haft verurtheilt sei. Vernichte also den Brief, meine Liebe, damit Du nicht glaubest, ich conspirire mit dem

a (1) zu (2) in *H*

Feinde. Dazu habe ich noch heute früh an Col[legien] [Rat] Illaire geschrieben, dass die Bittstellerin sehr schlecht saniert sei und an den Gärten schändlich schade.

Ich werde gern Sellow mitbringen, wenn er es annimmt. Ich hoffe Dienstag vor 2 Uhr zu kommen. Ich sollte morgen mit dem König nach Rügen. Die Reise ist aber bis 30t[en] ausgesezt.[2]
Mit Liebe Dein

AlHt.

1 Siehe die Briefe vom 16. und 17.8.1849, woraus sich die Datierung ergibt.

2 „Meine Reise mit dem König nach der Insel Rügen ist […] aufgegeben", schrieb Humboldt am 31.8.1849 an Cotta (Humboldt 2009, 406).

266 Alexander von Humboldt an Gabriele von Bülow
Berlin, 25.8.1849

H: DLA/SNM, Marbach, 62.2137

Ich bin, meine Liebe auf einige Stunden hieher gekommen, um Radowitz in der 2ten Kammer über d[as] Deutsche Reich dogmatisiren zu hören. Gestern war der Gr[oss]Herzog v. Strelitz auf 2 St[unden] in Sanssouci. Er ging auf die Freite in das Reussische Kaiserthum. Ein Fräulein Schöning, Hofdame der verw[itweten] Gr[oss]Herzogin soll die Tante der künftigen Gemahlin sein. Auch klagt das vollblütige Geschlecht über die Ried-Esel die lästige Verwandte in aufsteigender Linie sind. Das irische Strelitz will die Union mit Schwerin aufheben. Die Welt ist erschüttert. Gräfin Nashorn Hedemanns einstige Braut und die äzende Ministerin Rochow hausen auf viele Tage in den neuen Kammern. Vorgestern hatten wir auch die ganze Silberne Hochzeit[1] (von der Heydt und die Gattin von der Strauss in seinem Pathos bei der Einsegnung sagte: „und Du, meine Schwester, vor 25 Jahren warst Du eine anmuthige Jungfrau."[)] Bei Tische wurden, entre le potage au riz et le boeuf[2], vom Domchor Psalme gesungen. Die kleinen Minister Söhne nannte Strauss „schlank aufschiessende Oelzweige." Den 28st[en] ist das Göthe-Speisen bei Mielentz. König u. Königin wollen in die Iphigenie gehen.[3] Die |2| [Königin] schläft in Charl[ottenburg] und geht den 29sten früh auf 5 Tage nach Pilnitz. Wir reisen den 30sten früh 6 Uhr nach Rügen.[4] Da ich den 29sten schon hier schlafen muss und alle Erkältung vor der Reise fürchte, so bin ich sehr ungewiss ob ich Euch in dem schönen Tegel werde vorher besuchen können. Pr[inz] Albrecht geht nach Dieppe und kämpft mit dem König der nicht will, dass er incognito Paris besuche ob er es gleich dem Pr[inz] George nachgegeben hat. Ich war wegen des Streits schon heute früh vor 9 Uhr bei Pr[inz] Albrecht, dessen zweiter, doch minder feister Stockhausen, ich werde. Prinzess Ch[arlotte] und Fräulein Schukmann wüthen gegen die Zeitungen, da man im Marmor Palais weder den katholischen Sachsen noch den kazenartigen Brillenmann von Nassau will. Der Kronpr[inz] von Schweden ist nun wirklich in Holland. Ist nicht zu fürchten, dass die Sicherheit davon in Bellevue traurig aufrege?
Mit herzlichen Grüssen Dein

AHt

Berlin, Sonnabend d. 25$^{\underline{sten}}$ August 49.[a]

Meine unvorsichtige Erzählung von unserer Tegelschen Schiffarth hat den Monarchen wieder sehr belebt. Er möchte zu Schiffe von Potsd[am] aus im Saatwinkel anlegen und so bei Euch debarquiren – alles wohl nur Träume!![5]

1 Siehe den Brief vom 17.8.1849.
2 Frz.: zwischen der Reissuppe und dem Rindfleisch.
3 Siehe Humboldt 1913, 137.
4 Diese Reise fand nicht statt, siehe den vorigen Brief.
5 Der Plan, zu Humboldts Geburtstag am 14.9.1849 in Tegel von Potsdam nach Saatwinkel am Tegeler See zu Schiff zu kommen, wurde später aufgegeben, siehe den Brief Nr. 271.

267 Alexander von Humboldt an Gabriele von Bülow
Berlin, [vermutlich 29.8.1849]

H: DLA/SNM, Marbach, 62.2137

Hannibal ist vor den Thoren. Es war heute das ungeheure gestikte Galadiner in der Charlottenburger Galerie.[1] Der König hat gar nicht gewartet, dass ich ihm von Hedemanns wahrscheinlicher Ankunft gesprochen, er ist gleich auf mich zu gekommen, um zu sagen, er habe schon mit der Königin Rath gepflogen und er wolle mit ihr wenn es in Tegel genehmigt würde Freitag um 3 od 3 ½ Uhr (wie Ihr wünschtet) in Teg[e]l speisen. Er besteht noch darauf bis Spandau zu Wasser zu fahren, aber die Königin hofft, wegen[b] Langsamkeit der Wasserfahrt ihn davon zurük zu halten, und ganz einfach über Berlin zu kommen.[2] Der König dringt sehr auf Hedemann, dem ich noch heute Abend von Potsdam aus schreiben werde, und auf Deine theure Schwester, die er in Magdeburg glaubte. Die Königin bat um die Erlaubniss ihren[c] Vetter den Prinz Vasa, der gerade [hier ist] am Freitag mit zu bringen. Ich denke daher bloss Rauch zu bitten, nicht Kaulbach so angenehm dieser mit dem Könige wäre. Die Zahl der Kommenden hoffe ich soll sich beschränken auf König Königin, eine Hofdame, ein Adjutant und Wasa vielleicht auch mit einem Adjutanten. Das ist nicht zu ändern. |2| Geht der König zu Wasser, so kann ich erst mit ihm kommen, wen[n] er mit der Königin fährt so komme ich mit Loën u fahre von Berlin mit Loën u Rauch um 12 Uhr ab. Es ist heute nicht zu bestimmen. Kein Gefrorenes, kein Obst. Orangenblüthen will ich mitbringen. Ich schicke diese zarten mit einem bezahlten Boten. Das Schiksal ist das Schiksal!!
Dein

AHt

Berlin[d] 5 ½ Ab[ends]

a d. 25$^{\underline{sten}}$ August 49. *ergänzt B*
b hofft, | ihn *streicht Hrsg.* | wegen *H*
c Ihren *H ändert Hrsg.*
d (1) Potsd (2) Berlin *H*

Ich fahre mit dem König um 6 Uhr nach Potsdam

[1] Humboldt erwähnte am 30.8.1849 in einem Brief an Alexander Mendelssohn ein „grosses Kammer Diner bei dem König“ am Vorabend, woraus sich die wahrscheinliche Datierung ergibt (Humboldt 2011, 187).

[2] Siehe den Brief vom 25.8.1849, Anm. 5.

268 Alexander von Humboldt an Gabriele von Bülow
Potsdam, [vermutlich 2.9.1849]

H: DLA/SNM, Marbach, 62.2137

Nach vielen Schwankungen hat sich der König endlich doch entschlossen heute um 1^{U} von hier nach Dresden abzureisen und die Grossfürstin, die morgen zwischen 2 und 4 [Uhr] kommt, gar nicht abzuwarten. Sie hatte durch Bonin der nach Puttbus geschikt war sagen lassen, sie sei durch die bösen Nachrichten von dem fast sprachlosen, dabei fieberkranken Zustande des geliebten (?) Gemals so angegriffen, dass sie nicht einmal die Weimarschen Prinzessinnen würde empfangen können. Prinzess von Preussen, die mich heute (neugierig) besuchte und bei der ich gestern mit einer Freundin der Herzogin von Orléans, der Comtesse d’Oraison gefrühstükt, will doch morgen nach Berlin um die Grossfürstin, die eine Nacht im Gesandschaftshotel schlafen wird, zu belästigen. Der König kommt erst Freitag mit der Königin von Pillnitz zurük nach |2| Charlottenburg. Der Duc de Bordeaux [der] mit dem General Prittwiz vor 3 Tagen in Hannover beim König gespeiset, ist wahrscheinlich schon durch Pillnitz durch. Er hatte sich dort anmelden lassen, wie unsere Königin schrieb durch jemand dessen bösen Namen ich nicht erfinde: Mr le Comte Chassepot de Pissy. Prinz v. Preussen war in Frankfurth a[m] M[ain], verlässt es bald, um nach Carlsruh[e] u. Freiburg zu gehen, kehrt aber bestimmt nach Frankfurth zurük um sich mit dem Reichsverweser den man dort erwartet, zu besprechen. Er schreibt der Prinzessin „er wolle ihn keinesweges vermeiden[a]“. Die Prinzessin ist agitirt über ihre eigene Winterzukunft. Heute ist in Babel grosse Feier von Curtius Geburtstag gewesen. Man hat ihm ein Album geschenkt für das ich wieder habe Inschrift machen müssen,[1] das oekonomisch[s]te[b] aller Geschenke nach den eigenen Haaren, die die Aerzte so hassen.

Du gedenkest wohl, theure Gabriele, der Schrift des Dr Schlesier aus Stuttgart, der meinen Bruder, Deinen Vater, so enthousiastisch verherrlicht.[2] Es ist ein bescheidener angenehmer Mann, leider! <Brillen>. Er bleibt einige Monate in Berlin und kommt von Dresden wo seine (nicht jüdische) Familie lebt. Er ist sehr blind und hat einen unsicheren Blick. Er verdient |3| dass wir ihn gut behandeln. Ich denke Euch übermorgen Dienstag zu besuchen; ich komme um 2 Uhr und hoffe dass es Dir Deiner theuren Schwester und den Kindern nicht unangenehm ist wenn ich Dr Schlesier mitbringe. Ich werde Rauch es wenigstens vorschlagen, mit mir zu fahren.[3]
Mit inniger Liebe Dein

AlHt

[a] keinesweges | zu *streicht Hrsg.* | vermeiden *H*

[b] (1) ökonomische (2) oekonomischte *H*

Potsd[am], Sonntag Ab[end]

Das Göthenfest war eine schrekliche Prüfung. 8 Reden und wenig Speisen mit 60 Personen. Es ist bloss der Trost, dass man so ein hundertjähriges Fest nur einmal erlebt. In Frankfurth a[m] M[ain] Abends vor der bei der Statue Katzenmusik und Heckerlied.[4]

1 Humboldt, A. von: Eintragung in ein von der Prinzessin von Preußen geschenktes Album für Ernst Curtius, gedruckt in Curtius 1913, 354. Siehe auch http://www.deutschestextarchiv.de/book/view/humboldt_curtius_1849?p=3

2 Schlesier 1843. G. Schlesier lebte zeitweise in Stuttgart und kam 1852 nach Berlin.

3 Siehe Humboldt an Rauch, 2.9.1849, in Humboldt 2007a, 85. Daher die Datierung.

4 „Erst zwölf Jahre nach Goethes Tod verwirklichte die Stadtregierung die Pläne für ein Goethedenkmal in Frankfurt. Das von dem Münchener Bildhauer Ludwig Schwanthaler entworfene und am 22. Oktober 1844 auf der Stadtallee feierlich enthüllte Monument wurde zum Mittelpunkt der Frankfurter Goethefeiern des ausgehenden 19. Jahrhunderts, zumal sein seit 1848 auch ‚Goetheplatz' benannter Standort – anders als Goethes Geburtshaus im Großen Hirschgraben – den nötigen Raum für große Festveranstaltungen bot. Erstmals anläßlich von Goethes 100. Geburtstag am 28. August 1849 gab es eine solche Denkmalsfeier. Vormittags ab 10 Uhr ging ein großer Festzug durch die Stadt zu dem Goethemonument, um dort pünktlich um 12 Uhr mittags unter Glockenläuten und Kanonendonner der Geburtsstunde des verehrten Dichters zu gedenken. [...] Die zentrale Festveranstaltung auf dem reich geschmückten Goetheplatz wurde von einem bunten Tagesprogramm umrahmt, das morgens früh mit einem Turmblasen von der Katharinenkirche und einer weihevollen Gedächtnisfeier im Kaisersaal begann, abends spät mit einer Festvorstellung der ‚Iphigenie' im – damals unweit des Goetheplatzes gelegenen – Stadttheater und einem anschließenden Festmahl im ‚Wolfseck' endete." (Hock 1999).

269 Alexander von Humboldt an Gabriele von Bülow
Potsdam, [vermutlich 5.9.1849]

H: DLA/SNM, Marbach, 62.2137

Meine theure Gabriele. Fräulein Mai schreibt so eben, dass die Prinzessin bestimmt nicht kommt und in heftigem Fieber liegt. Es verlautet wohl eine Drohung: quand dans quelques semaines la Princesse sera entièrement rétablie, elle espère ...[1] Das wird man wohl abschütteln. Aber leider! muss ich doch eine Person mehr anmelden. Die Königin hat mich dringend gebeten, Graf Dönhof den Kammerherrn mitbringen zu dürfen. Wegen der Schwester, mit der ich einst in Arcadien war, habe ich es nicht abwehren können. Der König besteht heute noch auf der Wasserparthie.[2] Hedemann denke ich morgen auf der Eisenbahn zu erwarten. Ueber den Michel ist man sehr leicht getröstet.
Dein

AHt

Potsd[am] Mittwoch Ab[end] 6 ½ U

1 Frz.: wenn die Prinzessin in einigen Wochen vollständig genesen sein wird, hofft sie ...

2 Siehe den Brief vom 25.8.1849, Anm. 5.

270 Alexander von Humboldt an Gabriele von Bülow
Potsdam, [vermutlich 5.9.1849]

H: DLA/SNM, Marbach, 62.2137

Ich schreibe vor dem Schlafengehen theure[s] Gabrielchen, noch die gute Nachricht, dass (wie mir eben die Königin sagt) der Prinz Wasa[1] seinen Adjutanten nicht mitbringen wird, so dass das Mitreisen von Graf Döhnhof nun keine Ueberfüllung macht. Kein Salat, kein Gefrorenes, von Obst nur Erdbeeren, wenn sie zu schaffen sind, allenfalls eine Weintraube od. Pfirsiche zur Schau. Dass man aber die Loën, die Mutter der kleinen Grachen, nicht sehen sollte beklage ich sehr.

AHt

Potsdam Mittwochs Nacht

Es kommt von hier:
König
Königin
Eine Hofdame
Gr[af] Dönhoff
Ein Adjutant
Prinz Wasa.

[1] Die Planung seines Geburtstages in Tegel änderte sich mehrfach, siehe die vorigen Briefe. Auch Rauch und Wilhelm von Kaulbach waren anwesend.

271 Alexander von Humboldt an Gabriele von Bülow
Potsdam, [vermutlich 6.9.1849]

H: DLA/SNM, Marbach, 69.1686

No 2
P[otsdam?] 6 ¼ Uhr[a]

Potsdam, Donnerstag
1^U 1/2

Ich habe noch den Hofmarschall nicht auffinden können aber ich habe schon bei dem Capitän des Dampfbotes Erkundigung eingezogen.[1] Er hat bereits gestern Abend dem König angezeigt, dass die Wasserfahrt unthunlich ist. Man kann in Spandau die Schleusen nicht passiren. Ich will schon um 2 Uhr nach Sanssouci fahren um dort Erkundigung wegen der Landreise einzuziehen. Ich richte mich so ein, dass diese Zeilen gewiss um 4 ¾ Uhr auf die Eisenbahn kommen.

[a] No 2 P[otsdam?] 6 ¼ Uhr *ergänzt B*

Sanssouci 3 Uhr

Ich habe eben den König gesehen. Ja er will und mit Freuden Sonnabend zu Lande nach Tegel kommen, und wird wahrscheinlich bitten um 2 Uhr zu essen. Er wünscht wen Du willst, besonders Rauch. Von P[ots]d[a]m habe ich nicht gesprochen. Er hat noch etwas Lust zu Wasser bis Spandau zu gehen und von da zu Lande, doch ist das ungewiss. Ich denke dass noch heute Abend die Stafette abgehen soll, die alles Nähere bestimmt. Aber das Kommen ist gewiss zu Lande.
In Eil[e]

AHt

Ich habe natürlich schon Meyrink in Deinem und Hedemanns Namen eingeladen. Dönhof ist nicht im Dienste sondern Pückler, mir wäre es lieb wenn Ihr ihn einladen wolltet. Ich erwarte dazu Befehl. An Prinzess v. Preussen werde ich schreiben, aber Du siehst sie morgen.[2]
Ich komme morgen nicht um meine Gesundheit zu schonen.
Die Sagan ist hier.[3]

[1] Siehe den Brief vom 25.8.1849, 5, und die folgenden.
[2] Siehe den Brief vom 5.9.1849, Anm. 1.
[3] Unterstreichungen wohl teils später und mit Bleistift.

272 Alexander von Humboldt an Gabriele von Bülow
Potsdam, o. D., [vermutlich Oktober 1849]

H: DLA/SNM, Marbach, 62.2145

Ich profitiere von der Bären-Durchreise um Dir, meine Theure, meine fortschreitende Besserung zu melden.[1] Ich halte mich aber noch zu Hause. Ich lege 2 Exemplare für Dich und die Loën bei. Jede der anderen Töchter soll aber künftig auch ihr[a] eigenes Exemplar haben, wenn meine Kräfte ausreichen.[2]
Mit inniger Dankbarkeit Dein

AH

P[otsdam] Montag

[1] Humboldt berichtete an Alexander Mendelssohn vor dem 24.10.1849, dass er „noch sehr erkältet" sei (Humboldt 2011, 189).
[2] Vermutlich das von Humboldt an viele Freunde verteilte Albumblatt Humboldt 1849b, siehe auch den Brief vom 16.8.1849, Anm. 5.

[a] Ihr *H ändert Hrsg.*

273 Alexander von Humboldt an Gabriele von Bülow
o. O. u. o. D., [vermutlich 14.10.1849]

H: DLA/SNM, Marbach, 62.2145

Das dringliche Deines lieben Briefes vom 11ten veranlasst mich, meine Theure, Dir gleich beruhigend zu antworten, ein Paar Stunden, nachdem ich die Prinzess von Preussen gesehen. Ich war auf ein Paar Stunden heute Sontag[1] nach Berlin gefahren von 9^h bis 11^h um Deine Schwester zu besuchen. Ich habe sie wegen der Kirche u. Loëns leider verfehlt und war dann bei Hedemann, der Sagan und Boekh, der von einer langen Badereise zurückkomt. Hedemann war seit der Nacht viel besser, aber noch immer im Bette nach einigen gelungenen Versuchen, sich in der Stube herumführen zu lassen. Er hofft nicht vor dem 16ten reisen zu können. So sehr er sich danach sehnt, da er ganz mit seinem Schiksalsbriefe und der Küchenveränderung in Tegel beschäftigt ist. Den Vorschlag, der ihm vom König gemacht werden könnte, bis Frühjahr zu warten, will er ausschlagen, weil bis dahin ein französischer Angrif wenigstens in den Möglichkeiten liegt. Die Sagan kommt morgen früh, Montag, nach Potsdam, denkt morgen Abend und Dienstag Mittag beim König zu sein, bis 17ten hier zu bleiben mit der Perponcher („Paretz das sollen sie[a] nicht haben") Donnerstag wieder beim König zu speisen und 17ten od 18 auf eine Stunde Euch in Tegel zu besuchen. Ich glaube aber dass 18ten unsere Taufe ist werde davon die Herzogin avertiren.[2] Ich bin ganz unglüklich bis zu dieser Taufe wohl mich dem sehnlichen Wunsch erfüllen zu können in Tegel die beiden liebenswürdigen |2| bei Dir und den Deinigen sehen zu können. Zu keiner Zeit bin ich mehr von Arbeit bedrängt und von Verhältnissen genirt gewesen. Zuerst fürchte ich jezt da ich meine Nachtgesundheit mehr als je brauche, mein hustend schnupfigen Zustand zu verschlimm[e]rn, dann ist aller Reiseteufel in Sanssouci los, Hazfeld aus Paris, Rauch seit heute Abend mit Olfers auf mehrer[e] Tage hier, französische Architecten die der König oft einladet ... Prinzessin von Preussen die sich nun glaubt entscheiden zu können, mit dem Prinzen doch vom 13ten od. 14ten an nach Babel zu ziehen. Mein Trost ist dass Mathilde ja bald zu Loens zieht nach Berlin und dass Du selbst uns vom 22 an uns hier wirst wiedergeschenkt sein. Diese 3 u 4 établissements in Tegel, Berlin, Potsdam und Paretz haben etwas widerliches. Ich höre sogar eben, dass der König sogar zwei Tage ausser 15 bis 17 Oct. in Paretz bleiben will. Ich glaube nicht dass Princess von Preussen Dich mit Anträgen irgendwelcher Art in Verlegenheit sezen werde. Ich war ausser heute zweimal stundenlang bei [ihr] und nichts der Art verlautete. Der Sohn sagte sie suche wieder eine Schweizerin. Ich habe aus List mich nach dem Abgange von Fräulein May erkundigt. Keine Sylbe die eine Absicht andeutete. Die Prinz[essin] hat wohl die Inconvenienz eingesehen. Heut in der Eisenbahn sass ich auch so dass ich sehr heimliche Gespräche ununterbrochen mit Ihr pflegen konnte. Sie hat die Gelegenheit gar nicht benuzt. Die Oriola leugnet auch den erneuerten Aufenthalt in Baaden, man bleibt ruhig und langweilig in Coblenz. Sie reisen den 21sten ab. Sollte gegen alle Vermuthung die Prinz[essin] Erläuterungen[b] machen, so würde |3| ich es gerade zu ablehnen, weil Du den Winter schon von Loëns getrent, die kleinen eben wegen ihrer grossen Liebenswürdigkeit nicht entbehren könntest.

---

[a] Sie *H ändert Hrsg.*

[b] (1) <–> (2) Erläuterungen *H*

Die Prinzess reist den 21 und bleibt in Babel sammt dem Prinzen 14 bis 7ten. Der junge Prinz folgt den 22sten für Bonn[3]
[*Rest fehlt*]

[1] Sonntag nach dem 11. und vor dem 16.10.1849, daraus ergibt sich die Datierung.
[2] Eventuell die Taufe der am 7.10.1849 geborenen Agnes von Loën, die im Mai 1850 starb.
[3] Am 12. Oktober kehrte der Prinz von Preußen an der Spitze von Truppen, die in Baden gekämpft hatten, nach Berlin zurück (Varnhagen 1994, 502). Er wurde zum Generalgouverneur der Rheinprovinz und der Provinz Westfalen ernannt und nahm seinen Wohnsitz in Koblenz, der Hauptstadt der Rheinprovinz. Der Sohn Friedrich Wilhelm, der am 18.10.1849 volljährig geworden war, nahm an der Rheinischen Friedrich-Wilhelms-Universität Bonn ein Universitätsstudium der Rechtswissenschaften auf.

274 Alexander von Humboldt an Gabriele von Bülow
o. O., 3.12.1849

H: DLA/SNM, Marbach, 62.2137

Ich schicke Dir, meine Liebe, ein engl[isches] Prachtwerk über Verzierungen on the Ornaments von Dr Emil Braun in Rom,[1] das Euch gewiss Freude machen wird. Bewahre es ja vor Betastung der kleinen Feinde, schicke es, wenn Du es gesehen, vorsichtig nach Loëns und bitte dass man es von da spätestens um 2 Uhr mir zurükgebe. Das Werk ist eine Nachahmung des nicht farbigen das Beuth hier für die Gewerbschule herausgegeben. Wir hatten gestern 1 Stunde Abhandlung über den Parademarsch von Schneider mit anmuthigen Gesprächen der Dienstmädchen mit alten Landwehrmännern alles für Treubund und frühe Ausbildung der Hofdamen. König u. Königinn sind nach Berlin wegen Gratulation bei Prinzess v. Preussen (Geburtstag der kleinen Prinzess Luise[)]. Sehr höflich, Höflichkeit statt Liebe. Man kommt zur Speisung wieder.

AHt

Montag früh 3[t[er]] Dez. 49.[a]

[1] Vermutlich Gruner/Braun 1850.

275 Alexander von Humboldt an Gabriele von Bülow
Berlin, 24.12.1849

H: DLA/SNM, Marbach, 62.2137

Die betrübende Nachricht von der Nichtankunft Deiner theuren Schwester und des armen wieder leidenden Hedemanns bestärkt mich allerdings in dem Entschluss, Dich bei der ein-

[a] 3ter Dez. 49. *ergänzt B*

getretenen kalten Witterung um Lösung meines Versprechens für den zweiten Feiertag bitten zu dürfen. Ich bin ganz wohl, obgleich in ewiger Bewegung, den Antrittsvisiten bei den Höfen und Ministern (der Meininger in Wrangels Quartier im Schloss 83 Stuffen hoch[)]. Freitag[a] ass ich in Charlottenburg, Sonntag bei Meyendorf und Abends (gestern) war ich wieder bei 10° Kälte nächtlichst in Charlottenburg in der unterhaltenden [Gesellschaft][b] der Rhinoceros und ihrer Schwester Ministerin Rochow. Aus dem Heil[igen] Abendmal Sontag ist nichts geworden weil Strauss unwohl ist!! Man glaubte an bessere Nachrichten von Dessau. Bei Prinzess von Preussen war ich lange heute morgen. Sie sieht sehr schön u. wohl aus, war liebenswürdig und besonnen in [ihren][c] Ansichten, voll Zärtlichkeit für Dich und Deine Familie. Weder der Prinz, noch der Sohn kommen zum Feste. Der Vater sieht den Sohn in Coblenz. Die Prinzessin freuet sich aber des Nichtkommens des Vaters, da (wie [sie] ihm, beim Weggehen, [selbst][d] glaubte äussern zu müssen) er so oft er eine Zeit in Berlin sei, immer reactionärer würde und alles einbüsse, was er im Auslande gewonnen! Bei solcher Freiheit des Gardinengespräches ist es freilich wohl besser etwas getrennt zu leben: auch habe der Prinz, da sie ihm angeboten, ihm nach Coblenz zu folgen, es bestimmt abgelehnt, weil es ihn wegen seines Wunsches nach einem unsteteren Aufenthalte zwischen Carlsruh[e], Frankfurth und Coblenz nur genire. Welch ein Bild innerer |2| Verhältnisse! Heute Abend um 8 Uhr habe ich die ganze einige Familie zu sehen in Charl[ottenburg] unter Tannenbäumen, Unfriede und patriarchalische Illusionen. Morgen ist grosses Galla Diner in Charl[ottenburg] und feierliche öffentliche Verlobung. Prinzess v. Pr[eussen] findet den kunstliebenden Meininger auch sehr eingeschläfert und den blauäugigen Badenser bescheiden mais plus que mediocre[1]. Von polit[ischen] Neuigkeiten nichts, als dass Radowitz in süssester Eintracht mit dem Oestr[eichischen] Abgeordneten lebt. Bethmann Holweg, der Heilige, soll in loser Verbindung mit Ladenberg, die Kirchensachen allein regieren und da die Kirche vom Staat getrennt ist, schmeichelt sich die Pietisten Parthei, dass solange die Kirchensynode noch nicht ins Leben tritt, Bethmann Holweg, das constit[utionelle] Ministerium umgehend mit dem König abgesondert und in ihren Ideen werde herschen können, ce qui ne plaît pas à tout le monde[2].

Nun eine geheime Bitte. Kleine Geschenke für Deine Kinder sind leicht zu finden, aber der uns bald verlassende[n] jungen Mathilde möchte ich etwas grösseres und nüzliches für 15–25 r. schenken zu Neu Jahr! Darf ich Dich bitten, theure Gabriele, mir einen Wink zu geben 15–25 r. etwas bestimmt zu nennen u. wo zu kaufen?

Die Ankunft des klugen Hugo freuet mich sehr! Mögen Hedemanns nur gewiss zu Neu Jahr kommen können. Eben komme ich von Mad[ame] Seiffert wo aufgepuzt war und der Bräutigam der ältesten Tochter ein kleiner, aber ganz hüpscher Förster erschien, angenehm und arm, was immer zusammen ist.

Dein

Jugendgreis

Berlin, den 24 Dec. Abends 6 Uhr

so sagt ein Brief aus Zweibrücken mit einem Buch, „Italien, eine Naturhymne“.

---

[a] (1) Sonntag (2) Freitag *H*

[b] Gessellschaft *H ändert Hrsg.*

[c] Ihren *H ändert Hrsg.*

[d] Selbst *H ändert Hrsg.*

Leopold kann leider nur Abends kommen u. hat mich noch immer verfehlt. Herzliche Grüsse den Kindern besonders Bernhardchen.
Ich komme eben von Charl[ottenburg] aus dem Tangergebüsch, ein Jahr wie das andere. Ein grosser Smaragd als Collier für die Königin sonst alles weniger prächtig als andere Jahre. Viel Pfefferkuchen, schlechte Albums, altväterliche Stühle (gestern gemacht) für Gerlach eine schöne bronzene Büste des König[s]. Gar keine Gemälde von den armen Künstlern, nur für den Meininger ein Album mit Landschaft vom Marmor Palais als Cytherens Hain. Ich erhielt das schöne Kupferwerk der Ausgrabungen von Ninive[3] + einen Pfefferkuchen von König u. Königin und ein[en] kleinen Napf von Weimarschem! Marmor von Prinzess v. Preussen. Gute Nacht. Von Dessau sind die Nachrichten tröstlich vom 9ten Tage. Der junge Kaiser hat[a] allen Reichsministern grosse österr[eichische] Orden verliehen, ein Beweis dass der Verwesende nicht so schlecht mit Wien steht als man wünschte. 1 Uhr.

1 Frz.: aber mehr als mittelmäßig.
2 Frz.: was nicht aller Welt gefällt.
3 Höfer 1850 (Stevens 1863, Nr. 4368).

276 Alexander von Humboldt an Gabriele von Bülow o. O., 28.12.1849

H: DLA/SNM, Marbach, 62.2137

Es ist mir eine grosse, grosse Erleichterung wenn Du meine Theure, das seidene Gewand selbst aussuchen willst. Ich denke es soll mich nichts hindern Sontag, wenn vielleicht auch nur auf Abend bei Dir zu erscheinen. Wie viel Tage der König bleiben wird, ruht noch im Schosse der Götter. Morgen ist eine langweilige Cour bei Prinzess Charlotte und dem ernsten Verlobten im Kön[iglichen] Schlosse in den Appartements der Hochsel[igen] Königinn Friederike Majestät, mir eine unbekannte Macht. Theodor ist bestimmt in krankhafter Milde.

AHt

In Eile
Freitag früh d. 28[st[en]] Dezember 1849[b]

a (1) hatte (2) hat *H*
b d. 28[st[en]] Dezember 1849 *ergänzt B*

277 Alexander von Humboldt an Gabriele von Bülow
Berlin, 1.1.1850

H: DLA/SNM, Marbach, 62.2138

Berlin Sonnabend Abend d. 1ten Januar 1850[a]

Es ist meine bittere Schuld, theure Gabriele, dass ich Dich in so unerlaubt langer Zeit ohne Nachricht gelassen, während meine Gedanken täglich zu Dir und Deinen lieben Kinder[n] gerichtet sind. Meine Gesundheit ist troz der Bewohnung der Charlottenburger Chaussée vortreflich, ja der Appetit auffallend besser, als ehemals, wozu allerdings die gesunde, vortrefliche, sorgsam warme Speisung der Frau Castellanin Seifert beiträgt, denn der Gemahl ist jezt förmlich zum Kön[iglichen] Castellan des Schlöschens in der Schorfheide nach meinem Tode mit 800 Thaler Gehalt ernannt ohne etwas anderes zu thun zu haben als das sogenannte Jagdschlösschen und den bisweilen selbst bei uns blauen Himmel anzusehen.[1] Professoren bei mehr Arbeit haben oft weniger Gehalt. Von tutta la famiglia umgeben, ist es mir mehr Trost als zu singen im Scheiden „meine Seele hat den Orden um[“]. Die eigentliche Ursach meines langen Stillschweigens war aber der Wunsch Dir irgend etwas über die Crisis sagen zu können. Man weiss darüber in Charlottenburg gerade so viel als in Potsdam. Der König besteht eigensinnig auf die sehr confusen und unvorhergesehen improvisirten Vorlagen. Man negocirt, ohne bisher etwas erwarten zu können. Die aus 6 verschiedenartigen Elementen (sich gegenseitig gehässigen Elementen) zusammengesezte Pairskammer |2| hat das Hauptgebrechen in der festen Zahl. Es fehlt ihr was in England und Frankreich das constitutionelle Spiel ist und war, die Möglichkeit eine Majorität durch Creirung neuer Pairs zu brechen.[2] Jede Hülfe die wir der vortreflichen Josephine Hering anbieten könnte[n] nehme ich mir allerdings sehr zu Herzen, auch habe ich (ohne Dich zu nennen) [allererste][b] Schritte bei Gr[af] Dönhoff gestern u. heute gethan. Auf den Fall des Abgehens der Kranken (der Abgang ist gar nicht entschieden) wird sehr wahrscheinlich die Schwester der Kranken eine Frau von Cramont eintreten, die schon einmal den Dienst versehen. Will diese nicht so ist man für 3–4 andere, die da harren längst entschieden. Ausser den Schwierigkeiten der Judenverwandschaft, des Schauspiels und des gesalzenen Namens, giebt es aber eine andere ewig hinderliche. Der König hat einen tötlichen Hass gegen Philippsborn! und die Königin würde niemand aus der Verwandschaft nehmen, die nicht zu verheimlichen ist – das ist der vortreflichen Familie freilich nicht zu sagen. Die arme Constance, so aller Heiterkeit entsagend. An Hugo habe ich zärtlichst nach Dessau geschrieben. Ich freue mich auf Wilhelms Ankunft aber Hedemanns Rose gerade am Rückgrat macht mich besorgt und traurig. Das Capitel im Mäntelchen hat man nicht gewagt, zu halten, auch sind die Ordensketten des schw[arzen] Adler Ordens die gestern anbefohlen waren, heute beim morgenden Ordensfeste verboten.

Innige Grüsse allen Infanten. Prinzess Carl hatte mich heute kommen lassen um mit mir zu gähnen und alle Viertelstunde zu sagen: comment cela finira-t-il[3]. Auch |3| beklagt sie das südlicher[e] Klima von Weimar. Die Sagan grüsst herzlich. Sie war 1 Stund[e] bei mir, très mal avec la Pr[incesse] de Prusse, die ihr von der Oriola gesagt: [„]Sehen Sie wie das aetherisch-gracieuse Wesen kaum den Boden berührt und hinschwebt“.

AHt

---

[a] d. 1ten Januar 1850 *ergänzt B*

[b] alle ernste *H ändert Hrsg.*

[1] Auf Humboldts Bitte hatte der König die Zukunft von Humboldts Kammerdiener Seifert gesichert, indem er ihm „die Stelle eines Kastellans beim Jagdschlosse in der Schorfheide mit 800 Thlr. Gehalt verlieh." (Humboldt 2013, 425).

[2] Nach der Einführung des Dreiklassenwahlrechts erhielt die 1. Kammer im Januar 1850 den Charakter einer Pairskammer, da die Mitglieder vom König auf Lebenszeit ernannt wurden.

[3] Frz.: wie wird das enden.

278 Alexander von Humboldt an Gabriele von Bülow
Berlin, 8.2.1850

H: DLA/SNM, Marbach, 62.2138

In diesen Tagen, als die Schneedecke gelöst war und Frühlingsartig die Sonne in meine Fenster schien, war ich ganz entschlossen, Dich endlich einmal wieder zu umarmen: aber der neue Schneefall und die rauhen Lüfte, die mich angeweht als ich gestern Abend von Charlottenburg kam, haben meine Entschlüsse wankend gemacht. Zürnt nicht, Ihr Lieben, wenn ich noch einige Tage vergehen lasse. Von dem Constitutionstage[1], der wegen des überaus freundlichen und heiteren Benehmen[s] des Königs zu grosser Zufriedenheit ausgefallen ist, habe ich bloss die Illumination gesehen, die bei Pr[inz] Carl eine besonders patriotische Pracht zeigte. Dass nicht geläutet wurde, dass „man die Constitution nicht einiger Schüsse Pulver werth hielt" darüber ist etwas gegrollt. Die freie, sehr originelle Rede[2], voll des Bewusstseins inwohnender, angeborener, magnetischer Kräfte, hat weniger gereizt die, welche an die göttliche Einsezung von Burggrafen in ein fernes baltisches Land in ihrem dummen Unterthanenverstande nicht glauben, als mir zu fürchten schien. Die Bemühung diese Rede mit den früheren in Einklang zu bringen, ist offenbar. Die Schönheit des Periodenbaues und der biblischen Sprache werden Dir gewiss aufgefallen sein. Gegen Simson, troz der langen Nacht, war der König besonders freundlich, liess ihn rufen, drükte ihm die Hand, scherzte über seine Simson's Kräfte die der Deutschen Sache noch recht nüzlich werden könnten … Der Constitutionstag war der Sagan Namenstag, ich speiste mit ihr bei Westmoorland. Sie die Westmoorland ist so beschämt über das rohe schändliche Benehmen Palmerston's in Athen, dass sie nicht erschien, troz ihrer Liebe zur Sagan und sich bettlägrig stellte. Prinzess v. Preussen war den Morgen im Dom gewesen, die Königin nicht!! Die Prinzessin |2| hat sich auf einmal entschlossen auf 14 Tage nach Weimar zu gehen. Warum der Pr[inz] nicht gekommen (die Constitution fordert allerdings seinen Eid ausdrüklich nicht), wie er der Sache hat ausweichen können, sehe ich nicht ganz ein; die Prinzessin verbreitet überall dass der Prinz mit dem Amendement Arnims, mit allem was geschehen sehr, sehr zufrieden sei. Du findest das auch in einem zärtlichen Briefe[3] an mich, den ich Dir schenke, weil er freundliche Worte für Dich enthält. Der Brief hat mich deshalb [gefreut][a], weil die kaum verschleierte gegenseitige Gehässigkeit der Sagan und der Prinzessin, mir während der Anwesenheit der ersteren immer Gefahr droht. Es war mir allerdings sonderbar erschienen, dass ich zu dem Abend Buffa-Concerte wo der König und Königin bei der Prinz[essin] waren, nicht eingeladen wurde, während Prinzess Carl mich zu dem Schauspiel hatte einladen lassen als einzige

[a] gefreuent *H ändert Hrsg.*

Person, die nicht zur kön[iglichen] Familie gehörte. Ein starker Schnupfen hinderte mich. So sind die elenden Zerrereien der high! Society in gross Berlin. Bei dem Unfrieden zwischen Charl[ottenburg] und Babel nimmt lezteres es sehr übel, wenn ich zu Mittag ausschlage mit dem Beisaz, ich habe dem König versprochen ihm nicht zu fehlen. Mir ist es übrigens immer lieb mit der Prinzessin, die neben der Unbequemlichkeit des engouement[4], so viele herrliche Eigenschaften, so ein treues Andenken für unseren Bülow bewahrt, in freundlichem Verhältniss zu bleiben. Der inliegende Brief bezeugt, dass sie immer wieder zu mir zurükkommt. An Reizungen gegen die Sagan lässt sie es übrigens nicht fehlen. Sie weiss, dass die Sagan die Oriola bitter hasst und sie sagt ihr: „Sehen Sie wie aetherisch die liebe Gräfin durch diese weiten Räume schwebt. Es ist mir eine Freude sie schweben zu sehen![“] Tritt die Gräfin Schwerin ein, so heisst es: [„]Kommen Sie, Liebe, [Sie][a] sind die einzige Wohlthat der[b] Gesellschaft.“ Alles das gehört zum Cosmos! Der König hat Wonne eine Nacht in Potsdam gehabt. „In 6 Wochen sind wir da“, sagt er alle Tage.[5] Ich[c] werde mich hüten der Sagan wissen zu lassen wann ich zu Dir komme, theure Gabriele, sie würde mit wollen und uns den Tag verderben. Ich warte auf etwas Sonne und schreibe vorher. An Unruhen (ernste) in Paris glaubt man hier nicht. Hatzfeld würde geschrieben haben. Die Schweizer werden nachgeben. Wilhelmchen schien mir sehr wohl und verständig. Möge seine Negociation glücken. Die Toten erwachen. Ich habe einen |3| langen langen Brief von Bonpland aus Montevideo.[6] Er ist 76 Jahre alt, sehr kräftig und wohlhabend. Er hat so viel Vieh, dass er durch Einfälle der Indianer in einem Jahre 19000 Schafe, Rinder und Pferde hat verlieren können. Er spricht von Orangenbäumen seines Garten[s] deren einer 5 bis 6000 Früchte alle Jahr giebt – und doch will er nachdem er 30 Jahre in diesem paradisischen Klima lebt, nach Frankreich zurük. Es wird wohl bei dem thörichten Wunsche bleiben. Kunth ist für mich ein schreklicher Anblik: es ist keine Exaltation, kein irre sein, sondern ein Zustand inneren Schreckens, eine Angst die ihn verfolgt, er glaubt verfolgt zu sein, zu verhungern, Magenkrebs zu haben, dass seine Sammlungen ihm genommen werden … Er schläft nie, weint helle Thränen, weiss dass alle diese Schreknisse Illusionen sind … Wenn er nur bald stürbe.[7] Die unglükliche Frau die auch seit einem Monath nicht schläft und ihn leidenschaftlich liebt!! Mit diesem traurigen Bilde sollte ich nicht schliessen. Herzliche Grüsse all den Unsrigen, gross u. klein. Schreibe mir ja über Hedemanns und über den lieben Bernhard.
Dein

AHt

Berlin Freitags, d. 8ten Febr. 1850.[d]

Besizest Du etwa und kannst Du mir, Liebe, schicken einen recht herzlichen Brief eines engl[ischen] Uebersezers der „Briefe an eine Freundinn“. Ich möchte ihm antworten.[8]
Personen die eben Louis Philipp[e] gesehen erzählen, wie die Herzogin von O[rléans] in England war, habe sie in einige Einigung mit den Legitimisten willigen wollen aber in Deutschland habe man ihr wieder den Kopf verdreht, qu’à Clairmont on est très mécontent d’elle, mais elle retournera en Angleterre au printems pour la première Comunion du fils, alors on espère arranger la chose.[9] Verheimliche dies der Luck!!

---

a sie *H* *ändert Hrsg.*
b Wohlthat | von *gestrichen* | der *H*
c Tage. | < --- > *streicht B* | Ich *H*
d d. 8ten Febr. 1850. *ergänzt B*

Radcinsky schreibt, man sehe der kleinen Königin keine Gestaltveränderung an, sie suche aber noch immer den Glauben zu verbreiten.[10]

1 Die revidierte Verfassung für Preußen war am 31.1.1850 in Kraft getreten. Am 6.2.1850 fand die Eidesleistung des Königs auf die Verfassung und ein „Constitutionsfest" statt, über das in den Zeitungen als enttäuschend, insbesondere hinsichtlich fehlender Illumination, berichtet wurde. Der 6. Februar ist auch der Gedenktag der heiligen Dorothea.

2 Siehe Bußmann 1990, 270–271.

3 Nicht bekannt.

4 Frz.: Schwärmerei.

5 „Der König ist [... in Potsdam] einige Stunden in einem Concert, wo alte Musiken aufgeführt worden, gewesen." (Neue Preußische Zeitung Nr. 33 vom 10.2.1850). Am 25.2.1850 berichtet Humboldt von der längeren Krankheit des Königs und der Übersiedlung nach Potsdam voraussichtlich erst nach Ostern.

6 Der Brief ist nicht überliefert.

7 Kunth starb nach langer Krankheit am 22.3.1850 durch Suizid. Siehe Humboldt an Cotta, 14.4.1850, in Humboldt 2009, 430ff.

8 Siehe den Brief Nr. 239.

9 Frz.: dass man in Clairmont sehr unzufrieden mit ihr ist, aber sie wird zur ersten Kommunion des Sohnes nach England im Frühjahr zurückkehren, so dass man hofft, die Angelegenheit zu regeln.

10 Dem Gemahl war wegen seiner Kränklichkeit Zeugungsunfähigkeit nachgesagt worden. Isabella II., Königin von Spanien, gebar jedoch am 20.12.1851 eine Tochter und danach noch mehrere Kinder.

279 Alexander von Humboldt an Gabriele von Bülow
o. O., [vermutlich 25.2.1850]

H: DLA/SNM, Marbach, 62.2137

Ich habe eine grosse, grosse Freude zu vernehmen, meine Theure, dass Du von Deiner Excursion so zufrieden warest und dass Du des vortreflichen Hedemanns Gesundheit weniger alterirt fandest, als wir fürchteten. Noch erfreulicher ist die Nachricht dass er und[a] doch gewiss auch Deine liebe Schwester bald kommen werden. Unsere Abreise von hier, die Uebersiedlung nach Potsdam wird ganz von dem Wetter abhängen also nur nach Ostern statt finden. Der König ist noch auf dem Bette, er sagt selbst, „wie ein dikbauchiger Sardanapal" von innerer Gesundheit strozend, auch da er gern bequem liegt, gar nicht ungeduldig.[1] Ich habe es für freundlich gehalten alle Abend hinzufahren und ihm vorzulesen, wenn mich die Bälle hier frei lassen. Gestern war ein colossaler Ball bei Ladenberg wo Prinzess von Preussen, Prinzess Carl und Tochter usw. usw. waren.[2] Heute tanze ich bei Meyendorf, Mittwoch heisst es bei von der Heydt, ein Minister der selbst die Polka aufführen wird. Prinzess v. Pr[eussen] lässt Euch alle auf das freundlichste grüssen. Sie ist sehr zärtlich für mich, da ich den Morgen [ihrer][b] Ankunft gleich bei ihr war. Die Arme hat allerdings 2 Fieberanfälle gehabt, sieht aber doch sehr schön aus (den Weinberg in den Haaren). Prinzess Carl verstimmter als je,

a und *ergänzt H*

b Ihrer *H ändert Hrsg.*

ne sachant pas comment tout cela finira[3]. Ich glaube der König wird in 2–3 Tagen aufstehen können. Von Neuigkeiten ist nicht[s] zu sagen. Die Sagan hatte wirklich nach Potsdam |2| gewollt, aber ich habe ihr listig falsche Tage Deiner Rückunft gesagt. Sie war sehr angegriffen und bedarf Ruhe. Leopold hat Frau von Luck doch das Testament des Herzogs von Orléans zugestellt. So bald der König auf den Beinen ist oder die Sonne ein wenig lächelt werde ich gewiss Dich umarmen. Ich bitte Dich den armen Wegener darauf vorzubereiten dass mein sehr warmer schriftlicher Antrag eine für mich sehr unfreundliche Wendung zu nehmen scheine.[4] Wie man sich in dem Gewölk, in dem ich lebe, auf nichts verlassen darf so hat man nicht Olfers, sondern Min[ister] Ladenberg befragt, wo dann alle Zweifel ausgebrochen sind, dass Klöber, Ahlborn, Magnus nicht Hofmaler wären … . Ich habe noch keine Antwort, man hatte mir auch die Wendung verheimlicht, ich habe (sage dies dem vortreflichen Manne) seit 2 1/2 Monat an die Sache erinnert – aber ich fürchte den schlechten Ausgang. Er soll sich damit trösten, dass er es nicht gefordert hat, dass die Unannehmlichkeit für mich ist. Meine Gesundheit ist fest, aber ich bin trübe gestimmt. Solltest Du Liebe hieherkommen, so lasse mich ja die Stunde wissen und geniesse etwas bei mir.
Innige, herzliche Grüsse,

AHt

Montags

[1] Humboldt erwähnte gegenüber Ritter am 12.6.1850 ein „recht langes Unwohlsein, fast die ganze Zeit, in der unser armer König so leidend war“ (Humboldt 2010, 111).

[2] „Berlin. 26. Febr. […] Vorgestern fand bei dem Cultusminister, Hrn. v. Ladenberg, eine der glänzendsten Gesellschaften dieser Saison statt. Ihre königl. Hoheiten die Prinzessin von Preußen, Prinz und Prinzessin Karl, Prinzessin Luise, Prinzessin Charlotte, Prinz Adalbert, Prinz Georg und Se. Hoheit der regierende Herzog von Braunschweig, Prinz Adalbert, Prinz Georg und Se. Hoheit der regierende Herzog von Braunschweig verherrlichten von Anfang bis gegen 2 Uhr das Fest mit ihrer Gegenwart.” (Frankfurter Oberpostamts-Zeitung, Beilage zu Nr. 51 vom 28. Febr. 1850). Daraus ergibt sich die Datierung.

[3] Frz.: nicht wissend, wie das alles enden wird.

[4] Der Landschafts- und Marinemaler Carl Gustav Wegener wurde 1855 zum Königlich-Preußischen Hofmaler ernannt.

280 Alexander von Humboldt an Gabriele von Bülow
o. O., 28.2.1850

H: DLA/SNM, Marbach, 62.2138

Theure Gabriele! Seit Deinem lezten lieben Briefe hat mich auch Hedemann mit einem sehr heiteren erfreuet. Er wollte bestimmt wissen, ob ihn der König würde sehen können. Die Nachricht, die ich heute Abend darüber eingezogen macht es mir leider! sehr ungewiss. Ich komme jezt eben von Charlottenburg. Gestern hatte sich Minister Strotha, der schon morgen Berlin verlässt melden lassen.[1] Er war im Vorzimmer und wollte vom König als sein Minister Abschied nehmen, auch zugleich für des General Lieut[enant] Character danken. Er wurde

nicht angenommen. Auch weiss ich nicht dass sonst ausser dem Wachhabenden Abendthee trinkenden Officier, irgend ein Militär den König auf seinem Bettlager gesehen hatte.[2] Denn dass er neulich nach der Tafel einmal Wrangel zugleich mit mir hereinkommen liess kann wohl nicht gelten. Ich habe darüber[a] nicht an Hed[emann] schreiben mögen in der Furcht, es könne machen dass er wieder das Kommen aufschiebe. Thue Du, meine Liebe, was Dir nothwendig scheint. Auf jeden Fall sollte er die Uniform mitbringen, denn ich könnte wenn er einmal angekommen ist, nachfragen, was vorher unthunlich sein würde – da es ganz auf die Stimmung des Augenbliks ankommt. Dazu hat sich die Meinung über die Dauer der Heilung auch ganz geändert. Es ist durch die Quetschung so viel Zellgewebe zerstört welches sich unter dem, noch nicht gebildeten Schorfe durch neues ersezen muss, dass die Heilung noch wenigstens 14 Tage dauren kann. Der König an Gemächlichkeit (des Liegens) gewöhnt ist bisher sehr geduldig und ganz ohne Schmerz. Heute Abend waren |2| die Gräfin Voss und Ranke zum Souper. Radowitz kommt zum 4ten, gar nicht um, wie Bodelschwingk (der sich grob mit dem König gezankt), abzugehen nein! bloss um nicht in beiden Stellen (Frankf[urt] u. Erfurth) zugleich zu functioniren. Er wünscht in Frankfurth zu bleiben.[3] Der Ball bei von der Heydt war animirter als der im Cultus. Er dauerte bis 4 Uhr. Bei Ladenberg hat von der Heidt wüthig mit der Hofdame Gräfin Brühl gepolkt. Bei sich selbst hat er maritalement mit seiner Frau gewalzt. Bei Meyendorf wurde aus Catholicismus der Frau nicht getanzt. Die Prinzessinnen und auch ich waren überall. Dass Pr[inz] v. Pr[eussen] komme die Gemahlin abzuholen weiss man bei Hofe noch nicht, wenn auch die Zeitungen es wissen. Beklage mich Unglüklichen morgen Freitags. Ich muss um 7 Uhr auf dem Carlsbade vor dem Potsdamer Thore sein wo Emma Begas ihre silberne Hochzeit und Geburtstag des Gemahls feiert[4], um 9 Uhr zu Hause um mich gestikt in weiss anzukleiden (so will es die tolle Einladung zum Ball bei Prinz Carl[)] und um 9 ½ wieder am Wilhelms Plaz zur Geburtsfeier der Prinzessin Luise![5] Welche Wege, ohne Eisenbahn … Schönlein, meine Liebe, wird nicht nach Potsdam kommen wollen, es wird das rendez-Vous mit Hedemann wohl[b] im Thiergarten sein müssen, doch so dass Hed[emann] um 7 zur Eisenbahn sein kann. Ein anderes Mittel weiss ich nicht.
Mit inniger Liebe
Dein

AHt

Donnerstag Nacht 28s[ter] Feb[r]. 1850.[c]

Du schreibst mir wohl, m[ei]n[e] Liebe, so bald Du den Tag der Ankunft Deiner Schwester u. Hedemanns und Adelchens sicher weist.
Wolltest Du wohl die Gnade haben und mir wieder dieselbe Portion der göttlichen Federn zu bestellen und sie recht reichlich nach Deinem Gutdünken zu bezahlen. Ich gebe wieder.

1 Stockhausen löste Strotha als Kriegsminister ab.
2 Siehe den Brief Nr. 279, Anm. 1.
3 „Berlin, 28 Febr. Hr. v. Radowitz wird in diesen Tagen hier erwartet, um über die Vielfältigkeit seiner Stellungen zur deutschen Politik eine neue Rücksprache mit der Regierung zu nehmen. Nach einigen auffallenden Aeusserungen in unserer ministeriellen Presse zu schließen, liegt es aber keineswegs in dem Wunsche der Regierung die deutsche Situation des Hrn. v. Radowitz wieder zu vereinfachen,

a (1) deshalb (2) darüber *H*
b (1) <werdet> (2) wohl *H*
c 28s[ten] Feb[r]. 1850. *ergänzt B*

sondern man will darauf bestehen dass dieser geistreiche Staatsmann […] die deutsche Frage auf ihren äußersten Endpunkten gleichzeitig vertreten und in einer einzigen Hand zusammenfassen solle. So wird Hr. v. Radowitz nunmehr […] in Frankfurt den alten Bund und in Erfurt den neuen repräsentiren, in Erfurt aber in dieser Eigenschaft eine dreifache Position zu bestreiten haben. Er wird nämlich dort als Commissarius Preußens beim Reichstag, als Vorsitzender des Verwaltungsraths, und als Mitglied des Erfurter Volkshauses gleichzeitig zu fungiren haben. […] Der Rücktritt des Hrn. v. Bodelschwingh aus dem Vorsitz des Verwaltungsrates beschäftigt die Gemüther noch immer sehr." (Allgemeine Zeitung Nr. 63 vom 4.3.1850, 995).

4 Vermutlich Carl Joseph Begas, der 1825 Wilhelmine Bock geheiratet hatte, allerdings am 30. September Geburtstag hatte.

5 Vermutlich Marie Luise Anna Prinzessin von Preußen, Tochter von Prinz Carl, die am 1.3.1829 geboren ist.

281 Alexander von Humboldt an Gabriele von Bülow
Berlin, 6.3.1850

H: DLA/SNM, Marbach, 62.2138

Berlin den 6t[en] Maerz 1850 morgens 11^{U}

Ich habe eine grosse grosse Freude, meine Liebe, über die Gewissheit der Ankunft von Hedemann und Deiner theuren Schwester heute Mittwochs. Da ich besorge dass der Besuch nur sehr kurz sein wird, so werde ich bestimmt, wie auch das Wetter sein möge

übermorgen Freitags

bei Dir speisen. Ich hoffe schon um 12 Uhr hier wegfahren zu können. Ich nehme dann in Potsdam die Eisenbahn um 7 Uhr um so viel länger mit Euch sein zu können. Ich würde gern schon morgen Donnerstag kommen, aber man hat die Narrheit uns morgen Nachmittag 5 Uhr auf der Akademie vereiden zu lassen, was in Paris, wo doch sonst der Luxus des Schwörens so gross ist, nie geschieht. Ich selbst habe zum ersten Mal diesen rauhen Winter mehrere Tage sehr heftigen Husten gehabt. Es ist jezt besser und soll mich nicht hindern Euch endlich Freitag zu umarmen. Ich habe viel Sehnsucht danach. Mit dem horizontalen König ist es immer gleich ungewiss: er werde aufstehen in 4–7–9 Tagen![1] Er ist heiter, leidenschaftlich, an Verbindung mit Wien durch Bernstorf (!) arbeitend und glaubend; er liegt gemächlich und klagt nicht. Spindlers Bastard 3 dikke Bände[2] liest Bonin seit 3 Wochen vor. Ich war nach Charlott[enburg] um 12 Uhr auf dem Hungerball bei Redern. Der Graf war wüthig dass die Menschen nicht weggehen wollten da sie doch wüssten es würde sehr reinlich zugehen. Ich halte es auch |2| für sehr nothwendig, dass Hedemann in Person sich melde.[3] Ich werde wohl morgen Abend den König darauf vorbereiten können. Die Königin sieht bisweilen Herren u. Damen zum Diner, und so könnte sie ja Hedemann bitten, wenn in den Tagen seines Hierseins so ein Diner sein sollte. Ich muss schliessen, da Prinzess Carl!! mich kommen lässt um ihr griechische Worte in der Revue des 2 Mondes zu expliciren und ihr zu sagen: comment tout cela finira en Allemagne et si les Orléans remonteront sur le trône. Je tiens beaucoup à savoir tout cela de Vous.[4]

Herzliche Grüsse. Möge Dein eigenes Unwohlsein theure Gabriele, ohne Folge sein. Wildenbruch bringt die beruhigendsten Nachrichten aus der Schweiz. Der König sagt: ich lasse keinen Pakknecht sich bewegen! Wo sieht man Rüstungen? So sicher bin ich nicht

ganz obgleich der Prince Président gewiss nicht losbrechen wird. Viel schuld an den Kriegsgerüchten haben thörichte Klatschbriefe die Persigny nach Paris schreibt.
Dein

AlHumboldt

also Freitag komme ich. Könnte ich wohl Federn mitnehmen![5] Lade Theodor nicht ein.

1 Siehe den Brief Nr. 279, Anm. 1.
2 Spindler 1835.
3 Vgl. den vorigen Brief.
4 Frz.: wie das alles in Deutschland enden wird und ob die Orléans den Thron wieder besteigen werden. Ich bin sehr gespannt darauf, all dies von Ihnen zu erfahren.
5 Siehe den vorigen Brief.

282 Alexander von Humboldt an Gabriele von Bülow
o. O. u. o. D., [vermutlich 23.3.1850]

H: DLA/SNM, Marbach, 62.2137

Theure Gabriele. Deiner zärtlichsten Theilnahme und der aller Deiner lieben Kinder gewiss, will ich nicht, dass Du durch andere, die für mich so erschütternde Nachricht von dem tragischen Ende des armen Kunth vernehmest. In einem unaufhaltsamen Anfall wahnsinniger Beängstigung, ist er aus[a] dem Bette im Hemde aufgesprungen, Freitags (22 März) morgens 6 Uhr, hat ein Barbiermesser ergriffen, das er wahrscheinlich verstekt hielt und hat sich – – – die Kehle abgeschnitten.[1] Man lief ihm schreiend nach; es war geschehen. Die Frau und die kleine Nichte fielen in Ohnmacht. Man schikte zu seinem Arzte Mitscherlich, später zu Langenbeck. Der Unglükliche lebte noch 8–9 Stunden! natürlich sprachlos, starb an der Wunde und an der Verblutung. Freitag erfuhr ich nur den Tod und sagte ihn dem König bei den Tableaux der Fürstin Liegnitz. Erst heute morgen sagte man mir das ganze erschütternde Ende. Er wohnte in Paris mit mir von 1810 bis 1827, ich verdanke viel seiner ausserordentlichen Arbeitsamkeit in der Herausgabe meiner Pflanzen. Ich stand ihm also nahe 40 Jahre. Und nun das Begräbniss, und der Anblik |2| der heftigen, unglüklichen, tief dürftigen[b] Frau. Die Schwierigkeit das Herbarium, das prächtig ist, zu verkaufen[2] – dazu das Unheimliche, dass der ganze Vorfall nicht hat verheimlicht werden können!!! Heute am Tisch des Königs wusste es jedermann[c] ist es nicht wundersam. Es giebt von meinem Orden[3] nur 30 Personen und von diesen haben sich 2, beide Botaniker, Endlicher in Wien und Kunth in einem Jahre[d] entleibt. Endlicher nahm Gift nicht aus Wahnsinn, sondern in Finanzzerrüttung und politischer Aufregung. Dass ich bei diesen Eindrücken und in dem Schnee den König heute nicht begleitet habe, verzeihest Du mir wohl, meine Liebe! Ich bin gesund, aber keiner Arbeit

a (1) auf (2) aus *H*
b (1) armen (2) dürftigen *H*
c Heute [...] jedermann *ergänzt H*
d in einem Jahre *ergänzt H*

fähig. […][a] Der König kommt Sontag Abend nach Charl[ottenburg] zurük und ist dann mit der Königin in Potsd[am] Dienstag – Char[lottenburg] Freitag.
Mit inniger Liebe Dein

AHt

Sonnabend Nacht

Zu meiner Plage hat mir Lord Brougham eine Familie auf den Hals gebannt, einen gelehrten Franzosen Baron Blaze de Bury, der eine natürliche Tochter von Lord Brougham Miss Stuart geheirathet hat. Sie ist[b] sehr praetensiose fille u Romanschreiberin, wüthig Tory. Die Luck kennt sie. Er war lange in Weimar und hat den Faust recht schön ins Franz[ösische] übersezt.[4] Sie bleiben 8 Tage u. wollen beide den Hof sehen!!

1 Humboldts langjähriger Mitarbeiter K. S. Kunth starb nach längerer Krankheit am 22.3.1850 durch Suizid. Daher ergibt sich die Datierung.
2 Die preußische Regierung erwarb 1850 Kunths botanische Sammlung, die später dem Botanischen Garten in Berlin übergeben wurde.
3 „Pour le mérite".
4 Humboldt hatte ihn als Übersetzer für den „Kosmos" geplant (Humboldt 2009, 274). Am 7.4.1850 schrieb er an die Prinzessin von Preußen: „Wir haben hier den Besuch eines liebenswürdigen Mannes und sehr geistreichen Legistimisten aus Frohsdorf und Venedig gehabt […] Henry Blazes Name ist Ihnen durch die ‚Revue des deux Mondes' bekannt. Als er eine Revue seiner eigenen Archive vernahm, scheint er herausgefunden zu haben, daß er Baron Blaze de Burg [Bury] ist, was mir als überflüssig für einen Mann von so ausgezeichnetem Geist erscheint, einen Faustübersetzer, der in Weimar ganz besonders von Ihrer Kaiserlichen Hoheit so überaus gnädig behandelt worden ist. Er hat seitdem eine Miss Stuart geheiratet, die man für eine natürliche Tochter von Lord Brougham hält […] Man spricht auch von einem Roman, den sie verfaßt hat […] Die Reisenden, die in Charlottenburg sehr gut behandelt worden sind, kommen von Venedig über Wien und Dresden zu uns." (Müller 1928, 314–315).

283 Alexander von Humboldt an Gabriele von Bülow
Berlin, 26.3.1850

H: DLA/SNM, Marbach, 98.18.16

Ich komme von dem lezten Gange, dem traurigen Begräbniss[1]: es war viel Theilnahme, auch die Blumen und Palmenzweige verschönerten die Handlung. Ich habe viel geweint: 40jähriges Zusammensein, und die blutige Rückerinnerung. Er war ein sehr edler, mir treu ergebener Mensch, aber es fehlte ihm an der Gabe, seine Gefühle durch äussere Wärme zu versinnlichen. Meinem Herzen war er daher nie so nahe gewesen, als Arago oder Valenciennnes. Ich bin ganz mit der Wittwe beschäftigt, eine sehr merkwürdige Creolin aus Isle de France, voll Leidenschaft, Liebe, Muth, 4 Monate Tag und Nacht pflegend, selbst darüber erkrankt an Unterleibentzündung, so besonnen und stark in der Pflege, so trostlos jezt vor meinen

a […] *streicht B*
b Tochter […] Sie ist *ergänzt H*

Augen oft ohnmächtig, ganz mit ihrem Schmerz, gar nicht mit [ihrer][a] Lage beschäftigt. Ich hoffe zuerst ihr das in wenigen Tagen fällige Quartal (400 r.) – der Unglükliche hatte die Quittungen für 1 April schon unterschrieben – von Ladenberg zu verschaffen. Dann kommt die Aufgabe des Verkaufs des Herbariums[2], die lezte Hofnung. Er hat sich in der langen Agonie nicht gequält. Sond[e]rbar genug war er ohne alles Gefühl, wenn auch für Augenblikke voll Besinnung. „Was habe ich denn am Halse es brennt mich etwas!" Bei der Operation von Langenbeck (er hatte sich den ganzen Kehlkopf weggeschnitten, so dass die Luftröhre beim Schlucken nicht verschlossen werden konnte) zukte er nicht. Er war ohne alles Schmerzgefühl. Das |2| ist ein Trost. Verzeihe dass ich meine Liebe, Dir auch diese blutigen Erinnerungen vorführe. Wie freue ich mich der Ankunft des Kleinen und das[s] Loëns noch einige Tage bei Dir wohnen. Ich denke gewiss (wie auch das Wetter sein möge) den ersten Feiertag bei Dir zu essen. Ich werde aber erst um 2 Uhr wegfahren, dafür aber bis 7 Abends bleiben. Der König bei dem ich gestern aass, fährt mit der Königin heute Dienstag um 5^U von Berlin weg und kommt Sonnabend nachmittag zurük. Er bringt (so scheint es bis jezt) die Feiertage Sontag (Familientafel) und Montag hier (in Charl[ottenburg]) zu[b].[3] Von Uebersiedelung ist noch keine Rede. Wilhelm sah ich vor 4 Tagen. Er hofft, ist aber noch in nichts sicher: nur Geld hat er geschafft. Er war verständig und liebenswürdig. Der König ist über Wirtemb[erg] hoch gereizt. Brandenburg u. Manteuffel mit der festen gemässigten Stimmung, u. Erfurt lobend zufrieden – aber Dannemark und grosse Geschäftigkeit für uns in Russland. Ich hoffe, dass nach dem Feste nur die Königin zur Hochzeit in die böse, undankbare Familie geht. Von der Prinzessin v. Preussen, weiss ich nur „dass [sie sich][c] nach reinen eigentlichen Bürgerfrauen, nicht nach Beamtenfrauen sehnt." Das Programm ist also das alte.

Ich hoffe gewiss, meine Theure, Dich Sontag gegen 3^U zu umarmen, Dich und die Infantinnen und den lieben Bernhard. Von dem avancement 1 Apr[il] weiss ich leider keine Sylbe. Thürmer geht nach Glogau, es ist ein Verlust für Berlin, weil er verschlagen und umsichtig ist. Mit welchen scheusslichen Versen ist das Fest des Prinz[en] u. Pr[inzessin] gefeiert worden.

AlHt

Dienstag Mittag d. 26sten März 50.[d]

1 Zu Kunths Tod siehe den vorigen Brief.
2 Siehe den Brief vom 23.3.1850, Anm. 2.
3 Ostersonntag 31.3.1850 und Montag 1. April.

a Ihrer *H ändert Hrsg.*
b Charl. zu) *H ändert Hrsg.*
c Sie Sich *H ändert Hrsg.*
d d. 26sten März 50. *ergänzt B*

284 Alexander von Humboldt an Gabriele von Bülow
o. O., 13.5.1850

H: DLA/SNM, Marbach, 62.2138

Ich mache mir bittere Vorwürfe, theure Gabriele, Dir immer noch nicht geschrieben zu haben, auch sind die Hoffeten und soirées, denen ich mit weissen und schwarzen Unterkleidern beiwohne, und das ganz Unbestimmte des politischen Ausganges (man zeigt sich einen Tag plein de férocité[1] und mildert es einen anderen Tag) nicht allein an meinem Stillschweigen schuld: was mich quält und niederschlägt sind die ewigen Erinnerungen an die Toten. Selbstentleibung von Prof[essor] Kunth, 14 Tage darauf Selbstentleibung durch einen klugen Flintenschuss 8 Schritt vor dem Wohnzimmer der von ihm angebeteten Mutter.[2] Die Ursachen sind mysterieus. Kein dérangement pécuniaire, aber Furcht zu erblinden in Folge des Schlages einer Eisenstange auf den Kopf, Ueberdruss des Lebens vor den Rothen in Wittstock da er doch selbst in den lezten Augenblikken der verjagten Kammer sich sehr, sehr freisinnig gezeigt hatte. Da nun in mehreren Zeitungen lügenhafter Weise verbreitet [wurde]: die Einwohner von Wittstock hätten dem Entleibten die Ruhe auf dem Kirchhof versagt und eben so wenig hätte die Bitte des Sterbenden, in Tegel neben seinem Vater zu ruhen, bei der Besizerin von Tegel Gehör gefunden so habe ich, wie Du gesehen, eine strenge Erklärung in 3[a] Zeitungen sezen lassen, um unaufgefordert Deine liebe Schwester zu rächen. Der Bürgermeister wäre allerdings keine angenehme Gartenerheiterung gewesen, aber glüklicherweise brauchte[b] die Grossmuth gar nicht auf die Probe gesezt werden, der wahrscheinlich sehr rationelle Bürgermeister hat sich im Sterben wenig um seine Mutter, die noch immer liebenswürdige Pohlin, noch weniger um christliche Beerdigung bekümmert, die Mutter hat gleich den Entschluss gefasst ihn in einer hiesigen Familiengruft, wo die Schwester liegt, beisezen zu lassen, und die Familie Goldschmidt, welche die Schwiegermutter jezt in ihrer Villa bei Schönbek aufgenommen, hat so viel Zartgefühl dass sie (selbst wenn der Tote etwas über Tegel hinterlassen hätte) nie einer indiscreten Bitte nach Magdeburg würde Lauf gelassen haben. Hedemann ist über meine Anzeige sehr erfreut gewesen.

Nach den 2 Selbstmorden ist mir nun gestern die Trauernachricht von dem unerwarteten Tode meines ältesten und zärtlichsten Freundes des berühmten Chemikers Gay Lussac gekommen. Ich glaubte ihn nicht so gefährlich krank. Er war schon 71 Jahre alt und starb an einer Wasserinfiltration am Herzbeutel. Du weisst dass ich erst mit ihm allein in der École polytechnique[c] und später mit seiner Familie 18 Jahre zusammen gewohnt, dass er mich nach Rom begleitete, wo ihn Deine Mutter 4–5 Monate sehr lieb gewonnen, dann nach Berlin. Er ist reich gestorben und sehr vornehm geworden als Pair de France mit vielen sehr hüpschen Kindern. Diese Todesnachricht ist mir sehr unheimlich gekommen, Stöhrungen in den Gefühlen Stöhrungen in der Arbeit: aber meine Gesundheit widersteht der Nothwendigkeit Treppe auf, Treppe ab, sich bei 21 Olympiern im Kön[iglichen] Schlosse einzuschreiben, das Kartenspiel alles meist sehr unzufriedenen Hofgesindels zu erwiedern, beizuwohnen 2 ungeheuer gestikten Diners (200 Personen Vollbluts) in der langen Galerie in Charlottenburg und im Weissen Saale, oft wiederholter Prophet, eine Soirée ohne Tanz bei Meyendorf,

---

[a] in | die *gestrichen* | 3 *H*

[b] (1) konnte (2) brauchte *H*

[c] in der École polytechnique *ergänzt H*

gestern ein Ball mit Souper bei Graf Redern, wo der König war und fürchterliche erstickende Hize, heute Frei Oper für die Soldaten ohne das Publikum aber endigend mit einem grossen Königlichen Souper im Concertsaale hinter der Opernloge, gestikt in weiss, morgen Abend Ball bei Westmoorland. Die vom König sehr gefeierte recht schöne aber zu lange Fürstin v. Waldek (Fräulein Reiher ist ein zartes Kindchen gegen sie) erregt allerhand Etiketten |2| Streit. Der König hat sie immer zur Rechten, aber bei Meyendorf, Westmoorland und Redern hat man sie nicht bitten wollen da sie nirgends Carten abgegeben. Sie wohnt bei der Liegnitz, damit diese wachsen lerne. Es giebt Conferenzen der Fürsten allein, und Conferenzen der Minister. In beiden hat man viel gezankt. Der kleine Leinsamen der sich vor seinem guten Volke fürchtet und Preuss[ische] Polizei erfleht stellt sich rasend germanisch warm, der Affenkönig Erbprinz von Lippe Bückeburg an der Spize[3]. Kurhessen u. Darmstadt das leider die Vollmacht an Cassel gegeben wollen sich trennen. Hassenpflug und sonderbar genug auch Bellow (Meklenburg Schwerin) sind grob u. zerfallen mit Radowitz der troz des traurigen Verlustes der Tochter, doch den Conferenzen beiwohnt. Sehr warm u. liberal ist der Gothaer. Der alte Grossherzog v. Weimar und alle Thüringer Fürsten stellen sich warm. Unter diesen Schwankungen ist wohl nur vorherzusagen, dass als Feuerlöschungsmittel Pr[inz] von Preussen nach Warschau, Manteuffel nach Wien gehen werden. Von Below glaubt man, dass er in Coppenh[agen] wenig ausrichten werde, dass aber in dem ermüdeten Schleswig Holstein Neigung sei sich unmittelbar zu einem Provisorium mit Dän[emark] zu verständigen. Ich besuche oft Deine Lieben u. höre ja sehr raue Dinge von Hermanns Benehmen. Das[a] Vollblut geht wahrscheinlich Mittwoch weg. Die Heirath bleibt zum 18ten.[4] Meyerbeer componirt einen Fackeltanz eine edle Beschäftigung. Das Ordens Cap[itel] in dem 2 Meininger Vater u. Sohn u. 2 Hohenzollern aufzunehmen sind, findet Schwierigkeit weil Papa[b] Meinigen in Person hier ist und als Regierender nicht knieen kann wenn der König ihm das Band umlegt. Stillfried studirt sich krank über den zu findenden Ausweg.

Herzliche Grüsse der theuren Mathilde Mutter u. Tochter und allen den Deinen. Prinzess v. Pr[eussen] sieht sehr wohl aus: sie hat gestern ein ungeheures Diner gegeben. Ich habe nur wenige sehr freundliche Worte von ihr haben können bei Redern. Sie geht gleich nach dem langen Beilager weg.

Dankbarst u. liebevoll
Dein

AHt

Montags d. 13 Mai 1850

[1] Frz.: voller Grausamkeit.

[2] Heinrich Kunth, Sohn von Humboldts Erzieher, war als Bürgermeister von Wittstock 1848 für den Wahlkreis Ostprignitz in die Preußische Nationalversammlung gewählt worden. Zu seinem Selbstmord 1850 nahm Alexander von Humboldt in mehreren Zeitungen Stellung.

[3] Schloss Bückeburg war Sitz des regierenden Fürstenhauses Schaumburg-Lippe.

[4] Charlotte von Preußen, Tochter von Albrecht von Preußen und damit Nichte von Friedrich Wilhelm IV. und Prinz von Preußen, heiratete am 18.5.1850 im Schloss Charlottenburg den damaligen Erbprinzen von Sachsen-Meiningen, später Herzog Georg II. von Sachsen-Meiningen.

[a] Benehmen. | < --- > *streicht B* | Das *H*

[b] weil | der *gestrichen* | Papa *H*

285 Alexander von Humboldt an Gabriele von Bülow
o. O. u. o. D., [vermutlich 12.7.1850]

H: DLA/SNM, Marbach, 62.2138

Meine theure Gabriele. Ich wäre so gern schon übermorgen Sontag zu[a] Euch nach Tegel gekommen um mich der Grossen und theuren Kleinen zu erfreuen, aber da mein[e] Gesundheit jezt ganz erträglich ist, so fürchte ich dass mir die kalt[e] Witterung schade. Wir leben hier mit vielem Besuche, aber nicht minder monoton: Grossherzog von Strelitz tauber als je und doch ungeheure Neugier und Wuth zu Conservation, Briefpostartig die zahnlose Rachenhöle aufsperrend um besser zu hören; der Bube, gamin[1] von Parma, ein Infant, scheusslich von Sitten u. Wildheit, hier sehr beliebt; Prinz von Preussen, recht gesund aber gealtert, ernst,[b] verdrieslich und uninteressant troz des Vielen, [das][c] er erlebt; er hat die Prinzessin in Cölln gesehen spricht auch von ihrer Reise nach Baden, dagegen die Prinzessin in Briefen an Prinzess Carl noch immer nichts davon erwähnt. Der Prinz bleibt nur 8 Tage in Berlin und geht an den Rhein zurük. Er ist zum grössten Kummer der Gerlachschen Parthey, ganz Erfurtisch, schimpft heftig auf Oestreich und Schwarzenberg. Gestern speisten hier zwei sehr uninteressante lange und dicke Freundinnen der Erzherzogin Sophie von der Meyend[orf] vorgestellt, eine verheirathete Fürstin Esterhazy und ihre Schwester eine Lichtenstein. In Glinicke lässt man mich |2| oft kommen pour faire de la politique et savoir ce que tout cela deviendra.[2] Der Sohn kommt über Moskau den 25sten hier an. Die gute Schlegel, die mit der an allem zweifelnden Gr[äfin] Meuron im N[euen] Palais haust, ist hoch erfreut. Es sollte morgen od. Sontag ein grosses Concert für den Tauben hier sein, aber der Tod des Herzogs von Cambridge stöhrt alles. Die Ernennung des sehr verdienstvollen Blumenthal zum Flügeladjut[anten] war hier sehr unerwartet. Man glaubt er werde nur de passage sein und von der Seite ist mir die Ernennung angenehm, lieber als Münster den Fräulein Marwitz wegen der Verwandschaft wünschte. Die kranke Dönhoff ist homoeopatisch in Dresden. Saure Milch Kirschkuchen, Erdbeeren, Petersiliensuppe, die Luck, die Meuron, die Perponchez, Schneider jeden Sonnabend, Radowitz predigend Untersuchungen über die biblischen Namen der Siebenschläfer und 7 Brüder, das Schandblatt was der Schielende vorliest ... das sind unsere Freuden. Morgen ist der Geburtstag der Kaiserin[3] der aber nur in stillen Kreisen mit Meyendorfs und Brandenburgs zahlreicher Schaar, die einige Nächte hier ist, gefeiert wird. Gestern war Ministerconseil hier. Der sehr mürrisch-verstimmte Gerlach (Radow[itz] wird ihm unbequem) behauptet es seien bessere Nachrichten von Wien. Die Absezung von Haynau über welche die Ungarn wegen seiner Grausamkeiten frohlocken, ist ein kühner und gewaltsamer Staatsstreich von Schwarzenberg, der nichts Grosses neben sich leiden will. Haynau war die leitende Hand von Radetzki[4]. Unsere nächste Freude ist die verwittwete Grossh[erzogin] von Schwerin die zur Tochter geht und Lady Jost mitnehmen könnte. Du weisst wie leicht es mir mit der Lady geglükt ist. Ich hatte in dem Fache der |3| Hebammen noch wenig gearbeitet, der erste success ist daher vielversprechend. Wäre es nicht so kalt des Morgens so ginge ich auf die Eisenbahn um Bernhardchen hier bei der Durchreise zu sehen. Bei F[ürst] Wittgenstein ist grosser Kummer. Der alte Kammerdiener sein Ludewig

---

[a] (1) <nach> (2) zu *H*

[b] (1) und (2) , *H*

[c] dass *H ändert Hrsg.*

der ihm 52 J[ahre] diente ist gestorben. Man behauptet Wittgensteins Nachfolger, als nicht responsabler bloss vom König abhängiger Minister (Hausminister) werde Stolberg sein u. wenn er nicht wolle Massow!! Die deutsche Parthey und das Ministerium wünschen es nicht.

So weit, meine Liebe schrieb ich heute morgen. Jezt ist es fast 2 Uhr Nachts. Ich habe in dieser Monotonie des Lebens leider! nichts zuzusezen, als dass die verw[itwete] Grossherzogin v. Schwerin diesen Nachmittag gekommen ist. Sie bleibt nur 2 Tage. Man stellt sich traurig über Cambridge und es wird morgen, am Tage des Geburtstags der Kaiserin, niemand gebeten. Mit inniger Liebe
Dein

AlHumboldt

Potsdam Freitag Nacht

1 Frz.: kleiner Junge.
2 Frz.: um Politik zu machen und zu wissen, was das Ganze werden wird.
3 Am 13.7., daher die Datierung.
4 Freiherr von Haynau, Feldherr unter Graf Johann Joseph Radetzky in Italien und wegen seiner grausamen Niederschlagung der revolutionären Erhebung in Brescia die „Hyäne von Brescia" genannt, wurde nach der Niederwerfung der Ungarn 1849 zum Befehlshaber der 3. Armee in Ungarn ernannt, nahm aber wegen Zwistigkeiten bereits 1850 seinen Abschied.

286 Alexander von Humboldt an Gabriele von Bülow Berlin, 6.8.1850

H: DLA/SNM, Marbach, 62.2137

Es ist eine harte Woche für mich 3 mal die Rachel, ein Zweckessen der ganzen Akademie mit Deputation und Reden in der Potsdamer Eisenbahn da man ein 50jähriges Jubiläum entdekt meiner Ernennung zur Akademie[1], 1800 wovon ich nie ein Wort am Orinoco gewusst. Heute Abend Rachel (Polieucte der christl[iche] Märtyrer im Neuen Palais).[2] Sonnabend Hochzeit bei mir.[3] Diesen Sonnabend (10ter) werde ich endlich die Freude haben bei Euch, Ihr Lieben in Tegel zu speisen.
Dankbarst Dein

AHt

Berlin Dienstags d. 6ten August 1850.[a]

In grosser Eile
ich komme zur Ordenscommiss[ion] u muss um 2 Uhr weg.

1 Humboldt hatte eine Delegation der Berliner Akademie der Wissenschaften, die ihn anlässlich seiner 50-jährigen Mitgliedschaft in Potsdam aufsucht, zu einer geselligen Zusammenkunft im Bahnhofsrestaurant eingeladen.

---

a d. 6ten August 1850. *ergänzt B*

2 „Polyeucte", ein Stück von Corneille über christliche Märtyrer. „Zu Potsdam gab am 6. d. M. Mademoiselle Rachel auf Einladung des Königs der Preußen, im Theater des k. neuen Palais mit ihrer Gesellschaft eine Vorstellung von ‚Moineau de Lesbie' und ‚Polyeucte'. Die Versammlung, welche das Amphitheater, den Balkon und alle Räume füllte, war im höchsten Grade das, was man glänzend zu nennen pflegt." (Theater-Pfeile, Beiblatt zum Münchner Punsch III. Band, Nr. 33 vom 18.8.1850, 131).

3 Siehe den Brief vom 8.8.1850, Anm. 1.

287 Alexander von Humboldt an Gabriele von Bülow
Potsdam, 8.8.1850

H: DLA/SNM, Marbach

Was musst Du, theure Gabriele, von meiner Blindheit denken. Der Brandenbur[gi]sche Blumengarten hat mich so verblendet, dass ich keine Ahnung davon hatte, dass Ihr Lieben im od. neben diesem Völkerstamme [sasset][a]. Erst auf dem halben Rückwege hat mich Gr[äfin] Dönhof gefragt, ob ich in Eurer Loge einen Besuch gemacht!! Ich Thor war sogar auf Eurer Seite fast einen ganzen Act, wo? in der Loge von Alexander Mendelssohn wo die angenehme Schwiegertochter aus Bordeaux sich befand. Uebermorgen Sonnabend zu Mittag nach meiner Hochzeit/Trauung 10^{U} in der Kirche und Schmauss mit allen Jägern, Ratzeburg Mahler Hildebrandt[b] Sello, Ehrenberg und Rose (den Sibiriern), zwei Officiren Söhnen von H. von Veltheim wo sein Schwiegersohn Förster ist … um 12 Uhr Mad[ame] Seyffert en grande toilette nachdem sie viel gesotten und gebraten.[1] Ich fahre um 2 Uhr nach Tegel, und das Brautpaar gleichzeitig in das Waldes Dickicht. Der Comte de Chambord, höflich und unbedeutend wie immer war in Polyeucte Martyre[2] im Neuen Palais ohne Gemahlin, nur eine Nacht nach Wiesbaden reisend. Mad[ame] de Luck in allen exaltirten Phrasen der Rührung! Prinz Fr[iedrich] der Niederlande ist hier bis morgen. [Er][c] geht über Muskau nach dem Haag und dann zurück nach Warschau anfang Sept. wo Kaiser u. Kaiserin mit Prinzess Friedr[ich] sein werden. Die Kaiserin kommt nicht hieher, lässt |2| Fräulein Rauch nach Warschau kommen und bleibt dort 2 Monate um sich dort erst zu entscheiden was sie den Winter thun wird!! General Gröben ist hier pour le consulter[3]!! auch der fette Brassier de S[ain]t Simon[4]: Ma femme me fait le chagrin de tout détester en Stockholm: elle trouve abominable la personne et [le] chant de la Lind.[5] Eine angenehme russische Häusslichkeit. Herzliche Grüsse

AlHumboldt

Potsd[am] Donnerstag Abend d. 8$^{\underline{ten}}$ August 1850.[d]

---

a sassest *H andert Hrsg.*

b Mahler Hildebrandt *ergänzt H*

c er *H ändert Hrsg.*

d d. 8$^{\underline{ten}}$ August 1850. *ergänzt B*

[1] Vermutlich die Hochzeit von Alexandrine Seifert (Tochter Humboldts Kammerdiener Johann Seifert) mit Karl Ferdinand Alexander Herzbruch.

[2] Siehe den vorigen Brief, Anm. 2.

[3] Frz.: um ihn zu konsultieren.

[4] „Der außerordentliche und bevollmächtigte Minister am Königl. Schwedischen und Norwegischen Hofe, Kammerherr von Brassier de St. Simon, ist von Stockholm hier angekommen." (Magdeburgische Zeitung, Anhalter Anzeiger 1850, Nr. 185 vom 10. August).

[5] Frz.: Meine Frau hat mir den Kummer bereitet, alles in Stockholm abzulehnen: sie findet die Person und den Gesang der Lind abscheulich.

288 Alexander von Humboldt an Gabriele von Bülow
Potsdam, 17.8.1850

H: DLA/SNM, Marbach, 62.2138

Ich komme noch nicht Sontag, meine theure G[abriele] weil Papa Loën, den ich die Freude habe täglich zu sehen, Sontag Leopold erwartet und wir dann gemeinschaftliche Operationspläne machen wollen. König u. Königin behandeln mit erfreulicher Zärtlichkeit die beiden Waise[n]. Die jüngste ist ein recht schönes Kind. Ich sehe heute die Rachel in Jeanne d'Arc![1] Möchtest Du doch auch in der Oper erscheinen. Du solltest Dir die Freude für die Lecouvreur[2] vorbehalten. Ich schenke Dir den Muthwillen des Königs (so lustig in dieser ernsten Zeit)[3] und eine malice der Kreuzzeitung. Dr Löwenberg ist ein Judenjunge.[4] Schreibe Dir die Verse ab, am Anfang ist viel Grosses u. Schönes. Das Ende ist confus. Verf[asser] ist der 22jähr[ige] Neffe des verstorbenen Bischof Dreseke. Der junge Mann verlässt die Universität und hat wie ein Kalb geweint, weil er mich nicht wieder sehen wird.[5]
Dein

AH
in grosser Eile

P[otsdam] 17 Aug. 1850

[1] Jules Barbier „Jeanne d'Arc".

[2] Eugène Scribe: „Adrienne Lecouvreur", für die Schauspielerin „Rachel", d.h. Elisabeth Félix geschrieben.

[3] Friedrich Wilhelm IV. hatte seine Genehmigung zum Tragen eines Ordens am 8.5.1850 mit einer witzigen Zeichnung versehen: der König fliegt über den Wolken, den Orden in beiden Händen, unten sind von fern die Treppen und die Mühle von Sanssouci zu sehen (DLA/SNM, Marbach, siehe Humboldt 2013, 432).

[4] „Der Privatgelehrte Julius Loewenberg, der in dem hiesigen Stadtvoigtei-Gefängniß eine vierwöchentliche Gefängnißstrafe verbüßt, benutzt die Muße seiner Haft sehr eifrig zu schriftstellerischen Arbeiten. Gegenwärtig hat er die Biographie Alexander v. Humboldt's unter der Feder und bis zur neuesten Zeit vollendet." (Neue Preußische Zeitung (1850), Nr. 185 vom 13. August). Der Geograph und Freund von Alexander von Humboldt J. Löwenberg hatte schon ab 1835 eine Nacherzählung von Humboldts Amerika- und Russlandreise (siehe Fiedler/Leitner 2000, 92) veröffentlicht sowie die Fragmente seiner Russlandreise aus dem Französischen übersetzt (Humboldt 1832, siehe Fiedler/Leitner 2000, 352). Am bekanntesten wurde seine „Bibliographische Übersicht" für die dreibändige Biographie von C. Bruhns, an deren Entstehung er mitwirkte (Bruhns 1872).

[5] Vermutlich der junge Student Friedrich Althaus, der ein Enkel (nicht Neffe) des Bischofs Draeseke war und zu Humboldt seit 1848 Kontakt hatte. Über seine Begegnungen mit Humboldt berichtete er in dem Büchlein Althaus 1869. Demnach sandte er an Humboldt am 7.8.1850 ein Lobgedicht, was diesen bewog, ihn einzuladen. Das Gespräch und das Gedicht ist auf den Seiten 57–60 wiedergegeben. Für die Übersendung einer nochmaligen Abschrift bedankte sich Humboldt mit freundlichen Worten am 9.8.1850 (Althaus 1869, 62–63). Beide trafen sich in den Folgejahren noch mehrfach.

289 Alexander von Humboldt an Gabriele von Bülow
Potsdam, 30.8.1850

H: DLA/SNM, Marbach, 62.2138
A: DLA/SNM, Marbach, 62.2137

Potsdam 30 Aug. 1850.

Es ist mir recht schmerzhaft gewesen, mein[e] theure G[abriele] dass ich den schönen Kindertag gestern nicht habe mit feiern können. Die Begleitung von Vater Loën wäre mir ohnedies sehr sehr angenehm gewesen. Es giebt wenig Menschen in denen äussere Gestaltung und jede innere Regung so das Edle des Charakters bedeutungsvoll und anmuthig offenbaren als bei ihm. Es ist kein Wunder dass solch ein Vater uns in Leopold hat wiedergeben können, was Frischheit der Jugend und neuere Bildung solcher Tüchtigkeit der Gesinnung haben hinzufügen können. Ich bin gerade nicht unwohl doch aber durch die kalte trübe Witterung etwas physisch verstimmt. Da ich gezwungen bin, so spät zu arbeiten (ich habe durch die Wehklagen von Cotta gedrängt unvorsichtig versprechen müssen die erste Hälfte des 3t[en] u. lezten Bandes des Kosmos am 10 Oct. erscheinen zu lassen)[1] so lasse ich seit 2 Tagen einheizen. Dazu kommen andere Unbequemlichkeiten. Die nassen Promenaden mit der Duchesse de Maillée haben den armen Seifert sehr krank gemacht, geschwollenes Knie, Ziehpflaster um Wasser herauszuziehen. Er liegt seit Sontag in Berlin. Der improvisirten Reise nach Erdmannsdorf (16 Sept. ohngefähr) wahrscheinlich in Speculation eines vielleicht vom Kaiser ganz verpönten Rendez Vous mit der Kaiserin, möchte ich mich gern ganz entziehen. |2| Alle diese kleinen Unbequemlichkeiten und Sorgen sollen mich aber hoffentlich nicht abhalten in den ersten Tagen der nächsten Woche Euch, Ihr Lieben zu besuchen. Von Hermanns Heirath hört man jezt sehr allgemein lobend sprechen.[2] Priscilla ist eine Freundinn der Prinzessin Louise. Pr[inz] Carl nennt [sie][a] allerliebst und schön: sie habe seiner Tochter die Verbindung angezeigt. Dann ewige Verwechselung mit Wilhelm. Sie sei übrigens von sehr sittlicher Aufführung. Die Hofdamen die sie kennen (Fr[äulein] Marwitz u. Haacke) nennen sie sehr hüpsch aber geistig unbedeutend, eben so der Adjutant Bonin. König und Königin schienen noch nichts zu wissen. Eben ist Graf Keller wieder gekommen, er hat zwar Frau und Kinder bei Stollb[erg] gelassen, glaubt aber noch nicht an die Schlesische Reise. Gestern aass mit Schleinitz Brunnow der russ[ische] Gesandte in London hier. Er geht nach Petersburg wo er seit 11 Jahren nicht war ohne die noch schön sein Wollende Gemahlin. Er ist höflich, verschmizt, von gemeinen Gesichtszügen, Bunsens intimster Feind. Bunsen selbst (Solltest Du es glauben) ist ohne an Schleinitz zu schreiben, nach London zurük. An den König hat er geschriebe[n] und zur Ursach angegeben, plözliche schwere Erkrankung der lahmen Tochter. Der König hält allein die

[a] Sie *H ändert Hrsg.*

Entschuldigung für wahr: Schleinitz glaubt er sei bloss nach Bonn gekommen um seine Wahl zur 2ten Kammer (der Berliner) vorzubereiten. Hierher ist er wohl nicht gekommen weil er zur Gothaer zuschlagenden Parthey gehörig, mit dem hier allein herrschenden Radowitz brouillirt ist. Heute haben wir Gutzlaff. Die F[ürstin] v. Liegnitz hat früher eine grosse Soirée bei Bunsen gehabt wo Brunnow sie gesehen hatte. Sie gefällt sich sehr, hat die kön[igliche] Familie in Osburne |3| ge[se]hen u. ist jezt in Schottland. Ich verspare an das Ende meines Briefes das Weniger Angenehme eine kleine Blutung[a] die uns allen, mir, Dir u. Hedemanns bevorsteht. Die Sache ist von sehr delicater Art und ich überlasse sie Deinem eigenen Gefühle. Dr Schlesier ist blutarm, seit 12 Jahren darbend, er hat uns nie incomodirt: er hat gewiss mit aufopfernder Hingebung unaufgefordert 4–5 Jahre daran arbeitend und von den Buchhändlern schlecht bezahlt ein Werk zu stande gebracht das edel in Gedanken und Sprache viel zur Verherrlichung des Namens Wilh[elm] v. Humboldt beigetragen.[3] Radowitz der wegen dieses Namens und Werkes viel Enthusiasmus für ihn zeigte wollte ihn in Erfurt für eine Zeitschrift gewinnen. Der etwas störrische darbende Mensch wollte sich nicht in Meinungsabhängigkeit sezen lassen. Nichts ist mir aber für [ihn][b] geglükt. Gestern schreibt er mir zum ersten Mal von seinem Elend. Er fordert von mir zum ersten Mal. Ich habe ihm sogleich 100 r. zahlen lassen. Bei einer Blutung kommt alles auf das Maass an. Damit er nicht wieder fordern könne, nicht ein Pensionär der Familie werde, ist es vorsichtiger seinen Wunsch ganz zu erfüllen. Es handelt sich also darum ob Du bis Ende des Jahres mir helfen kannst, Du und Deine theure Schwester und Hedemann um an 200 r. zu completiren. Ich kann (da ich viel und mit Angst arbeite) ausser den 100 r. die ich gestern gegeben noch 70 r. geben; es kommt also darauf an ob (troz Deiner theuren Weltreisen) Du und Magdeburg doch jeder mir 60 r. schenken können dann kommen fast die 300 r. zusammen (100 r. schon + 70 + 60 + 60). Ich bitte Dich fussfälligst recht frei zu handeln: mir bloss zu sagen: Ich kann es nicht gern thun sans autre phrase. Ich kenne genug menschliche Lagen um es moralisch nicht zu misdeuten, wenn Du und[c] Hedemanns meine Bitte nicht erfüllen. Dass ich die zweite[d] lästige, aber durch zarte Verhältnisse des Familienruhmes motivirte Anforderung hinzufüge, dass Du Schlesiers Brief[4] selbst an Hed[emanns] mittheilst vielleicht auch ein ausgeschnittenes Stück meines[e] Briefes, verzeihest Du wohl. Es wird mir dann leichter mein Anliegen später, in Magdeburg, mündlich anzubringen. Des Dr Schlesiers Brief werde ich selbst von Magd[eburg] abholen.[f] Ich reise dann betteln an meinem Geburtstag, klopfe[g] aber doch nicht bei dem reactionären Theodor und meinem röthlichen Collegen Priscillus an!

Herzliche Grüsse den Kindern.

AlHt

Der Tod des alten Königs L[ouis] Philipp[e][5] hat für mich nach 45 jähr[igem] Wohlwollen doch viel rührendes. Magenkrebs? Der Tod wird die Herzogin von Orléans noch unabhängiger und fester in ihrer Abneigung zur Verbindung mit den albernen Legitimisten machen.

---

a *H am Rand:* Eine Blutung!
b ein *H ändert Hrsg.*
c (1) <u. die> (2) und *H*
d (1) eine (2) die zweite *H*
e (1) deines (2) meines *H*
f Des D^{r} […] abholen. *ergänzt H*
g (1) < – > (2) klopfe *H*

[1] Humboldt hatte Cotta vorgeschlagen, den dritten Band des Kosmos in 2 Teilen herauszugeben. Den ersten Teil wollte er bis Anfang Oktober liefern. Siehe Humboldt an Cotta, 2.8.1850, in Humboldt 2009, 442.

[2] Hermann von Humboldt heiratete am 26.9.1850 Priscilla v. Reitzenstein.

[3] Schlesier 1847. Humboldt hat „Dr. Schlesier, der die schönen Lebensbeschreibungen von Gentz und meinem Bruder geschrieben", später wohl doch noch weiter unterstützt, siehe Humboldt an Alexander Mendelssohn, 12.12.1853, in Humboldt 2011, 253.

[4] Vgl. auch Humboldts Briefe an G. Schlesier, SBBPK, Hs-Abt., Sammlung Darmstaedter.

[5] Am 26.8.1850.

290 Alexander von Humboldt an Gabriele von Bülow
Potsdam, [vermutlich 27.9.1850]

H: DLA/SNM, Marbach, 62.2138

gewiss im Jahre 1850[a]

Ich bin leider, meine Theure, durch eine Einladung bei Prokesch, dessen (wie er) im Recitativ sprechende Gattin mit schönen griechischen Kindern eben zurükgekommen ist gehindert, Sontag bei Dir zu erscheinen und komme erst Dienstag weil ich an dem selben Tage morgens mein graues, verehrtes Haupt in der Versammlung der Philologen zeigen soll und Abends 8^{U} bei Geh[eimen] R[ath] Boekh mit 600 Philologen u. Schulmännern Kälberbraten mit Thee einnehmen muss, um nach vollbrachter That um 10^{U} Abends nach Potsdam, in das hiesige Gewölk mich zurükzuziehen.[1] Vielleicht erscheint Priscilleus indess auch unter den Philologen. Die grössten Freuden des politischen Lebens sind die dass etwas vorgehe was diejenigen ärgert, die man hasst. Solchen Genuss gewährt die Ernennung von Radow[itz] im höchsten Grade. Die Hofdamen, besonders die blonde Hofmégère, zeigten sich gestern Abend wie Rembrandtsche Bilder, wolkenschwer, inneres Ungewitter im Blick verkündigend. Nie ist ein Geheimniss so bewahrt worden. Prokesch war hier gestern um 2^{U} bei mir ohne etwas zu ahnden, während Rad[owitz] sein intimster Feind, aber schon im Sta[a]ts Min[isterium] in Bellevue als Minister des Auswärtigen fungirte.[2] Ich selbst wusste keine Silbe bis ich den Staats Anz[eiger] sah (für den Adelheidchen nun doch etwas Achtung, als für eine im General Commando nothwendige Person gewinnen muss). Welche Ueberraschung für Gerlach, der eben auf Urlaub 14 Tage abwesend ist! Ich brauche Dich nicht an den Zorn erinnern den dieser kühne Entschluss in Wien und Petersburg erregen wird. Man fragt sich, hat das Ministerium die ganze Partie einer solchen Ernennung gefasst. Wird der ‚mystische Cagliostro' (den ich aber bei einer sonderbaren |2| dogmatisch, idealistisch räthselhaften Individualität für geistig eminent, edel, unpractisch[b] halte) nun mehr als ein verbissenes Harren zeigen. Und wie bestimmt der freilich ganz farbenlose Exfaunus Schleinitz frisch gebadet gewiss unerwartet um seine Stelle gekommen ist! Darüber weinen wir nicht – und Mama Berg, die sich vor Kurzem noch beklagte, man fliehe sie in der Gesellschaft, wie eine Pest? Und die Königin (die Rad[owitz] sündlich hasst) und die Ernennung nicht gehindert hat. Wird aus dem ganzen Drama Krieg entstehen: keinesweges. Wird man in den Provinzen

---

[a] gewiss im Jahre 1850 *ergänzt B*

[b] edel, | aber *gestrichen* | unpractisch *H*

zufriedener sein? auch nicht. Der catholisch pietistische Ideologe, als Preuss[ischer] Minister des Auswärtigen bleibt, von den Massen unverstanden, diesen, ja selbst den Liberalen eine unheimliche Person. Die Unfreude der schielenden Wanze ist mir auch eine Wonne. Die Königin hat einen ihrer starken Anfälle von Schnupfen, speist nicht mit, war also gestern nicht mit bei der Berliner[a] Trauung in der Kirche des Bonin-Oppenschen Paars[3]. Natürlich begleitet sie auch heute nicht den König zum Stadtjubilaeum in Oranienburg. Ich aass gestern mit der schwarzen Gräfin (Perp[oncher]), mit Hatzfeld, in Glienicke. Prinzess Luise trägt mir recht herzliche Grüsse für die Kinder auf. Sie hat die tiefsinnige Bemerkung gemacht que Tegel est un des endroits de notre Patrie où il y a le plus d'eau[4]. Sie schien ganz beglükt dies in die Welt gebracht zu haben. Also wie ich gewiss hoffe zu Dienstag. Wir haben im Jaspissaal vor einigen Tagen ohne alle Veranlassung ein grosses Concert gehabt, wo nach dem heren Geschrei der Mad[ame] Küchenmeister, der Kinder Domchor eine Wonne, ein Balsam war. Pr[inz] Albert lässt einen Theil des Kinderchors auf 2 Monathe nach London kommen mit H. Wiprecht. Es wird sehr wahrscheinlich wegen der griechischen Philologen Versammlung zwischen 1 und 3 Sept.[5] in Berlin Antigone, Oedipus od. Medea gegeben werden. Es ist deshalb (da der König den Philologen 300 Freibillete geben wird) noch viel Zank mit dem immer verneinenden Küstner. Sollte das nicht Adelheidchen schon[b] wegen der Musik nicht reizen aber Ihr müsstet deshalb Bestellung bei Leopold früh genug machen, ob gleich Logen wegen des ungriechischen Berliner Vollbluts gewöhnlich sehr leer bleiben. Ich hoffe dass Adelheidchen vom bösen Fieber frei bleibt. Innige Grüsse bis Dienstag

AHt

Potsdam, Freitags

[1] Am 1.10. hatte Humboldt mehrere Treffen: „gestern […] von 11 bis 2^{U} Philologen und Orientalisten, 3^{U} bis 7^{U} Tegel, 8–10^{U} ein Prachtfest bei Boekh mit Kalbskeule und Herrn v. Küstner, den Euripides über Sophocles erhebend", schrieb Humboldt an Friedrich Wilhelm IV., 2.10.1850, in Humboldt 2013, 433. Der Philologenkongress fand in Berlin vom 30.9.–3.10.1850 statt. „Am gestrigen Abend empfing der Präsident des Vereins, Geheime Rath Prof. Böckh die Mitglieder desselben in gastfreundlicher Weise in seiner Behausung. Auch Se. Exzellenz der Herr Minister des Unterrichts, Dr. von Ladenberg, und der Wirkliche Geheime Rath, Herr Alexander von Humboldt, Exzellenz, gesellten sich zu den Männern der Wissenschaft, welche gleiche Zwecke und gemeinsames Streben uns in diesen Tagen aus allen Theilen des deutschen Vaterlandes zugeführt haben." (Neue Münchner Zeitung vom 7.10.1850).

[2] Radowitz war am 26.9.1850 zum preußischen Außenminister berufen worden, trat jedoch bereits am 3.11. wieder zurück.

[3] Heirat am 26.9.1850. Daraus ergibt sich die Datierung.

[4] Frz.: dass Tegel einer der Orte unserer Heimat ist, an dem es das meiste Wasser gibt.

[5] Am 30.9. fand ein Ausflug nach Sanssouci statt sowie die Aufführung der „Antigone" im Berliner Opernhaus, zu der auf Anweisung des Königs den Teilnehmern des Philologenkongresses Parkettplätze reserviert wurden. Am 2.10. wurde in der Berliner Singakademie „Saul" von Händel aufgeführt.

[a] Berliner *ergänzt H*

[b] schon *ergänzt H*

291 Alexander von Humboldt an Gabriele von Bülow Potsdam, 18.10.1850

H: DLA/SNM, Marbach, 62.2138

Wir leben von einander getrennt, theure Gabriele, als wäre ich in Sibirien und Du in der Südsee. Ich habe selbst Mühe unser Drama anzuknüpfen. Die lezten Nachrichten, die ich Adelheidchen verdankte vor fast 8 Tagen, sagten, dass Du abwechselnd noch immer recht leidend wärest, dass die Kinder beide verschnupft, die Loën[s] (in Berlin!) gar auch am Fieber leidend wären, dass an Hedemanns Kommen nicht zu denken sei. Mein Drama war auch nicht anmuthiger. Als Folge eines bösen Schnitts am grossen Zehnagel durch eine chirurgische langgeprüfte Meisterhand, konnte ich 3 Tage keinen Stiefel anziehen und hatte die Freude stündlicher warmer Compressen. Geheilt ging ich mit nach Paretz doch zu Wagen, nicht mit Prinzess Carl und der sehr liebenswürdigen, feingebildeten (nur zu tauben) von Ottmachau und der Familie entzückten Fürstin von Hohenzollern, die bei[a] Sturm und Hagelwetter grosse Aventuren auf dem |2| Dampfbo[o]te erlebt[b] hatten. Statt der gefürchteten 3 Nächte blieben wir glücklich[er]weise nur eine Nacht in Paretz, von der garstigen Dorfjugend umlagert, die sich[c] die Nasen, 14 Stunden lang, an allen Fensterscheiben (um in das Innere der Natur zu schauen) abplatteten[d]. Die Erkältung hat mir einige „Rührung nach der Unterwelt" hin (attendrissement d'entrailles[1]) gebracht. Ich medicinire dagegen, bin auch um vieles besser, gehe wie gewöhnlich 2 mal nach Sanssouci, gestern in die Comödie (in das sehr elegant ausgemahlte und elegant-erleuchtete Haus) um Raupach's langweiliges Reactions-Stück „Saat und Frucht" zu sehen, aber die Unterwelt ist doch noch nicht so friedlich und consolidirt, dass ich unvorsichtig schon den Tag bestimmen könnte, an dem ich die Freude haben könnte, Euch in Tegel zu umarmen. Ich flehe daher Euch alle an, mir on the position of partys etwas bestimmtes zu sagen, über Adelheidchen's längeres Bleiben, Hedemanns Ankunft (Lindheim ist so muthig gewesen, zum Geburtstag[2] von dem fernen Breslau hieher und nach Paretz auf 3–4 Tage zu kommen) und vor allem über Deine Gesundheit und die der armen Loën. Die Hohenzollern [verlassen][e] uns erst heute. |3| Sie wohnen[f] hier im Schlosse und sind besonders von Seiten der Königin (wegen Verwandschaft) mit unendlicher Zärtlichkeit aufgenommen worden. Die Giraffenartige, Riesen-Hofdame, Gr[äfin] Wallersee, sieht der angenehmeren Schwester zwar gar nicht ähnlich, hat aber ein noch ausgezeichneteres Talent im Zeichnen. Die Fürstin kennt unsere innersten Familienverhältnisse, die Versöhnung mit Herrmann, als gehörte sie zu uns. Sie spricht davon mit vieler Zartheit. Die Sagan drohte zu Euch zu kommen, wird aber wohl gestern schon abgezogen sein. Ich fand sie um viel[e]s besser, im Gesicht voller, weniger gelb; die, welche sie nicht lieben, finden sie wassersüchtig!! geschwollen bleichsüchtig und (was freilich leider! wahr ist) an Händen und Schultern nervös zuckend und zitternd. Sie speiste mit einer recht schönen Gräfin Esterhazy (geb[orene] Plettenberg) den Tag vor dem Geburtstag hier und ist wohl nie (selbst von der Königin)

---

a (1) von (2) bei *H*
b erlebt *ergänzt H*
c (1) mit (2) sich *H*
d schauen) | daurend *gestrichen* | abplatteten *H*
e veranlassen *H ändert Hrsg.*
f (1) , wohnen (2) . |3| Sie wohnen *H*

so freundlich behandelt worden. Seitdem sie sich von Babel entfernt, schwärmt Glienicke für sie. Unsere Prinzessin soll ernsthaft besser sein: sie kommt nur auf einige Tage zu der Königinn ihrem[a] Geburtstag[3] und will in Coblenz den Winterschlaf halten, mit Fannus ganz entzweiet, vielleicht auch mit Fanna[4], die bei[b] Fürst Wittgenstein im Schloss Simmern (?) privatisirt. Ueber des Prinz v. Pr[eussen] Abreise ist noch alles ungewiss so lange der Tollhäusler Hassenpflug dem kurfürstlichen Buben noch nicht abgefault ist. Ueber politische Dinge ist alles in der alten Unentschiedenheit, es gilt das Portugiesische Commando „macht ein grimmiges Gesicht, haced las caras fieras" faites Gesicht[er] féroces aber alles ohne Folgen! Das Commando, das der Kriegsminister gelitten hat, dem F[ürsten] Wilhelm Radz[iwill] zu geben, ist mir der sicherste Beweis, das[s] an keine kriegerische Demonstration gedacht wird. Wer würde ein solches Haupt, ein so denkendes, einer Gefahr aussezen! |4| Des Prinz v. Preussen Ankunft[c], der übrigens ziemlich kriegerisch ist, war für mich ein sonderbar psychologisches Räthsel. Es war, als man hier halben Glauben der[d] Abdankung des „Kurbuben" schenkte.[5] Er trat unerwartet, Abends 10 Uhr, ein. Ein Freudengeschrei und darauf folgend ein leidenschaftliches stummes[e] Studium der Pläne von Rom, den Zirkel in der Hand. Ich brannte vor Neugierde, aber keine Frage über irgend etwas geschah[f]. Man ging zu Bette, ohne auch nur vorher den Bruder, mit dem man übrigens in der liebenswerthesten Einigkeit lebt, ins Cabinet zu nehmen. Der liebenswürdigste und geistreichste der jezt lebenden Monarchen bleibt mir, der ich ihn so lange umgebe, ein versiegeltes Buch! Unter den Geschenken, die der König erhalten, sind nur 2 merkwürdig: kleine bis zum Plazen übergemästete Ortolane (ein Betlehemitischer Kindermord) von der Herzogin von Sagan und eine plumpe Schale von herrlichem Jaspis vom Kaiser v. Russland. Die arme Gr[äfin] Dönhof sieht kränker, als vorher, aus. Sie war nicht in Paretz, hat aber gewagt gestern überzuziehen.
Herzliche Grüsse. Mit inniger Liebe Dein

AlHumboldt

Potsdam den 18 Oct. 1850.

Ich schreibe zwar auf Linien aber gleich undeutlich.
Ich hoffe doch, dass von dem lieben Hed[emann] aus Magdeburg gute Nachrichten sind. Solltest Du wohl Dich übersiedeln, ehe wir zu der Königin Geburtstag Potsd[am] verlassen? Mad[ame] de Luck fragt täglich. Das Schauspiel, 1 od. 2 mal wöchentlich, in einem so schönen Hause wird Dich u. die Kinder erfreuen, wenn man vom Dämon Küstner Schiller u. Göthe erlangen kann. Die Flottwell besuche ich zärtlichst. Er wird bei seiner unvorsichtigen u. gereizten Redens Weise schwer in grosser Nähe gefallen.
Die Fürstin Liegnitz schwärmt noch bis Anfang künftigen Monats in Irland, nachdem sie Schottland ergründet!!

1 Frz.: Darmempfindlichkeit.
2 Geburtstag des Königs am 15. Oktober.

a ihrem *ergänzt H*
b die | sich *gestrichen* | bei *H*
c Ankunft *ergänzt H*
d (1) an (2) an die (3) der *H*
e stummes *ergänzt H*
f geschah *ergänzt H*

[3] Am 13. November.
[4] Eventuell Franziska von Ow zu Felldorf, die ehemalige Erzieherin von Elisabeth von Preußen, und ihr Gatte.
[5] Im Kurhessischen Verfassungskonflikt bat der Kurfürst Friedrich Wilhelm I. den Deutschen Bund um militärische Hilfe gegen die Aufständischen. Bayerische und österreichische Truppen wurden gesandt, auch Preußen schickte ein Bataillon unter Fürst Radziwill (Gottschalck 1894).

292 Alexander von Humboldt an Gabriele von Bülow
o. O., 27.11.1850

H: DLA/SNM, Marbach, 62.2138

Es sind grosse Dinge zur Ausführung gekommen die wahrscheinlich zu einem misfälligen unblutigen Ausgang führen. Minister Manteuffel ist nach Oderberg zu einer Conferenz mit Fürst Schwarzenberg heute abgegangen.[1] Der Entschluss ist gestern gefasst worden, angeschrekt durch eine angekommene, grenzenlos grobe russische Note: „so wie man Oestreich angreife würde man Posen und das ganze Grossherzogthum besezen auch in Schlesien einfallen." Der Vorschlag zur persönlichen Conferenz ist schon vor 3 Tagen nach Wien telegraphisch abgegangen, aber von Schwarzenberg abgewiesen worden, über die bekannten Punkte wolle man weder negociiren noch nachgeben, aber wenn man, im |2| allgemein[en] sich versöhnlich unterhalten wolle, so werde Schwarzenberg kommen. Dies hat man nun, durch die russische Note getrieben, gestern Abend angenommen u. beschlossen. Die Wahl der Person zeigt, dass man coulant werden will. Eine Schreckensnachricht ist, dass der alte General Gr[af] Dohna eine der dümmsten ritterlichen Gestalten unserer Zeit aus Königsberg kommt um Ministre Président zu werden!!! Manteuffel soll listig dies selbst angezettelt haben, da sein Bruder sich in Preussen dem alten General sehr angenehm gemacht hat. Gestern Abend war man rathlos niedergeschlagen, heute sehr heiter. Wolltest Du nicht bald die Nachricht von der Conferenz Deiner Schwester geben, aber ja ohne meinen Brief unvorsichtig hinzuschicken. Ich traue der Post gar nicht.
Dein

AlHt

Mittwoch Abend
Mitwoch d. 27sten Nov. 1850[a]

Herzliche Grüsse!

Ich habe heute früh die zwei sentimentalen Töchter des General Stillfried bei mir gehabt um mich auf Sonnabend zu einer Versammlung des Frauenvereins einzuladen in der Hofrath Schneider eine blutige Rede halten soll. Acht meiner Waffenbrüder sind schon bei mir zur Einquartirung angesagt.[2]

---

[a] Mitwoch d. 27sten Nov. 1850 *ergänzt B*

1 An den Truppenzusammenziehungen in Hessen (siehe den vorigen Brief) und weiteren Verhandlungen, darunter am 27. November eine Zusammenkunft des Fürsten Schwarzenberg mit dem preußischen Ministerpräsidenten Freiherr von Manteuffel, entzündeten sich Konflikte zwischen Österreich und Preußen bis zur drohenden Kriegsgefahr (Barclay 1995, 299–301, „Die Herbstkrise").

2 Die preußischen Truppen blieben im Sommer in temporären Lagern, im Winter wurden sie bei der Bevölkerung einquartiert.

293 Alexander von Humboldt an Gabriele von Bülow
o. O., 28.11.1850

H: DLA/SNM, Marbach, 62.2138

d. 28sten November 1850.[a]

Ich fürchte bei dem nassen Wetter auszugehen und die Zeitungen bekräftigen alles was die Reise nach Oderberg[1] schimpfliches oder beruhigendes verkündigt. Und der Herr Pastor in Burgörner und die Schürze! Ich habe süsse Rache an der Baronesse ausgeübt. Nach vielen perfiden Schmeichelhaften Lobsprüchen über das Geistreiche der Schrift[2] sage ich ihr folgendes da sie auf die gröbste Weise von mir den Rothen Vogel[3] comme un signe matériellement expressif[4] gefordert:

Puissent les impressions que Vous a laissées le nord de l'Allemagne ne pas faire obstacle à une nouvelle excursion aux sables du Brandebourg. Il faut espérer, que tant de vertus et de qualités éminentes que Vous avez trouvées dans les familles princières et dans la haute Aristocratie de la Germanie puissent descendre graduellement vers ce peuple vaniteux, arrogant, rempli d'une funeste admiration du grand Frédéric. Si je savois être malin j'ajouterois qu'alors[b] je pourrois me flatter de l'espoir qu'on[c] ne nous appliqueroit plus[d] [l']expression si bienveillante de la Dame de Florence.[5]

Man will den Ausweg finden dass wir Cassel aufgeben weil der Kurbube mit seiner agresiven treuen Armee triumphirent in seine Hauptstadt zurükkehren will.[6]

AHt[e]

1 Siehe den Brief vom 27.11.1850, Anm. 1.

2 Wie Humboldts Brief an die Baronin Blaze de Bury entnommen werden kann, hatte sie ihr Werk „Germania" (Blaze de Bury 1850) übersandt, das Humboldt mit lobenden Worten bedachte (Potsdam, 28.11.1850, SBBPK. Hs.-Abt., I/617). Die Schriftstellerin Marie Pauline Rose Blaze de Bury war schottischer Abstammung und lebte seit ihrer Verheiratung mit Baron Henri Blaze de Bury in Paris, wo sie einen literarischen Salon führte.

---

a d. 28sten November 1850. *ergänzt B*

b j'ajouterois | encore *gestrichen* | qu'alors *H*

c (1) que nous méritérons moins (2) qu'on *H*

d plus *ergänzt H*

e d. 28sten November 1850. *B am Rand*

3 Spöttisch für Roter Adlerorden, siehe den Brief vom 20.1.1844.

4 Frz.: als ein materiell ausdrucksstarkes Zeichen.

5 Frz.: Mögen die Eindrücke, die Norddeutschland Ihnen hinterlassen hat, einer neuen Exkursion in den Sand Brandenburgs nicht im Wege stehen. Es ist zu hoffen, dass so viele Tugenden und herausragende Eigenschaften, die Sie in den fürstlichen Familien und im Hochadel Germaniens gefunden haben, allmählich auf dieses eitle, arrogante Volk, erfüllt von einer verhängnisvollen Bewunderung für den großen Friedrich, übergehen werden. Wenn ich bösartig zu sein wüsste, würde ich hinzufügen, dass ich mir dann mit der Hoffnung schmeicheln könnte, dass der so wohlwollende Ausdruck der Dame von Florenz nicht mehr auf uns zuträfe.

6 Siehe den Brief vom 18.10.1850, Anm. 5.

294 Alexander von Humboldt an Gabriele von Bülow o. O., 30.11.1850

H: DLA/SNM, Marbach, 62.2138

Die Königin meine Liebe, dankt sehr freundlich*[a] und der König der alles sehr genau bewundert hat, sagt, er wolle auch bei Dir genannt sein. Man hat gegen Erwartung sich sehr freundlich über Pr[inzessin] v. Pr[eussen] ausgedrükt „es sei ein sinnreicher Gedanke weil Du zu Denen gehörest die einen edlen Schmerz nicht scheuen." Dies war der Sinn, ich drücke nur eleganter aus. Der Lichn[owsky] mit Kettler eine edle Gestalt, der dazu gesessen, ist ein schönes Kunstwerk von Bürde aus Berlin.[1] Es wird nicht verkauft. Die Sagan, die Anfang Januar kommt, aber wenn Krieg wird, in Sagan bleibt, wo sie ein grosses Hospital für Verwundete dann Selbst einrichten wird, soll Dir das Blatt auch schenken. Es gehen bei Wrangel dumpfe Gerüchte Pr[inz] Carl wolle wieder das 5te Armee Corps übernehmen, das von Hedemann. Was würde dann aus ihm werden. Neumann, dem ich es gesagt, läugnet, weiss bisher von nichts, behauptet Pr[inz] Carl gehe auf andere Armeecorps aus. Ich glaube es ist besser nichts zu schreiben, warum hoffentlich unnüz quälen. Der junge Achilles ist in Cassel u. kaum war Min[ister] Mant[euffel] weg, ist schon der Flügeladj[utant] Mant[euffel] ihm nach mit einem Briefe, aber alles im Lakrizen Saft des Friedens.

AHt

Sonnabend d. 30sten Nov. 50.[b]

1 Auf dem Hauptfriedhof Frankfurt/Main befinden sich Gräber und zwei Denkmäler zur Erinnerung an die Gefallenen des Aufstandes und der Straßenkämpfe vom 18. September 1848 in Frankfurt am Main, darauf auch die Namen der zwei Abgeordneten F. M. Lichnowsky und Hans von Auerswald. Von P. Bürde gibt es ein Gemälde „Ketteler segnet die Leiche" des Fürsten Lichnowsky, Opfer des Frankfurter Aufstandes vom 18. September 1848.

a *B am Rand:* *f[ür] das Album der Prinzess worauf ich, zu sprechen gekommen war neulich Abends als die Königin mir wundervolle Blätter von Graeb[ern] zeigte – <bestehe> auf die Ansicht vom Monument

b Sonnabend d. 30sten Nov. 50. *ergänzt B*

295 Alexander von Humboldt an Gabriele von Bülow
o. O., 1.12.1850

H: DLA/SNM, Marbach, 62.2138

Ich komme bestimmt zum Essen, meine Theure. Vom Abschied von H[edemann] habe ich auch durch Gerücht nichts gehört, nur vom Verlust des Comandos wegen Prinz Carl, wenn es zum Kriege gekommen wäre. Flottwell hörte es bei Wrangel. Neumann läugnet auch die Adjutanten wissen nichts.[1]

Ich glaube, da vom Krieg keine Rede mehr ist, dass nichts geschehen wird. Es wäre aufregend u. perfide.

AHt

Sontag d. 1sten Dez. 1850.[a]

[1] Vgl. die Briefe vom 30.11.1850 und undatiert, vermutlich 2.12.1850.

296 Alexander von Humboldt an Gabriele von Bülow
o. O. u. o. D., [vermutlich Anfang Dezember 1850]

H: DLA/SNM, Marbach, 62.2145

Ich habe es nicht lassen können, meine Liebe, grade zu beim Weggehen zur Eisenbahn den Pr[inzen] von Preussen, der immer sehr vertraut mit mir bleibt zu fragen. Er war ganz ungläubig und versicherte nie eine Sylbe davon gehört zu haben dass es ihm verheimlicht worden sei, wenn es den Bruder beträfe – als allgemeiner Befehlshaber lässt sich doch nicht denken. Pr[inz] Adelb[ert] der mit den Alten wieder zu Land heute Nacht zur Baronin Langbein krepelt[1], u. an Hed[emann] sehr attachirt ist, hätte nicht einmal das Gerücht gehört. Der Sohn vom Prinz sagte: er habe es allerdings sagen hören, aber als ein Gerede. Wenn mit dem Vater etwas los wäre, werde er das Gespräch nach seiner Verschlossenheit vermieden haben. Gr[af] Blumenthal hat Erkundigung eingezogen und behauptet zu wissen, es sei nichts vorgefallen, |2| Prinz Carl habe nach dem 3ten Armee Corps gestrebt.[2] Ich hoffe also man habe uns umsonst besorgt gemacht.
Gute Nacht

AlHt

Es war der Compositeur Löwe aus Stettin oben, der seine Romanzen mit vom Alter gebrochener Stimme zu singen glaubt. Es ist aber da er ein Pommer ist „eine Wonne".
Es bleibt alles auf dem freundlichsten Wege. Die Fürstin die am Sontag Manna der Götter mitgeniesst, schläft hier sammt Fräulein Dicknase. Sie zeigte einen Plunder von elenden engl[ischen] Kupferstichen Views of Castles[3] die sie auf den Landstrassen gekauft.

[a] Sontag d. 1sten Dez. 1850. *ergänzt B*

[1] Krepeln = umgangssprachlich für sich langsam oder behäbig fortbewegen.
[2] Vgl. die Briefe vom 30.11.1850 und vom 1.12.1850. Daraus auch die vermutliche Datierung.
[3] Es könnte sich um „Samuel & Nathaniel Buck, Views of Castles & Abbeys in England, 1726–1739" handeln. Ich danke D. Blankenstein für Entzifferung und Hinweis.

297 Alexander von Humboldt an Gabriele von Bülow
Berlin, 22.12.1850

H: DLA/SNM, Marbach, 62.2138

B[erlin] Sontag früh d. 22sten Dez. 1850.[a]

Ich sende den kleinen Götterboten, Amor-Augustus mit Guzlaffschen Zügen, um Dir theure Gabriele meine 4 Geschenke für Deine 4 Töchterlein zu bringen. Der angeklebte Zettel[1] sagt mehreres. An jedem Geschenke steht der Laden od. Adresse; es ist verabredet dass Du umtauschen kannst. Wie sehr bedaure ich den Christabend nicht bei Dir zubringen zu können,[2] nicht Bernhardchen, dem die Loën ein kleines Geschenk in meinem Namen bringen wird, vor dem Neujahr umarmen zu können. Ich habe grosse Sehnsucht nach Hamburg für ihn, da Fluss und Gegend und Eigenthümlichkeit der freieren (und darum etwas derberen) Menschen mir angenehme Jugenderinnerungen[3] darbietet. Dazu werden dort nicht vor dem Eintritt schriftliche Kunststücke und fertige griechische Declinationen von dem Eingeschüchterten gefordert. Bei Westmorland war grosse Soirée: neues kann man nicht wissen bis 3 Jan. wo die „Enfants terribles" wieder wach werden.
Herzliche Grüsse …

AH.

Ich lege bei, um einen Wunsch von Mad[ame] de Luck zu erfüllen, die französischen Ansichten[4]: dazu den Kosmos für Dich u. Hedemann[5], er ist nur zu durchblättern und die Einleitung zu lesen. Alles andere ist verpönt.

[1] Siehe den folgenden Zettel (Brief Nr. 298).
[2] Gabriele von Bülow war wegen Erkrankung der Kinder in ihrer Potsdamer Wohnung geblieben, Humboldt war in Berlin. Vgl. Humboldt an J. Th. Ch. Ratzeburg, 24.12.1850, Bibl. Jag. Kraków.
[3] Humboldt studierte 1790 an der Handelsakademie von Büsch in Hamburg Kameralistik.
[4] 1850 war die Übersetzung der „Ansichten der Natur" von Hoefer (Fiedler/Leitner 2000, 59) erschienen. Vgl. Humboldt an J. G. von Cotta, 15.12.1850, in Humboldt 2009, 461.
[5] Siehe Humboldt an August von Hedemann, 27.12.1850: „[…] habe ich die erste Abtheilung meines 3ten Theiles herausgegeben. Ich habe Dein Exemplar in Gabrieles Hände gelegt. Du wirst lesen, wenn auch Dir, mein Theurer, die Zeit der Ruhe kommen wird." (DLA/SNM, Marbach, 62.2140).

[a] d. 22sten Dez. 1850. *ergänzt B*

298 Alexander von Humboldt an Gabriele von Bülow[1]
o. O. u. o. D., [vermutlich 22.12.1850]

H: DLA/SNM, Marbach, 62.2145

es sollen 4 Loose sein, worunter, wie überall im Lottospiel des Lebens, ein schlechtes Loos.
1. seidenes Kleid
1. dito
1. Jacquonet? Kleid mit der Mantille
1. seidene Mantille
4.
Du kannst, meine Liebe, auch anders eintheilen, wenn Du willst. Für Bernhardchen bringt Gabrielchen, keine griechische Grammatik!

AHt

[1] Vermutlich zu dem Brief vom 22.12.1850 gehörend.

299 Alexander von Humboldt an Gabriele von Bülow
o. O. u. o. D.

H: DLA/SNM, Marbach, 62.2137

Meine theure Gabriele,

Ich bin vor wenigen Stunden von Potsdam zurückgekommen, von wo aus Loën tausendmal grüssen lässt. Der König kommt Sonnabend morgen zurück, geht allein Dienstag zur Jagd und Mittwoch mit der Königin zum Ball nach Potsdam. Das Weitere wissen in diesem heiteren und zerstreuten Leben die ernsten Götter allein. Gestern Abend war der König im Palazzo Barberini im Concert[1] und eine halbe Stunde darauf sang im Schlosse H. v. Fabeck accompagnirt von der kleinen Luck. Der junge Prinz von Preussen bringt die Nachricht dass die Mutter noch das Gesicht von der Rose etwas geschwollen hat, dass aber das Ganze unbedeutender gewesen ist, als man geglaubt hat.

Die Flottwell[2] schien gewiss zu sein dass sie[a] morgen Sonnabends mit ihrem Gatten bei Dir, meine Theure, speisen[b] werde. Sollte das gewiss sein, so frage ich an[c], ob ich auch morgen Sonnabend, statt übermorgen Sontag kommen darf? Ich flehe nur um eine mündliche Antwort!

Den lieben Bernhard[3] noch bei Euch zu finden, ist wohl keine Hofnung mehr?
Innige Grüsse den Kindern! gross und klein, wie an den ungebetenen theuren, wieder Tegelschen Hedemann

[a] Sie *H ändert Hrsg.*
[b] Theure | bei dir *gestrichen* | speisen *H*
[c] an *ergänzt H*

Dein

AlHumboldt

Freitag Abend

Ich lege für Dich, Hedemann, Mathilde und Herrmann die sentimentale Prosa bei, 4 Exemplare.

1 Da das Palais Barberini 1847–1851 umgebaut wurde, fand das Konzert wohl eher danach statt.

2 Eduard Heinrich Flottwell und Frau, mit denen Humboldt mehrmals seinen Geburtstag in Tegel verbrachte.

3 Seit 1848 war Bernhard in der Ritterakademie in Brandenburg, die aber im Frühjahr 1849 infolge der Revolution aufgelöst wurde, und besuchte dann verschiedene militärische Ausbildungsstätten. Nach einer langen militärischen Laufbahn wurde er nach einer Verletzung 1870 in Frankreich dienstuntauglich, nahm 1873 seinen Abschied und lebte auf seinem Gut in Düssin (Sydow 1919, 514–515 und 546).

300 Alexander von Humboldt an Gabriele von Bülow
o. O. u. o. D.

H: DLA/SNM, Marbach, 62.2145

Da ich keine Federn mehr habe und mit dem vortreflichen Federschneider nicht gern in persönlichen Contact trete, so wage ich die Bitte, meine Liebe, wegen des Schreckens Deiner nahen Abreise dass Du unter dem Vorwande des Schreckens eine tüchtige Portion Federn baldigst von ihm forderst. Er pfleget die Rechnung den Posen beizulegen und Du gebest ihm dann etwa 2 Thaler mehr.[1] Ich werde ehrlich erstatten, nicht bloss zu erstatten versprechen. Die Soireen fangen beim König jezt kaum ¾ auf 10 an. So kam und harrte Madame de Luck con la figlia[2]. Der Marschall ist noch nach Weimar gegangen.[3] Man hofft aber, er würde auf der Rückreise bloss Durchgehen, obgleich einige der Seinen noch in Berlin ergrünend zurückgeblieben sind.
Innige Grüsse

AHt

Sonnabend.

1 Vgl. die Briefe vom 28.2.50 und 26.3.1851.

2 Cecilie von Luck hatte zwei Töchter, Luise (später von Schenck) und Cäcilie (später von Ketteler). Eventuell handelt es sich um das Konzert, das Humboldt im vorigen Brief erwähnte.

3 Hans Philipp August von Luck war ein preußischer General der Infanterie und Ritter des Schwarzen Adlerordens.

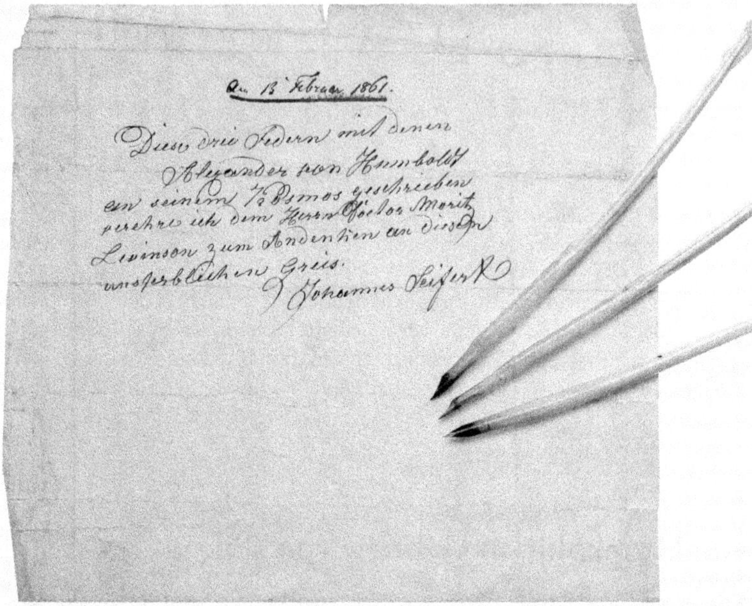

Abb. 12: Gänsekielfedern aus dem Besitz Alexander von Humboldts mit einer Widmung von Johannes Seifert für Dr. Moritz Levinson, 13.2.1861

301 Alexander von Humboldt an Gabriele von Bülow
o. O. u. o. D., [vermutlich 1851]

H: DLA/SNM, Marbach, 62.2145

Die Königin ist heute schon am Pfingstberge, wo ich selbst auf den höchsten Thurm, spaziren gewesen und hat mit uns gegessen. Gr[äfin] Dönhof sagt, es sei in dem Wunsche der Königin, wenn Sie Sich wohl genug befände, eben wegen der allzu nahen Abreise der lieben und schönen Mathilde, Euch alle morgen Mittwochs zu empfangen. Ich schreibe es, meine Theure, um auf jeden Fall anzuschrecken, auch wünsche ich morgen bei Dir zu essen, falls es wirklich der lezte Athemzug ist. Witzleben aass in Sanss[ouci] um zu melden, dass er nun doch mit kurz zugemessener Pension den Coblenzer Hof auf ewig verlässt. Ouf[1]
Dein

AlHumboldt

Dienstag Ab[end]

[1] Oberstlieutenant F. L. H. O. von Witzleben war 1848–1851 Kommandeur auf der Festung Koblenz. Daher die Datierung.

302 Alexander von Humboldt an Gabriele von Bülow
Berlin, 2.2.1851

H: DLA/SNM, Marbach, 62.2137

Berlin, Sontag Nachts d. 2ten Februar 1851.[a]
Das schöne, wohlfeile, schwarz atlassene Kleid für die liebe Tilli ist in Begleitung eines zärtlichen Briefchens von mir seit 2 Tagen auf der Post. Ich aass bei Mama Beer neben den Ruinen von Kroll-Carthago[1]. Es war ein furchtbares Schauspiel das ich ganz genossen, da ich eben nach Charl[ottenburg] fuhr, als alles in hell-auflodernden Flammen stand unter einer rothen und grünen dicken Dampfwolke. Jezt eben komme ich von dem Vorfeste des Geburtstages der Prinzessin Carl[2]. Es waren von dem rettenden Hensel gestellte Tableaux, meist kleine Genrebilder aber auch der Decamerone von Winterhalter in dem Fräulein Wallersee (von der F[ürstin] Liegnitz) mit Lorbeerkranz im Haar sehr schön aussah. Prinzessin Luise unter einem grossen Strohhuthe war reizend, auch ein Fräulein Reyher nicht der Coloss, dann en beauté virile |2| Prinz Fritz Carl, Pr[inz] Georg mit einem ernsten Apostelgesichte, die beiden Perponchez auch kreischende kleine Mädchen die aus Wuth mit den Beinchen trampelten aus der grossen Menschenfabrik der Radziwills. Prinzessin v. Preussen habe ich leider in einem Diner verfehlt bei der Fürstin Liegnitz, weil auf der Acad[emie] eine Nachfeier für Fr[iedrich] II. war. Glücklicherweise sah ich sie nachher in Charlott[enburg] als sie die Königin besuchte. Sie sprach mit Entzücken von Dir und war noch in der Nacht so liebenswürdig mir einen Brief zu schreiben, den Du, theures Gabrielchen, aufheben musst. Sie schenkt Dir ein Exempl[ar] der schönen grossen Lithographie nach Winterhalter, von [ihrem][b] Herrn signirt. Ich besize es für Dich, wünsche aber es nur bei mir in Deine Hände oder für Dich in Loën's Hände legen zu können. Am sichersten wäre es wenn Du es hier gleich von Loën einrahmen liessest.

Mittwoch ist Cour u. Concert; König und Königin schlafen hier, gehen aber Donnerstag wieder nach Charl[ottenburg] zurük, um Donnerstag über acht Tage auf 4–6 Wochen in Berlin zuzubringen, wo man einen Erzherzog von Hamburg kommend, erwartet.[3] Von Berlin geht es, um dem Merzlager auszuweichen, wieder nach |3| Charlottenb[urg] und von da, Anfang od. Mitte April, nach dem Potsdamer Stadtschloss. Warum alle diese Oscillationen zw[ischen] Charlottenburg u. Berlin, ist ein ernstes Staatsgeheimniss dessen Lösung mich nicht quält. Es scheint jezt gewiss dass Rochow nach Petersb[urg] zurük u. Graf Arnim nach Wien geht. Bernstorf soll London in Aussicht haben, wenn Queen V[ictoria] und Alberto sich Bunsen entreissen lassen. Bockelberg verliert München und man sagt Küster!! wolle wieder den Dienst beglücken und fordere München! Mein bulletin de l'Armée ist eine kleine bagage für Deine Reise und die zu befriedigende Neugierde des guten Hedemann. Heute Nacht um 12 Uhr sind endlich meine Waffenbrüder zu Fuss und Ross angekommen, ein Cap[itän] Gauvin, 3 Rosse und 4 Soldaten.[4] Mr u. Mad[ame] Seiffert haben die kühne Idee gehabt, dass alles hier logiren muss, dass sie alle speise. Es geht, aber man droht 14 Tage. Ich werde morgen à zwei couverts mit dem kleinen Capitän speisen. Man sezt ihm eben Caviar, kalten Rehbraten und gelben Thee vor den er gewiss nie getrunken.

---

[a] d. 2ten Februar 1851. *ergänzt B*
[b] Ihrem *H ändert Hrsg.*

Nun komme ich zu der Haupt und Staatsaction dieses Briefes, zu einer flehentlichen Bitte. Ob Du sie wirst erfüllen können. Der junge Prinz Carl |4| hat mir die Hände gedrükt, was er nie thut und hat mein Ehrenwort gefordert für das Versprechen, dass ich Dir in aller Eile schreiben solle wie alle Freude seines ersten kleinen Balles dahin sei, weil Du, wegen Deiner apostolischen Treubunds Fahrt, habest absagen lassen. Ich flehe, er fleht, der Adjutant jammert! Wir alle glauben, da Du doch nicht das ganze Geschlecht mit pilgern lässt, dass die welche zu irdischen Zwecken hier bleiben, unter dem sicheren Schuze der Mad[ame] de Luck auf den Ball gehen könnte[n]. Thue es ja, meine Liebe, wenn es irgend möglich ist. Da ich grosse Zärtlichkeit für den verwunschenen jungen Prinzen Haudegen habe und gern zu seiner Entzauberung beitragen möchte, so könnte ich mich auch selbst anbieten und die Kleinen beaufsichtigen.

Es ist 2 ½ Uhr. Ich schliesse. Innige, zärtliche Grüsse Deiner theuren Schwester und dem edlen Hedemann. Mögest Du alles nach Wunsch finden, da wo das Vollblut fliesst. Ein kleiner Prinz Reuss, ein ächter numerirter steht (wie Flottwell sagt) in Hofnung! Ich scherze und tadle gar nicht Deinen Entschluss, weil nach Bernhardchens Charakter und Jugend, die Eindrücke, die ihm die unvermeidliche künftige Welt würden[a] schwierig und lästig machen, bei ihm sehr vorübergehend sein werden. Das leich[te]ste und nächste ist oft das zuträglichste.

AH

[1] Ein Brand in Krolls Wintergarten am 1.2.1851.
[2] Am 3.2.1808.
[3] Erzherzog Leopold von Österreich besuchte Berlin.
[4] Siehe den Brief vom 27.11.1850, Anm. 2.

303 Alexander von Humboldt an Gabriele von Bülow o. O., 17.2.1851

H: DLA/SNM, Marbach, 62.2137

König und Königin können nicht genug Deinen Entschluss loben, [ihren][b] Ball zu schmücken.[1] Beide haben mir heute Abend mehrmals davon gesprochen; es war die Sagan da, und spät nach 9^{h} auch Prinzessin Agnes von Dessau mit der litterarischen Frau von Saldern und Leopolds Schwester! Gräfin Dönhoff hat sich herrlich erwiesen; ich habe abgerathen, dass [sie][c] Dir schreibe, weil ich es für sie übernehmen würde. Gr[af] Keller hat mich auch versichert, dass Du die Einladungen zur rechten Zeit empfangen würdest. Die Loën ist hier besonders eingeladen so dass tutta la santa famiglia, tanzende u. anschauende, frivole und philosophirende, werden vereint sein. Leider! ist es etwas unsicher ob die Königin wird selbst erscheinen können. Sie hat schon heute Mittag allein gegessen war aber den Abend sehr heiter beim Thee. Sie hat unvorsichtig um etwas zu suchen, auf den Knien gelegen und glaubt beim plözlichen Aufstehen einen Muskel des einen Knies zu sehr angestrengt zu haben woraus

[a] würden *ergänzt H*
[b] Ihren *H ändert Hrsg.*
[c] Sie *H ändert Hrsg.*

eine rheumatische geringe Anschwellung entstanden ist. Das ist das Geheimniss das man bemäntelt. Der Ball wird statt haben, wenn die Arme auch nicht erschiene. |2| Die Sagan freuet sich unendlich Dich Mittwoch zu sehen Dich und „[ihr][a] schönes Töchterlein". Sie geht aber künftige Woche schon nach Sagan zurük pour soigner sa santé[2]. Sie braucht Bäder als Vorbereitung der grossen Cur die ihr so wohl gethan. Hier sei zu dieser Vorcur nicht Gelegenheit genug. Meine Bitten, da die Waffenbrüder fort sind[3] hast Du nicht benuzen wollen. Es wäre mir doch eine liebe Einquartirung gewesen. Da man auf dem Balle sich so unsicher findet, so werd ich schon von Gabrielchen erfahren wann Du ankommst und Dich im Littoral, el lido, besuchen. Ich freue mich auch des Entschlusses, des „Frei im Felde".[4] Da[s] Schwanken vermindert das Vertrauen und das ganze Lebensglük beruht[b] ja doch nur auf einer Wahrscheinlichkeitsrechnung.
Mit herzlichen Grüssen

Dein
AlHumboldt

Montag Nachts d. 17ten Februar 1851.[c]

[1] Vgl. den vorigen Brief.
[2] Frz.: um ihre Gesundheit zu pflegen.
[3] Siehe den Brief vom 27.11.1850, Anm. 3.
[4] Vermutlich eine der kleineren Reisen, die Gabriele von Bülow in diesen Jahren häufig unternahm, siehe Sydow 1919, 517, sowie die vorigen Briefe. Litoral = Uferzone, el lido (ital.): der Strand.

304 Alexander von Humboldt an Gabriele von Bülow o. O., 5.3.1851

H: DLA/SNM, Marbach, 62.2137

Mittwoch, Nacht. d. 5ten März 1851.[d]

Ich lebte in dem süssen Traume, dass es zu den undenkbarsten Unwahrscheinlichkeiten gehörte, [wen] die Potsdamer Gesellschaft bisher immer eingeladen, könne gerade von dem mardi gras ausgeschlossen bleiben. Wäre nur der geringste Zweifel geblieben, hätte ich einige Bedenken aussprechen hören, dass vielleicht Du [nicht][e] würdest zum zweiten Male kommen wollen, wie leicht würde es mir gewesen sein vorzubeugen! Gabrielchen theilte meine Sicherheit noch am Morgen, als ich zu ihr schikte um zu wissen, um welche Stunde ich vor dem Ball Dich werde besuchen können. Ich habe süsse Rach[e] ausgeübt bei Keller aber hauptsächlich gestern auf dem Ball bei dem König, heute Mittag – bei der Königinn. Beide Majestäten haben mir aufgetragen, Dir zu sagen, wie desolirt sie über den ganzen Vorfall sind und besonders

[a] Ihr *H ändert Hrsg.*
[b] (1) ist (2) beruht *H*
[c] d. 17ten Februar 1851. *ergänzt B*
[d] d. 5ten März 1851. *ergänzt B*
[e] mich *H ändert Hrsg.*

da er Dich und Deine „so liebenswürdigen Töchter“ beträfe. Der König war recht eigentlich gereizt, weil er auf dem Ball |2| die lächerliche Ursach[e], den Klatsch von dem Briefe des[a] tugendhaften Hausvater[s] den Keller nicht nennen will noch nicht kannte. Der Hausvater, wie Du schon von Gabrielchen wissen wirst, protestirt im Namen des Herrn der Potsd[amer] Gesellschaft, deren Representant er behauptet zu sein; die Berliner Einladungen stöhrten die ganze Potsd[amer] Geselligkeit, erregten viel Kosten, ruinirten die Officiere ...!! Die Königin sprach nur mit viel Spott darüber auch die tief betrübte Gräfin Dönhoff. Keller selbst wollte den anonymen Brief mir nicht verrathen und verlor sich in Phrasen „dass die, welche hätten kommen wollen, ja etwas hätten äussern sollen[“]!! Ich habe bei der Gelegenheit auch sehr auf Deine persönliche Lage appuyirt die dem Garnison- und Oberrechenkammer Beamten-Stande doch sehr fremd steht, und Rüksichten fordern könne, die noch mehr als die der Vernehmlichkeit gelten. Die Königin hat die Sache auf eine feine und gemüthlichere Weise genommen, lebhaft beklagt Dich und die anmuthige Familie gerade das einzige Mal nicht gesehen zu haben, als sie da war. Sie war zum Souper geblieben, geht heute Abend in die Oper und scheint auch keine Schwäche mehr in dem Fuss (der nicht der hinkende war) zu fühlen. Die Kunst, (Mahlerei, Musik u. Tanz) liebenden Meklenburger bleiben alle länger, als man vielleicht wünscht, |3| bis Sonnabend und der Hof zieht erst Montag (ich glaube am Geburtstage der schönen Königin) nach Charlottenburg. Morgen ist Concert und Souper bei Redern für den Hof. Man glaubt dass in Dresden nichts od. fast nichts zu Stande kommt.[1] Manteuffel scheint selbst sehr bedenklich. Was dann? Wieder nachgeben ... Der König v. Wirtenberg: der gleichmässig gegen Baiern u. Oestr[eich] jetzt gereizt ist, hat ja einen recht edlen, bittern Brief an Schwarzenberg und seine Vernachlässigung aller geistiger Volkselemente geschrieben, ganz in Widerspruch mit seinen Trinksprüchen in Bregenz. Von „Frei im Felde“[2] habe ich heute viel gutes gehört von dem dikken u. etwas geschwäzigen General Lieut[enant] Voss der Dich in <Halle> gesehen und gute Nachrichten von des lieben Hedemanns Genesung brachte. Von der Hofdame hast Du ja auch erfreuliche Nachrichten. Weder[b] Leopold, noch Hugo noch Gabrielchen habe ich gestern finden können. Der alberne Westm[oorland] glaubt, weil man den alten Wellington habe zu Rathe gezogen, würde nun ein Ministerium leicht zu Stande kommen. Er kann doch nur die schon probirten wieder probiren. Lady Westm[oorland] ist sehr wohl in Wien angekommen, sie bleibt 14 Tage, bloss um ein Haus zu suchen[c]. Rochow ist auch da um, ehe er nach Petersburg zurükgeht! sein[e] Tochter in Wien zu besuchen. Herzlich[e] Grüsse den theuren Infantinnen auch an Bernhardchen wenn Du ihm schreibst

AHt

[1] Bei den Dresdner Konferenzen vom Dezember 1850 bis Mai 1851 ging es um die Modalitäten des Deutschen Bundes, insbesondere um das Verhältnis zwischen Österreich und Preußen.

[2] Siehe den vorigen Brief.

[a] Briefe des *ergänzt H*

[b] Nachrichten. | <–> *streicht B* | Weder *H*

[c] (1) auszusuchen (2) zu suchen *H*

305 Alexander von Humboldt an Gabriele von Bülow
o. O., 26.3.1851

H: DLA/SNM, Marbach, 62.2137

Eine grosse Bitte, theure Freundin, die ich leider neulich vergessen vorzutragen. Ich habe nicht mehr von den göttlichen Federn des Herrn Lehrers Schulze, so dass der Kosmos sehr schlecht fortschreitet. Wolltest Du wohl die Gnade haben den braven Mann wieder um Federn zu bitten, und die Federn aufzuheben, bis in 4–5 Tagen der kleine August herüber kommt, um sie abzuholen zugleich mit dem Bilde in Charlottenhof. Das Aengstlichste ist für mich immer zu bezahlen. Das Einfachste ist dass H. S[chulze] wie gewöhnlich den Preis der schönen Posen[1] angiebt u. man dann 2 bis 3 Thaler mehr für ihn giebt. Ich habe meist immer 3–4 r. gegeben. Du machst mir wohl Credit. Mit dem alten Prinz Wilhelm geht es eher schlimmer.[2] Der Mr de Mercy aus Paris war nicht für Preussen: er ist ein negociateur für Petersburg, die schon sonst unter Louis Philippe da war und dem Kaiser angenehm ist. Er ging bloss durch Berlin durch.[3] Ueber Hed[emann] habe ich noch nichts ergründet. Küstner geht bestimmt ab, wird aber wie man sagt elend ersezt, leider! [ist] die ganze Sache in des ledernen Hofm[arschalls] Massow's Händen.[4]

Innige Grüsse der Familie. Politisch Neues nichts.

AHt

Mittwochs d. 26sten März 1851.[a]

[1] Synonym für Gänsefedern/-kiele. Ich danke D. Erdmann für diese Auskunft. Siehe auch den Brief Nr. 300.

[2] Er starb am 28.9.1851.

[3] Der Unterhändler Comte de Mercy-Argenteau war offenbar auf der Durchreise.

[4] Der Generalintendant der königlichen Theater von Berlin nahm 67-jährig 1851 seinen Abschied.

306 Alexander von Humboldt an Gabriele von Bülow
o. O. u. o. D., [nach 31.3.1851]

H: DLA/SNM, Marbach, 62.2145

Zu meinem grössten Kummer habe ich bei Dir und bei den Lieben in Potsdam eine falsche Freude erregt. Ich erhalte so eben einen Brief von der Prinzessin,[1] der keine Sylbe mehr enthält als kühle[b] Höflichkeitsworte für Adelheidchen. Nachdem sie[c] mir zu weitläuftig eine[d] Empfehlung, die ich gemacht um einen Neffen von Seyffert Unterofficier in Garde Pioniren, von angenehmen Aeusseren und vortreflichen Rufe, bei dem jungen Prinzen, beantwortet

[a] d. 26sten März 1851. *ergänzt B*

[b] als | die *gestrichen* | kühlen *H, ändert Hrsg.*

[c] sie *ergänzt H*

[d] weitläuftig | auf *gestrichen* | eine *H*

und die einen Monat zu frühe Niederkunft [ihrer][a] Schwägerin[2] berührt, sagt [sie][b] bloss, da ich geschrieben dass Adelchen in jedem Briefe nach Potsdam Ihre Freundlichkeit rühmte:

[„]Je suis charmé de voir que Adélaïde Bulow ne regrette pas l'extrême complaisance dont elle et sa mère ont fait preuve dans cette circonstance et qui me dicte une reconnaissance sincère.[“][3] Das sieht eher nach der Auflösung eines Verhältnisses aus. Sie hat wahrscheinlich als [sie] an Prinzessin Carl schrieb, andere Pläne gehabt die [sie] verheimlicht und vielleicht aufgegeben da [sie] keine 4te Grazie mitzunehmen wagte.[4] Du wirst übrigens bemerken, dass eine gewisse Kühle gegen England aus dem Briefe hervorleuchtet „Die Liebe ist nicht für Sie, sondern[c] für den Prinzen allein; [sie], die Prinzess von Preussen |2| ist ein Nebending, das man als solches geglaubt hat mit einladen zu müssen.[“] Der ganze Brief ist ein Gemisch von politischer Vorsicht (denn den Himmel grau zu nennen compromittirt nicht) und Leerheit. Ich hoffte in dem Worte Mohr l'affaire de Mhr etwas pikantes zu finden. Es ist ein Apotheker[d] der den Titel als Professor haben will![5] Du kannst, meine Liebe, den Brief behalten und nach Potsdam schicken. Sonderbar, dass in dem Briefe, der in einem accès d'ennuy[6] geschrieben ist, kein Datum der engl[ischen] Reise, keine Sylbe von des Pr[inzen] Ankunft hier zu Rauchs Feste steht. Auch die in die Luft geflogenen Unglüklichen in Cölln[7] stehen isolirt wie eine Zeitungsnachricht.

Ich gehe mürrisch zu Bette u habe nöthig mich an andre gute Eigenschaften zu erinnern. Dein

AlHt

Montag Nacht

1 Der Brief ist nicht bekannt.

2 Eventuell Anna (geb. 29.3.1851), das 3. Kind von Großherzog von Sachsen-Weimar-Eisenach, dem Bruder von Augusta, und Sophie der Niederlande.

3 Frz.: Ich bin entzückt zu sehen, dass Adélaïde Bülow die extreme Gefälligkeit, die sie und ihre Mutter unter diesem Umstand bewiesen haben und mich aufrichtig dankbar sein lässt, nicht bereut.

4 1851 verbrachte Adelheid einige Zeit in Koblenz mit Prinzessin Luise (Sydow 1919, 524). Vermutlich hatte man gehofft, dass sie die Familie des Prinzen von Preußen, der mit Gattin und den zwei Kindern auf Einladung der britischen Königin einen Besuch in London zur Weltausstellung machte, begleiten würde. Siehe auch Humboldt an Hedemann, 12.4.1851: „Ich tadle sehr dass man Adelheidchen nicht mit zum Leoparden nimmt.“ (DLA/SNM, Marbach).

5 Vermutlich der Apotheker und Pharmazeut Karl Friedrich Mohr, seit 1849 Abgeordneter der Zweiten Kammer des Preußischen Landtags, der 1851 sein Mandat niederlegte.

6 Frz.: Anfall von Langeweile.

7 Bei einer Explosion des Artillerie-Laboratoriums waren am 31.3.1851 in Köln 20 Soldaten getötet worden. Daraus ergibt sich die Datierung.

a Ihrer *H ändert Hrsg.*

b Sie *H ändert Hrsg. mehrmals*

c sondern *ergänzt H*

d *Humboldt am Rand:* Apotheker Mohr hier in der Opposition

307 Alexander von Humboldt an Gabriele von Bülow
o. O., 1.4.1851

H: DLA/SNM, Marbach, 62.2137

Ich flehe um die Federn, meine theure Gabriele.[1] Aus Liebe für das Töchterlein ist meine ganze Neugier auf [sie][a] gerichtet, ob [sie][b], wie ich ihr wünsche mit nach England geht.[2] Prinzess Carl glaubt es ohne aber Briefe zu haben. Schreibe mir ja darüber. Der brave Pr[inz] W[ilhelm] scheint gerettet. Schönlein wird sehr belobt. Die Töchter reisen vermummt.[3] Ich habe bloss das [?] bei Rhein sehen können. Die Sagan grüsst herzlich und reiset wegen Geldarangements in 14 Tagen od. 3 Wochen nach Rochecotte u. Valençay.[4] Lady Westmoorland und eigene Tochter waren gestern bei mir! Mit alter Liebe in grosser Hast und alles grüssend Dein

AHt

Dienstag d. 1sten April 1851.[c]

[1] Vgl. den Brief vom 26.3.1851.
[2] Die Tochter Adelheid von Bülow, siehe den vorigen Brief, Anm. 4.
[3] Die Genesung des Prinzen Wilhelm von Preußen, Vater von Elisabeth von Preußen, verh. Prinzessin von Hessen-Darmstadt, und Marie von Preußen, Königin von Bayern, war nicht von Dauer. Er starb am 28.9.1851. Vgl. den Brief Humboldts an Alexander Mendelssohn vom 1.4.1851 in Humboldt 2011, 209.
[4] Schloss Rochecotte, das die Herzogin von Sagan 1828 erworben hatte, hatte sie 1847 an ihre Tochter Pauline übergeben. Siehe den Brief vom 3.3.1847, Anm. 2. Nach dem Tod von Talleyrand 1838 wurde sie Universalerbin, ihr Sohn Napoléon-Louis erhielt Schloss Valençay.

308 Alexander von Humboldt an Gabriele von Bülow
o. O., 18.5.1851

H: DLA/SNM, Marbach, 98.18.17

Jezt bin ich der Hannibal selbst, mein[e] theure Gabriele! Valenciennes ist seiner Abreise nach Paris (Donnerstag) so nahe, dass ich so lästig bin, Dich anzuflehen, morgen Mittag mit ihm bei Dir um 3 Uhr speisen zu können[1]. Ich kann erst um 2 Uhr hier wegfahren. Er geht 7 Uhr nach Berlin zurük, ich aber bleibe schlafen um[d] die Königin zu sehen und fahre Dienstag früh

[a] Sie *H ändert Hrsg.*
[b] Sie *H ändert Hrsg.*
[c] d. 1sten April 1851. *ergänzt B*
[d] (1) und (2) um *H*

wieder hieher. Du schikst mir wohl den Wagen vor 3 Uhr. Vielleicht können wir Valenciennes den Nachmittag die Marmorbänke statt Wasser in Sanssouci u. etwas milderes zeigen. Verzeihe dass ich Dich so unvorbereitet belästige.

Mit inniger Liebe Dein

AlHumboldt

Sontag d. 18ten Mai 1851.[a]

[1] Am 6.5.1851 kam Valenciennes zu Besuch nach Berlin. Am 14.5.1851 fand ein Diner bei der französischen Gesandtschaft statt und am 15.5.1851 gab Humboldt ihm zu Ehren ein Essen in seiner Wohnung, mit H. Abich, A. Boeckh, E. du Bois-Reymond, Ch. G. Ehrenberg, A. Mendelssohn, E. Mitscherlich, J. Müller und W. Peters.

309 Alexander von Humboldt an Gabriele von Bülow
o. O., 14.6.1851

H: DLA/SNM, Marbach, 62.2137

Nachdem ich Deiner lieben Schwester etwas lebendig das Gegentheil gemeldet und die rabenschwarze Trauer empfohlen, gehe ich nun doch mit. Der König ist gegen 10U an mich heran gekommen, um mich sehr freundlich zu befragen ob es mir nicht vielleicht angenehm wäre bei der Gelegenheit das Hedemannsche Haus zu sehen, er wünsche dass Hedem[ann] falls er auf Inspection sei, sich nicht stöhren lasse. Die Königin sezte hinzu „sie freue sich Adelheidchen wieder zu sehen." Tutto benissimo! Prinz v. Preussen hat mir viele Grüsse an Hedemanns aufgetragen und mit der wohlwollenden Höflichkeit, die ihm eigenthümlich ist, nach Dir und der „temporären Hof und Staats Dame erkundigt." Fräulein Marwitz Beilager ist hier im Herbstc.[1]
Mit inniger Liebe Dein

AH

Morgens d. 14ten Juny 51. [b]

Ich freue mich, weil mein Mitkommen Adelheidchen angenehm sein wird.

[1] Die Hofdame der Königin heiratete 1851 H. zu Münster-Meinhövel von Schade.

[a] d. 18ten Mai 1851. *ergänzt B*
[b] d. 14ten Juny 51. *ergänzt B*

310 Alexander von Humboldt an Gabriele von Bülow
o. O. u. o. D., [vermutlich 22.6.1851]

H: DLA/SNM, Marbach, 62.2145

Hier, meine Liebe die Einlage von Deiner theuren Schwester, die ich eben durch Hed[emann] empfange. Das Briefchen giebt wohl nur die Nachricht von der sehr baldigen Ankunft. Gestern in sehr engem Raume ein sonderbarer Familientanz ohne eine Seele aus der Stadt zu bitten! und dann Souper wohl 40 Personen wegen der Höfe, einiger hier gebliebener nicht tanzender Russen-Bären und dem fetten Prinzen A[da]lbert v. Baiern den der Schmeerbauch am Tanzen hindert, ein junger Bauer[n]lümmel, unser Schwager, künftiger König? von Griechenland[1], also Gegenstand der Anbetung in Glienicke. Der Cadett von Darmstadt erscheint heute u. Holland zieht morgen ab![2] Ich gehe nicht in die Oper, komme aber gewiss von Sanssouci zu Dir!

Cac … erusco Cac …[3]

AHt

Sontag

1 Anfang Juli 1851 hielt sich Prinz Adalbert (Prinz von Bayern und, da sein Bruder Otto von Griechenland kinderlos blieb, Erbprinz von Griechenland), in Berlin auf. Die Nachricht, dass diese Reise der Vorbereitung seiner Verlobung mit Marie Luise Anna von Preußen, der Tochter des Prinzen Karl von Preußen, galt, wurde aber kurz darauf dementiert (Bayerische Landbötin Nr 155 vom 1.7.1851, 651, Nr. 264 vom 5.11.1851, 351, und Nr. 282 vom 26.11.1851, 612). Prinz Adalbert heiratete 1856 Amalia von Bourbón, Infantin von Spanien. Er wurde auch nicht König von Griechenland.

2 Humboldt erwähnte in einem Brief vom 25.6.1851 an J. G. von Cotta „fürstliche Besuche am hiesigen Hofe, Holland, Grossfürsten Darmstadt, Paskewitsch Altenburg, Meiningen, Pr[inz] Adalbert von Bayern …" (Humboldt 2009, 468).

3 Hedemann schrieb in einem Brief an Humboldt am 21.6.1851 folgende schwer entzifferbare Phrase: „<Caetern> censeo Carthaginem" und meinte vermutlich das geflügelte Wort: „Ceterum censeo Carthaginem esse delendam" (lat.: Übrigens denke ich, dass Karthago zerstört werden sollte). Humboldt konnte diese Worte nicht entziffern und notierte an den Rand von Hedemanns Brief: „Scheint mir eine Anwandlung von Lateinisch in der ich nur erusco lesen kann das nichts heisst: erubisco heisst ich erröthe [–] vielleicht Dir wieder von Kniehase zu sprechen! Aber das böse Cac …" (H: DLA/SNM, Marbach, 62.2215). Dieser Brief ergab auch die Datierung. Siehe die Abb. auf den folgenden Seiten.

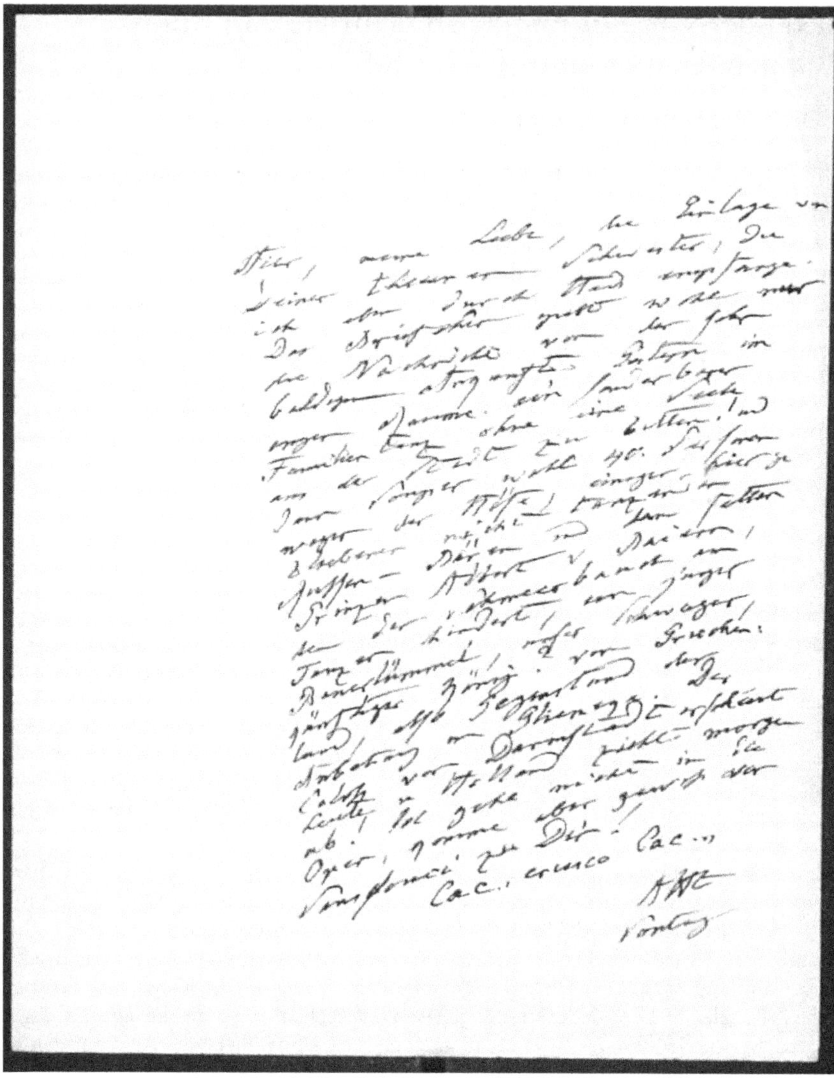

Abb. 13: A. v. Humboldt an G. v. Bülow, 22.6.1851

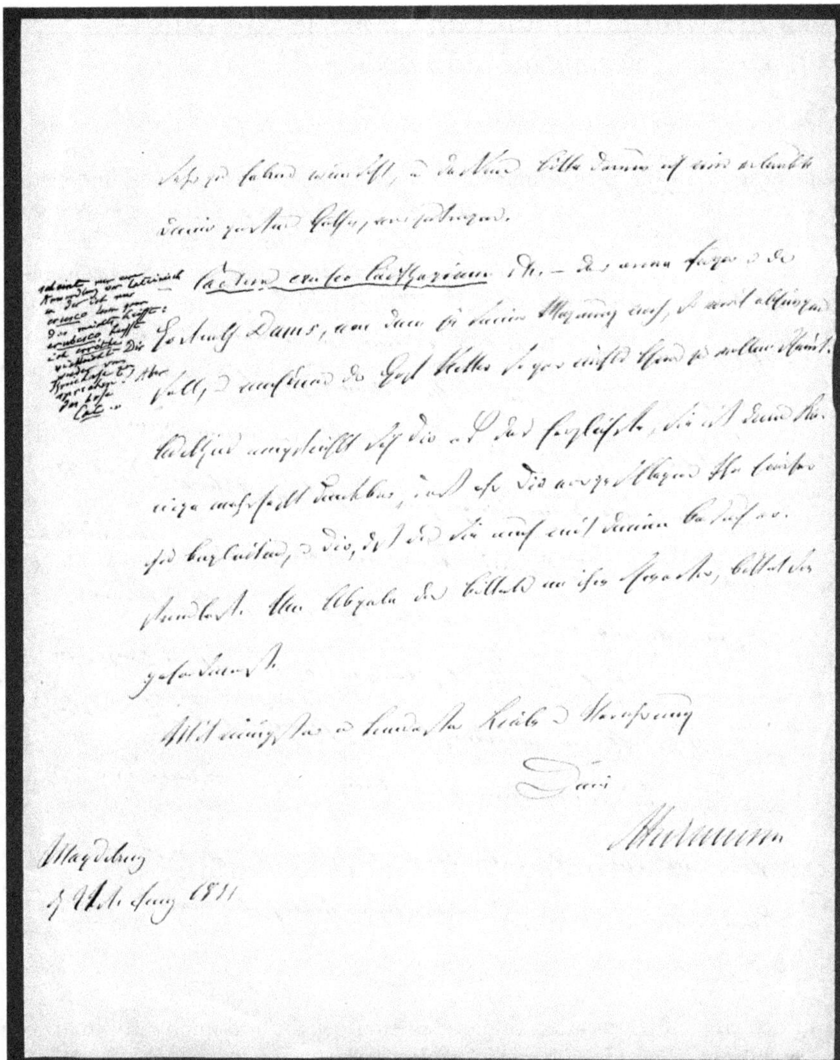

Abb. 14: A. v. Hedemann an A. v. Humboldt, 21.6.1851

311 Alexander von Humboldt an Gabriele von Bülow
o. O. u. o. D., [vermutlich 25.7.1851]

H: DLA/SNM, Marbach, 62.2137

Ich bin heute morgen 8 Uhr mit König und Königin hereingekommen und übersiedelt. Mein heissester Wunsch ist Euch in Tegel zu umarmen. Ich komme übermorgen Sontags meine Liebe, zur gewöhnlichen Stunde und bringe Euch, wenn er frei ist, das beste Geschenk Rauch mit. Den lezten Tag haben wir die alte reisigte Prinzessin Auguste von Sachsen[1] hier gehabt mit 2 abgestanden[en] scheusslich hässlicher Hofdame und Kammerherr. Sie[a] geht von Hamburg nach Rügen zur Luft.

Grüsse die liebe Schwester und zwei Kinder. Die Engelchen sind Euch doch nicht auch entzogen.
Dein

AlHumboldt

Freitag Nacht

Montag zur Sonnenfinst[ernis] die ich in der Sternwarte erlebe, schicke ich Euch Seiffert mit Telescop auf Gestell.[2]

[1] Prinzessin Maria Augusta Nepomukena von Sachsen.
[2] Am 28.7.1851 (Montag) gab es eine partielle Sonnenfinsternis, siehe Humboldt an Cotta, 5.9.1851, Anm. 2 (Humboldt 2009, 473). Daher die Datierung.

312 Alexander von Humboldt an Gabriele von Bülow
o. O., 27.7.1851

H: DLA/SNM, Marbach, 62.2137

Ich habe an Loën einen überaus anmuthigen Begleiter gehabt und mich mit ihm des heutigen Tages erfreuen können. Der Ueberbringer des Fernrohrs ist
der Mechanicus Herr Oertling
der Erfinder eines kostbaren astronomischen Theil Instruments, das Beuth auf das herrlichste hat in Kupfer stechen lassen.[1] Ich [sende][b] eine Beschreibung meines Schiffes mit in dem mein colossaler Kopf, das Humboldtsche Wappen und in dem Salon farbige Abbildungen aus meinen Kupferwerken! Alles grandios für die jenki's die Tabak kauen und über den längsten Mann weg in die See spucken! Ich bin in Begleitung des Francklin in 11 ja auch in 9 Tagen von New York nach dem Havre gesegelt.[2]
Mit inniger Liebe Dein

AlHumboldt

---

[a] Kammerherr | gehabt *streicht Hrsg.* | . Sie *H*
[b] lege *H ändert Hrsg.*

Sontag Nacht. Es regnet!
d. 27sten July 1851.[a]

[1] Örtlings Kreisteilmaschine wurde auf der Gewerbeausstellung von 1844 als ein für die Herstellung genauer Winkelmessinstrumente (Sextanten oder Theodoliten) ausgezeichnetes Instrument bezeichnet.
[2] Offenbar eine Anzeige der nordamerikanischen Postdampfschiffe „Franklin“ und „Humboldt“ auf der Route von New York nach Le Havre.

313 Alexander von Humboldt an Gabriele von Bülow
o. O., 2.8.1851

H: DLA/SNM, Marbach, 62.2137

Ich werde, meine Theure, morgen Sontags mit dem aus Gross Streliz zurükgekehrten Rauch zu Mittag in Tegel erscheinen und Euch die rothen Berge die überall gesehen wurden, wo die Finsterniss total war demonstriren.[1] Ich komme vielleicht einige Minuten zu spät, da ich der Rede in der Universität zu Ehren des alten Königs beiwohnen muss.[2]
Dankbarst Dein

AHumboldt

Sonnabend d. 2ten August 51.[b]

[1] Über die partielle Sonnenfinsternis siehe den Brief vom 25.7.1851, Anm. 2, und „Berichte über die totale Sonnenfinsternis“ aus anderen Regionen (Allgemeine Zeitung, Nr. 219 vom 7.8.1851, 3499).
[2] Vermutlich anlässlich des Geburtstages von Friedrich Wilhelm III. am 3.8.

314 Alexander von Humboldt an Gabriele von Bülow
o. O., 22.8.1851

H: DLA/SNM, Marbach, 62.2137

In der süssen Hofnung, dass alle unsere Lieben heute schon wiederkehren, werde ich, meine theure G[abriele], gewiss Sontag kommen, leider! ohne Rauch, der nicht frei, und heute schon wieder im bureau du bel esprit nach Hessen-Griechenland-Glienicke beschieden ist. Ich habe aber an den jungen Richard in die Kriegsschule[1] geschrieben, da der unglückliche Mensch mich viele Male besucht und nie durch die Dickhäute meiner vielen männlichen u. weiblichen Diener hat durchdringen können. Ich denke es soll ihm einige Freude machen, wenn ich ihn selbst mitbringe. Das Publikum ist mit Recht unruhig darüber, dass bei Coblenz

[a] d. 27sten July 1851. *ergänzt B*
[b] d. 2ten August 51. *ergänzt B*

der Prinzessin v. Preussen gar nicht[a] gedacht wird, auch ist der Sohn unruhig[b] der bei der Lectüre von M[ademoise]lle Rachel bei der gefühllosen Pr[inzessin] Carl zugegen war. Diese allein bezeigte nicht die geringste Neugierde über das Räthsel.
Mit inniger Liebe und herzlichen Grüssen

AlHumboldt

Freitags d. 22sten August 1851.[c]

[1] Nicht ermittelt.

315 Alexander von Humboldt an Gabriele von Bülow
Berlin, 1.9.1851

H: DLA/SNM, Marbach, 62.2137

Mein Chinese, August, kommt eben von Schönlein aus dem Urwalde zurück: er fand ein isolirtes, ganz natürliches Fräulein, die nur weiss, dass sie nicht weiss, wann der Herr Geh[eime] Rath wiederkehre, dass auch kein Sterblicher es wissen könne (ich der Sterbliche glaube Anfang October!) und dass der Herr Geheimer Rath jezt eben aus Bayern zurückkehrend „müsse in Bamberg angekommen sein." So in delicatem Deutsch, wie es Adelung mir vorschreibt.

Mit herzlichem Wunsche für glüklich verhaltene Freuden Dein

AHt

B[erlin] Montags. d. 1sten September 1851.[d]

Möchten Dich doch diese Zeilen noch hier finden.
Rauch arbeitet jezt so viel und so leicht, dass er die colossale Statue von Yorck in Thon schon fertig hat. York und Gneisenau kommen in Bronce, jeder 10 F[uss] hoch, neben Blücher:[1] für Potsdamer Schlossgarten die rettenden Minister[2], Brandenburg, Ladenberg Manteuffel u. vielleicht Hänsel oder ich mit Hofrath Schneider.

[1] Zwischen 1822 und 1855 schuf Rauch fünf Feldherrendenkmäler zu Ehren der Feldherren der Befreiungskriege für Berlin, die von Bülow und Scharnhorst bereits 1816–1822 und von Gneisenau 1833–1841 (Simson 1997, 72–75). „Im Mai 1855 waren in Berlin die großen Bronzedenkmäler von Yorck und Gneisenau zu seiten des Blücher-Denkmals als letzte der Rauchschen Feldherrenstauen aufgestellt worden." (Simson 1997, 152; Simson 1996, 416–417, Kat. 281 u. 282 und 421–422, Kat. 284).

[2] Diese Idee ist wohl nicht realisiert worden. Jedoch arbeitete Rauch wohl 1853 an einem Modell von F. W. Graf von Brandenburg (heute verschollen). Das Denkmal nach diesem Entwurf stand von 1862 bis zum Zweiten Weltkrieg auf dem Leipziger Platz in Berlin (Simson 1996, 453–454, Kat. Nr. 309).

---

[a] gar nicht *ergänzt H*

[b] unruhig *ergänzt H*

[c] d. 22sten August 1851. *ergänzt B*

[d] d. 1sten September 1851. *ergänzt B*

316 Alexander von Humboldt an Gabriele von Bülow o. O., 5.9.1851

H: DLA/SNM, Marbach, 98.18.38/5

Da ich Sonnabend[a] in der Calipso Insel von Glienicke sein muss (ich hatte wegen Unpässlichkeit absagen lassen, bin aber durch einen 4 Seiten langen eigenhändigen Brief der Nymphe gerührt worden) so kann ich leider! Flottwell dessen Brief[1] hier anliegt, nicht Sonnabend begleiten. Ich war gestern in Stolpe in Deiner Nähe, meine Liebe, um patriarchalisch das Kind des Försters Herzbruch, Seiferts Schwiegersohn, über die Taufe zu halten, ja leider! bei langer Rede zu halten. Es war schönes Wetter und da Weisskirchs angenehmer Neffe der Kanzlei Director Wirsch, eben aus Paris kommend mich begleitete, so wurde manche Neugierde in der Idyllenfahr[t] sehr befriedigt. Der Brief der Prinzessin ist freundlicher als je u. Du findest auch schöne süsse Worte für Dich u. Allah. Der Anfang handelt von einer Leibjägerstelle beim Pr[inz] v. Pr[eußen] die ich dem Schwiegersohn Seiferts verschafft. Es ist alle Hofnung dazu: es muss aber noch geheim bleiben damit der Gutsherr Hr. v. Veltheim es bis jezt nicht erfahre. Der Prinz v. Pr[eußen] wie Du aus der Zeitung siehst |2| ist nicht an die Fuchsburg in Johannesberge hinaufgestiegen, er blieb im Dampfschiff sizen „weil er unwohl war[“] (sich wahrscheinlich so stellte!![)] Sehr hüpsch.[2] Worauf sich „bruit de réception officielle“[3] bezieht, verstehe ich nicht. Man muss sie beschuldigt haben, einen röthlichen (Thiers?) empfangen zu haben!?

Der König kommt Montag, die Königin den 16ten, sagt man.

Mit inniger Liebe Dein

AHt

Freitag d. 5ten Sep[t]. 51[b]

Wegen des Calypsotages Sonnabend und wegen Montag werde [ich] leider diesen Sontag nicht kommen können.

1 Der Brief ist nicht bekannt. Mit der Nymphe Calypso spielt Humboldt wohl auf eine oder mehrere weibliche Bewohnerinnen von Schloss Glienicke an, also Prinzessin Marie, Ehefrau von Prinz Karl von Preußen, oder die Töchter Marie Luise Anna von Preußen und Marie Anna Friederike von Preußen.

2 Die Zeitungen berichteten über ein langes Gespräch des preußischen Königs mit Metternich in betont freundschaftlicher Atmosphäre anlässlich eines Treffens auf dem Johannisberg während seiner Rheinreise von Koblenz nach Mainz am 18.8.1851: „Der Prinz von Preußen blieb aus Unwohlseyn auf dem Schiff zurück.“ (Allgemeine Zeitung Nr. 247 vom 4.9.1851, 1).

3 Frz.: Lärm offiziellen Empfangs.

a (1) Samedi (2) Sonnabend *H*

b d. 5ten Sep. 51 *ergänzt B*

317 Alexander von Humboldt an Gabriele von Bülow
o. O., 6.9.1851

H: DLA/SNM, Marbach

Innigen Dank, meine Liebe für das Geld mit Deinem theuren schön geschrieben[en] Brief. Vom König ist sichere Kunde dass er Dienstag 9ten um 7[h] ½ Uhr Abends auf der Frankfurther Eisenbahn hier ankommt, von wo ich ihn dann nach Potsdam geleite. Die Königin soll erst Sonnabend 13 Sept. kommen und da mein Geburtstag auf den Sontag (14 S[ept.] fällt so kann mich denke ich wohl nicht Olympisches stöhren, um den mir immer etwas ernsten Geburtstag, ohne Lichter Reden ... Kränze allein mit Rauch (wer stände uns gleich nahe!) und beiden Loëns in Tegel zuzubringen[1]. Ich eile, Dir dies zu schreiben etwas trübe gestimmt über die Nothfahrt nach Glienicke. Dites moi ce que [ta][a] Sœur Vous écrit![2]

AlHt

B[erlin] Sonnabend d. 6ten September 1851.[b]
Ich freue mich sehr dass Hugo nicht geeilt hat.

1 Siehe den Brief vom 12.9.1851, Anm. 2.
2 Frz.: Sagt mir, was Deine Schwester Euch schreibt!

318 Alexander von Humboldt an Gabriele von Bülow
Berlin, 12.9.1851

H: DLA/SNM, Marbach, 62.2137

Meine theure Gabriele. Der gute Seifert will sich die Freude nicht versagen, Dir persönlich, wie er es sich selbst ausgedacht Dir ein Rehzimmer[1] und 7 noch sehr seltene Rebhühner zu Füssen zu legen! Ich habe von Kaulbach heute erst zusagende Nachricht und werde also mit Kaulbach, Rauch und Leopold gewiss Sontag erscheinen.[2] Dem armen Hugo werde ich leider! da wir schon 4 sind, keinen Platz anbieten können. Wir waren gestern Abend erst um 9 Uhr zu Thee u. Souper im eisigen Marmor Palais, um das lange Meiningen, 4 andere prinzl[iche] Leinsamen und die philosophisch alles bezweifelnde weisse Gräfin M[euron] gründlich zu geniessen. Der König war recht leidend und erschütterte durch Niesen den Olymp. Ich war bange, er würde ernsthaft krank werden, aber Stolberg mit dem ich heute morgen von Potsdam komme, versichert, der Schnupfen habe sich die Nacht ganz gehoben. Da der König die nächste Nacht in Beeliz schläft, so gehe ich erst morgen zum Mittag zurück. Die Königin wird erst morgen Abend 10 Uhr erwartet. Prinzess Carl hat mich wieder mit Anträgen von Weimar Einladungen der Grossherzogin, in Verlegenheit gesezt. Man hat dort verbreitet, ich käme den 19ten zu einem Gelehrten Congress nach Gotha!! Werdet Ihr Euch nicht die Freude von Roger geben, der ich glaube 8 Tage hintereinander singt? schon heute.

---

a ma *H ändert Hrsg.*
b d. 6ten September 1851. *ergänzt B*

Viele herzliche Grüsse an Alle Lieben.

AlHumboldt

Berlin, Freitags, d. 12te[n] Sep[t]. 51.[a]

Die Illumination v. Potsdam war in der That wunderschön besonders der Ruinenberg treubündlerischer Luxus.[3]

1 Rehzimmer, auch -ziemer, ist ein Rehrücken.

2 „Ich bin vorsichtig und flehe lange vorher, edler Freund und College, kommen Sie künftigen Sontag 14. Sept. ganz einsam und mit Kaulbach und Loën, meinen so unwahrscheinlichen und doch wahren 82jährigen Geburtstag in Tegel zu feiern", schrieb Humboldt am 8.9.1851 an Rauch (Humboldt 2007a, 92).

3 Wohl die Begrüßung des Königs bei seiner Rückkehr nach der Reise am 9. Sept. nach Potsdam.

319 Alexander von Humboldt an Gabriele von Bülow
Potsdam, 27.9.[1851]

H: DLA/SNM, Marbach, 62.2137

Potsdam 27 Sept.
Sonnabend

Viele Hindernisse, besonders die Ungewissheit des Tages der Abreise des alt[en] mürrisch- und hastig gewordenen Prinzen Carl von Bayern (jezt Dienstag) die noch grössere Ungewissheit der Excursion des Königs, der Königin und des Herzogs von Gotha nach (Seifert's) Jagdschloss der Schorfheide haben mich, theure Gabriele gehindert Euch in Tegel zu besuchen. Jezt steht es fest, dass die Jagdreise Dienstag Früh und dass die Maj[estäten] Mittwoch Abend wieder kommen. Ich hoffe also mit Rauch

Mittwoch[b]

bei Euch zu sein, Ihr Lieben.[1] Meine Gesundheit ist fest, aber ich bin trübe gedrängt von dem 3ten Theil (Kosmos) der 25 Oct. fertig sein muss. Heute Abend ist wegen naher Abreise der Meininger ein kleiner Ball in Sanssouci. Prinz Carl russisch vergnügt ist in Glienicke zurük. Von Coblenz nichts als dass die Prinzess 30. in Weimar u. etwa 5–6 Oct. hier sein wird. Der Sohn geht morgen nach Weimar[,] der Vater ist weit schmerzhafter gequetscht gewesen unter dem Pferde, als man geglaub[t], er hatte mehrere Tage zu Bette bleiben müssen u. hatte erst den 4ten Tag auszufahren gewagt. Meine Rede als Ehrenbürger hast Du in Spiker gelesen.[2] Hier ein Gedicht des unvermeidlichen Hofgärtner Legeler nebst andere[n] Festgedichten[3] … Bettina als Kind ist, alles Alte aufwärmend, scheusslich im J[ournal] des Débats behandelt.[4] Ich werde es mitbringen.

Herzliche Grüsse. Von heroischen Entschlüssen in Magd[eburg] hört man ja nichts. Eccellenza Ladenberg ist aus dem Bade ermagert, schlank nicht wie ein englisches Windspiel,

a d. 12te[n] Sep. 51. *ergänzt B*

b (1) Dienstag (2) Mittwoch *H*

sondern wie eine Schlange wiedergekommen, schimpft auf das kleinstädtische Potsdam und wird die Kammern in Berlin zubringen.

AHt
in Eile

Es scheint ja ungewiss zu sein ob die kleine Prinzessin mit nach Weimar kommt. Die angebrante (diknasige) Fr[au] Bloch ist ganz hergestellt von Boitzenburg kommend, in Berlin und denkt der Fürstin von Liegnitz nach Rom nachgehen zu wollen. Auch der alte Pr[inz] Wilhelm[5] wählt Rom zum Winteraufenthalt ohne Scheu vor dem Prinz Albrecht dort!

1 Ebenfalls am 27.9.1851 lud Humboldt Rauch ein, ihn am Mittwoch, den 1.10. nach Tegel zu begleiten. Hier erwähnte er auch eine Jagdreise des Königs in die Schorfheide (Humboldt 2007a, 94), d.h. ins Schloss Großschönebeck (Anm. Maaz in Humboldt 2007a, 183).

2 Am 23.9.1851 hatte Humboldt vor den neuen Stadtverordneten von Potsdam eine Ansprache gehalten, in der er seinen Dank für die Verleihung des Ehrenbürgerrechts erneuerte.

3 „Der Mensch und die Natur", ein Lehrgedicht von W. Legeler.

4 Rezension unter dem Titel „Études sur l'amour allemand" im „Feuilleton" mit ausführlichen Zitaten aus Arnim 1835 (Journal des dèbats politiques et littéraire vom 23.9.1851).

5 Er starb am 28.9.1851, was die im Brief genannten Pläne der königlichen Familie hinfällig machte.

320 Alexander von Humboldt an Gabriele von Bülow
o. O., 18.11.1851

H: DLA/SNM, Marbach, 62.2137

Ich freue mich zu hören, mein[e] Liebe, indem ich Dich besuchen wollte, dass Du etwas Zerstreuung in Berlin bei den schönen Kindern gesucht hast. Der Tod des Tyrannen[1] wird wohl den morgenden Abend Thee stöhren. Ich hatte Dich aber auf der Liste mit der Kleinen gefunden. Eben habe ich den König wegen Loën gefragt, er sagt bestimmt „es sei alles fertig u. geschehen".[2] Die Nachrichten von Magd[eburg] gefallen mir nicht ganz.[3]
Dein dankbarster

AlHumboldt

Dienstag Ab[end] d. 18t[en] Nov. 51.[a]

Der dicke Holw[eg] nahm heute Abschied. Sie bleibt und erwartet Dich nach 3 Wochen. Es ist alle grosse Cour morgen verpönt. Um 10U gratuliren die Olympischen Hausgenossen, dann Familientafel u. Marschallstafel in kleiner Uniform für die „heraldischen Bestien".[4]

a d. 18t[en] Nov. 51. *ergänzt B*

[1] Ernst August von Hannover war am 18.11.1851 verstorben.
[2] Loëns Kommandierung zum Flügeladjutanten des Königs (Sydow 2000, 212).
[3] Vermutlich ging es um die Krankheit (Gicht) des Generalleutnants August von Hedemann, der seit 5.3.1848 bis 6.2.1852 Kommandierender General des IV. Armeekorps mit Sitz in Magdeburg war. Er reichte im November einen Antrag auf Entlassung ein, wobei Humboldt beim König vermittelte. Siehe Humboldt an Friedrich Wilhelm IV. am 7.11.1851: „Ew. Kön[igliche] Majestät werden huldreichst verzeihen, dass ich, aus Interesse für meinen theuren Neffen, den General Lieut[nant] v. Hedemann, es wage, mit diesen wenigen Zeilen lästig zu werden. Die Veranlassung dazu ist, allerunterthänigst zu melden, dass der General von seinem noch immer schmerzlichen Krankenlager aus, dem Kriegsminister angezeigt, wie er bei seinem Entschlusse beharre, sobald ihm eigenhändig zu schreiben möglich sei, Ew. Maj. sein Entlassungsgesuch zu Füssen zu legen." (Humboldt 2013, 445). Vgl. auch Humboldt an Rauch, Ende Oktober 1851 (Humboldt 2007a, 95).
[4] Eventuell zum 50. Geburtstag der preußischen Königin am 13.11.1851.

321 Alexander von Humboldt an Gabriele von Bülow
o. O., 27.11.1851

H: DLA/SNM, Marbach, 62.2137

Der König hat mit vieler Freundlichkeit mir eben aufgetragen, meine Liebe Dir zu sagen dass unruhig über das, was ihm Moltken über die vielen Leiden von Hedemann gesagt, er sich den Arzt R[emak?] habe auf die Eisenbahn kommen lassen.[1] Dieser habe [ihm][a] sehr gefallen und versichert „er glaube es sei alle Gefahr vorüber und Genesung da, wenn nicht etwas neues unerwartetes dazu komme[“]. Der König hofft [das][b] solle Dich beruhigen. Der Nachsaz ist eine Sicherheitsbedingung, die zu allen niederen irdischen Dingen passt. Ich gehe morgen um 10 Uhr zur[c] constitutionellen Suppe in den Weissen Saal.
Mit herzlichen Grüssen Dein

AHt

Donnerstag, d. 27sten November 51.[d]

H. v. Schweidnitz ist ein sehr hübscher liebenswürdiger freundlicher Mann. Er war um 2h bei mir, ich habe ihm gern und warme Empfehlungen gegeben.

[1] Siehe den vorigen Brief.

---

[a] Ihm *H ändert Hrsg.*
[b] dass *H ändert Hrsg.*
[c] zum *H ändert Hrsg.*
[d] Donnerstag, d. 27sten November 51. *ergänzt B*

322 Alexander von Humboldt an Gabriele von Bülow o. O. u. o. D.

H: DLA/SNM, Marbach, 62.2137

Du bist, meine Liebe, fest davon überzeugt dass mich keine politische Rücksicht hindern würde, jeden Deiner Wünsche, der ein Befehl für mich ist zu erfüllen, aber wie kann im nachdenken der Mensch daran denken in dieser Zeit wo in Paris jeder mit sich selbst beschäftigt ist, wo jeder Deutsche als ein Ausfragender lästig ist, Bekanntschaft von Notabilitäten zu machen. Wer wagte jezt an Mignet, Guizot, F[ürstin?] Lieven, Rothschild, Flahaut zu schreiben. Gegen eine moralische Unmöglichkeit kann man nicht ankämpfen. Noch sind nur Handelsbriefe angekommen, selbst die Sagan hat keinen Brief. Bloss damit er gutes Wetter sieht werde ich Dir morgen meine Theure, einen Brief an Valenciennes für den Jardin des Plantes schicken. Er ist mit vielen Leuten in Verbindung. Welche Idee einer jezigen Sendung!![1] Die Herzogin hat grossen Antheil u Freude über die Nachricht bezeigt. Morgen Abend ist Concert. Den |2| lieben Leopold[2] bitte ich wenigstens bald um Carten <vers[en]den>

an alle seine Cameraden die Flügeladjut[anten] (Manteufel hatte keine[])
Keller
Stollberg
der alte Werther
die dienst[t]uenden Kam[m]erhern
Grafen Brandenburg!!

Verzeihe das Geschmire

AHt

[1] Vermutlich handelt es sich um ein Empfehlungsschreiben, das Humboldt seinem Verwandten Wilhelm nach Paris auf Gabrieles Bitte mitgeben sollte. Siehe auch den folgenden Brief. Die hier genannten politisch bedeutenden Personen (Mignet, Guizot, Fürstin Lieven) hatten während der Februarrevolution in Paris 1848 ihren Poste verloren.

[2] Humboldts Rat betraf wohl Loëns Beförderung zum Flügeladjutanten. Siehe den Brief vom 18.11.1851, Anm. 2, woraus sich die vermutliche Datierung ergibt.

323 Alexander von Humboldt an Gabriele von Bülow o. O. u. o. D., [nach 11.9.1851]

H: DLA/SNM, Marbach, 62.2137

Ich fürchte seit meinem gestrigen Briefe[1], theures G[abrielchen] Dir sehr inconsequent zu erscheinen. Ich habe die angenehmsten Eindrücke von Deiner Frau Schwägerin, nur lebhaft und angenehm von Deinem Neffen[2], unseren Verwandten, aber bei längerem und ernsterem Nachdenken habe ich gefunden, dass ich kein Recht habe andere in Gefahr zu sezen. Kaum hatte ich Dir vorigen[a] Abend geschrieben, so kam noch viel später nach 9[h] Alexander Mendels-

[a] (1) diesen (2) vorigen *H*

sohn zu mir von den Pyrenäen, von dem Grabe seines Sohnes in Pau[3]. Er hat Paris den 6te[n] verlassen, wo es allerdings, ohne ruhig zu sein, kampflos war. Er rieth nur ja jezt nicht an meine Freunde zu schreiben, da [man] meine enge Verbindung zu den Orléans kenne und der leiseste Verdacht zu Arrestationen führte. Ein vornehmer junger Mann von Frankfurth her der Polizei bekannt, aus Meklenburg kommend von dem Grossherzog gesandt – il y a là assez pour compromettre tout le monde[4]. Empfohlene sind also jezt jeder franz[ösischen] Familie lästig. Sie sind auch Gefahr bringend wenn sie aus dem Lande der Herzogin von Orléans kommen und Vergnügungs Reisen in Zeiten wo einige hundert Gefangene in den Champs Elysées kaltblütig füsiliert worden sind, wenig Wahrscheinliches haben.[5] Deinem Neffen wird nichts Wesentlich Unangenehmes geschehen aber wir haben kein Recht andere in Verlegenheit od. wenigstens leichtsinnig in Besorgniss |2| zu sezen. Ich darf nicht fürchten dass ein ausgezeichneter junger Mann, der aus den matten politischen Agitationen Deutschlands auf die polizeiliche Jagdlust im alten Heerd der Revolutionen schliessen kann mich der Unfreundlichkeit zeihen werde. Ich wünsche zu leben um ihm das Gegentheil zu beweisen. Die Königin hat mir recht bestimmt aufgetragen Dir zu sagen wie sehr [sie sich][a] Deiner Freude erfreue, ebenso die Gräfin Brandenburg;[6] die Hofdamen sind noch zu unschuldig um ohne Röthung solche Geheimnisse zu verstehen.
Dein

AHt

Mittwoch früh
Gieb Dir, Liebe, keine Mühe schriftlich zu antworten.

[1] Siehe den vorigen Brief.
[2] Vermutlich handelt es sich um Wilhelm, den Sohn von Mathilde.
[3] Adolph Mendelssohn war am 11.9.1851 an Tuberkulose verstorben (Humboldt 2011, 199). Daraus ergibt sich die Datierung.
[4] Frz.: es ist dort genug da, um die ganze Welt zu kompromittieren.
[5] Staatsstreich vom 2.12.1851 in Frankreich: Der Staatspräsident Charles Louis Napoléon Bonaparte löste die Nationalversammlung auf, Oppositionspolitiker wurden verhaftet. Es kam zu blutigen Kämpfen. Am 2.12.1852 ließ sich Napoléon zum Kaiser der Franzosen ausrufen.
[6] Geburt der Enkelin Agnes am 8.12.1851.

324 Alexander von Humboldt an Gabriele von Bülow
o. O. u. o. D.

H: DLA/SNM, Marbach

Mittwoch Nacht

Da das Lesen eines Buchs zu keiner Sympathie zwingt so schicke ich Euch die neue engl[ische] Reise[1] der bösen Verfasserin der Biographie des Prinzen Louis Ferdinand[2]. Sie ist roth, socialistisch und höchst unchristlich obgleich sehr getauft. Ihr geistreichstes Buch ist

[a] Sie Sich *H ändert Hrsg.*

eine satyrische Schrift gegen die Grafin Hahn Hahn[3], welche der Bischof Kettler von Mainz neuerlichst mit vielem Glücke zu einer Carmeliter Nonne appretirt hat.

Du schickst mir wohl gütigst beide Theile in 2–3 Wochen wieder. Lustig zu lesen wie vergeblich sich Fanny Lewald in England abbemüth [ihre][a] Grundsäze zu verbreiten.

In dem neuesten Paderborner Kirchenblatte[4] wird Humboldt's Kosmos unter[b] die Zahl der schlechten, die Seelen Verderbenden Bücher aufgeführt, zu den Büchern gezählt deren Verfasser im Bund mit dem Teufel stehen.

AHt

Herzliche Grüsse u. Hofnung dass der Sonnenschein Euch bisweilen heraus lokt!

[1] 1850 hatte F. Lewald eine mehrmonatige Reise nach England und Schottland unternommen, worüber im Folgejahr der erste Band eines Reiseberichts erschien.

[2] Lewald 1849.

[3] Humboldt meinte die auf die Schriftstellerkollegin Ida Hahn-Hahn gemünzte Satire „Diogena“ (Lewald 1847).

[4] Konnte nicht ermittelt werden. Vermutlich Westfälisches Kirchenblatt für Katholiken, Verlag Ferdinand Schöningh, Paderborn.

325 Alexander von Humboldt an Gabriele von Bülow
o. O. u. o. D.

H: DLA/SNM, Marbach, 62.2145

Du weisst, meine Liebe, wie sehr die Prinzessin von Preussen Dir zugethan ist. Nachdem ich gestern früh zum Prinz v. Pr[eußen] gerufen wurde, der über alles was Unfreundliches für Meyerbeer zu Gunsten Küstners geschieht, übermässig aufgeregt ist,[1] hat sich die Prinzessin (um die Büste zu sehen[)] heute Freitags um Mittag 12 Uhr[c] bei mir ansagen lassen.[2] Es würde mich sehr sehr freuen, wenn Du kommen könntest, aber meine Liebe, ich stelle es Dir ganz anheim. Diese Vorsicht wird zwar unvermeidlich die der alle Nachahmenden Schwester herbeiführen, aber deshalb brauchtest Du dann doch nicht wieder zu erscheinen. Ich beschwöre Dich ganz so zu handeln, als es Dir heute gelegen oder ungelegen ist.

AHt

Freitags

Die Prinzessin weiss nicht dass ich Dir schreibe.

[1] Zu den Streitigkeiten zwischen Meyerbeer (seit 1841 Generalmusikdirektor in Berlin) und Küstner (seit 1842 Generalintendant der königlichen Theater in Berlin) siehe Humboldt 2013, 64–68.

[2] Vermutlich die Büste Humboldts von Rauch. Rauch hatte 1850 „eine neue Marmorfassung der Büste Alexander von Humboldts nach dem früheren, bereits 1823 modellierten Porträt des Gelehrten“

[a] Ihre *H ändert Hrsg.*

[b] (1) als (2) unter *H*

[c] 12 Uhr *ergänzt H*

vollendet. „Im darauffolgenden Jahr ging er daran, ein weiteres Porträt seines Freundes zu schaffen, doch nun als sein Bildnis, das diesen in seinem tatsächlichen Alter wiedergibt.“ (Simson 2020, II, 927). Er begann mit der Modellierung am 28.4.1851, im August kam es zu weiteren Sitzungen. „Am 3. Oktober 1851 vermerkte Rauch in seinem Tagebuch, daß er das Modell zur Humboldt-Büste beendet habe, die den Freund in ähnlicher Kopfhaltung wie im früheren Bildnis, jedoch mit gealterten Zügen und in weicherer […] Modellierung zeigt. […] Nach Rauchs Modell führte die Firma Micheli Abgüsse in Gips, Elfenbeinmasse und Carrarit aus […]“, Marmorfassungen existieren heute in Potsdam, Washington u. a. (Simson 1996, 445–446).

326 Alexander von Humboldt an Gabriele von Bülow
o. O. u. o. D., [vermutlich Sommer 1852]

H: DLA/SNM, Marbach, 62.2145

Hier meine Liebe sind 20 nicht 25 r. für den Federmann. Du wirst über den Abzug lächeln, aber es hat mich heute morgen eine arme Frau hier um 5 r. angesprochen und da habe ich geglaubt die Finanz Operation des Abzuges machen zu können. Zwanzig unerwartete Thaler werden auch schon einen Effect machen.

Die Königin ist halb 7 weg, sie bleibt nun 3 Tage in Wien! Der König hat sie bis Berlin begleitet (auch der Erbprinz) um dort die herrliche Ausstellung der aquarelle von Hildebrandt[1] zu sehen. Es scheint gewiss dass der Hof bis Neujahr in Potsd[am] im Stadt Schlosse bleiben will! Es hat für meine Arbeit wegen der Bücher viel Uebelstände aber sie werden ganz aufgewogen durch Eure Nähe[2]

AHt

Donnerstag früh.

1 Von einer Reise 1851 durch Italien, Ägypten, Syrien und Palästina hatte Hildebrandt hunderte von Aquarellen und Zeichnungen mitgebracht, die im Sommer 1852 ausgestellt und größtenteils vom preußischen König angekauft wurden. (Werner 2013, 200, und Löschner 1984). Daraus ergibt sich die Datierung.
2 Gabriele von Bülow lebte seit 1846 in Potsdam.

327 Alexander von Humboldt an Gabriele von Bülow
o. O. u. o. D.

H: DLA/SNM, Marbach, 62.2137

Bloss einige Zeilen des Dankes, theure Gabriele, denn ich will nach Potsdam. Waagen ist noch fest beim Leoparden, aber allerdings ist mir Sello sehr angenehm.[1] Wir sind ihm manche Freundlichkeit schuldig und bei seinem hastig-schreienden Wesen, ist er ein Mensch von edler Gesinnung und warmen Gefühlen. Ich werde ihn mitbringen und das giebt zugleich ein kleines Pröfitchen. Er bringt alles und das feste Obst. Du brauchst auf kein anderes zu

rechnen. Du kannst die leeren Schalen auf den gedekten Tisch sezen, er wird sie füllen. Denn ohne die Hofnung zu haben von Dir eingeladen zu werden hat er an Seifert gesagt, er werde „das schönste Obst schicken[“]. Wenn ich also recht verstehe so fahren Leopold u Hugo mit unserer Schwiegermama[2]. Ich schreibe zu grosser Sicherheit noch an Leopold damit keine Confusion entstehe.
Herzliche Grüsse

AlHumboldt

Sonnabend früh

Theodor kommt gewiss überraschend, um so sicherer als ich ihn vor 6–8 Tagen mit freundlichen Entschuldigungsworten einen falsch an mich adressirten[a] Brief schicken musste. Où peut-on être mieux qu'au sein de la famille![3]
Sello wird ganz interessant sein. Er komt eben aus Paris u. London.

[1] Es handelt sich offenbar um die Vorbereitung von Humboldts Geburtstag, siehe den folgenden Brief. Daraus ergibt sich die vermutliche Datierung.
[2] Vermutlich Albertine Caroline Charlotte von Loën, geb. von Hedemann.
[3] Frz.: Wo kann man besser sein als im Kreis der Familie!

328 Alexander von Humboldt an Gabriele von Bülow
Berlin, 9.9.1852

H: DLA/SNM, Marbach, 98.18.18

So gross meine Freude ist Dich, meine Theure, zu meinem Geburtstage zu sehen, so habe ich doch daneber ein schmerzhaftes Gefühl. Du opferst mit Deinen lieben Kindern schöne Tage auf, die Deine Schwester und der gute Hed[emann] mit Euch im anmuthigen Burgörner hätten erleben können. Diese Zeilen, die Du bei Deiner Durchreise durch Potsdam finden wirst, sind der Ausdruk meines innigen Dankgefühls. Ich werde allerdings Dienstag, am 14 Sept., bei Dir in Tegel eintreffen, aber gegen 11 Uhr morgens, also früher als Du wünschen kannst. Ich komme mit Rauch und dem, Dir gewiss angenehmen Kaulbach.[1] Mein Haus in Berlin ist nicht mehr sicher nach 10 Uhr. Ich beschwöre Dich aber zwar mich gleich, aber Rauch und Kaulbach, die weite Promenade machen wollen, später zu empfangen. Alle, die Du ausser der Familie in Potsdam einladen willst, Flottwells und Sello sind mir sehr erfreulich. Ich bin zwar von meiner Erkältung (die übrigens ganz ohne Kopfweh, ohne |2| Veränderung des Pulses war) ganz hergestellt, aber leider! noch sehr appetitlos und (mein altes Uebel) in der Verdauung gestöhrt. Da ich den König seit Stettin nicht gesehen, so denke ich Sonntag nach Potsdam zu gehen, aber Montag Abend hieher zurükzukommen. Du weisst, meine Liebe, dass ich einen kindischen, schwer zu erklärenden Abscheu vor meinem Geburtstag habe. Es ist die Registrirung abnehmener Kräfte, die Idee, (der Vorwurf) des Vielen Unvollendeten. Kindisch freilich, aber die Scheu vor dem Tage ist da: also nicht weisse Damen od.

[a] (1) interessirten (2) adressirten *H*

die Tegelsche Jugend in Chorhemden … Der arme Seifert hat wieder kleine Gichtschmerzen und einen mir Besorgniss erregenden Husten! Der König dringt darauf, da er sehr allein ist, dass ich nach dem Geburtstag wieder ganz zu ihm ziehe. Wie freue ich mich, dass Deine ganze Reise[2] so genussreich für Dich und die für alles Schöne so empfänglichen, geistreichen Kinder gewesen ist. Die Engel prangen in der Ausstellung![3]

Herzliche Grüsse

Hedemann schreibt mir trübe und schwermüthig – wohl nur über sich selbst grübelnd. Der Mensch ist eine klagende Bestie, klagend weil er nachdenkt und glaubt vorherzusehen.[4]

Al. Humboldt

Berlin, d. 9 Sept. 1852

[1] Humboldt feierte seinen Geburtstag am 14.9.1852 in Tegel mit dem Ehepaar Flottwell, Rauch, Kaulbach und Sello. Siehe auch die vorigen Briefe.

[2] Nach Burgörner zu Hedemanns, siehe oben.

[3] Die Akademieausstellung fand vom 1.9. bis 31.10.1852 in Berlin statt.

[4] Der Brief ist nicht überliefert, aber Humboldts Antwort an Hedemann am 25.9.1852: „Wenn ich so spät erst, mein innigst geliebter Freund Dir und der theuren Adelheid für Eure schönen herzlichen Zeilen und innigen Glückwunsch danke, so liegt der Grund davon in der Hofnung einer mehr heiteren Stimmung und besseren Befindens. Es ist eine sonderbare Zufälligkeit, dass ich mich gewöhnlich weniger wohl in der Epoche meines Geburstages befinde, nicht der Aufregung wegen, die ich so viel als möglich vermeide, sondern wohl nur wegen Eintritt der Herbstzeit. […] Die Feier mit Flottwells, Rauch, Kaulbach und dem guten, aber unpolitischen Sello war sehr hübsch […] Mit Bedauren sehe ich, theurer Freund, dass Du auch mit Deinem Befinden wieder weniger zufrieden bist als sonst. Möchten wir Dich und die herrliche Adelheid doch noch zum Herbst in Tegel wissen." (H: DLA/SNM, Marbach, 62.2140). Siehe auch den folgenden Brief.

329 Alexander von Humboldt an Gabriele von Bülow
Berlin, [vermutlich 10.]9.1852

H: DLA/SNM, Marbach, 62.2137

Berlin Freitag, morgen
Den [10]ter September 1852[a]

Ich hoffe, meine Liebe, dass der Brief[1] den ich in Dein Haus am Bosphorus nach Potsdam addressirt habe, richtig in Deine Hände gekommen ist. Alle Personen, die Du einladen willst, Flottwalls, Sello … sind mir angenehm. Ich komme leider für Dich Dienstag sehr früh, gegen 11 Uhr schon mit Rauch und Kaulbach, weil so die Rettung sicherer ist.[2] Wenn ich bestimmt gewusst hätte, wann Du hier ankämst, würde ich gern auf die Eisenbahn gegangen sein[b]. Mit inniger Liebe und Freude über die glükliche Reise von Arona und der hässlichen Isola bella nach Tegel.[3]

Dein

AlHumboldt

---

[a] den ter September 1852 *ergänzt B*

[b] (1) <ginge> (2) gegangen sein *H*

Da ich eine schriftliche Einladung von Flottwall zu einem Berliner Festmal des Provinzial Landtages (12 Sept.) abgeschlagen habe, so hielt ich es für nüzlich ihn schon auf Deine Einladung vorzubereiten. Vielleicht können die Damen allein kommen, sollte er regieren müssen. Der Bischof v. Chalons erfrecht sich schon in einem Hirtenbriefe Louis Nap[oléon] den Mann Gottes zu nennen.[4]

[1] Siehe den vorigen Brief Nr. 328, woraus sich die Datierung ergibt.

[2] Zu Humboldts Geburtstag siehe ebenfalls den vorigen Brief, Anm 1.

[3] Im Sommer hatte Gabriele von Bülow mit den Kindern eine Reise nach Burgörner und wohl auch einen Ausflug in die Schweiz unternommen (Sydow 1919, 517, und Sydow 2000, 215). Die Datierungen dort sind jedoch widersprüchlich.

[4] „Der Bischof von Chalons hat die Geistlichkeit seiner Diöcese anläßlich der bevorstehenden Reise des Prinz-Präsidenten durch Rundschreiben aufgefordert, die Segnungen des Himmels auf diesen ‚Mann Gottes, diesen großen Mann' herabzurufen, der schon so viel für Frankreich gethan habe und noch mehr für dasselbe thun werde." (Frankfurter Postzeitung vom 10.9.1852).

330 Alexander von Humboldt an Gabriele von Bülow
Potsdam, 2.10.1852

H: DLA/SNM, Marbach, 62.2137

Allerdings, meine Liebe, ist es eine nicht freundliche Einrichtung unserer Schiksale, dass Personen die so sehr das Bedürfniss hatten, mit einander zu leben, auf einem so kleinen Raume sich doch unbequem getrennt fühlen, ja dass das Alter und die Besorgniss die Erkältung und ewige Heiserkeit zu vermehren, mir besonders einen Besuch in dem schönen Tegel zu einer weiten Reise macht. Wir wollen nicht murren, denn jeder von uns fürchtet an seiner Lage zu rütteln, da jede ernste Veränderung derselben, sobald sie vom sogenannten freien Willen abhängt, leicht wieder ihre regrets nach sich zieht!

Deine liebe Schwester und Hedemann, beide der Anregung von Aussen so bedürftig, bilden dazu eine noch schwierigere Combination, einen winterlichen Landaufenthal[t] nahe bei[a] einer Stadt aber[b] doch nicht darin, nahe den Verwandten und von ihnen doch so schwer erreichbar[c]. Wer würde Dir nicht, meine Theure, |2| den Genuss der lezten Herbsttage in Tegel gönnen und doch ist mein Schiksal wieder so, dass Dein Kommen hieher fast für mich das Signal der Abreise ist, 13–15 Nov. Namenstag der Königin. An Hedemann habe ich vor wenigen Tagen einen sehr Notizenreichen Brief, auch über Radowitz geschrieben, den man troz seiner neuen Würde nach Erfurt verbannen wollte. Der Kriegsminister hat sich aber dieser Feigheit widersezt. R[adowitz] kommt den 4ten–6ten und glaubt zu bleiben.[1] Dass Hedemann der culinaren Ministerial Veränderung wegen, mit nach Sparsamkeit duftendem Geschlechtswechsel, nun so spät kommt vielleicht gar nicht vor dem Schneefall thut mir

[a] bei *ergänzt H*

[b] (1) und (2) aber *H*

[c] (1) erregbar (2) erreichbar *H*

[sehr][a] leid schon um Deinethalben: wenigstens freut es mich, dass er über seine Gesundheit durch den sehr verständigen Arzt beruhigt worden ist. Die Kunstliebe wird ihn nur lauh anziehen. Die Königin ist etwas engraissée[2], aber gealtert und mit einem kleinen Blutgeschwür an der Hand wiedergekommen. Sie hat dergleichen (was ich nicht wusste) in den bösesten Märztagen auch gehabt, an weniger mageren und mehr umhüllten Theilen. Der König ist weniger guter Laune, als gewöhnlich. Man hat ihm aus Ungarn gemeldet, die militärische Infanterie des jungen heldenmüthigen Kaisers liesse[b] kriegerische Pläne gegen Preussen ahnden. Er würde losbrechen, um mit den Waffen in der Hand, uns zu zwingen, wenn es ihn gelüste! Wir schwelgen hier in Frau von Berg und Schneiderscher pöbelhafter Litteratur. Der junge Prinz ist von Weimar zurük und hat die Mutter |3| sehr sehr wohlaussehend gefunden, die Schwester gross und embellirt, vom alten Helvetier begleitet.[3] Der Vater kommt morgen, die Mutter in 2–3 Tagen. Die Einsegnung (Schnettlage)[4] ist den 11ten. Der künftige Gemahl weiss noch immer nicht wo er sich ansiedeln soll. Die kleine Prinzess hat sehr philosophische Ideen über das häusliche Glück. Sie sagt: „heirathen, sagt Mama, muss man[c] ja doch einmal!“[5] Prinzess von Preussen bleibt nur 14 Tage. Von der Sagan habe ich keine neue[n] Briefe. Sie besucht Euch gewiss in Tegel am 14 oder 15ten? Wenn mich Paretz nicht fesselt, komme ich gewiss mit ihr[d]. Ihre Zärtlichkeit für Dich und die Deinigen ist eine ungeheuchelte. Das Unglück der Herzogin von Orl[éans] hat mich sehr erschüttert. Sie wurde sammt ihrer damaligen Begleiterin Madame de Vence besinnungslos aus dem mit Wasser gefüllten Wagen herausgezogen. Der Bruch der Clavicule soll übrigens leicht sein. Prinz Alexander (der etwas tolle Bruder von Pr[inz] George v. Preussen) hat die Herzogin besucht und darüber hi[e]her geschrieben. Es hat so etwas furchtbar und unheimlich providentielles dass die ganze Familie in der Gefahr war en bloc auf dieselbe Art wie der Vater unterzugehen.[6] Wie edel ist es von der Alten Königin Amélie in so später Jahrzeit zu der (protestantischen) Schwiegertochter zu eilen. Es scheint mir jezt sehr ungewiss ob doch noch die Familie nach Eisenach kommt zum Winter, ob sie nicht die alte Königin nach England zurükbringt. Hatzfeld um zu beweisen, dass er troz aller Zeitungen u. Aerzte canibalisch wohl ist, soll heute Abend in Berlin aus den Savoyer Bädern ankommen. Die Speculation auf die Bernstorff den Brüsseler (vorpariser [Posten) annimmt][e] scheint also weitaussehend.[7] Auch Turin will man mit dem süsslichen prosaischen Pietisten Sidow besezen, er soll zugleich in der |4| Schweiz, wo man ihn sündlich hasst accre[di]tirt bleiben, weil er ein Recept in der Tasche zu haben wähnt, Neuchâtel zu [reacquiriren][f]. Redern wüthet, man will den Bruder nach Madrid od. Neapel schieben. Senf von Pilsach der bewässernde Muckerer – Oberpraesident von Stettin eine Stelle die Stolberg seinem Sohne Eberhard! zuschanzen wollte. Heintze erzählt dass der Gemahl der Wittgenstein dort angekommen ist und dass man ihn täglich mit der Gemahlin und Lizt in den Strassen sieht: man glaubt an sentimentale Versöhnung die dem Musiker vielleicht am liebsten wäre. Kaulbach ist weg und voll der zärtlichsten Erinnerungen des frohen, schönen Tages, den Du ihm und mir geschenkt hast[8]. Meine Gesundheit ist ansehnlich gebessert, nur viel „Thätigkeit der Schleimhäute[“], wie die Gelehrten es nennen und oft verschlossenes Stilleben in

---

[a] sei *H ändert Hrsg.*
[b] (1) sei (2) liesse *H*
[c] muss | ja *gestrichen* | man *H*
[d] (1) der (2) ihr *H*
[e] Posten annimmt) *H ändert Hrsg.*
[f] reaquirireren *H ändert Hrsg.*

der Verdauung. Ich freue mich dass Du Dich der herrlichen Kinder erfreuen kannst. Innige Grüsse an Alle, Alle

AHt

Potsdam Sonnabend Nacht d. 2ten October, 1852.[a]

Ich rühme mich dass ich sehr sorgfältig der alten Mad[ame] de Dur[uisseau] französ[ische] Zeitungen schicke.
Montag ist der unbequeme Geburtstag der Pr[inzessin] Albrecht im Marmorpalais.
Schönlein ist zurük heiter, geistreich satyrisch. Er meint die Abneigung gegen Preussen das erst verleitet und dann verlässt, vertheure das Reisen: man müsse auf dem Zimmer essen, das ganze Coupé der Eisenbahn miethen um den Klagen zu entgehen.
Die Perponcher etablirt sich in Dresden im krankhaften matrimonialen Pflichtgefühl.
Die weisse Gräfin Meuron krank und zweifelnd.

1 „[…] Radowitz, dessen Wahl mir als ein Act der Spontaneität mir viel Freude macht. Die Hundswuth, die über diese Ernennung ausgebrochen ist, gewährt mir aus Schadenfreude viel Genuss. Noch in diesen lezten Tagen haben die Feinde fast erlangt […] alles rückgängig zu machen oder in eine Art Exil zu Erfurth zu verwandeln: aber die Besorgniss ist mir entschwunden […] Ich denke er wird den 4–5ten Oct. seinen Posten antreten […]" (Humboldt an August von Hedemann, 25.9.52: DLA/SNM, Marbach, 62.2140). Radowitz war 1850 kurzzeitig Außenminister. Er war Vertreter der kleindeutschen Unionspolitik hatte besonders nach dem Scheitern der Erfurter Unionspläne viele Feinde. Nach seinem Rücktritt war er Sonderbotschafter in London und ab August 1852 Generalinspekteur des Militärerziehungs- und Bildungswesens der preußischen Armee.

2 Frz.: die Königin hat etwas Fett angesetzt.

3 Wilhelm von Preußen war 1849 zum Generalgouverneur der Rheinprovinz ernannt worden und wohnte mit Augusta seit 1850 bis zur Rückkehr als Regent 1858 nach Berlin im Schloss in Koblenz.

4 Am 9. Okt. fand die Konfirmation der Prinzessin Marie Anna Friederike, der jüngsten Tochter von Prinz Carl von Preußen, durch den Oberhofprediger Snethlage in der Charlottenburger Kapelle statt.

5 Marie Anna Friederike von Preußen heiratete am 26.5.1853 in Charlottenburg Friedrich Wilhelm von Hessen.

6 „Der Herzogin von Orléans ist ein Unfall begegnet. Sie wollte am 17 d. in Begleitung ihrer zwei Söhne und eines Gefolges von 13 Personen in zwei Wagen von Lausanne nach Bern reisen. […] als man um zwei Uhr eine der Kutschen […] zurückkehren sah: darin waren die Herzogin, die beiden Prinzen, ihre Ehrendame etc., alle ganz durchnäßt und die Herzogin selbst verwundet. Ihr Wagen war, wie es scheint, durch Unvorsichtigkeit des Kutschers, in einen großen, mit Wasser gefüllten Graben umgestürzt und ausgeleert worden. Die Herzogin soll das Schlüsselbein gebrochen und die übrigen Reisenden Verletzungen davon getragen haben." (Allgemeine Zeitung Nr. 267 vom 23. 9.1852, 4261). Der französische Thronfolger Ferdinand Philippe d'Orléans, Sohn von Louis Philippe, war 1842 bei einem Unfall mit Pferd und Wagen ums Leben gekommen.

7 „Der diesseitige Gesandte in Paris, Graf v. Hatzfeld, hat wegen andauernder Krankheit seine Abberufung nachgesucht. Man glaubt, Graf v. Bernstorf werde sein Nachfolger werden." (Frankfurter Postzeitung, Beilage zu Nr. 234, 30.9.1852).

8 Humboldts Geburtstag, siehe den Brief vom 9.9.1852, Anm 1.

---

a d. 2ten October, 1852. *ergänzt B*

331 Alexander von Humboldt an Gabriele von Bülow
Potsdam, 28.10.1852

H: DLA/SNM, Marbach, 62.2137

Ich bin ganz gerührt gewesen, meine theure Gabriele, über[a] das Zartgefühl mit dem Du und Hedemann die silberne Hochzeit[1] in meinem Hause verherrlicht habt. Es ist mir um so mehr ein Bedürfniss Euch dafür meinen wärmsten Dank auszudrücken, als die Ide[e] dass es mir eine Freude sei, gewiss damit im Spiel war. Der sehr sentimentale Seifert ist in einen Strohm von Trähnen ausgebrochen. Hier quält man mich auf jeder Gasse mit der Frage, wann Du kommest. Ich antworte streng den 9 Nov.[b] Möge ich mich nicht täuschen. Die sogenannten Hofnachrichten weisst Du durch Leopold. Die Königin geht Sonnabend dem König nach Blankenburg nach. Beide Maj[estäten] kommen Dienstag wieder. Es ist gar nüzlich, dass der Zufall immer Leopold zu den Reisen und fürstlichen Besuchen führt. Sein socialisches Geschik wird dadurch mehr in relief[c] gesezt und erkannt. Der neue Kammerherr (Canitz) speiset jezt täglich hier, mir keine persona grata, heimlich, kalt, wenig zuvorkommend, mit sich selbst nicht unzufrieden. Mit dem Oberst Dönhof geht es schmerzenloser, aber die eine Gesichtsseite noch immer gelähmt: Die Schwester opfert sich diesem (erkalteten) Bruder, dem [sie][d] den Vorzug giebt, ganz auf. Der Bruder ist an Kösen vielleicht auf Monathe gebannt. Der Sohn bleibt bettlegrig, man darf die Reise nicht unternehmen. In Glienicke ist von 2 Heirathen jezt die Rede. Skinas einst Savigny's Schwiegersohn[2], jezt griechischer Gesandte in München kommt nicht bloss her, um den Erlöser Orden an Prinz v. Preussen u. Adelbert zu vertheilen, nein er soll um die älteste Tochter für den plumpen, dicken bair[ischen] Prinzen Adelbert anhalten. Da ihn Fräulein Reyher vorher umgeritten u. abgefertigt hat, weil damals klar war, dass nicht er, sonder[n] seine Brut König v. Griechenland sein solle, so müssen sich |2| wohl die Hellenen jezt eines anderen besonnen haben, denn Skinas wirbt zum grössten Aerger unser[er] Königin, welch[e] den schreienden dicken Neffen tötlich hasst. Die verwittwete Grossherzogin v. Schwerin wird wieder ehe sie im Dez. nach Petersburg geht, eine Zeitlang hier bleiben. Gräfin Döhnhof hat einen sehr zufriedenen Brief aus Tegernsee von der H[erzogin] von Sagan. Als sie aus dem Kopf u. Leib der riesenmässigen Bavaria[3] herauskam (Du siehst wie unternehmend sie ist!) fand sie sich nez à nez mit dem Dichter König Ludwig der allein in einem abgeschabten Paleto[t][e] auf der Wiese umherschlich.

Ich lege die Abschrift eines Briefes des Königs bei, der ganz hübsch ist.[4] Du kannst ihn behalten, meine Liebe! Die Ausstellung bleibt auf Befehl des Königs künftig[e] Woche stehen. Es geht um viel[e]s besser mit meinem Magen. Die Brandenburg schläft jezt hier u. sehnt sich sehr nach [ihrer][f] Häuslichkeit in Berlin.

---

[a] (1) für (2) über *H*

[b] den | 19 N *gestrichen,* den *streicht Hrsg.* | 9 Nov. *H*

[c] (1) relifs (2) relief *H*

[d] Sie *H ändert Hrsg.*

[e] (1) <Paletau> (2) Paleto[t] *H*

[f] Ihrer *H ändert Hrsg.*

Herzliche Grüsse und Verzeihung für den wenig erheiternden Brief.

AlHt

Potsdam
Donnerstag Nachts d. 28sten October 1852.[a]

[1] Am 23.10.1852 wurde die Silberhochzeit von Emilie und Johann Seifert im Hause Oranienburger Str. 67 in Humboldts Anwesenheit gefeiert.

[2] Schinas war verheiratet mit Bettina von Savigny, die bereits 1835 gestorben war.

[3] Neben der großen bronzenen Statue der Bavaria auf der Theresienwiese an der Ruhmeshalle wurde eine neu gegossene Quadriga (Bavaria und einem Löwenviergespann) in München geschaffen und in der königlichen Eisengießerei zur Besichtigung ausgestellt, bevor sie am 27.10.1852 auf das Siegestor montiert wurde (Ansbacher Morgenblatt Nr. 226 vom 19.10.1852, 3).

[4] Nicht bekannt.

332 Alexander von Humboldt an Gabriele von Bülow
o. O. u. o. D., [nach 2.11.1852]

H: DLA/SNM, Marbach, 62.2145

Zwei Worte, meine Liebe!

Für die Tanzlustigen eine betrübende Nachricht. Die weltbeherrschende Furcht hindert wieder den Ball für Dienstag und Mittwoch, Tage zwischen denen man schwankte. Alles ist aufgegeben, weil man es in Petersburg übel nehmen würde, so bald nach der Trauer für Leuchtenberg[1] einen Hofball zu geben. So hat es gestern Abend die Königin der Fürstin v. Liegnitz u. der Gräfin Dönhof gesagt. Man traut sich wahrscheinlich den Potsdamern eine Höflichkeit weniger zu thun „heute aber werde man wahrscheinlich auf dem Casino erscheinen." Ich bleibe philosophisch zu Hause u. erwarte die unvermeidliche Petersilien-suppe. Prinz v. Preußen war schon Nachmittags weg. Ich bedaure dass er weggegangen sei, da noch so viel ministerielles ungelöst bleibt. Zollern auch weg heute früh 8 Uhr. Die Dessauer Mittwochs

AHt

[1] Napoléon de Beauharnais, 3. Herzog von Leuchtenberg, war verheiratet mit der ältesten Tochter des russischen Zaren und verwandt mit der preußischen Königin. Er starb am 2.11.1852. Daher die Datierung.

[a] d. 28sten October 1852. *ergänzt B*

333 Alexander von Humboldt an Gabriele von Bülow
o. O., 11.11.1852

H: DLA/SNM, Marbach, 62.2137

Da ich nich[t] weiss ob bei sehr mässigem Wohlsein ich Euch werde heute besuchen können, so melde ich Dir meine Liebe dass ich schon gestern Mittag beim König dem jungen Prinzen die nahe Ankunft der geistreichen Gen[eralin] Sandrart und Dein Vorhaben erzählt. Er war ausser sich vor Freude über beides und wird sich Freitag (morgen) gewiss frei halten: auch wird die Dönhof die schon Deine Ankunft wusste heute ganz offen der Königin alles erzählen, dam[i]t die Luck nicht |2| befohlen werde. Für Dich sei keine Gefahr, da Du Dich noch nicht gemeldet was nach so wenigen Tagen der Ankunft in aller Ordnung sei. Herzliche Grüsse

Man fabelt der Kaiser v. Oestr[eich] kommt 19t[en] zum Geburtstag der Königin und freut sich darüber als wenn ich den hiesigen Kastellan besuche. Ich glaube noch nicht an das Kommen, auch der König, der es sehnlichst wünscht, that als wenn er zweifelt.[1]
Herzliche Grüsse

AHt

Donnerstag d. 11ten Nov. 52.[a]

[1] Der österreichische Kaiser kam erst am 17.12.1852 nach Preußen zu Besuch und blieb bis zum 21.12.1852.

334 Alexander von Humboldt an Gabriele von Bülow
o. O., 18.11.1852

H: DLA/SNM, Marbach, 62.2137

Der Mensch will immer sein Schicksal kennen, wenn die Erwartung auch nur auf elende Dinge gerichtet ist. Als ich heute Abend die Gr[äfin] Dönhof nach dem Concert[1] fragte fing [sie][b] gleich an von der unabänderlichen Nothwendigkeit des sch[e]inbaren Privilegiums der Mad[ame] de Luck als Erziehers-Gattin zu reden so dass ich alles folgende err[e]icht. Das mürrische Braunschweig ist schon da. Die Ascanier, die von der Venus und Aeneas abstammen, le Singe marin u. die taube Prinzessin vielleicht auch Benningtens Marterkind kommen am Abend.

AHt

Die Sonne geht auf morgen Abend um 9h ½
d. 18ten November 1852.[c]

---

[a] d. 11ten Nov. 52. *ergänzt B*
[b] Sie *H ändert Hrsg.*
[c] d. 18ten November 1852. *ergänzt B*

[1] „Potsdam, den 20. November 1852. Gestern, am Namenstage Ihrer Majestät der Königin, wurde zur Feier desselben im Königlichen Schlosse zu Potsdam, woselbst Ihre Königlichen Majestäten Tages zuvor Wohnung genommen hatten, früh [...] ein Choral vorgetragen; demnächst nahmen Ihre Majestät die Königin die Glückwünsche der Mitglieder der Königlichen Familie [...] so wie der zu diesem Tage besonders eingetroffenen höchsten fremden Herrschaften, als: Sr. Königlichen Hoheit des Erbgroßherzogs von Mecklenburg-Strelitz, Ihrer Hoheiten des Herzogs von Braunschweig, des Fürsten und der Fürstin von Hohenzollern-Sigmaringen, des Herzogs Georg von Mecklenburg-Strelitz, wie auch der Durchlauchtigsten Prinzessinnen Agnes und Marie Anne von Anhalt [die Askanier, Anm. d. Hrsg.] und anderer hier befindlicher Fürstlichkeiten entgegen [...] Mittags war bei Ihren Majestäten Diner en famille zu 28 Couverts und Abends in den Parade-Kammern des Königlichen Schlosses hierselbst unter Mitwirkung der Sängerinnen Wagner und Diehl, des Violin-Virtuosen Bartelloni, Sängers Lehmann und Klavierspielers Goldbeck, wie auch des Domchors, eine musikalische Unterhaltung." (Königlich Preußischer Staats-Anzeiger Nr. 274 vom 21.11.1852, 1634).

335 Alexander von Humboldt an Gabriele von Bülow
Berlin, 20.12.1852

H: DLA/SNM, Marbach, 62.2137

Sonderbar genug, meine theure Gabriele dass mein erster Brief von hier eine wie es scheint recht unangenehme Persönlichkeit betrift. Mir ist der Mann dessen Namen ich nicht einmal lesen kann

Gustav Schweitzer?

vollkommen unbekannt aber da ich in dem Briefe Deinen Namen und den der Tochter sehe, so schreibst Du mir wohl ein Paar Worte über ihn. Es scheint ein abgesezter Prediger in Kremmen zu sein, der bei Dir Stunden gegeben. Ich habe ihn wohl nie gesehen? Es ist wohl besser sich mit dem unheimlichen Manne nicht einzulassen.[1] Schicke mir gütigst den Brief zurück.[a] Hedeman verlässt mich vor einer Stunde wohl u. heiter. Ich wollte dass er bei mir essen sollte, er konnte es aber nicht annehme[n] und war leider! ohne Deine liebe Schwester angekommen, die leidend ist. Von dem jungen Kaiser, dessen Wesen zwar sehr höflich, aber gar nicht freundlich jugendlich ist, weisst Du am meisten durch Andere die ihn in Potsd[am] näher gesehen.[2] Ich denke heute Abend nicht in das Ballet aber in die grosse Soirée beim Russ[ischen] Gesandten [zu gehen]. Hedeman verspricht bis 3–4 Jan. bei Euch in Potsd[am] zu bleiben u. dann den König zu sehen, was Adelheidchen (oh Wunder) auch thun will. In Potsdam werden wir endlich einmal alle zusammen sein, leider! nicht zu Weihnach[t]en, wo ich in Charl[ottenburg] sein muss. Nun eine sonderbare Bitte. Könntest Du nicht errathen was dem lieben Bernard, dessen Lob jezt erschallt, wie vorher der bösartige Leumund, was ihm wohl Freude machte. Ist nicht etwas was Du ihm zufällig nicht gekauft hast, weil Du schon zu viel hattest. Nenne mir die Sache und den Laden oder das Buch, die Bilder wenn es

---

[a] *H am Rand:* Der Mann ist doch nicht mit dem Dir angenehmen Prediger Schweizer zu Fehrbellin zu verwechseln dem ich vor 5–6 Monaten Empfehlung zu einer Prediger Stelle in Bremen gegeben? Soll ich ein Zeugniss geben dass Dr Schw[eitzer] im Jahr ... in dem Hause Sr Ex[cellenz] des Fr[eiherrn] Min[ister] v. Bülow wissenschaftlich[en] Unterricht zu grosser Zufriedenheit des Haus[e]s gegeben od. wünsch[s]t Du es lieber <u>nicht</u>?

lezteres sein soll, eine Sache von 6, 8 od. 10 r. Grober*[a] kann man nicht anfragen. Ich schenke es dann zu Weihnachten od. Neujahr!

Herzliche Grüsse allen den Unsrige[n] und besonders Bernhardchen

Dein

AHt

B[erlin] den 20 Dec. 1852

Mir fällt eben ein dass vielleicht es etwas sein könnte was die liebenswürdigen Schwestern in Potsd[am] kaufen könnten nur nicht schlecht und zu wohlfeil!

1 „Gustav Schweitzer, von 1847 bis 1850 Pfarrer in Kremmen, gab sich nicht nur mit Beten und Predigen zufrieden: Als ehemaliger Burschenschaftler war er Anhänger der Revolution von 1848 und trat für die Trennung von Kirche und Staat ein. Sonntags führte er in der Kirche eine Art Zeitungsschau durch und betrieb so politische Bildung und Aufklärung. Nachdem er sich für Steuerfreiheit und die Beschränkung des Jagdrechtes eingesetzt hatte, wurde er jedoch seines Amtes enthoben." (Aus den Kirchenbüchern. Aus der Kirchengeschichte in Kremmen. https://www.kremmen.de/texte/seite.php?id=2592).

2 Zum Besuch des österreichischen Kaisers siehe den Brief vom 11.11.1852, Anm. 1.

336 Alexander von Humboldt an Gabriele von Bülow
o. O., 23.12.1852

H: DLA/SNM, Marbach, 62.2137

Also Dr Schweitzer! dem ich sehr unvorsichtig während Du meine Liebe, in der Schweiz[1] warest, Empfehlungsbriefe für Senatoren in Bremen habe schicken müssen, die fruchtlos blieben und mich aber nicht in sehr conservativen Ruf werden gesezt haben.[2] Jetzt hat er sich mit dem harmlosen Zeugniss: dass er 1840–41 „von dem sehr würdigen Herrn Prediger Hossbach[“] empfohlen, wissenschaftlichen Unterricht gegeben, zu begnügen. Das Kaiserkind[3] hat mich zum Grosskreuz eines von ihm gegen die Ungarn gestifteten Franz Josephs Orden (ein rothes band von [der] Schulter) beim Weggehen ernannt, ein schlechterer Orden, als er in Ischel an Dönhoff gegeben (Eiserne Krone) der doch nicht den Schwarzen Geier hat. Die Umschrift ist mit „vereinten Kräften", (Viribus unitis) wahrschein[lich] „gegen[“] die Freiheit zu kämpfen. Dieser conservative Orden, der auch besonders Gelehrten gegeben wird, soll mich tugendhaft machen!! Was muss man sich nicht alles in der Menagerie gefallen lassen.

Da ich leider den morgenden Abend nicht mit Euch zubringen kann, ja zu meinem Erstaunen |2| [höre] dass Loëns und die schönen Kinder auch nicht herüber kommen (alles eine Folge unsers verzettelten unfamilienartigen Nomadisirens) so muss ich schon Deine Freundschaft anrufen. In dem beiliegenden Päkchen liegen drei kleine Gaben für die lieben Töchter. Mögen [sic][b] gefallen können und Freude machen. Ich protestire gegen jeden schriftlichen

a *B am Rand:* *soll doch Loën heissen?

b Sie *H ändert Hrsg.*

Dank, denn ich käme ja am Neujahr um Bernhardchen zu umarmen und lateinisch anzureden. H. Dr Grässner hat mir sehr, sehr gefallen. Ich habe so viel von unserem Danke gesagt, dass ich gewiss auch auf ihn gute Eindrücke gemacht.

So eben erhalte ich den Vorwurfsvollen Brief der Herzogin den ich längst fürchtete. Du hast einen durch mich aus Mailand vom 31 Oct. Die so grausam ordentliche und doch leidenschaftliche Frau weis[s] alle Datums! Sie ist sehr ennuyirt, weil [sie][a] nicht weis[s] was am Hofe in Charl[ottenburg] vorgeht! hat die Castellane bei sich und wie es scheint mehr gelangweilt als unwohl.
Dankba[r]st Dein

AHt.

Donnerstags, d. 23sten Dez. 1852[b]

1 Gabriele war im Sommer in der Schweiz. Vgl. den Brief vom 10.9.1852, Anm. 3.
2 Siehe den Brief vom 20.12.1852, Anm. 2.
3 Zum Besuch des österreichischen Kaisers siehe den Brief vom 11.11.1852, Anm. 1.

337 Alexander von Humboldt an Gabriele von Bülow
o. O., 10.2.1853

H: DLA/SNM, Marbach, 62.2137

Ich schicke Dir, meine theure Gabriele, ein Briefchen von Juliette Bauer (Misstr[ess] Gowe!) freundlich und bescheiden mit der sehr mythologischen Vergötterung. Ich dachte Deines Vaters Leben sollte in engl[ischem] Gewande Dich und die lieben Kinder interessiren.[1] Ich eile zu Madame mère, die 86 Jahre alt wird, aber „die Toten reiten doch schnell[“].

AHt

Donnerstags d. 10ten Februar 1853[c]

1 J. Bauer übersetzte die A. von Humboldt-Biographie von Klencke (Klencke 1851) und gab auf dieser Grundlage und der Biographie von Wilhelm von Humboldt von Schlesier (Schlesier 1847) eine Biographie der Humboldt-Brüder heraus (Bauer 1852).

---

a Sie *H ändert Hrsg.*
b d. 23sten Dez. 1852. *ergänzt B*
c d. 10ten Februar 1853 *ergänzt B*

338 Alexander von Humboldt an Gabriele von Bülow
Berlin, 6./7.3.1853

H: DLA/SNM, Marbach, 98.18.19

Ich schreibe, theure Gabriele, diese Zeilen unter recht schmerzlichen Eindrücken, wegen des so plözlichen Todes von Leop[old] v. Buch.[1] Unsere Freundschaft hat 63 Jahre gedauert ohne Trübung, troz aller Leidenschaftlichkeit seines wundersamen aber edlen Characters. Als ich 1791 nach Freiberg kam fand ich ihn schon dort in Pension bei dem berühmten Mineralogen Werner. Die Ursachen seines Todes sind unklar; ein grosser Schrecken 8 Tage vorher als bei dem |2| Einbruch bei Spiker einer im Flur vor seiner Thür mit einem Diebe kämpfte; vielleicht auch Nervenfieber wie sie in Paris jetzt herschen, dann sonderbare Fussübel von Frostbeulen, über 8 Jahre alt, jezt geschwollen und sehr entzündet. Die Maschine kann auf so mannigfaltige Weise zum Stillstand kommen[a], auch ohne die Hülfe des kön[iglichen] Leibarztes Dr von Stosch!! Ich bin traurig, obgleich der sehr unaesthetische Mensch kein eigentlicher Gegenstand meiner[b] gemüthlichen Zuneigung sein konnte[c]. Meine Gesundheit ist unerschüttert gut. Madame Ceremonienmeisterin [er]schien wegen der Erbschaft des Sohnes (man spricht von 10 bis 12000 r. (revenue). Ich hoffe dass er seine herrlichen Sammlungen veröffentlichen wird. Der Leichnam wird Mittwoch nach den Gütern gebracht, es wird den Morgen eine kleine christlich oratorische Ceremonie |3| sein. Wie kannst Du fürchten, meine Liebe, mir je unbequem können[d] zu werden. Ich kann aber erst eine befriedigende Antwort Dir geben, wenn ich mit dem unvermeidlichen Olfers ernst gesprochen. Der Name Vittoria Buti hat für den König einen angenehmen Anklang. Ich werde alles benuzen, aber drei Grazien, wenn sie auch das Herz des Gen[erals] Wrangel erweichen konnten, sind kein glükliches Anerbieten. Ich hoffe dass unter seinen Vorschlägen solche sein mögen, die mehr Vertrauen erregen.[2] Dein Uebelbefinden, das so selten ist, hat mich besorgt gemacht. Ich flehe dass Du nicht nach Berlin kommen mögest um Dich vor aller Erkältung in dieser perfiden Jahreszeit zu hüten. Dem Oestr[eichischen] Kaiser bleibt das sonderbare Uebel das Arago der jezt ganz blind wurde, auch häufig hatte, nur den oberen Theil der Gegenstände zu sehen z B. von einer Inschrift

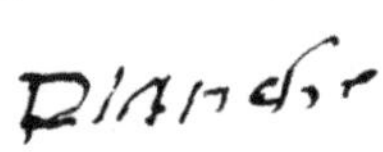

für Blanche, der obere Theil des Leibes nicht den unteren. Ich habe wieder in Rehhaussen bei Naumburg eine Agnes die kommen will, um mir die Augen zu schliessen. In der dritten Zeile des Briefes sagt die Liebe „ich wünsche bei Ihnen zu wohnen und Ihrem Lebensabend mich ganz widmen zu können. Ich will so auf Erden nüzend selbst erdenfrei werden.[“] |4| Um mich auch vor anderen Freiheiten zu sichern, die Gefahr der Verführung sezt Agnes von Wolffersdorf hinzu: Sie können mit Würde die bereits am eigenen Lebensabend Stehende empfangen Hony soit qui mal y pense[3]. Ich glaube meine heitere Agnes ist etwas ältlich.[4] Auch habe ich ausserdem Predige[r] Wippermann zu Horn im Fürstenthum Lippe der da meint es sei Zeit für mich eine eigene kleine brochure über meine religiöse[n] Meinungen zu publiciren[5], eine

---

a kommen *ergänzt H*
b (1) sehr (2) meiner *H*
c (1) war (2) sein konnte *H*
d werden *H ändert Hrsg.*

Dame Amalia Metting in Jevern (gebore[ne] Bode) die da fragt, ob die Erde u. alle Planeten nicht Thiere sind und zwar Kopfthiere wegen der runden Masse, Erdbeben mit ihrem G[e] räusch sei die Fieberkraft, Zittern u. Stönen der Erdbestie …[6] Mit solchen Vertrauten verbringe ich die Zeit!
Herzliche Grüsse an alle die Lieben!

AlHt

Sontag Nacht 6–7ter März 1853[a]

[1] Am 4.3.1853 war Leopold von Buch verstorben. Siehe auch Humboldt an Spiker, 10.3.1853, Anm. 8 (Humboldt 2007, 226), und über die Trauerfeier in Dokument Nr. 97 (Humboldt 2007, 372). Zum Ankauf der Sammlungen durch den König siehe Humboldt 2013, 463.

[2] Vittoria Buti war die Gattin des berühmten Bildhauers Julius Troschel. Zum Ankauf zweier Statuen durch den König siehe den folgenden Brief.

[3] Frz.: Ein Schelm der Arges dabei denkt!

[4] Agnes von Woltersdorf wurde auch in einem Brief an Alexander Mendelssohn vom 28.2.1853 genannt und dort von dem Herausgeber I. Schwarz identifiziert (Humboldt 2011, 238).

[5] C. Wippermanns Brief vom 27.1.1853 ist nicht überliefert, jedoch eine Abschrift von Humboldts Antwort vom 13.3.1853: „Es ist so erfreulich über die heiligsten und wichtigsten Gegenstände der Gedankenwelt und der religiösen Gefühle mit einem Manne in Verkehr getreten zu sein, aus dessen Mund jede Aeusserung das Gepräge freier Prüfung, schöner Milde des Charakters und einer geistigen Bildung trägt, die sich anmuthig in dem Ausdruck reflectirt. […] Ich glaube in meinem so unvorsichtig unternommenen Werke von dem Weltall nie eine Zeile geschrieben zu haben, welche nicht Gottesverehrung ausdrückte oder weitverbreitete Meinungen kränken könnte. Auch der Einfluß des Christenthums, als Weltbegebenheit, ist als ursprünglich wohlthätig geschildert worden [es folgen die Seitenangaben im ‚Kosmos' sowie ein Zusatz in der französischen Übersetzung]. Ein durch lange ‚Geduld des Lebens' (in unfreier, trauriger Zeit) verbreiteter Ruf hat keinen Einfluss auf das, was die Menschen im Inneren bewegt: es wäre auch gegen meine Grundsätze und Gefühle, solchen vorübergehenden Einfluß, wenn ich ihn besäße, auszuüben. […] Ich klage nicht an, ich bezeichne nur, nach tausendjährigem Sprachgebrauch. Welch große Gedankenwechsel schreibt man der Gottheit seit 2000 Jahren zu […]" (GStA, Hist. Abt. II, Rep. 89 B, XIV, 10.6., Nr. 102, 114–116). Siehe auch Werner 2000, 35.

[6] Nicht ermittelt.

339 Alexander von Humboldt an Gabriele von Bülow
Potsdam, o. D., [vermutlich 19.7.1853]

H: DLA/SNM, Marbach, 62.2137

Es hat mir so leid gethan, meine theure Gabriele, nicht gewusst zu haben, dass der liebe Kleine mir so nahe war, und dass ich ihn nicht gesehen, da er in Potsdam schlief. Ich höre aber zu meiner Freude von dem, der ihn so freundlich übernachten liess, dass er sehr wohl, heiter und liebenswürdig war. Du schreibst mir wohl recht bestimmt bis zu welchem Tage Bernhardchen bleiben kann. Zuerst eile ich Dir nun die frohe Nachricht zu geben dass ich es durchgesezt

[a] 6–7ter März 1853 *ergänzt B*

von dem gleichzeitigen Hiersein von Rauch u. Olfers profitirend den königlichen Ankauf von zwei Statuen von Troschel, ganz unter den von ihm angegebenen Preisen, zu Stande zu bringen. Es sind die schöne Flachsspinnerin und der kleine Bachus in der Muschel[1], den auch die Fürstin Liegnitz besizt. Beide Statuen geben dem so talentvollen Bildhauer zusammen

1300 Scudi,

eine nicht unbeträchtliche Summe, die ihm wohlthun wird. Olfers wird nun |2| die förmliche Bestellung machen, vielmehr den Ankauf, denn es sind glüklicher Weise schon fertige Statuen. Ich selbst werde nicht schreiben und ich habe sowohl die Mappe mit den Entwürfen, als auch den Brief der dabei lag gestern an Olfers mitgegeben. Von ihm kann also Lengerich einst die Mappe zurückfordern. Du hast nun wohl die Gnade unmittelbar od. durch Lengerich die erste freudige Nachricht davon nach der ewigen Stadt gelangen zu lassen in der die päbstliche Polizei gegen deutsche Caffees kämpft in denen es keine Kellner giebt, sondern bairisch Bier von heiteren dünngewandeten Amazonen, in Pantalons und kleinen Stiefeln und Sporen servirt wird. Der Papst vermag nichts gegen die Amazonen, da die Franzosen das Unternehmen schüzen: so das Journal des Débats[2]. Madame Duruisseau ist dann auch zu dem Geschenk von 50 r. gelangt, wofür sie mir eigenhändig sehr zierlich, aber noch unleserlicher, als ich selbst, gedankt.[3] Laumündig behauptet aber Illaire sie habe einen ähnlichen ebenfalls gelungenen Angriff schon in diesem Frühling, ohne Hülfsvölker gemacht. Ich bestreite es. Denke meine Liebe wie tugendhaft ich bin. Ich habe 4 mal in zierlichen Briefen condoliert, die Kais[erliche] Hoheit, die nicht verwittwet (douairière) heissen will |3| sondern Grossherzogin Grossfürstin, was ins franz[ösische] nicht zu übersezen ist.[4] (Sie soll sehr ruhig gefasst sein), die Prinzessin von Preussen, die, was sehr zu loben um die Mutter zu trösten troz ihres sehr angegriffenen Zustandes 3 volle Wochen in Weimar bleibt, das Wunderkind (der jezige Grossherzog) und Prinzess Carl von der man weiss dass sie bei der ersten Durchreise wo der Alte schon halb sterbend war nur wenige Stunden blieb, und den Zustand richtig beurtheilend sich Trauerkleider bestellte, die sie bald brauchen würde! Sie ist zum Begräbniss nur auf 1 Tag gekommen u. dann an die Quelle zurük par ce qu'elle avoit à soigner ses nerfs[5]. Viel Sentimentalität!! Die alte Henckel sagte: wenn man sie nicht lange mit kaltem Wasser begiesst, so wird man sie uns einst närrisch nach Weimar zurükschicken müssen. Ich habe ihr auch viel über l'irritation des nerfs geschrieben wie an den eiteln Grossherzog von déposer au pié de trône, und depuis que par la divine Providence Vous êtes appelée à saisir les rênes de l'Empire[6] … alles ein Balsam. An Prinzess v. Preussen habe ich ernst und ausführlich von Euch, Eurem Mitgefühl und der ital[ienischen] Reise geschrieben. Der König geht heute, wo alle in Charl[ottenburg] schliefen (auch der Taube von Streliz) nach Westphalen bis Sonnabend; Baiern nach Hamburg und Fischbach. Unsere Königin bleibt hier bis Ende des[a] Monats, wo König über Königsberg nach Puttbus, und Königin mit der Dönhoff und Hacke nach Ischl. Ich begleite den König aus Vorsicht nicht nach Puttbus, sondern bleibe indes Euch näher an Berlin, |4| wo mein neu getünchtes Innere ein theurer Zauberpallast wird geworden sein. Die Niederlage der Kreuz Zeitung hat wie Du wohl glauben kannst ihre hiesige dreiköpfige Parthey, General Gerlach, Niebuhr und Graf Finkenstein sehr entrüstet. Die Zeitung ganz russisch knechtend, hatte Manteuffel nicht undeutlich mit dem „Verräther Hauckwitz verglichen, der ins feindliche Lager übergegangen sei". Darauf hätte was ich sehr lobe Mant[euffel] seinen Abschied gefordert, wenn man die Kreuz Zeit[ung] nicht zähme. Lezteres ist dann geschehen, wonach die übermüthigen Redacteurs, Wagener, an der Spize

---

[a] bis Ende | bis Ende *streicht Hrsg.* | des *H*

sich zurükgezogen.[7] In Glienicke würde man mich fragen, dites moi en peu de mots, comment tout cela finira.[8] Ich freue mich sehr des edeln und kräftigen Benehmen[s] des Königs.

Herzliche Grüsse Deiner lieben Schwester und allen den Deinen. Ich umarme besonders Bernhardchen.

Dein

AHt

Potsdam Dienstags

Ich corrigire den Brief nicht, das langsame Dechiffriren, wodurch man Wörter wie neue Länder entdekt ist eine Freude des zu übenden Scharfbliks.

[1] Julius Troschel schuf 1853 „Bacchus im Korb“ für die Orangerie in Potsdam Sanssouci, wo sich auch eine „Flachsbinderin“ von ihm befindet (Werner 2013, 447).

[2] „On est très scandalisé et très mécontent à Rome de l’ouverture de tavernes qui ne sont fréquentées que par les soldates français, mais où la bière est servie et les honneurs de l’établissement sont faits par des jeunes filles venues de Paris et dont la conduite est très légere.“ (Journal des débats politiques et littéraires, 14.7.1853) Daraus ergibt sich die wahrscheinliche Datierung.

[3] Nicht bekannt.

[4] Am 8.7.1853 war Karl Friedrich von Sachsen-Weimar-Eisenach gestorben. Er war verheiratet mit Maria Pawlowna, Tochter des russischen Zaren Paul I. Prinzessin Carl war eine Tochter des Verstorbenen, Augusta (die Prinzessin von Preußen) eine weitere.

[5] Frz.: weil sie auf ihre Nerven achten musste.

[6] Frz.: am Fuße des Thrones niederlegen, und seitdem Sie durch göttliche Vorsehung dazu berufen sind, die Zügel des Reiches zu ergreifen.

[7] Der konservative Ministerpräsident Manteuffel (mit einem besonderen „Geschick als findiger und sogar schonungsloser politischer Taktiker“) versuchte seit Jahren, besonders durch die Einrichtung einer „Zentralstelle für Preßangelegenheiten“ 1850, die Presse zu manipulieren, was insbesondere seitens der Kreuzzeitung mit dem Redakteur Wagener zu einem „schmutzigen Pressekrieg“ führte. Daraufhin drohte Manteuffel, seinen Abschied zu nehmen, woraufhin der König eingriff. „1853 wurde schließlich ein Waffenstillstand erzielt, nachdem Wagener die Kreuzzeitung verlassen hatte“ und der Leiter der „Zentralstelle …“ versetzt worden war (Barclay 1995, 369–370). Siehe auch den ausführlichen Bericht in Allgemeine Zeitung Nr. 197 vom 16.7.1853, 3140–3141, was die vermutete Datierung bestätigt.

[8] Frz.: sagen Sie mir in wenigen Wörtern, wie das alles enden wird.

340 Alexander von Humboldt an Gabriele von Bülow
Berlin, 7.8.1853

H: DLA/SNM, Marbach, 62.2137

Berlin, Sontags! d[en] 7ten August 1853.[a]

Endlich, meine theur[e] Gabriele, bin ich seit gestern zur Hochzeit einer Tochter von Mitscherlich (sie heirathet einen ausgezeichneten jungen Anatomen Sohn des Geh[eimen] Medicinal

[a] d. 7ten August 1853. *ergänzt B*

Rath[s] Busch) förmlich nach Berlin gezogen und meine grösste Sehnsucht ist nach Euch und Tegel. Ich frage an, ob Dir Mittwoch gelegen ist? Vielleicht ist dann Bernhardchen dann auch schon heimgekehrt? Ich komme auch jeden anderen Tag der Dir angenehm sein könnte! Ich schreibe diese flüchtigen Zeilen weil ich in schusslichem Auspacken bin. Ich lege Dir einen recht schönen Brief der Prinzessinn von Preussen bei, auch einen von Rudolstadt, da er von der Herzogin von Orléans handelt, die sich auch scheints über die kleinen Götzen Prinzen hat irre führen lassen. Die Red[e] in Elbing[1] ist ohne alle Würde und ist sehr zu beklagen. Rauch ist mit der Tochter und Enkelin Marie über Cölln und Heidelberg nach der Schweiz wo er seit 50 Jahren nicht war. Er kommt Anfangs Sept. wieder und ruft Dir eviva[2] über die Nachricht zu dass Du zum September schon in Rom eine Wohnung gemietet hast. Ich sollte deshalb zagen und weinen, aber ich freue mich innigst über die Freude welche Du Dir und den herrlichen Kindern bereitest.[3] Du schreibst mir wohl, ob Dir Mittwoch gelegen ist. Ich habe leider die heutige Post nach Tegel versäumt.
Dein

AlHumboldt

Flottwells sind wahrscheinlich jezt bei Deiner lieben Schwester in Burgörner.

1 Am 1.8.1853 sagte der König am Bahnhof in Elbing in einer Rede, „daß ihn der freundliche Empfang, den er hier finde, überrasche; ihm wäre die Stadt Elbing schon als Kronprinz lieb gewesen, und auch als König hätte er sich früher gern in deren Mauern aufgehalten. ‚Aber', schloß ungefähr der König, ‚seit der Zeit der unglücklichen Errungenschaften verfolgen die hiesigen städtischen Behörden unchristliche Tendenzen, und wenn sich das nicht ändert, dann wird in kurzer Zeit ein Schlag geschehen, der es zeigen wird, daß es in diesem Lande noch einen Herrn giebt.'" (Magdeburgische Zeitung, Nr. 180 vom 5.8.1853, 2).

2 Evviva (ital.): Hoch!

3 Zur Reise Gabriele von Bülows nach Rom mit den drei unverheirateten Töchtern im Winter 1853/54 siehe Sydow 1919, 517ff., und Sydow 2000, 216. Der Aufenthalt wurde wegen der Masernerkrankung der Familie Loën am 10.2.1854 abgebrochen, man kehrte nach Berlin zurück, wo kurz vor der Ankunft die Tochter Gabriele von Loën am 16.2.1854 verstarb.

341 Alexander von Humboldt an Gabriele von Bülow
o. O., 13.8.1853

H: DLA/SNM, Marbach, 62.2137

Olfers ist sehr geschmeichelt von einem so gnädigen Andenken. Obgleich etwas unwohl wird er doch morgen Sontags, mit mir kommen.[1] Er hat grosses Verdienst für Troschel gehabt.[2]

Das scheussliche Wetter. Der Maler Hildebrandt schreibt mir aus der Schweiz dass es dort seit 6 Wochen wie mit Mollen regnet und dass er diese Zeit aus seinem Leben ausstreichen muss.[3] Ich habe Olfers vorgeschlagen den Sohn mit nach Tegel zu bringen: ich weiss aber nicht, ob er nicht mit der Mutter in Schlesien ist. Ueber Puttbus sind wir nun getröstet, da wir wissen wo jeder wohnt.
Herzliche Grüsse

AlHumboldt

Sonnabend d. 13ten August 1853.[a]

Die Sphinx liegt noch immer auf ihrer Burg (Oerner!)

[1] Siehe Humboldts Einladung an Olfers in Humboldt 1913, 171.
[2] Vgl. den Brief Nr. 339, Anm. 1.
[3] Hildebrandt schrieb am 8.8.1853 aus Ischl an Humboldt, „daß ich gesund und munter die sieben Wochen verlebte, und zwar größten theils in der Schweitz und Tyrol, das Salzburgische und Salzkammergut habe ich auch kennen gelernt und hat mir alles sehr gut gefallen, wäre das Wetter nur um einiges besser gewesen. – Es ist in der ganzen Zeit beinahe kein Tag vergangen, an welchem es nicht fürchterlich geregnet hätte, und so muß ich zu meinem großen Bedauern sagen daß ich diese Wochen so zu sagen aus meinem Leben auszustreichen gezwungen bin, weil ich nichts, oder unbedeutend wenig habe schaffen können. Doch glaube ich daß, trotzdem, ich so glücklich war die Wirkung des Alpenglühens zu attrapiren, und glaube ich daß ein regnigter Himmel günstig für dieses Naturschauspiel ist, wenigstens ist mir's so erschienen." (Quito, Museo Jijón y Caamaño).

342 Alexander von Humboldt an Gabriele von Bülow Berlin, 10.9.1853

H: DLA/SNM, Marbach, 62.2137

Berlin, Sonnabend 10 Sept. 1853

Sollte mein guter Stern mich nicht, theure Gabriele, mit Dir zugleich nach Potsdam führen! Ich muss wegen der Ankunft der Majestäten heute Abend um 7U hin und bleibe dort bis Montag früh oder Abend. Dass ich von der lieben Erlaubniss zu meinem Geburtstag (der wie Du weisst mir immer ein sehr unheimlicher Tag ist, weil ich recapitulire was ich der Weggehende unvollendet lasse) in die alte Heimath nach Tegel flüchten zu dürfen, gern Gebrauch mache, weisst Du von [selbst][b]. Ich denke um hiesige Besuche zu vermeiden, Mittwoch 14 Sept. schon um 10 Uhr zu verlassen und habe, da Rauch nicht hier sein wird, den sehr angenehmen Kaulbach eingeladen, was Du gewiss billigst.[1] Ich fürchte dass Hugo, der wie ich über die arme, so kläglich dahingeschiedene Schwester trauert, nicht wird erscheinen können. Wie schreklich für den Gatten zu begraben in dieser Merseburger Zeit des Jubels, der affectirten Siegesfreuden und pathetischen Reden. Ich hoffe dass jenseits der Alpenmauer es eine Sonne giebt! Habt Ihr Himmelskundigen ein wundersames leuchtendes Phaenomen Mittwoch Abend (7 Sept.) zwischen 9 und 10 Uhr gesehen. Es war stokfinster, es gab einige Blize tief am Horizont und gegen Nordwesten erschien ein längliches stark aber milde leuchtendes Gewölk, erst rothleuchtend, dann weiss wie Mondschein. Es gab deshalb Auflauf |2| in den Strassen. Es war kein Flimmern, kein Zucken (wie Wetterleuchten) in dem Gewölk. Es war eine wahrscheinlich electrisch selbstleuchtende Wolkenmasse. Der Professor Beccaria in Turin hat einmal etwas ähnliches gesehen.[2] Das Wunderbarste ist das[s] gestern Freitag Abend schon halb neun Uhr die leuchtende Erscheinung sich röthlich an der selben Stelle!!

[a] d. 13ten August 1853. *ergänzt B*
[b] Selbst *H ändert Hrsg.*

wiederholte. Es wurde Sternklar und man sah an der Stelle auf dem freien Himmelsgrunde nichts; die Lichtwolke stand wieder in Nord West sehr hoch wohl 60° über dem Horizont. Wir haben schon[a] einen Türken-Cometen, ein brennendes Wasser in der Carlsstrasse (heiliges Feuer) auf den Kirchentag deutend und „Reden über die Schwachheit die ich gehabt, und wieder haben [werde], aber zum lezten Mal bis ich darein schlage …“ Viel Unheimliches! Du siehst in der Anlage (zu behalten!) wie ich das fromme Manuscript soignire. Ich zweifle dass ich bis 26 Sept. ein Exemplar schaffen kann. Da man bestimt auf eine 2te Auflage der Sonette[3] rechnen kann, so wird dann Reimer alle geben in 2 Bänden.
Mit inniger Liebe

AHt

Möge doch Kaulbach annehmen können!

1 Siehe Humboldts Einladung an Kaulbach, Berlin, 8.9.1853 (Bayerische Staatsbibl., München, Kaulbach-Archiv III).
2 Beccaria 1759.
3 Humboldt, W. v. 1853.

343 Alexander von Humboldt an Gabriele von Bülow
Berlin, 15.9.1853

H: DLA/SNM, Marbach, 62.2137

Ich kann mir nicht die Freude versagen, theure innigst geliebte Gabriele, Dir noch in diesen Zeilen den Ausdruk des Dankes für einen so schönen Tag als [der gestrige war][b], darzubringen.[1] Was sich ernstes, an das Vergängliche auftreffend, dabei den ahnenden Gefühlen aufdrängt[c], muss man der Phantasie nicht entrücken, sondern mit[d] dem Lichte umgeben. Die menschlichen Eindrücke der Umgebung (der grossen und kleinen) waren des Ortes würdig der seinen intellectuellen[e] und moralischen Glanz, in Geist, Kraft und Sitte, durch Deine unaussprechliche Anmuth bewahrt.

Die Einlage in einem lieben Briefe von Mathilde, noch ohne den Prediger aus der Tanzhalle!

Rauch schwärmt in sehr unchristlich muselmannischer Sinnlichkeit!
Dein

AHt

B[erlin] d. 15 Sept. 1853

1 Humboldts Geburtstag am 14.9. war wie meist in kleinem Kreis in Tegel gefeiert worden. Vgl. den Brief vom 10.9.1853.

---

a schon *ergänzt H*
b (1) den gestrigen (2) der | gestrigen *H ändert Hrsg.* | war *ergänzt H*
c (1) < – > (2) aufdrängt *H*
d sondern | von *gestrichen* | mit *H*
e (1) geistigen (2) intellectuellen *H*

344 Alexander von Humboldt an Gabriele von Bülow
o. O., 19.9.1853

H: DLA/SNM, Marbach, 62.2137

Rauch, meine Liebe, ist angekommen, heiter und voll Sehnsucht Euch vor der Abreise in Tegel[1] od. hier zu sehen. Er war gestern bei mir. Da Deine eigene[n] Excursionen so unsicher sind, so fleht [er] dass Du ihm directe nach dem Lagerhause schreibest welchen Tag er nach Tegel kommen soll od. wo u. wann Du ihm ein rendez Vous in Berlin geben kannst. Er wird alles pünktlich befolgen.
Dein

AlHumboldt

Montags d. 19ten September 1853.[a]
in grosser Eile

[1] Zu Gabriele von Bülows Romreise siehe den Brief vom 7.8.1853, Anm. 3.

345 Gabriele von Bülow an Alexander von Humboldt
Rom, 10.1.1854

D: Sydow 2000, 255–259

Frau von Bülow an Alexander von Humboldt.

Rom, 10. Januar 1854

Dein lieber, langer, höchstinteressanter Brief vom 23. Dezember hat mich sehr beglückt, teuerster Onkel, und ich weiß kaum, wie ich Dir genug dafür danken soll, sowie für alle Deine Liebe und Güte für meinen Bernhard, dessen Lob Deinerseits mich unbeschreiblich erfreut. Meinen letzten Nachrichten von ihm nach, die auch die letzten sind, die ich überhaupt von Tegel und Berlin habe, war er eben im Begriff, Deiner gütigen Einladung zu folgen und sich auf ein paar Tage häuslich bei Dir niederzulassen. Diese Tage werden Epoche in seinem Leben machen und können ihn wirklich mit dem sonst so hartherzigen Geschick aussöhnen, das ihm gerade zum Weihnachtsfest das schwesterliche Haus verschloß.

|256| Wie sehr mich die Krankheitszustände dort betrüben und beunruhigen, kann ich nicht ausdrücken.[1] Sie stören mir natürlich seit den letzten vierzehn Tagen sehr den Genuß des hiesigen Lebens, der sonst wohl auch fast zu groß wäre, denn mit jedem Tage nimmt meine und der Kinder Freude an demselben zu, je mehr wir uns hier einleben und die unerschöpfliche Fülle des Schönen und Interessanten teils kennenlernen, teils wiedersehen. Du hast wohl recht, Dich immer von neuem darüber zu freuen, daß ich den Entschluß zu dieser Reise faßte und ausführte. Möchte dieses Unternehmen ferner so glücklichen Fortgang haben!

[a] d. 19ten September 1853. *ergänzt B*

Ein großer Abschnitt liegt nun schon hinter uns durch den Übergang in das neue Jahr. Zu diesem sage ich Dir, lieber, teurer Onkel, meine und der Kinder allerherzlichste Glückwünsche, und freue mich unendlich, aus Deinem lieben Brief zu ersehen, daß Dein Befinden so gut ist. Der Himmel erhalte es ferner so und schenke uns allen in einigen Monaten ein frohes Wiedersehen, wonach ich mich oft schon sehne.

Seit den letzten Tagen weht es hier schon etwas wie Frühlingsluft, nachdem wir wochenlang sehr häßliches Wetter hatten, mit unablässigen Regengüssen, heftigen Stürmen und gänzlichem Mangel an Sonne, der besonders traurig ist, weil es ein solcher Verlust ist, wenn alle die Schönheit um einen herum unbeleuchtet bleibt. Gern hätten wir für hellen Himmel einige Kälte ertragen. Diese war aber nur vorübergehend, und wir beobachteten in ziemlich früher Morgenstunde kaum ein Grad und dachten mit Schrecken an die cara patria, wo es ja so bitter kalt sein soll. Jetzt haben wir täglich acht bis zehn Grad Wärme und fahren stundenlang, oft bis gegen fünf Uhr nachmittags im offenen Wagen herum.

|257| Sage bitte Gabriele, daß wir ihren Geburtstag mit dem Besuch des Friedenstempels gefeiert hätten. Wir erstiegen ihn, das heißt die Plattform, die von den wohlbekannten drei Bogen getragen wird, und von der man eine Aussicht hat, die von allen schönen wieder die Schönste scheint. Die Stelle, von welcher sich die mächtigen Bogen erheben, ist jetzt ein verwilderter Garten, wo stellenweise nur Brokkolifelder gepflegt werden, wo aber „die Goldorangen im dunklen Laube glühn'["][2] und die Rosenhecken in reicher Blüte stehen. In einer großen sprudelnden Fontäne wuschen wir unseren im Brokkolifeld gemachten Fund an Marmorstückchen von rosso-, giallo- und verde antico und kamen sehr beglückt zurück. Heute kamen wir mit einer fast ebenso reichen Ernte aus den Gemüsegärten, die den Tempel der Minerva medica umgeben, zurück, und so führt jeder Tag Schönes und Bemerkenswertes mit sich.

Gestern wohnten wir dem jährlichen Sprechfest in der Propaganda bei und hörten in einer sehr feierlichen Versammlung fünfundvierzig verschiedene Sprachen, sechzehn orientalische, vierundzwanzig europäische und fünf afrikanische, teils in Versen, besonders in Sonettform, teils in Prosa, ein wunderbarer Vorgang.

Unser Prinz war auch gegenwärtig[3], und zwar war er ganz ohne sein Erwarten auf das feierlichste empfangen und zu seinem Sessel geleitet worden, hinter welchem die Schweizer Garde die ganze Zeit über stehen blieb. Seine Suite war mit ihm, und uns amüsierte es nicht wenig, die wohlbekannten Potsdamer Gesichter vom Ersten Garderegiment aller dieser Gelehrsamkeit der in schwarzen Talar Gekleideten gegenüber sitzen zu sehen. Überhaupt ist die Anwesenheit des Prinzen und seiner |258| Herren und diese ganz heimatlichen Eindrücke mitten in der uns umgebenden fremden Welt oft gar zu sonderbar für uns, aber wie Du denken kannst, sehr erfreulich. Der Prinz ist ungemein liebenswürdig für uns und scheint seinerseits auch recht erfreut, uns hier gefunden zu haben. Er brachte noch gestern den Abend ganz häuslich und gemütlich bei uns zu und teilte uns Briefe von den Seinigen aus Coblenz mit. Er nimmt das lebhafteste Interesse an allem, was er hier sieht, zeigt dabei viel Kenntnisse und sehr richtiges Gefühl mit der ihm eigenen Einfachheit und entzückt hier alles durch seine Liebenswürdigkeit und sein so angenehmes und natürliches Wesen.

Du wirst schon wissen, daß der Prinz vom Papst mit der größten Auszeichnung empfangen worden ist und ihm überhaupt alle möglichen Ehren erwiesen werden, mehr als ihm oft bequem ist. Gestern gab ihm der Kardinal Antonelli ein großes Staatsdiner, und gleich darauf wurde ihm das Museum vom Vatikan bei Fackelbeleuchtung gezeigt.

Die preußischen Künstler, besonders die Bildhauer, machen sich manche Hoffnung.

Von Cornelius wirst Du nun selbst einen Brief erhalten haben mit allen Mitteilungen über seine große Arbeit, die „Erwartung des Jüngsten Gerichts“ darstellend. Es ist eine große und schwierige Aufgabe, die er zum Teil schon wundervoll gelöst hat. Das Schwierigste ist aber noch zurück, nämlich die Darstellung unserer Zeit, dazu möchte man ihm ganz besondere Erleuchtung wünschen.

Von Cornelius bestelle ich also heute keine Empfehlungen, aber wohl von Tenerani und Wolff, die mich immer wieder darum bitten. Besonders ersterer hat eine |259| wahre tenerezza[4] für Dich. Die Bekanntschaft des jungen Begas habe ich mit Freuden hier erneuert. Wie prächtig wäre es, wenn Rauch wirklich noch im Frühjahr herkäme! Grüße ihn doch herzlichst von mir und sage ihm, ich gedächte so viel hier seiner.

Lebe nun herzlich wohl, lieber, bester Onkel, und habe nochmals vielen Dank für Deinen lieben, gütigen Brief, wie auch für die Zeilen, die mir der Prinz von Dir brachte. Daß König Ludwig sich so bewährt hat in seinem Andenken der Vergangenheit, ist auch erfreulich. Die Sonette[5] werden sehnlich hier bei dem deutschen Buchhändler erwartet, der nicht genug der Briefe [an eine Freundin][6] erschaffen kann, so viel werden sie auch hier gelesen.

Wie köstlich ist gewiß Deine Introduktion zu Aragos Werken[7] geworden, wie sehr muß diese Arbeit Dein Gemüt beschäftigt haben. Es ist mir darum lieb, daß sie beendet ist. Für die Beschäftigung Deines Geistes ist mir nicht bange!

Ich schließe jetzt am 11. und habe leider keine neuen Briefe, was mich traurig und ängstlich stimmt. Die Kinder grüßen Dich auf das herzlichste, sie haben eben Stunde im Aquarellmalen, die ihnen große Freude macht.

Lebe wohl, teuerster Onkel, gedenke ferner in Liebe und Güte Deiner Dich innigstliebenden

Gabriele von Bülow.

1 Vgl. den Brief vom 7.8.1853, Anm. 3.
2 Aus „Kennst du das Land?“ von J. W. von Goethe.
3 Prinz Friedrich Wilhelm von Preußen, der Sohn von Wilhelm von Preußen und als Friedrich III. 1888 Kaiser, hielt sich von Weihnachten 1853 für zehn Wochen in Rom auf.
4 Ital.: Zärtlichkeit.
5 Humboldt, W. 1853.
6 Humboldt, W. 1847.
7 Arago 1854.

346 Alexander von Humboldt an Gabriele von Bülow
o. O., 1.3.1854

H: DLA/SNM, Marbach, 62.2137

Ich vernehme, meine Liebe, dass Du den Entschluss gefasst hast vorläufig eine sehr, sehr enge Wohnung bei Leopold und den theuren Kindern zu beziehen. Dieser Entschluss ist ganz Deiner würdig und freut mich unendlich, da er allein den tiefen Schmerz tiefer, unauslöschlicher Wunden lindern kann. Die Trennung von zweien Töchtern ist freilich eine grosse Entbehrung,[1] aber sie selbst wird für Deine gefühlvolle Schwester ein Motiv sein, die Stadt öfter zu besuchen und mir die Sicherheit geben Euch alle vor od. nach dem obligaten Königs Diner zu finden! Der unglükliche Prediger Sydow, der seinen so ausgezeichneten Sohn, den Arzt, nach wenige[n] Tage[n] Typhus verlor! Ich habe ihm zärtlichst geschrieben.[2] Danke, theure Gabriele, innigst Hedemann für die so tröstlichen Nachrichten über die Sonette. Ich habe alles in die Hände von Dr Brandes gelegt der im Frühjahr nach Tegel kommen kann um zu vergleichen. Vielleicht wäre es noch einfacher und gleich sicher, Hedemann legte jezt alle Sonette in die Hände des Herausgebers; es ist ein Mann der den Werth eines solchen Schazes zu erkennen |2| weiss.[3] Neues über den Weltzwist nichts. Der Hof war bei Bloomsfield zum bittersten Aerger der Gerlachschen Parthey die es bis auf den lezten Augenblik zu hindern suchte. Gestern, lezter Ball bei dem König. Albert Pourtal[è]s in grosser gestikter Gesandten Uniform, um zu zeigen, sagte er selbst dass er wieder zum Dep[artament] gehört (und eigentlich die erste Rolle spielt[)]. König und Königin tragen mir samt Mecklenburg viel ungeheuchelt Zärtliches für Dich auf. Die Brandenburg und Amalie Dönhof rühmen sehr einen Besuch von Leopold und rühmen sein ganzes „inneres Wesen". Heute Abend ist ein lahmer Thee bei dem Russischen Gesandten. Ich lege ein sonderbares, frommes, nicht frömmelndes Buch das Jacob Grimm herausgegeben und sehr, sehr lobt, anbei. Vielleicht freuet es Dich u. wirkt lindernd, wie die freie Luft die die Gräber umweht.

Herzliche Grüsse an Alle Lieben.

Schreibe mir ja den Tag an dem Du kommst.

AHt

Mittwoch d. 1ten März 1854.[a]

1 Nach dem Tod der Tochter Gabriele von Loën am 16.2.1854 (siehe den Brief von 7.8.1853, Anm. 3) verließ Gabriele von Bülow Tegel und zog in die Nähe von Leopold von Loën, um sich um die drei kleinen Kinder zu kümmern (Sydow 1919, 524).

2 Nicht bekannt.

3 C. J. H. Brandes, Angestellter der „Königlichen Bibliothek", wurde Mitarbeiter an der Ausgabe der „Gesammelten Werke" W. v. Humboldts. Für die „Sonette" (Humboldt, W. 1853) hatte Humboldt eine Einleitung geschrieben. Siehe auch den Brief vom 10.1.1854. Der Erbe Hedemann hatte die Ausgabe im Verlag Reimer bestimmt. Vgl. Humboldt 2009, 532.

347 Alexander von Humboldt an Gabriele von Bülow
o. O., 14.4.1854

H: DLA/SNM, Marbach, 62.2137

Hannibal ist vor den Thoren! Du weisst vielleicht nicht, meine Liebe, dass Ostermontag die goldene Hochzeit von Savigny ist: ich habe auf Bettina's Veranlassung es dem König schriftlich gemeldet. Ich wünsche dass es helfe, man wenigstens einige theilnehmende Worte sage, an welche der eitele Mann glauben wird. Der Brief der Prinzessin v. Preussen enthält auch Worte statt Empfindungen. Er ist aus Schaam geschrieben. Du wirst wohl auch thuen als

a d. 1ten März 1854. *ergänzt B*

habe [sie][a] nur darum geschwiegen, weil [sie][b] Deinen tiefen Schmerz habe vermehren wollen, als wenn tieffühlende Menschen nicht gerade am liebsten von dem reden hören, was [sie][c] bewegt. Wegen ihrer treuen Anhänglichkeit an Deinen theuren Gatten muss man ihr manche weimarsche Phrasenübel verzeihen. Schike mir gütigst den Brief zurük.[1] Ich habe viel Freude gehabt Wilhelm zu sehen. Wie weit liegt die Zeit in der sein prinzlicher Stern aufging u. sich bald verdunkelte.

AlHumbold[t]

d. 14ten April 1854.[d]

[1] Wohl ein Kondolenzbrief nach dem Tod Gabriele von Loëns.

348 Alexander von Humboldt an Gabriele von Bülow
o. O., 28.4.1854

H: DLA/SNM, Marbach, 98.18.21

Ich habe mich, meine Liebe, so unsichtbar halten müssen, um eine böse Erkältung zu pflegen und mich zu stärken für die dramatische Scene, die ich[e] morgen Sonnabend um 2 Uhr, für Emma und Signora madre Gaggiotti bei mir muss spielen lassen. Sie sind ihrer Abreise ganz nahe und Olfers soll der Emma, auf Befehl des Königs, die sogenannte grosse Medaille für Künstler einhändigen. Das zwingt mich zu den Heldenthaten von Mad[ame] Seifert, da ich Rauch, Olfers u. Hildebrandt habe einladen müssen.[1] Ich bin ganz betrübt zu sagen, wie mir nach ernster Ueberlegung die Freude vereitelt ist, Dich, die theuren Kinder, Deine Schwester und Hedemann und Loën einladen zu können. Meine Kräfte gehen nicht über 5–6 Personen und ich darf genug auf Euer Aller Nachsicht[f] rechnen, dass Ihr nicht als Nachlässigkeit und Kälte! deutet was in der Unförmlichkeit meiner Haushaltung und Speise Werkzeuge liegt. Vielleicht beglükst Du mich heute, Freitags, od. Sontag nach 2U, oder Montag, wo ich in Charlot[tenburg] speise vor 2 Uhr. Eine angenehme Nachricht: Prinz von Preussen hat aus grosser Zärtlichkeit für uns (da der König sich nicht erklärt) mein Bildniss gekauft und Bunsen ist ein Opfer geworden des Hasses der Kreuzzeitung und der Russenliebe[2]!
Mit innigster Anhänglichkeit Dein

AlHumboldt

Freitags d. 28 April 1854.[g]

Bunsen will in England bleiben mit 8 Kindern.

---

[a] Sie *H ändert Hrsg.*
[b] Sie *H ändert Hrsg.*
[c] Sie *H ändert Hrsg.*
[d] d. 14ten April 1854. *ergänzt B*
[e] ich *ergänzt H*
[f] Nachsicht *ergänzt H*
[g] d. 28 April 1854. *ergänzt B*

[1] Die italienische Künstlerin E. Gaggiotti-Richards war vermutlich das erste Mal im Juni 1853 nach Berlin gekommen und malte in der Folge mehrere Porträts. Das von A. von Humboldt, von Rauch und ein Selbstporträt wurden in der Akademieausstellung im September 1854 gezeigt (Werner 2018, 418). Zuvor waren einige in ihrem vorübergehenden Quartier Victoria-Hotel zu besichtigen, wie Humboldt an Spiker am 22.4.1854 schrieb: „Der König und die Königin sind heute nachmittag bei der schönen und liebenswürdigen Emma gewesen, die wunderbar malt und singt, fünf Sprachen spricht und von der edelsten Einfachheit des Charakters ist. Sie fährt in acht Tagen zu ihrem Vater nach Ancona und kehrt erst im Winter nach London zurück [...]" (Humboldt 2007, 231) Humboldt schätzte sie sehr: „Eine solche Vereinigung geistiger Anlagen u. geistiger Ausbildung bei so viel äusserem Reiz und italienischer Natürlichkeit gehört zu den merkwürdigen Lebenserscheinungen", schrieb er an Mendelssohn am 18.2.1858 (Humboldt 2011, 335). Vgl. auch den Brief vom 8.8.1857. Am 29.4.1854 gab Humboldt für sie und ihre Mutter ein Abschiedsessen, in der ihr die „die große goldene Medaille für Kunst" von Olfers verliehen wurden (Humboldt 2013, 46 (Einleitung), Humboldt 1913, 182, und Humboldt 2007, 232). Im Anschluss reiste die Künstlerin nach Paris, hielt sich aber in den folgenden Jahren mehrfach in Berlin auf. Humboldt spielte auch eine Rolle bei der Leibrente, die ihr der Prinz von Preußen zahlte (Humboldt 2011, 347, Werner 2018, 171).

[2] Im Krimkrieg hatte Bunsen ohne Absprache ein preußisch-britisches Bündnis gegen Russland geplant, was zu seiner Abberufung führte.

349 Alexander von Humboldt an Gabriele von Bülow
o. O. u. o. D., [vermutlich 13.5.1854]

H: DLA/SNM, Marbach, 62.2137

Mein Entschluss ist gefasst, theure Gabriele seit dem ich gestern in Charl[ottenburg] erfuhr dass Du und die lieben Kinder und Loën, alle, morgen in Tegel speisen. Ich komme gewiss auch hin und hoffe dort etwas moralische Beruhigung zu schöpfen, da ich von den Adjutanten des Pr[inz] von Preussen erfahre, dass Bonin, der Kriegsministre nun auch als Opfer gefallen ist und durch Wallersee ersezt ist. Du kannst Dir die Aufregung bei dem Pr[inz] v. Pr[eussen] denken.[1] Wolltest Du, meine Liebe, dem Hugo anbieten, ob ich ihn morgen, Sontags, mit nach Tegel nehmen soll. Ich würde ihn bei mir um ¾ auf zwei Uhr erwarten.
Mit inniger Anhänglichkeit Dein

AlHumboldt

Sonnabend

Vielleicht lässt mir Hugo Antwort sagen, wenn er nicht annehmen will.

[1] E. W. L. von Bonin war seit 1852 Kriegsminister, trat am 5.5.1854 wegen Differenzen zurück und erhielt das Kommando der 12. Division in Neisse. Daher die Datierung. In der Folge kam es zu Spannungen zwischen Kronprinz und König, die sich bis zur Staatskrise verstärkten (Bußmann 1990, 400ff., Barclay 1995, 378).

350 Alexander von Humboldt an Gabriele von Bülow
o. O. u. o. D., [vermutlich 15.5.1854]

H: DLA/SNM, Marbach, 62.2137

Ich war heute bei dem Kriegsminister Bonin der die Stelle in Neisse annimmt mit einem 4 monatlichen Urlaub[1], dann in Charlottenburg wo ich den König überaus heiter fand. Der Bruch mit dem Pr[inz] v. Preussen betrübt mich wegen der Oeffentlichkeit. Der Prinz ist abgereiset ohne vom König persönlich Abschied zu nehmen. Es geht die Nachricht das Genera[l] Commando am Rhein sei ihm abgenommen: ich hoffe das[s] es bloss eine Drohung war. Gieb Dir, theure Gabriele nicht Mühe über diesen Gegenstand zu antworten, aber ein anderes Räthsel flehe ich, mir in 2 Zeilen zu lösen: wie bist Du meine Theure zu dem Briefe aus London, einem alten vom 29 April gekommen den mir heute Dein Kutscher bringt. Es war ein englischer Brief von einem Dir gewiss ganz unbekannten Colonel Sykes[2], einer [der][a] Directoren der Ostindischen Company, die Himalaya Reise der bairischen Gelehrten, Gebrüder Schlagintweit [betreffend]???[3] Wie in aller Welt kommt der Brief zu Dir. Der Hof zieht morgen abend nach Potsdam, kommt 17ten wieder zum „oekonomischen" Versprechen Philippsthals, dann Dessau u. Weimar[4]; Pfingsten in Potsdam (Sanssouci)[5]; dann Ostpreussen, Puttbus … ein nüchternes Programm.

Dein
AlHumboldt

Montag Nacht

Sonderbar dass der Prinz gestern beim Weggehen 6^{U} ½ Abends dem Hofrath Bork sagte, er würde ihn in langer Zeit nicht wiedersehen!
Sonderbar dass der Prinz beim gestrigen Weggehen 3 Briefe hier liess an den König, Pr[inz] Carl!! u. Prinz Albrecht mit dem Befehl sie nicht ehe[r] abzusenden als bis der Wagen zurük wäre, der ihn auf die Eisenbahn gebracht. Das sieht ernst aus.[6]

1 Siehe den vorigen Brief, Anm. 1.

2 Der Direktor der britischen Ostindienkompanie, H. W. Sykes, bedankte sich für Humboldts Empfehlungsbrief, der ihm von Adolf Schlagintweit übermittelt worden war. Er zitierte Humboldts Werke („Personal narrative" und „Kosmos") und lobte Rudolf Schlagintweits Kenntnisse, den er v. a. in Geologie förderte. „You are aware that he only will be in the service oft he East India Company, but that he will be accompanied by his older and his younger brother. […] Herr Schlagintweit considers that his mission will occupy about three years. He will land at Bombay; cross to Madras, thence to Calcutta, – go up the Valley of the Ganges, and along the Himalaya as to Punjab, there descend the Indus return to Bombay." (W. H. Sykes an Humboldt, London, 29.4.1854, DLA/SNM, Marbach).

3 Die Forschungsreise der Brüder Hermann, Adolf und Robert Schlagintweit nach Indien und Zentralasien (1854–1857) im Auftrag der East India Company wurde gemeinsam von Preußen (auf Empfehlung Alexander von Humboldts) und Großbritannien (durch Bunsens Einfluss) finanziert. Wissenschaftliche Aufgabe sollte die magnetische und geologische Untersuchung von Kaschmir sein (Kirchberger 1999, 389–399; Humboldt 1913, 174): „[…] Sie haben ihnen [den Brüdern Schlagintweit]

a Der *H ändert Hrsg.*

die Gunst der Royal Soc., der Ostindischen Gesellschaft, der Magnetischen Commission verschafft. Ich muss Sie aber anflehen, durch einen Brief von wenigen Zeilen für die hiesige Finanzlage den lezten Schritt zu thun. Als vor einigen Wochen Dr. Hermann Schlagintweit dem König ein Relief vom Mont Rose schenkte, und eine volle Stunde mit König und Königin zubrachte, benutzte ich die Gelegenheit […] zu äußern […], daß es jetzt hohe Zeit sei, die verheißene hiesige Geldzahlung in officielle Bestimmtheit zu bringen, da bisher alles auf Privatbriefen und mündlichem Versprechen beruhe […] Der König antwortete: ‚er werde allerdings sein früher gegebenes Versprechen: den beiden Brüdern Dr. Hermann und Adolf Schlagintweit zur ostindischen Reise, drei Jahre lang, jährlich eine Unterstützung von dreitausend preußischen Thalern zu geben erfüllen, er erinnere sich auch bei der Abreise von Dr. Adolf Schlaginweit nach London, mir befohlen zu haben, Sie zu bitten, dem Adolf, zur Ausstattung, jetzt gleich 100 Pfd. St. und dem Hermann, so bald er nachkomme, eben so viel auszahlen zu lassen.'" (Humboldt an Bunsen, 20.2.1854, in Humboldt 2006, 180ff.) Siehe die Publikation seiner Korrespondenz mit den Brüdern Schlagintweit (Themenschwerpunkt Forschungsreisen. Hrsg. von Ulrich Päßler. In: edition humboldt digital, hrsg. von Ottmar Ette. Berlin-Brandenburgische Akademie der Wissenschaften. Berlin 2020. Version 6 vom 13.10.2020. URL: https://edition-humboldt.de/X0000008) und die umfassende Einleitung von Moritz von Brescius 2020.

4 Am 18. Mai fand in Berlin die Verlobung der Prinzessin Luise mit Alexis von Hessen-Philippsthal-Barchfeld statt, in der Folgewoche in Dessau die Verlobung des Prinzen Friedrich Karl von Preußen mit der Tochter des Herzogs von Anhalt-Dessau. „Seine Majestät reist über Dessau und Weimar und stattet den fürstlichen Höfen daselbst Besuche ab, trifft am Freitag den 26 in Erfurt ein, geht am 27 nach Eisenach und besucht am 28 Magdeburg, von wo Höchstderselbe nach Potsdam zurückkehrt." (Allgemeine Zeitung Nr. 142 vom 22.5.1854, 2269). In Puttbus wollte der König im August die Seebäder aufsuchen.

5 Am 21.5.1854.

6 Zum Zerwürfnis der beiden Brüder (König und Kronprinz) siehe den vorigen Brief.

351 Alexander von Humboldt an Gabriele von Bülow
o. O., [vermutlich 7.6.1854]

H: DLA/SNM, Marbach, 62.2145

Da ich meine Theure, Dich leider noch nicht selbst in Deiner kalten und regnerischen Einsamkeit besuchen kann so will ich wenigstens Dir eine kleine Aussicht in die unfrohe Jezt-Welt geben. Was ich Dir schreibe ist gestern vorgefallen und ist also im Publikum noch ganz unbekannt. Als ich gestern mit Bernstorf und der Gräfin Schliefen (aus Cairo) nach Potsdam fuhren fanden wir in Sanssouci zu unserer grössten Verwunderung den oestr[eichischen] Gesandten Graf Thun[a1] und einen oestreichischen Obersten der einen eigenhändigen Brief des Kaisers v. Oestr[eich] an unseren König brachte eine dringende Einladung enthaltend, sich mit ihm ein Rendez Vous in Tetschen bei Töpliz, dem schönen Thunschen Besize zu geben. Unser König wird mit Manteufel u. Gerlach morgen früh schon nach Tetschen abgehen[b] und am 10 od 11ten zum oeconomischen Jubelsilber[2] wieder hier sein. Ob die in den Zeitungen vielbesprochene oestr[eichische] Anforderung die Fürstenthümer zu räumen schon abge-

a Graf Thun *ergänzt H*

b Tetschen | und *gestrichen* | abgehen *H*

gangen ist und man nur die Folgen besprechen will od. ob man über die Form dieser Kriegdrohenden Anforderung in Tetschen disentiren will, ist mir undeutlich.[3] Bernstorf |2| ist von seiner Aufnahme wenig erbaut gewesen. Der König hat gar nicht mit ihm gesprochen und ihn auf die Rückunft verwiesen! Er hat viel Ungemach [auf] der Reise über Civita Vecchia u Genua gehabt. Ein 6 Monathe altes krankes Kind[4] und eine neapol[itanische] Amme die wenige Tage von dem Embarquement declarirt, sie reise nicht mit, per paura del mare![5] Die Gräfin ist in Frankf[urt] geblieben und geht nach Hamburg. Pr[inz] u Prinzess v. Preussen haben diese Nacht in Berlin geschlafen. Ich kann sie erst morgen sehen. Die Königin geht den 14–15 nach Dresden, um Babel zu meiden.
Herzliche Grüsse

AlHt

Mittwochs

1 Graf Thun war von 1850 bis 1852 Bundestagsgesandter in Frankfurt und führte als Vertreter Österreichs den Vorsitz. Danach bis 1857 war er außerordentlicher Gesandter in Preußen.

2 Der 25. Hochzeitstag von Augusta und Wilhelm von Preußen am 11. Juni 1854.

3 „Berlin, 6 Jun. […] Zur königl. Tafeln in Sanssouci waren heute Mittag der kais. österreichische Gesandte Graf Thun, der kais. Generalmajor v. Mayrhofer, der neuernannte Vertreter Preußens am britischen Hof Graf Bernstorff, welcher aus Neapel, und der Generalconsul v. Meusebach, welcher aus Bucharest hier angelangt ist. Die Sendung des Generals v. Mayrhofer, der gestern hier eintraf, steht mit der Ausführung des preußisch-österreichischen Bündnißvertrags in Verbindung.“ (Beilage zur Allgemeinen Zeitung Nr. 159 vom 8.6.1854). Das in der Zeit des Krimkriegs abgeschlossene „Schutz- und Trutzbündnis vom 20. April 1854“ war ein völkerrechtlicher Vertrag zwischen Österreich und Preußen und sicherte den Beistand für den Fall eines Angriffs sowie die Forderung an Russland, die besetzten Donaufürstentümer Moldau und Walachei zu räumen. Österreich hatte am 3. Juni 1854 Russland aufgefordert, sich aus den Donaufürstentümern zurückzuziehen. Am 29.6.1854 folgte Russland der österreichischen Drohung und zog sich zurück, wodurch für Preußen die Gefahr, im Falle eines Krieges Beistand zu leisten, ausgeräumt war. In dieser angespannten Lage reiste Friedrich Wilhelm IV. am 8. Juni zu einem Treffen mit dem österreichischen Kaiser und dem sächsischen König nach Tetschen (Děčín): „Berlin, 8. Jun. […] Se. Maj. der König ist heute um 11 Uhr mit dem Ministerialpräsidenten Hrn. v. Manteuffel nach Tetschen in Böhmen abgereist, wo Se. Maj. mit Sr. M. dem Kaiser von Oesterreich […] zusammentrifft.“ (Allgemeine Zeitung Nr. 160 vom 9.6.1854) Daraus ergibt sich die Datierung.

4 Graf Bernstorff war seit Oktober 1852 Gesandter in Neapel und wurde im Mai zum Gesandten in London ernannt.

5 Ital.: aus Angst vor dem Meer.

352 Alexander von Humboldt an Gabriele von Bülow
o. O., [vermutlich 10.6.]1854

H: DLA/SNM, Marbach, 62.2137

Ich habe längst eine grosse, grosse Sehnsucht, theure Gabriele, Dich und die lieben und klugen Kinder morgen in Tegel (Sontags) zu sehen, zum Essen 3^{U} wie gewöhnlich. Mein Entschluss steht um so fester, als ich nun weiss die Freude zu haben auch den vortreflichen Hedemann morgen Sontags bei Dir zu finden. Ich war Freitags in Babelsberg 3–4 Stunden mit dem

Prinzen und der Prinzessinn und ass dann bei Flottwell. In Sanssouci zu essen, schien mir von Babelsberg kommend nicht [ge]heuer. Die Spannung[1], durch affectirte Gleichgültigkeit schlecht verdekt, ist noch so gross, dass dem Prinz, ob er gleich den ganzen Trauertag[2] in Charl[ottenburg] mit dem Bruder zusammen war, erst beim Weggehen Abends zufällig von der Königin die Reise nach Tetschen[3] erfuhr. |2| Die Prinzessin ist ein trauriger Anblik, sehr über physische Uebel klagend, auffallend ermagert und von ungesunder Farbe, moralisch vollkommen zerstöhrt. Dieser innere Kummer ist so gross, dass der Prinz selbst nur davon spricht. Für Dich sind beide sehr sehr zärtlich. Ich gratulire nicht.

AH

Sonnabend 1854.

1 Zur Krise zwischen König und Kronprinz siehe den Brief Nr. 349, Anm. 1.
2 Am 7.6.1840 war Friedrich Wilhelm III. gestorben. Prinz von Preußen kam an diesem Gedenktag nach längerer Abwesenheit nach Berlin, um sich mit seinem Bruder zu versöhnen (Barclay 1995, 379). Daher die Datierung.
3 Siehe den vorigen Brief.

353 Alexander von Humboldt an Gabriele von Bülow
o. O., [vermutlich 10.6.]1854

H: DLA/SNM, Marbach, 62.2137

Leider! Leider kommt so eben der Befehl, sich morgen Sontags um halb 12 Uhr in Potsdam im Schlosse einzufinden (en galla[1]) um dem Prinz von Preussen zu gratuliren[2]. Vielleicht ist die Nachricht unserem theuren Hed[emann] nüzlich! So bin ich denn wieder um die Freude gekommen, Dich, meine Liebe, morgen zu sehen. Ich fahre nur heute um 2 Uhr nach Sanssouci, speise mit Bernstorf bei der Königin u. bleibe die Nacht in Potsdam!
in grosser Eile

AHt

Sonnabend um 12 Uhr 1854[a]

1 En gala (frz.) = in Gala.
2 Vermutlich zur Silberhochzeit am 11.6.1854. Daraus ergibt sich die Datierung.

a 1854 *ergänzt B*

354 Alexander von Humboldt an Gabriele von Bülow
o. O. u. D., [nach 8.7.1854]

H: DLA/SNM, Marbach, 62.2137

1854[a]

Meine Hindernisse, theure Gabriele, sind gewesen: 2 Tage in Sanssouci, dann wieder gestern dort wegen der Feier des Russ[ischen] Kais[erlichen] Namenstages!![1] Ich kam heute morgen erst zurük kann aber wegen der schleunigen Abreise der lieben Adelheid, keinen Augenblik erflehen morgen Sontag bei Dir in[b] Tegel zu sein. Ich schikke diese Zeilen vor 9 Uhr zu H. Lehmann und lege zwei Briefe bei die Adelheidchen an Hedemann vorlegen soll, einen rein tollen von Bettina[2], und einen von Varnhagen wegen der groben Stelle von Gneisenau in Steins Leben gegen m[ei]n[en] Bruder![3]
[*Rest abgeschnitten*]

1 Nikolaus I. Pawlowitsch war nach dem gregorianischen Kalender am 6.7.1796 geboren. Daraus und aus dem folgenden Varnhagen-Brief ergibt sich die Datierung.

2 Bettina von Arnim an Humboldt, 8.7.1854, und Humboldts Antwort vom selben Tag (Püschel/Krenzlin 2001, Bd. 2, 647f.).

3 Humboldt an Varnhagen, 4.7.1854: „Ich finde erst ganz vor kurzem in einem Briefe Gneisenau's, 1818, (in Stein's geistlos redigirtem Leben Bd. V. S. 262) die von Ihnen gewiß längst bemerkte Stelle: ‚H. strebt wieder nach dem Mittelpunkte, aber ihm mangelt Vertrauen, Achtung, Karakter und Muth.' Sehr persönlicher Haß kann den eitelen Gneisenau doch nur veranlaßt haben, so verwerflich von meinem Bruder zu reden. Ich erinnere mich freilich von ihm gehört zu haben, Gneisenau sei bei seiner Verabschiedung ihm feindlich gewesen." Varnhagen antwortete am 8.7.1854: „Die Worte Gneisenau's, welche Pertz im Leben Stein's (V. 262) mittheilt, passen so ganz und gar nicht auf Wilhelm von Humboldt, daß man versucht wäre, das H. dort anders zu deuten, wenn sich dafür eine statthafte Annahme finden ließe. Ich habe wohl selbst aus Gneisenau's Munde Äußerungen von Unzufriedenheit gehört, aber nie solche, die so ausgeschweift hätten, denen so leicht und vollständig zu widersprechen gewesen wäre! Was Gneisenau an Ihrem Bruder tadelte, war hauptsächlich, daß er nie versucht habe, durch sein Ansehn und seine Geistesüberlegenheit die Gleichgesinnten zu einer Gemeinsamkeit zu vereinigen, mit der sich vieles hätte unternehmen und bewirken lassen. Doch diesen Vorwurf, wenn es überhaupt einer ist, hat Gneisenau selbst eben so verdient, und von den Seinigen reichlichst erfahren! Das Buch von Pertz wimmelt von Ungerechtigkeiten und Schiefheiten, die zwar meist von Stein selbst herrühren, von Pertz aber mit blinder Partheilichkeit bekräftigt werden; er, der alles mittheilt, auch oft gar nicht zur Sache Gehöriges, läßt wichtige Aktenstücke unbedenklich fort, sobald sie nicht ganz zum Vortheil seines Helden sind. Dasselbe wird der Fall sein, wenn er Gneisenau's Biographie schreibt, zu der doch vor allem eine kriegskundige Hand erforderlich wäre!" (Humboldt 1860, 283–288).

a 1854 *ergänzt B*

b in *ergänzt H*

355 Alexander von Humboldt an Gabriele von Bülow
o. O. u. o. D., [vermutlich 14.7.]1854

H: DLA/SNM, Marbach, 62.2137

Theure Gabriele,
Ich habe wegen des Geburtsfestes der russ[ischen] Kaiserin[1], das wegen schäusslichen Regenwetters nicht auf der Pfauen Insel gefeiert werden konnte, in Potsdam geschlafen und komme eben von da herein. Da ich Montag wieder nach Potsd[am] muss und Sontag wegen eines Geburtsfestes mich thörichter Weise in Charlottenburg bei Al. Mendelssohn[a] versagt habe, so bleibt mir nur übrig um nicht so lange von Euch, meine Lieben entfernt zu sein, mich auf morgen Sonnabend bei Dir anzusagen. Ich hoffe die theure Mathilde und die Infantin und Bernhardchen sind bereits angekommen. Möge ich nur nicht Projecte für morgen stöhren Projecte[b] zu Umarmungen des zärtlichen Gatten und tief gerührten Vaters. Ich könnte ja Theodor mitbringen, doch will ich vorher zu Loën schicken.

Mit herzlichen Grüssen für Alle Dein

AHt

Freitag morgen.
1854[c]

[1] Charlotte von Preußen, die russische Kaiserin Aleksandra Fjodorowna, war am 13.7.1798 geboren. Daraus ergibt sich die Datierung.

356 Alexander von Humboldt an Gabriele von Bülow
Berlin, 17.7.1854

H: Staatsbibliothek Berlin, Preußischer Kulturbesitz, acc. ms. 1960.13

Ich habe den Auftrag, meine Theure, Dir Flottwells auf Mittwoch anzumelden und thue es um so lieber als ich sehr gern denselben Tag erscheine. Da ich die Complicationen des Abholens nicht liebe, und auch den Versuch machen möchte Euch den Besuch von Rauch zu verschaffen, so werde ich diesen (den ich heute in Sanssouci treffe) bereden mich um 2 Uhr zu begleiten. Sollten wir Euch Mittwochs 19ten, unbequem sein so schreibst Du wohl morgen früh damit ich Zeit habe Flottwells zu avertiren. Herzliche Grüsse.

in grosser Eil[e] wegen Eisenbahn
AHt

B[erlin] Montags. d. 17ten July 1854.[d]
[e]

[a] bei Al. Mendelssohn *ergänzt H*
[b] (1) Pläne (2) Projekte *H*
[c] 1854 *ergänzt B*
[d] d. 17ten July 1854. *ergänzt B*
[e] Alexander v. Humboldt an seine Nichte Frau v. Bülow. *Anmerkung von fremder Hand*

357 Alexander von Humboldt an Gabriele von Bülow
Berlin, 25.7.1854

H: DLA/SNM, Marbach, 62.2137

Berlin, 25° Réaumur Dienstags d. 25sten July 1854.[a]
Dein schönes, süsses, überaus nahrhaftes Geschenk, theureste Gabriele, ist hier einpassirt, während ich in Potsdam war, und auf elenden kleinen Kähnen von Ingenheims Villa aus nach einem Sandhügel bei Templin schifte, einer der 73 Theestationen, die der Cafetier des Königs auf einer Liste hat.[1] Durch einen Zufall war in der Zwischenzeit als wir in Templin von Mücken gefressen wurden, die Ingenheimsche Familie schwizend in [ihrer][b] Villa angekommen. Man konnte sie auf einige Augenblicke besuchen. Sie haben viele herzliche Grüsse an Euch aufgetragen und mit Rührung der lezten, schon beängstigten Zusammenkunft erwähnt. Sie sind wie immer gut und classisch langweilig. Wie sehr beklage ich nich[t] gleich nach Tegel eilen zu können, um Dir für das liebe Geschenk (es wurde am Thore angehalten wegen[c] „Einfuhr Zoll der Lebensmittel“ und später ausgelöst) herzlich zu danken. Ich muss in einer Stunde nach Potsdam, wo im neuen Palais portugiesisch gegessen wird. Der junge König ist ein sehr wohlerzogener, recht unterrichteter, deutsch aussehender und deutsch sprechender junger Mann. Er hat einen sehr lieblichen Ausdruk im Auge, sehr natürlich und deshalb oft falsch beurtheilt, nicht ohne Würde in der Haltung. Man hat ganz vergessen, dass man sonst hier auf Ancillons Befehl mit Comissar Dr Mignet geschwärmt, man behandelt die Kinder sehr freundlich. Die Unglüklichen um sich militärisch zu stellen, kriechen bei der Hize in alle[n] Casernen und stinckenden Montirungs Kammern herum. Von Kunstsachen, für die sie schwärmen, werden sie erst morgen etwas zu sehen anfangen. Sie sind von von greisig[d] alten portugiesischen Generälen umgeben, die (mit mir) |2| gewiss ein halbes Jahrtausend zählen. Des Contrastes wegen glänzte unter ihnen ein junger Kammerherr Chevalier Melto der erst 16 Jahr[e] erreicht hat und Enkel einer abgelegten Herzogin Oberhofmeisterin der verstorbenen Königin ist. Der Bruder des recht anmuthigen Königs der Herz[og] von Oporto ist eine lebendige aber sehr drollige Figur, ein ganz kleiner dikbeleibter Knabe, gutmüthig, blond, ganz ungenirt, nur 1 Jahr jünger als der König, aber 1 ½ Kopf kleiner. Sie haben 7 Geschwister, sollen sehr arm sein und vermeiden daher listig alle Schlosswohnung und Bedienung. Sie gehen Freitag zunächst nach Dresden, Weimar, Gotha, Wien München … Unserer Majestäten morgende Reise kennst Du durch Loën, den ich gestern zur Tafel sah. Ich lege einen uninteressanten Brief von der Sagan bei, auch ein mit hüpschen antiken und modernen Versen ausgerüstetes Wunderbuch von Fritz von Fahrenheid, ein Ostpreusse der in
Beynuhnen!!
einen gypsernen Antikensaal hat. S. 4 das schöne Sonett Deines Vaters.[2] Der Mann ist viel in Italien gewesen. Ein zweites Wunder, von den Moiren[3] bereitet ist die Revolution in Spanien; der Pallast der Königin Christina geplündert, ein Rufen: Viva la libertad, la moralidad y el Pudor – und die Idee das Land durch die einzig tugendhafte spanische Königin, ein dreijähriges Kind beruhigen zu lassen.[4] Dazu Napoléon mit seiner kranken schönen Spanierin an den

---

[a] d. 25sten July 1854. *ergänzt B*

[b] Ihrer *H ändert Hrsg.*

[c] (1) und (2) wegen *H*

[d] von | von *streicht Hrsg.* | greisig *gestrichen* | greisig *H*

Grenzen des Reichs.[5] Das interessirt mehr als [alle die][a] philosophischen Flottenpromenaden in 3 Meeren. Solche unerwarteten Dinge wüthen, lang vorbereitet, im Schosse der Gottheit, was der heidnische Talleyrand le Hazard nennt par lequel cela finira. Ein drittes Wunder 3 Tage 26° R[éaumur] und kein Gewölk am Himmel. Während vorher bei Kälte täglich |3| Gewitter – ein Beweis dass das Wetter nicht an dem Orte gemacht wird den wir bewohnen.

Herzliche Grüsse allen Deinen u. Bernhardchen und der lieben Mathilde und ihren Infanten

AHt

1 Die Villa Ingenheim im Westen von Potsdam (heute Zeppelinstraße 127/128) am Templiner See war zu der Zeit im Besitz des Grafen von Ingenheim. Der Ort Templin (etwas weiter von Potsdam entfernt am See) existiert heute nicht mehr. In dem Gutshaus war eine Tabagie (eine Ausflugsgaststätte mit Tabakwaren und Raucherlaubnis) eingerichtet worden, die durch einen Brand 1846 zerstört wurde. Friedrich Wilhelm IV. ließ an dieser Stelle ein Forsthaus (heute Potsdamer Braumanufaktur) errichten. Seine anderen Pläne hier wurden nicht realisiert.

2 Der preußische Gutsbesitzer und Kunstsammler Fritz von Farenheid hatte in Beynuhnen eine umfangreiche Sammlung von Bildern und Skulpturen sowie Abgüssen klassischer Kunstwerke geschaffen, von der, da im Zweiten Weltkrieg zerstört, nur der von Humboldt hier übersandte Katalog Farenheid 1854 Zeugnis ablegt.

3 Die Moiren sind in der griechischen Mythologie eine Gruppe von Schicksalsgöttinnen.

4 Maria Christina von Spanien war Regentin für ihre Tochter Isabella II. von Spanien, die 1833 als Zweijährige Königin geworden war. Während der Aufstände im Juli 1854 in Spanien wurde sie überfallen und nach Portugal verbannt.

5 Am 29./30. Januar 1853 heiratete Napoléon III. die spanische Gräfin Eugénie de Montijo.

358 Alexander von Humboldt an Gabriele von Bülow
o. O., 30.7.1854

H: DLA/SNM, Marbach, 62.2137

Ich bin noch ganz betrübt, die arme Mathilde mit ihrer anmuthigen Tochter neulich so kurz und so zerstreut empfangen zu haben. Ich hatte gerade unseren preuss[ischen] Gesandten Herrn von Gerolt in Washington (er ist nun Minister Resident) bei mir und kurz vorher hatte ich den Schmerz gehabt, Paul Delaroche, den grössten u. liebenswürdigsten aller französischen Mahler auf seiner Durchreise nach der Schweitz zu empfangen. Er ist exilirt, kommt aus London und darbt mit seinen Kindern in bitterer Armuth, vormals reich und gemächlich lebend.

Ich sehne mich einen Tag mit Dir, meine Liebe, zu verleben. Ich werde Dienstag übermorgen kommen und bitte um die Erlaubniss Herr[n] von Gerolt der mir viele Dienste in N[ord] Am[erika] leistete und ein sehr angenehmer, fein gebildeter, von unserem Bülow einst beschüzter Mann ist, mitzubringen. Er wird nicht stöhren, kann die Infantin[n]en im Englisch Sprechen üben und war viele Jahre Gesandter in Mexico. Er hat Tegel nie gesehen!! Ich lege für die Kinder das von Mr Fane übersezte Liederbuch[1] des bösen Heine bei. Die

a die alle *H ändert Hrsg.*

Uebersezung scheint mir sehr gelungen und das Liederbuch ist[a] das einzige Trefliche, grossartig Einfache und Milde was der von Charakter schändliche Revolutionär unter so vielem Rohen hervorgebracht. Der Böse |2| war Neffe des reichen Banquier Heine in Hamburg und schafte sich viel Geld von diesem indem er ihm jedesmal Abschrift eines Spottgedichtes zu schikte das er zu publiciren drohte. Er liegt jezt seit Jahren vom Schlage gerührt halb blind im Bette u. dictirt politische Satyren. Auf unseren König und Ancillon giebt es ein Spottgedicht das beginnt

Mein Aristoteles hat ein Bäffchen getragen ...[2]

Ist es nicht wundersam dass der langhalsige im Umgang wenig interessante Sohn der aristocratischen Lady Westmoorland gerade Heine in England verherrlicht.

Wäre Dir, mein[e] Theure, vielleicht Dienstag nicht ganz bequem, so käme ich einen andern Tag.

Herzliche Grüsse an Alle, vor allem an Bernhardchen

AHt.

Sontag früh 30sten July 54.[b]

Der arme Rauch ist gleich nach der Todesnachricht von D'Alton[3] nach Halle gereiset. Ich werde bis Dienstag wissen, ob er sich mit zu gehen entschliessen könne!

[1] Heine 1854.

[2] „Der neue Alexander:/ Mein Lehrer, mein Aristoteles,/ Der war zuerst ein Pfäffchen/ Von der französischen Kolonie,/ Und trug ein weißes Beffchen.// Er hat nachher als Philosoph/Vermittelt die Extreme,/ Und leider Gottes hat er mich/ Erzogen nach seinem Systeme.// Ich ward ein Zwitter, ein Mittelding/ Das weder Fleisch noch Fisch ist,/ Das von den Extremen unsrer Zeit/ Ein närrisches Gemisch ist.// Ich bin nicht schlecht, ich bin nicht gut,/ Nicht dumm und nicht gescheute,/ Und wenn ich gestern vorwärts ging,/ So geh ich rückwärts heute.// Ein aufgeklärter Obskurant,/ Und weder Hengst noch Stute!/ Ja, ich begeistre mich zugleich/ Für Sophokles und die Knute.// Herr Jesus ist meine Zuversicht,/ Doch auch den Bacchus nehme/ Ich mir zum Tröster, vermittelnd stets/ Die beiden Götterextreme." (Heine 1893, 40.)

[3] Rauchs Schwiegersohn d'Alton war am 25.7.1854 verstorben.

359 Alexander von Humboldt an Gabriele von Bülow
o. O., [4.8.]1854

H: DLA/SNM, Marbach, 62.2137

Ob ich gleich vermuthen kann, dass Du von dem kleinen Unfall des Königs durch Leopold genau unterrichtet bist, so will ich doch aus Vorsicht Dir, meine Liebe einiges darüber melden. Ich war den ganzen Mittwoch Mittag u. Abend bis 11 Uhr bei ihm. Er war sehr heiter kurz vor halb vier Uhr von Altenburg gekommen. Wir waren den Abend um 9 Uhr beschieden, er lies[s] uns aber mit dem Thee und Abendessen lange bis 10 Uhr warten, weil er nach alter

[a] ist *ergänzt H*

[b] 30sten July 54. *ergänzt B*

böser Gewohnheit eine volle Stunde im Charlott[enburger] Garten allein Nachtwandelte. Er hatte sich wie er sich jezt erinnert, an einer Bank gestossen und nahe bei dem Schienbein seitwärts verlezt (abgeschunden). Da es ohne Schmerz war, so erzählte er uns nichts davon und war sehr heiter. Als ich ihn um 11 Uhr verliess, nachtwandelte er ein zweites Mal eine Stunde. Das mag die Wunde inflamirt haben. Sie blutete, als er zurükkam und es wurde Schönlein nach Mitternacht gerufen. Dieser und Grimm der den Donnerstag früh von Potsdam kam, glauben die Puttbuser Reise müsse 8 Tage verschoben werden, dem König sagen sie aber nur 2 Tage.[1] Ich habe dem König gestern Abend Gesellschaft geleistet, er liegt auf dem Canapé, nimmt Vortrag an, war heiter und schmerzenlos. Ich werde heute Abend wieder hin gehen. Sollte, was ich nich[t] weiss Leopold vielleicht schon |2| in Dessau sein, so wäre es vielleicht vorsichtig ihm das Blättchen zu schicken. Von General Gröben sind recht böse Nachrichten. Die Fusswunden haben sich wieder geöffnet. Der Sohn hatte gestern Dienst. Manteuffel (der Oberst) ist auch ganz in Charlottenburg, ausser diesem zum Abend bloss Dohna, Gerlach, Bismark Schönhausen und Keller. Der Fuss ist geschwollen. Ob zu der Iritation sich nicht etwas Gicht (Rheumatismus) gesellt.

Von Hedemann habe ich einen sehr lieben Brief mit einem Geschenk!! von sehr schönem Portwein, 6 grosse Flaschen.[2] Die Erndte ist herrlich gewesen. „Er sehe nur heitere Gesichter um sich." Er geniesst ganz die Schönheit des Aufenthalts und sein Befinden ist auch um vieles besser. Es freut mich sehr!
Innige Grüsse.

AlHumboldt

Freitag früh 1854[a]

Ich habe einen freundlichen Dankbrief von Mathilde gehabt, mehr als ich verdiene.[3]

[1] Die Putbuser Reise des Königs fand vom 19. bis 22.8.1854 statt.

[2] „Welche angenehme Ueberraschung, mein theurer, theurer Freund, hast Du mir durch Deinen lieben Brief und das Geschenk des köstlichen, Greise verjüngenden Portweines gemacht. [...] Dem Portwein werde ich einige Ruhe gönnen, habe doch aber nicht lassen können, mich schon jetzt mit ihm zu befreunden." schrieb Humboldt an August von Hedemann am 4.8.1854, dem er hier auch den Unfall des Königs schilderte. (DLA/SNM, Marbach, 62.2140) Daher die Datierung.

[3] Nicht bekannt.

360 Alexander von Humboldt an Gabriele von Bülow
o. O., 12.8.1854

H: DLA/SNM, Marbach, 62.2137

Ich habe lebhaft bedauert den lieben Bernhard neulich nur so wenige Minuten gesehen zu haben, da er selbst eilen musste und ich von Amerikanern[1] belagert war. Da der Arme schon Montag in das sogenannte Freie Feld muss, so komme ich bestimmt morgen Sontags und bringe wie Du mir, meine Liebe, dazu die Erlaubniss gegeben hast, den Herrn von Gerolt aus

[a] 1854 *ergänzt B*

Washington (u. Mexico) mit, einen sehr einfachen verständigen Mann, dem ich viele höfliche u. nüzliche Dienste verdanke und den unser Dahingeschiedener sehr schäzte. Ich glaube er hat Dir nie können vorgestellt werden. Welche unheimliche Zeit, wo botanisirende Könige sich den Hals brechen und das Andenken an die „Revolte von 1848“ durch eine Denktafel an der Bank, wie über Gasthäusern geschmaklos und herausfordernd erneuert wird. [Sollte][a] das[b] Andenken von solchen Scenen nicht lieber der Vergessenheit übergeben werden. Und dazu welche verspätete courage! Eine Nachahmung dessen was die französischen Revolutionäre thaten. Zwanzig Jahre lang stand angeschrieben an einem Fenster des alten Louvre: de cette fenêtre le Roi Charles IX a tiré sur son peuple[2] (in der Pariser Bluthochzeit[])[3].

Rauch ist leider gehindert zu |2| kommen, ob ich ihm gleich schon vorgestern geschrieben. Er hat sich vergebens bemüth sich von einem älteren engagement los zu machen. Ich muss, weil es leider! Gewohnheit geworden ist, alle Abend 8^{U} auch Sontags nach Charlottenburg. Ich schicke zu Loën, um ihn zu fragen ob er Sontag mitfahren will.
Mit herzlichen Grüssen Dein

AlHumboldt

Sonnabend d. 12$^{\underline{ten}}$ August 1854.[c]

[1] Besuch des preußischen Gesandten in den USA, Friedrich von Gerolt.
[2] Frz.: von diesem Fenster aus hat der König Charles IX. auf sein Volk geschossen.
[3] In der Bartholomäusnacht (auch Pariser Bluthochzeit genannt) wurden in der Nacht vom 23. auf den 24.8.1572 französische Protestanten ermordet.

361 Alexander von Humboldt an Gabriele von Bülow
o. O., 18.8.1854

H: DLA/SNM, Marbach, 62.2137

Du kannst wohl glauben, meine theure Gabriele, dass ich dem Graf Arnim (aus Wien vom König hieher berufen ohne ihn einen Augenblik, schon 4 Tage harrend, allein gesehen zu haben) nicht weggehen lasse, ohne ihm etwas bitteres zu sagen. Er schien gar noch nicht zu wissen, dass wir gerechte Ursach[e] hatten, uns über ihn zu beschweren. Gr[af] Döhnhoff der Oberhofmeister hatte ihm nicht wie ich es verlangte darüber geschrieben. Um nun seine Unbefangenheit auf die Probe zu stellen, fing ich ohne Vorwürfe an, ihn bloss zu fragen: Wie ist es den[n] mit Frau v. Bülow's betrübter Durchreise durch Wien gewesen? Wie kommt es dass sie Sie gar nicht gesehen hat? Die Antwort war weil ich sie den anderen Morgen um 11 Uhr vergebens aufgesucht und von dem Wirthe erfuhr was Trauriges vorgefallen, da mir die Krankheit von Frau von Loën gänzlich unbekannt war. Mit jemand von der franz[ösischen] Gesandschaft den Abend beschäftigt erhielt ich die schriftliche Anfrage, ob Briefe aus Berlin für die Frau Ministerin bei der Gesandschaft angekommen wären. Ich ahndete nichts von der Wichtigkeit der erwarteten Briefe u. liess heraus sagen, „es wären für die Frau Ministerin

[a] Sollten *H ändert Hrsg.*
[b] (1) solche sc (2) das *H*
[c] d. 12$^{\underline{ten}}$ August 1854. *ergänzt B*

keine Briefe angekommen es legen keine in den Bureaus, und er würde morgen Vormittag der Ministerin seine Aufwartung machen.["] Dies sei wörtlich seine Antwort gewesen die seine Leute müssten |2| verstümmelt und verdreht haben.[1] Diese, wie er nun zum ersten Male von mir höre, hatten seines Kommens am anderen morgen gar nicht gedacht und das Bureau-Oefnen um 10 Uhr weise hinzugesezt. Ihm hätte das Bureau-Oefnen ja nicht einfallen können, da er bestimmt gewusst u. sagen lies[s], es legen bei der Gesandschaft keine Briefe. Wie es nach den Gewohnheiten der allergewöhnlichsten Höflichkeit, es unwahrscheinlich sei, er würde die Frau Ministerin v. Bülow habe durchreisen lassen, ohne sie zu besuchen. Er habe es vom Abend auf den nächsten Morgen verschoben, weil er von der Wichtigkeit und der Eile der Durchreise nichts geahndet, ja alles erst Vormittag 11 Uhr von dem Gastwirte erfahren, gegen diesen sich nun doppelt über das Vorgefallene lamentirend. Er könne das Zeugniss des Gastwirts einreichen, wenn ich es verlange u. er beschwöre mich ihn zu rechtfertigen, dass er heute zum ersten Male von dem Verdachte höre. Ich habe mich ganz überzeugt gestellt, könnte auch dazu geneigt sein, da seine Erzählung sehr den Ton unpraeparirter Unbefangenheit hatte und die Gefahr mündlicher Bestellung oft im Leben gefühlt ist. Vielleicht ist nur Lüge dass er Dir am Abend habe sagen lassen, er werde am anderen morgen kommen und der Entschluss dies Kommen durchzusezen erst in der Nacht gefasst worden. Dann bliebe nur, dass die Bedienten die einfache Antwort „es wären keine Briefe angekommen" nach ihrer Weisheit in die Worte umgewandelt haben „die bureaux würden den anderen Morgen geöffnet.["] Aus Italien |3| kommend gedenkt man leicht des Sprichworts se non è vero è ben trovato.[2]

Der König speist heute Manna in der Familie u. reist morgen Sonnabend um 7 Uhr. Ich fand gestern in Charl[ottenburg] Rauch der bald nach Tegel zu kommen verspricht. Leopold kommt wohl schon heute. Mein Gespräch mit Arnim fing damit an, dass er mir diesen, den er jezt zum ersten Mal beim König gesehen unmässig lobte, als eine ihm neue und (wie freilich überall gefunden wird) sehr anmuthige [Erscheinung][a]. Dir ist, glaube ich, der Name von 2 jungen Gelehrten aus München bekannt, die durch Bunsen's Einfluss mit Geld der Ostind[ischen] Company und unseres Königs nach dem Himalaya gehen – gelehrte u. angenehme junge Leute.[3] Sie sind schon in England liessen aber hier einen dritten Bruder Robert, der sie auch begleiten soll. Robert, 18 Jahr[e] alt, erfährt das[s| der Vater ein Augenarzt in München, die Cholera hat, reist die Nacht selbst hin, findet den Vater tot, wohnt dem Begräbniss bei, kommt seit 3 Tagen nach Berlin zurük um eiligst zum embarquement nach London zu reisen. Hier bekommt er einen gefährlichen Cholera-Anfall!! Es geht seit gestern besser, ich habe einige Hofnung für ihn ob er gleich den kleine[n] Stosch zum Arzt hat. Ist er angestekt od. is[t] es eine sporadische! Herbst Brechruhr, für den Kranken eine gleichgültige dogmatische Frage.

Ein langer, Dich unleserlich quälender Brief.
Herzliche Grüsse

AlHumboldt

Freitags d. 18ten August 1854.[b]

Die verwittwete Grossherzogin von Schwerin hat mich zärtlichst nach Dir und den lieben Kindern gefragt.

---

a Erscheinungen *H ändert Hrsg.*
b d. 18ten August 1854. *ergänzt B*

[1] Gabriele von Bülow hatte sich im Winter in Rom aufgehalten. Siehe den Brief vom 7.8.1853, Anm. 3. Bei der Nachricht von der Erkrankung ihrer Tochter eilte sie zurück und erhielt in Wien am 17.2.1854 erst einen beruhigenden Brief vom 10.2., aber dann in der Nacht die Todesnachricht. „So nah am Ziel und nun doch zu spät." (Sydow 1919, 522).

[2] Ital.: wenn nicht wahr, so ist es doch gut erfunden.

[3] Siehe den Brief Nr. 350, Anm. 3.

362 Alexander von Humboldt an Gabriele von Bülow o. O., 24.8.1854

H: DLA/SNM, Marbach, 62.2137

Das Uebel grösstes aber ist die Schuld! In dem Gefühl dieser Stammbuch-sentenz der damals hispanisirenden Prinzessin Carl ist der Schuldige abgereiset. Die fettige Natur schien doch von einer gewissen Unruhe durchdrungen zu sein, denn, wie ich ihn das lezte Mal, Abends, bei dem „schlafenden König" sah, drang er sehr emsig in mich, ihn ja bei Euch zu rechtfertigen: „er sei ganz unglücklich über so einen Verdacht". Als ich bei der schönen Mad[ame] Renauld de S[ain]t Jean d'Angely auf der Hochzeit ihrer Nichte war, hatte der Bräutigam kurz vor der Trauung einige ihn erschütternde Briefe erhalten. „Ich kenne sagte mir die Tante die Aufführung des Mädchens, alles ist gewiss nicht wahr.["] „Tout n'est pas vrai". Ich brauche kein schönes Wetter, um gern bei Euch zu sein. Ich komme gewiss den Sontag, weil der Tag die lezte Chance für Rauch giebt. Ich schreibe ihm deshalb schon heute!

Herzliche Grüsse an alle die Deinen Mathilde und ihre anmuthige Tochter.

Dies Wort steht in der Sprache einem anderen am nächsten. Ich bin an dem Tage des Stralauer Fischzuges[1] (also einmal im Jahre) wundervoll artig.

AHt

Donnerstag 24st[e] August 1854.[a]

Ob ich werde Leopold loseisen können. Vielleicht ist er schon früher bei Euch. Im Mendelssohnschen Hause ist ein langer sehr frischer Brief von der lebensfrischen Generalin Sandr[art] aus Coblenz angekommen. Sie spricht leider gar nicht von Kommen.

[1] Am 24. August (Bartholomäustag) fand jährlich in Stralau bei Berlin ein traditionelles Volksfest statt.

[a] 24st August 1854 *ergänzt B*

363 Alexander von Humboldt an Gabriele von Bülow
o. O. u. o. D., [vermutlich 27.9.]1854

H: DLA/SNM, Marbach, 62.2145

Da ich jezt, was nicht immer sehr unterhaltend ist gezwungen bin alle Abend nach Charl[ottenburg] zu gehen, wo ich wenigstens die Freude habe Loën zu finden, so lese ich dort von dem schändlichen Prozess von der Versuchten Entführung der Lady Arbuthnot[1]. Ich glaube die Zeitungen könnten Euch Spass machen. Die Ladys haben kräftig mit den Beinen gearbeitet.

AHt

im lezten Augenblik grosser Eile.
Dienstags
1854[a]
Herzliche Grüsse!

[1] „[…] in Clonmel ist in diesen Tagen ein interessanter Prozeß entschieden worden. Lord Carden, Friedensrichter in Barnone, hatte sich beikommen lassen, die schöne Kaufmannstochter Miß Arbuthnot mit Gewalt entführen zu wollen, da sie die ehrenhafte Bewerbung des vornehmen Liebhabers ausgeschlagen hatte. Chloroformapparate, die man bei ihm fand, sollten vielleicht die Entführung erleichtern; gegen eine schlimmere Vermuthung protestirte der Angeklagte feierlich und eifrig. Die Jury sprach ihn daher nur des Versuches der Entführung schuldig. Bis hierher wäre die Geschichte ziemlich einfach und nur einer jener Scandalprozesse, wie sie uns England öfters bietet […] Aber nun beginnt die psychologische Sonderbarkeit. Die theilweise Freisprechung wurde nämlich vom Volke mit Jubel begrüsst; die Damen warfen sogar dem Mädchenräuber Blumensträuße auf der Anklagebank zu. Alles hat mit ihm Mitleiden (er wurde zu 2 Jahren Arbeitsstrafe verurtheilt und ist bereits als Züchtling eingekleidet) und die spröde Miß Arbuthnot darf sich nicht auf der Straße zeigen, ohne sich Insulten auszusetzen" (Didaskalia, Blätter für Geist, Gemüth und Publicität, Nr. 231 vom 27.9.1854, 3). Daher die Datierung.

364 Alexander von Humboldt an Gabriele von Bülow
Berlin, [September oder Oktober] 1854

H: DLA/SNM, Marbach, 98.18.20/1

Berlin, Sonnabend
1854[b]

Der klare, wolkenlose Himmel lokt mich zu Euch, Ihr Lieben, morgen nach Tegel. Den Sontag würdet Ihr doch wohl nicht, wegen Ueberfüllung der Säle, der Ausstellung[1] widmen. Ich bringe Hildebrandt, der von Brasilien, den Niagara, Theben und Nazareth zu erzählen weiss, gewiss mit, hoffentlich auch unseren[c] Rauch, zu dem ich eben schicken will. Ich habe jezt seit

[a] 1854 *ergänzt B*
[b] 1854 *ergänzt B*
[c] unseren *ergänzt H*

2 Tagen[a] einen Hausgenossen mehr, unseren Schwiegersohn, den künftigen, den Reisenden Möllhausen, zwei lebendige kleine Rothfüchse und einen melancholischen Waschbär, viele abgezogene Felle ungerechnet. Der junge Mann war, als Zeichner und Topograph angestellt bei einer der Expeditionen, welche das Gouv[ernement] der Ver[einigten] Staaten nach der Südsee gesendet, um den besten Weg, (das Familienleben der Mormonen vermeidend), zur Eisenbahn auszusuchen. Nops et festin wird erst statt finden, wenn mein[em] Schwiegersohn, den der König* sehr persönlich, aber uneigennüzig und wohlfeil liebt, eine Stelle verleiht.[b2] Erlebe ich dies, so habe ich wieder, wie voriges Jahr, viel Schwierigkeit „mit Ammen denen die Milch ausgeht". Dies sind sentimentale Familien-Freuden in meiner bevölkerten Unter-Welt.
Mit herzlichen Grüssen Dein

AlHumboldt

1854[c]

Wie werdet Ihr Euch mit Entzifferung quälen.

*Möllhausen ist der Sohn eines Fräulein von Falkenstein die einen armen Ingenieur-Hauptmann geheiratet. Von seiner Tante, einer Frau v. Falkenstein in Pommern erzogen wurde der junge Mann Unterofficier in Strahlsund (nahe bei Californien) begleitete auf einer ersten Exped[ition] einen bösen Prinz v. Wirtemberg zu den Pelzjägern an Yellow Stone River![3] Auch Gräfin Voss läugnet die Verwandschaft mit dem Waschbär nicht. Nous avons plus que la noblesse des sentimens,[4] die bekanntlich nichts einbringt.

[1] Die 39. Kunstausstellung der Akademie der Künste fand vom 1.9. bis 31.10.1854 in Berlin statt. Daraus ergibt sich die Datierung.

[2] Umgangssprachlich für „Nóces (früher: nopces) et festin" = Vermählung und Gastmahl. B. Möllhausen heiratete am 6.2.1855 Caroline Seifert, die er in Humboldts Wohnung kennen gelernt hatte. Er war im Spätsommer 1854 aus den USA zurückgekehrt, wo er seit 1853 an einer Expedition zur Untersuchung einer möglichen Eisenbahntrasse entlang des 35. Breitengrads teilgenommen hatte. Humboldt kannte ihn seit 1852 und hat ihn sehr geschätzt und unterstützt, beispielsweise durch ein Empfehlungsschreiben für diese Expedition. Humboldt verschaffte ihm später auch eine Anstellung als Kustos an der Bibliothek (I. Schwarz: Einführung, in: Humboldt 2004, 50–53 und Graf 1991).

[3] Bereits 1849 oder 1850 war Möllhausen zu seiner ersten Reise in die USA aufgebrochen, wo er den Herzog Paul von Württemberg zeitweise bei dessen Expeditionen begleitete (ebd.).

[4] Frz.: Wir haben mehr als den Adel der Gefühle.

---

[a] seit 2 Tagen *ergänzt H*

[b] (1) giebt. (2) verleiht *H*

[c] 1854 *ergänzt B*

365 Alexander von Humboldt an Gabriele von Bülow
o. O., 1854

H: DLA/SNM, Marbach, 62.2145

Montag früh
1854[a]

Ich denke, Ihr Lieben, es soll Euch angenehm unterhalten wenn gleich mit Genealogien und Namen etwas überhäuft – Die enthousiastische Dedic[ation] an ein Fräulein Champagny Tochter eines Ministers der ausw[ärtigen] Angelegenheiten unter dem grossen u. bösen Napoléon am Tage Mariae Himmelfahrt geschrieben ist fast ein curiosum.[1] Prachtvoll, tief ins Gemüth dringend, ist der Ausdruk des Unwillens u. der Schaam in Versen des Michel Angelo

Grato m'è il sonno,
Mentre che 'l danno e la vargogna dura
Non veder, non sentir m'è gran ventura

p. 164[2]

Ich habe die Verse in meiner Antwort an Prinzessin v. Preussen angewandt. Sie schildern [ihren Wunsch][b] sich untheilnehmend abschliessen zu können. Ich bin morgen Dienstag auf einem grossen Diner bei Manteufel, gehe Abend[s] wegen der Königin Einsamkeit (sentimental) nach Potsd[am] u erwarte dort Mittwoch den König, der von Wusterhausen Mittwoch zum Diner kommt. Auf der Ausstellung ist ein tief gemütliches Bild von Tidemand, Norwegische Beerdigung[3]; und eine herrliche Landschaft von Pape [(]Catal[og] n 427 u 583)[4] auch ein unangenehmer Ordens König!!! Und ein Grossadmiral zu sehen!![5]

Liebenvoll Euer

AHt

1 Um welches Buch es sich handelt, konnte nicht ermittelt werden.

2 „Caro m'è 'l sonno, e più l'esser di sasso, / mentre che 'l danno e la vergogna dura. / Non veder, non sentir m'è gran ventura; / però non mi destar, deh, parla basso." Michelangelo Buonarroti (zitiert nach Tuena 2002, 57).

3 „Ad. Tidemand aus Norwegen, in Düsseldorf. 583. Norwegische Begräbniß-Sitte." (Akademieausstellung 1854, 47).

4 „Friedrich Eduard Pape. 427. Der Reichenbach auf Rosenlaui." (Akademieausstellung 1854, 34).

5 Die Ausstellung fand vom 1.9. bis 31.10.1854 in Berlin statt.

a 1854 *ergänzt B*

b Ihren *H ändert Hrsg.*

366 Alexander von Humboldt an Gabriele von Bülow
o. O., [vermutlich 9.10.]1854

H: DLA/SNM, Marbach, 62.2137

Ich bin ganz traurig darüber Dir meine Theure, heute nur so wenige Zeilen schreiben zu können, darüber auch hier gewesen zu sein, den ganzen Sontag und nich[t] zu Euch zu kommen. Es sind hier mein Uebersezer Mr Galuski[1] und ein berühmter französischer Litterator, Mitglied des Instituts, Mr Merimée[2]. Ich bin herein gekommen um ein Diner zu geben, an dem auch Gr[af] Dönhoff war. Die Entfaltung im Osten hat mir grosse Freude gemacht, erst ein griechisches Fräulein Seba-stopol und dann ein Knabe, Dr Cronstadt.[3] Die Königin hat sonderbar auch grosses Interesse dabei gezeigt. Der König kommt erst Donnerstag von der Jagd[4] u. wünscht sehr freundlich dass Troschel, den er gern empfangen will, an Keller deshalb schreibe, der ihn dann erinnere. Er muss die Wohnung angeben u. mich nennen: der König wolle ihn sehen.

Ich habe gleich an Wilh[elm] geschrieben u. bin zu Flottwall gelaufen.

Innige Grüsse. Die Eisenbahn drängt.

AHt

Berlin Montag 9h ½ 1854.

1 Galusky war am 24.9.1854 in Berlin angekommen (Varnhagen 1994, 697). Daraus die Datierung.

2 Mérimée war im Oktober 1854 in Berlin (Humboldt 1913, 123).

3 Im Krimkrieg galt während der Belagerung von Sebastopol im Herbst 1854 Kronstadt als die bestgesichertste Seefestung, die von der britischen Flotte nicht erobert werden konnte. Ob Humboldt hier auf ein Stück oder eine Satire anspielt, konnte nicht ermittelt werden.

4 Am Donnerstag, 12.10.1854, berichtete die Tagespresse über die Jagd des Königs in der Pirschheide am Vortag, und dass er am Mittag nach Sanssouci zurückgekehrt sei (Königlich Preußischer Staats-Anzeiger Nr. 241 vom 13.10.1854). Daraus ergibt sich die Datierung.

367 Alexander von Humboldt an Gabriele von Bülow
Potsdam, 19.10.1854

H: DLA/SNM, Marbach, 62.2137

Seit so langer Zeit, theure Gabriele, von Dir und den Deinen getrennt, hatte ich mir vorgestern von dem langweiligen Paretz zurükkehrend, fest vorgesezt Sontag Mittag (22sten Oct.) bei Dir in Tegel zu sein. Der Entschluss Dich Sontag zu sehen in Tegel od. Berlin steht eben so fest, aber, mein[e] Liebe, es treten Complicationen ein und ich bedarf Sontag früh in Berlin Nachricht von Deinem Entschlusse!

Es ist nemlich (wahrscheinlich schon 12 Uhr Sontags im Concertsaale des Schauspielhauses[)] die Repräsentation der musikalischen Gedankensprache von Herrn Sudre aus Paris (Signalisirung nach der Ferne, Telephonie) die mir dringend empfohlen ist.[1] Es giebt nichts, was einen tieferen Eindruk der unbegreiflichsten Intelligenz zurück lässt. Ich rathe daher dringend das[s] Ihr es alle auch der kleine August Loën es höre, nächsten Sontag. In dem

Fall ist es bequemer für Euch dass Ihr nicht in Tegel zum Essen zurükfahret. Kommt Ihr, wie ich zu Eurer Freude wünsche, so werde ich Euch im Concertsaal aufsuchen und dort mit euch sein. Willst Du nicht zum |2| Essen zurük, so speise ich Sontag bei Mendelssohn und verspreche mit Gewissheit diesen Sontag über 8 Tage od. (wenn möglich in der Woche) Dich zu besuchen.

Willst Du nicht der Gedankensprache beiwohnen, so habe ich vollkommen Zeit bei Mr Sudre zu sein (ich würde ihn vor dem Ende, wenn es spät würde verlassen) um 2 Uhr u. nach Tegel kommen.

Dies ist weitschweifig ausgedrükt die Alternative. Ich bin Sontag um 9^{h} in Berlin und muss dort Deine Verhaltungsbefehle finden, damit (denn essen müssen auch berühmte Urmenschen!) ich Zeit habe mich bei Mendelssohn anzumelden. Der König kommt Sonnabend von Letzlingen und Sonntag 7 Uhr muss ich auf der Potsdamer Eisenbahn sein wie gewöhnlich!

Also flehe ich um Verhaltensbefehle nicht hieher sondern in mein Berliner Haus Sontag um 9 Uhr.

Du hast doch das Meisterwerk von <Klohs> gesehen?[2]

Mit inniger Liebe Dein

AlHumboldt

Potsdam,
Donnerstags Morgen d. $19^{\underline{ten}}$ Oktober 1854.[a]

Die A[n]zeige von Mr Sudre steht in der heutigen Beilage der Spenerschen Zeitung. Es wird auch noch eine bestimmtere kommen.
Die verw[itwete] Grossherzogin von Schwerin lässt Dich zärtlich grüssen. Sie hat uns gestern verlassen.[3] Der Sohn (der Grossherzog) hat sich durch Sturz bei par force Jagd, leicht am Fuss verwundet!

1 Sudre hatte die musikalische Plansprache Solresol erfunden, sie später in Telephonie umbenannt und als Mittel zur Nachrichtenübermittlung beim Militär vorgeschlagen. Humboldt war begeistert von seiner Vorführung in Berlin und empfahl ihn weiter.

2 Eventuell handelt es sich um den Maler Friedrich Wilhelm Klose (ab 1839 Kloß), der ebenfalls in der Akademieausstellung 1854 vertreten war (Katalog 1854, 24).

3 Zum Geburtstag des Königs am 15.10.1854 waren außer den Mitgliedern der königlichen Familie die Großherzogin von Mecklenburg-Schwerin mit Sohn, Fürst von Hohenzollern-Sigmaringen, Großherzog von Mecklenburg-Strelitz und Gattin, Prinz und Prinzessin der Niederlande u.a. in Sanssouci eingeladen. Am nächsten Tag fuhren sie mit Gefolge, darunter auch Humboldt, nach Paretz. Die Großherzogin von Mecklenburg-Schwerin reiste am 19.10. zurück nach Schwerin (Königlich Preußischer Staats-Anzeiger Nr. 246 vom 19.10.1854, 1858).

a d. $19^{\underline{ten}}$ Oktober 1854. *ergänzt B*

368 Alexander von Humboldt an Gabriele von Bülow o. O., 2.12.1854

H: DLA/SNM, Marbach, 62.2137

Meine theure Gabriele. Darf ich von dem zweitägigen Schlachtfelde unverwundet heimgekehrt, wohl schon wieder um die Erlaubniss flehen, mich morgen um Mittagszeit (3 Uhr) in Deinem schönen Familienkreise einzufinden. Antworte ja nur mündlich. Ich lege für Leopold und schon für Hedemann wenn er sein Feldlager bezieht einige Abdrucke von meinem Sebastopol mit. Leopold hat wohl die Güte einen an seinen vortreflichen Vater zu schicken, dem ich es versprochen zu haben glaube.
Dein

AlHumboldt

Sonnabend d. 2ten Dezember 1854.[a]

Ich muss heute in die kalte Nicolaikirche zur Trauung einer Demoiselle Kauer (Pensionsanstalt einst in Charlottenburg) mit einem jungen Maschinenmeister Mendelssohn in Oberschlesien Bruder von dem Bösen der mit H. Lassalle aus Leidenschaft für die tugendhafte Schwester der Gräfin Nostiz die Kisten stahl und als Katholik und Arzt erst in Jerusalem dann bei Omar Pascha practicirte [und] dort verschied.[1]

[1] Wegen der sog. Kassettenaffäre war A. Mendelssohn zu einer fünfjährigen Haftstrafe verurteilt, aber durch Humboldts Vermittlung begnadigt worden, musste aber Europa verlassen. Er führte ein unstetes Leben in verschiedenen Ländern bis in den Orient, wurde türkischer Militärarzt und starb im Frühjahr 1854 an Typhus. Lassalle, der die Gräfin Hatzfeld in einem mehrjährigen Prozess gegen ihren Ehemann erfolgreich vertreten hatte, musste ebenfalls kurze Zeit wegen Diebstahls einer Kassette mit für den Prozess wichtigen Dokumenten ins Gefängnis, erhielt aber von der Gräfin aus Dankbarkeit eine lebenslange Pension (Humboldt 2011, 26).

369 Alexander von Humboldt an Gabriele von Bülow o. O., 30.12.1854

H: DLA/SNM, Marbach, 98.18.20/2

Wie beklage ich, meine Theure, dass ein unglükliches Examen rigorosum bei Princess Carl (Maman veut que je lui écrive ce que Usedom a dit au Roi dans sa dernière lettre!)[1] mich der Freude beraubt hat, Dich zu sehen. Ich lebe in wilder Beeilung um dem König Montag nach Potsdam zu folgen und dort speisend zu gratuliren. Ich vermuthe dass es dir angenehmer wäre wenn ich den Neu Jahrstag bei Dir essen könnte, da ich aber daran gehindert bin und man doch auch nicht den lezten Jahrestag bei Dir fastet, so flehe ich morgen Sontag kommen zu dürfen. Vorgestern 28 Dec. waren es 25 Jahre[2] dass ich bei 18° Kälte nach Berlin aus Sibirien zurükkam!

---

[a] d. 2ten Dezember 1854. *ergänzt B*

Mit Liebe

Euer Uronkel
Cosmos
AlHumboldt

Sonnabend 30ster Dezember 1854.[a]

1 Frz.: Mama will, dass ich ihr schreibe, was Usedom dem König in seinem letzten Brief gesagt hat!
2 Am 28.12.1829 war Humboldt mit seinen Begleitern nach einer Abwesenheit von 8 ½ Monaten nach der sog. Russlandreise wieder nach Berlin zurückgekehrt.

370 Alexander von Humboldt an Gabriele von Bülow
o. O., 16.3.1855

H: DLA/SNM, Marbach, 62.2137

Tausend Verzeihung wegen gestern, theure Gabriele: ich bin allerdings schon um halb sieben von Potsdam gekommen, auch hielt mich das Gefühl, dass die Abendunruhe mich zur späteren, sehr nothwendigen[b] Arbeit ziemlich unfähig macht nur ab, für Dich eine Ausnahme zu machen, aber eine Schneeparthie zu Fuss um im Schlossgarten Schwäne füttern zu sehen mit dem König (eine Idylle) machte mir gestern doppelt Ruhe nöthig. Morgen ist die Hochzeit von Begas, wo ich mich aber dem Diner, das die reiche Schwieger Mama (Wittwe Beerend geb. Bernsdorf, gewiss Alt Israel) giebt und der Reden weislich entziehe.[1] Dafür bitte ich aber herzlich bei Dir Sonntag erscheinen zu dürfen. Innige Grüsse!
Vielen Dank an Hedemann der m[ei]ne Schuld in Bremen tilgt.

AHt

Freitags 16ter März 1855.[c]

1 H. Beerendt besaß ein Rittergut in Klein-Beeren. Oskar Begas heiratete Marie-Elise Beerendt.

371 Alexander von Humboldt an Gabriele von Bülow
o. O., 18.3.1855

H: DLA/SNM, Marbach, 65.570

Trotz der Unart, heute Abend, wo die Gesellschaft anregender und angenehmer sein wird, als Du, theure Gabriele, sie schildertest, nicht zu erscheinen, bin ich doch so kühn mich auf morgen Montag Mittag bei Dir anzusagen.

---

a 30ster Dezember 1854. *ergänzt B*
b nothwendigen *ergänzt H*
c 16ter März 1855. *ergänzt B*

Ein kleines Diner, den ich dem Berghauptm[an]n Dechen morgen geben sollte, ist durch Ministerial Einladungen vereitelt worden und ich ziehe morgen bei Dir vor, da ich Dienstag in Charlottenburg sein muss und die folgenden Tage der Woche wegen Rückunft des Königs ungewiss sind.

Ich bitte Dich, liebenswürdige Gabriele nicht zu antworten da Du mir gewiss gern meine Bitte erfüllst.

Innige Grüsse den Infantinen.

AHt

Sontag d. 18ten März 1855.[a]

[Umschlag:]
Ihre Excellenz der Frau Ministerin v. Bülow

Schloss Tegel
AlHumboldt

372 Alexander von Humboldt an Gabriele von Bülow
o. O., 27.4.1855

H: DLA/SNM, Marbach, 62.2137

Es sieht leider, theure Gabriele, zu meiner Unfreude für Sontag sehr mislich aus. Es ist des jezigen Kaiser Geburtstag[1] und der König den ich heute wieder in Charl[ottenburg] sehen werde, und der heute Abend nach Potsd[am] geht, will Sonntag in Charl[ottenburg] ein grosses russisches Diner in Charl[ottenburg] geben!! Ich werd[e] Dich und Euch alle Lieben bald einen Morgen besuchen.
in Eile

AlHt

Vielen Dank für Catharine Couper, so nicht Cowper, davon mündlich.[2]
d. 27sten April 1855.[b]

[1] Nach dem gregorianischen Kalender am 29. April, der auf einen Sonntag fiel.
[2] Siehe den Brief vor 8.2.1850, Anm. 8.

[a] d. 18ten März 1855. *ergänzt B*
[b] d. 27sten April 1855. *ergänzt B*

373 Alexander von Humboldt an Gabriele von Bülow
o. O., [vermutlich 23.6.1855]

H: DLA/SNM, Marbach, 62.2137

Wie sollte ich es nicht vorziehen, theure Gabriele, endlich einmal mit Euch, Deinen lieben geistreichen Kindern und Deiner Schwester Sontag zu verleben, als den Orgyen des restaurirten Ritterschlages in der Capelle und dem Ordens Diner Sonntag[1] beizuwohnen. Kälte und Wetter könnten einen zum Atheisten machen. Der König war noch immer sehr matt, will sich aber, um wieder krank zu werden den himmlische[n] Genuss der Orgyen nicht entziehen. Schönlein wüthet darüber. Von der Fromman[2], die aus Sagan kommt, wissen wir leider nur, dass die Herzogin[a] von der Reise nach Carlsbad (wo die Dich herzlich grüssende Ministerin Massow sie schon gesehen) sehr sehr betrübt über die Grobheit von Gervinus (die verrufene Dino en croupe[3] eines Cosaken und Bestechungen mit[b] Russischem Gelde an Metternich!!) sehr betrübt gewesen ist. Es steht nun auch im Journal des Débats.[4] Mögen Deine kunstliebenden Infanten sich bis Sontag u. auch länger an den Skizen von Gérard's Werke <ergözen>. Die Bildnisse sind voll Leben.

Innige Grüsse der lieben Schwester. Ich hoffe es giebt erfreuliche Nachrichten von Hedema[nn] u. dem guten Bernhard.

Ich schäme mich zu sagen dass der ewige Regen mich gehindert hat, den schönen August in Potsd[am] zu sehen.

AlHt

Sonnabend

1 Am 24.6.1855 fand in Berlin der Ritterschlag und die Investitur von 53 neuen Ehrenrittern des Johanniter-Ordens statt (Allgemeine Zeitung Nr. 180 vom 29.6.1855, 2878). Daher die Datierung.
2 Vermutlich Wilhelmine geb. Günther, Gattin des Verlegers Ernst Frommann.
3 Frz.: hinten aufgesessen.
4 „Il a paru dans quelques journaux allemands et dans un journal de Paris un conte fort ridicule sur un procès que Mme la duchesse de Dino (aujourd'hui duchesse de Sagan) faisait à M. Gervinus pour avoir dit dans son *Histoire de l'Europe au dix-neuvième siècle*, que Mme la duchesse de Dino était entrée à Paris, en 1814, en croupe derrière un Cosaque. Tout est faut dans cela, le conte de 1814 d'abord, le procès ensuite, et on nous écrit de Berlin que tout le monde est indigné et étonné du brut qu'on a voulu faire avec une si sotte invention." (Journal des débats politiques et littéraires vom 20.6.1855).

a die Herzogin *ergänzt H*
b und | Geld *gestrichen* | Bestenchungen *ändert Hrsg.* | mit *H*

374 Alexander von Humboldt an Gabriele von Bülow o. O. u. o. D., [vermutlich 7.7.1855]

H: DLA/SNM, Marbach, 62.2137

Gestern Abend von Potsdam zurük gekommen habe ich heute früh um 8 Uhr schon an den Adonis von Florenz geschrieben; leider! vergebens, er tritt seine Reise nach Preussen morgen an. Ich werde nun einen Versuch mit Rauch machen, aber der lebt fürchte ich unter der Anziehungskraft seiner neuen Sonntags Villa.[1] Doch will ich versuchen. Der König der kein Fieber hat, aber sonderbar altert, sich schwach fühlt und (wie die Königin sagt) an den Füssen sonderbar abmagert! geht nach dem langweiligen Erdmannsdorf[2] heute über 8 Tage, Prinz Carl von dem Rhein nach Interlaken |2| zur Prinzess Anna, und Prinz v. Preussen der Vater (oh Verwunderung) unter dem Vorwande des Geburtstages der Kaiserin (13 Juli) die es gewiss am wenigsten erwartete, heute Nacht nach Petersburg[3], glüklicherweise ohne den Sohn. Du kannst denken wie dies von der Times (die schon den unvermeidlich nahen Tod unseres[a] Königs, und schwere Erkrankung od. Strangulirung des Kaisers Alexander durch brüderliche Liebe ankündigen wird) liebevoll ausgebeutet werden. Der Augenblik scheint mir um so unvortheilhafter als gerade jezt, wegen des Sieges bei Sebastopol[4] die Russen[b] im Vortheil und Uebermuth sind, auch sich des ersten Mannes des Prinzen Raphael erinnern, der gegen den Schwager marschiren wollte.

Ich komme morgen gewiss meine theure Gabriele.

Dankbarst Dein

AHt

Sonnabend

[1] Am 7.7.1855 schrieb Humboldt nacheinander zwei Einladungen, ihn nach Tegel zu begleiten: 1. an den preußischen Diplomaten in Rom und Florenz A. von Reumont und 2. an Rauch (Humboldt 2007, 121).

[2] Vom 14.7. bis 18.8.1855 hielten sich König, Königin und Gefolge in Erdmannsdorf auf.

[3] Abreise am 7.7.1855 (Königlich Preußischer Staats-Anzeiger, Nr. 157 vom 8.7.1855, 1224). Daher die Datierung.

[4] Belagerung von Sebastopol vom 17.10.1854 bis 9.9.1855, Sieg der Alliierten am 8.9.1855.

375 Alexander von Humboldt an Gabriele von Bülow o. O. u. o. D., [vermutlich 10.7.1855]

H: DLA/SNM, Marbach, 62.2137

Wie würde ich, theureste Gabriele, den festlichen Tag der anmuthigen, geistreichen so unendlich liebenswürdigen Constanze versäumen. Ich habe eben deshalb und gar nicht mit Reue

[a] (1) des (2) unseres *H*

[b] die Russen *ergänzt H*

das heutige lezte Diner das bei Budberg[1] dem Fürst und der Fürstin Woronzow[2] gegeben wird, absagen lassen.
Mit inniger Liebe Dein

AHumboldt

Dienstags

[1] Andreas Fjodorowitsch von Budberg war als Nachfolger von Meyendorf von 1851 bis 1856 russischer Gesandter in Preußen.

[2] Der russische Generaladjutant Michael Fürst Woronzow hatte im März 1855 einen halbjährigen Urlaub genommen, den er teilweise auch im Ausland verbringen wollte. Während dieser Gelegenheit kam er auch nach Berlin, siehe seine Ankündigung im Brief vom 17.6.1855: „Nos projets maintenant sont de partir d'ici [Dresden] pour Berlin [...] le 14 Juillet et de Berlin nous comptons aller par Königsberg tout droit à Pétersbourg." (M. S. Woronzow an Humboldt, Dresden, 17.6.1855, SBBPK Berlin, acc. Darmstaedter 1927.25 E^{x}, 1812) Am 15.7.1855 empfing Humboldt das Fürstenpaar (siehe Humboldt an Boussingault, [14.7.1855], in Humboldt 1997, 142). Siehe auch den Brief Nr. 379.

376 Alexander von Humboldt an Gabriele von Bülow
o. O. u. o. D.

H: DLA/SNM, Marbach, 62.2137

Wie werde ich nicht kommen, meine Liebe! Du kannst mich sicher erwarten um 9^{U}. Ich bleibe bis 11^{U}. Hermanns debut hat mich sehr erfreut, er war wie ich es erwarten konnte. Loën hat grosses Verdienst dabei. Er hatte dem König, wie dieser mir selbst gesagt, viel von seinen vortreflichen Eigenschaften lange ehe er kam, gesprochen. Der König hat mir noch gestern wiederholt gesagt, er sei recht angenehm. Gegen den Leoparden erhalte ich einen wüthigen Brief aus dem Lager von Constantinopel. Der Mann will bloss seine Wuth auslassen denn er weiss dass es nicht hilft. Amalia Dönhoff bleibt 8 Tage hier um zu „schwärmen["].
Dankbarst Dein

AHt

Ich werde alles heraussuchen um < – > meinen Credit zu bewahren.
Und Emma die nachbarlich schmachtende. Ich dränge aber nicht denn Du kannst Gründe haben nicht trösten zu wollen. S[i]g[nor]a Madre ist übrigens nie zu fürchten sie bleibt auch gebeten bei dem Bambino.[1]
Seifert ist bejammernswürdig leidend, beide Arme und beide Füsse.

[1] Vgl. den Brief vom 28.4.1854, Anm. 1. Emma Gaggiotti-Richards besuchte am 18.7.1855 Gabriele von Bülow, siehe den folgenden Brief.

377 Alexander von Humboldt an Gabriele von Bülow
Berlin, 17. 7. 1855

H: DLA/SNM, Marbach, 62.2145

Es ist keine Unsicherheit, meine Liebe! Emma und Signora Madre haben mit Dank angenommen, mündlich und schriftlich. Ich hole sie ab morgen Mittwoch vor 2 Uhr.[1] Ich lade dazu Lengerich ein, denn leider kenne ich, da[a] Rauch in Steinhövel abwesend[b] ist, keine[c] einzige passende Person. Lengerich wird sehr, sehr dankbar sein.

Herzliche Grüsse. Es wird schönes Wetter. Während des Gewitters leuchtete gestern am Posthause der Ableiter wie eine glühende Stange.

AHt

unleserlich!!
B[erlin] Dienstag d. 17ten July 55.[d]

[1] „[...] wie gestern in Tegel, wohin ich Emma Gagiotti führte, es ‚mit ‚Mollen' giesst", schrieb Humboldt an Friedrich Wilhelm IV. am 19. 7. 1855 (Humboldt 2013, 485).

378 Alexander von Humboldt an Gabriele von Bülow
Berlin, 20. 7. 1855

H: DLA/SNM, Marbach, 62.2137

Berlin, Freitag früh d. 20sten July 1855.[e]

Luchesini schreibt, dass die Stelle um die ich schreibe, nicht in Potsdam, sondern in Berlin und vergeben ist. Es ist die Stelle des Cassenboten des Hofmarschall Amts des Pr[inzen] Carl in Berlin. Sie ist dem Sohn des Henning, der sie bei des Vaters langen Krankheit verwaltete, als einem, der den Prinzen lange bedient jezt definitiv verliehen und die Stelle dieses Sohnes ist[f] einem Unter-Officier unter der Garde bestimmt. Es sei also nichts, weder in Berlin, noch in Glinick[e], offen; es[g] sei längst alles[h] vergeben, und ich habe Deines theuren Vaters Lobsprüche umsonst abgeschrieben – eine List [mehr, die][i] nicht geholfen. Ich klage aber nicht, da ich grosse Vorliebe für H. Jost habe und werde unermüdet zu jedem anderen Versuche erbötig bleiben.

[a] ich | niemand *gestrichen* | , da *H*
[b] abwesend *ergänzt H*
[c] ist, | auch *gestrichen* | keine *H*
[d] d. 17ten July 55. *ergänzt B*
[e] d. 20sten July 1855. *ergänzt B*
[f] ist *ergänzt H*
[g] es *ergänzt H*
[h] alles *ergänzt H*
[i] mehr die, *H ändert Hrsg.*

Ich fürchte meine Liebe, da das Wetter ohnedies so wenig einladend ist, Sontag nicht kommen zu können, da bei Mendelsohn Mad[ame] Horsfall, die Tochter welche einen reichen in der Charlottenburger Anstalt erzogenen reichen jungen, aber physisch unschönen Engländer geheirathet hat in das kriegerische Land des Leoparden zurükkehrt.[1] Ich komme in nächster Woche einer nahen[a] [Woche][b], schrekke mich aber vorher an. Ich hoffe dann Bernardchen schon zu finden, der mit dem neuen Zuchtmeister wohl schon vorläufige Bekanntschaft machen und Carlsbader Wasser in romantischer Studien Einsamkeit kosten wird. Emma von Lengerich zu Hause gepipert, war voll dankbarem, sehr unaffectirtem |2| Entzücken über Deine Liebenswürdigkeit, die der talentvollen Kinder und der Flottwellschen Familie.[2] Emma ist von rührender Dankbarkeit und aus dieser oft unbequem. Sie möchte vielarmig wie Vischnu sein um aus 7 Händen zu schenken. Der Prinzessin unzartes Benehmen hat sie tief verlezt. Wie hat aber Signora Madre das Leben dieser schönen Tochter so verderben können, und die ganze Ursach des ersten Unfriedens war, dass der junge Leopard die Tochter ohne die Mutter glaubte gefreit zu haben.[3] Seifert ist gestern wie er glaubt sehr erquikt vom Bade und vielen Freundlichkeiten der H[erzogin] v. Sagan angekommen. Die Sagan hatte Hildebrandt zum Essen gehabt der die Schwachheit hat solche vornehmen Speisungen sehr zu lieben. Er hat Seifert bei dem er nahe an wohnte ein kleines wunderschönes aquarell Bild vom Biliner Fels geschenkt. Die Sagan geht am 28sten nach Paris eigentlich en Touraine um die vielen Kinder des Duc de Dino ihres Krimmischen Sohnes die Pensions Ferien haben zu pflegen. Die Sagan fürchtete sich etwas vor der erkaltenden Nähe der recht garstigen Modeneser Duchesse de Bordeaux. Es ist aber aber alles in Verstellung od. philosophisch-christliche Toleranz übergegangen. Die Sagan hat auf Frohsdorfischen Gebiete gespiesen und hat keine Vergiftung bisher verspürt. Der arme ihr so nüzliche Schulenburg liegt krank in Sagan.

Der Schwager des Legationsraths Sasse (Secret[är] der Königin, Verwandte[r] von Ancillon) ein poetischer mir ganz unbekannter Schulmann im Meklenburgischen nahe bei Deines od. vielmehr Bernhards Staaten hat ein grosses Lobgedicht auf die Hildebrandsche Zeichnung meines Zimmers fabricirt in der einige recht schöne Verse sind.[4] In der Poesie |3| verzeiht man den Grad der Glorification u. schreibt ihn der Begeisterung zu. Man glaubt den Dichter angetrunken. Aber die Prosa des Titelblatts in Nüchternheit geschrieben, hätte der Prorector sich ersparen sollen. Die Schattenseite der Begebenheit ist nun die Antwort und das Gegengeschenk! Ich gebe alle meine 4 Exemplare der Glorification (als ein Curiosum) eines für Hildebrandt, 1 für Dein Archiv, 1 wenn einmal Gelegenheit ist für Hedemann und 1 nach der Alpenreise für Mathilde. Stärkend wirkt das nicht.

Tausend zärtliche Grüsse und meine herzliche Verehrung wen[n] sie noch in Tegel regnen sieht, der geistreiche[n] Ministerin Flottwell und der künstlerischen Tochter

AlHumboldt

Berlin, Freitag d. 20sten July 55.[c]

Das alte Couvert hat einen Duft nach der schielenden Wanze.[5]
Willst Du nicht auch, meine Liebe da es bei mir <u>einst</u> dort würde verloren gehen, für Dein Archiv aufheben: Die Zeit[ung] die in meiner Stadt mit meinem Namen herauskommt, die

---

[a] (1) neuen (2) nahen *H*

[b] Wochen *H ändert Hrsg.*

[c] d. 20sten July 55. *ergänzt B*

satyrische Zeitung des Chinesen in San Francisco und der Mormonen Monitor aus Neu Jerusalem am Great Salt od. Utha See (Timpanogos).[6]

[1] Siehe Humboldt an Joe Horsfall, [7.7.1855], in Humboldt 2011, 281.

[2] Siehe den Brief vom 17.7.1855.

[3] E. Gaggiotti hatte 1849 Alfred Bate Richards geheiratet, scheint aber nicht lange mit ihm zusammengelebt zu haben. (Werner 2018, 22) Humboldt hat die Mutter als herrschsüchtig bezeichnet (an A. v. Hedemann, Sept. 1855, DLA/SNM, Marbach).

[4] Nicht bekannt.

[5] So nannte Humboldt den ihm unsympathischen Markus von Niebuhr (Schwarz 2000).

[6] Humboldt hatte am 27.6.1855 (Humboldt 2007, 236) diese drei hier mitgeschickten Zeitungsausschnitte an Spiker gesandt und zurückerbeten, mit der Bitte, nicht zu erwähnen, dass er sie von ihm erhalten hatte. Folglich druckte Spiker am 29.6.1855 „Vermischte Nachrichten aus Kalifornien" mit der Bemerkung ab: „Von befreundeter Hand sind uns in diesen Tagen einige *litterarische Curiosa* zugekommen [...] Die Humboldt Times, eine Zeitung, welche in Eureka (Heureka) in Californien, in der Form der wirklichen Times erscheint und allerhand vermischte Nachrichten enthält [...] Der Name Humboldt kommt übrigens bei geographischen und andern Bestimmungen, in dem Blatte öfter vor [...]" (Humboldt 2007, 382).

379 Alexander von Humboldt an Gabriele von Bülow
Berlin, [vermutlich 21.7.1855]

H: DLA/SNM, Marbach, 62.2137

Ich schreibe ungern diese Zeilen, da ich mir für den Sontag Deiner nun vermehrten Häuslichkeit und des angenehmen Anbliks von Bernardchen erfreuen wollte.[1] Ich muss dieser Freude entsagen da Fürst Woronzow[2] leider in mich dringt dass ich einem kleinen Diner bei Gr[af] Benkendorf (das zuerst u. für mich glüklicher Sonnabend angesagt war u. auf Sontag hat verlegt werden müssen) nicht fehle. Der grossen grossen Zärtlichkeit des Woronzow und seiner einst schöne[n] aber immer noch durch polnische Lebensfrische (Tochter der Gräfin Branizka) anmuthigen Gattin [konnte ich] nicht wiederstehen. Sie sind mir seit 40 Jahren so treu geblieben. Der König hat gestern schon kleine Tafel gehalten: ich ging wegen eines rendez-Vous mit der Fürstin W[ittgenstein][3] nicht nach Charlott[enburg] werde es aber heute versuchen.

Mit herzlichen Grüssen und mich Dir die Kälberei (zur Kenntniss der Gymnasiasten gebracht) empfehlend

Dein

AHt

Sonnabend

[1] Am 20.7.1855 kündigte Humboldt einen Besuch in Tegel an, den er nun absagte. Daher die vermutliche Datierung.

[2] Siehe den Brief Nr. 375, Anm. 2.

[3] Siehe den folgenden Brief.

380 Alexander von Humboldt an Gabriele von Bülow
o. O. u. o. D., [vermutlich 28.7.1855]

H: DLA/SNM, Marbach, 62.2137

Die etwas schreiende, aber geistreiche Fürstin Wittgenstein ist zu glüklich über die Erlaubniss morgen Sontag nach 4 Uhr nachmittags mit der Tochter kommen zu dürfen. Leider hat Kaulbach der den ganzen Tag arbeitet und den Montag auf 3 Wochen nach München geht,[1] nicht annehmen können so zärtlich er auch für die musikalische Fürstin ist. Den bösen Rauch habe ich auch nicht erweichen können.[2] Er lebt unter Liebesdruk der Familie. Ich hoffe daher, da ich weiss dass es ihm grosse, grosse Ehre ist, den Prof[essor] jezigen Bibliothekar Buschmann mitzubringen. Du erinnerst Dich, theure Gabriele, wie nüzlich er Deinem Vater war und mir täglich ist. Er ist rathselig, war in Mexico[3]. Du hast es ja in meine Hand gelegt, mit zu bringen. Ich hoffe es wird schönes Wetter. Bettina Wittg[enstein?] ist vielleicht angenehmer in freier Luft.
Dein

AlHt

Sonnabend

Bernhardchen hat mir sehr gefallen: er hat sich dabei sehr verschönert. Er macht einen angenehm stillen Eindruk.

1 „München, 6. August. […] Director Wilhelm v. Kaulbach ist aus Berlin hieher gekommen, um einige Monate im Kreise seiner Familie zu verweilen.“ (Münchener Bote für Stadt und Land Nr. 186 vom 7.8.1855, 817).

2 Am 26.7.1855 schrieb Rauch an Humboldt: „Gestern hoffte ich, so glücklich zu seyn, mit Ihnen bei der liebenswürdig geistreichen Fürstin v. Wittgenstein zu speisen und über das letzte Gespräch in Tegel [zu sprechen …]“ (Humboldt 2007a, 122). Da Humboldt an dieser Stelle am Rand „Liszt“ angemerkt hat, und hier „die musikalische Fürstin“ schreibt, handelt es sich vermutlich um Carolyne Elisabeth Fürstin zu Sayn-Wittgenstein-Berleburg-Ludwigsburg, die 1848 mit der Tochter ihren Gatten Nikolaus zu Sayn-Wittgenstein-Berleburg-Ludwigsburg und Russland verlassen hatte und seitdem mit Franz Liszt zusammen lebte. Am 27.7.1855 lud Humboldt Rauch ein, mit ihm und der Fürstin am Sonntag (also am 29.) nach Tegel zu fahren. Daraus ergibt sich die Datierung. Rauchs Absage ist nicht bekannt (Humboldt 2007a, 123).

3 Buschmann war 1826–1828 in Mexiko und arbeitete später als Bibliothekar und Sprachforscher erst für Wilhelm, dann für Alexander von Humboldt.

381 Alexander von Humboldt an Gabriele von Bülow
o. O., 5.8.1855

H: DLA/SNM, Marbach, 62.2137

Ich komme aus dem Bade, meine Theure, und es bleiben nur wenige Augenblike zur Tegelerie übrig. Ich bin nur scheinbar in der Schuld. Von der Excursion mit der Prinzipesse etwas er-

kältet, wollte Schönlein nicht, wegen schwachen Abweichens, dass ich ausgehen sollte, was mich keinesweges des Besuches der Emma und der zum Erdrücken redseligen Prinzipesse befreit hat. Ich bin jezt besser und werde morgen früh schon an Rauch schreiben[1] und ihn (und Daltons)[2] Mittwoch 8[a] Aug. vorschlagen, da für mich wegen des Königs Ankunft 9$^{t[er]}$ 10$^{t[er]}$ 11$^{t[er]}$?? grosse Gefahr ist. Dienstag wäre zu nahe wegen des Hin u. Herschreibens. Die Reisen der Kinder nach Burgörner freuen mich sehr. Es wird für Hedemann u. Deine Schwester ergözlich sein. Da Rauch[b] heute in Charl[ottenburg] schläft und morgen wieder in Charl[ottenburg] consultiren muss und Du, Liebe, Selbst nach Charl[ottenburg] schreiben willst so drängt alles, um das schwierige Problem zu lösen.[c] Ich seze bestimmt voraus dass Dir Mittwoch recht ist u. hoffe Dir morgen Montag Abend durch einen Boten schreiben zu können.
Innige Grüsse

AHt

Sontags 5$^{\underline{ter}}$ August 1855[d]

1 Siehe Rauchs Antwort in Humboldt 2007a, 121.
2 Vermutlich Rauchs Tochter Agnes d'Alton und ihre Kinder.

382 Alexander von Humboldt an Gabriele von Bülow
Potsdam, 1.9.1855

H: DLA/SNM, Marbach, 62.2137

Nie, meine Theure, habe ich den Mangel der Communicationen mehr bejammern müssen als heute. In der Meinung dass Ihr heute Sonnabend Tegel verlassen werdet um die Weltreise anzutreten, nehme ich zu meinem Unheil zu morgen Sontag in Charlottenburg bei Mendelssohn ein diner mit dem neuen spanischen Gesandten vor und gehe wie zufällig heute um 2^{Uhr} von dem Diner in Sanssouci zu Flottwells in dem Wahne, dass die Ministerin längst von Tegel zurük ist. Als ein blaues Wunder vernehme ich, sie komme erst Sontag Abend, woraus ich schliesse, dass Eur[e] Reise verschoben ist. Kommen kann ich morgen noch, da ich um 7 Uhr hieher zurük muss, aber ich flehe vor Eurer Abreise[1] um einige Nachricht über das was vorgeht und richte noch heute Abend wegen des frühen Milchmann (da ich morgen erst um 1 Uhr in Berlin bin) diese Worte der Liebe für Euch an Madame Seifert. Der Verlust in des armen Hugo's Hause hat mich |2| tief geschmerzt. Es liegt etwas pestartiges in so einem [Choleratode][e]!

Ich habe an Hugo geschrieben und die traurige Rückwirkung auf den so gemütlichen alten Loën[2]. Ich bin vollkommen wohl und halte fest an mein[er] Reise nach Burgörner[3], habe sie

a Daltons) | Donnerstag od. *gestrichen* | Mittwoch | 7 od. *gestrichen* | 8 *H*
b Da | morgen Char *gestrichen* | Rauch *H*
c *H am Rand:* In Strelitz ist ein Geburtstag.
d 5$^{\underline{ter}}$ August 1855 *ergänzt B*
e Chloratode *H ändert Hrsg.*

aber noch nicht gemeldet. Hier ist mehr Confusion als je über die Epoche der Abreise nach dem Rhein. Es spukt vorher Manövre u. Parade in Halberstadt!![4]

Die Eisenbahn drängt. Schreibe ja noch einmal nach Potsdam.

Herzliche Grüsse und viel der Freude, die Ihr Euch versprech[t]

AHt

Potsd[am] Sonnabend Abend 1ster Sep[t]. 55.[a]

Donnerstag während die Königin zum Manöver war, habe ich allein mit Amalie Dönhoff in Steglitz bei dem Generale Wrangel gegessen.

1 G. von Bülows Reise nach Ottmachau fand statt, siehe die folgenden Briefe.

2 Um welchen Todesfall es sich bei der weitverzweigten Loën-Familie handelte, konnte nicht ermittelt werden. Es ist aber erwiesen, dass bei den immer wieder ausbrechenden Choleraepidemien in Berlin die von 1855 eine der schwersten seit Beginn (1831) war.

3 Humboldts geplante Reise nach Burgörner fand dagegen nicht statt, siehe ebenfalls die folgenden Briefe.

4 Friedrich Wilhelm IV. besuchte am 17.9.1855 in Halberstadt und Nordhausen die seit Ende August stattfindenden Herbstmanöver. Anfang Oktober hielten sich König und Königin sowie Prinz und Prinzessin von Preußen in der Rheinprovinz auf.

383 Alexander von Humboldt an Gabriele von Bülow
Berlin, 2.9.1855

H: DLA/SNM, Marbach, 62.2137

Also ist einmal wieder alles anders meine Theure, freilich aus traurigen Gründen. Wie das Leben doch eine elende Erfindung ist! Ich gehe nun nicht nach Burgörner, ich wollte heute erst an Hedemann schreiben. Ich freue mich, den 14 Sept. noch einmal bei Dir u. Euch zuzubringen. Der König quält <schon> ob er seine <Wiederkunft> abwarten soll: ich esse zu Hause hier weil der Warschauer Schlafrok die Mendelsohnsche Tochter unvermuthet sich diese Nacht entfaltet hat. Ich gehe 6 Uhr zu Gaggiotti um 7 auf die Eisenbahn. Nächsten Sonntag 9 Sept. komme ich bestimmt zum Essen nach Tegel u. ausserdem (recht einsam) den bösen 14t[en].

Mit inniger Liebe Dein

AHt

Berlin Sontag Nachmittag d. 2ten Sep[t]. 1855.[b]

Wie tief stecke ich im Prediger Schweizer. Es reuet mich nicht. Ich hole einst den Brief wieder ab. Es ist ein Kampf gegen die Kreuzzeitung aber ich habe Hinkeldey und Manteuffel zu Gehülfen.

Ich flehe dass Du mir schreibst was mit Euch vorgeht.

a 1ster Sep[t]. 55. *ergänzt B*

b d. 2ten Sept. 1855. *ergänzt B*

Ich [komme][a] nun erst zur rechten Erkenntniss. Madame Seifert behauptet nun auf einmal, Du habest, mein[e] Liebe die Abreise nur zweifelhaft geschilder[t]. Der wohlunterrichtete consultirte milchgebende Kaufman[n] bestätigt [es][b]. Da nun meine Ankündigung in Burgörner ganz von Deinem |2| Entschluss abhängt u. da (so gern ich auch den 14t[en] in Tegel bin) ich doch Dir und den lieben Infantinnen sehnlichst eine Zerstreuungs-Reise wünsche, so flehe ich, dass Tegel od. nicht Tegel gar nicht auf Deinen Entschluss einwirke.[1] Nur wünsche ich bald unterrichtet zu werden, denn noch habe ich nicht nach Burgörner geschrieben. Wen[n] einem doch alles, ohne Bliz u. Donner auch ohne Hagel von oben recht bestimmt befohlen würde. Die Sagan ist um vieles besser in Rochecotte und hat die Langeweile von Radziwill dort genossen.[2] Sie kommt erst zum Geburtstag der Königin.

1 Gabrieles geplante Reise (vgl. den vorigen Brief) nach Ottmachau fand anscheinend doch statt, denn Humboldt fuhr an seinem Geburtstag von Potsdam nach Berlin und besuchte Henriette Mendelssohn. Außer ihm war noch Eduard Hildebrandt anwesend; Rauch war erkrankt. Außerdem besuchte Humboldt noch das Atelier von Emma Gaggiotti-Richards und verbrachte den Abend bei Flottwells in Potsdam (Humboldt 2011, 283).

2 Zum Schloss Rochecotte siehe den Brief vom 1.4.1851, Anm. 4. Radziwill ist vermutlich Fürst Radziwill, Schwiegervater der Enkelin von Dorothea von Sagan, Marie Radziwiłł.

384 Alexander von Humboldt an Gabriele von Bülow
Potsdam, 3.9.1855

H: DLA/SNM, Marbach, 62.2137

Potsdam Montag d. 3ten Sep[t]. 1855.[c]

Die Communication zwischen Potsdam und Tegel ist so schwierig, dass [ich] in dem Wunsche theure Gabriele, dass Du vor Deiner Abreise noch diese Zeilen der Liebe sicher empfangen mögest, sie heute Montag Abend schon abgehen lasse. Ich freue mich sehr des Entschlusses baldiger Abreise denn das schöne Wetter scheint nicht lange vorzuhalten und Deine lieben Kinder von Ottmachau bedürfen wohl solcher Freude. Wie Du es vorhergesehen habe ich die Reise nach Burgörner aufgeben müssen.[1] Der König hat mit solcher Liebenswürdigkeit gegen die Entziehung von 3–4 Abenden, wie er es nennt, protestirt dass ich hier bleibe. Glücklicher Weise hatte ich noch keine Silbe an Hedemann geschrieben. Ich denke nun den 14ten Sept. in Charlottenburg bei Mendelsohn in der Einsamkeit die ich wünsche zuzubringen.[2] Ich habe Dir, meine Theure, noch eine recht angenehme Nachricht zu geben. Es ist mir leicht, sehr leicht gewesen den König zu bereden, den Faun in Marmor[3] für 500 Scudi ausführen zu lassen. Er u. die Königin und die ganze Gesellschaft die heute hier war (Radziwills, die kleine Bülow, Manteuffel[)] haben den Entwurf reizend gefunden. Olfers war auch dabei und der König machte die Bestellung für 500 Scudi (700 r.) an G[eheimen] C[abinetts] Rath Illaire in meiner Gegenwart. Du hast wohl die Güte der Troschelschen Familie directe od. durch

a habe *H ändert Hrsg.*

b ist *H ändert Hrsg.*

c d. 3ten Sep. 1855. *ergänzt B*

Lengerich bald Nachricht zu geben. Möge Bernardchen und die Signora Vietsch recht bald erscheinen. Flottwells die ich heute gesehen, grüssen herzlich u. dankbarst. Ueber die Königs Reisen schwebt grosses Dunckel.[4] Wir werden [uns][a] glüklich wiedersehen. Herzliche Grüsse den lieben, anmuthigen geistreichen Töchtern

AlHumboldt

Der Name Constantin auf der Terra Cotta hat den König zu lebendigen Lobpreisungen angeregt. Ich war gestern Abend bei der schönen Emma – die einsamer lebt als sie wünschte. Der kleine Faun bleibt in meiner Verwahrung bis zu Deiner Rückunft.

1 Vgl. den Brief vom 1.9.1855.
2 Vgl. den vorigen Brief.
3 „Schlafender Faun" von Julius Troschel (1855), heute in der Orangerie in Sanssouci.
4 Siehe den Brief vom 1.9.1855, Anm. 4.

385 Alexander von Humboldt an Gabriele von Bülow Berlin, 24.9.1855

H: DLA/SNM, Marbach, 62.2137

Ich bin tief beschämt meine theure, innigst geliebte Gabriele das[s] heute, der Sontag 23ste herangerükt ist, ehe ich auf Deinen schönen, Anmuth der Natur und des häuslichen Lebens schildernden Brief vom 13ten antworten konnte. Die Uebersiedelung mit so vielen Büchern ist etwas schwerfällig gewesen und ich wollte die Feder nicht früher ansezen als bis [ich] die lieben Kinder habe besuchen können. Ich hatte mich ganz feierlich bei der Gouvernante anmelden lassen um zu wissen, welche Stunde ihr gelegen sei, wodurch ich mich sehr insinuirt. Die Staatsvisite ist aber sehr bald in eine recht vertrauliche übergegangen. Ich habe eine recht angenehm belebte Person von sehr gebildeter Sprache und freiem wie klarem Urtheil gefunden. Auspletten möchte man freilich das durch Furchen und Falten ins Lange gezogene Gesicht, die Betönung ist wie bei Signora Madre ins kupferfarbene, sanskrit indisch spielend, das Haupthaar alt germanisch rothgelb, aber an das Alles gewöhnt man sich bald, denn im Sprechen ist der Eindruk gar nicht unangenehm, sondern wohlwollend und ausdruksvoll. Mit den Kleinen schien das Verhältniss sehr freundlich. Die ältere kam eben aus der Schule und die Kleine spielte schalkhaft wie die Augen, in grosser Unabhängigkeit um uns her. Beide erfreuen sich häufiger Spazirgänge, den[n] das Wetter ist jezt wunderbar schön obgleich das Neue Palais leersteht. Dein Brief lässt mir den Eindruk dass Dir, meine Theure und Deinen Kindern diese Reise, weil sie ein Aufenthalt unter geli[e]bten lang entbehrten Personen ist, den Zweck der Aufheiterung nicht verfehlen wird. Eine Reise mit täglicher Ortsveränderung gewährt allerdings Varietät, aber das ewige Wirtshausleben [hat][b] besonders für Euer zarteres Geschlecht manch Unbequemlichkeit. |2| Wie hätte ich, meine theure Gabriele bei den

a und *H ändert Hrsg.*
b haben *H ändert Hrsg.*

wundersam reuigen Vorurtheilen eines Geburtstages habe[n] (des Tages der Unfreude in dem alles vor die Seele tritt, was man wieder in dem leztverflossenen Jahre hat unvollbracht gelassen) es über mich gewinnen können, Deine Schwester in ihrer Burgörner Ruhe zu stöhren und eine so grosse Aufopferung als das Kommen erforderte anzunehmen. Sie wollte ohnedies den 13ten ankommen u. den 15ten früh zurükgehen. Ich hatte mich dazu, als der so gütige Vorschlag [kam,] schon versagt, zum Mittag bei der Wittwe Mendelsohn mit Hildebrandt (Sie kam eben aus ihrer herrlichen Villa in Horchheim bei Coblenz aus der Umgebung der geistreichen und nie alternden Sandrart ...) den Abend, nach Potsdam zurükkehrend in der vortreflichen, Dir so ergebenen Flottwellschen Familie. König und Königin waren den 14ten bei Min[ister] Massow auf dem Lande zum Essen; sie hatten beide rein vergessen dass der 14t[e] auch das Geburtstagsfest der Prinzess Carl Friedrich, diese hat sich dadurch gerochen, dass sie, damals meine Nachbarin im Schlosse dieselbe Nacht, unanständig leicht mit einer dem Helden Vater sehr ungelegen[en] Prinzessin niederkam.[1] Er hat aber nicht, wie ein Graf v. der Lippe bei jeder Nachricht weiblicher Geburt that, auf den Nachrichtgeber geschossen. Er hat bloss aus Unwillen boshaft geweint. Rauch konnte nicht den 14t[en] bei Mendelssohn erscheinen. Er war mit der Tochter in Carlsbad, wohin leider! schon bisweilen schmerzhafte Zeichen eines anfangenden Blasenübels ihn geführt. Er ist seit vorgestern schon zurük, die Kinder (Enkelinnen) hatten ihn in Dresden bei Carus erwartet. Er ist sehr erleichtert, (nach seinem Glauben) ganz genesen und erheitert zurükgekehrt. Er ist ganz trunken von der Pracht der jezt vollendeten Aufstellung der Gemälde in den neuen Dresdner Museen. Könnte Euch das nicht reizen bei der Rückehr, ein Aufenthalt von 2 Tagen. Ich ziehe in den ersten Tagen des Oct. (5te 6t[e] ?) wieder nach Potsdam. Prinzess v. Preussen hat mon cher illustre Physicien in [ihren][a] gewöhnlichen unbelebten Phrasen geschrieben, wahrscheinlich innerer Grimm über die unbequeme[b] Reise (Bewohnung) von Stolzenfels[2] vermeidend. Der Brief erwähnt kaum der Reise nach Schottland die ich sehr lobe, enthält aber viel meteorologisches, auch erbaulich chemisches über die Badener Wasser für Dich u. die Kinder die hergebrachtes zart heilen. Der König hat die schottische Reise |3| gebilligt, der Königin ist sie gehässig aus Gründe[n] die Du errathest auch trägt Prinzess Carl dazu bei die mich unter dem Vorwande die kleine ascanische[3] Prinzessin zu besuchen (qui a bon appetit et une forte voix)[4] oft sehr längliche Besuche und Confessionen mir schenkte. Die arme Ingenheim. Sie weint kugeldike Trähnen, recht natürlich und gut. Au fond je suis française, je suis née à Paris.[5] Der König soll die Villa abkaufen u. dann geht sie nach Paris.[6] Ich habe die Zeit verpasst. Ich schreibe morgen an Alle Lieben die Dich umgeben.

AHt

Berlin Montags d. 24sten Sep[t]. 1855.[c]

[1] Tatsächlich hatten beide am selben Tag Geburtstag: die Mutter Maria Anna von Preußen, geboren am 14.9.1837 in Dessau, und die Tochter Marie von Preußen, geboren am 14.9.1855 im Marmorpalais in Potsdam.

[2] Vgl. den Brief vom 1.9.1855, Anm. 4.

[3] Die Prinzessin Marie von Preußen stammte aus dem Haus der Askanier.

[a] Ihren *H ändert Hrsg.*

[b] die | ihr *gestrichen* | unbequeme *H*

[c] d. 24sten Sep[t]. 1855. *ergänzt B*

[4] Frz.: die guten Appetit und eine kräftige Stimme hat.
[5] Frz.: Eigentlich bin ich Französin, ich bin in Paris geboren.
[6] Graf von Ingenheim war am 4. September verstorben. Erst 1894 verkaufte der Erbe die Villa in der Brandenburger Vorstadt in Potsdam (heute Zentrum für Militärgeschichte und Sozialwissenschaften der Bundeswehr) an die Hohenzollern.

386 Alexander von Humboldt an Gabriele von Bülow
Berlin, 2.10.1855

H: DLA/SNM, Marbach, 62.2137

Ich hatte, meine theure Gabriele, vor zwei Tagen wieder einen Versuch [gemacht][a], aber[b] unangemeldet Fräulein Vietsch und den lieben Kindern einen Besuch zu machen: aber vergebens. Das Haus war hermetisch verschlossen weil alle (selbst die naturlustige Zofe[)] bei schönem Sonnenblicke ausgeflogen waren. Heute vor einer Stunde, aber vorsichtig bin ich glüklicher gewesen. Ich habe die Kinder sehr sehr heiter, besonders die schalkhafte Kleine über alles liebenswürdig gefunden. Die ältere fängt ihres zunehmenden Alters wegen schon an sich zu einer petite Demoiselle zu erkalten. Wir sind am liebenswürdigsten ganz klein, oder im 86sten Jahre. Zwischen der Gouvernante und mir hat sich schon ein innigeres Verhältniss geknüpft und sie hat mir fast jungfräulich verboten Dir nicht von der Militär Hosen Telegraphie zu sprechen die an sie von Leopold gelangt ist. „Ich wünsche die lange Militärhose“ sans phrase. Sie ist gefunden und abgegangen. Was mit der früheren Gewandung sich zugetragen, wird erst die späte Nachwelt erfahren. Der eigentliche Zwek dieser Zeilen, meine Liebe, ist aber Dir zu melden welche unbändige und ganz absonderliche Freude und Uebera[s]chung mir gestern Abend der Besuch von Bernhardchen gewesen ist. Welche merkwürdige Veränderung hat die Ottmachauer Reise und der dasige Familienkreis auf ihn gemacht. Er war wohl 1 Stunde bei mir und ich kann nicht schildern wie frei, lebhaft, gesprächig und dabei so tactvoll u. gesittet er war – wie ein |2| anderer Mensch! Vormals war er bei mir immer scheu, kalt und einsylbig. Selbst dem guten Seiffert, dem ich natürlich meine Bemerkung nicht mitgetheilt hatte, war es auffallend. Bernhardchen ist dabei sehr sehr zufrieden mit seiner neuen Anstalt und dem dasigen Umgang. Er hat grosse Verspätungen auf seiner Rückreise gehabt, sich aber männlich und klug in Entschlüssen benommen. Madame Vietsch macht morgen Nachmittag wieder eine Excursion nach Tegel, wo sie auch Sontag Mittag war. Sie versteht es sich den Kleinen angenehm zu machen. Politisch neues ist nichts vorgefallen, als dass Bunsen eine Schrift über Religionsfreiheit[1] geschrieben hat in der die Kreuzzeitung, der Kirchenrath, [der] talmudistische orientalistische Stahl und andere die am Hofe angebetet werden auf das unbändigste angegriffen werden. Ich hoffe der König wird es lesen: auch hat er Bunsen selbst auf einem Eisenbahnhofe bei Marburg gesehen. Da der König Sonnabend kommt, so werde ich mich übersiedeln müssen. Ich glaube der junge Prinz war am 30 Sept. den ich schriftlich gefeiert, nicht in Coblenz. Die Zeitungen sagen er war den 28sten mit der König[in] Victoria auf hohen schottischen Bergen. Der Hof bleibt ja in Schottland bis 18ten.

---

[a] gemachtet *H ändert Hrsg.*
[b] aber *ergänzt H*

Die Verlängerung des Aufenthalts wäre ein gutes Zeichen dass die Gefilde ihm nicht zu fett geschiene[n]. Hier breitet man aus, er habe ein[en] Anfang der Leidenschaft gefühlt für eine sehr junge u. wunderschöne mit Olga erzogene[a] Prinzessin von Nassau, die er in Neu Wied gesehen und darum (um ihn zu erziehen) habe Mama ihn nach Schottland beeilt. Je n'en crois rien.[2] Graf Goltz von Pr[inz] v. Preussen heirathet eine sehr reiche und angenehme Gräfin Benkendorf, eine 28jährige Wittwe mit schon 4 Kindern (Cela promet) die er in Ostende bezaubert. Prinz von Preussen kommt den 13ten. Dass ich mit 60 Postillone[n] 3 Stunde[n] in den Urwahlen gesessen und dass wir den Talmudiste[n] Stahl |3| Intimus, Staatsrath u. Prof. Keller und alle ultra's geschlagen siehst Du, liebe Gabriele aus den Zeitungen.[3] Ich beschwöre Euch ja über Dresden zu gehen. Das neue Museum soll ein Wundergenuss sein.[4]

Herzliche Grüsse an alle Lieben!
in grösster Eile

AHt

Berlin d. 2t[en] Oct. 1855.

[1] Vermutlich Bunsen 1855.
[2] Frz.: Ich glaube davon nichts.
[3] Zusammen mit 60 Postillionen, die zu dem seiner Wohnung gegenüber befindlichen Posthof gehören, nahm Humboldt am 27.9.1855 an einer drei Stunden währenden Versammlung der „Urwähler" zur Zweiten Kammer seines Wahlbezirkes teil: „[...] was über die Theilnahme unseres unvergleichlichen Alexander von Humboldt an den Wahlen und seine freisinnigen Aueßerungen bekannt wird [...] Wir theilen darüber nur Folgendes aus den Hamb. Nachr. mit: Im Universum lebend, hat der große Gelehrte doch seinen kleinen Wahlbezirk nicht vergessen. Schon vor der Wahl hat er den Bezirks-Vorsteher zu sich entbieten lassen. Als dieser seine und der Bezirksgenossen Intention, keinen Kreuzzeitungs-Mann wählen zu wollen, kundgegeben hat, ist Humboldt dieser Ansicht eifrig beigetreten. Daß Humboldt in gleichem Sinne bei dem Wahlakte selbst sich verhalten, und die Zumuthung, für Herrn v. Keller zu stimmen, mit den Worten ablehnte, er könne nicht darauf reflectiren, ist bereits bekannt und genau richtig. Auch ist die feine Ironie des geschäftlichen Ausdrucks ‚reflektiren' welche auf die sehr geschäftsmäßige Betreibung der Wahl durch die Kellersche Partei vorzüglich paßte, ganz in Humboldt's Weise." (Kempter Zeitung Nr. 237 vom 6.10.1855, 958).
[4] 1853 bis 1855 entstand in Dresden nach Entwürfen von Gottfried Semper das Neue Königliche Museum am Zwinger, die Gemäldegalerie Alter Meister.

387 Alexander von Humboldt an Gabriele von Bülow
Berlin, 8.10.1855

H: DLA/SNM, Marbach, 62.2137

Der Auszug aus dem schändlichen Artikel der Times muss in Paris viel Interesse oder Beifall? gefunden haben, da das zwar ganz oestreichisch gesinnte, aber im Ganzen tactvolle J[ournal] des Débats den noch nicht übersezten Theil giebt.[1] Ich glaube, Dir auch diesen Frevel nicht vorenthalten zu dürfen. Was ist zu thun, wenn mit Koth beworfen wird wie der König in seinem eigenen Lande (in Düsseldorf) als ich gleichzeitig ausgepfiffen wurde. Dass ein mäch-

[a] (1) mit der Olga erzogene (2) mit Olga erzogene *H*

tiges viel gelesenes Journal nicht zu fürchten hat sich selbst zu schaden durch solche Roheit gegen <Preusse[n]> und wäre es von der Krimm Armee. Soldaten die wie Löwen fechten aber von Eseln geführt werden. Hebeler der die ehrerbietigsten Empfehlungen mir für Euch aufträgt, schreibt mir dass er 5 Oct. bei dem jungen Prinzen, der Nachts vorher sehr entzükt von Balmoral zurükkam, gespeist hat. Er zweifelt nicht an den schönsten, wohlthätigsten Folgen die die Verbindung haben würde. Das Ernsthafte von diesen Pöbeleien ist, dass wo geirret wird man nur noch reactionärer auftreten [wird] |2| um so mehr als die Hauptstad[t] bloss Opposition wählt was die Bitterkeit vermehrt. Das wunderbarste ist die Idee vom nächsten Weggejagt werden, der Prinz geht dann in Russische Dienste u. die Mutter und England müssen[a] die Tochter ernähren.

Ich bin im Packen da der Hof schon morgen Dienstag in Sanssouci speisen will. Ich freue mich des schönen Wetters [das][b] Ihr Lieben in der schönen Natur werdet genossen haben. Möget Ihr Kuchen ohne den Geber geniessen. Ich lege ein Curiosum aus der National Zeit[ung] od. Volkshalle bei, das Du vielleicht sonst nicht siehst. Ein Theil der Verse ist recht schön von Sprache. Nach diesen Grundsäzen liebt man gelobt zu sein und meine Urwähler College[n], die 60 Postillone sind ja doch reitende Apostel des Fortschritts.[2] Bunsen wird viel gelesen.[3] Das blaue Baden vom Rhein kommend, war nur |3| einen Abend hier, den er bei der Emma zubrachte. Er geht nach Wien um den in der Genesung begriffenen Bruder abzuholen. Rauch scheint ganz hergestellt, arbeitet fleissig am herrlichen Moses[4] und hat das Haus wo in Charlottenburg die Familie etablirt ist gekauft. Viele, viele herzliche Grüsse!!

AHt

Berlin 8 October 1855
in allem Gräuel der morgenden Uebersiedelung

1 „Le Times du 3 octobre publie un article des plus violens contre le projet de mariage dont il a déja été question entre le prince Frédéric-Guillaume de Prusse, fils de l'héritier présomptif de la couronne, et la princesse royale d'Angleterre, fille aînée de la reine Victoria. Il va sans dire que si nous reproduisons cet article, c'est à titre de document curieux et en laissant au Times, pour le fond et pour la forme, la responsabilité tout entière de son langage." Es folgt dann der Textauszug. (Journal des débats politiques et littéraires, 5.10.1855).

2 Siehe den Brief vom 2.10.1855, Anm. 3.

3 Vermutlich Bunsen 1855.

4 Chr. D. Rauch: Moses im Gebet. Potsdam, Innenhof der Friedenskirche.

388 Alexander von Humboldt an Gabriele von Bülow
o. O., 9.11.1855

H: DLA/SNM, Marbach, 62.2137

Hannibal vor den Thoren! Nichts soll mich abhalten, theure Gabriele nächsten Sontag, übermorgen endlich einmal froh in Tegel zuzubringen. Hier ist alles steiff, gestikt, ungewohnt, die

a (1) muss die (2) und England müssen *H*

b dass *H ändert Hrsg.*

langweilige sehr praetentiöse, wortreiche, gar nicht taube Königin bleibt bis Montag wo der Becher voll sein wird. Hier ist nichts neues als zwei Heimlichkeiten 1) zwei Diener eine[n] der schielenden Wanze, einen von Gerlach hat Hinckeldey arretiren lassen, weil sie wichtige Papiere abgeschrieben od. entwendet haben um sie man weiss nicht wem zu verkaufen. 2) ein Diener, Commissionär von Albert Pourtalès ist arretirt weil er der engl[ischen] Gesandschaft soll verrathen haben dass man den Russen Waffen giebt.[1]

Ich muss schliessen.

AHt

Freitags d. 9ten November 1855[a]

[1] Anspielung auf einen Prozess wegen Diebstahls von Depeschen und um Bestechung zum Vorteil von Börsenspekulationen. Vgl. Humboldt an Alexander Mendelssohn, 7.11.1855, in Humboldt 2011, 286–287.

389 Alexander von Humboldt an Gabriele von Bülow
o. O. u. o. D., [vermutlich 6.12.1855]

H: DLA/SNM, Marbach, 62.2137

Auch mein Bedauern ist gestern sehr gross gewesen, Dich nicht empfangen zu haben. Eben komme ich aus dem Parlamentarischen Diner. Leider, mein[e] theure Gabriele, bin ich Sonnabend nicht frei, da ich nach Charlottenburg muss, entweder allein, od. mit Mr Philarète Châles dem Romantiker, oder mit[b] M[r] Mariette[1] der den Serapis Tempel mit 65 Sarcophagen von Granit entdekt hat. Auch Sontag habe ich mich nicht frei halten können, da Madame Meyer Beer ein Diner für Liszt[c] giebt. So bringt man sein Leben mit dem zu, was man vermeiden möchte. Die Ansichten der Natur[2] und den kleinen <Favre>[3] bringe ich selbst.

Mit innigen Dankgefühlen u zärtlichen Grüssen
Dein

AHt

Donnerstag
Abend

... in Eile denn um halb 7 Uhr muss ich heute Abend noch in eine Vorlesung des evangelischen Vereins mit dem König in der Oranienstrasse

[1] Auguste Mariette hatte 1852 auf der Suche nach dem Serapeum bei Sakkara Grabnischen mit Granitsarkophagen entdeckt. Am 6.12.1855 gab Humboldt anlässlich des Berlinbesuchs des französischen Ägyptologen ein Essen, zu dem ebenfalls eingeladen waren: Heinrich Brugsch, Franz Liszt, Eduard

[a] d. 9ten November 1855 *ergänzt B*
[b] oder | mit *gestrichen* | mit *H*
[c] Liszt *H am Rand*

Hildebrandt, Christian Gottfried Ehrenberg, Christian Daniel Rauch und Alexander Mendelssohn. Siehe Humboldt an Mendelssohn, 3.12.1855, in Humboldt 2011, 290, und an Christian Gottfried Ehrenberg, [3. Dezember 1855], in Humboldt 2017–2021, Version 5 vom 11.09.2019. URL: https://edition-humboldt.de/v5/H0016618. Daher die Datierung.

2 Humboldt 1849a.

3 Eventuell Favre 1856 (Stevens 1863, Nr. 2834).

390 Alexander von Humboldt an Gabriele von Bülow
o. O. u. o. D., [vermutlich 28.12.1855]

H: DLA/SNM, Marbach, 62.2137

Ich muss den Muth haben zu schreiben, da ich durch diplomatische Confusionen bei einer Prinzessinn!, einer[a] Visite bei Rauch[1], der heute zum ersten Male ausgegangen ist, und bei Excellenz Mad[ame] von der Heydt, wo ich einen Marmorsaal neben einem Treibhause und eine Marmortreppe besehen musste, gehindert wurde, zu Dir, meine Theure, zu kommen um[b] meine Bitte kühn selbst vorzutragen.

Ich flehe zu Neujahr um 3 kleine Geschenke die zusammen 20 bis 25 Thaler kosten? wenn in diesen Lebensgrenzen es möglich ist.

Denke, den 2ten Januar ist unseres Rauch's 80ster Geburtstag! So wird er denn bald ganz[c] verblühen. Ich bin um den Freund zu überraschen durch „Schadow und Frau", wo ich nie war um 3 Uhr zum Essen eingeladen in engem Familienkreise zum 2 Jan. 1856.[2]
Dein

AlHumboldt

Freitag Nacht

1 Siehe Humboldt 2007a, 126, woraus sich auch die Datierung ergibt.

2 Rauch wurde am 2.1.1877 geboren, so dass es sich um den 79. Geburtstag oder um einen Fehler in Humboldts Jahresangabe handelt. (Humboldt an Cotta, 2.1.1856, in Humboldt 2009, 566).

391 Alexander von Humboldt an Gabriele von Bülow
o. O., 3.1.1856

H: Leipzig, Universitätsbibliothek

Ich habe mir aus des Königs Privatbibliothek den englischen christlichen Roman Fabiola erliehen, der so viel Lärmen macht, weil er von Cardinal Wiesemann sein soll.[1] Man sagt er habe die Martyre von Chateaubriand[2] nachahmen wollen und der Pabst werde es zu profan

a (1) od. (2) einer *H*

b (1) und (2) um *H*

c ganz *ergänzt H*

und dichterisch finden. Vielleicht interessirt die Lectüre Deine liebenswürdigen Infantinen. Bitte das Kleid, den Einband zu schonen. Ich lege noch meine neue Verherrlichung bei. Die Verse sind metrisch schön, das Ganze aber etwas schauerlich-gross.

Mit inniger Dankbarkeit und Versprechen, die kleine Blutung[3] zu ersezen
Dein

AlHt

Donnerstag 3ten Januar 1856[a]

[1] Wiseman 1855.
[2] Chateaubriand 1809.
[3] Vermutlich das Geld für seine Neujahrsgeschenke, siehe den vorigen Brief.

392 Alexander von Humboldt an Gabriele von Bülow
o. O., 23.1.1856

H: DLA/SNM, Marbach, 62.2137

Schon ganz betrübt über die sogenannten morgenden Freuden der zu empfangenden und zu haltenden Reden[1], möchte ich nach der Schlacht mir ausserhalb dem Hause einige Ruhe bereiten. Würde es Dir, meine Theure nicht stöhrend sein, wenn ich mir diese Tröstung bei Dir verschaffe, Dich baete morgen Donnerstag um 4 Uhr essen zu dürfen, auch um 3 wenn Du es lieber siehst. Ich habe Dich und die Kleinen, die Du führtest, bei Pr[inzessin] v. Pr[eussen] nur von weitem bewundern können. Da der Grossherzog v. W[eimar] gestern früh bei mir catonisch abgewiesen wurde, so habe ich ihn schon heute morgen besuchen müssen, was ihn nicht abhalten wird, da er morgen, um zu regieren, abreiset mich morgen zwischen 8 und 9 Uhr! morgens zu besuchen.

Gieb ja mir, Theure, eine mündliche Antwort. Ich darf doch morgen um 13 (Stunde des Drama's) auf Hedemann rechnen, um mich Seiner zu rühmen.

AlHumboldt

Mittwochs d. 23sten Januar 1856.[b]

[1] Vermutlich anlässlich des Empfangs des Ehrenbürgerrechts von Berlin. Vgl. Schwarz 2006. Seine Rede ließ Humboldt in Allgemeine Zeitung Nr. 28 vom 28.1.1856, 435, drucken (Humboldt an Cotta, 25.1.1856, in Humboldt 2009, 566–567).

[a] 3ten Januar 1856 *ergänzt B*
[b] d. 23sten Januar 1856. *ergänzt B*

393 Alexander von Humboldt an Gabriele von Bülow
o. O., 11.3.1856

H: DLA/SNM, Marbach, 62.2137

Allerdings, meine theure, theure Gabriele, wird es mir in dieser aufgeregten Zeit eine grosse Freude sein morgen Mittwochs bei Dir mit dem edlen Flottwell um 3 Uhr speisen zu dürfen. Ich denke, dass bei der grossen Aufregung des Königs (es ist heute wieder Familientafel nach einer wichtigen Hinckeldeischen Ministerial-Conferenz in Bellevue) es sehr unwahrscheinlich ist, ich könne abgehalten werden. Ich werde mich auf keinen Fall morgen ansagen lassen und nur einer sehr unwahrscheinlichen ausdrüklichen schriftlichen Einladung nach Charl[ottenburg] nachgeben. Die Aufregung gründet sich hauptsächlich auf die Besorgniss[e] des Ersazes. Der Berliner sagt sehr naiv: Was wird aber nanu kommen.[1]

Viele zärtliche Grüsse dem lieben, leidenden Hedemann.

AlHumboldt

Dienstags 2 Uhr 11ter März 1856.[a]

[1] Am 10.3. war der verhasste Polizeidirektor Hinckeldey bei einem Duell getötet worden. Humboldt nahm am 13.3.1856 an seinem Begräbnis teil.

394 Alexander von Humboldt an Gabriele von Bülow
Berlin, [vermutlich Mai 1856]

H: DLA/SNM, Marbach, 62.2137

Rauch, meine Liebe, ist hier bloss um sich bei der Kaiserin[1] zu melden. Ich habe ihm angemerkt, da man ihn gewiss nicht zur Hofmarschall-Tafel einladen wird, dass er gern nicht bloss einen Besuch bei Dir mache, sondern gern bei Dir speise. Wegen Nesselrode kann ich mich nicht anmelden. Du wirst es mir also wohl verzeihen, dass ich es auf mich genommen und ihm gesagt, er dürfe unangemeldet um 3 Uhr bei Dir erscheinen.

Verzeihe meine Zudringlichkeit

AlHumboldt

[1] Siehe den Brief vom 27.5.1856, Anm. 1.

[a] 11ter März 1856. *ergänzt B*

395 Alexander von Humboldt an Gabriele von Bülow
Potsdam, [vermutlich 27.5.1856]

H: DLA/SNM, Marbach, 62.2137

Du nimmst, wie die lieben Hedemanns, einen zu warmen Antheil an der Erhaltung meiner jezigen sehr erträglichen Gesundheit, meine Liebe, um zu zürnen, wenn ich zu der schönen Feier eines, auch Dir, immer verhängnissvoll, halb unheimlichen Festes[1] nicht morgen erscheine. Ich muss heute Abend nothwendig wieder in den Neuen Kammern! von 8–11 Uhr bei[a] den kais[erlichen] und preussischen und mecklenburg[ischen] und niederländischen Hofdamen erscheinen, während dass die kranke Kaiserin, die doch gestern morgen aus Unruhe nach dem Pfingstberge! spaziren gefahren war, mit 14 hohen Verwandten auf dem klassischen Hügel an täglich wiederkehrenden Vorlesungen meines Collegen Schneider bis 11 Uhr Abends schwelgt. Ich müsste also morgen von hier nach Berlin dann nach Tegel und Abends (da der Kaiser Donnerstag kommt) von Tegel hieher wieder zurük. Das hiesse dem alten Körper zu viel zugemuthet! Ich ziehe vor Dir, meine Theure, meine herzlichsten Wünsche (wenn nicht aus dem Olymp wunderbare Blize geschleudert werden) Sonntag Mittag darzubringen. Die Kaiserin denkt einen Monat hier zu bleiben. Bisher habe ich weder König noch Königin sehen können. Man lebt mit dem alten Dohna bloss in der Unterwelt. |2| Der Kaiser will der Mutter nahe, nicht im Neuen Palais, sondern in den Neuen Kammern wohnen so dass die arme Dönhoff erbittert in meinem Zimmer im Gartenhause in Charlottenhof wohnen muss. Die Königin hat sich heute morgen ein rendez Vous mit beiden Sachsen Königinnen gegeben zu einer sonderbaren sich gegenseitig längst verheissnen Feier des hundertjährigen Geburtstags eines Toten des gemeinsamen Vaters, König von Bayern[2]. Sie kommt heute Abend wieder.

Mit inniger Liebe u. vielen Grüssen in Berlin u. Tegel
Dein

AHumboldt

Potsd[am] Schloss
Dienstags

Ich habe leider! Flottwell noch nicht sehen können.

[1] Vermutlich zum Empfang der Zarinmutter Aleksandra Fjodorowna. Außerdem reisten Zar Alexander II. von Russland und weitere Könige, Prinzen und Herzöge im Mai nach Potsdam. Vgl. Humboldt an Olfers, 3.6.1856, in Humboldt 1913, 204–206.

[2] Maximilian I. von Bayern wurde am 27. Mai 1756 geboren. Daraus ergibt sich die Datierung.

[a] (1) mit (2) bei *H*

396 Alexander von Humboldt an Gabriele von Bülow
o. O. u. o. D., [vermutlich 3.6.1856]

H: DLA/SNM, Marbach, 62.2137

Meine liebe, theure Gabriele! Es ist mir ein grosser Jammer gewesen[a] gestern auf dem lezten Feste (Mittagessen)[b] im Neuen Palais,[1] dem aber der Kaiser, der mit der kranken und doch unruhig bewegten Mutter speiste nicht beiwohnte, von Loën zu erfahren dass die liebenswürdige Priscilla mit ihren anmuthigen Kleinen[2] schon Mittwoch od. Donnerstag reist, da es jezt schlechterdings nich[t] möglich ist hin zu kommen und alle noch einmal zu umarmen. Meine Hofnung war gewesen, dass sie bis Sontag bleiben, wo ich dachte bei[c] Dir zu speisen am Abend wieder hier zu sein. Priscilla wird gewiss nicht Verdacht der Kälte schöpfen. Die freundlichen Eindrücke die sie und ihre Familie mir gelassen vermehren mein Bedauern. Hier war ein Treiben schier, zulezt 3 Tafeln und 70 Speisende an den Tischen wo ich ass. Der Kaiser war immer wenig sichtbar und von seiner Anwesenheit hat mich nur einiger Händedruk und olympisches anlächeln überzeugt. Vom unabsehbaren Gefolge hat mich bloss der Kranke, bei jeder Gelegenheit in Thränen ausbrechende Meyendorf und der neue [Minister][d] der auswärtigen Angelegenheiten Fürst Gortschakoff[3] (ein freundlich feiner, deutsch sprechender Russe) interessirt, auch Anatole Demidoff und das weisse Gespenst Princesse Bagration[4], 80 jährig, nakd schulterig, des Anzuges wegen an einem Tage 2 mal von Berlin nach Potsdam fahrend. Von heute an gestaltet sich alles einfach mit der recht liebenswürdigen |2| kleinen Königin von Bayern. Die Kaiserin bleibt bis 15 od 20 Juni. Die Ärzte sollen entscheiden über Schanzenbad oder Wildbad. Meine Gesundheit ist erträglich, nur ein Hautausschlag auf dem Rücken zwingt mich (vielen Juckens wegen) zu Frottirungen die Schönlein will. Du weisst, meine Liebe, ich kenne Langeweile, nicht Fatigue. Flottwell verlässt mich eben. Er wird Dich morgen Mittwoch besuchen. Lass Dich ja nicht Sontag von Tegel abhalten. Ob ich zu Dir in Berlin[e] kommen kann werde ich Dir Sontag früh sagen lassen. Willst Du mit den Kindern nach Tegel so schreibe mir ja Sonnabend hieher. Grüsse alle Deinigen, besonders auch Hedemann u. Deine liebe Schwester

In grosser Eile
AHt

Potsdam Dienstags

[1] Vgl. den Brief vom 27.5.1856, Anm. 1.
[2] Vermutlich Gabriele von Humboldt, die dritte Tochter von Hermann von Humboldt und Priscilla geb. von Reitzenstein.
[3] Fürst Alexander Michailowitsch Gortschakow war russischer Außenminister als Nachfolger von Nesselrode, der am 15.4.1856 seinen Abschied genommen hatte.
[4] Die Witwe des Feldmarschalls Fürst Peter Iwanowitsch Bagration war eine Großnichte der Kaiserin Katharina.

[a] gewesen *ergänzt H*
[b] (Mittagessen) *erganzt H*
[c] (1) hereinzu (2) bei *H*
[d] Ministerer *H ändert Hrsg.*
[e] zu Dir in Berlin *ergänzt H*

397 Alexander von Humboldt an Gabriele von Bülow
Potsdam, 10.6.1856

H: DLA/SNM, Marbach, 62.2137

Ich berechne, theure G[abriele], dass diese Zeilen Dich noch treffen und dass ich [Dir][a] noch einmal sagen kann wie ich Dich und die lieben, anmuthigen, geistreichen Kinder mit meine[n] Segenswünschen begleite[1]. Die Kaiserin[2] hat mir (ich war gestern Abend nicht erniedrigt in der Unterwelt, sondern im oberen Olymp) den angenehmen Eindruk gelassen, dass, als ich ihr sagte, ich habe von Dir Abschied genommen, sie sogleich antwortete, „das war also von Gabriele, denn die älter[e] Schwester ist Adelheid. Hat deren Mann Hedemann den Abschied und ist die eine Seite des Gesichts noch so roth[“], was der König sogleich verneinte.

Ht

Potsdam Dienstags d. 10ten Juny 1856.[b]
in grosser Eile

[1] Vermutlich war eine Reise nach Burgörner gemeint, wobei „Frau v. Bülow mit den Töchtern auch weitere Ausflüge unternahm. So [...] 1856 nach Sagan zur Herzogin Dorothee und in die Salzburger Alpen.“ (Sydow 1919, 524).
[2] Siehe den Brief Nr. 395, Anm. 1.

398 Alexander von Humboldt an Gabriele von Bülow
o. O., [vermutlich Sommer 1856]

H: DLA/SNM, Marbach, 62.2137

Sonnabend

Ich habe, meine Theure, meist unwohl und trübe die ganze Woche zugebracht, so dass es mir doppelt eine Freude sein wird den Sontag morgen froher[c] mit Euch zuzubringen. Ein

[*ausgeschnitten*]

Dönhoff hat mir einen Brief der Schwester gezeigt in dem deutlichst zu lesen war que santé excellente, mais pas de progrès[1], die geistige Schwäche sei ganz dieselbe. Der grosse Rothe für Willisen, nachdem man ihn unfreundlich zur Entsagung bedrängt gehört in das Reich der Wiedersprüche.[2] Bis morgen
Tausend herzliche Grüsse Dein

AHt

[a] Dir *H ändert Hrsg.*
[b] d. 10ten Juny 1856. *ergänzt B*
[c] morgen | mit *gestrichen* | froher *H*

[1] Frz.: dass Gesundheit exzellent, aber kein Fortschritt. – Vermutlich handelt es sich um Friedrich Wilhelm IV., dessen Gesundheitszustand sich seit Jahren stetig verschlechtert hatte. Er litt zunehmend unter Gedächtnislücken und nervlicher Reizbarkeit. Im Sommer 1856 erholte er sich in Marienbad, aber im Folgejahr, ab Mitte Juli 1857, erlitt er mehrere Schlaganfälle, die ihn schließlich regierungsunfähig machten (Barclay 1995, 390).

[2] F. A. von Willisen wurde 1856 zum Kommandeur der 6. Division, zum Generalleutnant und zugleich zum Generaladjutanten des Königs ernannt, geriet jedoch in Konflikt mit dem Prinzen von Preußen, der Oberkommandierender der Preußischen Armee war. Er erhielt den Roten Adlerorden II. Klasse mit Eichenlaub und Stern 1856. Vergleiche auch an Hedemann, 17.8.1856, DLA/SNM, Marbach, 62.2140. Daher die Datierung.

399 Alexander von Humboldt an Gabriele von Bülow
o. O. u. o. D., [vermutlich Sommer 1856]

H: DLA/SNM, Marbach, 98.18.38/5

In dem Augenblik, wo ich des Salzburgischen Domherrn Veith's in den Oestreichischen Staaten berühmtes Buch Eucharistia[1] an die Radziwillsche Familie, in der Abgotterei mit dem Salzburger Domherren getrieben wird, zurük bringen wollte, fällt mir ein dass Dir meine herrliche Gabriele und den geistreichen Deinen es doch nicht unnüz sein kann ein frommes Buch anzusehen, von dem Du in Reichenhall[2] wirst reden hören. Der hier einliegende Zettel von Wilhelm Radziwill belehrt[a] Dich über <die> Veranlassung. Domherr Veith ist ein Wunder deutscher Toleranz als catholischer Priester. Er citirt lobend Schelling, Hegel, den Kosmos p. 210, 234, 245 ohne irgend eine Furcht vor der Naturforschung zu haben. Man sagt er wird Bischof und einst Cardinal werden. Du kannst das hier sehr seltene Buch bis Sontag behalten. Du wirst Dich an meiner Frömmigkeit erbauen.
Dein

AlHumboldt

Sonntag in tiefer Nacht.[b]

Minna Meyerbeer ist von einem Landprediger bei Ischel katholisch geworden nachdem Sydow sie drei Jahre „gelangweilt" wie sie sagt. Ich fürchte Reichenhall nur für den Naturdienst zu dem es anregt. Nach dem ich so viele Zeichen (Denksteine) in das Buch gelegt, gehe ich fromm zu Bette 3 Uhr weniger ¼ und noch Thermometer 13°.
Ich hoffe Deinen Besuch Dienstag um halb ein Uhr (12^{U} ½)

[1] Veith 1847. Auf den genannten Seiten zitierte Veith aus Humboldts „Kosmos": Auf S. 210: „Kein Menschenalter vermag die Gesammtheit (Totalität) der Erscheinungen zu übersehen, und schwerlich wird es je gelingen alle Erscheinungen des Weltganzen in der Einheit des Gedankens zu umfassen". Auf S. 234 ging Veith auf „die Vielheit einzelner Wesen oder Substanzen (Atomen, Molekülen, Monaden)" aus denen die Natur besteht, wobei noch „Erscheinungen des Lichtes, der Wärme, der

[a] (1) lehrt (2) belehrt *H*

[b] 1856 da Reichenhall erwähnt ist *Ergänzung von fremder Hand*

Electricität, eigene, sogenannte unwägbare Stoffe (Dynamiden), sowie für die Organismen (Pflanzen und Thiere) eben so viele eigenthümliche Lebenskräfte" hinzukommen. S. 244–245: „In der Pflanzen- und Thierwelt erscheint schon jedes Einzelwesen als Product seiner Gattung, in beiden, wie in der anorganischen Welt sind es überall gewisse einfache Stoffe, die durch ihre verschiedenartige Zusammensetzungen, die Grundlagen der mannichfachsten Gebilde ausmachen." Und nennt hier die „räthselhaften Meteorsteine".

2 Offenbar eine der gemeinsamen sommerlichen Kuren in Görbersdorf und Reichenhall. (Sydow 2000, 267).

400 Alexander von Humboldt an Gabriele von Bülow Berlin, 28.7.1856

H: DLA/SNM, Marbach, 98.18.22/1

Ob ich gleich von meinem lästigen, von Schönlein selbst wenig erklärten Hautübel, das in erhöhtem Maasse an die Mosquitos-Leiden des Orinoco mahnte ziemlich geheilt war, so hatte ich doch gezögert, theure Gabriele, auf Deinen herrlichen Brief vom 9ten zu antworten. Er kündigte mir schon alles Erfreuliche an von den unschäzbaren Wirkungen grosser Natureindrücke und eine Geschäftsfreiere Existenz auf den Zustand des Gemüthes. Seit langer, langer Zeit hatte ein Brief von Dir mir erwiesen, dass Du freier athmest. Die Verzögerung mein[er] Antwort hat mir nun die Freude verschaft meinen Dank nun zehnfach erhöhen zu können, denn gestern kam Deine Verkündigung der grossen Begebenheit[1], die ich als eine sehr glückliche begrüsse. Der Brief der die Verkündigung enthielt, war noch merkwürdiger in Sprache und Lebhaftigkeit der Gefühle. Es war mir, meine Theure, als würde nach langer trüber Nacht in Dir einmal wieder heiterer frischer Morgenduft [sein]. Ich wüsste nicht, wie die liebliche, schöne, geistig so viel begabte Constanze eine mir angenehmere Wahl hätte treffen können, eine Wahl [die] auf so reinen einfach gegenseitigen Neigungen gegründet ist. Meine warme Vorliebe für Heinz hat sich wie alles wahre ganz instinctmässig offenbart, sie stamt von dem ersten Anblik, der ersten flüchtigen Bekanntschaft her. Zartheit und Innigkeit der Gefühle, äussere Ruhe bei innerer Belebtheit, Feinheit bei grosser Natürlichkeit, heiteres und freundliches Entgegenkommen mit der Mässigung, welche die leere Verschwendung hindert, eine gewisse Auszeichnung in der ganzen Erscheinung die in der jezigen Prosa militärischer Bildung so selten ist. Ich hatte lange den jungen Prinzen Friedr[ich] Wilhelm für weichlich verflacht gehalten, die schöne Selbstwahl, die Vorliebe, die ihn so früh an eine Menschennatur wie Heinz gekettet hat mich zuerst anderen Sinnes gemacht, mir höhere Ideen von dem jungen Prinzen beigebracht. Da bewährt sich die Tiefe des Worts: sento ma non ragiono[2]. Bei einem so viel ausgebildeteren, begabteren, herrlicheren Geschöpfe, bei der schönen Constanze konnten die Eindrücke auch nicht fehlen, und was in mir zuerst für den Prinzen sprach, den ich auf dem Wege war zu verkennen spricht in dem schönen Verhältniss zu Constanze für das was dem Verlobten seinen hohen inneren Werth giebt.

|2| Neben diesen inneren Beziehungen die allein entscheidenden, gefallen mir auch die äusseren Verhältnisse. Der Hof dem er angehört verspricht durch geistige und freiere politische Richtungen eine bessere Zukunft.[3] Die Nähe in der er Dir, ich möchte sagen können, im alter bleiben wird, hat etwas sehr Anziehendes. Er selbst wird nicht verkannt sondern gilt über-

all als eine angenehme ausgezeichnete, fein gebildete Persönlichkeit. Ich kenn hier [keinen] jungen Mann der höheren Gesellschaft der von allem Vulgären entfernter ist. Die Verbindung die er eingeht wird ihn noch mehr heben wie bei allem geistigen Wechselverkehr. Ich habe die frohe Nachricht schon gestern Abend der Flottwellschen Familie schriftlich mitgetheilt für die so nicht ganz eine Ueberraschung aber eine grosse grosse Freude sein wird.

Da mich in Deiner Abwesenheit Bernhardchen jezt bisweilen besucht[a], so habe ich ihn, da er heute morgen zufällig kam recht die Frischheit des ersten Eindruks einer solchen Nachricht beobachten können. Er ist gleich sehr lebhaft und frei gesprächig geworden und hat in allen Tönen seine Freude darüber ausgedrükt. Zu Rauch, der jezt wieder mit seiner Gesundheit zufriedener ist, werde ich morgen selbst gehen. Er gehört recht eigentlich zu unserer Familie. Der landschaftliche Hintergrund vor dem das schöne Drama gespielt gefällt mir besonders da es denkwürdige Zeitepochen meines früheren Lebens berührt. Ich war einige Monate ununterbrochen in Reichenhall im Herbste 1793 dahin geschikt von Bayreuth aus um Kenntniss von den Brennmaterial ersparenden Verrichtungen verdekter Salzpfannen welch[e] ein sehr scharfsinniger mit Benjamin Franklin befreundeter Schweizer aus Winterthur Hans Claist in Reichenhall eingeführt hatte. Die Claisischen Salzpfannen waren damals sehr berühmt. Sollten nicht noch jezt der Name dort bekannt sein von den späteren[b] Namen von Franz und Joseph Bader und Utzschneider in Berchtesgarden.[4] Im Jahr 1795 machte ich nachdem ich das Ja[h]r vorher bei der Armee am Rhein zugebracht, war ich in Tirol Venedig und der Schweiz[5]. Den ganzen Winter 1798 brachte ich mit der Häftenschen Familie und Leopold von Buch in einem Landhause bei Salzburg zu durch den Krieg gehindert nach Italien zu gehen.[6] In diesem Winter gingen Buch und ich abwechselnd jeder einmal auf die Spize des Unterberges bei Salzburg, um eine Flasche Luft auf dem Gipfel zu sammeln. Diese Versuche der Luftgüte[c] haben wir damals drucken lassen[7] weil man damals tatsächlich glaubte dass die Luft auf hohen Berggipfeln schlechter wäre (weniger Sauerstoff Lebensluft enthielte) als in der Ebene. Das Mittel der Prüfung das man aber damals anwandte hat sich aber trüglich gefunden |3| so dass die beschwerlichen Besteigungen des Unterberges im Winter ganz ohne Nuzen gewesen sind. Im Frühjahr 1798 ging ich von Salzburg nach Paris, wo ich Deine lieben Eltern fand. Den jungen Prinzen habe ich wegen meines Unwohlseins leider! seit seiner Rückkehr von England gar nicht gesehen. Er hat mich[d] hier nicht besucht aber da Heinz mit nach Mo[s]kau geht[8] so will ich wenigstens schreiben was ich aus Briefen der Dönhof weiss. Der König verlässt 28st[en] Marienbad[9], trinkt Thee bei der sich besser befindenden Sagan in Carlsbad und schläft dort[,] erwartet in Tepliz den 29 od. 31sten den Kaiser von Oestreich, kommt mit der Königin Sonnabend 2 August nach Sanssouci, erwartet dort die Kaiserin mit ihren 70 Fre[u]nden … Redern, der den jungen Prinzen als Glanzstück nach Moskau begleitet, und in Marienbad war hat dort gehört die Kaiserin wünsche dass der junge Prinz jetzt gleich sie begleite und eine Zeit lang in Petersburg verbleibe. Es scheint mir sehr unwahrscheinlich dass man dies zugebe da die Kaiser die Russische Reise schon den 6t[en] Aug. antreten will. Der König geht nach hiesigem Manœvre etwa 18–19 nach Pommern u. Königsberg, obgleich die Oberpraesidenten gegen die Manœvres protestiren sollen. Die Reisen nach Trier sind aufgeschoben bis nach der Badenschen Hochzeit. Das ist die langweilige Chronologie an

---

a (1) morgen (2) besucht *H*
b (1) früheren (2) späteren *H*
c (1) Lüfte (2) Luftgüte *H*
d (1) nicht (2) mich *H*

die man heute glaubt. Der älteste Sohn von Wilh[elm] Radziwill geht auch mit dem jungen Prinzen. Ich werde mich wahrscheinlich auch den 2 Aug. nach Potsd[am] übersiedeln müssen. Wilhelm und Gattin, sagt Bernhardchen, kommen morgen um die Reise nach dem langweiligen Königsberg zu machen. Sie bleiben nur 3 Tage in Berlin. Seiffert ist jezt sehr wohl von Tepliz wieder gekommen. Der kleine August eine Perle von Klugheit, Sorgsamkeit u. Bildung. In anderen branchen meiner Familie sehe ich bis Weihnachten keine Aussicht zur Taufe. Ich lege ein kleine[s] Briefchen an Heinz bei, die schöne Kleine werde ich ein anderes Mal gratulieren, auch werde ich wegen der Heirath noch vor meiner Uebersiedlung nach Potsdam schreiben. Herzliche Grüsse allen lieben Infantinen und an den Herrn Schwager falls er Euch noch mit seinem Besuch erfreut.[a] Der arme Schön[10] ist entschlafen. Er war doch ein Staatsmann! Er hat noch vor seinem Tode den König schriftlich gebeten die Schlosshauptmann Stelle von Marienburg an Flottwell zu geben. Flottwell scheint es sehr zu wünschen und ist von Schön selbst beauftragt worden, den Antrag selbst abzugeben. Das alles scheint mir etwas ungeschikt. Es könne Vollblut und nobiliäre Bedenklichkeiten sich dabei hinderlich zeigen, die den König sehr in Verlegenheit sezen würden da er troz der Verschiedenheit der Meinungen viel Vorliebe für Flottwell hat.

Mit dankbarer treuer Anhänglichkeit
Dein

AlHumboldt

Berlin 28 Juli 1856

Du wirst einzelne Worte lesen können und daraus einiges Andere errathen.

1 Die Verlobung Constanze von Bülows mit Carl von Heinz hatte am 19.7.1856 während des Urlaubs in Aigen (Österreich) stattgefunden (Sydow 1919, 265). Siehe Humboldts Brief an Constanze vom 7.8.1856 in Sydow 2000, 265–267. Constanze heiratete am 17.1.1857.

2 Ital.: Ich höre, aber ich denke nicht.

3 Von Heinz war Adjutant des Prinzen Friedrich Wilhelm von Preußen (Sohn des Prinzen von Preußen, und deshalb nach diesem Thronfolger), der die Prinzessin Victoria ehelichte.

4 Während einer bergmännisch-halurgischen Rundreise mit Besichtigung mehrerer Salzbergwerke im Herbst 1792 hielt sich Humboldt im Oktober auch in Reichenhall auf. Von dieser Rundreise schrieb er mehrere Briefe an seinen Jugendfreund Freiesleben, darunter am 2.11.1792 von seinem „überaus lehrreichen Aufenthalt in Reichenhall […] Auf der dortigen Saline war ich 12 Tage, ganz allein mit dem Salinendirektor v. Claiß. Diesen Mann halte ich jezt unter allen theoretischen und practischen Hallurgen offenbar für den ersten. Er besizt große physikalische und mathematische Kenntnisse, war 7 Jahr in England, arbeitete viel mit Franklin, war lange in Frankreich […]" (Humboldt 1973, 220). Utzschneider war Techniker, Unternehmer und 1795–1798 Salinenadministrator in Berchtesgaden. Die Brüder Baader waren ebenfalls Kontakte Humboldts in dieser Zeit und spielten eine Rolle in Bergbau- bzw. Ingenieurtechnik.

5 Am 17.7.1795 brach Humboldt von Bayreuth aus zu einer Reise nach Oberitalien sowie in die Schweizer und französischen Alpen auf und kehrte am 20.11.1795 zurück.

6 Nachdem Humboldt Ende Dezember 1796 den preußischen Bergdienst quittiert hatte, begann er, sich auf eine große Forschungsreise vorzubereiten. Dazu unternahm er im Folgejahr mehrere kleinere Reisen, auch mit Buch. Eine geplante Reise nach Italien zur Besichtigung der Vulkane scheiterte wegen der französischen Kriegshandlungen.

---

a und an den Herrn Schwager falls er Euch noch mit seinem Besuch erfreut. *ergänzt H*

[7] „Als mich die politischen Unruhen in Italien im verflossenen Herbste veranlassten, mich viele Monate hindurch in Salzburg aufzuhalten, so bot mir dieser Aufenthalt die erwünschteste Gelegenheit dar, eine Arbeit über den Luftkreis zu beginnen, an der mich mein wanderndes Leben unter andern Verhältnissen wohl noch lange gehindert haben würde. In der sichern Hoffnung, mich mit allen meinen Instrumenten bald in einen andern südlicheren Welttheil zu begeben, um dort den Einfluss einer kräftigern Sonne auf die organische Schöpfung zu prüfen, schien es mir ungemein wichtig, vorher in der gemäsigten Zone eine Reihe von Versuchen sorgfältig anzustellen, welche jenen Künftigen zur Vergleichung dienen könnten. Bei allen physikalischen Arbeiten ist es ungemein wichtig, Resultate aufzustellen, welche von einem und demselben Experimentator, und mit einerlei Werkzeugen erhalten worden sind." (Humboldt 1799, 151.) „Das wichtigste Resultat, welches ich aus meiner Untersuchung über den Sauerstoffgehalt des Luftkreises gezogen, ist folgendes: wenn bei trübem Wetter sich die Dünste auflösen, die Wolken verschwinden und sich des Himmels Gewölbe blau färbt, so nimmt meist die Sauerstoffmenge des Luftkreises zu. Sie nimmt dagegen meist ab, wenn am blauen heitern Himmel [...] Regen- oder Schneewolken sich bilden." (Humboldt 1799, 157–158.) „Herr von Buch mass am 18ten Dec. den Geisberg. Er sammelte (in 3890 Fuss Höhe) um 19 Uhr Luft, indem ich die im Thale um 11 Uhr 39 Minuten analysirte. Die Bergluft war, wie man es einem so vortreflichen Beobachter erwarten konnte, so gut gestöpselt, dass das Wasser, bei der Oefnung der Flasche im pneumatischen Apparate 4–5 Linien hoch eindrang. Thalluft 0,262 Sauerstoffgehalt. Bergluft 0,236. Also ein Minus von 0, 026 Oxygen. Himmelblau mit einzelnen Wolken. Kein Wind. Am 30sten Januar wagte es H. von Buch abermals, trotz des tiefen Schnees, mit vieler Gefahr den Geisberg zu besteigen. Er drang vor, bis 60 Toisen unter dem Gipfel, und sammelte dort Luft. Oben stand das Thermometer im Schatten auf 8°,5 Réaum. unten 0°,5. Oben thauete der Schnee, da die Sonnenstrahlen (deren Stärke 10° war) ungehindert auf den kahlen Felsen fielen. Bergluft 0,261, Thalluft 0, 274. Also wegen des Schneeschmelzens auf dem Berge nur ein Minus von 0,007 Oxygen. Am 4ten Merz bestieg ich den Geisberg [...]" (Humboldt 1799, 166).

[8] Zur Krönung des Zaren Alexander II. am 7.9.1856, siehe seine Beschreibung in Sydow 2000, 281ff.

[9] Siehe den vorigen Brief, Anm. 1.

[10] Theodor von Schön war wegen seiner freisinnigen Ansichten bereits 1842 aus dem Staatsdienst ausgeschieden und lebte seitdem auf seinem Gut Preußisch-Arnau bei Königsberg, wo er am 23.7.1856 starb.

401 Alexander von Humboldt an Gabriele von Bülow
Berlin, 3.9.1856

H: DLA/SNM, Marbach, 62.2137

Ich hatte eben diesen Morgen den Vorsaz an Dich, theure Gabriele zu schreiben und Dir aus vollem Herzen zu der Vollendung einer mit so anmuthigen Folgen verknüpften Reise, Glück zu wünschen, als ich die grosse Freude hatte durch die Ankunft Deines schönen Briefes vom 1 Sept. überrascht zu werden. Es ist einmal wieder etwas Sonnenschein im Leben. Wir wollen ihn dankbar d. h. gottesfürchtig geniessen. Nach dem schönen Alpenleben[1] und dem schönen Bund der dort geschlossen worden ist[2] (er hat das Merkwürdige überall Beifall zu finden, als wäre es etwas langerwünschtes) muss der Aufenthalt in Burgörner bei dem vortreflichen durch das Bad gestärkten Hedemann und Deiner lieben, aber etwas leidenden Schwester sehr wohlthuend gewesen sein! Die Kinder werde ich nun zuerst wiederkehren sehen und Dich etwa 6–8ten? in Berlin und den greisen 14 Sept. in Tegel. Loën hat den Tag seiner

Abreise nach der Schweiz u. Paris, die ich sehr lobe, noch ganz allein mit dem kleinen, deshalb von Potsdam hereingekommenen August (lezten Sontag) gespeist. Ich hatte Tages vorher an Bernhardchen in die Luddische Wildniss und Lützower Wegstrasse geschrieben und ihn ebenfalls eingeladen, aber Bernhardchen war zur Jagd auf Sontag engagirt was ich gar nicht getadelt. Er hat mich |2| den folgenden Tag besucht und war liebenswürdig und gesprächig, mit Pferdekauf beschäftigt. Die römische Priscilla Reise war mir sehr unerwartet. Für Hermann ist es ja wohl ein zweiter Aufenthalt ausser dem, ehe er zur Welt kam. Da Er und Sie langsam gehen, und in Italien vieles zu sehen ist, so wird die Reise Zeit erfordern. Mit Zollangen Buchstaben und einer Lawine von Ausrufungs Zeichen hat schon vor 10 Tagen Emma aus Ancona über Constanzens Verlobung triumphirt. Prinz v. Preussen wird den König, der erst den 16ten in Potsdam eintrift, in Preussen verlassen und den 19[a]ten, die Gemahlin den 6ten hier ankommen – sagt Gr[af] Pückler. 20–24 Nops et Festin[3] bei dem man wieder auf Deine Güte rechnet, den 25 reisen die Neu Vermählten ab, Signora Madre bald darauf, um ihren Geburtstag 30sten in Weimar Athen zu feiern. Pückler glaubt dass la madre sich den Winter vom Kommen (ohne die Tochter) dispensiren wird. Die Sagan bleibt bei dem Vorsaz zur Hochzeit nicht zu kommen. Sie ist überglüklich über die Verlobung von Anton Radz[iwill] mit der jungen Castellane[4] und Meyerinck der alles bespürende alte[b] Lottumsche Bräutigam (Loëns Rival[e] oder Schwager? neben Dönhof?) versichert der afrikanische Löwe, Prince de Sagan werde gewiss die schöne Radz[iwill] in die Erste Kammer führen. Sie wir[d] dort weder Opposition noch Propaganda machen. Der lange Kleist bezweifelt das Gelingen da man in der Radz[iwillschen] Familie den Löwen nicht gebändigt genug glaubt. Meine Gesundheit ist im Ganzen erträglich obgleich an Muskelschwäche zunehmend, dazu in Potsdam grenzenlose Langeweile. On est toujours plus inamusable[5] und die Kronprinzessin von Schweden war kein Trost. Den theuren Heinz hatte ich gar nicht hoffen dürfen, vor seiner Abreise zu sehen. Ich wusste dass er nur über wenige Stunden zu disponiren hat. Der junge wird gewiss eilen ihn uns bald wieder heim zu führen. Es ist hier ein Amerikaner aus Boston, der hier studirte und den mein Bruder sehr auszeichnete, und der Deine Mutter in Rom die |3| Grabes-Spes kaufen sah, Mr Ticknor der Verf[asser] einer schönen Litterar Geschichte von Spanien[6]. Er war auf einer Italien Reise jezt nur 3 Tage hier und brachte einen Tag in Tegel mit seiner Familie zu. Ist das nicht rührend. Du fragst so zart wen ich am 14 Sept. in Tegel[7] wünsche ohne Unterschied die Du willst. Flottwell, Sello, Rauch und Hildebrandt der am Nordcap war und dem Seifert aus enthusiastischer Freundschaft mit Herrn Rabe gestern nach Schwinemünde entgegengereist ist. Rauch und Eduard Hildebrandt kann ich selbst mitbringen. Wäre doch Heinz schon hier!

Inniges und Liebes an Deine theure Schwester und den edlen Hedemann und die Infantinnen.

Dein

AHt

Berlin d. 3ten Sept. 1856

In Burg Örner muss es in den wenigen Sommertagen sehr reizend gewesen sein.

---

[a] (1) <–> (2) 9 *H*

[b] alte *ergänzt H*

[1] Gabriele von Bülow hatte eine Reise in die Salzburger Alpen unternommen.
[2] Verlobung Constanze von Bülows mit Carl von Heinz, siehe den vorigen Brief.
[3] Umgangssprachlich für „Nóces (früher: nopces) et festin“ = Vermählung und Gastmahl. Es handelt sich um die Hochzeit der Prinzessin Luise (Tochter des Prinzen von Preußen, dem späteren Wilhelm I.) und dem badischen Großherzog Friedrich I.
[4] M. de Castellane heiratete am 3. Oktober 1857 A. von Radziwill, den ältesten Sohn des preußischen Generals W. Fürst von Radziwill.
[5] Frz.: man ist immer mehr nicht leicht zu amüsieren.
[6] Ticknor 1849.
[7] Am 14.9.1856 beging Humboldt seinen Geburtstag in Tegel. In Anwesenheit von Eduard Hildebrandt, Christian Daniel Rauch und Wilhelm von Kaulbach wurden die Marmormedaillons der Brüder Wilhelm und Alexander von Humboldt von Rauch und Christian Friedrich Tieck aufgestellt.

402 Alexander von Humboldt an Gabriele von Bülow
o. O., 9.9.1856

H: DLA/SNM, Marbach, 62.2137

Ich beschwöre Dich, liebenswürdige G[abriele] Dich ja nicht zu mir zu [bemühen][a]. Es ist mir am bequemsten vor Eurem Essen nach 2 Uhr zu Euch zu kommen, und mich Eurer Ankunft und des Anbliks der schönen, zarten geistreichen Braut zu erfreuen. Bei Principesse Madre brachte ich Sontag Abend zu und fand [sie][b] in „vielen Dankgefühlen für Dich“. Gr[äfin] Hacke bleibt noch einige Tage hier.
Herzliche Grüsse den Infantinen!

AHt

Dienstags d. 9ten September 1856.[c]

403 Alexander von Humboldt an Gabriele von Bülow
o. O. u. o. D., [vermutlich 20.9.1856]

H: DLA/SNM, Marbach, 62.2137

Lies den Brief, wenn es ruhiger wird und behalte ihn. Ticknor behauptet Dich als ein liebenswürdiges Mädchen gesehen zu haben. Ich glaube es gern.
Sonnabend. Bei Philippi sehen wir uns wieder

AHt

[Beilage: Ticknor an Humboldt, 20.9.1856][1]

---

[a] beziehe *H ändert Hrsg.*
[b] Sie *H ändert Hrsg.*
[c] d. 9ten September 1856. *ergänzt B*

[1] Ticknor war mit Familie 1856/57 auf Europareise. Im September besuchte er Humboldt mehrfach. In dem beiliegenden Brief (publiziert in Humboldt 2004, 405) beschreibt er seinen Besuch in Tegel und seine Erinnerungen an einen anderen aus dem Jahr 1818.

404 Alexander von Humboldt an Gabriele von Bülow o. O., 3.10.1856

H: DLA/SNM, Marbach, 62.2137

Ich werde mir die Freude machen meine Theure, gewiss mit vielem Regen Sontag in Tegel zur gewöhnlichen Stunde zu erscheinen. Wie leid hat es mir gethan den lieben Heinz und seine Mutter und Schwester nicht gesehen zu haben. Sie hatten aus Zartgefühl mich aus einem seltenen Nachmittagsschlaf nicht wollen erwecken lassen.

Innige Grüsse! Möchte ich den[n] meinen Urneffen Sontag bei Euch finden.

AHt

Freitags d. 3$^{t[en]}$ Oct. 56.[a]

405 Alexander von Humboldt an Gabriele von Bülow Berlin, 7.10.1856

H: DLA/SNM, Marbach, 62.2137

Ich eile Dir zu schreiben, theure Gabriele, das[s] ich schon gestern beide Briefe habe abgehen lassen:

an Jost, auf mich nicht Rüksicht zu nehmen, selbst zu entscheiden, ich würde mich schon bei Augustin rechtfertigen können (Der Brief war so, dass er ihn dem Seinigen an Augustin, falls er Entlassung fordert beilegen kann[)]

an Prinz[cssin] von Preussen. Dein Entschluss[1] sei inébranlable[2] wie alles was in dem Tosen des Gemüths als Individualität vergraben liege. Du hattest einen sehr ehrenvollen Plaz in den grössten geselligen Kreisen in London eingenommen, aber schon damals ehe Du noch als Gattin und Mutter so viel gelitten sei Deine Stimmung dieselbe gewesen. Sie, die Prinzess sei zu geistreich um dergleichen nicht zu verstehen und ich wäre von dem Edelmuth Ihres Charakters zu sehr überzeugt, um nicht zu fürchten que cela pourroit alterer les sentimens de généreuse bienveillance [qu'elle][b] accordoit depuis tant d'années, au souvenir d'un grand homme d'état et tous les siens[3]. Daneben viel franz[ösische] Redensarten.

Es ist 11 Uhr
ich muss eilen
Dienstag

AHt

d. 7ten October 18<56>[c]

---

[a] d. 3$^{t[en]}$ Oct. 56. *ergänzt B*

[b] que elle *H ändert Hrsg.*

[c] d. 7ten October 18<56> *ergänzt B*

1 Nach der Verlobung zwischen Prinzessin Victoria und Prinz Friedrich Wilhelm am 17. Mai 1856 sollte ein neuer Hofstaat gebildet werden. Gabriele von Bülow wurde für den Posten der Oberhofmeisterin angefragt und lehnte ab, obwohl sie von Augusta und Wilhelm von Preußen, der Königin von England, dem Prinzen Friedrich Wilhelm und auch Alexander von Humboldt gedrängt wurde (Sydow 1919, 525).

2 Frz.: unerschütterlich.

3 Frz.: dass dies die Gefühle des großzügigen Wohlwollens verändern könnte, die sie seit so vielen Jahren dem Andenken eines großen Staatsmannes und all den Ihrigen entgegenbrachte.

406 Alexander von Humboldt an Gabriele von Bülow Berlin, 13.10.1856

H: DLA/SNM, Marbach, 62.2137

Jost hat mir zu meiner Freude gestern geschrieben dass er zum 1 Nov. seine Befreiung von der Eisenbahn bestimmt erhalten, was wohl zur bequemeren Leitung Deiner Haushalte beitragen wird. Der Böse hat mir noch nicht gemeldet wie Augustin den Wankelmuth aufgenommen, ob mein listiger lügenhafter Brief in seine Hände gekommen ist. Der König kam am 11ten sehr heiter nach 6 Uhr wo ich ihn im Schloss empfing und mit ihm speiste bloss mit Gerlach, Manteuffel u. Westphal. Die grosse Freundlichkeit für Gerlach vergewisserte mich schon über das, was ich Sontag in der Zeitung las und immer glaubte, dass Gerlach fester stehe als je. Gestern Sontag war Familien Diner mit Papa Strelitz; den Abend war ich mit Rauch bei dem König in Charlottenburg, heute Montag ist Diner im Schloss für den Prinz Friedrich von Würtemberg Bruder von Prinz August. Die Königin hat etwas Fieber und hustet, sie verlässt aber München heute u. trift morgen in Potsdam ein wo König (und ich) uns wohl auch hinbewegen werden. Unseren Heinz denke ich wohl am 15ten zu sehen. Der König hat sehr freundlich nach Dir und Deinem Wohlsein u. den Nachrichten von Deiner Schwester gefragt. Sonderbar[a] dass er am Tage der Ankunft sagte[b] „er höre von einer Uebersiedelung des Prinzen Fr[iedrich] Wilh[elm] nach Breslau. Er habe nichts davon gewusst.[“][1] Die[s] wurde aber ohne alle Bitterkeit gesagt, im Gegentheil äusserte er sich stets lobend über den jungen Prinzen in Moskau. Möge[st] Du Selbst, meine Theure, doch endlich von Deinem Gesichtsschmerz befreit sein. Schreibe mir ja bald darüber. Zu Deiner Freude und [der] Deiner Infantinnen habe ich Euch einen Mond gekauft. Die rechte Kante muss auf die Stundenzahl geschoben werden.
Herzliche Grüsse in grosser Eile

AHt

B[erlin] Montags 13ter October 56[c]

1 Prinz Friedrich Wilhelm von Preußen war Kommandeur des 11. Infanterieregiments in Breslau.

---

a (1) Er (2) Sonderbar *H*

b Ankunft | er *streicht Hrsg.* | sagte *H*

c 13ter October 56 *ergänzt B*

407 Alexander von Humboldt an Gabriele von Bülow
Berlin, 14.10.1856

H: DLA/SNM, Marbach, 62.2137

Alle Bücher sind einmal wieder gepakt. 64 unbeantwortete Briefe sind gezählt alles zur langen Uebersiedelung aufgeräumt – ein unfreudiges Leben, zum langen Thee-Ennuy in Gesellschaft von Menschen die unamüsirbar und nur zu einem 40 Sec[unden] dauernden rohen Auflachen zu bringen sind. Wie oft haben wir gepakt seit 1827 – und doch ist die Lage nicht zu ändern!! Gestern nach dem grossen Schlossdiner, wo Prinz Fr[iedrich] Wilhelm so herzlich vom „schönen" Tegel von Euch allen und von Heinze's künftigem Glück sprach habe ich die Gelegenheit zum Erforschen benuzt. Er gehe nur auf 8 Tage nach Breslau, dann bald nach England, er glaube für beide Reisen sich mit Moltke[1] begnügen zu können, er glaube diese Freiheit die er Heinz gebe, würde für Deine Bestimmung am bequemsten sein, er habe selbst schon darüber mit H[einz] gesprochen. Vielleicht sage ich was Du längst weisst. Also „nops et festin["] bald, wie es ein Jugendgreis wünschen muss.[2] Der König wird vom 16–20 wieder abwesend sein, in Greifswald-Strelitz und Einweihung von Kirchen in Brandenburg. Ich war Abends bei der Sagan, die schöner als je, den 16ten in Potsdam auf Speise harren wird. Auch Dein Aussehen, meine Theure, war neulich so jugendlich frisch dass ich gar nicht mehr nach Deinem Befinden fragen werde. Ich reise heute Dienstag um 5 Uhr. Der Mond troz aller Recepte unsichtbar. Innige Grüsse allen Infantinnen. Die ganz angenehme Tochter des Grafen Schwerin (Brutus Schleiermacher) heirathet ja einen ganz zahmen aber reichen? Landedelmann.[3]
Dein treuer

AHumboldt

Berlin Dienstag 14t[er] Oct. 56[a]

Der gute Jost meldet nachträglich, Augustin habe meinen listigen Brief gelesen und habe ihm denselben „ruhig, eher freundlich" wiedergegeben, wohl nur 1/144 des Lächelns, (grand[e] économie de chaleur). Der Schaz ist aber gehoben.

[1] Heinz reiste als Begleiter des Prinzen nach Russland und im November nach England, siehe den Brief vom 28.7.1856 und seine Briefe an die Verlobte in Sydow 2000, 272–307. Moltke war seit 1855 erster persönlicher Adjutant von Prinz Friedrich Wilhelm.

[2] Hochzeit mit Constanze von Bülow, vgl. den Brief vom 28.7.1856.

[3] Maximilian von Schwerin heiratete Hildegard Maria Schleiermacher, eine Tochter des Theologen und Pädagogen Friedrich Schleiermacher.

[a] 14t[er] Oct. 56 *ergänzt B*

408 Alexander von Humboldt an Gabriele von Bülow
Potsdam, 16.10.1856

H: DLA/SNM, Marbach, 62.2137

Potsdam d. 16 Oct. 1856

Meine theure Gabriele! Schon eine Antwort aus Dürckheim vom 14ten, die allerdings eine Seite berührt (die Verhältnisse unseres theuren Bülows mit der kön[iglichen] engl[ischen] Familie) die mich, ich will nicht sagen, wankend machen aber betrüben und[a] verwundern könnte.[1] An dem Briefe der Prinzessin kann ich in [ihrer][b] Lage als Mutter nichts tadeln. Sie thut als wenn sie nach Erhaltung meines Briefs nun alle Hofnung aufgegeben habe; sie aeussert von neuem dabei, dass [sie][c], bei der Kenntniss Deiner Persönlichkeit den an[ge]gebenen Hauptgrund der „Unzulänglichkeit“ nicht fassen könne, will aber nun, damit [sie][d] gewissenhaft alle Mittel erschöpfe, doch noch die lezte Waffe, Queen Victoria, anwenden. Zu loben ist, dass in dem ganzen Briefe keine Spur prinzlicher Anmassung ist, dass die zärtlichen Ausdrücke für mich, als Freundin, dieselben geblieben sind! Wenn ich meine eigene Schwäche anklage die bloss darin besteht, dass mir Bülow zu oft in seiner glänzenden Lage in England bei Hof und Volk erscheint, so will ich, meine Liebe, nicht durch diese meine Zeilen nicht die Peinlichkeit des Briefes aus Dürckheim erhöhen. Du [hast][e] keine Spur moralischer, gemüthlicher Pflicht, Dir in Deinem stillen aber freien häuslichen Leben Zwang anzuthun; dieser Grund den ich der Prinzess[in] wohl andeuten möchte, ist allerdings allgemein[f] verständlicher als das sogenannte Gefühl der Unzulänglichkeit. In eine Abhängigkeit von 2 Jahren ist nicht zu willigen. Wären 2–3 Monathe hinlänglich, höchstens 1 Jahr bei Gewissheit von 3–4 Monath[en] Urlaub für Reisen nach Burgörner, Ottmachau; auch 1 Jahr und dazu das Versprechen die Prinzess Royal auch einmal nach Windsor zu begleiten – so erschiene es mir als eine mildernde Vermittelung, als ein[e] schnell vorübergehende Lebensaventure die Dich der Frau von Heinz näherte, ohne [ihr][g] das häusliche Regiment und die unausbleiblichen maritalen Gemüthsprüfungen unvorsichtig zu beschränken. Eine solche kurze Lebensaventure die man nicht gesucht, lange zurükgewiesen, hätte |2| ihren Glanz für einen ehemaligen engl[ischen] Gesandten und Ministre auswärtiger Angelegenheiten auch für zwei Namen zugleich, ich wäre selbst schwach in 88 Jahre[n] die Reise nach Windsor mitzumachen und (dem Krystall Pallast mich anbietend) die Reisekosten ersezt zu nehmen. In dem ich dies niederschreibe, sehe ich die drohend grimmigen Züge Deiner Infantinnen, ungewiss freilich ob alle gleich catonisch denken od. ob sich etwa eine[h] kleine Opposition gebildet hat. – Du bist die <u>Glükliche</u> die Selbst nicht zu antworten hat, ich muss wieder den bitteren Kelch trinken. Soll ich Dich ganz einfach als fortdaurend <u>feroz</u> mahlen oder den Grund des Nicht Aufgebens aller häuslichen Freiheit stärker hervortreten lassend, <u>wie allein von mir kommend</u>, auf die Idee der Abkürzung der Zeit (auf

a betrüben und *ergänzt H*
b Ihrer *H ändert Hrsg.*
c Sie *H ändert Hrsg.*
d Sie *H ändert Hrsg.*
e hasst *H ändert Hrsg.*
f allgemein *ergänzt H*
g Ihr *H ändert Hrsg.*
h eine *ergänzt H*

1 Jahr inclus[ive] Urlaub) leiten. Ueber die Sache selbst hat mir hier niemand gesprochen, nicht die Sagan die am Geburtsfeste, gestern (wo der Olymp sich wunderbarer Weise nicht absperrte) zu Mittag u. Abend speiste und die Nacht im Einsiedler (zugleich) mit Hatzfeld schlief, nicht die Dönhoff, nicht Glienicke, nicht der Prinz von Preussen, nicht die Königin – aber viele können es ganz von selbst vermuthen und aus Discretion mit mir nicht davon reden wollen. Hatzfeld giebt gar keine Hofnung für Neuchâtel während der König noch an die Möglichkeit militärische[r] Intervention glaubt. Er reiset morgen weg, da er mit der Frau den 20sten zum Kaiser nach Compiègne[2] geht. Die Frau denkt in einem Monath allein hieher zu kommen um die schwer kranke Nostiz zu sehen. Die Flottwell habe ich noch nicht sehen können. Die Königin ist noch hustend. Der König den 20sten von Greifswald über Strelitz zurükkehrend geht unmittelbar nachher nach Letzlingen zur Jagd!!

Der Schwager der Ministerin Massow (die schon zurükgekehrt ist) der Gesandte Westphal ist am Schlagfluss gestorben. Er der Haus|3|minister Massow ist wirkl[icher] Staatsminister (des Conseil) geworden u. vermehrte so die Ultraparthei.

Behalte so für Dein Oberhoffmeisterin Archiv den wichtigen Brief von Dürckheim. Ich antworte erst wenn Du, meine Liebe, mir geantwortet hast. Ich flehe die philosophisch-brutischen Infanten mir nich[t] zu zürnen wegen eines Spinnengewebes fliegenden Sommers, das quälend in diesem Briefe umherschwebt[a], nicht zu zürnen; ich flehe dass mein Hin und Herreden keine Einflüsse ausübe auf Deine Entschlüsse. Ergiebst Du Dich theilweise; (en [miniature un][b] Médecin)[3] was mir unwahrscheinlich ist, bleibst Du in absoluter Ferocität, ergiebst Du Dich ganz für 2 Jahre, alles werde ich, als das einzig thunliche zu vertheidigen wissen, obgleich Queen Victoria mich mit ihrem Baden-Baden mich heute fast erschüttert. Alte Leute werden schwach von Gedanke[n] die ja selbst nur phosphorhaltend[e] Absonderungen des Gehirns sind. Bunsen ist vom König sehr freundlich auf einer Eisenbahn gesehen worden. Der Sieger von Marokko der Gründer der neuen afrikanischen Colonie von Neu-Barnim (auch Terpsychore genannt) war gestern bei dem Feste.

Mit inniger Anhänglichkeit
Dein

AHt

Schreibe mir ja bald, meine Liebe.

[1] Der erwähnte Brief ist nicht überliefert. Aus dem folgenden Inhalt ist ersichtlich, dass es sich wahrscheinlich um einen Brief der Prinzessin von Preußen handelt, die in Vorbereitung der Hochzeit ihres Sohnes Prinz Friedrich Wilhelm mit Prinzessin Victoria aus England sich um die Ausstattung des Hofes für das künftige Paar, also auch die Wahl der Hofdamen, kümmerte. Gabriele von Bülow hatte den Posten als Oberhofmeisterin abgelehnt (siehe den Brief vom 7.10.1856, Anm. 1). Carl von Heinz, der zukünftige Ehemann Constanzes, war ein Jugendfreund des Prinzen. Friedrich Wilhelm hatte sich mit der erst 15-jährigen englischen Prinzessin bereits im Mai 1855 verlobt, die Hochzeit fand erst am 25. Januar 1858 statt.

[2] Kaiser Napoléon III. nutzte das Schloss Compiègne häufig als Herbstresidenz. Das Treffen fand vermutlich im Vorfeld der Pariser Konferenz in der Nauenburger Angelegenheit statt.

[3] Frz.: im Kleinen eine Medizinerin.

[a] (1) umherfliegt (2) umherschwebt *H*

[b] miniratirer *H ändert Hrsg.*

409 Alexander von Humboldt an Gabriele von Bülow
Potsdam, 2.11.1856

H: DLA/SNM, Marbach, 62.2137

In dem ich hier ankomme, theure Gabriele, fand ich in knirschendem Leinwand Couvert die Anlage die Du zu Deinen Archiven legen wirst.[1] Die Temperatur scheint troz der abgetragen[en] Phrasen, cher et illustre Physicien (das cher seze ich so gar hinzu scheint mir gemindert und prinzlich kühler[)] parce que Vous avez échoué dans la négociation sollicitée par deux mères.[2] Die äussere Höflichkeit ist befriedigt und wir haben den Vortheil erlangt zu haben 1) qu'il n'en sera plus question et qu'il n'y a rien à ajouter personellement,[3] da wir eine patriotische Pflicht nicht erfüllt haben. Statt mir zu schreiben hatte die Pr[inzessin] wohl Dir selbst ihren Schmerz über das Nicht Gelingen ausdrücken können aber dazu gehört Natürlichkeit die ihr fehlt. Statt von getäuschter Hofnung, nicht erfüllten Wünschen zu reden will man fühlen lassen man habe ein Recht gehabt die ungeheure Aufopferung zu erheischen. Du und ich werden uns über das Alles trösten. Sie wird faire acte de présence en Janvier comme l'hiver dernier et alors nous reprendrons le fol de nos conversations[4] um gewisse Neugierden zu befriedigen. Da ich mit tief ernsten Gedanken heute Dein liebes Haus verlassen habe, so hat der hochprinzliche Brief wenig Eindruk auf mich gemacht, er berührt schon für mich eine vorweltliche Begebenheit.

Mit herzlichen Grüssen an Alle die von diesen Zeilen wissen dürfen.
Dein

AHt

Potsdam 2 Nov. 1856 Nachts.

[1] Nicht überliefert, aber vgl. den vorigen Brief.
[2] Frz.: weil Sie bei der von zwei Müttern beantragten Verhandlung gescheitert sind.
[3] Frz.: dass das nicht mehr in Frage kommen wird und dass es nichts mehr persönlich hinzuzufügen gibt.
[4] Frz.: im Januar wie im vergangenen Winter präsent sein und dann werden wir den Faden unserer Gespräche wieder aufnehmen.

410 Alexander von Humboldt an Gabriele von Bülow
o. O. u. o. D.

H: DLA/SNM, Marbach, 98.18.45/7

Die Zeiten sind schlecht, die Kräfte schwinden, darum schäme ich mich fast meiner elenden
drei Geschenke
für die lieben Infantinnen einförmig und von mir ungesehen. Die Rede die ich übermorgen, Montags halten werde, wird besser ausfallen als die stummen kleinen Gaben.

Aber wie hat sich Bern[h]ard eher verschönert. Er ist ja ein sehr sehr hübscher junger Mann geworden, dazu überaus freundlich und vertraulich.
Mit inniger Liebe
Dein

AlHumboldt

Sonnabend.

411 Alexander von Humboldt an Gabriele von Bülow
o. O. u. o. D.

H: DLA/SNM, Marbach, 62.2137

Leider! meine theure G[abriele] erfahre ich jezt erst (10 Uhr) dass der Prinz gern Sonnabend annimmt, ohnedies schon für diesen Tag sich anmelden wollte. Ich hoffe, es wird für Braten und Sieden Dir die Nachricht nicht zu spät kommen. Ich schreibe dasselbe sogleich an Loën.
Mit inniger Liebe
Dein

AlHumboldt

Freitags.[1]
Schreibe ob ich Seifert mitbringen soll. Ich fahre mit Loën um 1 Uhr.

1 Vermutlich zur Hochzeit Constanzes, siehe den folgenden Brief, es kann sich aber auch um einen anderen Besuch des Prinzen von Preußen in Tegel handeln.

412 Alexander von Humboldt an Gabriele von Bülow
o. O. u. o. D., [vermutlich Ende 1856/Anfang 1857]

H: DLA/SNM, Marbach, 98.1845/4

Es ist in diesen Tagen zwischen dem König und mir so viel Briefverwirrung gewesen dass ich vorziehe Dir, theure G[abriele] den recht schönen und recht natürlichen Brief der Prinzessin Dir mit der Post zurükzusenden. Der Brief ist auch in so fern beruhigend, dass er beweiset wie gut wir auf dem hohen Meere vorher gesteuret haben. Keine Spur mehr von den alten Anfechtungen. Mein gestriger Besuch bei Dir so angenehm |2| mir die Gräfin Münster ist (der edle Repräsentant einer herzlich gebliebenen vornehmen Frau!) doch traurig. Ich fühle wie Du zwischen Almanachs, Sorgen von Ideen besserer Schiklichkeit, Zartheit für den traurenden Hedemann[1] und EinrichtungsProsa bei der Ankunft des theuren Heinz gequält bist. Wäre nicht eine baldige stille Einsegnung an einem Abend ohne alles Fest in Gegenwart des jungen Prinzen mit Abreise verbunden möglich?[2] Wohl ein nicht auszuführender Vorschlag

AHt

Dienstag früh
Der Grund einer in mir unvertilgbaren Atraction welche die Prinzessin auf mich ausübt ist ihre[a] Treue für Bülow's Andenken und fürstliche Treue ist ein Wunder.

1 Adelheid von Hedemann war am 14.12.1856 gestorben, das Begräbnis hatte am 18.12.1856 stattgefunden (Sydow 1919, 526). Daraus ergibt sich die Datierung.

2 Die Hochzeit von Constanze von Bülow mit Carl von Heinz wurde nicht aufgeschoben, sondern fand trotz der Trauer am 17.1.1857 statt, allerdings in kleinem Kreis, zu dem die Prinzessin von Preußen und Prinz Friedrich Wilhelm gehörte. Gleich darauf reiste das Paar nach Breslau ab.

a Ihre *H ändert Hrsg.*

413 Alexander von Humboldt an Gabriele von Bülow
o. O., 26.1.1857

H: DLA/SNM, Marbach, 62.2137

Es bangt mich, meine Liebe Dich bald zu sehen, da ich so viele Tage gehindert war. Würde ich Dich sehr geniren, da ich Mittwoch nicht frei bin, wenn ich Dich bäte, morgen Dienstag bei Dir zu essen, ja recht häuslich, wie Du alle Tage speisst. (Meine Leidenschaft sind Linsen od. Dikke Erbsen, die Götterspeisen[)] Du lässt mir sagen ob, und um welche Uhr ich Dir am gelegensten bin. Ich sehne mich auch nach Nachrichten von der lieben Constanze, von deren ätherischen Braut Erscheinung viel in der Gesellschaft gesprochen wird.[1] An den lieben Hed[emann] habe ich den König wieder erinnert, aber er ist seit heute Abend wieder auf der Gegend. Lasse ja nur mündlich antworten.

Innige Grüsse den Deinen[a] und der Tilly und der so liebenswürdigen klugen u. doch heiteren Mutter

Ht

Montag Nacht 26 Januar 1857.[b]

[1] Zur Hochzeit siehe den vorigen Brief, Anm. 2.

414 Alexander von Humboldt an Gabriele von Bülow
o. O., 12.3.1857

H: DLA/SNM, Marbach, 62.2137

Donnerstag Abend.
12te März 1857.[c]

Ein langer launiger Brief der Herzogin[1] ganz in der Liebenswürdigkeit, die wir [von] ihr kennen, wie in ihren royalistischen Schwächen, unter die ich einen tötlichen Hass gegen die Herzogin von Orléans rechne. In dem allen ist wohl der Entschluss des Sohnes zu erkennen. Ich hoffe dass ich einer guten Nacht entg[e]gengehe, mögen die Breslauer doch nicht in Berlin fürchten was gewiss auch in Breslau herrscht.

Herzlichen Gruss den Lieben, nah u. fern

Morny der Sohn von Flahaut u der Königin von Holland bei Mad[ame] de Souza erzogen, wird roter Betrügereien angeklagt. Er heyrathet eine Fürstin Trubetskoi.[2] Das rührt uns wenig.

---

[a] (1) Deiner (2) den Deinen *H*
[b] 26 Januar 1857. *ergänzt B*
[c] 12te März 1857. *ergänzt B*

[1] Vermutlich ein Brief der Herzogin von Sagan, der nicht bekannt ist.

[2] 1856 reiste Morny (Sohn von Hortense de Beauharnais und Graf von Flahaut) als Sondergesandter des Kaisers zur Krönung des Zaren Alexander II. und brachte von dort seine Ehefrau Gräfin Trubezkoi mit.

415 Alexander von Humboldt an Gabriele von Bülow
Berlin, 16.4.1857

H: DLA/SNM, Marbach, 62.2137

Mit doppelt erhöhtem Schmerze, theure Gabriele, lese ich Dein Briefchen. Ich war so sicher, dass wir noch alle Sontag zusammen sein werden, und der Judenfreitag war mir für Dein Haus ein so ungeheurer ungewohnter Gedanke dass ich leider! Freitag, morgen Mittag nicht mehr frei bin. Ich habe mich angesagt bei der alten Wittwe Mendelssohn[1] und da, wegen Abreise des jungen Enkels (eines Buchhändlers Mendelsohn aus Leipzig der Möllhausens Reise[2] drukt) ich nothwendig dort erscheinen muss, so muss ich vorziehen bei Dir erst nach Tische also 5 ½ Uhr Freitag anzulanden um von der lieben Breslauerin[3] Abschied zu nehmen. Könnte Hedemann denn nicht wenigstens Sontag hier essen, da Sonnabend muss ich zum König der von Potsdam zurückkommt. Hannibal Gaggiotti ist vor den Thoren. Sie will den Prinzen zu Pferde[4] hier vollenden, eine kleine langweilige Jahreszeit für den König[,] hier mahlen und von hier nach England gehen … Alles weil sie es nicht lassen kann „zu sein wer ich bin". Vor Rom schrekt sie Prinz Carl zurük.

Also bis morgen Abend 5 ½ U meine Liebe!
Dein

AlHumboldt

Donnerstag
d. 16ten April 1857[a]

[1] Vgl. Humboldt an Alexander Mendelssohn, 14.4.1857 (Humboldt 2011, 316–317)

[2] Möllhausen 1858.

[3] Vermutlich Constanze von Heinz, die mit ihrem Gatten nach der Hochzeit nach Breslau gezogen war, wo sie bis zum August blieben. Danach kehrten sie nach Berlin zurück (Sydow 2000, 309–311).

[4] Das Gemälde des Prinzen von Preußen, siehe den Brief vom 8.8.1857, Anm. 6.

[a] d. 16ten April 1857 *ergänzt B*

416 Alexander von Humboldt an Gabriele von Bülow
o. O., 1857

H: DLA/SNM, Marbach, 62.2137

Da Schönlein heute morgen bei mir war[1] (ich gehe morgen Sonnabend um 12 Uhr nach Potsdam um erst Montag früh wiederzukommen) so habe ich wunderbare Dinge erfahren die Schönlein aus dem Munde der Königin erfahren: Es kommt Mitte Juli zur Zeit des Besuchs der verwittweten Kaiserin der Kaiser Alexander samt seine Gemahlin. Man vermuthet der Besuch werde den Kaiser Napoléon selbst hieher ziehen.[2] Ich zweifle daran, er wird es so karten[3] dass beide der Kaiser Alexander u. seine Gemahlin (von Darmstadt aus?) nach Paris gehen, um dort Cour zu machen. Die Königin soll ausser sich sein über diese Lästigkeit und Ungewissheit vielleicht ein Gefolge von 180 zu beköstigenden Personen, ein Stadtleben, ohne Ruhe nach der Badecur!

Ich bin noch ganz beschäftigt mit Deinem neuen Bilde. Welch eine Freude eine so ätherisch schöne, und[a] dabei so geistreiche u. liebenswürdige Tochter zu haben, [sie sich][b] so jeden Augenblik vergegenwärtigen zu können.

Tausend Grüsse an Carolinchen

Ht

Freitags
1857

1 Humboldt hatte im Frühjahr einen Schwächeanfall erlitten, der als leichter Schlaganfall gedeutet wurde. An Varnhagen berichtete er am 19.3.1857 von einem „Nervenübel [...] schnell vorübergehende Lähmung, bei völlig freibleibender Funktion des Gehirns, Unveränderlichkeit des Pulses, Erhaltung des Gesichts und aller dem Willen unterworfenen Beweglichkeit der längern Glieder [...]" (Humboldt 1860, 355).

2 „Die Ankunft des Kaisers Napoléon in Deutschland ist mir sehr wahrscheinlich, aber nicht in Sanssouci, weil er den Kaiser Alexander veranlassen will, nach Paris zu kommen!!" schrieb Humboldt am 25.5.1857 an Cotta (Humboldt 2009, 585).

3 Etwas karten bedeutet eine Angelegenheit einrichten, einfädeln, künstlich, schlau lenken nach seinem Interesse. Ich danke U. Päßler für diesen Hinweis.

417 Alexander von Humboldt an Gabriele von Bülow
o. O., 2.5.1857

H: DLA/SNM, Marbach, 62.2137

Ich bin ganz simpathisch mit Dir theure Gabriele, die ganze Woche auch recht leidend gewesen. Ich frage ganz einfach und frei ob Du, Liebe, morgen lieber allein bist dann komme ich Montag um 2 Uhr auf dem Wege nach Charlottenburg, zu dem ich mich zwingen werde. Ich finde Dich dann wohl ausser dem Bette.

a (1) Person (2) und *H*

b Sie Sich *H ändert Hrsg.*

Napoléon (plon plon) kommt den 7ten.[1] Sollte das nicht den Breslauer[2] her führen! Der Prinz v. Preussen scheint die Reise nach England ganz aufgegeben zu[a] haben. Er bleibt den ganzen Mai hier und will den Juli bei der Prinzess in Baden sein.

Lass mir bloss mündlich sagen, ob ich statt morgen zu Mittag Montag um 2 Uhr kommen soll. Viel Schönes den Infantinnen.

AH.

Sonnabend d. 2t[en] Mai 57. [b]

[1] Prinz Napoléon (genannt Plon Plon) hielt sich vom 8. bis 14. Mai in Berlin auf, wo er den Schwarzen Adlerorden erhielt.

[2] Constanze und Carl von Heinz, siehe den Brief vom 16.4.1857, Anm. 3.

418 Alexander von Humboldt an Gabriele von Bülow
Berlin, 25.6.1857

H: DLA/SNM, Marbach, 62.2137

Es sehnt mich, theure Gabriele, Euch endlich zu sehen. Ich bin die ganze Woche, mehr als ich wünschte, mit den jungen Schlagintweits die aus Caschmir kommen[1] und die ich mit vielen Briefen (da sie Geld brauchen) nach Marienbad spedirt habe, auch noch mit Dingen beschäftigt gewesen, die sich auf das grosse Spielzeug des Napoleoniden beziehen[c] und mit Madame Emma, die ein ganz prinzliches Quartier für 800 r. gemiethet hat. Ich verkündige schon heute daß mich nichts hindern soll, künftigen Sontag vor 3 Uhr zu Euch nach Tegel zu kommen. Rauch der seit gestern hier ist[d] kann sich nicht frei machen, verspricht Euch aber bald in der nächsten Woche zu begrüssen. Er ist nicht ganz mit der Kur in Carlsbad zufrieden, im Ganzen frisch, wohl und heiter hat die Reizbarkeit im Uebel sehr zugenommen, so daß das Fahren in der Droschke auf Steinpflaster ihm unerträglich ist. Wegen meiner Einsamkeit bin ich ohne alle [curiosa][e] aus der Stadt, nur daß ich aus der Provinz (Frau v. Colomb, Vorsteherin einer Wasser und Krätze Anstalt in Schlesien[)] Briefe[2] erhalten die an Napoléon III. adressir[t] sind. Der junge Prinz bleibt ja bis 1 Aug. sehr lange in England, was der Lieben Unsrigen angenehm sein wird.[3] Ich flehe dass Du über mich disponirest, falls ich Sontag um 2 Uhr jemand mitnehmen soll. Seifert kommt schon morgen.
Herzliche Grüsse.

AlHumboldt

Berlin Donnerstags d. 25sten Juny 1857.[f]

[a] zu *ergänzt H*

[b] Sonnabend d. 2t[en] Mai 57. *ergänzt B*

[c] beziehen *ergänzt H*

[d] ist *ergänzt H*

[e] curioses *H ändert Hrsg.*

[f] d. | 24 B *ändert Hrsg.* | 25sten Juny 1857. *ergänzt B*

1 Robert und Hermann Schlagintweit waren am 17.6.1857 von der von Preußen und England geförderten Asienreise zurückgekehrt, ohne den dritten Bruder Adolf, der in Kaschgar hingerichtet worden war. Siehe den Brief Nr. 350, Anm. 3. Varnhagen schrieb am 3.7.1857: „Nachmittags um halb 4 kam Humboldt und blieb über eine halbe Stunde. Er kam von Frau Gaggiotti-Richards, […] Ueber die Brüder Schlagintweit: ‚Der König lebt jetzt ganz in Indien, daneben ist ihm alles Andre gleichgültig, er schwärmt besonders für Kaschmir […] Ich habe die Schlagintweits daher darauf abgerichtet, Kaschmir besonders schön zu finden […]'", denn es ging um die Finanzierung der Reise (5000 Taler von England, 3000 von Friedrich Wilhelm IV.) (Varnhagen, Tagebücher, zitiert nach Humboldt 1959, 389). Siehe auch Humboldt an Olfers, 26.6.1857, in Humboldt 1913, 217.

2 Nicht überliefert.

3 Zu Ostern waren Constanze und Carl von Heinz nach Berlin gekommen. Heinz erhielt Urlaub, als Prinz Friedrich Wilhelm nach London zum Besuch seiner Braut ging (Sydow 2000, 310).

419 Alexander von Humboldt an Gabriele von Bülow
o. O. u. o. D., [vermutlich 1.7.1857]

H: DLA/SNM, Marbach, 62.2137

Ich schicke Dir, meine theure Gabriele, ein Büchlein[1] das mir Varnhagen geschikt hat, ein Werk der (jüdischen?) Nichte, Ludmilla Assing die ja den Luxus hat hüpsch zu zeichnen und im Ganzen recht geschmakvoll zu schreiben. Varnhagen wird wohl auch Hand angelegt haben. Es wird Euch eine unterhaltende Lectüre sein da das Ganze sich unter Dir oder den Unsrigen bekannten Personen bewegt. Welche ungeheuren Liebesquälereien. Die welche sich leidenschaftlich[a] zu lieben vorgeben, lassen sich willig scheiden u. die Männer verheirathen sich wieder und behaupten bald dass sie sich wieder lieben. Immermann scheint mir besonders eine miserable Rolle zu spielen. Ob Hedemann nicht <dabei> wird wieder <gesagt> sein. Da er neulich selbst ja bei einer Dänischen Verwandten war, so bin ich über den Grad der Verwandschaft und die Personen ganz irre. Du wirst mir das alles mündlich Sontag erklären. Das Buch wird viel gelesen werden. Die Dieffenbach, die sich auch auf Scheidungen verstand, spielt eine Rolle dabei; sonderbar kein Wort von La Roches. Das Ganze spielt zu einer Zeit, wo die officielle Heirath wie ein unbequemes Inst[it]ut galt. Das Benehmen Lützows, wie er die Trennung veranlasst ist aber roh und gemein „er habe das Geld heirathen wollen" dazu die Undankbarkeit des Staats nach so tapferen Diensten. Friesen, dessen tragische Totenkopf und Skelett Geschichte, die lezten Seiten enthalten war mir sehr, sehr lieb. Er hat als geschickter und gelehrter geogr[aphischer] Zeichner 1807 täglich bei mir gearbeitet.[2] Ich habe ihn sehr gern gehabt, ein liebenswürdiger junger Mann, damals von 22 Jahren. Er war offenbar das orage du Coeur, aber ohne Ausbruch, wieder nur zahme Quälerei. |2| Ich habe diesen Friesen sehr in meinem Werke über Mexico gelobt, was leider Ludmilla nicht gewusst. Ich besass einen schönen herzlichen Brief von Friesen den er 1807 mir nach Paris schrieb, als ich dort mit Hedemann in Paris[3] war. Ich habe den Brief gestern an Ludmilla geschenkt. Ich fange an den schönen Namen der Verfasserin, die mir sonst etwas geziert schien zu lieben. Die Paalzow küsst alle Fingerspizen[4] < – > eine Caffee Idylle.

a (1) zu (2) leidenschaftlich *H*

Ich gratulire zum Regen von dem man undankbar wieder sagt, er sei zu karg gewesen. Ich komme gewiss Sontag und werde versuchen, wenn Du nicht besondere Befehle giebst, Kaulbach allein mitzubringen. Man geniesst den edeln Menschen mehr allein, den[n] bei Rauch werde ich wohl einen vergeblichen Versuch machen. Er wollte sich (ich war bei ihm) vor der Quaksalber Reise nach Dresde[n] noch vorher mehrere Tage erholen.

Ich küsse auch alle Fingerspizen der lieben klugen Familie
Dein

AHt

Mittwochs.

1 Assing 1857. Im Folgenden geht Humboldt auf den Inhalt der im Buch beschriebenen Biographie E. von Ahlefeldts ein: 1810 Heirat mit A. Lützow, 1822 Beziehung zu C. L. Immermann, 1825 Scheidung, 1839 Trennung von Immermann. Seit 1840 lebte sie in Berlin.

2 Mit F. Friesen, der von 1806 bis 1811 für Alexander von Humboldts Mexiko-Atlas Karten anfertigte, war mit E. von Ahlefeldt eng befreundet.

3 August von Hedemann war seit 1807 Adjutant des Prinzen Wilhelm von Preußen, dem vierten Sohn von König Friedrich Wilhelm II., den er Anfang 1808 nach Paris begleitete, wo Humboldt seit Dezember 1807 weilte. Humboldt war an der Vorbereitung der Mission von Prinz Wilhelm beteiligt und lernte vermutlich bei dieser Gelegenheit Hedemann kennen, der 1815 seine Nichte Adelheid heiratete.

4 Häufig von H. Paalzow in Briefen verwendete Floskel.

420 Alexander von Humboldt an Gabriele von Bülow
o. O., 12.7.1857

H: DLA/SNM, Marbach, 62.2137

Ich habe leider 2 Tage hinter einander meine l'heure, 11 Uhr vorbeigehen lassen ohne Dir zu melden, dass ich heute nicht kommen kann, weil ich bei Mendelsohn in Charlottenburg versagt bin.[1] Die glükliche Niederkunft wird bei der Zartheit der Wöchnerin, Euch allen gewiss grosse Freude machen. Da die Niederkunft[2] ohngefähr Donnerstags in denselben Stunden erfolgt ist, als eben die Akademie der Wissenschaften hier die Sizung zur Ehre von Leibnitz[3] hielt wobei die Freundschaft mit Sophie Charlotte gerühmt wurde, so gab mir das Gelegenheit zu feinen philosophischen Anspielungen, dergleichen die Prinzessin liebt, in einem Glückwunsch Schreiben, das ich schon Freitag früh habe abgehen lassen. Ich habe natürlich in diesem Brief auch der Theilnahme Deines ganzen Hauses zärtlichst erwähnt. Die Ankunft des Königs von der meine Abreise nach Potsdam abhängt macht mich so confus, als die Ankunft des jungen Pr[inzen] aus London. Reumont behauptet so der König 14ten, Loën 16ten. Da heute die Zeitungen die verwittwete Kaiserin schon auf 16ten auch anmelden, statt den 21sten, so ist für den König wohl eine frühere Ankunft wahrscheinlich. Hebeler in einem Briefe vom 9ten aus London sagt keine Silbe von naher Abreise des jungen Prinzen. Mit solchen Elendigkeiten quält man sich in der Prosa des Lebens. Prinzess Carl ist leider angekommen u. will mich noch heute hier sehen. Ich lege einen hübschen Brief von Rauch bei, den ich mir wieder ausbitte. Der |2| Brief aus Timbuctu (am Niger) an mich ist von

1854 und jezt erst in London angekommen. Dr Barth schikt ihn mir.[4] Die Vermählung der Prinzess von Hohenzollern ist das Werk des Herzogs von Coburg und freut mich unendlich, da ich den König von Portugal über alles liebe.[5] So giebt es in dem Preussischen Hause zwei Königinnen, eine Tänzerin und das Drama des Pr[inz] Carl von Bayern. Schreibe hieher, ob Du Arme endlich eine Wohnung gefunden hast.
Herzliche Grüsse

AHt

Sontags d. 12[t[en]] July 57.[a]

Hebeler lobt über alles das Fest bei Bernstorff. Ob Piper mag getanzt haben und Wagen! O Schiksale! das[s][b] dies alles in London vorgefallen ist in einer Zeit von so nüchterner Vertretung.

1 Vgl. Humboldt an A. Mendelssohn, 10.7.1857, in Humboldt 2011, 318.
2 Am 9.7.1857 wurde Friedrich von Baden geboren. Seine Mutter war Luise von Preußen, der Vater Großherzog Friedrich von Baden.
3 Am 9.7.1857.
4 „Ich lege Ihnen, hochverehrter College, einen Brief von Timbucto bei als ein Curiosum, den mir Dr. Barth in London schikt und der 4 Jahre gebraucht hat, um in Europa anzukommen.“ (Humboldt an Rauch, 9.7.1857, in Humboldt 2007a, 134). Der Brief ist nicht bekannt.
5 Pedro V., der König von Portugal, heiratete 1858 Stephanie, Prinzessin von Hohenzollern-Sigmaringen. Die Hochzeit fand im April in Berlin statt.

421 Alexander von Humboldt an Gabriele von Bülow
o. O., 13.7.1857

H: DLA/SNM, Marbach, 62.2137

Ich erhalte diesen Augenblik, meine Theure, Deinen so lieben Brief mit der Trauernachricht aus Friedrichsek.[1] Attendre et ne pas venir[2] dazu ist gefährlich für die arme Mutter! Der König kommt bestimmt angesagt – nun schon Mittwoch 15ten zum Essen in Sanssouci, die Kaiserin den 16ten. Daraus entsteht mir die Noth schon übermorgen sehr früh (Mittwochs) mit 168 noch nicht eingepakten Büchern nach Potsdam zu müssen. Um Euch noch vorher zu sehe[n] bleibt im Lebensdrange mir nur morgen
Dienstag 14te übrig.
Ich flehe dass Du erst um 4 Uhr speisen mögest,[c] dadurch wird mir die morgende Paknoth etwas erleichtert.
Ich küsse die Fingerspizen[3]

AlHumboldt

Montag d. 13ten July 1857.[d]

a d. 12[t[en]] July 57. *ergänzt B*
b (1) hätte (2) das[s] *H*
c essen um 4 Uhr *H am Rand*
d d. 13ten July 1857. *ergänzt B*

[1] Rittergut Friedrichseck (heute poln.:Frydrychów) gehörte wie Ottmachau zum Erbe Wilhelm von Humboldts und war im Besitz Hermann von Humboldts.
[2] Frz.: Warten und nicht kommen.
[3] Siehe den Brief Nr. 419, Anm. 4.

422 Alexander von Humboldt an Gabriele von Bülow
Potsdam, [vermutlich 23.7.1857]

H: DLA/SNM, Marbach, 62.2140

Ich versuche, meine Theure, Dir ein kleines Zeichen des Lebens und der Liebe zu geben. Die hiesige Existenz ist wie Du es vermuthen kannst, von der einförmigsten Nüchternheit. Das gewöhnliche Leben ist eine Marschaltafel von 40 Personen in der Unterwelt der Neuen Kammern, bisweilen werde ich und die 2 Feldmarschälle zur kaiserlichen Tafel gezogen wo es nicht amüsanter ist. Am Abend versammelt sich leider wieder von halb neun bis 10 ½ Uhr die Masse in dem Marmor Saal, ich gewöhnlich zur Kaiserin gerufen, size zwischen ihr und dem König.[1] Glüklicher Weise ist seit gestern Reumont gekommen der etwas aufheiternd ist. Die Kaiserin kann man für den Augenblik für ganz genesen halten, sie hält sich ganz gerade, geht, läuft mit der grössten Agilität, macht grosse Toiletten, ist höflich, zerstreut und langweilig; von[a] der natürlichen Gutmüthigkeit der anderen Schwestern hat sie keine Spur. Die Hofdamen der Kaiserin sind alle hüpsch zuvorkommend u. heiter, aber das Material zu Conversation fehlt sehr. Gräfin Tiesenhausen, die einzige Ehrendame, ist die bedeutendste Schwester von der Gräfin Fiquelmort in Venedig, einst in Neapel eine der vielen in dem Herzen des alten Königs, vorüberziehender Gewitter; ein Fräulein Frederics Tochter einer verstorbenen Gespielin und Freundin der Kaiserin, eine Gräfin Gondowitsch u. Fräulein Pillar, also eine Ehrendame und 3 Hofdamen, alle sehr freundlich mit Loën beschäftigt. Man streitet wo die Kaiserin den Winter |2| zubringen soll. Sie fürchtet in[b] Petersburg bleiben zu müssen weil dic viel kostenden Reisen die Kaiserin sehr unpopulär gemacht haben. Eine Parthey will sie nach der Krimm schicken wo man von einem italienischen Klima in der Orianda, dem Lustschloss der Kaiserin und von dem botanischen Garten Nikiti fabelt. Es kommen aber dort einzelne Nächte von 12°–16° Réaumur unter Null vor. Der Grossfürst Constantin der mit seiner schönen aber etwas hals-kropfigen Gemahlin, vielleicht auch mit der immer noch sehr leidenden Helena in Dienstgeschäften der Marine den ganzen Winter in der Krimm verbringen will, hofft die Mutter zu persuadiren. Wir haben deshalb viele meteorologische Consultationen aber die Kaiserin hasst Orianda und träumt das politisch Verbotene Nizza oder Palermo. Der Kaiser kommt Sontag früh wird Sontag dem Fest des Lehrbataillons im Neuen Palais beiwohnen, Montag eine Parade sehen und Montag Abend schon abreisen[2] um Anfang Sept. wiederzukommen die Kaiserin abzuholen. Prinz von Preussen soll Ostende für jetzt aufgegeben haben[c] und seine Ankunft hier wie die des jungen Prinzen sind hier unbekannt, vielleicht kommen beide in wenigen Tagen. Die Reise der Kaiserin nach Muskau wie

[a] (1) mehr (2) von *H*
[b] in *ergänzt H*
[c] aufgegeben | zu *streicht Hrsg.* | haben *H*

unseres Königs Project sich in Erdmannsdorf den ganzen August zu erholen, scheinen aufgegeben. Von Kaiser Napoléon's Kommen ist für jetzt keine Rede, vielleicht im September.[3] Der junge Grossfürst Michael ist angenehm u. sehr verliebt in seine Braut Prinzessin Cecilie von Baden, die einzige Brünette, sehr unbadisch aussehende Schwester des Grossherzogs mit grossen dunkeln,[a] schönen etwas jüdischen Augen was zu vielen Haberartigen Calumnien gegen die Mutter (heitere Wasa Prinzess) |3| gewiss fälschlich Anlass giebt. Von Prinzess von Preussen lege ich einen Brief schon vom 15ten bei,[4] der ewige cher et illustre Physicien, nichts sehend, aber wohlwollend und befriedigend. Min[ister] Massow klagt dass der berühmte Ball von Bernstorf, wegen Bau eines Hauses in Gentin, soll 42000 r. gekostet haben. Da ich mit Freuden höre dass für Loën ein Quartier nahe bei seinem Bruder gefunden worden ist, so habe ich die süsse Hofnung dass Du ja nun wohl auch für die schöne Constance befriedigt bist. Ich gehe morgen früh um 8 Uhr ohne mein Haus zu berühren nach Charlottenburg um Alexander Mendelssohn, der sehr gestärkt bei seinem Leberübel von Carlsbad zurükkehrt, zu besuchen[5] und komme um 1 Uhr wieder her, den[n] ich darf auf des Königs ausdrükliche Bitte zu Mittag nicht fehlen. Bei Flottwell ist alles wohl ja mit Plänen für Tegel an deren Ausführung ich zweifle. Der König dessen Nerven Anfall[b] in Pillnitz die Königin sehr geängstigt hat, klagt noch immer über Abspannung und Gedächtnissschwäche.[6] Sein Zustand macht mir Sorgen. Er braucht viel Schonung und giebt sie sich nicht. Dazu selbst über sich ängstlich sagt er mehrmals am Tage und nur zu laut: ich weiss nicht wie mir ist, ich bin dämlich – woraus nach und nach böse Gerüchte entstehen werden. Auch ich schäme mich Dir Theure, einen so leeren, nichts sagenden Brief geschrieben zu haben, aber die Vollblut-Umgebung hat mich nicht gehoben.

Innige herzliche Grüsse an die Vielen Lieben, auch nach Breslau an die zarte Schöne![7]
Dein unleserlicher

AHt

Potsdam Donnerstag Nacht

Amalia Dönhoff habe ich noch am Abend der Ankunft hier gesehen, um sich Ruhe zu verschaffen und sich der Kaiserin zu entziehen wollte sie 3 Tage heimlich in Berlin bleiben. Gestern erzählte der geschwätzige Wrangel der Kaiserin bei Tische Amalia wäre in Stegliz bei seiner Frau heimlich gewesen und doch mit königlicher équipage, was er scherzweise sehr getadelt, weil sie heimlich und incognito hatte in Berlin vor der Reise nach der Heimath hatte bleiben wollen!
Da ich in dem Ludomilla Buche die langweiligen Briefe der Palzow nicht gelesen, so ist mir ja ein Gräuel entgangen von dem mir Willisen mit vielem Zorn gesprochen[c]. Sie soll sich ja rühmen Dein Vater hätte sie heirathen wollen!! und sie hätte als zu alt nicht darein gewilligt.[8] Nun werde ich gegen Ludomilla zu Felde ziehen. Sie ist in Branitz. Du schreibst mir wohl die grausige Stelle ab und beglükst mich hier mit einigen Zeilen. Welch eine Stiefmama!!

---

[a] dunkeln, *ergänzt H*
[b] (1) zuerst (2) Anfall *H*
[c] (1) sich versprochen (2) gesprochen *H*

1 „Wir sind hier gewöhnlich 60 Personen zu Tisch an der Marschalltafel, unten in den Neuen Kammern was ich die Unterwelt nenne: ich werde bisweilen allein, als ein langjähriger Gegenstand der Vorliebe der, man kann fast sagen, ganz wiederhergestellten Kaiserin an den kleinen Tisch in der Oberwelt (Sanssouci) beordert. Ueber des russischen Kaisers Kommen (25sten?) ist noch keine feste Gewissheit, auch nicht über der Kaiserin Winteraufenthalt in Orianda." (Humboldt an Alexander Mendelssohn, 22.7.1857, in Humboldt 2011, 318–320). Der Kaiser kam am 26.7. und blieb bis zum 29.7., die Kaiserin reiste erst am 1.8. ab.

2 „Potsdam, 26. Juli. Heute Morgen 9 Uhr trafen Se. Majestät der Kaiser, von Wilhelmsthal bei Eisenach kommend, auf der Eisenbahn-Station Wildpark bei Sanssouci ein, wo Se. Majestät der König, die Prinzen des Königl. Hauses und sämmtliche hier anwesende fremde Fürstlichkeiten den Erlauchten Gast empfingen. Nachdem Se. Majestät der Kaiser in Sanssouci Ihre Majestät die Kaiserin Mutter, Ihre Majestät die Königin, Ihre Königlichen Hoheiten die Großherzogin Mutter von Mecklenburg-Schwerin, die Prinzessin Friedrich der Niederlande und die Königlichen Prinzessinnen begrüsst hatten, sind Allerhöchstselben in den Neuen Kammern abgestiegen und fand dort alsbald nach der Ankunft eine Messe statt, während seine Majestät der König, Ihre Majestät die Königin, die Königlichen Prinzen und Prinzessinnen KK. HH., der gottesdienstlichen Feier vor dem Neuen Palais mit dem Lehr-Infanterie-Bataillon, dessen Stiftungsfest heute gefeiert wurde, beiwohnten. Zu dem hierauf folgenden Vorbeimarsch der Truppen erschienen auch die Kaiserlich Russischen Majestäten, die auch demnächst nebst Ihren Königlichen Majestäten und den anwesenden Prinzen und Prinzessinnen und Höchsten Gästen, dem Festessen der Mannschaften unter den Kolonnaden der Communs beizuwohnen geruhten. Die Familientafel fand Nachmittags im Schlosse Sanssouci statt und Abends begaben die Allerhöchsten und Höchsten Herrschaften Sich ohne Gefolge zum Thee nach dem Pfingstberge, wohin auch Fürst Gortschakoff und der Minister v. Manteuffel Einladung erhalten hatten." (Königlich Preußischer Staats-Anzeiger Nr. 175 vom 28.7.1857). Daraus ergibt sich die Datierung.

3 „Bei der hiesigen Russischen Gesandtschaft weiß man nicht das Geringste von der angeblich in Wildbad bevorstehenden Zusammenkunft des Kaisers Alexander mit dem Kaiser der Franzosen. An dieser Stelle wird im Gegentheil ein solches Ereigniß auf das bestimmteste in Abrede gestellt." (Magdeburgische Zeitung, Nr. 154 vom 5.7.1857, 1).

4 Um welchen Brief es sich handelt, konnte nicht ermittelt werden, da die Korrespondenz zwischen Humboldt und Augusta meist undatiert ist (Müller 1928, 292–328).

5 Vgl. den Brief Humboldt an Alexander Mendelssohn, Potsdam, 22.7.1857, in dem er um die „Gelegenheit" bittet, „einen Vormittag von hier auf einige Stunden nach Charlottenburg zu kommen vor dem 29sten." (Humboldt 2011, 318–320) Das bestätigt die Datierung.

6 Auf der Rückreise seines Besuchs in Wien erlitt Friedrich Wilhelm IV. am 14.7.1857 in Pillnitz einen leichten Schlaganfall. Danach nahm seine Schwäche immer mehr zu (Barclay 1995, 390).

7 Constanze von Bülow, die nach der Hochzeit mit Carl von Heinz nach Breslau abreiste. Carl von Heinz war Hofmarschall bei Prinz Friedrich Wilhelm, dessen Regiment dort stationiert war.

8 Henriette Paalzow an Elisa von Ahlefeldt, 10.11.1834: „[…] ich war indessen in Tegel bei Wilhelm von Humboldt. […] Meine Seele sitzt ihm, wie das Kind dem Vater, zu Füssen, ich bin wie eine junge Verliebte über seine Stuhllehne gebeugt, und werde so sorglos geschwätzig, als wäre ich schon mit ihm aus der Welt! Aber ich kann es Ihnen auch nicht verschweigen – er liebt mich vollständig wieder, und die Kinder bedauern nichts so sehr, als dass ich ihn nicht mehr heirathen kann. Mais, que faire? – seine liebe Hand zittert! Er könnte mir nicht mehr den Ring anstecken!" (Assing 1857, 321). Vgl. auch den vorigen Brief.

423 Alexander von Humboldt an Gabriele von Bülow
Potsdam, 8.8.1857

H: DLA/SNM, Marbach, 62.2137

Potsdam, 8 August 1857

Meine theure Gabriele! Wenn ich bis heute gezögert habe Dir zu schreiben und Dir innigst zu danken für den sehr liebevollen und verständigen Brief, da Du mir über die unerwartete Wendung des Schiksals von Loën geschrieben, so ist die einzige Ursach der Zögerung gewesen, die Erwartung dass etwas irgend merkwürdiges vorfallen würde. Nichts, nichts ist von unserem jezt stillen einförmigen Leben zu melden. Von einer Speisung von 110 Couverts (den lezten Tag der Kaiserin[)] und alles Vollblut, 38 prinzliches an Zahl mitgerechnet) sind wir auf 14 herabgesunken. Der lange, jedes Gespräch mit Selbstbelächlung beginnend, satyrisch, heiter und ultra aristocratisch, Reumont unterrichtet, angenehm und gefällig. Olfers wohnen auf meh[r]er[e] Tage hier, dazu Geistliche ohne Zahl. Ueber die Ernennung Loën's über die die Königin noch zürnt (weil niemand dem König angenehmer sei) denke ich ganz wie Du.[1] Sie bringt den äusseren Vortheil zu seinem Avancement beizutragen, hat aber ausser dem Nachtheil, ihn von den schönen Kindern und den Erinnerungen des Familienlebens zu entfernen, den noch grösseren, die Gefahr moralischer Tentationen, des Hanges nach äusserem sozialen Glanze zu vermeiden. „Charlotte, meine Schwester (sagte mir noch vor wenigen Tagen der König[)] war wie vernarrt in den lieben Menschen, ebenso alle Hofdamen. Ich habe mir Vorwürfe gemacht, dass ich mit Ihnen nicht vorher davon gesprochen. Ich muss fürchten dass es auch der Ministerin Bülow wird unangenehm gewesen sein, aber es ging alles so schnell.[“] Dass Flottwells, denen ich etwas von Deinem schönen Briefe vorlas, die Begebenheit ganz wie Du und ich betrachten kannst Du wohl von selbst vermuthen. Ein kleiner Trost, wenigstens für häusliche |2| Einrichtungen ist die Gewissheit dass Loën Anfang September wenigstens auf einige Wochen wieder hieher kommt. Das Gelingen in der Lebenskunst vielen zu gefallen, die von entgegengesezter Ansicht sind ist mit Recht eine Selbstbefriedigung zu nen[n]en kann aber bei edeln, doch schwachen Charakteren, wie der seinige[a] eine nicht erwünschte Tentation werden. Ich wäre gern zu dem lezten Familien Diner bei Hugo gewesen, erfuhr aber natürlich nicht davon, und da man gewöhnlich nicht den Tag abreiset, den man sich vorsezt, so hatte ich den Vorsaz, Dich noch vorher in Tegel umarmen zu können. Hierin liegt keine Spur von Vorwurf. Heinz den ich hier viel gesehen, ist mir mit jedem Tage lieber geworden. Er hatte innere Kraft u. inneres Leben. Des Königs Gesundheitszustand d.h. seine allerdings abnehmende geistige Abspannung beschäftigt die nächste Umgebung, nicht die entferntere welche sich durch die gewöhnlichen Ausbrüche kindlicher Lustigkeit täuschen lassen. Schönlein besteht zwar darauf dass die stundenlange Sprachlosigkeit, Unbeweglichkeit der Zunge in Pilnitz mit den Kopfnerven nicht zusammengehangen habe, eben so Weiss – alles soll augenblikliche Erschöpfung durch Wärme und gewagter Reise nach Wien so unmittelbar nach der Kur gewesen sein – aber mir ist doch sehr auffallend die untrügbare Schwächung des Gedächtnisses und das eigene nur zu freire oft geäusserte Bewusstsein geistiger Schwächung.[2] Vielleicht dass soziale Ruhe und Ende der Luftwärme die früheren Zustände herstellen. Es ist schwer die gewiss bleibende und zugenommene Zerstreutheit von dem Verdacht wirklicher Geistesschwächung zu unterscheiden. Die persönliche Liebenswürdigkeit besonders für mich ist im Zunehmen.

[a] wie der seinige *ergänzt H*

Er hat zu Möllhausen, Seiferts Schwiegersohn, der mit 2000 r. Gehalt, vom Kriegsminister der Ver[einigten] Staaten v. Amerika zur Theilnahme an einer neuen wissenschaftlichen Expedition aufgefordert 2 Jahre in der Nähe der Südsee Küste als Zeichner u. Topograph (aus Enthusiasmus für mich und der Vorrede die ich zum Tagebuch der früheren Reise geschrieben) ein ansehnliches Geldgeschenk gemacht und den Rothen Adler Orden 4ter Klasse gegeben. Möllhausen geht in 3–4 Tagen nach San Francisco ab, Frau und Kind bleiben hier. Es ist ein heldenmüthiger |3| aber vernünftiger Entschluss.[3] Man giebt hie[r] Urlaub zuerst auf 2 Jahre, der Frau die Pension von 600 r. lassend, seine 2000 r. dauren allerdings nur so lange, als die Expedition nach dem Rio Gila, der in den Californischen Meerbusen fliest, aber Möllhausen, der hier im elenden Hofmarschall Amte kein Fortkommen sieht, hofft durch das neue Verdienst und den guten Namen, den er sich in Amerika erworben durch meine Vorrede, sich dort eine bleibende Anstellung zu verschaffen u. Frau und Kind herüber zu holen und er ist ein edler, überaus talentvoller grenzenlos unternehmender Mensch den der König in diesen Tagen mit persönlicher Freundlichkeit überhäuft hat. Emma scheint jezt leider! sehr hinter die Calumnien gekommen zu sein, die [ihre][a] Lage, [ihr][b] grosses Quartier und das Ross das täglich erwartet wird, hervorrufen. Je passe ma vie dans les larmes,[4] schreibt [sie][c]. Il Cavalere Intendante militare der abreiset schien von den larmes wenig zu wissen, ihm dem Philosophen scheinen es Träume. Kaulbach schon abgereiset, ist der welcher das künstlerische Talent der Emma am ernstesten bewundert, besonders in ihrem gelungenen Bildniss der hüpsch[en] Agnes,[d] Tochter von Seifert, das sie ihr, die sehr grosse Fortschritte im Oelmalen macht, geschenkt.[5] Zurecht kennt man il fratello.[6] Von Rauch höre ich, dass es wenigstens nicht schlimer ist. Die Sagan, in der Gesundheit gebessert ist wegen zunehmender Krankheit der Castellane nach Sagan zurükgekehrt aber schon wieder weg auf ein anderes Gut, doch allein. Der junge Bräutigam Radziwill leidet fas[t] bett[le]grig seit drei vollen Monaten an einer unangenehmen Wunde au revers de la mèdaille – eine vernachlässigte Wunde des Durchreibens. Es geht jezt besser, er war 3 Monate deshalb bettlegerig u. soll im September [?]. In Berlin quälte mich Emma, hier Glienicke. Die Prinzess leidet an einer geschwollenen Drüse unter der Achsel. Die Luck geschwäziger als je, aber noch immer sehr krank aussehend. Die Bloomfield kommt in 3 Wochen u. zieht in die <vorige> Nähe wegen Liebe. Prinz Albert sehr besorgt um die verpönte und doch nicht tanzende Gattin; täglich Fieber (Dr Busch ist berufen) Folge der Niederkunft. Ich kann mir denken welche innige |4| Freude, welcher Trost Dein und der Kinder Besuch dem theuren Hedemann sein muss. Es belebt sich freilich im Trauerhaus. Ich werde das nächste Mal ihm schreiben. Als ich gestern Abend dem König erzählte dass ich nach Burgörner schreiben werde brach er in Lob über den schönen Ort u. Deine Schwester, in Erinnerungen des dortigen Aufenthalts aus und der König trug mir auf ihn bei Dir u. Hedemann ja[e] nicht zu vergessen. Bei Flottwells ist alles wohl und warm theilnehmend. Meine Gesundheit ist leidlich, etwas Augenentzündung (Gerstenkörner oft an einem Auge). Dies sichere Auftreten, Schwäche der Knie nehmen zu. Ich nehme keine der kön[iglichen] Promenaden Abends mit und erscheine erst 9^{U} ½ zum Souper um den König über Erschöpfung klagen zu hören. Constance soll ja zu meiner Freude einen angenehmen Aufenthalt in Erdmannsdorff gemacht haben. Von diesen

---

[a] Ihre *H ändert Hrsg.*

[b] Ihr *H ändert Hrsg.*

[c] Sie *H ändert Hrsg.*

[d] Agnes, *ergänzt H*

[e] Hedemann | ihn *ergänzt H, streicht Hrsg.* | ja *H*

unleserlichen Zeilen wird wohl 1/3 ungelöst bleiben. Meine herzlichsten Grüsse dem theuren Hedemann, allen Generationen und der Dynastie Heinz mit dem das Duzen (le tutoyement) endlich in vollem Gang ist. Schreibe, Liebe, nur über Deine Rückkunft ja einige Zeilen aus Burgörner. Auch über meine Schwägerin Deine Stiefmama (die Paalzow) werde ich zu üben wissen!![7] Die Westmoorland ist zur Freude der Prinzessin von Preussen in Baden.
Mit ganzer alter Seele

Dein AHt

Die Schlagintweits welche aus Neid der berliner Gelehrten der Kladeratatsch Schnabelweit (offener Schnabel) wegen Geschwäzigkeit nennt, haben vom König für noch ein Jahr 3000 r. bekommen und sind in England sehr gut aufgenommen. Sir Robert Schomburgk, der 9 Jahre engl[ischer] Consul in dem Schwarzen S[an]to Domingo war, kommt in wenigen Tagen hier durch als engl[ischer] Bevollmächtigter am Hofe zu Siam, bei dem weissen Elephanten. Er ist talentvoll u. von Prinz Albert beschüzt, er Sir Robert u. 2 Brüder Schomburgk in Neu Holland ausgewandert sind Söhne eines Predigers einst in Freiburg an der Unstrut? bei Merseburg gewiss Hedemann bekannt. Sir Robert Schomburgk, als junger Kaufmann nach der dänischen Insel S[ank]t Thomas gegangen, gab eine Karte der Insel heraus, erregte dadurch die Aufmerksamkeit der Royal Geographical Society und wurde nach Guyana geschikt um astronomisch Demerary mit dem Orte Esmeralda zu verbinden wo ich am weitesten gegen Osten gewesen war. Des Predigers Sohn, geht ganz zum Kaiser von Siam u. ist knighted.[8] Die ausgewanderten Brüder waren im Berliner Handwerks Verein.[9]

1 „Loën wurde als interimistischer Vertreter des Militärbevollmächtigten nach St. Petersburg geschickt." (Sydow 1919, 529). Gabriele wollte die Kinder aufnehmen, um die sie sich seit G. von Loëns Tod mit gekümmert hatte, sie blieben jedoch in der Obhut der Gouvernante zu Hause.

2 Siehe den Brief Nr. 422, Anm. 6.

3 Möllhausen unternahm eine dritte USA-Reise (zu den anderen siehe den Brief Nr. 364) von August 1857 bis September 1858 als Teilnehmer einer Expedition zur Erforschung des oberen Colorado River.

4 Frz.: Ich verbringe mein Leben in Tränen.

5 Ein Porträt von Seiferts Tochter Agnes ist nicht bekannt.

6 Vgl. den Brief vom 28.4.1854, Anm. 1. E. Gaggiotti-Richards hatte 1857 ein großes Gemälde des Prinzen von Preußen zu Pferde angefertigt, das im Akademiegebäude ausgestellt wurde, und im „Kunstblatt" kritisch rezensiert wurde. Siehe Humboldt an Rauch, 16.4.1857, in Humboldt 2006, 135, und Mendelssohn 348. Ausführlich zu Neid, Kritik und Verleumdungen (Calumnien) siehe Werner 2018, 168–169: „Unverhohlenen Spott erntete vor allem eine Arbeit der Künstlerin – Emma Gaggiotti-Richards hatte zu wohltätigen Zwecken ein Gemälde angefertigt, das Seine Königliche Hoheit den Prinzen von Preußen, den späteren Kaiser und König Wilhelm I., zu Pferde zeigte."

7 Vgl. den Brief vom 1.7.1857 und den darauffolgenden (nach 1.7.1857).

8 Robert Schomburgk war 1828 in die Vereinigten Staaten und von dort nach Westindien gegangen. 1835–1839 unternahm er mit Hilfe der britischen Geographischen Gesellschaft eine wissenschaftliche Expedition nach Guayana (früher Britisch-Guayana). Danach beschäftigte er sich im Auftrag der britischen Regierung mit der Feststellung der Grenzen zwischen Britisch-Guayana und Venezuela. Nach der Rückkehr 1844 wurde er von Königin Victoria als *Knight Bachelor* („Sir") in den britischen Adelsstand erhoben. 1848 wurde er Konsul in der Dominikanischen Republik und 1856 englischer Generalkonsul in Bangkok (Siam), kehrte aber im April 1864 krank nach Europa zurück.

9 Die Brüder Moritz und Otto Schomburgk waren 1849 nach Australien ausgewandert.

424 Alexander von Humboldt an Gabriele von Bülow
Potsdam, 1.9.1857

H: DLA/SNM, Marbach, 98.18.22/2

Ich bin tief, meine Theure, in Deiner und Eurer Aller Lieben Schuld. Ich hatte mich lange vorher bei Stadtrat Jacobs auf der Villa für einen Sontag versagt und erfuhr zu meinem Schrecken erst Sonnabend die zweifachen Geburtstage des armen isolirt verbannten August im pedantisch diplomatischen Cadettencorps und der gross und schon einzigen Kleinen.[1] Alle Rechtfertigungen die ich ersinnen könnte sind fruchtlos, es ist eine schlechte Handlung mehr in meinem langen Leben. Flottwell speisete noch bei dem König den Tag vor seiner Abreise. Seine grosse Schlaflosigkeit macht Ruhe für ihn sehr erwünscht. Wir führen hier ein sehr langweiliges Leben, Olfers, der lange sich selbst immer laut belachende, satyrische, ultramontane Kleist, Princess Carl (wüthig über Alexis Monbijou auf Trennung ausgehend) und der affenartig manierirte Geschichtsschreiber der Päbste, ein österreichischer General Feldmarschall Graf Kevenhüller aus Neapel kommend (es ist halt ein sittliches Land, das best regierteste und zufriedenste von ganz Italien!) ... Seit gestern ist glüklicherweise Rauch angekommen prächtig heiter und geistreich, aber unwohl. Er bleibt nur 2 Tage und geht nicht nach Weimar wohin aber ein Theil seiner Familie sich begiebt. |2| Die Königin wird nur 3 Tage abwesend sein (6ten bis 9ten) wegen der Capelle bei Italien. Sie wird des ewigen Packens müde wohl hier bleiben. Den König glaubt man durch Bad im Fluss ganz geheilt, er selbst ist nicht der Meinung. Ich finde ihn allerdings um vieles besser. Doch beunruhigt mich noch oft die Gedächtnisslosigkeit nicht bloss von Namen.[2] Schönlein lange schon gereizt durch kalte oft unfreundliche Behandlung hat definitif schriftlich angekündigt er ziehe sich im Frühjahr nach Bamberg zurük. Er hat die Entlassung noch nicht bekommen.[3] Die verwittwete Kaiserin intrigirt für Mandt der sich listig und an Hofintriguen lang gewöhnt gar zum Spion einer russischen Parthey, die ihm anhänglich verblieben ist, hergeben wird. Beide Majestäten haben viel Vorliebe für ihn der in allen Künsten zu schmeicheln und sich wichtig zu machen, geübt ist. Ich glaube aber doch dass wenn es zur Entscheidung kommen sollte, die Königin Bedenken tragen würde. Von der ganzen Zeit die Rauch hier sein wird geniesse ich auch sehr wenig da er in der historischen Mühle in Sanssouci wohnt u. nun alle Abende mit Kleist's Vorlesung der Memoires der Fürstin Daschkof[4] zubringt die zwar sich rühmt die thätigste in der Conspiration gewesen zu sein, aber nicht Hand beim Stranguliren mit angelegt zu haben.

Der eigentliche Zweck dieser Zeilen, ist, theure Gabriele, mich bei Dir zu künftigem Sonntag anzumelden. Ich werde (wie gewöhnlich) um 3 Uhr erscheinen und dann aus dem Munde der schönen Constanze ersehen, wann Heinz endlich wird ankommen können. Die poetischen Worte „als Ehemann in Eures Handwerkes Mitte zu leben[“], lassen doch[a] nicht ahnen, man wolle in Breslau privatiziren. Mit meiner sogenannten |3| Jugendgreisigkeit geht es gar nicht erfreulich. Zunehmende Muskelschwäche, Appetitlosigkeit, Magenübel ... alles Folge der bösen 88! So büsst man für die Geduld des langen Lebens, aber Klagen ist unmännlich. Da Du noch Musse zum Antworten Liebe [hast][b], so frage ich ob es Dir angenehm wäre, wen[n] ich Waagen anböte mit mir zu fahren oder sonst jemand, dem Du unmittelbar

---

[a] (1) lässt d 2) lassen doch *H*

[b] hasst *H ändert Hrsg.*

schriebest, Sonntag vor 2 Uhr in mein Berliner Haus zu kommen. Herzliche Grüsse an all die Lieben. Der Flottwell Gedanke < – > an August zu schicken damit er sein Geburtsfest selbst feiern könne, war edel und praktisch.
Dein

AlHt

Potsdam Dienstag Morgen
1ster September 1857.[a]
Von Loën weiss ich nichts aus Petersburg.[4]

1 Therese von Loën hatte am 28., August von Loën am 29. Geburtstag.
2 Siehe den Brief Nr. 422, Anm. 6.
3 Der Leibarzt des Königs trat 1859 in den Ruhestand und kehrte in seine Heimatstadt Bamberg zurück.
4 Daschkoff 1859.
5 Siehe den Brief vom 8.8.1857, Anm. 1.

425 Alexander von Humboldt an Gabriele von Bülow Berlin, [vermutlich 26.9.1857]

H: DLA/SNM, Marbach, 62.2137

Meine theure Gabriele! Es ist nicht so wohl Potsdam, wohin mein Ueberzug nach dem Abzuge der tugendhaften sich so oft entfaltenden, unleuchtenbergischen Grossfürstin Maria-Stroganoff noch ungewiss ist, auch nicht Husten und die böse Kälte die mich abgehalten, einen frohen Tag morgen mit Euch zu erleben, es ist das wichtige Ereigniss, dass mein Tyrann Cotta auf einmal streng fordert dass die erste Hälfte des 4ten u. lezten Bandes, die schon (wie die übrigen 2 auf 40 Bogen angewachsen[)] schon Anfang oder Mitte October erscheine. Die Ungeduld des langen Harrens wird im Publicum unwiderstehlich und da die engl[ische] Uebersezung vom General und seiner liebenswürdigen Gattin, die zugleich erscheine[n] sollte noch nicht sehr vorgerükt ist, so entstehen daraus ewige Sendungen nach Stuttgart u. London u. Berathungen mit Dr Buschmann. Bei meinem Uralter und dem nahen Ende irdischer Dinge ist es übrigens ganz nüzlich einen solchen Entschluss haben fassen zu müssen. Der Druk des 4t[en] Bandes zweite Abteilung mit der das Ganze schliesst, geht ununterbrochen[b] fort.[1] Hedemann, dessen kleine Eitelkeit, wie ich dieses Mal wieder erfahren, eine ihm allein geweihte Höflichkeit fordert, schien mit dem Diner zu dem Lady Seyffert und die übergebildeten akademisch[en] Töchter alle Kunst aufgeboten zu haben, sehr zufrieden. Er grübelt aber leider! über die strategischen Feldzüge durch die er dem armen Hermann wird aus dem Wege gehen. Das macht dann das häusliche Leben dramatisch complicirter, wenn auch nicht angenehmer! Von der Grossherzogin Luise habe ich zum Geburtstag einen sehr freundlichen natürlichen Brief gehabt,[2] der Euch gewiss gefällt und den ich mir zurük erbitte. Der Kaiser v. Oestreich

---

a 1ster September 1857. *ergänzt B*
b geht | auch *gestrichen* | ununterbrochen *H*

[kommt][a] nach Weimar um dort den Kaiser Alexander zu sehen und nicht in Berlin[b] [das] scheint dem Publikum nicht sehr artig.[3] Mit dem beküssten Bunsen und seinem Bleiben hat es wieder sehr characteristische Scenen gegeben. |2| Er wohnt auf dem Schlosse hat kön[igliche] Bedienung und Equipage und erklärte bis des Königs Geburtstag hier bleiben zu wollen. Man holte ihn nicht sowohl zur schwarzen Versammlung sonder[n] zu Berathungen über den Dombau (jezt als Basilika mit Kuppel ohne Thürme)[4] und über Einführung vor dem Abendmal zu recitirender eucharistischer Gebete um die Oblate zu vermeiden, die sich schon wieder anfängt in Unionskirchen, neben dem allein vorgeschriebenen evangelischen Brodte einzuschleichen.[5] Die Parthey der es nicht gelungen ist, Von der Heydt zu stürzen, hatte nun auf einmal über Bunsen gesiegt. Montags 21 Sept wurde er nach Sanssouci geladen, kalt behandelt und ihm (der sie gar nicht gesucht) eine Abschiedsaudienz ertheilt. Er wollte gestern Freitags nach Coblenz reisen um[c] dort seinen Kummer auszuschütten – er kam Donnerstag um Abschied von mir zu nehmen: aber seit gestern Abend, ist alles anderes. Die Abreise reuet den König und General Gröben hat ihn im Namen des Königs zärtlichst eingeladen zu bleiben, was er gern thut, um den Feinden ein erfolgloses, politisches u. clerikales Schrekniss wieder zu werden. Gieb mir, Theure, einige Nachricht über Hugo's Frau die mich beunruhigt. Die schönen Bilder von Schrader: Cromwell u. das Portrait von Agnes Seyffert [sind] ausgestellt.[6]

Tausend freundliche Grüsse, ich muss schliessen.
Dein

AHt

Berlin Sonnabend früh

Man macht dem König bange nicht zur Eröfnung der Eisenbahn nach Preussen wegen der Cholera den 9ten Oct zu gehen. Die Feinde von der Heydts arbeiten daran.
Ich habe viel viel Freundliches von Dir und den Kindern nach Karlsruhe geschrieben.

1 Die englische Übersetzung sollte wegen der Raubdrucke bzw. -übersetzungen vom 2. Band 1848 an jeweils zeitgleich mit der deutschen erscheinen, was Humboldt noch mehr unter Druck setzte, wie der Briefwechsel mit seinem Verleger Cotta zeigt. Band 4 der deutschen Ausgabe erschien vor 11.12.1857, entsprechend Vol. 4, Part 1 der englischen Übersetzung im Sommer 1858. (Fiedler/Leitner 2000, 391 und 405–410) Am 10.9.1857 hatte Cotta geschrieben, dass der 4. Band in 2 Abteilungen erscheinen solle, und der weitere Briefwechsel in der 2. Septemberhälfte bestätigt die Datierung dieses Briefes. (Humboldt 2009, 584–590)

2 „Mit wärmster Dankbarkeit […] lebt in mir die Erinnerung an die vielen Augenblicke, in denen ich mit Ihnen verkehren durfte, an die vielen Beweise jener wahrhaft gütigen Theilnahme, die Sie mir von Kindheit an erzeigten, und es ist dann immer der Wunsch so lebhaft in mir rege, Sie wiederzusehen und, wie damals als Kind, so jetzt als Frau und Mutter mit doppelter Ehrfurcht, doppeltem Interesse Ihren Worten zuzuhören. Wie oft denke ich an den Besuch bei Ihnen, und werde es nie vergessen, wie Sie so gütig waren, mir Ihre werthvollen Manuscripte zu zeigen. Die Erinnerung an diese Stunde prägte sich tief in mein Herz und wird mir auf immer theuer bleiben. Seit ich Sie sah, ist so vieles

a kommen *H ändert Hrsg.*
b und nicht […] Berlin *ergänzt H*
c (1) und (2) um *H*

anders, schöner und herrlicher geworden, mein häusliches Glück hat sich immer reicher entfaltet, ein geliebtes Kind hat es zu einer nie geahnten Höhe gebracht; könnte sich Ihnen dies kleine Wesen zeigen, Sie hätten gewiss Freude daran, aber auch ungekannt darf ich es Ihrer Theilnahme empfehlen.“ (Bruhns 1872, Band 2, 408–409).

3 Am 1.10.1857 trafen sich der österreichische Kaiser Franz Joseph und der russische Zar Alexander in Weimar. Die Datierung ergibt sich aus Sonnabend (oben im Brief genannt) zwischen 21.9. und 1.10.1857.

4 Das Dombauprojekt des Königs stammte noch aus der Kronprinzenzeit. Erste Pläne von Stüler aus den 40er Jahren sahen eine mehrschiffige Basilika mit zwei Türmen und begleitet von Kreuzgang und Campo santo vor. „Der Bau wurde zwar 1844 begonnen, jedoch 1848 durch die Revolution unterbrochen und erst 1855 mit geänderten Vorstellungen – einem Kuppelbau – von Stüler wieder aufgenommen.“ (Blankenstein/Leitner 2012, 25).

5 Bunsen förderte die in Berlin 1857 stattfindende Konferenz der „Evangelischen Allianz“.

6 Siehe den Brief vom 8.8.1857, Anm. 5.

426 Alexander von Humboldt an Gabriele von Bülow
o. O., 27.9.1857

H: DLA/SNM, Marbach, 62.2145

Um nicht den Milchboten zu versäumen, gebe ich bloss, meine Theure, Dir meinen lakonischen Dank u beide Briefe aus Ottmachau die ich zurük erbitte. Die clerikale Bitterkeit des guten macht[a] mich lächeln

AHt

Sontag 27 Sept. 1857[b]

Der Kosmos fordert Sorgfalt, ist aber bis auf wenige Seiten fertig und ist nicht angreifend. Ich aass schon gestern in Charl[ottenburg] bei dem König mit Bunsen.
Herzliche[c] Grüsse besonders an Heinz u. Wünsche für Hugo's Frau.

427 Alexander von Humboldt an Gabriele von Bülow
Potsdam, 11.10.1857

H: DLA/SNM, Marbach, 62.2137

Potsdam d. 11 Oct. Sontags 1857[d]

Die betrübende Nachricht von dem Tode der liebenswürdigen, sanften tieffühlenden Bertha Loën[1] war mir schon mitten unter den peinlichen Ungewissheiten über die gefahrvollen

[a] guten | < – > *gestrichen* | macht *B*
[b] (1) 20 (2) 27 Sept. 1857 *ergänzt B*
[c] Bunsen. | <–> *gestrichen* | Herzliche *B*
[d] 1857 *ergänzt B*

Zustände des Königs zugekommen. Dein Brief, meine Theure, vom 9ten hat leider alle[s] bestätigt. Ein solcher Verlust reisst durch herbe Erinnerungen alte Wunden auf!! Ueber den König sind wir seit gestern morgen 11 Uhr sehr beruhigt. Der Aderlass sehr nothwendig da troz des auf den Kopf gelegten Eises das Gesicht des Kranken kirschbraun war, hatte allerdings geholfen aber die Besinnung war fast gar nicht zurükgekehrt. Kaum wurde die Königin bisweilen erkannt. So hatte am gestrigen Morgen 9 Uhr selbst Schönlein noch wenig Hofnung, aber gestern um 11 Uhr schlug er die Augen auf wie aus einem tiefen, langen soporösen Schlafe erwacht und sprach freundlich zu Schönlein den er erkannte. Seitdem hat sich (immer noch bei grosser Kraftlosigkeit[)] die Besserung erhalten. Die leztvergangene Nacht ist ruhig und etwas stärkend gewesen. Alle Prinzen haben die Nächte zu Sanssouci meist wachend zugebracht, das Benehmen des Pr[inzen] v. Preussen und seines Sohnes waren edel, frei, einfach und meisterhaft; aber ausser den beiden Aerzten und der Königin u. 2 Kamerdienern (Tiedke und Arend) hat während der ganzen Krankheit niemand den König gesehen. Auch die Königin hat kein Bedürfniss gefühlt ihre Damen zu sehen ausser im Kirchgange: dagegen war sie gestern fast eine Stunde allein mit dem Hausminister (Massow) der selbst in Steinhövel krank von da gekommen war. Wir essen sehr zahlreich in den Neuen Kammern unter sehr widersprechenden Gerüchten. Doch war seit gestern wieder Heiterkeit. Möge[n] keine nahen Rükfälle zu fürchten sein. Von[a] Gräfin Amalie Dönhoff habe ich sehr freundliche, doch noch |2| sehr beängstigte Briefe vom 9ten.[2] Sie nennt nicht den Tag der nahen Ankunft. Ich vermuthe morgen. Den theuren Heinz habe ich leider gestern nicht sehen können, freue mich aber sehr seines und Eures Ueberziehens nach Berlin Mitte der künftigen Woche. Ich hoffe, Dich dann bald dort besuchen zu können. Diesen Augenblik (es ist Morgen 11 Uhr ½[)] sagt mir Dönhoff der mit der Königin in der Friedenskirche war, dass die Königin sehr beruhigt war und erzählte der Kranke haben 2 Tassen Thee getrunken, sei bloss sehr entkräftet. An das Ankommen der Frau Prinzessin von Preussen habe ich nie geglaubt. Mögen wir fortfahren das beste zu hoffen. Mein eigener Zustand ist der alte, Liquiraza gegen Schnupfen und häufig Pillen zur Erweichung. Wer aber denkt in solchen Zeiten an Sich. Den melancholischen Rückschlag auf Hedemann fürchte au[ch] ich. Man findet den naiven Ausdruk von Mad[ame] de Sevigné que le monde est arrangé de manière peu complaisante[3] etwas[b] unchristlich aber ziemlich wahr. Viel[e] herzlich[e] Grüs[se] von Flottwells die noch tief betrübt über das Unglük des armen Hugo[4] sind. Innige Grüsse an Alle Lieben!

AlHumboldt

[1] Am 6.10.1857 war die Gattin von Hugo von Loën Bertha geb. von Hünerbein verstorben.
[2] Nicht bekannt.
[3] Frz.: dass die Welt wenig gefällig arrangiert ist.
[4] Siehe oben.

[a] (1) Ich fr (2) Von *H*
[b] (1) für (2) etwas *H*

428 Alexander von Humboldt an Gabriele von Bülow
Potsdam, [vermutlich 15.10.1857]

H: DLA/SNM, Marbach, 62.2137

Nur einige Worte theure Gabriele. Die physische nicht die intellectuelle Besserung ist im Zunehmen.[1] Ich war, weil es ein Mittel war die Königin in der Nähe zu sehen am heutigen, auf dem Schlosse nicht gefeierten Festtage, in die Friedenskirche gegangen. Die Königin hatte mich nicht gesehen aber man hatte es [ihr][a] wahrscheinlich [gesagt]. Sie hat bedauert, mich nicht angeredet zu haben und liess mir sehr freundlich sagen sie wolle mich allein nach Tische sehen. Sie war ganz allein, sehr traurig, für mich mittheilend, erzählend natürlich. Physische Besserung nehme zu nich[t] so das Intellectuell[e]. Er wisse nichts von seiner Krankheit und ihrer Dauer, keine Erinnerung von Aderlass, keine vom Kaiser von Russland; er glaubt ihn nur im vorigen Jahre gesehen zu haben, er klagt sich nicht deutlich ausdrücken zu können, erfindet unverständliche, selbsterfundene Worte! weiss die Namen zu finden, als zusammen hängende Phrasen; er fühlt sich sehr gequält u. immer traurig. Einmal da er sich allein glaubte rief er aus: Gott erbarme sich meiner. Er hat das Bewusstsein seiner Geistesschwäche. Er hat keine Lähmung er war heute aufgestanden und auf Minuten in das Zimmer der Königin gekommen. Das ist alles rührend und tief schmerzlich. Mich quält das innere Bewusstsein seiner Geistesschwäche. Ich [war][b] wohl 20 Minuten mit der Königin. Sie [war][c] recht liebenswürdig. Ein Zeichen dass man für das Physische nichts nahes fürchtet, ist dass man heute Nacht Schönlein erlaubt einmal in Berlin zu schlafen. An Regierungs-Einrichtungen u. Vorschlägen wagt man nicht zu denken. Als ihm Dr Weiss nach der Reise v. Pillnitz einmal sagte er würde nur heilen wen[n] er einmal Monate lang sich der Vorträge entledigte, drohte er mit |2| der Faust und schrie so lange er Athmen hätte würde er selbst regieren. Die Sagan die ich gestern besuchte und die halb krank selbst einige Rollen aus Moli[è]re spielen wollte, um den König zu unterhalten, plus einem Nachspiel, in dem der Sohn als italienisch reisender Bildhauer seine schlechten Statuen zum Kauf anpreiset!! Die Sagan kam heute um 10 Uhr sah die Dönhoff und Prinz v. Preussen und musste bei der Dönhoff allein essen, weil Prinzess Carl sie despotisch um 6 Uhr sprechen wollte in Glienicke und sie die Unabhängige, Halbkranke lässt [sich] vom Vollblut das alles gefallen! Sie bleibt in Berlin bis Montag.

Ich hoffe Seifert, dessen Geburtstag heute auch ist, schreibt mir bald, ob ich nächsten Sontag bei Dir essen darf.
Grüsse, viele Grüsse

AHt

Potsd[am] Donnerstag
7 Uhr Abends

[1] Zur Krankheit des Königs siehe den vorigen Brief. Zur vermutlichen Datierung: Der Kaiser und die Kaiserin aus Russland reisten nach einem Besuch am 6.10.1857 ab (Bußmann 1990, 457). Ein Aderlass wird im Brief vom 11.10. erwähnt, so dass der nicht gefeierte Festtag der Geburtstag des Königs am 15.10.1857 sein kann, der ein Donnerstag war.

[a] Ihr *H ändert Hrsg.*
[b] wahr *H ändert Hrsg.*
[c] wahr *H ändert Hrsg.*

429 Alexander von Humboldt an Gabriele von Bülow
o. O. u. o. D., [vermutlich 23.10.1857]

H: DLA/SNM, Marbach, 62.2138

Ich schreibe, theure Gabriele, was Du vielleicht schon weisst von dem vortreflichen Heinz. Gestern glaubte die Königin dem König die Vollmacht zur interimistischen Geschäftsführung vorlegen zu können zur Unterschrift. Er war lange schwieriger und sagte (was völlige Besinnung anzeigte[)]: „ich werde es mir überlegen". Die Königin sagte: ich werd[e] Dir nicht mehr davon sprechen bis Du Selbst es weisst. Heute Freitag erklärte er sich entschlossen und unterschrieb.[1] Pr[inz] v. Pr[eußen], P[rinz] Carl und Manteuffel waren im Zimmer. Der König schien sie aber nicht zu bemerken. Man glaubt Pr[inz] v. Pr[eußen] werde morgen als erstes Vortrag annehmen. Ich werd[e] Sontag um 3 Uhr bei Dir essen, werd[e] aber vorher noch 2 Uhr die schöne Constanze und [ihren][a] Gatten besuchen u beiden anbieten sie in meinem Wagen um 3 Uhr zu Dir zu bringen, falls Du u. [sie][b] nicht etwas anderes befehlen und mir dem sehr Beschäftigten vor 1 Uhr sagen lassen.

Ich gehe Sontag 9^{U} auf die Akademie um das Reiterstück[2] zu bewundern, um[c] 1^{U} ½ zu Emma, um 2^{U} zu Constanze um 3^{U} zu Dir um 6^{U} auf die Eisenbahn, wohin ich bis 6 ½ Leute bestellt.

Es ist ein unheimlich bewegtes Leben.

Vivir ch'è un correre a la morte.[3]

Vielen Dank für den rech[t] verständig auch franz[ösisch] sprechen[den] Römer <schön erst> als Page
Herzliche Grüsse

AlHt

Freitag
Abend

[1] Am 23.10.1857 übernahm Prinz Wilhelm die Stellvertretung, die eigentliche Regentschaft erst am 7.10.1858. Vgl. den Brief an Cotta vom 21.10.1857 (Humboldt 2009, 591). Daraus ergibt sich die Datierung.

[2] E. Gaggiotti-Richards hatte 1857 ein großes Gemälde des Prinzen von Preußen zu Pferde angefertigt. Siehe den Brief vom 8.8.1857.

[3] Dante Alighieri: Leben ist ein Wettlauf zum Tod.

[a] Ihren *H ändert Hrsg.*

[b] Sie *H ändert Hrsg.*

[c] (1) zu (2) um *H*

430 Alexander von Humboldt an Gabriele von Bülow
Potsdam, [vermutlich 24.10.1857]

H: DLA/SNM, Marbach, 62.2137

Potsdam Sonnabend Morgen

Ich thue immer so gern was Du wünschest, meine Liebe; die Zeit kann man elastisch machen wenn [sie][a] es auch nicht ist. Ich flehe, dass Du bei Radziwill sagen lässt „während meiner Abwesenheit in Potsdam wären meine Berliner Zimmer so in Unordnung, dass ich zu einer späteren Zeit, (bei einem Besuch von Magdeburg aus) die kosmische häusliche Ehre erweisen müsste".

ich würde aber morgen Sontag, um halb zwei (1 ½ Uhr) oder etwas später mich im Palais einfinden und mich glüklich schäzen der jungen Fürstin vorgestellt zu werden.[1]

Dein Brief von Freitag Abend war gewiss geschrieben ehe Du theure G[abriele] meinen Brief von gestern Nachmittag erhalten konntest. Meine Absicht „am Fuss der Winterfeldtschen Römerstatue" eine Visite zu machen und Constanzchen Dir um od. etwas nach 3 Uhr zuzuführen bleibt dieselbe und meine Sonntagspflichten sind also:

8[U] hier weg
8 3/4 im akademischen Stall das Reiterbild[2] anbetend
11 Prof. Buschmann, Rose Kosmos B[an]d IV
1 Emma con La S[i]gn[or]a Madre e il fratello[3]
1 ½ Radziwills
2 ¼ Heinz und die interessante Constanze
3 Minister v. Bülow Speisung[4]
6 nach der Eisenbahn in Conferenz mit den Schlaginweits[5]

Ich wundere mich dass die gestrige Geschäftsübertragung auf heute[6] noch nicht in der Zeitung steht!

Ich freue mich sehr der Ankunft Hedemanns!

Mit innigen Grüssen

AlHumboldt

Das alte Sprichwort sagt:
Der Mensch ist ein gehezter Hund
wird alt wie die aegyptische Kuh
und nimmt von Tage zu Tage zu
Worin er zunimmt sagt das Sprichwort nicht. Ich sage, in Correspondenz

1 Fürst Wilhelm von Radziwill war seit 1852 Kommandierender General des IV. Armeekorps in Magdeburg. Sein Sohn Anton von Radziwill hatte am 3.10.1857 Marie de Castellane geheiratet, die als Fürstin Radziwill im Palais Radziwill (Wilhelmstraße in Berlin) einen Salon führte.
2 Das Gemälde von Prinz von Preußen zu Pferde, siehe den Brief vom 8.8.1857, Anm. 6.
3 Vgl. den Brief vom 28.4.1854, Anm. 1.
4 Vermutlich Staatsminister Hans Adolf Karl Graf von Bülow.
5 Siehe den Brief Nr. 350.
6 Vgl. den vorigen Brief, Anm. 1.

a Sie *H ändert Hrsg.*

431 Alexander von Humboldt an Gabriele von Bülow o. O., 26.12.1857

H: DLA/SNM, Marbach, 62.2137

Sonnabend 26sten Dez. 1857.[a]

Nun, meine Liebe, ich kann leider nicht für morgen Sontag Mittag Deine unburgörnersche Einladung annehmen. Ich bin heute durch ein sehr einsames diner einsylbiges Adjutanten Vertrauens diner bei Prinzessin v. Preussen gehindert worden, nach Charlottenburg zu fahren und thue es nun morgen in der Hofnung zugleich nach der Tafel dem König und der Königin mein[en] Dank für einen sehr prächtigen Pariser Uhraufsaz von buntem[b] Alabaster mit Gefässen und einen wärmenden bronzenen Aesculap darzubringen.[1] Tante Voss ist züchtiger in ihrer Uebertragung gewesen, als ich der alten Schwäzerin zutraute. Sie hat glüklicherweise nicht gesagt die Kammern würden fordern bald zu erklären dass die Imbecillität des Kranken eine der unheilbaren sei.[2] Der Vater des Dr Vogel den man in Wadai |2| enthauptet glaubt, hat durch Bunsens aegyptische Correspondenz die tröstliche Kunde erhalten dass Pilger, die über Wadai nach Mekka gehen versichern Dr Vogel sei zwar von dem zornigen Sultan wegen unerlaubter Betretung eines Heiligen Berges in Ketten gelegt u. sei gefangen gehalten in der Hofnung vielen Lösegeldes, aber nicht en[t]hauptet. Auch zwei nicht mohamedanische Neger aus Wadai, welche die Pilgrime begleiten sagen dasselbe. Der Vater, Prof. in Leipzig schreibt mir heute morgen er schöpfe doch nicht zu sanguinische Hofnung.[3]
Dein

AlHumboldt

Sonnabend Abend

Tausend Dank der anmuthigen Constance u. Erkundigung um m[ei]n Knie.

1 Humboldt erhielt regelmäßig Geschenke des Königs und der Königin, die im „Kunstnachlaß …“ aufgelistet sind, wie z. B. „Eine Stutzuhr, (14 Tage gehend), in einem Gehäuse aus algierischem Kalkstein, darauf eine Broncefigur und dazu zwei Vasen aus demselben Stein. Geschenk I. I. M. M. des Königs und der Königin“ (Müller 1860, 23). Ich danke D. Blankenstein für diesen Hinweis.

2 Betrifft die Krankheit des Königs, siehe den Brief Nr. 422, Anm. 6.

3 Siehe Humboldts Antwort vom 27.12.1857 auf den Brief von Karl Vogel vom 26.12.1857 in der postumen Edition der Schwester von Eduard Vogel (Polko 1863, 207–208). E. Vogel, der zur von H. Barth geleiteten Expedition durch Zentralafrika hinzugekommen war, war allerdings bereits im Februar 1856 gestorben, obwohl bereits mehrfach entsprechende Gerüchte widerlegt worden waren. Vgl. Humboldt 2010, 204.

a Sonnabend 26sten Dez. 1857. *ergänzt B*

b buntem *ergänzt H*

432 Alexander von Humboldt an Gabriele von Bülow
o. O., 31.12.1857

H: Boston Public Library, Boston, Mass., Ms. 1705

Das Ende eines Jahres gehört zu den bewegten Lebensepochen. Ich sollte den Neu Jahrstag morgen bei Graf Redern nach alter Verabredung zu Mittag speisen, das Diner kommt wegen einer Einsegnung nicht zu Stande und ich flehe nun, meine Liebe, dass ich

morgen Neujahrstag um drei Uhr bei Dir speisen darf statt Sontag an dem ich mich bei Mendelssohn verfügen möchte.

Es ist nicht nöthig dass Du mir antwortest. Wilhelms des Gutsbesizers Ankunft hat mir Freude gemacht. Ich fand gestern in Charlottenburg den Kranken klagend, über sich selbst sehr unzufrieden.[1]
Tausend Grüsse

AHumboldt

Donnerstag d. 31 Dezember 1857.[a]

[1] Über die Krankheit des Königs siehe den vorigen Brief.

433 Alexander von Humboldt an Gabriele von Bülow
Berlin, Februar 1858

H: DLA/SNM, Marbach, 62.2137

Kannst Du, theure Gabriele, mir nicht eine Zeile schreiben od. mir sagen lassen
ob das Examen Hofnung gegeben
ob Heinz nicht gelitten
und ich die schöne Constanze heute Abend sehen werde.
Baden beunruhigt mich![1]

Ich habe die Nacht bis nach 2 Uhr arbeiten müssen da auf einmal sehr unangenehme Geldsachen gegen die unvorsichtigen sich verschuldenden Schlagintweits ausgebrochen sind.[2]
Dein

AH

Dienstag
d. Februar 1858[b]

[1] Ludwig II., Großherzog von Baden, schon lange als Regent von seinem jüngeren Bruder vertreten, war am 22.1.1858 nach längerer Krankheit verstorben. In der Folge kam es zu Streitigkeiten zwischen dem katholischen Klerus und der evangelischen Regentschaft über die Form der Trauerfeierlichkeiten. Ob Humboldt diese in den Medien berichteten Auseinandersetzungen meinte, ist unklar.

---

[a] d. 31 Dezember 1857. *ergänzt B*
[b] d. Februar 1858 *ergänzt B*

[2] Humboldt hat sich jahrelang für die Brüder Schlagintweit eingesetzt, insbesondere für die Finanzierung ihrer Projekte. Siehe den Brief vom 15.5.1854. Hermann und Robert Schlagintweit planten, ihre Sammlungen in Berlin in einem neu einzurichtenden „Indischen Museum" auszustellen, und hatten dafür die Genehmigung der East Indian Company erhalten. Das Projekt scheiterte. Humboldt bezieht sich hier auf die Kosten der geplanten Spedition der Sammlungen von London nach Berlin und der Lagerung in Berlin. Siehe Brescius, 2020, sowie die Briefe mit Kostenaufstellungen: Alexander von Humboldt an Hermann Schlagintweit. [Berlin], 5. März 1858, hrsg. von Moritz von Brescius, Linda Martin und Ulrich Päßler unter Mitarbeit von Dominik Erdmann. In Humboldt 2020. URL: https://edition-humboldt.de/v6/H0017988. Hermann und Robert Schlagintweit an Wilhelm Prinz von Preußen. Berlin, 12. März 1858, In Humboldt 2020. URL: https://edition-humboldt.de/v6/H0019143. Ich danke U. Päßler für diese Hinweise. Eine weitere Kostenaufstellung schrieb Humboldt an Justus Olshausen im Preußischen Kultusministerium. (Humboldt 1985, 179–181).

434 Alexander von Humboldt an Gabriele von Bülow
o. O., Februar 1858

H: DLA/SNM, Marbach, 62.2145

Ich lasse diese Zeilen, theure Gabriele, bei der Hofmarschallin abgeben, weil zu meinem grössten Schmerz, dass auch dieser lindernd ist, der Hauptzweck dieser Zeilen ist aber Dir zu sagen, dass ich schon heute Abend wegen Bernhardchens Schüchternheit und Mangel von Selbstvertrauen und über die Spannung in der wir alle wegen des 8ten Febr. [sind,] einen sehr warmen, listigen, würdig fordernden, nicht bettelnden Brief Gemisch von Scherz u. Ernst geschrieben an General Peucker[1]. Ich erwarte einigen günstigen Effect. Ich komme Sontags 4 Uhr. Nach einem gestrigen Briefe von Ernst Bunsen aus London is[t] fertig

Ernennung v. Baron für Papa
seine Berufung ins Herrenhaus
Adel für alle Infanten
Legations Rath Titel
u. Anstellung bei B[unsen]'s Gesandschaft für Ernst
Vermehrung der Pension des Vaters von 4000 auf 6000 rt um im Herrenhaus figuriren zu können[2]

est-ce assez und alles democratisch
Dein

AHt

Donnerstag Nacht
d. ten Februar 1858[a]

[1] Nicht bekannt.

[2] 1857 wurde Ch. K. J. von Bunsen in den erblichen Freiherrenstand erhoben, der mit einem Sitz im Herrenhaus verbunden war. Sein Sohn Ernst von Bunsen lebte seit 1845 in London, wo sein Vater 1842–1854 preußischer Gesandter war.

[a] d. ten Februar 1858 *ergänzt B*

435 Alexander von Humboldt an Gabriele von Bülow o. O., 17.2.1858

H: DLA/SNM, Marbach, 62.2145

Ein recht hüpscher Brief den Du wohl theure Gabriele, der Familie mitheilst. Ich aass mit der Gaggiotti bei Alex[ander] Mendelsohn. Sie war wunderschön. Ich war gestern wieder an der Lügentafel. Der Kranke war wenig klar. Die Prinzess Royal[e] wurde nie genannt. Ich war der Frage gewärtig: nun wie gefällt [sie][a] Ihnen. Kein Wort der Art!
Dein

AHt

Mittwoch Nacht 17ter Februar 1858.[b]

Ich erwarte, dass es nun bald einmal eine kleine Soireé bei Prinz v. Pr[eussen] geben wird wo Pr[inzess] Royal[e] ers[ch]eint. Ich erwünsche es mehr als ich es erwarte.[1]
Wirst Du wohl Sontag mich haben wollen so halte ich mich frei.

1 Offenbar ist sein Wunsch am nächsten Tag in Erfüllung gegangen, siehe Humboldt an A. Mendelssohn, 18.2.1858 (Humboldt 2011, 335).

436 Alexander von Humboldt an Gabriele von Bülow o. O., 13.5.1858

H: DLA/SNM, Marbach, 62.2137

Ich bin gestern Morgen, meine Theure G[abriele] von Potsdam zurük und habe eine Soirée bei der Königin zugebracht in unfreudiger Gesellschaft von Meyerink, Gerlach Gr[af] und Gräfin Münster (der Marwitz[)]. Der König war wohl ¾ St[unden] mit uns alles misverstehend, an der Existenz des Neuen Palais zweifelnd. „Das soll also ein Ort hinter Sanssouci sein." Er ist in Kenntniss seines Zustandes u. deshalb sehr betrübt.[1] Man sucht ihn dahin zu bringen, in der heissen Jahrszeit nach Tegernsee und [in] die Bergluft der Schweizer Alpen zu gehen. Ich komme gewiss Sontag und freue mich dessen. Constanze giebt mir ja die besten Nachrichten. Er Flottwell ist sehr sehr besser aber nicht die Frau, die Diabetes hat doch in starkem Abnehmen des Zuckergehalts. Herzliche Grüsse

Der Brief ist ja vom jungen Born der sich verheirathet!! hat u. Empfehlung will.[2]
Dein

AlHt

Donnerstag 13ter Mai 1858.[c]

1 Zur Krankheit des Königs siehe den Brief Nr. 422, Anm. 6.
2 Nicht ermittelt.

---

a Sie *H ändert Hrsg.*
b 17ter Februar 1858. *ergänzt B*
c 13ter Mai 1858. *ergänzt B*

437 Alexander von Humboldt an Gabriele von Bülow
o. O., 27.5.1858

H: DLA/SNM, Marbach, 62.2137

Ich antworte, meine Liebe, auf Deinen theuren Brief den ich diesen Augenblik empfange, ehe ich zum Begräbniss des bösen Spiker[1] gehe. Nichts soll mich abhalten morgen, Freitags, zu Deinem schönen Feste[2] zu kommen, etwas vor 3 Uhr, ich werde mich schon vor der Kälte zu schüzen wissen. Die Ankunft von Loën, den ich freilich noch nicht gesehen, ist ein fröhliches Ereigniss! Welcher Jubel auch für die Kinder.
Dein

AlHumboldt

Donnerstag früh
d. [27]sten Mai 1858.[a]
Die arme Constanz[e] wird leider nur auf einige Stunden kommen können.

[1] Am 25.5.1858 war Spiker verstorben, über den sich Humboldt mehrfach wegen falschen oder schlecht recherchierten Artikeln in dessen Zeitung „Berlinische Nachrichten von Staats- und gelehrten Sachen" beschwert hatte (Humboldt 2007).
[2] Gabriele von Bülows Geburtstag am 28. Mai.

438 Alexander von Humboldt an Gabriele von Bülow
o. O. u. o. D., [vermutlich 3.6.1858]

H: DLA/SNM, Marbach

Es sind viele nothwendig stöhrende als zum Theil erheiternde Stöhrungen vorgefallen, die mich gehindert haben, früher zu Dir zu eilen und dann auch den theuren hier verfehlten Hedemann früher zu sehen. Mang[e]l an Wärme des Gefühls hat mich nicht zurükgehalten. Die stöhrend[en] Potenzen waren Amerikanerinnen mit Albums und vielen Kindern, ein Mexicanischer Gesandte[r] aus Madrid vertrieben und in Petersburg Hülfe gegen Spanien suchend,[1] ein mir von neuem vaccinirter böser Freund der griechisch sehr gelehrte Dr Lassalle, der der Gräfin Hatzfeld am Rhein durch Kisten Diebstahl in einem Prozess mit dem noch Meyendorfisch erheiterten Grafen Hatzfeld Scheidung und 140,000 r. Capital Tugendentschädigung geschaft hat[2], mein böser hellenischer Freund Lassalle ist im Thiergarten ausgeprügel[t] worden was mir Unannehmlichkeiten in der Magdeburger Zeitung vom 1 Juni 1858 zugezogen[3], so dass ich zum zweiten Male H. Lassalle angekündigt habe „ich versage mir seine Besuch[e]", endlich (was bringt mich eine Woche neben grossen Liebenswürdigkeiten des Prince Consort auf die Eisenbahnstation) die Ankunft eines liebenswürdigen sibirischen Reisegefährten Prof. Hofmann (jezt Obristen im Russischen Ingenieur Bergcorps[)]. Er hatte uns Ehrenberg, Gustav |2| Rose und mich begleitet und wir hatten ihn seit 1830 nie wieder ge[se]hen. Alle haben gestern prächt[i]g bei mir gespeiset. Wir hatten 9 Monate lang

[a] d. 28sten Mai 1858. *ergänzt B ändert Hrsg.*

in Sibirien oft in freier Luft miteina[n]de[r] gegessen, ich hatte mit allen 14 Sept. 1829 meinen 60sten Geburtstag gefeiert und wir hatten damals nicht geahndet, dass 28 Jahre darauf wir noch zusammen essen würden. Hofmann der die Reise mit Kotzebue[a] um die Welt mitgemacht[4], geht morgen von hier über London, Paris und Neapel nach Petersburg zurück. Der Glückliche! Ich gehe auch morgen mit Willisen der Thiers, aber auch[b] alle Napoleoniden gesehen (der Kaiser tanzte bis halb drei Uhr morgens, pour prouver au peuple [que][c] Sa Majesté se porte kannibalisch wohl[5]) nach Potsdam, komme Sonnabend Mittag wieder! und werde gewiss Sonntag Mittag bei Dir, meine Liebe, zur Essenszeit erscheinen. Herzliche Grüsse den Infantinnen und dem theuren Hedemann. Ich wünschte wohl dass unser Heinz auch Loën bei Euch wäre.

AHt

Donnerstags Abend

Ob diese Hieroglyphen können entziffert werden!
Hildebrandt ist gestern von Rom und Paris zurük!
Il S[i]g[no]r Sudre Intendante Militar d'Ancona ist ungewonnen, man denkt, wenn Pr[inz] v. Preussen der Furcht vor seinem Cassen Drachen Pückler en[t]sagend, sich erweichen lässt, in Paris zu glänzen. Hildebrandt versichert, dass Emma nicht in Rom eine[r] grosse[n] Maler[o] r[i]gin[a]lität aber eines ganz unbescholtenen tugendhaften Rufes sich erfreue.

1 Zwischen 1857 und 1861 herrschten in Mexiko bürgerkriegsartige Auseinandersetzungen (Reformkrieg), die zu mehreren Regierungswechseln führten. Vermutlich handelt es sich um den mexikanischen Minister Lafragua. Er sollte Differenzen Mexikos mit Spanien schlichten, war aber wegen einem erneuten Regierungswechsel in Mexiko nicht anerkannt.

2 Vgl. den Brief vom 2.12.1854.

3 Magdeburgische Zeitung Nr. 124 vom 1.6.1858, 4. Daraus ergibt sich die vermutliche Datierung.

4 Zu Hofmanns Teilnahme an der russischen Reise Humboldts siehe „Fragmente des Sibirischen Reise-Journals 1829 [= Tagebücher der Russisch-Sibirischen Reise I]" hrsg. von Tobias Kraft und Florian Schnee (https://edition-humboldt.de/reisetagebuecher/detail.xql?id=H0005449&l=de). O. v. Kotzebue hatte 1823–1826 seine dritte Weltreise (von Russland nach Süd- dann nach Nordamerika und über Asien zurück) unternommen, die wissenschaftliche und handelspolitische Ziele verfolgte und an der Hofmann teilgenommen hatte.

5 Frz.: um dem Volk zu zeigen, dass sich seine Majestät kannibalisch wohl befindet.

a (1) Krusen[stern] (2) Kotzebue *H*

b *H am Rand:* Thiers, aber auch

c de *H ändert Hrsg.*

439 Alexander von Humboldt an Gabriele von Bülow
Berlin, [vermutlich Juni 1858]

H: DLA/SNM, Marbach, 62.2137

Zu einem Briefe von Alexander Humboldt[1] über Rauch's Tod abgedrukt in Boston Courrier v. Jun. 1858 macht der Verf[asser] der Geschichte der Spanischen Litteratur, Herr Ticknor, der schon die persönliche Freundschaft Wilhelms v. H[umbold]t in Berlin genoss den Zusaz:

„When Al. H. kept his 87th birthday the 14th Sept. 1856, with his niece the admirable Madame de Bülow at Tegel the favorite residence of her father and brother, he desired to have only on[e] other person of the party, and that was Rauch undoubtedly then[a] the first of living sculptors.[b][“]

[1] Siehe Humboldt an G. Ticknor, 9.5.1858, in Humboldt 2004, 443–446. Darin schrieb Humboldt: „Les sciences viennent de faire ici une perte immense, par la mort si inattendue du plus grand anatomiste de notre siècle, le Professeur Jean Müller. C'est une perte toute aussi immense pour les sciences, que l'a été pour les arts la mort de l'immortel sculpteur Rauch.“ An diese Stelle des Briefes hatte Ticknor seinen von Humboldt hier an Gabriele gesandten Zusatz geschrieben, der in The Boston Courier vom 9.6.1858 mit der englischen Übersetzung von Humboldts Brief gedruckt wurde. Siehe die Kommentare von I. Schwarz in Humboldt 2004, 446, der auch erwähnt, dass Rauch nicht der einzige Gast zu Humboldts 87. Geburtstag war, denn es kamen ebenfalls W. von Kaulbach und E. Hildebrandt.

440 Alexander von Humboldt an Gabriele von Bülow
o. O., 1.6.1858

H: DLA/SNM, Marbach, 62.2145

Vielleicht dienen Euch, Ihr Lieben die beiden Anlagen die ich nicht zu[rü]kfordere zur Unterhaltung auf einige Minuten. Wunderbar genug dass Prinzessin v. Pr[eussen] die von Baden nach Coblenz zurükkehren will [ihre][c] Zärtlichkeit zwischen der Herzogin von Orléans und der ihren Mann meist beleidigenden Spiker theilt: aber der höfische Demagoge verdient es, da er ihr aber leider! auch der Schwester 2 seiner schönen Bilder vermacht, den verschwenderisch[en] Schmeling aber ganz enterbt, bloss der Tochter (was nicht wenig[)] 2500 r. jährliche Pension [gab]. Das [unheitere][d] sehr geschmälerte Antlitz des dem Sarge folgenden Schwiegersohne[s] deutete schon auf Enterbung. Das Vermächtniss der wunderschönen Bibl[iothek] an das Gymnasium an dem er studirt ist etwas edles auch li[e]be ich dass die männliche kleine Spickerbrut, Enkel seines Consistorial Bruders, [den Zeitungsnamen][e] auf

[a] then *ergänzt H*

[b] scluptors *H ändert Hrsg.*

[c] Ihre *H ändert Hrsg.*

[d] unheiterte *H ändert Hrsg.*

[e] den Zeitungsnamen den Zeitungsnamen *H ändert Hrsg.*

die Nachricht tragen sollen. Le cher Physicien ist bis auf den zärtlichen Gruss an Dich, sehr nüchtern. So will man auch wohlfeile Assyrisch babilonische |2| Abgüsse (300 r.) nicht. Sie scheint einem noch wohlfeileren objet littéraire auf die Spur gekommen zu sein, wohl einem Buch, das man [ihr][a] selbst verehrt. Möge ich doch bald hören, dass die anmuthige Constance in Tegel hause, da die Luft minder sibirisch ist! Zärtliche Grüsse. Der Prince époux wird nun doch wohl selbst babelsbergiren müssen.[1]
Dein

AHt

Dienstags 1ster Juny 1858.[b]

1 Bezieht sich vermutlich auf den Besuch des englischen Hofes im August, siehe den Brief vom 15.8.1858, Anm. 2.

441 Alexander von Humboldt an Gabriele von Bülow
Berlin, 25.6.1858

H: DLA/SNM, Marbach, 62.2137

Berlin, Freitags, d. 25sten Juni 1858.[c]

Theure Gabriele! Ich gehe morgen Sonnabend um 10 Uhr nach Potsdam versuchend einmal den Pr[inzen] v. Preussen, der seit einem Monate sich nicht um mich bekümmert, einem[d] in Danzig mit grosser Mehrheit gewählten sehr achtbaren Juden, ältesten der Kaufmannschaft die Anerkennung aus Laune, unconstitutionell, verweigert und mir auf 3 Geschäftsbriefe nicht antwortet, wo möglich zu treffen. Das Drama der Uebergabe des Unterwelt Ordens 4ter Klasse an Prof. Schrader ist auch nicht vollendet, obgleich das Kreuz schon am 7ten Juni von der Ordens Commission ausgeliefert ist.[1] Die Sorglosigkeit der kleinen Kunstliebenden Leopardin ist sehr unzart, da ich persönlich in Wildpark an die Uebergabe erinnert hatte. Auerswald – der gestern bei mir war, sehr mässig zufrieden, ist doch von Pr[inz] v. Pr[eussen] eingeladen, in Baden mit ihm zu bleiben; auch Pourtalès und Usedom sind dahin beschieden. Die Prinzessin geht erst 15 Juli nach Coblenz zurük. Der Prinz will wenige Tage nach dem König (also nach Montag) seine 6 wöchentliche Reise (Carlsruhe, Baden und Ostende) antreten.[2] Ich, meine Theure, komme auf jeden Fall Sontag früh von Potsdam zurück und den Mittag wie gewöhnlich zu Dir nach Tegel. Herzliche Grüsse an alle, besonders an Hedemann. Wilhelm hat von mir Abschied genommen. Das blaue Baden hat mir verkündigt, er wolle versuchen Dir einen Nachmittag um 5 Uhr seine Aufwartung in Tegel zu machen, vielleicht schon nächsten Sontag. Ich flehe dass Du den braven, schüchternen jungen Menschen annehmen mögest.[3] Emma erwartet noch immer (vergebens?) den Besuch und das Geld des

a Ihr *H ändert Hrsg.*
b 1ster Juny 1858. *ergänzt B*
c d. 25sten Juni 1858. *ergänzt B*
d (1) und sehr (2) einem *H*

Prinzen.[4] Da sie [ihr][a] Quartier am 1sten Juli verlassen muss hat sie zu meinem Unglük auf einen Monat ein neues Quartier in der franz[ösischen] Str[asse] genommen!!
Dein

AlHt

Ich hoffe die liebe Constance hat fröhliche Nachrichten vom Ihrigen!

[1] Am 3. Juli meldete der Königlich Preußische Staatsanzeiger die Verleihung des Roten Adlerordens 4. Klasse an den Historienmaler Schrader.

[2] Am 29.6.1858 reiste Friedrich Wilhelm IV. mit Gattin zur Kur nach Tegernsee, am 30.6.1858 Prinz von Preußen nach Baden-Baden (Königlich-Preußischer Staatsanzeiger Nr. 150, vom 1.7.1858).

[3] Vermutlich Wilhelm von Baden, der seit 1849 in der preußischen Armee (zuletzt als Generalmajor) diente.

[4] Vermutlich für das Gemälde des Prinzen von Preußen zu Pferde, vgl. den Brief vom 8.8.1857, Anm. 6.

442 Alexander von Humboldt an Gabriele von Bülow
o. O. u. o. D., [vermutlich Sommer 1858]

H: DLA/SNM, Marbach, 98.1845/5

Donnerstags

Nach dem liebenswürdigen Besuch den ich gestern von Heinz erhielt glaube ich Dir, meine Theure, und [ihm][b] etwas angenehmes zu thun wenn ich Euch den Brief aus Tegernsee anvertraue[1]. Ich brauche ihn nicht zurük. Er lehrt deutlich dass von geistiger Besserung nicht[s] erlangt ist dass aber Erheiterung[c] dieselbe hervorbringen kann. In den französischen Schulen ist vorgeschrieben dass wenn den Eltern gesagt werden muss dass der Knabe fortfährt keine Fortschritte zu machen die Formel gebraucht wird pas de progrès mais santé excellente[2]. Dass der arme Leidende, von Geschäften befreit von einer schönen Bergnatur umgeben sich ganz in der ihn eigenen persönlichen Liebenswürdigkeit zeigt, und mehr als je die angenehmsten persönlichen Eindrücke erregt finde ich sehr natürlich. Ich hoffe Waagen[d] Sontag mit zu bringen, er hat noch nicht geantwortet. Möge durch weise Selbstbeherrschung der Leopard dem entsagen was mir nur zu wünschenswerth ist.

AHt

[1] Der Brief ist nicht bekannt. Am 29.6.1858 reiste der erkrankte König mit Gemahlin nach Tegernsee. Am 2.9.1858 kehrten sie nach Berlin zurück, ohne dass eine wesentliche Besserung eingetreten war (Minkels 2007, 475). Siehe den Brief vom 13.8.1858, Anm. 7.

[2] Frz.: kein Fortschritt, aber Gesundheit exzellent.

---

[a] Ihr *H ändert Hrsg.*

[b] Ihm *H ändert Hrsg.*

[c] aber | mehr *gestrichen* | Erheiterung *H*

[d] *H am Rand:* Waagen

443 Alexander von Humboldt an Gabriele von Bülow
o. O., 7.8.1858

H: DLA/SNM, Marbach, 62.2137

Es war gestern ein schwerer Tag für mich, theureste Gabriele. Um 12 [war][a] unter Vorsiz des Duca di Mal Olor (weil General Brühl abwesend is[t]) Oefnung der Wahlzettel. Stüler ist gewählt aber nur mit 3 Stimmen mehr als Leo von Klenze. 10 Ritter hatten wieder es nicht der Mühe werth gehalten zu wählen.[1] Um 2 Uhr musste ich an der Neuen Kirche auf dem Gendarmen Markte eine lange Traurede von Sydow ertragen. Die älteste Tochter meines Sibirischen Reisebegleiters Gustav Rose heirathet den recht gelehrten, hässlichen und wohlhabenden Privat Docenten vom Rath Sohn eines grossen Zucker Fabrikanten in Cölln. Das Diner dauerte von 3 bis 7 Uhr, mit vielen Reden auf den Jugendgreis, den Nestor der Wissenschaften, alle Gäste um den Tisch laufend um mit den Gläsern an[zu]stossen. Die Braut recht hüpsch und in den hässlichen Gatten sichtbar verliebter als nöthig schien. Man schläft im Einsiedler und von da auf dem Rigi. In England herrscht eine Sage unter dem Volke, die Königin gehe nach Babelsberg[2] um den Prinz v. Pr[eussen] zu persuadiren, für seinen Sohn zu abdiciren weil unsere Königin dann auch die Abdication des Kranken Königs billigen würde die kleine Victoria eben so liebend als die Prinzessin von Preussen hassend – alles sehr wahrscheinlich.

Ich bringe Sontag Waagen mit in der Hofnung, dass es Dir angenehm ist. Herzliche Grüsse. Möge ich doch auch den uns allen so theuren Heinz (bald Hofmarschall des jungen Königs) in Tegel finden.

AHumboldt

Sonnabend 7t[er] August 1858.[b]

[1] Am 6.8.1858 wurde Stüler in den Orden „Pour le Mérite […]" als Ersatz für den am 16.2.1858 verstorbenen Creuzer gewählt. Vgl. Humboldt an Friedrich Wilhelm IV., 7.8.1858, in Humboldt 2013, 526.

[2] Zum Besuch der englischen Königsfamilie siehe den Brief vom 15.8.1858, Anm. 2.

444 Alexander von Humboldt an Gabriele von Bülow
o. O., 13.8.1858

H: DLA/SNM, Marbach, 62.2137

Ich denke gewiss, meine Theure, Sontag mit Prof. Hensel und seinem fast unvermeidlichen Bilderbuche überzukommen. Was mich aber heute besonders zu diesen Zeilen veranlasst, ist ein Brief von Stüler den ich gestern ganz frisch aus Tegernsee erhielt und an Heinz nach Potsdam adressirte. Die Nachrichten sind für das geistige Befinden des Königs um nichts günstiger, aber dass bei ihm eine grosse Sehnsucht erwacht ist, in den lezten Tagen des

[a] wurden *H ändert Hrsg.*

[b] 7t[er] August 1858. *ergänzt B*

Aufenthalts der Königin Victoria in Babelsberg sie dort zu sehen, da aber zugleich jezt, selbst bei unserer Königin sehr viel über Winteraufenthalt am Comer See, od. bei Genua, oder sonst in Italien z. B. Rom die Rede sei (die Wahl der zwei unterstrichenen Orte scheint mir ohne alle Kenntniss des kalten Winterklima's) |2| so wird der Ankunft des Kranken vor der Abreise der Königin Victoria die Unbequemlichkeit der Hin und Herreise entgegengesezt. Man kämpft in Tegernsee. Mir ist wahrscheinlich dass unsere Königin die Zusammenkunft mit K[önigin] Victoria für wenig nothwendig hält, auch würde dem König, den der ital[ienische] Aufenthalt gar nicht reizt, wenn er einmal hier [ist] noch mehr Lust anwandeln in Sanssouci u. Charlottenburg zu bleiben. Die Aerzte halten das Hin und Herreisen übrigens für gar nicht bedenklich.[1] Ich habe den Wunsch wege[n] der Sonette nicht ganz verstanden. Gehört das Exemplar dem lieben Bernhard und will er nur, dass ich Zärtliches hineinschreibe? Gern, sehr gern.

Herzliche Umarmung. Und der arme Flottwell hat wohl allein kommen müssen!!

AHt

Freitag d. 13. August 1858.[a]

Ich werde mich um nicht lästig zu scheinen bis Dienstag unthätig verhalten und in Babelsberg mich melden!

Prof. Leo in Halle, in seinem Volksblatt, hat mich wegen eines Briefes von mir in amerikanischer Zeitung an den mir und Ritter lange befreundeten Julius Fröbel gröblichst angegriffen.[2] Ich antworte nicht. Der kranke König hat es mir nie verargt[b] dass ich mich auch nach der Republik von Arago nicht getrennt habe.[3]

1 Während der Thronfolger Prinz Wilhelm als Stellvertreter des erkrankten Königs eingesetzt worden war, unternahm das königliche Paar eine Reise zum Schloss Tegernsee des Prinzen Carl von Bayern (29.6.–2.9.1858), die der Verbesserung der Gesundheit des Königs dienen sollte (Minkels 2007, 475).

2 „Fahren Sie fort, die schändliche Vorliebe für Sklaverei, die Betrügerei mit der Einfuhr sogenannter freiwerdender Neger (ein Mittel, zu den Negerjagden im Innern von Afrika zu ermuthigen) zu brandmarken. […] Dazu der Bannfluch über die anderen Menschenracen, vergessend, daß die älteste Cultur der Menschheit vor der weißen hellenischen in Assyrien, in Babylon, im Nilthale, in Iran, in China, das Werk farbiger (doch nicht wollhaariger) Menschen war …" (Humboldt an Fröbel, 11.1.1858, in Humboldt 2004, 434). Auszüge wurden auch in mehreren deutschen Zeitungen abgedruckt.

3 Siehe den Brief vom 19.3.1841, Anm. 2.

a d. 13. August 1858. *ergänzt B*

b (1) mir es verar (2) mir nie verargt *H*

445 Alexander von Humboldt an Gabriele von Bülow
o. O., 15.8.1858

H: DLA/SNM, Marbach, 62.2137

Leider ist alles gestöhrt durch eine Einladung von der Prinzessin von Preussen wie die Anlage[1] erweist. Ich hoffe das Königin Victoria und Prinz v. Preussen < – > u. Malmesbury[2] der seinem Vater an Geistigkeit tief nachstehen soll bei dem Lunch zugegen sein werden. Troz der Unsicherheit die nun für Dich Selbst u. Constanze eintreten wird, hoffe ich mich in der Woche entschädigen zu können. Ich schlug diesen Morgen[a] Hensel [vor] allein herauszukommen aber es fehlte ihm der Muth.

Herzliche Grüsse. Sollte die Grossherzogin v. Bad[en?] durch interessante Gründe am Kommen gehindert sein!

AHt

Sontag früh
15ter August. 1858.[b]

[1] Nicht überliefert.
[2] Im August weilten Königin Victoria mit Gemahl sowie die im Januar verheiratete Tochter mit Gemahl Prinz Friedrich Wilhelm zu Besuch in Potsdam (Aufenthalt der Königin Victoria und des Prinz-Gemahls Albert im Schloss Babelsberg vom 13. bis 28.8.1858). Lord Malmesbury, der sie begleitete, war britischer Minister des Äußeren. (Berlinische Nachrichten von Staats- und gelehrten Sachen, Nr. 190 vom 17.8.1858, 1.)

446 Alexander von Humboldt an Gabriele von Bülow
o. O., 16.8.1858

H: DLA/SNM, Marbach, 62.2137

Bericht von gestern: Ich fuhr unmittelbar von der Eisenbahn ins Schloss um vergebens Lord Malmesbury ein[en] Intimus der Emma aufzusuchen. Er konnte mich nicht annehmen, da er sich anzog um zu Manteuffel und zu Emma nach Berlin zu eilen: dagegen fand ich Bloomfield, der auch im Schlosse wohnt zu Hause. Er bringt die Königin Victoria zurük und geht dann nach Irland wo Lady Bl[oomfield] sich in eigener Familie jezt sehr wohl u. glüklich fühlt. Flottwell ist nicht angekommen und man glaubt die Frau mehr leidend. Um 2 Uhr war ich in Babelsberg[1], lange allein, kein Pückler, kein Heinz, kein Stokmar keine Hofdame sind mir den ganzen Tag sichtbar geworden. Den Tisch zum Lunch sah ich nur für 7 Personen gedekt. Ich habe einen Tag von grösserer Ehre und von philosophischerer Speisung, minderer Nahrungsmittel gehabt. Die Königin von der zuvorkommendensten und liebenswürdigsten Heiterkeit, sich gleich nach Deinem Befinden erkundigend und dass sie Dich recht bald zu sehen hoffe. Wie wir sassen:

[a] diesen | Morgen *gestrichen* | Morgen *H*
[b] 15ter August. 1858. *ergänzt B*

<table>
<tr><td></td><td>niemand</td><td></td></tr>
<tr><td>Pr[inz] v. Pr[eussen]
Kön[igin] Vict[oria]
Pr[inz] Fr[iedrich] Wilh[elm]</td><td>Kaltes Huhn
uralte Cotelets</td><td>Prinzess v. Pr[eussen]
Pr[inz] Albert
Prinzess Royal</td></tr>
<tr><td></td><td><Gatte der Tetimba>[2]
ich</td><td></td></tr>
</table>

Das Gespräch ganz über das … was man nicht wisse, was zu erwarten wäre, ob Italien ob früheres |2| Kommen des Kranken! Die lezte Nachricht von Tegernsee[3] war, dass der König (zwar um nichts geistig gebessert) alle ital[ienischen] Reisepläne die er gebilligt, wieder aufgegeben und Herbst und Winter in Potsdam u. Charlott[enburg] zubringen wolle. An sein[em] Kommen 24 Aug. zweifelten auch Keller und Illaire. Auch Prinzess von Pr[eussen] hat mir viele Grüsse, Zärtlichkeiten an Dich, Constance und die Schwestern aufgetragen, die Königin werde Euch alle in Babelsberg sehen. Heute kam sie herein um das neue Palais und das des Pr[inzen] von Preussen zu sehen, hier zu lunchen, in Babel zu speisen, auch heute hier die Sagan zu empfangen die ich erst um 7 Uhr Abends besuchen soll. Prinz u. Prinzessin von Preussen schienen mir schon von dem langen Besuche etwas gedrükt. Die Grossherzogin v. Baden kommt erst den 19ten weil die Aerzte mehr Ruhe nach der Badecur fordern. Der biblische Baron scheint nicht zu kommen. Schleinitz plus profond que jamais.[4]
Tausend Grüsse

AH

Montag
d. 16ten August 1858[a]

Den theuren Heinz habe ich gar nicht gesehen.

[1] Humboldt war von der englischen Königin Victoria nach Babelsberg „sehr ehrenvoll schon am zweiten Tage ihrer Ankunft zum Frühstück [… eingeladen]. Ich war der einzige Fremde, und frühstükte also nur zu 7 Personen. Ich habe an keinem Tage mehr Ehre und weniger Lebensmittel genossen. Harte Coteletts und kaltes Hünerfleisch, keine Suppe, kein Thee, philosophische Abstinenz. Die Königin sehr zuvorkommend, sie freue sich Frau von Bülow wiederzusehen." (Humboldt an August von Hedemann, 17.8.1858, DLA/SNM, Marbach, 62.2140). Siehe auch den vorigen Brief.

[2] Ein Hinweis zur Entschlüsselung dieser kryptischen Anspielung könnte Humboldts Aufenthalt im Llano de Tetimpa (auch Tetimba) sein, von wo aus er am 24.1.1804 den Popocatépetl trigonometrisch vermessen hatte (Humboldt 1845–1862, Bd. 4, 622 und Humboldt 2005, 69ff.).

[3] Vgl. den Brief vom 13.8.1858, Anm. 1.

[4] Frz.: gründlicher als je.

[a] d. 16ten August 1858 *ergänzt B*

447 Alexander von Humboldt an Gabriele von Bülow
o. O., 20.8.1858

H: DLA/SNM, Marbach, 62.2137

Man hat gestern nach dem Museum, wohin zu Olfers Betrübniss Waagen, Brugsch, Lepsius und Hildebrandt eingeladen waren, allein u. Vollblut im Schlosse zu 6 Personen philosophisch gelauncht. Wegen der Kirche that mann wohl auch so Sontag. Ich glaube wir sind wohl beide sicher, obgleich Prinz Consort u. Fr[iedrich] Wilhelm die mich beide besuchten, mir sehr bestimmt sagten, die Königin freue sich Euch alle besonde[rs] ihre vormalige Jugendtänzerin wieder zu sehen. Es sei alles arangirt, um Euch alle zusammen einzuladen. Lord Malmesbury (unbedeutend aber heiter) und Sir Charles Phipps, die heissen Freunde der Emma, waren ganz entzükt so auch die Sagan über die Anmuth unserer Constanze bei dem lezten Lunch. Sie sei reizend gewesen in Naturzustand! und Gewandung. Wenn Du also nicht contre ordre giebst, meine Theure, so komme ich Sontag mit Hensel.
Dein getreuer

AH.

Sonnabend 20ster August 1858.[a]

Ich gehe heute um 1 Uhr zum Feste bei Borsig.[1]

[1] „Berlin, den 21. August. Berlin feiert heute ein seltenes, nationales Fest, von einer Bedeutung, welche unsere Stadt auf dem ganzen Continente auszeichnet, andererseits aber ein wahres, ächtes Volksfest, den Triumph und Stolz des Arbeiters, seines segensreichen Fleisches. So eben, Morgens 10 Uhr, findet der Ausgang der tausendsten Locomotive ‚Borussia' aus der Borsig'schen Fabrik statt." (Magdeburgische Zeitung, Nr. 195 vom 22.8.1858, 3). Auch die Königin Victoria nahm daran teil.

448 Alexander von Humboldt an Gabriele von Bülow
Berlin, [vermutlich 26.8.1858]

H: DLA/SNM, Marbach, 62.2137

Theure Gabriele

Ich war gestern, Mittwochs, 2U wohl zum lezten Male zum Familien Launch nach Babelsberg gebeten.[1] Es war ausser dem Grossblut niemand da als Ratibor u. sie durch die ja die Badensche Verwandschaft entsteht.[2] Die Königin raffinirt, freundlicher als je. Da Pr[inz] von Preussen zwischen ihr und mir sass, liess sie mir zum T[eil] so manches sagen wie [sie sich][b] gefreut Dich so jung und unverändert gefunden zu [haben], was Constanze anziehend sei, wie sie sich auch aller ihrer Schwestern angenehm erinnere. Sie äusserte mehrmals mit einer Art Zuversicht, dass sie mich nächstes Frühjahr wiedersehen würde; sie habe dieses Mal deshalb manches (zu R[atibor] das Innere des Opernhauses[)] ungesehen lassen. Prinzess

[a] 20ster August 1858. *ergänzt B*
[b] Sie Sich *H ändert Hrsg.*

von Preussen geht nicht nach Coblenz sondern gleich nach Baden, die Tochter über Weimar fahrend und sich in Magdeburg schon von der Königin trennend. Der Prinz v. Pr[eussen] sei schon sehr gelangweilt von der nahen Ankunft des Königs (am 2ten Sept.)[3] und von der Gewissheit des langen Weilens. Ich denke es soll mich Sontag nichts vom Kommen hindern. Zu meiner grössten Freude habe ich die Flottwell fast ganz hergestellt gefunden.

Herzliche Grüsse. Von Heinz keine Spur

AHt

Donnerstags

Könntest Du nicht den Forster früher v[on] Flottwell leihen von Burgörner

1 Zum Besuch der englischen Königsfamilie siehe den Brief vom 15.8.1858, Anm. 2.
2 Victor I. von Ratibor hatte 1845 Prinzessin Amelie zu Fürstenberg, eine Tochter der Prinzessin Amalie von Baden, geheiratet.
3 Siehe den Brief vom 3.9.1858. Daher ergibt sich die Datierung.

449 Alexander von Humboldt an Gabriele von Bülow o. O., 3.9.1858

H: UB Genf, Coll. Ed. Naville, D. O.

Ich muss mir (wie Du, theure G[abriele], wohl von Selbst wirst schon vermuthet haben[)] die Freude entziehen Dich Sontag zu sehen. Keller hatte mir gesagt dass Sonnabend morgen der erste geeignete Tag für Sanssouci sei.[1] Ich gehe also morgen um Mittag herüber, in der Hofnung den König gleich nach Tische od. Abends od. Sontags, zu sehen. Ueber den Angekommenen weiss ich in meiner Abgeschiedenheit nichts. Hensel den ich auf der sehr ökonomisch schönen Ausstellung gesehen behauptet, Du wolltest ihn (Prof. Hensel Wilhelmstrasse 82) wissen lassen, wenn er kommen solle. Es hat jezt keine Eile, da C[onstanze] ja abwesend ist. Stockmar war bei mir und hat mir mit vieler Zärtlichkeit u. alter Bewunderung für Bülow u. Dich gesagt, er wird Dich am Nachmittag in Tegel überraschen!

Mit inniger, liebevoller Anhänglichkeit
Dein

AHumboldt

Freitags d. 3ten Sep[t]. 1858.[a]

[Umschlag:]
Sr Excellenz
der Frau Ministerin Freifrau von Bülow
Tegel.
AlHumboldt

1 Friedrich Wilhelm IV. war am 2.9. aus Schloss Tegernsee zurückgekehrt (Minkels 2007, 477).

a d. 3ten Sep. 1858. *ergänzt B*

450 Alexander von Humboldt an Gabriele von Bülow
o. O., 4.9.1858

H: DLA/SNM, Marbach, 62.2137

Nun ist alles anders, wie Du, theureste Gabriele aus der Anlage von Keller siehst. Ich will auch nicht zur Marschalls Tafel nach Potsdam gehen, weil der König es zufällig erfahren könnte und dann beunruhigt werden könnte. Das Ganze des Abschliessens scheint eine Pedanterie des neuen Arztes zu sein. Ich werde mir also die Freude nicht entgehen lassen wie gewöhnlich morgen zu Dir nach Tegel zu kommen. Von Flottwell, der gestern den Prinz von Preussen gesehen, erfuhr ich der König habe gleich auf der Eisenbahn der Prinz[essin] gesagt, sein Aufenthalt in Potsdam werde sehr kurz sein, seine Aerzte hatten nun doch einen Winteraufenthalt in Italien (Küste von vor Genua od. Rom?) für nothwendig gehalten. Pr[inz] v. Preussen verspreche übrigens nichts anzunehmen wenn nicht das Wort Regent ausgesprochen und[a] und dies der Kammer schon im Oct. od. November angekündigt werde. Wird er das Versprechen halten.[1]

Mit inniger Anhänglichkeit

Dein

AlHt

Sonnabend

d. 4ten Sep[t]. 1858.[b]

Ich komme also morgen. Bei Radz[iwill] immer noch nichts. Die Sagan will heute Potsdam probieren gewiss vergebens.

1 Zur Regentschaftsübernahme siehe den Brief vom 8.10.1858, Anm. 1.

451 Alexander von Humboldt an Gabriele von Bülow
o. O., 7.9.1858

H: DLA/SNM, Marbach, 62.2145

Nur eine Tochter die nach meinen Erfahrungen sich immer länger erwarten lassen.[1] Wolltest Du nicht, Liebe (wie ich thun werde) die Sagan (mit mir) zu Sontag dringend nach Tegel einladen.

AHt

Dienstags

7 September 1858[c]

1 Nicht ermittelt.

a (1) werde (2) und *H*

b d. 4ten Sep. 1858. *ergänzt B*

c 7 September 1858 *ergänzt B*

452 Alexander von Humboldt an Gabriele von Bülow o. O., 8.9.1858

H: DLA/SNM, Marbach, 62.2137

Da ich selbst sehr wünsche, dass Stockmar komme und er der Herzogin gewiss angenehm ist so brauche ich die List ihn jezt gleich zu Sontag Mittag einzuladen (3 Uhr) ohne ihm von Mitfahren bisher zu reden. Das thue ich erst wenn ich erfahre, dass ich mit der Herzogin auf ihren Vorschlag fahren soll. In diesem Falle kommt er durch eigene Kräfte. Deinen Brief an die Herzogin bestärke ich eben durch eigenes Bitten und Drängen. Von Potsdam weiss ich keine Silbe. Der Pr[inz] von Preussen hat mich angenommen. Er versichert ohne den Titel, nicht anzunehmen.

Tausend Grüsse den lieben Infantinen

AHt

Mittwochs 8ter Sep[t]. 1858[a]

Ich schreibe wegen Tegel so bald ich etwas sicheres weiss.

Die Fackelzüge in Schönhausen werden sehr misfallen.[1] Princess Carl hat den Kranken confuser als je gefunden ist aber auch voll von der Schweigsamkeit des Prinzen Sohn ganz aus eigener listiger Beobachtung.

[1] „Aus Veranlassung der Anwesenheit Ihrer königlichen Hoheiten des Prinzen und der Prinzessin Friedrich Wilhelm im Schönhauser Schlosse während des Manövers war am Sonnabend Abend Pankow illuminirt. Sehr viele Privatwohnungen und die öffentlichen Locale waren mit Preußischen und Englischen Fahnen, außerdem auch die schöne große Lindenallee zwischen Pankow und Schönhausen mit Guirlanden und Festons geschmückt." (Magdeburgische Zeitung Nr. 208 vom 7.9.1858 (Abendausgabe), 1).

453 Alexander von Humboldt an Gabriele von Bülow o. O., 22.9.1858

H: DLA/SNM, Marbach, 62.2137

Veranlasst durch die liebenswürdige Anfrage, die Du, theure Gabriele, an Seiffert gerichtet antworte ich selbst, dass ich aufgestanden und meine gewöhnliche Arbeit wieder begonnen habe. Ich fühlte mich gar nicht unwohler als viele Tage vorher, aber ich wollte einmal (wie man an Grippe thut) den Versuch machen, ob ein langes Liegenbleiben im Bette, die unangenehme Benommenheit des Kopfes vermindere. Das Experiment hat wenig Erfolg gehabt, aber auch gar nicht geschadet. Da man im Leben nur zum ersten Mal in das 90ste Jahr tritt, so weiss man freilich, wie einem normal zu Muth sein soll. Mann kann sich damit begnügen noch immer kräftig genug zu sein um die Freude zu geniessen, jeden Sontag so liebe Verwandte

[a] 8ter Sep. 1858 *ergänzt B*

besuchen zu können und (so versicherte Willisen gestern) die Regentschaft zu erleben, die am 19 October der Kammer soll angekündigt werden.[1] Wie sehr hat mich das stattliche, män[n]-liche Äusser[e] von Bernard und sein freundliches Wesen entzükt. Tausend zärtliche Grüsse, an [die] Deinen und den theuren Hedemann!! Du wirst am Sontag sagen wer La Bonne de Bernstorff née Dewitz. Wenn Deine Hochzeit vielleicht Sonntag sein sollte so komme ich jeden ander[en] Tag, den Du wünschest. Ist Heinz denn endlich wieder gewonnen?

AHumboldt

Mitwochs. 22ster September 1858.[a]

[1] Zur Regentschaftsübernahme am 7.10.1858 siehe den Brief vom 8.10.1858, Anm. 1.

454 Alexander von Humboldt an Gabriele von Bülow
o. O., 30.9.1858

H: DLA/SNM, Marbach, 62.2137

Du siehst, theure Gabriele, aus dem Briefe der Amalie der erst gestern Nacht ankam und den Du vernichten kannst, durch wie viele Täuschungen wir noch durchgehen müssen. Selbst die Abreise scheint wieder ungewiss, der arme Kranke kann sich von den Potsdamer Bauten und Theehäusern nicht trennen.[1] Bei diesem allen (auch bei der Furcht dass ich ihn aufregen würde) glaube ich doch bestimmt, dass der arme König sein Geburtsfest nicht im Lande wird erleben wollen. Ich lebe wie ein Einsiedler, selbst B$^{\text{[aro]n}}$[b] Stockmar und Reumont sind unsichtbar. Die lezte Conferenz des Min[ister] Praes[identen] in der Neuen Kammer, der Unterwelt, dauerte 2 ½ St[unden] mit der Königin. Das Leben von Sanssouci muss vor Spannung Mürrischkeit, Geldgier ein schrekhaftes sein. Also bei Wilhelm wieder ein Knäbchen[2] aber mit etwas entzündeten Augen. Ich komme gewiss Sontag. Möchte ich doch Heinz bei Euch finden! Der Prinzessin von Preussen habe ich viele Redensarten von Dir, von Constanze und allen lieben Infantinen geschrieben (erlogen).

Mit inniger dankbarer Anhänglichkeit
Dein

AlHumboldt

Donnerstag 30. Sep[t]. 1858.[c]

Ich werde die hüpsche Medaille von Karlsruh[e] mitbringen. Die Schrift: Forschung (der Natur) führt zu Gott gefällt mir sehr.[3]
Diese Woche wieder 3–4 anonyme Anfragen ob ich mich nicht bekehren wolle u. was halten Sie vom Schwanz des Cometen? Wird er uns schaden? Dabei auch geheime Arznei für den kranken König in Art von Chocolaten Tafel von einem Rabiner aus Breslau, unfrankirt.

[a] 22ster September 1858 *ergänzt B*
[b] (1) ohne (2) B^{n} *H*
[c] 30. Sep. 1858. *ergänzt B*

[1] A. Dönhoff an Humboldt: „Sanssouci, 30t Sept. 1858
Jeden Tag glaubte ich Ihnen, mein hochverehrter theurester Gönner, das Loosungs Wort Ihres herüber Kommens sagen zu können, u. jeden Tag schiebe ich es wieder hinaus: der Sontag und Montag waren nicht gut [*Humboldt am Rand:* !!], u. seitdem vibrirt wieder die Sorge von jeder neuen Anregung [*Humboldt am Rand:* Anregung, wohl Aufrg]! – Auch die Reise ist wieder sogleich fraglich geworden [*Humboldt am Rand:* !!] an|2|statt wenigstens durchaus noch keine Zeitbestimmung [*Humboldt am Rand*: !!] dafür hat. So lebt man denn trübe und hoffnungslos, du jour ou lendemain – Gottlob dass Ihre theuren unschätzbaren Zeilen die Zusicherung Ihres Wohlbefindens berichten. – Die Fahrt [*Humboldt am Rand*: Fahrt] nach Tegel von welcher mein Bruder berichtete gab bereits die wohlthuende Zuversicht dass Williams [*Humboldt am Rand*: Williams] Vorsicht nicht die portée habe, |3| welche unsere Besorgniss ihr beilegte. Den deutschen Originalbrief lege ich dankbarst hiebei – die englische copie aber, darf ich vielleicht für meine capelle gewinnen? In der Hoffnung Ihnen bald ein besseres Wort sagen zu können unwandelbar treu u. ergeben die Ihrige Amélie Dönhoff" (DLA/SNM, Marbach, 62.2183).

[2] Der 1858 geborene Sohn erhielt den Namen Alexander.

[3] Vermutlich die unter den Teilnehmern der XXXIV. Versammlung der Naturforscher u. Ärzte in Karlsruhe im Sept. 1858 verteilte Bronzemedaille, auf der Vorderseite ein Bildnis von Friedrich Großherzog von Baden, 1858, auf der Rückseite einen Erdglobus, Sonne, Mond und Sternen und der Spruch „Forschung führt zu Gott".

455 Alexander von Humboldt an Gabriele von Bülow
o. O., 8.10.1858

H: DLA/SNM, Marbach, 62.2137

Nur wenige Zeilen des Dankes, theure Gabriele. Es war gestern Abend spät sehr freundlichst Minister Massow bei mir, den der König gar nicht, die Königin vertraulich alle Tage sieht. „Der König sei unwohler und stumpfer als je.[“] Alles schrif[t]liche um mit Ausdruk des Wortes Regent den Pr[inzen] zu ernennen, sei fertig aber noch nicht unterschrieben. Die Königin halte aber bei der Stumpfheit das Fordern der Unterschrift für ganz gefahrlos. Auf die Reise nach Rom von Meran aus, ist jezt der König eingegangen. Er reiset nach Meran bestimt den 12ten ab.[1] Wenn ich nicht für Sontag beschieden werde, woran ich zweifle, so komme ich gewiss. Ich lege ein[e] rein unsinnige „Cometenschrif[t“] des Herzogs von Weimar!! bei, erwünsche den Unsinn aber wieder.[2]

AHt
in Eile

Freitag 8 October 1858[a]

Herzliche Grüsse
Erwarte mich Sontag ja nicht länger als 3 Uhr.

[a] 8 October 1858 *ergänzt B*

1 Mehrmals war wegen der Erkrankung des Königs die Stellvertretung durch seinen Bruder Wilhelm verlängert worden, bis der König die Regentschaftsurkunde am 7.10.1858 unterzeichnete. Danach unternahm Friedrich Wilhelm IV. mit der Königin eine Reise nach Italien. Prinz Wilhelm war der Regent bis zum Tod von Friedrich Wilhelm IV. am 2.1.1861.

2 Kometen hatten wegen ihres plötzlichen Auftauchens Weltuntergangs- und andere Katastrophenängste und verschiedene Erklärungsversuche hervorgerufen, die besonders seit dem 17. Jahrhundert zu einer Flut von Kometenschriften führten, sowohl wissenschaftliche seitens der Astronomen als auch Predigtschriften der Theologen (Zimmermann 1999). Humboldt widmete zwei Kapitel im „Kosmos" (Bd. I und Bd. V) diesem Thema und schrieb: „Die Wundergestalt eines großen Cometen, sein matter Nebelschimmer, sein plötzliches Auftreten am Himmelsgewölbe sind unter allen Erdzonen und dem Volkssinne fast immer als eine neue, grauenvolle, der alten Verkettung des Bestehenden feindliche Macht erschienen, es müsse sich in den Weltbegebenheiten, den gleichzeitigen und den nachfolgenden, abspiegeln." (Kosmos I, 119). Da das Phänomen nur an eine kurze Dauer gebunden ist, so entstehe der Glaube. Um welche Schrift es sich hier handelt, konnte jedoch nicht ermittelt werden. Das Datum legt nahe, dass der Brief im Zusammenhang mit dem ab 2.6.1858 mit bloßem Auge sichtbaren Kometen Donati geschrieben wurde. Ich danke E. Knobloch für diese Auskunft.

456 Alexander von Humboldt an Gabriele von Bülow
o. O., 13.10.1858

H: DLA/SNM, Marbach, 62.2137

Ich will theureste Gabriele Dir einiges mittheilen was nicht in den Zeitungen stehen kann. Als ich Sontags von Euch zurükkam, erhielt ich gegen 10^{U} Abend von Keller eine telegraphische Depesche ich solle ja Montag mit dem Zug vor 10^{U} zum König kommen. Ich fand ihn gerührt aber ganz ohne Verwirrung. Er nahm noch gerührter Abschied, doch ohn[e] Thränen, wie es schien mehr über mich besorgt als würde er mich vielleicht im Frühjahr nicht mehr wieder finden. Da ich dann mit der Königin allein blieb so erzählte [sie][a] mir „wie [sie][b] es für klüger gehalten hätte den König auf das Wort Regent gar nicht vorzubereiten. Sie habe das Papier in der Hand es gewagt ihm zu sagen, da er wegreise müsse er doch noch etwas für Wilhelm zu Stande bringen. Er las das Blatt und forderte eine Feder um zu unterschreiben.["][1] Die Königin sagte, er solle es überlegen und las ihm noch einmal vor. Er gestattete es und unterschrieb. Diese Leichtigkeit war es zunehmende Stumpfheit? Die Königin meinte nein! Denn nachdem er unterschrieben hielt er sich die Finger vor beide Augen und vergoss viele Thränen. Den Tag darauf kam der Regent und war eine Stunde allein mit ihm u. der Königin. Der Kranke war anfangs sehr gefasst dankte freundlichst dem Prinzen, als er aber anfing zu sagen: Du wirst bald mir nachfolgen so fing die Königin an, um das Gespräch abzubrechen von einzelnen Bildern der Ausstellung zu reden. Da fing plözlich eine Sprach |2| Confusion an wie (so erzählte der Prinz an Auerswald) er noch nie erlebt. Was sprecht ihr von einer Au[s]stellung die ich soll gesehen haben, von einer Akademie. Ich weiss nicht was eine Akademie ist ... Der Prinz eilte weg auf ein Zeichen der Königin. – Nachdem er Montag mich verlassen fuhr er nach Glienicke um Abschied zu nehmen. Prinz Fr[iedrich] Wilh[elm] und

a Sie *H ändert Hrsg.*

b Sie *H ändert Hrsg.*

Gemahlin waren auch da. Dieser Abschied hat ihm sehr[a] geschadet, er weinte viel und kam noch so schluchzend nach Sanssouci zurük dass die Königin Strauss der bestellt war nicht vorlassen wollte. Die Königin trug mir viele warme Empfehlungen für Dich auf. „Sie steht mir immer vor Augen. Ich begreiffe ganz was [sie][b] gelitten.“ Die Königin wird überhaupt sehr gelobt weil sie (gegen ihre eigenen Vorlieben) muthig Gerlach und dem bösen Uden entgegengetreten ist u. die Regentschaft befördert hat. Ihre sehr verständigen Gründe gegen die Kreuzzeitungsparthey hat sie in (wie[c] nicht Gr[äfin] Amalie, sondern auch Flottwell sagt) sehr verständig, mit viel Selbstüberwindung, in einem selbstverfassten Memoire entwickelt das in das Archiv niedergelegt ist. Gerlach hat einen sehr unartigen Abschiedsbrief an den Ministerpraesid[enten] geschrieben, da habe dieser schnell sich zum neuen Herscher gewandt. Ueber Schönlein ruht für mich viel Unverständliches. Der König klagt zärtlichst, Schönlein sei so krank dass er niemand sehen wolle. Dagegen habe ich einen gestrigen Brief von Madame Meierbeer aus Baden, wo einer Krankheit von Schönlein gar nicht erwähnt wird sondern von Zankereien mit Massow die Rede ist, der ihm sehr gebieterisch über sein Nichtkommen Vorwürfe gemacht, worauf Schönlein einen sehr heftigen Brief an Massow erwiedert voll [bitterer][d] |3| Vorwürfe wie man ihn behandelt, wie die Militärärzte ihn unterdrücken wollten, wie Grimm grössere Orden, als er habe; wie man knauserig ihn in Geldsachen gekränkt, aus allen diesen Gründen (die eben nicht gemüthlich sind, aber von der Seinigen Roberta die Diabola, belobt werden) erklärt er sein Versprechen bis Ostern in Berlin in Diensten zu bleiben zurükzunehmen.[2] Nicht König und Königin, aber das Gefolge sind wüthig gegen Schönlein. Da der König sehr an ihm hängt und einen Tag in Bamberg bleibt so ist das alles sehr dramatisch, mir aber schmerzlich. Sie die Flottwell (Hexenschuss ohne alle Gefahr) habe ich nicht sehen können. Ihn habe ich sehr beredet im Ministerium zu bleiben.

Ich werde gestöhrt und muss schliessen.

AlHt

Mittwochs d. 13ten October 1858[e]

Die Königin jammert über Loën's Abwesenheit. Sie versichert, dass bei dem[f] König die Regentschaft die Hofnung ganz zu genesen gar nicht vermindert habe. Sie fürchtet für sein Leben.

Varnhagen litt nicht eine ½ Stunde. Der Schlagfluss war beim Schachspiel – ein Mann von scharfem Geiste, der unsere Sprache meisterhaft besass, viel Einfluss auf das Publikum ausübte, oft unheimlich. Wir begraben ihn morgen. 74 Jahre.[3] Wer nun bald?

Herzliche Grüsse.

1 Vgl. den Brief vom 8.10.1858, Anm. 1.
2 Vgl. den Brief vom 1.9.1857, Anm. 2.
3 Varnhagen war am 10.10.1858 gestorben. Daher die Datierung.

a ihm | selbst *gestrichen* | sehr *H*
b Sie *H ändert Hrsg.*
c sie | in (1) ein (2) einem *streicht Hrsg.* | (wie *H*
d bittererer *H ändert Hrsg.*
e d. 13ten October 1858 *ergänzt B*
f (1) der (2) den (3) bei dem *H*

457 Alexander von Humboldt an Gabriele von Bülow
Berlin, 15.11.1858

H: DLA/SNM, Marbach, 62.2145,11

Mit innigem herzlichen Danke für Dein Vertrauen habe ich am Urwahltage[1] an dem ich zum ersten Male wieder ausging, Deinen schönen Brief[2] mit einem von mir begleitet an den Regenten geschikt und ihm aus einander gesezt, wie in der Provinz der militärisch, constitutionnel und moralisch allgemein so hochgeachteter Name wohlthätig in der jezigen Krisis wirke. Ich beschwor zugleich den Regenten, recht bald Dir zu antworten. Ich bin in voller Genesung und de[n]ke noch die Geburtstage 90 u. 91 in Tegel zu feiern. (Ich werd[e] <insolvent> bleiben mit sehr <wenig> unbezahlter Schuldenlast, die dem vortreflichen Alex. Mendelssohn bei seinem Reichthum gleichgültig ist).[3] Du, mein[e] Theure, wirst mich auf Deine Kosten nicht vom wortreichen Sydow sondern vom eben so freien, aber kürzeren Jonas/Nicolai-Kirche[4] besprechen, von den Tegelschen Kindern besingen und nah bei der Säule beerdigen lassen.[5] So wird meine lezte Bitte an Dich lauten! Die Wunderbarste aller Ernennungen ist mir die unbestimmte des klugen und hohen Fürsten von Hoh[enzollern] Siegmaringen, mit dessen Anstellung aber Flottwell sehr zufrieden ist. Die Wahlen war[en] hie[r] sehr mässig, aber alle im Sinne constitut[ioneller] Freiheit.[6] Ich schreibe langsam doch unleserlich. Heinz bedarf viel Schonung. Komme uns ja bald [besuchen]. Der arme Seifert ist wieder mit Gicht geplagt …
Dein treuester

AlHt

Berlin, d. 15. Nov[ember] 1858[a]

Komme uns ja bald [besuchen]!!

1 Siehe Humboldt an A. Mendelssohn 12.11.1858 (Humboldt 2013, 344).
2 Ein entsprechender Brief konnte nicht ermittelt werden.
3 Vgl. auch den Brief an August von Hedemann, 20.11.1858 (DLA/SNM, Marbach, 62.2140).
4 L. Jonas, Herausgeber des Nachlasses von Friedrich Schleiermacher, war seit 1833 dritter Diakon von St. Nikolai in Berlin.
5 Humboldt starb am 6.5.1859 und wurde in der Nacht vom 10. zum 11.5.1859 nach Tegel überführt, wo der Generalsuperintendent Wilhelm Hoffmann die Grabrede hielt. Vorher fand eine Staatstrauerfeier im Dom statt, über die O. Ette schrieb, dass „sein Begräbnis zu einem Staatsakt wurde, bei dem ihm nicht nur eine ungeheure Menschenmenge die letzte Ehre erwies, sondern auch der preußische Prinzregent Wilhelm, der spätere König und Kaiser Wilhelm I. mit seiner Anwesenheit ehrt." (Ette 2002).
6 Mit der Regentschaft des Prinzen von Preußen begann eine neue Ära. Kurzfristig am 30.10.1858 wurde bekanntgegeben, dass die Urwahlen am 12.10., die Abgeordnetenwahlen am 23.10.1858 stattfinden sollten. Ein neuer Ministerpräsident (von Hohenzollern-Sigmaringen) und mehrere neue Minister wurden berufen: Flottwell zum Innenminister, Auerswald zum Minister ohne Ressort, Schleinitz zum Außenminister, Bonin zum Kriegsminister, Patow zum Finanzminister, Pückler zum Landwirtschaftsminister und Bethmann-Hollweg zum Kultusminister (Grünthal 2003).

a 1858 *ergänzt B*

458 Alexander von Humboldt an Gabriele von Bülow o. O., 12.4.1859

H: DLA/SNM, Marbach, 62.2137

Peuker war bei mir. Er hat der Commission befohlen gar nicht zu entscheiden mit Ja oder nein, sondern bloss sehr freundlich an ihn selbst zu berichten. Er wird dann allein und selbst an den Prinzen auf das eindringendste berichten. Wir sollen uns ganz beruhigen. Ich eile, theure Gabriele Dir diese gute Nachrich[t] zu geben.[1] Bei uns ist leider Mad[ame] Seifert an [ihrem][a] Herzübel sehr krank.
Dein

AHt

Dienstag 12ter April 1859.[b]

[1] E. von Peucker war im Januar 1859 zum Chef eines neugebildeten Marineministeriums berufen worden. Um welche Angelegenheit es sich handelt, konnte nicht ermittelt werden. Es könnte sich um Constanzes Gatten von Heinz handeln, Hofmarschall des Prinzen von Preußen, der im Spätherbst des Vorjahres schwer erkrankt war und lange Kuren unternahm (Sydow 1919, 534).

---

[a] Ihrem *H ändert Hrsg.*
[b] 12ter April 1859. *ergänzt B*

Verzeichnisse

Quellen- und Literaturverzeichnis

Bibliotheken und Archive

Berlin, Staatsbibliothek – Preußischer Kulturbesitz (SBBPK)
Berlin, Geheimes Staatsarchiv – Preußischer Kulturbesitz
Bonn, Universitätsbibliothek
Boston, Public Library
Genf, Universitätsbibliothek
Kraków, Biblioteka Jagiellońska
Leipzig, Universitätsbibliothek
Marbach, Deutsches Literaturarchiv/Schiller-Nationalmuseum (DLA/SNM)
Marburg, Universitätsbibliothek
Quito, Museo Jijón y Caamaño

Literatur

Adalbert Prinz von Preußen 1847
Adalbert Prinz von Preußen: Aus meinem Tagebuche 1842–1843. Als Manuscript gedruckt. Berlin 1847.

Adalbert von Preußen 1857
Reise seiner Königlichen Hoheit des Prinzen Adalbert von Preußen nach Brasilien. Hrsg. von Hermann Kletke. Berlin 1857.

Ahrens 2015
Ahrens, Anna: „Niemand in der Pariser Welt weiß mehr als wir davon". Alexander von Humboldt und die Geburtsstunde der Fotografie, in: David Blankenstein, Ulrike Leitner, Ulrich Päßler und Bénédicte Savoy (Hg.), „Mein zweites Vaterland". Alexander von Humboldt und Frankreich, Berlin 2015, S. 261–277.

Akademieausstellung 1854
Verzeichniss der Werke lebender Künstler ausgestellt zu Berlin in den Sälen des Königlichen Akademie-Gebäudes 1854 vom 1. September bis zum 31. Oktober. XXXIX. Kunstausstellung der Königlichen Akademie der Künste [...]. Berlin 1854.

Althaus 1869
Briefwechsel und Gespräche Alexander von Humboldt's mit einem jungen Freunde [Friedrich Althaus]. Aus den Jahren 1848 bis 1856. 2. Aufl. Berlin 1869.

Andersen 1847
Andersen, Hans Christian: Das Märchen meines Lebens ohne Dichtung. Eine Skizze. Erster Theil. Leipzig 1847.

Arago 1854
Franz Arago's sämmtliche Werke. Mit einer Einleitung von Alexander von Humboldt. Leipzig 1854.

Arnim 1835
Arnim, Bettina von: Goethe's Briefwechsel mit einem Kinde. Berlin 1835.

Arnim 1844
Hundert neue Mährchen im Gebirge gesammelt von Friedmund von Arnim. Berlin 1844.

Assing 1857
Assing, Ludmilla: Gräfin Elisa von Ahlefeldt, die Gattin Adolphs von Lützow, die Freundin Karl Immermanns. Eine Biographie. Nebst Briefen von Karl Immermann, [Anton Wilhelm] Möller und Henriette Paalzow. Berlin 1857.

Barclay 1995
Barclay, David E.: Anarchie und guter Wille. Friedrich Wilhelm IV. und die preußische Monarchie. Berlin 1995.

Bauer 1852
Bauer, Juliette: Lives of the Brothers Humboldt, Alexander and William. London 1852.

Beccaria 1759
Beccaria, Giambattista: Elettricismo atmosferico. Bologna 1759.

Biermann 1983
Biermann, Kurt-R[einhard]: Alexander von Humboldt. Leipzig 1983 (Biographien hervorragender Naturwissenschaftler, Techniker und Mediziner. 47).

Biermann 1990
Biermann, Kurt-R[einhard]: Miscellanea Humboldtiana. Berlin 1990 (Beiträge zur Alexander-von-Humboldt-Forschung. 15).

Biermann 1991
Biermann, Kurt-R[einhard]: Beglückende Ermunterung durch die akademische Gemeinschaft. Alexander von Humboldt als Mitglied der Berliner Akademie der Wissenschaften. Berlin 1992 (Beiträge zur Alexander-von-Humboldt-Forschung. 17).

Blankenstein/Leitner 2012
Blankenstein, David; Leitner, Ulrike: Alexander von Humboldt und Pierre-François-Léonard Fontaine. Ein Dialog. Berlin 2012 (Berliner Manuskripte zur Alexander-von-Humboldt-Forschung. 35).

Blaze de Bury 1850
Blaze de Bury, [Marie Pauline Rose]: Germania; it's Courts, Camps, and People. London 1850.

Brescius 2020
Moritz von Brescius: Einleitung. Die Gebrüder Schlagintweit in Korrespondenz mit Alexander von Humboldt: Einblicke in einen epistemischen Umbruch. In: Themenschwerpunkt Forschungsreisen. Hrsg. v. Ulrich Päßler. In: edition humboldt digital, hrsg. v. Ottmar Ette. Berlin-Brandenburgische Akademie der Wissenschaften. Berlin 2020. Version 6 vom 13.10.2020. URL: http://edition-humboldt.de/X0000008.

Bruhns 1872
Alexander von Humboldt. Eine wissenschaftliche Biographie. Hrsg. von Karl Bruhns. Bd. 1–3. Leipzig 1872.

Bülow 1858
Bülow, Paul von: Familienbuch der von Bülow. Nach der im Jahre 1780 hrsg. Historischen, Genealogischen und Kritischen Beschreibung des Edlen, Freyherr- und Gräflichen Geschlechts von Bülow von Jakob Friedrich Joachim von Bülow. Berlin 1858.

Bunsen 1855
Bunsen, Christian Carl Josias: Die Zeichen der Zeit. Briefe an Freunde über die Gewissensfreiheit und das Recht der christlichen Gemeinde. Bd. 1–2. Leipzig 1855.

Bußmann 1990
Bußmann, Walter: Zwischen Preußen und Deutschland. Friedrich Wilhelm IV. Eine Biographie. Berlin 1990.

Capefigue 1849
Capefigue, Jean-Baptiste Honoré Raymond: La société et les gouvernements de l'Europe. Bd. 1–2. Paris 1849.

Catherwood 1844
Views of Ancient Monuments in Central America, Chiapas, and Yucatán. New York 1844.

Chateaubriand 1809
Chateaubriand, François René: Les Martyrs, ou le Triomphe de la religion chretienne. T. 1–2. Paris 1809.

Chateaubriand 1849
Chateaubriand, François René: Mémoires d'Outre-Tombe. T. 1. Paris 1849.

Corberon 1841a
Corberon, Comte de: De la Réaction gouvernementale en Hanovre. Stolberg/Leipzig 1841.

Corberon 1841b
Corberon, Comte de: Lettres à l'opposition en Hanovre. 1. lettre. Nordhausen/Leipzig 1841.

Corberon 1843
Corberon, Edgar Bourée de: Contes populaires d'Allemagne. Leipzig 1843.

Curtius 1913
Ernst Curtius. Ein Lebensbild in Briefen. Bd. 1, Berlin: 1913, S. 354. http://www.deutschestextarchiv.de/book/view/humboldt_curtius_1849?p=3

Damaschun/Schmitt 2019
Damaschun, Ferdinand; Schmitt, Ralf Thomas (Hrsg.): Minerale und Gesteine im Museum für Naturkunde Berlin. Berlin 2019.

Daschkoff 1859
Mémoires de la princesse [Ekaterina Romanovna] Daschkoff. Paris 1859.

Dieffenbach 1847
Dieffenbach, Johann Friedrich: Der Aether gegen den Schmerz. Berlin 1847.

Dorow 1845
Dorow, Wilhelm: Erlebtes aus den Jahren 1790–1827. 3. Theil. Leipzig 1845.

Engelmann 1969
Engelmann, Gerhard: Alexander von Humboldt in Potsdam. Zur 200. Wiederkehr seines Geburtstages. Potsdam 1969 (Veröffentlichungen des Bezirksheimatmuseums Potsdam. 19).

Engelmann 1969a
Alexander von Humboldt und seine Arbeit am „Kosmos". In: Alexander von Humboldt. Eigene und neue Wertungen der Reisen, Arbeit und Gedankenwelt. Wiesbaden 1969, 23–48 (Erdkundliches Wissen. 23).

Erbe 2009
Erbe, Günter: Dorothea Herzogin von Sagan (1793–1862). Eine deutsch-französische Karriere. Köln/Weimar/Wien 2009 (Neue Forschungen zur schlesischen Geschichte. 18).

Erdmann/Weber 2015
Erdmann, Dominik; Weber, Jutta: Nachlassgeschichten – Bemerkungen zu Humboldts nachgelassenen Papieren in der Berliner Staatsbibliothek und der Biblioteka Jagiellońska Kraków. In: HiN – Alexander von Humboldt im Netz. Internationale Zeitschrift für Humboldt-Studien 16/31 (2015), 58–77.

Ette 2001
Ette, Ottmar: Eine „Gemütsverfassung moralischer Unruhe" – Humboldtian Writing: Alexander von Humboldt und das Schreiben in der Moderne. In: Alexander von Humboldt – Aufbruch in die Moderne. Hrsg. von Ottmar Ette u. a. Berlin 2001, 33–56 (Beiträge zur Alexander-von-Humboldt-Forschung. 21).

Ette 2002
Ette, Ottmar: Weltbewusstsein. Alexander von Humboldt und das unvollendete Projekt einer anderen Moderne. Weilerswist 2002.

Ette 2018
Ette, Ottmar (Hrsg.): Alexander von Humboldt-Handbuch. Leben – Werk – Wirkung, Stuttgart 2018.

Eylert 1842
Eylert, Rulemann Friedrich: Charakterzüge und historische Fragmente aus dem Leben des Königs von Preußen, Friedrich Wilhelms III. Bd. 1. Berlin 1842.

Eylert 1844
Eylert, Rulemann Friedrich: Charakter-Züge und historische Fragmente aus dem Leben des Königs von Preußen Friedrich Wilhelm III. Bd. 2. Magdeburg 1844.

Farenheid 1854
Farenheid, Fritz von: Beschreibendes Verzeichniß der im Antikensaale zu Beynuhnen befindlichen Abgüsse nach Antiken. Nebst einleitendem Aufsatz über die Grundideen griechischer Religion und Ethik. Berlin 1854.

Favre 1856
Favre, Guillaume: Mélanges d'Histoire littéraire avec des Lettres inédites d'August-Guillaume Schlegel et d'Angelo Mai. Vol. 1–2. Genève 1856.

Feckes 1917
Feckes, Elisabeth: Dorothea, Herzogin von Dino und Sagan, ihr Leben mit besonderer Berücksichtigung ihrer Beziehungen zum preussischen Königshause und zu deutschen Politikern. Bonn, Phil. Diss. v. 19. Okt. 1917. Krefeld 1917.

Fidicin 1842
Fidicin, Ernst: Historisch-diplomatische Beiträge zur Geschichte der Stadt Berlin. Vierter Theil: Berlinische Urkunden von 1232 bis 1700. Berlin 1842.

Fiedler/Leitner 2000
Fiedler, Horst; Leitner, Ulrike: Alexander von Humboldts Schriften. Bibliographie der selbständig erschienenen Werke. Berlin 2000 (Beiträge zur Alexander-von-Humboldt-Forschung. 20).

Freier/Reineke 1988
Freier, Elke; Reineke, Walter F. (Hrsg.): Richard Lepsius (1810–1884). Akten der Tagung anläßlich seines 100. Todestages, 10.–12.7.1984. Berlin 1988 (Schriften zur Geschichte und Kultur des Alten Orients. 20).

Garleff 2003
Garleff, Jörn: Die Ecole des Beaux-Arts in Paris. Ein gebautes Architekturtraktat des 19. Jahrhunderts. Berlin 2003.

Gatter 1993
Gatter, Nikolaus: „Gift, geradezu Gift für das unwissende Publicum“ – Der diaristische Nachlaß von Karl August Varnhagen von Ense und die Polemik gegen Ludmilla Assings Editionen (1860–1880). Inauguraldissertation. Philosophische Fakultät der Universität Bonn 1993.

Gatter 2006
Gatter, Nikolaus: „Lebensbilder, die Zukunft zu bevölkern.“ Von Rahel Levins Salon zur ‚Sammlung Varnhagen‘. Varnhagen Gesellschaft e. V., Köln 2006.

Gatter 2015
Gatter, Nikolaus (Hrsg.) unter Mitarbeit von Inge Brose-Müller und Sigrun Hopfensperger: Der Sopha schön, und doch zum Lottern. Berlin 2015 (Almanach der Varnhagen Gesellschaft. 3).

Gehrke 2009
Gehrke, Roland: Landtag und Öffentlichkeit. Provinzialständischer Parlamentarismus in Schlesien 1825–1845. Köln 2009 (Neue Forschungen zur Schlesischen Geschichte. 17).

Goethe/Knebel 1851
Goethe, Johann Wolfgang von; Knebel, Karl Ludwig von: Briefwechsel zwischen Goethe und Knebel (1774–1832). Bd. 1–2. Leipzig 1851.

Gottschalck 1894
Gottschalck, Max: Geschichte des 1. Thüringischen Infanterie-Regiments Nr. 31. Berlin 1894.

Graf 1991
Graf, Andreas: Der Tod der Wölfe. Das abenteuerliche und das bürgerliche Leben des Romanschriftstellers und Amerikareisenden Balduin Möllhausen (1825–1905). Berlin 1991.

Gruner/Braun 1850
Gruner, Ludwig; Braun, Emil: Specimens of ornamental art selected from the best models of the classical epochs. London 1850.

Grünthal 2003
Grünthal, Günther: Die Wahlen zum preußischen Abgeordnetenhaus von 1858. In: Ders., Frank-Lothar Kroll u. a. (Hrsg.): Verfassung und Verfassungswandel. Berlin 2003.

Haller 1732
Haller, Albrecht von: Versuch schweizerischer Gedichte. Bern 1732.

Heine 1854
Heine, Heinrich: Poems. Translated by Julian Fane. Vienna 1854.

Heine 1893
Heine, Heinrich: Buch der Freiheit. Bände 1–2. Berlin 1893.

Heinz 2001
Heinz, Christine von; Heinz, Ulrich von: Wilhelm von Humboldt in Tegel. Ein Bildprogramm als Bildungsprogramm. München/Berlin 2001.

Heinz 2003
Heinz, Ulrich von: Die Brüder Wilhelm und Alexander von Humboldt. In: Alexander von Humboldt in Berlin. Sein Einfluß auf die Entwicklung der Wissenschaften. Beiträge zu einem Symposium. Hrsg. v. Jürgen Hamel, Eberhard Knobloch, Herbert Pieper. Augsburg 2003, 15–26. (Algorismus. Studien zur Geschichte der Mathematik und der Naturwissenschaften, hrsg. von Menso Folkerts. 41).

Herrmann 2015
Herrmann, Wolfgang: „Zwischen Spiritualismus der Salons und schmutziger jüdischer Wirthschaft“. Wilhelm Dilthey über Rahel Varnhagen. In: Gatter 2015, 305–317.

Herwegh 1843
Herwegh, Georg (Hrsg.): Einundzwanzig Bogen aus der Schweiz. Band 1. Zürich/Winterthur 1843.

Hock 1999
Hock, Sabine: Von Kanonendonner zu „Radio Goethe“ Ein Rückblick auf die Goethefeiern in Frankfurt am Main 1815–1982. https://www.sabinehock.de/downloads/goethefeiern.pdf. abgerufen am 12.02.2021.

Hoefer 1850
Hoefer, Ferdinand: Premiere mémoire sur les ruines de Ninivé. T. 1: adressé le 20 Février 1850 à l'académie des inscriptions et belles-lettres. T. 2: adressé le 24 Mai 1850 à l'académie des inscriptions et belles-lettres, avec des planches et gravures. Paris 1850.

Holtz 2015
Holtz, Bärbel: Alexander von Humboldt als Kammerherr zweier Könige auch frankophiler Mentor am preußischen Hof? In: David Blankenstein, Ulrike Leitner, Ulrich Päßler und Bénédicte Savoy (Hrsg.:) „Mein zweites Vaterland“. Alexander von Humboldt und Frankreich. Berlin/Boston 2015, 33–50 (Beiträge zur Alexander-von-Humboldt-Forschung. 40).

Horaz 2002
Horaz: Ars poetica. Die Dichtkunst. Stuttgart 2002.

Hugo 1831
Hugo, Victor: Marion De Lorme. Drame en cinq actes et en vers. Paris 1831.

Hugo 1842
Hugo, Victor: Les deux Côtés de l'Horizon. In: Revue des Deux Mondes, période initiale. 32 (1842), 1020–1021.

Humboldt 1799
Humboldt, Alexander von: Versuche über die chemische Zerlegung des Luftkreises und über einige andere Gegenstände der Naturlehre. Braunschweig 1799.

Humboldt 1832
Humboldt, Alexander von: Fragmente einer Geologie und Klimatologie Asiens. Aus dem Französischen von Julius Löwenberg. Berlin 1832.

Humboldt 1836–1839
Humboldt, Alexander von: Examen critique de l'histoire de la Géographie du Nouveau Continent et des progrès de l'Astronomie nautique aux quinzième et seizième siècles. Paris 1836–1839.

Humboldt 1838
Humboldt, Alexander von: Ueber die Schwankungen der Goldproduktion mit Rücksicht auf staatswirthschaftliche Probleme. In: Deutsche Vierteljahrs Schrift 1 (1838), 1–40.

Humboldt 1840
Worte zur Säcularfeier der Thronbesteigung Friedrichs des Großen, in: Berliner Akademiereden/-schriften und andere Reden. Überschrift: Am 1sten Junius 1840. Bericht Verh. Königl. Preuss. Akad. Wiss., 129–130, 1840, http://www.deutschestextarchiv.de/humboldt_worte_1840).

Humboldt 1845–1862
Humboldt, Alexander von: Kosmos. Entwurf einer physischen Weltbeschreibung, Band 1 (1845), Band 2 (1847), Band 3 (1850), Band 4 (1858), Band 5 (mit dem Register über den Kosmos, im Auftrage und nach Anweisungen Alexanders von Humboldt ausgearbeitet von E. Buschmann, 1862). Stuttgart/Tübingen (bzw. Augsburg).

Humboldt 1849a
Humboldt, Alexander von: Ansichten der Natur mit wissenschaftlichen Erläuterungen. 3. Aufl. Stuttgart/Tübingen 1849.

Humboldt 1849b
Humboldt, Alexander von: [Vorwort zu dem Gedenkbuch der Prinzessin von Preußen für die Dichterzimmer im Weimarer Schlosse.] Separatum. Manuscript für Freunde. 1 S. unterzeichnet: Alexander von Humboldt, im Juli 1849.

Humboldt 1849–1858
Humboldt, Alexander von: Cosmos: a sketch of a physical description of the universe, translated form the German, by E. C. Otté and B. H. Paul, Ph. D., F.C.S., and W.S. Dallas, F.L.S., Vol. I–V. London 1849–1858.

Humboldt 1858
Aimé Bonpland. In: Allgemeine Zeitung, Nr. 198 vom 17. Juli 1858, Beilage, 3218–3219.

Humboldt 1859–1860
Alexander von Humboldts Reise in die Aequinoctial-Gegenden des neuen Continents, in deutscher Bearbeitung von Hermann Hauff, nach der Anordnung und unter Mitwirkung des Verfassers, einzige von A. v. Humboldt anerkannte Ausgabe in deutscher Sprache. Bd. I–IV. Stuttgart 1859–1860.

Humboldt 1860
Briefe von Alexander von Humboldt an Varnhagen von Ense aus den Jahren 1827 bis 1858. Nebst Auszügen aus Varnhagen's Tagebüchern, und Briefen von Varnhagen und Andern an Humboldt. 3. Aufl. Leipzig 1860.

Humboldt 1861
Humboldt, Alexander von: Memoiren. [Hrsg. von J. Löwenberg.] Leipzig 1861.

Humboldt 1869
Briefwechsel Alexander von Humboldt's mit Heinrich Berghaus aus den Jahren 1825 bis 1858. Bd. 1–3. 2. Ausgabe. Jena 1869.

Humboldt 1880
Briefe Alexander's von Humboldt an seinen Bruder Wilhelm. Hrsg. von der Familie von Humboldt in Ottmachau. Stuttgart 1880.

Humboldt 1913
Briefe Alexander von Humboldt's an Ignaz Olfers, Generaldirektor der Kgl. Museen in Berlin. Hrsg. von E. W. M. von Olfers. Nürnberg/Leipzig 1913.

Humboldt 1959
Gespräche Alexander von Humboldts. Hrsg. im Auftrag der Alexander-von-Humboldt-Kommission der Deutschen Akademie der Wissenschaften zu Berlin von Hanno Beck. Berlin 1959.

Humboldt 1970
Humboldt, Alexander von: Relation historique du Voyage aux Régions équinoxiales du Nouveau Continent fait en 1799, 1800, 1801, 1802, 1803, et 1804 par Al. de Humboldt et A. Bonpland rédigé par Alexandre de Humboldt. Neudruck des 1814–1825 in Paris erschienenen vollständigen Originals, besorgt, eingel. und um ein Register vermehrt von Hanno Beck, 3 Bde. Stuttgart 1970.

Humboldt 1973
Die Jugendbriefe Alexander von Humboldts 1787–1799. Hrsg. und erläutert von Ilse Jahn und Fritz G. Lange. Berlin 1973 (Beiträge zur Alexander-von-Humboldt-Forschung. 2).

Humboldt 1979
Briefwechsel zwischen Alexander von Humboldt und Heinrich Christian Schumacher. Zum 200. Geburtstag von H. C. Schumacher hrsg. von Kurt-R. Biermann. Berlin 1979 (Beiträge zur Alexander-von-Humboldt-Forschung. 6).

Humboldt 1982
Briefwechsel zwischen Alexander von Humboldt und P. G. Lejeune Dirichlet. Hrsg. von Kurt-R. Biermann. Berlin 1982 (Beiträge zur Alexander-von-Humboldt-Forschung. 7).

Humboldt 1985
Alexander von Humboldt. Vier Jahrzehnte Wissenschaftsförderung. Briefe an das preußische Kultusministerium 1818–1859. Hrsg. von Kurt-R. Biermann. Berlin 1985 (Beiträge zur Alexander-von-Humboldt-Forschung. 14).

Humboldt 1987
Humboldt, Alexander von: Aus meinem Leben. Autobiographische Bekenntnisse, zusammengestellt und erläutert von Kurt-R. Biermann. Leipzig/Jena/Berlin 1987.

Humboldt 1987a
Briefwechsel zwischen Alexander von Humboldt und Carl Gustav Jacob Jacobi. Hrsg. von Herbert Pieper. Berlin 1987 (Beiträge zur Alexander-von-Humboldt-Forschung. 11).

Humboldt 1993
Humboldt, Alexander von. Briefe aus Amerika 1799–1804. Hrsg. von Ulrike Moheit. Berlin 1993 (Beiträge zur Alexander-von-Humboldt-Forschung. 16).

Humboldt 1993a
Humboldt, Alexander von: Kosmos. Entwurf einer physischen Weltbeschreibung. Hrsg. und kommentiert von Hanno Beck u. a. Bd. 1–2. Darmstadt 1993 (Studienausgabe. 7, 1–2).

Humboldt 1994
Briefwechsel zwischen Alexander von Humboldt und Friedrich Wilhelm Bessel. Hrsg. von Hans-Joachim Felber. Berlin 1994 (Beiträge zur Alexander-von-Humboldt-Forschung. 10).

Humboldt 1997
Humboldt, Alexander von: Reise in die Äquinoktialgegenden des neuen Kontinents. Hrsg. u. kommentiert von Hanno Beck u. a. Teilband 1–3. Darmstadt 1997 (Studienausgabe. 2, 1–3).

Humboldt 1999
Das Gute und Große wollen. Alexander von Humboldts Amerikanische Briefe. Hrsg. von Ulrike Moheit. Berlin 1999.

Humboldt 2000
Humboldt, Alexander von: Reise durch Venezuela. Auswahl aus den amerikanischen Reisetagebüchern. Hrsg. von Margot Faak. Berlin 2000 (Beiträge zur Alexander-von-Humboldt-Forschung. 12).

Humboldt 2003a
Humboldt, Alexander von: Reise auf dem Río Magdalena, durch die Anden und Mexico. Aus seinen Reisetagebüchern. T. I: Texte. Hrsg. von Margot Faak. 2. Aufl. Berlin 2003 (Beiträge zur Alexander-von-Humboldt-Forschung. 8).

Humboldt 2003b
Humboldt, Alexander von: Reise auf dem Río Magdalena, durch die Anden und Mexico. T. II: Übersetzung, Anmerkungen und Register. Übersetzt und bearbeitet von Margot Faak. 2. Aufl. Berlin 2003 (Beiträge zur Alexander-von-Humboldt-Forschung. 9).

Humboldt 2003c
Humboldt, Alexander von: Lateinamerika am Vorabend der Unabhängigkeitsrevolution. Eine Anthologie von Impressionen und Urteilen aus seinen Reisetagebüchern zusammengestellt und erläutert durch Margot Faak. Mit einem Vorwort von Manfred Kossok. 2. Aufl. Berlin 2003 (Beiträge zur Alexander-von-Humboldt-Forschung. 5).

Humboldt 2004
Alexander von Humboldt und die Vereinigten Staaten von Amerika. Briefwechsel. Hrsg. von Ingo Schwarz. Berlin 2004 (Beiträge zur Alexander-von-Humboldt-Forschung. 19).

Humboldt 2005
Humboldt, Alexander von: Von Mexiko-Stadt nach Veracruz. Tagebuch. Hrsg. von Ulrike Leitner. Berlin 2005 (Beiträge zur Alexander-von-Humboldt-Forschung. 25).

Humboldt 2006
Briefe von Alexander von Humboldt an Christian Carl Josias Bunsen. Neu ediert von Ingo Schwarz. Berlin 2006.

Humboldt 2007
Alexander von Humboldt – Samuel Heinrich Spiker: Briefwechsel. Hrsg. von Ingo Schwarz unter Mitarbeit von Eberhard Knobloch. Berlin 2007 (Beiträge zur Alexander-von-Humboldt-Forschung. 27).

Humboldt 2007a
Weltmann und Hofkünstler: Alexander von Humboldts Briefe an Christian Daniel Rauch. Hrsg. von Bernhard Maaz. Berlin 2007.

Humboldt 2009
Alexander von Humboldt und Cotta. Briefwechsel. Hrsg. von Ulrike Leitner unter Mitarbeit von Eberhard Knobloch. Berlin 2009 (Beiträge zur Alexander-von-Humboldt-Forschung. 29).

Humboldt 2010
Alexander von Humboldt – Carl Ritter. Briefwechsel. Hrsg. von Ulrich Päßler unter Mitarbeit von Eberhard Knobloch. Berlin 2010 (Beiträge zur Alexander-von-Humboldt-Forschung. 32).

Humboldt 2011
Alexander von Humboldt – Familie Mendelssohn. Briefwechsel. Herausgegeben von Sebastian Panwitz und Ingo Schwarz unter Mitarbeit von Eberhard Knobloch. Berlin 2011 (Beiträge zur Alexander-von-Humboldt-Forschung. 34).

Humboldt 2011a
Alexander von Humboldt – August Böckh. Briefwechsel. Hrsg. von Romy Werther unter Mitarbeit von Eberhard Knobloch. Berlin 2011 (Beiträge zur Alexander-von-Humboldt-Forschung. 33).

Humboldt 2013
Alexander von Humboldt – Friedrich Wilhelm IV. Briefwechsel. Hrsg. von Ulrike Leitner unter Mitarbeit von Eberhard Knobloch. Mit einer einleitenden Studie von Bärbel Holtz. Berlin 2013 (Beiträge zur Alexander-von-Humboldt-Forschungsstelle. 39).

Humboldt 2013a
Alexander von Humboldt – Johann Franz Encke: Briefwechsel. Hrsg. von Oliver Schwarz und Ingo Schwarz unter Mitarbeit von Eberhard Knobloch. Berlin 2013 (Beiträge zur Alexander-von-Humboldt-Forschung. 37).

Humboldt 2017–2021
Briefwechsel Alexander von Humboldt mit Christian Gottfried Ehrenberg. Hrsg. von Anne Wendt. In: edition humboldt digital, hrsg. v. Ottmar Ette. Berlin-Brandenburgische Akademie der Wissenschaften. Berlin 2017–2021. URL: http://edition-humboldt.de/X0000007.

Humboldt 2019
Alexander von Humboldt an Carl Sigismund Kunth. [Berlin], Sonnabend, [5. Dezember 1846], hrsg. von Ulrich Päßler unter Mitarbeit von Klaus Gerlach und Ingo Schwarz. In: edition humboldt digital, hrsg. von Ottmar Ette. Berlin-Brandenburgische Akademie der Wissenschaften, Berlin. Version 5 vom 11.09.2019. URL: https://edition-humboldt.de/v5/H0014768.

Humboldt 2020
Briefwechsel mit den Brüdern Schlagintweit (1849–1859). In: Themenschwerpunkt Forschungsreisen. Hrsg. v. Ulrich Päßler. In: edition humboldt digital, hrsg. v. Ottmar Ette. Berlin-Brandenburgische Akademie der Wissenschaften. Berlin 2020. Version 6 vom 13.10.2020. URL: http://edition-humboldt.de/X0000008.

Humboldt, W. 1847
Humboldt, Wilhelm von: Briefe an eine Freundin. Band 1–2. Leipzig 1847.

Humboldt, W. 1849
Letters of William von Humboldt to a female friend. 2 vols. London 1849.

Humboldt, W. 1853
Humboldt, Wilhelm von: Sonette. [Mit einem Vorwort von Alexander von Humboldt]. Berlin 1853.

Kirchberger 1999
Kirchberger, Ulrike: Aspekte deutsch-britischer Expansion: Die Überseeinteressen der deutschen Migranten in Großbritannien in der Mitte des 19. Jahrhunderts. Stuttgart 1999 (Beiträge zur Kolonial- und Überseegeschichte. 73).

Klencke 1851
Klencke, Hermann: Alexander von Humboldt. Ein biographisches Denkmal. Leipzig 1851.

Korneffel 2017
Korneffel, Peter: Die Humboldts in Berlin. Zwei Brüder erfinden die Gelehrtenrepublik. Berlin 2017.

Kroll 2001
Kroll, Frank Lothar: Das geistige Preußen. Zur Ideengeschichte eines Staates. Paderborn 2001.

Lehnert 1845
Lehnert, Johann Heinrich: Das Leben Friedrich Wilhelm III. Königs von Preußen in Paretz. Potsdam 1845.

Leitner 1995
Leitner, Ulrike: „Das Leben eines Literaten, das sind seine Werke“ – Alexander von Humboldt: von den „Ansichten der Natur“ bis zum „Kosmos“. Berlin 1995 (Berliner Manuskripte zur Alexander-von-Humboldt-Forschung. 10).

Leitner 1997
Leitner, Ulrike: Die englischen Übersetzungen Humboldtscher Werke. In: Natur, Mathematik und Geschichte. Beiträge zur Alexander-von-Humboldt-Forschung und zur Mathematikhistoriographie. Hrsg. von Hanno Beck, Reinhard Siegmund-Schultze, Christian Suckow und Menso Folkerts. Kurt-R. Biermann zu seinem 75. Geburtstag gewidmet. Leipzig 1997, 63–74 (Acta historica Leopoldina. 27).

Leitner 2003
Leitner, Ulrike: „Bücher haben kein Leben ohne Öffentlichkeit“ – Alexander von Humboldts Wirken auf einem Nebenschauplatz der Wissenschaften. Beiträge zu einem Symposium: Alexander von Humboldt in Berlin. Hrsg. von Jürgen Hamel, Eberhard Knobloch, Herbert Pieper. Augsburg 2003, 253–280 (Algorismus. Studien zur Geschichte der Mathematik und der Naturwissenschaften. 41).

Leitner 2008
Leitner, Ulrike: „Da ich mitten in dem Gewölk sitze, das elektrisch geladen ist …“ Alexander von Humboldts Äußerungen zum politischen Geschehen in seinen Briefen an Cotta. In: Kosmos und Zahl. Beiträge zur Mathematik- und Astronomiegeschichte, zu Alexander von Humboldt und Leibniz. Hrsg. von Hartmut Hecht u. a., Stuttgart 2008, 225–233 (Boethius. 58).

Leitner 2015
Leitner, Ulrike: Das amerikanische Reisewerk – eine internationale Koproduktion. In: „Mein zweites Vaterland". Alexander von Humboldt und Frankreich. Hrsg. von David Blankenstein, Ulrike Leitner, Ulrich Päßler, Bénédicte Savoy. Berlin 2015, 83–112 (Beiträge zur Alexander-von-Humboldt-Forschung. 40).

Leitzmann 1909a
Leitzmann, Albert (Hrsg.): Wilhelm von Humboldts Briefe an eine Freundin. Bd. 1–2. Leipzig 1909.

Leitzmann 1909b
Leitzmann, Albert: Die Freundin Wilhelm von Humboldts. In: Deutsche Rundschau 140 (1909), Juli–August–September, 204–230.

Leitzmann 1919
Leitzmann, Albert: Wilhelm von Humboldt: Charakteristik und Lebensbild. Halle 1919.

Lenormant 1855
Lenormant, Charles: Découverte d'un prétendu cimetière mérovingien à la Chapelle-Saint-Eloi (Eure). Evreux/Rouen/Paris 1855.

Leo 1857
Leo, Friedrich August: Eine Lesart im Codex argenteus. In: Zeitschrift für vergleichende Sprachforschung auf dem Gebiete des Deutschen, Griechischen und Lateinischen 6 (1857), 193–201.

Lepsius 1838
Lepsius, Carl Richard: Sur l'Ordre des Colonnes-Piliers en Égypte et ses rapports avec le second ordre Égyptien et la Colonne Grecque. Avec deux planches. In: Annali dell'Instituto di corrispondenza Archeologica 9 (1838), 65–102.

Lepsius 1841a
Lepsius Richard: [Bericht über den Verfolg seiner Ägyptischen Studien]. In: Bericht über die zur Bekanntmachung geeigneten Verhandlungen der Königlich Preußischen Akademie der Wissenschaften zu Berlin. 1840 (1840), 25–30.

Lepsius 1841b
Lepsius, Karl Richard: Inscriptiones Umbricae et Oscae quotquot adhuc repertae sunt omnes. Bd. 1–2. Leipzig 1841.

Lepsius 1842
Lepsius, Karl Richard: Auswahl der wichtigsten Urkunden des Aegyptischen Alterthums, theils zum erstenmale, theils nach den Denkmälern berichtigt, hrsg. und erläutert. Bd. 1–2, Text u. Tafeln. Leipzig 1842.

Lepsius 1845
Lepsius, Richard: Reise des Professors Dr. R. Lepsius von Theben nach der Halbinsel des Sinai vom 4. März bis zum 14. April 1845. Berlin 1845.

Lepsius 1849
Lepsius, Karl Richard: Die Chronologie der Aegypter. Berlin 1849.

Lepsius 1853
Lepsius, Karl Richard: Über die zwölfte ägyptische Königsdynastie: Mit drei Tafeln. Gelesen in der königl. Akademie der Wissenschaften am 5. Januar 1853. Berlin 1853.

Lepsius 2012
Karl Richard Lepsius. Der Begründer der deutschen Ägyptologie. Hrsg. von Verena M. Lepper und Ingelore Hafemann. Berlin 2012.

Lewald 1847
[Lewald, Fanny]: Diogena. Roman von Iduna Gräfin H. H. Leipzig 1847.

Lewald 1849
Lewald, Fanny: Prinz Louis Ferdinand. Roman. Breslau 1849.

Lewald 1851/52
Lewald, Fanny: England und Schottland. Reisetagebuch. Bd. 1–2. Braunschweig 1851–1852.

Löschner 1984
Löschner, Renate: Johann Moritz Rugendas in Mexiko. Malerische Reise in den Jahren 1831–1834. Ausstellung des Ibero-Amerikanischen Instituts Preußischer Kulturbesitz in Berlin, 13. Dezember 1984–23. Februar 1985. Berlin 1984.

Lund 2015
Lund, Hannah Lotte: „Große Ähnlichkeiten zwischen ihr und mir?“ Die Rezeption französischer Salonièren und Salons durch die Berliner Salongesellschaft. In: Gatter 2015, 387–402.

Mehlitz 2011
Mehlitz, Hartmut: Richard Lepsius. Ägypten oder die Ordnung der Wissenschaft. Berlin 2011.

Mendelssohn 1840
Mendelssohn, Joseph: Bericht über Rossetti's Ideen zu einer neuen Erläuterung des Dante und der Dichter seiner Zeit. In zwei Vorlesungen. Berlin 1840.

Minkels 2007
Minkels, Dorothea: Elisabeth von Preußen. Königin in der Zeit des AusMÄRZens. Norderstedt 2007.

Minkels 2011
Minkels, Dorothea: Die Stifter des Neuen Museums: Friedrich Wilhelm IV. von Preußen und Elisabeth von Baiern. Norderstedt 2011.

Minkels 2013
Minkels, Dorothea: Reisen im Auftrag preussischer Könige gezeichnet von Julius Minutoli. Norderstedt 2013.

Möllhausen 1858
Möllhausen, Balduin: Tagebuch einer Reise vom Mississippi nach den Küsten der Südsee. Eingeführt von Alexander von Humboldt. Leipzig 1858.

Müller 1849
Müller, Karl Christian von: Gedichte. Zur Erinnerung für Freunde des Entschlafenen. Berlin 1849.

Müller 1860
Alexander von Humboldt's Kunst-Nachlass, welcher am 17. September 1860 und an den folgd. Tagen, täglich von 9–1 Uhr Vormittags, Berlin, in dem Hause Oranienburger Strasse 67 durch den K. gerichtl. und aussergerichtl. Auctions-Commissarius für Bücher und Kunstsachen Th. Müller, gegen sofortige Zahlung in Preuss. Gelde versteigert werden soll. Berlin 1860.

Müller 1928
Müller, Conrad (Hrsg.): Alexander von Humboldt und das Preußische Königshaus. Briefe aus den Jahren 1835–1857. Leipzig 1928.

Nelken 1980
Nelken, Halina: Alexander von Humboldt. Bildnisse und Künstler. Eine dokumentierte Ikonographie. Berlin 1980.

Neugebauer/Holtz 2010
Neugebauer, Wolfgang; Holtz, Bärbel (Hrsg.): Kulturstaat und Bürgergesellschaft. Preußen, Deutschland und Europa im 19. und frühen 20. Jahrhundert. Berlin 2010.

Noailles 1849
Noailles, Paul de: Madame de Maintenon et des principaux événements du règne de Louis XIV. 2. éd. T. 1. Paris 1849.

Oelsner-Monmerqué 1848
Oelsner-Monmerqué, Gustave: Schwarze und Weiße. Skizzen aus Bourbon. Bremen 1848.

Orlich 1845
Orlich, Leopold von: Reise in Ostindien, in Briefen in Briefen an Alexander von Humboldt und Carl Ritter. Bd. 1–2. Leipzig 1845.

Päßler 2009
Päßler, Ulrich: Ein „Diplomat aus den Wäldern des Orinoko“. Alexander von Humboldt als Mittler zwischen Preußen und Frankreich. Stuttgart 2009.

Päßler 2015
Päßler, Ulrich: Ein wissenschaftlicher Austausch zwischen Kolumbien, Frankreich und Deutschland: Alexander von Humboldt und Jean-Baptiste Boussingault. In: „Mein zweites Vaterland“. Alexander von Humboldt und Frankreich. Hrsg. von David Blankenstein, Ulrike Leitner, Ulrich Päßler, Bénédicte Savoy. Berlin 2015, 161–171 (Beiträge zur Alexander-von-Humboldt-Forschung. 40).

Päßler 2019
Alexander von Humboldt an Carl Sigismund Kunth. [Berlin], Sonntag, [14. April 1844], hrsg. von Ulrich Päßler unter Mitarbeit von Klaus Gerlach und Ingo Schwarz. In: edition humboldt digital, hrsg. von Ottmar Ette. Berlin-Brandenburgische Akademie der Wissenschaften, Berlin. Version 5 vom 11.09.2019. URL: https://edition-humboldt.de/v5/H0002239.

Péaud 2015
Péaud, Laura: Die diplomatischen Berichte Alexander von Humboldts aus Paris zwischen 1835 und 1847. In: „Mein zweites Vaterland“. Alexander von Humboldt und Frankreich. Hrsg. von David Blankenstein, Ulrike Leitner, Ulrich Päßler, Bénédicte Savoy. Berlin 2015, 15–31 (Beiträge zur Alexander-von-Humboldt-Forschung. 40).

Petras 1995
Petras, Renate: Schinkels späte Jahre in der Bauakademie, Krankheit und Tod. In: Mythos Bauakademie: die Schinkelsche Bauakademie und ihre Bedeutung für die Mitte Berlins. Ausstellungskatalog. Berlin 1995, 21–33.

Polko 1863
Polko, Elise: Erinnerungen an einen Verschollenen. Aufzeichnungen und Briefe von und über Eduard Vogel. Leipzig 1863.

Prutz 1894
Prutz, Hans: Die Königliche Albertus-Universität zu Königsberg i. Pr. im neunzehnten Jahrhundert, zur Feier ihres 350jährigen Bestehens. Königsberg 1894.

Pückler-Muskau 1844
Pückler-Muskau, Hermann: Aus Mehemed Alis Reich. Theil 2: Ober-Ägypten. Stuttgart 1844.

Püschel/Krenzlin 2001
Püschel, Ursula; Krenzlin, Leonore (Hrsg.): „Die Welt umwälzen – denn darauf läufts hinaus“. Der Briefwechsel zwischen Bettina von Arnim und Friedrich Wilhelm IV. Bd. 1–2. Bielefeld 2001.

Radowitz 1848
Radowitz, Joseph Maria von: Deutschland und Friedrich Wilhelm IV. Hamburg 1848.

Ranke 1847–1848
Ranke, Leopold: Neun Bücher Preußischer Geschichte. Berlin 1847–1848.

Raumer 1839
Raumer, Friedrich von: Beiträge zur neueren Geschichte aus dem britischen und französischen Reichsarchive. Teil 5, Bd. 3. Leipzig 1839.

Rave 1950
Rave, Paul Ortwin: Wilhelm von Humboldt und das Schloss zu Tegel. Leipzig 1950.

Rebok 2006
Rebok, Sandra: Alexander von Humboldt und Spanien im 19. Jahrhundert. Analyse eines wechselseitigen Wahrnehmungsprozesses. Frankfurt a. M. 2006.

Reumont 1847
[Reumont, Alfred von]: Ganganelli, Papst Clemens XIV. Seine Briefe und seine Zeit. Vom Verfasser der Römischen Briefe. Berlin 1847.

Ritter 1850
Ritter, Carl: Der Jordan und die Beschiffung des Todten Meeres. Ein Vortrag im wissenschaftlichen Vereine zu Berlin. Berlin 1850.

Röder-Bolton 2015
Röder-Bolton, Gerlinde: „A remarkable accomplished woman“. Marion Evans (George Eliot) und der Salon bei Henriette Solmar (1854/55). In: Gatter 2015, 97–108.

Rosenstrauch 2003
Rosenstrauch, Hazel: Varnhagen und die Kunst des geselligen Lebens. Eine Jugend um 1800. Biographischer Essay. Berlin 2003.

Ruben 2008
Ruben, Bärbel: Marie Elisabeth von Humboldt (1741–1796). Spurensuche in Falkenberg. Berlin 2008. (Berliner Manuskripte zur Alexander-von-Humboldt-Forschung. 7).

Schlagintweit 1857
Aus einem Berichte Adolph Schlagintweit's an Se. Majestät den König, d. d. Rawul Pindee im Pandschab 5. Decbr. 1856. Mitgetheilt von Alexander von Humboldt. In: Zeitschrift für allgemeine Erdkunde 2 (1857), 159–161.

Schleiden 1844
Schleiden, Matthias Jacob: Schelling's und Hegel's Verhältniss zur Naturwissenschaft. (Als Antwort auf die Angriffe des Herrn Nees von Esenbeck in der Neuen Jenaer Lit.-Zeitung, Mai 1843, insbesondere für die Leser dieser Zeitschrift). Leipzig 1844.

Schlesier 1843
Schlesier, Gustav: Erinnerungen an Wilhelm von Humboldt. Stuttgart 1843.

Schlesier 1845
Schlesier, Gustav: Erinnerungen an Wilhelm von Humboldt. Zweiter Theil. Stuttgart 1845.

Schlesier 1847
Schlesier, Gustav: Wilhelm von Humboldt's Leben. Neue Ausgabe. 1. Theil. Stuttgart 1847.

Schmidt 1847
Schmidt, W. Adolf: Geschichte der Glaubens- und Denkfreiheit im ersten Jahrhundert der Kaiserherrschaft. Berlin 1847.

Schneppen 2002
Schneppen, Heinz: Aimé Bonpland: Humboldts vergessener Gefährte? Zweite, durchgesehene Aufl. Berlin 2002 (Berliner Manuskripte zur Alexander-von-Humboldt-Forschung. 14).

Schomburgk 1841
Robert Hermann Schomburgk's Reisen in Guiana und am Orinoko während der Jahre 1835–1839. Nach seinen Berichten und Mittheilungen an die Geographische Gesellschaft in London bearb. v. O. A. Schomburgk. Mit einem Vorwort von Alexander von Humboldt und dessen Abhandlung über einige wichtige astronomische Positionen Guiana's. Leipzig 1841.

Schwarz 2000
Schwarz, Ingo: „Es ist meine Art, einen und denselben Gegenstand zu verfolgen, bis ich ihn aufgeklärt habe". Äußerungen Alexander von Humboldts über sich selbst. In: HiN I, 1 (2000) HiN – Alexander von Humboldt im Netz. Internationale Zeitschrift für Humboldt-Studien, 1 (01). https://doi.org/10.18443/4.

Schwarz 2006
Schwarz, Ingo: „… die ich heute mit erhöhtem Stolze meine Vaterstadt nenne". Alexander von Humboldt – Ehrenbürger Berlins. In: Ehrenbürger Berlins. Alexander von Humboldt. Eine Dokumentation. Berlin 2006, 7–19 (Beiträge aus der Staatsbibliothek zu Berlin – Preußischer Kulturbesitz. 17).

Schwarz 2009
Schwarz, Ingo: Carl Gustav Carus und Alexander von Humboldt – Briefwechsel. In: HiN – Alexander von Humboldt im Netz. Internationale Zeitschrift für Humboldt-Studien, 10(18), 5–29. http://doi.org/10.18443/118.

Schwarz 2014
Schwarz, Ingo: Alexander von Humboldt und Bernhard von Lepel. Anmerkungen zu einem Brief von Alexander von Humboldt an Bernhard von Lepel. In: Mitteilungen der Theodor Fontane Gesellschaft 47 (2014), 69–72.

Schwarz 2019
Schwarz, Ingo: Bernhard von Lepels Ode *An Humboldt*. Ein Beitrag zum Theodor-Fontane-Jahr 2019. In: HiN – Alexander von Humboldt im Netz. Internationale Zeitschrift für Humboldt-Studien, 20 (39), 29–43. https://doi.org/10.18443/286.

Šedivý 2016
Šedivý, Miroslav: Crisis Among the Great Powers: The Concert of Europe and the Eastern Question. London/New York 2017.

Simson 1996
Simson, Jutta von: Christian Daniel Rauch. Œuvre-Katalog. Berlin 1996.

Simson 1997
Simson, Jutta von: Christian Daniel Rauch. Berlin 1997 (Preußische Köpfe. 30).

Simson 2020
Simson, Jutta von: Christian Daniel Rauch und Ernst Rietschel. Der Briefwechsel 1829–1857. Kommentierte Neuausgabe. Bd. 1–2. Köln 2020.

Sösemann 1996
Sösemann, Bernd (Hrsg.): Theodor von Schön. Untersuchungen zu Biographie und Historiographie. Wien 1996 (Veröffentlichungen aus den Archiven Preussischer Kulturbesitz. 42).

Spindler 1835
Spindler, Karl: Der Bastard. Eine deutsche Sittengeschichte aus dem Zeitalter Kaiser Rudolph des Zweiten. Bd. 1–3. Stuttgart 1835.

Sternagel 2021
Sternagel, Renate: Alexander von Humboldt, Therese Bacheracht und die „verhängnissvolle Prosa des Lebens". In: HiN – Alexander von Humboldt im Netz. Internationale Zeitschrift für Humboldt-Studien, 22 (43), 83–100. https://doi.org/10.18443/332.

Stevens 1863
Stevens, Henry: The Humboldt Library. A catalogue of the Library of Alexander von Humboldt. London 1863.

Sydow 1906–1916
Sydow, Anna von: Wilhelm und Caroline von Humboldt in ihren Briefen. Bd. 1–7. Berlin 1906–1916.

Sydow 1919
Sydow, Anna von: Gabriele von Bülow – Tochter Wilhelm von Humboldts; ein Lebensbild. Aus den Familienpapieren Wilhelm von Humboldts und seiner Kinder 1791–1887. 19. Aufl. Berlin 1919.

Sydow 2000
Sydow, Anna von: Gabriele von Bülows Töchter. Leben und Schicksale der fünf Enkelinnen Wilhelm von Humboldts aus Briefen und Tagebüchern gestaltet. München u. a. 2000.

Théodoridès 1972
Théodoridès, Jean: Alexandre de Humboldt, observateur de la France de Louis-Philippe (Rapports dplomatiques inédits). Alexander von Humboldt als Beobachter Frankreichs unter Louis-Philippe (Unveröffentlichte diplomatische Berichte aus Paris) 1835–1847. Paris 1972.

Théodoridès 1988
Théodoridès, Jean: Alexandre de Humboldt, observateur de la France de Louis-Philippe. Rapports diplomatiques inédits. In: Revue d'histoire diplomatique 1–2 (1988), 35–66.

Ticknor 1849
Ticknor, George: History of the Spanish Literature. Vol. 1–3. New York 1849.

Tieck 1848
Tieck, Ludwig: Kritische Schriften. Zum erstenmale gesammelt und mit einer Vorrede herausgegeben. Bd. 1. Leipzig 1848.

Treitschke 1927
Treitschke, Heinrich von: Deutsche Geschichte im neunzehnten Jahrhundert. Bd. 1–5. Leipzig 1927.

Tropus 1845
Tropus, Carl: „Die Lebensgeister" und Taschenbuch für Reisende auf der Havel und Elbe von Potsdam nach Hamburg und Helgoland. Potsdam 1845.

Tuena 2002
Tuena, Filippo: La passione dell'error mio. Il carteggio di Michelangelo. Lettere scelte 1532–1564. Roma 2002.

Valentin 1977
Valentin, Veit: Geschichte der deutschen Revolution von 1848–1849. Bd. 2: Bis zum Ende der Volksbewegung von 1848. Frankfurt a. M. 1977.

Varnhagen 1861–1905
Varnhagen von Ense, Karl August: Tagebücher von K. A. Varnhagen von Ense. Hrsg. aus dem Nachlaß von Ludmilla Assing. Bd. 1–15. Berlin 1861–1905.

Varnhagen 1994
Varnhagen von Ense, Karl August: Tagesblätter. Hrsg. von Konrad Feilchenfeldt. Frankfurt a. M. 1994 (Karl August von Varnhagen. Werke in fünf Bänden. 5).

Veith 1847
Veith, Johann Emanuel: Eucharistia. Zwölf Vorträge über das heilige Messopfer. Wien 1847.

Waagen 1848
Waagen, G. F.: Verzeichniss der Copien und Kupferstiche nach Raphael so wie einiger Originalzeichnungen dieses Meisters, welche in der Rotunde des Königlichen Museums ausgestellt worden sind. Berlin 1848.

Werner 2000
Werner, Petra: Übereinstimmung oder Gegensatz? Zum widersprüchlichen Verhältnis zwischen A. von Humboldt und F. W. J. Schelling. Berlin 2000. (Berliner Manuskripte zur Alexander-von-Humboldt-Forschung. 15).

Werner 2013
Werner, Petra: Naturwahrheit und ästhetische Umsetzung. Alexander von Humboldts Briefwechsel mit bildenden Künstlern. Berlin 2013 (Beiträge zur Alexander-von-Humboldt-Forschung. 38).

Werner 2018
Werner, Petra: Das Schweigen der Venus – Die Malerin Emma Gaggiotti-Richards (1825–1912) zwischen Alexander von Humboldt und König Wilhelm I. Berlin 2018.

Weschenfelder 2003
Weschenfelder, Klaus: Belisar und sein Begleiter. Die Karriere eines Blinden in der Kunst vom 17. bis zum 19. Jahrhundert. In: Marburger Jahrbuch für Kunstwissenschaft 30 (2003), 245–268.

Wilhelmy-Dollinger 1989
Wilhelmy-Dollinger, Petra: Der Berliner Salon im 19. Jahrhundert (1780–1914). Berlin 1989 (Veröffentlichungen der Historischen Kommission zu Berlin. 73).

Wiseman 1855
Wiseman, Nicholas Patrick: Fabiola, or the church of the Catacombs. London 1855.

Personenverzeichnis

Abbildungsverzeichnis

Der Abdruck erfolgte mit freundlicher Genehmigung der Archive.

www.ingramcontent.com/pod-product-compliance
Lightning Source LLC
LaVergne TN
LVHW080001031026
849161LV00026B/2822
* 9 7 8 3 1 1 0 6 6 4 5 1 5 *